现代声学科学与技术丛书

# 声弹性理论与方法

## (上卷)

俞孟萨 著

科学出版社

北 京

## 内 容 简 介

声弹性作为力学与声学交叉研究的一个分支，主要研究弹性结构耦合振动和声辐射特征及规律。本书全面系统介绍结构声弹性理论及振动和声辐射计算与建模方法，注重理论性、规律性和应用性。全书分为上下两卷，上卷第 1~6 章，下卷第 7~10 章。上卷介绍解析方法，主要包括无肋、加肋与分层无限大和有限大弹性平板、无限长和有限长弹性圆柱壳、弹性球壳等规则形状结构的耦合振动与声辐射模型及求解方法。

本书可供弹性结构振动和噪声控制相关专业的高年级本科生、研究生阅读，也可供从事船舶、飞机及车辆振动和噪声控制的科研人员与工程师参考。

**图书在版编目(CIP)数据**

声弹性理论与方法. 上卷/俞孟萨著. —北京：科学出版社，2022.8
(现代声学科学与技术丛书)
ISBN 978-7-03-072169-3

Ⅰ. ①声… Ⅱ. ①俞… Ⅲ. ①声-弹性力学-研究 Ⅳ. ①O421

中国版本图书馆 CIP 数据核字（2022）第 072462 号

责任编辑：刘凤娟／责任校对：杨聪敏
责任印制：吴兆东／封面设计：陈 敬

科学出版社 出版
北京东黄城根北街 16 号
邮政编码：100717
http://www.sciencep.com
北京建宏印刷有限公司 印刷
科学出版社发行 各地新华书店经销
*
2022 年 8 月第 一 版 开本：720 × 1000 1/16
2024 年 2 月第二次印刷 印张：40 1/2
字数：788 000
**定价：299.00 元**
(如有印装质量问题，我社负责调换)

# 序

喜闻俞孟萨教授提笔写书，并受邀作序，感谢之余，欣然接受。鉴于我们各自工作性质的限制，直接合作的机会并不多，但和俞教授仍有数面之缘并与其带领的科研团队进行交流, 深感他对科学研究特别是结构声学的热爱和执着，也对其在结构噪声控制方面的深厚学术造诣甚感钦佩。

近代科学技术的发展和工程应用的迫切需求促进了结构声学在近半个世纪以来的长足发展。新材料、新工艺以及轻型结构在高速、高效系统中的应用，都对结构声学提出了前所未有的要求及挑战。如何实现高性能、低噪音的产品设计及开发已成为科技工作者及工程技术人员需要解决的急迫问题。通过几十年的探索和摸索，西方高端民用产业以及军工行业已充分认识到将结构声学特性的考量纳入产品设计开发的最初设计阶段的重要性，而此目的的实现更是有赖于对结构振动声学特性的深入理解、高效模拟工具的开发、可靠分析方法的建立以及其在综合设计中的应用。

结构声学涉及多个学科的交叉及融合，物理、力学、材料、机械、机电耦合及控制等都构成其重要组成部分，其各种元素之间相互的耦合及背后的复杂丰富的物理现象更给我们提供了无限的探讨空间和挑战。复杂结构的处理往往都基于对基本结构单元的物理机理的深入理解以及对基本模拟分析手段的掌握及应用。尽管基于大数据的数值计算方法已渐趋成熟，传统以及更加基于物理性的模拟分析方法对于结构基本物理现象的深层次了解、模型简化以及有效设计方法的开发更有着无法取代的作用，扎实的掌握基本的分析方法以及系统的了解学科的发展历史，对于年轻的科技工作者来讲，更是一门必修的功课。《声弹性理论与方法》这本书汇总了近四十年来结构声学方面的主要工作，内容贯穿了整个学科近代的发展历程，所涉及的结构由简到繁，针对包括梁、板、壳以及复杂声振耦合系统的声辐射特性、解析、半解析及典型数值模拟方法等议题进行了系统深入的阐述。俞教授通过其深厚的理论功底以及长期的工作经验，对主要发表在 *Journal of Sound and Vibration* 和 *Journal of the Acoustical Society of America* 的重要工作进行了翔实且系统的总结及升华。本人在这两个振动声学领域的标杆杂志服务多年，分别担任其副总主编和副主编，因此对俞教授的这本书也注入了更多的个人情感，对其出版也倍感欣慰。

我相信该书的出版将促进国内结构声学及结构噪声控制的发展，并为该领域的科技工作者和研究生提供一本不可多得的宝贵参考文献。

成 利
香港理工大学机械工程讲座教授
加拿大工程院院士

# 前　言

为了有效规避声呐的远程探测，提高作战性能与生命力，安静性已成为舰船尤其是潜艇等海上军事装备不懈追求的基本特性和主要的性能衡量指标。贸易全球化带来了海洋船舶航行的高度发展，且民用船舶水下噪声普遍偏高，严重影响到海洋生物的生存环境，近几年开始倡导绿色船舶，一方面要求控制民船水下噪声，另一方面提高舱室噪声控制标准，改善船员工作和生活环境。随着民用航空的不断普及，以及列车和汽车等交通工具速度的显著提升，在追求快捷的同时，人们对安静舒适环境的要求也越来越高，在现代化城市日益扩张的背景下，飞机、列车和汽车噪声对都市宜居性影响的控制也越来越严格，交通工具噪声将比以往更加引起重视。

无论是舰船及潜艇和鱼雷，还是飞机和车辆，随着时代的发展，安静性目标不断提高，为了有效控制振动和辐射噪声，依赖于传统的经验性声学设计已不能满足需求，而应该逐步进入基于定量计算的声学设计模式，因此涉及一个核心内容就是结构在不同激励力作用下的振动和声辐射计算问题。任意弹性结构在外力作用下产生强迫振动，并向周围或内部声介质中辐射声波，声波又以负载形式反作用在弹性结构上，形成激励—结构振动—声场耦合的力学系统。声弹性作为力学与声学交叉研究的一个分支，主要研究和分析弹性结构耦合振动和声辐射的特征和规律，为结构声学设计提供理论基础和方法。

自 20 世纪 70 年代以来，国内外已有多种专著介绍弹性结构振动和声辐射，M.C.Junger 的专著 *Vibration Sound and Their Interaction* (The MIT Press, 1972) 主要介绍弹性平板、球壳和圆柱壳等典型结构的耦合振动和声辐射计算模型与方法;L.Cremer 和 M.Heckl 的专著 *Structure-Borne Sound* (Spring-Verlag,1973) 则以介绍典型简单结构波动及阻尼和阻抗特性为主，包括了典型结构振动传递及平板结构声辐射等方面的内容；F.Fahy 的专著 *Sound and Structural Vibration* (Academic Press, 1985; 2nd ed, 2007) 仍以弹性平板和圆柱壳为对象介绍振动和声辐射的机理与特性，增加了结构声传输、腔室结构振动与内部声场耦合及数值计算方法等方面的内容；E.A.Skelton 和 J.H.James 的专著 *Theoretical Acoustics of Underwater Structures* (Imperial College Press,1997)，在球壳、圆柱壳和平板耦合振动及声辐射和声散射的基础上，进一步介绍了加肋平板、多层球壳和圆柱壳及多层声介质的声辐射和声散射模型；D.Ross 的专著 *Mechanics of Underwater*

*Noise* (Pergamon Press, 1976) 和 W. K. Blake 的专著 *Mechanics of Flow-induced Sound and Vibration* (Academic Press INC, 1986; 2nd ed, 2017) 侧重介绍船舶水下噪声机理和基本规律，包含了弹性平板结构在湍流边界层脉动压力随机激励下的耦合振动和声辐射计算方法。阿 · 斯 · 尼基福罗夫的专著《船体结构声学设计》(谢信、王轲，译. 国防工业出版社，1998) 介绍了典型结构波动特性和船体结构振动传递规律，其中包含了平板结构声辐射，重点介绍了船体振动和声辐射控制的基本方法。何祚镛的专著《结构振动与声辐射》(哈尔滨工程大学出版社，2001) 在介绍随机振动分析方法的基础上，重点介绍了平板、加肋平板、球壳和圆柱壳的声辐射模型及流激振动和声辐射；A.C.Nilsson 和刘碧龙的专著 *Vibro-Acoustics*(科学出版社，2012) 介绍基本波动理论及典型梁、板结构振动及其求解方法，也包含了平板、圆柱壳耦合振动及声辐射和声传输模型；R.H. Lyon 及 R.G. DeJong 的专著 *Statistical Energy Analysis of Dynamical Systems, Theory and Applications*(The MIT Press,1975)、*Theory and Application of Statistical Energy Analysis*(Butterworth-Heinemann,1995) 主要介绍统计能量法原理和应用，以及弹性梁、平板、圆柱壳及矩形腔的统计参数获取。R.Ohayon 和 C.Soiz 的专著 *Structural Acoustics and Vibration*(Academic Press, 1998) 侧重介绍模糊结构及中频耦合振动及声辐射理论。B.И 巴普柯夫、C.B. 巴普柯夫的专著《机械与结构振动》(杨利华等, 译. 国防工业出版社，2015) 重点介绍结构及管路和隔振器的机械阻抗概念及其测量方法。汤渭霖和范军的专著《水中目标声散射》(科学出版社，2018) 主要介绍水中结构的声散射理论及建模和计算方法。汤渭霖、俞孟萨和王斌的专著《水动力噪声理论》(科学出版社，2019) 重点介绍水动力噪声的基本概念、理论及典型结构受湍流边界层脉动压力激励的辐射噪声计算方法。

本书在梳理上述专著中关于平板、球壳和圆柱壳等典型结构振动与声辐射计算模型的基础上，主要依据 20 世纪 80 年代以来 JASA、JSV 等杂志发表的相关文献，重点充实弹性结构振动和声辐射计算及建模方法，全面系统地介绍结构声弹性理论，注重理论性、规律性和应用性，按照结构不同几何特征及不同的建模方法，详细给出振动和声辐射计算模型的推导过程，分析振动和声辐射的基本特性和规律，阐述相关物理意义，明确计算模型的适用性及建模规则，同时考虑文献性，在给出基本内容的同时，列出表明发展脉络与方向的相关文献，为进一步深化研究提供方便及参考。

全书共分 10 章：第 1 章绪论，概述结构振动和声辐射机理及控制技术、结构振动和声辐射计算方法及模型；第 2 章无限大弹性板结构耦合振动与声辐射，除介绍无限大弹性平板耦合振动和声辐射模型外，还有无限大加肋弹性平板、无限大多层弹性平板及无限大非均匀弹性平板耦合振动和声辐射模型；第 3 章有限弹性板梁结构耦合振动和声辐射，在介绍无限大声障板上简支边界弹性矩形板耦合振动与声辐射的基础上，增加了任意边界弹性矩形板及加肋和复合结构矩形弹性板，还有表面声介质为流动状态和无声障板的弹性矩形板，以及弹性梁的耦合振动与声辐射；第 4 章弹性球壳耦合振动和声辐射，不仅介绍弹性薄圆球壳，而且介绍弹性厚壁圆球壳、椭球壳及类球壳和细长壳的振动与声辐射；第 5 章无限长弹性圆柱壳耦合振动与声辐射，在介绍无限长弹性薄壁圆柱壳振动和声辐射的基础上，扩展了无限长厚壁圆柱壳及加肋和双层圆柱壳、无限长敷设黏弹性层圆柱壳及复合材料圆柱壳的振动和声辐射模型；第 6 章有限长弹性圆柱壳耦合振动与声辐射，将有限长薄壁弹性圆柱壳模型扩展到有限长加肋圆柱壳及复合圆柱壳和圆锥壳耦合振动与声辐射模型；第 7 章复杂弹性结构耦合振动和声辐射，重点介绍结构振动与声有限元方法及边界积分方法，进一步介绍基于有限元和边界元方法的复杂结构耦合振动与声辐射建模和应用及流体负载近似计算方法；第 8 章弹性结构耦合振动与声辐射的其他数值方法，专门介绍波元叠加法、无限元法、半解析/半数值法及解析/数值混合法等结构振动与声辐射数值计算的衍生方法；第 9 章弹性腔体结构内部声场及声弹性耦合，在矩形腔与弹性板声振耦合及内部声场计算模型的基础上，介绍腔体与弹性结构声弹性模型、有限长圆柱壳和任意形状腔体声振耦合及内部声场求解方法；第 10 章弹性结构高频振动和声辐射，介绍统计能量法的基本理论、参数获取方法及算例，进一步介绍渐近模态法、功率流等其他高频方法及适用于中频的数值与统计混合法。

在本书编写过程中，华中科技大学陈美霞教授、西北工业大学盛美萍教授、哈尔滨工程大学张超副教授、中国船舶科学研究中心庞业珍研究员及王世彦博士为查找文献资料提供了诸多帮助；中国船舶科学研究中心白振国研究员、朱正道高工、胡东森工程师、高岩高工、李凯高工、张峰研究员、庞业珍研究员、俞白兮工程师，还有刘璐璐工程师、胡昊灏副教授为书稿打字及插图修整提供了帮助，付出了辛勤的劳动，在此一并致谢。还要特别感谢香港理工大学教授、加拿大工程院院士成利先生拨冗为本书作序，在走向智能的时代结构声学理论及数学模型仍不可或缺的本意得到了他的肯定。

由于作者水平所限，本书不足之处难免，敬请读者批评指正。

# 目　　录

## (上　卷)

## (下　卷)

# 第 1 章 绪　论

## 1.1 结构振动和声辐射机理及控制技术概述

随着全球性的陆地资源匮乏及环境污染问题日趋加剧，人类不得不将目光投向占地球表面积 73%的海洋。21 世纪人类的生存和发展，很大程度上依赖于海洋资源的开发和利用，海洋的潜在价值已成为全球广泛关注的焦点。在茫茫大海中，声波仍然是至今为止最有效的远程探测方法，近三四十年来，为了兼顾远程探测和攻击的需要，依托海底固定式水声侦测系统、潜艇和水面舰的艇 (舰) 载主/被动声呐及拖曳线列阵声呐、舰载巡逻机与反潜直升机的吊放声呐及浮标声呐等先进探测平台，世界海军强国发展了大孔径、低频化和多基地的声呐探测立体网络系统，极大扩展了水声探测的能力和范围，实现远程和超远程探测、全景监视、多目标跟踪、自动目标识别等声学任务。为了有效规避敌方水声探测及水中兵器攻击，客观上要求舰艇在 10Hz~50kHz、甚至更低频段具有良好的安静性。在这种背景下，舰艇尤其是潜艇的探测和反探测围绕着声波的产生、传播和接收展开较量，其作战能力竞争取决于隐蔽性竞争。潜艇以其隐蔽性、灵活性和突击性等无可替代的优势，更是成为各国海军优先发展的重点，除了提高快速性、大潜深及先进的武备、动力、电子等系统性能以外，现代潜艇发展的一个显著特征就是强化声学设计，充分体现安静性。苏联政府曾将核潜艇声隐身性问题确定为需要调动国家最大资源尽快解决的国家难题 [1]。

民用货船吨位大、功率大，基本没有考虑水下噪声控制，普遍存在水下噪声高的问题，严重影响到海洋生物的生存环境。随着环境保护意识的提高，民用船舶水下辐射噪声问题也越来越受到关注，据文献 [2] 介绍，2004 年伍兹霍尔海洋研究所海洋政策中心 McCarthy 出版了水下噪声的国际章程，建立限制海洋噪声污染的法律和标准。为了评估民船水下噪声对海洋生物的影响，美国和英国先后出版了民船水下噪声的测量标准和指南，国际海事组织 (IMO) 于 2014 年开始关注船舶水下噪声对海洋生物的不利影响，国际拖曳水池会议 (ITTC) 于 2014 年、2017 年分别颁布和更新实船噪声测试指南。国际标准组织 (ISO) 则于 2013 年开始制定民船水下噪声测试的相关标准，先后针对深水域辐射噪声测量方法、深水域辐射噪声源级修正方法、浅水域辐射噪声测量方法，启动了三个标准的制定项目。与此同时，中国船级社 (CCS)、意大利船级社 (RINA)、挪威–德国劳氏船级社 (DNV

GL)、法国船级社 (BV)、美国船级社 (ABS) 和英国劳氏船级社 (LR) 六大船级社也开始制定民船水下噪声测试规程，并依据国际海洋考察理事会 (ICES)1995 年制定的科考船水下辐射噪声限值标准，提出相应的民船水下辐射噪声限值标准，并规定了 85%功率试航工况及低速静音巡航工况下水下辐射噪声的限定值，部分船级社还单独提出了科考船及渔船和物探船的水下辐射噪声限值标准。虽然说民船水下噪声的限值远大于军船标准的限值，而且测量方法也相对简单，但这些标准的实施，将对民船水下辐射噪声起到制约作用，推动水下辐射噪声控制设计纳入民船的设计体系，我国新型科考船已经参考中国船级社与英国劳氏船级社的水下噪声限值标准进行设计。

应该说，对于民船而言，目前最重要的声学设计不是控制水下噪声，而是控制舱室空气噪声。随着"绿色船舶"理念的倡导，越来越强调船舶舱室的舒适性及船员和乘客的身心健康 [3]。国际海事组织 (IMO) 海上安全委员会 (MSC)2012 年通过《船上噪声等级规则》，并于 2014 年 7 月 1 日生效，该规则规定 1 万吨级船舶住舱及医务室噪声限值由 60dB(A) 降低为 55dB(A)，办公室、餐厅、娱乐和健身房的噪声限值从 65 dB(A) 降低为 60 dB(A)，其他区域的噪声限值也相应降低 5 dB(A)。海上人命安全公约 (SOLAS) 引用此规则的全部条款，纳入船级社入级认证管理。挪威船级社则制定了更为严格的船舶舒适性标准，船员住舱噪声要求达到 50 dB(A)。2009 年 7 月生效的中国船级社《钢质海船入级规范》，将船上噪声舒适度分为三个等级 [4]，其中货船船员卧室的噪声限值分别为 52, 55 和 60 dB(A)，客船优等乘客舱室噪声限值为 45, 47 和 50 dB(A)，标准舱室噪声限值为 49, 52 和 55 dB(A)。对照新标准的要求，实船舱室噪声测试结果表明，民船舱室噪声控制尚有薄弱之处，需要进行强化。注意到近年来军船设计考虑到复杂海况环境、多人多机长航时协同作业及信息流密集等特点，为了提高艇员的战斗力，充分发挥舰船装备的功能，也积极重视降低舱室噪声，改善生活环境，提高人员效率、安全性和舒适度。

从声学的角度来看，船舶包括潜艇都是一个复杂的水下噪声源分布体。一般将船舶水下噪声分为机械噪声、推进器噪声和水动力噪声三种类型。鱼雷及水下无人航行器 (UUV) 和遥控无人潜水器的水下噪声也大致分为这三种。

舰船及水下航行器的主要机械设备一般有主机和辅机两部分，分为往复式和旋转式两类，前者有柴油机、燃气轮机、蒸气轮机，后者有电机、水泵、风机、空压机及齿轮箱等。机械设备产生扰动力的主要原因：转轴及旋转部件不平衡，齿轮、电枢槽、涡轮叶片不连续重复运动，往复式内燃机气缸中燃气爆炸，泵、管道、阀门内部湍流和空化流动，还有轴承和轴颈机械摩擦等。典型船舶机械系统由设备、隔振装置、基座、船体结构及管路和隔振元器件等组成，机械噪声为设备振动通过多种途径传递到船体结构，引起船体振动并向外侧水介质中辐射噪声，主要的传递途径分为两条：其一，机械设备–隔振系统–基座–船体–外场水介质；其二，机械设备–管路–弹性连接件–弹性支撑件–船体–外场水介质，常常称之为支撑通道和非支撑通道。另外，舱室空气噪声激励船体结构，也使船体结构振动并向水中辐射噪声，船舶冷却水管路系统中的流体脉动通过管口直接向水中辐射噪声。舰船机械噪声强度随航速的 1~2 次方增加，在低速航行时机械噪声是最主要噪声源，一般来说，支撑通道产生的噪声最大，非支撑通道产生的噪声次之，舱室空气噪声产生的噪声仅在前两种途径产生的噪声降低到较低水平时才需要考虑。

舰船推进器旋转运动引起的噪声包括空化噪声、旋转噪声、湍流噪声和尾涡噪声，还有推进器旋转运动诱导的脉动压力直接激励船体艉部结构和通过轴系传递激励船体结构产生的噪声，以及推进轴系不平衡作用力激励船体结构产生的噪声。从噪声频谱特征上常常将推进器噪声分为低频线谱噪声、低频宽带谱噪声和高频宽带谱噪声。推进器在舰船艉部及附体产生的非均匀流场中旋转运动，好像车轮驶过起伏不平的路面，受到的脉动力产生低频线谱噪声；舰船艉部湍流场与推进器叶片相互作用产生低频宽带谱噪声，推进器叶片表面湍流边界层通过随边散射引起中高频噪声，当叶片随边漩涡发放频率与叶片声辐射效率较高的模态振动频率耦合时，产生窄带峰值噪声，即所谓的“唱音”。自然界的水介质中含有人眼直接看不到的微气泡，当推进器叶片旋转达到一定速度时，叶片表面局部压力接近饱和蒸气压，微气泡经历膨胀–破裂–溃灭过程，出现水中特有的空化现象，伴随空泡溃灭过程产生强烈的空化噪声。推进器噪声大致随航速的 5~6 次方增加，中高航速下推进器噪声是舰船的主要噪声源，水面舰船在十几节航速以上一般都会出现空化噪声，随着潜深的增加，空化噪声对潜艇噪声的影响会随之减小。目前，对潜艇来说，空化噪声已不是其主要噪声源，而是非空化噪声为主要噪声源。

当舰船及潜艇和鱼雷航行时，湿表面绕流由层流经层流与湍流共存的转捩区，发展为充分湍流。船体及突出体和腔口产生与流动相关的噪声主要有以下几种机理。其一，边界层由层流向湍流转捩，转捩区层流和湍流交替出现，形成时空随机分布的单极子声源，直接辐射噪声。其二，艇体绝大部分表面为湍流边界层流动，湍流边界层脉动压力激励壳体产生耦合振动及辐射噪声，在低 $Ma$ 数情况下，湍流边界层脉动压力的直接声辐射可以忽略。其三，艇体表面湍流边界层流经空腔腔口等间断界面时，腔口对湍流边界层产生散射，在其后缘局部区域形成低频脉动压力增量，增强艇体结构低频辐射噪声。其四，艇体表面突出体的展向压力梯度卷起来流湍流边界层形成向下游运动的“马蹄涡”，在突出体前缘及周边局部区域也产生湍流脉动压力增量，增强艇体结构产生的低频噪声。其五，艇体表面湍流边界层流经腔口时，在腔口形成边界层剪切振荡。如果剪切振荡与空腔及周边结构的耦合模态发生共振，则产生较强的线谱噪声。低 $Ma$ 数时，腔口边界层剪切振荡的直接声辐射可以不考虑。其六，水下航行体操舵转向时，艇体和突出体存在一个偏航角或俯仰角，表面流动出现分离，形成大尺度漩涡，诱导产生的低频脉动压力显著增加，激励艇体结构产生辐射噪声。其七，细长杆状突出体在尾涡发放激励下产生振动及声辐射，若漩涡发放频率与杆状突出体模态频率接近时，出现幅度增强的线谱噪声。一般来说，水动力噪声强度随航速的 5~6 次方增加，低航速时它对辐射噪声的贡献往往被机械噪声和推进器噪声所掩盖，航速较高 (约 10 节) 时，水动力噪声会在辐射噪声中占有一定比例，而且，当机械噪声和推进器噪声有效控制时，水动力噪声的作用将会增加。

随着民用飞机数量及其起降密度的显著增大、人们对乘坐飞机舒适性要求及环保意识的提高，飞机噪声问题也越来越受到重视和关注，已成为评价飞机性能的一项重要指标 [5-7]。飞机噪声一方面影响飞行线路附近声环境，尤其在机场附近区域，另一方面影响客舱舒适性环境。经过五十多年的发展，由于发动机噪声的降低及飞机气动性能的提升，亚音速喷气式飞机的适航噪声水平也得到了很大的改善，制造商不断发展低噪声设计技术，持续降低民用飞机噪声，按照不同年代生产的大型客机适航噪声变化情况，大型客机飞机适航噪声平均每 10 年降低约 6EPNdB(等效感觉噪声，dB)。EPNdB(等效感觉声压级) 与常用 dBA(A 声级) 相比更重视低频噪声。虽然人耳对低频声不很敏感，特别是“次声”，绝大部分人根本听不到，但研究发现，低频噪声对人的大脑和心脏有伤害，长途飞行会引起头痛，容易诱发心脏病，所以航空界常常使用 EPNdB (等效感觉声压级) 表征飞机噪声。目前国际民航组织 (ICAO) 已经过了四个阶段的噪声限制要求，1977 年开始执行第三阶段噪声限制, 2006 年开始执行第四阶段噪声限制。第三阶段噪声限值标准为跑道侧面噪声约 95dB(A)、起飞状态约 89～90dB(A)、进场着陆状态为 99.5dB(A)，第四阶段限值标准比第三阶段降低 5dB(A)。考虑到 2016 年大型客机适航噪声将比第四阶段噪声限值低 18EPNdB 以上，2010 年 11 月经国际民用航空组织的航空环境保护委员会第一工作组同意，新一阶段噪声适航标准将在第四阶段噪声限值标准基础上降低 3~11EPNdB，近年内有可能提出第五阶段噪声限值。

原则上讲，飞机飞行产生噪声的机理与舰船噪声是大致相似的，也是由机械振动和不稳定流动两方面的原因引起外场辐射噪声和舱室噪声，仍然可以分为机械噪声、推进器噪声及空气介质中对应水动力噪声的气动力噪声等三种类型，但由于飞机的推进原理有所不同，飞机飞行时 $Ma$ 数较高，机体表面湍流边界层脉动压力直接辐射的噪声与其激励蒙皮结构产生的噪声强度相当，不同于舰船水下噪声完全忽略表面湍流边界层脉动压力直接产生的辐射噪声，另外，相对于推进器噪声和机体气动力噪声而言，飞机机械设备振动产生的噪声不是主要噪声源，所以，飞机噪声一般分为发动机噪声和机体噪声，其中发动机噪声包括核芯噪声、涡轮噪声、喷流噪声和风扇噪声，机体噪声包括湍流边界层噪声、缝翼噪声、襟翼噪声及后缘噪声，另外将飞机特有的起落架噪声也归入机体噪声范畴。飞机舱室噪声主要有以下几种噪声源的贡献：前传的风扇噪声、后传的风扇噪声及喷流噪声、湍流边界层噪声、发动机等振源引起的结构噪声及环控系统设备引起的噪声。一般来说，随着飞行速度提高，发动机前传噪声和发动机喷流噪声对舱室噪声的影响有所减小，而湍流边界层产生的噪声影响则增加。对于超音速军用飞机而言，还有超音速飞行状态边界层脉动压力产生的附加噪声、机体外表面突起或结构不连续引起的气流分离噪声，以及军械舱和隔舱开口引起的空腔噪声。

穆宁认为 [8]：喷气发动机是一个复杂的噪声源，其风扇、压气机、燃烧室、涡轮及尾喷管等每一个部件都产生噪声。喷气噪声是发动机形成的高速气流与周围空气掺混过程产生的噪声，对于纯喷气和小涵道比风扇发动机，喷气噪声是主要噪声源。用于亚音速客机的大涵道比涡轮风扇发动机，风扇噪声是主要噪声源。风扇噪声与船舶推进器噪声产生的机理类似，风扇叶片旋转运动产生的涡流，形成气体压力脉动场，向前方辐射噪声，同时气流和涡流后向流动，并与静子相互作用，产生作用在外涵道壁面上的压力脉动场，激起壁面振动及辐射噪声，气流还通过外涵道在燃气射流周围喷出，形成一个射流声源。另外，涡流从叶片后缘发放产生噪声；由于转子的不平衡产生的激振力，也会激励飞机结构振动并在舱室产生一定的噪声。飞机机体噪声与船舶水动力噪声机理相似，只是需要考虑湍流边界层脉动压力的直接辐射噪声。

随着运行速度的提高，高速列车噪声显著增加 [9]，不仅影响乘坐的舒适性，而且干扰周围环境，国际铁路联盟 (International Union of Railways, UIC) 规定了相关噪声限值，列车运行速度为 250 和 300km/h 时，车内噪声分别不高于 65 和 68 dB(A)，车外距离铁路轨道中心 25 m、高 3.5 m处的噪声不高于 91dB(A)。德国、法国等多个欧洲国家也规定了高速列车的噪声限值 [10]，其中德国噪声限值要求稍高，针对 250, 300 和 320km/h 车速，要求距离铁路轨道中心 25 m处的噪声分别为 86, 90 和 92.5dB(A)。为了适应我国高速列车迅速发展的需要，新修订的国家标准 “铁道客车内部噪声限值及测量方法 (GB/T12816)”[11,12]，针对 250, 300 和 350 km/h 车速，提出的旅客车厢噪声限值分别为 65, 68 和 70dB(A)，推荐的 300 和 350 km/h 车速时的噪声限值为 65 和 68dB(A)，同样车速下司机室噪声限值分别为 78, 78 和 79dB(A)，推荐的 300 和 350 km/h 车速时的噪声限值为 75 和 78dB(A)。在 250, 300 和 320 km/h 车速下，规定列车运行通过噪声限值分别为 87, 91 和 92dB(A)。

高速列车的主要噪声源为机车牵引噪声、轮轨噪声和气动噪声 [9,13-15]，其中内燃机车牵引噪声主要来源于柴油机/冷却风扇、空压机和牵引电机噪声，电力机车牵引噪声源主要为电机、交流器/变压器噪声。轮轨噪声由车轮与钢轨相互作用产生，当列车沿直线或近似于直线的轨道运行时，由于钢轨和车轮表面都存在一定的粗糙度，还有钢轨的接缝，使轮轨相对运动时产生冲击和振动并辐射噪声，称为轰鸣声；当列车沿曲线轨道运行时，车轮沿钢轨横断面可能有横向滑动，产生尖叫声。轮轨噪声主要辐射面为钢轨，车轮为次要辐射面，当然，钢轨振动也会引起轨枕等基础部件振动并辐射噪声。列车气动噪声的产生机理与舰船水动力噪声和飞机气动噪声一样，在高速行驶时，列车头部的流动分离及受电弓、车轮和轮轴等部件的漩涡发放产生气动噪声，还有车厢壁面尤其是车窗结构受湍流边界层脉动压力激励产生的噪声。一般来说，牵引噪声、轮轨噪声分别与车速的一次方和三次方成正比，气动噪声与车速的 5~6 次方成正比。低速传统列车的主要噪声为牵引噪声和轮轨噪声，高速列车的气动噪声则为主要噪声源。在车窗密闭的情况下，轮轨噪声对车厢内部噪声的影响会减小，主要对沿线环境噪声影响大。

汽车已成为现代化国家的一个重要标志，为了控制汽车噪声对城市居住和生活环境的影响，20 世纪 60 年代发达国家就开始制定汽车噪声控制的法规和标准 [16,17]，从 70 年代起欧盟、日本和美国的汽车噪声控制限值标准大致经历了四个阶段，欧盟的小型客车加速噪声限值由 84dB(A) 下降到 74dB(A)，降低了 10 dB(A)，载货车噪声限值下降了 12dB(A)；日本小型客车、中型和轻型车、重型车噪声限值同期分别降低了 6, 8 和 9dB(A)。我国于 1979 年发布国家标准规定各类车辆的加速噪声限值, 为了适应国家现代化发展及控制城市交通噪声污染的需求，1996 年和 2002 年又发布了两轮汽车噪声控制限值标准。这些标准分别规定小型客车加速噪声限值 1985 年前为 84dB(A)，1985 年至 2002 年为 82dB(A)，2002 年至 2004 年为 77dB(A)，2005 年后为 74dB(A)，20 年中加速噪声限值下降了 10dB(A)，同期重型载货汽车加速噪声限值则分别为 92, 89, 88 和 84dB(A)，噪声限值下降了 8dB(A)。

早期汽车噪声源分为与发动机转速和车速有关的两种噪声 [18]，前者包括进气噪声、排气噪声、风扇噪声及发动机表面辐射噪声，后者则包括传动噪声、轮胎噪声及车体气动噪声，也有将汽车噪声分为发动机噪声、排气系统噪声和底盘噪声三类 [19-21]。发动机噪声是汽车的主要噪声源，由燃烧噪声、机械噪声及空气动力噪声三部分组成。燃烧噪声是发动机低速运转状态的主要噪声源，机械噪声和空气动力噪声则是高速状态的主要噪声源。燃烧噪声为发动机气缸内周期性变化的气体压力激励缸体，引起发动机结构表面振动而辐射的噪声；机械噪声主要为发动机工作时运动构件的频繁撞击，如活塞敲击、曲轴撞击及配气机构开启和闭合、齿轮传动啮合等因素，激发结构振动而产生的噪声；空气动力噪声包括进气噪声、排气噪声和风扇噪声。发动机工作时，高速气流经空气过滤器、涡轮增压器、进气管、气门进入发动机缸体，产生强烈的空气动力噪声。发动机排出废气时，在排气管内及气门和管口产生气体压力剧烈变化、高速气流旋涡及驻波共振，相应辐射强噪声。汽车行业往往将传动系统噪声、轮胎滚动噪声和制动系统噪声归类为底盘噪声，其中传动系统噪声有变速器、驱动桥齿轮系啮合产生振动并辐射的噪声，还有传动轴旋转引起的振动传递而产生的噪声。轮胎噪音则有三种产生机理：其一，轮胎转动时位于花纹槽中的空气被地面挤出与重新吸入，产生所谓的泵气声；其二，车辆行驶时，由于轮胎弹性变形及路面凹凸不平激发轮胎振动并辐射噪声；其三，路面凹凸不平激发的轮胎振动引起车体振动和辐射噪声。除了这些车辆行驶状态的噪声源外，当车辆制动时，制动鼓与制动摩擦片产生摩擦，引起制动部件振动并辐射噪声。无论何种激励产生的噪声，它们经由空气和结构两个途径影响车内噪声，发动机表面辐射噪声和气流噪声主要由空气传播途径传入，发动机、轮胎、路面等因素引起的车身振动则由结构传播产生车内噪声，由于封闭的车辆舱室对外部声源有较大的隔声作用，车内噪声主要由车辆舱室壁面振动产生。当汽车发动机等主要振动和噪声源得到有效控制的情况下，随着车速的提高，车窗、车门等部位受流动激励产生的噪声及后视镜流动分离漩涡产生的噪声，已成为高速车辆的主要噪声源。

我们知道，声源、声传播和声接收是声学研究的三个基本内容。虽然舰船、飞机及车辆产生机械噪声的途径多种多样，但它们的控制原理原则上是一致的，主要从声源和声传播两方面来考虑[22-25]：选用低噪声设备，降低声源强度；隔绝或减小振动、噪声和激励力传递。以舰艇机械噪声控制为例，可以从三个层面隔离振动和噪声传递：其一，设备与管路隔振，减小基座和铺板振动；其二，基座和铺板减振，降低艇体振动；其三，舷间或舷侧振动与噪声隔离，抑制噪声辐射。针对不同要求，机械设备隔振安装主要选用单层隔振、双层隔振、浮筏隔振和舱筏隔振等四种方式，控制设备振动传递到艇体。管路系统采用弹性支撑、弹性连接、穿舱隔振、阻尼包覆等方式，隔离管路振动传递到艇体，并采用管路水动力噪声消声器，降低通海管口辐射噪声。舰艇艇体结构设计主要从强度等方面考虑，声学上优化的余地有限，但随着舰艇噪声控制要求的提高及低频线谱噪声有效控制的重要性，艇体主结构及主要部件也需要进行声学优化设计，并在要害部位敷设阻尼材料，抑制低频共振及声辐射。基座等主要部件采用增加面板厚度、优化结构形式及复合材料结构等途径，一方面提高输入机械阻抗，减小输入的振动能量，另一方面增加振动传递损失，减小艇体结构振动。舰船推进器噪声控制的基本途径有两个方面。其一，推进器来流均匀化：优化船体或艇体线型、附体线型及布置位置，均匀推进器部位伴流场并降低湍流场强度及空间相关性；其二，推进器叶轮构型优化：在给定流场条件下，优化设计推进器转速、叶片数、叶片直径、叶片剖面线型、叶片侧斜、盘面比、载荷分布等要素，抑制推进器空化，降低脉动压力及辐射噪声。推进器非定常力及推进轴系不平衡力激励的船体或艇体结构振动及辐射噪声，则采用优化安装方式及结构、提高安装精度及调节共振频率、敷设阻尼材料等方法进行控制。舰船水动力噪声控制主要针对潜艇而言，主要方法包括：其一，艇体及围壳和尾翼的线型声学设计及水动力布局优化，降低水动力噪声源强度；其二，减少或封闭表面开孔，避免空腔流激耦合共振及声辐射；其三，轻结构局部加强或采用高阻尼复合夹心结构，并优化加强肋骨形式，抑制流动激励振动响应及声辐射。

针对飞机的发动机噪声和机体噪声，主要的控制方法有 [7,26-28]：发动机短舱声衬设计、进气道及风扇声学设计、外涵道锯齿形喷口设计、发动机振动控制、系统及设备隔振安装、安静通风空调系统设计、天花板减振安装及缝翼和襟翼低噪声设计等。在噪声适航性发展第一阶段，民用飞机采用涡喷发动机，第二阶段采用了涡扇发动机，飞机噪声因此降低了 5~10EPNdB。第三阶段飞机进一步重视发动机噪声控制，采用单级风扇，增大风扇直径及涵道比，合理设计风扇转子叶片及风扇导流片间距，并在进气口、排气道及尾喷管上安装金属蜂窝声衬结构，噪声低了 20EPNdB。针对第四阶段噪声控制，从 1992 年到 2001 年，NASA 设立的先进亚音速技术计划 (AST) 降低噪声 6~7dB。在此基础上，2001 年 NASA 又启动了安静飞机计划 (QAT) 进一步降低噪声 5dB。此阶段飞机采用大推力、高涵道比涡扇发动机，同时采用后掠弯扭风扇叶片、无缝声衬，优化进口形状及进口通道壁面的声学特性，改变外涵道的长度和出口面积，喷口采用人字纹设计，分别降低风扇和喷流产生的前传和后传噪声，并控制增升装置和起落架引起的机体噪声。另外提高转子平衡精度和减速器齿轮啮合精度，并安装吸振器减少动力装置的振动与噪声。近年来，通过优化三维线型及气动布局，或采用主动方式控制边界层及其转捩以控制机体噪声，最新的机体设计已改变了亚音速飞机圆柱形机身加机翼的传统形式，提出了机翼与机身一体化的飞翼布局，不仅减少空气阻力，而且能够消除机翼抖颤和降低气动噪声，还有人提出给飞机加装人造羽毛等仿生重层化技术，不仅减小空气阻力、提高飞行效率，而且降低气动噪声。

在列车轨道采用长钢轨的情况下，降低列车轮轨噪声的基本方法是控制轮轨粗糙度，减小轮轨接触面凹凸的变化率，尽量使轮轨接触面光顺平滑，同时控制车轮和钢轨振动，从而降低它们的辐射噪声 [29-32]。在此基础上，还可在车轮盘上敷设阻尼材料和安装吸振器，但车轮敷设阻尼对降低轮轨滑动尖叫声基本没有作用；也可以在轮箍与轮毂之间设置弹性材料 (如橡胶), 使车轮具有径向柔顺性并增加阻尼，不仅隔离和衰减车轮振动，还可降低尖叫声。考虑到垂向载荷传递及运行安全，不允许轮箍部分有轴向偏移，为了降低车轮振动，采用径向和周向的波状加筋轮盘，增加车轮轴向和径向刚度，提高车轮模态频率，使其移到激励频率以外区域。另一方面，可以优化钢轨形状，适当减少钢轨尺寸，降低钢轨的辐射面积和辐射效率，同样可以在钢轨侧面敷设阻尼，增加钢轨振动衰减。同时采用低刚度的轨下垫层和高模量道碴，减小钢轨振动传递到轨枕，降低轨枕振动及辐射噪声，但轨下垫层的刚度偏低，虽然可隔离钢轨和轨枕的耦合，但会使钢轨振动加强，振动衰减变弱。若进一步提高轨枕质量，减小轨枕上部面积，也可降低轨枕产生的噪声。降低高速列车气动力噪声与降低潜艇水动力噪声的原理类似[33,34]，最首要的方法是采用子弹头外形车头，推迟边界层转捩，抑制流动分离，降低辐射噪声。其次，为了降低湍流边界层脉动压力激励车厢壁面结构产生的噪声，一般采用铝合金型材双层结构箱体，内部敷设阻尼层并充填声学材料，受电弓和转向架可以采用导流罩抑制漩涡产生的噪声，车轮和轮轴等部位也可以适当加装盖板，使表面尽可能平整光滑，降低漩涡噪声。

汽车发动机不仅是影响环境噪声的最主要的噪声源，而且由于距离近，更直接影响驾驶部位噪声。除了控制气缸内部压力、燃油喷射方式及参数优化等工业内燃机燃烧噪声控制方法，以及增加缸套刚度、改进活塞和气缸壁之间的润滑状况等降低活塞敲击噪声的方法以外，还侧重增加发动机壁面刚度及承载结构阻尼、发动机悬置隔振及主要辐射面上敷设耐高温的隔声材料，控制发动机振动传递及辐射噪声[35,36]。汽车风扇和齿轮噪声控制的方法与工业噪声控制的方法一样，而进气与排气噪声最简单和有效的控制方法就是加装消声器，并将进口空气过滤器和排气净化器与消声器合二为一。轮胎噪声的控制一方面采用变节距花纹胎面，另一方面采用橡胶轴套，减小轮胎与车体之间的振动传递。车体气动力噪声控制一是优化设计气动外形，抑制流动分离、减小漩涡，控制气动噪声源强度；二是降低流动激励下车体结构的振动响应，减小流激辐射噪声。实际上，在降低噪声源的基础上进一步控制汽车舱室内部噪声，还需要采用双层壁结构，中间充填轻质吸声材料，提高车体壁板的隔声性能，并在车壁内侧敷设阻尼材料，内表面采用吸声材料，降低车体振动及室内部混响。为了增加汽车低频振动和噪声控制效果，已引入主动控制技术。

无论是舰船、潜艇还是飞机和车辆，随着它们安静化要求的提高及主要噪声源的有效控制，进一步控制噪声势必面临噪声源数量增加，且分布范围增大的难题，完全依赖于传统的经验性声学设计，难以满足实现安静化目标的需要。以舰艇机械噪声控制设计为例，新型舰艇设计应以实现声学指标为目标，建立全面规范的舰船机械系统定量声学设计方法，在设计过程中，通过严格可靠的声学计算分析，客观评估设计方案的声学效果，权衡确定总体和系统设计方案及参数与振动和噪声的定量关系，相关的内容包括建立隔振系统、管路系统、基座和铺板结构振动传递及艇体结构声辐射计算模型、机械系统振动传递与声辐射模型试验验证、机械设备激励特性及元器件声学性能参数测试、定量声学设计计算应用效果评估等方面，从而为提出有效的噪声控制措施提供定量依据和可靠保证。舰艇噪声预报不仅仅是噪声量级的简单计算过程，而且是明确噪声控制方向及重点，把握噪声控制量化技术指标及提出有效减振降噪措施的过程。

原则上讲，舰艇机械系统定量声学设计计算可以分为三个层次的目标：其一，噪声预报；其二，噪声指标分配；其三，声学设计计算。在舰艇概念设计阶段，根据舰艇总体参数以及机械系统及艇体结构初步设计参数，结合经验性数据，计算舰艇机械噪声，再考虑推进器噪声与水动力噪声，预测和评估新型舰艇实现声学设计目标的可行性。在方案设计阶段及前期噪声预报的基础上，依据噪声控制总目标，将振动与噪声控制技术指标定量分配分解到各个系统与层面，在给定或指定机械设备激励特性的前提下，明确各个系统与层面振动或噪声的控制量值，建立这些振动或噪声控制量值与噪声控制总目标值之间的定量联系，并通过计算分析，统筹优化振动与噪声控制要求。在技术设计阶段及前期噪声指标分配的基础上，依据机械系统每个层面的噪声控制量值，针对设备与管路隔振、基座与铺板减振、舷间声振隔离等三个层面实施定量声学设计，通过精确有效的声学计算分析，建立浮筏系统、管路系统以及基座和舷间结构诸多设计参数与降噪效果的定量关系，并通过计算优化与权衡设计参数，有的放矢地进行定量声学设计，保证每个具体措施实现振动与噪声控制的目标。经过一轮的噪声预报、噪声指标分配及设计计算以后，将机械系统中浮筏与管路系统及基座与舷间结构三个层面的单项降噪措施集成为一个有机整体，依据比较明确的设计方案及参数，可以进行深化的声学设计计算，通过改变设备与弹性支撑布置、调整结构与隔振参数等措施，实施机械系统噪声的平衡与协调控制，相同层面上针对不同振动与噪声源强度进行平衡控制，使得同一层面的振动和噪声处于相近水平。不同层面之间依据各种措施的可行性与必要性进行协调声学设计，不同传递途径的控制效果均衡，最大限度发挥机械噪声的集成控制优势，从而保证机械系统每个层面的多种噪声控制措施能够发挥应有的作用，增强舰艇机械噪声控制的力度与有效性。

俄罗斯普遍采用较简单的理论模型，建立简化的计算方法，再通过全面系统的试验结果修正计算方法中的系数，最终给出简单、成熟的经验公式，藉此指导声学设计与噪声控制。文献 [1] 介绍，俄克雷洛夫中央研究院针对核潜艇建立了各类噪声源引起的振动传递与声辐射规律及相应控制技术的数学–物理模型，为设计部门提供潜艇声学特性计算方法，并在设计阶段充分考虑隔振系统、内部结构和声学覆盖层的降噪作用，用于设计阶段潜艇机械系统的振动和噪声计算，评估潜艇声防护方法及措施的使用效果，保证设计的潜艇达到要求的噪声指标。经过数十年的发展及修订，俄建立了基于半理论/半经验的噪声预报、控制效果评估及定量声学设计的实用方法、软件、规则和标准，同时建立定量声学设计所需的机电设备、元器件及艇体结构声学数据库、配套测试技术和标准，成为潜艇定量声学设计强有力的支撑系统。其他海军强国也研制开发了多种舰艇噪声预报方法及软件，为舰艇机械噪声计算分析和声学设计提供了有效的工具和平台。“弗吉尼亚” 核潜艇的设计建造过程，表明美国潜艇声学设计已实现了定量化和数字化的跨越。

应该说，舰船及飞机、车辆声学设计的流程也类似于舰艇机械系统定量声学设计计算，其中涉及的一个核心内容就是结构在不同激励力作用下的振动和声辐射问题。

## 1.2 结构振动和声辐射计算方法及模型概述

任意弹性结构在多种外力作用下产生强迫振动，并向周围或内部声介质中辐射声波，声波又以负载形式反作用在弹性结构上，改变结构的振动甚至可能改变激励外力，形成激励–结构振动–声场的耦合系统。声弹性研究的主要任务是建立此耦合系统的基本力学和声学关系，研究和分析结构受激振动和声辐射的特征和规律。

声弹性作为声学与力学交叉研究的一个分支，它涉及船舶、水中兵器、飞机、汽车及建筑、化工和海洋工程等诸多领域 [37]。实际工程设计中，虽然采取了减小激励源强度、隔离激励力和振动传递等措施，但无论舰船及潜艇和水中兵器结构，还是飞机和车辆结构都会受到各种形式、不同程度的动态激励，从而产生振动和声辐射。声弹性研究的范畴，从激励力类型上主要可以分为机械设备不平衡旋转运动引起的时间周期性集中激励力，流动激励和噪声场等随机面分布激励力，如机械设备及管路系统振动通过基座和非支撑件传递的激励力、轴系不平衡力为机械点/线激励力，螺旋桨诱导脉动力及湍流边界层脉动压力和空泡脉动力、舱室空气噪声激励为随机面分布激励力。从辐射声场的区域可以分为外场问题和内场问题，外场问题主要是舰船和水中兵器的水下辐射噪声场，内场问题一般有舰船声呐罩内部声场和舱室空气噪声场。飞机和车辆结构同样受到类似的机械点/线激励及流动和声场的面激励作用，也同样分为外场辐射噪声和舱室内部噪声场问题。注意到，对于外部和内部都是空气介质的飞机和车辆结构，内外声场对结构振动的反作用一般比较弱，往往可以忽略，而对于舰船及潜艇和水中兵器的湿结构，声场的反作用是不可忽略的，声呐罩则还需要考虑内外声场对罩壁结构振动的反作用。声弹性研究的频率范围从声波波长远大于结构尺寸的低频段 (几赫兹 $\sim$ 几十赫兹) 延伸到声波波长远小于结构尺寸的高频段 (几十千赫兹)。根据结构的不同形状和研究的不同频率范围，声弹性的研究模型可以分为无限大平板、矩形平板、加肋平板、无限长和有限长梁、圆球壳、椭球壳、无限长和有限长圆柱壳与加肋圆柱壳及任意形状结构。针对不同的模型和频段，声弹性研究的基本方法有解析法、数值法、统计法以及混合法。解析法主要有分离变量法、积分变换法、模态叠加法、Rayleigh-Ritz 法；数值法主要有有限元法、边界元法、差分法以及它们衍生的等效源法、无限元法等数值分析法；统计法主要有统计能量法、功率流法、空间平均导纳法、模糊结构法，混合法则主要有数值/解析混合法、数值/统计混合法。

在声弹性研究中，圆球壳是一种几何形状最简单的弹性壳体，其表面与球坐标系的等值面共形，可以采用分离变量法求解其受激振动和声辐射，因而很早就作为声弹性的研究对象，定性了解弹性结构受外力激励的耦合振动响应和远场辐射声场的基本特征。潜艇、鱼雷等水下运动体的形状比较接近于椭球形状，椭球壳振动和声辐射的特征也很早就受到关注。许多实际工程结构的几何形状为圆柱形或近似圆柱形，在环频率以上频段，往往将圆柱壳划分为板模型，壳板曲率较小时可以近似为平板。无限大平板声辐射模型是一种简单的高频近似模型，适用于声波波长远小于壳板尺度、边界波反射可以忽略的情况。实际壳板结构一般都采用周期或非周期的加强肋骨提高强度，常常简化为无限大加肋弹性平板的声弹性模型，加强肋骨不仅改变壳板结构的动力特性，也改变其声辐射特性。考虑到实际壳板由舱壁、实肋板等加强构件分割为若干个单元，每个单元近似于矩形板。矩形板的声辐射问题是声弹性研究的一个基本内容，也是最典型的一种计算模型。矩形弹性板声辐射计算时，一般将其周边结构等效为无限大刚性声障板，这实际上模拟了大型结构中局部区域的声辐射，而忽略复杂结构子单元受周围子单元振动和声场的影响。矩形板等二维结构长宽比较大时，声波的波长远大于其宽度，这种情况下，二维结构可以近似为一维梁，在几十赫兹的低频范围内，潜艇即可近似为变截面梁。梁结构声辐射计算也是声弹性研究的一种简单模型。

在实际工程中，潜艇、鱼雷和飞机的外形最接近于圆柱壳形状，采用圆柱壳模型研究它们的声弹性和声辐射特性，不仅形状上模拟程度高，而且数学–物理模型也不过于复杂，便于比较深入地研究它们的声辐射规律。无限长圆柱壳声辐射模型适用于声波波长远小于圆柱壳长度的高频段，有限长圆柱壳更接近于潜艇、鱼雷及飞机舱段，其振动和声辐射比平板模型更能反映结构的声弹性特征。当然，加肋无限长和有限长圆柱壳、带内部铺板等子结构的圆柱壳及双层圆柱壳等复杂圆柱壳声弹性模型，则在更接近于实际情况下模拟结构的振动和声辐射特性。为了降低壳体结构的振动和声辐射，实际工程中经常在壳体上粘贴阻尼材料或采用复合材料，以提高艇体结构的损耗因子，为此还发展了复合平板和圆柱壳结构的声弹性模型。应该说，针对平板、球壳、圆柱壳等简化声弹性模型，能够定性或半定量地构建清晰的结构辐射声场的物理图像，比较完整给出声弹性及声辐射的规律，但不适合直接解决复杂的实际工程问题。

舰艇、鱼雷或者其他水下航行体，还有飞机和车辆都是具有复杂外形的三维结构，严格地计算它们的声辐射，应该在一定的空间域内求解声压满足的 Helmholtz 方程，并使声压满足物面边界条件和空间域的界面条件。这一问题归结为边界值问题的求解，基本的方法为边界积分方程方法，可以追溯到 20 世纪 60 年代 Chen[38] 和 Copley[39] 等的工作。舰艇和鱼雷等结构产生的水下辐射噪声预报，有效的方法是有限元和边界元结合的方法。Wilton[40] 和 Mathews[41] 建立了有限元和边界元方法计算水下结构声辐射的普适模型，已成为声弹性研究的一个经典模型，原则上可以计算任何复杂形状结构的振动和声辐射问题，经过多年的发展，已经形成了功能强大、界面方便的商用软件，推动了有限元和边界元方法在结构振动和声辐射计算方面的工程应用。为了克服中高频段计算量大、内存占用量大的缺陷，提高数值计算方法的效率，还发展了双渐近近似法、状态空间法用于计算流体负载，可以避免不同频率下曲面积分的重复计算，极大减少计算量。

虽然有限元和边界元方法构建了复杂形状结构受激振动和声辐射计算模型的基本框架，但是随着计算频率的提高，计算量迅速增加，用于解决实际结构振动和噪声计算有其局限性，声弹性研究需要寻找更有效更简便的数值计算方法。为此，Koopmann[42] 提出了波元叠加法 (wave superposition method)，他将任意结构的声辐射看作为由一组位于结构内部假想封闭曲面上简单声源的声场叠加而成，再结合有限元方法建立弹性结构流固耦合及声辐射方程，具有计算简便和精度高的优点。为了提高数值方法计算复杂结构声辐射的效率，早在 20 世纪 70 年代，Hunt 等 [43] 就提出了一种半数值半解析的混合方法，他们在结构外围作一个封闭球面，结构振动采用结构有限元求解，球面内声场采用声有限元求解，球面外的声场采用球函数分离变量求解，可以快速计算远场辐射声场。在此基础上，又提出人工吸收器和阻尼单元技术、Dirichlet 和 Neumann 边界条件转换技术，即包围辐射结构构建一个有限的封闭虚拟界面，实现无反射的等效辐射条件，而在有限的封闭界面内采用有限元方法求解波动方程，若选取球面为虚拟界面，在球面以外区域声场解析求解，如果虚拟界面外声场计算采用边界积分方法，则可以利用商用软件来实现声场计算。

水下弹性结构受激振动和声辐射计算时，为了避开 Helmholtz 积分方程计算，提高数值计算效率，提出了无限元方法 (infinite element method)，其求解过程类似于半数值半解析混合方法，围绕结构也构建一个虚拟封闭曲面，结构和虚拟面内声场分别采用结构有限元和声有限元处理，虚拟球面外声场采用无限元处理，并从流固耦合矩阵方程可以直接获得辐射声场。当弹性结构的长宽比较大，可以选用椭球虚拟界面包围弹性结构。20 世纪 90 年代中期还发展了一种以流体无限元为基础的计算复杂弹性结构声辐射的方法，称为映射波包元方法 (mapped wave envelope element)，它建立流固耦合方程时，弹性结构采用结构有限元离散，近场声介质采用声限元处理，远场声辐射则采用波包元处理，其特点在于依靠有限到无限的几何映射来实现远场声场模拟。

解析方法和数值方法求解弹性结构受激振动和声辐射，当计算频率较高时，计算振动和声场需要模态数或单元数很大，使待解方程组的维数迅速上升，噪声计算的不确定性随之增加。结构动力和几何特性复杂程度的增加，采用解析法和数值法求解声弹性问题的难度也增加，甚至变得不可能。Lyon[44] 以 “能量” 作为独立的动力学变量，建立了“统计能量法”，在一定频带内原来需要用多个模态描述的子系统，只需用能量密度等少数几个参数描述即可，一组多自由度系统简化为若干个单自由度系统。统计方法具有方法简便、计算量小等优点，已经从计算简单的矩形腔声场发展到预报整船的结构噪声和舱室空气噪声，并且开发了通用的商用软件。应该说，统计能量法已经成为结构高频动力特性分析的一种有效工具，针对复杂结构的高频振动和声辐射计算，还采用有限元方法计算子系统传递损耗系数，改进提高损耗系数等统计参数的估算精度，向中频段扩展统计能量法计算的适用范围，并考虑流体负载对统计参数的影响。

在统计能量法基础上发展起来的渐近模态法、空间均值法、空间平均响应包络法、功率流法、模糊结构法，适用中高频段的结构动态响应分析，其中功率流方法 (power flow method) 可以给出子系统振动和声能量的空间分布，有望结合有限元方法应用于诸多工程问题。舰艇上大量子结构非刚性地固定在艇体主结构上，为了研究艇体主结构和子结构的动力特性及相互作用，Soize[45] 和 Strasberg[46] 提出了模糊结构 (structural fuzzy) 概念，采用有限元、边界元等方法处理艇体主结构以及内外流体的振动和声场问题，而将大量的子结构作为模糊结构，采用随机边界阻抗概念模拟它们对主体结构的作用。这些研究使声弹性的数值模型和统计模型相互延伸，建立了数值/统计混合法，向中频段扩展应用范围。

与此同时，将解析解与数值解结合，提出了解析/数值混合法，圆柱壳等规则结构采用解析解处理，内部基座等非规则结构采用数值解处理，提高计算效率及有效频率范围。可以说，解析法与数值法相互衔接，数值法与统计法相互扩展，已成为结构声弹性研究的一个主要方向。

## 参考文献

[1] B.M. 帕申. 苏俄核潜艇声隐身之路//俄罗斯科学在建立国产潜艇部队中的地位. 余力平译. 莫斯科: 俄罗斯科学出版社, 2008.

[2] 庞业珍, 等. 民船水下辐射噪声测试规程与限值标准进展. 舰船科学技术 (待发表).

[3] 陈实. 基于 IMO 新标准的船舶舱室噪声研究. 大连: 大连理工大学硕士论文, 2013.

[4] 李泽成, 廖久宁, 等. 海洋工程船的舱室噪声评估. 舰船科学技术, 2015, 37(1): 69-72.

[5] 文放, 岳宁, 张龙. 民用航空器噪声适航性发展研究. 航空标准化与质量,2019, 1: 45-50.

[6] 林一平. 航空噪声公害与飞机降噪工程. 交通与运输, 2009, 5: 28-30.

[7] 任方, 李海波, 等. 大型民机短舱降噪技术综述. 强度与环境, 2015, 42(5): 1-10.

[8] A.Γ. 穆宁. 航空声学. 曹传钧译. 北京: 航空航天大学出版社, 1993.

[9] 杨国伟, 魏宇杰, 等. 高速列车的关键力学问题. 力学进展, 2015, 45: 219-420.

[10] Fodiman P, Staiger M. Improvement of the noise technical specifications for interoperability: The input of the NOEMIE project. J. Sound and Vibration, 2006, 293: 475-484.

[11] 李翠岚, 张明. 高速动车组噪声标准分析研究. 中国标准化, 2016, 4: 92-95.

[12] Gu Xiaoan. Railway environmental noise in China. J. Sound and Vibration, 2006, 293: 1078-1085.

[13] Thompson D J. Wheel-rail noise generation. Part I: Introduction and interaction model. J. Sound and Vibration, 1993, 161(3): 387-400.

[14] King Ⅲ W F. A précis of developments in the aeroacoustics of fast trains. J. Sound and Vibration, 1996, 193(1): 349-358.

[15] Thompson D. Railway Noise and Vibration, Mechanisms, Modelling and Means of Control. Elsevier Ltd, 2009.

[16] 孙林. 国内外汽车噪声法规和标准的发展. 汽车工程, 2000, 22(3): 154-158.

[17] 杨安杰. 汽车噪声标准与测试探讨. 噪声与振动控制, 2010, 4: 110-114.

[18] 任文堂, 郄维周. 交通噪声及其控制. 北京: 人民交通出版社, 1984.

[19] 常振臣, 王登峰, 等. 车内噪声控制技术研究现状及展望. 吉林大学学报 (工学版), 2002, 32(4): 86-90.

[20] 赵春, 周登峰. 汽车车内主要噪声源控制方法. 噪声与振动控制, 2007, 4: 69-72.

[21] 张铖. 汽车噪声产生原理及控制技术. 轻型汽车技术, 2019: 1-2, 7-14.

[22] 俞孟萨, 等. 潜艇机械噪声控制技术的现状与发展概述. 船舶力学, 2003, 7(4): 110-120.

[23] 俞孟萨, 林立. 国外水面舰艇声隐身设计及控制技术概述. 舰船科学技术, 2001, 27(2): 92-96.

[24] 俞孟萨, 刘延利. 腔室内部声场与结构振动耦合特性及噪声控制研究综述. 船舶力学, 2012, 16(1-2): 191-199.

[25] 俞孟萨, 张铮铮, 高岩. 开口与空腔流激声共振及声辐射研究综述. 船舶力学, 2015, 19(11): 1422-1430.

[26] 张正平, 任方, 冯秉初. 飞机噪声技术研究–工程解决方法. 航空学报, 2008, 29(5): 1207-1211.

[27] McAlpine A, Astley R J. Aeroacoustics research in Europe: The CEAS-ASC report on 2011 highlights. J. Sound and Vibration, 2012, 331: 4609-4628.

[28] Bodén H, Efraimsson G. Aeroacoustics research in Europe: The CEAS-ASC report on 2012 highlights. J. Sound and Vibration, 2013, 332: 6617-6636.

[29] 刘达德. 列车噪声及其控制. 噪声与振动控制, 1992, 2: 29-35.

[30] 刘扬, 练松良, 章新权. 轮轨噪声的产生机理及其治理措施. 石家庄铁道学院学报, 2006, 19(3): 80-85.

[31] 杨新文, 翟婉明. 高速铁路轮轨噪声理论计算与控制研究. 中国铁道科学, 2011, 32(1): 133-134.

[32] Schulte-Werning B, Beier M. Research on noise and vibration reduction at DB to improve the environmental friendliness of railway traffic. J. Sound and Vibration, 2006, 293: 1058-1069.

[33] Frid A, Leth S. Noise control design of railway vehicles-impact of new legislation. J. Sound and Vibration, 2006, 293: 910-920.

[34] Xie G, Thompson D J. A modeling approach for the vibroacoustic behavior of aluminium extrusions used in railway vehicles. J. Sound and Vibration, 2006, 293: 921-932.

[35] 张保成, 崔志琴, 等. 内燃机噪声控制技术的现状及发展趋势. 车用发动机, 1997, 6: 1-4.

[36] 邢世凯, 闻德生. 轿车车内减振降噪控制方法的研究. 噪声与振动控制, 2003, 4: 26-28.

[37] 俞孟萨, 吴有生. 舰船声弹性及声辐射理论研究概述. 船舶力学, 2008, 12(4): 669-676.

[38] Chen L H, Sehweikert D G. Sound radiation from a arbitrary body. J. Acoust. Soc. Am., 1963, 35(10): 1626-1632.

[39] Copley L G. Fundamental results concerning integral representations in acoustic radiation. J. Acoust. Soc. Am., 1968, 44(1): 28-32.

[40] Wilton D T. Acoustic radiation and scattering from elastic structures. Inter. J. for Num. Meth. in Eng., 1978, 13: 123-138.

[41] Mathews I C. Numerical techniques for three-dimensional steady-state fluid structure interaction. J. Acoust. Soc. Am., 1986, 79(5): 1317-1325.

[42] Koopmann G H, et al. A method for computing acoustic fields based on the principle of wave superposition. J. Acoust. Soc. Am., 1989, 86(6): 2433-2438.

[43] Hunt J T, et al. Finite element approach to acoustic radiation from elastic structures. J. Acoust. Soc. Am., 1974, 55(2): 269-280.

[44] Lyon R H. Statistical energy analysis of dynamical system theory and applications. Cambridge: The MIT Press, 1975.

[45] Soize C. A model and numerical method in the medium frequency range for vibroacoustic predictions using the theory of structural fuzzy. J. Acoust. Soc. Am., 1993, 94(2): 849-965.

[46] Strasberg M, Feit D. Vibration damping of large structures induced by attached small resonant structures. J. Acoust. Soc. Am., 1996, 99(1): 335-344.

# 第 2 章　无限大弹性板结构耦合振动与声辐射

无限大弹性板结构在外力或外力矩激励下产生的振动和声辐射，经常作为一种简单模型，模拟舰船及飞机和车辆壳板在机械设备作用下的振动和声辐射特性。实际上，无限大板结构声弹性模型是一种高频近似，它适用于声波波长远小于壳板结构尺寸，且阻尼较大边界声波反射可以忽略的情况。当然，实际工程中的无限大板结构是不存在的，但其受激振动和声辐射的求解，可以给出结构受激振动和声辐射问题求解的完整过程和基本规律。

本章主要介绍无限大弹性平板、无限大单向周期加肋和双向正交周期加肋弹性平板、无限大双层加肋弹性平板、无限大多层复合弹性平板以及带有附加质量块、质量/弹簧振子和局部加厚的无限大非均匀弹性平板的耦合振动和声辐射模型及基本特性。

## 2.1　无限大弹性平板耦合振动和声辐射

无限大弹性平板的受激振动和声辐射问题可以采用分离变量法求解，但在单点力激励的轴对称情况下，经常采用 Hankel 变换及稳相法近似积分反演方法求解。Heckl[1] 最早研究点力激励下无限大平板的声辐射，Junger[2] 和 Fahy[3] 比较全面归纳了无限大平板声辐射的计算模型及特性。现在考虑一无限大弹性平板，受到一个点激励力作用，平板上方为半无限理想声介质，其声速为 $C_0$、密度为 $\rho_0$，参见图 2.1.1。

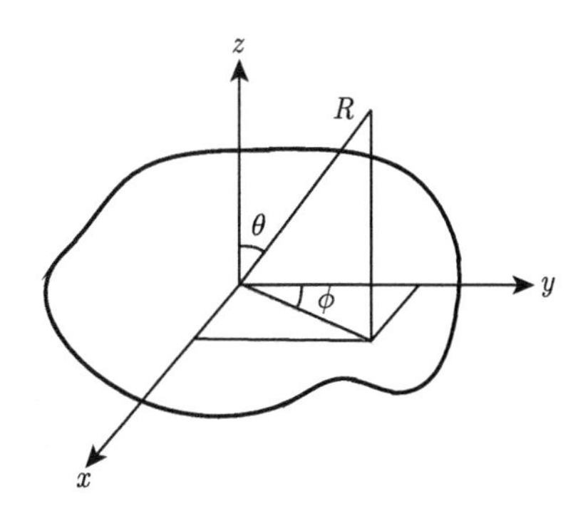


图 2.1.1　无限大弹性平板

设弹性平板为薄板，其小振幅弯曲振动方程为

$$D\nabla^4 W + m_s \frac{\partial^2 W}{\partial t^2} = f(x,y,t) - p(x,y,z=0,t) \tag{2.1.1}$$

式中，$W$ 为平板弯曲振动位移，$D = Eh^3/12(1-\nu^2)$ 为平板弯曲刚度，$E$, $\nu$, $m_s$ 分别为平板的杨氏模量、泊松比和面密度，$f(x,y,t)$ 为作用在平板上的激励力，$p(x,y,z=0,t)$ 为作用在平板上的声压。

在无限大弹性平板上方的半无限声介质中，声压满足小振幅波动方程：

$$\nabla^2 p - \frac{1}{C_0^2} \cdot \frac{\partial^2 p}{\partial t^2} = 0 \tag{2.1.2}$$

假设作用在无限大弹性平板上的激励力为时间简谐变化的点力，作用在坐标原点，可表示为

$$f(x,y,t) = F_0 \delta(x)\delta(y)\mathrm{e}^{-\mathrm{i}\omega t} \tag{2.1.3}$$

式中，$F_0$ 为激励力幅度，$\delta(x)$ 和 $\delta(y)$ 为 Dirac 函数。

考虑到问题的轴对称性，选用柱坐标系，平板弯曲振动方程可表示为

$$D\left(\frac{\mathrm{d}^2}{\mathrm{d}r^2} + \frac{1}{r}\frac{\mathrm{d}}{\mathrm{d}r}\right)^2 W - m_s\omega^2 W = \frac{F_0\delta(r)}{2\pi r} - p(r,z=0,\omega) \tag{2.1.4}$$

先不考虑辐射声压对平板的作用，相当于平板在真空中振动，采用 Hankel 变换法求解 (2.1.4) 式。Hankel 变换 [4] 定义为

$$\tilde{W}(k) = \int_0^{+\infty} W(r)\mathrm{J}_0(kr)r\mathrm{d}r \tag{2.1.5}$$

式中，$\mathrm{J}_0(kr)$ 为零价 Bessel 函数。

弹性平板振动方程 (2.1.4) 式两边进行 Hankel 变换，得到

$$\tilde{W}(k) = \frac{F_0}{2\pi D(k^4 - k_f^4)} \tag{2.1.6}$$

式中，$k_f$ 为弯曲波数，其表达式为

$$k_f = \left(\frac{m_s\omega^2}{D}\right)^{1/4} = \left(\frac{\sqrt{12}\omega}{hC_L}\right)^{1/2} \tag{2.1.7}$$

相应的弯曲波波速为

$$C_f = \frac{\omega}{k_f} = \frac{(hC_L\omega)^{1/2}}{\sqrt[4]{12}} \tag{2.1.8}$$

这里 $C_L = \left(E/(1-\nu^2)\rho_s\right)^{1/2}$，为弹性平板材料的纵波声速。

由 (2.1.8) 式可见，弹性平板的弯曲波波速与平板的厚度、纵波声速及频率有关。平板厚度或纵波声速越大，弯曲波波速越大。弹性平板厚度和纵波声速一定时，弯曲波波速随 $\sqrt{\omega}$ 增加。

由 (2.1.6) 式，对 $\tilde{W}(k)$ 进行逆变换，可得到弹性平板在真空中弯曲振动位移

$$W(r) = \frac{F_0}{2\pi D}\int_0^{+\infty} \frac{\mathrm{J}_0(kr)k\mathrm{d}k}{k^4 - k_f^4} \tag{2.1.9}$$

利用 Bessel 函数和 Hankel 函数之间的关系：

$$\begin{aligned}\mathrm{J}_0(x) &= \frac{1}{2}\mathrm{H}_0^{(1)}(x) + \frac{1}{2}\mathrm{H}_0^{(2)}(x)\\ &= \frac{1}{2}\mathrm{H}_0^{(1)}(x) - \frac{1}{2}\mathrm{H}_0^{(1)}(-x)\end{aligned}$$

可得

$$W(r) = \frac{F_0}{4\pi D}\int_0^{+\infty} \frac{\left[\mathrm{H}_0^{(1)}(kr) - \mathrm{H}_0^{(1)}(-kr)\right]k\mathrm{d}k}{k^4 - k_f^4} \tag{2.1.10}$$

(2.1.10) 式中，$-\mathrm{H}_0^{(1)}(-kr)$ 从 $0\to\infty$ 积分，可以改为 $-\mathrm{H}_0^{(1)}(kr)$ 从 $0\to-\infty$ 积分，亦即 $\mathrm{H}_0^{(1)}(kr)$ 从 $-\infty\to 0$ 积分。这样，(2.1.9) 式变为

$$W(r) = \frac{F_0}{4\pi D}\int_{-\infty}^{+\infty} \frac{\mathrm{H}_0^{(1)}(kr)k\mathrm{d}k}{k^4 - k_f^4} \tag{2.1.11}$$

采用复平面上的留数定理可求解 (2.1.11) 式的积分。积分的奇点满足特征方程 [5]:

$$k^4 - k_f^4 = 0 \tag{2.1.12}$$

此特征方程有 4 个特征根：$k_{1,2} = \pm k_f$ 和 $k_{3,4} = \pm \mathrm{i}k_f$，它们分别代表两种弯曲波：传播波 $\mathrm{e}^{\pm\mathrm{i}k_f r}$ 和非均匀波 (或称近场波)$\mathrm{e}^{\pm k_f r}$。弹性平板强迫弯曲振动时，这两种波都存在，但传播波是能量传输的主要方式，非均匀波主要在激励点附近起作用。

利用留数定理，由 (2.1.11) 式积分得到无限大平板弯曲振动位移为 [2]

$$W(r)=\frac{\mathrm{i}F_0}{8\omega\sqrt{m_sD}}\left[\mathrm{H}_0^{(1)}(k_fr)+\frac{2\mathrm{i}}{\pi}\mathrm{K}_0(k_fr)\right] \tag{2.1.13}$$

式中，$\mathrm{H}_0^{(1)}(k_fr)$ 对应传播波，$\mathrm{K}_0$ 为零阶修正 Hankel 函数，对应非均匀波。

当 $k_fr\gg 1$ 时，不均匀波趋近于零。利用 $\mathrm{H}_0^{(1)}(k_fr)$ 的渐近表达式，(2.1.13) 式可以简化为

$$W(r)=\frac{\mathrm{i}F_0}{8\omega}\sqrt{\frac{2}{\pi m_sDk_fr}}\mathrm{e}^{\mathrm{i}(k_fr-\pi/4)} \tag{2.1.14}$$

由 (2.1.14) 式可见，在远场情况下，无限大弹性平板的弯曲振动以柱面波形式扩展，振幅以 $1/\sqrt{r}$ 规律随距离衰减。实际上，无限大弹性平板在声介质中受激振动，一方面向声介质中辐射声波，另一方面受到辐射声场的反作用。这是声弹性研究的基本问题和共有特征。为了求解声场对无限大弹性平板振动的反作用，在假设声压随时间简谐变化的情况下，对 (2.1.2) 式进行 Hankel 变换：

$$\tilde{p}(k,z)=\int_0^\infty p(r,z)\mathrm{J}_0(kr)r\mathrm{d}r \tag{2.1.15}$$

得到关于 $\tilde{p}(k,z)$ 的微分方程

$$\left[\frac{\partial^2}{\partial z^2}+(k_0^2-k^2)\right]\tilde{p}(k,z)=0 \tag{2.1.16}$$

式中，$k_0$ 为声波数，$k_0=\omega/C_0$。

考虑到无限大弹性平板上表面振动位移与声介质中声压满足边界条件：

$$\frac{\partial^2W}{\partial t^2}=-\frac{1}{\rho_0}\frac{\partial p}{\partial z}\quad (z=0) \tag{2.1.17}$$

在简谐时间条件下，(2.1.17) 式经 Hankel 变换得到

$$\rho_0\omega^2\tilde{W}=\frac{\partial\tilde{p}}{\partial z}\quad (z=0) \tag{2.1.18}$$

求解 (2.1.16) 和 (2.1.18) 式，得到无限大弹性平板的波数域辐射声压：

$$\tilde{p}(k,z)=\frac{-\mathrm{i}\rho_0\omega^2\tilde{W}}{\sqrt{k_0^2-k^2}}\mathrm{e}^{\mathrm{i}\sqrt{k_0^2-k^2}z} \tag{2.1.19}$$

定义波数域中无限大平板的声辐射阻抗

$$Z_a = -\frac{\tilde{p}}{\mathrm{i}\omega\tilde{W}}|_{z=0} \tag{2.1.20}$$

由 (2.1.19) 式可得

$$Z_a = \begin{cases} \rho_0 C_0 \dfrac{k_0}{\sqrt{k_0^2 - k^2}}, & k < k_0 \\ \rho_0 C_0 \dfrac{k_0}{\mathrm{i}\sqrt{k^2 - k_0^2}}, & k > k_0 \end{cases} \tag{2.1.21}$$

由 (2.1.19) 和 (2.1.21) 式可见，对于给定的弯曲波数 $k$，当 $k < k_0$ 时，无限大弹性平板沿着 z 方向辐射声波，辐射阻抗为纯辐射阻；当 $k > k_0$ 时，无限大弹性平板沿着 $z$ 方向没有传播到远场的声波，振动产生的声波沿 $z$ 方向指数衰减，辐射阻抗为纯辐射抗，相当于附加质量。

讨论真空中无限大弹性平板弯曲振动时，我们知道弹性平板弯曲振动波数 $k_f$ 与频率 $\omega$ 有关，因此可以定义一个频率，在这个频率时，真空中无限大弹性平板弯曲振动波数与声波数相等，此频率称为吻合频率。

由 $k_0 = k_f$ 及 (2.1.7) 式，可得弹性平板的吻合频率

$$\omega_c = \frac{\sqrt{12}C_0^2}{hC_L} \tag{2.1.22}$$

由 (2.1.22) 式可见，无限大弹性平板吻合频率与声介质中声速平方成正比，而与平板厚度和纵波声速成反比。平板越厚，吻合频率越小，平板越薄，吻合频率越高。频率小于吻合频率时，平板弯曲振动波数大于声波数，相应地，平板弯曲波速小于声介质声速，称之为亚音速，此时，无限大弹性平板没有远场声辐射。当频率大于吻合频率时，平板弯曲振动波数小于声波数，相应地，平板弯曲波速大于声介质声速，称为超音速，此时无限大弹性平板有远场声辐射。应该指出，这里讨论的声辐射结果只针对波数域中给定弯曲波数的无限大平板。实际上，频率小于吻合频率时，无限大平板并非没有声辐射；另外对于有限大弹性平板，吻合频率也是一个重要参数，后续内容中会进一步讨论。

前面采用 Hankel 变换求解无限大平板弯曲振动方程 (2.1.4) 式时，没有考虑声场对无限大弹性平板振动的反作用。现在求解考虑声场反作用时的无限大弹性平板耦合振动。对 (2.1.4) 式两边作 Hankel 变换，得

$$D(k^4 - k_f^4)\tilde{W}(k) = -\tilde{p}(k, 0) + \frac{F_0}{2\pi} \tag{2.1.23}$$

定义无限大平板的阻抗：

$$Z_p = \mathrm{i}\omega m_s \left(1 - \frac{k^4}{k_f^4}\right) \tag{2.1.24}$$

并考虑 (2.1.19) 式和 (2.1.21) 式，由 (2.1.23) 式可得无限大平板在声场中的耦合振动方程：

$$(Z_p + Z_a)\tilde{W}(k) = \frac{\mathrm{i}F_0}{2\pi\omega} \tag{2.1.25}$$

由 (2.1.25) 式容易求解得到振动位移 $\tilde{W}(k)$，再进行 Hankel 逆变换，并参考 (2.1.11) 式的推导过程，即有无限大平板的耦合振动解：

$$W(r) = \frac{\mathrm{i}F_0}{4\pi\omega}\int_C \frac{\mathrm{H}_0^{(1)}(kr)k\mathrm{d}k}{Z_p + Z_a} \tag{2.1.26}$$

由 (2.1.26) 式可见，无限大弹性平板振动位移不仅与平板阻抗有关，还与声辐射阻抗有关，这就是结构振动和声场耦合的结果及基本特征。(2.1.26) 式中的围线积分有两部分组成，其一，被积分函数在上半平面内奇点的留数，其二，支点割线的积分。奇点由 (2.1.26) 式被积函数的分母给定的特征方程确定。

$$\frac{\rho_0\omega}{\left(k^2 - k_0^2\right)^{1/2}} + \omega m_s\left(1 - k^4/k_f^4\right) = 0 \tag{2.1.27}$$

令 $\alpha = \left(k^2 - k_0^2\right)^{1/2}$，(2.1.27) 式可改写为

$$\alpha^5 + 2k_0^2\alpha^3 + (k_0^4 - k_f^4)\alpha - \frac{\rho_0 k_f^4}{m_s} = 0 \tag{2.1.28}$$

因为无限大弹性平板辐射声场反作用的影响，(2.1.28) 式存在的五个特征根，并与真空中无限大平板的特征根有很大的不同。精确求解 (2.1.28) 式，需要采用数值方法，不同的奇点对应不同的波动形式。已知了奇点进一步由 (2.1.26) 式计算无限大平板受点作用力激励的耦合振动，也是一个比较复杂的过程，往往需要采用数值方法求解。鉴于本节讨论的重点是无限大平板的辐射声场，这里不详细讨论耦合振动求解，有兴趣可以参阅文献 [6] 和 [7]。

为了求解无限大弹性平板在点作用力激励下耦合振动产生的辐射声场，将 (2.1.25) 式代入 (2.1.19) 式，并进行 Hankel 逆变换，得到辐射声场的积分表达式：

$$p(r,z) = \frac{F_0}{4\pi}\int_{-\infty}^{+\infty} \frac{Z_a \mathrm{e}^{\mathrm{i}\sqrt{k_0^2-k^2}z}\mathrm{H}_0^{(1)}(kr)k\mathrm{d}k}{Z_p + Z_a} \tag{2.1.29}$$

利用 Hankel 函数的指数表达式：

$$\mathrm{H}_n^{(1)}(x)=\left(\frac{2}{\pi x}\right)^{1/2}(-\mathrm{i})^n\,\mathrm{e}^{\mathrm{i}\left(x-\frac{\pi}{4}\right)}$$

并采用球坐标 $r=R\sin\theta$，$z=R\cos\theta$，(2.1.29) 式可以表示为

$$p(R,\theta)=\frac{F_0\mathrm{e}^{-\mathrm{i}\pi/4}}{2(2\pi R\sin\theta)^{1/2}}\int_{-\infty}^{+\infty}\varPhi(k)\mathrm{e}^{\mathrm{i}\varPsi(k)}\mathrm{d}k \tag{2.1.30}$$

式中，

$$\varPhi(k)=\frac{Z_a k^{1/2}}{Z_p+Z_a}$$

$$\varPsi(k)=R\left[k\sin\theta+(k_0^2-k^2)^{1/2}\cos\theta\right]$$

在远场情况下，$R$ 值较大，$\varPsi(k)$ 取值也比较大，(2.1.30) 式的积分可以采用稳相法 (stationary phase method) 计算，详细方法可参见文献 [8]，这里仅仅给出积分结果，并将无限大平板的阻抗 $Z_p$ 和 $Z_a$ 表达式代入，得到无限大弹性平板受点作用力激励的远场辐射声场：

$$p(R,\theta)=\frac{-\mathrm{i}k_0F_0\mathrm{e}^{\mathrm{i}k_0R}}{2\pi R}\cdot\frac{\cos\theta}{1-\mathrm{i}k_0h\left(\dfrac{\rho_s}{\rho_0}\right)\cos\theta\left(1-\dfrac{\omega^2}{\omega_c^2}\sin^4\theta\right)} \tag{2.1.31}$$

沿着作用力方向 $(\theta=0)$，辐射声场简化为

$$p(R,0)=\frac{-\mathrm{i}k_0F_0}{2\pi R}\cdot\frac{\mathrm{e}^{\mathrm{i}k_0R}}{1-\mathrm{i}k_0h\left(\dfrac{\rho_s}{\rho_0}\right)} \tag{2.1.32}$$

当 $k_0m_{\mathrm{s}}/\rho_0\ll1$，即频率较低或平板面密度较小时，辐射声场进一步简化为

$$p(R,0)=\frac{-\mathrm{i}k_0F_0}{2\pi R}\cdot\mathrm{e}^{\mathrm{i}k_0R} \tag{2.1.33}$$

由 (2.1.31) 式可见，无限大弹性平板受点作用力激励产生的辐射声场，可以理解为空间力源声辐射与无限大弹性平板声透射的合成结果。当声介质为重质流体时，声辐射具有偶极子特征的空间分布。当频率较低或平板面密度较小时，无限大平板的辐射声场与平板参数无关，辐射声压幅值为 $k_0F_0/2\pi R$，如果平板两

面有声介质，则辐射声压幅值为 $k_0F_0/4\pi R$。在吻合频率以下，最大辐射声压沿着作用力方向，在吻合频率以上，最大辐射声压在吻合角方向

$$\theta_c = \arcsin\left(\frac{\omega_c}{\omega}\right)^{1/2} \tag{2.1.34}$$

相应的最大声压为

$$p(R,\theta_c) = \frac{-\mathrm{i}F_0k_0\cdot \mathrm{e}^{\mathrm{i}k_0R}}{2\pi R}\cdot\left(1-\frac{\omega_c}{\omega}\right)^{1/2} \tag{2.1.35}$$

应该注意到，讨论 (2.1.21) 式时明确指出，$k<k_0$ 时，无限大弹性平板有远场声辐射；$k>k_0$ 时，无限大弹性平板没有远场声辐射。但在 (2.1.31)~(2.1.33) 式中，无论 $\omega$ 取何值，无限大平板的远场声辐射都是存在的。回顾一下 (2.1.21) 式的推导过程，不难发现，(2.1.21) 式得到的结果仅仅针对给定的单波数分量有效，而 (2.1.31)~(2.1.33) 给出的结果对应于无限大平板受点作用力激励的情况。类似于时间域的瞬态脉冲信号在频率域中为白噪声信号，空间域中的点激励，在波数域中则为白波数激励，也就是说，无限大平板受点作用力激励会产生各种波数分量的弯曲波，在给定的激励频率下，总有一部分弯曲波会产生远场声辐射。当然，激励频率越低，产生远场辐射的分量越少，而激励频率越高，产生远场声辐射的弯曲波分量则越多，因此，无限大平板受点作用力激励的辐射声压随频率增加而增加。在吻合频率以上，辐射声压随频率变化较小。

在远场条件下，无限大弹性平板的辐射功率可以表示为

$$P = \frac{1}{2\rho_0C_0}\int_0^{2\pi}\mathrm{d}\varphi\int_0^{\frac{\pi}{2}}|p(R,\theta)|^2R^2\sin\theta\mathrm{d}\theta \tag{2.1.36}$$

将 (2.1.31) 式代入 (2.36) 式，在 $\omega\ll\omega_c$ 的情况下，可以积分得到辐射声压功率：

$$P = \frac{1}{\rho_0C_0\pi}\left(\frac{F_0\rho_0}{2m_s}\right)^2\left(1-\frac{\rho_0}{k_0m_s}\arctan\frac{k_0m_s}{\rho_0}\right) \tag{2.1.37}$$

当 $k_0m_s/\rho_0\gg 1$ 时，(2.1.37) 式可以简化为

$$P = \frac{1}{\rho_0C_0\pi}\left(\frac{F_0\rho_0}{2m_s}\right)^2 \tag{2.1.38}$$

由 (2.1.37) 可见，无限大弹性平板受点作用力激励的声辐射功率与激励力的幅度及声介质密度和平板面密度的比值有关。当频率较高或平板面密度较大时，无限大弹性平板声辐射功率 (2.1.38) 式适用于空气介质中的弹性薄板。

当激励频率较低时，$k_0 m_s/\rho_0 \ll 1$，相当于水中无限大薄板的声辐射功率为

$$P = \frac{F_0^2 k_0^2}{12\pi\rho_0 C_0} \tag{2.1.39}$$

在低频段，无限大平板受点作用力产生的声辐射功率与弹性平板的参数无关，按 Ross 的说法 [10] ,“仿佛弹性平板是不存在似的”。而且在吻合频率以下，由 (2.1.24) 式可知弹性板的声阻抗近似为 $\mathrm{i}\omega m_s$，无限大弹性平板的远场辐射声压也可以表示为

$$p(r,\theta) = \frac{\mu k_0 F_0}{2\pi R} f(\theta)\mathrm{e}^{\mathrm{i}k_0 R} \tag{2.1.40}$$

式中，

$$f(\theta) = \frac{\cos\theta}{\cos\theta + \mu}, \quad \mu = \frac{\rho_0 C_0}{\mathrm{i}\omega m_s}$$

远场辐射声压的方向性与弹性平板归一化的质量导纳 $\mu$ 有关。对于轻质流体，$\mu$ 值较小，对于重质流体，$\mu$ 值较大。当 $|\mu| \ll 1$ 时，$f(\theta) = 1$，即除了近掠射情况外 $(\theta \to \pi/2, \cos\theta < |\mu|)$，远场辐射声压与角度无关。

$$p(R,\theta) \approx \frac{k_0 \mu F_0}{2\pi R} \cdot \mathrm{e}^{\mathrm{i}k_0 R}, \quad |\mu| < 1 \tag{2.1.41}$$

此时无限大弹性平板的远场辐射声压，相当于位于坐标原点的源强度为 $Q_0 = 2\mathrm{i}F_0\mu/\rho_0 C_0 = 2F_0/m_s\omega$ 的单极子声辐射。

在重质流体情况下，$\mu \gg 1, f(\theta) = \cos\theta/\mu$，由 (2.1.40) 式可得远场辐射声压为

$$p(R,\theta) \approx \frac{k_0 F_0}{2\pi R} \cdot \cos\theta \mathrm{e}^{\mathrm{i}k_0 R}, \quad |\mu| \gg 1 \tag{2.1.42}$$

此时无限大弹性平板声辐射相当于位于平板上点作用力的偶极子声辐射，偶极子轴垂直于平板，即与 $z$ 轴吻合。

增加流体负载可以使无限大平板的声辐射由单极子变为偶极子。这种源特性随 $\mu$ 的变化是平顺的变化，相应的远场辐射声压幅值与相位随 $\mu$ 的变化可见图 2.1.2[9]。当 $\mu = 0$ 时，声压幅值为与 $\theta$ 角无关的常数，而当 $\mu \gg 1$ 时，声压幅值与 $\cos\theta$ 成正比；相角则由 $\mu = 0$ 时的零值逐渐增加到 $\mu = 0.5$ 时的较大值，再减小到 $\mu = \infty$ 时的零值。

当无限大弹性平板受点力矩作用，参见图 2.1.3，即两个相距为 $d_m$、方向相反的点力激励时，依据声场叠加原理，点力矩产生的辐射声压为两个点力单独产生的辐射声压相加 [11]。轻质流体情况下，点力矩激励的无限大平板声辐射可以等

效为两个相距为 $d_m$ 且相位相反的单极子。若满足条件 $k_0 d_m \ll 1$，则点力矩的等效声源为偶极子，其轴线方向平行于平板面，相应的声辐射功率为

$$P_m = \frac{1}{3}(k_0 d_m)^2 P_0 \tag{2.1.43}$$

式中，$P_0 = k_0^2 F_0^2 \mu^2 / 2\pi\rho_0 C_0$。

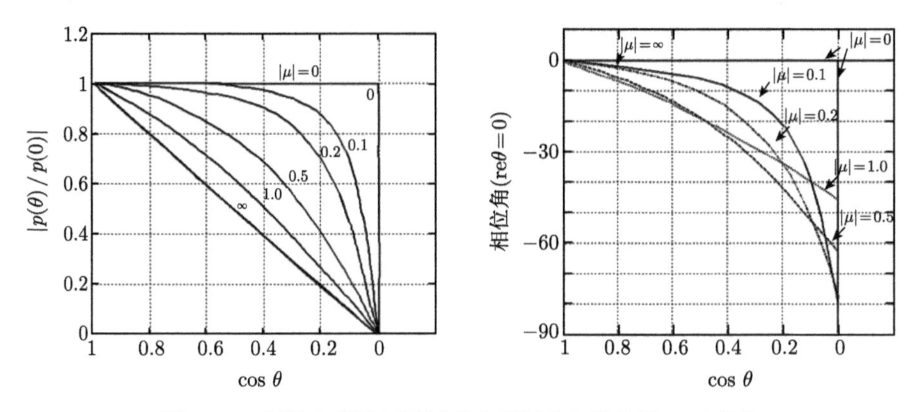


图 2.1.2　无限大弹性平板远场声压幅值和相位随 $\mu$ 的变化

(引自文献 [9], fig2, fig3)

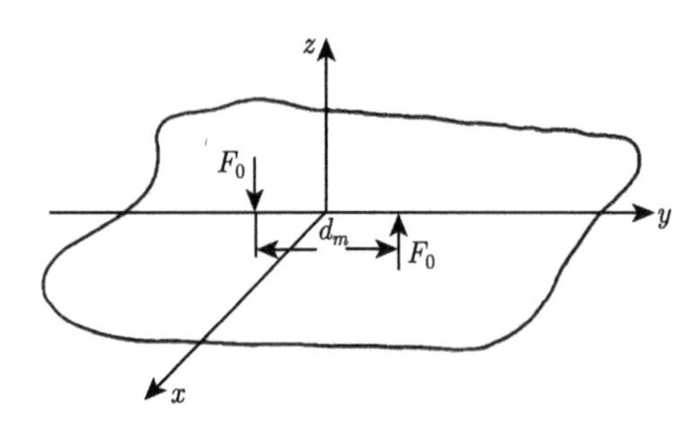


图 2.1.3　无限大弹性平板受点力矩激励

(引自文献 [9], fig5)

比较标准偶极子与等效偶极子的声辐射功率表达式，可以发现，等效偶极子的极矩满足：

$$k_0 d_m = \mu^{-1} \tag{2.1.44}$$

在重质流体情况下，点力矩产生的辐射声压等效为两个方向相反的偶极子，若满足条件 $k_0 d_m \ll 1$，则两个偶极子相当于四极子，其声辐射功率为 $(1/5)(k_0 d_m)^2$ 倍的偶极子声辐射功率：

$$P_q = \frac{1}{5}(k_0 d_m)^2 \cdot \frac{1}{3}(k_0 d_m) P_0 = \frac{1}{15}(k_0 d_m)^2 \mu^{-2} P_0 \tag{2.1.45}$$

当无限大平板上作用线激励力时，也有与上面相类似的结果 [9]。

实际工程中，当辐射阻尼较大，平板面积也较大时，结构边界反射波相对传播波来说可以忽略时，无限大弹性平板声辐射模型具有一定的应用价值。作为一种简单的模型，仍可以其为基础建立船舶水下噪声的预报方法，但在低频段需考虑有限壳板振动模态共振引起的声辐射修正，Andresen[12] 采用这种预报方法计算科学考察船的水下辐射噪声。

在吻合频率以上频段，声波波长小于弹性平板弯曲波长，壳板不宜简化为弹性薄板，而应该考虑其剪切变形和转动惯量的作用，相应地需要采用 Timoshenko-Mindlin 厚板振动方程计算无限大弹性平板耦合振动与声辐射 [13]，在点激励力和辐射声场作用下，厚板振动方程为

$$
\begin{aligned}
&\left[\left(D\nabla^2+\frac{m_s h^2}{12}\omega^2\right)\left(\nabla^2+\frac{\rho_s}{\kappa^2 G}\omega^2\right)-m_s\omega^2\right]W(r)\\
&=-\left[1-\frac{D}{\kappa^2 G h}\nabla^2-\frac{m_s h}{12\kappa^2 G}\omega^2\right](p(r,0)+F_0\delta(r)/2\pi r)
\end{aligned}
\tag{2.1.46}
$$

式中，$G$ 为平板剪切模量，$\kappa^2=\pi^2/12$ 为剪切修正因子，$h$ 为弹性平板厚度，其他参数含义同 (2.1.1) 式。$\nabla^2$ 为圆柱坐标系下 Laplace 算子：$\nabla^2=\mathrm{d}^2/\mathrm{d}r^2+(1/r)\mathrm{d}/\mathrm{d}r$。

采用 Hankel 变换求解 (2.1.46) 式，得到与 (2.1.25) 式形式上一致的无限大平板耦合振动方程，但是其中的平板阻抗为

$$
Z_p=\mathrm{i}\omega m_s\frac{1-(k^2-k_L^2)(k^2-k_R^2)/k_f^4}{1+(h^2/12)(k_R/k_L)^2(k^2-k_L^2)}
\tag{2.1.47}
$$

式中，$k_L$ 为纵波数，$k_R=\omega/C_R$ 为瑞利波数，其中 $C_R=\kappa\sqrt{G/\rho_s}$ 为瑞利波速。

类似于 (2.1.31) 的计算，(2.1.29) 式中采用 (2.1.47) 式给出的平板阻抗，由稳相法可以得到 Timoshenko-Mindlin 厚板的远场辐射声压表达式：

$$
\begin{aligned}
p(R,\theta)=&\frac{-\mathrm{i}k_0F_0\mathrm{e}^{\mathrm{i}k_0R}}{2\pi R}\\
&\times\frac{\cos\theta}{1-\dfrac{\mathrm{i}k_0m_s}{\rho_0}\cos\theta\left\{\dfrac{1-k_0^4/k_f^4[\sin^2\theta-(k_L/k_0)^2][\sin^2\theta-(k_R/k_0)^2]}{1+(k_0^2h^2/12)(k_R/k_L)^2[\sin^2\theta-(k_L/k_0)^2]}\right\}}
\end{aligned}
\tag{2.1.48}
$$

对于薄板，忽略平板剪切变形和转动惯量的作用，(2.1.47) 式退化为 (2.1.24) 式,(2.1.48) 式退化为 (2.1.31) 式。由无限大弹性薄板模型和厚板模型计算的归一化远场辐射声压随方位角度的变化曲线由图 2.1.4 给出。由图可见，在吻合角方

向，远场辐射声压有一个峰值。厚板模型计算的峰值小于薄板模型计算的结果，而且厚板模型的吻合角较大。在吻合频率以下，最大远场辐射声压受结构阻尼的影响较小，(2.1.33) 式中不包含结构阻尼因子，但在吻合频率以上，最大远场辐射声压受结构阻尼影响明显，图 2.1.5 给出了 1.5 倍吻合频率时结构阻尼对远场辐射声压的影响比较。

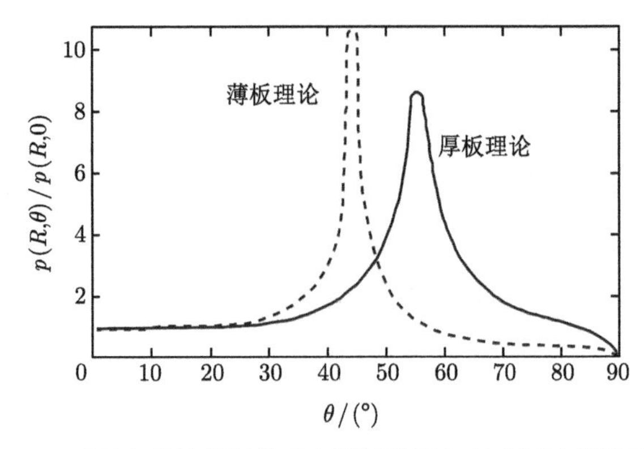


图 2.1.4　无限大弹性薄板模型和厚板模型辐射声压计算结果比较

(引自文献 [2]，fig8.6)

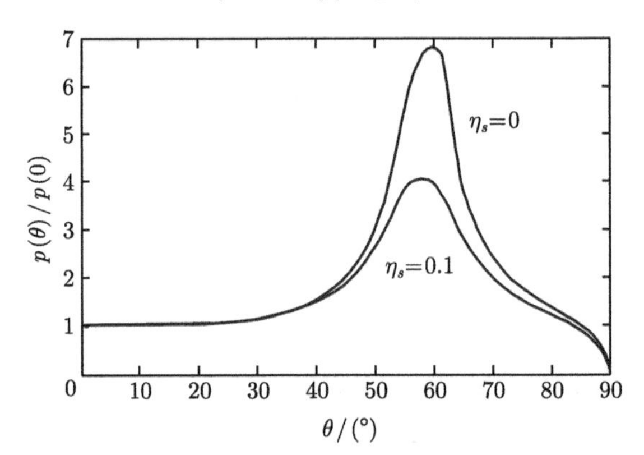


图 2.1.5　结构阻尼对远场辐射声压影响 ($\omega/\omega_c = 1.5$)

(引自文献 [2]，fig8.7)

文献 [13] 以 1.27cm 厚铜板为例，计算比较了薄板和厚板模型的声辐射效率及声辐射功率。铜板两面在水介质中的吻合频率为 26420Hz。在吻合频率附近，两种模型计算的声辐射效率分别约为 −10dB 和 −20dB，频率增加到 3 倍吻合频率时，厚板模型计算的声辐射效率才接近于 0dB，而在不到 1.5 倍吻合频率时，薄板模型计算的声辐射效率即接近 0dB，参见图 2.1.6。弹性平板在水介质中时，为何厚板模型计算的声辐射效率不是在吻合频率附近，而是在更高频率接近于 0dB，这是因为在吻合频率以上，厚板模型中的超音速波衰减因子有所增加，使得与声辐射功率密切相关的超音速波幅值减小，导致声辐射效率随频率增加变缓。在 0.7 倍吻合频率以下薄板模型与厚板模型计算的声辐射功率基本一致，随着频率增加到吻合频率以上，厚板模型计算的声辐射功率一直随频率增加而增加，而薄板模型计算的声辐射功率在 1.5~2 倍吻合频率附近呈现一个平台。换句话说，薄板模型适用于 0.7 倍吻合频率以下频段的声辐射功率计算，超过两倍的吻合频率，薄板模型计算的声辐射功率偏低，参见图 2.1.7。对于声辐射效率来讲，薄板模型适用于 0.2 倍吻合频率以下，频率更高时，其计算结果偏大。当平板处于空气介质时，薄板模型与厚板模型计算的辐射效率和声辐射功率一致性都较好，在吻合频率附近 (约 1kHz) 也是如此，且辐射效率在吻合频率以上就趋近于 0dB，参见图 2.1.8。

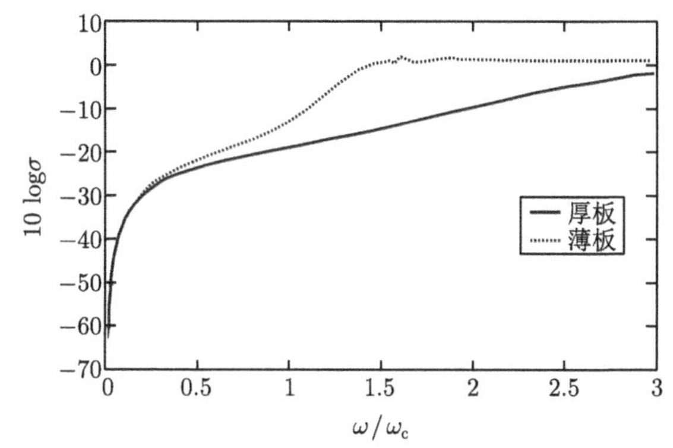


图 2.1.6 水中薄板与厚板模型计算的声辐射效率比较

(引自文献 [13]，fig2)

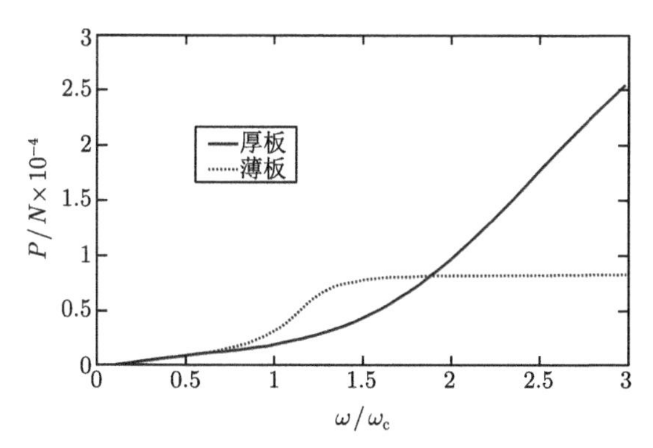


图 2.1.7 水介质中薄板与厚板模型计算的声辐射功率比较

(引自文献 [13]，fig3)

当弹性平板结构弯曲波波长与平板厚度接近时，采用 Timoshenko-Mindlin 厚板振动方程计算辐射声场也会产生较大误差，需要采用严格弹性理论建立无限大

平板声辐射模型 [14]。单面有水介质的钢板受线作用力激励时，图 2.1.9 给出了 $k_0h = 0.1, 1$ 和 5 时，严格弹性理论模型计算的弹性平板归一化远场辐射声压分布图，同时给出了由 Timoshenko-Mindlin 厚板模型计算的结果，参见图 2.1.10。图中 $k_0h = 0.96\omega/\omega_c$，$h$ 为平板厚度。$k_0h = 0.1$ 和 5 分别对应低频和高频。当 $k_0h = 0.1$ 时，弹性理论模型和厚板模型计算的远场声压分布一样。此时，弹性平板声辐射为直接作用于流体的激励力产生的偶极子型声辐射，其动态特性对声

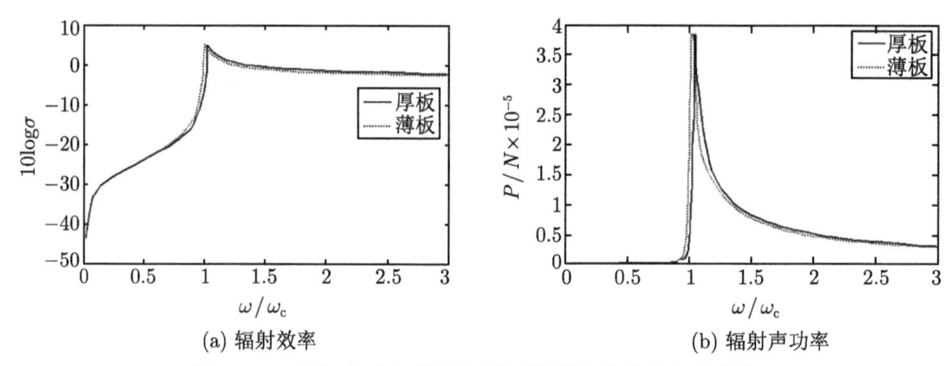


(a) 辐射效率　　　　(b) 辐射声功率

图 2.1.8　空气介质中薄板与厚板模型计算的声辐射比较

(引自文献 [13]，fig10)

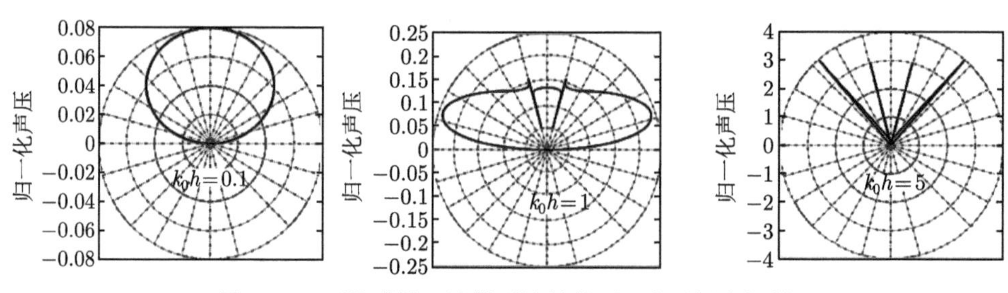


图 2.1.9　严格弹性理论模型计算的无限大平板声辐射

(引自文献 [14]，fig5)

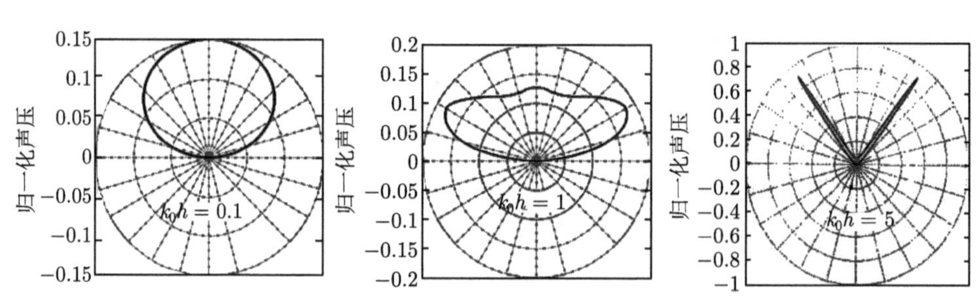


图 2.1.10　厚板模型计算的无限大平板声辐射

(引自文献 [14]，fig7)

辐射的影响不明显。当频率增加到 $k_0h \approx 1$ 时，远场辐射声压分布的方向性增加，而且出现附加的尖峰。这些附加的峰值与平板中超音速相速的高阶传播模式有关，而厚板模型计算结果没有出现这样的尖峰。对于 Timoshenko-Mindlin 厚板模型来说，其内部应力分布沿板厚方向已作过平均。当结构波长与平板厚度相当时，厚板模型的计算精度变差，弹性理论模型适用于频率大于吻合频率的情况。

在有些情况下，弹性平板附近存在其他弹性结构，如双壳体结构潜艇，轻外壳背面一定距离上为耐压壳，中间充满水介质。作为一种简化模型，双壳体潜艇轻外壳和耐压壳结构可以粗略地简化为无限大弹性平板及刚性背衬和水介质层的组合结构，其上方为半无限水介质 [15]，参见图 2.1.11。当弹性平板受到激励时，其声辐射特性会受刚性背衬和中间水层的影响。设在半无限空间和中间水介质层的声压分别为 $p_1(r,z,t)$ 和 $p_2(r,z,t)$，并在无限大弹性平板上下表面和刚性背衬表面满足边界条件：

$$\left.\frac{\partial p_i}{\partial z}\right|_{z=0} = i\omega\rho_0 v, \quad i=1,2 \tag{2.1.49}$$

$$\left.\frac{\partial p_2}{\partial z}\right|_{z=-d} = 0 \tag{2.1.50}$$

式中，$v$ 为无限大弹性平板弯曲振动速度，$d$ 为中间水介质层厚度。

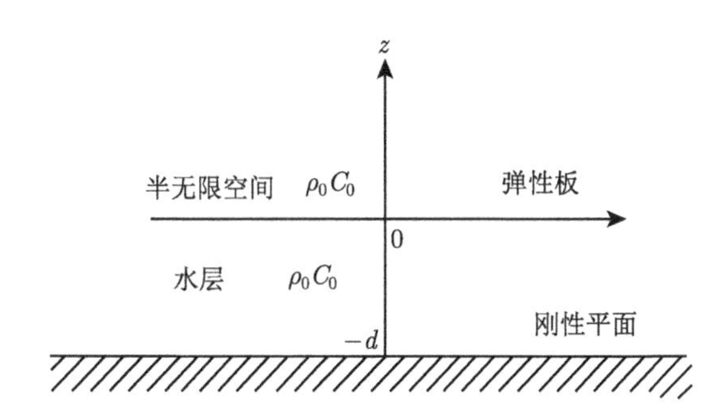


图 2.1.11 刚性边界附近的无限大弹性平板模型

(引自文献 [15], fig1)

在点作用力激励下，采用 Hankel 变换方法求解无限大弹性板振动方程及半无限空间和中间水介质层中波动方程，可以得到波数域中无限大弹性平板耦合振动方程

$$\left[\frac{D}{-\mathrm{i}\omega}k^4 - \mathrm{i}\omega m_s\right]\tilde{v}(k) = -Z_1(k)\tilde{v}(k) + Z_2(k)\tilde{v}(k) - F_0 \tag{2.1.51}$$

式中，$\tilde{v}(k)$ 为波数域中无限大弹性平板振速，$Z_1(k)$ 和 $Z_2(k)$ 分别为波数域中半

无限空间和中间水介质层的声阻抗，表达式为

$$Z_1(k) = \frac{-\mathrm{i}\rho_0 C_0}{[(k/k_0)^2 - 1]^{1/2}} \tag{2.1.52}$$

$$Z_2(k) = -\mathrm{i}\omega\rho_0 d \frac{\coth[k_0 d\sqrt{(k/k_0)^2 - 1}]}{k_0 d\sqrt{(k/k_0)^2 - 1}} \tag{2.1.53}$$

将 (2.1.52) 和 (2.1.53) 式代入 (2.1.51) 式，可求解得到无限大弹性平板耦合振动速度：

$$\begin{aligned}\tilde{v}(k) =& \frac{-\mathrm{i}F_0\sqrt{(k/k_0)^2 - 1}}{\rho_0 C_0} \\ & \frac{1 - \mathrm{e}^{-2k_0 d\sqrt{(k/k_0)^2-1}}}{2 + \dfrac{\omega m_s}{\rho_0 C_0}[1 - \mathrm{e}^{-2k_0 d\sqrt{(k/k_0)^2-1}}]\sqrt{(k/k_0)^2 - 1}[1 - (k/k_f)^4]}\end{aligned} \tag{2.1.54}$$

进一步可以在波数域中得到半无限空间和中间水介质层中的声压与无限大弹性平板振速的关系：

$$\tilde{p}_1(k,z) = \frac{-\mathrm{i}\rho_0 C_0 \tilde{v}(k)}{\sqrt{(k/k_0)^2 - 1}}\mathrm{e}^{-k_0 z\sqrt{(k/k_0)^2-1}}, \quad z > 1 \tag{2.1.55}$$

$$\begin{aligned}\tilde{p}_2(k,z) =& \frac{\mathrm{i}\rho_0 C_0 \tilde{v}(k)}{\sqrt{(k/k_0)^2 - 1}[1 - \mathrm{e}^{-2k_0 d\sqrt{(k/k_0)^2-1}}]} \\ & \left\{\mathrm{e}^{-k_0(2d+z)\sqrt{(k/k_0)^2-1}} + \mathrm{e}^{k_0 z\sqrt{(k/k_0)^2-1}}\right\}\end{aligned} \tag{2.1.56}$$

对 $\tilde{p}_1(k,z)$ 进行反演计算，并采用最陡下降法 [4] 计算 Hankel 逆变换积分，得到吻合频率以下半无限空间中无限大弹性平板的远场辐射声压：

$$p_1(r,z) = \frac{-\mathrm{i}k_0 F_0\cos\theta}{2\pi R}\frac{[1 - \mathrm{e}^{-2\mathrm{i}k_0 d\cos\theta}]\mathrm{e}^{\mathrm{i}k_0 R}}{2 + \dfrac{\mathrm{i}\omega m_s}{\rho_0 C_0}\cos\theta[1 - (k_0/k_f)^4\sin^4\theta][1 - \mathrm{e}^{-2\mathrm{i}k_0 d\cos\theta}]} \tag{2.1.57}$$

(2.1.57) 式与 (2.1.32) 式相比，远场辐射声压表达式中增加了与中间水介质层厚度 $d$ 相关的调制项 $(1 - \mathrm{e}^{-2\mathrm{i}k_0 d\cos\theta})$。若进一步满足条件 $\rho_0 C_0/\omega m_s \gg 1$，$k_0/k_f < 1/2$ 和 $k_0 d \ll 1$，则远场辐射声压简化为

$$p_1(r,z) = \frac{k_0^2 d F_0 \mathrm{e}^{\mathrm{i}k_0 R}}{2\pi R}\frac{\cos^2\theta\mathrm{e}^{-\mathrm{i}k_0 d\cos\theta}}{1 - \dfrac{\omega m_s}{\rho_0 C_0}k_0 d\cos^2\theta\mathrm{e}^{-\mathrm{i}k_0 d\cos\theta}} \tag{2.1.58}$$

(2.1.58) 式与 (2.1.31) 式相比，在低频情况下远场辐射声压不仅增加了调制项 $\mathrm{e}^{-\mathrm{i}k_0 d\cos\theta}$，而且声压幅度与 $k_0^2 d$ 和 $\cos^2\theta$ 成正比。没有中间水层时，远场辐射声压幅度则与 $k_0$ 和 $\cos\theta$ 成正比。另外，在离激励点较远处，反演 $\tilde{p}_2(k)$ 得到的中间水介质层中辐射声压随距离的变化呈柱面波规律。

在 $k_0 d \ll 1$ 和 $k_0/k_f < 1/2$ 条件下，由 (2.1.57) 式，可以计算无限大弹性平板在半无限空间的声辐射功率：

$$P = \frac{F_0^2 k_0^4 d^2}{4\pi\rho_0 C_0}\int_0^{\pi}\frac{\cos^4\theta\sin\theta\mathrm{d}\theta}{\left[1-\dfrac{\omega m_s}{\rho_0 C_0}k_0 d\cos^2\theta\right]^2 + R(\theta)} \tag{2.1.59}$$

式中，$R(\theta) = (4/3)(\omega m_s/\rho_0 C_0)(k_0 d)^3\cos^4\theta - (1/3)(\omega m_s/\rho_0 C_0)(k_0 d)^4\cos^6\theta$。若满足条件 $\omega m_s/\rho_0 C_0 \ll 1$，则 (2.1.59) 式简化为

$$P \approx \frac{F_0^2 k_0^4 d^2}{20\pi\rho_0 C_0}\left[1+\frac{10}{7}\frac{\omega m_s}{\rho_0 C_0}k_0 d\right] \tag{2.1.60}$$

(2.1.60) 式在形式上与两个相距 $2d$，且背对背的两个偶极子，也就是纵向四极子的声辐射功率相同，正比于 $(k_0^2 d)^2$。一个有趣的结果是无限大弹性平板受点力激励的声辐射，在低频段呈现为偶极子特性。在无限大弹性平板下方设置一层中间水介质和刚性背衬，由于刚性背衬的镜像效应，则其声辐射呈现为四极子声辐射特性。

## 2.2 无限大加肋弹性平板耦合振动与声辐射

舰船及飞机和车辆壳板结构一般都采用加强肋骨提高强度。加强肋骨不仅改变壳板结构的动力特性，同时也改变振动和声辐射特性。壳板结构可以简化为无限大加肋平板，其受激振动和声辐射特性需要考虑平板、肋骨和声介质的相互作用。Lin[16], Lyon[17], Garrelick 和 Lin[18] 较早研究了加强肋骨参数及数量对无限大平板声辐射的影响。

为简单起见，本节先考虑 Lin[16] 提出的单肋加强无限大弹性平板模型。假设肋骨关于弹性平板对称，简谐点激励力沿弹性平板法向作用在肋骨中心，无限大平板厚为 $h$、密度为 $\rho_s$，建立如图 2.2.1 所示的坐标系，平板上方为真空，平板下方为半无限区域声介质，其密度为 $\rho_0$、声速为 $C_0$；肋骨高度为 $h_f$、宽度为 $b_f$。

肋骨的小振幅振动方程为

$$E_f I_f\frac{\partial^4 u}{\partial y^4} - \omega^2 m_f u = -D\left[\frac{\partial}{\partial x}\nabla^2 v\bigg|_{x=0^+} - \frac{\partial}{\partial x}\nabla^2 v\bigg|_{x=0^-}\right] - \mathrm{i}\omega F_0\delta(y) \tag{2.2.1}$$

式中，$u, v$ 分别肋骨和平板的振动速度；$E_f, I_f, m_f$ 分别为肋骨的杨氏模量、惯性矩及单位长度质量, 且有 $I_f = (1/12)b_f h_f^3$；$D$ 为弹性平板弯曲刚度；$\delta(y)$ 为 Dirac$\delta$ 函数。(2.2.1) 式右边括号中的项表示平板作用于肋骨的剪切力。

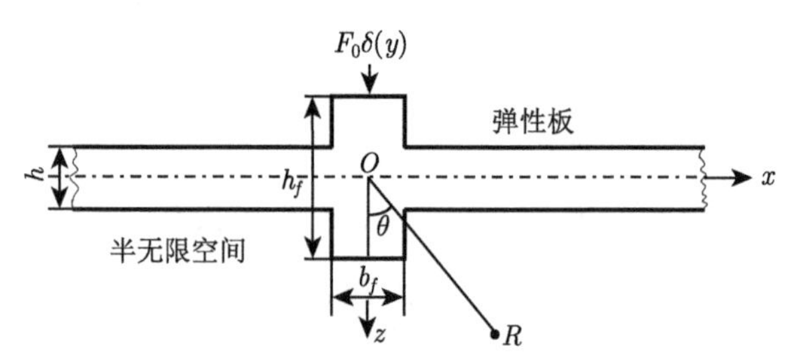


图 2.2.1 单肋加强的无限大弹性平板

(引自文献 [16], fig1)

无限大平板小振幅弯曲振动方程为

$$D\left(\frac{\partial^4 v}{\partial x^4} + 2\frac{\partial^4 v}{\partial x^2 \partial y^2} + \frac{\partial^4 v}{\partial y^4}\right) - \omega^2 m_s v = \rho_0 \omega^2 \phi - \mathrm{i}\omega Q_f \tag{2.2.2}$$

式中，$m_s$ 为平板面密度，$\phi$ 为平板下方为半无限区域声介质中的速度势，$Q_f$ 为肋骨对平板的作用力。

在低频段肋骨宽度远小于声波波长，它与平板的相互作用简化为线作用力。沿着作用线肋骨和平板的振动速度相等，即

$$u(y) = v(x = 0, y) \tag{2.2.3}$$

由于加肋平板和作用力激励点的对称性，有

$$\left.\frac{\partial v(x, y)}{\partial x}\right|_{x=0} = 0 \tag{2.2.4}$$

考虑到肋骨和平板的连续条件 (2.2.3) 和 (2.2.4) 式，合并 (2.2.1) 和 (2.2.2) 式，得到无限大加肋平板的振动方程:

$$\begin{aligned}
&D\left[\frac{\partial^4 v(x, y)}{\partial x^4} + 2\frac{\partial^4 v(x, y)}{\partial x^2 \partial y^2} + \frac{\partial^4 v(x, y)}{\partial y^4}\right] \\
&\quad + \delta(x) E_f I_f \frac{\partial^4 v(x, y)}{\partial y^4} - \omega^2 [m_s + m_f \delta(x)] v(x, y) \\
&= -\mathrm{i}\omega F_0 \delta(x)\delta(y) + \rho_0 \omega^2 \phi(x, y, z = 0)
\end{aligned} \tag{2.2.5}$$

在加肋平板下方的声介质中，速度势满足 Helmholtz 方程:

$$\nabla^2 \phi + k_0^2 \phi = 0 \tag{2.2.6}$$

相应的声压为

$$p(x,y,z) = -\mathrm{i}\omega\rho_0\phi \tag{2.2.7}$$

在平板下表面，平板振动速度等于声介质的质点振速

$$v(x,y,z=0) = -\left.\frac{\partial\phi(x,y,z)}{\partial z}\right|_{z=0} \tag{2.2.8}$$

采用 Fourier 变换方法求解 (2.2.5) 式，Fourier 变换定义为

$$\tilde{f}(k_x) = \frac{1}{\sqrt{2\pi}}\int_{-\infty}^{\infty} f(x)\,\mathrm{e}^{-\mathrm{i}k_x x}\mathrm{d}x \quad 2.2.9 \tag{2.2.9a}$$

$$\tilde{f}(k_x,k_y) = \frac{1}{2\pi}\int_{-\infty}^{\infty}\int_{-\infty}^{\infty} f(x,y)\,\mathrm{e}^{-\mathrm{i}k_x x-\mathrm{i}k_y y}\mathrm{d}x\mathrm{d}y \tag{2.2.9b}$$

(2.2.5) 式两边作 Fourier 变换，得

$$\begin{aligned} & D[(-\mathrm{i}k_x)^4 + 2(-\mathrm{i}k_x)^2(-\mathrm{i}k_y)^2 + (-\mathrm{i}k_y)^4]\tilde{v} \\ & + \frac{E_f I_f}{\sqrt{2\pi}}(-\mathrm{i}k_y)^4\,\tilde{v}(x=0,k_y) - \omega^2 m_s\tilde{v} - \frac{\omega^2 m_f}{\sqrt{2\pi}}\tilde{v}(x=0,k_y) \\ = & -\frac{\mathrm{i}\omega F_0}{2\pi} + \rho_0\omega^2\tilde{\phi} \end{aligned} \tag{2.2.10}$$

式中，$k_x, k_y$ 为 Fourier 变换对应 $x, y$ 的波数变量，$\tilde{v}, \tilde{\phi}$ 分别为 $v$ 和 $\phi$ 的 Fourier 变换量。

同样，对 (2.2.6) 式进行 Fourier 变换，得到

$$\frac{\mathrm{d}^2\tilde{\phi}}{\mathrm{d}z^2} + \left(k_0^2 - k_x^2 - k_y^2\right)\tilde{\phi} = 0 \tag{2.2.11}$$

没有界面反射时，(2.2.11) 式的解为

$$\tilde{\phi}(k_x,k_y,z) = A(k_x,k_y)\,\mathrm{e}^{\mathrm{i}\left(k_0^2-k_x^2-k_y^2\right)^{1/2}z} \tag{2.2.12}$$

(2.2.12) 式中的待定常数需要利用边界条件 (2.2.8) 式确定。为此对 (2.2.8) 式作 Fourier 变换，代入 (2.2.12) 式，得

$$\tilde{v}(k_x,k_y,z=0) = -\mathrm{i}A(k_x,k_y)\left(k_0^2 - k_x^2 - k_y^2\right)^{1/2} \tag{2.2.13}$$

在 (2.2.13) 式中对 $\tilde{v}(k_x,k_y,z=0)$ 作关于 $k_x$ 的 Fourier 逆变换，有

$$\tilde{v}(x=0,k_y,z=0) = -\frac{\mathrm{i}}{(2\pi)^{1/2}}\int_{-\infty}^{\infty} A(\xi,k_y)\left(k_0^2 - \xi^2 - k_y^2\right)^{1/2}\mathrm{d}\xi \tag{2.2.14}$$

将 (2.2.12) 和 (2.2.14) 式代入 (2.2.10) 式，得

$$\begin{aligned}&-\mathrm{i}DA(k_x,k_y)\left(k_0^2-k_x^2-k_y^2\right)^{1/2}\left(k_x^4+2k_x^2k_y^2+k_y^4\right)\\&-\frac{\mathrm{i}E_fI_fk_y^4}{2\pi}\int_{-\infty}^{\infty}A\left(\xi,k_y\right)\left(k_0^2-\xi^2-k_y^2\right)^{1/2}\mathrm{d}\xi\\&+\mathrm{i}\omega^2m_sA\left(k_0^2-k_x^2-k_y^2\right)^{1/2}+\frac{\mathrm{i}\omega^2m_f}{2\pi}\int_{-\infty}^{\infty}A\left(\xi,k_y\right)\left(k_0^2-\xi^2-k_y^2\right)^{1/2}\mathrm{d}\xi\\=&-\frac{\mathrm{i}\omega F_0}{2\pi}+\rho_0\omega^2A(k_x,k_y)\end{aligned}\tag{2.2.15}$$

为了求解 (2.2.15) 式，先作一些简化，为此令 $g_0=\mathrm{i}\omega F_0/2\pi$，$g_1=\mathrm{i}\omega^2m_f/2\pi$，$g_2=\mathrm{i}E_fI_f/2\pi$，$Q\left(k_x,k_y\right)=\mathrm{i}D\left(k_0^2-k_x^2-k_y^2\right)^{1/2}\left[\left(k_x^2-k_y^2\right)^2-\omega^2m_s/D\right]+\rho_0\omega^2$，这样，(2.2.15) 式可以表示为

$$A\left(k_x,k_y\right)=\left(g_0+g_1G-g_2k_y^4G\right)/Q\left(k_x,k_y\right)\tag{2.2.16}$$

式中，

$$G\left(k_y\right)=\int_{-\infty}^{\infty}A\left(\xi,k_y\right)\left(k_0^2-\xi^2-k_y^2\right)^{1/2}\mathrm{d}\xi\tag{2.2.17}$$

再将 (2.2.16) 式代入 (2.2.17) 式，得到求解函数 $G$ 的方程

$$G=\left(g_0+g_1G-g_2k_y^4G\right)I_1\tag{2.2.18}$$

式中，

$$I_1=\int_{-\infty}^{\infty}\frac{\left(k_0^2-\xi^2-k_y^2\right)^{1/2}}{Q\left(\xi,k_y\right)}\mathrm{d}\xi\tag{2.2.19}$$

求解 (2.2.18) 式得到函数 $G$，再代入 (2.2.16) 式，有

$$A\left(k_x,k_y\right)=\frac{g_0C_{ms}}{Q}\tag{2.2.20}$$

式中，$C_{ms}=1/\left(1-g_1I_1+g_2k_y^4I_1\right)$，表示肋骨质量和刚度对无限大平板声辐射影响的修正因子。

这样，将 (2.2.20) 式代入 (2.2.12) 式作 Fourier 逆变换，并考虑到 $g_0$ 的表达式及 (2.2.7) 式，得到无限大加肋平板的辐射声压

$$p\left(x,y,z\right)=\frac{1}{\left(2\pi\right)^2}\rho_0\omega^2F_0\int_{-\infty}^{\infty}\int_{-\infty}^{\infty}\frac{\mathrm{e}^{\mathrm{i}\left(k_0^2-k_x^2-k_y^2\right)^{1/2}z}\mathrm{e}^{\mathrm{i}k_xx+ik_yy}C_{ms}}{Q\left(k_x,k_y\right)}\mathrm{d}k_x\mathrm{d}k_y\tag{2.2.21}$$

为了计算 2.2.21 式的积分，引入坐标变换 $k_x = k_0 \sin\alpha\cos\beta$, $k_y = k_0 \sin\alpha\sin\beta$, $k_z = \left(k_0^2 - k_x^2 - k_y^2\right)^{1/2} = k_0 \cos\alpha$ 及 $x = R\sin\theta\cos\varphi$，$y = R\sin\theta\sin\varphi$，$z = R\cos\theta$ 于是，(2.2.21) 式变换为

$$p = \left(\frac{1}{2\pi}\right)^2 \rho_0\omega^2 k_0^2 F_0 \int_0^{\frac{\pi}{2}} \mathrm{e}^{\mathrm{i}k_0 R\cos\theta\cos\alpha} \times \left\{\int_0^{2\pi} \mathrm{e}^{\mathrm{i}k_0 R\sin\theta\sin\alpha\cos(\beta-\varphi)} \frac{C_{ms}(\alpha,\beta)}{Q(\alpha,\beta)} d\beta\right\} \cos\alpha\sin\alpha \mathrm{d}\alpha \tag{2.2.22}$$

严格地计算 2.2.22 式的积分是很困难的，在远场条件 $k_0R \gg 1$ 和 $k_0 z \gg 1$ 情况下，2.2.22 式可以采用最陡下降法近似计算 [4]，得到无限大加肋平板的远场声压为

$$p = \left[-\frac{\mathrm{i}k_0 F_0}{2\pi R} \frac{\mathrm{e}^{\mathrm{i}k_0 R}\cos\theta}{1 - \mathrm{i}k_0 h \dfrac{\rho_s}{\rho_0}\cos\theta\left(1 - \Omega^2\sin^4\theta\right)}\right] C_{ms}(\theta,\varphi) \tag{2.2.23}$$

式中,

$$C_{ms}(\theta,\varphi) = \frac{1}{1 + I_0\left(\mu_2 \Lambda \sin^4\theta\sin^4\varphi - \mu_1\mu_3\right)} \tag{2.2.24}$$

$$I_0 = \int_{-\infty}^{\infty} \frac{\left(1 - q^2 - \xi^2\right)^{1/2} \mathrm{d}\xi}{\mathrm{i}\varepsilon\left(1 - q^2 - \xi^2\right)^{\frac{1}{2}}\left[\Omega^2\left(\xi^2 + q^2\right)^2 - 1\right] + 1} \tag{2.2.25}$$

这里,$\mu_1 = \dfrac{\mathrm{i}}{2\pi}(\omega/\omega_c)^2 (C_0/C_p)\, 12\left(1 - v^2\right)$ 为肋骨的质量影响参数,$\mu_2 = 12(\rho_s/\rho_0)(\omega/\omega_c)^2\left(1 - v^2\right)\mu_1$ 为肋骨的刚度影响参数，$\mu_3 = M/\rho_0 h^2$ 为肋骨的无量纲质量，$\Lambda = q_3[\left(1 - \nu^2\right)\left(q_2^3 + 3q_2^2 + 3q_2\right) - \nu^2]/12\left(1 - \nu^2\right)$ 为肋骨的无量纲刚度，$q = \sin\varphi\sin\theta$，$q_2 = h_f/h$，$q_3 = b_f/h$，$\varepsilon = (\rho_s/\rho_0)(\omega/\omega_c)$ 为声负载参数；$\Omega = \omega/\omega_c$。

由 (2.2.23) 式给出的远场声压表达式，在一个大球面上积分，得到声辐射功率表达式：

$$P = \frac{F_0^2 k_0^2}{2\pi^2\rho_0 C_0} \int_0^{\pi/2}\int_0^{\pi/2} \frac{\cos^2\theta\sin\theta\left|C_{ms}\right|^2 \mathrm{d}\theta\mathrm{d}\varphi}{1 + k_0^2 h^2\left(\dfrac{\rho_s}{\rho_0}\right)^2 \cos^2\theta(1 - \Omega^2\sin^4\theta)^2} \tag{2.2.26}$$

我们知道，点作用力激励无限大平板的输入功率为 [19]

$$P_0 = F_0^2/16\sqrt{mD} \tag{2.2.27}$$

采用 $P_0$ 对加肋平板的声辐射功率进行归一化处理，得到

$$\frac{P}{P_0}=g\Omega^2\int_0^{\pi/2}\int_0^{\pi/2}\frac{\cos^2\theta\sin\theta\left|C_{ms}\right|^2\mathrm{d}\theta\mathrm{d}\varphi}{1+\dfrac{\Omega^6C_0^2\rho_s^3}{\rho_0^2}\left[\dfrac{12(1-\nu^2)}{E}\right]\cos^2\theta(\sin^4\theta-\Omega^{-2})}\tag{2.2.28}$$

式中，

$$g=\frac{8C_0\rho_s}{\pi^2\rho_0}[12\rho_s(1-\nu^2)/E]^{\frac{1}{2}}\tag{2.2.29}$$

由 (2.2.23) 式可见，加单根肋骨的无限大弹性平板远场辐射声压，可以视为无限大弹性平板的声辐射受肋骨影响因子 $C_{ms}(\theta,\varphi)$ 调制的结果。肋骨影响因子 $C_{ms}(\theta,\varphi)$ 与肋骨的质量、刚度、激励频率及平板参数和声速有关，另外，还与场点位置有关。针对水中铝质加肋弹性平板，计算的归一化远场辐射声压随归一化频率的变化曲线可参见图 2.2.2。由图可见，肋骨较小 (无量纲参数 $\mu_3=1,q_2=0.37$) 时，无论是肋骨质量还是刚度，都对远场辐射声压的作用较小，只在吻合频率以上，无限大加肋弹性平板才比无限大平板的远场辐射声压略小；当肋骨较大 ($\mu_3=10,q_2=0.37$) 时，肋骨对无限大加肋弹性平板的远场辐射声压有明显影响，频率越高，无限大加肋弹性平板比无限大弹性平板的远场声辐射降低越大。而且这种降低主要取决于肋骨的质量，肋骨刚度的影响不明显。加肋弹性平板声辐射功率计算表明：肋骨质量和刚度增加，需要更多的功率用于加肋弹性平板质量加速和弹性变形，相应地，激励输入功率中产生声辐射的功率降低，声辐射功率减小。在吻合频率以下 ($\Omega<1$)，肋骨附加质量对降低声辐射功率的作用大于肋骨附加刚度，前者降低声功率的大小随频率满足 $\Omega^{0.8}$ 规律，后者则随频率满足 $\Omega^{2.8}$ 规律。可以说，肋骨使弹性平板声辐射功率降低的原因归结为肋骨质量而不是肋骨刚度。在吻合频率以上 ($\Omega>1$)，增加肋骨质量和刚度，都可以明显降低弹性平板声辐射功率，参见图 2.2.3、图 2.2.4。

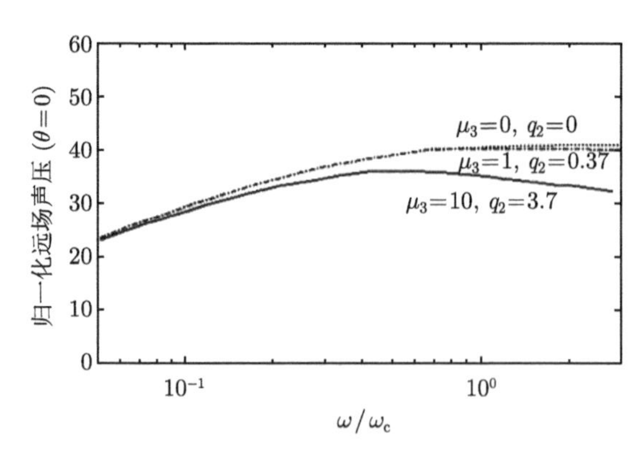


图 2.2.2　单肋对无限大弹性平板归一化远场声压的影响

(引自文献 [16]，fig3)

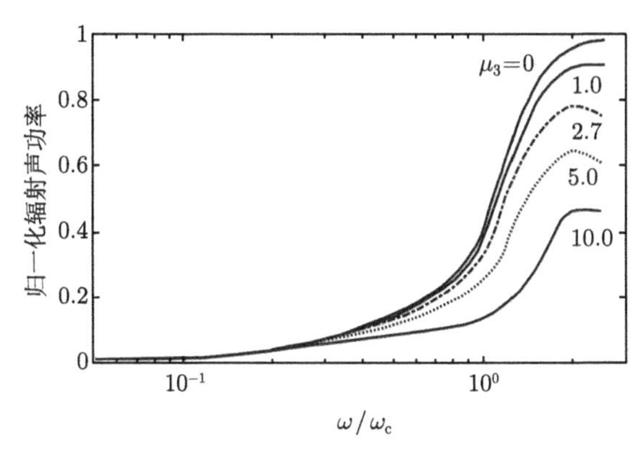


图 2.2.3 单肋质量对无限大弹性平板归一化声辐射功率的影响
(引自文献 [16]，fig11)

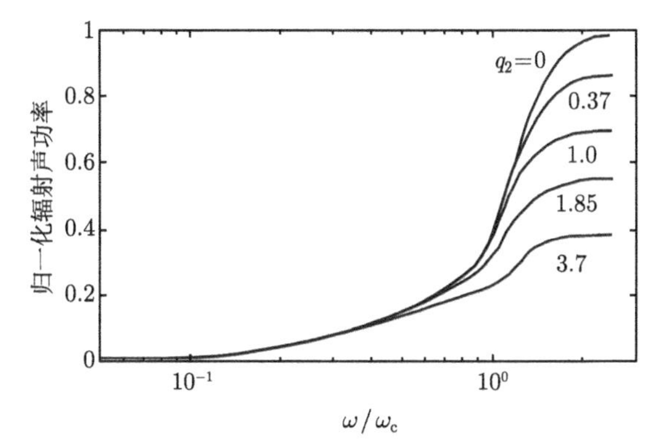


图 2.2.4 单肋刚度对无限大弹性平板归一化声辐射功率的影响
(引自文献 [16]，fig12)

实际的壳板结构一般不会仅有一根或几根加强肋骨，而是一组肋骨周期或非周期地分布在壳板上。在声波波长大于肋骨间距的低频段，一个波长范围内含有几根肋骨，加肋平板可以等效为各向异性平板，肋骨作用视为一种平均效应。Maidanik[20] 和 Feit[21] 分别采用各向异性弹性薄板表征加肋弹性平板振动，相应的振动方程为

$$D_x\frac{\partial^4 W}{\partial x^4}+2D_{xy}\frac{\partial^4 W}{\partial x^2\partial y^2}+D_y\frac{\partial^4 W}{\partial y^4}-m_s\omega^2 W$$
$$=F_0\delta(x)\,\delta(y)-p \tag{2.2.30}$$

式中，$D_x$ 和 $D_y$ 为加肋平板 $x$ 和 $y$ 方向的等效刚度，$D_{xy}$ 为等效互刚度。不同形式加肋平板的等效刚度 $D_x, D_y$ 和 $D_{xy}$ 的估算可参见文献 [22]。

采用 Fourier 变换方法及 2.1 节中无限大平板受点力激励的振动和声辐射求解过程，可以方便求解 (2.2.30) 式，其中声压的求解与 2.1 节完全相同，只是辐

射声压取决于纵向和横向两个吻合频率。Magliula[23] 求解了更一般性的各向异性平板的振动和声辐射。在高频段，当肋骨间距与声波波长接近时，加肋平板不宜等效为各向异性板，而应该考虑每根肋骨与平板的作用。Warren[24]、Mead[25] 和 Mace[26] 研究了周期性弹性线支撑的无限大弹性平板声辐射，但是他们的模型与实际加肋平板不相符合。在此基础上，Eatwell 和 Butler[27] 研究了有限数量肋骨加强的无限大弹性平板耦合振动和声辐射，因为没有周期性关系得到肋骨与平板振动位移的关系，求解加肋板的耦合振动比较困难和复杂。Mace[28] 考虑了周期性加肋的无限大弹性平板，肋骨与平板的相互作用等效为线力和线力矩，采用 Fourier 变换方法并利用肋骨的周期性，建立平板、肋骨和声介质的耦合运动方程，求解得到辐射声场。

考虑无限大弹性平板位于 $z=0$ 平面，平板上有两组平行的周期性加强肋骨，一组肋骨的肋距为 $l$，另一组肋距为 $ql$，分别对应实际板壳结构的肋骨和横舱壁，在 $z>0$ 的半无限空间为理想声介质，参见图 2.2.5。

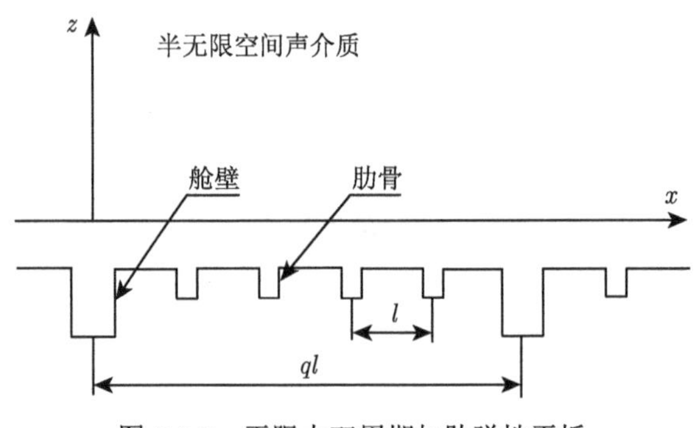


图 2.2.5 无限大双周期加肋弹性平板

(引自文献 [28]，fig1)

周期加肋平板的振动方程为

$$D\nabla^4 W - m_s\omega^2 W = f(x,y) - p(x,y,0) - Q_f(x,y) - Q_b(x,y) \tag{2.2.31}$$

式中，$f$ 为作用在加肋弹性平板上的激励力，$p$ 为作用在加肋弹性平板的声压，$Q_f$ 和 $Q_b$ 分别为两组周期性肋骨对弹性平板的作用力。

对 (2.2.31) 式作空间 Fourier 变换，得到

$$[D\left(k_x^2+k_y^2\right)^2 - m_s\omega^2]\tilde{W} = \tilde{f} - \tilde{p}_a - \tilde{Q}_f - \tilde{Q}_b \tag{2.2.32}$$

式中，$\tilde{f}$, $\tilde{p}_a$, $\tilde{Q}_f$, $\tilde{Q}_b$ 分别为 $f$, $p$, $Q_f$ 和 $Q_b$ 的 Fourier 变换量。

加肋平板上半空间中，声压满足 Helmholtz 方程

$$\nabla^2 p + k_0^2 p = 0 \tag{2.2.33}$$

在加肋平板表面，声压和平板振动位移满足边界条件：

$$\left.\frac{\partial p}{\partial z}\right|_{z=0}=\omega^2\rho_0 W \tag{2.2.34}$$

采用 Fourier 变换求解 (2.2.33) 和 (2.2.34) 式，容易得到

$$\tilde{p}\left(k_x、k_y、z\right) = -\frac{\omega^2\rho_0}{\gamma}\tilde{W}\left(k_x、k_y\right)\mathrm{e}^{\mathrm{i}\gamma z} \tag{2.2.35}$$

式中，$\gamma^2=k_0^2-k_x^2-k_y^2$。

为了确定肋骨对平板的作用，将肋骨作为 Euler 梁处理，位于 $x=nl$ 处的第一组 $n$ 号肋骨受线力 $F_n$ 作用的振动方程为

$$E_f I_f\frac{\mathrm{d}^4 U_n}{\mathrm{d}y^4}-\rho_f A_f\omega^2 U_n=F_n \tag{2.2.36}$$

式中，$E_f I_f$ 为肋骨的弯曲刚度，$\rho_f A_f$ 为肋骨单位长度质量。$U_n$ 为第 $n$ 号肋骨振动位移。第一组肋骨作用于平板的作用力可以表示为

$$Q_f\left(x,y\right)=\sum_{n=-\infty}^{\infty}\left(E_f I_f\frac{\mathrm{d}^4 U_n}{\mathrm{d}y^4}-\rho_f A_f\omega^2 U_n\right)\delta\left(x-nl\right) \tag{2.2.37}$$

位于 $x=nql$ 处的第二组 $n$ 号肋骨受线力 $G_n$ 作用的运动方程为

$$E_b I_b\frac{\mathrm{d}^4 V_n}{\mathrm{d}y^4}-\rho_b A_b\omega^2 V_n=G_n \tag{2.2.38}$$

式中，$E_b I_b$ 为肋骨的弯曲刚度，$\rho_b A_b$ 为肋骨单位长度质量。$V_n$ 为第 $n$ 号肋骨振动位移。

第二组肋骨作用于平板的作用力为

$$Q_b\left(x,y\right)=\sum_{n=-\infty}^{\infty}\left[E_b I_b\frac{\mathrm{d}^4 V_n}{\mathrm{d}y^4}-\rho_b A_b\omega^2 V_n\right]\delta\left(x-nql\right) \tag{2.2.39}$$

对 (2.2.37) 式作 Fourier 变换，得到

$$\tilde{Q}_f\left(k_x,k_y\right)=\left(E_f I_f k_y^4-\rho_f A_f\omega^2\right)\sum_{n=-\infty}^{\infty}\tilde{U}_n\left(k_y\right)\mathrm{e}^{\mathrm{i}k_x nl} \tag{2.2.40}$$

肋骨与平板接触位置上，肋骨与平板的振动位移相等，即

$$U_n\left(y\right)=W\left(nl,y\right) \tag{2.2.41}$$

对 (2.2.41) 式作 $y$ 方向的 Fourier 变换，有

$$\tilde{U}_n\left(k_y\right)=W\left(nl,k_y\right) \tag{2.2.42}$$

定义:

$$W\left(nl,k_y\right)=\frac{1}{2\pi}\int_{-\infty}^{\infty}\tilde{W}\left(\bar{k}_x,k_y\right)\mathrm{e}^{-\mathrm{i}\bar{k}_x nl}\mathrm{d}\bar{k}_x \tag{2.2.43}$$

由 (2.2.42) 式可得

$$\sum_{n=-\infty}^{\infty}\tilde{U}_n\left(k_y\right)\mathrm{e}^{\mathrm{i}k_x nl}=\frac{1}{2\pi}\sum_{n=-\infty}^{\infty}\int_{-\infty}^{\infty}\tilde{W}\left(\bar{k}_x,k_y\right)\mathrm{e}^{\mathrm{i}\left(k_x-\bar{k}_x\right)nl}\mathrm{d}\bar{k}_x \tag{2.2.44}$$

利用 Poisson 求和公式：

$$\sum_{n=-\infty}^{\infty}\mathrm{e}^{\mathrm{i}nk_x l}=2\pi\sum_{n=-\infty}^{\infty}\delta\left(k_x l-2n\pi\right)$$

(2.2.44) 式可以改写为

$$\begin{aligned}\sum_{n=-\infty}^{\infty}\tilde{U}_n\left(k_y\right)\mathrm{e}^{\mathrm{i}k_x nl}&=\frac{1}{2\pi}\sum_{n=-\infty}^{\infty}\int_{-\infty}^{\infty}\tilde{W}\left(\bar{k}_x,k_y\right)\delta[\left(k_x-\bar{k}_x\right)l-2n\pi]\mathrm{d}\bar{k}_x\\&=\frac{1}{l}\sum\tilde{W}\left(k_x-\frac{2n\pi}{l},k_y\right)\end{aligned} \tag{2.2.45}$$

将 (2.2.45) 式代入 (2.2.40) 式，得到第一组肋骨对弹性平板的作用力与平板位移的关系：

$$\tilde{Q}_f\left(k_x,k_y\right)=\frac{Z_f}{l}\sum_{n=-\infty}^{\infty}\tilde{W}\left(k_x-\frac{2n\pi}{l},k_y\right) \tag{2.2.46}$$

式中，$Z_f=E_fI_fk_y^4-\rho_fA_f\omega^2$ 为第一组肋骨阻抗。

采用类似的方法可以推导位于 $x=nql$ 上的第二组肋骨对弹性平板的作用力。注意到推导 (2.2.46) 式时，考虑了所有位于 $x=nl$ 处肋骨的作用，推导第二组肋骨对弹性平板的作用力时，应减去 $x=nql$ 位置上的第一组肋骨的作用力，从而得到第二组肋骨对平板的作用力与平板振动位移的关系：

$$\tilde{Q}_b\left(k_x,k_y\right)=\frac{Z_b-Z_f}{ql}\sum_{n=-\infty}^{\infty}\tilde{W}\left(k_x-\frac{2n\pi}{ql},k_y\right) \tag{2.2.47}$$

式中，$Z_b=E_bI_bk_y^4-\rho_bA_b\omega^2$ 为第二组肋骨阻抗。

联立 (2.2.32) 式、(2.2.35) 式、(2.2.46) 式和 (2.2.47) 式，求解得到加肋平板的振动位移解：

$$\tilde{W}(k_x,k_y)=\frac{\tilde{f}(k_x,k_y)}{Z_p(k_x,k_y)}-\frac{Z_b-Z_f}{Z_p(k_x,k_y)ql}\sum_{n=-\infty}^{\infty}\tilde{W}\left(k_x-\frac{2n\pi}{ql},k_y\right)-\frac{Z_f}{Z_p(k_x,k_y)l}\sum_{n=-\infty}^{\infty}\tilde{W}\left(k_x-\frac{2n\pi}{l},k_y\right) \tag{2.2.48}$$

式中，$Z_p(k_x,k_y)=D\left(k_x^2+k_y^2\right)^2-m_s\omega^2+\rho_0\omega^2/\gamma$，为考虑流体负载的平板阻抗。

注意到 (2.2.48) 式中，待求的加肋弹性平板振动位移 $\tilde{W}$ 的波数变量不同，不能直接求解。为简便起见，令

$$F(k_x)=\tilde{f}(k_x,k_y)/Z_p(k_x,k_y),\quad H=(Z_b-Z_f)/ql$$

$$G=Z_f/l,\quad e=2\pi/l$$

这样，(2.2.48) 式简化为

$$\tilde{W}(k_x)=F(k_x)-\frac{G}{Z_p(k_x)}\sum_{n=-\infty}^{\infty}\tilde{W}(k_x-en)-\frac{H}{Z_p(k_x)}\times\sum_{n=-\infty}^{\infty}\sum_{t=0}^{q-1}\tilde{W}\left(k_x-\frac{et}{q}-en\right) \tag{2.2.49}$$

令 $k_x=k_x-\dfrac{er}{q}-em$，代入 (2.2.49) 式中，并对 $m$ 求和，这里 $r$ 和 $m$ 为整数。考虑无限大平板的周期性加肋特征，存在以下等式：

$$\sum_{n=-\infty}^{\infty}\tilde{W}\left(k_x-en-\frac{er}{q}-em\right)=\sum_{n=-\infty}^{\infty}\tilde{W}\left(k_x-en-\frac{er}{q}\right)$$

$$\sum_{n=-\infty}^{\infty}\sum_{t=0}^{q-1}\tilde{W}\left(k_x-\frac{et}{q}-en-\frac{er}{q}\right)=\sum_{n=-\infty}^{\infty}\sum_{t=0}^{q-1}\tilde{W}\left(k_x-\frac{et}{q}-en\right)$$

于是 (2.2.49) 式可变为

$$\sum_{m=-\infty}^{\infty}\tilde{W}\left(k_x-\frac{er}{q}-em\right)=P_r(k_x)-GY_r(k_x)\sum_{n=-\infty}^{\infty}\tilde{W}\left(k_x-en-\frac{er}{q}\right)-HY_r(k_x)\sum_{n=-\infty}^{\infty}\sum_{t=0}^{q-1}\tilde{W}\left(k_x-\frac{et}{q}-en\right) \tag{2.2.50}$$

式中,

$$P_r(k_x)=\sum_{m=-\infty}^{\infty}F\left(k_x-\frac{er}{q}-em\right),\quad Y_r(k_x)=\sum_{m=-\infty}^{\infty}1/Z_p\left(k_x-\frac{er}{q}-em\right)$$

求解 (2.2.50) 式，得到

$$\begin{aligned}&\sum_{m=-\infty}^{\infty}\tilde{W}\left(k_x-\frac{er}{q}-em\right)\\&=\left[P_r(k_x)-HY_r(k_x)\sum_{n=-\infty}^{\infty}\sum_{t=0}^{q-1}\tilde{W}\left(k_x-\frac{et}{q}-en\right)\right]\Big/\left[1+GY_r(k_x)\right]\end{aligned}\tag{2.2.51}$$

在 (2.2.51) 式中令 $r=0$，则有

$$\begin{aligned}&\sum_{m=-\infty}^{\infty}\tilde{W}(k_x-em)\\&=\left[P_0(k_x)-HY_0(k_x)\sum_{n=-\infty}^{\infty}\sum_{t=0}^{q-1}\tilde{W}\left(k_x-\frac{et}{q}-en\right)\right]\Big/\left[1+GY_0(k_x)\right]\end{aligned}\tag{2.2.52}$$

另外，(2.2.51) 式两边从 0 到 $q-1$ 对 $r$ 求和，作变量代换后合并同类项，可得

$$\sum_{n=-\infty}^{\infty}\sum_{t=0}^{q-1}\tilde{W}\left(k_x-\frac{er}{q}-em\right)=\left[\sum_{r=0}^{q-1}\frac{P_r(k_x)}{1+GY_r(k_x)}\right]\Big/\left[1+H\sum_{r=0}^{q-1}\frac{Y_r}{1+GY_r(k_x)}\right]\tag{2.2.53}$$

最后将 (2.2.52) 和 (2.2.53) 式代入 (2.2.49) 式，经过简单的代数运算，得到双周期加肋无限大弹性平板振动位移的波数域解：

$$\tilde{W}(k_x)=F(k_x)-\left[GP_0(k_x)+\frac{H\sum\limits_{r=0}^{q-1}\dfrac{P_r(k_x)}{1+GY_r(k_x)}}{1+H\sum\limits_{r=0}^{q-1}\dfrac{Y_r(k_x)}{1+GY_r(k_x)}}\right]\Big/\left\{Z_p(k_x)\left[1+GY_0(k_x)\right]\right\}\tag{2.2.54}$$

当 $H=0$ 时，问题退化为单周期加肋无限大弹性平板的振动位移的波数域解，(2.2.54) 式简化为

$$\tilde{W}(k_x)=F(k_x)-\frac{GP_0}{Z_p(k_x)(1+GY_0)}\tag{2.2.55}$$

由 (2.2.54) 式和 (2.2.55) 式可见，周期性肋骨对无限大弹性平板振动及声辐射的作用由两个方面，其一，无限大弹性平板受激励产生的弯曲波经周期性肋骨的散射，产生新的谐波分量，其二，周期性肋骨改变无限大平板的机械阻抗，出现谐波阻抗分量。

将 (2.2.54) 式或 (2.2.55) 式代入 (2.2.35) 式，并采用稳相法对 $\tilde{p}(k_x,k_y,z)$ 进行反演，得到球坐标下无限大周期加肋平板的远场辐射声场

$$p(R,\theta,\varphi)=-\rho_0\omega^2\tilde{W}(k_x,k_y)\,\mathrm{e}^{\mathrm{i}kR}/2\pi R \tag{2.2.56}$$

式中, $k_x=k_0\sin\theta\cos\varphi$，$k_y=k_0\sin\theta\sin\varphi$。

如果激励力为点力 $F_0$，作用位置为 $(x_0,y_0)$，则有

$$f(x,y)=F_0\delta(x-x_0)\,\delta(y-y_0) \tag{2.2.57}$$

相应地有

$$\tilde{f}(k_x,k_y)=F_0\mathrm{e}^{\mathrm{i}(k_xx_0+k_yy_0)} \tag{2.2.58}$$

无限大双周期加肋弹性板远场声辐射由三部分组成，第一部分为激励力作用在无肋骨弹性平板上产生的声辐射，第二部分为第一组周期加肋与平板相互作用产生的声辐射，第三部分为第二组周期加肋与平板相互作用产生的声辐射。它们的相对大小取决于激励力作用点的位置，而且，随着频率的增加，离激励力作用点较远的肋骨与弹性平板相互作用产生的声辐射减小。在低频段，离激励力作用点较近的第二组周期加肋对远场声辐射的影响较大。频率增加时，双周期加肋弹性平板的声辐射呈现为在单周期加肋弹性平板声辐射曲线上附加起伏峰值，频率进一步增加，声辐射取决于激励力作用点在肋骨上还是在平板上。因为肋骨机械阻抗随频率增加，激励力作用在肋骨情况下相应的声辐射减小，参见图 2.2.6，图中声压级对应轴线 1m 处的声压，参考声压为 1μPa，激励力为 1kN。

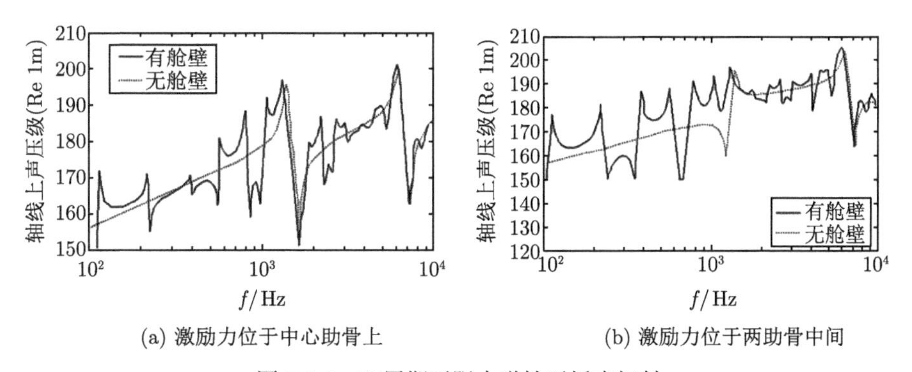


(a) 激励力位于中心助骨上　　(b) 激励力位于两助骨中间

图 2.2.6 双周期无限大弹性平板声辐射

(引自文献 [28], fig2)

实际上，为了保证一定的结构强度，除了空间周期性的单向加肋方式以外，往往还会采用双向正交的周期肋骨，参见图 2.2.7，Mace[29] 进一步研究了这种结构的振动和声辐射。设无限大弹性平板位于 $z=0$ 平面，正交周期肋骨分别沿 $x$ 和 $y$ 方向，肋骨设置分别为 $x=ml_x$ 和 $y=nl_y$，$l_x$ 和 $l_y$ 分别为沿 $y$ 和 $x$ 方向的肋骨间距。为简单起见，假设两组肋骨各自相同，且与弹性平板只有力相互作用。类似于 (2.2.31) 式及 (2.2.37) 式，无限大正交周期加肋弹性平板振动方程为

$$\begin{aligned}&D\nabla^4W-m_s\omega^2W\\&=P_0\mathrm{e}^{-\mathrm{i}(\alpha x+\beta y)}-p(x,y,0)\\&\quad-\sum_{m=-\infty}^{\infty}F_m(y)\delta(x-ml_x)-\sum_{n=-\infty}^{\infty}G_n(x)\delta(y-nl_y)\end{aligned}\tag{2.2.59}$$

式中，$P_0\mathrm{e}^{-\mathrm{i}(\alpha x+\beta y)}$ 为作用在弹性平板上的简谐作用力。$F_m(y)$ 和 $G_n(x)$ 分别为肋骨在 $x=ml_x$ 和 $y=nl_y$ 位置上作用于弹性平板的线力。

因为加肋弹性平板结构的正交周期性，不同肋骨周期单元内相应位置的振动位移满足：

$$W(x+ml_x,y+nl_y)=W(x,y)\mathrm{e}^{-\mathrm{i}m\alpha l_x}\mathrm{e}^{-\mathrm{i}n\beta l_y}\tag{2.2.60}$$

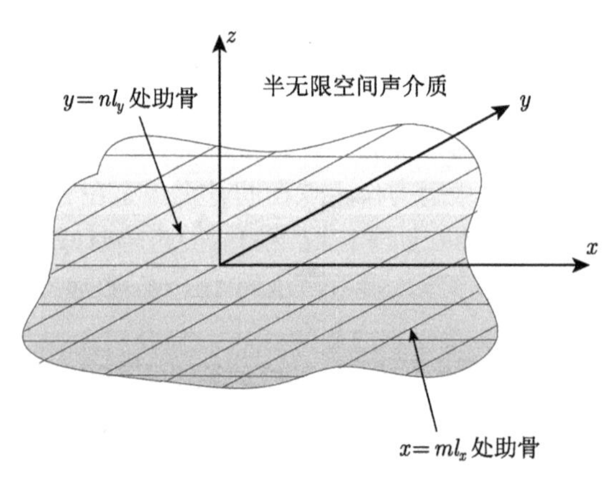


图 2.2.7　双向正交周期加肋无限大弹性平板

(引自文献 [29],fig1)

对 (2.2.59) 式作 Fourier 变换，并考虑 (2.2.35) 式，得到

$$\begin{aligned}Z_p(k_x,k_y)\tilde{W}=&(2\pi)^2P_0\delta(k_x-\alpha)\delta(k_y-\beta)\\&-\sum_{m=-\infty}^{\infty}\tilde{F}_m(k_y)\mathrm{e}^{\mathrm{i}mk_xl_x}-\sum_{n=-\infty}^{\infty}\tilde{G}_n(k_x)\mathrm{e}^{\mathrm{i}nk_yl_y}\end{aligned}\tag{2.2.61}$$

注意到, (2.2.61) 式中 $Z_p$ 的定义与 (2.2.48) 式一样。由于双向正交肋骨的空间周期性，肋骨与平板的相互作用力也具有 (2.2.60) 式的周期性。沿 $y$ 方向肋骨的作用力为

$$F_m(y) = F_0(y)\mathrm{e}^{-\mathrm{i}m\alpha l_x} \tag{2.2.62}$$

其中的指数项表示 $x$ 方向的周期性，$F_0(y)$ 为 $x=0$ 处的零号肋骨作用力，它沿 $y$ 方向也满足周期性，可以表示为

$$F_0(y+nl_y) = F_0(y)\mathrm{e}^{-\mathrm{i}n\beta l_y} \tag{2.2.63}$$

这样，可以表示为空间简谐函数级数

$$F_0(y) = \sum_{q=-\infty}^{\infty} F_q \mathrm{e}^{-\mathrm{i}(\beta+2q\pi/l_y)y} \tag{2.2.64}$$

对 (2.2.62) 和 (2.2.64) 式作 $y$ 方向的 Fourier 变换，得到

$$\tilde{F}_m(k_y) = \tilde{F}_0(k_y)\mathrm{e}^{-\mathrm{i}m\alpha l_x} \tag{2.2.65}$$

$$F_0(k_y) = 2\pi l_y \sum_{q=-\infty}^{\infty} F_q \delta[2q\pi + (\beta - k_y)l_y] \tag{2.2.66}$$

利用 (2.2.65) 和 (2.2.66) 式及 Poisson 求和公式，(2.2.61) 式中对应位于 $x=ml_x$ 的肋骨作用力项为

$$\begin{aligned}
&\sum_{m=-\infty}^{\infty} \tilde{F}_m(k_y)\mathrm{e}^{\mathrm{i}mk_x l_x} \\
=&\tilde{F}_0(k_y)\sum_{m=-\infty}^{\infty} \mathrm{e}^{\mathrm{i}m(k_x-\alpha)l_x} \\
=&4\pi^2 l_x \sum_{q=-\infty}^{\infty}\sum_{m=-\infty}^{\infty} F_q \delta[2q\pi + (\beta - k_y)l_y]\delta[2m\pi + (\alpha - k_x)l_x]
\end{aligned} \tag{2.2.67}$$

同理，沿 $x$ 方向肋骨作用力项为

$$\begin{aligned}
&\sum_{n=-\infty}^{\infty} \tilde{G}_n(k_x)\mathrm{e}^{\mathrm{i}nk_y l_y} \\
=&4\pi^2 l_x \sum_{r=-\infty}^{\infty}\sum_{n=-\infty}^{\infty} G_r \delta[2r\pi + (\alpha - k_x)l_x]\delta[2n\pi + (\beta - k_y)l_y]
\end{aligned} \tag{2.2.68}$$

这里，$F_q$ 和 $G_r$ 分别沿 $y$ 方向和 $x$ 方向肋骨与平板相互作用力的幅值。将 (2.2.67) 和 (2.2.68) 式代入 (2.2.61) 式，可得到波数域中双向正交周期加肋无限大平板的耦合振动方程：

$$\begin{aligned}&\frac{\tilde{W}(k_x,k_y)}{(2\pi)^2}\\=&P_0H(k_x,k_y)\delta(k_x-\alpha)\delta(k_y-\beta)\\&-l_y\sum_{q=-\infty}^{\infty}\sum_{m=-\infty}^{\infty}H(k_x,k_y)F_q\delta[2q\pi+(\beta-k_y)l_y]\delta[2m\pi+(\alpha-k_x)l_x]\\&-l_x\sum_{r=-\infty}^{\infty}\sum_{n=-\infty}^{\infty}H(k_x,k_y)G_r\delta[2r\pi+(\alpha-k_x)l_x]\delta[2n\pi+(\beta-k_y)l_y]\end{aligned}\tag{2.2.69}$$

式中，$H(k_x,k_y)=Z_p(k_x,k_y)^{-1}$。

仍然假设肋骨为 Euler 梁，参考 (2.2.36) 式，并作 Fourier 变换，可得波数域中零号肋骨对平板的作用力：

$$\tilde{F}_0(k_y)=Z_F(k_y)\tilde{U}(k_y)\tag{2.2.70}$$

式中，$\tilde{U}(k_y)$ 为肋骨位移的 Fourier 变换量，$Z_F(k_y)$ 为波数域中肋骨声阻抗，类似 (2.2.46) 式中 $Z_f$。

考虑到在 $x=0$ 处，肋骨振动位移与弹性平板振动位移相等，即有

$$\tilde{U}(k_y)=\overline{W}(x=0,k_y)\tag{2.2.71}$$

式中，$\overline{W}$ 为平板 $x=0$ 处振动位移 $\tilde{W}$ 的单变量 Fourier 逆变换，其定义式为

$$\overline{W}(x=0,k_y)=\frac{1}{2\pi}\int_{-\infty}^{\infty}\tilde{W}(k_x,k_y)\mathrm{d}k_x\tag{2.2.72}$$

考虑 (2.2.71) 和 (2.2.72) 式，对 (2.2.69) 式先作单变量 Fourier 逆变换，由函数 $\delta(k_y)$ 的系数相等，可以得沿 $y$ 方向肋骨作用力 $F_q$ 满足的关系：

$$\left[\frac{1}{Z_{Fq}}+\frac{1}{l_x}\sum_{m=-\infty}^{\infty}H_{mq}\right]F_q=P_0H_{00}\delta_{0q}-\frac{1}{l_y}\sum_{r=-\infty}^{\infty}G_rH_{rq}\tag{2.2.73}$$

其中，$H_{mq}=Z_p(\alpha+2m\pi/l_x,\beta+2q\pi/l_y)$，$Z_{Fq}=Z_F(\beta+2q\pi/l_y)$，$\delta_{0q}$ 为 Kronecker$\delta$ 函数，若 $q=0$,$\delta_{0q}=1$; 或若 $q\neq0$,$\delta_{0q}=0$。

同理，可得沿 $x$ 方向肋骨作用力 $G_r$ 满足的关系

$$\left[\frac{1}{Z_{Gr}}+\frac{1}{l_y}\sum_{n=-\infty}^{\infty}H_{rn}\right]G_r=P_0H_{00}\delta_{0r}-\frac{1}{l_x}\sum_{r=-\infty}^{\infty}F_qH_{rq} \tag{2.2.74}$$

式中，$Z_{Gr}=Z_G(\alpha+2r\pi/l_x)$，$Z_G(k_x)$ 为波数域中肋骨阻抗，类似 $Z_F(k_y)$。

注意到，(2.2.73) 和 (2.2.74) 式中，$F_q$ 和 $G_r$ 不是线性独立的。将 (2.2.73) 表示为

$$F_q=K_s\left[P_0H_{00}\delta_{0q}-\frac{1}{l_y}\sum_{r=-\infty}^{\infty}G_rH_{rq}\right] \tag{2.2.75}$$

其中，$K_s=\left(\frac{1}{Z_{Fq}}+\frac{1}{l_x}\sum_{m=-\infty}^{\infty}H_{mq}\right)^{-1}$。

再将 (2.2.75) 式代入 (2.2.74) 式，可得

$$\left[\frac{1}{Z_{Gr}}+\frac{1}{l_y}\sum_{m}H_{rm}\right]G_r=P_0H_{00}\delta_{0r}-\frac{P_0H_{00}H_{r0}K_0}{l_x}+\frac{1}{l_xl_y}\sum_{n}G_n\left(\sum_{q}H_{rq}K_qH_{nq}\right) \tag{2.2.76}$$

虽然给出 $F_q$ 和 $G_r$ 的计算表达式，但由于它们相互耦合，难以给出显式计算式，Mace 在文献 [29] 中采用截断法求和近似求解得到 $F_q$ 和 $G_r$。一旦求解得到了双向正交的周期肋骨与无限大弹性平板的相互作用力，进一步可求解耦合振动和声辐射。Mace 认为，弹性平板在 $x$ 和 $y$ 方向分别以间距 $l_x$ 和 $l_y$ 周期性加肋，在简谐声压 $P_0\mathrm{e}^{-\mathrm{i}(\omega t-k_xx-k_yy)}$ 激励下，振动响应可以表示为空间简谐级数：

$$W(x,y)=\sum_{m=-\infty}^{\infty}\sum_{n=-\infty}^{\infty}W_{mn}\mathrm{e}^{\mathrm{i}(k_x+2m\pi/l_x)x}\mathrm{e}^{\mathrm{i}(k_y+2n\pi/l_y)y} \tag{2.2.77}$$

其中，第 $(m,n)$ 阶简谐分量的波数为 $k_x+2m\pi/l_x$，$k_y+2n\pi/l_y$，其振幅为

$$W_{mn}=\frac{1}{l_xl_y}\int_0^{l_x}\int_0^{l_y}W(x,y)\mathrm{e}^{-\mathrm{i}(k_x+2m\pi/l_x)x}\mathrm{e}^{-\mathrm{i}(k_y+2n\pi/l_y)y}\mathrm{d}x\mathrm{d}y \tag{2.2.78}$$

对 (2.2.69) 式作逆变换，可以得到无限大弹性平板振动位移响应：

$$W(x,y)=P_0T_{00}-\frac{1}{l_x}\sum_{q=-\infty}^{\infty}\sum_{m=-\infty}^{\infty}T_{mq}F_q-\frac{1}{l_y}\sum_{r=-\infty}^{\infty}\sum_{n=-\infty}^{\infty}T_{rn}G_r \tag{2.2.79}$$

式中，

$$T_{mn}=H_{mn}\mathrm{e}^{\mathrm{i}(k_x+2m\pi/l_x)x}\mathrm{e}^{\mathrm{i}(k_y+2n\pi/l_y)y} \tag{2.2.80}$$

比较 (2.2.77) 式、(2.2.79) 式及 (2.2.80) 式，得到无限大加肋平板振动位移的空间简谐分量：

$$W_{mn} = P_0 H_{00} \delta_{0m} \delta_{0n} - H_{mn} \left( \frac{F_n}{l_x} + \frac{G_m}{l_y} \right) \tag{2.2.81}$$

已知了双向正交周期加肋的无限大弹性平板的耦合振动，可以进一步计算辐射声压。为此，利用 (2.2.9b) 式，由 (2.2.77) 式计算 $\tilde{W}(k_x, k_y)$，再代入 (2.2.35) 式，并作逆变换，得到以双重空间简谐级数形式给出的辐射声压：

$$p(x,y,z) = \sum_{m=-\infty}^{\infty} \sum_{n=-\infty}^{\infty} -\frac{\omega^2 \rho_0 W_{mn}}{\gamma_{mn}} \mathrm{e}^{\mathrm{i}(k_x + 2m\pi/l_x)x} \cdot \mathrm{e}^{\mathrm{i}(k_y + 2n\pi/l_y)y} \mathrm{e}^{\mathrm{i}\gamma_{mn} z} \tag{2.2.82}$$

式中，$\gamma_{mn} = \sqrt{k_0^2 - \left(k_x + \dfrac{2m\pi}{l_x}\right)^2 - \left(k_y + \dfrac{2n\pi}{l_y}\right)^2}$。

当然，也可以采用 (2.2.56) 式由计算远场辐射声压。Mace 计算了双向正交周期加肋的无限大平板远场辐射声场，肋距 $l_x = l_y = 0.2m$，肋骨截面为 5.08mm× 5.08cm。图 2.2.8 给出了不同激励点情况下，弹性平板中轴线上 ($\theta = \varphi = 0$) 的远场声压，并与无肋骨加强的无限大平板远场声压比较。在低频段，远场辐射声压与激励点位置无关，而在高频段，远场辐射声压则与激励点位置相关。当激励点作用在弹性平板上，随着频率的增加，加肋平板的远场辐射声压在无肋骨加强的无限大弹性平板远场辐射声压曲线附近起伏变化。当激励点作用在肋骨上，对应 (0,0) 激励点，由于激励点声阻抗随频率增加，使得辐射声压减小。

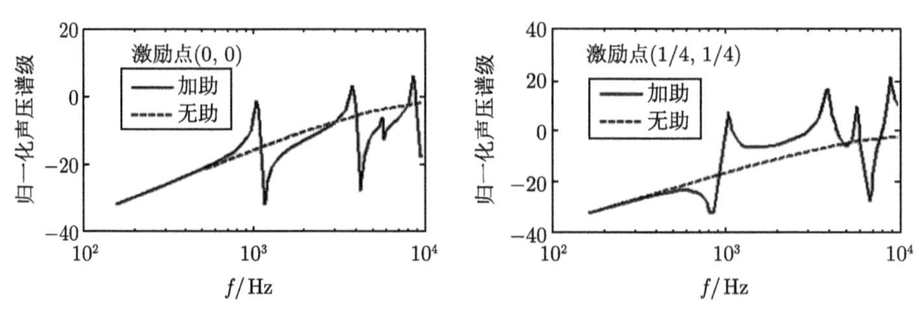


图 2.2.8 双向正交周期加肋的无限大平板远场辐射声场

(引自文献 [29], fig3a, 3d)

前面分别讨论了单向周期加肋和双向正交周期加肋的无限大弹性平板受激振动和声辐射的计算方法及基本特性。有些情况下，舰船结构的加强肋骨并不严格满足空间周期性分布，而是部分肋骨在周期性分布位置附近有一定的偏移。这种偏移会导致无限大加肋弹性平板振动和声辐射有一定的改变，而且建立计算模型也要有一些特殊的处理方法。为了简单起见，将无限大弹性平板上的单向肋骨分为二组，其中一组为肋距为 $l$ 的周期性肋骨，另一组为相对于第一组肋骨位置偏移 $\Delta$ 距离的肋骨。第二组每根肋骨偏置的距离可以是相等的，也可以不相等，参见图 2.2.9。这种无限大加肋弹性平板的振动方程可以表示为 [30]

$$\begin{aligned}&D\frac{\partial^4 W(x)}{\partial x^4}-m_s\omega^2 W(x)\\&=f(x)-p(x,0)-[Q_1(x)+Q_2(x)+\cdots+Q_N(x)]\end{aligned}\tag{2.2.83}$$

式中，$D, m_s, f(x), p(x,0)$ 等参数的含义同 (2.2.31) 式。$Q_1(x), Q_2(x),\cdots,Q_N(x)$ 为全部肋骨对无限大弹性平板的作用力。为了简化计算，弹性平板振动方程只考虑单个方向，相当于梁振动。

针对两组肋骨情况，对 (2.2.83) 式作 Fourier 变换，得到波数域运动方程：

$$(Dk^4-m_s\omega^2)\tilde{W}(k)=\tilde{f}(k)-\tilde{p}(k)-[\tilde{Q}_1(k)+\tilde{Q}_2(k)]\tag{2.2.84}$$

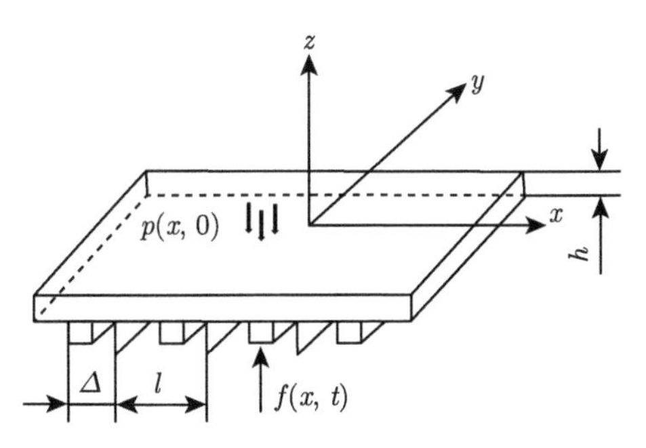


图 2.2.9 非周期加肋无限大弹性平板

(引自文献 [30]，fig1)

类似于单向周期加肋和双向正交周期加肋情况，肋骨仍作为 Euler 梁处理，两组肋骨对无限大弹性平板的作用力为

$$Q_1(x)=-\sum_{n=-\infty}^{\infty}m_{f1}\omega^2 U_1(x)\delta(x-nl)\tag{2.2.85}$$

$$Q_2(x)=-\sum_{n=-\infty}^{\infty}m_{f2}\omega^2 U_2(x)\delta(x-(nl+\Delta))\tag{2.2.86}$$

式中，$U_1(x), U_2(x)$ 分别为二组肋骨的振动位移，$m_{f1}, m_{f2}$ 分别两组肋骨单位长度的质量。因为将二维弹性平板简化为一维弹性梁，肋骨对弹性平板的作用力没有刚度项，只有质量项。

考虑到肋骨位置 $x_n=nl$ 和 $x_n=nl+\Delta$ 上，肋骨振动位移与弹性平板振动位移相等，并对 (2.2.85) 和 (2.2.86) 式作 Fourier 变换，可得

$$\tilde{Q}_1(k) = -m_{f1}\omega^2 \sum_{n=-\infty}^{\infty} W(nl)\mathrm{e}^{-\mathrm{i}knl} \tag{2.2.87}$$

$$\tilde{Q}_2(k) = -m_{f2}\omega^2 \sum_{n=-\infty}^{\infty} W(nl+\varDelta)\mathrm{e}^{-\mathrm{i}k(nl+\varDelta)} \tag{2.2.88}$$

注意到 (2.2.87) 和 (2.2.88) 式中，弹性平板振动位移 $W$ 是空间变量 $nl$ 和 $nl+\varDelta$ 而不是波数 $k$ 的函数，需要利用 (2.2.43) 式，并考虑 Poisson 求和公式，由 (2.2.87) 和 (2.2.88) 式可得

$$\begin{aligned}\tilde{Q}_1(k) &= -\frac{m_{f1}\omega^2}{2\pi}\int_{-\infty}^{\infty}\tilde{W}(\alpha)\frac{2\pi}{l}\sum_{n=-\infty}^{\infty}\delta\left[\alpha-\left(k+\frac{2n\pi}{l}\right)\right]\mathrm{d}\alpha \\ &= Z_1\sum_{n=-\infty}^{\infty}\tilde{W}(k+en)\end{aligned} \tag{2.2.89}$$

$$\begin{aligned}\tilde{Q}_2(k) &= -\frac{m_{f2}\omega^2}{2\pi}\int_{-\infty}^{\infty}\tilde{W}(\alpha)\frac{2\pi}{l}\mathrm{e}^{\mathrm{i}\varDelta(\alpha-k)}\sum_{n=-\infty}^{\infty}\delta\left[\alpha-\left(k+\frac{2n\pi}{l}\right)\right]\mathrm{d}\alpha \\ &= Z_2\sum_{n=-\infty}^{\infty}\tilde{W}(k+en)\mathrm{e}^{\mathrm{i}en\varDelta}\end{aligned} \tag{2.2.90}$$

其中，$Z_1 = -\dfrac{m_{f1}\omega^2}{l}, Z_2 = -\dfrac{m_{f2}\omega^2}{l}, e = \dfrac{2\pi}{l}$。

平板一维简化情况下，点激励力相当于线激励力，假设激励力作用在 $x = x_0$ 位置，考虑到声场耦合作用项 (2.2.35) 式，并将 (2.2.89) 和 (2.2.90) 式代入 (2.2.84) 式，得到波数域中无限大非周期加肋平板的耦合振动响应：

$$\tilde{W}(k) = F(k) - Z_1Y(k)\sum_{n=-\infty}^{\infty}\tilde{W}(k+en) - Z_2Y(k)\sum_{n=-\infty}^{\infty}\tilde{W}(k+en)\mathrm{e}^{\mathrm{i}en\varDelta} \tag{2.2.91}$$

式中，$F(k) = \dfrac{F_0\mathrm{e}^{-\mathrm{i}kx_0}}{Z_p(k)}$，$Y(k) = \dfrac{1}{Z_p(k)}$，$Z_p(k) = D(k^4 - k_f^4) - \dfrac{\rho_0\omega^2}{\gamma(k)}$。

如果附加的肋骨有不同的尺寸及偏置量，则 (2.2.91) 式表示为

$$\tilde{W}(k) = F(k) - Y(k)\sum_{n=-\infty}^{\infty}[Z_1 + Z_2\mathrm{e}^{\mathrm{i}en\varDelta_1} + \cdots + Z_N\mathrm{e}^{\mathrm{i}en\varDelta_{N-1}}]\tilde{W}(k+en) \tag{2.2.92}$$

为了进一步求解波数域中无限大非周期加肋平板的耦合振动响应，定义以下关

系式:

$$W_p(k) = \sum_{n=-\infty}^{\infty} \tilde{W}(k+en)\mathrm{e}^{\mathrm{i}enp\Delta} \tag{2.2.93}$$

$$F_p(k) = \sum_{n=-\infty}^{\infty} F(k+en)\mathrm{e}^{\mathrm{i}enp\Delta} \tag{2.2.94}$$

$$Y_p(k) = \sum_{n=-\infty}^{\infty} Y(k+en)\mathrm{e}^{\mathrm{i}enp\Delta} \tag{2.2.95}$$

上面三个定义式都具有以下特性:

$$F_p(k+em) = F_p(k)\mathrm{e}^{-emp\Delta} \tag{2.2.96}$$

利用这些关系式,(2.2.91) 式可表示为

$$\tilde{W}(k) = F(k) - Z_1 Y(k) W_0(k) - Z_2 Y(k) W_1(k) \tag{2.2.97}$$

为了求解得到 $\tilde{W}(k)$ 的表达式,在 (2.2.97) 式中令 $k = k + em$,并对 $m$ 从 $-\infty$ 到 $\infty$ 求和,同时利用 (2.2.96) 式,可得

$$W_0(k) = F_0(k) - Z_1 Y_0(k) W_0(k) - Z_2 Y_{-1}(k) W_1(k) \tag{2.2.98}$$

再在 (2.2.97) 式两边同时乘以 $\mathrm{e}^{\mathrm{i}em}$,并作类似 (2.2.98) 式的推导,则可得

$$W_1(k) = F_1(k) - Z_1 Y_1(k) W_0(k) - Z_2 Y_0(k) W_1(k) \tag{2.2.99}$$

进一步由 (2.2.98) 和 (2.2.99) 式求解得到 $W_0(k)$ 和 $W_1(k)$ 的表达式,再代入 (2.2.97) 式,即可得

$$\tilde{W}(k) = F(k) - Y(k)G(k) \tag{2.2.100}$$

式中,

$$G(k) = \frac{A_1 + A_2 + A_3}{1 + (Z_1 + Z_2)Y_0(k) + Z_1 Z_2 [Y_0^2(k) - Y_1(k)Y_{-1}(k)]} \tag{2.2.101}$$

这里,

$$A_1 = Z_2[1 + Z_1 Y_0(k)]F_1(k)$$

$$A_2 = Z_1[1 + Z_2 Y_0(k)]F_0(k)$$

$$A_3 = -Z_1 Z_2 [F_0(k) Y_1(k) + F_1(k) Y_{-1}(k)]$$

若所有的肋骨相同，且周期性布置，则 (2.2.100) 式退化为 (2.2.55) 式。注意到，上面的推导过程也可扩展到不同偏置量的附加肋骨，但是每一组附加肋骨需要产生一个波数域的附加方程，也就是说，每一组附加肋骨引入一个求和关系式 $W_p(k)$，如有 10 个独立的肋骨组，有 9 个偏置量，则产生关于 10 个未知量 $W_0(k), W_1(k), \cdots, W_9(k)$ 的 10 个方程。同时求解这些方程才能得到波数域中无限大非周期加肋平板的耦合解。已知了耦合振动，可以由 (2.2.56) 式计算远场辐射声压。算例选取厚 2.54mm 的钢板，肋距为 0.6035m，肋骨截面积为 $42.15\text{cm}^2$。当激励力作用在坐标原点肋骨上，且肋骨偏置 10%时，计算的无限大弹性平板、无限大周期加肋和非周期加肋弹性平板等三种情况的远场辐射声压由图 2.2.10 给出。在 500Hz 以下频段，无限大周期加肋和非周期加肋平板的远场辐射声压基本一样，在 500Hz 以上频段，无限大非周期加肋与周期加肋弹性平板的远场辐射声压相比，峰值频率偏移，峰值幅度有减小的趋势。图 2.2.11 进一步给出频率为 250Hz 和 500Hz 时无限大非周期加肋与周期加肋平板远场辐射声压随肋骨偏置量 $\Delta$ 的变化。250Hz 时远场辐射声压随肋骨偏置量 $\Delta$ 的变化较小，不超过 2dB。但在 500Hz 时，远场辐射声压随 $\Delta$ 的变化达到 10dB 以上。当然也不是频率越高，偏置量的影响越大，频率为 1000Hz，偏置量对远场辐射声压影响的起伏约 5dB，而频率为 2000Hz 时影响又增加到 10dB 以上。可以说，对于给定的频率及肋骨偏置，非周期加肋对无限大弹性平板远场辐射声压有明显影响，在另一个频率及肋骨偏置，非周期肋骨对远场辐射声压的影响又会减小。总的来说，非周期与周期加肋的无限大弹性平板远场辐射声压相比，非周期性的影响主要在高频，低频基本没有影响。

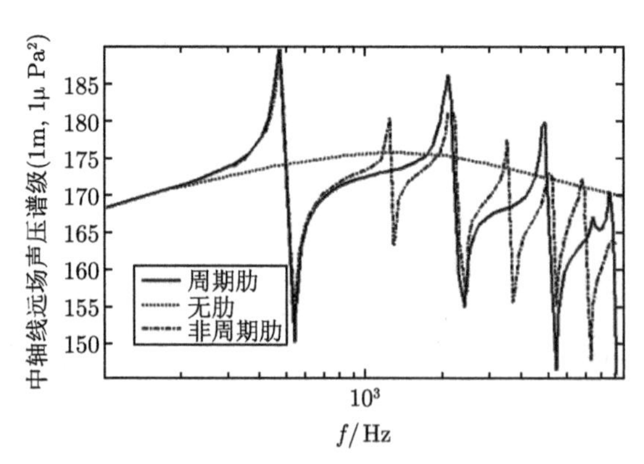


图 2.2.10 无肋、周期肋和非周期肋的无限大平板声辐射比较

(引自文献 [30]，fig5)

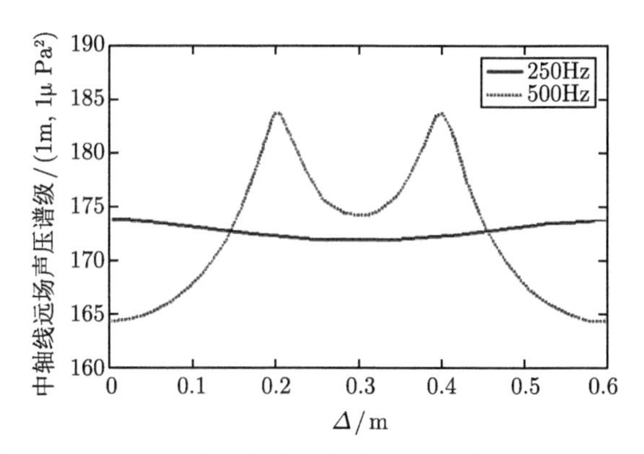


图 2.2.11 无限大非周期肋平板声辐射随肋距偏置量的变化

(引自文献 [30]，fig6)

## 2.3 无限大双层加肋弹性平板耦合振动与声辐射

为了满足安全性和结构强度要求，水面舰船的船底常常采用双层加肋平板结构形式，双壳体潜艇更是典型的双层加肋结构。这种结构可以简化为双层加肋平板。另外，建筑中墙壁和楼板附加的天花板、内墙结构，以及双层玻璃窗也是常见的双层加肋平板结构。当肋骨尺寸远小于声波波长时，可以忽略肋骨振动，而将其简化为刚体模型处理。这样，双层加肋结构可以简化由刚性肋骨连接的无限大双层弹性平板。

Takahashi[31] 将两层弹性板分别称为基板和附加板，并考虑了三种连接方式：其一，基板与附加板周期性点连接，其二，基板与附加板肋骨周期性点连接；其三，基板与附加板肋骨直接周期性连接。三种连接方式在 $x$ 和 $y$ 方向上的周期均为 $l_x$ 和 $l_y$，参见图 2.3.1。为了简单起见，暂不考虑双层弹性板之间的声介质，外

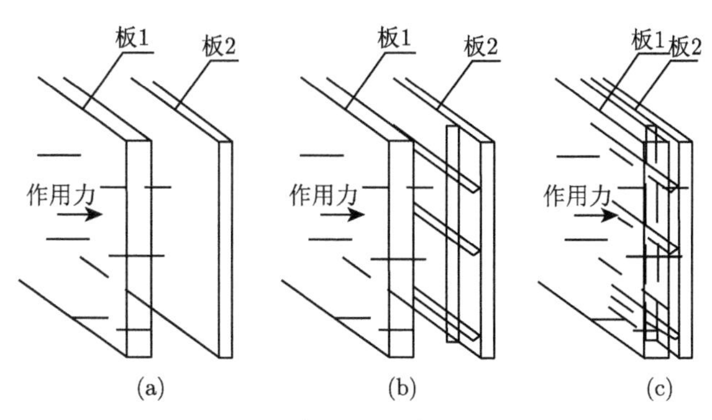


图 2.3.1 双层加肋无限大平板连接方式

(引自文献 [31]，fig1)

力激励基板振动，经肋骨的耦合传递，引起附加板的振动及声辐射。类似于无限大加肋平板振动和声辐射的求解方法，这里也采用空间 Fourier 变换方法求解无限大双层加肋平板的振动和声辐射，由 (2.2.56) 式可知，只要推导得到辐射面振动位移的波数谱 $\tilde{W}(k_x, k_y)$ 即可。

在第一种连接方式情况下，无限大双层加肋弹性板的振动方程为

$$\begin{aligned} & D_1\nabla^4 W_1 - m_1\omega^2 W_1 \\ = & \sum_{mn}\Big\{Q_1\delta(x-ml_x)\delta(y-nl_y) \\ & +\frac{\partial}{\partial x}[M_x\delta(x-ml_x)\delta(y-nl_y)]+\frac{\partial}{\partial y}[M_y\delta(x-ml_x)\delta(y-nl_y)]\Big\} \\ & +F_0\delta(x-x_0)\delta(y-y_0) \end{aligned} \tag{2.3.1}$$

$$\begin{aligned} & D_2\nabla^4 W_2 - m_2\omega^2 W_2 \\ = & -\sum_{mn}\Big\{Q_2\delta(x-ml_x)\delta(y-nl_y) \\ & +\frac{\partial}{\partial x}[M_x\delta(x-ml_x)\delta(y-nl_y)]+\frac{\partial}{\partial y}[M_y\delta(x-ml_x)\delta(y-nl_y)]\Big\}-p \end{aligned} \tag{2.3.2}$$

式中，$W_1, W_2$ 分别为基板和附加板的弯曲振动位移，$D_1, D_2, m_1, m_2$ 分别为基板和附加板的弯曲刚度和面密度，$Q_1$ 和 $Q_2$ 分别连接肋骨对基板和附加板的作用力，$M_x$ 和 $M_y$ 为作用在基板和附加板上的力矩，$F_0$ 和 $p$ 分别为作用在基板的激励力和附加板上的辐射声压。

Takahashi 给出了双层弹性板与肋骨相互作用的力和力矩，参见图 2.3.2。设肋骨质量为 $m_f$，它与双层弹性连接的平动刚度为 $K_f$，转动刚度为 $K_r$，肋骨运动位移为 $\xi$，考虑基板和附加板的振动位移 $W_1$ 和 $W_2$，可以给出肋骨运动方程：

$$m_f\ddot{\xi}+K_f(\xi-W_1)+K_f(\xi-W_2)=0 \tag{2.3.3}$$

由 (2.3.3) 式可求解得到肋骨运动位移：

$$\xi=\frac{K_fW_1+K_fW_2}{2K_f-\omega^2m_f} \tag{2.3.4}$$

肋骨对基板和附加板的作用力则为

$$Q_1=K_f(\xi-W_1) \tag{2.3.5}$$

$$Q_2=-K_f(\xi-W_2) \tag{2.3.6}$$

将 (2.3.4) 式代入 (2.3.5) 式、(2.3.6) 式，得到作用力 $Q_1$ 和 $Q_2$:

$$Q_1=-\frac{K_f(2K_f-\omega^2m_f)}{2K_f-\omega^2m_f}W_1+\frac{K_f^2}{2K_f-\omega^2m_f}W_2 \tag{2.3.7}$$

$$Q_2=-\frac{K_f^2}{2K_f-\omega^2m_f}W_1+\frac{K_f(K_f-\omega^2m_f)}{2K_f-\omega^2m_f}W_2 \tag{2.3.8}$$

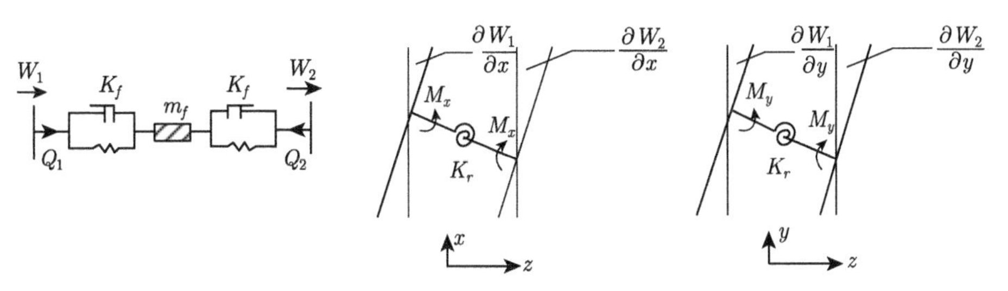


图 2.3.2 双层弹性板与肋骨相互作用的力和力矩

(引自文献 [31]，fig2)

由两弹性板的转动位移差引起的肋骨对双层平板的作用力矩为

$$M_x=K_r\left(\frac{\partial W_1}{\partial x}-\frac{\partial W_2}{\partial x}\right) \tag{2.3.9}$$

$$M_y=K_r\left(\frac{\partial W_1}{\partial y}-\frac{\partial W_2}{\partial y}\right) \tag{2.3.10}$$

Takahashi 推荐的肋骨与弹性板作用的平动刚度和转动刚度，可以由肋骨参数计算得到。

对于边长为 $a$ 的方形截面:

$$K_f=\frac{2a^2E_f(1-\mathrm{i}\eta_f)}{b} \tag{2.3.11}$$

$$K_r=\frac{a^4E_f(1-\mathrm{i}\eta_f)}{6b} \tag{2.3.12}$$

对于半径为 $a$ 的圆形截面:

$$K_f=\frac{2\pi a^2E_f(1-\mathrm{i}\eta_f)}{b} \tag{2.3.13}$$

$$K_r=\frac{\pi a^4E_f(1-\mathrm{i}\eta_f)}{2b} \tag{2.3.14}$$

其中，$E_f$ 和 $\eta_f$ 为肋骨材料的杨氏模量和损耗因子，$b$ 为肋骨高度。

比较 (2.3.11)~(2.3.14) 式中平动刚度和转动刚度，前者远大于后者一个量级以上。为了简单起见，在 (2.3.1) 和 (2.3.2) 式中忽略力矩作用项，并作空间 Fourier 变换，再考虑声场的耦合作用，可以得到

$$\tilde{W}_1(k_x,k_y)=\frac{1}{l_xl_yZ_{p_1}(k_x,k_y)}\sum_{m=-\infty}^{\infty}\sum_{n=-\infty}^{\infty}[R\tilde{W}_2(\alpha_m,\beta_n)-K\tilde{W}_1(\alpha_m,\beta_n)]+F_0\mathrm{e}^{-\mathrm{i}(k_xx_0+k_yy_0)}/Z_{p_1}(k_x,k_y) \tag{2.3.15}$$

$$\tilde{W}_2(k_x,k_y)=\frac{-1}{l_xl_yZ_{p_2}(k_x,k_y)}\sum_{m=-\infty}^{\infty}\sum_{n=-\infty}^{\infty}[K\tilde{W}_2(\alpha_m,\beta_n)-R\tilde{W}_1(\alpha_m,\beta_n)] \tag{2.3.16}$$

式中，

$$Z_{p_1}=D_1(k_x^2+k_y^2)-m_1\omega^2$$

$$Z_{p_2}=D_2(k_x^2+k_y^2)-m_2\omega^2+\frac{\mathrm{i}\rho_0\omega^2}{\sqrt{k_0^2-k_x^2-k_y^2}}$$

$$\alpha_m=k_x+2m\pi/l_x,\quad \beta_n=k_y+2n\pi/l_y$$

$$R=\frac{K_f^2}{2K_f-\omega^2m_c},\quad K=\frac{K_f(2K_f-\omega^2m_f)}{2K_f-\omega^2m_f}$$

考虑到肋骨的周期性条件：

$$\sum_{m=-\infty}^{\infty}\sum_{n=-\infty}^{\infty}\tilde{W}_i[k_x+2(m+m')\pi/l_x,k_y+2(n+n')\pi/l_y]=\sum_{m=-\infty}^{\infty}\sum_{n=-\infty}^{\infty}\tilde{W}_i(\alpha_m,\beta_n),\quad i=1,2 \tag{2.3.17}$$

将 (2.3.17) 式代入 (2.3.15) 和 (2.3.16) 式，并令 $k_x=\alpha'_m,k_y=\beta'_n$，再对所有 $m'$ 和 $n'$ 求和，可以得到

$$X=P_1(RY-KX)+F_0P_0\mathrm{e}^{-\mathrm{i}(k_xx_0+k_yy_0)} \tag{2.3.18}$$

$$Y=-P_2(KY-RX) \tag{2.3.19}$$

其中，

$$X=\sum_{m=-\infty}^{\infty}\sum_{n=-\infty}^{\infty}\tilde{W}_1(\alpha_m,\beta_n),\quad Y=\sum_{m=-\infty}^{\infty}\sum_{n=-\infty}^{\infty}\tilde{W}_2(\alpha_m,\beta_n)$$

$$P_1=\frac{1}{l_xl_y}\sum_{m=-\infty}^{\infty}\sum_{n=-\infty}^{\infty}\frac{1}{Z_{p_1}(\alpha_m,\beta_n)},\quad P_2=\frac{1}{l_xl_y}\sum_{m=-\infty}^{\infty}\sum_{n=-\infty}^{\infty}\frac{1}{Z_{p_2}(\alpha_m,\beta_n)}$$

$$P_0 = \frac{1}{l_x l_y} \sum_{m=-\infty}^{\infty} \sum_{n=-\infty}^{\infty} \frac{\mathrm{e}^{-\mathrm{i}2\pi\left(\frac{m x_0}{l_x} + \frac{n y_0}{l_y}\right)}}{Z_{p_1}(\alpha_m, \beta_n)}$$

由 (2.3.18) 和 (2.3.19) 式，可求解得到

$$X = \frac{1 + KP_2}{(1 + KP_1)(1 + KP_2) - R^2 P_1 P_2} F_0 P_0 \mathrm{e}^{-\mathrm{i}(k_x x_0 + k_y y_0)} \tag{2.3.20}$$

$$Y = \frac{RP_2}{(1 + KP_1)(1 + KP_2) - R^2 P_1 P_2} F_0 P_0 \mathrm{e}^{-\mathrm{i}(k_x x_0 + k_y y_0)} \tag{2.3.21}$$

再将 (2.3.20) 和 (2.3.21) 式代入 (2.3.16) 式，得到无限大双层加肋平板的附加板振动位移波数谱：

$$\tilde{W}_2(k_x, k_y) = \frac{1}{l_x l_y Z_{p_2}(k_x, k_y)} \frac{R}{(1 + KP_1)(1 + KP_2) - R^2 P_1 P_2} \cdot F_0 P_0 \mathrm{e}^{-\mathrm{i}(k_x x_0 + k_y y_0)} \tag{2.3.22}$$

在 (2.3.1) 和 (2.3.2) 式中，若不忽略力矩作用项，则求解 $\tilde{W}_2(k_x, k_y)$ 较为复杂，详细推导结果可参见文献 [31]。

在第二种连接方式情况下，基板振动方程仍为 (2.3.1) 式，考虑肋骨作用力和弯曲刚度，忽略力矩作用和扭转刚度，附加板振动则为

$$\begin{aligned}
&D_2 \nabla^4 W_2 - m_2 \omega^2 W_2 \\
&= - \sum_{m=-\infty}^{\infty} \sum_{n=-\infty}^{\infty} [Q_2 \delta(x - m l_x) \delta(y - n l_y)] \\
&\quad - \sum_{m=-\infty}^{\infty} \left( E_y I_y \frac{\partial^4 W_2}{\partial y^4} - \rho_y S_y \omega^2 W_2 \right) \delta(x - m l_x) \\
&\quad - \sum_{n=-\infty}^{\infty} \left( E_x I_x \frac{\partial^4 W_2}{\partial x^4} - \rho_x S_x \omega^2 W_2 \right) \delta(y - n l_y) + p
\end{aligned} \tag{2.3.23}$$

式中，$E_y$, $I_y$, $\rho_y$, $S_y$ 为 $y$ 方向肋骨的杨氏模量、惯性矩、密度和横截面积，$E_x$, $I_x$, $\rho_x$, $S_x$ 为 $x$ 方向肋骨的杨氏模量、惯性矩、密度和横截面积。

(2.3.23) 式经空间 Fourier 变换，可得

$$\begin{aligned}
\tilde{W}_2(k_x, k_y) =& \frac{1}{l_x l_y Z_{p_2}(k_x, k_y)} \sum_{m=-\infty}^{\infty} \sum_{n=-\infty}^{\infty} \left[ R\tilde{W}_1(\alpha_m, \beta_n) - K\tilde{W}_2(\alpha_m, \beta_n) \right] \\
& - \frac{1}{l_x Z_{p_2}(k_x, k_y)} \sum_{m=-\infty}^{\infty} \left[ Z_{by}(k_y) \tilde{W}_2(\alpha_m, k_y) \right]
\end{aligned}$$

$$-\frac{1}{l_y Z_{p_2}(k_x,k_y)}\sum_{n=-\infty}^{\infty} Z_{bx}(k_x)\tilde{W}_2(k_x,\beta_n)] \tag{2.3.24}$$

式中,

$$Z_{by}=E_yI_yk_y^4-\rho_yS_y\omega^2, Z_{bx}=E_xI_xk_x^4-\rho_xS_x\omega^2$$

在 (2.3.24) 式及 (2.3.15) 式中，令 $k_x=\alpha'_m, k_y=\beta'_n$，可以采用截断法近似求解 $\tilde{W}_1(k_x,k_y)$ 和 $\tilde{W}_2(k_x,k_y)$，但由于 (2.3.24) 式中含有 $\tilde{W}_2(k_x,k_y)$ 和 $\tilde{W}_2(\alpha_m,k_y)$，采用 (2.3.18) 和 (2.3.19) 式的推导过程，获得显式的 $\tilde{W}_2(k_x,k_y)$ 解析表达式有一定困难。为此，在 (2.3.24) 式中，仅仅保留 $y$ 方向肋骨的作用项，忽略 $x$ 方向肋骨的作用项。考虑到 (2.3.24) 式中，$Z_{by}(\beta)$ 与 $m$ 无关，可以移到求和号外面，仍令 $k_x=\alpha'_m, k_y=\beta'_n$，并对所有 $m'$ 和 $n'$ 求和，可得

$$Y=P_2(R_X-K_Y)-P_3Y_1 \tag{2.3.25}$$

式中,

$$P_3=l_y\sum_{m'=-\infty}^{\infty}\sum_{n'=-\infty}^{\infty}\frac{Z_b(\beta'_n)}{l_xl_yZ_{p_2}(\alpha'_m,\beta'_n)},\quad Y_1=\sum_{m=-\infty}^{\infty}\tilde{W}_2(\alpha_m,k_y)$$

这里，出现了一个新的参数 $Y_1$，为了求解得到 $\tilde{W}_2(k_x,k_y)$ 还需要进行一次变量代换，在 (2.3.24) 式令 $k_x=\alpha'_m$，并对所有 $m'$ 求和，得到

$$Y_1=P_{2x}(RX-KY)-l_yP_{2x}Z_{by}(k_y)Y_1 \tag{2.3.26}$$

式中,

$$P_{2x}=\sum_{m'=-\infty}^{\infty}\frac{1}{l_xl_yZ_{p_2}(\alpha'_m,k_y)}$$

联立求解 (2.3.18)、(2.3.25) 及 (2.3.26) 式，可以求得附加板振动的波数域解：

$$\tilde{W}_2(k_x,k_y)=\frac{1}{l_xl_yZ_{p_2}(k_x,k_y)}\frac{1}{1+l_yP_{2x}Z_{by}(k_y)}\frac{F_0}{A_1}P_0\cdot \mathrm{e}^{-\mathrm{i}(k_xx_0+k_yy_0)} \tag{2.3.27}$$

式中,

$$A_1=P_2-\frac{P_3P_{2x}}{1+l_yP_{2x}Z_{by}(k_y)}$$

当然，如果考虑力矩和扭转刚度作用，并且 $x$ 和 $y$ 方向都有肋骨，则求解过程也较复杂，详细推导结果可参见文献 [31]。

在第三种连接方式情况下，肋骨与平板的作用力和力矩如图 2.3.3 所示，相应的基板和附加板振动方程为

$$D_1\nabla^4W_1-m_1\omega^2W_1$$

$$= \sum_{m=-\infty}^{\infty} \left[ Q_y \delta(x - ml_x) + \frac{\partial M_y}{\partial y} \delta(x - ml_x) \right.$$

$$\left. + \frac{\partial M_{Ty}}{\partial x} \delta(x - ml_x) \right] + F_0 \delta(x - x_0) \delta(y - y_0) \tag{2.3.28}$$

$$D_2 \nabla^4 W_2 - m_2 \omega^2 W_2$$

$$= - \sum_{m=-\infty}^{\infty} \left[ Q_y \delta(x - ml_x) + \frac{\partial M_y}{\partial y} \delta(x - ml_x) \right.$$

$$\left. + \frac{\partial M_{Ty}}{\partial x} \delta(x - ml_x) \right] - \sum_{m=-\infty}^{\infty} \left[ E_y I_y \frac{\partial^4 W_2}{\partial y^4} - \rho_y S_y \omega^2 W_2 \right] \delta(x - ml_x) + p \tag{2.3.29}$$

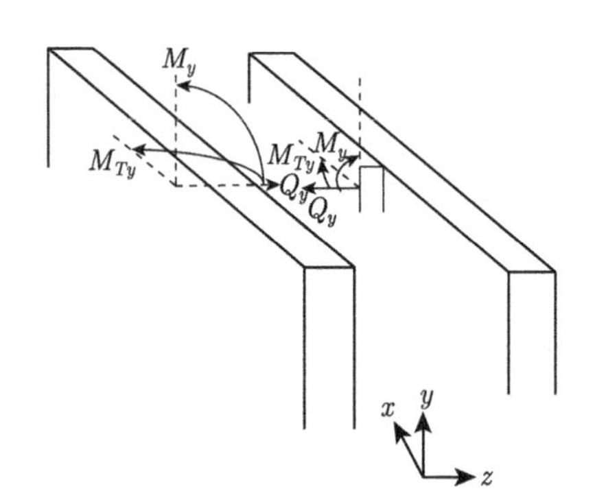


图 2.3.3 双层弹性平板肋骨的相互作用力和力矩

(引自文献 [31]，fig3)

这里，为了简单起见，只考虑了 $y$ 方向布置的肋骨，没有同时考虑 $x$ 方向布置的肋骨。(2.3.28) 和 (2.3.29) 式中，$Q_y + \dfrac{\partial M_y}{\partial y}$ 可以表示为

$$Q_y + \frac{\partial M_y}{\partial y} = Q_{Mx} \tag{2.3.30}$$

考虑到难以用基板和附加板振动位移 $W_1$ 和 $W_2$ 给出肋骨与平板的相互作用力和力矩，需要利用在肋骨布置位置上 $W_1$ 和 $W_2$ 相等的条件。

$$W_1 = W_2 \quad (x = ml_x) \tag{2.3.31}$$

对 (2.3.28) 和 (2.3.29) 式作空间 Fourier 变换，并考虑 (2.3.30) 和 (2.3.31) 式，可以得到

$$\tilde{W}_2(k_x,k_y)=\frac{Z_{by}(k_y)}{l_x[Z_{p_1}(k_x,k_y)+Z_{p_2}(k_x,k_y)]}\sum_{m=-\infty}^{\infty}\tilde{W}_2(\alpha_m,k_y)+\frac{F_0}{Z_{p_1}(k_x,k_y)+Z_{p_2}(k_x,k_y)}\mathrm{e}^{-\mathrm{i}(k_xx_0+k_yy_0)} \tag{2.3.32}$$

在 (2.3.32) 式中令 $k_x=\alpha'_m$，并对所有 $m'$ 求和，则有

$$Y_1=\frac{l_xP_5F_0}{1+Z_{by}(k_y)P_4}\mathrm{e}^{-\mathrm{i}(k_xx_0+k_yy_0)} \tag{2.3.33}$$

将 (2.3.33) 代入 (2.3.32) 式，求得第三种连接条件下附加板振动的波数域解：

$$\tilde{W}_2(k_x,k_y)=\left[1-\frac{Z_{by}(k_y)P_5(\alpha_m,k_y)}{1+Z_{by}(k_y)P_4(\alpha_m,k_y)}\right]\frac{F_0}{Z_{p_1}(k_x,k_y)+Z_{p_2}(k_x,k_y)}\mathrm{e}^{-\mathrm{i}(k_xx_0+k_yy_0)} \tag{2.3.34}$$

式中,

$$P_4=\sum_{m'=-\infty}^{\infty}\frac{1}{l_xl_y[Z_{p_1}(\alpha_m,k_y)+Z_{p_2}(\alpha_m,k_y)]}$$

$$P_5=\sum_{m'=-\infty}^{\infty}\frac{\mathrm{e}^{-\mathrm{i}2\pi\left(\frac{mx_0}{l_x}+\frac{ny_0}{l_y}\right)}}{l_xl_y[Z_{p_1}(\alpha_m,k_y)+Z_{p_2}(\alpha_m,k_y)]}$$

前面推导了无限大双层加肋板在三种肋骨连接方式下的附加板振动位移波数域计算表达式。利用 (2.2.56) 式可以计算相应情况下的远场辐射声压，进一步可计算声辐射功率：

$$P(\omega)=\frac{\rho_0\omega^4}{8\pi^2C_0}\int_0^{2\pi}\mathrm{d}\varphi\int_0^{\pi/2}\left|\tilde{W}(k_x,k_y)\right|^2\sin\theta\mathrm{d}\theta \tag{2.3.35}$$

式中, $k_x=k_0\cos\varphi\sin\theta, k_y=k_0\sin\varphi\sin\theta$。

选取基板杨氏模量为 $2.1\times10^{10}\mathrm{N/m^2}$、密度为 $2300\mathrm{kg/m^3}$、阻尼因子为 0.01；附加板杨氏模量为基板杨氏模量的 0.2857 倍，厚度为基板的 0.06 倍；肋骨横截面边长为基板厚度的 0.5 倍，肋骨高度为基板厚度的 0.2 倍，肋骨间距为基板厚度的 3 倍，肋骨阻尼因子为 0.01。在点激励力作用下，双层加肋弹性板相对于单层基板的声辐射功率由图 2.3.4 给出。图中点激励力有两个作用位置，一个为肋骨中间位置，即 $(x_0,y_0)=(l_x/2,l_y/2)$，另一个为坐标原点，即 $(x_0,y_0)=(0,0)$。由于附加板较薄，基板由肋骨连接附加板后，声辐射功率出现明显的放大现象，尤其在第 2 和 3 种连接方式下。减小附加板厚度或增加连接肋骨长度，会增大声辐射放大的频率范围。为了降低附加板的声辐射，应采用较厚和刚度较大的附加板，

并且减小连接肋骨长度。降低连接肋骨刚度，可以减小声辐射，但只要连接肋骨有一定刚度，声短路就会增加声辐射。为此，Legault 和 Atalla[32] 研究了空间周期性肋骨隔振连接的双层弹性平板声传输特性，给出了不同安装刚度及阻尼等参数对声传输损失的影响。适当的隔振连接设计可以使声传输损失增加 20dB，但会出现肋骨隔振与弹性板相互作用产生的共振。

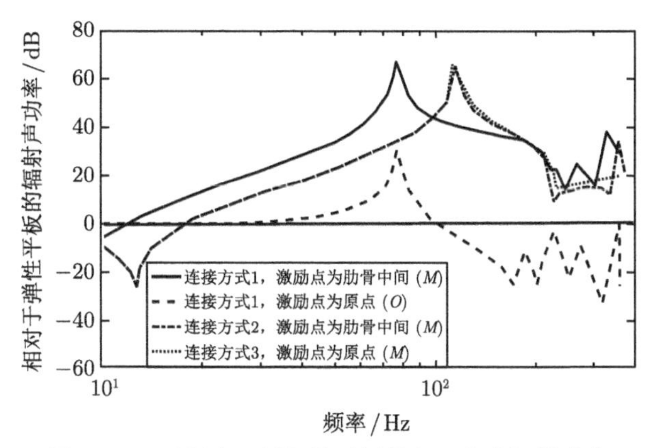


图 2.3.4 无限大双层加肋平板的归一化声辐射功率

(引自文献 [31]，fig5)

应该明确，前面建立的计算模型，没有考虑双层弹性板之间的声场耦合，算例中也没有考虑外声场的耦合，而且选取的肋骨参数更适用于房间墙壁和舱室壁面与内壁连接结构的声辐射计算，而与船舶结构参数有一定的差距，需要进一步扩展计算模型。考虑如图 2.3.5 所示的模型[33]，上下弹性板由周期性肋骨连接，肋骨高度为 $d$，厚度为零，肋骨间距为 $l_x$，假设肋骨沿 $z$ 方向振动，并沿 $y$ 方向有传播，$x$ 方向没有振动。为简单起见，设肋骨与弹性平板只有力相互作用，没有力矩相互作用。两层弹性板之间及上下半无限空间为水介质。入射平面声波 $p_i$ 由上半无限空间入射到上弹性平板上，产生反射声波 $p_r$，并在下半无限空间产生透射声波 $p_t$。

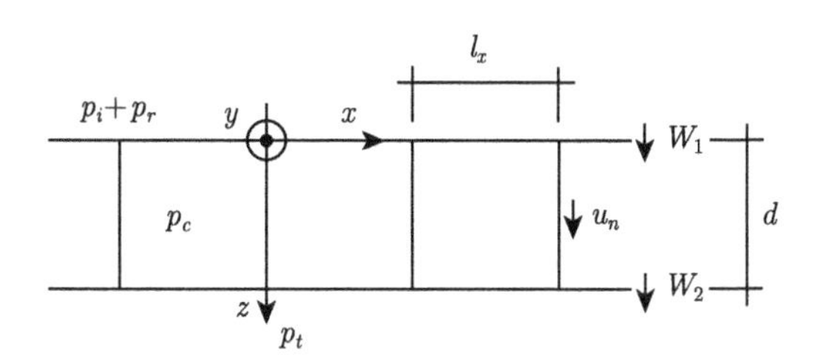


图 2.3.5 中间层为水介质双层加肋无限大弹性平板

(引自文献 [33], fig1)

假设入射声波为

$$p_i = P_0 \mathrm{e}^{\mathrm{i}(k_x x + k_y y + k_z z - \omega t)} \tag{2.3.36}$$

式中, $k_x = k_0 \sin\theta\cos\varphi, k_y = k_0 \sin\theta\sin\varphi, k_z = k_0\cos\theta$。

上下层弹性平板振动方程为

$$D_1 \nabla^4 W_1 - m_1\omega^2 W_1 = p_i|_{z=0} - p_c|_{z=0} + p_r|_{z=0} - Q_1 \tag{2.3.37}$$

$$D_2 \nabla^4 W_2 - m_2\omega^2 W_2 = p_c|_{z=d} - p_t|_{z=d} + Q_2 \tag{2.3.38}$$

式中，$W_1$ 和 $W_2$ 分别为上下弹性平板的振动位移，$D_1$, $D_1$ 和 $m_1, m_2$ 分别为上下弹性平板的动刚度和面密度，$p_c$ 为双层弹性平板之间水介质声压，$Q_1$ 和 $Q_2$ 为肋骨对上下弹性平板的作用力。

为了方便起见，将上半无限空间的反射声压分解为散射声压 $p_s$ 和辐射声压 $p_a$：

$$p_r = p_s + p_a \tag{2.3.39}$$

式中, $p_s$ 为上弹性平板作为刚性边界的反射声，$p_a$ 为上弹性平板振动产生的辐射声，且有

$$p_s|_{z=0} = p_i|_{z=0} \tag{2.3.40}$$

并设

$$p_a|_{z=0} = RW_1 \tag{2.3.41}$$

$$p_t|_{z=d} = TW_2 \tag{2.3.42}$$

式中，反射和透射系数 $R$ 和 $T$ 的具体形式将在下面的推导中给出。

对 (2.3.37) 式、(2.3.38) 式及 (2.3.41) 和 (2.3.42) 式作关于 $x$ 的空间 Fourier 变换，并考虑到 (2.3.40) 式，有

$$\begin{bmatrix} Z_{p_1} & 0 \\ 0 & Z_{p_2} \end{bmatrix} \begin{Bmatrix} \tilde{W}_1 \\ -\tilde{W}_2 \end{Bmatrix} = 4\pi \begin{Bmatrix} P_0 \\ 0 \end{Bmatrix} \delta(\alpha - k_x) - \begin{Bmatrix} \tilde{Q}_1 \\ \tilde{Q}_2 \end{Bmatrix} - \begin{Bmatrix} \tilde{p}_c|_{z=0} \\ \tilde{p}_c|_{z=d} \end{Bmatrix} \tag{2.3.43}$$

$$\tilde{p}_a|_{z=0} = \tilde{R}\tilde{W}_1 \tag{2.3.44}$$

$$\tilde{p}_t|_{z=d} = \tilde{T}\tilde{W}_2 \tag{2.3.45}$$

式中,

$$Z_{p_1} = D_1(k_x^2 + k_y^2)^2 - m_1\omega^2 - \tilde{R}(k_x) \tag{2.3.46}$$

$$Z_{p_2} = D_2(k_x^2 + k_y^2)^2 - m_2\omega^2 - \tilde{T}(k_x) \tag{2.3.47}$$

在 $0 < z < d$ 范围内，肋骨将水层分隔为若干子空间 $ml_x \leqslant x \leqslant (m+1)l_x$，$m = 0, \pm1, \pm2, \cdots, \pm\infty$。水层中的声压 $p_c$ 与上下弹性平板振动 $W_1$ 和 $W_2$ 满足边界条件：

$$\left.\frac{\partial p_c}{\partial z}\right|_{z=0} = \omega^2 \rho_c W_1 \tag{2.3.48}$$

$$\left.\frac{\partial p_c}{\partial z}\right|_{z=d} = \omega^2 \rho_c W_2 \tag{2.3.49}$$

另外，在每个子空间的左右两侧，假定肋骨没有运动，因此水层中声压还满足边界条件：

$$\left.\frac{\partial p_c}{\partial x}\right|_{x=ml_x} = 0, \quad m = 0, \pm1, \pm2, \cdots, \pm\infty \tag{2.3.50}$$

由于每个水层子空间的声压不同，则整个水层中的声压表示为每个水层子空间声压的组合：

$$p_c(x, z) = \sum_{m=-\infty}^{\infty} p_c^{(m)}(x, z)\Theta(x, ml_x, ml_x + l_x) \tag{2.3.51}$$

式中，$p_c^{(m)}$ 为第 $m$ 个水层子空间中的声压，$\Theta$ 为矩形函数；在 $ml_x$ 和 $ml_x + l_x$ 之间其取值为 1，在其他区域取值为零。$\Theta$ 函数由两个阶跃函数组成 $H(x)$。

$$\Theta(x, ml_x, ml_x + l_x) = H(x - ml_x) - H(x - ml_x - l_x) \tag{2.3.52}$$

在满足边界条件 (2.3.50) 式的情况下，在第 $m$ 个水层子空间中，声压 $p_c^{(m)}$ 的形式解为

$$p_c^{(m)}(x, z) = \sum_{n=0}^{\infty} \varepsilon_n p_{c,n}^{(m)}(z) \cos\frac{n\pi x}{l_x}, \quad ml_x \leqslant x \leqslant ml_x + l_x \tag{2.3.53}$$

式中，

$$\varepsilon_n = \begin{cases} 1/2, & n = 0 \\ 1, & n \neq 0 \end{cases}$$

考虑到肋骨沿 $x$ 方向周期性布置，两层弹性板振动位移满足周期性关系：

$$W_i(x + l_x) = W_i(x)\mathrm{e}^{\mathrm{i}k_x l_x}, \quad i = 1, 2 \tag{2.3.54}$$

相应地，中间水层中的声压也满足周期性关系：

$$p_c^{(m+1)} = p_c^{(m)} \mathrm{e}^{\mathrm{i}k_x l_x} \tag{2.3.55}$$

以及

$$p_c^{(m)} = p_c^{(0)} \mathrm{e}^{\mathrm{i}k_x m l_x} \tag{2.3.56}$$

这样，(2.3.51) 式可以表示为

$$p_c(x,z) = p_c^{(0)} \sum_{m=-\infty}^{\infty} \Theta(x, ml_x, ml_x + l_x) \mathrm{e}^{\mathrm{i}k_x m l_x} \tag{2.3.57}$$

由此可见,只要求解得到第 0 个水层子空间的声场,将 (2.3.53) 式代入 (2.3.57) 式，整个水层中的声场即可确定。

$$p_c(x,z) = \sum_{n=0}^{\infty} \varepsilon_n p_{c,n}^{(0)}(z) \cos\frac{n\pi x}{l_x} \sum_{m=-\infty}^{\infty} \Theta(x, ml_x, ml_x + l_x) \mathrm{e}^{\mathrm{i}k_x m l_x} \tag{2.3.58}$$

接下来需要确定第 0 个水层子空间声场形式解的待定系数 $p_{c,n}^{(0)}$，求解波动方程，可以给出 $p_{c,n}^{(0)}$ 所满足的方程：

$$p_{c,n}^{(0)} = A_n^{(0)} \mathrm{e}^{-\gamma_n z} + B_n^{(0)} \mathrm{e}^{\gamma_n z} \tag{2.3.59}$$

式中,

$$\gamma_n^2 = \left(\frac{n\pi}{l_x}\right)^2 + k_y^2 - k_0^2$$

(2.3.59) 式中的系数可由边界条件 (2.3.48) 和 (2.3.49) 式确定。为此，对 (2.3.59) 式求导得到

$$\frac{p_{c,n}^{(0)}}{\partial z} = \gamma_n\left(-A_n^{(0)} \mathrm{e}^{-\gamma_n z} + B_n^{(0)} \mathrm{e}^{\gamma_n z}\right) \tag{2.3.60}$$

同时，假设在第 0 个水层子空间区域内的上下弹性平板振动也可以用相应的声模态函数展开：

$$W_i(x) = \sum_{n=0}^{\infty} \varepsilon_n W_{i,n} \cos\frac{n\pi x}{l_x}, \quad i = 1,2 \tag{2.3.61}$$

式中,

$$W_{i,n} = \frac{2}{l_x} \int_0^{l_x} W_i(x) \cos\frac{n\pi x}{l_x} \mathrm{d}x \tag{2.3.62}$$

对 (2.3.48) 和 (2.3.49) 式作同样的 Fourier 变换，有

$$\left.\frac{\partial p_{c,n}^{(0)}}{\partial z}\right|_{z=0} = \omega^2 \rho_c W_{1,n} \tag{2.3.63}$$

$$\left.\frac{\partial p_{c,n}^{(0)}}{\partial z}\right|_{z=d} = \omega^2 \rho_c W_{2,n} \tag{2.3.64}$$

利用 (2.3.60) 式及 (2.3.63) 和 (2.3.64) 式，可求解得到 (2.3.59) 式中的系数 $A_n^{(0)}$, $B_n^{(0)}$：

$$A_n^{(0)} = \frac{\omega^2 \rho_c}{\gamma_n} \frac{W_{2,n} - W_{1,n} e^{\gamma_n d}}{2\sinh(\gamma_n d)} \tag{2.3.65}$$

$$B_n^{(0)} = \frac{\omega^2 \rho_c}{\gamma_n} \frac{W_{2,n} - W_{1,n} e^{-\gamma_n d}}{2\sinh(\gamma_n d)} \tag{2.3.66}$$

将 (2.3.65) 和 (2.3.66) 式代入 (2.3.59) 式，得到第 0 个水层子空间模态声压表达式：

$$p_{c,n}^{(0)}(z) = \frac{\omega^2 \rho_c}{\gamma_n \sinh(\gamma_n d)} \{W_{2,n} \cosh(\gamma_n z) - W_{1,n} \cosh[\gamma_n (d - z)]\} \tag{2.3.67}$$

在 (2.3.67) 式中令 $z = 0$ 和 $z = d$，则有

$$\left\{ \begin{array}{c} p_{c,n}^{(0)}(0) \\ p_{c,n}^{(0)}(d) \end{array} \right\} = [J_n] \left\{ \begin{array}{c} W_{1,n} \\ -W_{2,n} \end{array} \right\} \tag{2.3.68}$$

式中，

$$[J_n] = -\frac{\omega^2 \rho_c}{\gamma_n \sinh(\gamma_n d)} \begin{bmatrix} \cosh(\gamma_n d) & 1 \\ 1 & \cosh(\gamma_n d) \end{bmatrix}$$

再将 (2.3.68) 式代入 (2.3.58) 式，得到水层中声场对上下弹性平板作用的声压：

$$\left\{ \begin{array}{c} p_c(x,0) \\ p_c(x,d) \end{array} \right\} = \sum_{n=0}^{\infty} \varepsilon_n [J_n] \left\{ \begin{array}{c} W_{1,n} \\ W_{2,n} \end{array} \right\} \cos\frac{n\pi x}{l_x} \cdot \sum_{m=-\infty}^{\infty} \Theta(x, ml_x, ml_x + l_x) \mathrm{e}^{\mathrm{i}k_x m l_x} \tag{2.3.69}$$

为了进一步求解，对应 (2.3.43) 式，需要对 (2.3.58) 式作 Fourier 变换：

$$\tilde{p}_c(\alpha, z) = \int_{-\infty}^{\infty} \sum_{n=0}^{\infty} \varepsilon_n p_{c,n}^{(0)} \cos\frac{n\pi x}{l_x} \cdot \sum_{m=-\infty}^{\infty} \Theta(x, ml_x, ml_x + l_x) \mathrm{e}^{\mathrm{i}k_x m l_x} \cdot \mathrm{e}^{-\mathrm{i}\alpha x} \mathrm{d}x \tag{2.3.70}$$

令

$$\varPhi_n(\alpha)=\int_{-\infty}^{\infty}\cos\frac{n\pi x}{l_x}\cdot\sum_{m=-\infty}^{\infty}\Theta(x,ml_x,ml_x+l_x)\mathrm{e}^{\mathrm{i}k_x ml_x}\cdot\mathrm{e}^{-\mathrm{i}\alpha x}\mathrm{d}x \tag{2.3.71}$$

则 (2.3.69) 式经 Fourier 变换后可以表示为

$$\left\{\begin{array}{c}\tilde{p}_c(\alpha,0)\\ \tilde{p}_c(\alpha,d)\end{array}\right\}=\sum_{n=0}^{\infty}[J_n]\left\{\begin{array}{c}W_{1,n}\\ -W_{2,n}\end{array}\right\}\varepsilon_n\varPhi_n \tag{2.3.72}$$

为了计算 (2.3.71) 式，考虑到 (2.3.52) 式，将其表示为

$$\varPhi_n=\sum_{m=-\infty}^{\infty}\Theta_m \tag{2.3.73}$$

其中，

$$\Theta_m=\int_{-\infty}^{\infty}\cos\frac{n\pi x}{l_x}\cdot\mathrm{e}^{\mathrm{i}k_x ml_x}[H(x-ml_x)-H(x-ml_x-l_x)]\mathrm{e}^{-\mathrm{i}\alpha x}\mathrm{d}x \tag{2.3.74}$$

(2.3.74) 式可表示为

$$\begin{aligned}\Theta_m=&\frac{\mathrm{e}^{\mathrm{i}k_x ml_x}}{2}\int_{-\infty}^{\infty}[H(x-ml_x)\mathrm{e}^{\mathrm{i}n\pi x/l_x}-H(x-ml_x-l_x)\mathrm{e}^{\mathrm{i}n\pi x/l_x}\\&+H(x-ml_x)\mathrm{e}^{-\mathrm{i}n\pi x/l_x}+H(x-ml_x-l_x)\mathrm{e}^{-\mathrm{i}n\pi x/l_x}]\mathrm{e}^{-\mathrm{i}\alpha x}\mathrm{d}x\end{aligned} \tag{2.3.74a}$$

利用公式：$\int_{-\infty}^{\infty}H(x-a)\mathrm{e}^{\mathrm{i}\alpha x}\mathrm{d}x=\mathrm{e}^{\mathrm{i}\alpha a}\left[\pi\delta(\alpha)-\frac{1}{\mathrm{i}\alpha}\right]$，有

$$\int_{-\infty}^{\infty}H(x-a)\mathrm{e}^{\mathrm{i}bx}\mathrm{e}^{\mathrm{i}\alpha x}\mathrm{d}x=\mathrm{e}^{\mathrm{i}(\alpha+b)a}\left[\pi\delta(\alpha-b)-\frac{1}{\mathrm{i}(\alpha+b)}\right]$$

积分可得

$$\begin{aligned}\Theta_m=&\frac{\mathrm{e}^{\mathrm{i}k_x ml_x}\mathrm{e}^{-\mathrm{i}\alpha ml_x}}{2}\left\{\mathrm{e}^{\mathrm{i}mn\pi}\left[\pi\delta(\alpha-n\pi/l_x)-\frac{\mathrm{i}}{\alpha-n\pi/l_x}\right]\right.\\&\left.-\mathrm{e}^{-\mathrm{i}(\alpha l_x-n\pi)}\mathrm{e}^{\mathrm{i}mn\pi}\left[\pi\delta(\alpha-n\pi/l_x)-\frac{\mathrm{i}}{\alpha-n\pi/l_x}\right]\right\}\\&+\frac{\mathrm{e}^{\mathrm{i}k_x ml_x}\mathrm{e}^{-\mathrm{i}\alpha ml_x}}{2}\left\{\mathrm{e}^{-\mathrm{i}mn\pi}\left[\pi\delta(\alpha+n\pi/l_x)-\frac{\mathrm{i}}{\alpha+n\pi/l_x}\right]\right.\end{aligned}$$

$$-\mathrm{e}^{-\mathrm{i}(\alpha l_x+n\pi)}\mathrm{e}^{-\mathrm{i}mn\pi}\left[\pi\delta(\alpha+n\pi/l_x)+\frac{\mathrm{i}}{\alpha+n\pi/l_x}\right]\Bigg\} \tag{2.3.75}$$

将 $\Theta_m$ 分为两部分:

$$\Theta_m=\Theta_{m1}+\Theta_{m2} \tag{2.3.76}$$

其中,

$$\begin{aligned}\Theta_{m1}=&\frac{\mathrm{e}^{\mathrm{i}k_x m l_x}\mathrm{e}^{-\mathrm{i}\alpha m l_x}}{2}\Bigg[-(1-\mathrm{e}^{-\mathrm{i}(\alpha l_x-n\pi)})\frac{\mathrm{i}\mathrm{e}^{\mathrm{i}nm\pi}}{(\alpha-n\pi/l_x)}\\&-(1-\mathrm{e}^{-\mathrm{i}(\alpha l_x+n\pi)})\frac{\mathrm{i}\mathrm{e}^{-\mathrm{i}nm\pi}}{(\alpha+n\pi/l_x)}\Bigg]\end{aligned} \tag{2.3.77}$$

$$\begin{aligned}\Theta_{m2}=&\frac{\pi}{2}\mathrm{e}^{\mathrm{i}k_x m l_x}\mathrm{e}^{-\mathrm{i}(\alpha l_x-n\pi)}\delta(\alpha-n\pi/l_x)[1-\mathrm{e}^{-\mathrm{i}(\alpha l_x-n\pi)}]\\&+\frac{\pi}{2}\mathrm{e}^{\mathrm{i}k_x m l_x}\mathrm{e}^{-\mathrm{i}(\alpha l_x+n\pi)}\delta(\alpha+n\pi/l_x)[1-\mathrm{e}^{-\mathrm{i}(\alpha l_x+n\pi)}]\end{aligned} \tag{2.3.78}$$

注意到 $\alpha\to n\pi l_x$ 时,$\delta$ 函数为零,由 (2.3.78) 式给出的 $\Theta_{m2}$ 可以不作考虑。将 $\Theta_{m1}$ 代入 (2.3.73) 式,并利用 Possion 求和公式,可以得到

$$\begin{aligned}\Phi_n(\alpha)=&\frac{\mathrm{i}\pi}{l_x}\frac{1-\mathrm{e}^{-\mathrm{i}(\alpha l_x-n\pi)}}{\alpha-n\pi/l_x}\sum_{m=-\infty}^{\infty}\delta(k_x-\alpha-(n-2m)\pi/l_x)\\&+\frac{\mathrm{i}\pi}{l_x}\frac{1-\mathrm{e}^{-\mathrm{i}(\alpha l_x+n\pi)}}{\alpha+n\pi/l_x}\sum_{m=-\infty}^{\infty}\delta(k_x-\alpha+(n-2m)\pi/l_x)\end{aligned} \tag{2.3.79}$$

考虑到 $\sum\limits_{m=-\infty}^{\infty}\delta(k_x-\alpha+(\pm n-2m)\pi/l_x)=\sum\limits_{m=-\infty}^{\infty}\delta(k_x-\alpha-2m\pi/l_x)$,(2.3.79) 式可以简化为

$$\Phi_n(\alpha)=\frac{2\pi}{l_x}S_n(\alpha)\sum_{m=-\infty}^{\infty}\delta(k_x-\alpha-2m\pi/l_x) \tag{2.3.80}$$

式中,

$$S_n(\alpha)=-\mathrm{i}\alpha\frac{1-\mathrm{e}^{-\mathrm{i}\alpha l_x}(-1)^n}{\alpha^2-(n\pi/l_x)^2} \tag{2.3.81}$$

再将 (2.3.80) 式代入 (2.3.72) 式,可得

$$\left\{\begin{array}{c}\tilde{p}_c(\alpha,0)\\\tilde{p}_c(\alpha,d)\end{array}\right\}=\frac{2\pi}{l_x}\sum_{n=0}^{\infty}[J_n]\left\{\begin{array}{c}W_{1,n}\\-W_{2,n}\end{array}\right\}\varepsilon_n\delta_n(\alpha)\cdot\sum_{m=-\infty}^{\infty}\delta(\alpha-k_x-2m\pi/l_x) \tag{2.3.82}$$

对 (2.3.82) 式进行反演计算，即可得到水层中沿 $x$ 方向的声场分布。注意到，若将 (2.3.78) 式代入 (2.3.73) 式，再进行反演计算，相应的结果为零，故不再作考虑。当然，如果进一步计算反射和辐射声场，还需要考虑双层弹性板之间肋骨的作用。为此，设第 $m$ 号肋骨振动位移 $U_m$ 在连接点等于上平板的振动位移：

$$U_m(y) = W_1(ml_x, y) \tag{2.3.83}$$

肋骨与弹性平板的作用力为沿 $y$ 方向的线力 $Q_{m1}(y)$、$Q_{m2}(y)$，在连接点上类似于弹簧连接，且满足

$$Q_{m1}(y) - Q_{m2}(y) = Z_f W_1(ml_x, y) \tag{2.3.84}$$

$$Q_{m2}(y) = K_f[W_1(ml_x, y) - W_2(ml_x, y)] \tag{2.3.85}$$

(2.3.84) 和 (2.3.85) 式表示为矩阵形式：

$$\begin{Bmatrix} Q_{m1}(y) \\ Q_{m2}(y) \end{Bmatrix} = \begin{bmatrix} Z_f + K_f & K_f \\ K_f & K_f \end{bmatrix} \begin{Bmatrix} W_1(ml_x, y) \\ -W_2(ml_x, y) \end{Bmatrix} \tag{2.3.86}$$

式中，$m = 0, \pm 1, \pm 2, \cdots, \pm\infty$，$K_f$ 为肋骨与下弹性板的连接刚度，$Z_f$ 为肋骨与上弹性板相互作用的算子 $Z_f = E_f I_f \mathrm{d}^4/\mathrm{d}y^4 - \rho_f A_f \omega^2$，假设沿 $y$ 方向的波动因子为 $\mathrm{e}^{-\mathrm{i}k_y y}$，则有 $Z_f = E_f I_f k_y^4 - \rho_f A_f \omega^2$。

这样，(2.3.37) 和 (2.3.38) 式中，空间周期性肋骨对弹性板的作用力可表示为

$$Q_i = \sum_{m=-\infty}^{\infty} Q_{mi} \delta(x - ml_x), \quad i = 1, 2 \tag{2.3.87}$$

鉴于 (2.3.54) 式给出的周期性关系，肋骨连接处的弹性平板振动位移也满足：

$$W_i(ml_x) = W_i(0)\mathrm{e}^{\mathrm{i}mk_x l_x}, \quad i = 1, 2 \tag{2.3.88}$$

将 (2.3.86) 式代入 (2.3.87) 式，并考虑到 (2.3.88) 式，可以得到肋骨对弹性板的作用力：

$$\begin{Bmatrix} Q_1 \\ Q_2 \end{Bmatrix} = \begin{bmatrix} Z_f + K_f & K_f \\ K_f & K_f \end{bmatrix} \begin{Bmatrix} W_1(0, y) \\ -W_2(0, y) \end{Bmatrix} \sum_{m=-\infty}^{\infty} \mathrm{e}^{\mathrm{i}mk_x l_x} \delta(x - ml_x) \tag{2.3.89}$$

对 (2.3.89) 式作 Fourier 变换，并利用 Poisson 求和公式，可以得到

$$\begin{Bmatrix} \tilde{Q}_1 \\ \tilde{Q}_2 \end{Bmatrix} = \frac{2\pi}{l_x} \begin{bmatrix} Z_f + K_f & K_f \\ K_f & K_f \end{bmatrix} \begin{Bmatrix} W_1(0, y) \\ -W_2(0, y) \end{Bmatrix} \cdot \sum_{m=-\infty}^{\infty} \delta(k_x - \alpha - 2m\pi/l_x) \tag{2.3.90}$$

另外，在 $z<0$ 和 $z>0$ 的上半空间和下半空间求解波动方程，容易得到 (2.3.44) 和 (2.3.45) 式中的 $\tilde{R}$ 和 $\tilde{T}$ 满足：

$$\tilde{R}=-\tilde{T}=\frac{\omega^2\rho_0}{\sqrt{k_x^2+k_y^2-k_0^2}} \tag{2.3.91}$$

这样，可以将 (2.3.82) 式、(2.3.90) 式代入 (2.3.43) 式，得到

$$\begin{aligned}\tilde{W}_1 =&\frac{4\pi P_0}{Z_{p_1}(\alpha)}\delta(\alpha-k_x)\\&-\frac{2\pi}{l_x Z_{p_1}(\alpha)}[(Z_f+K_f)W_1(0,y)-K_fW_2(0,y)]\sum_{m=-\infty}^{\infty}\delta(k_x-\alpha-2m\pi/l_x)\\&-\frac{2\pi}{l_x Z_{p_1}(\alpha)}\sum_{n=0}^{\infty}(J_{11,n}W_{1,n}-J_{12,n}W_{2,n})\varepsilon_n S_n(\alpha)\sum_{m=-\infty}^{\infty}\delta(k_x-\alpha-2m\pi/l_x)\end{aligned} \tag{2.3.92}$$

$$\begin{aligned}\tilde{W}_2 =&\frac{2\pi}{l_x Z_{p_2}(\alpha)}[K_fW_1(0,y)-K_fW_2(0,y)]\sum_{m=-\infty}^{\infty}\delta(k_x-\alpha-2m\pi/l_x)\\&+\frac{2\pi}{l_x Z_{p_2}(\alpha)}\sum_{n=0}^{\infty}(J_{21,n}W_{1,n}-J_{22,n}W_{2,n})\varepsilon_n S_n(\alpha)\\&\times\sum_{m=-\infty}^{\infty}\delta(k_x-\alpha-2m\pi/l_x)\end{aligned} \tag{2.3.93}$$

再对 (2.3.92) 和 (2.3.93) 式作 Fourier 反演计算，则可得双层弹性板的振动位移：

$$\begin{aligned}W_1(x) =&\frac{2P_o\mathrm{e}^{\mathrm{i}k_x x}}{Z_{p_1}(k_x)}-\frac{1}{l_x}[(Z_f+K_f)W_1(0)-K_fW_2(0)]T_1^{(f)}(x)\\&-\frac{1}{l_x}\sum_{n=0}^{\infty}(J_{11,n}W_{1,n}-J_{12,n}W_{2,n})\varepsilon_n T_{1,n}^{(c)}(x)\end{aligned} \tag{2.3.94}$$

$$\begin{aligned}W_2(x) =&\frac{1}{l_x}[K_fW_1(0)-K_fW_2(0)]T_2^{(f)}(x)\\&+\frac{1}{l_x}\sum_{n=0}^{\infty}(J_{21,n}W_{1,n}-J_{22,n}W_{2,n})\varepsilon_n T_{2,n}^{(c)}(x)\end{aligned} \tag{2.3.95}$$

式中，$J_{ij,n}, i,j=1,2$ 为矩阵 $[J_n]$ 的元素，$T_j^{(f)}(x)$ 和 $T_{j,n}^{(c)}(x)$ 的表达式为

$$T_j^{(f)}(x)=\sum_{m=-\infty}^{\infty}\frac{\mathrm{e}^{\mathrm{i}\alpha_m x}}{Z_{pj}(\alpha_m)},\quad j=1,2 \tag{2.3.96}$$

$$T_{j,n}^{(c)}(x)=\sum_{m=-\infty}^{\infty}\frac{S_n(\alpha_m)\mathrm{e}^{\mathrm{i}\alpha_m x}}{Z_{pj}(\alpha_m)},\quad j=1,2 \tag{2.3.97}$$

其中，$\alpha_m=k_x+2m\pi/l_x$。

在 (2.3.94) 和 (2.3.95) 式中，$W_1(0)$ 和 $W_2(0)$ 与 $W_{1,n}$ 和 $W_{2,n}$ 为未知量。为了确定 $W_1(0)$ 和 $W_2(0)$，需在 (2.5.97) 和 (2.5.98) 式中令 $x\to 0$，于是有

$$\begin{aligned}W_1(0)=&\frac{2P_0}{Z_{p_1}(k_x)}-\frac{(Z_f+K_f)}{l_x}T_1^{(f)}(0)W_1(0)+\frac{K_f}{l_x}T_1^{(f)}(0)W_2(0)\\&-\frac{1}{l_x}\sum_{n=0}^{\infty}J_{11,n}\varepsilon_n T_{1,n}^{(c)}(0)W_{1,n}+\frac{1}{l_x}\sum_{n=0}^{\infty}J_{12,n}\varepsilon_n T_{1,n}^{(c)}(0)W_{2,n}\end{aligned} \tag{2.3.98}$$

$$\begin{aligned}W_2(0)=&\frac{K_f T_2^{(f)}(0)}{l_x}W_1(0)-\frac{K_f T_2^{(f)}(0)}{l_x}W_2(0)\\&+\frac{1}{l_x}\sum_{n=0}^{\infty}J_{21,n}\varepsilon_n T_{2,n}^{(c)}(0)W_{1,n}-\frac{1}{l_x}\sum_{n=0}^{\infty}J_{22,n}\varepsilon_n T_{2,n}^{(c)}(0)W_{2,n}\end{aligned} \tag{2.3.99}$$

同时，为了确定 $W_{1,n}$ 和 $W_{2,n}$，在 (2.3.94) 和 (2.3.95) 式两边同乘以 $\dfrac{\alpha}{l_x}\cos\dfrac{q\pi x}{l_x}$ ($q$ 为整数)，并从 0 到 $l_x$ 积分，可得

$$\begin{aligned}W_{1,q}=&\frac{2}{l_x}\int_0^{l_x}\frac{2P_0\mathrm{e}^{\mathrm{i}k_x x}\cos\dfrac{q\pi x}{l_x}}{Z_{p_1}(k_x)}\mathrm{d}x-\frac{2(Z_f+K_f)}{l_x^2}I_{1,q}^{(f)}W_1(0)+\frac{2K_f}{l_x^2}I_{1,q}^{(f)}W_2(0)\\&-\frac{2}{l_x^2}\sum_{n=0}^{\infty}J_{11,n}\varepsilon_n I_{1,q,n}^{(c)}W_{1,n}+\frac{2}{l_x^2}\sum_{n=0}^{\infty}J_{12,n}\varepsilon_n I_{1,q,n}^{(c)}W_{2,n}\end{aligned} \tag{2.3.100}$$

$$\begin{aligned}W_{2,q}=&\frac{2K_f}{l_x^2}I_{2,q}^{(f)}W_1(0)-\frac{2K_f}{l_x^2}I_{2,q}^{(f)}W_2(0)\\&+\frac{2}{l_x^2}\sum_{n=0}^{\infty}J_{21,n}\varepsilon_n I_{2,q,n}^{(c)}W_{1,n}-\frac{2}{l_x^2}\sum_{n=0}^{\infty}J_{22,n}\varepsilon_n I_{2,q,n}^{(c)}W_{2,n}\end{aligned} \tag{2.3.101}$$

式中，

$$I_{j,q}^{(f)}=\int_0^{l_x}\cos\frac{q\pi x}{l_x}T_j^{(f)}(x)\mathrm{d}x,\quad j=1,2 \tag{2.3.102}$$

$$I_{j,q,n}^{(c)}=\int_0^{l_x}\cos\frac{q\pi x}{l_x}T_{j,n}^{(c)}(x)\mathrm{d}x,\quad j=1,2 \tag{2.3.103}$$

将 (2.3.96) 和 (2.3.97) 式分别代入 (2.3.102) 和 (2.3.103) 式，则有

$$I_{j,q}^{(f)}=\sum_{m=-\infty}^{\infty}\frac{I_q(\alpha_m)}{Z_{pj}(\alpha_m)},\quad j=1,2 \tag{2.3.104}$$

$$I_{j,q,n}^{(c)}=\sum_{m=-\infty}^{\infty}S_n(\alpha_m)\frac{I_q(\alpha_m)}{Z_{pj}(\alpha_m)},\quad j=1,2 \tag{2.3.105}$$

其中,

$$I_q(\alpha_m)=\int_0^{l_x}\cos\frac{q\pi x}{l_x}\mathrm{e}^{\mathrm{i}\alpha_m x}\mathrm{d}x \tag{2.3.106}$$

定义列矢量 $\{W\}=\{W_1(0),W_2(0),W_{1,0},W_{2,0},W_{1,1},W_{2,1},...,W_{1,N},W_{2,N}\}^{\mathrm{T}}$，并联立 (2.3.98)~(2.3.101) 式，可以建立矩阵方程:

$$[A]\{W\}=\{F\} \tag{2.3.107}$$

式中矩阵 $[A]$ 的元素可以由 (2.3.98)~(2.3.101) 式中的对应项获得

$$A_{11}=1+\frac{(Z_f+K_f)}{l_x}T_1^{(f)}(0),\quad A_{12}=-\frac{K_f}{l_x}T_1^{(f)}(0)$$

$$A_{1n}=\begin{cases}\dfrac{J_{11,n}\varepsilon_n}{l_x}T_{1,n}^{(c)}(0), & n\text{为奇数}\\ -\dfrac{J_{12,n}\varepsilon_n}{l_x}T_{1,n}^{(c)}(0), & n\text{为偶数}\end{cases}$$

$$A_{21}=-\frac{K_f}{l_x}T_2^{(f)}(0),\quad A_{22}=1+\frac{K_f}{l_x}T_2^{(f)}(0)$$

$$A_{2n}=\begin{cases}-\dfrac{J_{21,n}\varepsilon_n}{l_x}T_{2,n}^{(c)}(0), & n\text{为奇数}\\ \dfrac{J_{22,n}\varepsilon_n}{l_x}T_{2,n}^{(c)}(0), & n\text{为偶数}\end{cases}$$

还有，当 $q$ 为奇数时，有

$$A_{q1}=\frac{2(Z_f+K_f)}{l_x^2}I_{1,q}^{(f)},\quad A_{q2}=\frac{2K_f}{l_x^2}I_{1,q}^{(f)}$$

$$A_{qn}=\delta_{qn}+\begin{cases}\dfrac{2}{l_x^2}J_{11,n}\varepsilon_n I_{1,q,n}^{(c)}, & n\text{为奇数}\\ -\dfrac{2}{l_x^2}J_{12,n}\varepsilon_n I_{1,q,n}^{(c)}, & n\text{为偶数}\end{cases}$$

当 $q$ 为偶数时，则有

$$A_{q1} = \frac{-2K_f}{l_x^2} I_{2,q}^{(f)}, \quad A_{q2} = \frac{2K_f}{l_x^2} I_{2,q}^{(f)}$$

$$A_{qn} = \delta_{qn} + \begin{cases} -\dfrac{2}{l_x^2} J_{21,n} \varepsilon_n I_{2,q,n}^{(c)}, & n\text{为奇数} \\ \dfrac{2}{l_x^2} J_{22,n} \varepsilon_n I_{2,q,n}^{(c)}, & n\text{为偶数} \end{cases}$$

这里, $\delta_{qn} = \begin{cases} 1, & q = n \\ 0, & q \neq n \end{cases}$ 。

(2.3.107) 式中，列矢量 $\{F\}$ 的元素为

$$F_1 = \frac{2P_0}{Z_{p_1}(k_x)}, \quad F_2 = 0$$

$$F_q = \begin{cases} \dfrac{4P_0}{l_x Z_{p_1}(k_x)} \cdot \displaystyle\int_0^{l_x} \cos \frac{q\pi x}{l_x} \mathrm{e}^{\mathrm{i}\alpha_m x} \mathrm{d}x, & s\text{为奇数, 且}s > 2 \\ 0, & s\text{为偶数} \end{cases}$$

由 (2.3.107) 式求解得到 $W_1(0)$ 和 $W_2(0)$ 以及 $W_{1,n}$ 和 $W_{2,n}$，代入 (2.3.92) 和 (2.3.93) 式，即可得到入射平面波激励下，双层周期性加肋平板的耦合振动位移。考虑到 (2.3.91) 式，将 (2.3.92) 和 (2.3.93) 式分别代入 (2.3.44) 和 (2.3.45) 式，经 Fourier 反演计算可得上下弹性平板的辐射声压：

$$\begin{aligned} p_a(\omega) = & \frac{2\omega^2 P_0 \mathrm{e}^{\mathrm{i}(k_x x - k_z z)}}{\sqrt{(2m\pi/l_x + k_x)^2 + k_y^2 - k_0^2} \cdot Z_{p_1}(k_x)} \\ & - \frac{1}{l_x} [(Z_f + K_f) W_1(0) - K_f W_2(0)] T_1^{(a)}(x) \\ & - \frac{1}{l_x} \sum_{n=0}^{\infty} (J_{11,n} W_{1,n} - J_{12,n} W_{2,n}) \cdot \varepsilon_n T_{1,n}^{(a)}(x) \end{aligned} \tag{2.3.108}$$

$$\begin{aligned} p_t(\omega) = & -\frac{1}{l_x} [K_f W_1(0) - K_f W_2(0)] T_2^{(a)}(x) \\ & - \frac{1}{l_x} \sum_{n=0}^{\infty} (J_{21,n} W_{1,n} - J_{22,n} W_{2,n}) \cdot \varepsilon_n T_{2,n}^{(a)}(x) \end{aligned} \tag{2.3.109}$$

式中,

$$T_j^{(a)}(x) = \sum_{m=-\infty}^{\infty} \frac{\omega^2 \rho_0 \mathrm{e}^{\mathrm{i}(\alpha_m x \pm k_z z)}}{\sqrt{(2m\pi/l_x + k_x)^2 + k_y^2 - k_0^2} \cdot Z_{p_j}(\alpha_m)}, \quad j = 1,2$$

$$T_{j,n}^{(a)}(x) = \sum_{m=-\infty}^{\infty} \frac{\omega^2 S_n(\alpha_m) \rho_0 \mathrm{e}^{\mathrm{i}(\alpha_m x \pm k_z z)}}{\sqrt{(2m\pi/l_x + k_x)^2 + k_y^2 - k_0^2} \cdot Z_{p_j}(\alpha_m)}, \quad j = 1,2$$

(2.3.108) 和 (2.3.109) 式与 (2.3.94) 和 (2.3.95) 式形式很相似，只是其中的 $T_j^{(a)}$ 和 $T_{j,n}^{(a)}(j = 1,2)$ 与 (2.3.96) 和 (2.3.97) 式给出的 $T_j^{(f)}$ 和 $T_{j,n}^{(c)}$ 有所不同。

采用上面的计算模型，Brunskog 在文献 [33] 中针对空气中的双层加肋弹性平板，计算了声波传输损失。选取 13mm 厚的石膏板，动刚度为 520Nm，面密度为 10.9kg/m$^2$；肋骨为木质材料，横截面为 45×95mm，间距为 0.6m，杨氏模量为 9.8×10$^9$Pa，密度为 550kg/m$^3$。计算的声传输损失在 160～1600Hz 频率范围内与试验结果吻合较好 (图 2.3.6)。在双层平板间距较小 (95mm) 且没有肋骨结构耦合时，相对于基板声传输损失，附加板对声传输损失的影响较小。当双层间距较大 (950mm) 时，肋骨结构耦合的影响变大，参见图 2.3.7。

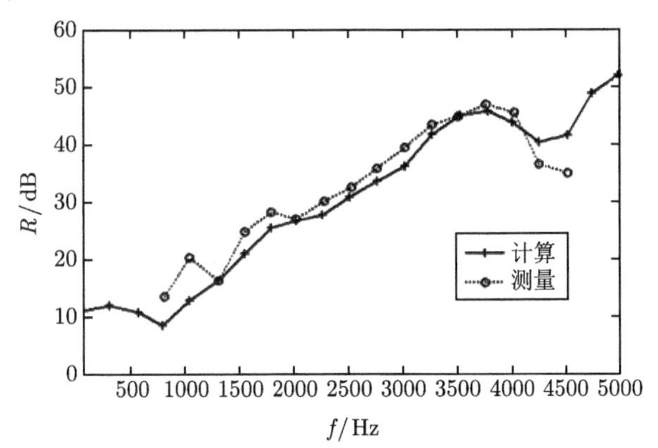


图 2.3.6 双层加肋无限大弹性平板的声传输损失
(引自文献 [33],fig8)

虽然 Brunskog 只给出了空气介质中双层加肋弹性平板算例，但所建立的计算模型完全可以推广到水介质中。当然，如果双层加肋弹性平板受到点力或其他方式激励时，采用上面推导的过程，同样可以计算相应的辐射声压。但注意到前面推导的两种无限大周期加肋双层平板的声辐射或声传输模型，考虑的肋骨高度比较小，即使图 2.3.7 的算例中选取的肋骨高度为 950mm，但都没有涉及肋骨高度方向的驻波效应。文献 [34] 针对类似 Brunskog 研究的无限大双层加肋平板，考虑了周期性肋骨沿高度方向的纵向振动模态，得到肋骨与弹性平板的相互作用力。为简单起见，认为肋骨壁厚较小，在水介质中可以看作是声透明的，也就是双层加肋平板的肋骨对板间声场没有相互作用，只有平板与中间水介质相互耦合。

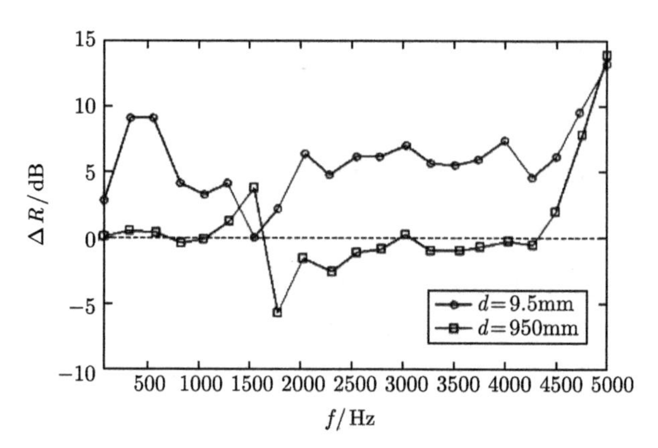


图 2.3.7　双层加肋无限大弹性平板相对基板的声传输损失

(引自文献 [33]，fig10，fig11)

在平面波斜入射到上层弹性板的情况下，考虑上半空间声场、中间水层中声场及肋骨与双层弹性板振动的相互作用，类似 (2.3.43) 式的推导，采用空间 Fourier 变换方法，可以推导得到波数域中双层加肋弹性板的耦合振动方程 [34]：

$$\begin{bmatrix} S_{11} & S_{12} \\ S_{21} & S_{22} \end{bmatrix} \begin{Bmatrix} \tilde{W}_1(k_x) \\ \tilde{W}_2(k_x) \end{Bmatrix} = 4\pi \begin{Bmatrix} P_0 \\ 0 \end{Bmatrix} \delta(\alpha - k_x) + \begin{Bmatrix} \tilde{Q}_1(k_x) \\ \tilde{Q}_2(k_x) \end{Bmatrix} \tag{2.3.110}$$

式中，

$$S_{11} = Z_{p_1} - \frac{\omega^2 \rho_0 \cosh(\gamma d)}{\gamma \sinh(\gamma d)} - \frac{\omega^2 \rho_0}{\gamma}$$

$$S_{12} = -S_{21} = -\frac{\omega^2 \rho_0}{\gamma \sinh(\gamma d)}, \quad S_{22} = Z_{p_2} + \frac{\omega^2 \rho_0 \cosh(\gamma d)}{\gamma \sinh(\gamma d)}$$

这里，$\gamma = \sqrt{k_x^2 - k_0^2}$，$\tilde{Q}_1(k_x)$ 和 $\tilde{Q}_2(k_x)$ 为肋骨对上下平板作用力的 Fourier 变换量。

考虑肋骨纵振动位移 $U_f$ 满足方程：

$$\frac{\mathrm{d}^2 U_f}{\mathrm{d}z^2} + \lambda^2 U_f(z) = 0 \tag{2.3.111}$$

式中，$\lambda^2 = \rho_f \omega^2 (1 - \nu_f^2)/E_f$。

考虑 (2.3.87) 式，在 $x = m l_x$ 处单肋骨对平板的作用力为

$$Q_{m1} = -\frac{E_f A_f}{1 - \nu_f^2} \frac{\mathrm{d}U_f}{\mathrm{d}z}\bigg|_{z=0} \tag{2.3.112}$$

$$Q_{m2} = -\frac{E_f A_f}{1-\nu_f^2} \frac{\mathrm{d}U_f}{\mathrm{d}z}\bigg|_{z=d} \tag{2.3.113}$$

为了确定肋骨对平板的作用力，求解肋骨纵向振动方程 (2.3.111) 式：

$$U_f(z) = C\cos\lambda z + D\sin\lambda z \tag{2.3.114}$$

类似 (2.3.87) 式，肋骨两端与弹性平板相连，肋骨两端振动位移与弹性平板 $x = ml_x$ 处的振动位移相等，由此可确定 (2.3.114) 式的待定系数 $C$ 和 $D$：

$$C = W_1(ml_x) \tag{2.3.115}$$

$$D = \frac{W_2(ml_x) - W_1(ml_x)\cos(\lambda h)}{\sin(\lambda h)} \tag{2.3.116}$$

将 (2.3.115) 和 (2.3.116) 式代入 (2.3.114) 式，得到肋骨的纵振动位移分布：

$$U_f(z) = W_1(ml_x)\cos(\lambda z) + \frac{W_2(ml_x) - W_1(ml_x)\cos(\lambda h)}{\sin(\lambda h)} \cdot \sin(\lambda z) \tag{2.3.117}$$

进一步将 (2.3.117) 式代入 (2.3.112) 和 (2.3.113) 式，可得肋骨对平板的作用力与平板振动的关系：

$$\begin{Bmatrix} Q_{m1} \\ Q_{m2} \end{Bmatrix} = \begin{bmatrix} P_1 & -P_2 \\ -P_2 & P_1 \end{bmatrix} \begin{Bmatrix} W_1(ml_x) \\ W_2(ml_x) \end{Bmatrix} \tag{2.3.118}$$

式中，

$$P_1 = \frac{E_f A_f}{1-\nu_f^2} \frac{\lambda}{\sin(\lambda h)} \tag{2.3.119}$$

$$P_2 = \frac{E_f A_f}{1-\nu_f^2} \lambda\cot(\lambda h) \tag{2.3.120}$$

因为肋骨的空间周期性，有

$$Q_{m1} = Q_{01}\mathrm{e}^{\mathrm{i}mk_x l_x} \tag{2.3.121}$$

$$Q_{m2} = Q_{02}\mathrm{e}^{\mathrm{i}mk_x l_x} \tag{2.3.122}$$

式中，$Q_{01}$ 和 $Q_{02}$ 为 $x = 0$ 处肋骨对平板的作用力。

利用 (2.3.87) 式，由 (2.3.121) 和 (2.3.122) 式可得

$$Q_1(x) = Q_{01} \sum_{m=-\infty}^{\infty} \mathrm{e}^{\mathrm{i}mk_x l_x} \delta(x - ml_x) \tag{2.3.123}$$

$$Q_2(x)=Q_{02}\sum_{m=-\infty}^{\infty}\mathrm{e}^{\mathrm{i}mk_xl_x}\delta(x-ml_x) \tag{2.3.124}$$

对 (2.3.123) 和 (2.3.124) 式作 Fourier 变换，有

$$\tilde{Q}_1(k_x)=Q_{01}\sum_{m=-\infty}^{\infty}\mathrm{e}^{-\mathrm{i}ml_x(k_x+\alpha)} \tag{2.3.125}$$

$$\tilde{Q}_2(k_x)=Q_{02}\sum_{m=-\infty}^{\infty}\mathrm{e}^{-\mathrm{i}ml_x(k_x+\alpha)} \tag{2.3.126}$$

将 (2.3.125) 和 (2.3.126) 式代入 (2.3.110) 式，并利用 Poisson 求和公式，得到

$$\begin{aligned}&\begin{bmatrix} S_{11} & S_{12}\\ S_{21} & S_{22}\end{bmatrix}\begin{Bmatrix}\tilde{W}_1(k_x)\\ \tilde{W}_2(k_x)\end{Bmatrix}\\ =&4\pi\begin{Bmatrix}P_0\\ 0\end{Bmatrix}\delta(k_x-\alpha)+\frac{2\pi}{l_x}\begin{bmatrix}Q_{01}\\ Q_{02}\end{bmatrix}\sum_{m=-\infty}^{\infty}\delta\left(k_x-\alpha-\frac{2m\pi}{l_x}\right)\end{aligned} \tag{2.3.127}$$

由 (2.3.127) 式可得

$$\begin{aligned}\begin{Bmatrix}\tilde{W}_1(k_x)\\ \tilde{W}_2(k_x)\end{Bmatrix}=&4\pi\begin{Bmatrix}S_{22}(k_x)\\ -S_{12}(k_x)\end{Bmatrix}\frac{P_0\delta(k_x-\alpha)}{\varDelta(k_x)}\\ &+\frac{2\pi}{l_x}[S]^{-1}\begin{bmatrix}Q_{01}\\ Q_{02}\end{bmatrix}\sum_{m=-\infty}^{\infty}\delta\left(k_x-\alpha-\frac{2m\pi}{l_x}\right)\end{aligned} \tag{2.3.128}$$

式中,

$$\varDelta(k_x)=S_{11}(k_x)S_{22}(k_x)-S_{12}(k_x)S_{21}(k_x),[S]^{-1}=\begin{bmatrix}S_{11} & S_{12}\\ S_{21} & S_{22}\end{bmatrix}^{-1}$$

对 (2.3.128) 式进行反演，得到双层加肋平板的振动位移

$$\begin{Bmatrix}W_1(x)\\ W_2(x)\end{Bmatrix}=\frac{2P_0\mathrm{e}^{-\mathrm{i}k_xx}}{\varDelta(k_x)}\begin{bmatrix}S_{22}(k_x)\\ -S_{12}(k_x)\end{bmatrix}+\frac{1}{l_x}\begin{bmatrix}T_1 & T_3\\ T_3 & T_2\end{bmatrix}\begin{bmatrix}Q_{01}\\ Q_{02}\end{bmatrix}\mathrm{e}^{\mathrm{i}\left(k_x+\frac{2m\pi}{l_x}\right)x} \tag{2.3.129}$$

式中,

$$T_1=\sum_{m=-\infty}^{\infty}\frac{S_{22}\left(k_x+\dfrac{2m\pi}{l_x}\right)}{\varDelta\left(k_x+\dfrac{2m\pi}{l_x}\right)},\quad T_2=\sum_{m=-\infty}^{\infty}\frac{S_{11}\left(k_x+\dfrac{2m\pi}{l_x}\right)}{\varDelta\left(k_x+\dfrac{2m\pi}{l_x}\right)},$$

$$T_3 = \sum_{m=-\infty}^{\infty} -\frac{S_{12}\left(k_x + \dfrac{2m\pi}{l_x}\right)}{\Delta\left(k_x + \dfrac{2m\pi}{l_x}\right)}$$

在 $x=0$ 处，(2.3.118) 式和 (2.3.129) 式可化为

$$\begin{bmatrix} Q_{01} \\ Q_{02} \end{bmatrix} = \begin{bmatrix} P_1 & -P_2 \\ -P_2 & P_1 \end{bmatrix} \begin{Bmatrix} W_1(0) \\ W_2(0) \end{Bmatrix} \tag{2.3.130}$$

$$\begin{Bmatrix} W_1(0) \\ W_2(0) \end{Bmatrix} = \frac{2P_0}{\Delta(k_x)} \begin{bmatrix} S_{22}(k_x) \\ -S_{12}(k_x) \end{bmatrix} + \frac{1}{l_x} \begin{bmatrix} T_1 & T_3 \\ T_3 & T_2 \end{bmatrix} \begin{bmatrix} Q_{01} \\ Q_{02} \end{bmatrix} \tag{2.3.131}$$

联立 (2.3.130) 和 (2.3.131) 式，可以求解得到肋骨对弹性平板作用力的表达式：

$$\begin{bmatrix} Q_{01} \\ Q_{02} \end{bmatrix} = \frac{2P_0}{\Delta(k_x)}[H] \begin{bmatrix} S_{22}(k_x) \\ -S_{12}(k_x) \end{bmatrix} \tag{2.3.132}$$

式中，

$$[H] = \left\{[I] - \frac{1}{l_x} \begin{bmatrix} P_1 & -P_2 \\ -P_2 & P_1 \end{bmatrix} \begin{bmatrix} T_1 & T_3 \\ T_3 & T_2 \end{bmatrix}\right\}^{-1} \begin{bmatrix} P_1 & -P_2 \\ -P_2 & P_1 \end{bmatrix}$$

这样，在平面波激励下，无限大双层加肋弹性板的上层板振动位移可以表示为

$$\begin{aligned} W_1(x) = & \frac{2P_0 S_{22}(k_x)}{\Delta(k_x)} e^{ik_x x} \\ & + \frac{1}{l_x} \sum_{m=-\infty}^{\infty} \left[ \frac{S_{22}\left(k_x + \dfrac{2m\pi}{l_x}\right)}{\Delta\left(k_x + \dfrac{2m\pi}{l_x}\right)} Q_{01} e^{i\left(k_x + \frac{2m\pi}{l_x}\right)x} \right. \\ & \left. - \frac{S_{12}\left(k_x + \dfrac{2m\pi}{l_x}\right)}{\Delta\left(k_x + \dfrac{2m\pi}{l_x}\right)} Q_{02} e^{i\left(k_x + \frac{2m\pi}{l_x}\right)x} \right] \end{aligned} \tag{2.3.133}$$

将 (2.3.128) 式中第一式代入 (2.3.44)，并考虑 (2.3.91) 式，类似 (2.3.108) 式的推导，可以反演得到上半空间的辐射声压

$$p_a = \frac{2\omega^2 \rho_0 P_0 S_{22}(k_x)}{\Delta(k_x)\sqrt{k_x^2 - k_0^2}} e^{i\left(k_x x - \sqrt{k_0^2 - k_x^2} z\right)}$$

$$+\sum_{m=-\infty}^{\infty}\frac{Q_{01}S_{22}\left(k_x+\dfrac{2m\pi}{l_x}\right)-Q_{02}S_{12}\left(k_x+\dfrac{2m\pi}{l_x}\right)}{l_x\Delta\left(k_x+\dfrac{2m\pi}{l_x}\right)\sqrt{\left(kx+\dfrac{2m\pi}{l_x}\right)^2-k_0^2}}$$

$$\times \mathrm{e}^{\mathrm{i}[(k_x+\frac{2m\pi}{l_x})x-\sqrt{k_0^2-(k_x+\frac{2m\pi}{l_x})^2}z]} \tag{2.3.134}$$

利用 (2.3.133) 和 (2.3.134) 式及入射声压 $p_i$ 和反射声压，可以计算无限大双层弹性平板的表面声阻抗。

$$Z(x)=\frac{p|_{z=0}}{-\mathrm{i}\omega W_1}=\frac{(p_i+p_a)|_{z=0}}{-\mathrm{i}\omega W_1(x)} \tag{2.3.135}$$

针对上下弹性平板厚度分别为 8mm 和 30mm、间距为 0.8m 的无限大双层加肋平板，肋骨间距取 0.5m、肋骨厚度 5mm，在声波垂直入射的情况，计算得到的表面声阻抗如图 2.3.8 所示。无限大双层弹性平板之间没有肋板时，表面声阻抗受中间水层中的驻波调制作用，呈现明显的周期性，而在有肋板情况下，受中间水层和肋板的共同作用，表面声阻抗的周期性明显减弱。如果上层弹性平板表面敷设一层黏弹性层，并已知其声阻抗特性，则可以计算分析无限大双层加肋平板表面敷设黏弹性层的吸声或反声特性。

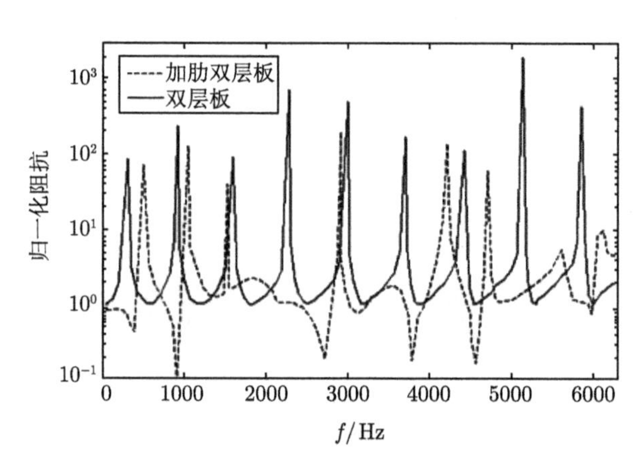


图 2.3.8 无限大双层无肋平板表面声阻抗

(引自文献 [34]，图 4.6、图 4.11)

## 2.4 无限大多层复合弹性平板耦合振动和声辐射

在水声工程，常常会将水听器或声呐基阵布置在振动的壳板附近。浸没在水中的弹性板传播弯曲波，会在水中产生近场声波。这种近场声波以小于声速的传播速度平行于平板传播，其幅值随着离开平板的距离指数衰减，称为渐消波，但在平板附近区域强度较大，成为一种干扰噪声。为了减小壳板振动产生的声场对水听器和基阵的影响，提高水听器和基阵的信噪比，一般在壳板上敷设一层柔性层，再覆盖一层称为信号调节板的弹性板，从而组合成夹心复合结构的声障板。柔性层选用较小声速的低声阻抗层，层内声波长相对较小，对于给定的频带，可以通过调节柔性层的厚度，使敷设在壳板上的柔性层外侧声压减小，而信号调节板的作用是维持水听器的灵敏度，使其在软边界条件下不至于衰减太大。

针对上述问题，建立如图 2.4.1 所示的计算模型 [35]，由下层弹性板、中间柔性层、上层信号调节弹性板及上半空间理想声介质组成。简谐点激励力作用在下层弹性板，同时入射平面波作用在上层弹性板上。设上下层弹性板为薄板，中间柔性层采用等效的均匀声介质表征。这样，弹性板、柔性层及声介质满足的方程为

$$\nabla^2 p_a(x,z) + k_0^2 p_a(x,z) = 0, \quad z > h \tag{2.4.1}$$

$$[D_2\nabla^4 W_2(x) - m_2\omega^2]W_2(x) = -p_i(x,z) - p_a(x,z) + p_b(x,z), \quad z = h \tag{2.4.2}$$

$$\nabla^2 p_b(x,z) + k_b^2 p_b(x,z) = 0, \quad h > z > 0 \tag{2.4.3}$$

$$[D_1\nabla^4 W_1(x) - m_1\omega^2]W_1(x) = -p_b(x,z) + f(x), \quad z = 0 \tag{2.4.4}$$

这里 $D_1$, $D_2$, $m_1$ 和 $m_2$ 分别为下层和上层弹性平板的动刚度和面密度，$W_1$ 和 $W_2$ 分别为振动位移，$h$ 为柔性层厚度，$f(x)$ 为作用在下层弹性板上的激励力。$k_0$ 和 $k_b$ 分别为上半空间声介质和中间柔性层的声波数。$p_a$ 和 $p_i$ 分别上半空间辐射声压和入射声压，$p_b$ 为柔性层中的声压。

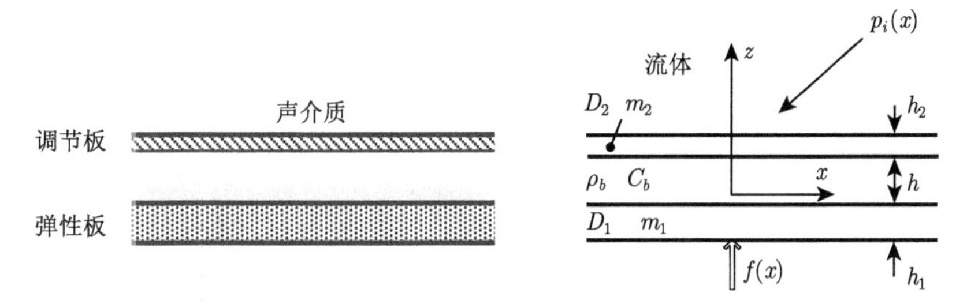


图 2.4.1 无限大夹心障板结构及模型

(引自文献 [35], fig1, fig2)

在弹性平板表面满足边界条件：

$$\frac{\partial p_a}{\partial z}\Big|_{z=h+} = \rho_0\omega^2 W_2(x) \tag{2.4.5}$$

$$\frac{\partial p_b}{\partial z}\Big|_{z=h-} = \rho_b\omega^2 W_2(x) \tag{2.4.6}$$

$$\frac{\partial p_b}{\partial z}\Big|_{z=0+}=\rho_b\omega^2W_1(x) \tag{2.4.7}$$

式中，$\rho_0$ 和 $\rho_b$ 分别为上半空间声介质和柔性层的密度。

对 (2.4.1) 式 ~(2.4.7) 式作关于变量 $x$ 的 Fourier 变换，求解得到波数域方程：

$$\begin{aligned}&[D_2k^4-m_2\omega^2]\tilde{W}_2(k)\\&=-\tilde{p}_i(k)\mathrm{e}^{-\mathrm{i}\gamma h}-\tilde{p}_a(k)\mathrm{e}^{\mathrm{i}\gamma h}+A\cos\gamma_b h+B\sin\gamma_b h\end{aligned} \tag{2.4.8}$$

$$[D_1k^4-m_1\omega^2]\tilde{W}_1(k)=-A+\tilde{f} \tag{2.4.9}$$

$$\mathrm{i}\gamma[-\tilde{p}_i(k)\mathrm{e}^{-\mathrm{i}\gamma h}+\tilde{p}_a(k)\mathrm{e}^{\mathrm{i}\gamma h}]=\rho_0\omega^2\tilde{W}_2(k) \tag{2.4.10}$$

$$\gamma_b[-A\sin\gamma_b h+B\cos\gamma_b h]=\rho_b\omega^2\tilde{W}_2(k) \tag{2.4.11}$$

$$\gamma_b B=\rho_b\omega^2\tilde{W}_1(k) \tag{2.4.12}$$

式中, $\gamma=\sqrt{k_0^2-k^2}$，$\gamma_b=\sqrt{k_b^2-k^2}$。

由 (2.4.10)~(2.4.12) 式可解得

$$\tilde{p}_a(k)=\frac{\rho_0\omega^2}{\mathrm{i}\gamma}\mathrm{e}^{-\mathrm{i}\gamma h}\tilde{W}_2(k)+\tilde{p}_i(k)\mathrm{e}^{-2\mathrm{i}\gamma h} \tag{2.4.13}$$

$$B=\frac{\rho_b\omega^2}{\gamma_b}\tilde{W}_1 \tag{2.4.14}$$

$$A=-\frac{\rho_b\omega^2}{\gamma_b\sin\gamma_b h}\tilde{W}_2(k)+\frac{\rho_b\omega^2}{\gamma_b}\cot\gamma_b h\tilde{W}_1(k) \tag{2.4.15}$$

将 (2.4.13)~(2.4.15) 式分别代入 (2.4.8) 和 (2.4.9) 式，得到波数域中上下层无限大弹性平板耦合振动方程：

$$\begin{aligned}&\left[D_2k^4-m_2\omega^2+\frac{\rho_0\omega^2}{\mathrm{i}\gamma}+\frac{\rho_b\omega^2}{\gamma_b}\cot\gamma_b h\right]\tilde{W}_2(k)+\left[-\frac{\rho_b\omega^2}{\gamma_b}\csc\gamma_b h\right]\tilde{W}_1(k)\\&=-2\tilde{p}_i(k)\mathrm{e}^{-\mathrm{i}\gamma h}\end{aligned} \tag{2.4.16}$$

$$\begin{aligned}&\left[D_1k^4-m_1\omega^2+\frac{\rho_b\omega^2}{\alpha_b}\cot\gamma_b h\right]\tilde{W}_1(k)+\left[-\frac{\rho_b\omega^2}{\gamma_b}\csc\gamma_b h\right]\tilde{W}_2(k)\\&=\tilde{f}(k)\end{aligned} \tag{2.4.17}$$

将 (2.4.16) 和 (2.4.17) 式表示为矩阵形式：

$$\begin{bmatrix}Z_{p1}+Z_s & -Z_m\\ -Z_m & Z_{p2}+Z_s+Z_r\end{bmatrix}\begin{bmatrix}\tilde{W}_1(k)\\ \tilde{W}_2(k)\end{bmatrix}=-\frac{1}{\mathrm{i}\omega}\begin{bmatrix}\tilde{f}(k)\\ -2\tilde{p}_i(k)\mathrm{e}^{-\mathrm{i}\gamma h}\end{bmatrix} \tag{2.4.18}$$

式中,

$$Z_s = \frac{\mathrm{i}\rho_b \omega}{\gamma_b} \cot\gamma_b h \tag{2.4.19}$$

$$Z_m = \frac{\mathrm{i}\rho_b \omega}{\gamma_b} \csc\gamma_b h \tag{2.4.20}$$

$$Z_r = \frac{\rho_0 \omega}{\gamma} \tag{2.4.21}$$

$$Z_{pi} = -\frac{1}{\mathrm{i}\omega}[D_i k^4 - m_i \omega^2], \quad i = 1, 2 \tag{2.4.22}$$

(2.4.18) 式中，令 $\tilde{p}_i$ 为零，可得

$$\begin{bmatrix} \tilde{W}_1(k) \\ \tilde{W}_2(k) \end{bmatrix} = -\frac{\tilde{f}(k)}{\mathrm{i}\omega[(Z_{p1}+Z_s)(Z_{p2}+Z_s+Z_r)-Z_m^2]} \begin{bmatrix} Z_{p2}+Z_s+Z_r \\ Z_m \end{bmatrix} \tag{2.4.23}$$

再考虑 (2.4.13) 式，可得波数域中的辐射声压:

$$\tilde{p}_a(k) = \frac{Z_m Z_r \tilde{f}(k) \mathrm{e}^{-\mathrm{i}\gamma h}}{(Z_{p1}+Z_s)(Z_{p2}+Z_s+Z_r)-Z_m^2} \tag{2.4.24}$$

当激励力为点力 $f(x) = F_0\delta(x)$ 时，(2.4.24) 式简化为

$$\tilde{p}_a(k) = \frac{Z_m Z_r F_0 \mathrm{e}^{-\mathrm{i}\gamma h}}{(Z_{p1}+Z_s)(Z_{p2}+Z_s+Z_r)-Z_m^2} \tag{2.4.25}$$

经反演计算，则有无限大多层平板结构上方 $z = h$ 处的辐射声压:

$$p_a(x, z=h) = \frac{F_0}{2\pi}\int_{-\infty}^{\infty} \frac{Z_m Z_r \mathrm{e}^{\mathrm{i}kx}\mathrm{d}k}{(Z_{p1}+Z_s)(Z_{p2}+Z_s+Z_r)-Z_m^2} \tag{2.4.26}$$

当夹心弹性平板简化为单层平板时，(2.4.26) 式退化为

$$\bar{p}_a(x, z=0) = \frac{F_0}{2\pi}\int_{-\infty}^{\infty} \frac{Z_r \mathrm{e}^{\mathrm{i}kx}\mathrm{d}k}{Z_{p1}+Z_r} \tag{2.4.27}$$

当激励力为简谐波激励源

$$f(x) = F_0 \mathrm{e}^{\mathrm{i}k_f x} \tag{2.4.28}$$

相应有

$$\tilde{f}(k) = 2\pi F_0 \delta(k - k_f) \tag{2.4.29}$$

这样，由 (2.4.24) 式可得

$$\tilde{p}_a(k) = 2\pi F_0 \delta(k - k_f) \frac{Z_m Z_r \mathrm{e}^{-\mathrm{i}\gamma h}}{(Z_{p1} + Z_s)(Z_{p2} + Z_s + Z_r) - Z_m^2} \tag{2.4.30}$$

经反演，无限大多层和单层弹性平板上方 $z = h$ 的辐射声压为

$$p_a(x, z = h) = \frac{Z_m Z_r F_0 \mathrm{e}^{\mathrm{i}k_f x}}{(Z_{p1} + Z_s)(Z_{p2} + Z_s + Z_r) - Z_m^2} \tag{2.4.31}$$

$$\bar{p}_a(x, z = 0) = \frac{Z_r F_0 \mathrm{e}^{\mathrm{i}k_f x}}{Z_{p1} + Z_s} \tag{2.4.32}$$

定义噪声增益

$$NG = 10 \lg \left| \frac{p_a}{\bar{p}_a} \right|^2 \tag{2.4.33}$$

将 (2.4.31) 和 (2.4.32) 式代入 (2.4.33) 式，则有

$$NG = \frac{|Z_m(Z_{p1} + Z_r)|^2}{|(Z_{p1} + Z_s)(Z_{p2} + Z_s + Z_r) - Z_m^2|^2} \tag{2.4.34}$$

(2.4.34) 式表示在波数为 $k_f$ 的空间简谐力作用下，无限大夹心弹性平板与单层弹性板相比的噪声增益，也可以直接理解为降噪效果。当然，还可以将 (2.4.26) 和 (2.4.27) 式代入 (2.4.33) 式，计算空间点力激励时，无限大多层弹性板相对于单层弹性板的噪声增益，但是无法给出简单的表达式，需要由数值积分得到计算结果。选取频率为 2kHz，下层弹性板厚度为 2.54cm，柔性层密度为弹性板密度的一半，声速为 100m/s。针对不同厚度的柔性层厚度，计算得到的噪声增益随上层弹性板厚度变化曲线由图 2.4.2 给出。噪声增益随调节板厚度的变化规律呈一定的周期性，且柔性层越厚，噪声增益越小。

再在 (2.4.18) 式中令 $\tilde{f}$ 为零，只考虑入射平面波 $p_i$ 激励情况，则有

$$\tilde{p}_i(k) = 2\pi \int_{-\infty}^{\infty} P_0 \mathrm{e}^{-\mathrm{i}kx} \mathrm{d}x = 2\pi P_0 \delta(k - k_0) \tag{2.4.35}$$

这样，由 (2.4.18) 式可得

$$\tilde{W}_2(k) = \frac{2\tilde{p}_i(k)\mathrm{e}^{-\mathrm{i}\gamma h}(Z_{p1} + Z_s)}{\mathrm{i}\omega[(Z_{p1} + Z_s)(Z_{p2} + Z_s + Z_r) - Z_m^2]} \tag{2.4.36}$$

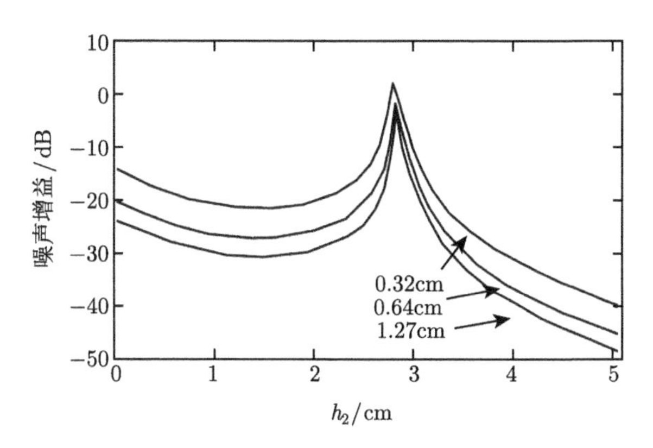


图 2.4.2 不同柔性层厚度时噪声增益随调节板厚度的变化

(引自文献 [35]，fig6)

将 (2.4.36) 式代入 (2.4.13) 式，有

$$\tilde{p}_a(k)=\tilde{p}_i(k)\mathrm{e}^{-2\mathrm{i}\gamma h}\left[1-\frac{2Z_r(Z_{p1}+Z_s)}{(Z_{p1}+Z_s)(Z_{p2}+Z_s+Z_r)-Z_m^2}\right] \tag{2.4.37}$$

考虑到上弹性板上表面 $z=h$ 处的声压为入射声压和夹心弹性板结构辐射声压的叠加，即

$$\tilde{p}(k)=\tilde{p}_a(k)+\tilde{p}_i(k) \tag{2.4.38}$$

将 (2.4.37) 和 (2.4.35) 式代入 (2.4.38) 式，可反演计算得到上弹性板上表面 $z=h$ 处的声压为

$$p(x,z=h)=2P_0\mathrm{e}^{\mathrm{i}(k_0x-\gamma h)}\frac{(Z_{p1}+Z_s)(Z_{p2}+Z_s)-Z_m^2}{(Z_{p1}+Z_s)(Z_{p2}+Z_s+Z_r)-Z_m^2} \tag{2.4.39}$$

当夹心板简化为单层平板时，(2.4.39) 式退化为

$$\bar{p}(x,z=0)=2P_0\mathrm{e}^{\mathrm{i}k_0x}\frac{Z_{p1}}{Z_{p1}+Z_r} \tag{2.4.40}$$

定义信号增益：

$$SG=10\lg\left|\frac{p}{\bar{p}}\right|^2 \tag{2.4.41}$$

将 (2.4.39) 和 (2.4.40) 式代入 (2.4.41) 式，得到信号增益

$$SG=\frac{1+Z_r^2/Z_{p1}^2}{1+Z_r^2\left|Z_{p1}+Z_s\right|^2/[(Z_{p1}+Z_s)(Z_{p2}+Z_s)-Z_m^2]^2} \tag{2.4.42}$$

当平面声波入射时，(2.4.42) 式表示无限大多层弹性平板相对于单层弹性平板上的声压信号增益。图 2.4.3 给出了上层弹性板和柔性层不同参数时，信号增益随频率变化的曲线，计算所取的参数与图 2.4.2 一样。由图可见，在低频段信号增益为负值，也就是说，即使有上层弹性板 (信号调节板) 的存在，相对于单层弹性板，下层弹性板敷设柔性层以后，仍然使多层板上方声压减小。随着频率的增加，信号增强为正值，即三层夹心板在降低辐射噪声时，也可使入射声压在三层夹心板上表面产生增强效应。而且，信号增加随频率增加呈周期性变化，当柔性较厚满足 $\sin k_b h = 0$ 时，会出现信号增益为负值的情况。

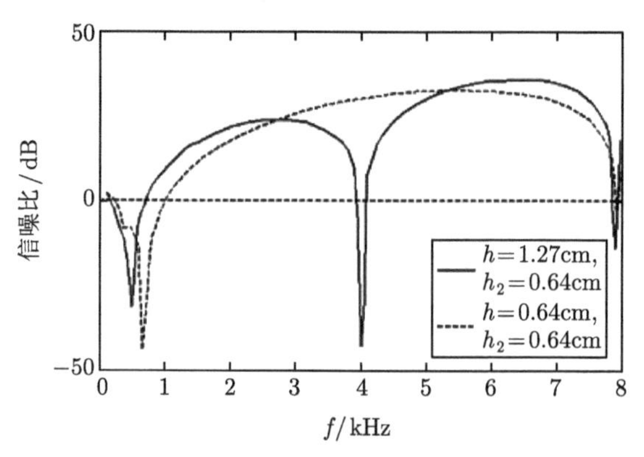


图 2.4.3　信噪比随频率的变化

(引自文献 [35]，fig8)

Ko 在文献 [36] 中，计算了三层夹心结构的柔性层声速 $C_b$ 和厚度 $h$ 等参数变化时，夹心结构表面附近的降噪效果，参见图 2.4.4 和图 2.4.5。计算参数为基板厚 5.08cm，柔性层厚 5.08cm，信号调节板厚 2.54cm，柔性层密度 500kg/m$^3$。由图可见，柔性层声速降低或柔性层厚度增加，降噪效果增加。除了低频段出现噪声放大效应以外，三层夹心结构能够有效降低水听器位置的噪声。但是，当柔性层厚度为半波长，即 $\sin k_b h = 0$ 时，也会出现噪声放大现象。在给定的频段范围内，柔性层声速越低或厚度越大，则出现放大的峰值越多，相应的频率为

$$f_n = nC_b/[2\sqrt{1-(C_b/C_0)^2}h] \tag{2.4.43}$$

Ko 还给出了柔性层的具体结构及参数，参见图 2.4.6。柔性层内部为排列的柔性列管，可采用等效参数的液体层表征 [37]，其动态体积模量为

$$B = 3\pi^2\rho_t h_t b(a'/a)f_1^2[\left|1-(f/f_1)^2\right| + \mathrm{i}\eta_t] \tag{2.4.44}$$

式中，$f_1$ 为柔性列管基频，定义为

$$f_1 = (\pi h_t/3a^2)\sqrt{E_t/[\rho_t(1-\nu_t^2)]} \tag{2.4.45}$$

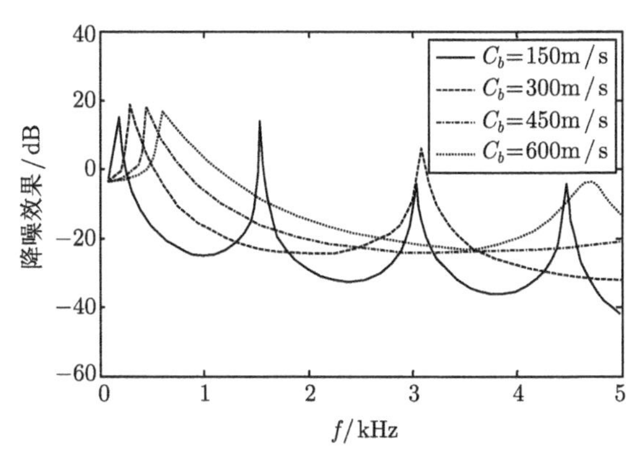


图 2.4.4 夹心障板降噪量与柔性层声速的关系

(引自文献 [36]，fig7)

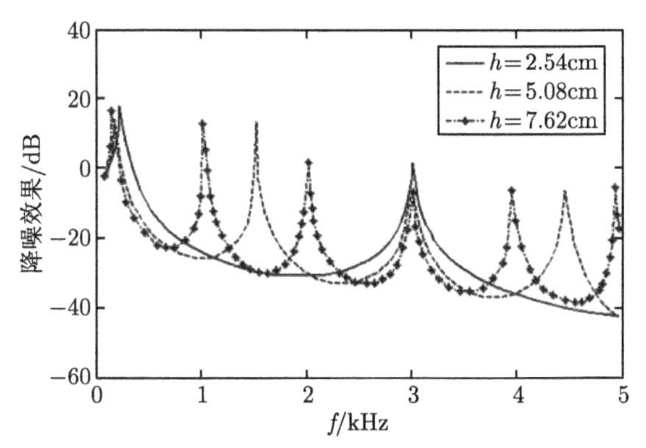


图 2.4.5 夹心障板降噪量与柔性层厚度的关系

(引自文献 [36]，fig9)

其中，$a$ 和 $b$ 为柔性管空腔长度和内径，$a' = a + 2d_t + d_t'$ 为柔性管的中心距，$d_t$ 和 $h_t$ 为柔性管横向和纵向壁厚，$d_t'$ 为列管间距；$\rho_t$, $E_t$, $\nu_t$, $\eta_t$ 分别为柔性管壁材料的密度、杨氏模量、泊松比和损耗因子。

相应的柔性列管层的等效声速为

$$C_b = \sqrt{B/\rho_b} \tag{2.4.46}$$

式中，$\rho_b$ 为列管阵密度。

图 2.4.7 和图 2.4.8 给出了不同柔性列管长径比和壁厚时，三层夹心板的降噪效果。由图可见，整个计算频段都有明显的降噪效果，好于均匀柔性层。在柔性管的基频，降噪效果最大。柔性管长径比减小，降噪峰值频率往高频移动。这是因为长径比减小，柔性管基频增加。柔性管壁厚增加，降噪峰值也往高频移。另外，柔性列管层阻尼因子减小，降噪峰值位置上的降噪幅度增加，但频带宽度变

窄。反之，则降噪幅度减小，频带变宽。为了达到预期的降噪效果，应优化选取列管柔性层的参数。

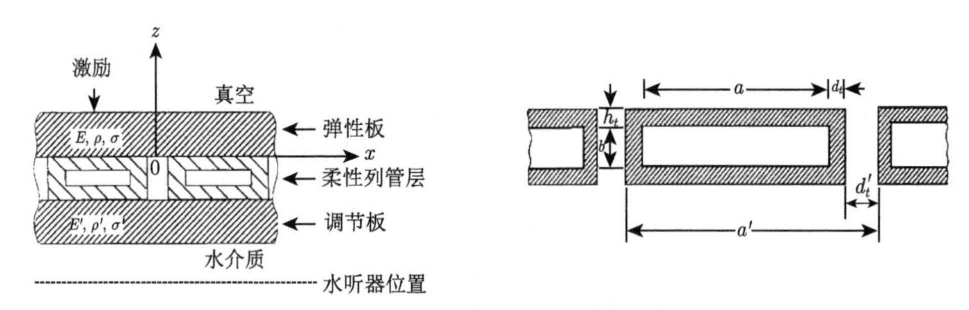


图 2.4.6　夹心障板及列管柔性层结构

(引自文献 [36]，fig1,fig10)

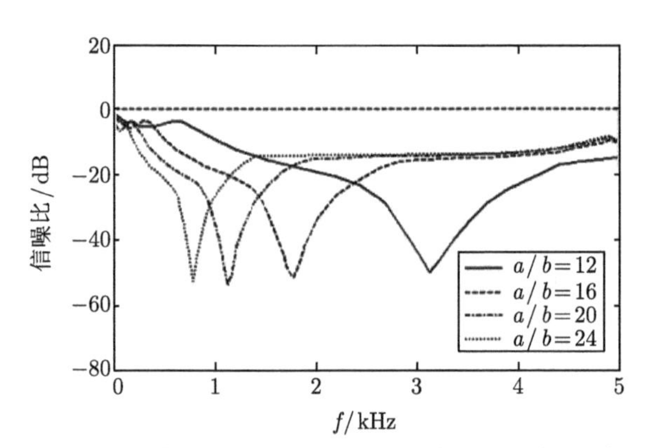


图 2.4.7　夹心障板降噪量与柔性列管长径比的关系

(引自文献 [36]，fig12)

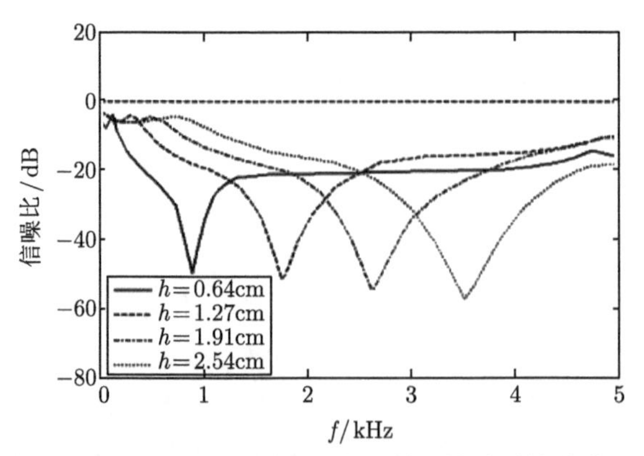


图 2.4.8　夹心障板降噪量与柔性列管壁厚的关系

(引自文献 [36]，fig13)

因为声障板中的柔性层一般为黏弹性材料，将其等效为液体层，忽略了黏弹性层中横波的作用，不能全面地反映声障板降低声辐射的机理和作用。下面针对前面的三层夹心声障板结构，考虑柔性层的剪切模量，推导更完整的三层夹心结构耦合振动和声辐射计算方法 [38]。建立如图 2.4.9 所示的坐标系，上弹性板的振动方程为

$$D_1\frac{\partial^4 W_1}{\partial x^4}+m_1\frac{\partial^2 W_1}{\partial t^2}+c_1\frac{\partial W_1}{\partial t}=\sigma_z\left|_{z=-h_1/2}\right.-f(x,t) \tag{2.4.47}$$

下弹性板的振动方程为

$$D_2\frac{\partial^4 W_2}{\partial x^4}+m_2\frac{\partial^2 W_2}{\partial t^2}+c_2\frac{\partial W_2}{\partial t}=-\sigma_z\left|_{z=-(h_1/2+l)}\right.+p_a\left|_{z=-(h_1/2+h+h_2)}\right. \tag{2.4.48}$$

这里，$D_1$ 和 $D_2$ 等物理参数含义同 (2.4.2) 和 (2.4.4) 式。$c_1$ 和 $c_2$ 分别为上下弹性板的单位面积阻尼。$\sigma_z$ 为中间黏弹性层的法向应力，$h_1$, $h_2$ 和 $h$ 分别为上下弹性板及中间黏弹性层的厚度，注意到 (2.4.47) 和 (2.4.48) 式与 (2.4.2) 和 (2.4.4) 式的不同之处在于方程右边除了激励力和外场声压以外，还有中间黏弹性层的法向应力，在中间夹心层为等效液体层时，作用在上下弹性板上的作用力为等效液体层中的声压。

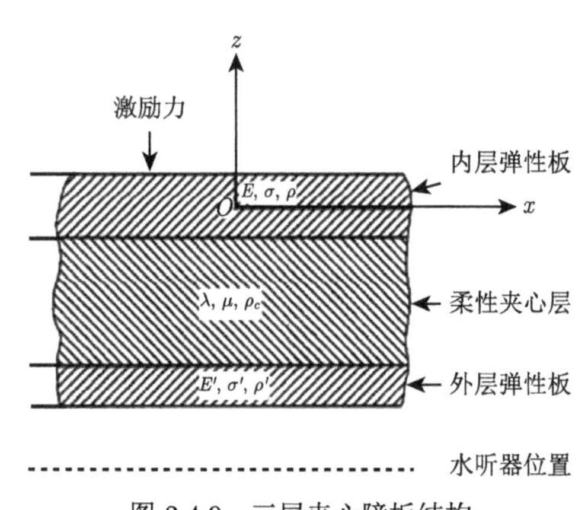


图 2.4.9 三层夹心障板结构
(引自文献 [38]，fig1)

假设中间夹心层为均匀的黏弹性材料，其中的弹性波传播满足矢量微分方程：

$$\mu\boldsymbol{\nabla}^2\boldsymbol{U}+(\lambda+\mu)\boldsymbol{\nabla}(\boldsymbol{\nabla}\cdot\boldsymbol{U})=\rho_b\frac{\partial^2\boldsymbol{U}}{\partial t^2} \tag{2.4.49}$$

式中，$\boldsymbol{U}$ 为振动位移矢量，$\lambda$ 和 $\mu$ 为拉密常数，$\rho_b$ 为密度；$\boldsymbol{\nabla}^2$ 为 Laplacian 算子，$\boldsymbol{\nabla}$ 为梯度算子。位移矢量 $\boldsymbol{U}$ 可以用一个标量势函数 $\varPhi$ 和一个矢量势函数 $\boldsymbol{\varPsi}$

表示

$$\boldsymbol{U}=\boldsymbol{\nabla}\varPhi+\boldsymbol{\nabla}\times\boldsymbol{\varPsi} \tag{2.4.50}$$

在二维情况下，振动位移的法向和切向分量可以简化为

$$U_z=\frac{\partial\varPhi}{\partial z}+\frac{\partial\varPsi}{\partial x} \tag{2.4.51a}$$

$$U_x=\frac{\partial\varPhi}{\partial x}-\frac{\partial\varPsi}{\partial z} \tag{2.4.51b}$$

式中, $U_z$ 和 $U_x$ 分别为 $z$ 和 $x$ 方向振动位移。

将 (2.4.51) 式代入 (2.4.49) 式，可得二维黏弹性层的纵波和横波满足的波动方程：

$$\frac{\partial^2\varPhi}{\partial x^2}+\frac{\partial^2\varPhi}{\partial z^2}-\frac{1}{C_l^2}\frac{\partial^2\varPhi}{\partial t^2}=0 \tag{2.4.52a}$$

$$\frac{\partial^2\varPsi}{\partial x^2}+\frac{\partial^2\varPsi}{\partial z^2}-\frac{1}{C_t^2}\frac{\partial^2\varPsi}{\partial t^2}=0 \tag{2.4.52b}$$

式中, $C_l$ 和 $C_t$ 为黏弹性层的纵波和横波声速, $C_l=\sqrt{(\lambda+2\mu)/\rho_c}$, $C_t=\sqrt{\mu/\rho_c}$。

对 (2.4.52) 式作时间 $t$ 和 $x$ 变量的 Fourier 变换,得到波数–频率响应 $\tilde{\varPhi}(k,\omega,z)$ 和 $\tilde{\varPsi}(k,\omega,z)$ 所满足的方程：

$$\frac{\mathrm{d}^2\tilde{\varPhi}}{\mathrm{d}z^2}+(k_l^2-k^2)\varPhi=0 \tag{2.4.53a}$$

$$\frac{\mathrm{d}^2\tilde{\varPsi}}{\mathrm{d}z^2}+(k_t^2-k^2)\varPsi=0 \tag{2.4.53b}$$

在黏弹性层中 (2.4.53) 式的形式解分别为

$$\tilde{\varPhi}(k,\omega,z)=A_1(k,\omega)\cos(\sqrt{k_l^2-k^2}z)+B_1(k,\omega)\sin(\sqrt{k_l^2-k^2}z) \tag{2.4.54}$$

$$\tilde{\varPsi}(k,\omega,z)=A_2(k,\omega)\cos(\sqrt{k_t^2-k^2}z)+B_2(k,\omega)\sin(\sqrt{k_t^2-k^2}z) \tag{2.4.55}$$

式中, $A_1$, $B_1$, $A_2$, $B_2$ 为待定系数, $k_l$, $k_t$ 为黏弹性层的纵波和横波波数, $k_l=\omega/C_l$, $k_t=\omega/C_t$。

由文献 [19]，黏弹性层中的法向应力采用势函数表示为

$$\sigma_z(x,z,t)=\lambda\left(\frac{\partial^2\varPhi}{\partial x^2}+\frac{\partial^2\varPhi}{\partial z^2}\right)+2\mu\left(\frac{\partial^2\varPhi}{\partial z^2}-\frac{\partial^2\varPsi}{\partial x\partial z}\right) \tag{2.4.56}$$

经 Fourier 变换，则有

$$\tilde{\sigma}_z(k,z,\omega)=\lambda\left(-k^2\tilde{\Phi}+\frac{\mathrm{d}^2\tilde{\Phi}}{\mathrm{d}z^2}\right)+2\mu\left(\frac{\mathrm{d}^2\tilde{\Phi}}{\mathrm{d}z^2}-\mathrm{i}k\frac{\mathrm{d}\tilde{\Psi}}{\mathrm{d}z}\right) \tag{2.4.57}$$

为了确定 (2.4.54) 和 (2.4.55) 式中的待定系数，考虑黏弹性层与上下弹性板交界面的边界条件。黏弹性层与上弹性板法向振动位移相等，有

$$\left[(\lambda+2\mu)\left(\frac{\partial^3\Phi}{\partial z^3}+\frac{\partial^3\Phi}{\partial x^2\partial z}\right)-\mu\left(\frac{\partial^3\Psi}{\partial x\partial z^2}+\frac{\partial^3\Psi}{\partial x^3}\right)\right]\Big|_{z=-h_1/2}=\rho_b\frac{\partial^2W_1}{\partial t^2} \tag{2.4.58}$$

黏弹性层与上弹性板切向振动位移相等，有

$$\begin{aligned}&\left[(\lambda+2\mu)\left(\frac{\partial^3\Phi}{\partial x^3}+\frac{\partial^3\Phi}{\partial x\partial z^2}\right)+\mu\left(\frac{\partial^3\Psi}{\partial x^2\partial z}+\frac{\partial^3\Psi}{\partial z^3}\right)\right]\Big|_{z=-h_1/2}\\&=\rho_b\frac{\partial^2}{\partial t^2}\left(-\xi\frac{\partial W_1}{\partial x}\right)\Big|_{\xi=-h_1/2}\end{aligned} \tag{2.4.59}$$

同样，黏弹性层与下弹性板法向和切向振动位移相等，则有

$$\left[(\lambda+2\mu)\left(\frac{\partial^3\Phi}{\partial z^3}+\frac{\partial^3\Phi}{\partial x^2\partial z}\right)-\mu\left(\frac{\partial^3\Psi}{\partial x\partial z^2}+\frac{\partial^3\Psi}{\partial x^3}\right)\right]\Big|_{z=-(h_1/2+h)}=\rho_b\frac{\partial^2W_2}{\partial t^2} \tag{2.4.60}$$

$$\begin{aligned}&\left[(\lambda+2\mu)\left(\frac{\partial^3\Phi}{\partial x^3}+\frac{\partial^3\Phi}{\partial x\partial z^2}\right)+\mu\left(\frac{\partial^3\Psi}{\partial x^2\partial z}+\frac{\partial^3\Psi}{\partial z^3}\right)\right]\Big|_{z=-(h_1/2+h)}\\&=\rho_b\frac{\partial^2}{\partial t^2}\left(-\xi\frac{\partial W_2}{\partial x}\right)\Big|_{\xi=h_2/2}\end{aligned} \tag{2.4.61}$$

这里，$\xi\dfrac{\partial W_1}{\partial x}$ 和 $\xi\dfrac{\partial W_2}{\partial x}$ 为弹性板切向位移，$\xi$ 为弹性平板中和面至平板表面的法向距离。

为了联立求解，对 (2.4.47) 和 (2.4.48) 式作 Fourier 变换，则有

$$Z_{p_1}\tilde{W}_1=\tilde{\sigma}_z\Big|_{z=-h_1/2}-\tilde{f}(k,\omega) \tag{2.4.62}$$

$$Z_{p_2}\tilde{W}_2=-\tilde{\sigma}_z\Big|_{z=-(h_1/2+h)}+\tilde{p}_a(k,\omega) \tag{2.4.63}$$

式中，$Z_{p_1}=D_1k^4-m_1\omega^2+\mathrm{i}\omega^2\eta_1, Z_{p_2}=D_2k^4-m_2\omega^2+\mathrm{i}\omega^2\eta_2; \eta_1=c_1/\omega, \eta_2=c_2/\omega$ 分别为上下弹性板损耗因子。

将 (2.4.54) 和 (2.4.55) 式代入 (2.4.57) 式，得到

$$\tilde{\sigma}_z=(2\mu k^2-\omega^2\rho_b)\cos(\sqrt{k_l^2-k^2}z)A_1+(2\mu k^2-\omega^2\rho_b)\sin(\sqrt{k_l^2-k^2}z)B_1$$

$$+ 2\mathrm{i}\mu k\sqrt{k_t^2-k^2}\sin(\sqrt{k_t^2-k^2}z)A_2 - 2\mathrm{i}\mu k\sqrt{k_t^2-k^2}\cos(\sqrt{k_t^2-k^2}z)B_2 \tag{2.4.64}$$

再将 (2.4.64) 式代入 (2.4.62) 和 (2.4.63) 式，得到波数域中弹性板与弹性层的耦合振动方程：

$$\begin{aligned}
&Z_{p_1}\tilde{W}_1 + (\rho_b\omega^2 - 2\mu k^2)\cos(\sqrt{k_l^2-k^2}h_1/2)A_1\\
&- (\rho_b\omega^2 - 2\mu k^2)\sin(\sqrt{k_l^2-k^2}h_1/2)B_1 - 2\mathrm{i}\mu k\sqrt{k_t^2-k^2}\sin(\sqrt{k_t^2-k^2}h_1/2)A_2\\
&+ 2\mathrm{i}\mu k\sqrt{k_t^2-k^2}\cos(\sqrt{k_t^2-k^2}h_1/2)B_2 = -\tilde{f}(k,\omega)
\end{aligned} \tag{2.4.65}$$

$$\begin{aligned}
&Z_{p_2}\tilde{W}_2 - (\rho_b\omega^2 - 2\mu k^2)\cos[\sqrt{k_l^2-k^2}(h_1/2+h)]A_1\\
&+ (\rho_b\omega^2 - 2\mu k^2)\sin[\sqrt{k_l^2-k^2}(h_1/2+h)]B_1\\
&- 2\mathrm{i}\mu k\sqrt{k_t^2-k^2}\sin[\sqrt{k_t^2-k^2}(h_1/2+h)]A_2\\
&+ 2\mathrm{i}\mu k\sqrt{k_t^2-k^2}\cos[\sqrt{k_t^2-k^2}(h_1/2+h)]B_2 = \tilde{p}_a(k,\omega)
\end{aligned} \tag{2.4.66}$$

对 (2.4.58)~(2.4.61) 式作关于 $t$ 和 $x$ 的 Fourier 变换后，再代入 (2.4.54) 和 (2.4.55) 式，可以得到

$$\begin{aligned}
&\sqrt{k_l^2-k^2}\sin[\sqrt{k_l^2-k^2}(h_1/2)]A_1 + \sqrt{k_l^2-k^2}\cos[\sqrt{k_l^2-k^2}(h_1/2)]B_1\\
&- \mathrm{i}k\cos[\sqrt{k_t^2-k^2}(h_1/2)]A_2 + \mathrm{i}k\sin[\sqrt{k_t^2-k^2}(h_1/2)]B_2 - \tilde{W}_1 = 0
\end{aligned} \tag{2.4.67}$$

$$\begin{aligned}
&- \mathrm{i}k\cos[\sqrt{k_l^2-k^2}(h_1/2)]A_1 + \mathrm{i}k\sin[\sqrt{k_l^2-k^2}(h_1/2)]B_1\\
&- \sqrt{k_t^2-k^2}\sin[\sqrt{k_t^2-k^2}(h_1/2)]A_2\\
&- \sqrt{k_t^2-k^2}\cos[\sqrt{k_t^2-k^2}(h_1/2)]B_2 + \mathrm{i}kh_1/2\tilde{W}_1 = 0
\end{aligned} \tag{2.4.68}$$

$$\begin{aligned}
&\sqrt{k_l^2-k^2}\sin[\sqrt{k_l^2-k^2}(h_1/2+h)]A_1 + \sqrt{k_l^2-k^2}\cos[\sqrt{k_l^2-k^2}(h_1/2+h)]B_1\\
&- \mathrm{i}k\cos[\sqrt{k_t^2-k^2}(h_1/2+h)]A_2 + \mathrm{i}k\sin[\sqrt{k_t^2-k^2}(h_1/2+h)]B_2 - \tilde{W}_2 = 0
\end{aligned} \tag{2.4.69}$$

$$\begin{aligned}
&- \mathrm{i}k\cos[\sqrt{k_l^2-k^2}(h_1/2+h)]A_1 + \mathrm{i}k\sin[\sqrt{k_l^2-k^2}(h_1/2+h)]B_1\\
&- \sqrt{k_t^2-k^2}\sin[\sqrt{k_t^2-k^2}(h_1/2+h)]A_2\\
&- \sqrt{k_t^2-k^2}\cos[\sqrt{k_t^2-k^2}(h_1/2+h)]B_2 - (\mathrm{i}kh_2/2)\tilde{W}_2 = 0
\end{aligned} \tag{2.4.70}$$

在 (2.4.66) 式中直接利用了半无限空间辐射声压的波数解，并将 (2.4.65) 式、(2.4.66) 式及 (2.4.67)~(2.4.70) 式联立为矩阵形式

$$\begin{vmatrix} a_{11} & a_{12} & a_{13} & a_{14} & a_{15} & 0 \\ a_{21} & a_{22} & a_{23} & a_{24} & a_{25} & 0 \\ a_{31} & a_{32} & a_{33} & a_{34} & a_{35} & 0 \\ a_{41} & a_{42} & a_{43} & a_{44} & 0 & a_{46} \\ a_{51} & a_{52} & a_{53} & a_{54} & 0 & a_{56} \\ a_{61} & a_{62} & a_{63} & a_{64} & 0 & a_{66} \end{vmatrix} \begin{Bmatrix} A_1 \\ B_1 \\ A_2 \\ B_2 \\ \tilde{W}_1 \\ \tilde{W}_2 \end{Bmatrix} = \begin{Bmatrix} 0 \\ 0 \\ -\tilde{f} \\ 0 \\ 0 \\ 0 \end{Bmatrix} \tag{2.4.71}$$

式中，矩阵元素分别为

$$a_{11} = \sqrt{k_l^2 - k^2}\sin(\sqrt{k_l^2 - k^2}h_1/2), \quad a_{12} = \sqrt{k_l^2 - k^2}\cos(\sqrt{k_l^2 - k^2}h_1/2)$$

$$a_{13} = -\mathrm{i}k\cos(\sqrt{k_t^2 - k^2}h_1/2), \quad a_{14} = \mathrm{i}k\sin(\sqrt{k_t^2 - k^2}h_1/2)$$

$$a_{15} = -1, \quad a_{21} = -\mathrm{i}k\cos(\sqrt{k_l^2 - k^2}h_1/2), \quad a_{22} = \mathrm{i}k\sin(\sqrt{k_l^2 - k^2}h_1/2)$$

$$a_{23} = -\sqrt{k_t^2 - k^2}\sin(\sqrt{k_t^2 - k^2}h_1/2), \quad a_{24} = -\sqrt{k_t^2 - k^2}\cos(\sqrt{k_t^2 - k^2}h_1/2)$$

$$a_{25} = \mathrm{i}kh_1/2, \quad a_{31} = (\rho_b\omega^2 - 2\mu k^2)\cos(\sqrt{k_l^2 - k^2}h_1/2)$$

$$a_{32} = -(\rho_b\omega^2 - 2\mu k^2)\sin(\sqrt{k_l^2 - k^2}h_1/2)$$

$$a_{33} = -2\mathrm{i}\mu k\sqrt{k_t^2 - k^2}\sin(\sqrt{k_t^2 - k^2}h_1/2)$$

$$a_{34} = 2\mathrm{i}\mu k\sqrt{k_t^2 - k^2}\cos(\sqrt{k_t^2 - k^2}h_1/2), \quad a_{35} = Z_{p_1}$$

$$a_{41} = \sqrt{k_l^2 - k^2}\sin[\sqrt{k_l^2 - k^2}(h_1/2 + h)],$$

$$a_{42} = \sqrt{k_l^2 - k^2}\cos[\sqrt{k_l^2 - k^2}(h_1/2 + h)]$$

$$a_{43} = -\mathrm{i}k\cos[\sqrt{k_t^2 - k^2}(h_1/2 + h)], \quad a_{44} = \mathrm{i}k\sin[\sqrt{k_t^2 - k^2}(h_1/2 + h)]$$

$$a_{46} = -1, \quad a_{51} = -\mathrm{i}k\cos[\sqrt{k_l^2 - k^2}(h_1/2 + h)], \quad a_{52} = \mathrm{i}k\sin[\sqrt{k_l^2 - k^2}(h_1/2 + h)]$$

$$a_{53} = -\sqrt{k_t^2 - k^2}\sin[\sqrt{k_t^2 - k^2}(h_1/2 + h)]$$

$$a_{54} = -\sqrt{k_t^2 - k^2}\cos[\sqrt{k_t^2 - k^2}(h_1/2 + h)]$$

$$a_{56} = -\mathrm{i}kh_2/2, \quad a_{61} = -(\rho_b\omega^2 - 2\mu k^2)\cos[\sqrt{k_l^2 - k^2}(h_1/2 + h)]$$

$$a_{62} = (\rho_b\omega^2 - 2\mu k^2)\sin[\sqrt{k_l^2 - k^2}(h_1/2 + h)]$$

$$a_{63}=-2\mathrm{i}\mu k\sqrt{k_t^2-k^2}\sin[\sqrt{k_t^2-k^2}(h_1/2+h)]$$

$$a_{64}=2\mathrm{i}\mu k\sqrt{k_t^2-k^2}\cos[\sqrt{k_t^2-k^2}(h_1/2+h)],\quad a_{66}=Z_{p_2}-\frac{\rho_0\omega^2}{\sqrt{k^2-k_0^2}}$$

由 (2.4.71) 式，可求解得下层弹性板振动位移与激励力之间的传递函数 $H(k,\omega)$，于是下层弹性平板的振动位移为

$$\tilde{W}_2(k,\omega)=H(k,\omega)\tilde{f}(k,\omega)\tag{2.4.72}$$

这样，利用半无限空间辐射声压的波数解，反演可以得到三层夹心平板下方 $d$ 距离上的声压：

$$p_a(x,z,\omega)\Big|_{z=-(h_1/2+h+h_2+d)}=\frac{1}{2\pi}\int_{-\infty}^{\infty}\frac{\rho_0\omega^2H(k,\omega)\tilde{f}(k,\omega)}{\sqrt{k^2-k_0^2}}\cdot\mathrm{e}^{\mathrm{i}(\sqrt{k_0^2-k^2}d+kx)}\mathrm{d}k\tag{2.4.73}$$

将 (2.4.73) 式代入 (2.4.33) 式，可计算水听器位置上三层夹心平板相对于单层弹性平板的噪声增益或插入损失。Ko[38] 针对二层钢板和一层黏弹性层的夹心结构，计算比较了插入损失，结果见图 2.4.10。上层钢板厚 5.08cm，下层钢板厚 2.54cm 和 5.08cm，黏弹性层厚 5.08cm，分为硬橡胶、软橡胶和聚氨酯三种材料。硬橡胶的杨氏模量为 $2.3\times10^9(1+\mathrm{i}0.1)\mathrm{N/m^2}$、泊松比为 0.4，密度为 $1245\mathrm{kg/m^3}$；软橡胶的杨氏模量为 $5\times10^6(1+\mathrm{i}0.1)\mathrm{N/m^2}$、泊松比为 0.495，密度为 $950\mathrm{kg/m^3}$。计算时，可以由黏弹性层的杨氏模量和泊松比计算拉密常数：

$$\lambda=E_b\nu_b/(1+\nu_b)(1-2\nu_b)\tag{2.4.74}$$

$$\mu=E_b/2(1+\nu_b)\tag{2.4.75}$$

也可以由体积模量 $\kappa_b$ 和泊松比计算拉密常数：

$$\lambda=3\kappa_b\nu_b/(1+\nu_b)\tag{2.4.76}$$

$$\mu=3\kappa_b(1-2\nu_b)/2(1+\nu_b)\tag{2.4.77}$$

聚氨酯材料的泊松比为 0.4，复体积模量 $\kappa_b$ 由试验测量得到。在 125～5000Hz 范围内 $\kappa_b$ 值随频率变化数据可参见文献 [38]。计算结果表明，频率增加，插入损失增大，且软橡胶夹心层大于硬橡胶夹心层的插入损失，但软橡胶黏弹性层因杨氏模量小，声速低，在高频段会出现驻波共振，影响插入损失。在基板和黏弹性层参数不变的情况下，增加调节板厚度，也会适当增加插入损失。

前面建立了两种计算三层夹心结构噪声增益或插入损失的模型。这两种模型在计算时会有一定的差别。选取黏弹性层的厚度为 5.08cm，密度为 $1000\mathrm{kg/m^3}$，

纵波声速为 150m/s，杨氏模量为 $10^6(1-0.1\mathrm{i})\mathrm{N/m^2}$。两种模型的计算结果见图 2.4.11，黏弹性层模型和液体层模型计算的插入损失的量级及其随频率变化的规律很相近，在厚度满足 1/2 波长的共振频率附近均有放大现象。只是在 300Hz 以下的低频段，液体层模型计算的插入损失有一个放大现象，黏弹性层模型计算结果则无此现象。

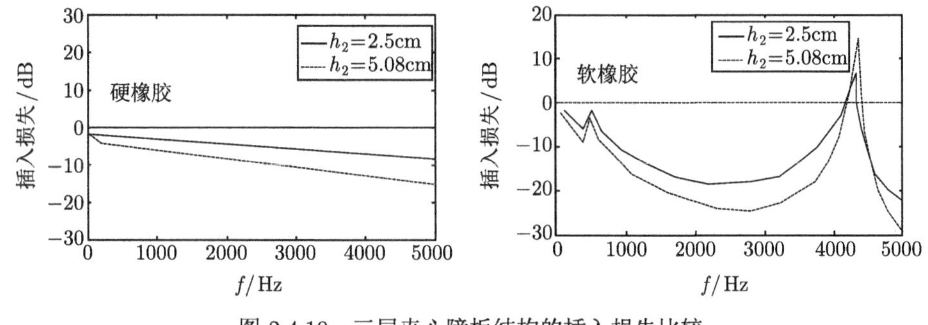


图 2.4.10 三层夹心障板结构的插入损失比较

(引自文献 [38]，fig2)

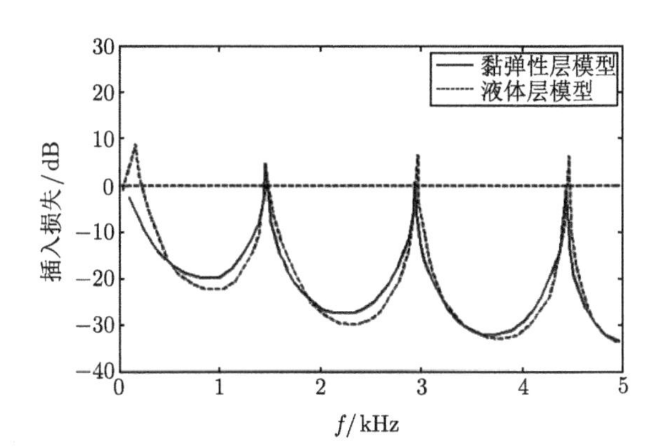


图 2.4.11 两种夹心障板结构模型的插入损失比较

(引自文献 [38]，fig3)

在某些情况下，如潜艇的舷侧声呐，一方面为了提高声障板的效果，降低艇体振动对声呐基阵的影响，声障板往往采用多层结构，另一方面，为了降低湍流脉动压力激励声呐罩结构产生的水动力噪声对声呐基阵的影响，提高声呐信噪比，声呐罩结构也采用多层结构。为了研究声障板与声呐罩对声呐基阵 (水听器) 的影响，建立如图 2.4.12 所示的无限大多层弹性层和水层模型 [39]。整个声障板与声呐罩系统共有 $n+1$ 层，其中声障板有 $m-1$ 层，声呐罩有 $n-m-1$ 层，第 $i$ 层坐标从 $z_i$ 到 $z_{i+1}$，相应的厚度为 $d_i$，布置水听器的水层为第 $m+1$ 层，其位置为 $(x_h, z_{m+1}+h)$。假设有两种形式激励，一种为平面波入射到声呐罩外表面，另一种为声障板内侧给定沿 $x$ 方向传播的振速扰动激励。在每层固体层中存在两个纵波和两个横波，每个液体层中存在两个纵波。

设第 $i$ 层纵波和横波速度势满足的方程为

$$\Phi_i(x,z,\omega)=[A_i(\omega)\mathrm{e}^{-\mathrm{i}\alpha_i z}+B_i(\omega)\mathrm{e}^{\mathrm{i}\alpha_i z}]\mathrm{e}^{\mathrm{i}\gamma x} \tag{2.4.78}$$

$$\Psi_i(x,z,\omega)=[C_i(\omega)\mathrm{e}^{-\mathrm{i}\beta_i z}+D_i(\omega)\mathrm{e}^{\mathrm{i}\beta_i z}]\mathrm{e}^{\mathrm{i}\gamma x} \tag{2.4.79}$$

式中，$\alpha_i, \beta_i, \gamma$ 为波数，且满足 $\alpha_i^2+\gamma^2=k_{li}^2$、$\beta_i^2+\gamma^2=k_{ti}^2$。

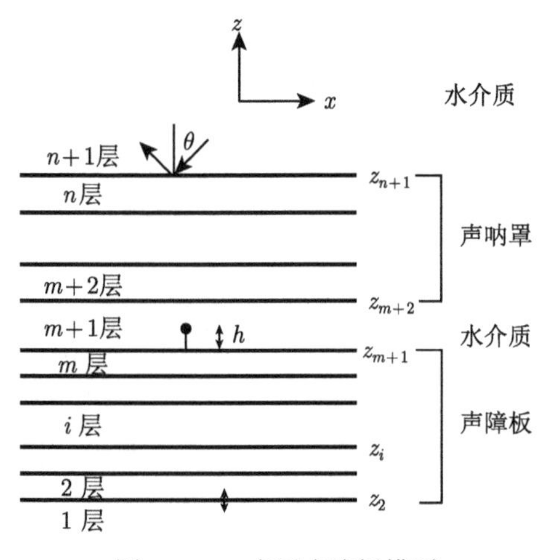


图 2.4.12　多层声障板模型

(引自文献 [39]，fig1)

考虑到 (2.4.51) 式及法向和切向应力与振动位移的关系:

$$\sigma_{zi}(x,z,\omega)=\left[(\lambda_i+2\mu_i)\frac{\partial U_{zi}}{\partial z}+\lambda_i\frac{\partial U_{xi}}{\partial x}\right] \tag{2.4.80}$$

$$\sigma_{zxi}(x,z,\omega)=\mu_i\left[\frac{\partial U_{xi}}{\partial z}+\frac{\partial U_{zi}}{\partial x}\right] \tag{2.4.81}$$

将 (2.4.78) 和 (2.4.79) 式代入 (2.4.51) 式及 (2.4.80) 和 (2.4.81) 式，得到

$$\left\{\begin{array}{c}\sigma_{zi}(x,z_{i+1},\omega)\\U_{zi}(x,z_{i+1},\omega)\\\sigma_{zxi}(x,z_{i+1},\omega)\\U_{xi}(x,z_{i+1},\omega)\end{array}\right\}=[A_i]\left\{\begin{array}{c}A_i\mathrm{e}^{-\mathrm{i}\alpha_i z_i}\\B_i\mathrm{e}^{\mathrm{i}\alpha_i z_i}\\C_i\mathrm{e}^{-\mathrm{i}\beta_i z_i}\\D_i\mathrm{e}^{\mathrm{i}\beta_i z_i}\end{array}\right\} \tag{2.4.82}$$

$$\begin{Bmatrix} \sigma_{zi}(x,z_i,\omega) \\ U_{zi}(x,z_i,\omega) \\ \sigma_{zxi}(x,z_i,\omega) \\ U_{xi}(x,z_i,\omega) \end{Bmatrix} = [B_i] \begin{Bmatrix} A_i \mathrm{e}^{-\mathrm{i}\alpha_i z_i} \\ B_i \mathrm{e}^{\mathrm{i}\alpha_i z_i} \\ C_i \mathrm{e}^{-\mathrm{i}\alpha_i z_i} \\ D_i \mathrm{e}^{\mathrm{i}\alpha_i z_i} \end{Bmatrix} \tag{2.4.83}$$

式中,

$$[A_i] = \begin{bmatrix} -a_i \mathrm{e}^{-\mathrm{i}\alpha_i d_i} & -a_i \mathrm{e}^{\mathrm{i}\alpha_i d_i} & b_i\beta_i \mathrm{e}^{-\mathrm{i}\beta_i d_i} & -b_i\beta_i \mathrm{e}^{\mathrm{i}\beta_i d_i} \\ \dfrac{-\mathrm{i}\alpha_i}{\omega}\mathrm{e}^{-\mathrm{i}\alpha_i d_i} & \dfrac{\mathrm{i}\alpha_i}{\omega}\mathrm{e}^{\mathrm{i}\alpha_i d_i} & \dfrac{\mathrm{i}\gamma}{\omega}\mathrm{e}^{-\mathrm{i}\beta_i d_i} & \dfrac{\mathrm{i}\gamma}{\omega}\mathrm{e}^{\mathrm{i}\beta_i d_i} \\ -b_i\alpha_i \mathrm{e}^{-\mathrm{i}\alpha_i d_i} & -b_i\alpha_i \mathrm{e}^{\mathrm{i}\alpha_i d_i} & a_i \mathrm{e}^{-\mathrm{i}\beta_i d_i} & a_i \mathrm{e}^{\mathrm{i}\beta_i d_i} \\ \dfrac{\mathrm{i}\gamma}{\omega}\mathrm{e}^{-\mathrm{i}\alpha_i d_i} & \dfrac{\mathrm{i}\gamma}{\omega}\mathrm{e}^{\mathrm{i}\alpha_i d_i} & \dfrac{\mathrm{i}\beta_i}{\omega}\mathrm{e}^{-\mathrm{i}\beta_i d_i} & \dfrac{-\mathrm{i}\beta_i}{\omega}\mathrm{e}^{\mathrm{i}\beta_i d_i} \end{bmatrix} \tag{2.4.84}$$

$$[B_i] = \begin{bmatrix} -a_i & -a_i & b_i\beta_i & -b_i\beta_i \\ \dfrac{-\mathrm{i}\alpha_i}{\omega} & \dfrac{\mathrm{i}\alpha_i}{\omega} & \dfrac{\mathrm{i}\gamma}{\omega} & \dfrac{\mathrm{i}\gamma}{\omega} \\ b_i\alpha_i & -b_i\alpha_i & a_i & a_i \\ \dfrac{\mathrm{i}\gamma}{\omega} & \dfrac{\mathrm{i}\gamma}{\omega} & \dfrac{\mathrm{i}\beta_i}{\omega} & \dfrac{-\mathrm{i}\beta_i}{\omega} \end{bmatrix} \tag{2.4.85}$$

其中，$a_i = \lambda_i k_{li}^2 + 2\mu_i\alpha_i^2, b_i = 2\mu_i\gamma$。

合并 (2.4.84) 式和 (2.4.85) 式，得到第 $i$ 层固体层法向和切向应力及振动位移的传递关系：

$$\begin{Bmatrix} \sigma_{zi}(x,z_{i+1},\omega) \\ U_{zi}(x,z_{i+1},\omega) \\ \sigma_{zxi}(x,z_{i+1},\omega) \\ U_{xi}(x,z_{i+1},\omega) \end{Bmatrix} = [C_i] \begin{Bmatrix} \sigma_{zi}(x,z_i,\omega) \\ U_{zi}(x,z_i,\omega) \\ \sigma_{zxi}(x,z_i,\omega) \\ U_{xi}(x,z_i,\omega) \end{Bmatrix} \tag{2.4.86}$$

式中，$[C_i] = [A_i][B_i]^{-1}$。

在第 $i$ 层和第 $i-1$ 层固体层界面上，法向和切向应力及振动位移连续，即有

$$\begin{Bmatrix} \sigma_{zi}(x,z_i,\omega) \\ U_{zi}(x,z_i,\omega) \\ \sigma_{zxi}(x,z_i,\omega) \\ U_{xi}(x,z_i,\omega) \end{Bmatrix} = \begin{Bmatrix} \sigma_{zi-1}(x,z_i,\omega) \\ U_{zi-1}(x,z_i,\omega) \\ \sigma_{zxi-1}(x,z_i,\omega) \\ U_{xi-1}(x,z_i,\omega) \end{Bmatrix} \tag{2.4.87}$$

这样，由 (2.4.87) 及 (2.4.86) 式，可以得到声障板的第 2 层与第 1 层的界面到第 $m$ 层与第 $m+1$ 层的界面之间，法向和切向应力及振动位移的传递关系：

$$\left\{\begin{array}{c}\sigma_{zm}(x,z_{m+1},\omega)\\U_{zm}(x,z_{m+1},\omega)\\\sigma_{zxm}(x,z_{m+1},\omega)\\U_{xm}(x,z_{m+1},\omega)\end{array}\right\}=[D]\left\{\begin{array}{c}\sigma_{z2}(x,z_2,\omega)\\U_{z2}(x,z_2,\omega)\\\sigma_{zx2}(x,z_2,\omega)\\U_{x2}(x,z_2,\omega)\end{array}\right\}\tag{2.4.88}$$

式中，$[D]=[C_m][C_{m-1}]\cdots[C_i]\cdots[C_2]$。

在第 $m$ 层上表面和第 2 层下表面，固体层与水介质接触，交界面上切向应力为零：

$$\sigma_{zxm}(x,z_{m+1},\omega)=\sigma_{zx2}(x,z_2,\omega)=0\tag{2.4.89}$$

利用 (2.4.89) 式，可以将四端网络关系的 (2.4.88) 式简化为两端网络关系：

$$\left\{\begin{array}{c}\sigma_{zm}(x,z_{m+1},\omega)\\U_{zm}(x,z_{m+1},\omega)\end{array}\right\}=[M^B]\left\{\begin{array}{c}\sigma_{z2}(x,z_2,\omega)\\U_{z2}(x,z_2,\omega)\end{array}\right\}\tag{2.4.90}$$

式中，$[M^B]$ 为表征声障板传递关系的压缩矩阵，其中 $D_{ij}$ 为矩阵 $[D]$ 的元素。

$$[M^B]=\left[\begin{array}{cc}D_{11}-D_{14}D_{31}/D_{34} & D_{12}-D_{14}D_{32}/D_{34}\\D_{21}-D_{24}D_{31}/D_{34} & D_{22}-D_{24}D_{32}/D_{34}\end{array}\right]$$

第 $k=m+1$ 层为水层，其中纵波速度势为

$$\Phi_k(x,z,\omega)=[A_k(\omega)\mathrm{e}^{-\mathrm{i}\alpha_k z}+B_k(\omega)\mathrm{e}^{\mathrm{i}\alpha_k z}]\mathrm{e}^{\mathrm{i}\gamma x}\tag{2.4.91}$$

式中，$\alpha_k^2+\gamma^2=k_{lk}^2$。

相应地，第 $k$ 层中声压和质点位移为

$$p_k(x,z,\omega)=-\mathrm{i}\rho_k\omega\Phi_k(x,z,\omega)\tag{2.4.92}$$

$$U_k(x,z,\omega)=\frac{\mathrm{i}}{\omega}\frac{\partial\Phi_k(x,z,\omega)}{\partial z}\tag{2.4.93}$$

将 (2.4.91) 式分别代入 (2.4.92) 和 (2.4.93) 式，可以得到第 $k=m+1$ 层水介质层上表面和下表面的声压和质点位移：

$$\left\{\begin{array}{c}p_k(x,z_{k+1},\omega)\\U_k(x,z_{k+1},\omega)\end{array}\right\}=[F_k]\left\{\begin{array}{c}A_k(\omega)\mathrm{e}^{-\mathrm{i}\alpha_k z_k}\\B_k(\omega)\mathrm{e}^{\mathrm{i}\alpha_k z_k}\end{array}\right\}\mathrm{e}^{\mathrm{i}\gamma x}\tag{2.4.94}$$

$$\begin{Bmatrix} p_k(x, z_k, \omega) \\ U_k(x, z_k, \omega) \end{Bmatrix} = [G_k] \begin{Bmatrix} A_k(\omega)\mathrm{e}^{-\mathrm{i}\alpha_k z_k} \\ B_k(\omega)\mathrm{e}^{-\mathrm{i}\alpha_k z_k} \end{Bmatrix} \mathrm{e}^{\mathrm{i}\gamma x} \tag{2.4.95}$$

其中，

$$[F_k] = \begin{bmatrix} -\mathrm{i}\rho_k\omega\mathrm{e}^{-\mathrm{i}\alpha_k d_k} & -\mathrm{i}\rho_k\omega\mathrm{e}^{\mathrm{i}\alpha_k d_k} \\ \dfrac{\alpha_k}{\omega}\mathrm{e}^{-\mathrm{i}\alpha_k d_k} & -\dfrac{\alpha_k}{\omega}\mathrm{e}^{\mathrm{i}\alpha_k d_k} \end{bmatrix}$$

$$[G_k] = \begin{bmatrix} -\mathrm{i}\rho_k\omega & -\mathrm{i}\rho_k\omega \\ \dfrac{\alpha_k}{\omega} & -\dfrac{\alpha_k}{\omega} \end{bmatrix}$$

合并 (2.4.94) 和 (2.4.95) 式，得到第 $k = m + 1$ 层水层上下界面上声压和质点位移的两端网络传递关系：

$$\begin{Bmatrix} p_{m+1}(x, z_{m+2}, \omega) \\ U_{m+1}(x, z_{m+2}, \omega) \end{Bmatrix} = [M^W] \begin{Bmatrix} p_{m+1}(x, z_{m+1}, \omega) \\ U_{m+1}(x, z_{m+1}, \omega) \end{Bmatrix} \tag{2.4.96}$$

式中，$[M^W] = [F_{m+1}][G_{m+1}]^{-1}$，为第 $m + 1$ 层水层的传递矩阵。

类似于 (2.4.90) 式的推导，可以建立第 $m+2$ 层下表面与第 $n$ 层上表面之间法向应力和质点位移的传递关系：

$$\begin{Bmatrix} \sigma_{zn}(x, z_{n+1}, \omega) \\ U_{zn}(x, z_{n+1}, \omega) \end{Bmatrix} = [M^D] \begin{Bmatrix} \sigma_{z\ m+1}(x, z_{m+2}, \omega) \\ U_{z\ m+1}(x, z_{m+2}, \omega) \end{Bmatrix} \tag{2.4.97}$$

考虑到第 $k = m + 1$ 层水层与其上下的第 $m$ 层和第 $m + 2$ 层固体层界面上，声压与法向应力连续及质点位移连续的条件：

$$\begin{Bmatrix} p_k(x, z_k, \omega) \\ U_k(x, z_k, \omega) \end{Bmatrix} = \begin{Bmatrix} \sigma_{z\ k-1}(x, z_k, \omega) \\ U_{z\ k-1}(x, z_k, \omega) \end{Bmatrix} \tag{2.4.98}$$

$$\begin{Bmatrix} p_k(x, z_{k+1}, \omega) \\ U_k(x, z_{k+1}, \omega) \end{Bmatrix} = \begin{Bmatrix} \sigma_{z\ k+1}(x, z_{k+1}, \omega) \\ U_{z\ k+1}(x, z_{k+1}, \omega) \end{Bmatrix} \tag{2.4.99}$$

这样，将 (2.4.90) 式、(2.4.96) 式及 (2.4.97) 式合并，得到声障板–声呐罩系统中第 2 层下表面与第 $n$ 层上表面之间法向应力和质点位移的传递关系

$$\begin{Bmatrix} \sigma_{zn}(x, z_{n+1}, \omega) \\ U_{zn}(x, z_{n+1}, \omega) \end{Bmatrix} = [M] \begin{Bmatrix} \sigma_{z2}(x, z_2, \omega) \\ U_{z2}(x, z_2, \omega) \end{Bmatrix} \tag{2.4.100}$$

式中，$[M]=[M^D][M^W][M^B]$。

若第 1 层与第 2 层交界面上弯曲波激励或第 $n+1$ 层中入射声波激励已知，则可计算第 $m+1$ 层中水听器的声响应和振动响应。当第 $n+1$ 层有一平面波以 $\theta$ 角入射到声呐罩外表面 (第 $n$ 层与第 $n+1$ 层界面)，则第 $n+1$ 层和第 1 层中的纵波速度势分别为

$$\varPhi_{n+1}(x,z,\omega)=[A_{n+1}(\omega)\mathrm{e}^{-\mathrm{i}\alpha_{n+1}z}+B_{n+1}(\omega)\mathrm{e}^{\mathrm{i}\alpha_{n+1}z}]\mathrm{e}^{\mathrm{i}\gamma x} \tag{2.4.101}$$

$$\varPhi_1(x,z,\omega)=B_1(\omega)\mathrm{e}^{\mathrm{i}\alpha_1 z}\mathrm{e}^{\mathrm{i}\gamma x} \tag{2.4.102}$$

式中，$\alpha_{n+1}=k_{n+1}\cos\theta=k_0\cos\theta$，$\gamma=k_1\sin\theta=k_0\sin\theta$。

考虑到 (2.4.92) 和 (2.4.93) 式，由 (2.4.101) 和 (2.4.102) 式可以分别得到第 $n$ 层上表面和第 2 层下表面声压及质点位移的表达式

$$\left\{\begin{array}{c} p_{n+1}(x,z_{n+1},\omega) \\ U_{n+1}(x,z_{n+1},\omega) \end{array}\right\}=[G_{n+1}]\left\{\begin{array}{c} A_{n+1}\mathrm{e}^{-\mathrm{i}\alpha_{n+1}z_{n+1}} \\ B_{n+1}\mathrm{e}^{\mathrm{i}\alpha_{n+1}z_{n+1}} \end{array}\right\}\mathrm{e}^{\mathrm{i}\gamma x} \tag{2.4.103}$$

$$\left\{\begin{array}{c} p_1(x,z_2,\omega) \\ U_1(x,z_2,\omega) \end{array}\right\}=[G_1]\left\{\begin{array}{c} 0 \\ B_1\mathrm{e}^{\mathrm{i}\alpha_1 z_2} \end{array}\right\} \tag{2.4.104}$$

利用类似于 (2.4.98) 和 (2.4.99) 式的界面条件，由 (2.4.100)、(2.4.103) 和 (2.4.104) 式得到

$$\left\{\begin{array}{c} A_{n+1}\mathrm{e}^{-\mathrm{i}\alpha_{n+1}z_{n+1}} \\ B_{n+1}\mathrm{e}^{\mathrm{i}\alpha_{n+1}z_{n+1}} \end{array}\right\}=[H]\left\{\begin{array}{c} 0 \\ B_1\mathrm{e}^{\mathrm{i}\alpha_1 z_2} \end{array}\right\} \tag{2.4.105}$$

式中，$[H]=[G_{n+1}]^{-1}[M][G_1]$。

由 (2.4.105) 式，可解得

$$B_1\mathrm{e}^{\mathrm{i}\alpha z_2}=\frac{B_{n+1}}{H_{22}}\mathrm{e}^{\mathrm{i}\alpha_{n+1}z_{n+1}} \tag{2.4.106}$$

式中，$H_{22}$ 为矩阵 $[H]$ 的元素。

考虑第 1 层与第 2 层界面上声压与法向应力及质点位移连续条件，将 (2.4.104) 式代入 (2.4.90) 式，再代入 (2.4.106) 式，可得第 $m$ 层上表面法向应力和质点位移与入射声波的关系:

$$\left\{\begin{array}{c} \sigma_{zm}(x_h,z_{m+1},\omega) \\ U_{zm}(x_h,z_{m+1},\omega) \end{array}\right\}=[J]\left\{\begin{array}{c} 0 \\ \dfrac{B_{n+1}}{H_{22}}\mathrm{e}^{\mathrm{i}\alpha_{n+1}z_{n+1}} \end{array}\right\}\mathrm{e}^{\mathrm{i}\gamma x} \tag{2.4.107}$$

式中，

$$[J]=\left[M^B\right][G_1]$$

再考虑到 (2.4.95) 式及 (2.4.98) 式，合并 (2.4.95) 式和 (2.4.107) 式得到

$$\left\{\begin{array}{c} A_{m+1}\mathrm{e}^{-\mathrm{i}\alpha_{m+1}z_{m+1}} \\ B_{m+1}\mathrm{e}^{\mathrm{i}\alpha_{m+1}z_{m+1}} \end{array}\right\} = [K]\left\{\begin{array}{c} 0 \\ \dfrac{B_{n+1}}{H_{22}}\mathrm{e}^{\mathrm{i}\alpha_{n+1}z_{n+1}} \end{array}\right\} \tag{2.4.108}$$

式中, $[K]=[G_{m+1}]^{-1}[J]=[G_{m+1}]^{-1}[M^B][G_1]$。

这样，由 (2.4.91) 和 (2.4.92) 式，可以方便地给出第 $m+1$ 层水层中水听器位置的声压

$$p_{m+1}(x_h,z_h,\omega) = -\mathrm{i}\rho_{m+1}\omega[K_{12}\mathrm{e}^{-\mathrm{i}\alpha_{m+1}h}+K_{22}\mathrm{e}^{\mathrm{i}\alpha_{m+1}h}]\frac{B_{n+1}}{H_{22}}\mathrm{e}^{\mathrm{i}(\alpha_{n+1}z_{n+1}+\gamma x_h)} \tag{2.4.109}$$

式中，$z_h=z_{m+1}+h$。

另外，当第 1 层和第 2 层界面给定位移振动

$$U_{z2}(x,z_2,\omega)=W_0(\omega)\mathrm{e}^{\mathrm{i}\gamma_0 x} \tag{2.4.110}$$

在这种情况下，第 $n+1$ 层中辐射声波的速度势为

$$\varPhi_{n+1}(x,z,\omega)=A_{n+1}(\omega)\mathrm{e}^{-\mathrm{i}(\alpha_{n+1}z-\gamma_0 x)} \tag{2.4.111}$$

相应地，(2.4.103) 式简化为

$$\left\{\begin{array}{c} p_{n+1}(x,z_{n+1},\omega) \\ U_{n+1}(x,z_{n+1},\omega) \end{array}\right\} = [G_{n+1}]\left\{\begin{array}{c} A_{n+1}\mathrm{e}^{-\mathrm{i}\alpha_{n+1}z_{n+1}} \\ 0 \end{array}\right\}\mathrm{e}^{\mathrm{i}\gamma_0 x} \tag{2.4.112}$$

由 (2.4.100) 和 (2.4.112) 式，并考虑第 $n$ 层和第 $n+1$ 层的界面连续条件，可得

$$\left\{\begin{array}{c} \sigma_{z2}(x,z_2,\omega) \\ U_{z2}(x,z_2,\omega) \end{array}\right\} = [L]\left\{\begin{array}{c} A_{n+1}\mathrm{e}^{-\mathrm{i}\alpha_{n+1}z_{n+1}} \\ 0 \end{array}\right\}\mathrm{e}^{\mathrm{i}\gamma_0 x} \tag{2.4.113}$$

式中, $[L]=[M]^{-1}[G_{n+1}]$。

进一步由 (2.4.113) 式和 (2.4.110) 式求解得到 $A_{n+1}$，再代入 (2.4.113) 式，可得

$$\left\{\begin{array}{c} \sigma_{z2}(x,z_2,\omega) \\ U_{z2}(x,z_2,\omega) \end{array}\right\} = [N]W_0(\omega)\mathrm{e}^{\mathrm{i}\gamma_0 x} \tag{2.4.114}$$

式中,

$$[N]=[L]\left\{\begin{array}{c} 1/L_{21} \\ 0 \end{array}\right\} = \left\{\begin{array}{c} L_{11}/L_{21} \\ 1 \end{array}\right\}$$

再由 (2.4.90) 和 (2.4.114) 式，得到第 $m$ 层和第 $m+1$ 层界面法向应力及质点振动位移与激励弯曲波的关系

$$\left\{\begin{array}{c}\sigma_{zm}(x,z_{m+1},\omega)\\U_{zm}(x,z_{m+1},\omega)\end{array}\right\}=[P]W_0(\omega)\mathrm{e}^{\mathrm{i}\gamma_0x}\tag{2.4.115}$$

式中, $[P]=[M^B][N]$。

考虑第 $m$ 层和第 $m+1$ 层界面法向应力与声压及质点振动位移连续条件，合并 (2.4.95) 式和 (2.4.115) 式，得到：

$$\left\{\begin{array}{c}A_{m+1}\mathrm{e}^{-\mathrm{i}\alpha_{m+1}z_{m+1}}\\B_{m+1}\mathrm{e}^{\mathrm{i}\alpha_{m+1}z_{m+1}}\end{array}\right\}\mathrm{e}^{\mathrm{i}\gamma x}=[Q]W_0(\omega)\mathrm{e}^{\mathrm{i}\gamma_0x}\tag{2.4.116}$$

式中，

$$[Q]=[G_{m+1}]^{-1}[P]=[G_{m+1}]^{-1}[M^B][N]$$

将 (2.4.116) 式中的系数 $A_{m+1}$ 和 $B_{m+1}$ 代入 (2.4.91) 和 (2.4.92) 式，得到声障板下表面受弯曲波激励时，第 $m+1$ 层中水听器位置的声压

$$p_{m+1}(x_h,z_h,\omega)=-\mathrm{i}\rho_{m+1}\omega W_0(\omega)[Q_1\mathrm{e}^{-\mathrm{i}\alpha_{m+1}h}+Q_2\mathrm{e}^{\mathrm{i}\alpha_{m+1}h}]\mathrm{e}^{\mathrm{i}\gamma_0x_h}\tag{2.4.117}$$

式中，$Q_1$ 和 $Q_2$ 为矩阵 $[Q]$ 的元素。

原则上讲，基于多层弹性结构的声障板–声呐罩计算模型具有较强的适用性，可以计算分析任意多层弹性板的声障板–声呐罩在入射平面波和弯曲波激励下的水听器声响应和振动响应。Ebenezer 和 Abraham 在文献 [39] 中，针对几种典型的声障板和声呐罩结构及参数，同时考虑水听器的振动和声响应灵敏度，并与自由场中水听器的响应比较，给出了声障板–声呐罩系统中水听器的相对接收响应。图 2.4.13 为二层不锈钢和一层柔性中间层的声障板，且没有声呐罩情况下，计算得到的水听器相对接收响应。计算的不锈钢板厚 10mm，柔性层厚 25mm 和 50mm，密度 1600kg/m$^3$，水听器位置为 $h=25$mm 和 50mm。柔性层声速取 500+i50m/s 和 250+i25m/s。计算结果表明，在 0～3kHz 频段内，柔性层厚 25mm 时，水听器相对接收响应为 0dB，柔性层厚 50mm 时，水听器相对接收响应为 $-2.5$dB。当柔性层声速由 500m/s 降低到 250m/s，水听器相对接收响应的低频谷点增大。取水听器位置 $h=25$mm 时，水听器相对接收响应随频率逐渐增加到最大值 5dB，然后再随频率缓慢下降到 12kHz 时的 0dB；当水听器位置 $h=50$mm 时，水听器相对接收响应在保持了一定频率范围内的 0dB 后，随频率增加到最大值 5dB，然后随频率较快下降到 7kHz 时的 0dB。相对来说，后一种情况比前一种情况的有用频率范围变窄。应该说，合理选取声障板参数对水听器相对接收响应还是敏

感的。若声障板结构及参数不变，进一步考虑声呐罩的作用，设声呐罩为单层不锈钢板，厚 2mm 和 6mm，中间水层厚 100mm 和 200mm。计算结果表明，有声呐罩情况下，水听器相对接收响应出现新的峰值，声呐罩不锈钢越厚，峰值越大。中间水层由 100mm 增加到 200mm，会出现新的峰值。当声呐罩不平行于声障板，峰值会减弱。因此声呐罩与声障板应统一考虑设计。

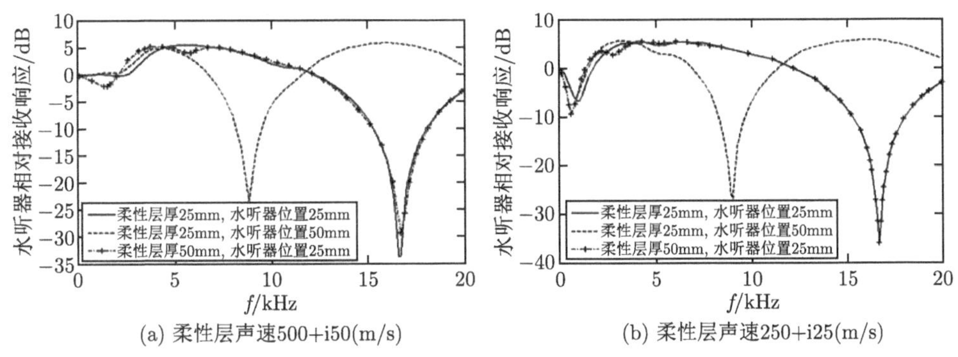


(a) 柔性层声速500+i50(m/s)　(b) 柔性层声速250+i25(m/s)

图 2.4.13 声障板参数对水听器接收响应的影响

(引自文献 [39]，fig11)

还有一种声障板形式，由一层弹性板、一层中间液体层和一层内置列管的柔性层组成 [40]。声障板上下两面都是半无限水介质，水听器布置在弹性板一侧的下方位置上，参见图 2.4.14。这里列管柔性层用于阻隔噪声对水听器响应的影响。弹性层及中间液体层则用于改进水听器的信号接收增益。

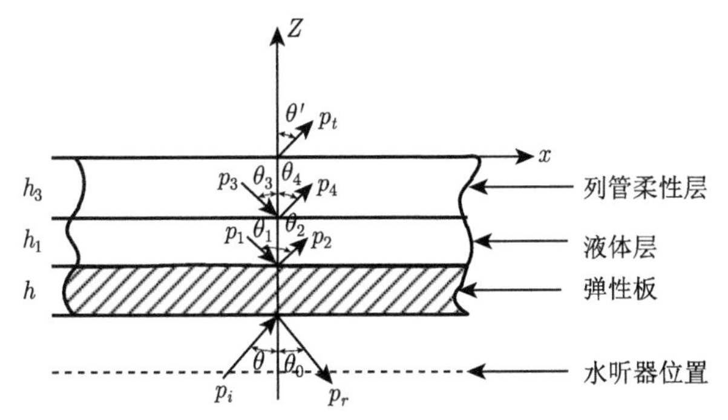


图 2.4.14 无限大声障板的声传输模型

(引自文献 [40], fig1)

假设声波由下半空间入射到弹性平板上，入射、反射和透射声波表达式分别为

$$p_i = P_0 \mathrm{e}^{\mathrm{i}(k_0 x \sin\theta + k_0 z \cos\theta)} \tag{2.4.118}$$

$$p_r = P_r \mathrm{e}^{\mathrm{i}(k_0 x \sin\theta_0 - k_0 z \cos\theta_0)} \tag{2.4.119}$$

$$p_t = P_t e^{i(k_0' x \sin\theta' + k_0' z \cos\theta')} \tag{2.4.120}$$

式中，$P_0, P_r$ 和 $P_t$ 分别为入射、反射和透射声波幅值，$\theta, \theta_0$ 和 $\theta'$ 分别为入射角、反射角和折射角。

考虑到在声波激励下，弹性平板的弯曲波形式为

$$W = W_0 e^{ik_f x} \tag{2.4.121}$$

式中，$k_f$ 为弯曲波波数。

采用类似前面的推导方法，可得声障板的声振耦合矩阵方程：

$$\begin{bmatrix} a_{11} & a_{12} & a_{13} & 0 & 0 \\ a_{21} & a_{22} & a_{23} & 0 & 0 \\ 0 & a_{32} & a_{33} & a_{34} & a_{35} \\ 0 & a_{42} & a_{43} & a_{44} & a_{45} \\ 0 & 0 & 0 & a_{54} & a_{55} \end{bmatrix} \begin{Bmatrix} P_r \\ P_1 \\ P_2 \\ P_3 \\ P_4 \end{Bmatrix} = \begin{Bmatrix} b_1 \\ b_2 \\ 0 \\ 0 \\ 0 \end{Bmatrix} \tag{2.4.122}$$

$P_1$ 和 $P_2$ 为列管柔性层中的声压幅值，$\theta_1$ 和 $\theta_2$ 为相应的入射角和反射角；$P_3$ 和 $P_4$ 为中间液体层中的声压幅值，$\theta_3$ 和 $\theta_4$ 为相应的入射角和反射角；矩阵元素的表达式为

$$a_{11} = \Gamma_0 e^{-\alpha_0}, \quad a_{12} = -\Gamma_1 e^{-\beta_1}, \quad a_{13} = \Gamma_1 e^{\beta_1}$$

$$a_{21} = e^{-\alpha_0}, \quad a_{22} = (\Gamma_1 Z_p - 1)e^{-\beta_1}, \quad a_{23} = -(\Gamma_1 Z_p + 1)e^{\beta_1}$$

$$a_{32} = \Gamma_1 e^{-\beta_1}, \quad a_{33} = -\Gamma_1 e^{\beta_1}, \quad a_{34} = -\Gamma_3 e^{-\gamma_3}, \quad a_{35} = \Gamma_3 e^{\gamma_3}$$

$$a_{42} = e^{-\beta_3}, \quad a_{43} = e^{\beta_3}, \quad a_{44} = -e^{-\gamma_3}, \quad a_{45} = -e^{\gamma_3}$$

$$a_{54} = \Gamma_0' + \Gamma_3, \quad a_{55} = \Gamma_0' - \Gamma_3, \quad b_1 = \Gamma_0 e^{\alpha_0} P_0, b_2 = -e^{\alpha_0} P_0$$

$$\alpha_0 = -ik_0 \cos\theta(h + h_1 + h_3), \quad \alpha_1 = -ik_0 \cos\theta(h_1 + h_3)$$

$$\beta_1 = -ik_1 \cos\theta_1(h_1 + h_3), \quad \beta_3 = -ik_1 \cos\theta_1 h_3, \quad \gamma_3 = -ik_3 \cos\theta_3 h_3$$

$$\Gamma_0 = \frac{\cos\theta}{\rho_0 C_0}, \quad \Gamma_0' = \frac{\cos\theta'}{\rho_0 C_0}, \quad \Gamma_1 = \frac{\cos\theta_1}{\rho_1 C_1}, \quad \Gamma_3 = \frac{\cos\theta_3}{\rho_3 C_3}$$

$$Z_p = \frac{i}{\omega}(Dk_b^4 - m\omega^2 + ic\omega)$$

其中，$h_1$,$h_3$,$h$ 分别为列管柔性层和中间液体层及弹性板的厚度。

在有声障板条件下，定义信号增益为声障板下方 $d$ 位置上水听器接收到的声

压与入射声压的比值：

$$SG = 10\lg\left|\frac{p_i + p_r}{p_i}\right|^2 = 10\lg\left|1 + \frac{p_r}{p_0}\mathrm{e}^{2\mathrm{i}k_0(h_1+h_3+h+d)\cos\theta}\right|^2 \tag{2.4.123}$$

由 (2.4.122) 式求解得到各声压的幅值，即可由 (2.4.123) 式计算信号增益。Ko 在文献 [40] 中，采用内置列管式柔性层的参数，计算得到的信号增益由图 2.4.15～图 2.4.18 给出。计算结果表明，对于给定的计算参数，图 2.4.15 所示的声障板在 1kHz 以上频段有 5dB 左右的信号增益，但在 800Hz 左右以下的频段，信号增益为负数。改变声障板的低频性能，需要调整列管柔性层的结构及参数。计算还表明，中间液体层厚度对信号增益的影响很小，可以直接将列管式柔性层置于弹性板背面，不需要中间液体层。增加列管高度，可以改善低频信号增益；增加列管长宽比，信号增益的有效低频范围扩展，但更低频率的负增益更大。列管壁厚增加，信号增益略增加，但正增益范围向高频方向移动。总之，对于给定的弹性板，增加柔性层的声速，有利于提高信号增益，而增加列管的高度、壁厚及其材料密度、减小列管间距，可以增加柔性层声速。但从降低声障板另一侧噪声的影响，则要求降低柔性层的声速，参见图 2.4.16～ 图 2.4.18。对于给定的柔性层，增加弹性板厚度，也有利于增加信号增益。

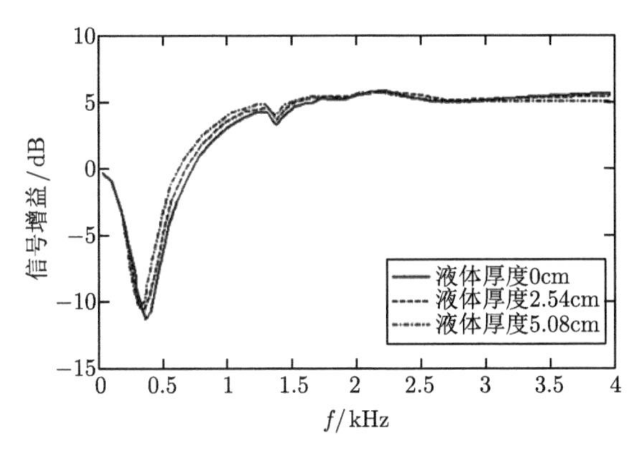


图 2.4.15 第一层液体层厚度对信号增益的影响

(引自文献 [40], fig4)

Keltie[41] 针对敷设柔性层的弹性板，提出了二自由度的低频集中参数模型，将弹性板等效为质量块，柔性层等效为弹簧，外场水介质也等效为质量块，相应的等效参数为水介质单位面积质量 $m_1 = \pi\rho_0 C_0/\omega$，弹性板单位面积质量 $m_2 = \rho_s h$，柔性层单位面积刚度 $\kappa_b = E_b/h_b$，由文献 [42]，集中参数模型的共振频率为

$$\omega_n = \frac{E_b}{h_b}\frac{\pi\rho_0 C_0 + \rho_s h\omega}{\pi\rho_0 C_0 \rho_s h}$$

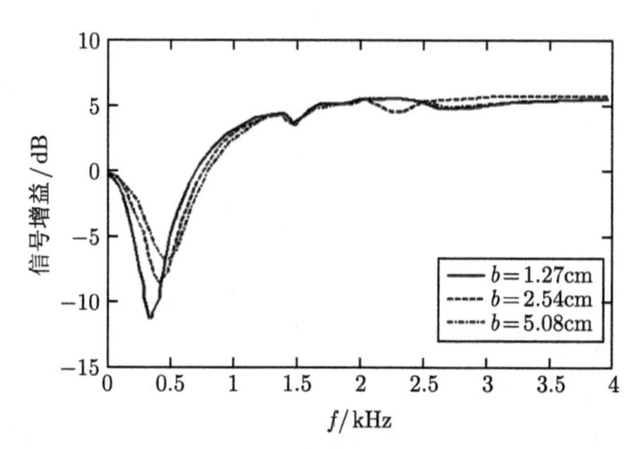


图 2.4.16　列管高度对信号增益的影响

(引自文献 [40]，fig5)

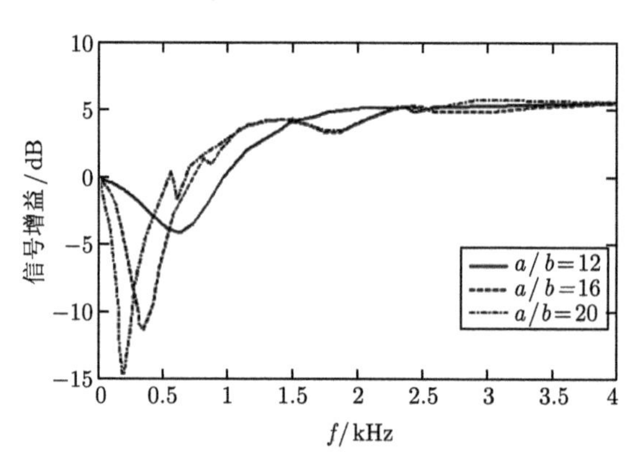


图 2.4.17　列管长径比对信号增益的影响

(引自文献 [40]，fig6)

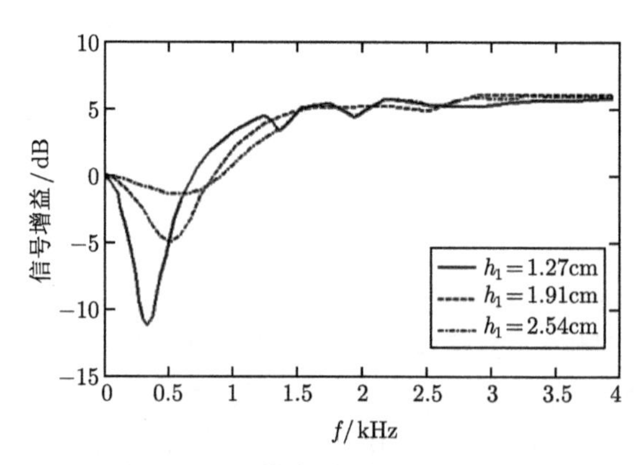


图 2.4.18　列管壁厚对信号增益的影响

(引自文献 [40]，fig7)

计算结果表明，在 150Hz 左右，外场入射平面波激励下，水介质与柔性层界面的振动速度远小于柔性层与弹性板界面振动速度，可以为加速度或速度检测提供所需的柔性层与水介质界面的压力释放边界，以增强传感器响应。Hull 和 Welch[43] 采用厚板振动方程描述弹性板和柔性层，进一步研究了单向周期加肋平板上敷设柔性层对声呐基阵响应的影响，推导过程较繁复，有兴趣可阅读相关文献。

## 2.5 无限大非均匀弹性平板耦合振动和声辐射

前面几节中讨论的加肋无限大弹性平板，无论是单肋还是空间周期性肋骨，肋骨对弹性平板的作用可以简化为线力的作用，只是线力的大小不仅与肋骨有关，还与弹性平板的振动有关。如果无限大弹性平板上除了肋骨以外，还有质量块、弹簧–质块振子、支撑弹簧及位移约束支撑，它们与弹性平板的相互作用表现为一系列点力，参见图 2.5.1。在这种情况下，无限大弹性平板耦合振动方程经空间 Fourier 变换，得到振动位移波数谱方程 [44]

$$Z_p(k_x,k_y)\tilde{W}(k_x,k_y)=\sum_{n=1}^{N}F_{zn}\mathrm{e}^{\mathrm{i}k_x\alpha x_n+\mathrm{i}k_y y_n}-\sum_{n=1}^{N}F_{rn}\mathrm{e}^{\mathrm{i}k_x x_n+\mathrm{i}k_y y_n} \tag{2.5.1}$$

式中，$Z_p(k_x,k_y)=D(k_x^2+k_y^2)^2-m_s\omega^2-\mathrm{i}\rho_1\omega^2/\gamma_1-\mathrm{i}\rho_2\omega^2/\gamma_2$ 为无限大弹性平板与上下空间声场耦合的阻抗。$F_{zn}$ 为作用在弹性平板 $(x_n,y_n)$ 处的点激励力，$F_{rn}$ 为质量块、弹簧–质块振子等元件作用在弹性平板 $(x_n,y_n)$ 处的点力。$\gamma_1=\sqrt{k_1^2-k_x^2-k_y^2},\gamma_2=\sqrt{k_2^2-k_x^2-k_y^2}$，其中 $k_1^2=\omega/C_1$ 和 $k_2^2=\omega/C_2$ 分别为无限大弹性平板上下无限空间声波波数，$\rho_1,C_1,\rho_2,C_2$ 为上下空间声介质的密度和声速。

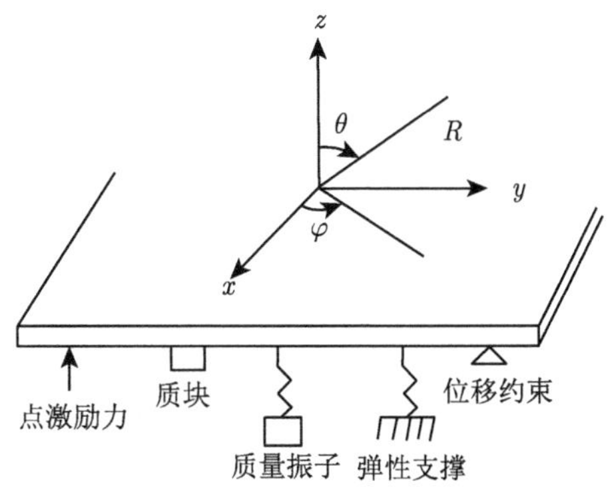


图 2.5.1 无限大弹性平板上附带质块、弹簧振子

(引自文献 [44]，fig8.18)

设质量为 $m_0$ 的质块，由刚度为 $K_0$ 的弹簧连接在振动位移为 $W$ 的弹性平板上。质点 $m_0$ 的振动位移 $\xi$ 满足方程

$$m_0\ddot{\xi} = -(\xi - W)K_0 \tag{2.5.2}$$

由 (2.5.2) 式解得质块 $m_0$ 的振动位移

$$\xi = \frac{K_0}{K_0 - m_0\omega^2}W \tag{2.5.3}$$

弹簧对弹性板的作用力为

$$F_{rn} = -(\xi - W)K_0 \tag{2.5.4}$$

将 (2.5.3) 式代入 (2.5.4) 式，可得

$$F_{rn} = \frac{-m_0\omega^2}{1 - m_0\omega^2/K_0}W \tag{2.5.5}$$

同理，对于质块，有

$$F_{rn} = -m_0\omega^2 W \tag{2.5.6}$$

对于支撑弹簧：

$$F_{rn} = -K_0 W \tag{2.5.7}$$

当无限大弹性平板上作用有多个质量块、弹簧–质块振子及支撑弹簧时，它们对弹性平板的作用力，可以表示为矩阵形式

$$\{F_{rn}\} = [Z^r]\{W(x_n, y_n)\} \tag{2.5.8}$$

式中, $[Z^r]$ 为对角矩阵，其元素分别为

$$Z_{nn}^r = \begin{cases} \dfrac{-m_0\omega^2}{1 - m_0\omega^2/K_0}, & \text{弹簧–质块振子} \\ -m_0\omega^2, & \text{质块} \\ -K_0, & \text{支撑弹簧} \end{cases} \tag{2.5.9}$$

将 (2.5.1) 式的解表示为矩阵形式

$$\tilde{W}(k_x, k_y) = \left\{\mathrm{e}^{\mathrm{i}k_x x_n + \mathrm{i}k_y y_n}\right\}^{\mathrm{T}} [\{F_{zn}\} - \{F_{rn}\}]/Z_p(k_x, k_y) \tag{2.5.10}$$

再将 (2.5.8) 式代入 (2.5.10) 式，则有

$$\tilde{W}(k_x,k_y)+\left\{\mathrm{e}^{\mathrm{i}k_xx_n+\mathrm{i}k_yy_n}\right\}^{\mathrm{T}}[Z^r]\left\{W(x_n,y_n)\right\}/Z_p(k_x,k_y)$$
$$=\left\{\mathrm{e}^{\mathrm{i}k_xx_n+\mathrm{i}k_yy_n}\right\}^{\mathrm{T}}[F_{zn}]/Z_p(k_x,k_y) \tag{2.5.11}$$

对 (2.5.11) 式进行 Fourier 积分反演，得到弹性平板的振动位移

$$W(x,y)+\left\{G(x-x_n,y-y_n)\right\}^{\mathrm{T}}[Z^r]\left\{W(x_n,y_n)\right\}=\left\{G(x-x_n,y-y_n)\right\}^{\mathrm{T}}[F_{zn}] \tag{2.5.12}$$

式中，$\{G(x-x_n,y-y_n)\}$ 为 Green 函数组成的列矩阵，其中 Green 函数的物理意义为单位点力作用在 $(x_n,y_n)$ 下弹性平板 $(x,y)$ 点的响应，其表达式为

$$G(x-x_n,y-y_n)=\frac{1}{4\pi^2}\int_{-\infty}^{\infty}\int_{-\infty}^{\infty}\frac{\mathrm{e}^{-\mathrm{i}k_x(x-x_n)-\mathrm{i}k_y(y-y_n)}}{Z_p(k_x,k_y)}\mathrm{d}k_x\mathrm{d}k_y \tag{2.5.13}$$

在 (2.5.13) 式中，令 $k_x=k\cos\varphi,k_y=k\sin\varphi,x-x_n=r\cos\theta,y-y_n=r\sin\theta$，相应有 $\mathrm{d}k_x\mathrm{d}k_y=k\mathrm{d}k\mathrm{d}\varphi$，并利用

$$\int_0^{2\pi}\mathrm{e}^{-\mathrm{i}kr\cos(\varphi-\theta)}\mathrm{d}\varphi=2\pi\mathrm{J}_0(kr)$$

于是，Green 函数 $G(x-x_n,y-y_n)$ 可以简化为

$$G(x-x_n,y-y_n)=\frac{1}{2\pi}\int_0^{\infty}\frac{k\mathrm{J}_0(kr)\mathrm{d}k}{Dk^4-\omega^2m_s-\dfrac{\mathrm{i}\rho_1\omega^2}{\gamma_1}-\dfrac{\mathrm{i}\rho_2\omega^2}{\gamma_2}} \tag{2.5.14}$$

式中，$r^2=(x-x_n)^2+(y-y_n)^2$，$\mathrm{J}_0(k_r)$ 为零阶 Jessel 函数。若取 $(x,y)$ 点为 $(x_m,y_m)$ 点，则 (2.5.12) 式可表示为

$$([I]+[G][Z^r])\left\{W(x_n,y_n)\right\}=[G]\left\{F_{zn}\right\} \tag{2.5.15}$$

式中，$G$ 为对称的 Green 函数矩阵，其元素为单位点力作用在 $(x_n,y_n)$ 点时弹性平板 $(x_m,y_m)$ 点的响应。

(2.5.15) 式两边同乘以 $[G]^{-1}$，则其简化为

$$([G]^{-1}+[Z^r])\left\{W(x_n,y_n)\right\}=\left\{F_{zn}\right\} \tag{2.5.16}$$

若将 (2.5.8) 式代入 (2.5.16) 式，则得到弹性平板受到的外激励力及其与质量块、弹簧–质块振子的相互作用力之和：

$$\left\{F_p\right\}=\left\{F_{zn}\right\}-\left\{F_{rn}\right\}=[G]^{-1}\left\{W(x_n,y_n)\right\} \tag{2.5.17}$$

这样，由 (2.5.16) 式计算得到 $\{W(x_n, y_n)\}$ 后，可以由 (2.5.17) 式计算无限大弹性平板上的等效力 $\{F_p\}$，进一步即可计算外力激励及质块、弹簧–质块振子耦合作用的远场辐射声压。

实际上，结构的非均匀性，主要由结构厚度、密度和刚度的空间变化所产生。考虑到空间尺寸和分布，非均匀性可分为集中式和分布式两种情况。现在考虑二维无限大弹性平板 [45]，参见图 2.5.2，在 $x = \pm l/2$ 范围内弹性非均匀，假设有四种非均匀形式：第一种为集中线阻抗；第二种为阻抗呈矩形分布，在 $x = \pm l/2$ 处阻抗不连续；第三种为阻抗呈对称抛物线分布，在 $x = \pm l/2$ 处阻抗连续，但其一阶导数不连续；第四种为阻抗呈对称四阶函数分布，在 $x = \pm l/2$ 处阻抗一阶导数连续，但二阶导数不连续。第一种情况为集中式非均匀，其他三种为分布式非均匀，可以分别采用阻抗表示为

$$Z_1(x) = Z_0\delta(x) \tag{2.5.18}$$

$$Z_2(x) = \frac{Z_0}{l}\left[H\left(x + \frac{l}{2}\right) - H\left(x - \frac{l}{2}\right)\right] \tag{2.5.19}$$

$$Z_3(x) = 6\frac{Z_0}{l^3}\left(\frac{l^2}{4} - x^2\right)\left[H\left(x + \frac{l}{2}\right) - H\left(x - \frac{l}{2}\right)\right] \tag{2.5.20}$$

$$Z_4(x) = 30\frac{Z_0}{l^5}\left(\frac{l^2}{4} - x^2\right)^2\left[H\left(x + \frac{l}{2}\right) - H\left(x - \frac{l}{2}\right)\right] \tag{2.5.21}$$

式中，$\delta(x)$ 为 Kronecker delta 函数，$H(x)$ 为阶跃函数，$Z_0$ 为不均匀区域的特征阻抗，三种分布式非均匀性由图 2.5.3 给出。

弹性平板质量或刚度变化引起阻抗的非均匀性，如第二种分布可以在 $x = \pm l/2$ 范围内均匀增加或减小质量，或者改变材料来实现。当平面波入射弹性板上，反射系数与弹性板弯曲波声阻抗和声介质特征声阻抗及入射角相有关。当弹性平板具有非均匀性时，除了反射声波以外，还有非均匀性引起的散射波。

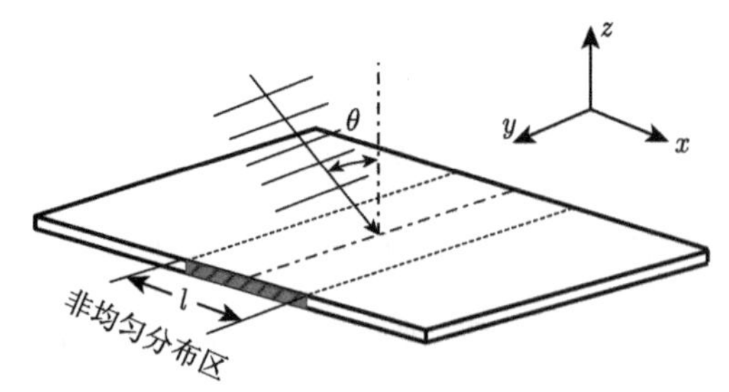


图 2.5.2 无限大弹性平板的分布非均匀性

(引自文献 [45], fig1)

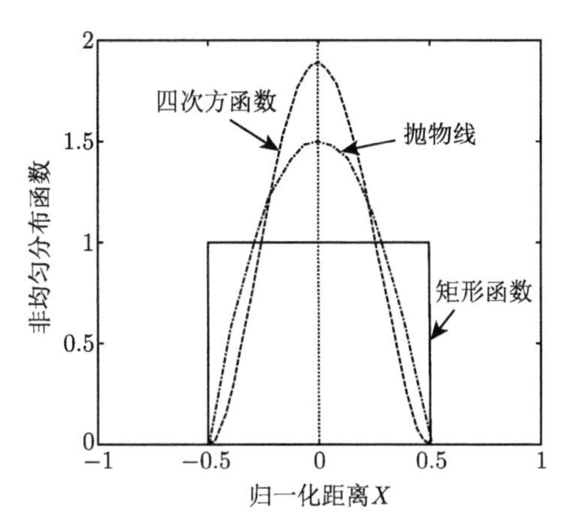


图 2.5.3 三种不同的非均匀性分布

(引自文献 [45], fig2)

设入射声波为

$$p_i(x,y) = P_0 \mathrm{e}^{\mathrm{i}k_0(x\sin\theta - z\cos\theta)} \tag{2.5.22}$$

式中, $P_0$ 和 $\theta$ 分别为入射波幅值和入射角。

非均匀平板产生的声场分为两部分，其一为刚体平板的反射声场，其二为非均匀弹性板的散射声场

$$p_s = P_0 \mathrm{e}^{\mathrm{i}k_0(x\sin\theta + z\cos\theta)} + p_a(x,z) \tag{2.5.23}$$

在弹性平板表面，入射声压和刚性反射声压形成阻塞声压

$$p_b(x,0) = 2P_0 \mathrm{e}^{\mathrm{i}k_0 x\sin\theta} \tag{2.5.24}$$

这样，弹性平板振动方程为

$$\left(D\frac{\partial^4 W}{\partial x^4} - m_s\omega^2\right)W(x) = p_b(x,0) + p_a(x,0) + \mathrm{i}\omega Z_d(x)W(x) \tag{2.5.25}$$

式中，$Z_d(x)$ 为分布的非均匀性阻抗，由 (2.5.18)~(2.5.21) 式给出。

对 (2.5.25) 式作 Fourier 变换，并考虑到弹性板表面边界条件，可以得到

$$(Dk^4 - m_s\omega^2)\tilde{W}(k) - \frac{\rho_0\omega^2}{\sqrt{k^2-k_0^2}}\tilde{W}(k) + \int_{-\infty}^{\infty} \mathrm{i}\omega Z_d(x)W(x)\mathrm{e}^{\mathrm{i}kx}\mathrm{d}x$$

$$= -4\pi P_0\delta(k - k_0\sin\theta) \tag{2.5.26}$$

其中,

$$\int_{-\infty}^{\infty} Z_d(x)W(x)\mathrm{e}^{\mathrm{i}kx}\mathrm{d}x = \frac{1}{2\pi}\int_{-\infty}^{\infty}\int_{-\infty}^{\infty} W(k')Z_d(x)\mathrm{e}^{\mathrm{i}kx}\cdot\mathrm{e}^{-\mathrm{i}k'x}\mathrm{d}x\mathrm{d}k'$$
$$= \frac{1}{2\pi}\int_{-\infty}^{\infty} W(k')Z_d(k-k')\mathrm{d}k' \tag{2.5.27}$$

将 (2.5.27) 式代入 (2.5.26) 式，则有

$$(Dk^4 - m\omega^2)\tilde{W}(k) - \frac{\rho_0\omega^2}{\sqrt{k^2-k_0^2}}\tilde{W}(k) + \frac{\mathrm{i}\omega}{2\pi}\int_{-\infty}^{\infty} W(k')Z_d(k-k')\mathrm{d}k'$$
$$= -4\pi P_0\delta(k - k_0\sin\theta) \tag{2.5.28}$$

利用前面给出的结果，弹性平板的辐射声压波数谱为

$$\tilde{p}_a(k,z) = \frac{\mathrm{i}\rho_0\omega^2}{\sqrt{k_0^2-k^2}}\tilde{W}(k)\mathrm{e}^{\mathrm{i}\sqrt{k_0^2-k^2 z}} \tag{2.5.29}$$

为了求解 (2.5.28) 和 (2.5.29) 式，引入参数

$$\bar{k} = k/B, \quad \sigma = k_0/B, \quad \varepsilon = \rho_0 C_0/m_s\omega_c$$

且有

$$\sigma = \sqrt{\omega/\omega_c}, \quad \rho_0\omega^2/DB^5 = \varepsilon/\sigma$$

其中，$B = (\omega^2/(D/m_s))^{1/4}$，$\omega_c$ 为弹性平板吻合频率，$\varepsilon$ 为流体负载参数。

于是，(2.5.28) 和 (2.5.29) 可简化为

$$[\tilde{Z}_p(\bar{k}) + \tilde{Z}_a(\bar{k})]\tilde{V}(\bar{k}) + \frac{1}{2\pi}\int_{-\infty}^{\infty}\tilde{Z}_d(\bar{k}-\bar{k}')\tilde{V}(\bar{k}')\mathrm{d}\bar{k}' = -4\pi\delta(\bar{k}-\sigma\sin\theta) \tag{2.5.30}$$

$$\tilde{P}_a(\bar{k},Z) = \tilde{Z}_a(\bar{k})\tilde{V}(\bar{k})\mathrm{e}^{\mathrm{i}Z\sqrt{\sigma^2-\bar{k}^2}} \tag{2.5.31}$$

式中，$\tilde{Z}_p(\bar{k}) = -\mathrm{i}(1-\bar{k}^4)$ 为无限大弹性平板波数域阻抗，$\tilde{Z}_a = (\varepsilon/\sigma)/\sqrt{\sigma^2-\bar{k}^2}$ 为无限大弹性平板波数域辐射阻抗，$\tilde{V}(\bar{k}) = \mathrm{i}\omega\tilde{W}(\bar{k})/(\rho_0/(m\omega))$ 为归一化的弹性平板振速，$\tilde{P}_a(\bar{k},Z) = \tilde{p}_a(\bar{k},Z)/P_0$ 为归一化辐射声压，$\tilde{Z}_d(\bar{k}) = \tilde{Z}_d B/(m_s\omega)$ 为归一化非均匀阻抗的 Fourier 变换，$Z = Bz$ 和 $X = Bx$ 为归一化空间坐标。

求解 (2.5.30) 式可采用迭代解和数值解两种方法。在 (2.5.30) 式中设积分项为零，可以求解得到平板振速波数解的零阶项：

$$\tilde{V}_0(\bar{k}) = -4\pi\frac{\delta(\bar{k}-\sigma\sin\theta)}{\tilde{Z}_p(\bar{k}) + \tilde{Z}_a(\bar{k})} \tag{2.5.32}$$

对 (2.5.32) 式进行 Fourier 反演，得到弹性平板零阶振动响应：

$$V_0(X)=\frac{-2\mathrm{e}^{\mathrm{i}X\sigma\sin\theta}}{\tilde{Z}_p(\sigma\sin\theta)+\tilde{Z}_a(\sigma\sin\theta)} \tag{2.5.33}$$

将 (2.5.32) 式代入 (2.5.30) 式，求解得到平板振速波数解的一阶项：

$$\tilde{V}_1(\bar{k})=\frac{2}{\tilde{Z}_p(\sigma\sin\theta)+\tilde{Z}_a(\sigma\sin\theta)}\frac{\tilde{Z}_d(\bar{k}-\sigma\sin\theta)}{\tilde{Z}_p(\bar{k})+\tilde{Z}_a(\bar{k})} \tag{2.5.34}$$

再将 (2.5.34) 式代入 (2.5.30) 式，求解得到平板振速波数解的二阶项：

$$\begin{aligned}\tilde{V}_2(\bar{k})=&-\frac{1}{\pi[\tilde{Z}_p(\sigma\sin\theta)+\tilde{Z}_a(\sigma\sin\theta)][\tilde{Z}_p(\bar{k})+\tilde{Z}_a(\bar{k})]}\\&\times\int_{-\infty}^{\infty}\frac{\tilde{Z}_d(\bar{k}-\bar{k}')\tilde{Z}_d(\bar{k}'-\sigma\sin\theta)}{\tilde{Z}_p(\bar{k})+\tilde{Z}_a(\bar{k})}\mathrm{d}\bar{k}'\end{aligned} \tag{2.5.35}$$

(2.5.33) 式给出的弹性平板零阶振动响应对应于均匀弹性平板以阻塞声压的相速传播的振动波。(2.5.34) 式给出的一阶振动响应表示非均匀性引起的振动传播，它与平板振速幅值、非均匀分布阻抗的波数迁移谱及考虑流体负载的平板阻抗波数谱等三者的乘积相关。(2.5.35) 式给出的二阶振动响应包含了不均匀阻抗函数平方项的积分，如果非均匀阻抗小于弹性平板阻抗项，则二阶振动响应可以忽略。

实际上，(2.5.30) 式为第三类 Fredholm 积分方程，若令

$$\tilde{H}(\bar{k})=(\tilde{Z}_p(\bar{k})+\tilde{Z}_a(\bar{k}))\tilde{V}(\bar{k})$$

可以将 (2.5.30) 式简化为第二类 Fredholm 积分方程，但是，此式中包含了 $\delta$ 函数项，求解时会带来问题。为此，令

$$\tilde{H}(\bar{k})=[\tilde{Z}_p(\bar{k})+\tilde{Z}_a(\bar{k})]\tilde{V}(\bar{k})+4\pi\delta(\bar{k}-\sigma\sin\theta) \tag{2.5.36}$$

由 (2.5.36) 式可得

$$\tilde{V}(\bar{k})=-\frac{4\pi\delta(\bar{k}-\sigma\sin\theta)}{\tilde{Z}_p(\bar{k})+\tilde{Z}_a(\bar{k})}+\frac{\tilde{H}(\bar{k})}{[\tilde{Z}_p(\bar{k})+\tilde{Z}_a(\bar{k})]} \tag{2.5.37}$$

将 (2.5.37) 式代入 (2.5.30) 式，即有

$$\tilde{H}(\bar{k})+\frac{1}{2\pi}\int_{-\infty}^{\infty}\frac{\tilde{Z}_d(\bar{k}-\bar{k}')}{\tilde{Z}_p(\bar{k}')+\tilde{Z}_a(\bar{k}')}\tilde{H}(\bar{k})\mathrm{d}\bar{k}'=2\frac{\tilde{Z}_d(\bar{k}-\sigma\sin\theta)}{\tilde{Z}_p(\sigma\sin\theta)+\tilde{Z}_a(\sigma\sin\theta)} \tag{2.5.38}$$

(2.5.38) 式为第二类 Fredholm 积分方程，其中的积分项可以采用 Gauss 积分近似求解，只要求和数足够大，有

$$\tilde{H}(\bar{k})+\frac{1}{2\pi}\sum_{i=1}^{N}\lambda_i\frac{\tilde{Z}_d(\bar{k}-\bar{k}_i)}{\tilde{Z}_p(\overline{k_i})+\tilde{Z}_a(\overline{k_i})}\tilde{H}(\overline{k_i})=2\frac{\tilde{Z}_d(\bar{k}-\sigma\sin\theta)}{\tilde{Z}_p(\sigma\sin\theta)+\tilde{Z}_a(\sigma\sin\theta)} \tag{2.5.39}$$

式中，$\lambda_i$ 为 Gauss 积分的加权系数。

记

$$R(\bar{k},\bar{k}_i)=\frac{\lambda_i}{2\pi}\frac{\tilde{Z}_d(\bar{k}-\overline{k_i})}{\tilde{Z}_p(\overline{k_i})+\tilde{Z}_a(\overline{k_i})},\quad F(\bar{k})=2\frac{\tilde{Z}_d(\bar{k}-\sigma\sin\theta)}{\tilde{Z}_p(\sigma\sin\theta)+\tilde{Z}_a(\sigma\sin\theta)}$$

(2.5.39) 式可以简化为

$$\tilde{H}(\bar{k})+\sum_{i=1}^{N}R(\bar{k},\bar{k}_i)\tilde{H}(\bar{k}_i)=F(\bar{k}) \tag{2.5.40}$$

这样，可以在离散 $\bar{k}_n$ 点计算 (2.5.40) 式，即

$$\tilde{H}(\bar{k}_n)+\sum_{i=1}^{N}R(\bar{k}_n,\bar{k}_i)\tilde{H}(\bar{k}_i)=F(\bar{k}_n) \tag{2.5.41}$$

若离散 $\bar{k}_n$ 点与积分计算点数量一致，则有 $N$ 阶线性方程组：

$$\begin{Bmatrix}\tilde{H}(\bar{k}_1)\\\tilde{H}(\bar{k}_2)\\\vdots\\\tilde{H}(\bar{k}_N)\end{Bmatrix}+\begin{Bmatrix}R(\bar{k}_1,\bar{k}_1) & R(\bar{k}_1,\bar{k}_2) & \dots & R(\bar{k}_1,\bar{k}_N)\\R(\bar{k}_2,\bar{k}_1) & R(\bar{k}_2,\bar{k}_2) & \dots & R(\bar{k}_2,\bar{k}_N)\\\vdots & \vdots & \vdots & \vdots\\R(\bar{k}_N,\bar{k}_1) & R(\bar{k}_N,\bar{k}_2) & \dots & R(\bar{k}_N,\bar{k}_N)\end{Bmatrix}\cdot\begin{Bmatrix}\tilde{H}(\bar{k}_1)\\\tilde{H}(\bar{k}_2)\\\vdots\\\tilde{H}(\bar{k}_N)\end{Bmatrix}$$
$$=\begin{Bmatrix}F(\bar{k}_1)\\F(\bar{k}_2)\\\vdots\\F(\bar{k}_N)\end{Bmatrix} \tag{2.5.42}$$

由 (2.5.42) 式求解得到离散点上的 $\tilde{H}(\bar{k}_i)$，进一步可采用插值法及 (2.5.40) 式，计算其他点的 $\tilde{H}(\bar{k})$，然后再由 (2.5.37) 式计算平板振动速度响应的波数谱，其中的第一项对应于迭代解的零阶解，可以简单地反演得到平板振动速度响应；第二项表示因非均匀性产生的振动速度响应，包含了迭代解的一阶项和高阶项，其反演计算需要采用专门的方法 [46]。由迭代法求解得到的非均匀弹性平板振动速度响应的一阶和高阶解，或者 (2.5.37) 式中的第二项，难以给出解析形式的解。

Cuschieri 和 Feit 针对分布式质量和刚度不均匀平板的远场及近场声散射，给出了更详细的积分方程数值计算方法及过程 [47]。但是，利用稳相法可以由 (2.5.31) 式计算得到远场辐射声压：

$$p_a(r,\varphi)=\frac{\varepsilon/\sigma}{\sqrt{2\pi\sigma R}}\tilde{V}(\sigma\sin\theta')\mathrm{e}^{\mathrm{i}(\sigma R-\pi/4)} \tag{2.5.43}$$

式中，$\theta'$ 为平板法向与场点矢量之间的夹角。

利用迭代解得到的一阶修正项计算弹性平板振速 (2.5.34) 式，代入 (2.5.43) 式，可得弹性平板非均匀性产生的远场声压：

$$p_a(R,\varphi)=\frac{\sigma^3}{\varepsilon}\sqrt{\frac{2}{\pi\sigma R}}\mathrm{e}^{\mathrm{i}(\sigma R-\pi/4)}D(\theta)D(\theta')\cdot\tilde{Z}_d[\sigma(\sin\theta'-\sin\theta)] \tag{2.5.44}$$

式中，$D(\theta)$ 和 $D(\theta')$ 为方向性因子，它们的表达式一样，其中，

$$D(\theta)=\frac{\cos\theta}{1-\mathrm{i}\dfrac{\sigma^2}{\varepsilon}\cos\theta(1-\sigma^4\sin^4\theta)}$$

再将 (2.5.39) 式代入 (2.5.37) 式第二项，可得

$$\begin{aligned}\tilde{V}(\bar{k})=&\frac{1}{\tilde{Z}_p(\bar{k})+\tilde{Z}_a(\bar{k})}\left\{\frac{2\tilde{Z}_d(\bar{k}-\sigma\sin\theta)}{\tilde{Z}_p(\sigma\sin\theta)+\tilde{Z}_a(\sigma\sin\theta)}\right.\\&\left.-\frac{1}{2\pi}\sum_{i=1}^{N}\lambda_i\frac{\tilde{Z}_d(\bar{k}-\bar{k}_i)}{\tilde{Z}_p(\bar{k}_i)+\tilde{Z}_a(\bar{k}_i)}\tilde{H}(\bar{k}_i)\right\}\end{aligned} \tag{2.5.45}$$

反演 (2.5.45) 式得到考虑了高阶修正项的弹性平板非均匀性产生的远场声压：

$$\begin{aligned}p_a(r,\varphi)=&\frac{\sigma^3}{\varepsilon}\sqrt{\frac{2}{\pi\sigma R}}\mathrm{e}^{\mathrm{i}(\sigma R-\pi/4)}D(\theta)D(\theta')\cdot\tilde{Z}_d[\sigma(\sin\theta'-\sin\theta)]\\&-\frac{\sigma}{2\pi}\sqrt{\frac{1}{2\pi\sigma R}}\cdot\mathrm{e}^{\mathrm{i}(\sigma R-\pi/4)}D(\theta')\sum_{i=1}^{N}\lambda_i\frac{\tilde{Z}_d(\sigma\sin\theta'-\bar{k}_i)}{\tilde{Z}(\bar{k}_i)}\tilde{H}(\bar{k}_i)\end{aligned} \tag{2.5.46}$$

因为 (2.5.45) 式中第一项与 (2.5.34) 式完全一样，相应地 (2.5.46) 式中第一项与 (2.5.44) 式也完全一样，为迭代解的一阶修正项；(2.5.46) 式中的第二项则表示高阶修正量的贡献，对于非均匀性阻抗较小的情况，此项可忽略。(2.5.44) 和 (2.5.46) 式表明，远场声压与非均性阻抗分布给定的波数谱有关，而波数则取决于入射角 $\theta$ 和观察角 $\theta'$。这里，注意四种非均匀性阻抗的波数谱，$\tilde{Z}_1(\bar{k})$ 为常数，

不随 $\overline{k}$ 变化，$\tilde{Z}_2(\overline{k})$ 随 $1/\overline{k}$ 衰减，而 $\tilde{Z}_3(\overline{k})$ 和 $\tilde{Z}_4(\overline{k})$ 则分别随 $1/\overline{k}^3$ 和 $1/\overline{k}^5$ 衰减。衰减的快慢取决于非均匀阻抗分布边界的光顺程度。边界越光顺，则波数谱越窄，参见图 2.5.4。

对于给定的入射角 $\theta$ 和观察角 $\theta'$，非均匀性产生的辐射声压依赖于 $D(\theta')$ 和 $\tilde{Z}_d[\sigma(\sin\theta'-\sin\theta)]$ 这两个参数，$D(\theta')$ 对所有非均匀性分布是一样的。在非均匀区域小于或大致等于声波长的低频范围，$\sigma^2\ll 1, D(\theta')=\cos\theta'$，为偶极子型声辐射，可见，非均匀性没有改变无限大弹性平板声辐射的方向性，只是非均匀分布从 $\delta$ 函数到 4 次方函数的声辐射逐个减小，但非均匀边界光顺度的影响不明显。$\tilde{Z}_d[\sigma(\sin\theta'-\sin\theta)]$ 表示非均匀性分布形状，包含边界光顺度对辐射方向性的作用。在垂直入射情况下，有

$$\tilde{Z}_d[\sigma\sin\theta']=\tilde{Z}_d\left[\frac{2\pi}{19.8\lambda_0}\sin\theta'\right] \tag{2.5.47}$$

低频时，$\tilde{Z}_d$ 基本为常数，没有旁瓣结构，可以说，声辐射没有与边界光顺度相关的方向性。在高频段，$D(\theta')$ 近似为 $\mathrm{i}\varepsilon/[\sigma^2(1-\sigma^4\sin^4\theta')]$，非均匀性产生的声辐射具有较强的方向性，而且 $\tilde{Z}_d$ 与 $\theta'$ 角密切相关，并取决于非均匀分布形状，相应地出现主瓣和旁瓣，辐射声压也对应有旁瓣。

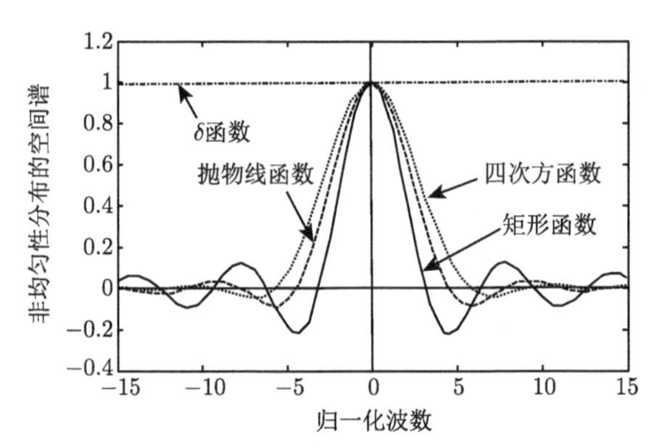


图 2.5.4　非均匀性分布的波数谱

(引自文献 [45]，fig3)

如果在无限大弹性平板表面敷设一块有限大小的弹性板，相当于无限大弹性平板打了一个补丁，对它来说，也是一种非均匀分布 [48]。设补丁宽为 $l$，厚为 $h_p$，密度为 $\rho_p$。假设简谐线力作用在无限大弹性平板上，平板和补丁上方为半无限空间声介质，考虑二维情况，建立如图 2.5.5 所示坐标系，沿 $x$ 方向将无限大平板和补丁分为三个区域: 区域 1 为 $-\infty$ 到补丁左侧边界，区域 2 为补丁覆盖的范围，区域 3 为补丁右侧到 $+\infty$。

在区域 2 中，由于存在补丁板，弹性平板的中性面上移至它与补丁板交界面下侧 $e$ 处，$e$ 可由下式确定

$$e = \frac{h_b}{2}\frac{\dfrac{K}{K_p} - \left(\dfrac{h_p}{h}\right)^2}{\dfrac{K}{K_p} + \dfrac{h_p}{h}} \tag{2.5.48}$$

式中, $K = E/(1-\nu^2), K_p = E_p/(1-\nu_p^2)$，其中，$E, E_p, \nu, \nu_p, h, h_p$ 分别为弹性板及补丁板的杨氏模量、泊松比及厚度。

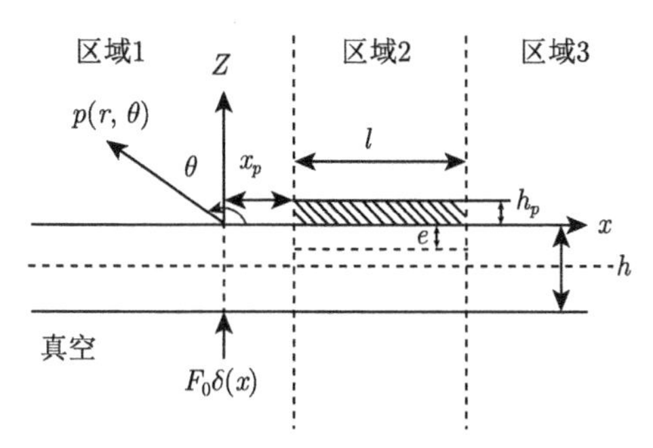


图 2.5.5 带弹性补丁板的无限大弹性平板

(引自文献 [48],fig1)

在区域 2，弹性平板和补丁板结合一体后相应中性面的弯矩为弹性平板弯矩与补丁板弯矩之和。

$$M = M_{b2} + M_{p2} \tag{2.5.49}$$

在纯弯曲变形情况下，区域 2 中纵向应变与平板横向位移的关系为

$$\varepsilon_2 = -z\frac{\partial^2 W}{\partial x^2} \tag{2.5.50}$$

相应的弯矩为

$$M_{b2} = \int_{e-h}^{e} K\varepsilon_2 z\mathrm{d}z = -D_{b2}\frac{\partial^2 W}{\partial x^2} \tag{2.5.51}$$

$$M_{p2} = \int_{e}^{e+h_p} K_p\varepsilon_2 z\mathrm{d}z = -D_{p2}\frac{\partial^2 W}{\partial x^2} \tag{2.5.52}$$

式中, $D_{b2} = K(h^3/3 - e^2h - eh^2)$，$D_{p2} = K_p(h_p^3/3 + e^2h_p + eh_p^2)$。

于是，将 (2.5.51) 和 (2.5.52) 式代入 (2.5.49) 式，有

$$M = -D_2\frac{\partial^2 W}{\partial x^2} \tag{2.5.53}$$

式中，$D_2=D_{b_2}+D_{p_2}$。

这样，考虑上半空间的流体负载作用，打补丁的无限大弹性平板振动方程为

$$\frac{\partial^2}{\partial x^2}\left[D(x)\frac{\partial^2 W}{\partial x^2}\right]-m(x)\omega^2 W=-p(x,0)+F_0\delta(x) \tag{2.5.54}$$

式中,

$$D(x)=\begin{cases} D, & x_p>x>x_p+l \\ D_2, & x_p<x<x_p+l \end{cases} \tag{2.5.55}$$

$$m(x)=\begin{cases} m_s, & x_p>x>x_p+l \\ m_2, & x_p<x<x_p+l \end{cases} \tag{2.5.56}$$

这里，$m_2=\rho_p h_p+m_s, D=Eh^3/12(1-\nu^2)$， $x_p$ 为补丁板左侧离坐标原点的距离。

在补丁板左右两端，敷设补丁板的弹性平板，其横向振动位移、斜率、弯矩及剪切力应满足连续条件，即

$$W(x)|_{x^-\to x_p}=W(x)|_{x^+\to x_p} \tag{2.5.57a}$$

$$\left.\frac{\partial W(x)}{\partial x}\right|_{x^-\to x_p}=\left.\frac{\partial W(x)}{\partial x}\right|_{x^+\to x_p} \tag{2.5.57b}$$

$$D\left.\frac{\partial^2 W(x)}{\partial x^2}\right|_{x^-\to x_p}=D_2\left.\frac{\partial^2 W(x)}{\partial x^2}\right|_{x^+\to x_p} \tag{2.5.57c}$$

$$D\left.\frac{\partial^3 W(x)}{\partial x^3}\right|_{x^-\to x_p}=D_2\left.\frac{\partial^3 W(x)}{\partial x^3}\right|_{x^+\to x_p} \tag{2.5.57d}$$

以及

$$W(x)|_{x^-\to x_p+l}=W(x)|_{x^+\to x_p+l} \tag{2.5.58a}$$

$$\left.\frac{\partial W(x)}{\partial x}\right|_{x^-\to x_p+l}=\left.\frac{\partial W(x)}{\partial x}\right|_{x^+\to x_p+l} \tag{2.5.58b}$$

$$D\left.\frac{\partial^2 W(x)}{\partial x^2}\right|_{x^-\to x_p+l}=D_2\left.\frac{\partial^2 W(x)}{\partial x^2}\right|_{x^+\to x_p+l} \tag{2.5.58c}$$

$$D\left.\frac{\partial^3 W(x)}{\partial x^3}\right|_{x^-\to x_p+l}=D_2\left.\frac{\partial^3 W(x)}{\partial x^3}\right|_{x^+\to x_p+l} \tag{2.5.58d}$$

对 (2.5.54) 式作 Fourier 变换，其中第一项和第二项分别为

$$I_1=\int_{-\infty}^{\infty}\frac{\partial^2}{\partial x^2}D(x)\frac{\partial^2 W}{\partial x^2}\mathrm{e}^{\mathrm{i}kx}\mathrm{d}x$$

$$
\begin{aligned}
&= \int_{-\infty}^{x_p} D\frac{\partial^4 W}{\partial x^4}\mathrm{e}^{\mathrm{i}kx}\mathrm{d}x + \int_{x_p}^{x_p+l} D_2\frac{\partial^4 W}{\partial x^4}\mathrm{e}^{\mathrm{i}kx}\mathrm{d}x + \int_{x_p+l}^{\infty} D\frac{\partial^4 W}{\partial x^4}\mathrm{e}^{\mathrm{i}kx}\mathrm{d}x \\
&= \int_{-\infty}^{\infty} D\frac{\partial^4 W}{\partial x^4}\mathrm{e}^{\mathrm{i}kx}\mathrm{d}x + (D_2 - D)\int_{x_p}^{x_p+l} \frac{\partial^4 W}{\partial x^4}\mathrm{e}^{\mathrm{i}kx}\mathrm{d}x \\
&= Dk^4\tilde{W}(k) + (D_2 - D)\int_{x_p}^{x_p+l} \frac{\partial^4 W}{\partial x^4}\mathrm{e}^{\mathrm{i}kx}\mathrm{d}x
\end{aligned} \tag{2.5.59}
$$

$$
\begin{aligned}
I_2 &= -\omega^2\int_{-\infty}^{\infty} m(x)\mathrm{e}^{\mathrm{i}kx}\mathrm{d}x \\
&= -\omega^2\int_{-\infty}^{x_p} m_s W\mathrm{e}^{\mathrm{i}kx}\mathrm{d}x - \omega^2\int_{x_p}^{x_p+l} m_2 W\mathrm{e}^{\mathrm{i}kx}\mathrm{d}x - \omega^2\int_{x_p+l}^{\infty} m_s W\mathrm{e}^{\mathrm{i}kx}\mathrm{d}x \\
&= -\omega^2\int_{-\infty}^{\infty} m_s W\mathrm{e}^{\mathrm{i}kx}\mathrm{d}x - \omega^2(m_2 - m_s)\int_{x_p}^{x_p+l} W\mathrm{e}^{\mathrm{i}kx}\mathrm{d}x \\
&= -\omega^2 m_s\tilde{W}(k) - \omega^2(m_2 - m_s)\int_{x_p}^{x_p+l} W\mathrm{e}^{\mathrm{i}kx}\mathrm{d}x
\end{aligned} \tag{2.5.60}
$$

这里，(2.5.59) 式等号右侧的第二项，采用分步积分可得

$$
\begin{aligned}
&(D_2 - D)\int_{x_p}^{x_p+l} \frac{\partial^4 W}{\partial x^4}\mathrm{e}^{\mathrm{i}kx}\mathrm{d}x \\
=&\left\{D_2[W'''(x_p+l) - \mathrm{i}kW''(x_p+l) - k^2W'(x_p+l) + \mathrm{i}k^3W(x_p+l)]\mathrm{e}^{\mathrm{i}kl}\right. \\
&- D[W'''(x_p+l) - \mathrm{i}kW''(x_p+l) - k^2W'(x_p+l) + \mathrm{i}k^3W(x_p+l)]\mathrm{e}^{\mathrm{i}kl} \\
&- D_2[W'''(x_p) - \mathrm{i}kW''(x_p) - k^2W'(x_p) + \mathrm{i}k^3W(x_p)] \\
&\left.+D[W'''(x_p) - \mathrm{i}kW''(x_p) - k^2W'(x_p) + \mathrm{i}k^3W(x_p)]\right\}\mathrm{e}^{\mathrm{i}kx_p} \\
&+ (D_2 - D)\int_{x_p}^{x_p+l} W\mathrm{e}^{\mathrm{i}kx}\mathrm{d}x
\end{aligned} \tag{2.5.61}
$$

采用边界条件将 (2.5.61) 式化简，并代入 (2.5.59) 式，得到

$$
\begin{aligned}
I_1 =& Dk^4\tilde{W}(k) + (D_2 - D)\mathrm{e}^{\mathrm{i}kx_p}\{[-k^2W'(x_p+l) + \mathrm{i}k^3W(x_p+l)]\mathrm{e}^{\mathrm{i}kl} \\
&+ [k^2W'(x_p) - \mathrm{i}k^3W(x_p)]\} + (D_2 - D)k^4\int_{x_p}^{x_p+l} W\mathrm{e}^{\mathrm{i}kx}\mathrm{d}x
\end{aligned} \tag{2.5.62}
$$

将 (2.5.62) 和 (2.5.60) 式合并，并考虑到 (2.5.54) 式右边两项的 Fourier 变换，则

由 (2.5.54) 式经 Fourier 变换得到波数域振动方程：

$$
\begin{aligned}
&Z_p(k)\tilde{W}(k)+[(D_2-D)k^4-\omega^2(m_2-m_s)\int_{x_p}^{x_p+l}W\mathrm{e}^{\mathrm{i}kx}\mathrm{d}x\\
&+(D_2-D)[k^2W'(x_p)-k^2W'(x_p+l)\mathrm{e}^{\mathrm{i}kl}-\mathrm{i}k^3W(x_p)+\mathrm{i}k^3W(x_p+l)\mathrm{e}^{\mathrm{i}kl}]=F_0
\end{aligned}
\tag{2.5.63}
$$

其中，$Z_p(k)=Dk^4-m_s\omega^2-\dfrac{\rho_0\omega^2}{\gamma},\gamma=\sqrt{k^2-k_0^2}$。

再考虑 $\int_{x_p}^{x_p+l}\dfrac{\partial^2W}{\partial x^2}\mathrm{e}^{\mathrm{i}k_x}\mathrm{d}x$ 的分步积分，可得

$$
\begin{aligned}
&k^2W'(x_p)-k^2W'(x_p+l)\mathrm{e}^{\mathrm{i}kl}-\mathrm{i}k^3W(x_p)+\mathrm{i}k^3W(x_p+l)\mathrm{e}^{\mathrm{i}kl}\\
=&-k^2\int_{x_p}^{x_p+l}\frac{\partial^2W}{\partial x^2}\mathrm{e}^{\mathrm{i}kx}\mathrm{d}x-k^4\int_{x_p}^{x_p+l}W\mathrm{e}^{\mathrm{i}kx}\mathrm{d}x
\end{aligned}
\tag{2.5.64}
$$

将 (2.5.64) 式代入 (2.5.63) 式，并考虑到

$$
W(x)=\frac{1}{2\pi}\int_{-\infty}^{\infty}\tilde{W}(k')\mathrm{e}^{-\mathrm{i}k'x}\mathrm{d}k',\quad \frac{\partial^2W}{\partial x^2}=-\frac{1}{2\pi}\int_{-\infty}^{\infty}k'^2\tilde{W}(k')\mathrm{e}^{-\mathrm{i}k'x}\mathrm{d}k'
$$

(2.5.63) 式可化为

$$
Z_p(k)\tilde{W}(k)+\frac{1}{2\pi}\int_{-\infty}^{\infty}[(D_2-D)k^2k'^2-\omega^2\rho_ph_p]\tilde{W}(k')\int_{x_p}^{x_p+l}\mathrm{e}^{\mathrm{i}kx}\mathrm{e}^{-\mathrm{i}k'x}\mathrm{d}x\mathrm{d}k'=F_0
\tag{2.5.65}
$$

化简得到

$$
Z_p(k)\tilde{W}(k)+\frac{1}{2\pi}\int_{-\infty}^{\infty}R_D(k,k')\tilde{W}(k')\mathrm{d}k'=F_0
\tag{2.5.66}
$$

式中，

$$
R_D=[(D_2-D)k^2k'^2-\omega^2\rho_ph_p]l\mathrm{e}^{\mathrm{i}(k-k')(\frac{l}{2}+x_p)}\cdot\sin C[(k-k')l/2]
$$

令 $\tilde{U}(k)=Z_p(k)\tilde{W}(k)$，则 (2.5.66) 式进一步表示为标准形式：

$$
\tilde{U}(k)+\frac{1}{2\pi}\int_{-\infty}^{\infty}\frac{R_D(k,k')}{Z_p(k')}\tilde{U}(k')\mathrm{d}k'=F_0
\tag{2.5.67}
$$

(2.5.67) 式在形式上与 (2.5.38) 式完全一样，为第二类 Fredholm 积分方程，可以采用 Gauss 积分近似求解得到 $\tilde{U}(k)$，进一步得到无限大弹性平板耦合振动位移

的波数谱：

$$\tilde{W}(k)=\frac{\tilde{U}(k)}{Z_p(k)} \tag{2.5.68}$$

由 $\tilde{W}(k)$ 即可计算远场辐射声压和声辐射功率，分析补丁板对声辐射的影响。考虑无限大弹性平板厚 1cm，补丁板厚 0.5cm，长为 0.4m，均为钢材。补丁板位置分为位于激励力正上方 ($x_p=-l/2$) 和偏离激励力 ($x_p=4l$ 和 $x_p=l/2$) 两种情况。在第一种情况下，除了 $0.725\leqslant\omega/\omega_c\leqslant1.015$ 频率范围内声辐射功率最大增加 1.1dB 以外，在 $0\leqslant\omega/\omega_c\leqslant3$ 频率范围内，有补丁板的无限大平板比无补丁板的无限大平板的声辐射功率普遍要小，其原因是前者在激励点的导纳要小 5dB 左右。在第二种情况下，有补丁的无限大弹性平板的声辐射功率与没有补丁的情况相比基本没有变化，只有在 $0.305\leqslant\omega/\omega_c\leqslant1.335$ 频率范围内有最大 2.2dB 的增加，参见图 2.5.6。应该说，补丁板改变无限大弹性平板声辐射，基于两种机理，其一是补丁板的负载，其二是补丁板散射引起的结构波动相互作用，这种相互干涉确定了声辐射功率增加的大小。补丁板位于激励力上方时，其负载引起无限大弹性平板振速及近场声压和声辐射功率的降低，而且在某些频率，补丁板将亚声速结构波有效散射为超声速波，其效应超过补丁板负载，使得在此频段声辐射功率增加。当补丁板偏离激励力时，其局部负载对无限大弹性平板振动和声辐射的作用减弱，此时，补丁板的散射作用确定了无限大平板的振动及声辐射，当补丁板远离激励力位置，这种效应也随之减小。

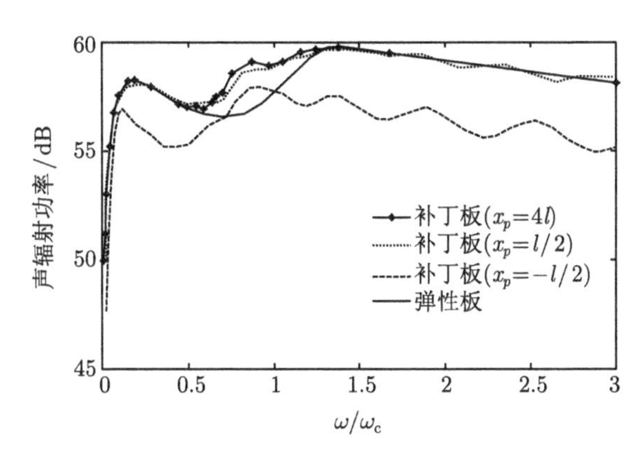


图 2.5.6 带弹性补丁板的无限大弹性平板声辐射功率

(引自文献 [48]，fig2)

Zhang 和 Pan[49] 进一步研究在无限大弹性平板敷设的柔性层上，局部设置信号调节弹性板的耦合振动和声辐射问题。不同于 2.4 节中的信号调节弹性板也是无限大弹性平板的情况，这里的信号调节板类似于前面弹性板上敷设的补丁板，只是敷设在柔性层上表面的局部区域，也产生了一种局部非均匀性。设弹性基板厚度为 $h$、面密度为 $m_s$，柔性层厚为 $h_1$、密度为 $\rho_1$，信号调节板厚为 $h_p$、密度为 $\rho_p$，柔性层上半空间为理想声介质，基板下半空间为真空，并作用有点激励 $F_0\delta(x)\mathrm{e}^{-\mathrm{i}\omega t}$。建立如图 2.5.7 所示的坐标系，弹性基板的弯曲振动位移 $W(x)$ 满足方程：

$$D\frac{\partial^4 W}{\partial x^4}-\omega^2 m_s W=\sigma_z(x,-h_1)+\frac{h}{2}\frac{\partial \sigma_{zx}(x,-h_1)}{\partial x}+F_0\delta(x) \tag{2.5.69}$$

式中，$\sigma_z$ 为柔性层法向应力对弹性基板的作用力，$\dfrac{\partial \sigma_{zx}}{\partial x}$ 为柔性层切向应力对弹性基板的作用力。

在柔性层切向应力 $\sigma_{zx}$ 作用下，弹性基板的纵向振动位移 $U(x)$ 满足方程：

$$\frac{Eh}{1-\nu^2}\frac{\partial^2 U}{\partial x^2}-m_s\omega^2 U=-\sigma_{zx}(x,-h_1) \tag{2.5.70}$$

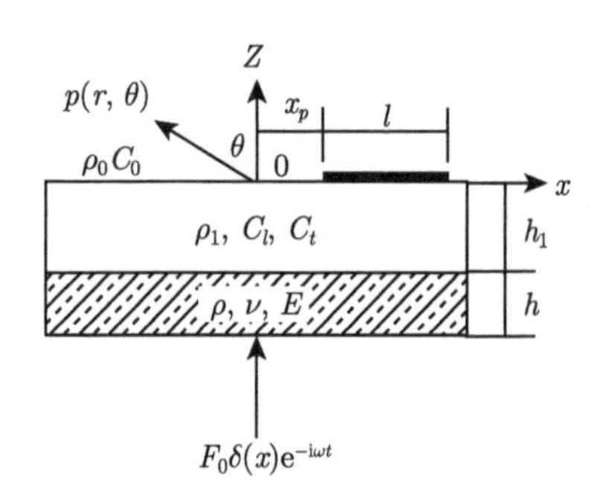


图 2.5.7　带信号调节板的无限大涂覆弹性平板

(引自文献 [49]，fig1)

进一步考虑弹性基板与柔性层及信号调节板界面上的边界条件。在弹性基板与柔性层界面上，法向和切向位移连续，法向和切向力连续。

在 $z=-h_1$ 界面上，有

$$W(x)=V_z(x,z=-h_1) \tag{2.5.71}$$

$$U(x)-\frac{h}{2}\frac{\partial W}{\partial x}=V_x(x,z=-h_1) \tag{2.5.72}$$

$$\sigma_z(x,-h_1)=D\frac{\partial^4 W(x)}{\partial x^4}-m_s\omega^2 W(x)-\frac{h}{2}\frac{\partial \sigma_{zx}(x,-h_1)}{\partial x}-F_0\delta(x) \tag{2.5.73}$$

$$\sigma_{zx}(x,-h_1)=-\left[\frac{Eh}{1-\nu^2}\frac{\partial^2 U}{\partial x^2}-m_s\omega^2 U\right] \tag{2.5.74}$$

式中，$V_z$ 和 $V_x$ 分别为柔性层的法向和切向位移。

在柔性层上表面，无信号调节板的区域，柔性层法向应力与外场声压连续，切向应力为零；在有信号调节板的区域，柔性层法向位移与信号调节板弯曲振动位移连续，切向位移与信号调节板的纵向振动位移连续。另外，信号调节板在柔性层法向应力、切向应力梯度及外场声压作用下产生弯曲振动，在柔性层切向应力作用下产生纵向振动。

于是，在 $z=0$ 界面上，若 $x_p > x > x_p + l$，则有

$$\sigma_z(x,0) = -p(x,0) \tag{2.5.75}$$

$$\sigma_{zx}(x,0) = 0 \tag{2.5.76}$$

若 $x_p \leqslant x \leqslant x_p + l$，则有

$$W_p(x) = V_z(x,0) \tag{2.5.77}$$

$$U_p(x) + \frac{h_p^2}{2}\frac{\partial W_p(x)}{\partial x} = V_x(x,0) \tag{2.5.78}$$

$$\sigma_z(x,0) = -p(x,0) + \left(\rho_p h_p \omega^2 - D_p \frac{\partial^4}{\partial x^4}\right) W_p(x) + \frac{h_p^2}{2}\frac{\partial \sigma_{zx}(x,0)}{\partial x} \tag{2.5.79}$$

$$\sigma_{zx}(x,0) = \frac{E_p h_p}{1-\nu_p^2}\frac{\partial^2 U_p(x)}{\partial x^2} - \rho_p h_p \omega^2 U_p(x) \tag{2.5.80}$$

在信号调节板上表面，其弯曲振动位移与外场质点位移连续。即在 $z = h_p \approx 0$ 界面上，有

$$W_p(x) = \frac{1}{\rho_0 \omega^2}\frac{\partial p(x,0)}{\partial z} \tag{2.5.81}$$

这里，$W_p$ 和 $U_p$ 为信号调节板弯曲振动和纵向振动位移；$D_p = E_p h_p^3/12(1-\nu_p^2)$ 为信号调节板的动刚度，$E_p, \nu_p$ 及 $h_p$ 分别为信号调节板杨氏模量、泊松比和厚度。

为了求解上述方程，先求解柔性层振动响应，为此，将 (2.5.71) 和 (2.5.72) 式分别代入 (2.5.73) 和 (2.5.74) 式，并忽略 $\dfrac{h}{2}\dfrac{\partial W}{\partial x}$ 项，得到柔性层在 $z=-h_1$ 界面上满足的边界条件：

$$\sigma_z(x,-h_1) = D\frac{\partial^4 V_z(x,-h_1)}{\partial x^4} - m_s\omega^2 V_z(x,-h_1) - \frac{h}{2}\frac{\partial \sigma_{zx}(x,-h_1)}{\partial x} - F_0\delta(x) \tag{2.5.82}$$

$$\sigma_{zx}(x,-h_1) = -\left[\frac{Eh}{1-\nu^2}\frac{\partial^2 V_x(x,-h_1)}{\partial x^2} - m_s\omega^2 V_x(x,-h_1)\right] \tag{2.5.83}$$

再将 (2.5.77) 和 (2.5.78) 式代入 (2.5.79) 和 (2.5.80) 式，并与 (2.5.75) 和 (2.5.76) 式结合，得到柔性层在 $z=0$ 界面上满足的边界条件：

$$\begin{aligned}\sigma_z(x,0)=&-p(x,0)+\frac{h_p}{2}\frac{\partial\sigma_{zx}(x,0)}{\partial x}\Delta H(x)\\&-m_p\omega^2\Delta H(x)V_z(x,0)-\frac{\partial^2}{\partial x^2}\left(D_p\Delta H(x)\frac{\partial^2 V_z(x,0)}{\partial x^2}\right)\end{aligned}\tag{2.5.84}$$

$$\sigma_{zx}(x,0)=\left[\frac{\partial}{\partial x}\left(\frac{E_p h_p}{1-\nu_p}\Delta H(x)\frac{\partial}{\partial x}\right)-m_p\omega^2\Delta H(x)\right]\cdot\left[V_x(x,0)-\frac{h_p}{2}\frac{\partial V_z(x,0)}{\partial x}\right]\tag{2.5.85}$$

式中，$\Delta H(x)$ 为窗口函数，$\Delta H(x)=H(x-x_p)-H(x-x_p-l)$。

另外，柔性层中纵波和横波速度势满足波动方程 (2.4.52) 式，利用 (2.4.51) 式及柔性层法向和切向应力与速度势的关系：

$$\sigma_z=\lambda\left[\frac{\partial^2\Phi}{\partial x^2}+\frac{\partial^2\Phi}{\partial z^2}\right]+2\mu\left[\frac{\partial^2\Phi}{\partial z^2}+\frac{\partial^2\Psi}{\partial x\partial z}\right]\tag{2.5.86}$$

$$\sigma_{zx}=\mu\left[\frac{\partial^2\Psi}{\partial x^2}-\frac{\partial^2\Psi}{\partial z^2}+2\frac{\partial^2\Phi}{\partial x\partial z}\right]\tag{2.5.87}$$

采用 Fourier 变换方法求解可以得到柔性层法向和切向位移与应力的波函数表达式：

$$\begin{aligned}\tilde{V}_z(z,\omega)=&\frac{\partial\tilde{\Phi}}{\partial z}+\mathrm{i}k\tilde{\Psi}\\=&-\gamma_l A_1\sin\gamma_l z+\gamma_l B_1\cos\gamma_l z+\mathrm{i}kA_2\cos\gamma_t z+\mathrm{i}kB_2\sin\gamma_t z\end{aligned}\tag{2.5.88}$$

$$\begin{aligned}\tilde{V}_x(z,\omega)=&\mathrm{i}k\tilde{\Phi}-\frac{\partial\tilde{\Psi}}{\partial z}\\=&\mathrm{i}kA_1\cos\gamma_l z+\mathrm{i}kB_1\sin\gamma_l z+\gamma_t A_2\sin\gamma_t z-\gamma_t B_2\cos\gamma_t z\end{aligned}\tag{2.5.89}$$

$$\begin{aligned}\tilde{\sigma}_z=&\lambda\left[-k^2\tilde{\varphi}+\frac{\partial^2\tilde{\Phi}}{\partial z^2}\right]+2\mu\left[\frac{\partial^2\tilde{\Phi}}{\partial z^2}+\mathrm{i}k\frac{\partial\tilde{\Psi}}{\partial z}\right]\\=&[-\lambda k^2-(\lambda+2\mu)\gamma_l^2]A_1\cos\gamma_l z+[-\lambda k^2-(\lambda+2\mu)\gamma_l^2]B_1\sin\gamma_l z\\&-2\mathrm{i}k\mu\gamma_t A_2\sin\gamma_t z+2\mathrm{i}k\mu\gamma_t B_2\cos\gamma_t z\end{aligned}\tag{2.5.90}$$

$$\tilde{\sigma}_{zx}=\mu\left[-k^2\tilde{\Phi}-\frac{\partial^2\tilde{\Psi}}{\partial z^2}+2\mathrm{i}k\frac{\partial\tilde{\Phi}}{\partial z}\right]$$

$$=[-\mu k^2+\mu\gamma_t^2]A_2\cos\gamma_t z+[-\mu k^2+\mu\gamma_t^2]B_2\sin\gamma_t z$$
$$-2\mathrm{i}k\mu\gamma_l A_1\sin\gamma_l z-2\mathrm{i}k\mu\gamma_l B_1\cos\gamma_l z \tag{2.5.91}$$

其中，$\gamma_l=\sqrt{k_l^2-k^2},\gamma_t=\sqrt{k_t^2-k^2},k_l=\omega/C_l,k_t=\omega/C_t,C_l$、$C_t$ 分别为柔性层纵被和横波声速。

接下来对 (2.5.82) 和 (2.5.83) 式作关于 $x$ 的 Fourier 变换，得到

$$\tilde{\sigma}_z(k,-h_1)=(Dk^4-m_s\omega^2)\tilde{V}_z(k,-h_1)-\frac{ihk}{2}\tilde{\sigma}_{zx}(k,-h_1)-F_0 \tag{2.5.92}$$

$$\tilde{\sigma}_{zx}(k,-h_1)=\left[\frac{Eh}{1-\nu}k^2-m_s\omega^2\right]\tilde{V}_x(k,-h_1) \tag{2.5.93}$$

再对 (2.5.84) 和 (2.5.85) 式作关于 $x$ 的 Fourier 变换，考虑到窗口函数 $\Delta H$，可得

$$\tilde{\sigma_z}(k,0)=-\tilde{p}(k,0)+\frac{h_p}{2}\int_{x_p}^{x_p+l}\frac{\partial\sigma_{zx}}{\partial x}\mathrm{e}^{\mathrm{i}kx}\mathrm{d}x$$
$$+m_p\omega^2\int_{x_p}^{x_p+l}V_z\mathrm{e}^{\mathrm{i}kx}\mathrm{d}x-D_p\int_{x_p}^{x_p+l}\frac{\partial^4 V_z}{\partial x^4}\mathrm{e}^{\mathrm{i}kx}\mathrm{d}x \tag{2.5.94}$$

$$\tilde{\sigma}_{zx}=\int_{x_p}^{x_p+l}\left[\frac{E_p h_p}{1-\nu_p}\frac{\partial^2}{\partial x^2}+m_p\omega^2\right]\left[V_x(x,0)-\frac{h_p}{2}\frac{\partial V_z(x,0)}{\partial x}\right]\mathrm{e}^{\mathrm{i}kx}\mathrm{d}x \tag{2.5.95}$$

参考 (2.5.62) 式的推导方法，计算 (2.5.94) 和 (2.5.95) 式中积分，在计算 (2.5.94) 式中第四项积分时，考虑到在 $x_p\leqslant x\leqslant x_p+l$ 区间信号调节板弯曲振动位移与柔性层相等，且信号调节板两端的弯矩和作用力可近似为零，这样，利用 (2.5.61) 式，并将 $\tilde{V}_z$, $\tilde{V}_x$, $\tilde{\sigma}_{zz}$ 和 $\tilde{\sigma}_{zx}$ 的表达式 (2.5.88)~(2.5.91) 式代入 (2.5.92)~(2.5.95)，可得关于待定系数 $A_1$, $B_1$, $A_2$ 和 $B_2$ 满足的矩阵方程：

$$\begin{bmatrix} T_{11} & T_{12} & T_{13} & T_{14} \\ T_{21} & T_{22} & T_{23} & T_{24} \\ T_{31} & T_{32} & T_{33} & T_{34} \\ T_{41} & T_{42} & T_{43} & T_{44} \end{bmatrix}\begin{Bmatrix} A_1 \\ B_1 \\ A_2 \\ B_2 \end{Bmatrix}=\begin{Bmatrix} F_0 \\ 0 \\ \tilde{P}_z(k,0) \\ \tilde{P}_x(k,0) \end{Bmatrix} \tag{2.5.96}$$

式中，

$$\tilde{P}_z(k,0)=\frac{1}{2\pi}\int_{-\infty}^{\infty}\left\{[\gamma_l(\rho_p h_p\omega^2-D_p k^2 k'^2)-kk'h_p\gamma_l\rho_1 C_t^2]B_1\right.$$

$$+\left[\frac{\mathrm{i}k'h_p\rho_1 C_t^2(k^2-\gamma_t^2)}{2}-\mathrm{i}k'(m_p\omega^2-D_pk^2k'^2)\right]A_2\right\}\cdot g(k-k')\mathrm{d}k' \tag{2.5.97}$$

$$\tilde{P}_x(k,0)=\frac{1}{2\pi}\int_{-\infty}^{\infty}\left\{\left(m_p\omega^2-\frac{E_ph_pkk'}{1-\nu_p^2}\right)\left[-\mathrm{i}k'A_1-\gamma_tB_2+\frac{\mathrm{i}k'h_p}{2}(\gamma_lB_1-\mathrm{i}k'A_2)\right]\right\}\times g(k-k')\mathrm{d}k' \tag{2.5.98}$$

且有

$$g(k)=l\mathrm{e}^{\mathrm{i}k(x_p+l/2)}\sin C\left(\frac{kl}{2}\right)$$

$$T_{11}=\gamma_l(Dk^4-m_s\omega^2)\sin(\gamma_lh_1)-\rho_1C_t^2(k^2-\gamma_t^2)\cos(\gamma_lh_1)+\rho_1C_t^2k^2\gamma_lh\sin(\gamma_lh_1)$$

$$T_{12}=\gamma_l(Dk^4-m_s\omega^2)\cos(\gamma_lh_1)-\rho_1C_t^2(k^2-\gamma_t^2)\sin(\gamma_lh_1)+\rho_1C_t^2k^2\gamma_lh\cos(\gamma_lh_1)$$

$$T_{13}=-\mathrm{i}k(Dk^4-m_s\omega^2)\cos(\gamma_th_1)+2\mathrm{i}\rho_1C_t^2k\gamma_t\sin(\gamma_th_1)-\mathrm{i}k\frac{h}{2}\rho_1C_t^2(k^2-\gamma_t^2)\cos(\gamma_th_1)$$

$$T_{14}=\mathrm{i}k(Dk^4-m_s\omega^2)\sin(\gamma_th_1)+2\mathrm{i}\rho_1C_t^2k\gamma_t\cos(\gamma_th_1)+\mathrm{i}k\frac{h}{2}\rho_1C_t^2(k^2-\gamma_t^2)\sin(\gamma_th_1)$$

$$T_{21}=-2\mathrm{i}\rho_1C_t^2k\gamma_l\sin(\gamma_lh_1)+\left(m_s\omega^2-\frac{Ehk^2}{1-\nu^2}\right)\times\left[-\mathrm{i}k\cos(\gamma_lh_1)-\frac{\mathrm{i}kh}{2}\gamma_l\sin(\gamma_th_1)\right]$$

$$T_{22}=-2\mathrm{i}\rho_1C_t^2k\gamma_l\cos(\gamma_lh_1)+\left(m_s\omega^2-\frac{Ehk^2}{1-\nu^2}\right)\times\left[\mathrm{i}k\sin(\gamma_lh_1)-\frac{\mathrm{i}kh}{2}\gamma_l\cos(\gamma_th_1)\right]$$

$$T_{23}=-\rho_1C_t^2(k^2-\gamma_t^2)\cos(\gamma_th_1)+\left(m_s\omega^2-\frac{Ehk^2}{1-\nu^2}\right)\times\left[-\gamma_t\sin(\gamma_th_1)-\frac{k^2h}{2}\cos(\gamma_th_1)\right]$$

$$T_{24}=\rho_1C_t^2(k^2-\gamma_t^2)\sin(\gamma_th_1)+\left(m_s\omega^2-\frac{Ehk^2}{1-\nu^2}\right)$$

$$\times\left[-\gamma_t\cos(\gamma_t h_1)+\frac{k^2h}{2}\sin(\gamma_t h_1)\right]$$

$$T_{31}=\rho_1 C_t^2(k^2-\gamma_t^2),\quad T_{32}=-\frac{\rho_0\omega^2\gamma_l}{\sqrt{k_0^2-k^2}},$$

$$T_{33}=-\frac{\mathrm{i}k\rho_0\gamma_l}{\sqrt{k_0^2-k^2}},\quad T_{34}=-2\mathrm{i}\rho_1C_t^2k\gamma_t$$

$$T_{41}=0,\quad T_{42}=-2\mathrm{i}\rho_1C_t^2k\gamma_l,\quad T_{43}=-\rho_1C_t^2(k^2-\gamma_t^2),\quad T_{44}=0$$

由 (2.5.96) 式求解得到待定系数 $A_1$, $B_1$, $A_2$ 和 $B_2$，则可由 (2.5.88) 式计算柔性层法向位移的波函数 $\tilde{V}_z(z,\omega)$，进一步计算外场声辐射。但是应该注意到，(2.5.97) 和 (2.5.98) 给出的 $\tilde{P}_z(k,0)$ 和 $\tilde{P}_x(k,0)$ 积分表达式中也含有待定系数 $A_1$, $B_1$, $A_2$ 和 $B_2$，不能直接求解得到这些待定系数。为此，先由 (2.5.96) 式中的前两个方程，求解出 $A_1$ 和 $B_2$ 表达式：

$$A_1(k)=K_{10}(k)+K_{11}(k)B_1(k)+K_{12}(k)A_2(k) \tag{2.5.99}$$

$$B_2(k)=K_{20}(k)+K_{21}(k)B_1(k)+K_{22}(k)A_2(k) \tag{2.5.100}$$

式中,

$$K_{10}=\frac{T_{24}F_0}{T_{11}T_{24}-T_{14}T_{21}},\quad K_{11}=\frac{T_{14}T_{22}-T_{12}T_{24}}{T_{11}T_{24}-T_{14}T_{21}},\quad K_{12}=\frac{T_{14}T_{23}-T_{13}T_{24}}{T_{11}T_{24}-T_{14}T_{21}}$$

$$K_{20}=\frac{-T_{21}F_0}{T_{11}T_{24}-T_{14}T_{21}},\quad K_{21}=\frac{T_{11}T_{22}-T_{12}T_{21}}{T_{11}T_{24}-T_{14}T_{21}},\quad K_{22}=\frac{T_{11}T_{23}-T_{13}T_{21}}{T_{11}T_{24}-T_{14}T_{21}}$$

将 (2.5.99) 和 (2.5.100) 式代入 (2.5.96) 式中第三和第四行，可以得到 $B_1(k)$ 和 $A_2(k)$ 满足的第二类 Fredholm 积分方程：

$$F_{10}(k)+F_{11}(k)B_1(k)+F_{12}(k)A_2(k)$$
$$=\int_{-\infty}^{\infty}[f_{11}(k,k')B_1(k')+f_{12}(k,k')A_2(k')]g(k-k')\mathrm{d}k' \tag{2.5.101}$$

$$F_{21}(k)B_1(k)+F_{22}(k)A_2(k)$$
$$=\int_{-\infty}^{\infty}[f_{21}(k,k')B_1(k')+f_{22}(k,k')A_2(k')+f_{20}(k,k')]g(k-k')\mathrm{d}k' \tag{2.5.102}$$

式中，

$$F_{11}=T_{31}K_{11}+T_{34}K_{21}+T_{32},\quad F_{12}=T_{31}K_{12}+T_{34}K_{22}+T_{33}$$

$$F_{10}=T_{31}K_{10}+T_{34}K_{20},\quad F_{21}=T_{42},\quad F_{22}=T_{43}$$

$$f_{11}(k,k')=\frac{1}{2\pi}[\gamma_l(m_p\omega^2-D_pk^2k'^2)-kk'h_p\rho_1C_t^2\gamma_l]$$
$$f_{12}(k,k')=\frac{1}{2\pi}\left[\frac{\mathrm{i}k'h_p\rho_1C_t^2(k^2-\gamma_t^2)}{2}-\mathrm{i}k'(m_p\omega^2-D_pk^2k'^2)\right]$$
$$f_{21}(k,k')=\frac{1}{2\pi}\left[\left(m_p\omega^2-\frac{E_ph_pkk'}{1-\nu_p^2}\right)\left(\frac{\mathrm{i}k'h_p\gamma_l}{2}-\mathrm{i}k'K_{11}-\gamma_tK_{21}\right)\right]$$
$$f_{22}(k,k')=\left[\left(m_p\omega^2-\frac{E_ph_pkk'}{1-\nu_p^2}\right)\left(\frac{k'^2h_p}{2}-\mathrm{i}k'K_{12}-\gamma_tK_{22}\right)\right]$$
$$f_{20}(k,k')=\frac{1}{2\pi}\left[\left(m_p\omega^2-\frac{E_ph_pkk'}{1-\nu_p^2}\right)(-\mathrm{i}k'K_{10}-\gamma_tK_{20})\right]$$

由 (2.5.101) 和 (2.5.102) 式可见，弹性基板和柔性层中波数为 $k$ 的振动分量，产生于两种声波，一种是与激励力 $F_0$ 相关的项 $F_{10}(k)$，另一种是 $k$ 分量与 $k'$ 分量的耦合项，这种耦合是由信号调节板引起的，并取决于信号调节板参数。如果没有信号调节板，则 (2.5.101) 和 (2.5.102) 式中的 $g(k-k')$ 为零，相应地，这两式中右边项为零。

(2.5.101) 和 (2.5.102) 式可以采用前面 (2.5.38) 式的求解方法求解。为了联立求解，将它们表示为矩阵形式。

$$[C][B_1(k_1)\cdots B_1(k_N)A_2(k_1)\cdots A_2(k_N)]^{\mathrm{T}}=\{b\}\tag{2.5.103}$$

式中，

$$[C]=\begin{bmatrix}\boldsymbol{F}_{11}-\boldsymbol{R}_{11} & \boldsymbol{F}_{12}-\boldsymbol{R}_{12}\\ \boldsymbol{F}_{21}-\boldsymbol{R}_{21} & \boldsymbol{F}_{22}-\boldsymbol{R}_{22}\end{bmatrix},\quad \{b\}=\begin{Bmatrix}-\boldsymbol{F}_{10}\\ \boldsymbol{F}_{20}\end{Bmatrix}$$

其中，

$$\boldsymbol{F}_{11}=\mathrm{diag}(F_{11}(k_i)),\quad \boldsymbol{F}_{12}=\mathrm{diag}(F_{12}(k_i))$$
$$\boldsymbol{F}_{21}=\mathrm{diag}(F_{21}(k_i)),\quad \boldsymbol{F}_{22}=\mathrm{diag}(F_{22}(k_i)),\quad \boldsymbol{F}_{10}(k_n)=\boldsymbol{F}_{10}(k_n)(\text{列矢量})$$
$$\boldsymbol{R}_{11}(k_n,k_i)=\sum_i^N\lambda_if_{11}(k_n,k_i)g(k_n-k_i)$$
$$\boldsymbol{R}_{12}(k_n,k_i)=\sum_i^N\lambda_if_{12}(k_n,k_i)g(k_n-k_i)$$
$$\boldsymbol{R}_{21}(k_n,k_i)=\sum_i^N\lambda_if_{21}(k_n,k_i)g(k_n-k_i)$$
$$\boldsymbol{R}_{22}(k_n,k_i)=\sum_i^N\lambda_if_{22}(k_n,k_i)g(k_n-k_i)$$
$$\boldsymbol{R}_{20}(k_n,k_i)=\sum_i^N\lambda_if_{20}(k_n,k_i)g(k_n-k_i)$$

$$\boldsymbol{F}_{20}(k_n)=\sum_{i}^{N}\lambda_i R_{20}(k_n,k_i)(\text{列矢量})$$

这里，$\lambda_i$ 为加权系数。一旦求解得到 $A_2$ 和 $B_1$，可由 (2.5.99) 和 (2.5.100) 式计算 $A_1$ 和 $B_2$，再由 (2.5.88) 和 (2.5.77) 式计算柔性层和信号调节板的振动位移，并进一步计算声辐射。针对 1cm 厚的弹性基板和柔性层，长 0.4m 和厚 7.5mm 的信号调节板，文献 [49] 计算了声辐射功率及远近声场。柔性层纵波和横波声速分别取 $150\sqrt{1+0.1\mathrm{i}}$m/s 和 $50\sqrt{1+0.3\mathrm{i}}$m/s，信号调节板布置在激励力正上方和偏置在激励力一侧两种情况。计算结果表明，当信号调节板位于激励力正上方时，由于信号调节板对结构波的反射作用，声辐射功率明显降低，但与无限大信号调节板相比，局部信号调节板情况下，声辐射功率会在部分频率上出现峰值，峰值大小为 6~10dB。前面提到信号调节板使波数 $k$ 和 $k'$ 分量产生耦合，这种耦合会导致平板振动“再分布”，在某些频率上，“再分布”增加了平板振动的超音速波数分量，使得声辐射增强，参见图 2.5.8 和图 2.5.9；当信号调节板偏置

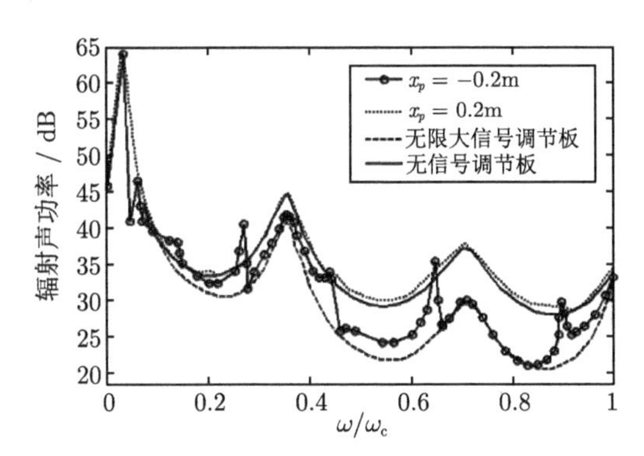


图 2.5.8 有/无信号调节板的无限大涂覆弹性平板声辐射功率比较

(引自文献 [49]，fig2)

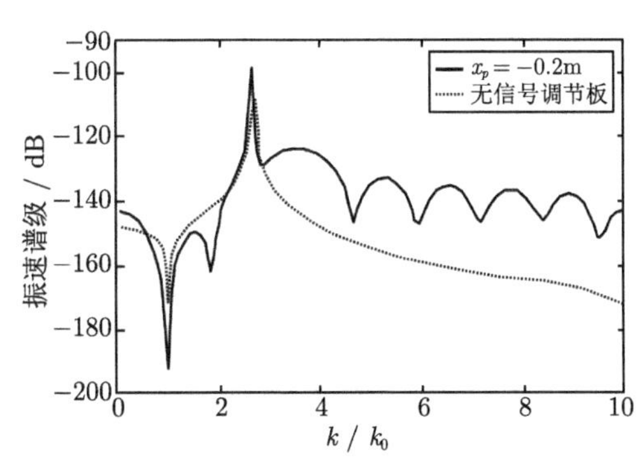


图 2.5.9 有/无信号调节板的无限大涂覆弹性平板超音速振速谱比较

(引自文献 [49]，fig5)

激励力位置时，信号调节板的结构波反射效应减弱，与没有信号调节板情况相比，声辐射功率只有微小的增加。在频率较低时 ($\omega/\omega_c < 0.1$)，信号调节板对声辐射功率的影响较小，远场辐射声压的计算结果也是如此，参见图 2.5.10。另外，信号调节板对近场声场的影响，也是限于其正上方的局部空间，对稍远处的声场影响不大。

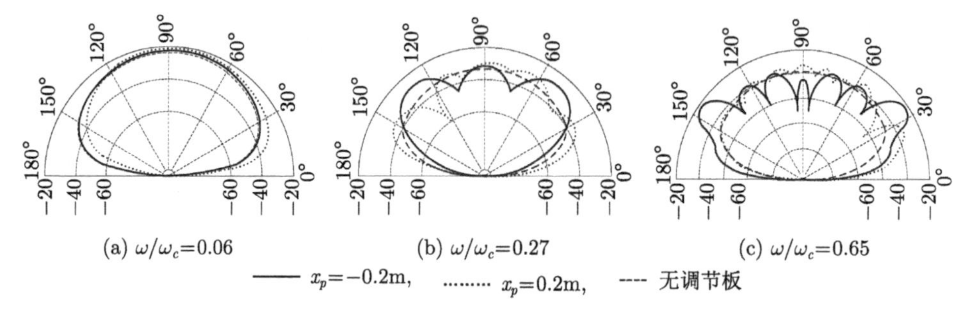


图 2.5.10　有/无信号调节板的无限大涂覆弹性平板远场声辐射方向性比较

(引自文献 [49]，fig6)

## 参 考 文 献

[1] Heckl M. Radiation from a point excited infinite large plate in water. Acustica, 1963, 13: 182.

[2] Junger M C. Vibration sound and their interaction. Cambridge: The MIT Press, 1972.

[3] Fahy F J. Structure-fluid interaction//Noise and Vibration. New York: Ellis Horwood Ltd, 1982.

[4] 郭敦仁. 数学物理方法. 北京：人民教育出版社, 1965.

[5] 何祚镛. 结构振动与声辐射. 哈尔滨: 哈尔滨工程大学出版社, 2001.

[6] Nayak P R. Line admittance of infinite fluid-loaded plates. J. Acoust. Soc. Am., 1970, 47(2): 191-201.

[7] Crighton D G. Force and moment admittance of plates under arbitrary fluid loading. J. Sound and Vibration, 1972, 20(2): 209-218.

[8] Graff K F. Wave motion in elastic solids. Oxford: Clarendon Press, 1975.

[9] Maidanik G. Influence of fluid loading on the radiation from infinite plate below the critical frequency. J. Acoust. Soc. Am., 1966, 40: 1034-1038.

[10] Ross D. Mechanics of underwater noise. Oxford: Pergramon Press, 1976.

[11] Thompson W Jr. Acoustic power radiated by an infinite plate excited by a concentrated moment. J. Acoust. Soc. Am., 1964, 36: 1488-1490.

[12] Andresen K. Underwater noise from ship hull. Inter. Confer. on Noise and Vibration in the Marine Environment, 1995: 1-22.

[13] Hannsen Su J, Vasudevan R. On the radiation efficiency of infinite plates subject to a point load in water. J. Sound and Vibration, 1997, 208(3): 441-455.

[14] Pathak A G, Stepanishen P R. Acoustic harmonic radiation from fluid-loaded infinite elastic plates using elasticity theory. J. Acoust. Soc. Am., 1993, 94(3): 1700-1710.

[15] Schroter V, Fahy F J. Point force excited vibrations of a thin, infinite panel separating a fluid layer from a fluid half-space. J. Sound and Vibration, 1981, 74(4): 465-476.

[16] Lin G F. Acoustic radiation from point excited rib-reinforced plate. J. Acoust. Soc. Am., 1977, 62(1): 72-83.

[17] Lyon R H. Sound radiation from a beam attached to a plate. J. Acoust. Soc. Am., 1962, 34(9): 1265-1268.

[18] Garrelick J M, Lin G F. Effect of the numbers of frames on sound radiated by fluid-loaded, frame stiffened plates. J. Acoust. Soc. Am., 1975, 58(2): 499-500.

[19] Cremer L, Heckl M. Structure-borne Sound. Berlin: Springer-Verlag, 1973.

[20] Maidanik G. The influence of fluid loaded on the radiation from orthotropic plates. J. Sound and Vibration, 1966, 3(3): 288-299.

[21] Feit D. Sound radiation from orthotropic plates. J. Acoust. Soc. Am., 1970, 47(1): 387-389.

[22] Troitsky M S. Stiffened plates bending, stability and vibration. Amsterdam: Elsevier Scientific Publishing Company, 1976.

[23] Magliula E A. Far-field approximation for a point-excited anisotropic plate. J. Acoust. Soc. Am., 2012, 131(6): 4535-4542.

[24] Warren W E. Low frequency power radiation from a flat plate into an acoustic fluid. J. Acoust. Soc. Am., 1975, 56(6): 1764-1769.

[25] Mead D J. An approximate theory for the sound radiation from a periodic line-supported plate. J. Sound and Vibration, 1978, 61(3): 315-326.

[26] Mace B R. Periodically stiffened fluid-loaded plates, I: Response to convected harmonic pressure and free wave propagation. J. Sound and Vibration, 1980, 73(4): 473-486.

[27] Eatwell G P, Butler D. The response of a fluid-loaded beam-stiffened plate. J. Sound and Vibration, 1982, 84(3): 371-388.

[28] Mace B R. Sound radiation from a plate reinforced by two sets of parallel stiffeners. J. Sound and Vibration, 1980, 71(3): 435-441.

[29] Mace B R. Sound radiation from fluid loaded orthogonally stiffened plates. J. Sound and Vibration, 1981, 79(3): 439-452.

[30] Cray B A. Acoustic radiation from periodic and sectionally aperiodic rib-stiffened plates. J. Acoust. Soc. Am., 1994, 95(1): 256-264.

[31] Takahashi D. Sound radiation from periodically connected double-plate structures. J. Sound and Vibration, 1983, 90(4): 541-557.

[32] Legault J, Atalla N. Sound transmission through a double panel structure periodically coupled with vibration insulation. J. Sound and Vibration, 2010, 329: 3082-3100.

[33] Brunskog J. The influence of finite cavities on the sound insulation of double-plate structures. J. Acoust. Soc. Am., 2005, 117(6): 3727-3739.

[34] 余晓丽. 声学覆盖层声阻抗测量方法及复合结构声反射预报研究. 哈尔滨: 哈尔滨工程大学硕士论文, 2006.

[35] Gonzalez M A. Analysis of a composite baffle. J. Acoust. Soc. Am., 1978, 64(5): 1509-1513.

[36] Ko S H. Flexural wave reduction using a compliant tube baffle. J. Acoust. Soc. Am., 1996, 99(2): 691-699.

[37] Junger M C. Water-borne sound insertion loss of a planar compliant-tube array. J. Acoust. Soc. Am., 1985, 78(3): 1010-1012.

[38] Ko S H. Flexural wave baffling by use of a viscoelastic material. J. Sound and Vibration, 1981, 75(3): 347-357.

[39] Ebenezer D D. Effect of multilayer and domes on hydrophone reponse. J. Acoust. Soc. Am., 1996, 99(4): 1883-1893.

[40] Ko S H. Signal pressure received by a hydrophone placed on a plate backed by a compliant baffle. J. Acoust. Soc. Am., 1991, 89(2): 559-564.

[41] Keltie R F. Signal response of elastically coated plates. J. Acoust. Soc. Am., 1998, 103(4): 1855-1863.

[42] Meirowitch L. Element of vibration analysis. New York: McGraw-Hill Book Company, 2nd ed. 1988.

[43] Hull A J, Welch J R. Elastic response of an acoustic coating on a rib-stiffened plate. J. Sound and Vibration, 2010, 329: 4192-4211.

[44] Skelton E A, James J H. Theoretical acoustics of underwater structures. London: Imperial College Press, 1997.

[45] Feit D, Cuschieri J M. Scattering of sound by a fluid-loaded plate with a distributed mass inhomogeneity. J. Acoust. Soc. Am., 1996, 99(5): 2686-2700.

[46] Cuschieri J M, Feit D. A hybrid numerical and analytical solution for the Green's function of a fluid-loaded elastic plate. J. Acoust. Soc. Am., 1994, 95(4): 1998-2005.

[47] Cuschieri J M, Feit D. Full numerical solution for the far-field and near-field scattering from a fluid-loaded elastic plate with distributed mass or stiffness inhomogeneity. J. Acoust. Soc. Am., 1998, 104(2): 915-925.

[48] Zhang Y, Pan J. Sound radiation from a fluid-loaded infinite plate with a patch. J. Acoust. Soc. Am., 2013, 133(1): 161-172.

[49] Zhang Y, Pan J. Underwater sound radiation from an elastically coated plate with a discontinuity introduced by a signal conditioning plate. J. Acoust. Soc. Am., 2013, 133(1): 173-185.

# 第 3 章　有限弹性板梁结构耦合振动和声辐射

无限大弹性平板声辐射计算模型，作为一种高频近似，无法反映有限结构振动模态共振的声辐射特性，考虑到实际船舶及飞机和车辆壳板由舱壁、肋板等加强构件分割为一个个单元，每个单元近似于矩形板。许多实际工程结构的几何形状为圆柱壳或近似圆柱形，在环频率以上频段，声波波长小于圆柱壳周长，此时往往将圆柱壳划分为矩形板，并由矩形板声场模拟圆柱壳的声辐射，这种处理方法的合理性和适用性如何呢？Graham[1] 认为圆柱壳半径远大于声波波长且单元宽度小于圆柱壳半径时，圆柱壳可以采用平板单元模拟计算其声辐射。因此，矩形板声辐射问题是声弹性研究的一个基本内容，也是最典型的一种计算模型，其结构不仅能够较全面地反映有限弹性结构声辐射的特征，而且能够作为一个基本解近似合成计算复杂结构的声辐射。

矩形弹性板声辐射计算模型分为两种情况，其一，弹性矩形板镶嵌在无限大声障板上，声障分为刚性障板、柔性障板和阻抗障板；其二，矩形板没有镶嵌在声障板上。本章重点介绍无限大声障板上简支弹性矩形板、任意边界弹性矩形板、弹性加肋矩形板、敷设黏弹性层和夹心矩形板及表面流动状态下弹性矩形板的耦合振动与声辐射，还有无声障板矩形弹性板及弹性梁的耦合振动与声辐射。

## 3.1　简支边界弹性矩形板耦合振动及声辐射

镶嵌在无限大刚性声障板上且一面有流体负载的简支矩形板，是最典型的弹性矩形板耦合振动和声辐射模型。Davies[2] 采用模态叠加法，由矩形板在真空中的模态函数展开振动位移，联合求解矩形板振动方程和 Layleigh 积分方程，得到每个模态和多模态平均的耦合振动、声辐射功率和辐射阻抗。Junger[3], Blake[4], Fahy[5] 也在他们的专著中对无限大声障板上矩形板的声辐射作过系统和全面的概括。河边宽 [6] 和 Andresen[7] 采用矩形平板模型预报船体振动产生的水下噪声。

考虑一矩形板，其长、宽分别为 $l_x, l_y$，厚度为 $h$，镶嵌在无限大刚性声障板上，其一面为真空，另一面为半无限水介质，特征声阻抗为 $\rho_0 C_0$，一个简谐点力作用在矩形板上，参见图 3.1.1。

在时间简谐变化情况下，矩形弹性板小振幅弯曲振动方程为

$$D\nabla^4 W - \mathrm{i}\omega c_d W - \omega^2 m_s W = -p + f \tag{3.1.1}$$

式中，$D, c_d, m_s$ 分别为矩形弹性板的弯曲刚度、阻尼系数和面密度，$p$ 和 $f$ 分别为作用在矩形弹性板上的声压和激励力。

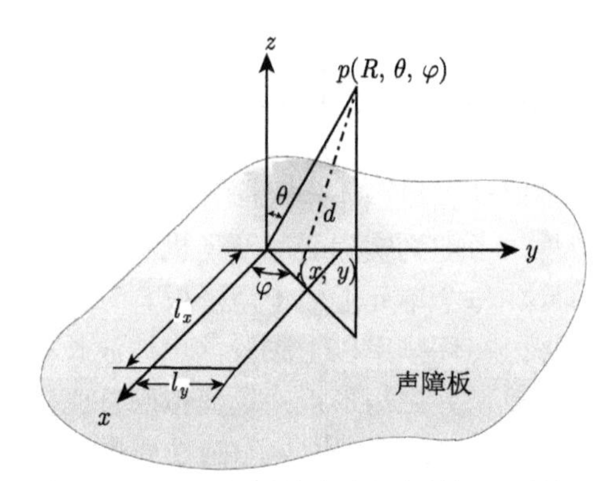


图 3.1.1 无限大刚性声障板上的矩形弹性板

当作用力为零时，矩形弹性板的自由振动方程为

$$D\nabla^4 W - \omega^2 m_s W = 0 \tag{3.1.2}$$

在简支边界条件下：

$$W|_{x=0,l_x} = 0; \quad \left.\frac{\partial^2 W}{\partial x^2}\right|_{x=0,l_x} = 0 \tag{3.1.3}$$

$$W|_{y=0,l_y} = 0; \quad \left.\frac{\partial^2 W}{\partial y^2}\right|_{y=0,l_y} = 0 \tag{3.1.4}$$

矩形弹性板自由振动的模态频率和模态函数解分别为

$$\omega_{mn} = \sqrt{\frac{D}{m_s}}\left[\left(\frac{m\pi}{l_x}\right)^2 + \left(\frac{n\pi}{l_y}\right)^2\right] \tag{3.1.5}$$

$$\varphi_{mn} = N_{mn} \sin\frac{m\pi x}{l_x} \sin\frac{n\pi y}{l_y} \tag{3.1.6}$$

式中，$N_{mn} = 2/\sqrt{l_x l_y}$ 为归一化系数。

弯曲振动模态是弹性平板中弯曲波在边界上反射并满足相位匹配条件而形成的，即弯曲波在弹性平板中传播一个往返过程所移动的相位加上边界反射的相移等于 $2\pi$ 的整数倍，这时到达弹性平板上任一点的各次反射波同相叠加，形成稳定的空间分布。振动模态的特性取决于弹性平板的几何形状和材料参数及边界条件。

利用矩形板自由振动的模态函数，由模态叠加法求解矩形板强迫振动方程 (3.1.1) 式。设矩形板弯曲振动位移为

$$W=\sum_{m,n}W_{mn}\varphi_{mn}\left(x,y\right) \tag{3.1.7}$$

将 (3.1.7) 式代入 (3.1.1) 式，再在方程两边同乘以模态函数 $\varphi_{mn}\left(x,y\right)$ 并积分，利用模态函数的正交归一性：

$$\int_0^{l_x}\int_0^{l_y}\left|\varphi_{mn}\left(x,y\right)\right|^2\mathrm{d}x\mathrm{d}y=\begin{cases}1, & m=n\\ 0, & m\neq n\end{cases} \tag{3.1.8}$$

可得弹性矩形板的模态振动方程为

$$m_s\left(\omega_{mn}^2-\mathrm{i}\eta_s\omega\omega_{mn}-\omega^2\right)W_{mn}=-p_{mn}+f_{mn} \tag{3.1.9}$$

其中，$\eta_s$ 为结构阻尼因子，$\eta_s=c_d/\omega_{mn}m_s$；$f_{mn}$ 和 $p_{mn}$ 为模态广义力和模态声压，表达式分别为

$$f_{mn}=\int_0^{l_x}\int_0^{l_y}f\varphi_{mn}\left(x,y\right)\mathrm{d}x\mathrm{d}y \tag{3.1.10}$$

$$p_{mn}=\int_0^{l_x}\int_0^{l_y}p\varphi_{mn}\left(x,y\right)\mathrm{d}x\mathrm{d}y \tag{3.1.11}$$

定义 $Z_{mn}^p=m_s\left(\omega_{mn}^2-\mathrm{i}\eta_s\omega\omega_{mn}-\omega^2\right)$ 为矩形弹性板的模态阻抗。如果不考虑外声场的耦合作用，由 (3.1.9) 式可得矩形板的模态振动位移为

$$W_{mn}=\frac{f_{mn}}{Z_{mn}^p} \tag{3.1.12}$$

由 (3.1.12) 式可见，对于每一个模态而言，其振动特性与单质点弹簧振子一样。

实际上，矩形板受激振动产生的辐射声场反作用于矩形板，使矩形板振动和辐射声场相互耦合。为了求解矩形板的耦合振动及其声辐射，需要在上半空间求解波动方程。设声压为简谐时间变化，满足 Helmohltz 方程

$$\left(\nabla^2+k_0^2\right)p\left(x,y,z\right)=0 \tag{3.1.13}$$

以及边界条件：

$$\left.\frac{\partial p}{\partial z}\right|_{z=0}=\begin{cases}p_0\omega^2w(x,y) & 0\leqslant x<l_x,\quad 0\leqslant y\leqslant l_y\\ 0, & \text{其余}\end{cases} \tag{3.1.14}$$

对 (3.1.13) 式作二维 Fourier 变换

$$\tilde{p}\left(k_x,k_y,z\right)=\int_{-\infty}^{\infty}\int_{-\infty}^{\infty}p\left(x,y,z\right)\mathrm{e}^{-\mathrm{i}\left(k_xx+k_yy\right)}\mathrm{d}x\mathrm{d}y \tag{3.1.15}$$

得到

$$\frac{\partial^2 \tilde{p}}{\partial z^2}+\left(k_0^2-k_x^2-k_y^2\right)\tilde{p}=0 \tag{3.1.16}$$

考虑到半无限空间没有反射声波，求解 (3.1.16) 式的声场解为

$$\tilde{p}=A\mathrm{e}^{\mathrm{i}k_z z} \tag{3.1.17}$$

式中，$A$ 为待定常数，$k_z$ 为 $z$ 方向波数，$k_z=\left(k_0^2-k_x^2-k_y^2\right)^{1/2}$。利用边界条件 (3.1.14) 式，可确定待定常数 $A$, 代入 (2.4.17) 式，则有

$$\tilde{p}\left(k_x,k_y,z\right)=\frac{-\mathrm{i}\rho_0\omega^2\tilde{W}}{\sqrt{k_0^2-k_x^2-k_y^2}}\mathrm{e}^{\mathrm{i}\sqrt{k_0^2-k_x^2-k_y^2}z} \tag{3.1.18}$$

由 (3.1.18) 式作 Fourier 逆变换，得到矩形板的辐射声压

$$p\left(x,y,z\right)=\frac{-\mathrm{i}\rho_0\omega^2}{4\pi^2}\int_{-\infty}^{\infty}\int_{-\infty}^{\infty}\frac{\tilde{W}\left(k_x,k_y\right)}{\sqrt{k_0^2-k_x^2-k_y^2}}\mathrm{e}^{\mathrm{i}\left(k_x x+k_y y\right)+\mathrm{i}\sqrt{k_0^2-k_x^2-k_y^2}z}\mathrm{d}k_x\mathrm{d}k_y \tag{3.1.19}$$

这里 $\tilde{W}\left(k_x,k_y\right)$ 为 $W\left(x,y\right)$ 的 Fourier 变换系数，即

$$\tilde{W}\left(k_x,k_y\right)=\int_0^{l_x}\int_0^{l_y}W\mathrm{e}^{-\mathrm{i}\left(k_x x+k_y y\right)}\mathrm{d}x\mathrm{d}y \tag{3.1.20}$$

在 (3.1.19) 式中令 $z=0$，并代入 (3.1.11) 式，得到作用在矩形弹性板上的模态声压：

$$p_{mn}=\frac{-\mathrm{i}\rho_0\omega^2}{4\pi^2}\int_0^{l_x}\int_0^{l_y}\int_{-\infty}^{\infty}\int_{-\infty}^{\infty}\frac{\tilde{W}\varphi_{mn}}{\sqrt{k_0^2-k_x^2-k_y^2}}\mathrm{e}^{-\mathrm{i}\left(k_x x+k_y y\right)}\mathrm{d}x\mathrm{d}y\mathrm{d}k_x\mathrm{d}k_y \tag{3.1.21}$$

将 (3.1.7) 式代入 (3.1.20) 式，再代入 (3.1.21) 式，整理后可得矩形板模态声压与模态位移的关系：

$$p_{mn}=-\mathrm{i}\omega\sum_{pq}Z_{mnpq}^{a}W_{pq} \tag{3.1.22}$$

式中，$Z_{mnpq}^{a}$ 为矩形弹性板模态声辐射阻抗，其表达式为

$$Z_{mnpq}^{a}=R_{mnpq}-\mathrm{i}X_{mnpq}=\frac{\rho_0 C_0}{4\pi^2}\int_{-\infty}^{\infty}\int_{-\infty}^{\infty}\frac{\tilde{\varphi}_{mn}\left(k_x,k_y\right)\tilde{\varphi}_{pq}^{*}\left(k_x,k_y\right)}{\left[1-\left(k_x/k_0\right)^2-\left(k_y/k_0\right)^2\right]^{1/2}}\mathrm{d}k_x\mathrm{d}k_y \tag{3.1.23}$$

其中，$*$ 号表示共轭，$\tilde{\varphi}_{mn}(k_x,k_y)$ 为模态函数 $\varphi_{mn}(x,y)$ 的 Fourier 变换量，称为模态波函数，其定义为

$$\tilde{\varphi}_{mn}(k_x,k_y)=\int_0^{l_x}\int_0^{l_y}\varphi_{mn}\mathrm{e}^{-\mathrm{i}(k_x x+k_y y)}\mathrm{d}x\mathrm{d}y \tag{3.1.24}$$

对于简支矩形板，将 (3.1.6) 式代入 (3.1.24) 式，容易得到

$$\tilde{\varphi}_{mn}(k_x,k_y)=\frac{2k_m k_n}{l_x l_y\left(k_x^2-k_m^2\right)\left(k_y^2-k_n^2\right)}\left[(-1)^m\mathrm{e}^{-\mathrm{i}k_x l_x}-1\right]\left[(-1)^n\mathrm{e}^{-\mathrm{i}k_y l_y}-1\right] \tag{3.1.25}$$

再将 $\tilde{\varphi}_{mn}$ 的表达式 (3.1.25) 式代入 (3.1.23) 式，并考虑到被积函数的奇偶性，可得简支矩形弹性板的模态声辐射阻抗：

$$Z_{mnpq}^a=\begin{cases}\dfrac{64\rho_0 C_0}{\pi^2 l_x l_y}\displaystyle\int_0^{\infty}\int_0^{\infty}I_{mnpq}\sin^2\frac{l_x}{2}(k_x-k_m)\sin^2\frac{l_y}{2}\left(k_y^2-k_n^2\right)\\ \left[1-\left(\dfrac{k_x}{k_0}\right)^2-\left(\dfrac{k_y}{k_0}\right)^2\right]^{-1/2}\mathrm{d}k_x\mathrm{d}k_y, \quad (m,p)(n,q)\text{同时为偶数或奇数}\\ 0, \quad \text{其他}\end{cases} \tag{3.1.26}$$

式中，$I_{mnpq}=k_m k_n k_p k_q\left[\left(k_x^2-k_m^2\right)\left(k_y^2-k_n^2\right)\left(k_x^2-k_p^2\right)\left(k_y^2-k_q^2\right)\right]^{-1}$，$k_m=m\pi/l_x$，$k_n=n\pi/l_y$，$k_p=p\pi/l_x$，$k_q=q\pi/l_y$。

矩形板的模态声辐射阻抗，不仅有表征模态辐射声压对自身模态作用的模态自辐射阻抗，而且还有表征模态辐射声压对其他模态作用的模态互辐射阻抗。但是并不是所有模态声压之间都有相互作用，只有模态数奇偶性相同的模态之间才有相互作用，这说明了模态的空间耦合关系。一般来说，模态互辐射阻抗小于模态自辐射阻抗。

如果将模态声辐射阻抗 $Z_{mnpq}^a$ 表示为

$$Z_{mnpq}^a=\rho_0 C_0\sigma_{mnpq}-\mathrm{i}\omega m_{mnpq} \tag{3.1.27}$$

式中，$\sigma_{mnpq}$ 为模态辐射效率，$m_{mnpq}$ 为模态附加质量。

将 (3.1.27) 式代入 (3.1.22) 式，再代入 (3.1.9) 式，得到矩形弹性板耦合振动模态方程

$$Z_{mn}^p W_{mn}-\mathrm{i}\omega\sum_{pq}\left[\rho_0 C_0\sigma_{mnpq}-\mathrm{i}\omega m_{mnpq}\right]W_{pq}=f_{mn} \tag{3.1.28}$$

(3.1.28) 式是矩形弹性板振动与辐射声场耦合的线性方程组，可以直接求解。为了便于进一步讨论其物理意义，在 (3.1.28) 式中忽略模态互辐射阻抗，则有

$$Z_{mn}^p W_{mn}+\left(-\mathrm{i}\omega\rho_0 C_0\sigma_{mn}-\omega^2 m_{mn}\right)W_{mn}=f_{mn} \tag{3.1.29}$$

进一步可得

$$W_{mn} = \frac{f_{mn}}{(m_s + m_{mn})(\omega_{mnF}^2 - \omega^2) - \mathrm{i} m_s \omega \omega_{mn} \eta_T} \tag{3.1.30}$$

式中，$\omega_{mnF}^2 = \omega_{mn}^2 m_s/(m_s + m_{mn})$ 为湿模态频率，$\eta_T = \eta_s + \rho_0 C_0 \sigma_{mn}/m_s\omega_{mn} = \eta_s + \eta_a$，其中，$\eta_a = \rho_0 C_0 \sigma_{mn}/m_s \omega_{mn}$ 为模态辐射阻尼。

由 (3.1.30) 式可见，忽略模态互阻抗后，弹性矩形板模态耦合振动的解与真空中的模态振动解在形式上完全一样，所不同的是耦合振动的模态质量、模态频率和阻尼都变化了。耦合振动时，弹性矩形板的质量不仅是其本身的质量，还有附加的模态质量，阻尼项也有两部分组成，即结构阻尼和辐射阻尼。在水介质中辐射阻尼往往大于结构阻尼，尤其对于奇数阶模态，模态辐射效率大，相应的辐射阻尼也大。由于附加质量的影响，湿模态频率 $\omega_{mnF}$ 小于干模态频率 $\omega_{mn}$，对于薄板，模态频率可降低 20%~50%，视具体情况而定。

前面已经推导得到了矩形板的耦合振动位移，进一步可计算矩形板的远场辐射声场。矩形板镶嵌在无限大刚性声障板上，其辐射声场可采用瑞利公式计算：

$$p = \frac{-\rho\omega^2}{2\pi} \int_0^{l_x} \int_0^{l_y} \frac{W(x,y)\,\mathrm{e}^{\mathrm{i}k_0 d}}{d} \mathrm{d}x\mathrm{d}y \tag{3.1.31}$$

式中，$d$ 为场点到源点的距离，考虑到源点坐标为 $(x, y)$，场点坐标为 $(R\sin\theta\cos\varphi, R\sin\theta\sin\varphi, R\cos\theta)$，由几何关系可得

$$d^2 = (R\sin\theta\cos\varphi - x)^2 + (R\sin\theta\sin\varphi - y)^2 + R^2\cos^2\theta$$

当 $R \gg x$，$R \gg y$ 时，可近似得到

$$d \approx R - x\sin\theta\cos\varphi - y\sin\theta\sin\varphi \tag{3.1.32}$$

将 (3.1.7) 和 (3.1.32) 式代入 (3.1.31) 式，并考虑到 (3.1.24) 式，可以推导得到弹性矩形板远场模态辐射声压：

$$p_{mn} = \frac{\mathrm{i}\rho_0 C_0 k_0}{2\pi R} \tilde{\varphi}_{mn}(k_0\sin\theta\cos\varphi, k_0\sin\theta\sin\varphi)\,\mathrm{e}^{\mathrm{i}k_0 R} v_{mn} \tag{3.1.33}$$

式中，$v_{mn}$ 为矩形板模态振速，$\tilde{\varphi}_{mn}$ 为模态波函数，其具体形式已在 (3.1.24) 式中给出。

由 (3.1.33) 及 (3.1.25) 式可知，当 $k_x = \pm k_m$ 和 $k_y = \pm k_n$ 时，模态声辐射取最大值，考虑到 $k_x = k_0\sin\theta\cos\varphi$ 和 $k_y = k_0\sin\theta\sin\varphi$，相应的场点方向 $\tan\varphi = \pm k_n/k_m$ 称为模态吻合角，在此方向上，模态声辐射最大。

利用远场声辐射表达式，通过半球面积分，可以计算弹性矩形板声辐射功率，另外，也可以采用辐射声阻抗计算声辐射功率。为此，由 (3.1.7) 式作 Fourier 变换，得到

$$\tilde{W}(k_x,k_y,\omega)=\sum_{mn}W_{mn}\tilde{\varphi}_{mn}(k_x,k_y) \tag{3.1.34}$$

在矩形板表面，由 (3.1.19) 式可得矩形板受到的声压作用为

$$p(x,y,0)=\frac{-\mathrm{i}\rho_0\omega^2}{4\pi^2}\int_{-\infty}^{\infty}\int_{-\infty}^{\infty}\frac{\tilde{W}(k_x,k_y,\omega)}{\sqrt{k_0^2-k_x^2-k_y^2}}\mathrm{e}^{\mathrm{i}(k_xx+k_yy)}\mathrm{d}k_x\mathrm{d}k_y \tag{3.1.35}$$

根据声辐射功率的定义：

$$P=\frac{1}{2}\int\mathrm{Re}\{pv^*\}\,\mathrm{d}x\mathrm{d}y \tag{3.1.36}$$

式中，$v$ 为矩形弹性板振动速度。

将 (3.1.34) 式代入 (3.1.35) 式，再代入 (3.1.36) 式，同时考虑 (3.1.7) 式，得到

$$\begin{aligned}P=\frac{1}{2}\int\mathrm{Re}\bigg\{&\frac{\rho_0\omega^3}{4\pi^2}\sum_{mn}\sum_{pq}\int_{-\infty}^{\infty}\int_{-\infty}^{\infty}\frac{\tilde{\varphi}_{mn}(k_x,k_y)W_{mn}}{\sqrt{k_0^2-k_x^2-k_y^2}}\\&\times\mathrm{e}^{\mathrm{i}(k_xx+k_yy)}W_{pq}^*\varphi_{pq}(x,y)\,\mathrm{d}x\mathrm{d}y\bigg\}\mathrm{d}k_x\mathrm{d}k_y\end{aligned} \tag{3.1.37}$$

考虑到声辐射阻抗的表达式 (3.1.23) 式及 (2.4.24) 式，(3.1.37) 式简化为

$$P=\frac{1}{2}\omega^2\sum_{mn}\sum_{pq}W_{mn}\mathrm{Re}[Z_{mnpq}]W_{pq}^* \tag{3.1.38}$$

由 (3.1.30) 式求解得到弹性矩形板的耦合振动模态位移，利用模态波函数，可由 (3.1.23) 式计算矩形弹性板的模态声辐射阻抗，再由 (3.1.38) 计算弹性矩形板声辐射功率。这里先讨论模态波函数和模态声辐射阻抗的基本特性以及它们与声辐射的关系。注意到，(3.1.24) 式定义的模态波函数是一个重要的概念，其特征可以表征结构振动与辐射声场的空间耦合关系。作为一个特例，考虑某个一维模态，我们知道，在激励频率等于此模态频率的情况下，这个模态产生共振振动，相应地产生声辐射，但不同模态在共振状态下的声辐射与模态的形状密切相关，从模态波函数可以看出不同模态产生不同声辐射的原因。简化 (3.1.23) 和 (3.1.38) 式，并考虑到模态辐射声能应该满足条件 $k_x<k_0$，因而可以得到单个一维模态的声辐射功率表达式

$$P_m = \frac{\omega^2 k_0 \rho_0 C_0}{4\pi} \left|W_m\right|^2 \int_{-k_0}^{k_0} \frac{\left|\tilde{\varphi}_m\left(k_x\right)\right|^2}{\left[k_0^2 - k_x^2\right]^{1/2}} \mathrm{d}k_x \tag{3.1.39}$$

由 (3.1.39) 式可见，模态声辐射功率与模态波函数幅度平方值 $\left|\tilde{\varphi}_m\left(k_x\right)\right|^2$ 有关，且只有 $k_x < k_0$ 的波数分量能够有效辐射声能。典型的模态波函数幅度平方值见图 3.1.2，当 $k_x = m\pi/l_x$ 时，波函数有一个主瓣峰值，峰值的幅度及其宽度只与矩形板尺度 $l_x$ 有关，而与模态数 $m$ 无关。对于给定的模态，激励频率增加，能够辐射声能的波数分量增加，图中阴影部分面积增加，相应的声辐射效率提高，当声波数接近模态波数时，波函数主瓣将包含在阴影面积之内，声辐射显著增加，相应的声辐射效率趋于 1。从波数图上看，能够有效辐射声能的波数分量越宽，声辐射效率越高。如果两块矩形板的长和宽尺寸及材料相同，但厚度不一样。对于某个模态，这两块矩形板的模态波长一样，但在模态共振条件下，它们的共振频率不一样，厚板的激励频率高于薄板的激励频率，相应地，厚板能够有效辐射声能的波数分量大于薄板，也就是说，厚板的声辐射效率高于薄板，参见图 3.1.3。同样，矩形板材料相同、厚度相同，但面积不同，声辐射也有可能接近。

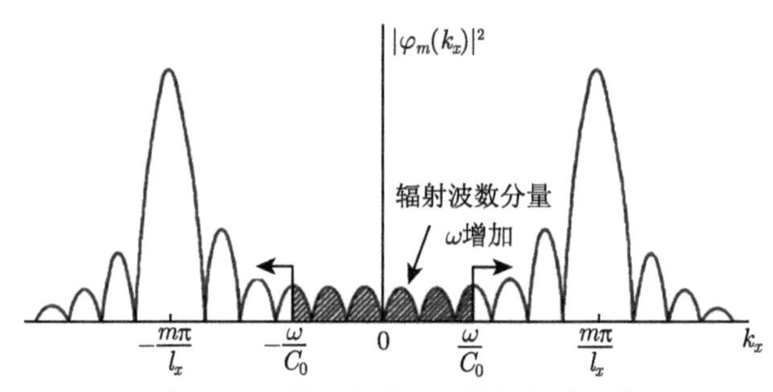


图 3.1.2　模态振速波函数幅度平方值

(引自文献 [5], fig3.21)

考虑简支矩形弹性板多个模态时，在二维波数图上，模态位于 $k_x = m\pi/l_x$ 和 $k_y = n\pi/l_y$ 的交点，将所有模态分为四种情况：其一，$k_0 < m\pi/l_x, k_0 < n\pi/l_y$，其二，$k_0 > m\pi/l_x, k_0 < n\pi/l_y$；其三，$k_0 < m\pi/l_x, k_0 > n\pi/l_y$；其四，$k_0 > m\pi/l_x$, $k_0 > n\pi/l_y$。按照前面的分析，只有在满足 $k_x^2 + k_y^2 < k_0^2$ 的圆弧内的波数分量才有效辐射声能，参见图 3.1.4。考虑到弹性板模态波数与弯曲波数 $k_f$ 满足关系 $k_m^2 + k_n^2 = k_f^2$，而 $k_m^2 + k_n^2 < k_0^2$ 对应于模态弯曲波速大于声波速，这些模态称之为“声快模态”，否则为“声慢模态”。我们知道，矩形板模态波数 $k_m$ 和 $k_n$ 对应的模态波长为 $\lambda_m = 2\pi/k_m = 2l_x/m$, $\lambda_n = 2\pi/k_n = 2l_y/n$。不同激励频率对应的声波波长 $\lambda$ 与模态波长的比值不同，矩形板的声辐射特性有很大的差别。当

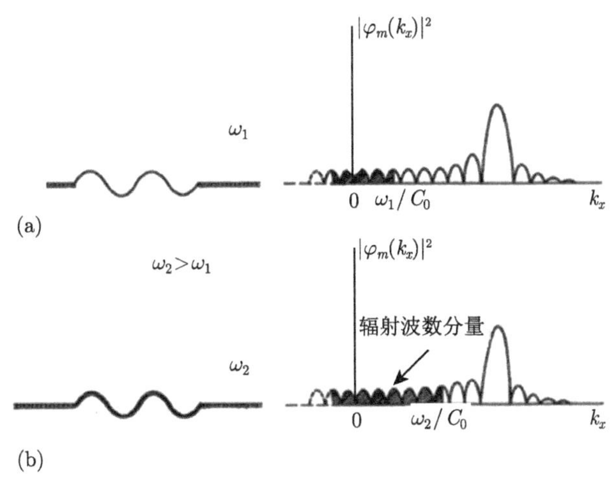


图 3.1.3 不同厚度矩形板声辐射波数分量比较

(引自文献 [5], fig3.24)

$k_0 \ll k_m$, $k_0 \ll k_n$ 时，波数图上模态波函数的主瓣分量不属于辐射分量，参见图 3.1.5，此时有 $\lambda \gg \lambda_m$, $\lambda \gg \lambda_n$，即声波波长远大于模态波长，一个声波波长内可能包含几个模态波长，且声波速大于弯曲波速，在一个波动周期内，模态的相邻反相振动有足够长的时间迁移声介质，使相应的声辐射效果相互抵消，只有边角上模态振动的声辐射得以保留，形成角辐射模式；当 $k_0 \gg k_m$, $k_0 \ll k_n$ 时，波数图上 $y$ 方向的模态波函数主瓣分量不属于辐射分量，$x$ 方向的模态波函数主瓣分量属于辐射分量，参见图 3.1.6 和图 3.1.7，此时有 $\lambda \ll \lambda_m$, $\lambda \gg \lambda_n$，相应在 $y$ 方向上声波波长远大于模态波长，模态相邻反相振动的声辐射相互抵消，只有 $x$ 方向上声波波长小于模态波长，在一个波动周期内模态的相邻振动没有足够的时间迁移声介质，使得沿 $x$ 方向的两个边上的声辐射没有相互抵消，因而产生边辐射模式。同样，当 $k_0 \ll k_m$, $k_0 \gg k_n$ 时，波数图上 $y$ 方向的模态波函数主瓣分量属于辐射分量，$x$ 方向的模态波函数主瓣分量不属于辐射分量，参见图 3.1.6 和图 3.1.7，此时有 $\lambda \gg \lambda_m$, $\lambda \ll \lambda_n$，则沿 $y$ 方向的两个边上的声辐射没有相互抵消，也产生边辐射模式。当 $k_0 \gg k_m$, $k_0 \gg k_n$ 时，波数图上 $x$ 和 $y$ 方向的模态波函数主瓣分量都属于辐射分量，此时 $\lambda \ll \lambda_m$, $\lambda \ll \lambda_n$，且声波速小于弯曲波速，$x$ 和 $y$ 方向上模态振动的声辐射都没有抵消，矩形板辐射为面模式，参见图 3.1.5。弹性矩形板的声辐射以角辐射模式、边辐射模式还是以面辐射模式为主，取决于激励频率和结构参数。激励频率越高，对应的声波数越大，参与有效声辐射的面模式数量越多，面辐射对应的激励频率接近吻合频率。应该说，低阶模态的模态波长大，更容易实现面辐射条件，因而对矩形板声辐射起决定性的作用。

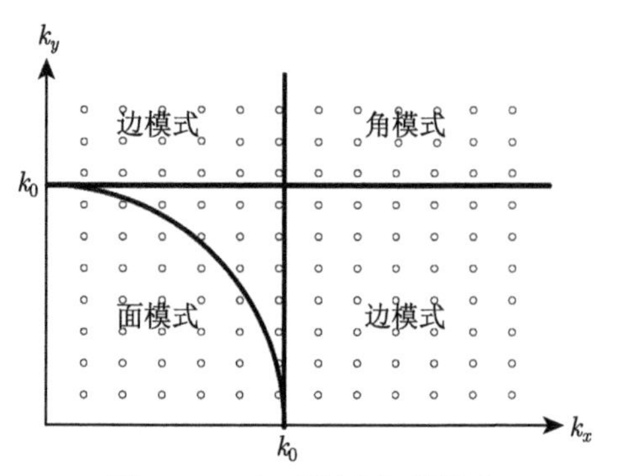


图 3.1.4　矩形板声辐射模式

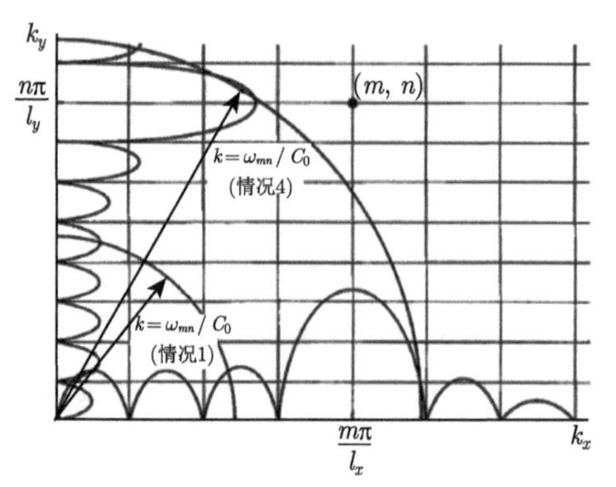


图 3.1.5　矩形板角辐射和面辐射模式的波数图

(引自文献 [5], fig3.27)

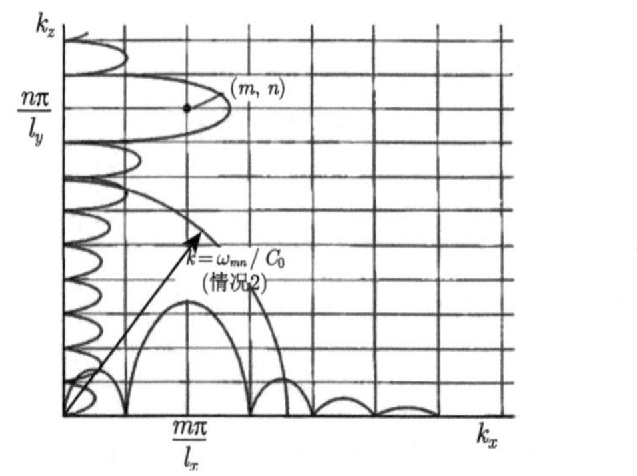


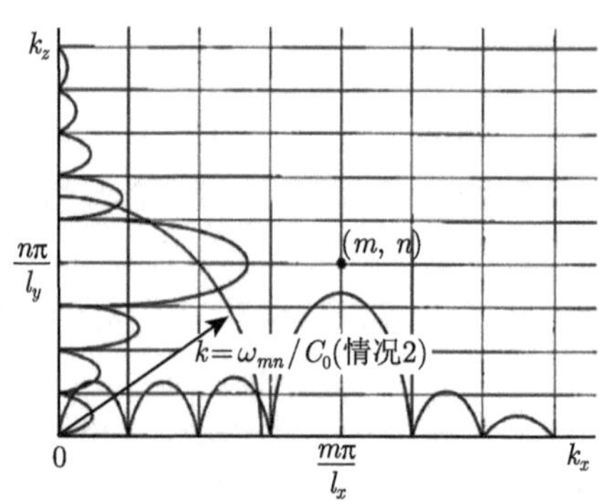


图 3.1.6　矩形板边辐射模式的波数图

(引自文献 [5], fig3.27)

矩形板耦合振动计算需要重点考虑其声辐射阻抗，Lomas 和 Hayek[8] 依据 (3.1.26) 式，采用数值方法计算了不同长宽比简支弹性矩形板的归一化模态辐射阻

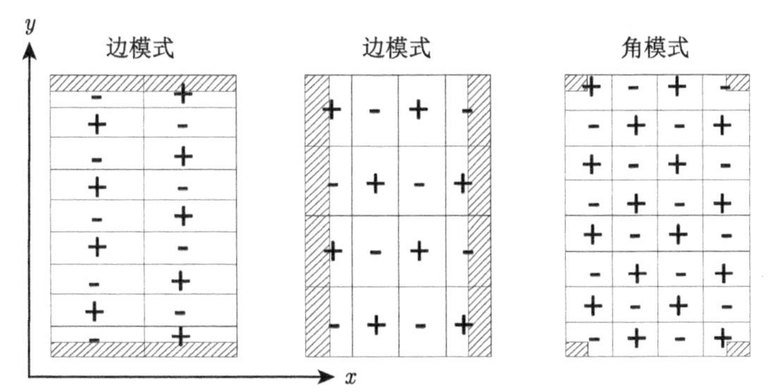


图 3.1.7 矩形板声辐射模式及未抵消的声辐射区域

(引自文献 [5], fig3.28)

和模态辐射抗随无量纲波数的变化，图 3.1.8 和图 3.1.9 给出了 $l_y/l_x=0.5$ 的矩形板归一化模态自辐射阻和自辐射抗，图 3.1.10 和图 3.1.11 为归一化的模态互辐射阻和互辐射抗。由这些图可见，在接近吻合频率的高频段，模态自辐射阻趋于 $\rho_0C_0$，在低频段，模态声辐射基本上都是角模式，模态自辐射阻的大小取决于模态的奇偶性，奇数–奇数模态的声辐射类似单极子，而奇数–偶数模态的声辐射类似偶极子，后者比前者的自辐射阻小 30dB 左右，偶数–偶数模态的声辐射类似四极子，其自辐射阻又比奇数–偶数模态小 30dB 左右。注意到图 3.1.8 左图中，虽然模态数不同，但在给定的几何尺寸情况下，两个模态的自辐射阻一样。在 $k_0/\sqrt{k_m^2+k_n^2}<1$ 情况下，归一化自辐射抗大致等于 $k_0/\sqrt{k_m^2+k_n^2}$，而当 $k_0/\sqrt{k_m^2+k_n^2}>1$ 时，归一化自辐射抗为零。不同于模态自辐射阻，模态自辐射抗随模态奇偶性的变化不大。模态互辐射阻抗表征了模态与模态相互作用的大小及其对声辐射效率和附加质量的影响，不仅有表示声能辐射输出的正值，还有表示声能输入的负值，图 3.1.10 中实线为正值，虚线为负值，并在 $k_0/\sqrt{k_m^2+k_n^2}=1$ 频率附近改变正负号。在

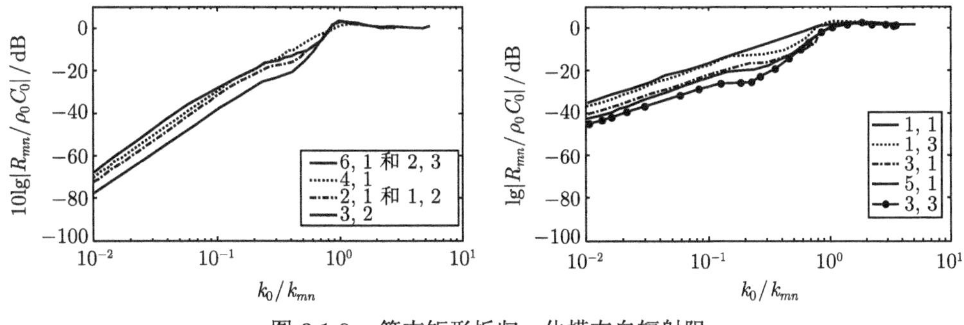


图 3.1.8 简支矩形板归一化模态自辐射阻

(引自文献 [8], fig4)

低频段，两个模态的互辐射阻与这两个模态的自辐射阻的大小相近，而在高频段，归一化互辐射阻明显小于 1。模态互辐射抗同样有正值和负值，图 3.1.11 中实线为正值，虚线为负值，在低频段两个模态的互辐射抗与这两个模态的自辐射抗小 5 倍左右。

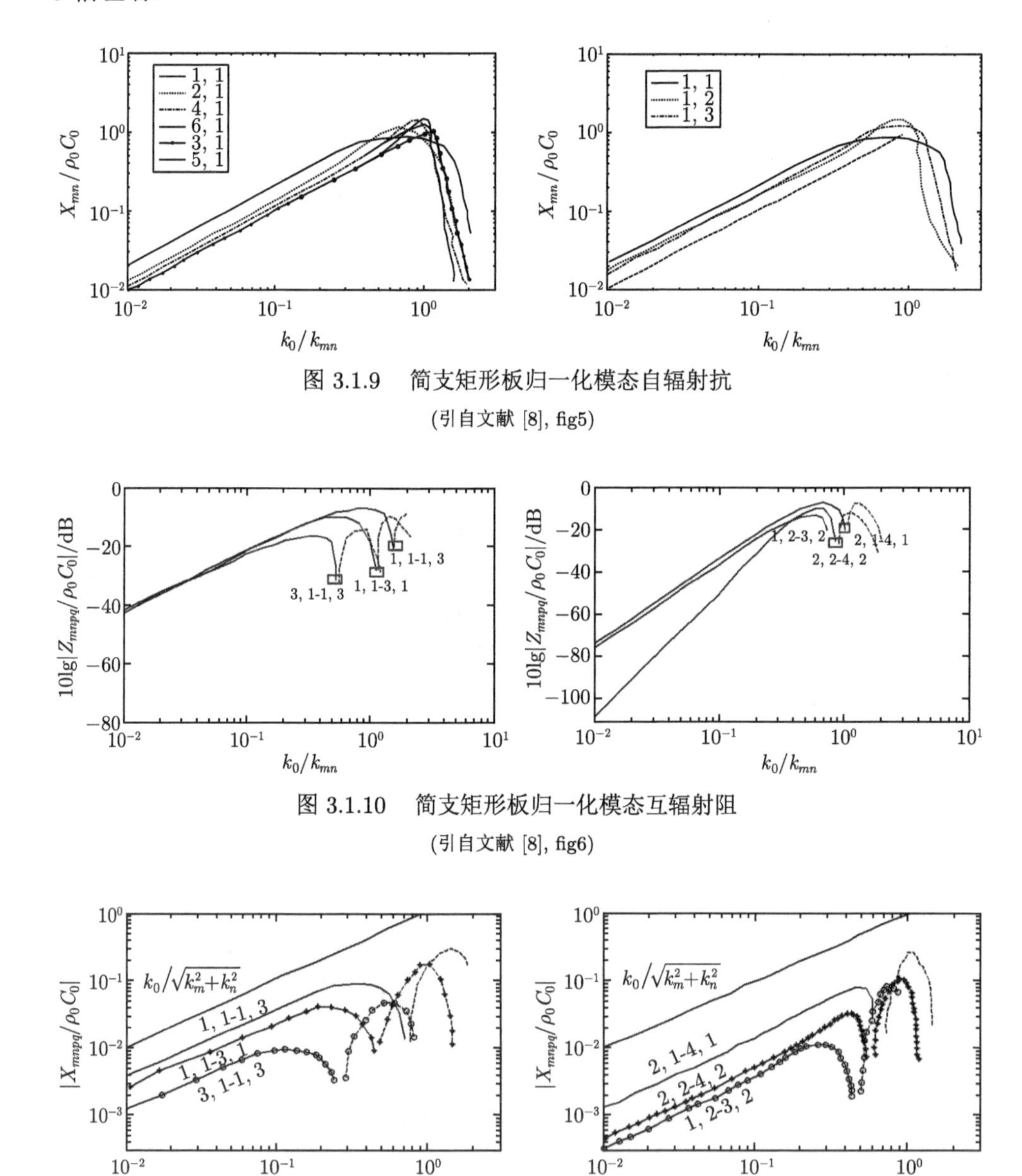


图 3.1.9　简支矩形板归一化模态自辐射抗

(引自文献 [8], fig5)

图 3.1.10　简支矩形板归一化模态互辐射阻

(引自文献 [8], fig6)

图 3.1.11　简支矩形板归一化模态互辐射抗

(引自文献 [8], fig7)

针对边长为 30.5cm 和 12.25cm、厚度为 1.27cm、材料阻尼损耗因子为 0.01 的铝板，计算了简支边界条件的矩形弹性板中心受点力激励的声辐射功率，参见图 3.1.12。图中六个声辐射峰值对应六个奇数–奇数模态，理论上讲，矩形弹性板在点力激励下，每个模态都可能产生振动和声辐射，但对声辐射功率起主要作用的模态为具有单极子声源特性的奇数–奇数模态。所以说，每个模态都对矩形弹性板振动有贡献，但不是每个模态都对声辐射有贡献，这取决于同样振动幅值条件下模态声辐射效率的大小，对应偶极子和四极子的模态声辐射可忽略。图 3.1.13 给出的简支矩形弹性板归一化远场声辐射方向性表明，在 $\varphi = 90^\circ$ 情况下，前六个奇数–奇数模态的远场声辐射随极角 $\theta$ 基本上均匀分布，当 $\varphi = 0^\circ$ 时，除了 (3,3) 和 (7,1) 模态外，其他四个模态的远场声辐射随 $\theta$ 的变化也不大。

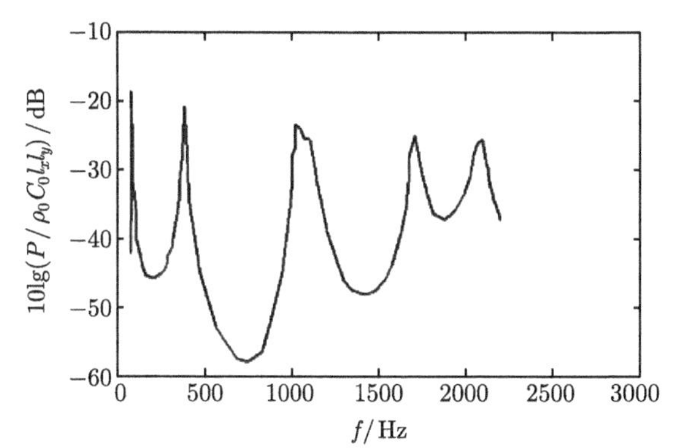


图 3.1.12　简支矩形板归一化声辐射功率

(引自文献 [8], fig8)

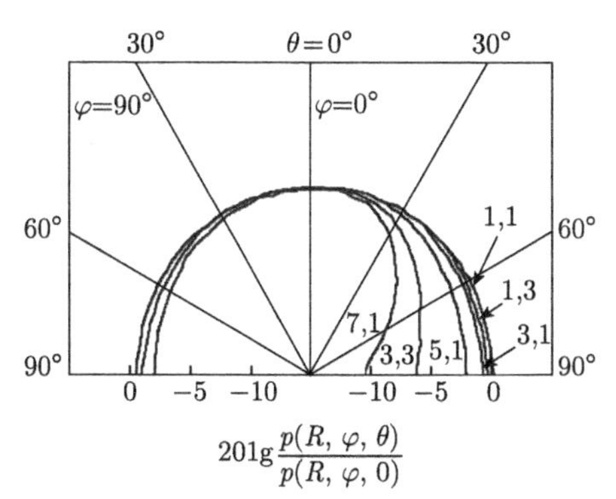


图 3.1.13　简支矩形板归一化远场声辐射方向性

(引自文献 [8], fig10)

矩形板声辐射效率或声辐射阻抗是一个十分重要的声学参数，可以说，已知了模态辐射阻抗，则矩形板的耦合振动和声辐射特性即基本给定。Wallace[9], Pope[10], Maidanik[11], Cunefare[12], Snyder[13] 和 Currey[14] 等都先后专门研究了无限大障板上矩形板的辐射声阻抗或辐射效率。一般情况下，无限大声障上矩形板的声辐射阻抗需要数值积分计算，当然也有其他的一些计算方法，Li[15,16] 利用 Green 函数的 MacLaurin 级数表达式，给出了自辐射阻和互辐射阻的解析计算式。这里先介绍 Wallace[9] 针对低频情况给出的简支矩形弹性板不同模态声辐射效率的近似表达式。

对于奇数 $m$ 奇数 $n$ 模态：

$$\sigma_{mn}=\frac{32k_0^2l_xl_y}{m^2n^2\pi^5}\left\{1-\frac{k_0^2l_xl_y}{12}\left[\left(1-\frac{8}{(m\pi)^2}\right)\frac{l_x}{l_y}+\left(1-\frac{8}{(n\pi)^2}\right)\frac{l_y}{l_x}\right]\right\}$$

$$k_0l_x,k_0l_y\ll 1 \tag{3.1.40}$$

对于奇数 $m$ 偶数 $n$ 模态：

$$\sigma_{mn}=\frac{8k_0^4l_xl_y^3}{3m^2n^2\pi^5}\left\{1-\frac{k_0^2l_xl_y}{20}\left[\left(1-\frac{8}{(m\pi)^2}\right)\frac{l_x}{l_y}+\left(1-\frac{24}{(n\pi)^2}\right)\frac{l_y}{l_x}\right]\right\}$$

$$k_0l_x,k_0l_y\ll 1 \tag{3.1.41}$$

对于偶数 $m$ 偶数 $n$ 模态：

$$\sigma_{mn}=\frac{2k_0^6l_x^3l_y^3}{15m^2n^2\pi^5}\left\{1-\frac{5k_0^2l_xl_y}{64}\left[\left(1-\frac{24}{(m\pi)^2}\right)\frac{l_x}{l_y}+\left(1-\frac{24}{(n\pi)^2}\right)\frac{l_y}{l_x}\right]\right\}$$

$$k_0l_x,k_0l_y\ll 1 \tag{3.1.42}$$

如果满足条件 $\chi^2\ll 1$，这里 $\chi=k_0/\sqrt{k_m^2+k_n^2}$，则 (3.1.40)~(3.1.41) 式可以表示为另一种形式。

对于奇数 $m$ 奇数 $n$ 模态：

$$\sigma_{mn}=\frac{32}{mn\pi^3}\left(\frac{nl_x}{ml_y}+\frac{ml_y}{nl_x}\right)\chi^2$$
$$\times\left\{1-\left[\left(1-\frac{8}{(m\pi)^2}\right)\frac{l_x}{l_y}+\left(1-\frac{8}{(n\pi)^2}\right)\frac{l_y}{l_x}\right]\left(\frac{nl_x}{ml_y}+\frac{ml_y}{nl_x}\right)\frac{mn\pi}{12}\chi^2\right\} \tag{3.1.43}$$

对于奇数 $m$ 偶数 $n$ 模态：

$$\sigma_{mn}=\frac{8}{3\pi}\left(\frac{nl_x}{ml_y}+\frac{ml_y}{nl_x}\right)^2$$

$$\times \chi^4 \frac{l_y}{l_x} \left\{ 1 - \left[ \left(1 - \frac{8}{(m\pi)^2}\right) \frac{l_x}{l_y} + \left(1 - \frac{24}{(n\pi)^2}\right) \frac{l_y}{l_x} \right] \left( \frac{nl_x}{ml_y} + \frac{ml_y}{nl_x} \right) \frac{mn\pi}{20} \chi^2 \right\} \tag{3.1.44}$$

对于偶数 $m$ 偶数 $n$ 模态：

$$\sigma_{mn} = \frac{2mn\pi}{15} \left( \frac{nl_x}{ml_y} + \frac{ml_y}{nl_x} \right)^2 \chi^6$$
$$\times \left\{ 1 - \left[ \left(1 - \frac{24}{(m\pi)^2}\right) \frac{l_x}{l_y} + \left(1 - \frac{24}{(n\pi)^2}\right) \frac{l_y}{l_x} \right] \left( \frac{nl_x}{ml_y} + \frac{ml_y}{nl_x} \right) \frac{5mn\pi}{64} \chi^2 \right\} \tag{3.1.45}$$

文献 [9] 给出了简支矩形弹性板不同阶数的奇数–奇数，奇数–偶数和偶数–偶数模态声辐射效率曲线，还给出了典型模态声辐射效率随长宽比 $l_y/l_x$ 和不同模态数组合的变化情况，详细曲线可参见相关文献。Wallace 的公式作为一种近似估算方法，仅适用于低频情况，有必要建立适用性更好的声辐射效率计算方法 [13]，为此，将 Rayleigh 积分给出的声压表达式 (3.1.31) 式代入声辐射功率表达式 (3.1.36) 式，有

$$P = \frac{1}{2}\mathrm{Re}\left\{ \frac{\mathrm{i}\omega\rho_0}{2\pi} \int_s \int_s v^*(x', y') \frac{\mathrm{e}^{\mathrm{i}k_0 r}}{r} v(x, y) \mathrm{d}S' \mathrm{d}S \right\}$$
$$= \frac{\omega\rho_0}{4\pi} \int_s \int_s v^*(x', y') \frac{\sin(k_0 r)}{r} v(x, y) \mathrm{d}S' \mathrm{d}S \tag{3.1.46}$$

式中，$v(x, y)$ 为矩形弹性板法向振速，$r$ 为矩形弹性板表面两点距离，$r = \sqrt{(x - x')^2 + (y - y')^2}$。

考虑到矩形板振动速度可以采用模态函数展开，并表示成矩阵式，有

$$v(x, y) = [\Phi(x, y)]^{\mathrm{T}} \{v\} \tag{3.1.47}$$

式中，$[\Phi(x, y)]$ 为模态函数 $\varphi_i(x, y)$ 组成的列矩阵，$\{v\}$ 为模态振速 $v_i$ 组成的列矩阵。

将 (3.1.47) 式代入 (3.1.46) 式，得到模态振速表示的声辐射功率：

$$P = \{v\}^{\mathrm{T}} [A] \{v\} \tag{3.1.48}$$

其中，$[A]$ 为功率传输矩阵，其表达式为

$$[A] = \frac{\omega\rho_0}{4\pi} \int_s \int_s [\Phi(x', y')] \frac{\sin(k_0 r)}{r} [\Phi(x, y)]^{\mathrm{T}} \mathrm{d}S' \mathrm{d}S \tag{3.1.49}$$

注意到矩阵 [$A$] 为对称矩阵，对角线元素对应模态自辐射阻抗，非对角元素对应模态互辐射阻抗。矩阵 [$A$] 中第 $(i,j)$ 元素为

$$A_{ij}=\frac{\omega\rho_0}{4\pi}\int_s\int_s\varphi_i^*(x',y')\frac{\sin(k_0r)}{r}\varphi_j(x,y)\mathrm{d}S'\mathrm{d}S \tag{3.1.50}$$

(3.1.50) 式中 $\sin(k_0r)/r$ 可采用 MacLaurin 级数表示：

$$\frac{\sin(k_0r)}{r}=\sum_{k=0}^{\infty}\frac{(-1)^k(k_0r)^{2k+1}}{r(2k+1)!}=\sum_{k=0}^{\infty}\frac{(-1)^k k_0^{2k+1}r^{2k}}{(2k+1)!} \tag{3.1.51}$$

其中距离 $r$ 可以采用二项式展开表示：

$$\begin{aligned}r^{2k}&=[(x-x')^2+(y-y')^2]^k=\sum_{l=0}^{k}\begin{pmatrix}k\\l\end{pmatrix}(x-x')^{2k-2l}(y-y')^{2l}\\&=\sum_{l=0}^{k}\sum_{p=0}^{2k-2l}\sum_{q=0}^{2l}\begin{pmatrix}k\\l\end{pmatrix}\begin{pmatrix}2k-2l\\p\end{pmatrix}\begin{pmatrix}2l\\q\end{pmatrix}\cdot x^{2k-2l-p}x'^py^{2l-q}y'^q\end{aligned} \tag{3.1.52}$$

式中，

$$\begin{pmatrix}k\\l\end{pmatrix}=\frac{k!}{l!(k-l)!}$$

将 (3.1.51) 式和 (3.1.52) 式代入 (3.1.50) 式，则有

$$\begin{aligned}A_{ij}=&\frac{\rho_0C_0}{4\pi}\sum_{k=0}^{\infty}\frac{k_0^{2k+2}}{(2k+1)!}\sum_{l=0}^{k}\sum_{p=0}^{2k-2l}\sum_{q=0}^{2l}\begin{pmatrix}k\\l\end{pmatrix}\begin{pmatrix}2k-2l\\p\end{pmatrix}\begin{pmatrix}2l\\q\end{pmatrix}\\&\times\int_s\varphi_j(x',y')x'^py'^q\mathrm{d}S'\int_s\varphi_i(x,y)x^{2k-2l-p}y^{2l-q}\mathrm{d}S\end{aligned} \tag{3.1.53}$$

考虑到 (3.1.53) 中模态形状函数的积分项可以表示为模态波函数 $\tilde{\varphi}(k_x,k_y)$ 在 $k_x=k_y=0$ 处的导数：

$$\int_s\varphi(x,y)x^py^q\mathrm{d}S=\mathrm{i}^{p+q}\left.\frac{\partial^{p+q}\tilde{\varphi}(k_x,k_y)}{\partial^pk_x\cdot\partial^qk_y}\right|_{k_x=k_y=0} \tag{3.1.54}$$

这样，(3.1.53) 式中 $A_{ij}$ 可以由模态波函数的导数表示为

$$\begin{aligned}A_{ij}=&\frac{\rho_0C_0}{4\pi}\sum_{k=0}^{\infty}\frac{(-1)^k\,k_0^{2k+2}}{(2k+1)!}\sum_{l=0}^{k}\sum_{p=0}^{2k-2l}\sum_{q=0}^{2l}\begin{pmatrix}k\\l\end{pmatrix}\begin{pmatrix}2k-2l\\p\end{pmatrix}\begin{pmatrix}2l\\q\end{pmatrix}\\&\left\{\left(\frac{\partial}{\partial k_x}\right)^{2k-2l-p}\left(\frac{\partial}{\partial k_y}\right)^{2l-q}\tilde{\varphi}_i\right\}\left\{\left(\frac{\partial}{\partial k_x}\right)^{p}\left(\frac{\partial}{\partial k_y}\right)^{q}\tilde{\varphi}_j\right\}\Bigg|_{k_x=k_y=0}\end{aligned} \tag{3.1.55}$$

注意到 (3.1.55) 式适用于计算无限大声障板上的弹性平板功率传输矩阵，无须限于简支矩形板情况。当然，对于简支矩形板，若坐标原点位于平板中心，则三种模态函数如下。

奇数–奇数模态：

$$\varphi_i(x,y)=\cos\left(\frac{m\pi x}{l_x}\right)\cos\left(\frac{n\pi y}{l_y}\right) \tag{3.1.56a}$$

偶数–奇数模态：

$$\varphi_i(x,y)=\sin\left(\frac{m\pi x}{l_x}\right)\cos\left(\frac{n\pi y}{l_y}\right) \tag{3.1.56b}$$

偶数–偶数模态：

$$\varphi_i(x,y)=\sin\left(\frac{m\pi x}{l_x}\right)\sin\left(\frac{n\pi y}{l_y}\right) \tag{3.1.56c}$$

对 (3.1.56) 式中给出的模态函数作 Fourier 变换，相应的模态波函数为

$$\tilde{\varphi}(k_x,k_y)=(-1)^{(m+n)/2}\frac{4l_xl_y}{mn\pi^2}f(k_x)f(k_y) \tag{3.1.57}$$

式中，

$$f(k_x)=\frac{\left(\dfrac{m\pi}{l_x}\right)^2\cos\left(\dfrac{k_xl_x}{2}\right)}{k_x^2-\left(\dfrac{m\pi}{l_x}\right)^2}(\text{奇数模态}) \tag{3.1.58}$$

$$f(k_x)=\frac{\left(\dfrac{m\pi}{l_x}\right)^2\sin\left(\dfrac{k_xl_x}{2}\right)}{k_x^2-\left(\dfrac{m\pi}{l_x}\right)^2}(\text{偶数模态}) \tag{3.1.59}$$

$f(k_y)$ 只需将 (3.1.58) 和 (3.1.59) 式中的 $m$ 替换成 $n$，$k_x$ 和 $l_x$ 替换成 $k_y$ 和 $l_y$ 即可，为了得到类似 Wallance 的结果，(3.1.58) 和 (3.1.59) 式也采用 MacLaurin 级数展开。

奇数模态：

$$f(k_x)=-\left(1-\frac{(k_xl_x)^2}{8}+\cdots\right)\left(1+\frac{(k_xl_x)^2}{m\pi}+\cdots\right) \tag{3.1.60}$$

偶数模态：

$$f(k_x)=-\left(\frac{k_xl_x}{2}-\frac{(k_xl_x)^3}{48}+\cdots\right)\left(1+\frac{(k_xl_x)^2}{(m\pi)^2}+\cdots\right) \tag{3.1.61}$$

在满足 $k_x l_x/m\pi < 1$ 和 $k_y l_y/n\pi < 1$ 条件下，取级数的前面几项可得到收敛的结果。由 (3.1.60) 和 (3.1.55) 式，对于奇数–奇数模态，取 $k = 0$，有

$$A_{ij}\big|_{k=0} = \frac{4\rho_0 C_0 k_0^2 l_x^2 l_y^2}{m_i n_i m_j n_j \pi^5} \tag{3.1.62}$$

取 $k = 1$，则有

$$\begin{aligned} A_{ij}\big|_{k=1} = \frac{4\rho_0 C_0 k_0^2 l_x^2 l_y^2}{m_i n_i m_j n_j \pi^5} \Bigg\{ &- \frac{k_0^2 l_x l_y}{24} \\ &\times \left[ \left(1 - \frac{8}{(m_i\pi)^2}\right)\frac{l_x}{l_y} + \left(1 - \frac{8}{(n_i\pi)^2}\right)\frac{l_y}{l_x} \right. \\ &\left. + \left(1 - \frac{8}{(m_j\pi)^2}\right)\frac{l_x}{l_y} + \left(1 - \frac{8}{(n_j\pi)^2}\right)\frac{l_y}{l_x} \right] \Bigg\} \end{aligned} \tag{3.1.63}$$

这里，$m_i, n_i, m_j, n_j$ 分别为模态 $i$ 和 $j$ 的模态数。将 (3.1.62) 和 (3.1.63) 式合并，得到奇数–奇数模态的功率传输函数，若令 $i = j$，有 $m_i = m_j = m, n_i = n_j = n$，再考虑到简支矩形弹性板振动的等效活塞均方振速修正因子 1/8、特征声阻抗 $\rho_0 C_0$ 及矩形板面积 $l_x l_y$，得到归一化参数 $\varepsilon = \rho_0 C_0 l_x l_y / 8$。将奇数–奇数模态的功率传输函数除以归一化参数，即可得到 (3.1.40) 式给出的奇数–奇数模态声辐射效率。

对于偶数–奇数模态，取 $k = 0$，有 $A_{ij} = 0$；取 $k = 1$，则有

$$A_{ij}\big|_{k=1} = \frac{\rho_0 C_0 k_0^4 l_x^4 l_y^2}{3 m_i n_i m_j n_j \pi^5} \tag{3.1.64}$$

取 $m = 2$，则有

$$\begin{aligned} A_{ij}\big|_{k=2} = \frac{\rho_0 C_0 k_0^4 l_x^4 l_y^2}{3 m_i n_i m_j n_j \pi^5} \Bigg\{ &- \frac{k_0^2 l_x l_y}{40} \\ &\times \left[ \left(1 - \frac{24}{(m_i\pi)^2}\right)\frac{l_x}{l_y} + \left(1 - \frac{8}{(n_i\pi)^2}\right)\frac{l_y}{l_x} \right. \\ &\left. + \left(1 - \frac{24}{(m_j\pi)^2}\right)\frac{l_x}{l_y} + \left(1 - \frac{8}{(n_j\pi)^2}\right)\frac{l_y}{l_x} \right] \Bigg\} \end{aligned} \tag{3.1.65}$$

对于偶数–偶数模态，取 $k = 0$ 和 $k = 1$，$A_{ij} = 0$；取 $k = 2$, 则有

$$A_{ij}\big|_{k=2} = \frac{\rho_0 C_0 k_0^6 l_x^4 l_y^4}{60 m_i n_i m_j n_j \pi^5} \tag{3.1.66}$$

取 $k = 3$，则有

$$A_{ij}|_{k=3}=\frac{\rho_0 C_0 k_0^6 l_x^4 l_y^4}{60 m_i n_i m_j n_j \pi^5}\left\{-\frac{k_0^2 l_x l_y}{28}\right.\\ \times\left[\left(1-\frac{24}{(m_i\pi)^2}\right)\frac{l_x}{l_y}+\left(1-\frac{24}{(n_i\pi)^2}\right)\frac{l_y}{l_x}\right.\\ \left.\left.+\left(1-\frac{24}{(m_j\pi)^2}\right)\frac{l_x}{l_y}+\left(1-\frac{24}{(n_j\pi)^2}\right)\frac{l_y}{l_x}\right]\right\} \tag{3.1.67}$$

将 (3.1.64) 和 (3.1.65) 式合并，(3.1.66) 和 (3.1.67) 式合并，分别得到偶数–奇数模态、偶数–偶数模态的功率传输元素表达式，并令 $i=j$，且同样除以归一化参数因子 $\varepsilon$，可得到 (3.1.41) 式和 (3.1.42) 式给出的偶数–奇数和偶数–偶数模态的声辐射功率。

实际上，由 (3.1.62)~(3.1.67) 式可知，无论对于奇数–奇数模态、偶数–奇数模态还是偶数–偶数模态，都可以采用 $i$ 模态和 $j$ 模态的自辐射效率 $\sigma_i$ 和 $\sigma_j$ 表示功率传输函数 $A_{ij}$：

$$A_{ij}=\varepsilon\frac{(m_i n_i/m_j n_j)\sigma_i+(m_j n_j/m_i n_i)\sigma_j}{2} \tag{3.1.68}$$

考虑模态的奇偶性，$A_{ij}$ 可以统一表示为

$$A_{ij}=\varepsilon\frac{(1+(-1)^{m_i+m_j})+(1+(-1)^{n_i+n_j})}{4}\cdot\frac{(m_i n_i/m_j n_j)\sigma_i+(m_j n_j/m_i n_i)\sigma_j}{2} \tag{3.1.69}$$

这样，只要已知了模态的声辐射效率，由 (3.1.69) 式可计算功率传输矩阵元素，进一步由 (3.1.48) 式计算声辐射功率，计算结果包含了模态耦合的贡献。针对 1.8m× 0.88m×9mm 的矩形板。采用 (3.1.69) 式和 (3.1.48) 式及 Wallace 给出的模态辐射效率计算公式，计算得到的声辐射功率与数值计算的结果比较，由图 3.1.14 给出。结果表明：针对给定的简支矩形板，在 75Hz 以下频率范围，两种计算结果吻合较好，在 75Hz 以上频段，出现一定的偏差。采用 Wallace 给出的声辐射效率计算简支板声辐射功率适用于低频。

虽然 Snyder 和 Tanaka 在 Wallace 计算模态低频自声辐射效率的基础上，建立了模态互声辐射效率的计算方法。严格地讲，他们的方法也只适用于低频情况，但在有些情况下，这些近似公式具有使用方便的优点。Li 和 Gibeling[15] 进一步发展了简支矩形板声辐射阻抗和声辐射效率的计算方法。若将矩形板声辐射功率 (3.1.48) 式表示为

$$P=\frac{1}{2}\rho_0 C_0\{v\}^{\mathrm{H}}\mathrm{Re}[Z]\{v\} \tag{3.1.70}$$

其中的模态声辐射阻抗表示为

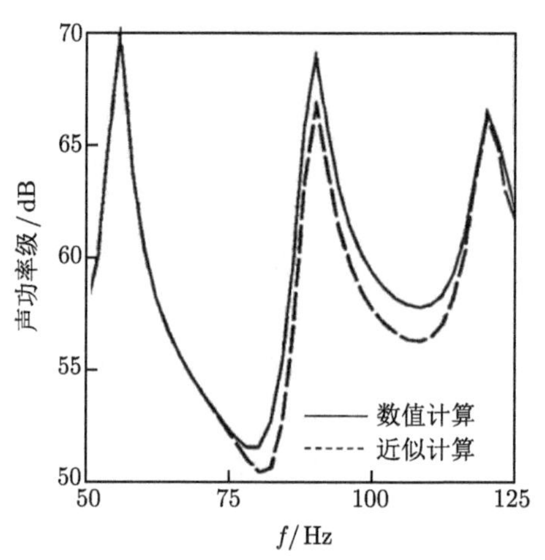


图 3.1.14　简支矩形板声辐射功率近似与数值计算结果比较

(引自文献 [13]，fig3)

$$Z_{mnpq} = R_{mnpq} - \mathrm{i}X_{mnpq} \tag{3.1.71}$$

式中，

$$R_{mnpq} = \frac{k_0}{2\pi}\int_0^{l_x}\int_0^{l_y}\int_0^{l_x}\int_0^{l_y}\varphi_{mn}(x,y)\varphi_{pq}(x',y')\cdot\frac{\sin(k_0 r)}{r}\mathrm{d}x'\mathrm{d}y'\mathrm{d}x\mathrm{d}y \tag{3.1.72}$$

$$X_{mnpq} = \frac{k_0}{2\pi}\int_0^{l_x}\int_0^{l_y}\int_0^{l_x}\int_0^{l_y}\varphi_{mn}(x,y)\varphi_{pq}(x',y')\cdot\frac{\cos(k_0 r)}{r}\mathrm{d}x'\mathrm{d}y'\mathrm{d}x\mathrm{d}y \tag{3.1.73}$$

将模态函数及间距 $r$ 的表达式代入 (3.1.72) 式，有

$$R_{mnpq} = \frac{2k_0}{\pi l_x l_y}\int_0^{l_x}\int_0^{l_y}\int_0^{l_x}\int_0^{l_y}\sin(k_m x)\sin(k_n y)\sin(k_p x')\sin(k_q y')$$
$$\times\frac{\sin(k_0\sqrt{(x-x')^2+(y-y')^2})}{\sqrt{(x-x')^2+(y-y')^2}}\mathrm{d}x'\mathrm{d}y'\mathrm{d}x\mathrm{d}y \tag{3.1.74}$$

为了计算 (3.1.74) 式中积分，进行坐标变换，令

$$\xi_1 = x - x', \quad \xi_2 = x + x', \quad \eta_1 = y - y', \quad \eta_2 = y + y' \tag{3.1.75}$$

此坐标变换实际将积分区间由 $x = 0 \to l_x$, $x' = 0 \to l_x$ 变换到 $\xi_1 = 0 \to l_x$, $\xi_2 = \xi_1 \to 2l_x - \xi_1$ 和 $\xi_1 = -l_x \to 0$, $\xi_2 = -\xi_1 \to 2l_x + \xi_1$，参见图 3.1.15。经坐标变换后，(3.1.74) 式中关于 $x$ 和 $x'$ 的积分变为

$$I_x = \int_0^{l_x}\int_0^{l_x}\sin(k_m x)\sin(k_p x')\cdot\frac{\sin(k\sqrt{(x-x')^2+(y-y')^2})}{\sqrt{(x-x')^2+(y-y')^2}}\mathrm{d}x'\mathrm{d}x$$

$$=\frac{1}{2}\left[\int_{0}^{l_x}\int_{\xi_1}^{2l_x-\xi_1}+\int_{-l_x}^{0}\int_{-\xi_1}^{2l_x+\xi_1}\right]\sin\left(k_m\frac{\xi_2+\xi_1}{2}\right)\sin\left(k_p\frac{\xi_2-\xi_1}{2}\right)$$
$$\times\frac{\sin(k_0\sqrt{\xi_1^2+\eta_1^2})}{\sqrt{\xi_1^2+\eta_1^2}}\mathrm{d}\xi_1\mathrm{d}\xi_2 \tag{3.1.76}$$

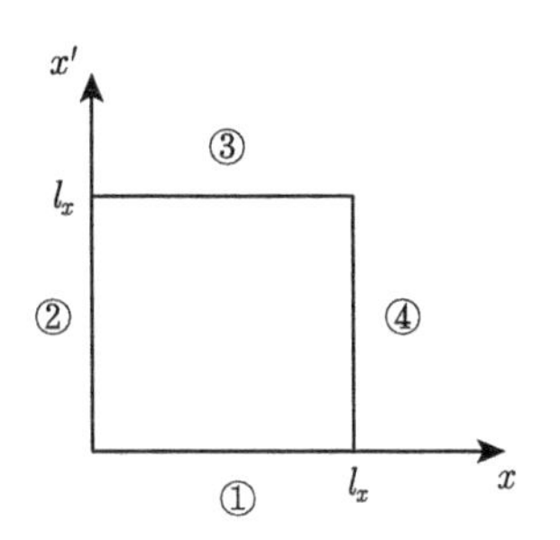


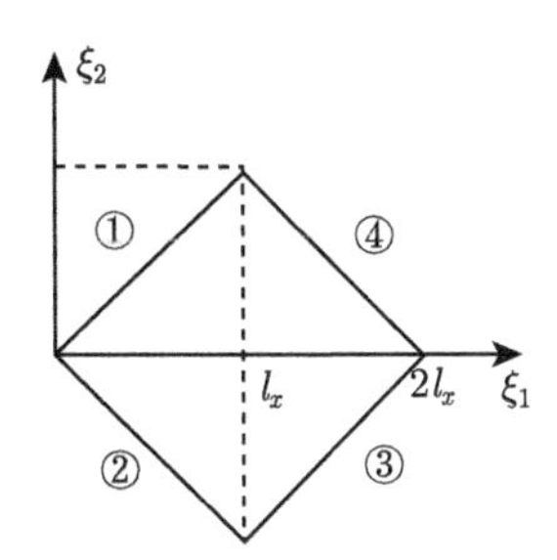


图 3.1.15 积分区域坐标变换

(引自文献 [15], fig9)

利用积化和差公式，(3.1.76) 式化为

$$I_x=\frac{1}{2}\left[\int_{0}^{l_x}\int_{\xi_1}^{2l_x-\xi_1}+\int_{-l_x}^{0}\int_{-\xi_1}^{2l_x+\xi_1}\right]\left\{-\cos\left(\frac{k_m+k_p}{2}\xi_2+\frac{k_m-k_p}{2}\xi_1\right)\right.$$
$$\left.+\cos\left(\frac{k_p-k_m}{2}\xi_2-\frac{k_m+k_p}{2}\xi_1\right)\right\}\frac{\sin(k_0\sqrt{\xi_1^2+\eta_1^2})}{\sqrt{\xi_1^2+\eta_1^2}}\mathrm{d}\xi_1\mathrm{d}\xi_2 \tag{3.1.77}$$

(3.1.77) 式中，先对 $\xi_2$ 积分，得到

$$I_x=\int_{0}^{l_x}\left[(l_x-\xi_1)\cos(k_m\xi_1)+\frac{1}{k_m}\sin(k_m\xi_1)\right]\frac{\sin(k_0\sqrt{\xi_1^2+\eta_1^2})}{\sqrt{\xi_1^2+\eta_1^2}}\mathrm{d}\xi_1 \quad (m=p) \tag{3.1.78a}$$

$$I_x=\frac{2\varepsilon(p-m)}{k_m^2-k_p^2}\int_{0}^{l_x}[k_m\sin(k_p\xi_1)-k_p\sin(k_m\xi_1)]\frac{\sin(k_0\sqrt{\xi_1^2+\eta_1^2})}{\sqrt{\xi_1^2+\eta_1^2}}\mathrm{d}\xi_1 \quad (m\neq p) \tag{3.1.78b}$$

同理，(3.1.74) 式中关于 $y$ 和 $y'$ 的积分为

$$I_y=\int_{0}^{l_y}\int_{0}^{l_y}\sin(k_ny)\sin(k_qy')\frac{\sin(k_0\sqrt{(x-x')^2+(y-y')^2})}{\sqrt{(x-x')^2+(y-y')^2}}\mathrm{d}y'\mathrm{d}y \tag{3.1.79}$$

通过积分变换，并对 $\eta_2$ 积分后，(3.1.79) 式则可以表示为

$$I_y = \int_0^{l_y} \left[ (l_y - \eta_1)\cos(k_n\eta_1) + \frac{1}{k_n}\sin(k_n\eta_1) \right] \frac{\sin(k_0\sqrt{\xi_1^2+\eta_1^2})}{\sqrt{\xi_1^2+\eta_1^2}} \mathrm{d}\eta_1 \quad (n = q) \tag{3.1.80a}$$

$$I_y = \frac{2\varepsilon(q-n)}{k_n^2 - k_q^2} \int_0^{l_y} [k_n \sin(k_q\eta_1) - k_q \sin(k_n\eta_1)] \frac{\sin(k_0\sqrt{\xi_1^2+\eta_1^2})}{\sqrt{\xi_1^2+\eta_1^2}} \mathrm{d}\eta_1 \quad (n \neq q) \tag{3.1.80b}$$

式中，

$$\varepsilon(p-m) = \begin{cases} 0, & p-m = \pm 1, \pm 3, \pm 5, \cdots \\ 2, & p-m = \pm 2, \pm 4, \pm 6, \cdots \end{cases}$$

$$\varepsilon(q-n) = \begin{cases} 0, & q-n = \pm 1, \pm 3, \pm 5, \cdots \\ 2, & q-n = \pm 2, \pm 4, \pm 6, \cdots \end{cases}$$

将积分 $I_x$ 和 $I_y$ 的表达式 (3.1.78) 和 (3.1.80) 式代入 (3.1.74) 式，得到坐标变换以后的声辐射阻积分表达式。

当 $m = p, n = q$ 时，

$$R_{mnpq} = \frac{2k_0}{\pi l_x l_y} \int_0^{l_y} \int_0^{l_x} \left[ \frac{1}{k_m k_n} I_1 + (l_x - \xi_1)(l_y - \eta_1) I_2 + \frac{(l_y - \eta_1)}{k_m} I_3 + \frac{(l_x - \xi_1)}{k_n} I_4 \right] \times \frac{\sin(k_0\sqrt{\xi_1^2+\eta_1^2})}{\sqrt{\xi_1^2+\eta_1^2}} \mathrm{d}\xi_1 \mathrm{d}\eta_1 \tag{3.1.81}$$

式中，

$$I_1 = \sin(k_m\xi_1)\sin(k_n\eta_1), \quad I_2 = \cos(k_m\xi_1)\cos(k_n\eta_1)$$

$$I_3 = \sin(k_m\xi_1)\cos(k_n\eta_1), \quad I_4 = \cos(k_m\xi_1)\sin(k_n\eta_1)$$

当 $m \neq p, n \neq q$ 时，

$$R_{mnpq} = \frac{2k_0}{\pi l_x l_y} \frac{\varepsilon(p-m)\cdot\varepsilon(q-n)}{(k_m^2 - k_p^2)(k_n^2 - k_q^2)} \int_0^{l_y} \int_0^{l_x} [k_m k_n I_1 - k_m k_q I_2 - k_p k_n I_3 + k_p k_q I_4] \frac{\sin(k_0\sqrt{\xi_1^2+\eta_1^2})}{\sqrt{\xi_1^2+\eta_1^2}} \mathrm{d}\xi_1 \mathrm{d}\eta_1 \tag{3.1.82}$$

式中，

$$I_1 = \sin(k_p\xi_1)\sin(k_q\eta_1), \quad I_2 = \sin(k_p\xi_1)\sin(k_n\eta_1)$$

$$I_3 = \sin(k_m\xi_1)\sin(k_q\eta_1), \quad I_4 = \sin(k_m\xi_1)\sin(k_n\eta_1)$$

当 $m \neq p, n = q$ 时，

$$R_{mnpq} = \frac{2k_0}{\pi l_x l_y} \frac{\varepsilon(p-m)}{(k_m^2 - k_p^2)} \int_0^{l_y} \int_0^{l_x} \left[ k_m(l_y - \eta_1) I_1 - k_p(l_y - \eta_1) I_2 \right.$$
$$\left. + \frac{k_m}{k_n} I_3 - \frac{k_p}{k_n} I_4 \right] \frac{\sin(k_0\sqrt{\xi_1^2 + \eta_1^2})}{\sqrt{\xi_1^2 + \eta_1^2}} \mathrm{d}\xi_1 \mathrm{d}\eta_1 \tag{3.1.83}$$

式中，

$$I_1 = \sin(k_p\xi_1)\cos(k_n\eta_1), \quad I_2 = \sin(k_m\xi_1)\sin(k_n\eta_1)$$
$$I_3 = \sin(k_p\xi_1)\sin(k_n\eta_1), \quad I_4 = \sin(k_m\xi_1)\sin(k_n\eta_1)$$

这样，可以将简支矩形板模态自声辐射阻 (3.1.81) 式表示为

$$R_{mnmn} = \frac{2k_0}{\pi l_x l_y} \left[ \frac{1}{k_m k_n} J_1^{mn} + J_2^{mn} + \frac{1}{k_m} J_3^{mn} + \frac{1}{k_n} J_4^{mn} \right] \tag{3.1.84}$$

式中，

$$\begin{Bmatrix} J_1^{mn} \\ J_2^{mn} \\ J_3^{mn} \\ J_4^{mn} \end{Bmatrix} = \int_0^{l_y} \int_0^{l_x} \begin{Bmatrix} 1 \\ (l_x - \xi_1)(l_y - \eta_1) \\ l_y - \eta_1 \\ l_x - \xi_1 \end{Bmatrix} \begin{Bmatrix} \sin(k_m\xi_1)\sin(k_n\eta_1) \\ \cos(k_m\xi_1)\cos(k_n\eta_1) \\ \sin(k_m\xi_1)\cos(k_n\eta_1) \\ \cos(k_m\xi_1)\sin(k_n\eta_1) \end{Bmatrix}$$
$$\times \frac{\sin(k_0\sqrt{\xi_1^2 + \eta_1^2})}{\sqrt{\xi_1^2 + \eta_1^2}} \mathrm{d}\xi_1 \mathrm{d}\eta_1 \tag{3.1.85}$$

利用 $J_1^{mn}, J_2^{mn}, J_3^{mn}, J_4^{mn}$ 的积分表达式 (3.1.85) 式，可以将模态声辐射互阻表示为

当 $m \neq p, n \neq q$ 时，

$$R_{mnpq} = \frac{2k_0}{\pi l_x l_y} \frac{\varepsilon(p-m) \cdot \varepsilon(q-n)}{(k_m^2 - k_p^2)(k_n^2 - k_q^2)}$$
$$[k_m k_n J_1^{pq} - k_m k_q J_1^{pn} - k_p k_n J_1^{mq} + k_p k_q J_1^{mn}] \tag{3.1.86}$$

当 $m \neq p, n = q$ 时，

$$R_{mnpq} = \frac{2k_0}{\pi l_x l_y} \frac{\varepsilon(p-m)}{(k_m^2 - k_p^2)} \left[ k_m J_3^{pn} - k_p J_3^{mn} + \frac{k_m}{k_n} J_1^{pn} - \frac{k_p}{k_n} J_1^{mn} \right] \tag{3.1.87}$$

当 $m=p, n\neq q$ 时，

$$R_{mnpq}=\frac{2k_0}{\pi l_x l_y}\frac{\varepsilon(q-n)}{(k_n^2-k_q^2)}\left[k_n J_4^{mq}-k_q J_4^{mn}+\frac{k_n}{k_m}J_1^{mq}-\frac{k_q}{k_m}J_1^{mn}\right] \tag{3.1.88}$$

于是，只要计算得到 $J_1^{mn}, J_2^{mn}, J_3^{mn}, J_4^{mn}$，不仅可以获得模态自辐射阻，而且可以获得模态互辐射阻。在前面的推导过程中，没有引入任何近似，(3.1.84) 式及 (3.1.86)~(3.1.88) 式对任何频率都是适用的。为了计算 (3.1.85) 式中的四个双重积分，再作一次参数变换，令

$$\xi_1=a\varsigma\cdot\cos\theta \tag{3.1.89}$$

$$\eta_1=a\varsigma\cdot\sin\theta \tag{3.1.90}$$

经过变换，(3.1.85) 式中的第一项积分可以表示为

$$\begin{aligned}L_1^{mn}&=\int_0^{l_y}\int_0^{l_x}\sin(k_m\xi_1)\sin(k_n\eta_1)\frac{\sin(k_0\sqrt{\xi_1^2+\eta_1^2})}{\sqrt{\xi_1^2+\eta_1^2}}\mathrm{d}\xi_1\mathrm{d}\eta_1\\&=J_1^{(1)}(k_m,k_n,l_x,l_y)+J_1^{(2)}(k_m,k_n,l_x,l_y)\end{aligned} \tag{3.1.91}$$

这里 $J_1^{(1)}(k_m,k_n,l_x,l_y)$ 和 $J_1^{(2)}(k_m,k_n,l_x,l_y)$ 的表达式为

$$\begin{aligned}&J_1^{(1)}(k_m,k_n,l_x,l_y)\\&=\int_0^{\arctan(\mu)}\mathrm{d}\theta\int_0^{\sec\theta}\sin(ak_m\varsigma\cdot\cos\theta)\sin(ak_n\varsigma\cdot\sin\theta)\sin(k_0a\varsigma)a\cdot\mathrm{d}\varsigma\end{aligned} \tag{3.1.92}$$

$$\begin{aligned}&J_1^{(2)}(k_m,k_n,l_x,l_y)\\&=\int_{\arctan(\mu)}^{\pi/2}\mathrm{d}\theta\int_0^{\mu\cdot\csc\theta}\sin(ak_m\varsigma\cdot\cos\theta)\sin(ak_n\varsigma\cdot\sin\theta)\sin(k_0a\varsigma)a\cdot\mathrm{d}\varsigma\end{aligned} \tag{3.1.93}$$

式中，$\mu=l_y/l_x$，利用积化和差公式，在 (3.1.92) 式中对 $\varsigma$ 积分，得到

$$\begin{aligned}J_1^{(1)}(k_m,k_n,l_x,l_y)=\frac{1}{4}\int_0^{\arctan(\mu)}&[S(k_m,k_n,k_0,\theta)+S(k_m,-k_n,-k_0,\theta)\\&-S(k_m,-k_n,k_0,\theta)-S(k_m,k_n,-k_0,-\theta)]\mathrm{d}\theta\end{aligned} \tag{3.1.94}$$

其中，

$$S(k_m,k_n,k_0,\theta)=\left.\frac{\cos(k_m\cos\theta+k_n\sin\theta+k_0)a\varsigma}{k_m\cos\theta+k_n\sin\theta+k_0}\right|_{\varsigma=\sec\theta}$$

$$-\left.\frac{\cos(k_m\cos\theta+k_n\sin\theta+k_0)a\varsigma}{k_m\cos\theta+k_n\sin\theta+k_0}\right|_{\varsigma=0} \tag{3.1.95}$$

类似 (3.1.91) 式的求解，还需要针对 (3.1.85) 式中的其他三个积分进行求解，为此先考虑以下三个积分：

$$\begin{aligned}L_2^{mn}&=\int_0^{l_y}\int_0^{l_x}\cos(k_m\xi_1)\cos(k_n\eta_1)\frac{\sin(k_0\sqrt{\xi_1^2+\eta_1^2})}{\sqrt{\xi_1^2+\eta_1^2}}\mathrm{d}\xi_1\mathrm{d}\eta_1\\&=J_2^{(1)}(k_m,k_n,l_x,l_y)+J_2^{(2)}(k_m,k_n,l_x,l_y)\end{aligned} \tag{3.1.96}$$

$$\begin{aligned}L_3^{mn}&=\int_0^{l_y}\int_0^{l_x}\sin(k_m\xi_1)\cos(k_n\eta_1)\frac{\sin(k_0\sqrt{\xi_1^2+\eta_1^2})}{\sqrt{\xi_1^2+\eta_1^2}}\mathrm{d}\xi_1\mathrm{d}\eta_1\\&=J_3^{(1)}(k_m,k_n,l_x,l_y)+J_3^{(2)}(k_m,k_n,l_x,l_y)\end{aligned} \tag{3.1.97}$$

$$\begin{aligned}L_4^{mn}&=\int_0^{l_y}\int_0^{l_x}\cos(k_m\xi_1)\sin(k_n\eta_1)\frac{\sin(k_0\sqrt{\xi_1^2+\eta_1^2})}{\sqrt{\xi_1^2+\eta_1^2}}\mathrm{d}\xi_1\mathrm{d}\eta_1\\&=J_4^{(1)}(k_m,k_n,l_x,l_y)+J_4^{(2)}(k_m,k_n,l_x,l_y)\end{aligned} \tag{3.1.98}$$

其中，(3.1.96)~(3.1.98) 式中的第一项积分先求解得到

$$\begin{aligned}J_2^{(1)}(k_m,k_n,l_x,l_y)=\frac{1}{4}\int_0^{\arctan(\mu)}&[-S(k_m,k_n,k_0,\theta)+S(k_m,-k_n,-k_0,\theta)\\&-S(k_m,-k_n,k_0,\theta)+S(k_m,k_n,-k_0,\theta)]\mathrm{d}\theta\end{aligned} \tag{3.1.99}$$

$$\begin{aligned}J_3^{(1)}(k_m,k_n,l_x,l_y)=\frac{1}{4}\int_0^{\arctan(\mu)}&[-T(k_m,k_n,k_0,\theta)+T(k_m,-k_n,-k_0,\theta)\\&-T(k_m,-k_n,k_0,\theta)+T(k_m,k_n,-k_0,\theta)]\mathrm{d}\theta\end{aligned} \tag{3.1.100}$$

$$\begin{aligned}J_4^{(1)}(k_m,k_n,l_x,l_y)=\frac{1}{4}\int_0^{\arctan(\mu)}&[-T(k_m,k_n,k_0,\theta)-T(k_m,-k_n,-k_0,\theta)\\&+T(k_m,-k_n,k_0,\theta)+T(k_m,k_n,-k_0,\theta)]\mathrm{d}\theta\end{aligned} \tag{3.1.101}$$

(3.1.100) 和 (3.1.101) 式中的 $T(k_m,k_n,k_0,\theta)$ 可以由 (3.1.95) 式给出的 $S(k_m,k_n,k_0,\theta)$，将 $\sin(k_m\cos\theta+k_n\sin\theta+k_0)a\varsigma$ 替代 $\cos(k_m\cos\theta+k_n\sin\theta+k_0)a\varsigma$ 得到。(3.1.91) 式和 (3.1.96)~(3.1.98) 式中的第二项积分也可以由第一项积分的变量替换得到，具体的代换关系为

$$J_i^{(2)}(k_m,k_n,l_x,l_y)=J_i^{(1)}(k_n,k_m,l_y,l_x),\quad i=1,2 \tag{3.1.102a}$$

$$J_3^{(2)}(k_m,k_n,l_x,l_y)=J_4^{(1)}(k_n,k_m,l_y,l_x) \tag{3.1.102b}$$

$$J_4^{(2)}(k_m,k_n,l_x,l_y)=J_3^{(1)}(k_n,k_m,l_y,l_x) \tag{3.1.102c}$$

如果定义：

$$J_{1,2}^{\alpha}(k_m,k_n,l_x,l_y)=\frac{1}{2}\int_0^{\arctan(\mu)}[S(k_m,-k_n,-k_0,\theta)-S(k_m,-k_n,k_0,\theta)]\mathrm{d}\theta \tag{3.1.103}$$

$$J_{1,2}^{\beta}(k_m,k_n,l_x,l_y)=\frac{1}{2}\int_0^{\arctan(\mu)}[S(k_m,k_n,k_0,\theta)-S(k_m,k_n,-k_0,\theta)]\mathrm{d}\theta \tag{3.1.104}$$

$$J_{3,4}^{\alpha}(k_m,k_n,l_x,l_y)=\frac{1}{2}\int_0^{\arctan(\mu)}[-T(k_m,k_n,k_0,\theta)+T(k_m,k_n,-k_0,\theta)]\mathrm{d}\theta \tag{3.1.105}$$

$$J_{3,4}^{\beta}(k_m,k_n,l_x,l_y)=\frac{1}{2}\int_0^{\arctan(\mu)}[T(k_m,-k_n,-k_0,\theta)-T(k_m,-k_n,k_0,\theta)]\mathrm{d}\theta \tag{3.1.106}$$

由定义的这四个积分表达式，(3.1.94) 式以及 (3.1.99)~(3.1.101) 式可以表示为

$$J_1^{(1)}(k_n,k_m,l_y,l_x)=\frac{1}{2}[J_{1,2}^{\alpha}(k_m,k_n,l_x,l_y)+J_{1,2}^{\beta}(k_m,k_n,l_x,l_y)] \tag{3.1.107}$$

$$J_2^{(1)}(k_n,k_m,l_y,l_x)=\frac{1}{2}[J_{1,2}^{\alpha}(k_m,k_n,l_x,l_y)-J_{1,2}^{\beta}(k_m,k_n,l_x,l_y)] \tag{3.1.108}$$

$$J_3^{(1)}(k_n,k_m,l_y,l_x)=\frac{1}{2}[J_{3,4}^{\alpha}(k_m,k_n,l_x,l_y)+J_{3,4}^{\beta}(k_m,k_n,l_x,l_y)] \tag{3.1.109}$$

$$J_4^{(1)}(k_n,k_m,l_y,l_x)=\frac{1}{2}[J_{3,4}^{\alpha}(k_m,k_n,l_x,l_y)-J_{3,4}^{\beta}(k_m,k_n,l_x,l_y)] \tag{3.1.110}$$

到此为止，由 (3.1.103)~(3.1.106) 式的积分式以及 (3.1.107)~(3.1.110) 和 (3.1.102) 式给出的关系，可以计算 (3.1.91) 式和 (3.1.96)~(3.1.98) 式，其中 (3.1.91) 式直接给出了 (3.1.85) 式中第一项积分，第二至第四项积分还需要利用前面的结果，做进一步的简单处理，如 (3.1.85) 式中的第二项积分为

$$\begin{aligned}J_2^{mn}&=\int_0^{l_y}\int_0^{l_x}(l_x-\xi_1)(l_y-\eta_1)\cos(k_m\xi_1)\cos(k_n\eta_1)\frac{\sin(k_0\sqrt{\xi_1^2+\eta_1^2})}{\sqrt{\xi_1^2+\eta_1^2}}\mathrm{d}\xi_1\mathrm{d}\eta_1\\&=l_xl_y\int_0^{l_y}\int_0^{l_x}\cos(k_m\xi_1)\cos(k_n\eta_1)\frac{\sin(k_0\sqrt{\xi_1^2+\eta_1^2})}{\sqrt{\xi_1^2+\eta_1^2}}\mathrm{d}\xi_1\mathrm{d}\eta_1\end{aligned}$$

$$- l_x \frac{\partial}{\partial k_n} \int_0^{l_y} \int_0^{l_x} \cos(k_m \xi_1) \sin(k_n \eta_1) \frac{\sin(k_0 \sqrt{\xi_1^2 + \eta_1^2})}{\sqrt{\xi_1^2 + \eta_1^2}} \mathrm{d}\xi_1 \mathrm{d}\eta_1$$

$$- l_y \frac{\partial}{\partial k_m} \int_0^{l_y} \int_0^{l_x} \sin(k_m \xi_1) \cos(k_n \eta_1) \frac{\sin(k_0 \sqrt{\xi_1^2 + \eta_1^2})}{\sqrt{\xi_1^2 + \eta_1^2}} \mathrm{d}\xi_1 \mathrm{d}\eta_1$$

$$- \frac{\partial^2}{\partial k_m \cdot \partial k_n} \int_0^{l_y} \int_0^{l_x} \sin(k_m \xi_1) \sin(k_n \eta_1) \frac{\sin(k_0 \sqrt{\xi_1^2 + \eta_1^2})}{\sqrt{\xi_1^2 + \eta_1^2}} \mathrm{d}\xi_1 \mathrm{d}\eta_1 \quad (3.1.111)$$

利用 (3.1.91) 式以及 (3.1.96)~(3.1.98) 式，(3.1.111) 式可以表示为

$$J_2^{mn} = l_x l_y L_2^{mn} - l_x \frac{\partial}{\partial k_n} L_4^{mn} - l_y \frac{\partial}{\partial k_m} L_3^{mn} + \frac{\partial^2}{\partial k_m \cdot \partial k_n} L_1^{mn} \quad (3.1.112)$$

同理,(3.1.86) 式中的第三、四项积分为

$$J_3^{mn} = \int_0^{l_y} \int_0^{l_x} (l_y - \eta_1) \sin(k_m \xi_1) \cos(k_n \eta_1) \frac{\sin(k_0 \sqrt{\xi_1^2 + \eta_1^2})}{\sqrt{\xi_1^2 + \eta_1^2}} \mathrm{d}\xi_1 \mathrm{d}\eta_1$$

$$= l_y L_3^{mn} - \frac{\partial}{\partial k_n} L_1^{mn} \quad (3.1.113)$$

$$J_4^{mn} = \int_0^{l_y} \int_0^{l_x} (l_x - \xi_1) \cos(k_m \xi_1) \sin(k_n \eta_1) \frac{\sin(k_0 \sqrt{\xi_1^2 + \eta_1^2})}{\sqrt{\xi_1^2 + \eta_1^2}} \mathrm{d}\xi_1 \mathrm{d}\eta_1$$

$$= l_x L_4^{mn} - \frac{\partial}{\partial k_m} L_1^{mn} \quad (3.1.114)$$

(3.1.112)~(3.1.114) 式通过微分运算，将 (3.1.85) 式中的积分从形式上统一表示出来,只要计算了 (3.1.103)~(3.1.106) 式定义的积分,即可计算模态声辐射阻,包括自阻和互阻。考虑到在 $k_0$ 或者 $k_n$ 较大时，(3.1.95) 式给出的 $S(k_m, k_n, k_0, \theta)$ 及参数替换得到的 $T(k_m, k_n, k_0, \theta)$ 为快速振荡的函数,相应地,由 (3.1.103)~(3.1.106) 式定义的积分收敛较慢，需要采用近似方法进行积分计算。为此，假设一个函数 $f(x)$ 及其导数 $f'(x)$ 在 $[x_0, x_1]$ 区间内为解析的，且 $g(x)$ 在此区间没有驻点，则有

$$f(\tau) = \int_{x_0}^{x_1} g(x) \mathrm{e}^{\mathrm{i}\tau f(x)} \mathrm{d}x = \left. \frac{g(x) \mathrm{e}^{\mathrm{i}\tau f(x)}}{\mathrm{i}\tau f'(x)} \right|_{x_0}^{x_1} + O\left(\frac{1}{\tau^2}\right), \quad \tau \to \infty \quad (3.1.115)$$

利用 (3.1.115) 式，可以给出 (3.1.103)~(3.1.106) 式的积分结果，为了提高积分精度，定义一个新积分，并采用分部积分方法，得到 (3.1.115) 式给出的积分项以及一个修正项，即

$$f(\tau) = \frac{1}{\mathrm{i}\tau} \int_{x_0}^{x_1} \frac{g(x)}{f'(x)} \frac{\mathrm{d}}{\mathrm{d}x} [\mathrm{e}^{\mathrm{i}\tau f(x)}] \mathrm{d}x = \left. \frac{g(x) \mathrm{e}^{\mathrm{i}\tau f(x)}}{\mathrm{i}\tau f'(x)} \right|_{x_0}^{x_1} - \frac{1}{\mathrm{i}\tau} \int_{x_0}^{x_1} \phi(x) \mathrm{e}^{\mathrm{i}\tau f(x)} \mathrm{d}x$$

(3.1.116)

式中，

$$\phi(x)=\frac{\mathrm{d}}{\mathrm{d}x}\left[\frac{g(x)}{f'(x)}\right]=\frac{g'(x)f'(x)-g''(x)f(x)}{f'^2(x)}$$

将 (3.1.115) 和 (3.1.116) 式合并，并引入一个参数 $\sigma$，得到积分的近似解公式：

$$f(\tau)=\int_{x_0}^{x_1}g(x)\mathrm{e}^{\mathrm{i}\tau f(x)}\mathrm{d}x=\frac{g(x)-\sigma\phi(x)/\mathrm{i}\tau}{\mathrm{i}\tau f'(x)}\cdot\mathrm{e}^{\mathrm{i}\tau f(x)}\bigg|_{x_0}^{x_1}+O\left(\frac{1}{\tau^{2+\sigma}}\right)\quad(3.1.117)$$

式中，$\sigma$=0 或 1，取 $\sigma$=0，则积分为一级近似，取 $\sigma$=1，则积分为二级近似。由 (3.1.95) 式可知，(3.1.103)~(3.1.106) 式定义的积分，每个典型被积函数分为两项，故有

$$N(k_m,k_n,k_0)=\int_0^{\arctan(\mu)}\frac{\cos\left(\tan\theta+\dfrac{k_0}{k_n}\sec\theta+\dfrac{k_m}{k_n}\right)}{k_m\cos\theta+k_n\sin\theta+k_0}\mathrm{d}\theta-\int_0^{\arctan(\mu)}\frac{1}{k_m\cos\theta+k_n\sin\theta+k_0}\mathrm{d}\theta\quad(3.1.118)$$

(3.1.118) 式中的第一个积分采用 (3.1.117) 式求解，为此，令

$$g(\theta)=\frac{1}{k_m\cos\theta+k_n\sin\theta+k_0},\quad f(\theta)=\tan\theta+\frac{k_0}{k_n}\sec\theta+\frac{k_m}{k_n}$$

$$\tau=l_xk_n$$

对函数 $g(\theta)$ 求一阶导数，函数 $f(\theta)$ 求一阶和二阶导数，并代入 (3.1.117) 式，可求得 (3.1.118) 式中的第一项积分；再利用积分：

$$\int_a^b\frac{\mathrm{d}\theta}{k_m\cos\theta+k_n\sin\theta+k_0}=\frac{2}{\sqrt{k_m^2+k_n^2-k_0^2}}\cdot\operatorname{arctan\,h}\frac{k_n+(k_0-k_m)\tanh(\theta/2)}{\sqrt{k_m^2+k_n^2-k_0^2}}\bigg|_a^b$$

直接得到 (3.1.118) 中第二项积分，这样 (3.1.118) 式积分结果为

$$\begin{aligned}N(k_m,k_n,k_0)=&\frac{\mathrm{i}\mathrm{e}^{\mathrm{i}(k_0l_x\sqrt{\mu^2+1}+l_yk_n+l_xk_m)}}{(k_0l_x\sqrt{\mu^2+1}+l_yk_n+l_xk_m)(k_0\mu+k_n\sqrt{\mu^2+1})}\\&+\frac{\sigma(k_n^2+k_0^2+k_0k_m)\mathrm{e}^{\mathrm{i}(k_0l_x+l_xk_m)}}{l_x^2k_n^3(k_0+k_m)^2}+\frac{\mathrm{i}\mathrm{e}^{\mathrm{i}(k_0l_x+l_xk_m)}}{k_n(k_0l_x+l_xk_m)}\\&-\frac{\sigma\mathrm{e}^{\mathrm{i}(k_0l_x\sqrt{\mu^2+1}+l_yk_n+l_xk_m)}}{(k_0l_x\sqrt{\mu^2+1}+l_yk_n+l_xk_m)^2(k_0\mu+l_y\sqrt{\mu^2+1})^3}\\&\times\left[k_0(k_m+4\mu k_n\sqrt{\mu^2+1})+(k_n^2+k_0^2)(2\mu^2+1)+\mu k_mk_n\right]\end{aligned}$$

$$+\frac{2}{\sqrt{k_m^2+k_n^2-k_0^2}}\left[\operatorname{arctanh}\frac{k_n+(k_0-k_m)(\sqrt{\mu^2+1}-1)/\mu}{\sqrt{k_m^2+k_n^2-k_0^2}}\right.$$
$$\left.-\operatorname{arctanh}\frac{k_n}{\sqrt{k_m^2+k_n^2-k_0^2}}\right],\quad l_xk_n\gg 1 \tag{3.1.119}$$

到此为止，由 (3.1.119) 式给出的积分结果，可以计算 (3.1.103)~(3.1.106) 式中定义的积分 $J_{1,2}^{\alpha}$, $J_{1,2}^{\beta}$, $J_{3,4}^{\alpha}$, $J_{3,4}^{\beta}$，进一步由 (3.1.107)~(3.1.110) 式计算 $J_1^{(1)}(k_n,k_m,l_y,l_x)$, $J_2^{(1)}(k_n,k_m,l_y,l_x)$, $J_3^{(1)}(k_n,k_m,l_y,l_x)$ 和 $J_4^{(1)}(k_n,k_m,l_y,l_x)$，再由 (3.1.102) 式计算 $J_1^{(2)}(k_n,k_m,l_y,l_x)$, $J_2^{(2)}(k_n,k_m,l_y,l_x)$, $J_3^{(2)}(k_n,k_m,l_y,l_x)$ 和 $J_4^{(2)}(k_n,k_m,l_y,l_x)$，于是由 (3.1.91) 式及 (3.1.96)~(3.1.98) 式得到 $L_1^{mn}$, $L_2^{mn}$, $L_3^{mn}$, $L_4^{mn}$，再利用 (3.1.112)~(3.1.114) 式得到 $J_2^{mn}$, $J_3^{mn}$, $J_4^{mn}$，最后可由 (3.1.85) 式及 (3.1.86)~ (3.1.88) 式计算模态的自辐射阻和互辐射阻。针对厚度为 2mm、边长为 0.5m 的正方形板，计算得到的模态互辐射阻与自辐射阻的比值由图 3.1.16~图 3.1.18 给出，图中横坐标为 $k_0$ 与 $k_{mn}=\sqrt{k_m^2+k_n^2}$ 的比值。计算结果表明，一般来说，互辐射阻小于自辐射阻，两个模态数相差越大，互辐射阻越小。在吻合频率以下的较宽频率范围内，互辐射阻有一定的量级。在吻合频率以上，互辐射阻震荡衰减。当两个模态均为“声快”模态时，它们的模态耦合可以忽略。如果两个模态的一个模态数相同，且另一个模态数相近，则这两个模态的互辐射阻相对较大，即它们的耦合较强。如果两个模态数都不相同，则它们的互辐射阻相对较小。另外，在考虑与忽略互辐射阻情况下计算的矩形弹性板声辐射功率由图 3.1.19 给出，由图可见，互辐射阻主要对非共振频率的声辐射功率有较明显的影响，而对声辐射功率的峰值影响不大，只是不考虑互辐射阻时会出现个别假辐射峰值。

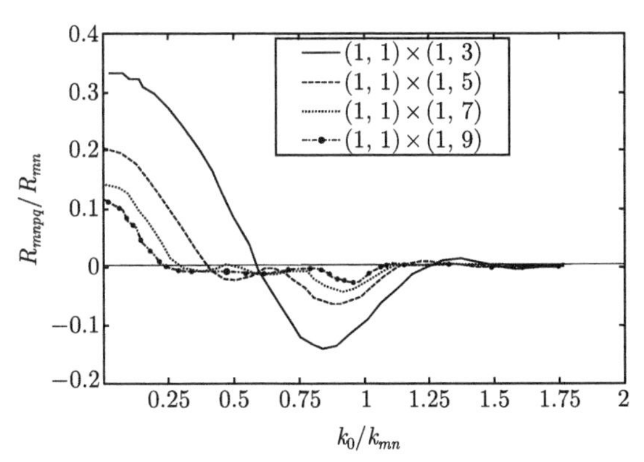


图 3.1.16　奇数–奇数模态归一化互辐射阻抗

(引自文献 [15], fig2)

应该说，Li 和 Gibeling[15] 虽然给出了适用于简支矩形板高频声辐射阻的解析计算方法，但计算过程过于复杂，还有相对简单一些的计算方法 [16]。利用 (3.1.51) 式，(3.1.85) 式中的第一项积分可以表示为

$$
\begin{aligned}
J_1^{mn} &= \int_0^{l_y}\int_0^{l_x} \sin(k_m\xi_1)\sin(k_n\eta_1)\frac{\sin\left(k_0\sqrt{\xi_1^2+\eta_1^2}\right)}{\sqrt{\xi_1^2+\eta_1^2}}\mathrm{d}\xi_1\mathrm{d}\eta_1 \\
&= \sum_{k=0}^{\infty}\sum_{l=0}^{k}\begin{pmatrix} k \\ l \end{pmatrix}\frac{(-1)^k k_0^{2k+1}}{(2k+1)!}\int_0^{l_y}\int_0^{l_x}\sin(k_m\xi_1)\sin(k_n\eta_1)\cdot\xi_1^{2k-2l}\cdot\eta_1^{2l}\mathrm{d}\xi_1\mathrm{d}\eta_1
\end{aligned}
\tag{3.1.120}
$$

定义积分，

$$
S_k^m = \int_0^1 x^k \sin(m\pi x)\mathrm{d}x \tag{3.1.121}
$$

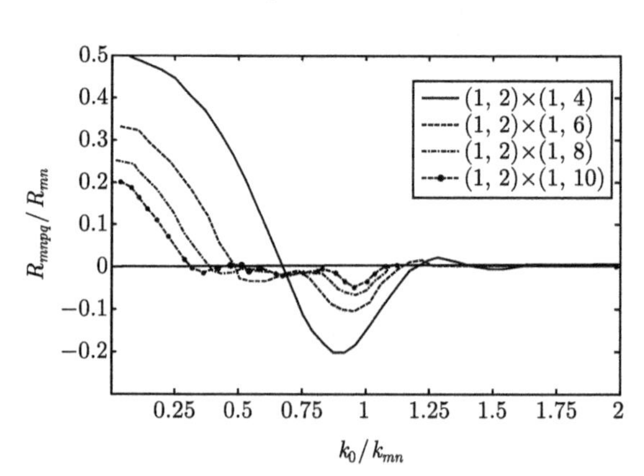


图 3.1.17　奇数–偶数模态归一化互辐射阻

(引自文献 [15], fig3)

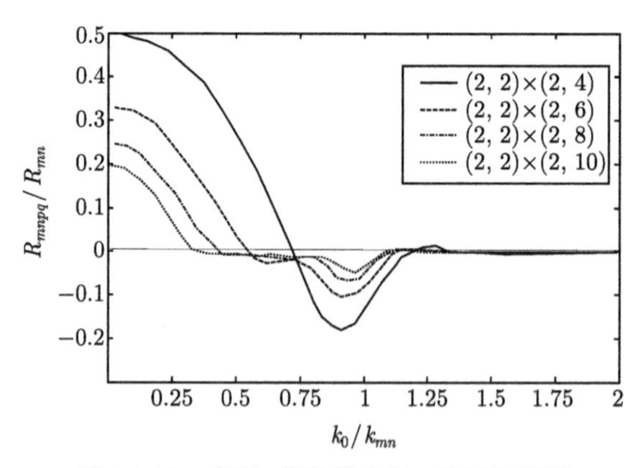


图 3.1.18　偶数–偶数模态归一化互辐射阻

(引自文献 [15], fig4)

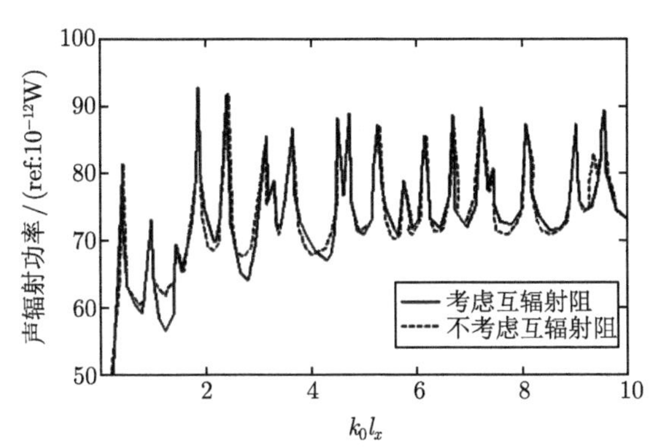


图 3.1.19 互辐射阻对声辐射功率影响的比较

(引自文献 [15], fig7)

则 (3.1.120) 式可简化为

$$J_1^{mn}=\sum_{k=0}^{\infty}\sum_{l=0}^{k}\begin{pmatrix}k\\l\end{pmatrix}\frac{(-1)^k k_0^{2k+1}}{(2k+1)!}\mu^{2l}S_{2k-2l}^{m}S_{2l}^{n} \tag{3.1.122}$$

式中，$\mu$ 为前面定义的弹性矩形板长宽比。

同样，(3.1.85) 式中的第二项积分可以表示为

$$\begin{aligned}J_2^{mn}&=\int_0^{l_y}\int_0^{l_x}(l_x-\xi_1)(l_y-\eta_1)\cos(k_m\xi_1)\cos(k_n\eta_1)\frac{\sin(k_0\sqrt{\xi_1^2+\eta_1^2})}{\sqrt{\xi_1^2+\eta_1^2}}\mathrm{d}\xi_1\mathrm{d}\eta_1\\&=\sum_{k=0}^{\infty}\sum_{l=0}^{k}\begin{pmatrix}k\\l\end{pmatrix}\frac{(-1)^k k_0^{2k+1}}{(2k+1)!}\int_0^{l_y}\int_0^{l_x}(l_x-\xi_1)(l_y-\eta_1)\cos(k_m\xi_1)\cos(k_n\eta_1)\\&\quad\times\xi_1^{2k-2l}\cdot\eta_1^{2l}\mathrm{d}\xi_1\mathrm{d}\eta_1\end{aligned} \tag{3.1.123}$$

再定义积分，

$$T_k^m=m\pi\int_0^1 x^k\cos(m\pi x)\mathrm{d}x \tag{3.1.124}$$

则 (3.1.123) 式可以简化为

$$J_2^{mn}=\sum_{k=0}^{\infty}\sum_{l=0}^{k}\begin{pmatrix}k\\l\end{pmatrix}\frac{(-1)^k(l_xk_0)^{2k+1}l_xl_y^2}{mn\pi^2(2k+1)!}\mu^{2l}(T_{2k-2l}^m-T_{2k-2l+1}^m)(T_{2l}^n-T_{2l+1}^n) \tag{3.1.125}$$

(3.1.85) 式中的第三和第四项积分可以同样处理，有

$$J_3^{mn}=\sum_{k=0}^{\infty}\sum_{l=0}^{k}\begin{pmatrix}k\\l\end{pmatrix}\frac{(-1)^k(l_xk_0)^{2k+1}l_y^2}{n\pi(2k+1)!}\mu^{2l}\cdot S_{2k-2l}^m(T_{2l}^n-T_{2l+1}^n) \tag{3.1.126}$$

$$J_4^{mn} = \sum_{k=0}^{\infty}\sum_{l=0}^{p}\begin{pmatrix} k \\ l \end{pmatrix}\frac{(-1)^k(l_x k_0)^{2k+1}l_x}{m\pi(2k+1)!}\mu^{2l}\cdot S_{2l}^n(T_{2k-2l}^m - T_{2k-2l+1}^m) \quad (3.1.127)$$

由 (3.1.121) 和 (3.1.124) 式，考虑到

$$S_0^m = \int_0^1 \sin(m\pi x)\mathrm{d}x = \frac{1+(-1)^{m+1}}{m\pi}, \quad S_1^m = \int_0^1 x\sin(m\pi x)dx = \frac{(-1)^{m+1}}{m\pi}$$

$$T_0^m = \int_0^1 \cos(m\pi x)\mathrm{d}x = 0, \quad T_1^m = m\pi\int_0^1 x\cos(m\pi x)\mathrm{d}x = \frac{1+(-1)^{m+1}}{m\pi}$$

则有递推关系

$$S_k^m = \int_0^1 x^k \sin(m\pi x)\mathrm{d}x = \frac{(-1)^{m+1}}{m\pi} - \frac{k(k-1)}{m^2\pi^2}S_{k-2}^m \quad (3.1.128)$$

$$T_k^m = \frac{k(-1)^m}{m\pi} - \frac{k(k-1)}{m^2\pi^2}T_{k-2}^m \quad (3.1.129)$$

由递推关系 (3.1.128) 和 (3.1.129) 式，可以得到以下级数表达式：

$$S_{2k-1}^m = \sum_{r=1}^{k}\frac{(-1)^{m+r}(2k-1)!}{(2k-2r+1)!(m\pi)^{2r-1}} \quad (3.1.130)$$

$$S_{2k}^m = \sum_{r=1}^{k}\frac{(-1)^{m+r}(2k)!}{(2k-2r+2)!(m\pi)^{2r-1}} + (-1)^k[1-(-1)^m]\frac{(2k)!}{(m\pi)^{2k+1}} \quad (3.1.131)$$

$$T_{2k}^m = \sum_{r=1}^{k}\frac{(-1)^{m+r+1}(2k)!}{(2k-2r+1)!(m\pi)^{2r-1}} \quad (3.1.132)$$

$$T_{2k-1}^m = \sum_{r=1}^{k}\frac{(-1)^{m+r+1}(2k-1)!}{(2k-2r)!(m\pi)^{2r-1}} + (-1)^k\frac{(2k-1)!}{(m\pi)^{2k-1}} \quad (3.1.133)$$

由级数表达式 (3.1.130)~(3.1.133) 式，可以计算 $J_1^{mn}$, $J_2^{mn}$ 及 $J_3^{mn}$ 和 $J_4^{mn}$，再由 (3.1.84) 及 (3.1.86)~(3.1.88) 式计算模态自辐射阻和互辐射阻，详细结果可见文献 [16]。

镶嵌在无限大刚性障板的弹性矩形板声辐射模型，虽然是经典的声辐射计算模型，但将弹性矩形板周边结构处理为无限大刚性障板，无疑是一种近似处理方式，实际上忽略了复杂结构上子单元受周围子单元的影响。为了考虑周边结构对弹性矩形板声辐射的影响，Li 和 He[17] 将矩形板的周围结构等效为阻性障板及具

有感抗或容抗的抗性障板，研究了非刚性声障板上矩形板的声辐射，计算矩形板声辐射的瑞利积分公式中，选用了满足非刚性声障板条件下的 Green 函数 [18]。

$$G(x,y,z;x',y',z')=\frac{\mathrm{i}}{4\pi^2}\int_{-\infty}^{\infty}\int_{-\infty}^{\infty}\frac{\mathrm{e}^{\mathrm{i}[k_x(x-x')+k_y(y-y')+\sqrt{k_0^2-k_x^2-k_y^2}(z-z')]}}{k_0\beta+\sqrt{k_0^2-k_x^2-k_y^2}}\mathrm{d}k_x\mathrm{d}k_y \tag{3.1.134}$$

式中，$(x,y,z)$ 和 $(x',y',z')$ 分别为场点和源点坐标，$\beta$ 为无限大障板的特征声导纳，$\beta=\rho_0C_0/Z_0$，$Z_0$ 为声障板的声阻抗，$\beta=\beta_1+\mathrm{i}\beta_2$，$\beta_1$ 和 $\beta_2$ 分别为 $\beta$ 的实部和虚部。

相应地，无限大阻抗声障板上弹性矩形板的辐射声压为

$$\begin{aligned}p(x,y,z,\omega)=&\frac{k_0\rho_0C_0}{4\pi^2}\int_0^{l_x}\int_0^{l_y}v(x',y',\omega)\mathrm{d}x'\mathrm{d}y'\\&\times\int_{-\infty}^{\infty}\int_{-\infty}^{\infty}\frac{\mathrm{e}^{\mathrm{i}[k_x(x-x')+k_y(y-y')+\sqrt{k_0^2-k_x^2-k_y^2}(z-z')]}}{k_0^2\beta+\sqrt{k_0^2-k_x^2-k_y^2}}\mathrm{d}k_x\mathrm{d}k_y\end{aligned} \tag{3.1.135}$$

式中，$v(x',y',\omega)$ 为弹性矩形板振速。

假设矩形板为简支边界条件，采用模态法，类似无限大刚性障板的简支矩形板耦合振动及声辐射的推导，可以得到无限大非刚性障板上的简支矩形板模态声阻抗：

$$\begin{aligned}Z_{nmpq}(\omega,\beta)=&\frac{k_0\rho_0C_0l_xl_y}{32\pi^2}\left\{\int_0^{2\pi}\mathrm{d}\varphi\int_0^{k_0}S_mS_nS_pS_q\cdot\frac{k_0\beta_1+\sqrt{k_0^2-k^2}+\mathrm{i}k_0\beta_2}{(k_0\beta_1+\sqrt{k_0^2-k^2})^2+(k_0\beta_2)^2}k\mathrm{d}k\right.\\&\left.+\int_0^{2\pi}\mathrm{d}\varphi\int_{k_0}^{\infty}S_mS_nS_pS_q\cdot\frac{k_0\beta_1-\mathrm{i}(\sqrt{k_0^2-k^2}-k_0\beta_2)}{(k_0\beta_1)^2+(\sqrt{k_0^2-k^2}-k_0\beta_2)^2}k\mathrm{d}k\right\}\end{aligned} \tag{3.1.136}$$

式中，$k^2=k_x^2+k_y^2$，$k_x=k\cos\varphi,k_y=k\sin\varphi$。

$$S_m=\begin{cases}\mathrm{i}(-1)^{(m+2)/2}\left[\sin C\left(\dfrac{kl_x}{2}\cos\varphi+\dfrac{m\pi}{2}\right)-\sin C\left(\dfrac{kl_x}{2}\cos\varphi-\dfrac{m\pi}{2}\right)\right],\\ \qquad m\text{ 为偶数}\\(-1)^{(m-1)/2}\left[\sin C\left(\dfrac{kl_x}{2}\cos\varphi+\dfrac{m\pi}{2}\right)+\sin C\left(\dfrac{kl_x}{2}\cos\varphi-\dfrac{m\pi}{2}\right)\right],\\ \qquad m\text{ 为奇数}\end{cases} \tag{3.1.137}$$

$$S_n = \begin{cases} \mathrm{i}(-1)^{(n+2)/2}\left[\sin C\left(\dfrac{kl_y}{2}\sin\varphi+\dfrac{n\pi}{2}\right)-\sin C\left(\dfrac{kl_y}{2}\sin\varphi-\dfrac{n\pi}{2}\right)\right], \\ \qquad n \text{ 为偶数} \\ (-1)^{(n-1)/2}\left[\sin C\left(\dfrac{kl_y}{2}\sin\varphi+\dfrac{n\pi}{2}\right)+\sin C\left(\dfrac{kl_y}{2}\sin\varphi-\dfrac{n\pi}{2}\right)\right], \\ \qquad n \text{ 为奇数} \end{cases} \tag{3.1.138}$$

这里，$\sin C(x)=\sin x/x$，将 (3.1.137) 式中 $m$ 换为 $p$，(3.1.138) 式中 $n$ 换为 $q$，即得到 $S_p$ 和 $S_q$ 的表达式，再在 (3.1.136) 式的第二个积分中作变量代换，$k=k_0/\xi$，相应地有 $S_j(\xi)=\bar{S}_j(k_0/\xi), j=m,n,p,q$，并将 (3.1.136) 式中的实部和虚部分开，则有

$$R_{mnpq}(\omega)=\frac{k_0\rho_0C_0l_xl_y}{32\pi^2}\left\{\int_0^{2\pi}\mathrm{d}\varphi\int_0^{k_0}S_mS_nS_pS_q\cdot\frac{k_0\beta_1+\sqrt{k_0^2-\xi^2}}{(k_0\beta_1+\sqrt{k_0^2-\xi^2})^2+(k_0\beta_2)^2}\xi\mathrm{d}\xi\right.$$

$$\left.+\beta_1k_0\int_0^{2\pi}\mathrm{d}\varphi\int_0^1\bar{S}_m\bar{S}_n\bar{S}_p\bar{S}_q\ \frac{\xi^{-1}\mathrm{d}\xi}{(\xi\beta_1)^2+(\sqrt{1-\xi^2}-\xi\beta_2)^2}\right\} \tag{3.1.139}$$

$$X_{mnpq}(\omega)=\frac{k_0\rho_0C_0l_xl_y}{32\pi^2}\left\{\int_0^{2\pi}\mathrm{d}\varphi\int_0^{k_0}S_mS_nS_pS_q\cdot\frac{-k_0\beta_2}{(k_0\beta_1+\sqrt{k_0^2-\xi^2})^2+(k_0\beta_2)^2}\xi\mathrm{d}\xi\right.$$

$$\left.+k_0\int_0^{2\pi}\mathrm{d}\varphi\int_0^1\bar{S}_m\bar{S}_n\bar{S}_p\bar{S}_q\ \frac{\sqrt{1-\xi^2}-\xi\beta_2}{(\xi\beta_1)^2+(\sqrt{1-\xi^2}-\xi\beta_2)^2}\frac{\mathrm{d}\xi}{\xi^2}\right\} \tag{3.1.140}$$

(3.1.139) 和 (3.1.140) 需要采用数值积分计算，文献 [17] 针对 $l_x=l_y=0.4m$ 的正方形弹性板，数值积分计算表明，当声障板导纳为纯阻性 $(\beta_1>0,\beta_2=0)$ 时，模态声辐射阻和声辐射抗的基本特性与无限大刚性障板的情况一致，但随着声障板特征声导纳 $\beta$ 值增加，模态声辐射阻和声辐射抗的最大值减小，尤其在 $k_0l_x\gg1$ 的高频段，当 $\beta>0.5$ 时，模态辐射阻不再趋于 1，而是趋于一个与 $\beta$ 成反比的常数，参见图 3.1.20。当声障板为纯质量抗 $(\beta_1=0,\beta_2<0)$ 时，若 $\beta_2$ 绝对值较小，则模态声辐射阻抗也与无限大刚性障板的情况一致，但 $\beta_2$ 绝对值较大时，随着 $k_0l_x$ 的增加，模态声辐射抗不是趋于 0，而是趋于一个常数，而且模态声辐射阻抗也随着 $|\beta|$ 的增加而减小，参见图 3.1.21。当声障板为阻性和质量抗 $(\beta_1>0,\beta_2<0)$ 时，模态声阻抗特性与前面两种情况相似，当声障板为阻性和弹性抗 $(\beta_1>0,\beta_2>0)$ 时，模态声阻抗特性发生较大的变化，虽然

模态声辐射阻总是正数，但随着 $k_0l_x$ 的增加，模态声辐射抗会出现负值。这表明在低频段矩形板模态辐射声场对模态振动的影响类似于质量负载，而在高频段则类似于弹性负载，参见图 3.1.22，图中曲线 1~3 分别对应 $\beta = 0.001 + \mathrm{i}0.5$, $0.5 + \mathrm{i}0.5$ 和 $0.7329 + \mathrm{i}0.7821$。由于无限大声障板的声阻抗特性影响到了简支矩形板的模态声辐射阻抗，因此，矩形板的模态共振及声辐射特性应与声障板的声阻抗相关。

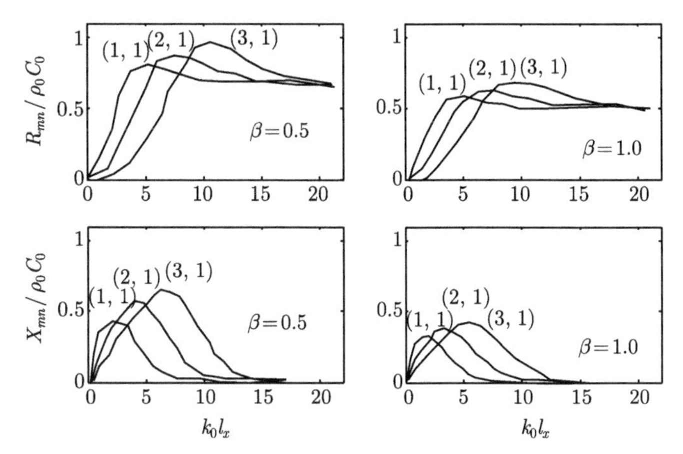


图 3.1.20 纯阻性声障板矩形板时模态声辐射阻抗

(引自文献 [17], fig3)

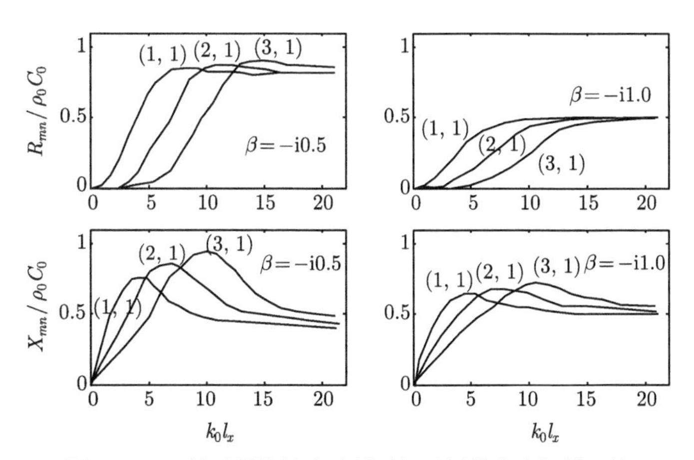


图 3.1.21 纯质量抗性声障板时矩形板模态声辐射阻抗

(引自文献 [17], fig4)

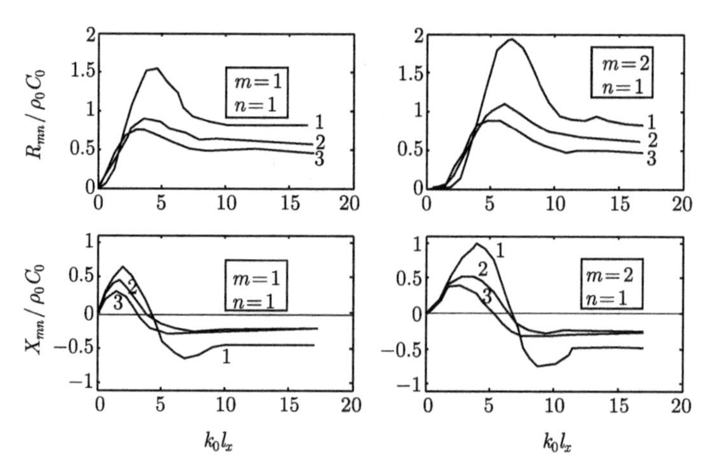


图 3.1.22　阻性和弹性抗声障板时矩形板模态声辐射阻抗

(引自文献 [17], fig6)

## 3.2　任意边界弹性矩形板耦合振动与声辐射

矩形弹性平板的振动和声辐射不仅与平板参数及激励力有关，还与边界条件密切相关。这是因为矩形弹性板的声辐射与其模态振型和模态阻抗有关,而这两个参数又受到矩形板边界条件的影响。3.1 节讨论的简支边界条件矩形板模态作为一种低频近似的边界条件,不能完全反映实际的边界条件情况。Lomas 和 Hayek[8] 提出了矩形板弹性支撑边界条件，参见图 3.2.1。假设边界转动受无质量的分布转动弹簧的刚度作用，转动弹簧产生的力矩正比于边界位移的斜率：

$$M = \pm K_r \frac{\partial W}{\partial n} \tag{3.2.1}$$

式中，$n$ 为边界法线方向，$K_r$ 为转动弹簧刚度，“±” 号对应矩形弹性板的两边。

弹性支撑边界条件表示为

$$W = 0 \tag{3.2.2}$$

$$\frac{\partial^2 W}{\partial n^2} \pm \frac{K_r}{D}\frac{\partial W}{\partial n} = 0 \tag{3.2.3}$$

这种边界条件也称为弹性约束的简支边界条件 [19], 当边界转动弹簧刚度 $K_r$ 为 0 时，则 (3.2.3) 式退化为简支边界条件。

如果考虑矩形板振动与辐射声场的耦合，矩形板的振动方程为

$$D\nabla^4 W - \omega^2 m_s W = f - p \tag{3.2.4}$$

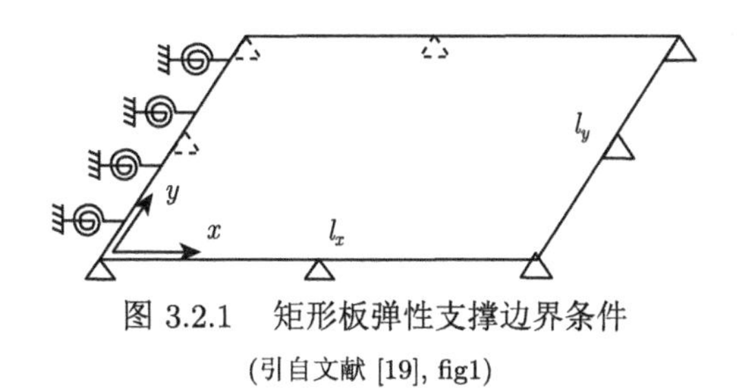

图 3.2.1 矩形板弹性支撑边界条件
(引自文献 [19], fig1)

虽然与简支矩形板相比，求解的振动及声场问题只是在 (3.2.3) 式中增加率一项 $\pm(K_r/D)\partial W/\partial n$，但不能完全采用求解简支矩形板耦合振动和声辐射的方法进行求解。为了沿用简支矩形板的求解思路，Lomas 和 Hayek[8] 将弹性支撑边界条件的矩形板振动和声辐射问题分为两组解，为此设

$$W = W_1 + W_2 \tag{3.2.5}$$

$$p = p_1 + p_2 \tag{3.2.6}$$

其中 $W_1, p_1$ 和 $W_2, p_2$ 分别满足下面二组方程。

第一组：

$$D\nabla^4 W_1 - \omega^2 m_s W_1 = f - p_1 \tag{3.2.7}$$

$$W_1 = 0 \tag{3.2.8}$$

$$\frac{\partial^2 W_1}{\partial n^2} = 0 \tag{3.2.9}$$

$$\left.\frac{\partial p_1}{\partial z}\right|_{z=0} = \rho_0 \omega^2 W_1 \tag{3.2.10}$$

第二组：

$$D\nabla^4 W_2 - \omega^2 m_s W_2 = -p_2 \tag{3.2.11}$$

$$W_2 = 0 \tag{3.2.12}$$

$$D\frac{\partial^2 W_2}{\partial n^2} = M = \pm K_r \frac{\partial (W_1 + W_2)}{\partial n} \tag{3.2.13}$$

$$\left.\frac{\partial p_2}{\partial z}\right|_{z=0} = \rho_0 \omega^2 W_2 \tag{3.2.14}$$

第一组方程包含了非齐次振动方程及齐次边界条件，$W_1$ 为考虑单面流体负载的简支矩形板的基本解，$p_1$ 为矩形板产生的声压。第二组方程中，矩形板振动方程为齐次的，其中的 $p_2$ 只与 $W_2$ 有关，边界条件为非齐次的，并与第一组方程的解有关，$W_2$ 为边界上分布力矩 $M$ 激励产生的平板振动响应。第一组方程的求解与 3.1 节完全一样，第二组方程求解又需分为两部分，每一部分对应矩形板一组对边的边界条件为齐次边界条件，另一组对边为非齐次边界条件，分别求解得到两部分解 $W_{2a}$ 和 $W_{2b}$，再与第一组方程的解 $W_1$ 合并得到弹性支撑矩形板的振动和声辐射解。

先设矩形板沿 $x$ 方向的简支边界条件，沿 $y$ 方向为弹性支撑边界条件，即

$$W_{2a}\big|_{x=0,l_x}=0,\quad \left.\frac{\partial^2 W_{2a}}{\partial x^2}\right|_{x=0,l_x}=0 \tag{3.2.15}$$

$$W_{2a}\big|_{y=0,l_y}=0 \tag{3.2.16a}$$

$$\left.\frac{\partial^2 W_{2a}}{\partial y^2}\right|_{y=0}=\frac{M_{y1}}{D},\qquad \left.\frac{\partial^2 W_{2a}}{\partial y^2}\right|_{y=l_y}=\frac{M_{y2}}{D} \tag{3.2.16b}$$

式中，$M_{y1}$ 和 $M_{y2}$ 分别为 $y=0$ 和 $y=l_y$ 边界上弹性支撑的力矩。

矩形板振动满足方程：

$$D(\nabla^4-k_f^4)W_{2a}=-p_{2a} \tag{3.2.17}$$

式中，$k_f^4=\omega^2 m_s/D$，假设 $W_{2a}$ 和 $p_{2a}$ 可以由真空中简支矩形板的本征函数 $\varphi_m(x)\varphi_n(y)$ 表示：

$$W_{2a}=\sum_{mn}W_{mn}^{2a}\varphi_m(x)\varphi_n(y) \tag{3.2.18}$$

$$p_{2a}=\sum_{mn}p_{mn}^{2a}\varphi_m(x)\varphi_n(y) \tag{3.2.19}$$

(3.2.19) 式中 $p_{2a}$ 满足波动方程及边界条件 (3.2.14) 式，可以求解得到模态声压与模态位移的关系：

$$p_{mn}^{2a}=-\mathrm{i}\omega\sum_{pq}Z_{mnpq}^{a}W_{pq}^{2a} \tag{3.2.20}$$

式中，$Z_{mnpq}^{a}$ 为模态声辐射阻抗。

因为矩形板沿 $x$ 方向为简支边界条件，沿 $y$ 方向为非齐次边界条件，在简支边界条件下的本征解 $\varphi_m(x)=\sin m\pi x/l_x$ 满足 (3.2.15) 式，但 $\varphi_n(y)=\sin n\pi y/l_y$ 不满足 (3.2.16) 式，为此需要考虑一个中间解：

$$W_{2a}(x,y)=\sum_{m}\varphi_m(x)W_m^{2y}(y) \tag{3.2.21}$$

将 (3.2.19) 及 (3.2.20) 式和 (3.2.21) 式代入 (3.2.17) 式，得到 $W_m^{2y}(y)$ 满足的方程：

$$D\left(\frac{\partial^4}{\partial y^4}-2k_m^2\frac{\partial^2}{\partial y^2}+k_m^4-k_f^4\right)W_m^{2y}(y)=-\mathrm{i}\omega\sum_n\varphi_n(y)\sum_{pq}Z_{mnpq}^aW_{pq}^{2a} \quad (3.2.22)$$

(3.2.22) 式的特解为

$$W_m^{2y}(y)=-\mathrm{i}\omega\sum_n\varphi_n(y)\frac{1}{\Lambda_{mn}}\sum_{pq}Z_{mnpq}^aW_{pq}^{2a} \quad (3.2.23)$$

且 (3.2.22) 式的通解满足方程：

$$\left(\frac{\partial^4}{\partial y^4}-2k_m^2\frac{\partial^2}{\partial y^2}+k_m^4-k_f^4\right)W_m^{2y}(y)=0 \quad (3.2.24)$$

式中，$k_m=m\pi/l_x$，$\Lambda_{mn}=(k_m+k_n)^2-k_f^4$。

求解 (3.2.24) 式，有

$$W_m^{2y}(y)=A_mch(\gamma_1y)+B_msh(\gamma_1y)+C_mch(\gamma_2y)+D_msh(\gamma_2y) \quad (3.2.25)$$

式中，$\gamma_1^2=k_m^2+k_p^2$，$\gamma_2^2=k_m^2-k_p^2$，假设 (3.2.16b) 式中，弹性支撑力矩 $M_{y1}$ 和 $M_{y2}$ 可以展开为

$$M_{y1}(x)=\sum_m a_m\varphi_m(x) \quad (3.2.26a)$$

$$M_{y2}(x)=\sum_m b_m\varphi_m(x) \quad (3.2.26b)$$

考虑到 (3.2.16) 和 (3.2.21) 式，$W_m^{2y}(y)$ 满足的边界条件为

$$W_m^{2y}(y)\big|_{y=0,l_y}=0 \quad (3.2.27a)$$

$$\left.\frac{\partial^2W_m^{2y}(y)}{\partial y^2}\right|_{y=0}=\frac{a_m}{D} \quad (3.2.27b)$$

$$\left.\frac{\partial^2W_m^{2y}(y)}{\partial y^2}\right|_{y=l_y}=\frac{b_m}{D} \quad (3.2.27c)$$

由边界条件 (3.2.27) 式可以确定 (3.2.25) 式中的待定系数 $A_m$，$B_m$，$C_m$ 和 $D_m$，从而得到 $W_m^{2y}(y)$ 的表达式。

$$W_m^{2y}(y)=\frac{1}{2Dk_f^2}\left\{a_m\left[\mathrm{ch}(\gamma_1y)-\mathrm{ch}(\gamma_2y)-\frac{\mathrm{ch}(\gamma_1l_y)}{\mathrm{sh}(\gamma_1l_y)}\mathrm{sh}(\gamma_1y)\right.\right.$$

$$+\frac{\mathrm{ch}(\gamma_2 l_y)}{\mathrm{sh}(\gamma_2 l_y)}\mathrm{sh}(\gamma_2 y)\bigg]+b_m\left[\frac{\mathrm{sh}(\gamma_1 y)}{\mathrm{sh}(\gamma_1 l_y)}-\frac{\mathrm{sh}(\gamma_2 y)}{\mathrm{sh}(\gamma_2 l_y)}\right]\Bigg\} \tag{3.2.28}$$

利用 $\varphi_n(y)$ 对 (3.2.28) 式作进一步展开，得到展开系数：

$$W_{mn}^{2a}=\frac{2k_n}{l_y\varLambda_{mn}}[-a_m+(-1)^n b_m] \tag{3.2.29}$$

于是，通解和特解相加，得到对应 $x$ 方向为简支边界条件、$y$ 方向为非齐次边界条件的矩形板耦合振动解

$$\begin{aligned}W_{2a}(x,y)&=\sum_{mn}W_{mn}^{2a}\varphi_m(x)\varphi_n(y)\\&=\sum_{mn}\varphi_m(x)\varphi_n(y)\frac{2k_n}{l_y\varLambda_{mn}}[-a_m+(-1)^n b_m]\\&\quad-\mathrm{i}\omega\sum_{mn}\varphi_m(x)\varphi_n(y)\frac{1}{\varLambda_{mn}}\sum_{pq}Z_{mnpq}^{a}W_{pq}^{2a}\end{aligned} \tag{3.2.30}$$

即可得

$$\varLambda_{mn}W_{mn}^{2a}+\mathrm{i}\omega\sum_{pq}Z_{mnpq}^{a}W_{pq}^{2a}=\frac{2k_n}{l_y}[-a_m+(-1)^n b_m] \tag{3.2.31}$$

由 (3.2.31) 式可求解得到模态展开系数 $W_{mn}^{2a}$，从而可以计算矩形板耦合振动 $W_{2a}(x,y)$ 及相应的声辐射 $p_{2a}$。对于矩形板沿 $y$ 方向为简支边界条件、$x$ 方向为弹性支撑边界条件的情况，设矩形相应的振动及声辐射为

$$W_{2b}(x,y)=\sum_{mn}W_{mn}^{2b}\varphi_m(x)\varphi_n(y) \tag{3.2.32}$$

$$p_{2b}(x,y)=\sum_{mn}p_{mn}^{2b}\varphi_m(x)\varphi_n(y) \tag{3.2.33}$$

在 $x=0$ 和 $l_x$ 处，矩形板的分布支撑力矩分别为 $M_{x1}$ 和 $M_{x2}$，并展开为

$$M_{x1}(y)=\sum_{n}c_n\varphi_n(y) \tag{3.2.34}$$

$$M_{x2}(y)=\sum_{n}d_n\varphi_n(y) \tag{3.2.35}$$

类似 (3.2.31) 式的推导，可以得到矩形板耦合振动模态系数 $W_{mn}^{2b}$ 满足的方程：

$$\varLambda_{mn}W_{mn}^{2b}+\mathrm{i}\omega\sum_{pq}Z_{mnpq}^{a}W_{pq}^{2b}=\frac{2k_m}{l_x}[-c_n+(-1)^m d_n] \tag{3.2.36}$$

矩形板四边均为弹性支撑的非齐次边界条件时，将 (3.2.18) 式、(3.2.19) 式和 (3.2.32) 式、(3.2.33) 式的解组合，得到非齐次边界条件下的矩形板振动及声辐射：

$$W_2(x,y)=W_{2a}(x,y)+W_{2b}(x,y)=\sum_{mn}W_{2mn}\varphi_m(x)\varphi_n(y) \tag{3.2.37}$$

$$\begin{aligned}p_2(x,y)&=p_{2a}(x,y)+p_{2b}(x,y)=\sum_{mn}(p_{mn}^{2a}+p_{mn}^{2b})\varphi_m(x)\varphi_n(y)\\&=\mathrm{i}\omega\sum_{mn}\varphi_m(x)\varphi_n(y)\sum_{pq}Z_{mnpq}^{a}W_{2mn}\end{aligned} \tag{3.2.38}$$

这里，$W_{2mn}=W_{mn}^{2a}+W_{mn}^{2b}$，将 (3.2.31) 式和 (3.2.36) 式合并，得到四边弹性支撑边界条件的矩形板耦合振动模态系数 $W_{2mn}$ 满足的方程

$$\Lambda_{mn}W_{2mn}+\mathrm{i}\omega\sum_{pq}Z_{mnpq}^{a}W_{2pq}=-\frac{2k_n}{l_y}[a_m-(-1)^n b_m]-\frac{2k_m}{l_x}[c_n-(-1)^m d_n] \tag{3.2.39}$$

在 (3.2.39) 式中,边界弹性支撑力矩展开系数 $a_m, b_m, c_n$ 和 $d_n$ 需要由 (3.2.13) 式给出的边界条件确定。设 $x=0$ 和 $l_x$ 处弹性支撑边界条件的转动刚度 $K_r=K_x$，考虑 (3.2.13) 及 (3.2.34) 和 (3.3.35) 式，可得

$$M_{x1}(y)=\sum_{n}\varphi_n(y)c_n=K_x\sum_{n}\varphi_n(y)\sum_{p}(W_{1pn}+W_{2pn})\cdot\frac{\mathrm{d}}{\mathrm{d}x}\varphi_p(x)\bigg|_{x=0} \tag{3.2.40}$$

$$M_{x2}(y)=\sum_{n}\varphi_n(y)d_n=-K_x\sum_{n}\varphi_n(y)\sum_{p}(W_{1pn}+W_{2pn})\cdot\frac{\mathrm{d}}{\mathrm{d}x}\varphi_p(x)\bigg|_{x=l_x} \tag{3.2.41}$$

简化得到

$$c_n=K_x\sum_{p}k_p(W_{1pn}+W_{2pn}) \tag{3.2.42}$$

$$d_n=-K_x\sum_{p}(-1)^m k_p(W_{1pn}+W_{2pn}) \tag{3.2.43}$$

当 $p$ 为奇数时，(3.2.42) 和 (3.2.43) 式相减，$p$ 为偶数时，两式相加，则有

$$c_n\pm d_n=2K_x\sum_{p}k_p(W_{1pn}+W_{2pn}),\quad p\ \text{为奇数或偶数} \tag{3.2.44}$$

在 $y=0$ 和 $l_y$ 处，弹性支撑边界条件的转动刚度 $K_r=K_y$，类似 (3.2.44) 推导，可得

$$a_m \pm b_m = 2K_y \sum_q k_q (W_{1mq}+W_{2mq}),\quad q \text{ 为奇数或偶数} \tag{3.2.45}$$

将 (3.2.44) 和 (3.2.45) 代入到 (3.2.39) 式，经重新组合，为了求和下标的一致性，引入函数 $\delta_{mp}=1(m=p)$ 或者 $0(m\neq p)$，得到由第一组方程解 $W_{1mn}$ 求解第二组方程解 $W_{2mn}$ 的关系：

$$\begin{aligned}&\sum_{[p,q]}\left\{a_{mnpq}+4\left[\frac{K_y}{l_y}k_n k_q \delta_{mp}+\frac{K_x}{l_x}k_m k_p \delta_{nq}\right]\right\}W_{2pq}\\&=-4\sum_{[s,t]}\left[\frac{K_y}{l_y}k_n k_t \delta_{ms}+\frac{K_x}{l_x}k_m k_s \delta_{nt}\right]\Bigg\}W_{1st}\end{aligned} \tag{3.2.46}$$

式中，$a_{mnpq}=\Lambda_{mn}\delta_{(mn)(pq)}+\mathrm{i}\omega Z^a_{mnpq}$，求和下标 $[p,q]$ 和 $[s,t]$ 表示它们取值相同。

给定矩形板四边弹性支撑的转动刚度 $K_y$ 和 $K_x$，由第一组方程求解得到的模态系数 $W_{1st}$，求解 (3.3.46) 式即可得到矩形板第二组方程的耦合振动模态系数 $W_{2pq}$，进一步可求解辐射声场，对应图 3.1.12 中给出的计算参数，计算得到的固支边界条件矩形板声辐射功率由图 3.2.2 给出。与图 3.1.12 比较可知，前六阶模态的共振频率上，矩形板声辐射功率幅值受边界支撑条件的影响不大，边界条件对声辐射峰值频率则有明显影响，固支边界条件下声辐射功率峰值往高频移动。相对于固支边界条件，简支矩形板的声辐射峰值集中在较低频段，因此也可以说在一定频率范围内，声辐射功率与边界支撑条件有关。

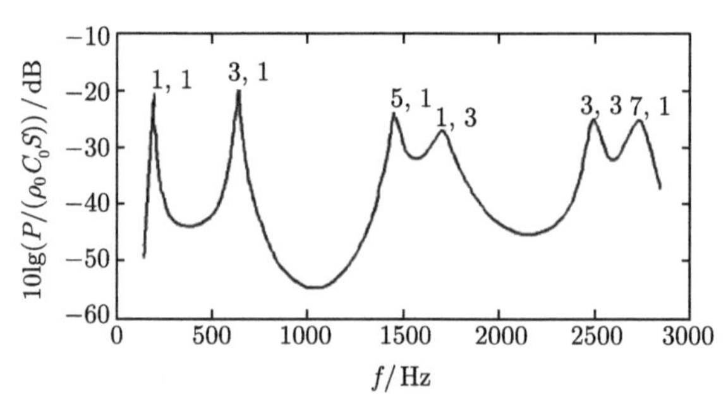


图 3.2.2　固支边界矩形弹性板归一化声辐射功率

(引自文献 [18], fig9)

Lomas 与 Hayek 求解弹性支撑矩形板的耦合振动及声辐射，基本上还是沿用了求解简支边界矩形板耦合振动及声辐射功率的方法，整个过程比较繁复，而

且在求解模态声辐射阻抗时，作为一种近似，实际上还是基于简支矩形板模态函数求解，并没有直接考虑弹性支撑边界对模态振型及声辐射阻抗的影响。

如果弹性矩形板四边弹性约束的转动刚度不同，边界条件分别为

$$K_{x0}\frac{\partial W}{\partial x}=D\frac{\partial^2 W}{\partial x^2},\quad x=0 \tag{3.2.47a}$$

$$K_{x1}\frac{\partial W}{\partial x}=-D\frac{\partial^2 W}{\partial x^2},\quad x=l_x \tag{3.2.47b}$$

$$K_{y0}\frac{\partial W}{\partial y}=D\frac{\partial^2 W}{\partial y^2},\quad y=0 \tag{3.2.47c}$$

$$K_{y1}\frac{\partial W}{\partial y}=-D\frac{\partial^2 W}{\partial y^2},\quad y=l_y \tag{3.2.47d}$$

在这种边界条件下，Li[19,20] 采用改进的 Fourier 级数法求解矩形板振动及声辐射，为此设矩形弹性板振动的形式解为

$$W(x,y)=\sum_{m,n=1}A_{mn}\varphi_m(x)\varphi_n(y)=F_x(x)F_y(y) \tag{3.2.48}$$

式中，

$$F_x(x)=\sum_{m=1}a_m\sin\left(\frac{m\pi x}{l_x}\right)+\phi_x(x) \tag{3.2.49}$$

$$F_y(y)=\sum_{n=1}b_n\sin\left(\frac{n\pi y}{l_y}\right)+\phi_y(y) \tag{3.2.50}$$

辅助函数 $\phi_x(x)$, $\phi_y(y)$ 为足够光顺的函数，分别在 $[0,l_x]$ 和 $[0,l_y]$ 内连续，且不论边界条件，$\phi_x(x)$ 满足：

$$\frac{\partial^2\phi_x}{\partial x^2}=\frac{\partial^2 W}{\partial x^2}=\begin{cases}\phi_0, & x=0\\ \phi_1, & x=l_x\end{cases} \tag{3.2.51}$$

$\phi_y(y)$ 有类似的性质。这样改进 Fourier 级数可适用任意边界条件。理论上讲，$\phi_x(x)$ 和 $\phi_y(y)$ 的形式有多种选择，一般可取为多项式，如

$$\phi_x(x)=-\frac{1}{6}\xi(2-3\xi+\xi^2)\phi_0+\frac{1}{6}\xi(\xi^2-1)\phi_1 \tag{3.2.52}$$

式中，$\xi=x/l_x$，$\phi_0$ 和 $\phi_1$ 为待定系数。

将 (3.2.48) 式及 (3.2.49) 和 (3.2.52) 式代入 (3.2.47a) 和 (3.2.47b) 式，可求解得到待定系数 $\phi_0$ 和 $\phi_1$。

$$\phi_0=\sum_{m=1}^{\infty}a_m\frac{2l_xk_m\bar{K}_{x0}[6+(2+(-1)^m)\bar{K}_{x1}]}{12+4(\bar{K}_{x0}+\bar{K}_{x1})+\bar{K}_{x0}\bar{K}_{x1}} \tag{3.2.53a}$$

$$\phi_1 = \sum_{m=1}^{\infty} a_m \frac{-2l_x k_m \bar{K}_{x1}[6(-1)^m + (1+2(-1)^m)\bar{K}_{x0}]}{12 + 4(\bar{K}_{x0} + \bar{K}_{x1}) + \bar{K}_{x0}\bar{K}_{x1}} \tag{3.2.53b}$$

其中，$\bar{K}_{x0} = \dfrac{K_{x0}l_x}{D}, \bar{K}_{x1} = \dfrac{K_{x1}l_x}{D}$。

再将 (3.2.53) 式代入 (3.2.52) 式后，再代入 (3.2.49) 式，得到弹性支撑边界矩形板沿 $x$ 方向的模态形式解:

$$F_x(x) = \sum_{m=1}^{\infty} a_m[\sin(k_m x) + \psi_{xm}(x)] \tag{3.2.54}$$

式中,

$$\begin{aligned}\psi_{xm}(x) = &\frac{k_m l_x \xi(\xi-1)}{3[12 + 4(\bar{K}_{x0} + \bar{K}_{x1}) + \bar{K}_{x0}\bar{K}_{x1}]}\\ &\times \left\{\bar{K}_{x0}[6 + (2 + (-1)^m \bar{K}_{x1})]\,(\xi - 2)\right.\\ &\left.+ \bar{K}_{x1}[6(-1)^m + (1 + 2(-1)^m \bar{K}_{x0})]\,(\xi+1)\right\}\end{aligned} \tag{3.2.55}$$

在 (3.2.55) 式中，将 $k_m l_x$ 替换为 $k_n l_y$，$\xi$ 替换为 $\eta$，$\bar{K}_{x0}$, $\bar{K}_{x1}$ 替换为 $\bar{K}_{y0}$, $\bar{K}_{y1}$，即可得到弹性支撑边界矩形板沿 $y$ 方向的模态形式解:

$$F_y(y) = \sum_{n=1}^{\infty} b_n[\sin(k_y y) + \psi_{yn}(y)] \tag{3.2.56}$$

这里 $k_n = n\pi/l_y$, $\eta = y/l_y$, $\bar{K}_{y0} = K_{y0}l_y/D$, $\bar{K}_{y1} = K_{y1}l_y/D$。

于是，弹性支撑边界矩形板的模态形式解为

$$W(x,y) = \sum_{m,n} A_{mn}[\sin(k_m x) + \psi_{xm}(x)][\sin(k_n y) + \psi_{yn}(y)] \tag{3.2.57}$$

进一步将 $\psi_{xm}(x)$, $\psi_{yn}(y)$ 作 Fourier 展开

$$\psi_{xm}(x) = \sum_{p=1} S_{mp}^x \sin(k_p x) \tag{3.2.58a}$$

$$\psi_{yn}(y) = \sum_{q=1} S_{nq}^y \sin(k_q y) \tag{3.2.58b}$$

其中，$k_p = p\pi/l_x$, $k_q = q\pi/l_y$。

这样，(3.2.57) 式可以表示为

$$W(x,y) = \sum_{m,n} D_{mn} \sin(k_m x)\sin(k_n y) \tag{3.2.59}$$

其中，

$$D_{mn} = \sum_{p,q=1} [\delta_{mp}\delta_{nq} + \delta_{mp}S^y_{nq} + \delta_{nq}S^x_{mp} + S^x_{mp}S^y_{nq}]A_{pq} \tag{3.2.60}$$

有了 (3.2.59) 式的标准模态形式解，可以由 3.1 节给出的方法计算弹性支撑边界矩形板的声辐射阻抗，参见文献 [16]。针对矩形板的计算结果表明，相对于简支边界条件来说，转动刚度的弹性边界条件，使矩形板在吻合频率以下的声辐射效率略有增加，而且对于高阶模态，弹性支撑边界条件的作用稍加明显，参见图 3.2.3。当然，利用 (3.2.57) 式可以采用类似模态展开法求解弹性支撑边界矩形板的振动方程，为此将 (3.2.57) 式代入 (3.2.4) 中，为简单起见，暂不考虑矩形弹性板与声场的耦合，可以得到矩形弹性板模态振动方程：

$$\left\{[K] - \omega^2[M]\right\}\{A\} = \{f\} \tag{3.2.61}$$

式中，$\{A\} = \{A_{11}, A_{12}, \cdots, A_{m1}, \cdots, A_{mn}, \cdots\}^{\mathrm{T}}$，$\{f\} = \{f_{11}, f_{12}, \cdots, f_{m1}, \cdots, f_{mn}, \cdots\}^{\mathrm{T}}$，且有

$$f_{mn} = \frac{4}{l_x l_y}\int_0^{l_x}\int_0^{l_y} f(x,y)[\sin(k_m x) + \psi_{xm}(x)][\sin(k_n y) + \psi_{yn}(y)]\mathrm{d}x\mathrm{d}y \tag{3.2.62}$$

$[K]$ 与 $[M]$ 分别为矩形弹性板模态刚度和质量矩阵，它们的元素表达式为

$$\begin{aligned} K_{mn,pq} =& Dk_m^4 \left[\delta_{mp} + S^x_{mp}\right]\left[\delta_{nq} + S^y_{qn} + S^y_{nq} + U^y_{qn}\right] \\ &+ k_n^4\left[\delta_{mp} + S^x_{pm} + S^x_{mp} + U^x_{mp}\right]\left[\delta_{nq} + S^y_{nq}\right] \\ &+ 2\left[-k_m^2\delta_{mp} - k_m^2 S^x_{mp} + T^x_{pm} + V^x_{mp}\right]\left[-k_n^2\delta_{nq} - k_n^2 S^y_{nq} + T^y_{qn} + U^y_{nq}\right] \end{aligned} \tag{3.2.63}$$

$$M_{mn,nq} = m_s\left[\delta_{mp} + S^x_{pm} + S^x_{mp} + U^x_{mp}\right]\left[\delta_{nq} + S^y_{qn} + S^y_{nq} + U^y_{nq}\right] \tag{3.2.64}$$

(3.2.63) 和 (3.2.64) 式中，$S^x_{mp}$, $T^x_{mp}$, $U^x_{mp}$, $V^x_{mp}$ 等参数的表达式则为

$$S^x_{mp} = \frac{2}{l_x}\int_0^{l_x}\psi_{xm}(x)\sin(k_p x)\mathrm{d}x \tag{3.2.65}$$

$$T^x_{mp} = \frac{2}{l_x}\int_0^{l_x}\frac{\partial^2\psi_{xm}(x)}{\partial x^2}\sin(k_p x)\mathrm{d}x \tag{3.2.66}$$

$$U^x_{mp} = \frac{2}{l_x}\int_0^{l_x}\psi_{xm}(x)\psi_{xp}(x)\mathrm{d}x \tag{3.2.67}$$

$$V^x_{mp} = \frac{2}{l_x}\int_0^{l_x}\psi_{xm}(x)\frac{\partial^2\psi_{xp}(x)}{\partial x^2}\mathrm{d}x \tag{3.2.68}$$

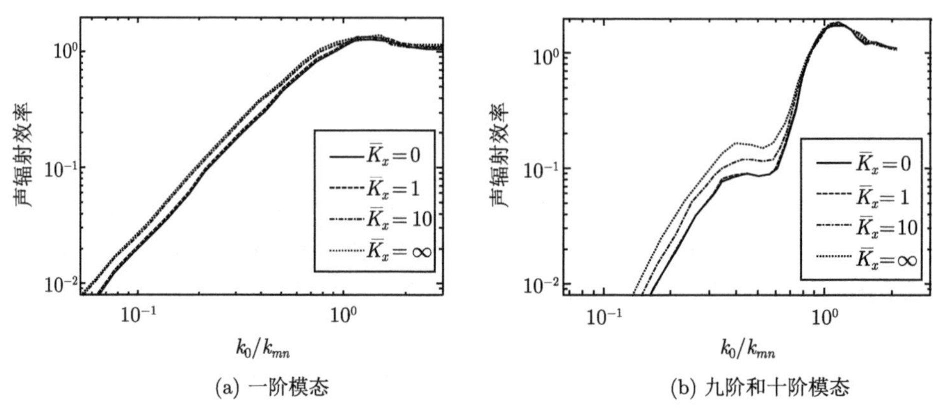


(a) 一阶模态　　(b) 九阶和十阶模态

图 3.2.3　不同弹性支撑边界的矩形板声辐射效率比较

(引自文献 [19], fig2)

将 (3.2.55) 式代入 (3.2.65) 式，积分得到

$$S_{mp}^x=\frac{-4k_pl_x}{12+4(\bar{K}_{x0}+\bar{K}_{x1})+\bar{K}_{x0}\bar{K}_{x1}}\{6(-1)^{m+p}\bar{K}_{x1}$$
$$+\bar{K}_{x0}[6+(2+(-1)^m+(-1)^p+2(-1)^{m+p})\bar{K}_{x1}]\} \tag{3.2.69}$$

采用分步积分，并利用条件 $\psi_{xm}(0)=\psi_{xm}(l_x)=0$，可以证明

$$T_{mp}^x=-k_m^2S_{mp}^x \tag{3.2.70}$$

再将 $\psi_{xm}(x)$ 及 $\psi_{yn}(y)$ 的表达式 (3.2.55) 式代入 (3.2.67) 和 (3.2.68) 式，积分可得

$$U_{mp}^x=\frac{k_mk_pl_x^2}{210[12+4(\bar{K}_{x1}+\bar{K}_{x0})+\bar{K}_{x1}\bar{K}_{x0}]^2}$$
$$\times\{128(-1)^{m+p}\bar{K}_{x1}^2-4\bar{K}_{x0}\bar{K}_{x1}[31(-1)^m+(-1)^p$$
$$+(5(-1)^m+5(-1)^p-11(-1)^{m+p})\bar{K}_{x1}]$$
$$+\bar{K}_{x0}^2[128-4\bar{K}_{x1}(5(-1)^m+5(-1)^p-11)$$
$$+\bar{K}_{x1}^2(4-3(-1)^m-3(-1)^p+4(-1)^{m+p})]\} \tag{3.2.71}$$

$$V_{mp}^x=\frac{-k_mk_pl_x^2}{15[12+4(\bar{K}_{x1}+\bar{K}_{x0})+\bar{K}_{x1}\bar{K}_{x0}]^2}$$
$$\times\{96(-1)^{m+p}\bar{K}_{x1}^2-12\bar{K}_{x0}\bar{K}_{x1}[7(-1)^m+(-1)^p$$
$$+((-1)^m+(-1)^p-3(-1)^{m+p})\bar{K}_{x1}$$
$$+\bar{K}_{x0}^2[96-12\bar{K}_{x1}^2((-1)^m+(-1)^p-3)$$

$$+\bar{K}_{x1}^{2}(4-(-1)^{m}-(-1)^{p}+4(-1)^{m+p})]\} \tag{3.2.72}$$

求解 (3.2.61) 式，可以得到弹性支撑边界矩形板的模态振型及振动响应。计算结果表明，仅有 $x=0$ 边界有弹性支撑的转动刚度约束，不同支撑刚度时，模态形状没有发生明显变化，只是局部分布有所改变，参见图 3.2.4，而这种变化有利于放大角模式和边模式效应，使相应的声辐射效率增加。当 $x=0$ 和 $x=l_x$ 边界同时有弹性支撑的转动刚度约束，对于某些模态，声辐射效率增加会比单边约束明显一些，而当 $x=0$ 和 $y=0$ 相邻边界有转动刚度约束时，多个模态振型会明显不同于简支边界情况，模态振型分布更复杂，节线不再平行于 $x$ 和 $y$ 轴，参见图 3.2.5。一般来说，边界弹性支撑的转动刚度大，相应的声辐射效率不一定高于简支边界情况 (转动刚度约束)，不能笼统地说边界约束增强一定增加矩形板声辐射。

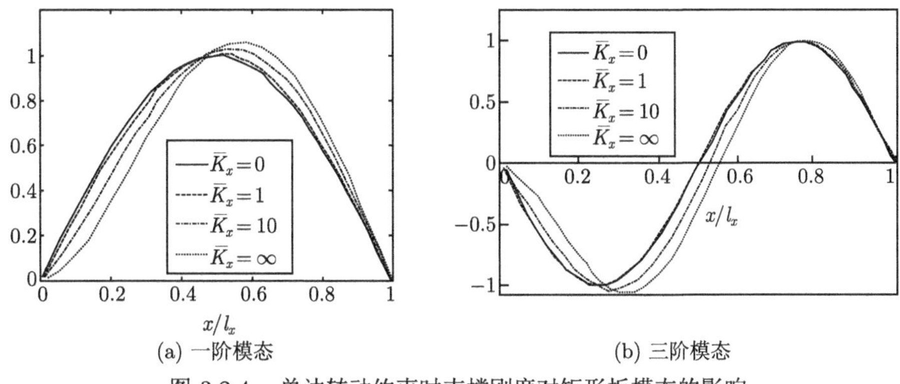


(a) 一阶模态　　(b) 三阶模态

图 3.2.4　单边转动约束时支撑刚度对矩形板模态的影响

(引自文献 [19], fig4)

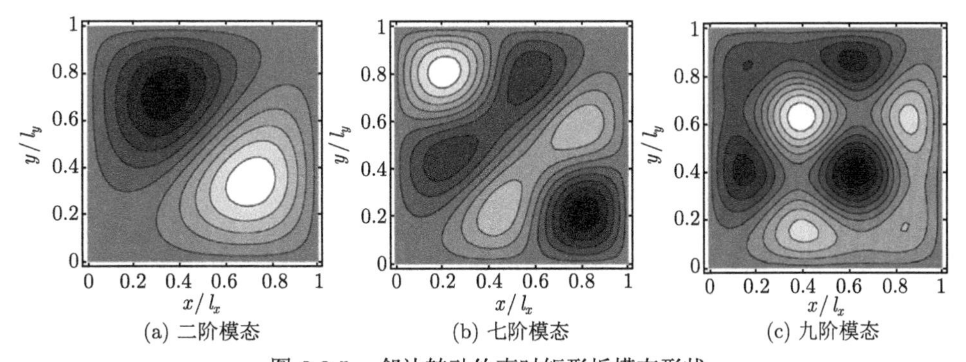


(a) 二阶模态　　(b) 七阶模态　　(c) 九阶模态

图 3.2.5　邻边转动约束时矩形板模态形状

(引自文献 [19], fig6)

Berry[21,22] 认为采用模态叠加法求解无限大刚性声障板上的矩形弹性平板声辐射，形式上讲适用于各种边界条件的矩形板，但是，非简支边界条件的矩形板在边界附近产生近场振动，模态叠加法求解它们的声辐射有一定的局限性。他利用变分原理和 Rayleigh-Ritz 法，建立了适用于无限大刚性障板上任意边界条件矩形板的声辐射计算方法，其中基函数的选取要求满足线性独立和完备条件，不仅能够构造具有平移和转动特征的几何边界条件，而且能够将弹性支撑边界特征纳入结构振动方程。这种方法还可以考虑流体负载的作用。我们知道，矩形弹性板的振动分布，决定了平板上每个辐射子单元辐射的声波在空间叠加的特性，也决定其声辐射的强度，模态叠加法采用真空中的模态函数作为分解平板振动的基本函数族，不能反映具有流体负载作用下的模态振动分布，Berry 选用的基函数，其加权系数包含了流体负载的影响，每阶振型是流体负载下的振型，应该说更具合理性。

考虑无限大刚性声障板上的矩形弹性薄板，其动刚度、面密度及厚度和泊松比分别为 $D, m_s, h, \nu$，在矩形板上方为特征声阻抗为 $\rho_0 C_0$ 的理想声介质。参见图 3.2.6，矩形板边界 $\varGamma$ 为弹性支撑边界，可以变形和转动，对应的平移和转动刚度分别为 $K_t$ 和 $K_r$，它们作用在矩形板上的剪切力 $Q(t)$ 和弯矩 $M(t)$ 分别为

$$Q(t) = -K_t W(t) \tag{3.2.73}$$

$$M(t) = K_r \frac{\partial W}{\partial n}(t) \tag{3.2.74}$$

采用矩形板弯曲刚度，将弹性支撑边界的平移和转动刚度归一化为无量纲参数

$$\bar{K}_t = K_t l_x^3 / D \tag{3.2.75a}$$

$$\bar{K}_r = K_r l_x / D \tag{3.2.75b}$$

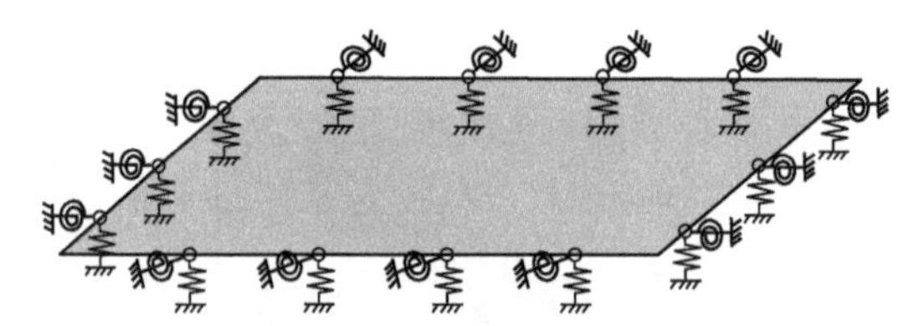

图 3.2.6 平移和转动弹性支撑边界矩形板

(引自文献 [26], fig1)

将任意边界条件的弹性矩形板及其上方的声介质考虑为一个系统，其 Hamilton 函数为下式给出的积分形式：

$$H = \int_{t_0}^{t_1} (T_p - V_p - V_e + W_m + W_a) \mathrm{d}t \tag{3.2.76}$$

式中，$T_p$ 为弹性矩形板的动能，$V_p, V_e$ 为弹性矩形板及边界应变能，$W_m$ 和 $W_a$ 为机械激励力和表面声压所做的功，$t_0$ 和 $t_1$ 为任意两个时刻。

为了采用 Hamilton 原理求解弹性矩形板振动和声辐射，首先要给出矩形板振动的动能和势能、弹性支撑边界的势能以及外力所做功。为方便起见，定义矩形板的无量纲几何参数，$\xi = 2x/l_x$, $\eta = 2y/l_y$, $\mu = l_x/l_y$，这里 $\mu$ 为矩形板长宽比。

矩形板的动能为

$$T_p = \frac{1}{2}m_s\int_{-l_x/2}^{l_x/2}\int_{-l_y/2}^{l_y/2}\left(\frac{\partial W}{\partial t}\right)^2 \mathrm{d}x\mathrm{d}y = \frac{1}{8}m_s\int_{-1}^{1}\int_{-1}^{1}\frac{l_x^2}{\mu}\left(\frac{\partial W}{\partial t}\right)^2 \mathrm{d}\xi\mathrm{d}\eta \quad (3.2.77)$$

矩形板的势能为

$$\begin{aligned}
V_p =& \frac{D}{2}\int_{-l_x/2}^{l_x/2}\int_{-l_y/2}^{l_y/2}\left[\left(\frac{\partial^2 W}{\partial x^2}\right)^2 + \left(\frac{\partial^2 W}{\partial y^2}\right)^2 + 2\nu\frac{\partial^2 W}{\partial x^2}\frac{\partial^2 W}{\partial y^2}\right.\\
&\left. +2(1-\nu)\left(\frac{\partial^2 W}{\partial x\partial y}\right)^2\right]\mathrm{d}x\mathrm{d}y\\
=& \frac{D}{l_x^2}\int_{-1}^{+1}\int_{-1}^{+1}\frac{2}{\mu}\left[\left(\frac{\partial^2 W}{\partial \xi^2}\right)^2 + \mu^4\left(\frac{\partial^2 W}{\partial \eta^2}\right)^2 + 2\nu\mu^2\frac{\partial^2 W}{\partial \xi^2}\frac{\partial^2 W}{\partial \eta^2}\right.\\
&\left. +2(1-\nu)\mu^2\left(\frac{\partial^2 W}{\partial \xi\partial \eta}\right)^2\right]\mathrm{d}\xi\mathrm{d}\eta
\end{aligned} \quad (3.2.78)$$

矩形板边界弹性支撑的势能为

$$\begin{aligned}
V_e =& \frac{1}{2}\int_{\varGamma}\left[K_t W^2 + K_r\left(\frac{\partial W}{\partial n}\right)^2\right]\mathrm{d}\varGamma\\
=& \frac{D}{l_x^2}\left\{\int_{-1}^{+1}\frac{\bar{K}_t}{4}\left[W^2(\xi,1) + W^2(\xi,-1)\right]\mathrm{d}\xi\right.\\
&+\int_{-1}^{+1}\frac{\bar{K}_t}{4\mu}\left[W^2(1,\eta) + W^2(-1,\eta)\right]\mathrm{d}\eta\\
&+\int_{-1}^{+1}\bar{K}_r\mu^2\left[\left(\frac{\partial W}{\partial \eta}(\xi,1)\right)^2 + \left(\frac{\partial W}{\partial \eta}(\xi,-1)\right)^2\right]\mathrm{d}\xi\\
&\left.+\int_{-1}^{+1}\frac{\bar{K}_r}{\mu}\left[\left(\frac{\partial W}{\partial \alpha}(1,\eta)\right)^2 + \left(\frac{\partial W}{\partial \xi}(-1,\eta)\right)^2\right]\mathrm{d}\eta\right\}
\end{aligned} \quad (3.2.79)$$

外力所做的功包含机械作用力和辐射声压对矩形板所做的功 $W_m$ 和 $W_a$ 两部分：

$$
\begin{aligned}
W_m &= \int_{-l_x/2}^{l_x/2}\int_{-y/2}^{l_y/2} f\left(x,y\right) W(x,y)\mathrm{d}x\mathrm{d}y \\
&= \frac{l_x^2}{4\mu}\int_{-1}^{+1}\int_{-1}^{+1} f\left(\xi,\eta\right) W(\xi,\eta)\mathrm{d}\xi\mathrm{d}\eta
\end{aligned} \tag{3.2.80}
$$

$$
\begin{aligned}
W_a &= -\int_{-l_x/2}^{l_x/2}\int_{-l_y/2}^{l_y/2} p\left(x,y,0\right) W(x,y)\mathrm{d}x\mathrm{d}y \\
&= -\frac{l_x^2}{4\mu}\int_{-1}^{+1}\int_{-1}^{+1} p\left(\xi,\eta,0\right) W(\xi,\eta)\mathrm{d}\xi\mathrm{d}\eta
\end{aligned} \tag{3.2.81}
$$

依据 Hamilton 原理，给定边界条件下矩形板振动位移对应的 Hamilton 函数是稳定的，即对于任何满足边界条件的位移函数，Hamilton 函数的极值都是存在的。运动方程表示为微分形式为

$$
\delta H = 0 \tag{3.2.82}
$$

一般来说，(3.2.82) 式不能直接求解，需要采用 Rayleigh-Rit 法求解，为此需要选择一族满足边界条件的基函数，用于线性组合构建矩形板振动解：

$$
\begin{aligned}
W\left(x,y,t\right) &= \sum_{m,n} A_{mn}\left(t\right)\varphi_m\left(x\right)\psi_n\left(y\right) \\
&= \left\{A_{mn}\left(t\right)\right\}^{\mathrm{T}}\left\{\varphi_m\left(x\right)\psi_n\left(y\right)\right\}
\end{aligned} \tag{3.2.83}
$$

式中，$\varphi_m(x)$，$\psi_n(y)$ 为线性独立的空间坐标的函数，$A_{mn}$ 为待定系数。先考虑矩形板的自由振动，(3.3.76) 式简化为

$$
H = \int_{t_0}^{t_1}(T_p - V_p - V_e)\mathrm{d}t \tag{3.2.84}
$$

将 (3.2.83) 式代入 (3.2.84) 式，有

$$
H = \int_{t_0}^{t_1}\left[T_p\left(\left\{\dot{A}_{mn}\right\}\right) - V_p\left(\left\{A_{mn}\right\}\right) - V_e\left(\left\{A_{mn}\right\}\right)\right]\mathrm{d}t \tag{3.2.85}
$$

式中，$\dot{A}_{mn}$ 为 $A_{mn}$ 的时间导数。

Hamilton 函数 $H$ 的稳态条件 (3.2.82) 式等价于 Lagrange 方程：

$$
\frac{\mathrm{d}}{\mathrm{d}t}\left(\frac{\partial T_p}{\partial \dot{A}_{mn}}\right) + \frac{\partial(V_p + V_e)}{\partial A_{mn}} = 0, m, n = 1, 2, \cdots, N \tag{3.2.86}
$$

将 (3.2.83) 式及 (3.2.77)~(3.2.79) 式代入 (3.2.86) 式，得到 $N^2$ 个自由度的矩形板自由振动方程，表示为矩阵形式：

$$[M_{mnpq}]\left\{\ddot{A}_{mn}\right\}+[K_{mnpq}]\{A_{mn}\}=\{0\} \tag{3.2.87}$$

式中，$[M_{mnpq}]$, $[K_{mnpq}]$ 为质量和刚度矩阵，它们的元素表达式为

$$M_{mnpq}=\frac{l_x^2 m_s}{4\mu}\int_{-1}^{+1}\int_{-1}^{+1}\varphi_m(\xi)\psi_n(\eta)\varphi_p(\xi)\psi_q(\eta)\mathrm{d}\xi\mathrm{d}\eta \tag{3.2.88}$$

$$K_{mnpq}=K_{mnpq}^p+K_{mnpq}^e \tag{3.2.89}$$

$$\begin{aligned}K_{mnpq}^p=&\frac{D}{l_x^2}\left\{\int_{-1}^{+1}\int_{-1}^{+1}\frac{2}{\mu}\left(\frac{\partial^2\phi_m}{\partial\xi^2}\psi_n\frac{\partial^2\varphi_p}{\partial\xi^2}\psi_q\right.\right.\\&+\mu^4\varphi_m\frac{\partial^2\psi_n}{\partial\eta^2}\varphi_p\frac{\partial^2\psi_q}{\partial\eta^2}+\nu\mu^2\frac{\partial^2\psi_m}{\partial\xi^2}\psi_n\varphi_p\frac{\partial^2\psi_q}{\partial\eta^2}\\&\left.\left.+\nu\mu^2\varphi_m\frac{\partial^2\psi_n}{\partial\eta^2}\frac{\partial^2\varphi_p}{\partial\xi^2}\psi_q+2(1-\nu)\mu^2\frac{\partial\varphi_m}{\partial\xi}\frac{\partial\psi_n}{\partial\eta}\frac{\partial\varphi_p}{\partial\xi}\frac{\partial\psi_q}{\partial\eta}\right)\right\}\mathrm{d}\xi\mathrm{d}\eta\end{aligned} \tag{3.2.90}$$

$$\begin{aligned}K_{mnpq}^e=&\frac{D}{l_x^2}\left\{\int_{-1}^{+1}\frac{\bar{K}_t}{2}[\varphi_m(\xi)\psi_n(1)\varphi_p(\xi)\psi_q(1)+\varphi_m(\xi)\psi_n(-1)\varphi_p(\xi)\psi_q(-1)]\mathrm{d}\xi\right.\\&+\int_{-1}^{+1}\frac{\bar{K}_t}{2\mu}[\varphi_m(1)\psi_n(\eta)\varphi_p(1)\psi_q(\eta)+\varphi_m(-1)\psi_n(\eta)\varphi_p(-1)\psi_q(\eta)]\mathrm{d}\eta\\&+\int_{-1}^{+1}2\bar{K}_r\mu^2\left[\varphi_m(\xi)\frac{\partial\psi_n}{\partial\eta}(1)\varphi_p(\xi)\frac{\partial\psi_q}{\partial\eta}(1)\right.\\&\left.+\varphi_m(\xi)\frac{\partial\psi_n}{\partial\eta}(-1)\varphi_p(\xi)\frac{\partial\psi_q}{\partial\eta}(-1)\right]\mathrm{d}\xi\\&+\int_{-1}^{+1}2\frac{\bar{K}_r}{\mu}\left[\frac{\partial\psi_m}{\partial\xi}(1)\psi_n(\eta)\frac{\partial\varphi_p}{\partial\xi}(1)\psi_q(\eta)\right.\\&\left.\left.+\frac{\partial\varphi_m}{\partial\xi}(-1)\psi_n(\eta)\frac{\partial\varphi_p}{\partial\xi}(-1)\psi_q(\eta)\right]\mathrm{d}\eta\right\}\end{aligned} \tag{3.2.91}$$

设 $\{A_{mn}(t)\}=\{A_{mn}\}\mathrm{e}^{-\mathrm{i}\omega t}$，由 (3.2.87) 式可得广义本征方程：

$$\left(-\omega^2[M_{mnpq}]+[K_{mnpq}]\right)\{A_{mn}\}=\{0\} \tag{3.2.92}$$

假设矩形板受机械外力激励产生强迫振动，将 (3.2.83) 式代入 (3.2.76) 式，有

Hamiltm 函数：

$$H = \int_{t_0}^{t_1} \Big[ T_p \left( \left\{ \dot{A}_{mn} \right\} \right) - V_p \left( \{A_{mn}\} \right) - V_e \left( \{A_{mn}\} \right) + W_m \left( \{A_{mn}\} \right) + W_a \left( \{A_{mn}\} \right) \Big] \mathrm{d}t \tag{3.2.93}$$

对应的 Lagrange 方程为

$$\frac{\mathrm{d}}{\mathrm{d}t} \left( \frac{\partial T_p}{\partial \dot{A}_{mn}} \right) + \frac{\partial (V_p + V_e)}{\partial A_{mn}} = \frac{\partial (W_m + W_a)}{\partial A_{mn}}, \quad m, n = 1, 2, \cdots, N \tag{3.2.94}$$

类似 (3.2.87) 式的推导，将 (3.2.83) 式及 (3.2.77)~(3.2.79) 式和 (3.2.80) 式代入 (3.2.94) 式，得到矩形板强迫振动方程为

$$[K_{mnpq}] \{A_{mn}\} - \omega^2 [M_{mnpq}] \{A_{mn}\} = \{f_{mn}(t)\} \tag{3.2.95}$$

式中，

$$f_{mn}(t) = \frac{l_x^2}{4\mu} \int_{-1}^{+1} \int_{-1}^{+1} f(\xi, \eta, t) \varphi_m(\xi) \psi_n(\eta) \mathrm{d}\xi \mathrm{d}\eta \tag{3.2.96}$$

注意到，(3.2.95) 式中尚未考虑 (3.2.81) 式，为此，进一步求解矩形板与声介质相互作用的耦合振动，在 $z > 0$ 的半无限空间求解波动方程，在声压为简谐时间变化的情况下，矩形弹性板的声辐射场由 Rayleigh 积分给出：

$$p(x, y, z) = -\rho_0 \omega^2 \int_{-l_x/2}^{l_x/2} \int_{-l_y/2}^{l_y/2} G(x, y, z; x', y', 0) (x', y') \, \mathrm{d}x' \mathrm{d}y' \tag{3.2.97}$$

式中,$G(x, y, z; x', y', 0) = \mathrm{e}^{\mathrm{i}k_0 d} / 2\pi d$ 为半无限空间的 Green 函数，$d = \sqrt{(x - x')^2 + (y - y')^2 + z^2}$，$x$, $y$, $z$ 为场点坐标，$x'$, $y'$ 为源点坐标。

采用无量纲参数 $\xi$ 和 $\eta$，(3.2.97) 式可以表示为

$$p(\xi, \eta, z) = -\rho_0 \omega^2 \frac{l_x^2}{8\pi\mu} \int_{-1}^{+1} \int_{-1}^{+1} g(\xi, \eta, z, \xi', \eta', 0) W(\xi', \eta') \, \mathrm{d}\xi' \mathrm{d}\eta' \tag{3.2.98}$$

式中，$g(\xi, \eta, z, \xi', \eta', 0) = \mathrm{e}^{\mathrm{i}k_0 l_x/2 \left[r^2 + (2z/l_x)^2\right]} / \left[ (l_x/2) \sqrt{r^2 + (2z/l_x)^2} \right]$，

$$r = \left[ (\xi - \xi')^2 + (\eta - \eta')^2 / \mu^2 \right]^{\frac{1}{2}}$$

将 (3.2.98) 式中设 $z = 0$，得到作用在矩形板上的表面声压，将其代入 (3.2.81) 式，可得

$$W_a = -\mathrm{i}\omega \{A_{mn}\}^{\mathrm{T}} [Z_{mnpq}] \{A_{pq}\} \tag{3.2.99}$$

其中，系数矩阵 $[Z_{mnqr}]$ 即为声阻抗矩阵，其元素表达式为

$$Z_{mnqr}=\mathrm{i}\rho_0\omega\frac{l_x^4}{32\pi\mu^2}\int_{-1}^{+1}\int_{-1}^{+1}\int_{-1}^{+1}\int_{-1}^{+1}\varphi_m(\xi)\psi_n(\eta)\,g(\xi,\eta,0;\xi',\eta',0)\times\varphi_p(\xi)\,\psi_q(\eta)\,\mathrm{d}\xi\mathrm{d}\eta\mathrm{d}\xi'\mathrm{d}\eta' \tag{3.2.100}$$

类似 (3.2.95) 式的推导，将 (3.2.99) 式代入 (3.2.94) 式，得到矩形板的耦合振动方程：

$$\left\{[K_{mnpq}]-\omega^2[M_{mnpq}]\right\}\{A_{mn}\}=\{f_{mn}\}-\mathrm{i}\omega[Z_{mnpq}]\{A_{mn}\} \tag{3.2.101}$$

如果给定基函数的形式，分别由 (3.2.88)、(3.2.89) 式及 (3.2.100) 式计算矩形板的质量矩阵、刚度矩阵和声阻抗矩阵，然后即可由 (3.2.101) 式求解广义振动位移 $\{A_{mn}\}$，再由 (3.2.83) 式计算矩形板振动位移。因此，需要进一步考虑基函数的具体形式。前面已经提到所选用的基函数族要求线性独立，不仅要满足矩形板边界条件而且要可积分，常用的基函数有三角函数和多项式函数。

三角函数基函数：

$$\{\varphi_m(x)\psi_n(y)\}=\begin{cases}\cos\dfrac{2m\pi x}{a}\cos\dfrac{2n\pi y}{b}, & \\ \cos\dfrac{2m\pi x}{a}\sin\dfrac{2n\pi y}{b}, & (m=0,1,\cdots,N;\\ \sin\dfrac{2m\pi x}{a}\cos\dfrac{2n\pi y}{b}, & n=0,1,\cdots,N)\\ \sin\dfrac{2m\pi x}{a}\sin\dfrac{2n\pi y}{b}, & \end{cases} \tag{3.2.102}$$

多项式基函数：

$$\{\varphi_m(x)\psi_n(y)\}=\left\{\left(\frac{2}{a}x\right)^m\left(\frac{2}{b}y\right)^n,m=0,1,\cdots,N;n=0,1,\cdots,N\right\} \tag{3.2.103}$$

作为一个例子，将 (3.2.103) 式代入 (3.2.100) 式，有矩形板声阻抗：

$$Z_{mnpq}=-\rho_0\omega k_0\frac{l_x^4}{32\pi\mu^2}\int_{-1}^{+1}\int_{-1}^{+1}\int_{-1}^{+1}\int_{-1}^{+1}\xi^m\eta^n\frac{g(\xi,\eta,0;\xi',\eta',0)}{\mathrm{i}k_0}\xi'^p\eta'^q\mathrm{d}\xi\mathrm{d}\eta\mathrm{d}\xi'\mathrm{d}\eta' \tag{3.2.104}$$

考虑到 (3.2.104) 式中奇异函数 $g(\xi,\eta,0;\xi',\eta',0)/\mathrm{i}k_0=\mathrm{e}^{\mathrm{i}k_0l_xr/2}/(\mathrm{i}k_0l_xr/2)$ 可以表示为波数形式：

$$\frac{g(\xi,\eta,0;\xi',\eta',0)}{\mathrm{i}k_0}=\frac{1}{\mathrm{i}k_0(l_x/2)r}+1+\frac{\mathrm{i}k_0\left(\dfrac{l_x}{2}\right)r}{2!}+\cdots+\frac{\left(\mathrm{i}k_0\dfrac{l_x}{2}r\right)^{k-1}}{k!}+\cdots \tag{3.2.105}$$

(3.2.105) 式中，除了第一项有奇异点，其他高阶项都是非奇异函数，将此式代入 (3.2.104) 式，得到

$$Z_{mnpq}=\rho_0\omega k_0\frac{l_x^4}{32\pi\mu^2}\sum_{k=0}^{\infty}(-1)^k\frac{\left[k_0\left(l_x/2\right)\right]^{2k-1}}{(2k)!}\left(\frac{k_0\left(l_x/2\right)}{2k+1}J_{mnpq}^{(k)}-\mathrm{i}I_{mnpq}^{(k)}\right) \tag{3.2.106}$$

式中，系数 $J_{mnpq}^{(k)}$ 和 $I_{mnpq}^{(k)}$ 表达式为

$$I_{mnpq}^{(k)}=\int_{-1}^{+1}\int_{-1}^{+1}\int_{-1}^{+1}\int_{-1}^{+1}\xi^m\eta^n\left[\left(\xi-\xi'\right)^2+\frac{\left(\eta-\eta'\right)^2}{\mu^2}\right]^{k-\frac{1}{2}}\xi'^p\eta'^q\mathrm{d}\xi\mathrm{d}\eta\mathrm{d}\xi'\mathrm{d}\eta' \tag{3.2.107}$$

$$J_{mnpq}^{(k)}=\int_{-1}^{+1}\int_{-1}^{+1}\int_{-1}^{+1}\int_{-1}^{+1}\xi^m\eta^n\left[\left(\xi-\xi'\right)^2+\frac{\left(\eta-\eta'\right)^2}{\mu^2}\right]^{k}\xi'^p\eta'^q\mathrm{d}\xi\mathrm{d}\eta\mathrm{d}\xi'\mathrm{d}\eta' \tag{3.2.108}$$

(3.2.106) 式给出了计算矩形板声阻抗实部和虚部的具体表达式，其实部表示矩形板的声辐射阻，虚部表示矩形板的声辐射抗。(3.2.107) 式和 (3.2.108) 式给出的系数 $J_{mnpq}^{(k)}$ 和 $I_{mnpq}^{(k)}$ 除了 $I_{mnpq}^{(0)}$ 以外都是可积函数。这一点与 3.1 节中计算矩形板模态声阻抗时每个积分都存在奇异点有所不同。系数 $J_{mnpq}^{(k)}$ 积分项仅仅含有多项式，可以直接采用解析方法积分。$I_{mnpq}^{(k)}$ 因含有 $k-1/2$ 项，积分比较困难，需要利用递推关系进行积分，过程比较复杂，可参见文献 [21] 附录。

如果矩形板为活塞振动，基函数可取为 $\varphi_0(x)\psi_0(y)=1$，相应的声阻抗为

$$Z_{0000}=\rho_0\omega k_0\frac{l_x^4}{32\pi\mu^2}\sum_{k=0}^{\infty}(-1)^k\frac{\left[k_0(l_x/2)\right]^{2k-1}}{(2k)!}\left[\frac{k_0l_x/2}{2k+1}J_{0000}^{(k)}-\mathrm{i}I_{0000}^{(k)}\right] \tag{3.2.109}$$

利用 (3.2.106) 式计算的声阻抗，可以进一步构建矩形弹性板模态声阻抗。设矩形板在真空中的两个振动为 $W_i(\xi,\eta)$ 和 $W_j(\xi,\eta)$，它们可以表示为多项 $\xi^m$ 和 $\eta^n$ 的线性组合，即

$$W_i(\xi,\eta)=\{A_{mn}\}_i^{\mathrm{T}}\{\xi^m\eta^n\} \tag{3.2.110}$$

$$W_j(\xi,\eta)=\{A_{mn}\}_j^{\mathrm{T}}\{\xi^m\eta^n\} \tag{3.2.111}$$

考虑到 (3.2.81) 和 (3.2.99) 式及声阻抗定义 (3.2.100) 式，可以得到矩形板模态互阻抗：

$$Z_{ij}=\{A_{mn}\}_i^{\mathrm{T}}[Z_{mnpq}]\{A_{pq}\}_j \tag{3.2.112}$$

式中，$i=j$，$Z_{ii}$ 为模态自阻抗，$i\neq j,Z_{ij}$ 为模态互阻抗。

采用模态的模进行归一化，得到归一化的模态声阻抗的声阻和声抗：

$$R_{ij}=\frac{\{A_{mn}\}_i^{\mathrm{T}}\left[R_e\left(Z_{mnpq}\right)\right]\{A_{pq}\}_j}{N_i^{1/2}N_j^{1/2}\rho_0C_0}\tag{3.2.113}$$

$$X_{ij}=\frac{\{A_{mn}\}_i^{\mathrm{T}}\left[I_m\left(Z_{mnpq}\right)\right]\{A_{pq}\}_j}{N_i^{1/2}N_j^{1/2}\rho_0C_0}\tag{3.2.114}$$

式中，$N_i=\{A_{mn}\}_i^{\mathrm{T}}\left(\dfrac{a}{\mu\left(m+p+1\right)\left(n+q+1\right)}\right)\{A_{pq}\}_j$。

求解 (3.2.101) 式得到矩形板耦合振动的位移后，由 (3.2.98) 式可得在球坐标下矩形板的远场辐射声场为

$$p\left(R,\theta,\varphi\right)=-\rho_0\omega^2\frac{l_x^2\mathrm{e}^{\mathrm{i}k_0R}}{8\pi\mu R}\int_{-1}^{+1}\int_{-1}^{+1}W\left(\xi,\eta\right)\mathrm{e}^{-\mathrm{i}\left(\frac{l_x}{2}\alpha\xi+\frac{l_y}{2}\beta\eta\right)}\mathrm{d}\xi\mathrm{d}\eta\tag{3.2.115}$$

式中，$\alpha=k_0\sin\theta\cos\varphi$，$\beta=k_0\sin\theta\sin\varphi$。

取多项式 (3.2.103) 式作为基函数，将 (3.2.83) 式代入 (3.2.115) 式，得到

$$p\left(R,\theta,\varphi\right)=-\rho_0\omega^2\frac{l_x^2\mathrm{e}^{-\mathrm{i}k_0R}}{8\pi\mu R}\{A_{mn}\}^{\mathrm{T}}\left\{\tilde{g}_m\left(\alpha\frac{l_x}{2}\right)\tilde{g}_n\left(\beta\frac{l_y}{2}\right)\right\}\tag{3.2.116}$$

式中，$\tilde{g}_m$ 和 $\tilde{g}_n$ 为多项式基函数的 Fourier 变换量：

$$\tilde{g}_m\left(\frac{l_x}{2}\alpha\right)=\int_{-1}^{+1}\xi^m\mathrm{e}^{-\mathrm{i}\frac{l_x}{2}\alpha\xi}\mathrm{d}\xi\tag{3.2.117}$$

$$\tilde{g}_n\left(\frac{l_y}{2}\beta\right)=\int_{-1}^{+1}\eta^n\mathrm{e}^{-\mathrm{i}\frac{l_y}{2}\beta\eta}\mathrm{d}\eta\tag{3.2.118}$$

这里，$\tilde{g}_m$ 和 $\tilde{g}_n$ 可以采用递推推关系计算。

由远场辐射声压 (3.2.116) 式，可以进一步得到矩形弹性板的声辐射功率：

$$\begin{aligned}P&=\frac{1}{2}\frac{1}{\rho_0C_0}\iint_S|p|^2\mathrm{d}S\\&=\frac{\rho_0\omega^4}{8C_0\pi^2}\left(\frac{l_x^2}{4\mu}\right)^2\{A_{mn}\}^{\mathrm{T}}\int_0^{2\pi}\int_0^{\pi/2}\left\{\tilde{g}_m\left(\frac{l_x}{2}\alpha\right)\tilde{g}_n\left(\frac{l_y}{2}\beta\right)\right\}\\&\quad\times\left\{\tilde{g}_p^*\left(\frac{l_x}{2}\alpha\right)\tilde{g}_q^*\left(\frac{l_y}{2}\beta\right)\right\}^{\mathrm{T}}\sin\theta\mathrm{d}\theta\mathrm{d}\varphi\left\{A_{pq}^*\right\}\end{aligned}\tag{3.2.119}$$

考虑 (3.2.88) 式，矩形板的均方振速则为

$$\left\langle \dot{W}^2 \right\rangle = \frac{1}{S}\iint_S \frac{1}{2}\left|\frac{\partial W}{\partial t}\right|^2 \mathrm{d}S = \frac{1}{2m_s S}\omega^2 \left\{A_{mn}\right\}^{\mathrm{T}} \left[M_{mnpq}\right] \left\{A_{pq}^*\right\} \tag{3.2.120}$$

式中，$S$ 为矩形板面积。

利用前面建立的弹性支撑边界的矩形板振动和声辐射模型，Berry 在文献 [21] 中针对边长 $l_x = 0.455m$, $\mu = 1.2$，厚度为 1mm 的钢质矩形板，计算的不同模态声辐射效率由图 3.2.7 给出，简支边界条件的矩形板声辐射效率与 Wallace[9] 的结果完全符合，且简支与固支边界条件矩形板的声辐射效率稍有差别，最多偏差不超过 4dB，简支矩形板低阶模态的声辐射效率略高，高阶模态则相反，说明改变边界转动支撑刚度对声辐射效率的影响不大，也可以说，弹性支撑边界条件对声辐射效率的影响较小。图 3.2.8 和图 3.2.9 分别给出了简支、固支、自由及滑动边界等四种边界条件下矩形板的声辐射功率及声辐射效率比较，降低边界支撑刚度，如自由和滑动边界，矩形板声辐射效率降低，但 Berry 认为自由边界或滑动边界的矩形板刚体运动对低频声辐射会起主要作用，参见图 3.2.10 中矩形板刚体运动的零阶模态的低频声辐射效率明显高于其他模态。在同样激励情况下，简支和固支边界矩形板的声辐射效率明显大于自由边界或滑动边界情况，只是对于自由边界或滑动边界条件的矩形板，刚体运动是其主要声辐射模式，低频段对应有声辐射效率的峰值。

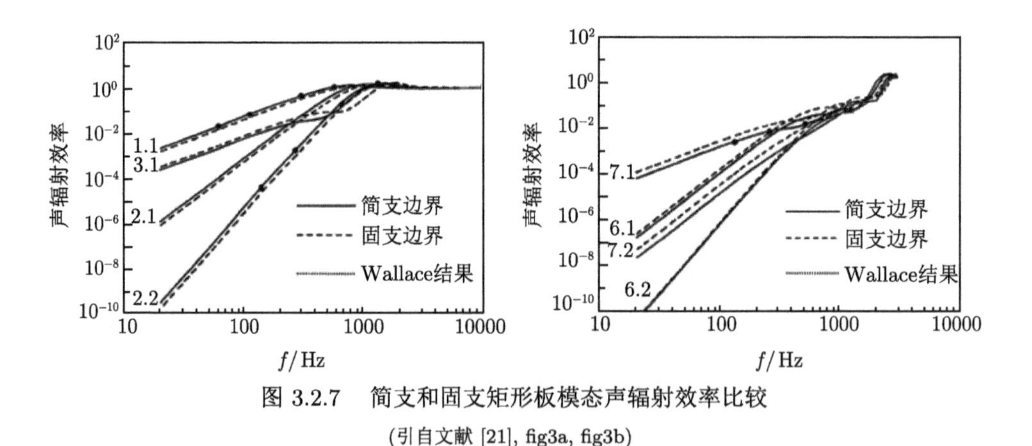


图 3.2.7　简支和固支矩形板模态声辐射效率比较

(引自文献 [21], fig3a, fig3b)

我们知道，当弹性平板比较厚时，需要考虑剪切变形和转动惯量的影响，相应采用 Mindlin 方程表征平板振动，否则低估了弹性平板的柔性和惯性，影响计算精度，对于双层板和夹心板也有同样的问题。各向异性矩形板的 Mindlin 振动

方程为 [23]

$$\frac{\rho_s h^3}{12}\frac{\partial^2\phi_x}{\partial t^2}-D_x\left(\frac{\partial^2\phi_x}{\partial x^2}+\nu_y\frac{\partial^2\phi_y}{\partial x\partial y}\right)-D_{xy}\left(\frac{\partial^2\phi_x}{\partial y^2}+\frac{\partial^2\phi_y}{\partial x\partial y}\right)-S_x\left(\frac{\partial W}{\partial x}-\phi_x\right)=0 \tag{3.2.121}$$

$$\frac{\rho_s h^3}{12}\frac{\partial^2\phi_y}{\partial t^2}-D_y\left(\frac{\partial^2\phi_y}{\partial y^2}+\nu_x\frac{\partial^2\phi_x}{\partial x\partial y}\right)-D_{xy}\left(\frac{\partial^2\phi_y}{\partial x^2}+\frac{\partial^2\phi_x}{\partial x\partial y}\right)-S_y(\frac{\partial W}{\partial y}-\phi_y)=0 \tag{3.2.122}$$

$$\rho_s h\frac{\partial^2 W}{\partial t^2}-S_x\left(\frac{\partial^2 W}{\partial x^2}-\frac{\partial\phi_x}{\partial x}\right)-S_y\left(\frac{\partial^2 W}{\partial y^2}-\frac{\partial\phi_y}{\partial y}\right)=0 \tag{3.2.123}$$

式中，$W$ 为平板垂向振动位移，$\phi_x$ 和 $\phi_y$ 分别为 $x$ 和 $y$ 方向的振动角位移，

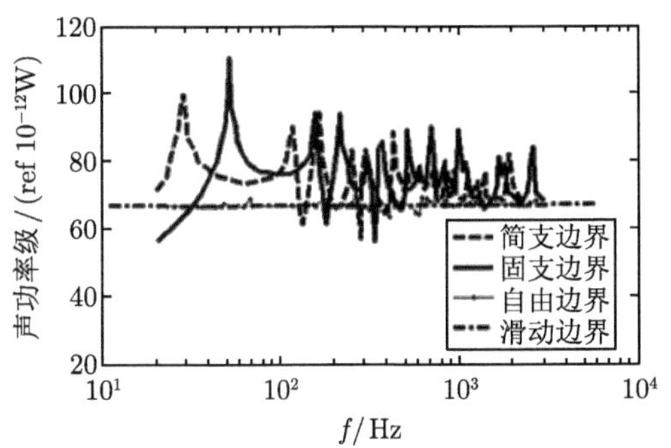


图 3.2.8 四种边界矩形板声辐射功率比较

(引自文献 [21], fig6)

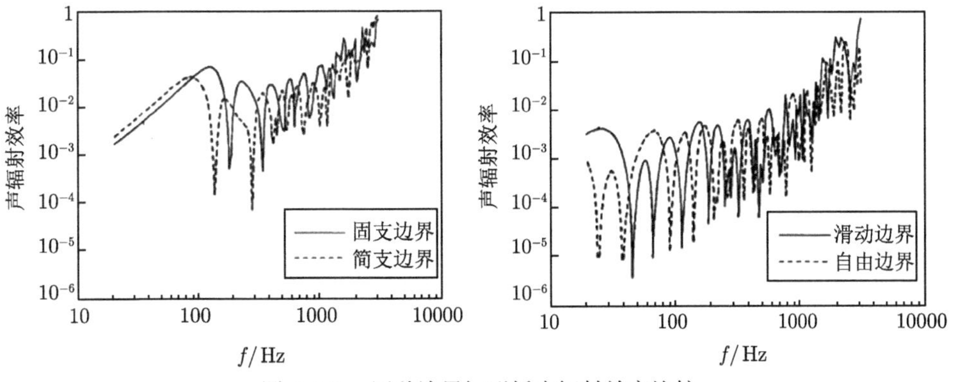


图 3.2.9 四种边界矩形板声辐射效率比较

(引自文献 [21], fig7)

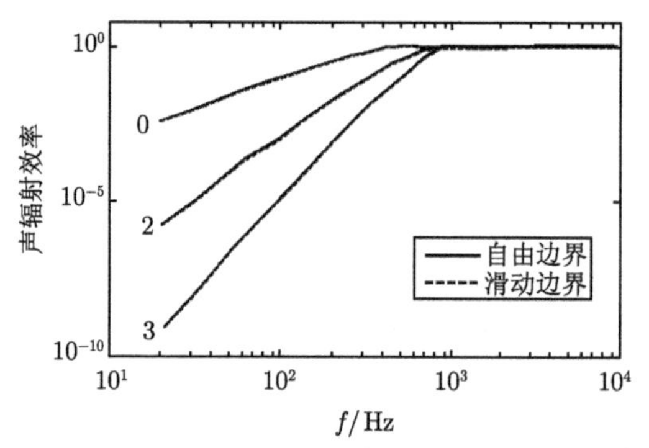


图 3.2.10　自由与滑动边界矩形板模态声辐射效率比较

(引自文献 [21], fig4a)

$D_x, D_y, D_{xy}$ 和 $S_x, S_y$ 为弯曲刚度和剪切刚度，$D_x = E_x h^3/12(1-\nu_x\nu_y)$, $D_y = E_y h^3/12(1-\nu_x\nu_y)$, $D_{xy} = G_{xy}h^3/12$, $S_x = \alpha_x G_{xz}h$, $S_y = \alpha_y G_{yz}h$。$\nu_x, \nu_y$ 为泊松比，$G_{xy}$，$G_{yz}$，$G_{xz}$ 为剪切模量，$\alpha_x$ 和 $\alpha_y$ 为剪切系数。若 Mindlin 矩形板四边不仅有转动刚度为 $K_{ri}(i=1,2,3,4)$ 的弹性支撑，而且还有平动刚度为 $K_{ti}(i=1,2,3,4)$ 的弹性支撑。在这种情况下，Mindlin 矩形板振动的动能、势能及边界弹性支撑势能分别为

$$T_p = \frac{1}{2}\int_0^{l_x}\int_0^{l_y}\left\{I_s\left[\left(\frac{\partial\phi_x}{\partial t}\right)^2 + \left(\frac{\partial\phi_y}{\partial t}\right)^2\right] + m_s\left(\frac{\partial W}{\partial t}\right)^2\right\}\mathrm{d}x\mathrm{d}y \tag{3.2.124}$$

$$\begin{aligned}V_p = &\frac{1}{2}\int_0^{l_x}\int_0^{l_y}\left\{D_y\left(\frac{\partial\phi_x}{\partial x}\right)^2 + D_y\left(\frac{\partial\phi_y}{\partial y}\right)^2\right] + (v_x D_y + v_y D_x)\frac{\partial\phi_x}{\partial x}\frac{\partial\phi_y}{\partial y}\\ &+ D_{xy}\left(\frac{\partial\phi_x}{\partial y} + \frac{\partial\phi_y}{\partial x}\right)^2 + S_x\left(\frac{\partial W}{\partial x} - \phi_x\right)^2 + S_y\left(\frac{\partial W}{\partial y} - \phi_y\right)^2\right\}\mathrm{d}x\mathrm{d}y\end{aligned} \tag{3.2.125}$$

$$\begin{aligned}V_e = &\frac{1}{2}\int_0^{l_x}\left\{K_{t1}W^2(x,0,t) + K_{t2}W^2\left(x,l_y,t\right)\right.\\ &\left.+K_{r1}\phi_y^2(x,0,t) + K_{r2}\phi_y^2\left(x,l_y,t\right)\right\}\mathrm{d}x\\ &+\frac{1}{2}\int_0^{l_x}\left\{K_{t3}W^2(0,y,t) + K_{t4}W^2\left(l_x,y,t\right) + K_{r3}\phi_x^2(0,y,t)\right.\\ &\left.+K_{r4}\phi_x^2\left(l_x,y,t\right)\right\}\mathrm{d}y\end{aligned} \tag{3.2.126}$$

式中，$I_s$ 和 $m_s$ 分别为矩形板面惯性矩和面密度。

Chung[23] 给出的 Mindlin 板振动垂向位移和角位移的形式解为

$$\{W(x,y,t)\,,\phi_x(x,y,t),\,\phi_y(x,y,t)\}$$
$$=\sum_{mn}\{\varphi_m(x)\,\varphi_n(y),\phi_m^x(x)\varphi_n(y),\varphi_m(x)\phi_n^y\,(y)\}\,A_{mn}(t) \tag{3.2.127}$$

其中的基函数可取 Timoshenko 梁函数，如 $x$ 方向为

$$\varphi_m(\xi)=A_m\sin(k_m\beta\xi)+B_m\cos(k_m\beta\xi)+C_m\mathrm{e}^{k_m\alpha(\xi-1)}+D_m\mathrm{e}^{-k_m\alpha\xi} \tag{3.2.128}$$

$$\phi_m^x(\xi)=A_mk_1\cos(k_m\beta\xi)-B_mk_1\sin(k_m\beta\xi)+C_mk_2\mathrm{e}^{k_m\alpha(\xi-1)}-D_mk_2\mathrm{e}^{-k_m\alpha\xi} \tag{3.2.129}$$

式中，$\xi=x/l_x$，$k_1=\mu_3(\beta^2-\mu_2^2)/\beta l_x$，$k_2=\mu_3(\alpha^2+\mu_2^2)/\alpha l_x$。

$$\begin{pmatrix}\alpha\\ \beta\end{pmatrix}=\frac{1}{\sqrt{2}}\left\{\mp\left(\mu_1^2+\mu_2^2\right)+\left[\left(\mu_1^2-\mu_2^2\right)^2+\frac{4}{\mu_3^2}\right]^{1/2}\right\}^{1/2}$$

这里，$\mu_1^2=I_s/m_sl_x^2$，$\mu_2^2=D_x/S_xl_x^2$，$\mu_3^2=\omega^2m_s/D_x$。基函数 $\varphi_m(\xi)$ 和 $\phi_m^x(\xi)$ 满足的边界条件为

$$\frac{\partial\varphi_m(0)}{l_x\partial\xi}-\phi_m^x(0)=\frac{K_{t1}}{S_x}\varphi_m(0) \tag{3.2.130}$$

$$\frac{\partial\phi_m^x(0)}{\partial\xi}=\frac{l_xK_{r1}}{D_x}\phi_m^x(0) \tag{3.2.131}$$

$$\frac{\partial\varphi_m(1)}{l_x\partial\xi}-\phi_m^x(1)=-\frac{K_{t2}}{S_x}\varphi_m(1) \tag{3.2.132}$$

$$\frac{\partial\phi_m^x(1)}{\partial\xi}=-\frac{l_xK_{r2}}{D_x}\phi_m^x(1) \tag{3.2.133}$$

由上面给出的 (3.2.124)~(3.2.133) 式，可以求解弹性支撑边界 Mindlin 矩形板振动，进一步可求解声辐射。Park[24] 针对 $l_x=1.57\text{m}$, $l_y=1.39\text{m}$ 的夹心板，计算了 Mindlin 矩形板的均方振动速度和声辐射功率，参见图 3.2.11 和图 3.2.12。结果表明，在低频段 Mindlin 矩形板的弯曲刚度作用较大，增加弯曲刚度，共振频率增加，均方振速降低，但对声辐射功率大小影响不大。在高频段，弯曲刚度作用降低，剪切刚度作用增加。若同时增加弯曲刚度和剪切刚度，矩形板振动速度减小。与经典薄板理论相比，考虑剪切变形，高频段振动响应及声辐射增大。剪切刚度对声辐射的影响较为复杂，当剪切刚度 $S_x$ 从 1026kN/m 减小到 513kN/m 时，由于振动响应增加而导致声辐射增加，如果进一步降低剪切刚度，辐射波数

分量下降抵消了振动响应的增加，使得声辐射功率降低。合理选取剪切刚度，可能有利于降低矩形板声辐射。计算结果还表明，吻合频率以下、不同边界条件的模态声辐射效率略有不同，自由边界条件最小，简支边界条件居中，固支边界条件最大。

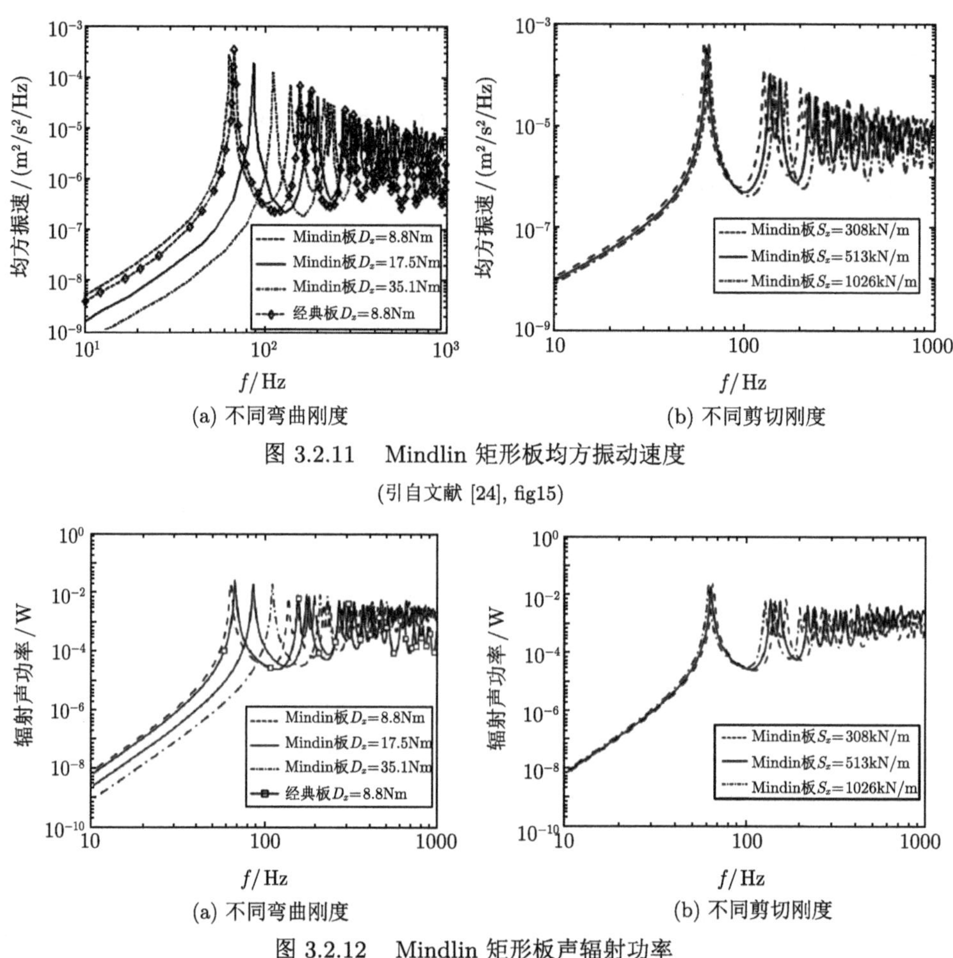


(a) 不同弯曲刚度　　(b) 不同剪切刚度

图 3.2.11　Mindlin 矩形板均方振动速度

(引自文献 [24], fig15)

(a) 不同弯曲刚度　　(b) 不同剪切刚度

图 3.2.12　Mindlin 矩形板声辐射功率

(引自文献 [24], fig16)

现在考虑更一般的弹性支撑边界，矩形板四边不仅有平动和转动支撑刚度，而且支撑刚度系数不再是常数，而是随支撑位置变化的函数，边界条件可表示为

$$K_{t1}(y)W(x,y) = Q_x, \quad K_{r1}(y)\frac{\partial W}{\partial x} = -M_x; \quad x = 0 \tag{3.2.134}$$

$$K_{t2}(y)W(x,y) = -Q_x, \quad K_{r2}(y)\frac{\partial W}{\partial x} = M_x; \quad x = l_x \tag{3.2.135}$$

$$K_{t3}(x)W(x,y) = Q_y, \quad K_{r3}(x)\frac{\partial W}{\partial y} = -M_y; \quad y=0 \tag{3.2.136}$$

$$K_{t4}(x)W(x,y) = -Q_y, \quad K_{r4}(x)\frac{\partial W}{\partial y} = M_y; \quad y=l_y \tag{3.2.137}$$

式中，$Q_x$, $M_x$ 和 $Q_y$, $M_y$ 分别为矩形板 $x$ 和 $y$ 方向的剪切力和弯矩，考虑到矩形板剪切力和弯矩与振动位移的关系，边界条件 (3.2.134)~(3.2.137) 式可表示为

当 $x=0$ 时，

$$K_{t1}(y)W(x,y) = -D\left[\frac{\partial^3 W}{\partial x^3} + (2-v)\frac{\partial^3 W}{\partial x \partial y^2}\right] \tag{3.2.138}$$

$$K_{r1}(y)\frac{\partial W}{\partial x} = D\left[\frac{\partial^2 W}{\partial x^2} + v\frac{\partial^2 W}{\partial y^2}\right] \tag{3.2.139}$$

当 $x=l_x$ 时，

$$K_{t2}(y)W(x,y) = D\left[\frac{\partial^3 W}{\partial x^3} + (2-\nu)\frac{\partial^3 W}{\partial x \partial y^2}\right] \tag{3.2.140}$$

$$K_{r2}(y)\frac{\partial W}{\partial x} = -D\left[\frac{\partial^2 W}{\partial x^2} + \nu\frac{\partial^2 W}{\partial y^2}\right] \tag{3.2.141}$$

当 $y=0$ 时，

$$K_{t3}(x)W(x,y) = -D\left[\frac{\partial^3 W}{\partial y^3} + (2-\nu)\frac{\partial^3 W}{\partial x^2 \partial y}\right] \tag{3.2.142}$$

$$K_{r3}(x)\frac{\partial W}{\partial y} = D\left[\frac{\partial^2 W}{\partial y^2} + \nu\frac{\partial^2 W}{\partial x^2}\right] \tag{3.2.143}$$

当 $y=l_y$ 时，

$$K_{t4}(x)W(x,y) = D\left[\frac{\partial^3 W}{\partial y^3} + (2-\nu)\frac{\partial^3 W}{\partial x^2 \partial y}\right] \tag{3.2.144}$$

$$K_{r4}(x)\frac{\partial W}{\partial y} = -D\left[\frac{\partial^2 W}{\partial y^2} + \nu\frac{\partial^2 W}{\partial x^2}\right] \tag{3.2.145}$$

在这种情况下，Li 和 Zhang[25] 采用修正 Fourier 级数给出矩形板弯曲振动形式解：

$$W(x,y) = \sum_{m,n} A_{mn}\cos(k_m x)\cos(k_n y)$$

$$+\sum_{j=1}^{4}\left\{f_b^j(y)\sum_{m=0}C_m^j\cos(k_mx)+f_a^j(x)\sum_{n=0}D_n^j\cos(k_ny)\right\} \tag{3.2.146}$$

式中，$f_b^j(y)$ 或 $f_a^j(x)$ 的具体表达式参见 (9.1.67)~(9.1.70) 式。

为了处理边界支撑刚度函数，将支撑刚度也作 Fourier 展开：

$$K_{t1}(y)=\sum_{n=0}^{\infty}K_{t1,n}\cos\left(\frac{n\pi y}{l_y}\right) \tag{3.2.147}$$

式中，$K_{t1,n}$ 为 Fourier 展开系数，其他支撑刚度系数也可做类似的处理。

求解的详细过程及结果可参考文献 [26] 和 [27]，文献 [26] 取 $l_x=1\text{m}$, $l_y=0.83\text{m}$，厚度为 6mm 矩形板，在平动支撑刚度为常数 $K_tl_x^3/D=1$ 情况，改变转动支撑刚度，计算的不同模态声辐射效率由图 3.2.13 给出；另外，在转动支撑刚度为常数 $(K_rl_x^3/D=1)$ 情况，改变平动支撑刚度，计算的不同模态声辐射效率见图 3.2.14。结果表明，平动支撑刚度不变时，转动支撑刚度 $K_rl_x^3/D$ 由 1 增加到 $10^6$,1~4 阶模态的声辐射效率基本没有变化，而对 5 阶以上模态的低频声辐射效率有影响。转动支撑刚度增加，声辐射效率降低，模态阶数越高，影响的频率范围往高频扩展，对于 5 阶模态，$k_0l_x\sim 1$ 以上频率范围基本没有影响，对于二十阶模态，$k_0l_x\sim 10$ 以上频率范围基本没有影响。转动支撑刚度不变时，平动支撑刚度 $K_tl_x^3/D$ 由 1 增加到 $10^6$，1~4 阶模态的声辐射效率略有降低，可以认为基本没有变化，而对五阶以上模态的声辐射效率有明显影响，五阶模态的声辐射效率随平动支撑刚度的增加而增加，但二十阶模态的声辐射效率并无规律。进一步计算比较了不同边界条件下的模态声辐射效率，一阶模态的辐射效率基本不随边界条件的改变而变化，而二阶以上模态辐射效率则随边界条件的改变而变化，模态阶数越高，变化越大，但没有给出明确的规律；一边固支三边自由与二边固支二边自由矩形板的声辐射效率幅度相当，后者峰值数略多，且四边固支矩形板的声辐射功率比一边固支三边自由的矩形板声辐射效率要大一些, 参见图 3.2.15 和图 3.2.16。

矩形板弹性支撑边界条件，转动和平动支撑刚度系数无论是常数还是变数，每个边界条件都是连续的。但是，在有些情况下，矩形板几何或材料特性随位置变化，形成不连续边界条件，参见图 3.2.17，图中左图四边边界条件都是连续的，右图中下边为不连续边界，其他三边为连续边界。对于不连续边界条件情况，常规的 Rayleigh-Ritz 法不再适用，因为现有基函数不能满足不连续边界条件。因此，需要引入一个新的函数，满足不连续边界条件。Gavalas[28] 选择归一化正交多项式或三角函数 $\varphi_{xm}(x),\psi_{xm}(x),\varphi_{yn}(y),\psi_{yn}(y)$，针对图 3.2.17(b) 图中的区域 I 和区域 Ⅱ，定义积函数：

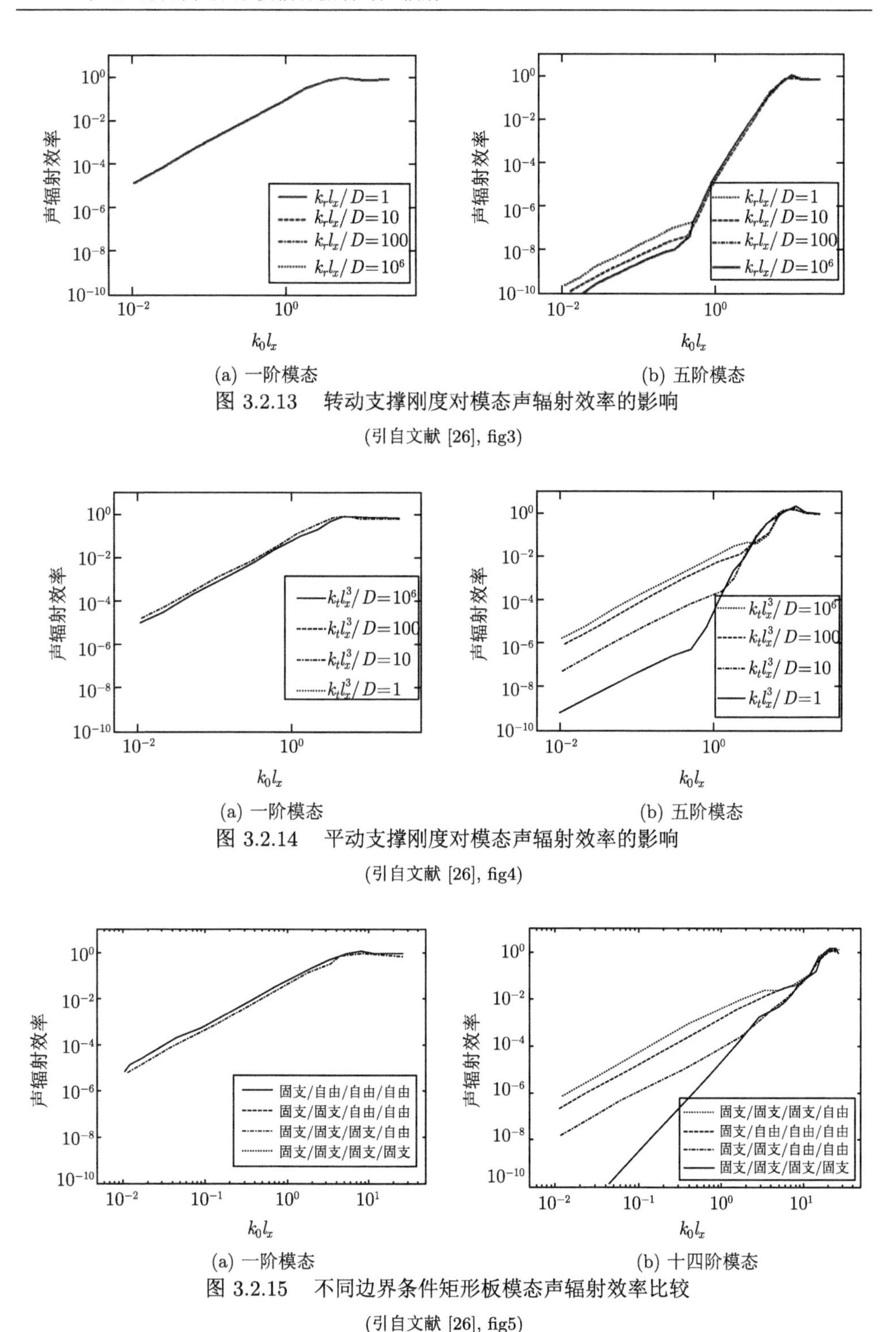


(a) 一阶模态 (b) 五阶模态

图 3.2.13 转动支撑刚度对模态声辐射效率的影响

(引自文献 [26], fig3)

(a) 一阶模态 (b) 五阶模态

图 3.2.14 平动支撑刚度对模态声辐射效率的影响

(引自文献 [26], fig4)

(a) 一阶模态 (b) 十四阶模态

图 3.2.15 不同边界条件矩形板模态声辐射效率比较

(引自文献 [26], fig5)

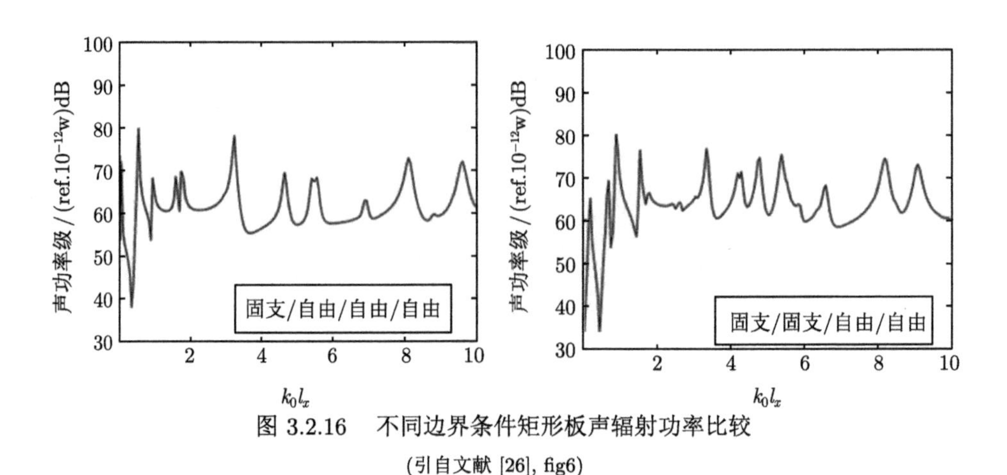


图 3.2.16　不同边界条件矩形板声辐射功率比较

(引自文献 [26], fig6)

区域 I：$\varphi_{xm}(x)\varphi_{yn}(y),\quad m,n=1,2,\cdots$

区域 Ⅱ：$\psi_{xm}(x)\psi_{yn}(y),\quad m,n=1,2,\cdots$

这里，$\varphi_{xm}(x),\psi_{xm}(x),\varphi_{yn}(y)$ 和 $\psi_{yn}(y)$ 分别定义在区间 $[0,x_1]$, $[x_1,l_x]$, $[0,l_y]$ 和 $[0,l_y]$，$\varphi_{xm}(x)$ 仅满足边界条件 BC1，$\psi_{xm}(x)$ 仅满足边界条件 BC4，$\varphi_{yn}(y)$ 满足边界条件 BC2+BC5，$\psi_{yn}(y)$ 满足边界条件 BC3+BC5。在区域 I 和区域 Ⅱ 分别定义积函数 $f_m(x,y)$ 和 $g_n(x,y)$：

$$\begin{aligned}&f_1=\varphi_{y1}\varphi_{x1},f_2=\varphi_{y1}\varphi_{x2},\cdots,f_N=\varphi_{y1}\varphi_{xN};\\&f_{N+1}=\varphi_{y2}\varphi_{x1},\cdots,f_{2N}=\varphi_{y2}\varphi_{xN},\cdots;f_{N^2}=\varphi_{yN}\varphi_{xN}\end{aligned}\tag{3.2.148}$$

$$\begin{aligned}&g_1=\psi_{y1}\psi_{x1},g_2=\psi_{y1}\psi_{x2},\cdots,g_N=\psi_{y1}\psi_{xN};\\&g_{N+1}=\psi_{y2}\psi_{x1},\cdots,g_{2N}=\psi_{y2}\psi_{xN},\cdots;g_{N^2}=\psi_{yN}\psi_{xN}\end{aligned}\tag{3.2.149}$$

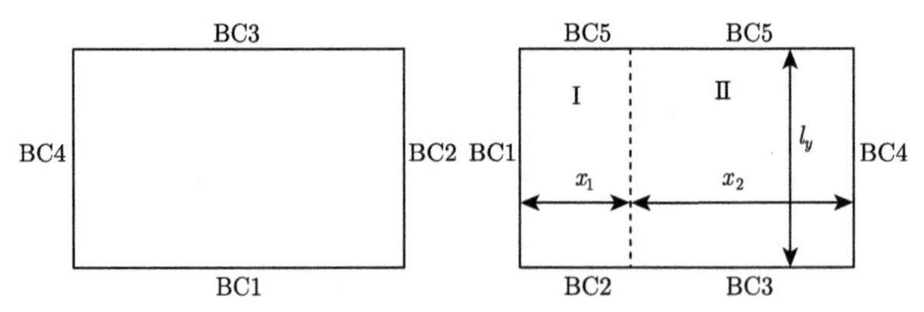


图 3.2.17　连续与不连续边界条件矩形板

(引自文献 [28], fig1)

由积函数 $f_m(x,y)$ 和 $g_n(x,y)$ 构建函数：

$$f(x,y)=\sum_{m=1}^{N^2}A_mf_m(x,y)\tag{3.2.150}$$

$$g(x,y)=\sum_{n=1}^{N^2}B_n g_n(x,y) \tag{3.2.151}$$

(3.2.150) 和 (3.2.151) 式中的系数 $A_m$ 和 $B_n$ 可采用最小二乘法确定，使得在区域 I 和区域 II 的交界面上，$f(x,y)$ 和 $g(x,y)$ 之间的偏差最小，详细过程参见文献 [28]，一旦 $A_m$ 和 $B_n$ 确定，便可以得到正交归一的基函数：

$$f^{(l)}(x,y)=\sum_{m=1}^{N^2}A_m^{(l)}f_m(x,y)\quad (l=1,2,\cdots,L) \tag{3.2.152}$$

$$g^{(l)}(x,y)=\sum_{n=1}^{N^2}B_n^{(l)}g_n(x,y)\quad (l=1,2,\cdots,L) \tag{3.2.153}$$

利用 $f^{(l)}(x,y)$ 和 $g^{(l)}(x,y)$ 作为基函数，可以针对不连续边界条件情况，给出矩形板振动 Rayleigh-Ritz 的形式解：

$$F(x,y)=\sum_{n=1}^{N}C_n f^{(n)}(x,y) \tag{3.2.154}$$

$$G(x,y)=\sum_{n=1}^{N}D_n g^{(n)}(x,y) \tag{3.2.155}$$

这里，$F(x,y)$ 和 $G(x,y)$ 分别对应区间 $[0,x_1]\times[0,l_y]$ 和 $[x_1,l_x]\times[0,l_y]$。具体的算例及结果可参见文献 [28]，Gavalas 仅仅给出了边界条件不连续矩形板振动的求解方法，若将振动和辐射声场的耦合考虑进去，问题的求解会复杂很多。实际上，在 Zhang 和 Li 研究的任意弹性支撑边界矩形板振动声辐射中，同样没有考虑振动和声场的耦合，也需要进一步深入研究。当然，从弹性支撑边界条件对矩形板振动和声辐射的影响程度来看，实际工程中往往无需将问题考虑得太复杂，至于如何利用弹性支撑参数优化来降低矩形板的振动及声辐射，更重要的是其理论价值。另外一方面，通过边界条件控制降低矩形板声辐射，需要专门考虑 [29]，不过 Park 等认为 [30]，支撑边界的振动能量损耗可以显著影响矩形板的振动响应和声辐射，从而可以通过调节边界支撑来降低平板的振动及辐射噪声。

## 3.3 无声障板弹性矩形板耦合振动及声辐射

3.1 节和 3.2 节讨论的简支边界条件和弹性支撑边界条件矩形弹性板振动和声辐射，假设矩形板镶嵌在无限大刚性声障板上，采用 Rayleigh 公式计算流体负载及辐射声场。无限大声障板上的矩形弹性板声辐射，实际上是模拟大型结构中局部区域的声辐射。无限大声障板的作用，一方面隔离了矩形板上下声介质的相互作用，使声辐射效率提高；另一方面，使声辐射计算中的 Helmholtz 积分可以退化为简单的 Rayleigh 积分，简化了声辐射的计算。在有些情况下，矩形板单独置于无限声介质，没有可视为声障板的周边结构，或者结构尺寸较小，结构两面流体的相互作用不可忽略，声障板的效应便不复存在。此时，不能再采用 Rayleigh 积分公式计算流体负载及辐射声场，而应该利用 Helmholtz 积分方程计算流体负载及辐射声场，无声障板的矩形板比有声障板的矩形板的声辐射计算困难得多。Blake[31,32] 分别采用 Wiener-Hopf 变换及轴向 Fourier 变换和径向、周向分离变量法，求解了已知振动分布的二维平板和等截面梁的声辐射，明确在吻合频率以下，没有声障板时声辐射效率明显降低，但随着频率的增加，声障板的作用减小；Atalla 和 Nicolas[33] , Nelisse 和 Beslin[34,35] 等在薄板近似条件下，简化 Helmholtz 积分方程中的单层势项，采用变分原理和 Rayleigh-Ritz 法，求解无声障板的多种边界条件矩形板声辐射；Laulagnet[36] 针对简支边界条件的矩形板，采用 Helmholtz 积分方程，将声辐射计算的面积分分为平板上表面和下表面积分两部分，并由薄板条件简化积分方程，然后联合平板振动的微分方程和简化的积分方程，得到平板耦合振动位移满足的积分–微分方程，并采用模态法求解辐射声场。

现在考虑一简谐点激励的矩形薄板，位于 $z=0$ 平面内，没有无限大声障板，上下两面为无限声介质，矩形弹性板弯曲振动方程为

$$D\nabla^4 W(x,y) - m_s\omega^2 W(x,y) = f(x,y) + \Delta p(x,y) \tag{3.3.1}$$

式中, $D$ 和 $m_s$ 为矩形弹性板弯曲刚度和面密度，$W(x,y)$ 为矩形弹性板弯曲振动位移，$f(x,y)$ 为作用在矩形弹性板上的激励外力，$\Delta p(x,y)$ 为矩形弹性板上下表面声压差。

$$\Delta p(x,y) = p^+(x,y) - p^-(x,y) \tag{3.3.2}$$

式中，$p^-$ 和 $p^+$ 分别为矩形弹性板上表面和下表面声压。

矩形弹性板上下无限声介质中的声压满足 Helmholtz 方程及表面边界条件。

$$\nabla^2 p(x,y,z) + k_0^2 p(x,y,z) = 0 \tag{3.3.3}$$

$$\frac{\partial p(x,y,z)}{\partial z} = \rho_0\omega^2 W(x,y) \tag{3.3.4}$$

针对上面提出的问题，参照图 3.3.1, 无声障板的矩形弹性板辐射声压由 Helmholtz 积分方程给出：

$$p(P) = \int_{S_t}\left[\frac{\partial G}{\partial \boldsymbol{n}}(P,Q)\,p(Q) - \frac{\partial p}{\partial \boldsymbol{n}}(Q)\,G(P,Q)\right]\mathrm{d}S \tag{3.3.5}$$

式中，$P$ 为场点，其坐标 $(x,y,z)$，$Q$ 为源点，其坐标 $(x_0,y_0,z_0)$，$\boldsymbol{n}$ 为矩形板外法线方向，$S_t$ 为矩形板上下面 $S^+$ 和 $S^-$ 及边界的整个表面，$G(P,Q)$ 为 Green 函数，满足

$$\nabla^2 G(P,Q) + k_0^2 G(P,Q) = \delta(x-x_0)\delta(y-y_0)\delta(z-z_0) \tag{3.3.6}$$

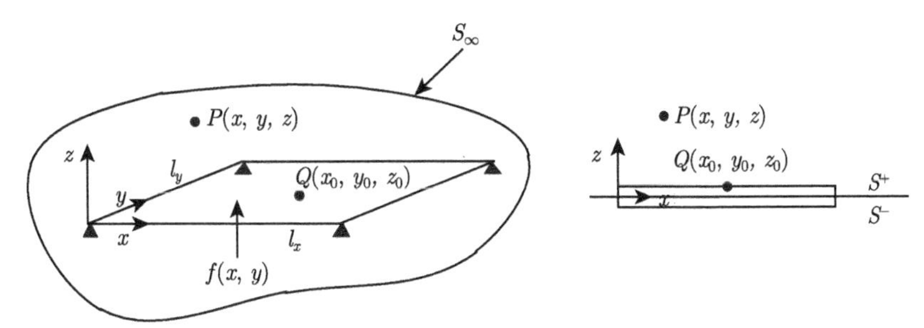


图 3.3.1 无声障板的矩形板模型

(引自文献 [36], fig1, fig2)

求解 (3.3.6) 式，可以得到自由空间的 Green 函数：

$$G(P,Q) = \frac{\mathrm{e}^{\mathrm{i}k_0 d}}{4\pi d} \tag{3.3.7}$$

式中，

$$d = \left[(x-x_0)^2 + (y-y_0)^2 + (z-z_0)^2\right]^{1/2}$$

或者采用 Fourier 变换，得到 Green 函数的另一种表达式 [37]：

$$G(P,Q) = \frac{-\mathrm{i}}{8\pi^2}\int_{-\infty}^{\infty}\int_{-\infty}^{\infty}\frac{\mathrm{e}^{-\mathrm{i}k_x(x-x_0)-\mathrm{i}k_y(y-y_0)-\mathrm{i}k_z|z-z_0|}}{k_z}\mathrm{d}k_x\mathrm{d}k_y \tag{3.3.8}$$

其中，$k_z = \sqrt{k_0^2 - k_x^2 - k_y^2}$，当 $|z-z_0|$ 趋于无限时，为了保证 Green 函数有限，要求：

$$\begin{aligned} k_z &= \sqrt{k_0^2 - k_x^2 - k_y^2}, \quad k_0^2 \geqslant k_x^2 + k_y^2 \\ k_z &= \mathrm{i}\sqrt{k_x^2 + k_y^2 - k_0^2}, \quad k_0^2 \leqslant k_x^2 + k_y^2 \end{aligned} \tag{3.3.9}$$

在 (3.3.5) 式中，若没有其他辐射面存在，则积分面限于矩形板上表面 $S^+$ 和下表面 $S^-$，参见图 3.3.1。考虑到矩形板上下表面的法线方向，(3.3.5) 式的面积分可以分解为

$$p(P) = -\int_{S^+}\frac{\partial G}{\partial z_0}(P,Q)\,p^+(Q)\,\mathrm{d}S + \int_{S^-}\frac{\partial G}{\partial z_0}(P,Q)\,p^-(Q)\,\mathrm{d}S$$

$$+\int_{S^+}\frac{\partial p^+(Q)}{\partial z_0}G(P,Q)\,\mathrm{d}S-\int_{S^-}\frac{\partial p^-(Q)}{\partial z}G(P,Q)\,\mathrm{d}S \tag{3.3.10}$$

注意到 $G(P,Q)$ 和声压梯度在矩形板中面上为连续函数，而 (3.3.10) 式中的单层势积分项之和为 0，这是因为声压梯度连续等效为矩形板振动位移连续，对于薄矩形板，其上下表面振动位移相等。于是，(3.3.10) 式简化为

$$p(P)=-\int_S\frac{\partial G}{\partial z_0}(P,Q)\,p^+(Q)\,\mathrm{d}S+\int_S\frac{\partial G}{\partial z_0}(P,Q)\,p^-(Q)\,\mathrm{d}S \tag{3.3.11}$$

式中，$S$ 为矩形板表面积，$S=S^+=S^-$。

为了表达方便起见，将矩形弹性板上下声压差定义为 $\sigma=p^+(Q)-p^-(Q)$，则有

$$p(P)=-\int_S\sigma(Q)\frac{\partial G}{\partial z_0}(P,Q)\,\mathrm{d}S \tag{3.3.12}$$

利用边界条件 (3.3.4) 式，(3.3.12) 式可变为

$$W(x,y)=\frac{1}{\rho_0\omega^2}\frac{\partial}{\partial z}\int_S\sigma(Q)\frac{\partial G}{\partial z_0}(P,Q)\,\mathrm{d}S \tag{3.3.13}$$

在 (3.3.13) 式两边乘以函数 $\sigma(P)$，并在矩形板表面积分，则有

$$\int_S W(x,y)\sigma(P)\,\mathrm{d}S=\frac{1}{\rho_0\omega^2}J[\sigma(Q),\sigma(P)] \tag{3.3.14}$$

式中，

$$J[\sigma(Q),\sigma(P)]=\int_S\int_S\sigma(Q)\frac{\partial^2G}{\partial z\partial z_0}\sigma(P)\,\mathrm{d}S_0\mathrm{d}S \tag{3.3.15}$$

Nelisse 等 [34,35] 利用线性边界值问题的变分原理，将积分 (3.3.15) 式变为无奇异性的积分：

$$J[\sigma(Q),\sigma(P)]=\int_S\int_S\left\{k_0^2\sigma(Q)\sigma(P)-\left[\frac{\partial\sigma(Q)}{\partial x_0}\frac{\partial\sigma(P)}{\partial y_0}-\frac{\partial\sigma(Q)}{\partial x}\frac{\partial\sigma(P)}{\partial y}\right]\right\}$$
$$\times G(P,Q)\,\mathrm{d}S\mathrm{d}S_0 \tag{3.3.16}$$

将 (3.3.16) 式代回 (3.3.14) 式，并采用 Rayleigh-Ritz 法求解，为此设矩形板上下的声压差表示为 [35]

$$\sigma(\xi,\eta)=\sum_{m=0}^{N_1}\sum_{n=0}^{N_1}\sigma_{mn}\varphi_m(\xi)\varphi_n(\eta) \tag{3.3.17}$$

式中，$\xi = x/l_x$，$\eta = y/l_y$，一般可取：

$$\varphi_m(\xi) = \left(1-\xi^2\right)\xi^m \tag{3.3.18a}$$

$$\varphi_n(\eta) = \left(1-\eta^2\right)\eta^n \tag{3.3.18b}$$

于是，

$$\sigma(\xi,\eta) = \sum_{m=0}^{N_1}\sum_{n=0}^{N_1}\sigma_{mn}\left(1-\xi^2\right)\xi^m\left(1-\eta^2\right)\eta^n \tag{3.3.19}$$

另外，任意弹性边界条件的矩形弹性板，采用 Rayleigh-Ritz 法求解的形式解为

$$W(\xi,\eta) = \sum_{m=0}^{N_1}\sum_{n=0}^{N_1}W_{mn}\xi^m\eta^n \tag{3.3.20}$$

将 (3.3.19) 和 (3.3.20) 式代入 (3.3.14) 及 (3.3.16) 式，得到线性方程：

$$\left\{[H]-\omega^2[G]\right\}\{\sigma\} = \{B\} \tag{3.3.21}$$

式中，$\{\sigma\}$ 为 $\sigma_{pq}$ 组成的列矩阵，$\{B\}$ 为 $B_{mn}$ 组成的列矩阵，$[H]$, $[G]$ 分别为元素 $H_{mnpq}$, $G_{mnpq}$ 组成的矩阵，它们的表达式分别为

$$\begin{aligned} H_{mnpq} = &\frac{l_x^2 l_y^2}{\rho_0}\int_0^1\int_0^1\int_0^1\int_0^1\left\{\frac{1}{l_x^2}\frac{\partial\varphi_m(\xi)}{\partial\xi}\varphi_n(\eta)\cdot\frac{\partial\varphi_p(\xi_0)}{\partial\xi_0}\varphi_q(\eta_0)\right.\\ &\left.+\frac{1}{l_y^2}\varphi_m(\xi)\frac{\partial\varphi_n(\eta)}{\partial\eta}\cdot\varphi_p(\xi_0)\frac{\partial\varphi_q(\eta_0)}{\partial\eta_0}\right\}\frac{\mathrm{e}^{\mathrm{i}k_0 d}}{4\pi d}\mathrm{d}\xi\mathrm{d}\eta\mathrm{d}\xi_0\mathrm{d}\eta_0 \end{aligned} \tag{3.3.22}$$

$$G_{mnpq} = \frac{l_x^2 l_y^2}{\rho_0 C_0^2}\int_0^1\int_0^1\int_0^1\int_0^1\varphi_m(\xi)\varphi_n(\eta)\varphi_p(\xi_0)\varphi_q(\eta_0)\frac{\mathrm{e}^{\mathrm{i}k_0 d}}{4\pi d}\mathrm{d}\xi\mathrm{d}\eta\mathrm{d}\xi_0\mathrm{d}\eta_0 \tag{3.3.23}$$

$$B_{pq} = -l_x l_y\omega^2\int_0^1\int_0^1\varphi_m(\xi)\varphi_n(\eta)W(\xi,\eta)\mathrm{d}\xi\mathrm{d}\eta \tag{3.3.24}$$

将 (3.3.18) 式分别代入 (3.3.22) 和 (3.3.23) 式，并定义积分：

$$I_{mnpq} = \int_0^1\int_0^1\int_0^1\int_0^1\xi^m\eta^n\xi_0^p\eta_0^q\frac{\mathrm{e}^{\mathrm{i}k_0 d}}{4\pi d}\mathrm{d}\xi\mathrm{d}\eta\mathrm{d}\xi_0\mathrm{d}\eta_0 \tag{3.3.25}$$

则可得 $G_{mnpq}$ 和 $H_{mnpq}$ 的表达式：

$$G_{mnpq} = \frac{l_x^2 l_y^2}{\rho_0 C_0^2}\{I_{m,n,p,q} - I_{m,n,p,q+2} - I_{m,n+2,p,q} + I_{m,n+2,p,q+2} - I_{m,n,p+2,q}$$

$$
\begin{aligned}
&+I_{m,n,p+2,q+2}+I_{m,n+2,p+2,q}-I_{m,n+2,p+2,q+2}\\
&-I_{m+2,n,p,q}+I_{m+2,n,p,q+2}+I_{m+2,n+2,p,q}\\
&-I_{m+2,n+2,p,q+2}+I_{m+2,n,p+2,q}-I_{m+2,n,p+2,q+2}\\
&-I_{m+2,n+2,p+2,q}+I_{m+2,n+2,p+2,q+2}\}
\end{aligned}
\tag{3.3.26}
$$

$$
\begin{aligned}
H_{mnpq}=\frac{l_x^2l_y^2}{\rho_0}\Bigg\{&\frac{1}{l_x^2}\left[(m+2)\left(p+2\right)\left(I_{m+1,n,p+1,q}-I_{m+1,n,p+1,q+2}-I_{m+1,n+2,p+1,q}\right.\right.\\
&\left.+I_{m+1,n+2,p+1,q+2}\right)-(m+1)\,p(I_{m+1,n,p-1,q}-I_{m+1,n,p-1,q+2}\\
&-I_{m+1,n+2,p-1,q}+I_{m+1,n+2,p-1,q+2})\\
&-m\left(p+2\right)\left(I_{m-1,n,p+1,q}-I_{m-1,n,p+1,q+2}\right.\\
&\left.-I_{m-1,n+2,p+1,q}+I_{m-1,n+2,p+1,q+2}\right)\\
&\left.+mp\left(I_{m-1,n,p-1,q}-I_{m-1,n,p-1,q+2}-I_{m-1,n+2,p-1,q}+I_{m-1,n+2,p-1,q+2}\right)\right]\\
&+\frac{1}{l_y^2}\left[(n+2)\left(q+2\right)\left(I_{m,n+1,p,q+1}-I_{m,n+1,p+2,q+1}\right.\right.\\
&\left.-I_{m+2,n+1,p,q+1}+I_{m+2,n+1,p+2,q+1}\right)\\
&-(n+2)\,q(I_{m,n+1,p,q-1}-I_{m,n+1,p+2,q-1}-I_{m+2,n+1,p,q-1}\\
&+I_{m+2,n+1,p+2,q-1})\\
&-n\left(q+2\right)\left(I_{m,n-1,p,q+1}-I_{m,n-1,p+2,q+1}-I_{m+2,n-1,p,q+1}\right.\\
&\left.+I_{m+2,n-1,p+2,q+1}\right)+nq\\
&\left.\times\left(I_{m,n-1,p,q-1}-I_{m,n-1,p+2,q-1}-I_{m+2,n-1,p,q-1}+I_{m+2,n-1,p+2,q-1}\right)\right]\Bigg\}
\end{aligned}
\tag{3.3.27}
$$

再将 (3.3.20) 式代入 (3.3.24) 式，得到

$$
B_{pq}=-l_xl_y\omega^2\sum_{m=0}^{N_2}\sum_{n=0}^{N_2}W_{mn}\left[A_1-A_2-A_3+A_4\right]
\tag{3.3.28}
$$

式中，

$$
A_1=\frac{1-(-1)^{p+m+1}-(-1)^{q+n+1}+(-1)^{p+m+q+n}}{(p+m+1)\,(q+n+1)}
$$

$$A_2 = \frac{1-(-1)^{p+m+1}-(-1)^{q+n+1}+(-1)^{p+m+q+n}}{(p+m+1)(q+n+3)}$$

$$A_3 = \frac{1-(-1)^{p+m+1}-(-1)^{q+n+1}+(-1)^{p+m+q+n}}{(p+m+3)(q+n+1)}$$

$$A_4 = \frac{1-(-1)^{p+m+1}-(-1)^{q+n+1}+(-1)^{p+m+q+n}}{(p+m+3)(q+n+3)}$$

(3.3.25) 式定义的积分 $I_{mnpq}$，可以参考 Berry 的方法，将 Green 函数展开为 Taylor 级数进行积分，详见文献 [22]，这里直接给出结果。

$$I_{mnpq} = \frac{1}{4\pi}\left\{\sum_{l=0}^{N}\frac{(-1)^l(k_0)^{2l}l_x^{2l-1}}{(2l)!}I_{mnpq}^l - \sum_{l=0}^{N}\frac{\mathrm{i}(-1)^{l+1}(k_0)^{2l+1}l_x^{2l}}{(2l+1)!}J_{mnpq}^l\right\} \tag{3.3.29}$$

式中，

$$I_{mnpq}^l = \int_0^1\int_0^1\int_0^1\int_0^1 \xi^m\eta^n\left[(\xi-\xi_0)^2+\frac{1}{\mu^2}(\eta-\eta_0)^2\right]^{l-\frac{1}{2}}\xi_0^p\eta_0^q\mathrm{d}\xi\mathrm{d}\eta\mathrm{d}\xi_0\mathrm{d}\eta_0 \tag{3.3.30}$$

$$J_{mnpq}^l = \int_0^1\int_0^1\int_0^1\int_0^1 \xi^m\eta^n\left[(\xi-\xi_0)^2+\frac{1}{\mu^2}(\eta-\eta_0)^2\right]^{l}\xi_0^p\eta_0^q\mathrm{d}\xi\mathrm{d}\eta\mathrm{d}\xi_0\mathrm{d}\eta_0 \tag{3.3.31}$$

注意到，$J_{mnpq}^l$ 为一个多项式积分，可以直接解析积分，而 $I_{mnpq}^l$ 积分中包含了根号因子，直接积分有困难，需要由简单的解析积分和递推关系获得积分结果，详细过程参见文献 [22]。

计算得到了矩阵 $[H]$, $[G]$，若已知矩形弹性板振动，可由 (3.3.24) 式计算矩阵 $[B]$，再由 (3.3.21) 式计算矩形弹性板上下声压差参数 $\{\sigma\}$，并进一步由 (3.3.12) 式计算辐射声压。但是，从 (3.3.14) 式推导 (3.3.21) 式时，没有考虑将 (3.3.10) 及 (3.3.12) 式与振动方程 (3.3.1) 式联合求解。虽然采用 Rayleigh-Ritz 法求解得到的声场解适用于任意边界条件的矩形板，但它们只适用轻质流体假设，对于重质流体情况，需要考虑矩形板振动与辐射声场的耦合求解，Laulagent 针对简支矩形板解决了这一问题 [36]。按照通常的简支边界矩形板的求解方法，设矩形弹性板振动位移为

$$W(x,y) = \sum_{m=1}^{\infty}\sum_{n=1}^{\infty}A_{mn}\varphi_{mn}(x,y) \tag{3.3.32}$$

式中，

$$\varphi_{mn}(x,y) = \sin\frac{m\pi x}{l_x}\sin\frac{n\pi y}{l_y} \tag{3.3.33}$$

为了联合求解矩形板振动与辐射声场，将 (3.3.1) 式代入 (3.3.12) 式，有

$$p(P)=\int_S\left[D\nabla^4W(x,y)-m_s\omega^2W(x,y)-f(x,y)\right]\frac{\partial G}{\partial z_0}(P,Q)\,\mathrm{d}S \tag{3.3.34}$$

利用边界条件 (3.3.4) 式，(3.3.34) 式化为

$$\begin{aligned}\left.\frac{\partial p(P)}{\partial z}\right|_{z=0}&=\rho_0\omega^2W(x,y)\\&=\int_S\left[D\nabla^4W(x,y)-m_s\omega^2W(x,y)-f(x,y)\right]\frac{\partial^2G(P,Q)}{\partial z\partial z_0}\mathrm{d}S\end{aligned} \tag{3.3.35}$$

将 (3.3.32) 式代入 (3.3.35) 式，可以得到

$$\begin{aligned}\rho_0\omega^2\sum_{m=1}^{\infty}\sum_{n=1}^{\infty}A_{mn}\varphi_{mn}(x_0,y_0)=&\int_S\sum_{m=1}^{\infty}\sum_{n=1}^{\infty}\left[m_s\left(\omega_{mn}^2-\omega^2\right)A_{mn}-f_{mn}\right]\varphi_{mn}(x,y)\\&\times\frac{\partial^2G(x,x_0,y,y_0,z=z_0=0)}{\partial z\partial z_0}\mathrm{d}x\mathrm{d}y\end{aligned} \tag{3.3.36}$$

当激励力为点力时，(3.3.36) 式中的模态力 $f_{mn}$ 为

$$f_{mn}=\frac{4}{S}\int F_0\delta(x-x_e)\delta(y-y_e)\varphi_{mn}(x,y)\,\mathrm{d}x\mathrm{d}y=\frac{4F_0}{S}\varphi_{mn}(x_e,y_e) \tag{3.3.37}$$

利用 $\varphi_{mn}(x,y)$ 的正交归一性，(3.3.36) 式可简化为

$$\rho_0\omega^2\frac{S}{4}A_{pq}=\sum_{m=1}^{\infty}\sum_{n=1}^{\infty}\left[m_s\left(\omega_{mn}^2-\omega^2\right)A_{mn}-f_{mn}\right]Q_{pqmn} \tag{3.3.38}$$

式中，

$$Q_{pqmn}=\int_S\int_S\varphi_{pq}(x_0,y_0)\frac{\partial^2G(x,x_0,y,y_0,z=z_0=0)}{\partial z\partial z_0}\varphi_{mn}(x,y)\,\mathrm{d}x\mathrm{d}y\mathrm{d}x_0\mathrm{d}y_0 \tag{3.3.39}$$

将 Green 函数的表达式 (3.3.8) 式代入 (3.3.39) 式，则 $Q_{pqmn}$ 可表示为

$$Q_{pqmn}=\frac{\mathrm{i}}{8\pi^2}\int_{-\infty}^{\infty}\int_{-\infty}^{\infty}k_z\tilde{\varphi}_{mn}^*(k_x,k_y)\,\tilde{\varphi}_{mn}(k_x,k_y)\,\mathrm{d}k_x\mathrm{d}k_y \tag{3.3.40}$$

其中，$\tilde{\varphi}_{mn}(k_x,k_y)$ 为模态波函数。

注意到，在 (3.3.40) 式中，若 $m$ 和 $p$ 的奇偶性不同，则被积函数关于 $k_x$ 为奇函数，$n$ 和 $q$ 的奇偶性不同，则被积函数关于 $k_y$ 的奇函数，在这种情况下，$Q_{pqmn}=0$，只有当 $m$ 和 $p$、$n$ 和 $q$ 奇偶性相同时，考虑简支矩形板模态波函数的具体形式，由 (3.3.40) 式可以得到

$$Q_{pqmn}=\frac{\mathrm{i}2l_x^2l_y^2}{mnpq\pi^6}\int_0^\infty\int_0^\infty\sqrt{k_0^2-k_x^2-k_y^2}$$
$$\frac{[1-(-1)^p\cos(k_xl_x)][1-(-1)^q\cos(k_yl_y)]}{\left(\frac{k_x^2l_x^2}{m^2\pi^2}-1\right)\left(\frac{k_y^2l_y^2}{n^2\pi^2}-1\right)\left(\frac{k_x^2l_x^2}{p^2\pi^2}-1\right)\left(\frac{k_y^2l_y^2}{q^2\pi^2}-1\right)}\mathrm{d}k_x\mathrm{d}k_y \tag{3.3.41}$$

考虑到 (3.3.9) 式，(3.3.41) 式可分为虚部和实部两部分：

$$\mathrm{Im}(Q_{pqmn})=\frac{2l_x^2l_y^2}{mnpq\pi^6}\int_0^{k_0}\mathrm{d}k_x\int_0^{\sqrt{k_0^2-k_x^2}}\sqrt{k_0^2-k_x^2-k_y^2}$$
$$\frac{[1-(-1)^p\cos(k_xl_x)][1-(-1)^q\cos(k_yl_y)]}{\left(\frac{k_x^2l_x^2}{m^2\pi^2}-1\right)\left(\frac{k_x^2l_x^2}{p^2\pi^2}-1\right)\left(\frac{k_y^2l_y^2}{n^2\pi^2}-1\right)\left(\frac{k_y^2l_y^2}{q^2\pi^2}-1\right)}\mathrm{d}k_y \tag{3.3.42}$$

$$\mathrm{Re}(Q_{pqmn})=\frac{-2l_x^2l_y^2}{mnpq\pi^6}\int_0^{k_0}\mathrm{d}k_x\int_{\sqrt{(k_0^2-k_x^2)\geqslant 0}}^\infty\sqrt{k_x^2+k_y^2-k_0^2}$$
$$\frac{[1-(-1)^p\cos(k_xl_x)][1-(-1)^q\cos(k_yl_y)]}{\left(\frac{k_x^2l_x^2}{m^2\pi^2}-1\right)\left(\frac{k_x^2l_x^2}{p^2\pi^2}-1\right)\left(\frac{k_y^2l_y^2}{n^2\pi^2}-1\right)\left(\frac{k_y^2l_y^2}{q^2\pi^2}-1\right)}\mathrm{d}k_y \tag{3.3.43}$$

积分 (3.3.42) 和 (3.3.43) 式可以采用数值积分，但需要考虑被积函数的奇异性，在 $m=p,n=q$ 情况下，当 $k_x\to m\pi/l_x,k_y\to n\pi/l_y$，应先确认被积函数的渐近值。在 $m\neq p,n\neq q$ 情况下，当 $k_x\to m\pi/l_x$ 或 $k_x\to p\pi/l_x$，$k_y\to n\pi/l_y$ 或 $k_y\to q\pi/l_y$，被积函数的渐近值为 0。一旦 $Q_{pqmn}$ 数值计算获得，由 (3.3.38) 式可得线性方程组：

$$[Q][Z_p]\{A\}-\rho_0\omega^2\frac{S}{4}[I]\{A\}=[Q]\{f\} \tag{3.3.44}$$

式中，$[I]$ 为 $N\times N$ 阶单位矩阵，$[Q]$ 为元素 $Q_{pqmn}$ 组成的互耦合矩阵,$[Z_p]$ 为矩形弹性板阻抗矩阵，$\{A\}$, $\{f\}$ 分别为 $A_{mn}$, $f_{mn}$ 组成的列矩阵。

(3.3.44) 式两边同乘以 $[Q]$ 的逆矩阵，则有

$$[Z_p]\{A\}-\rho_0\omega^2\frac{S}{4}[Q]^{-1}\{A\}=\{f\} \tag{3.3.45}$$

由于 (3.3.33) 式给出的模态函数未归一化，所以若在 (3.3.44) 式中乘上常数 $S/4$，则 (3.3.45) 式形式上与无限大刚性声障板上简支矩形板耦合模态方程一致，其中左边第二项对应模态声阻抗项，即

$$-\rho_0\omega^2\left(\frac{S}{4}\right)^2[Q]^{-1}\{A\}=\mathrm{i}\omega[Z_a]\{A\} \tag{3.3.46}$$

由 (3.3.46) 式，定义无声障板简支矩形板的声辐射阻抗:

$$[Z_a]=\mathrm{i}\omega\rho_0\left(\frac{S}{4}\right)^2[Q]^{-1} \tag{3.3.47}$$

如果忽略 $[Q]$ 的模态耦合项，(3.3.47) 式可以简化为

$$Z_{mnpq}^a=\mathrm{i}\omega\rho_0\left(\frac{S}{4}\right)^2\frac{1}{Q_{mnpq}} \tag{3.3.48}$$

相应地，(3.3.45) 式可以简化为

$$m_s\left(\omega_{mn}^2-\omega^2\right)A_{mn}-\rho_0\omega^2\frac{S}{4}\frac{1}{Q_{mnpq}}A_{mn}=f_{mn} \tag{3.3.49}$$

Laulagnet[36] 认为，(3.3.49) 式对于空气介质是一个很好的近似，对于水介质也大致可用。无论严格还是近似，计算得到了无声障板的矩形板模态振动位移，进一步需要计算声辐射功率。按照定义，无声障板的矩形板声辐射功率为

$$P=\frac{1}{2}\int_{S+}\mathrm{Re}\left\{p^+\boldsymbol{v}*\right\}\boldsymbol{n}\mathrm{d}S+\frac{1}{2}\int_{S-}\mathrm{Re}\left\{p^-\boldsymbol{v}*\right\}\boldsymbol{n}\mathrm{d}S \tag{3.3.50}$$

式中，$\boldsymbol{v}$ 为矩形板振动速度矢量，$\boldsymbol{n}$ 为矩形板法向矢量，对应矩形板上下表面，(3.3.50) 式可表示为

$$P=\frac{1}{2}\int_S\mathrm{Re}\left\{\left(p^+-p^-\right)v^*\right\}\mathrm{d}S \tag{3.3.51}$$

其中，共轭振速 $v^*$ 表示为

$$v^*=\frac{\partial W^*}{\partial t}=\mathrm{i}\omega\sum_{m=1}^{\infty}\sum_{n=1}^{\infty}\varphi_{mn}(x,y)A_{mn}^* \tag{3.3.52}$$

类似 (3.3.17) 式，简支边界条件下矩形板上下表面声压差也表示为

$$\Delta p(x,y)=\sum_{m}^{\infty}\sum_{n}^{\infty}\Delta p_{mn}\varphi_{mn}(x,y) \tag{3.3.53}$$

将 (3.3.52) 和 (3.3.53) 式代入 (3.3.51) 式，并积分，得到

$$P=\frac{S}{8}\operatorname{Re}\left\{\mathrm{i}\omega\sum_{m=1}^{\infty}\sum_{n=1}^{\infty}\Delta p_{mn}A_{mn}^{*}\right\}\tag{3.3.54}$$

模态法求解简支边界条件的矩形板弯曲振动方程 (3.3.1) 式，得到的模态方程为

$$m_s\left(\omega_{mn}^2-\omega^2\right)A_{mn}=f_{mn}+\Delta p_{mn}\tag{3.3.55}$$

将 (3.3.55) 式代入 (3.3.54) 式，得到无声障板的简支矩形板声辐射功率计算表达式：

$$P=\frac{S}{8}\operatorname{Re}\left\{\mathrm{i}\omega\sum_{m=1}^{\infty}\sum_{n=1}^{\infty}\left[m_s\left(\omega_{mn}^2-\omega^2\right)A_{mn}-f_{mn}\right]A_{mn}^{*}\right\}\tag{3.3.56}$$

进一步可计算无声障板的简支矩形板声辐射效率。采用 (3.3.47) 和 (3.3.48) 式精确和近似计算得到的模态辐射阻抗的实部和虚部由图 3.3.2 给出，图中模态辐射阻抗以分贝形式给出，横坐标以无量纲频率即声波数 $k_0$ 与模态波数 $k_{mn}=\sqrt{(m\pi/l_x)^2+(n\pi/l_y)^2}$ 比值的分贝值表示。由图可见，在无量纲频率小于 1 的频段，无声障板的矩形板模态辐射阻的精确解与近似解小差小于 3dB，模态辐射抗基本没有差别。针对长和宽为 1m，厚 1cm 的钢板，图 3.3.3 ~ 图 3.3.5 分别给出了无声障板与有声障的矩形板 (1,1)(2,2)(7,7) 三个模态辐射阻和辐射抗的比较。在无量纲频率小于 1 的频段，无声障板情况下矩形板的模态声辐射阻明显小于有声障板的模态声辐射阻抗实部，尤其是 (1,1) 模态，低频相差 60dB 左右。无声障板时，等效单级子声源变成了典型的偶极子声源。矩形板上下两面声辐射互相抵消，使矩形板成为低效的辐射器。与有声障板情况一样，无声障板时矩形板偶数–偶数模态的声辐射阻抗实部也小于奇数–奇数模态的声辐射阻抗实部，参见图 3.3.3(a) 和图 3.3.4(a)。另外，在整个低频范围，无声障板的矩形板 (1,1) 模态声辐射阻抗虚部小于有声障板的模态声辐射阻抗虚部 4dB 左右，但 (2,2) 模态两者差别约 1dB，而 (7,7) 模态，两者基本一样。对于高阶模态来说，有/无声障板的矩形板模态声辐射抗的差别很小，参见图 3.3.3(b)、图 3.3.4(b) 和图 3.3.5(b)。无论矩形板放置在水介质还是空气介质中，计算得到的有声障板和无声障板的矩形板均方振速相差很小，尤其在空气介质中，两者基本没有差别，参见图 3.3.6 和图 3.3.7，说明声障板对矩形板振动没有明显影响。但两种情况下，无声障板时矩形板的声辐射功率明显低于有声障板情况，声辐射功率相差 20dB 以上，尤其在水介质中两者差别更大。随着频率的增加，差值会减小。相对而言，高频时声障板对矩形板声辐射的影响要小于低频的影响，频率越低，声障板影响越大，水介质中声波波长较长，声障板的影响当然也大。

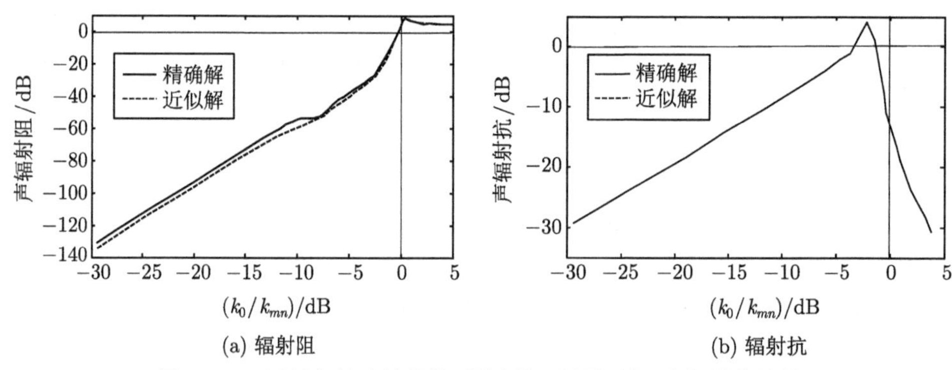


(a) 辐射阻　　(b) 辐射抗

图 3.3.2　近似与精确计算的无障板矩形板辐射阻和辐射抗比较

(引自文献 [36], fig3, fig4)

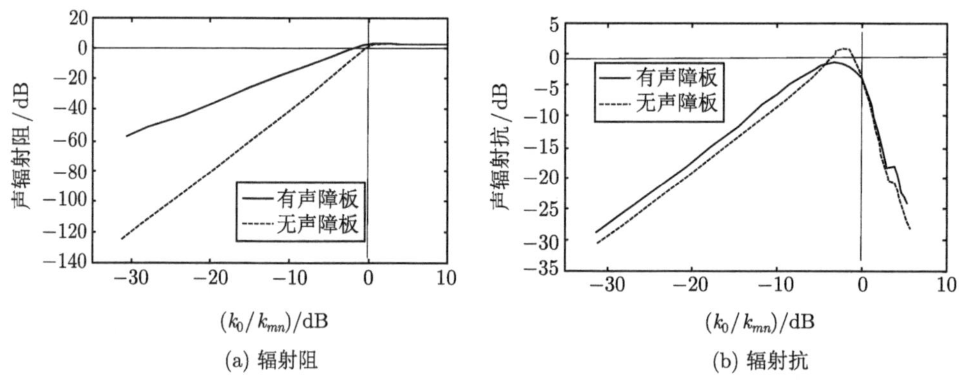


(a) 辐射阻　　(b) 辐射抗

图 3.3.3　有/无声障板的矩形板 (1,1) 模态声辐射阻和辐射抗比较

(引自文献 [36], fig5, fig6)

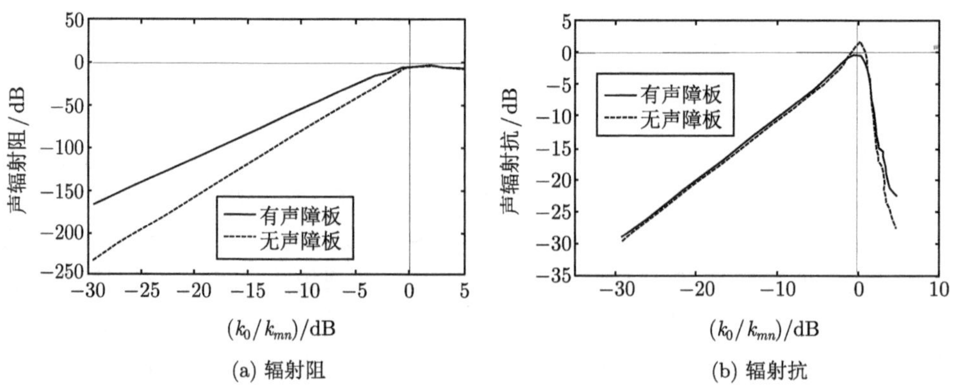


(a) 辐射阻　　(b) 辐射抗

图 3.3.4　有/无声障板的矩形板 (2,2) 模态声辐射阻和辐射抗比较

(引自文献 [36], fig7, fig8)

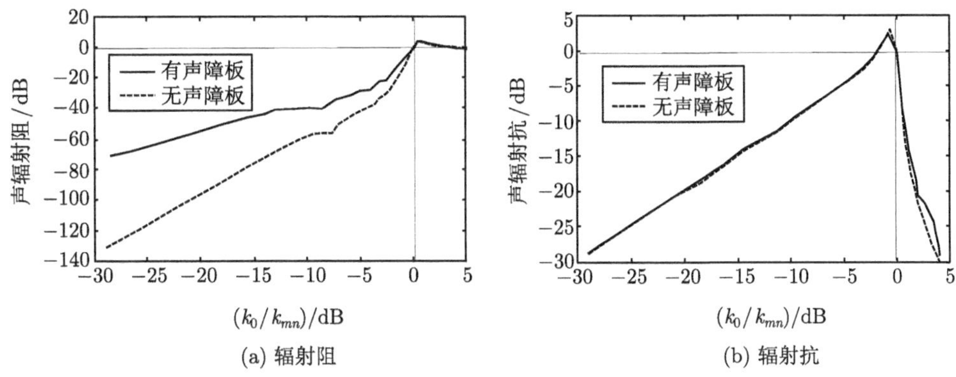


(a) 辐射阻 (b) 辐射抗

图 3.3.5 有/无声障板的矩形板 (7,7) 模态声辐射阻和辐射抗比较

(引自文献 [36], fig9, fig10)

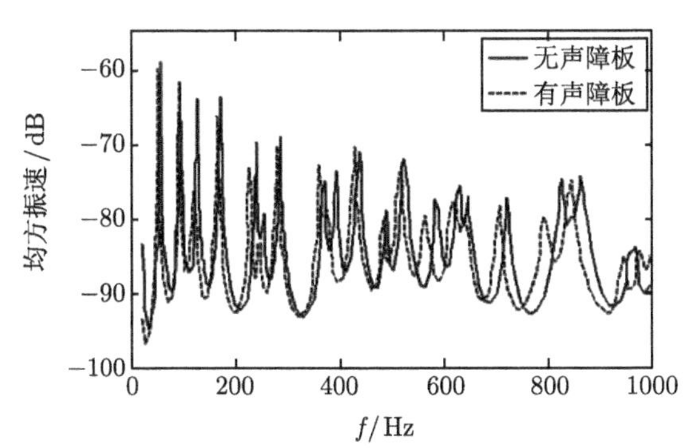


图 3.3.6 有/无声障板的水中矩形板均方振速比较

(引自文献 [36], fig15)

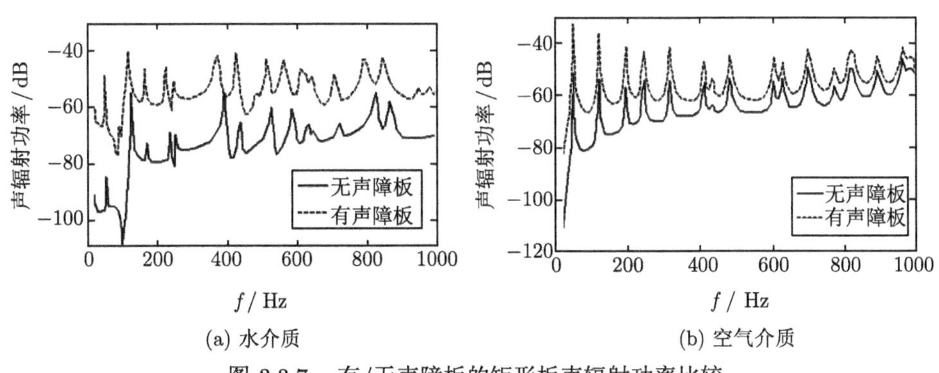


(a) 水介质 (b) 空气介质

图 3.3.7 有/无声障板的矩形板声辐射功率比较

(引自文献 [36], fig16, fig19)

模态法和 Rayleigh-Ritz 法是求解弹性矩形板耦合振动和声辐射最常用的方法，有声障板情况下采用 Rayleigh 积分计算辐射声场，无声障板情况下，依据 Helmholtz 积分方程计算辐射声场，最好能在无声障板情况下也采用 Rayleigh 积分计算辐射声场，建立一种同时适用有声障板和无声障板的弹性矩形板声辐射计算方法 [38]。为此，重新梳理有声障板的矩形板声场求解过程，将弹性矩形板的弯曲振动位移表示为

$$W(\boldsymbol{r})=\sum_{n=1}^{\infty}A_n\varphi_n(\boldsymbol{r}) \tag{3.3.57}$$

式中，$\varphi_n(\boldsymbol{r})$ 为形状函数，$\boldsymbol{r}=(x,y)$ 为矩形弹性板上空间位置，$A_n$ 为广义自由度。

由弹性矩形板弯曲振动位移产生的表面辐射声压为

$$\begin{aligned}p(\boldsymbol{r})&=-\rho_0\omega^2\int_s G(\boldsymbol{r}-\boldsymbol{r}_0)W(\boldsymbol{r}_0)\mathrm{d}S_0\\&=-\rho_0\omega^2\sum_{n=1}^{\infty}A_n\int_s G(\boldsymbol{r}-\boldsymbol{r}_0)\varphi_n(\boldsymbol{r}_0)\mathrm{d}S_0\end{aligned} \tag{3.3.58}$$

其中，$G(\boldsymbol{r}-\boldsymbol{r}_0)$ 为 Green 函数，表示 $\boldsymbol{r}_0$ 处 $\delta$ 函数位移在 $\boldsymbol{r}$ 处产生的声压。

矩形板表面辐射声压对应的模态力为

$$f_m=\int_s p(\boldsymbol{r})\varphi_m(\boldsymbol{r})\mathrm{d}S \tag{3.3.59}$$

将 (3.3.58) 式代入 (3.3.59) 式，得到

$$f_m=\sum_n D_{mn}A_n \tag{3.3.60}$$

式中，$D_{mn}$ 为声学动刚度矩阵 $[D]$ 的元素。

$$D_{mn}=-\rho_0\omega^2\int_s\int_s G(\boldsymbol{r}-\boldsymbol{r}_0)\varphi_m(\boldsymbol{r})\varphi_n(\boldsymbol{r}_0)\mathrm{d}S\mathrm{d}S_0 \tag{3.3.61}$$

如果定义形状函数 $\varphi_n(\boldsymbol{r})$ 和 Green 函数 $G(\boldsymbol{r})$ 的 Fourier 变换 $\tilde{\varphi}_n(\boldsymbol{k})$ 和 $\tilde{G}(k)$：

$$\varphi_n(\boldsymbol{r})=\frac{1}{4\pi^2}\int_{-\infty}^{\infty}\int_{-\infty}^{\infty}\tilde{\varphi}_n(\boldsymbol{k})\mathrm{e}^{\mathrm{i}\boldsymbol{k}\cdot\boldsymbol{r}}\mathrm{d}k_x\mathrm{d}k_y \tag{3.3.62}$$

$$G(\boldsymbol{r})=\frac{1}{4\pi^2}\int_{-\infty}^{\infty}\int_{-\infty}^{\infty}\tilde{G}(k)\mathrm{e}^{\mathrm{i}\boldsymbol{k}\cdot\boldsymbol{r}}\mathrm{d}k_x\mathrm{d}k_y \tag{3.3.63}$$

式中，$\boldsymbol{k}=(k_x,k_y)\,,k=|\boldsymbol{k}|$，且相应有

$$G(\boldsymbol{r}-\boldsymbol{r}_0)=\frac{1}{4\pi^2}\int_{-\infty}^{\infty}\int_{-\infty}^{\infty}\tilde{G}(k)\,\mathrm{e}^{\mathrm{i}\boldsymbol{k}\cdot(\boldsymbol{r}-\boldsymbol{r}_0)}\mathrm{d}k_x\mathrm{d}k_y \tag{3.3.64}$$

将 (3.3.64) 式代入 (3.3.61) 式，得到声学动刚度元素表达式：

$$D_{mn}=-\frac{\rho_0\omega^2}{4\pi^2}\int_{-\infty}^{\infty}\int_{-\infty}^{\infty}G(k)\,\tilde{\varphi}_m^*(\boldsymbol{k})\,\tilde{\varphi}_n(\boldsymbol{k})\,\mathrm{d}k_x\mathrm{d}k_y \tag{3.3.65}$$

式中，$\tilde{G}(k)$ 可参见 (3.3.8) 式表示为

$$G(k)=\frac{-\mathrm{i}}{\sqrt{k_0^2-k_x^2-k_y^2}} \tag{3.3.66}$$

(3.3.57) 式中的形状函数 $\varphi_n(\boldsymbol{r})$ 可以是定义在整个结构上的函数，如模态法中采用基函数，也可以是定义在结构局部区域的函数，如后面章节将会讨论的有限元形状函数，当然也可以采用小波函数，则第 $n$ 阶形状函数为

$$\varphi_n(\boldsymbol{r})=\varphi(\boldsymbol{r}-\boldsymbol{r}_n) \tag{3.3.67}$$

这里，需要选择适当的小波函数作为形状函数，如 Shannon 小波函数 (或者 $\sin C$ 函数)：

$$\varphi(\boldsymbol{r})=\sin(k_s x)\sin(k_s y)/k_s^2 xy \tag{3.3.68}$$

式中，$k_s$ 为一个适当的波数。

Shannon 小波函数函数有一个不利因素就是非轴对称的。如果形状能够满足轴对称条件，则 (3.3.66) 式的二维波数积分可以简化为一维波数积分，这是因为 (3.3.67) 式给出的关系，对应波数域中有

$$\tilde{\varphi}_n(\boldsymbol{k})=\tilde{\varphi}(k)\,\mathrm{e}^{-\mathrm{i}\boldsymbol{k}\cdot\boldsymbol{r}_n} \tag{3.3.69}$$

将 (3.3.69) 式代入 (3.3.65) 式，有

$$\begin{aligned}D_{mn}&=-\frac{\rho_0\omega^2}{4\pi^2}\int_{-\infty}^{\infty}\int_{-\infty}^{\infty}\tilde{G}(k)\,\tilde{\varphi}^2(k)\,\mathrm{e}^{\mathrm{i}\boldsymbol{k}\cdot(\boldsymbol{r}_m-\boldsymbol{r}_n)}\mathrm{d}k_x\mathrm{d}k_y\\&=-\frac{\rho_0\omega^2}{4\pi^2}\int_0^{\infty}\int_0^{2\pi}\tilde{G}(k)\,\tilde{\varphi}^2(k)\,\mathrm{e}^{\mathrm{i}kr_{mn}\cos\theta}k\mathrm{d}k\mathrm{d}\theta\\&=-\frac{\rho_0\omega^2}{2\pi}\int_0^{\infty}\tilde{G}(k)\,\tilde{\varphi}^2(k)\,\mathrm{J}_0(kr_{mn})\,k\mathrm{d}k\end{aligned} \tag{3.3.70}$$

其中，$r_{mn}=|\boldsymbol{r}_m-\boldsymbol{r}_n|$。这样，声学动刚度元素 $D_{mn}$ 仅仅取决于声波数及 $\boldsymbol{r}_m$ 和 $\boldsymbol{r}_n$ 之间的间距，为此选取 $\mathrm{jin}C$ 函数作为形状函数。

$$\varphi(\boldsymbol{r})=\frac{2\mathrm{J}_1(k_s r)}{k_s r}=2\mathrm{jin}C(k_s r) \tag{3.3.71}$$

考虑到

$$\tilde{\varphi}(k)=\int_s \varphi(\boldsymbol{r})\mathrm{e}^{\mathrm{i}\boldsymbol{k}\cdot\boldsymbol{r}}\mathrm{d}S=\int_0^{2\pi}\int_0^a \varphi(r)\mathrm{e}^{\mathrm{i}kr\cos\theta}r\mathrm{d}r\mathrm{d}\theta=2\pi\int_0^a \varphi(r)\mathrm{J}_0(kr)r\mathrm{d}r \tag{3.3.72}$$

式中，$a$ 为声源等效半径，因为考虑轴对称问题，有 $\varphi(\boldsymbol{r})=\varphi(r)$，且声源镶嵌在无限大刚性障板上，(3.3.72) 式可以扩展为

$$\tilde{\varphi}(k)=2\pi\int_0^{\infty}\varphi(r)\mathrm{J}_0(kr)r\mathrm{d}r \tag{3.3.73}$$

(3.3.73) 式为 Hankel 变换，将 (3.3.71) 式代入 (3.3.73) 式，利用 Hankel 变换表，可得

$$\tilde{\varphi}(k)=\begin{cases}0, & k>k_s\\ \dfrac{4\pi}{k_s^2}, & k\leqslant k_s\end{cases} \tag{3.3.74}$$

因为 $\tilde{\varphi}(k)$ 是一个有限波数宽的函数，计算声学动刚度元素 $D_{mn}$ 的积分变为一个有限积分。现在为了确定波数 $k_s$ 的一个合适取值，需要考虑位移值 $W(\boldsymbol{r})$ 与广义坐标 $A_n$ 的关系，为此，将 (3.3.57) 式近似表示为卷积的梯度面积平均：

$$W(\boldsymbol{r})=\int_s A_n(\boldsymbol{r}_0)\varphi(\boldsymbol{r}-\boldsymbol{r}_0)\,\mathrm{d}S_0/\Delta x\Delta y \tag{3.3.75}$$

式中，$\Delta x, \Delta y$ 为各 $\boldsymbol{r}_n$ 之间沿 $x$ 和 $y$ 方向的空间间距。

对 (3.3.75) 式两边作空间 Fourier 变换，再代入 (3.3.74) 式，得到

$$\tilde{W}(\boldsymbol{k})=\begin{cases}0, & k>k_s\\ \dfrac{4\pi\tilde{A}_n(\boldsymbol{k})}{\Delta x\Delta y k_s^2}, & k\leqslant k_s\end{cases} \tag{3.3.76}$$

在 (3.3.76) 式中，若取 $k_s=\sqrt{2}\pi/\Delta x$ 则能保证其第一等式成立，在这种情况下，广义坐标 $A_n(\boldsymbol{r})$ 和响应函数 $W(\boldsymbol{r}_n)$ 之间有简单的关系，取 $k_s^2=2\pi^2/\Delta x\Delta y$ 代入 (3.3.76) 式，有

$$\tilde{W}(\boldsymbol{k})=\frac{2}{\pi}\tilde{A}_n(\boldsymbol{k}) \tag{3.3.77}$$

因为 $\tilde{W}(\boldsymbol{k})$ 和 $\tilde{A}_n(\boldsymbol{k})$ 为常数关系，经反演则有

$$A_n = \frac{\pi}{2} W(\boldsymbol{r}_n) \tag{3.3.78}$$

可见，只要已知 $W(\boldsymbol{r})$，由 (3.3.78) 式可容易得到广义坐标 $A_n$，若进一步确定 $D_{mn}$，则可由声学动刚度矩阵 $[D]$ 计算声辐射功率。接下来便由 (3.3.70) 式推导 $D_{mn}$ 的具体计算方法。因为 $D_{mn}$ 仅仅与 $r_{mn}$ 有关，可以将其表示为

$$D_{mn} = D(r_{mn}, \omega) \tag{3.3.79}$$

其中，

$$D(r,\omega) = -\frac{\rho_0 \omega^2}{2\pi} \int_0^{\infty} \tilde{G}(k)\, \tilde{\varphi}^2(k)\, \mathrm{J}_0(kr)\, k\mathrm{d}k \tag{3.3.80}$$

将 (3.3.66) 式和 (3.3.74) 式代入 (3.3.80) 式，得到

$$\begin{aligned} D(r,\omega) &= \frac{\mathrm{i}8\pi\omega\rho_0 C_0 k_0}{k_s^4} \int_0^{k_s} \frac{\mathrm{J}_0(kr)}{\sqrt{k_0^2 - k^2}} k\mathrm{d}k \\ &= \frac{\mathrm{i}8\pi\omega\rho_0 C_0 k_0}{k_s^4} \left\{ \int_0^{k_0} \frac{\mathrm{J}_0(kr)}{\sqrt{k_0^2 - k^2}} kdk + \mathrm{i} \int_{k_0}^{k_s} \frac{\mathrm{J}_0(kr)}{\sqrt{k^2 - k_0^2}} k\mathrm{d}k \right\} \end{aligned} \tag{3.3.81}$$

其中，第一项积分直接可由积分手册 [39] 查阅得到

$$\int_0^{k_0} \frac{\mathrm{J}_0(kr)}{\sqrt{k_0^2 - k^2}} k\mathrm{d}k = k_0 \sin C(k_0 r) \tag{3.3.82}$$

第二项积分可令 $\zeta = k_0 r$ 化为标准形式：

$$\mathrm{i} \int_{k_0}^{k_s} \frac{\mathrm{J}_0(kr)}{\sqrt{k^2 - k_0^2}} k\mathrm{d}k = \mathrm{i}k_0 \int_1^{k_s/k_0} \frac{\mathrm{J}_0(\zeta x)}{\sqrt{x^2 - 1}} x\mathrm{d}x = \mathrm{i}k_0 f(\zeta) \tag{3.3.83}$$

于是，

$$D(r,\omega) = \frac{\mathrm{i}8\pi\omega\rho_0 C_0 k_0}{k_s^4} \left[\sin C(k_0 r) + \mathrm{i} f(k_0 r)\right] \tag{3.3.84}$$

(3.3.83) 式中的 $f(\zeta)$ 需要进一步考虑：

$$f(\zeta) = \int_1^{k_s/k_0} \frac{\mathrm{J}_0(\zeta x)}{\sqrt{x^2 - 1}} x\mathrm{d}x = \int_1^{\infty} \frac{\mathrm{J}_0(\zeta x)}{\sqrt{x^2 - 1}} x\mathrm{d}x - \int_{k_s/k_0}^{\infty} \frac{\mathrm{J}_0(\zeta x)}{\sqrt{x^2 - 1}} x\mathrm{d}x \tag{3.3.85}$$

当 $k_s/k_0 \gg 1$，即 $x \gg 1$ 时，(3.3.85) 式右边第二项积分可以近似，使得

$$f(\zeta) = \int_1^\infty \frac{\mathrm{J}_0(\zeta x)}{\sqrt{x^2-1}} x\mathrm{d}x - \int_{k_s/k_0}^\infty \frac{\mathrm{J}_0(\zeta x)}{\sqrt{x^2-1}} x\mathrm{d}x$$
$$= \int_1^\infty \frac{\mathrm{J}_0(\zeta x)}{\sqrt{x^2-1}} x\mathrm{d}x - \int_0^\infty \mathrm{J}_0(\zeta x)\,\mathrm{d}x + \int_0^{k_s/k_0} \mathrm{J}_0(\zeta x)\,\mathrm{d}x \tag{3.3.86}$$

利用积分手册 [39] 中的积分公式 (6.554.3), (6.511.1), (6.511.3), (3.3.86) 式积分得到

$$f(\zeta) = \frac{\cos\zeta - 1}{\zeta} + \frac{2}{\zeta}\sum_{k=1}^{\infty} \mathrm{J}_{2k+1}(\zeta k_s/k_0) \tag{3.3.87}$$

到此为止，由 (3.3.79) 式、(3.3.84) 及 (3.3.87) 式可以计算动刚度矩阵元素 $D_{mn}$。

当弹性矩形板没有无限大刚性声障板时，仍然可以采用小波函数展开的方法求解其声辐射。但因为无声障板的弹性矩形板在其所在平面上为声压释放边界条件，求解声辐射时不是考虑动刚度矩阵，而是考虑声导纳矩阵，选择的基本变量也不再是振动位移，而是声压。类似于 (3.3.57) 式，矩形板表面 $\boldsymbol{r}$ 处的声压可以表示为

$$p(\boldsymbol{r}) = \sum_n B_n \varphi(\boldsymbol{r} - \boldsymbol{r}_n) \tag{3.3.88}$$

式中，$\varphi(\boldsymbol{r} - \boldsymbol{r}_n)$ 与 (3.3.71) 式中一样，也是 2 倍的 jin$C$ 函数。类似于 (3.3.59) 式的定义，矩形板上对应广义自由度 $B_n$ 的广义位移为

$$W_m = \int_s W(\boldsymbol{r})\,\varphi(\boldsymbol{r} - \boldsymbol{r}_n)\,\mathrm{d}\boldsymbol{r} \tag{3.3.89}$$

将 (3.3.67) 及 (3.3.62) 式代入 (3.3.89) 式，可得

$$W_m = \frac{1}{4\pi^2}\int_{-\infty}^{\infty}\int_{-\infty}^{\infty} \tilde{W}^*(\boldsymbol{k})\tilde{\varphi}_n(\boldsymbol{k})\,\mathrm{d}k_x\mathrm{d}k_y \tag{3.3.90}$$

将 $G(\boldsymbol{r} - \boldsymbol{r}_0)$ 的 Fourier 变换代入矩形板弯曲振动产生的表面声压 (3.3.58) 式，有

$$p(\boldsymbol{r}) = -\rho_0\omega^2 \int_s G(\boldsymbol{r} - \boldsymbol{r}_0)\,W(\boldsymbol{r}_0)\mathrm{d}S_0$$
$$= \frac{-\rho_0\omega^2}{4\pi^2}\int_s \int_{-\infty}^{\infty}\int_{-\infty}^{\infty} \tilde{G}(k)\mathrm{e}^{\mathrm{i}\boldsymbol{k}\cdot(\boldsymbol{r}-\boldsymbol{r}_0)} W(\boldsymbol{r}_0)\mathrm{d}S_0\mathrm{d}k_x\mathrm{d}k_y$$

$$= \frac{-\rho_0\omega^2}{4\pi^2}\int_{-\infty}^{\infty}\int_{-\infty}^{\infty}\tilde{G}(k)\tilde{W}(\boldsymbol{k})\,\mathrm{e}^{\mathrm{i}\boldsymbol{k}\cdot\boldsymbol{r}}\mathrm{d}k_x\mathrm{d}k_y \tag{3.3.91}$$

由 (3.3.91) 式，可以得到

$$\tilde{p}(\boldsymbol{k}) = -\rho_0\omega^2\tilde{G}(k)\,\tilde{W}(\boldsymbol{k}) \tag{3.3.92}$$

另外，将 (3.3.67) 式代入 (3.3.88) 式，并对两边作 Fourier 变换，则有

$$\tilde{p}(\boldsymbol{k}) = \sum_n B_n\tilde{\varphi}_n(\boldsymbol{k}) \tag{3.3.93}$$

再由 (3.3.92) 和 (3.3.93) 式，得到 $W(\boldsymbol{k})$ 表达式，再代入 (3.3.90) 式，有

$$W_m = \sum_n R_{mn}B_n \tag{3.3.94}$$

式中，

$$R_{mn} = -\frac{1}{4\pi^2}\frac{1}{\rho_0\omega^2}\int_{-\infty}^{\infty}\int_{-\infty}^{\infty}\tilde{G}^{-1}(k)\tilde{\varphi}_m^*(\boldsymbol{k})\,\tilde{\varphi}_n(\boldsymbol{k})\,\mathrm{d}k_x\mathrm{d}k_y \tag{3.3.95}$$

类似 (3.3.70) 式推导，(3.3.95) 可以表示为

$$R_{mn} = -\frac{1}{2\pi}\frac{1}{\rho_0\omega^2}\int_0^{\infty}G^{-1}(k)\,|\tilde{\varphi}_n(k)|^2\,\mathrm{J}_0(kr_{mn})\,k\mathrm{d}k \tag{3.3.96}$$

在选取 jin$C$ 函数作为形状函数的情况下，将 (3.3.66) 和 (3.3.74) 式代入 (3.3.96) 式，得到声导纳矩阵元素的表达式：

$$R_{mn} = R(r_{mn},\omega) \tag{3.3.97}$$

式中，

$$R(r,\omega) = \frac{-\mathrm{i}8\pi}{\omega\rho_0C_0k_0k_s^4}\int_0^{k_s}\sqrt{k_0^2-k^2}\,\mathrm{J}_0(kr)\,k\mathrm{d}k \tag{3.3.98}$$

(3.3.98) 式的积分可分为两部分：

$$R(r,\omega) = \frac{-\mathrm{i}8\pi}{\omega\rho_0C_0k_0k_s^4}\left\{\int_0^{k_0}\sqrt{k_0^2-k^2}\,\mathrm{J}_0(kr)\,k\mathrm{d}k + \mathrm{i}\int_{k_0}^{k_s}\sqrt{k^2-k_0^2}\,\mathrm{J}_0(kr)\,k\mathrm{d}k\right\} \tag{3.3.99}$$

其中，第一项积分可以由文献 [39] 积分表中公式 6.567.1 直接得到结果，即

$$\int_0^{k_0}\sqrt{k_0^2-k^2}\mathrm{J}_0(kr)k\mathrm{d}k=k_0^3\int_0^1\sqrt{1-x^2}\mathrm{J}_0(\zeta x)x\mathrm{d}x$$
$$=k_0^3\sqrt{2}\left[(3/2)\zeta^{-3/2}\mathrm{J}_{3/2}(\zeta)\right]=k_0^3\left[\frac{\sin\zeta}{\zeta^3}-\frac{\cos\zeta}{\zeta^2}\right] \tag{3.3.100}$$

这样，(3.3.99) 式可以表示为

$$R(r,\omega)=\frac{-\mathrm{i}8\pi k_0^2}{\omega\rho_0C_0k_s^4}\left[\frac{\sin\zeta}{\zeta^3}-\frac{\cos\zeta}{\zeta^2}+\mathrm{i}g(\zeta)\right] \tag{3.3.101}$$

其中，

$$g(\zeta)=k_0^{-3}\int_{k_0}^{k_s}\sqrt{k^2-k_0^2}\mathrm{J}_0(kr)k\mathrm{d}k=\int_1^{k_s/k_0}\sqrt{x^2-1}\mathrm{J}_0(\zeta x)x\mathrm{d}x \tag{3.3.102}$$

为了计算 (3.3.102) 式，先进行微分运算：

$$\frac{\mathrm{d}}{\mathrm{d}k_0}\left[k_0^3g(k_0r)\right]=-k_0\int_{k_0}^{k_s}\frac{\mathrm{J}_0(kr)}{\sqrt{k^2-k_0^2}}k\mathrm{d}k \tag{3.3.103}$$

考虑到 (3.3.83) 式，(3.3.103) 式可以化为

$$\frac{\mathrm{d}}{\mathrm{d}k_0}\left[k_0^3g(k_0r)\right]=-k_0^2f(k_0r) \tag{3.3.104}$$

再利用 (3.3.86) 式及其右边前两项的积分结果，(3.3.104) 式可以表示为

$$\frac{\mathrm{d}}{\mathrm{d}k_0}\left[k_0^3g(k_0r)\right]\approx-k_0^2\left[\frac{\cos(k_0r)-1}{k_0r}+\frac{1}{k_0r}\int_0^{k_sr}\mathrm{J}_0(x)\mathrm{d}x\right] \tag{3.3.105}$$

(3.3.105) 式对 $k_0$ 积分，得到

$$k_0^3g(k_0r)\approx-\frac{1}{r}\left[\frac{k_0\sin(k_0r)}{r}+\frac{\cos(k_0r)}{r^2}-\frac{k_0^2}{2}\left(1-\int_0^{k_sr}\mathrm{J}_0(x)\mathrm{d}x\right)\right]+C \tag{3.3.106}$$

为了确定 (3.3.106) 式中的常数 $C$，由 (3.3.106) 和 (3.3.102) 式求极值，得到

$$\lim_{k_0\to0}\left[k_0^3g(k_0r)\right]=-\frac{1}{r^3}+C \tag{3.3.107}$$

$$\lim_{k_0 \to 0} \left[ k_0^3 g(k_0 r) \right] = \int_0^{k_s} k^2 \mathrm{J}_0(kr)\, \mathrm{d}k = \frac{1}{r^3} \int_0^{k_s r} x^2 \mathrm{J}_0(x)\, \mathrm{d}x \tag{3.3.108}$$

合并 (3.3.107) 和 (3.3.108) 式，得到常数 $C$:

$$C = \frac{1}{r^3} \left[ 1 + \int_0^{k_s r} x^2 \mathrm{J}_0(x)\, \mathrm{d}x \right] \tag{3.3.109}$$

将 (3.3.109) 式代入 (3.3.106) 式，得到

$$g(k_0 r) \approx \frac{\sin(k_0 r)}{(k_0 r)^2} + \frac{1 - \cos(k_0 r)}{(k_0 r)^3} - \frac{1}{2k_0 r} \left( 1 - \int_0^{k_s r} \mathrm{J}_0(x)\, \mathrm{d}x \right) + \frac{1}{(k_0 r)^3} \int_0^{k_s r} x^2 \mathrm{J}_0(x)\, \mathrm{d}x \tag{3.3.110}$$

(3.3.110) 式中的两项积分可以比较容易计算，由此式计算 $g(k_0 r)$ 后，可以由 (3.3.101) 和 (3.3.97) 式计算得到 $R_{mn}$。Langley[38] 给定简支边界矩形板的模态振动位移：

$$W(x, y) = \sin\left( \frac{m\pi x}{l_x} \right) \sin\left( \frac{n\pi y}{l_y} \right) \tag{3.3.111}$$

考虑到矩形板的声学动刚度矩阵元素 $D_{mn}$ 与声阻抗矩阵元素 $Z_{mn}$ 的关系：

$$D_{mn} = -\mathrm{i}\omega Z_{mn} \tag{3.3.112}$$

通过计算 $A_{mn}$ 和 $D_{mn}$，即可计算有无限大刚度声障板的矩形板模态声辐射功率，但是，当矩形板没有无限大刚性声障板时，由 $R_{mn}$ 还不能直接计算矩形板模态声辐射功率及声辐射效率，需要将 $R_{mn}$ 转化为相应的 $D_{mn}$，为此，将 (3.3.60) 式和 (3.3.94) 式表示为矩阵形式：

$$\{f\} = [D]\{A\} \tag{3.3.113}$$

$$\{W\} = [R]\{B\} \tag{3.3.114}$$

同时，将 (3.3.57) 式和 (3.3.88) 式分别代入 (3.3.89) 和 (3.3.59) 式，得到

$$W_m = \sum_n A_n \int_s \varphi_m(\boldsymbol{r}) \varphi_n(\boldsymbol{r})\, \mathrm{d}S \tag{3.3.115}$$

$$f_m = \sum_n B_n \int_s \varphi_m(\boldsymbol{r}) \varphi_n(\boldsymbol{r})\, \mathrm{d}S \tag{3.3.116}$$

令

$$N_{mn}=\int_s\varphi_m(\boldsymbol{r})\varphi_n(\boldsymbol{r})\,\mathrm{d}S \tag{3.3.117}$$

将 (3.3.62) 式代入 (3.3.117) 式，则有

$$N_{mn}=\frac{1}{4\pi^2}\int_{-\infty}^{\infty}\int_{-\infty}^{\infty}\tilde{\varphi}_n(\boldsymbol{k})\,\tilde{\varphi}_m^*(\boldsymbol{k})\mathrm{d}k_x\mathrm{d}k_y \tag{3.3.118}$$

当取 $n=m$，考虑 (3.3.67) 式，(3.3.118) 式简化为

$$N_{mn}=\frac{1}{2\pi}\int_0^{\infty}\tilde{\varphi}^2(k)k\mathrm{d}k \tag{3.3.119}$$

再将 (3.3.74) 式代入 (3.3.119) 式，并积分得到

$$N_{mn}=\frac{4\pi}{k_s^2} \tag{3.3.120}$$

这样，(3.3.115) 和 (3.3.116) 式也可以表示为矩阵形式：

$$\{W\}=\frac{4\pi}{k_s^2}\{A\} \tag{3.3.121}$$

$$\{f\}=\frac{4\pi}{k_s^2}\{B\} \tag{3.3.122}$$

联立 (3.3.113) 式、(3.3.114) 式和 (3.3.121) 式、(3.3.122) 式，可以得到声学动刚度矩阵 $[D]$ 和声学导纳矩阵 $[R]$ 之间的关系：

$$[D]=\frac{16\pi^2}{k_s^2}[R]^{-1} \tag{3.3.123}$$

于是，没有无限大刚性声障板的矩形板，只要计算得到了导纳矩阵 $[R]$，也就可以进一步计算模态声辐射功率。Langley[38] 针对有无限大刚性障板和没有无限大刚性障板的方形板，计算的模态声辐射阻抗与其在文献 [36] 中的结果完全一致，并分析认为，在 (3.3.87) 式中，当 $k_s\to\infty$ 时，$f(\zeta)\to\cos\zeta/\zeta$，使得 (3.3.84) 式中 $D(r,\omega)\to G(r)$，同样，在 (3.3.101) 式中，$R(r,\omega)\to\dfrac{\partial}{r\partial r}(G(r)/r)$，可见，在有声障板和无声障板情况下，矩形板声辐射分别相当于单极子和偶极子。

## 3.4 流动声介质中弹性矩形板耦合振动和声辐射

前面章节所述的弹性平板结构与声介质耦合作用及声辐射问题，重点研究了流体负载的作用，没有考虑声介质流动的影响。实际上，船舶和飞机结构与流体的

相互作用，涉及流体负载和平均流动两个方面。Wu 和 Zhu[40,41] 针对两个半无限大平板受线力激励的情况，求解平板振动方程以及运动声介质中的波动方程，研究表明声介质流动改变辐射声压幅值，但在吻合频率以下，随着频率的下降声介质流动的影响下降。Atalla 和 Nicolas[42] 及 Frampton[43,44] 的研究表明，声介质流动提高平板的声辐射效率。在船舶运动的低 $Ma$ 数情况下，声介质流动对平板声辐射的影响可以忽略不计。

在声介质存在流动情况下，波动方程增加了声介质传输的相关项。当声介质沿矩形板 $x$ 方向以匀速运动时，声场质点速度势满足的波动方程为 [45]

$$\nabla^2\phi - \frac{1}{C_0^2}\left[\frac{\partial^2\phi}{\partial t^2} + 2U_0\frac{\partial^2\phi}{\partial t\partial x} + U_0^2\frac{\partial^2\phi}{\partial x^2}\right] = 0 \tag{3.4.1}$$

式中，$U_0$ 为声介质匀速运动速度。

虽然矩形板弯曲振动方程形式上没有随声介质流动而变化，但由于波动方程变化后，辐射声场对矩形板的耦合作用也会变化，从而使矩形板耦合振动及声辐射因声介质存在流动而产生变化。求解声介质流动情况下矩形板的振动及声辐射，重点是求解声介质存在流动的波动方程。为了下面求解的方便，先将速度势 $\phi(x,y,z,t)$ 关于 $x$ 和 $y$ 的 Fourier 变换量记为 $\tilde{\phi}(k_x,k_y,z,t)$，$\phi(x,y,z,t)$ 关于 $t$ 的 Fourier 变换量或 Laplace 变换量记为 $\Phi(x,y,z,\omega)$ 或 $\Phi(x,y,z,s)$，$\phi(x,y,z,t)$ 关于 $x$ 和 $y$ 的 Fourier 变换和关于 $t$ 的 Fourier 变换或 Laplace 变换量记为 $\tilde{\Phi}(k_x,k_y,z,\omega)$ 或 $\tilde{\Phi}(k_x,k_y,z,s)$。对 (3.4.1) 式作关于 $x$ 和 $y$ 及 $t$ 的 Fourier 变换 [46]，可得

$$\frac{\partial^2\tilde{\Phi}(k_x,k_y,z,\omega)}{\partial z^2} - (k_x^2+k_y^2-k_0^2\beta^2)\tilde{\Phi}(k_x,k_y,z,\omega) = 0 \tag{3.4.2}$$

式中，$\beta = 1 - Mak_x/k_0$，$Ma = U_0/C_0$ 为马赫数。

求解 (3.4.2) 式，有

$$\tilde{\Phi}(k_x,k_y,z,\omega) = A\mathrm{e}^{-(k_x^2+k_y^2-k_0^2\beta^2)^{1/2}z} \tag{3.4.3}$$

这里，当 $k_x^2+k_y^2 < k_0^2\beta^2$ 时，$(k_x^2+k_y^2-k_0^2\beta^2)^{1/2} = \mathrm{i}\sqrt{k_0^2\beta^2-k_x^2-k_y^2}$，对应沿 $z$ 方向向外辐射的声波；$k_x^2+k_y^2 \geqslant k_0^2\beta^2$ 时，对应沿 $z$ 方向衰减的声波。考虑到声介质存在流动情况下矩形板弯曲振动位移与速度势满足边界条件：

$$\left.\frac{\partial\phi(x,y,z,t)}{\partial z}\right|_{z=0} = U_0\frac{\partial W}{\partial x} + \frac{\partial W}{\partial t} = g(x,y,z,t) \tag{3.4.4}$$

对 (3.4.4) 式也作关于 $x$ 和 $y$ 及 $t$ 的 Fourier 变换，得到

$$\left.\frac{\partial\tilde{\Phi}(k_x,k_y,z,\omega)}{\partial z}\right|_{z=0} = (-\mathrm{i}\omega + \mathrm{i}k_xU_0)\tilde{W}(k_x,k_y,\omega) \tag{3.4.5}$$

将 (3.4.3) 式代入 (3.4.5) 式，得到待定系数 $A$：

$$A = \frac{-\mathrm{i}\omega + \mathrm{i}k_x U}{\sqrt{k_x^2 + k_y^2 - k_0^2\beta^2}}\tilde{W} \tag{3.4.6}$$

这样，可得速度势与矩形板振动位移的关系：

$$\tilde{\Phi}(k_x, k_y, z, \omega) = \frac{(-\mathrm{i}\omega + \mathrm{i}k_x U_0)\tilde{W}}{\sqrt{k_x^2 + k_y^2 - k_0^2\beta^2}}\mathrm{e}^{-(k_x^2+k_y^2-k_0^2\beta^2)^{1/2}z} \tag{3.4.7}$$

再考虑到声介质存在流动的情况下，声压和速度势的关系，

$$p(x, y, z, t) = \rho_0\left(\frac{\partial\phi}{\partial t} + U_0\frac{\partial\phi}{\partial x}\right) \tag{3.4.8}$$

对 (3.4.8) 式作关于 $x$ 和 $y$ 及 $t$ 的 Fourier 变换，则有

$$\tilde{p}(k_x, k_y, z, \omega) = \rho_0[-\mathrm{i}\omega + \mathrm{i}k_x U_0]\tilde{\Phi}(k_x, k_y, z, \omega) \tag{3.4.9}$$

将 (3.4.7) 式代入 (3.4.9) 式，得到声介质存在流动情况下辐射声压与矩形板振动位移的关系：

$$\tilde{p}(k_x, k_y, z, \omega) = \frac{-\rho_0\omega^2\beta^2\tilde{W}}{\sqrt{k_x^2 + k_y^2 - k_0^2\beta^2}}\mathrm{e}^{-(k_x^2+k_y^2-k_0^2\beta^2)^{1/2}z} \tag{3.4.10}$$

经 Fourier 逆变换，由 (3.4.10) 式可得声介质存在流动情况下矩形板的辐射声压：

$$p(x, y, z, \omega) = \frac{1}{4\pi^2}\int_{-\infty}^{\infty}\int_{-\infty}^{\infty}\frac{-\rho_0\omega^2\beta^2\tilde{W}}{\sqrt{k_x^2 + k_y^2 - k_0^2\beta^2}}\mathrm{e}^{-(k_x^2+k_y^2-k_0^2\beta^2)^{1/2}z}\mathrm{e}^{\mathrm{i}k_x x + \mathrm{i}k_y y}\mathrm{d}k_x\mathrm{d}k_y \tag{3.4.11}$$

在矩形板表面，辐射声压简化为

$$p(x, y, z, \omega) = \frac{1}{4\pi^2}\int_{-\infty}^{\infty}\int_{-\infty}^{\infty}\frac{-\rho_0\omega^2\beta^2\tilde{W}}{\sqrt{k_x^2 + k_y^2 - k_0^2\beta^2}}\mathrm{e}^{\mathrm{i}k_x x + \mathrm{i}k_y y}\mathrm{d}k_x\mathrm{d}k_y \tag{3.4.12}$$

由 (3.4.12) 式，并考虑矩形板的模态解，采用 3.1 节中推导声介质无流动情况下矩形板声辐射阻抗的方法，可得声介质存在流动情况下矩形板的声辐射阻抗：

$$Z_{mnpq}^a = \frac{\mathrm{i}k_0\rho_0 C_0}{4\pi^2}\int_{-\infty}^{\infty}\int_{-\infty}^{\infty}\tilde{\varphi}_{pq}(k_x, k_y)\tilde{\varphi}_{mn}^*(k_x, k_y)\frac{\beta^2}{\sqrt{k_x^2 + k_y^2 - k_0^2\beta^2}}\mathrm{d}k_x\mathrm{d}k_y \tag{3.4.13}$$

式中，$\tilde{\varphi}_{mn}(k_x, k_y)$ 为模态函数的波函数。

当声介质流动速度为零时 $\beta = 1$，(3.4.13) 式退化为 (3.1.23) 式。如果矩形板为简支边界条件，将模态波函数的表达式 (3.1.25) 式代入 (3.4.13) 式，可以得到声介质存在流动情况下矩形板的模态声辐射阻抗计算表达式。

当 $m+p$ 和 $n+q$ 为偶数时，

$$
\begin{aligned}
Z_{mnpq}^a = & \frac{-16\mathrm{i}k_0\rho_0 C_0}{4\pi^2} k_m k_n k_p k_q \\
& \times \int_{-\infty}^{\infty}\int_{-\infty}^{\infty} \frac{[1-(-1)^m\cos(k_x l_x)][1-(-1)^n\cos(k_y l_y)]}{(k_m^2-k_x^2)(k_n^2-k_y^2)(k_p^2-k_x^2)(k_q^2-k_y^2)} \\
& \times \frac{\beta^2}{\sqrt{k_x^2+k_y^2-k_0^2\beta^2}} \mathrm{d}k_x \mathrm{d}k_y
\end{aligned}
\tag{3.4.14}
$$

式中，$k_m = m\pi/l_x$，$k_n = n\pi/l_y$，$k_p = p\pi/l_x$，$k_q = q\pi/l_y$。

当 $m+p$ 为奇数，$n+q$ 为偶数时，

$$
\begin{aligned}
Z_{mnpq}^a = & \frac{(-1)^{m+1}16k_0\rho_0 C_0}{4\pi^2} k_m k_n k_p k_q \\
& \times \int_{-\infty}^{\infty}\int_{-\infty}^{\infty} \frac{\sin(k_x l_x)[1-(-1)^n\cos(k_y l_y)]}{(k_m^2-k_x^2)(k_n^2-k_y^2)(k_p^2-k_x^2)(k_q^2-k_y^2)} \\
& \times \frac{\beta^2}{\sqrt{k_x^2+k_y^2-k_0^2\beta^2}} \mathrm{d}k_x \mathrm{d}k_y
\end{aligned}
\tag{3.4.15}
$$

已知了模态声辐射阻抗，进一步可求解声介质存在流动情况下矩形板的耦合振动及声辐射，具体的方法与 3.1 节类似。注意到 (3.4.15) 式中被积分函数存在奇点，即

$$
k_x^2 + k_y^2 - k_0^2\beta^2 = 0 \tag{3.4.16}
$$

为了进行积分，Graham[47] 采用渐近法对积分作了详细的研究，这里不再展开。在声介质流动情况下，对于任意边界条件的矩形板，Atalla 和 Nicolas 采用 Rayleigh-Ritz 法建立了耦合振动及声辐射计算模型，当声介质沿 $x$ 方向匀速流动时，考虑扩展的 Helmholz-Kirchhoff 积分方程，速度势可以表示为 [42]

$$
\begin{aligned}
\phi(x,y,z,t) = & \frac{1}{4\pi}\int_{S^*}\left\{\frac{1}{d^*}\left[\frac{\partial\phi}{\partial n}\right]_{t-\tilde{d}/C_0} - \frac{\partial}{\partial n}\left(\frac{1}{d^*}\right)[\phi]_{t-\tilde{d}/C_0}\right. \\
& \left. + \frac{1}{C_0 d^*}\frac{\partial d^*}{\partial n}\left[\frac{\partial\phi}{\partial t}\right]_{t-\tilde{d}/C_0}\right\}\mathrm{d}S^*
\end{aligned}
\tag{3.4.17}
$$

式中，

$$d^* = \sqrt{(x^* - x_0^*)^2 - (y - y_0)^2 + z^2}, x^* = x/\sqrt{1 - Ma^2}, x_0^* = x_0/\sqrt{1 - Ma^2},$$

$$\tilde{d} = \frac{Ma(x^* - x_0^*) + d^*}{\sqrt{1 - Ma^2}}, \quad \mathrm{d}S^* = \mathrm{d}S/\sqrt{1 - Ma^2}$$

这里，$x, y, z$ 为场点坐标，$x_0, y_0$ 为源点坐标。

对 (3.4.17) 式作时域 Fourier 变换，并考虑时间延迟，可得

$$\varPhi(x, y, z, \omega) = \frac{1}{4\pi}\int_{S^*}\left\{\frac{\partial \varPhi}{\partial n}\left[\frac{\mathrm{e}^{\mathrm{i}k_0\tilde{d}}}{d^*}\right] - \varPhi\left[\frac{\partial}{\partial n}\left(\frac{1}{d^*}\right) + \frac{\mathrm{i}k_0}{d^*}\frac{\partial \tilde{d}}{\partial n}\right]\mathrm{e}^{\mathrm{i}k_0\tilde{d}}\right\}\mathrm{d}S^* \tag{3.4.18}$$

引入声介质流动情况下的 Green 函数：

$$G(x, y, z, x_0, y_0) = \frac{\mathrm{e}^{\mathrm{i}k_0\tilde{d}}}{4\pi\sqrt{1 - Ma^2}d^*} \tag{3.4.19}$$

则 (3.4.18) 式简化为

$$\varPhi(x, y, z, \omega) = \int_S\left\{\frac{\partial \varPhi}{\partial n}G(x, y, z, x_0, y_0) - \frac{\partial G(x, y, z, x_0, y_0)}{\partial n}\varPhi\right\}\mathrm{d}S \tag{3.4.20}$$

当 $z \to 0$ 时，且只考虑矩形板一面有声介质，Green 函数简化为

$$G(x, y; x_0, y_0) = \frac{\mathrm{e}^{\mathrm{i}k_0\tilde{d}_0}}{2\pi\sqrt{1 - Ma^2}d_0^*} \tag{3.4.21}$$

式中，$d_0^* = \sqrt{(x^* - x_0^*)^2 + (y - y_0)^2}$，$\tilde{d}_0 = \dfrac{Ma^2(x^* - x_0^*) + d_0^*}{\sqrt{1 - Ma^2}}$。

因为矩形板镶嵌在无限大刚性声障板上，在矩形板表面 Green 函数的法向导数项为零，类似于 Rayleigh 积分方程，(3.4.20) 式简化为

$$\varPhi(x, y, z, \omega) = \int_S \frac{\partial \varPhi}{\partial n}G(x, y, x_0, y_0)\mathrm{d}S \tag{3.4.22}$$

考虑 (3.4.8) 式，并作时域 Fourier 变换，有

$$p(x, y, z, \omega) = \rho_0\left[\mathrm{i}\omega\varPhi - U_0\frac{\partial \varPhi}{\partial x}\right] \tag{3.4.23}$$

将 (3.4.22) 式代入 (3.4.23) 式，可得矩形板表面声压：

$$p(x, y, z = 0, \omega) = \mathrm{i}k_0\rho_0 C_0\int_S \frac{\partial \varPhi}{\partial z}G(x, y, x_0, y_0)\mathrm{d}S$$

$$- Ma\rho_0 C_0 \int_S \frac{\partial \Phi}{\partial z} \frac{\partial G(x,y,x_0,y_0)}{\partial x} \mathrm{d}S \tag{3.4.24}$$

再考虑 (3.4.4) 式，并作时域 Fourier 变换，有

$$\left.\frac{\partial \Phi}{\partial z}\right|_{z=0} = U_0 \frac{\partial W}{\partial x} - \mathrm{i}\omega W \tag{3.4.25}$$

将 (3.4.25) 式代入 (3.4.24) 式，有

$$\begin{aligned} p(x,y,z=0,\omega) = {} & \mathrm{i}k_0\rho_0 C_0 \left[\iint_S -\mathrm{i}\omega W G \mathrm{d}S + \int_S C_0 Ma \frac{\partial W}{\partial x_0} G \mathrm{d}S\right] \\ & + Ma\rho_0 C_0 \left[\iint_S \mathrm{i}\omega W \frac{\partial G}{\partial x} \mathrm{d}S - \int_S C_0 Ma \frac{\partial W}{\partial x_0}\frac{\partial G}{\partial x} \mathrm{d}S\right] \end{aligned} \tag{3.4.26}$$

并整理得到

$$\begin{aligned} p(x,y,z=0,\omega) = {} & \rho_0\omega^2 \int_S G W \mathrm{d}S + \mathrm{i}\omega\rho_0 C_0 Ma \int_S \frac{\partial W}{\partial x_0} G \mathrm{d}S \\ & + \mathrm{i}\omega\rho_0 C_0 Ma \int_S W \frac{\partial G}{\partial x} \mathrm{d}S - \rho_0 C_0^2 M^2 \int_S \frac{\partial W}{\partial x_0}\frac{\partial G}{\partial x} \mathrm{d}S \end{aligned} \tag{3.4.27}$$

接下来，可以采用类似 3.2 节的方法，求解声介质流动情况下任意边界条件矩形板的耦合振动及声辐射。设矩形板弯曲振动的形式解为

$$W(\xi,\eta,\omega) = \sum_{m=0}^{\infty}\sum_{n=0}^{\infty} A_{mn}\varphi_m(\xi)\varphi_n(\eta) \tag{3.4.28}$$

式中，$\xi = x/l_x$，$\eta = y/l_y$。

利用 Rayleigh-Ritz 法，可以得到矩形板弯曲振动的矩阵方程 (3.2.101) 式，其中质量矩阵 $[M_{mnpq}]$，刚度矩阵 $[K_{mnpq}]$ 及广义力矩阵 $[f_{mn}]$ 都与声介质流动无关，只有声辐射阻抗矩阵 $[Z_{mnpq}^a]$ 与声介质流动有关，进一步需要由 (3.4.27) 式推导得到，考虑到辐射声压对矩形板的做功为

$$W_a = -\int_S p(x,y,z=0,\omega) W(x,y) \mathrm{d}x\mathrm{d}y \tag{3.4.29}$$

将 (3.4.27) 式代入 (3.4.29) 式，得到声压所做的功 $W_a$，再由 Hamiltonian 原理，对 $W_a$ 求关于 $A_{mn}$ 的导数，得到声介质流动条件下矩形板的声辐射阻抗表达式：

$$Z_{mnpq} = -\mathrm{i}\omega\rho_0 l_x^2 l_y^2 \int_S \int_S \varphi_m(\xi)\varphi_n(\eta) G(\xi,\eta,\xi',\eta')\varphi_p(\xi')\varphi_q(\eta') \mathrm{d}\xi\mathrm{d}\eta\mathrm{d}\xi'\mathrm{d}\eta'$$

$$
\begin{aligned}
&+\mathrm{i}\frac{\rho_0 C_0^2 Ma^2}{\omega}l_y^2\int_S\int_S \varphi_m(\xi)\varphi_n(\eta)\frac{\partial G(\xi,\eta,\xi',\eta')}{\partial \xi}\frac{\partial \varphi_p(\xi')}{\partial \xi'}\varphi_q(\eta')\mathrm{d}\xi\mathrm{d}\eta\mathrm{d}\xi'\mathrm{d}\eta'\\
&+\rho_0 C_0 Mal_x l_y^2\int_S\int_S\left[\frac{\partial \varphi_p(\xi')}{\partial \xi'}\varphi_q(\eta')G(\xi,\eta,\xi',\eta')\right.\\
&\left.+\varphi_p(\xi')\varphi_q(\eta')\frac{\partial G(\xi,\eta,\xi',\eta')}{\partial \xi}\right]\\
&\times\varphi_m(\xi)\varphi_n(\eta)\mathrm{d}\xi\mathrm{d}\eta\mathrm{d}\xi'\mathrm{d}\eta' \qquad (3.4.30)
\end{aligned}
$$

在低频情况下，(3.4.30) 式中的第一项表示经典的声辐射阻抗，第二项对应声介质匀速流动引起的附加刚度项，它正比于 $Ma^2$，在小 $Ma$ 数情况下，此项可忽略。但在高 $Ma$ 数情况下，这一项的作用会变得十分显著，即使在轻质流体情况下，也会产生流体耦合作用。第三项为声介质流体引起的附加阻尼项。在高频情况下，上面的这些效应分得并不很清楚，例如在没有声介质流动时，声辐射阻尼对应声辐射阻抗的实部，而有声介质流动时，声辐射阻尼与声辐射阻抗的实部和虚部都有关系。

为了积分计算 (3.4.30) 式，定义：

$$
I_{mnpq}=\int_0^1\int_0^1\int_0^1\int_0^1\xi^m\eta^n\bar{G}(\xi,\eta,\xi',\eta')\xi'^p\eta'^q\mathrm{d}\xi\mathrm{d}\eta\mathrm{d}\xi'\mathrm{d}\eta' \qquad (3.4.31)
$$

$$
J_{mnpq}=\int_0^1\int_0^1\int_0^1\int_0^1\xi^m\eta^n\frac{\partial\bar{G}(\xi,\eta,\xi',\eta')}{\partial \xi}\xi'^p\eta'^q\mathrm{d}\xi\mathrm{d}\eta\mathrm{d}\xi'\mathrm{d}\eta' \qquad (3.4.32)
$$

由 (3.4.31) 和 (3.4.32) 式，(3.4.30) 式可表示为

$$
\begin{aligned}
Z_{mnpq}^a=&-\rho_0 C_0 l_{x_y} l_y\left[2\mathrm{i}k_0 l_y I_{mnpq}+\frac{2\mathrm{i}Ma^2}{k_0}\frac{l_y}{l_x^2}pJ_{mn(p-1)q}\right.\\
&\left.+2Ma\frac{l_y}{l_x}\left(pI_{mn(p-1)q}+J_{mnpq}\right)\right] \qquad (3.4.33)
\end{aligned}
$$

这里，

$$
\bar{G}(\xi,\eta,\xi',\eta')=\mathrm{e}^{\mathrm{i}k_M(\xi-\xi')}\frac{\mathrm{e}^{\mathrm{i}\bar{k}\bar{d}_0}}{2\pi\sqrt{1-Ma^2}\bar{d}_0} \qquad (3.4.34)
$$

其中，$\bar{d}_0=[(\xi-\xi')^2+(\eta-\eta')^2/\mu_M]^{1/2}$，$\mu_M=l_x/l_y\sqrt{1-Ma^2}$，$\bar{k}=k_0 l_x/2(1-Ma^2)$，$k_M=\bar{k}Ma$。因为在 $\bar{d}_0=0$ 时，$I_{mnpq}$ 和 $J_{mnpq}$ 中的被积函数是奇异的，为了积分计算，需要将 $\mathrm{e}^{\mathrm{i}\bar{k}\bar{d}_0}/\mathrm{i}\bar{k}\bar{d}_0$ 进行波数展开：

$$
\frac{\mathrm{e}^{-\mathrm{i}\bar{k}\bar{d}_0}}{\mathrm{i}\bar{k}\bar{d}_0}=\sum_{l=0}^{\infty}\frac{(\mathrm{i}\bar{k})^{l-1}}{l!}\bar{d}_0^{(l-1)} \qquad (3.4.35)
$$

将 (3.4.35) 式代入 (3.4.34) 式，再代入 (3.4.31) 式，有

$$I_{mnpq}=\sum_{l=0}^{\infty}\frac{(\mathrm{i}\bar{k})^l}{2\pi l!}I_{mnpq}^{(l)} \tag{3.4.36}$$

式中，

$$I_{mnpq}^{(l)}=\int_0^1\int_0^1\int_0^1\int_0^1\xi^m\eta^n\mathrm{e}^{\mathrm{i}k_M(\xi-\xi')}\left[(\xi-\xi')^2+\frac{(\eta-\eta')^2}{\mu_M^2}\right]^{(l-1)/2}\xi'^p\eta'^q\mathrm{d}\xi\mathrm{d}\eta\mathrm{d}\xi'\mathrm{d}\eta' \tag{3.4.37}$$

在 (3.4.32) 式中，对 $\xi$ 作一次分步积分，可以将其转化为

$$J_{mnpq}=[J_{npq}(1)-(-1)^mJ_{npq}(-1)]-mI_{(m-1)npq},\quad m\geqslant 1 \tag{3.4.38}$$

$$J_{0npq}=[J_{npq}(1)-J_{npq}(-1)],\quad m=0 \tag{3.4.39}$$

式中，

$$J_{npq}(\pm 1)=\int_0^1\int_0^1\int_0^1\eta^n\mathrm{e}^{\mathrm{i}k_M(\pm 1-\xi')}\frac{\mathrm{e}^{\mathrm{i}\bar{k}\bar{d}_0(\xi=\pm 1)}}{2\pi\bar{d}_0(\xi=\pm 1)}\xi'^p\eta'^q\mathrm{d}\eta\mathrm{d}\xi'\mathrm{d}\eta' \tag{3.4.40}$$

进一步的积分计算细节可参考文献 [42]，计算获得了声介质流动情况下矩形板的声辐射阻抗 $Z_{mnpq}^a$，再由矩形板耦合振动方程求解得到模态位移 $A_{mn}$，即可计算声辐射功率及声辐射效率。Atalla 和 Nicolas 计算给出的方形活塞声辐射阻和声辐射抗与 $Ma$ 数的关系如图 3.4.1 和图 3.4.2 所示。结果表明，在低频段，声辐射阻随 $Ma$ 数增加而略增加。当 $k_0l_x\ll 1$ 时，声辐射阻变化满足：

$$k_0^2l_xl_y\frac{1}{(1-Ma^2)^2} \tag{3.4.41}$$

可见，声介质流动情况下，活塞声辐射阻相对于没有流动情况下增加了一个放大因子 $1/(1-Ma^2)^2$。当然，在低 $Ma$ 数情况下，这个放大因子可以忽略。另外，声介质流动的另一个效应是声辐射阻随频率变化曲线趋于平坦，声辐射抗随频率增加而下降趋缓。因为低频段矩形板的振动主要取决于活塞振动模态，进一步的计算表明，声介质流动会增加矩形板的低频声辐射效率，只是小 $Ma$ 数情况下这种增加量比较小。

Frampton[43,44] 认为，在前面的声介质流动对矩形板声辐射影响研究中，忽略了流动引起的结构模态耦合效应。实际上，流动引起的耦合对结构的动态特性有影响，相应地对结构声辐射也有影响。他利用广义气动力概念 [48]，推导了声介质流动条件下简支矩形板的声辐射效率和功率计算方法。设矩形板的模态解为

$$W(x,y,\omega)=\sum_{m=1}^{\infty}\sum_{n=1}^{\infty}A_{mn}(t)\varphi_{mn}(x,y) \tag{3.4.42}$$

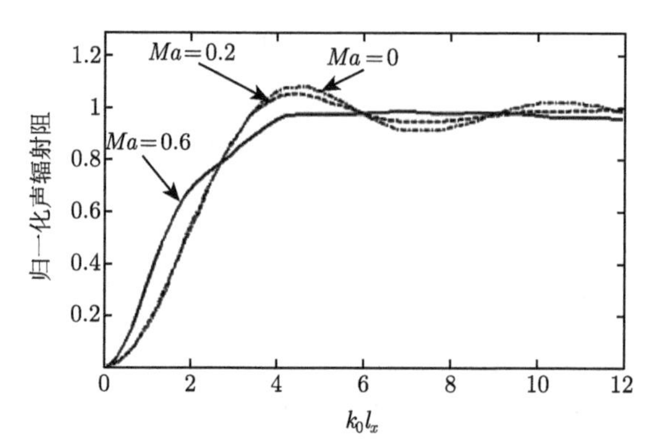


图 3.4.1　方形活塞声辐射阻随 $Ma$ 数的变化

(引自文献 [42], fig5)

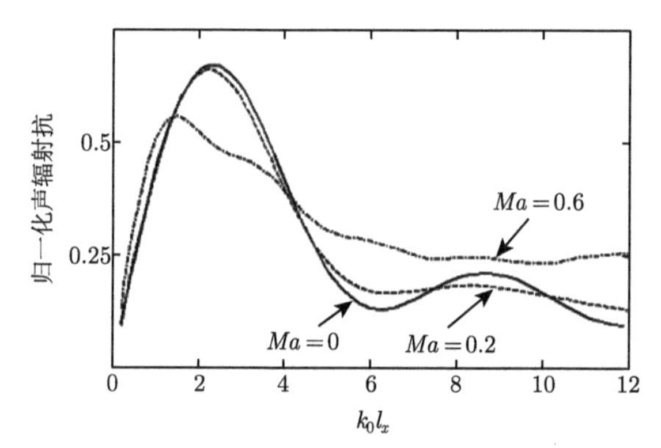


图 3.4.2　方形活塞声辐射抗随 $Ma$ 数的变化

(引自文献 [42], fig6)

采用模态法求解简支矩形板的振动方程，得到模态振动方程：

$$M_{mn}[\ddot{A}_{mn}(t)+\eta_s\omega_{mn}\dot{A}_{mn}(t)+\omega_{mn}^2A_{mn}(t)]=p_{mn}(t)+f_{mn}(t) \tag{3.4.43}$$

式中，$M_{mn}$ 和 $\omega_{mn}$ 为模态质量及频率，$\eta_s$ 为结构阻尼损耗因子。$p_{mn}(t)$ 和 $f_{mn}(t)$ 分别为对应辐射声压 $p(x,y,z)$ 和外激励力 $f(x,y)$ 的广义模态力。

$$p_{mn}(t)=\int_0^{l_x}\int_0^{l_y}p(x,y,z=0,t)\varphi_{mn}(x,y)\mathrm{d}x\mathrm{d}y \tag{3.4.44}$$

$$f_{mn}(t)=\int_0^{l_x}\int_0^{l_y}f(x,y,t)\varphi_{mn}(x,y)\mathrm{d}x\mathrm{d}y \tag{3.4.45}$$

分别对 (3.4.1) 式及 (3.4.4) 式作空间 Fourier 变换和时间 Laplace 变换，可

得

$$\frac{\mathrm{d}^2\tilde{\Phi}(k_x,k_y,z,s)}{\mathrm{d}z^2}=\alpha^2\tilde{\Phi}(k_x,k_y,z,s) \tag{3.4.46}$$

$$\frac{\mathrm{d}\tilde{\Phi}(k_x,k_y,z,s)}{\mathrm{d}z}=\tilde{g}(k_x,k_y,s) \tag{3.4.47}$$

式中，

$$\alpha=\left[\frac{s^2}{C_0^2}+\frac{2\mathrm{i}Mak_xs}{C_0}-k_x^2(Ma^2-1)^2+k_y^2\right]^{1/2} \tag{3.4.48}$$

求解 (3.4.46) 式，有

$$\tilde{\Phi}(k_x,k_y,z,s)=A\mathrm{e}^{-\alpha z} \tag{3.4.49}$$

利用 (3.4.47) 式可以确定：

$$A=-\frac{\tilde{g}}{\alpha} \tag{3.4.50}$$

这样，在矩形板表面，速度势可表示为

$$\tilde{\Phi}(k_x,k_y,z,s)\,|_{z=0}=-\frac{\tilde{g}}{\alpha} \tag{3.4.51}$$

考虑到

$$\frac{1}{\alpha}=\frac{C_0}{[(s+\mathrm{i}Mak_x)^2+C_0^2(k_x^2+k_y^2)]^{1/2}} \tag{3.4.52}$$

利用两个函数卷积的 Laplace 变换等于它们的 Laplace 变换之积，以及 Laplace 变换公式 $\int_0^\infty \mathrm{J}_0(at)\mathrm{e}^{-st}\mathrm{d}t=1/\sqrt{s^2+a^2}$，由 (3.4.51) 式及 (3.4.52) 式，经 Laplace 逆变换，可得

$$\tilde{\phi}(k_x,k_y,z=0,t)=-C_0\int_0^t\tilde{g}(k_x,k_y,\tau)\mathrm{e}^{-\mathrm{i}MaC_0k_x(t-\tau)}\cdot\mathrm{J}_0[(k_x^2+k_y^2)^{1/2}C_0(t-\tau)]\mathrm{d}\tau \tag{3.4.53}$$

对 (3.4.8) 式作关于 $x$ 和 $y$ 的空间 Fourier 变换，有

$$\tilde{p}(k_x,k_y,z=0,t)=\rho_0\left[\frac{\partial\tilde{\phi}(k_x,k_y,z=0,t)}{\partial t}+\mathrm{i}k_xU_0\tilde{\phi}(k_x,k_y,z=0,t)\right] \tag{3.4.54}$$

考虑带参变量积分的微分计算公式：

$$\frac{\mathrm{d}}{\mathrm{d}t}\int_0^{b(t)} g(x,t)\mathrm{d}x = \int_0^{b(t)} g_t'(x,t)\mathrm{d}t + g(b(t),t)\frac{\mathrm{d}b(t)}{\mathrm{d}t} \tag{3.4.55}$$

对 (3.4.53) 式两边作关于 $t$ 的微分运算，得到

$$\begin{aligned}\frac{\mathrm{d}\tilde{\phi}}{\mathrm{d}t} =& \int_0^t \{\mathrm{i}MaC_0^2k_x\tilde{g}(k_x,k_y,\tau)\,\mathrm{e}^{-\mathrm{i}MaC_0k_x(t-\tau)}\cdot \mathrm{J}_0[(k_x^2+k_y^2)^{1/2}C_0(t-\tau)]\\ &-[(k_x^2+k_y^2)^{1/2}C_0^2]\tilde{g}(k_x,k_y,\tau)\mathrm{e}^{-\mathrm{i}MaC_0\alpha(t-\tau)}\ \mathrm{J}_1[(k_x^2+k_y^2)^{1/2}C_0(t-\tau)]\}\,\mathrm{d}\tau\\ &-C_0\tilde{g}(k_x,k_y,t)\end{aligned} \tag{3.4.56}$$

将 (3.4.56) 式和 (3.4.53) 式代入 (3.4.54) 式，得到声压 $\tilde{p}(k_x,k_y,z=0,t)$ 的表达式：

$$\begin{aligned}\tilde{p}(k_x,k_y,z=0,t) =& -\rho_0C_0\tilde{g}(k_x,k_y,t)-\rho_0C_0^2(k_x^2+k_y^2)^{1/2}\\ &\times\int_0^t \tilde{g}(k_x,k_y,\tau)\cdot\mathrm{e}^{-\mathrm{i}C_0Mak_x(t-\tau)}\mathrm{J}_1[(k_x^2+k_y^2)^{1/2}C_0(t-\tau)]\mathrm{d}\tau\end{aligned} \tag{3.4.57}$$

接下来，需要依据 (3.4.57) 式，由 (3.4.44) 式计算广义模态力 $p_{mn}(t)$，为此，先对 (3.4.57) 式作 Fourier 逆变换，得到

$$p(x,y,z=0,t) = p_1(x,y,z=0,t)+p_2(x,y,z=0,t) \tag{3.4.58}$$

其中，

$$p_1(x,y,z=0,t) = -\rho_0C_0g(x,y,t) \tag{3.4.59}$$

$$\begin{aligned}p_2(x,y,z=0,t) =& \frac{-\rho_0C_0^2}{4\pi^2}\int_{-\infty}^{\infty}\int_{-\infty}^{\infty}\int_0^t (k_x^2+k_y^2)^{1/2}\tilde{g}(k_x,k_y,\tau)\mathrm{e}^{-\mathrm{i}C_0Mak_x(t-\tau)}\\ &\times\mathrm{J}_1[C_0(k_x^2+k_y^2)^{1/2}(t-\tau)]\mathrm{e}^{-\mathrm{i}(k_xx+k_yy)}\mathrm{d}\tau\mathrm{d}k_x\mathrm{d}k_y\end{aligned} \tag{3.4.60}$$

考虑到 (3.4.4) 式中有

$$g(x,y,z=0,t) = \frac{\partial W}{\partial t}+U_0\frac{\partial W}{\partial x} \tag{3.4.61}$$

对 (3.4.61) 式作关于 $x$ 和 $y$ 的 Fourier 变换，有

$$\tilde{g}(k_x,k_y,z=0,t) = \frac{\partial\tilde{W}(k_x,k_y,t)}{\partial t}+\mathrm{i}k_xU_0\tilde{W}(k_x,k_y,t) \tag{3.4.62}$$

将 (3.4.61) 式代入 (3.4.59) 式，再代入 (3.4.44) 式，并考虑 (3.3.42) 式，得到

$$p_{mn}^{(1)}(t) = \rho_0 C_0 \int_0^{l_x} \int_0^{l_y} \sum_{p=1}^{\infty} \sum_{q=1}^{\infty} \left[ \dot{A}_{pq} \varphi_{pq} + U_0 A_{pq} \frac{\partial \varphi_{pq}}{\partial x} \right] \varphi_{mn} \mathrm{d}x \mathrm{d}y$$

$$= \sum_{p=1}^{\infty} \sum_{q=1}^{\infty} [C_{mnpq} A_{pq}(t) + D_{mnpq} \dot{A}_{pq}(t)] \tag{3.4.63}$$

其中，

$$C_{mnpq} = -\rho_0 C_0 U_0 \int_0^{l_x} \int_0^{l_y} \frac{\partial \varphi_{pq}}{\partial x} \varphi_{mn} \mathrm{d}x \mathrm{d}y \tag{3.4.64}$$

$$D_{mnpq} = -\rho_0 C_0 \int_0^{l_x} \int_0^{l_y} \varphi_{pq} \varphi_{mn} \mathrm{d}x \mathrm{d}y \tag{3.4.65}$$

再将 (3.4.62) 式代入到 (3.4.60) 式，然后代入 (3.4.44) 式，得到

$$p_{mn}^{(2)}(t) = -\rho_0 C_0^2 \int_0^{l_x} \int_0^{l_y} \int_{-\infty}^{\infty} \int_{-\infty}^{\infty} \int_0^t (k_x^2 + k_y^2)^{1/2} \left[ \mathrm{i} k_x U_0 \tilde{W} + \frac{\partial \tilde{W}}{\partial t} \right] \mathrm{e}^{-\mathrm{i} C_0 M a k_x (t-\tau)}$$
$$\times \mathrm{J}_1[(k_x^2 + k_y^2)^{1/2} C_0 (t-\tau)] \varphi_{mn}(x, y) \mathrm{e}^{-\mathrm{i}(k_x x + k_y y)} \mathrm{d}x \mathrm{d}y \mathrm{d}k_x \mathrm{d}k_y \mathrm{d}\tau \tag{3.4.66}$$

考虑到 (3.4.42) 式，有

$$\tilde{W}(k_x, k_y) = \sum_{m=1}^{\infty} \sum_{n=1}^{\infty} A_{mn}(t) \tilde{\varphi}_m(k_x, k_y) \tag{3.4.67}$$

(3.4.66) 式可以表示为

$$p_{mn}^{(2)}(t) = \frac{-\rho_0 C_0^2}{4\pi^2} \int_{-\infty}^{\infty} \int_{-\infty}^{\infty} \int_0^t \sum_{p=1}^{\infty} \sum_{q=1}^{\infty} (k_x^2 + k_y^2)^{1/2}$$
$$\times [\mathrm{i} k_x U_0 A_{pq} \tilde{\varphi}_{pq} + \dot{A}_{pq} \tilde{\varphi}_{pq}] \mathrm{e}^{-\mathrm{i} C_0 M a k_x (t-\tau)}$$
$$\times \mathrm{J}_1[(k_x^2 + k_y^2)^{1/2} C_0 (t-\tau)] \tilde{\varphi}_{mn}^*(k_x, k_x) \mathrm{d}k_x \mathrm{d}k_y \mathrm{d}\tau$$
$$= \frac{-\rho_0 C_0^2}{4\pi^2} \int_{-\infty}^{\infty} \int_{-\infty}^{\infty} \int_0^t \sum_{p=1}^{\infty} \sum_{q=1}^{\infty} (k_x^2 + k_y^2)^{1/2}$$
$$\times [\mathrm{i} k_x U_0 A_{pq} + \dot{A}_{pq}] G_{mnpq} \mathrm{e}^{-\mathrm{i} C_0 M a k_x (t-\tau)}$$
$$\times \mathrm{J}_1[(k_x^2 + k_y^2)^{1/2} C_0 (t-\tau)] \mathrm{d}k_x \mathrm{d}k_y \mathrm{d}\tau$$

$$= \sum_{p=1}^{\infty}\sum_{q-1}^{\infty}\int_0^t A_{pq}(\tau)H_{mnpq}(t-\tau)\mathrm{d}\tau + \sum_{p=1}^{\infty}\sum_{q=1}^{\infty}\int_0^t \dot{A}_{pq}(\tau)I_{mnpq}(t-\tau)\mathrm{d}\tau \tag{3.4.68}$$

式中，

$$H_{mnpq}(t) = \frac{-1}{4\pi^2}\rho_0 C_0^2 U_0 \int_{-\infty}^{\infty}\int_{-\infty}^{\infty} \mathrm{i}k_x(k_x^2+k_y^2)^{1/2} G_{mnpq}\mathrm{e}^{-\mathrm{i}U_0 k_x t} \times \mathrm{J}_1[C_0(k_x^2+k_y^2)^{1/2}t]\mathrm{d}k_x\mathrm{d}k_y \tag{3.4.69}$$

$$I_{mnpq}(t) = \frac{-1}{4\pi^2}\rho_0 C_0^2 \int_{-\infty}^{\infty}\int_{-\infty}^{\infty} (k_x^2+k_y^2)^{1/2} G_{mnpq}\mathrm{e}^{-\mathrm{i}U_0 k_x t} \times \mathrm{J}_1[C_0(k_x^2+k_y^2)^{1/2}t]\mathrm{d}k_x\mathrm{d}k_y \tag{3.4.70}$$

其中，$G_{mnpq} = \varphi_{pq}^*(k_x, k_y)\varphi_{mn}(k_x, k_y)$。

于是，将 (3.4.63) 式和 (3.4.68) 式合并，得到声介质流动情况下矩形板辐射声压的广义模态力计算表达式：

$$p_{mn}(t) = \sum_{p=1}^{\infty}\sum_{q=1}^{\infty}\{C_{mnpq}A_{mn}(t) + D_{mnpq}\dot{A}_{mn}(t) + \int_0^t A_{mn}(t)H_{mnpq}(t-\tau)\mathrm{d}\tau + \int_0^t \dot{A}_{mn}(t)I_{mnpq}(t-\tau)\ \mathrm{d}\tau\} \tag{3.4.71}$$

(3.4.71) 式中，$C_{mnpq}$ 和 $D_{mnpq}$ 动力影响系数可以用解析方法计算，而动力影响函数 $H_{mnpq}$ 和 $I_{mnpq}$ 则需要采用数值方法计算。为了提高计算的效率，Frampton 和 Clark 等采用状态变量及奇异值分解法，得到平板广义坐标 $A_{mn}$，广义速度 $\dot{A}_{mn}$ 与广义作用力 $p_{mn}$ 的关系，详细过程可参见相关文献 [49-51]。在此基础上，可计算模态声辐射功率和声辐射效率及它们与声介质流动速度的关系。按照定义，模态声辐射功率为

$$P_{mn}(t) = \int_0^{l_x}\int_0^{l_y} p(x,y,z=0,t)\dot{W}_{mn}(x,y,t)\mathrm{d}x\mathrm{d}y = \int_0^{l_x}\int_0^{l_y} p(x,y,z=0,t)\varphi_{mn}(x,y)\dot{A}_{mn}(t)\mathrm{d}x\mathrm{d}y \tag{3.4.72}$$

考虑到 (3.4.44) 式，(3.4.72) 式可表示为

$$P_{mn}(t) = p_{mn}(t)\dot{A}_{mn}(t) \tag{3.4.73}$$

在简谐时间变化情况下，时间平均的模态声辐射功率为

$$\bar{P}_n(t) = \frac{1}{2}\mathrm{Re}\left\{\bar{p}_{mn} \cdot \bar{\dot{A}}_{mn}\right\} \tag{3.4.74}$$

式中，$\bar{p}_{mn}$ 和 $\bar{\dot{A}}_{mn}$ 分别为模态广义力和模态振速的复振幅。

矩形板模态声辐射效率计算结果表明，声介质流动速度增加，在吻合频率以下的频率范围，模态声辐射效率也增加，参见图 3.4.3。因为随着声介质流速增加，吻合频率下降，模态超音速声辐射的波数范围增大。考虑一个二维的简单情况，设声压满足：

$$\phi(x,z,t) = \phi_0 \mathrm{e}^{-\mathrm{i}\omega t + \mathrm{i}k_x x + \mathrm{i}k_z z} \tag{3.4.75}$$

将 (3.4.75) 式代入波动方程 (3.4.1) 式，得到波数满足的方程：

$$k_z^2 + k_x^2(1 - Ma^2) + 2Mak_0k_x - k_0^2 = 0 \tag{3.4.76}$$

如果沿 $z$ 方向存在远场声辐射，要求 (3.4.76) 式中 $k_z$ 为正数，即

$$k_x^2(1 - Ma^2) + 2Mak_0k_x < k_0^2 \tag{3.4.77}$$

同时要求 $x$ 方向的波数 $k_x$ 应等于平板模态波数，求解不等式 (3.4.77) 式，可以得到 $k_x$ 满足：

$$\frac{k_0}{Ma - 1} < k_x < \frac{k_0}{Ma + 1} \tag{3.4.78}$$

由 (34.78) 式可见，当 $Ma$ 数增大，矩形板超音速波数分量对应的声辐射增加，参见图 3.4.4。图中有效远场辐射的波数范围往左移动，范围扩大，并将超音速波数分量包含在内，模态的声辐射效率随声介质流速的增加而增加，参见图 3.4.5。矩形板不同模态的振动动能和声辐射功率随声介质流速影响由图 3.4.6 给出。矩形板前两阶模态的共振频率随声介质流速增加而明显减小，$Ma = 0$ 时，一阶模态频率为 25Hz，当 $Ma = 0.8$ 时，此模态频率降低到 8Hz，二阶模态频率则由 57Hz 降低到 38Hz。虽然低阶模态频率随声介质流速增加而下降，但矩形板振动能量的量级基本不受声介质流速影响。矩形板一阶模态声辐射峰值频率也明显往低频移动，且声辐射功率量级随声介质流速增加而有所增加，但其他模态的声辐射功率则随声介质流速明显增加，其原因不是矩形板振动能量随声介质流速增加，而是声介质流动使原有模态的声辐射效率增加了。另外，在声介质流动情况下，振动模态耦合引起的能量交换不仅改变矩形板振动能量分布，而且也使声辐射效率增加，影响声辐射功率，图 3.4.7 给出了不同声介质流速情况下，模态耦合对矩形板声辐射功率的影响，$Ma$ 数为 0 时，模态耦合对矩形板声辐射功率基

本没有影响，$Ma$ 数为 0.5 和 0.8 时，模态耦合产生了明显的影响，$Ma$ 数越大，影响的幅度及频率范围越大。

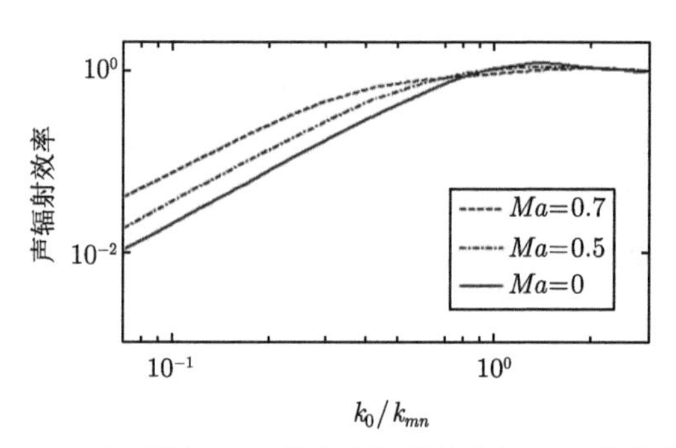


图 3.4.3　矩形板 (1,1) 模态声辐射效率与 $Ma$ 数的关系

(引自文献 [43], fig3)

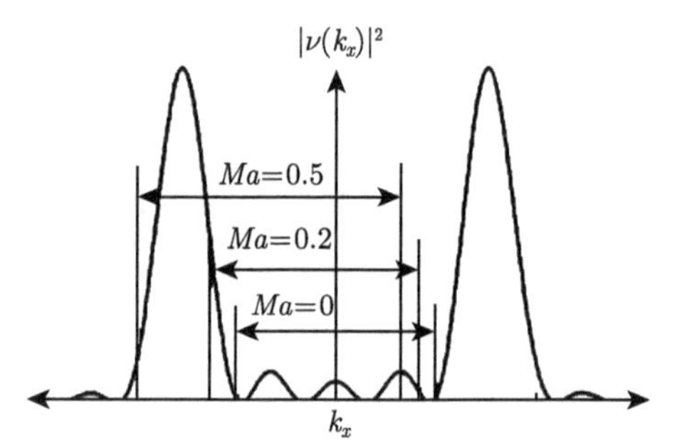


图 3.4.4　矩形板振速波数谱随 $Ma$ 数的变化

(引自文献 [43], fig4)

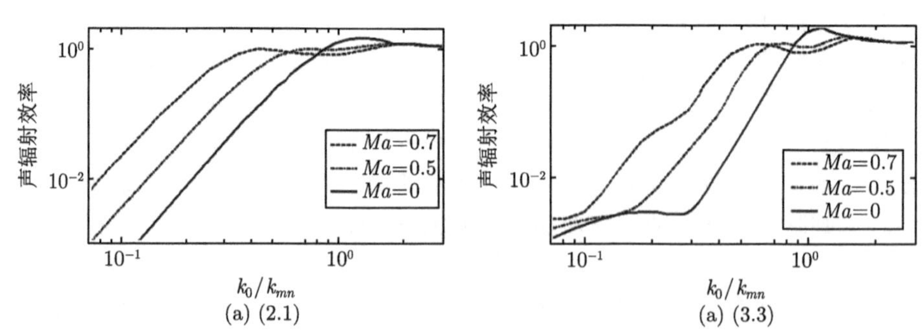


图 3.4.5　矩形板 (2,1) 和 (3,3) 模态声辐射效率与 $Ma$ 数的关系

(引自文献 [43], fig5, fig8)

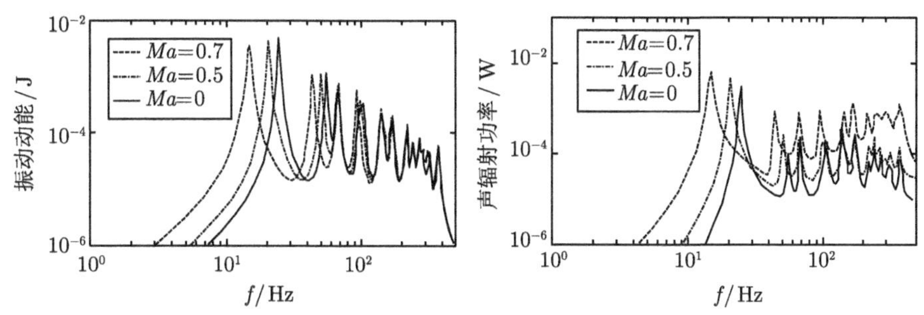


图 3.4.6 矩形板振动动能和声辐射功率随 $Ma$ 数的变化

(引自文献 [44]，fig3, fig6)

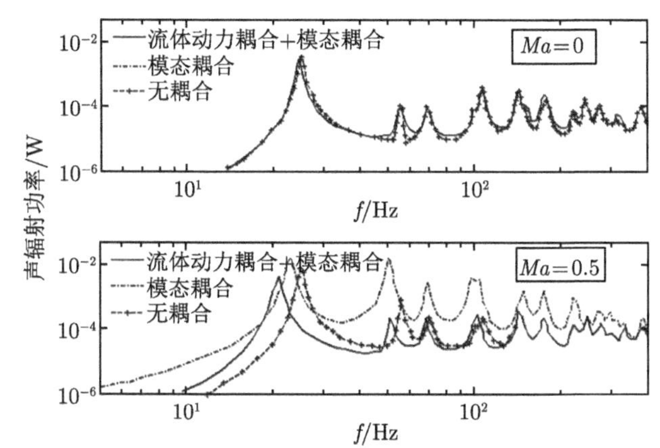


图 3.4.7 模态耦合对流动介质中矩形板声辐射功率的影响

(引自文献 [44]，fig9)

## 3.5 加肋弹性矩形板耦合振动和声辐射

第 2 章介绍了单肋和周期肋骨对无限大弹性平板振动和声辐射的影响，还研究了局部敷设弹性板的无限大平板的振动和声辐射。一般来说，加肋或附加质量块引起的结构非均匀性导致平板的声辐射效率增加，但是声辐射效率增加，声辐射功率不一定增加，这是因为肋骨和质量块有可能降低平板的振动效率。本节将进一步针对有限大矩形弹性板，研究肋骨及局部质量块和弹性支撑对振动和声辐射的影响。

针对加肋或带附加质量块的矩形弹性板，Sandman[52] 假设弹性平板模态振型不受质块点作用惯性力的影响，采用模态叠加法，求解了带有单个质量块的简支平板的耦合振动和声辐射。Keltic[53] 采用类似的模型和分析方法，研究了带有多个质量块的简支弹性平板的声辐射。Li 和 Gibeling[54] 则研究了受多点弹性力作用的弹性矩形平板的声辐射，考虑了弹簧作用力对矩形板振型的影响。注意到，研究肋骨质量和刚度对矩形弹性平板振动和声辐射的作用，不同于无限大弹性平板可以利用肋骨的周期性条件建立声学模型。因此早期弹性加肋矩形板的耦合振动和声辐射计算，一般采用两种近似，一是将弹性加肋矩形板等效为弹性常数正交各向异性的弹性平板；二是弹性矩形板的模态振型不受肋骨的影响。Greenspon[55]在这两种近似下，采用模态叠加法求解了双向加肋的弹性矩形板声辐射。应该说，在声波波长远大于肋骨间距的低频段以及肋骨尺寸较小的情况下，等效模型近似是合理的而且比较简单。实际上，加肋弹性板等效为各向异性弹性板，其振动和声辐射计算模型除了振动方程不同以外，其他求解方法及过程与均匀矩形板振动和声辐射计算方法相同，Au 和 Wang[56] 还采用各向异性的弹性矩形板研究运动载荷激励的声辐射，Kurpa 和 Rvachev[57] 又进一步提出了任意形状及混合边界条件的各向异性弹性平板振动求解方法。另外一方面，Berry 和 Nicolas[58] 采用 Rayleigh-Ritz 法，研究了边界弹性约束支撑、纵向和横向加肋并且带有质量块的弹性平板的振动和声辐射。Berry 和 Locqueteau[59] 同样采用 Rayleigh-Ritz 法，建立有流体负载的双向加肋弹性厚板的声辐射模型，基函数选用多项式函数，适用性较强。当然，一般的研究是将肋骨与弹性平板的相互作用简化为线力和线力矩模型 [60,61]。

在讨论加肋矩形板振动和声辐射计算方法之前，先介绍有弹性支撑或弹性吊挂及附加质量块的弹性矩形板振动和声辐射计算方法。考虑矩形板弯曲振动方程为

$$D\nabla^4 W - m_s\omega^2 W + \sum_{i=1}^{N} K_i W \delta(x - x_i)\delta(y - y_i) = f(x, y) \tag{3.5.1}$$

式中，$D$ 和 $m_s$ 分别为矩形板弯曲刚度和面密度，$K_i$ 为弹性支撑或吊挂的弹性常数。$x_i$ 和 $y_i$ 为弹簧作用点坐标，$N$ 为弹性板支撑或吊挂数目，$f(x,y)$ 为激励外力。设弹性矩形板长 $l_x$，宽为 $l_y$，厚度为 $h$，四周为简支边界条件，参见图 3.5.1，采用模态法求解，设矩形板弯曲振动位移的形式解为

$$W = \sum_{m=1}^{\infty}\sum_{n=1}^{\infty} A_{mn}\varphi_m(x)\varphi_n(y) \tag{3.5.2}$$

将 (3.5.2) 式代入 (3.5.1) 式，利用模态函数的正交性，可得矩形板弯曲振动的模态方程：

$$\left[m_s\omega_{mn}^2 - m_s\omega^2 + \sum_{i=1}^{N} K_i\varphi_m(x_i)\varphi_n(y_i)\varphi_p(x_i')\varphi_q(y_i')\right] A_{mn} = f_{mn} \tag{3.5.3}$$

式中，$\omega_{mn}$ 和 $f_{mn}$ 分别为模态频率和模态激励力。

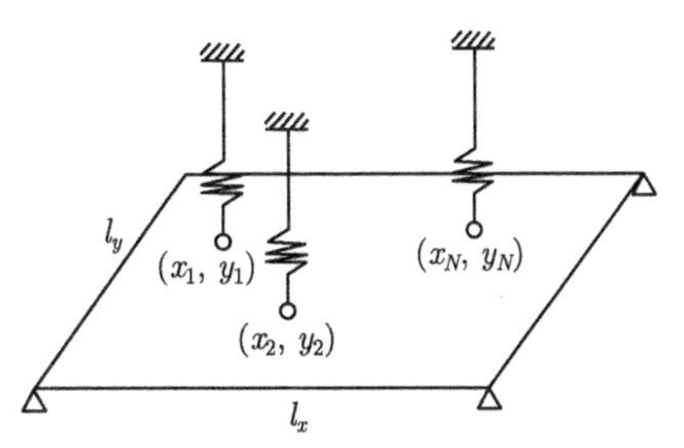


图 3.5.1 弹性支撑或吊挂的矩形弹性板

(引自文献 [54]，fig1)

将 (3.5.3) 式表示为矩阵形式：

$$\left\{[\Omega]-m_s\omega^2[I]+[K]\right\}\{A\}=\{f\} \tag{3.5.4}$$

式中，$\{A\}$ 为 $A_{mn}$ 组成的列矩阵，$\{f\}$ 为 $f_{mn}$ 组成的列矩阵，$[I]$ 为单位矩阵，矩阵 $[\Omega]$ 和 $[K]$ 的元素为

$$\Omega_{mnpq}=m_s\omega_{mn}^2\delta_{mp}\delta_{nq} \tag{3.5.5}$$

$$K_{mnpq}=\sum_{i=1}^{N}K_i\varphi_m(x_i)\varphi_n(y_i)\varphi_p(x_i')\varphi_q(y_i') \tag{3.5.6}$$

其中，$\delta_{mn}$ 为 Kronecker $\delta$ 函数。

若已知激励力，则有 (3.5.4) 式可以求解得到模态展开系数 $A_{mn}$，从而确定矩形板振动。考虑到 (3.5.4) 式左边与频率有关，每一个频率都需要计算线性代数方程的系数，计算量较大，为了简化计算量，这里可以作一个线性变换；

$$\{A\}=[\Psi]\{\alpha\} \tag{3.5.7}$$

其中，矩阵 $[\Psi]$ 由矢量 $\psi_i$ 组成：

$$[\Psi]=[\psi_1,\psi_2,\cdots,\psi_M] \tag{3.5.8}$$

且矢量 $\psi_i$ 满足：

$$\{[\Omega]+[K]\}\{\psi_i\}-\lambda_i\{\psi_i\}=0,\quad i=1,2,\cdots,M \tag{3.5.9}$$

$$\{\psi_i\}^{\mathrm{T}}\{\psi_j\}=\delta_{ij} \tag{3.5.10}$$

将 (3.5.7) 式代入到 (3.5.4) 式中，并左乘 $[\Psi]^{\mathrm{T}}$，可得

$$[\Psi]^{\mathrm{T}}\{[\Omega]+[K]\}[\Psi]\{\alpha\}-m_s\omega^2[\Psi]^{\mathrm{T}}[I][\Psi]\{\alpha\}=[\Psi]^{\mathrm{T}}\{f\} \tag{3.5.11}$$

考虑 (3.5.9) 式及矩阵 $[\Psi]$ 的正交性，$[\Psi]^{-1}=[\Psi]^{\mathrm{T}}$，(3.5.11) 可以简化为

$$\left\{[\Lambda]-m_s\omega^2[I]\right\}\{\alpha\}=[\Psi]^T\{f\} \tag{3.5.12}$$

式中，$[\Lambda]$ 为本征值 $\lambda_i$ 构成的对角阵，$[\Lambda]=\mathrm{diag}\left[\lambda_1,\lambda_2,\cdots,\lambda_M\right]$。由 (3.5.12) 式可以求解 $\{\alpha\}$，再代入 (3.5.7) 式，即有模态系数解 $\{A\}$。如果考虑矩形板辐射声场的耦合作用，则在 (3.5.4) 式左边需增加声辐射阻抗矩阵，由于声辐射阻抗隐含频率参数，求解时不能再进行变换简化，只能直接求解模态耦合方程，得到矩形板耦合振动，再进一步计算辐射声压和声辐射功率。注意到，矩形板的模态频率为 $\omega_{mn}$，而弹性支撑或吊挂的矩形板的耦合频率为

$$\omega_i=\sqrt{\lambda_i/m_s} \tag{3.5.13}$$

矩形板弹性支撑或吊挂后，振动模态振型也由 $\varphi_{mn}(x,y)$ 变为 $\varphi_{mn}(x,y)\psi_i$。Li 和 Gibeling[54] 计算表明，弹性支撑或吊挂改变简支矩形板的模态频率和振型，从而改变模态声辐射效率。

当矩形板上敷设分布质量块时，参见图 3.5.2，其弯曲振动方程为

$$D\nabla^4W-m_s\omega^2W-m_0\omega^2W\bar{H}(x,y,x_0,y_0,a,b)=f(x,y,\omega) \tag{3.5.14}$$

式中，$D$ 和 $m_s$ 为矩形板弯曲刚度和面密度，$f(x,y,\omega)$ 为激励力，$m_0$ 为分布质量块的面密度，$\bar{H}(x,y,x_0,y_0,a,b)$ 为表示质量块分布范围的函数，由阶跃函数 $H(x)$ 组成，其中 $a$ 和 $b$ 为分布质量块的长度和宽度，$x_0$ 和 $y_0$ 表示分布质量块的起点坐标。

$$\bar{H}(x,y,x_0,y_0,a,b)=[H(x-x_0)-H(x-x_0-a)][H(y-y_0)-H(y-y_0-b)] \tag{3.5.15}$$

或者，

$$\begin{aligned}\bar{H}(x,y,x_0,y_0,a,b)=&H_1(x-x_0,y-y_0)-H_2(x-x_0,y-y_0-b)\\&-H_3(x-x_0-a,y-y_0)+H_4(x-x_0-a,y-y_0-b)\end{aligned} \tag{3.5.16}$$

其中，

$$H_1(x-x_0,y-y_0)=H(x-x_0)H(y-y_0) \tag{3.5.17a}$$

$$H_2(x-x_0,y-y_0-b)=H(x-x_0)H(y-y_0-b) \tag{3.5.17b}$$

$$H_3(x-x_0-a,y-y_0)=H(x-x_0-a)H(y-y_0) \tag{3.5.17c}$$

$$H_4(x-x_0-a,y-y_0-b)=H(x-x_0-a)H(y-y_0-b) \tag{3.5.17d}$$

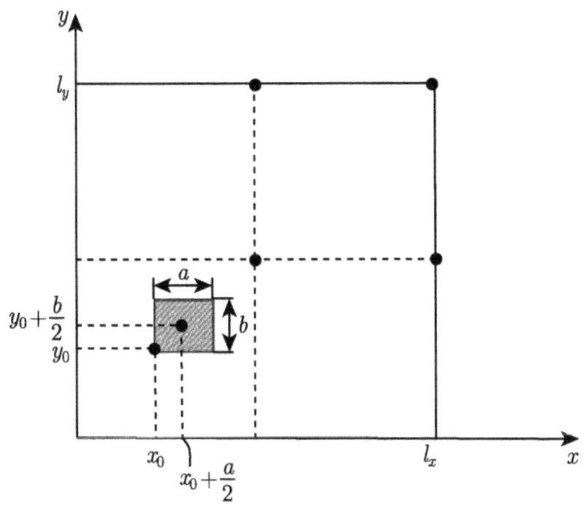


图 3.5.2 敷设质量块的矩形弹性板

(引自文献 [62], fig1)

设矩形板的弯曲振动解为 (3.5.2) 式，将其代入 (3.5.14) 式，利用模态函数的正交性，并考虑分布质量块的表征函数 $\bar{H}(x,y,x_0,y_0,a,b)$，可以得到敷设分布质量块的矩形板弯曲振动模态方程:

$$m_s\left[\omega_{mn}^2-\omega^2\right]A_{mn}-m_0\omega^2\sum_p^\infty\sum_q^\infty I_{mnpq}A_{pq}=f_{mn} \tag{3.5.18}$$

式中，

$$I_{mnpq}=\frac{4}{l_xl_y}\int_0^{l_x}\int_0^{l_y}\bar{H}(x,y,x_0,y_0,a,b)\varphi_m(x)\varphi_n(y)\varphi_p(x)\varphi_q(y)\mathrm{d}x\mathrm{d}y \tag{3.5.19}$$

将 (3.5.16) 式及 (3.5.17) 式代入 (3.5.19) 式，并定义:

$$I_x(x_0)=\int_0^{l_x}H(x-x_0)\varphi_m(x)\varphi_p(x)\mathrm{d}x \tag{3.5.20}$$

$$I_y(y_0)=\int_0^{l_x}H(y-y_0)\varphi_n(y)\varphi_q(y)\mathrm{d}y \tag{3.5.21}$$

这样，$I_{mnpq}$ 可以表示为

$$\begin{aligned}I_{mnpq}&=\frac{4}{l_xl_y}[I_x(x_0)I_y(y_0)-I_x(x_0)I_y(y_0+b)\\&\quad-I_x(x_0+a)I_y(y_0)+I_x(x_0+a)I_y(y_0+b)]\\&=\frac{4}{l_xl_y}\left[I_x(x_0)-I_x(x_0+a)\right]\left[I_y(y_0)-I_y(y_0+b)\right]\end{aligned} \tag{3.5.22}$$

将简支矩形板模态函数 $\varphi_m(x)$ 和 $\varphi_n(y)$ 代入 (3.5.20) 和 (3.5.21) 式，积分后将结果代入 (3.5.22) 式，得到

$$I_{mnpq}=\frac{4}{l_xl_y}\begin{cases}(\alpha_{11}-\alpha_{21})(\beta_{11}-\beta_{21}), & p\neq m,q\neq n\\ (\alpha_{12}-\alpha_{22})(\beta_{11}-\beta_{21}), & p=m,q\neq n\\ (\alpha_{12}-\alpha_{22})(\beta_{12}-\beta_{22}), & p=m,q=n\\ (\alpha_{12}-\alpha_{21})(\beta_{12}-\beta_{22}), & p\neq m,q=n\end{cases} \tag{3.5.23}$$

式中，

$$\alpha_{11}=\frac{2}{(p^2-m^2)\pi}\left[p\cos\left(\frac{p\pi x_0}{l_x}\right)\sin\left(\frac{m\pi x_0}{l_x}\right)-m\sin\left(\frac{p\pi x_0}{l_x}\right)\cos\left(\frac{m\pi x_0}{l_x}\right)\right] \tag{3.5.24a}$$

$$\alpha_{12}=\frac{1}{2}\left(1-\frac{x_0}{l_x}\right)+\frac{1}{4m\pi}\sin\frac{2m\pi x_0}{l_x} \tag{3.5.24b}$$

$$\begin{aligned}\alpha_{21}=&\frac{2}{(p^2-m^2)\pi}\left[p\cos\left(\frac{p\pi(x_0+a)}{l_x}\right)\sin\left(\frac{m\pi(x_0+a)}{l_x}\right)\right.\\&\left.-m\sin\left(\frac{p\pi(x_0+a)}{l_x}\right)\cos\left(\frac{m\pi(x_0+a)}{l_x}\right)\right]\end{aligned} \tag{3.5.24c}$$

$$\alpha_{22}=\frac{1}{2}\left(1-\frac{x_0+a}{l_x}\right)+\frac{1}{4m\pi}\sin\frac{2m\pi(x_0+a)}{l_x} \tag{3.5.24d}$$

$$\beta_{11}=\frac{2}{(q^2-n^2)\pi}\left[q\cos\left(\frac{q\pi x_0}{l_x}\right)\sin\left(\frac{n\pi x_0}{l_x}\right)-n\sin\left(\frac{q\pi x_0}{l_x}\right)\cos\left(\frac{n\pi x_0}{l_x}\right)\right] \tag{3.5.24e}$$

$$\beta_{12}=\frac{1}{2}\left(1-\frac{y_0}{l_y}\right)+\frac{1}{4n\pi}\sin\frac{2n\pi y_0}{l_y} \tag{3.5.24f}$$

$$\begin{aligned}\beta_{21}=&\frac{2}{(q^2-n^2)\pi}\left[q\cos\left(\frac{q\pi(y_0+b)}{l_y}\right)\sin\left(\frac{n\pi(y_0+b)}{l_y}\right)\right.\\&\left.-n\sin\left(\frac{q\pi(y_0+b)}{l_y}\right)\cos\left(\frac{n\pi(y_0+b)}{l_y}\right)\right]\end{aligned} \tag{3.5.24g}$$

$$\beta_{22}=\frac{1}{2}\left(1-\frac{y_0+b}{l_y}\right)+\frac{1}{4n\pi}\sin\frac{2n\pi(y_0+b)}{l_y} \tag{3.5.24h}$$

已知了分布质量块与矩形板的相互作用系数 $I_{mnpq}$ 及模态激励力 $f_{mn}$，由 (3.5.18) 式可以直接求解模态展开系数 $A_{mn}$，进一步可求解得到矩形板振动及声

辐射。如果考虑辐射声场与矩形板振动的耦合作用，需要在 (3.5.18) 式左边添加模态声辐射阻抗项。Sandman[52] 将矩形板上的质量块简化为点作用，采用 $\delta$ 函数表征，除了矩形板弯曲振动方程及矩形板与质量块相互作用的形式变简单外，矩形板振动与声辐射计算采用模态法，其过程类似于前面推导的耦合振动求解过程及 3.1 节给出的声辐射求解过程。针对一块矩形铝板，长宽比 $l_y/l_x=1.54$，厚度 $h$ 与边长 $l_x$ 之比 $h/l_x=1.7\times10^{-2}$。假设作用点位于矩形板中心，计算得到的矩形板中心点归一化振动位移响应及归一化远场辐射声压分别由图 3.5.3 和图 3.5.4 给出，图中 $\bar{m}$ 为质量块与矩形板质量之比 $\bar{m}=m_0/m_sl_xl_y$。当矩形板在水介质中的情况下，附加的点质量块与矩形板质量相同时，点质量块略微降低了矩形板一阶 (1，1) 模态的湿频率，相应的模态振动位移基本没有影响；点质量块对矩形板的二阶 (1,3) 和三阶 (3,1) 模态振动响应的影响，主要表现在振动频率明显降低，模态振动幅度略有减小，三阶模态以上的高阶模态振动幅度受点质量块的影响明显，峰值降低了十几分贝。矩形板声辐射受点质量块的影响，类似于振动响应，一阶和二阶模态的声辐射峰值频率降低，但幅度变化不大，三阶以上模态的声辐射峰值则受点质量块影响而明显下降。可以说，布置在矩形板中心的点质量块，即使其质量与矩形板质量相当，所产生的影响主要在高阶模态。低阶模态受到的影响主要是共振频率降低。如果质量块布置在多个位置上，则其效果可能会更明显一些。

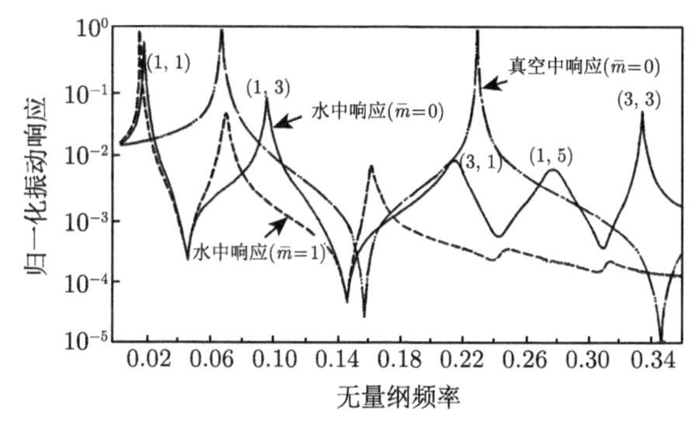

图 3.5.3 点质量块对矩形板振动的影响比较

(引自文献 [52], fig1)

将矩形板上的附加结构作为质量块处理，实际上是没有考虑附加结构刚度对矩形板振动及声辐射的影响。现在进一步考虑加肋矩形板振动和声辐射的计算，加肋矩形弹性板结构如图 3.5.5 所示。先考虑矩形弹性板沿 $x$ 方向的肋骨，在低频情况下，肋骨与矩形板的相互作用可以简化为线作用，矩形板的弯曲振动方程为

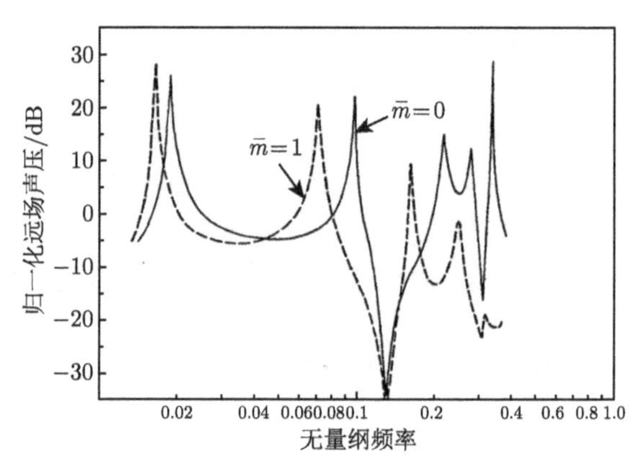


图 3.5.4　点质量块对水中矩形板远场声压的影响比较

(引自文献 [52], fig2)

$$D\nabla^4 W(x,y)-m_s\omega^2 W(x,y)=f-p-\sum_{i=1}^{N_y}F_{xi}\delta(y-y_i)-\sum_{i=1}^{N_y}M_{xi}\delta'(y-y_i)\quad(3.5.25)$$

式中，$f$ 和 $p$ 分别为作用在矩形板表面的激励力和外场声压，$F_{xi}$ 和 $M_{xi}$ 为第 $i$ 根 $x$ 方向肋骨对矩形板的作用力和作用力矩。$y_i$ 为第 $i$ 根肋骨在 $y$ 方向的位置，$N_y$ 为沿 $y$ 方向布置的肋骨数量，$\delta(y)$ 和 $\delta'(y)$ 为 Dirac 函数及其空间导数，其他参数同 (3.5.1) 式。

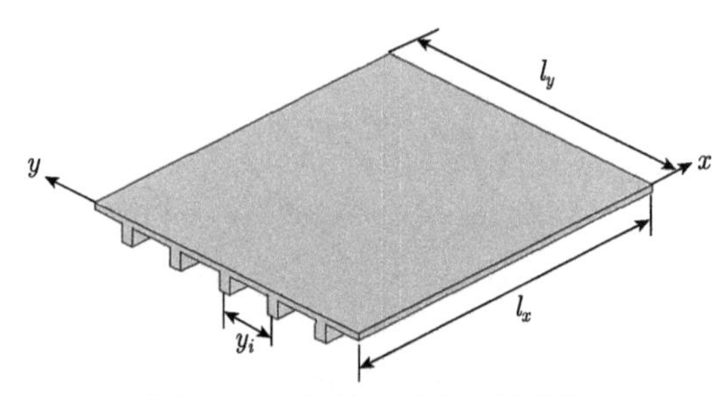


图 3.5.5　加肋矩形弹性板结构

第 $i$ 根肋骨对矩形板的作用力和作用力矩满足方程：

$$F_{xi}=E_{yi}I_{yi}\frac{\partial^4 U_{xi}(x)}{\partial x^4}-\rho_{yi}A_{yi}\omega^2 U_{xi}(x)\tag{3.5.26}$$

$$M_{xi}=G_{yi}I_{yi}\frac{\partial^2 \Theta_{xi}(x)}{\partial x^2}-\rho_{yi}I_{pyi}\omega^2 \Theta_{xi}(x)\tag{3.5.27}$$

式中，$U_{xi}(x)$ 为肋骨与矩形板连接线上的横向振动位移，$\Theta_{xi}(x)$ 为扭转角，$E_{yi}I_{yi}$ 为肋骨弯曲刚度，$G_{yi}I_{yi}$ 为扭转刚度，$\rho_{yi}$ 和 $A_{yi}$ 为肋骨密度和横截面积，$I_{yi}$ 和

$I_{pyi}$ 为肋骨惯性矩和极惯性矩。

肋骨与矩形板连接线上横向振动位移和扭转位移连续：

$$U_{xi}(x) = W(x, y_i) \tag{3.5.28}$$

$$\Theta_{xi}(x) = \frac{\partial W(x, y_i)}{\partial y} \tag{3.5.29}$$

设矩形板弯曲振动位移的形式解为 (3.5.2) 式，肋骨横向与扭转振动位移的形式解为

$$U_{xi}(x) = \sum_m U_m^i \varphi_m(x) \tag{3.5.30}$$

$$\Theta_{xi}(x) = \sum_m \Theta_m^i \varphi_m(x) \tag{3.5.31}$$

将 (3.5.2) 式代入 (3.5.25) 式，利用模态函数 $\varphi_m(x)$ 和 $\varphi_n(y)$ 的正交性，可以得到加肋矩形板的模态振动方程。

$$Z_{mn}^p W_{mn} = f_{mn} - p_{mn} - \sum_{i=1}^{N_y} F_m^{xi} \varphi_n(y_i) - \sum_{i=1}^{N_y} M_m^{xi} \varphi_n'(y_i) \tag{3.5.32}$$

式中，$Z_{mn}^p$ 为矩形板模态阻抗，$Z_{mn}^p = Dk_{mn}^4 - m_s\omega^2$，$F_m^{xi}$ 和 $M_m^{xi}$ 分别为对应 $F_{xi}$ 和 $M_{xi}$ 的模态力，它们的表达式为

$$F_m^{xi} = \int_0^{l_x} F_{xi} \varphi_m(x) \mathrm{d}x \tag{3.5.33}$$

$$M_m^{xi} = \int_0^{l_x} M_{xi} \varphi_m(x) \mathrm{d}x \tag{3.5.34}$$

将 (3.5.26) 和 (3.5.27) 式分别代入 (3.5.33) 和 (3.5.34) 式，有

$$F_m^{xi} = \int_0^{l_x} \left[ E_{yi} I_{yi} \frac{\partial^4 U_{xi}(x)}{\partial x^4} - \rho_{yi} A_{yi} \omega^2 U_{xi}(x) \right] \varphi_m(x) \mathrm{d}x \tag{3.5.35}$$

$$M_m^{xi} = \int_0^{l_x} \left[ G_{yi} I_{yi} \frac{\partial^2 \Theta_{xi}(x)}{\partial x^2} - \rho_{yi} I_{pyi} \omega^2 \Theta_{xi}(x) \right] \varphi_m(x) \mathrm{d}x \tag{3.5.36}$$

再将 (3.5.30) 和 (3.5.31) 式分别代入 (3.5.35) 和 (3.5.36) 式，并积分得到肋骨对矩形板的模态力和模态力矩：

$$F_m^{xi} = Z_{mi} U_m^i \tag{3.5.37}$$

$$M_m^{xi} = Z_{Tmi}\Theta_m^i \tag{3.5.38}$$

式中，$Z_{mi}$ 和 $Z_{Tmi}$ 分别为肋骨的横向振动和扭转振动的模态阻抗，表达式为

$$Z_{mi} = \frac{l_x}{2}\left[E_{yi}I_{yi}k_m^4 - \rho_{yi}A_{yi}\omega^2\right],\quad Z_{Tmi} = \frac{l_x}{2}\left[G_{yi}I_{yi}k_m^2 - \rho_{yi}I_{pyi}\omega^2\right]$$

另将 (3.1.22) 代入到 (3.5.32) 式，有

$$Z_{mn}^p W_{mn} - \mathrm{i}\omega\sum_p\sum_q Z_{mnpq}^a W_{pq} = f_{mn} - \sum_{i=1}^{N_y} F_m^{xi}\varphi_n(y_i) - \sum_{i=1}^{N_y} M_m^{xi}\varphi_n'(y_i) \tag{3.5.39}$$

(3.5.39) 式可以展开表示为

$$\begin{bmatrix} Z_{11}^p - \mathrm{i}\omega Z_{11,11} & -\mathrm{i}\omega Z_{12,11} & \cdots & -\mathrm{i}\omega Z_{MN,11} \\ -\mathrm{i}\omega Z_{11,12} & Z_{12}^p - \mathrm{i}\omega Z_{12,12} & \cdots & -\mathrm{i}\omega Z_{MN,12} \\ \vdots & \vdots & \cdots & \vdots \\ -\mathrm{i}\omega Z_{11,MN} & -\mathrm{i}\omega Z_{12,MN} & \cdots & Z_{MN}^p - \mathrm{i}\omega Z_{MN,MN} \end{bmatrix}\begin{Bmatrix} W_{11} \\ W_{12} \\ \vdots \\ W_{MN} \end{Bmatrix}$$

$$= \begin{Bmatrix} f_{11} \\ f_{12} \\ \vdots \\ f_{MN} \end{Bmatrix} - \begin{Bmatrix} \sum_{i=1}^{N_y} F_1^{xi}\varphi_1(y_i) + \sum_{i=1}^{N_y} M_1^{xi}\varphi_1'(y_i) \\ \sum_{i=1}^{N_y} F_1^{xi}\varphi_2(y_i) + \sum_{i=1}^{N_y} M_1^{xi}\varphi_2'(y_i) \\ \vdots \\ \sum_{i=1}^{N_y} F_M^{xi}\varphi_N(y_i) + \sum_{i=1}^{N_y} M_M^{xi}\varphi_N'(y_i) \end{Bmatrix} \tag{3.5.40}$$

对 (3.5.40) 式左边的阻抗矩阵作逆运算，可以得到加肋矩形板振动位移的模态展开系数。

$$W_{mn} = \sum_p\sum_q Y_{mnpq}\left[f_{pq} - \sum_{i=1}^{N_y} F_p^{xi}\varphi_q(y_i) - \sum_{i=1}^{N_y} M_p^{xi}\varphi_q'(y_i)\right] \tag{3.5.41}$$

式中，$Y_{mnpq}$ 为 (3.5.40) 式右边阻抗矩阵求逆得到的导纳矩阵元素。

为了进一步求解，将 (3.5.41) 式右边求和项表示为矩阵形式，得到

$$W_{mn} = \sum_p\sum_q Y_{mnpq}\left[f_{pq} - \left[\varphi_y, \varphi_y'\right]\begin{Bmatrix} F_x \\ M_x \end{Bmatrix}\right] \tag{3.5.42}$$

式中，$[\varphi_y]$ 为 $\varphi_q(y_i)$ 组成的行矩阵，$[\varphi_y']$ 为 $\varphi_q'(y_i)$ 组成的行矩阵，$\{F_x\},\{M_x\}$ 分别为 $F_{xi}^p$ 和 $M_{xi}^p$ 组成的列矩阵，它们的表达式分别为

$$[\varphi_y] = \left[\varphi_q(y_1), \varphi_q(y_2), \cdots, \varphi_q(y_{N_y})\right]$$

$$[\varphi'_y] = \left[\varphi'_q(y_1), \varphi'_q(y_2), \cdots, \varphi'_q(y_{N_y})\right]$$

$$\{F_x\} = \left\{F_p^{x1}, F_p^{x2}, \cdots, F_p^{xN_y}\right\}^{\mathrm{T}}, \quad \{M_x\} = \left\{M_p^{x1}, M_p^{x2}, \cdots, M_p^{xN_y}\right\}^{\mathrm{T}}$$

按照 (3.5.37) 和 (3.5.38) 式，并考虑到 (3.5.28) 和 (3.5.29) 式，肋骨横向和扭转振动模态阻抗满足：

$$\frac{1}{Z_{mi}} = \frac{U_m^i}{F_m^{xi}} = \frac{\sum\limits_n W_{mn}\varphi_n(y_i)}{F_m^{xi}} \tag{3.5.43}$$

$$\frac{1}{Z_{Tmi}} = \frac{\Theta_m^i}{M_m^{xi}} = \frac{\sum\limits_n W_{mn}\varphi'_n(y_i)}{M_m^{xi}} \tag{3.5.44}$$

将 (3.5.42) 式分别代入 (3.5.43) 和 (3.5.44) 式，得到

$$\begin{aligned}\frac{1}{Z_{mi}} F_m^{xi} = &\sum_p\sum_q\sum_n Y_{mnpq} f_{pq}\varphi_n(y_i) \\ &- \sum_p\sum_q\sum_n Y_{mnpq}\sum_{r=1}^{N_y}\left[\varphi_q(y_r)F_p^{xr}\varphi_n(y_i) + \varphi'_q(y_r)M_p^{xr}\varphi_n(y_i)\right]\end{aligned} \tag{3.5.45}$$

$$\begin{aligned}\frac{1}{Z_{Tmi}} M_m^{xi} = &\sum_p\sum_q\sum_n Y_{mnpq} f_{pq}\varphi'_n(y_i) \\ &- \sum_p\sum_q\sum_n Y_{mnpq}\sum_{r=1}^{N_y}\left[\varphi_q(y_r)F_p^{xr}\varphi'_n(y_i) + \varphi'_q(y_r)M_p^{xr}\varphi'_n(y_i)\right]\end{aligned} \tag{3.5.46}$$

合并 (3.5.45) 和 (3.5.46) 式，则有 [61]

$$\begin{bmatrix} A & B \\ C & D \end{bmatrix}\begin{Bmatrix} F_x \\ M_x \end{Bmatrix} = \sum_n\sum_p\sum_q Y_{mnpq} f_{pq}\begin{Bmatrix} [\varphi_y]^{\mathrm{T}} \\ [\varphi'_y]^{\mathrm{T}} \end{Bmatrix} \tag{3.5.47}$$

式中，矩阵 $[A]$, $[B]$, $[C]$, $[D]$ 的矩阵元素分别为

$$A_{y_i,y_r} = \begin{cases} \sum\limits_n\sum\limits_p\sum\limits_q Y_{mnpq}\varphi_q(y_r)\varphi_n(y_i), & y_i \neq y_r \\ \sum\limits_n\sum\limits_p\sum\limits_q Y_{mnpq}\varphi_q(y_r)\varphi_n(y_i) + \dfrac{1}{Z_{mi}}, & y_i = y_r \end{cases} \tag{3.5.48}$$

$$B_{y_i,y_r}=\sum_n\sum_p\sum_q Y_{mnpq}\varphi_q'(y_r)\varphi_n(y_i) \tag{3.5.49}$$

$$C_{y_i,y_r}=\sum_n\sum_p\sum_q Y_{mnpq}\varphi_q(y_r)\varphi_n'(y_i) \tag{3.5.50}$$

$$D_{y_i,y_r}=\begin{cases}\displaystyle\sum_n\sum_p\sum_q Y_{mnpq}\varphi_q'(y_r)\varphi_n'(y_i), & y_i\neq y_r\\ \displaystyle\sum_n\sum_p\sum_q Y_{mnpq}\varphi_q'(y_r)\varphi_n'(y_i)+\frac{1}{Z_{Tmi}}, & y_i=y_r\end{cases} \tag{3.5.51}$$

由 (3.5.47) 式可以求得

$$\left\{\begin{array}{c}F_x\\ M_x\end{array}\right\}=\left[\begin{array}{cc}A & B\\ C & D\end{array}\right]^{-1}\sum_n\sum_p\sum_q Y_{mnpq}f_{pq}\left\{\begin{array}{c}[\varphi_y]^{\mathrm{T}}\\ [\varphi_y']^{\mathrm{T}}\end{array}\right\} \tag{3.5.52}$$

令

$$\sum_n\sum_p\sum_q Y_{mnpq}f_{pq}\left\{\begin{array}{c}[\varphi_y]^{\mathrm{T}}\\ [\varphi_y']^{\mathrm{T}}\end{array}\right\}=[H] \tag{3.5.53}$$

则将 (3.5.52) 式代入 (3.5.42) 式，得到加肋矩形板模态振动位移：

$$W_{mn}=\sum_p\sum_q Y_{mnpq}\left\{f_{pq}-[\varphi_y,\varphi_y']\left[\begin{array}{cc}A & B\\ C & D\end{array}\right]^{-1}[H]\right\} \tag{3.5.54}$$

因为考虑了弹性矩形板与肋骨及辐射声场的耦合，得到的矩形板模态振动位移表达式比较复杂。一旦计算得到了考虑了流体负载的矩形板振动位移，进一步计算声辐射功率及远场声压等参数就可以采用以往介绍的方法了。如果进一步考虑矩形板沿 $x$ 和 $y$ 方向正交双向加肋，则计算模型需要扩展，类似 (3.5.25) 式，双向加肋的矩形板弯曲振动方程为

$$\begin{aligned}D\nabla^4W(x,y)-m_s\omega^2W(x,y)=&f-p-\sum_{i=1}^{N_y}F_{xi}\delta(y-y_i)-\sum_{i=1}^{N_y}M_{xi}\delta'(y-y_i)\\&-\sum_{j=1}^{N_x}F_{yj}\delta(x-x_j)-\sum_{j=1}^{N_x}M_{yj}\delta'(x-x_j)\end{aligned} \tag{3.5.55}$$

式中，$F_{yj}$ 和 $M_{yj}$ 为第 $j$ 根 $y$ 方向肋骨对矩形板的作用力和作用力矩，$x_j$ 为第 $j$ 根在 $x$ 方向的位置，$N_x$ 为沿 $x$ 方向布置的肋骨数，且有

$$F_{yj}=E_{xj}I_{xj}\frac{\partial^4U_{yj}(y)}{\partial y^4}-\rho_{xj}A_{xj}\omega^2U_{yj}(y) \tag{3.5.56}$$

$$M_{yj} = G_{xj} I_{xj} \frac{\partial^2 \Theta_{yj}(y)}{\partial y^2} - \rho_{xj} I_{pxj} \omega^2 \Theta_{yj}(y) \tag{3.5.57}$$

式中，$U_{yj}$ 和 $\Theta_{yj}$ 分别为 $y$ 方向布置的肋骨与矩形板连接线上的横向与扭转振动位移，其他参数类似 (3.5.26) 和 (3.5.27) 式中的相关参数，只是将下标由 $yi$ 改为 $xj$。

同样，$y$ 方向肋骨与矩形板连接线上横向和扭转振动位移连续，有

$$U_{yj}(y) = W(x_j, y) \tag{3.5.58}$$

$$\Theta_{yj}(y) = \frac{\partial W(x_j, y)}{\partial x} \tag{3.5.59}$$

类似 (3.5.30) 和 (3.5.31) 式，设 $y$ 方向肋骨横向和扭转振动位移的形式解为

$$U_{yj}(y) = \sum_n U_n^j \varphi_n(y) \tag{3.5.60}$$

$$\Theta_{yj}(y) = \sum_n \Theta_n^j \varphi_n(y) \tag{3.5.61}$$

将 (3.5.2) 式代入 (3.5.55) 式，可得到双向加肋矩形板的模态振动方程：

$$Z_{mn}^p W_{mn} = f_{mn} - p_{mn} - \sum_{i=1}^{N_y} F_m^{xi} \varphi_n(y_i) - \sum_{i=1}^{N_y} M_m^{xi} \varphi_n'(y_i) - \sum_{j=1}^{N_x} F_n^{yj} \varphi_m(x_j) - \sum_{j=1}^{N_x} M_n^{yj} \varphi_m'(x_j) \tag{3.5.62}$$

式中，

$$F_n^{yj} = \int_0^{l_y} F^{yj} \varphi_n(y) \mathrm{d}y \tag{3.5.63}$$

$$M_n^{yj} = \int_0^{l_y} M^{yj} \varphi_n(y) \mathrm{d}y \tag{3.5.64}$$

再类似 (3.5.37) 和 (3.5.38) 式推导，可得 $y$ 方向肋骨对矩形板的模态作用力和作用力矩：

$$F_n^{yj} = Z_{nj} U_n^j \tag{3.5.65}$$

$$M_n^{yj} = Z_{Tnj} \Theta_n^j \tag{3.5.66}$$

式中，$Z_{nj}$ 和 $Z_{Tnj}$ 分别为 $y$ 方向肋骨的横向与扭转振动的模态阻抗，表达式类似 $Z_{mi}$ 和 $Z_{Tmi}$，只需将 $x, y, i$ 分别替换为 $y, x, j$ 即可。

类似 (3.5.41) 式推导，并考虑 (3.1.22) 式，由 (3.5.62) 式即可得到双向加肋矩形板振动位移的模态展开系数：

$$W_{mn} = \sum_p \sum_q Y_{mnpq} \left[ f_{pq} - \sum_{i=1}^{N_y} F_p^{xi} \varphi_q(y_i) - \sum_{i=1}^{N_y} M_p^{xi} \varphi_q'(y_i) \right.$$
$$\left. - \sum_{j=1}^{N_x} F_q^{yj} \varphi_p(x_j) - \sum_{j=1}^{N_x} M_q^{yj} \varphi_p'(x_j) \right] \tag{3.5.67}$$

将 (3.5.67) 式表示为

$$W_{mn} = \sum_p \sum_q Y_{mnpq} \left\{ f_{pq} - [\varphi_y, \varphi_y', \varphi_x, \varphi_x'] \begin{bmatrix} F_x \\ M_x \\ F_y \\ M_y \end{bmatrix} \right\} \tag{3.5.68}$$

式中，$\varphi_y, \varphi_y', F_x, M_x$ 已由 (3.5.42) 式给出，$\varphi_x, \varphi_x', F_y, M_y$ 则为

$$[\varphi_x] = [\varphi_p(x_1), \varphi_p(x_2), \cdots, \varphi_p(x_{N_x})], \quad [\varphi_x'] = [\varphi_p'(x_1), \varphi_p'(x_2), \cdots, \varphi_p'(x_{N_x})]$$

$$[F_y] = \left[F_q^{y_1}, F_q^{y_2}, \cdots, F_q^{y_{N_x}}\right]^{\mathrm{T}}, \quad [M_y] = \left[M_q^{y_1}, M_q^{y_2}, \cdots, M_q^{y_{N_x}}\right]^{\mathrm{T}}$$

现在将 (3.5.68) 式分别代入 (3.5.43) 和 (3.5.44) 式，类似 (3.5.47) 式的推导，并注意到 (3.5.68) 式中增加了 $\phi_x F_y$ 和 $\varphi_x' M_y$ 两项，可得

$$\begin{bmatrix} A & B & E^1 & E^2 \\ C & D & E^3 & E^4 \end{bmatrix} \begin{Bmatrix} F_x \\ M_x \\ F_y \\ M_y \end{Bmatrix} = \sum_n \sum_p \sum_q Y_{mnpq} f_{pq} \begin{Bmatrix} [\varphi_y]^{\mathrm{T}} \\ [\varphi_y']^{\mathrm{T}} \end{Bmatrix} \tag{3.5.69}$$

式中，矩阵 $E^1$, $E^2$, $E^3$, $E^4$ 的元素：

$$E^1_{y_i, x_s} = \sum_p \sum_q \sum_n Y_{mnpq} \varphi_n(y_i) \varphi_p(x_s) \tag{3.5.70}$$

$$E^2_{y_i, x_s} = \sum_p \sum_q \sum_n Y_{mnpq} \varphi_n(y_i) \varphi_p'(x_s) \tag{3.5.71}$$

$$E^3_{y_i,x_s} = \sum_p \sum_q \sum_n Y_{mnpq} \varphi'_n(y_i) \varphi_p(x_s) \tag{3.5.72}$$

$$E^4_{y_i,x_s} = \sum_p \sum_q \sum_n Y_{mnpq} \varphi'_n(y_i) \varphi'_p(x_s) \tag{3.5.73}$$

类似 (3.5.43) 和 (3.5.44) 式，沿 $y$ 方向布置的肋骨，其横向和扭转振动模态阻抗满足：

$$\frac{1}{Z_{nj}} = \frac{U^j_n}{F^{yj}_n} = \frac{\sum\limits_m W_{mn} \varphi_m(x_j)}{F^{yj}_n} \tag{3.5.74}$$

$$\frac{1}{Z_{Tnj}} = \frac{\Theta^j_n}{M^{yj}_n} = \frac{\sum\limits_m W_{mn} \varphi'_m(x_j)}{M^{yj}_n} \tag{3.5.75}$$

同样将 (3.5.68) 式分别代入 (3.5.74) 和 (3.5.75) 式，推导得到

$$\begin{bmatrix} F^1 & F^2 & A^r & B^r \\ F^3 & F^4 & C^r & D^r \end{bmatrix} \begin{Bmatrix} F_x \\ M_x \\ F_y \\ M_y \end{Bmatrix} = \sum_m \sum_p \sum_q Y_{mnpq} f_{pq} \begin{Bmatrix} [\varphi_x]^{\mathrm{T}} \\ [\varphi'_x]^{\mathrm{T}} \end{Bmatrix} \tag{3.5.76}$$

式中，$A^r, B^r, C^r, D^r$ 的元素为

$$A^r_{x_j,x_s} = \begin{cases} \sum\limits_p \sum\limits_q \sum\limits_m Y_{mnpq} \varphi_p(x_s) \varphi_m(x_j), & x_s \neq x_j \\ \sum\limits_p \sum\limits_q \sum\limits_m Y_{mnpq} \varphi_p(x_s) \varphi_m(x_j) + \dfrac{1}{Z_{nj}}, & x_s = x_j \end{cases} \tag{3.5.77}$$

$$B^r_{x_j,x_s} = \sum_p \sum_q \sum_m Y_{mnpq} \varphi'_p(x_s) \varphi_m(x_j) \tag{3.5.78}$$

$$C^r_{x_j,x_s} = \sum_p \sum_q \sum_m Y_{mnpq} \varphi_p(x_s) \varphi'_m(x_j) \tag{3.5.79}$$

$$D^r_{x_j,x_s} = \begin{cases} \sum\limits_p \sum\limits_q \sum\limits_m A_{mnpq} \varphi'_p(x_s) \varphi'_m(x_j), & x_s \neq x_j \\ \sum\limits_p \sum\limits_q \sum\limits_m A_{mnpq} \varphi'_p(x_s) \varphi'_m(x_j) + \dfrac{1}{Z_{Tnj}}, & x_s = x_j \end{cases} \tag{3.5.80}$$

矩阵 $F^1, F^2, F^3, F^4$ 的元素为

$$F^1_{x_j,y_r} = \sum_p \sum_q \sum_m Y_{mnpq} \varphi_q(y_r) \varphi_m(x_j) \tag{3.5.81}$$

$$F_{x_j,y_r}^{2}=\sum_{p}\sum_{q}\sum_{m}Y_{mnpq}\varphi_q'(y_r)\varphi_m(x_j) \tag{3.5.82}$$

$$F_{x_j,y_r}^{3}=\sum_{p}\sum_{q}\sum_{m}Y_{mnpq}\varphi_q(y_r)\varphi_m'(x_j) \tag{3.5.83}$$

$$F_{x_j,y_r}^{4}=\sum_{p}\sum_{q}\sum_{m}Y_{mnpq}\varphi_q'(y_r)\varphi_m'(x_j) \tag{3.5.84}$$

将 (3.5.69) 和 (3.5.76) 合并，代入 (3.5.68) 式，得到

$$W_{mn}=\sum_{p}\sum_{q}Y_{mnpq}\times\left\{f_{pq}-[\varphi_y,\varphi_y',\varphi_x,\varphi_x']\begin{bmatrix}A & B & E^1 & E^2\\ C & D & E^3 & E^4\\ F^1 & F^2 & A^r & B^r\\ F^3 & F^4 & C^r & D^r\end{bmatrix}^{-1}\cdot([H_1]+[H_2])\right\} \tag{3.5.85}$$

式中，

$$[H_1]=\sum_{n}\sum_{p}\sum_{q}Y_{mnpq}f_{pq}\left\{[\varphi_y]^{\mathrm{T}},[\varphi_y']^{\mathrm{T}},[0],[0]\right\}^{\mathrm{T}} \tag{3.5.86}$$

$$[H_2]=\sum_{m}\sum_{p}\sum_{q}Y_{mnpq}f_{pq}\left\{[0],[0],[\varphi_x]^{\mathrm{T}},[\varphi_x']^{\mathrm{T}}\right\}^{\mathrm{T}} \tag{3.5.87}$$

这样，可以计算正交双向加肋矩形板的弯曲振动模态位移，当然进一步可以计算声辐射功率及远场声场。Mejdi 和 Atalla[60] 采用面积为 $1.06\times1.54\mathrm{m}^2$、厚度为 8mm 的铝板，单向加肋，数量为 5 根，肋距为 0.18m，肋骨惯性矩和截面积为 $1.27\times10^{-12}\mathrm{m}^4$ 和 $1.52\times10^{-5}\mathrm{m}^2$，计算的矩形板振动响应和声辐射功率与其他计算方法的结果基本一致，参见图 3.5.6。同时由单向加肋与等效无肋矩形板声辐射功率的比较可知，在 200Hz 以下的频段，两者差别不大，但在高频段，肋骨对声辐射功率的峰值频率有影响，对幅值影响不明显。在某些频率上，如果肋骨位于相应模态的节线上，肋骨对声辐射没有影响，如图 3.5.7 中 637Hz, 662Hz, 703Hz 三个频率，它们分别对应 (6.1), (6.2) 和 (6.3) 模态频率，单向加肋与无肋矩形板的声辐射功率峰值完全重合。针对表面积为 $0.6\times1.2\mathrm{m}^2$、厚度为 8mm 的正交双向加肋铝板，$y$ 方向肋骨 2 根，$x$ 方向肋骨 3 根，肋距为 0.2m，肋骨惯性矩和截面积分别为 $I_{xi}=2.0738\times10^{-12}\mathrm{m}^4$, $I_{yi}=9.3148\mathrm{m}^4$, $A_{xi}=2.112\times10^{-5}\mathrm{m}^2$, $A_{yi}=2\times10^{-5}\mathrm{m}^2$，计算得到的振动响应和声辐射功率参与其他方法的结果很一

致，见图 3.5.8。Liu[61] 采用类似的模型计算了多种材料和参数的加肋矩形板声传输损失，并扩展到曲面板，详细结果可以参见文献。

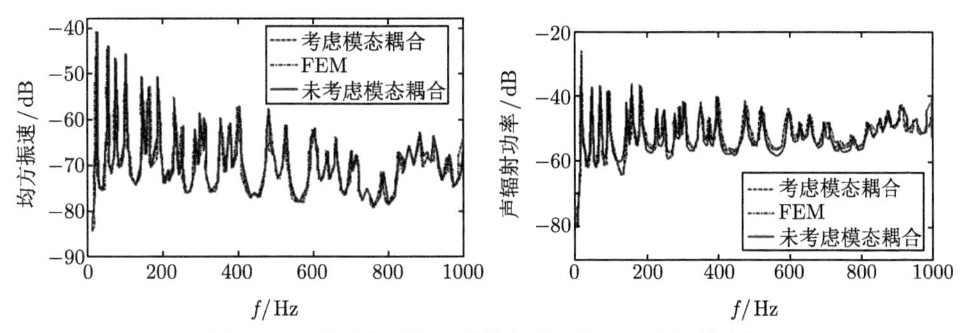


图 3.5.6 单向加肋矩形弹性板均方振速和声辐射功率

(引自文献 [60], fig6)

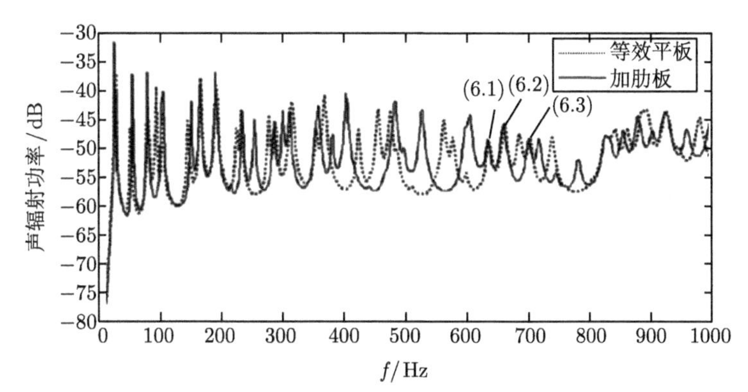


图 3.5.7 单向加肋与等效矩形弹性板声辐射功率比较

(引自文献 [60], fig7)

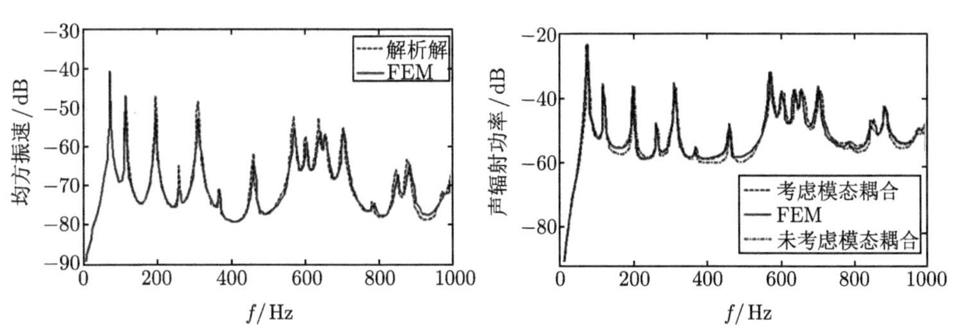


图 3.5.8 双向加肋矩形弹性板均方振速和声辐射功率

(引自文献 [60], fig9)

前面采用模态法建立了正交双向加肋矩形板的耦合振动及声辐射模型，严格地说，这是一种近似方法，因为采用矩形板的模态函数作为振动位移展开的基函数，没有考虑肋骨对加肋矩形板振动模态函数的影响，虽然求解得到的加肋矩形板振动位移反映了肋骨的作用，但是肋骨对模态振型的影响没有充分体现。3.2 节中，采用 Rayleigh-Ritz 法求解了任意边界条件的矩形板振动及声辐射，当矩形弹性板有肋骨、质量块及弹性支撑时，同样可以采用 Rayleigh-Ritz 法求解相应的振动及声辐射 [58]。考虑任意边界条件的矩形板，上面布置了肋骨、质量块及弹性支撑，参见图 3.5.9。在这种情况下，矩形板系统的动能包含了平板弯曲振动对应的动能及肋骨动能和质量块动能：

$$T = T_p + \sum_{k=1}^{N_r} T_k^r + \sum_{i=1}^{N_m} T_i^m \tag{3.5.88}$$

式中，$T_p$ 为矩形板动能，$T_k^r$ 为第 $k$ 根肋骨的动能，$T_i^m$ 为第 $i$ 个质量块的动能，$N_r$ 和 $N_m$ 分别为肋骨和质量块数量。

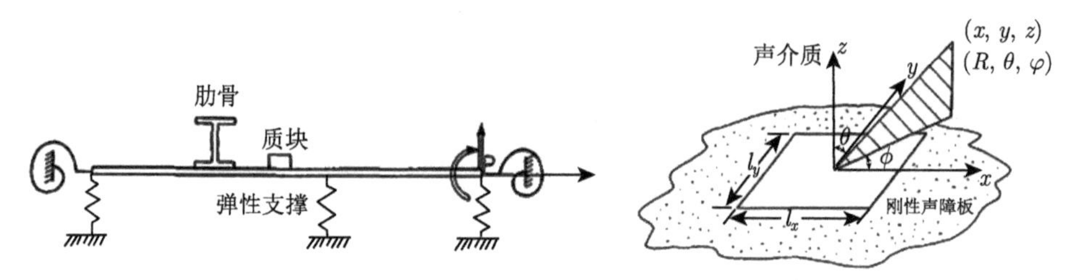


图 3.5.9 布置肋骨、质量块及弹性支撑的任意边界矩形板

(引自文献 [58], fig1, fig2)

矩形板系统的势能则包含了平板弯曲振动对应的势能以及边界弹性支撑的势能、肋骨势能和弹性点支撑势能。

$$V = V_p + V_e + \sum_{k=1}^{N_r} V_k^r + \sum_{j=1}^{N_s} V_j^s \tag{3.5.89}$$

式中，$V_p$ 为矩形板势能、$V_e$ 为边界弹性板支撑性能、$V_k^r$ 为第 $k$ 根肋骨的势能，$V_j^s$ 为第 $j$ 个点弹性支撑势能，$N_r$ 为肋骨数量，$N_s$ 为点弹性支撑数量。

3.2 节已经详细给出了矩形板动能、势能及边界弹性支撑势能的定义，并推导得到了相应的质量矩阵和刚度矩阵表达式，同时还给出了激励外力和辐射声场对矩形板作用的虚功及相应的广义力。这里将重点讨论肋骨动能和势能，以及质量块动能和弹性点支撑势能的表达式，推导相应的质量矩阵和刚度矩阵的具体形式。

第 $i$ 个质量块的动能为

$$T_i^m = \frac{1}{2} m_i \left( \frac{\partial W(x_i, y_i, t)}{\partial t} \right)^2 \tag{3.5.90}$$

式中，$m_i$ 为第 $i$ 个质量块的质量，$(x_i, y_i)$ 为质量块布置位置。

假设矩形板的振动位移为

$$W(x, y, t) = \sum_{m=0}^{M} \sum_{n=0}^{N} A_{mn}(t) \varphi_m(\xi) \varphi_n(\eta) \tag{3.5.91}$$

式中，$\xi = x/l_x, \eta = y/l_y$。

将 (3.5.91) 式表示为矩阵形式：

$$W(\xi, \eta, t) = \{A_{mn}(t)\}^{\mathrm{T}} \{\varphi_m(\xi) \varphi_n(\eta)\} \tag{3.5.92}$$

式中，$\{A_{mn}(t)\}$ 和 $\{\varphi_m(\xi)\varphi_n(\eta)\}$ 分别为 $A_{mn}(t)$ 和 $\varphi_m(\xi)\varphi_n(\eta)$ 组成的列矩阵。

将 (3.5.92) 式代入 (3.5.90) 式，并对质量块的点质量作归一化处理，得到

$$\begin{aligned} T_i^m &= \frac{1}{2} \bar{m}_i m_s l_x l_y \left\{ \dot{A}_{mn}(t) \right\}^{\mathrm{T}} \{\varphi_m(\xi_i) \varphi_n(\eta_i)\} \{\varphi_p(\xi_i) \varphi_q(\eta_i)\}^{\mathrm{T}} \left\{ \dot{A}_{pq}(t) \right\} \\ &= \left\{ \dot{A}_{mn}(t) \right\}^{\mathrm{T}} \left[ M_{mnpq}^m \right] \left\{ \dot{A}_{pq}(t) \right\} \end{aligned} \tag{3.5.93}$$

式中，

$$\left[ M_{mnpq}^m \right] = \frac{1}{2} \bar{m} m_s l_x l_y \{\varphi_m(\xi_i) \varphi_n(\eta_i)\} \{\varphi_p(\xi_i) \varphi_q(\eta_i)\}^{\mathrm{T}} \tag{3.5.94}$$

这里，$\bar{m}_i = m_i / m_s l_x l_y$ 为质量块质量与矩阵板质量的比值。

若基函数取

$$\varphi_m(\xi) = \xi^m, \quad m = 0, 1, 2, \cdots, M \tag{3.5.95a}$$

$$\varphi_n(\eta) = \eta^n, \quad n = 0, 1, 2, \cdots, N \tag{3.5.95b}$$

将 (3.5.95) 式代入 (3.5.94) 式，得到点质量的质量矩阵元素表达式：

$$M_{mnpq}^m = \frac{1}{2} \bar{m}_i m_s l_x l_y \xi_i^{m+p} \eta_i^{n+q} \tag{3.5.96}$$

第 $j$ 个弹性点支撑的势能为

$$V_j^s = \frac{1}{2} K_j W^2(x_j, y_j, t) \tag{3.5.97}$$

式中，$K_j$ 为第 $j$ 个弹性支撑的刚度系数。

将 (3.5.92) 式代入 (3.5.97) 式，并对弹性支撑的刚度系数作归一化处理，得到

$$\begin{aligned}V_j^e &= \frac{1}{2}\bar{K}_j\frac{D}{l_xl_y}\left\{A_{mn}(t)\right\}^{\mathrm{T}}\left\{\varphi_m(\xi_j)\varphi_n(\eta_j)\right\}\left\{\varphi_p(\xi_j)\varphi_q(\eta_j)\right\}^{\mathrm{T}}\left\{A_{pq}(t)\right\}\\&=\left\{A_{mn}(t)\right\}^{\mathrm{T}}\left[K_{mnpq}^e\right]\left\{A_{pq}(t)\right\}\end{aligned} \tag{3.5.98}$$

式中，

$$\left[K_{mnpq}^e\right] = \frac{1}{2}\bar{K}_j\frac{D}{l_xl_y}\left\{\varphi_m(\xi_j)\varphi_n(\eta_j)\right\}\left\{\varphi_p(\xi_j)\varphi_q(\eta_j)\right\}^{\mathrm{T}} \tag{3.5.99}$$

这里 $\bar{K}_j = K_i/(D/l_xl_y)$ 为弹性支撑的刚度系数与矩形板弯曲刚度的比值。再将 (3.5.95) 式代入 (3.5.99) 式，得到弹性支撑的刚度矩阵元素表达式：

$$K_{mnpq}^e = \frac{1}{2}K_j\frac{D}{l_xl_y}\xi_j^{m+p}\eta_j^{n+q} \tag{3.5.100}$$

为了计算肋骨的动能和势能，假设肋骨厚度相对于横截面尺度为一个小量，肋骨厚度方向的应力为常数，不考虑肋骨的扭曲变形，肋骨与平板为线连接，肋骨横截面没有变形。这样，肋骨与矩形板在连接线上满足振动位移连续条件：

$$U_k\left(I_k,t\right) = U\left(I_k,t\right) \tag{3.5.101a}$$

$$V_k\left(I_k,t\right) = V\left(I_k,t\right) \tag{3.5.101b}$$

$$W_k\left(I_k,t\right) = W\left(I_k,t\right) \tag{3.5.101c}$$

$$\Theta_k\left(I_k,t\right) = \frac{\partial W\left(Q_k,t\right)}{\partial x} \tag{3.5.101d}$$

式中，$U_k, V_k, W_k$ 及 $\Theta_k$ 分别为肋骨与矩形板连接线上肋骨沿 $x, y$ 和 $z$ 方向的平动位移及 $xz$ 平面内的转动位移，$I_k$ 为连接线位置，$Q_k$ 为矩形板中和面位置，$U, V, W$ 分别为矩形板沿 $x, y$ 和 $z$ 方向的振动位移。在以肋骨横截面质心 $G$ 为原点的坐标系中，参见图 3.5.10，肋骨上 $M$ 点位移与矩形板位移的关系为

$$U_k\left(M,t\right) = -\left[z\left(M\right) - z\left(Q_k\right)\right]\frac{\partial W(Q_k,t)}{\partial x} \tag{3.5.102}$$

$$V_k\left(M,t\right) = -\left[z\left(M\right) - z\left(Q_k\right)\right]\frac{\partial W(Q_k,t)}{\partial y} \tag{3.5.103}$$

$$W_k\left(M,t\right) = W\left(Q_k,t\right) - \left[x\left(M\right) - x\left(Q_k\right)\right]\frac{\partial W(Q_k,t)}{\partial x} \tag{3.5.104}$$

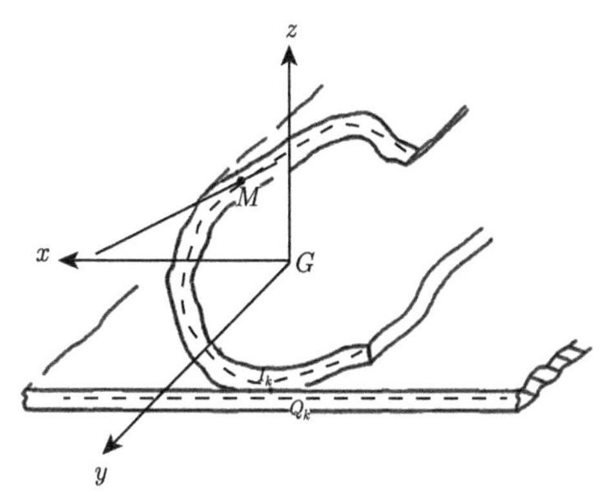


图 3.5.10 矩形板与肋骨振动位移关系

(引自文献 [58], fig3)

相应地，第 $k$ 根肋骨的动能和势能表达式为 [58]

$$
\begin{aligned}
T_k^r = &\int_0^{l_y} \frac{1}{2}\rho_k A_k \left[\frac{\partial W(Q_k,t)}{\partial t}\right]^2 \mathrm{d}y + \int_0^{l_y} \frac{1}{2}\rho_k A_k \\
&\times \left\{ z^2(Q_k) \left[\left(\frac{\partial^2 W(Q_k,t)}{\partial x \partial t}\right)^2 + \left(\frac{\partial^2 W(Q_k,t)}{\partial y \partial t}\right)^2\right]\right. \\
&\times \left.\left\{ +x^2(Q_k,t) \left(\frac{\partial^2 W(Q_k,t)}{\partial x \partial t}\right)^2 - 2x(Q_k)\frac{\partial W(Q_k,t)}{\partial t}\frac{\partial^2 W(Q_k,t)}{\partial x \partial t}\right\} \mathrm{d}y \right. \\
&+ \int_0^{l_y} \frac{1}{2}\rho_k I_{xx,k} \left[\left(\frac{\partial^2 W(Q_k,t)}{\partial x \partial t}\right)^2 + \left(\frac{\partial^2 W(Q_k,t)}{\partial y \partial t}\right)^2\right] \mathrm{d}y \\
&+ \int_0^{l_y} \frac{1}{2}\rho_k I_{zz,k} \left(\frac{\partial^2 W(Q_k,t)}{\partial x \partial t}\right)^2 \mathrm{d}y
\end{aligned}
\tag{3.5.105}
$$

$$
\begin{aligned}
V_k^r = &\int_0^{l_y} \frac{1}{2}E_k \left[I_{xx,k} + A_k z^2(Q_k)\right] \left(\frac{\partial^2 W(Q_k,t)}{\partial y^2}\right)^2 \mathrm{d}y \\
&+ \int_0^{l_y} \frac{1}{2}G_k J_k \left(\frac{\partial^2 W(Q_k,t)}{\partial x \partial y}\right)^2 \mathrm{d}y
\end{aligned}
\tag{3.5.106}
$$

式中，$A_k$ 和 $l_y$ 为第 $k$ 根肋骨的横截面积和长度，$I_{xx,k}$ 和 $I_{zz,k}$ 为肋骨关于 $x$ 轴和 $z$ 轴的面惯性矩，$\rho_k, E_k, G_k$ 为肋骨密度、杨氏模量和剪切模量，$J_k$ 为肋骨横截面扭转常数。(3.5.105) 式中，第一项积分为肋骨平动动能，其他三项积分为扭转动能；(3.5.106) 式中，第一项积分为弯曲应变能，第二项为扭转应变能。如果肋骨采用梁模型表征，相应的动能和势能表达式可以比较简单 [63]：

$$T_k^r = \int_0^{l_y} \frac{1}{2}\rho_k A_k \left(\frac{\partial W}{\partial t}\right)^2 \mathrm{d}y \tag{3.5.107}$$

$$V_k^r = \int_0^{l_y} \frac{1}{2}E_k I_{xx,k} \left(\frac{\partial^2 W}{\partial y^2}\right)^2 \mathrm{d}y \tag{3.5.108}$$

将 (3.5.91) 式代入 (3.5.105) 式中，得到

$$T_k^r = \left\{\dot{A}_{mn}(t)\right\}^{\mathrm{T}} \left[M_{mnpq}^r\right] \left\{\dot{A}_{pq}(t)\right\} \tag{3.5.109}$$

式中，肋骨质量矩阵 $\left[M_{mnpq}^r\right]$ 的元素为

$$\begin{aligned} M_{mnpq}^r =& \frac{1}{2}\rho_k \frac{l_y}{l_x^2}\left[A_k\left(x^2\left(Q_k\right)\right) + z^2\left(Q_k\right) + I_{xx,k} + I_{zz,k}\right] \\ & \times \frac{\partial \varphi_m\left(\xi_k\right)}{\partial \xi}\frac{\partial \varphi_p\left(\xi_k\right)}{\partial \xi} I_{nq}^{00} + \frac{1}{2}\rho_k \frac{1}{l_y}\left[A_k z^2\left(Q_k\right) + I_{xx,k}\right]\varphi_m\left(\xi_k\right)\varphi_p\left(\xi_k\right) I_{nq}^{11} \\ & - \rho_k A_k x\left(Q_k\right)\frac{l_y}{l_x}\left[\frac{\partial \varphi_m\left(\xi_k\right)}{\partial \xi}\varphi_p\left(\xi_k\right) + \varphi_m\left(\xi_k\right)\frac{\partial \varphi_p\left(\xi_k\right)}{\partial \xi}\right] I_{nq}^{00} \\ & + \frac{1}{2}\rho_k A_k l_y \varphi_m\left(\xi_k\right)\varphi_p\left(\xi_k\right) I_{nq}^{00} \end{aligned} \tag{3.5.110}$$

其中，

$$I_{nq}^{\alpha\beta} = \int_0^1 \frac{\mathrm{d}^\alpha \varphi_n(\eta)}{\mathrm{d}\eta^\alpha} \cdot \frac{\mathrm{d}^\beta \varphi_q(\eta)}{\mathrm{d}\eta^\beta} \mathrm{d}\eta \tag{3.5.111}$$

若将 (3.5.95) 式代入 (3.5.110) 式及 (3.5.111) 式，则可以得到

$$\begin{aligned} M_{mnpq}^r =& \frac{1}{2}\rho_k \frac{l_y}{l_x^2}\left[A_k\left(x^2\left(Q_k\right)\right) + z^2\left(Q_k\right) + I_{xx,k} + I_{zz,k}\right] \cdot mp\xi_k^{m+p-2}\frac{1}{n+q+1} \\ & + \frac{1}{2}\rho_k \frac{1}{l_y}\left[A_k z^2\left(Q_k\right) + I_{xx,k}\right] \cdot \xi_k^{m+p}\frac{nq}{n+q-1} \\ & - \rho_k A_k x\left(Q_k\right)\frac{l_y}{l_x}(m+p)\,\xi_k^{m+p-1}\frac{1}{n+q+1} + \frac{1}{2}\rho_k A_k l_y \xi_k^{m+p}\frac{1}{n+q+1} \end{aligned} \tag{3.5.112}$$

同时将 (3.5.91) 式代入 (3.5.106) 式，得到

$$V_k^r = \left\{A_{mn}(t)\right\}^{\mathrm{T}} \left[K_{mnpq}^r\right] \left\{A_{pq}(t)\right\} \tag{3.5.113}$$

式中，肋骨质量矩阵 $[K^r_{mnpq}]$ 的元素为

$$K^r_{mnpq}=\frac{1}{2}E_k\frac{1}{l_y^3}\left[A_kz^2\left(Q_k\right)+I_{xx,k}\right]\varphi_m\left(\xi_i\right)\varphi_p\left(\xi_i\right)I^{22}_{nq}+\frac{1}{2}G_kJ_k\frac{1}{l_x^2l_y}\frac{\partial\varphi_m\left(\xi_i\right)}{\partial\xi}\frac{\partial\varphi_p\left(\xi_i\right)}{\partial\xi}I^{11}_{nq} \tag{3.5.114}$$

再将 (3.5.95) 式代入 (3.5.114) 式及 (3.5.111) 式中，可以得到

$$K^r_{mnpq}=\frac{1}{2}E_k\frac{1}{l_y^3}\left[A_kz^2\left(Q_k\right)+I_{xx,k}\right]\xi_i^{m+p}\frac{n\left(n-1\right)q\left(q-1\right)}{n+q-3}+\frac{1}{2}G_kJ_k\frac{1}{l_x^2l_y}mp\xi_k^{m+p-2}\frac{nq}{n+q-1} \tag{3.5.115}$$

于是，利用变分原理，可以得到任意边界条件下带弹性支撑和质量块的加肋矩形板的振动方程：

$$\left\{\left[K_{mnpq}\right]-\omega^2\left[M_{mnpq}\right]\right\}\left\{A_{mn}\right\}=\left\{f_{mn}\right\} \tag{3.5.116}$$

式中，质量矩阵 $[M_{mnpq}]$ 由矩形板质量矩阵、肋骨质量矩阵和质量块质量矩阵叠加而成，刚度矩阵 $[K_{mnpq}]$ 则由矩形板刚度矩阵、矩形板边界弹性支撑刚度矩阵、肋骨刚度矩阵和弹性点支撑刚度矩阵叠加而成。

$$\left[M_{mnpq}\right]=\left[M^p_{mnpq}\right]+\sum_{k=1}^{N_r}\left[M^r_{mnpq}\right]+\sum_{i=1}^{N_m}\left[M^m_{mnpq}\right] \tag{3.5.117}$$

$$\left[K_{mnpq}\right]=\left[K^p_{mnpq}\right]+\left[K^e_{mnpq}\right]+\sum_{k=1}^{N_r}\left[K^r_{mnpq}\right]+\sum_{j=1}^{N_s}\left[K^s_{mnpq}\right] \tag{3.5.118}$$

(3.5.116) 式中的广义力 $\{f_{mn}\}$，包含了激励力和辐射声压对矩形板作用的广义力，具体形式可参见 3.2 节，如果采用简化的公式 (3.5.107) 和 (3.5.108) 式计算肋骨的动能和势能，得到的肋骨质量矩阵和刚度矩阵也相对简单。

$$M^r_{mnpq}=\frac{1}{2}\rho_kA_kl_y\varphi_m\left(\xi_k\right)\varphi_p\left(\xi_k\right)I^{00}_{nq} \tag{3.5.119}$$

$$K^r_{mnpq}=\frac{1}{2}E_kI_{xx,k}\frac{1}{l_y^3}\varphi_m\left(\xi_i\right)\varphi_p\left(\xi_i\right)I^{22}_{nq} \tag{3.5.120}$$

求解 (3.5.116) 式得到矩形广义位移 $A_{mn}$ 后，进一步计算矩形板振动响应及声辐射功率可见 3.2 节相关内容。Berry 和 Nicolas[58] 针对 455mm 长、375mm

宽、1mm 厚的矩形板，采用点激励，计算了点质量块对矩形板振动响应和声辐射功率的影响，结果与 Sandman[52] 给出的结果一致。质量块对低阶模态的振动响应和声辐射功率的幅度影响不大，但明显降低峰值频率。质量块可明显降低高阶模态的振动响应和声辐射功率幅值，而对声辐射效率基本没有影响，参见图 3.5.11，图中 $\bar{m}_i = m_i/\rho_s l_x l_y h$ 为归一化质量。一般来说，肋骨一方面降低矩形板的振动响应，另一方面增加声辐射效率，而对矩形板声辐射功率起到增加还是降低的作用，则取决于肋骨降低振动响应与增加辐射效率的作用大小。Berry 和 Nicolas 考虑了矩形板的两种加肋方式，其一为矩形板中心沿宽度方向布置 1 根肋骨，其二为宽度方向等间距布置三根肋骨，长度方向布置二根肋骨。肋骨高 2cm、宽 1cm。激励力作用在矩形板中心即肋骨位置上。计算的矩形板振动响应、声辐射效率和声辐射功率由图 3.5.12 给出，在 400Hz 以下频段，肋骨的作用明显降低了矩形板的振动响应，而这个频率大致对应被激励肋骨的一阶模态频率，可以说在肋骨一阶模态以下，矩形板振动受肋骨影响较大。由于肋骨附近的近场振动分量能够有效地辐射声能，矩形板声辐射效率随肋骨数量的增加而加强，5 根肋骨的矩形板声辐射效率在 500Hz 左右即达到最大值 1，而无肋矩形板的吻合频率为 12kHz，

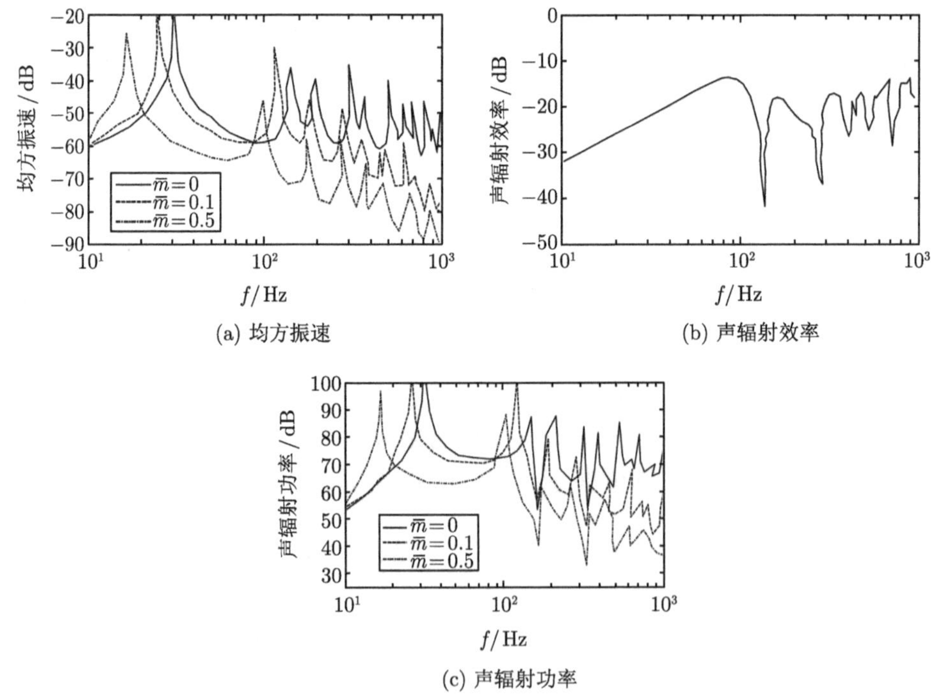

(a) 均方振速 (b) 声辐射效率

(c) 声辐射功率

图 3.5.11 点质量块对矩形板振动和声辐射的影响

(引自文献 [58], fig7)

远大于 500Hz。在肋骨一阶模态以上频段，因为加肋增加矩形板的声辐射效率，从而补偿了振动的降低，使得声辐射功率变化不大，而在低频段 (受激肋骨一阶模态以下频率) 加肋矩形板的声辐射功率则因振动响应降低而降低。由于肋骨尺寸比矩形板厚度大很多，低频声辐射功率降低明显。

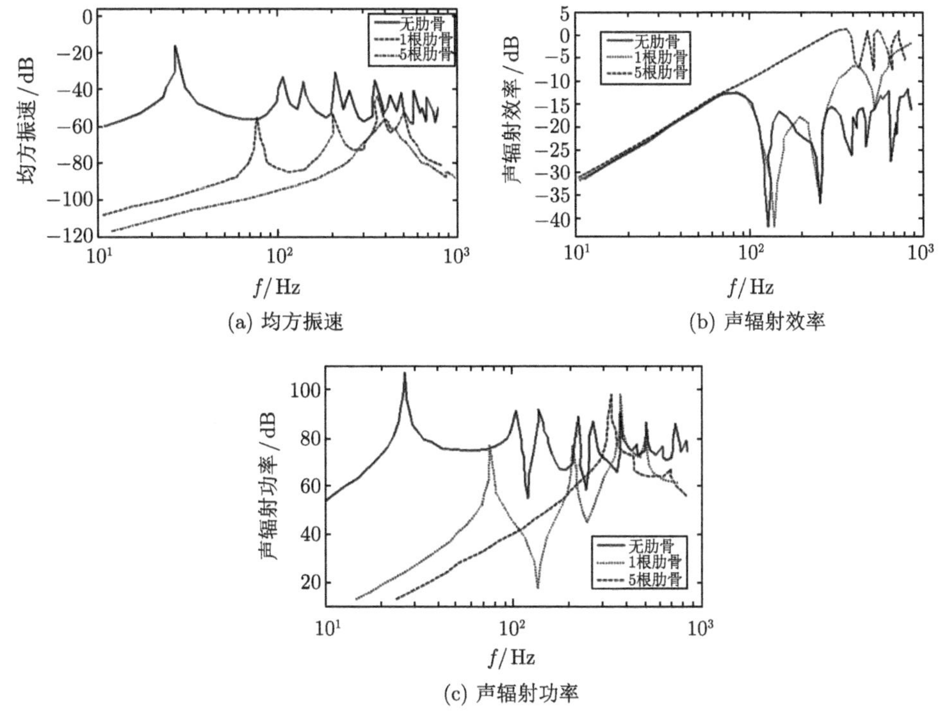


(a) 均方振速　　(b) 声辐射效率

(c) 声辐射功率

图 3.5.12 肋骨对矩形板振动和声辐射的影响

(引自文献 [58], fig8)

为了更好地适用船舶结构，Berry 和 Locqueteau[59] 进一步扩展了前面的计算模型，考虑了矩形板的弯曲、横向剪切及面内变形，以及肋骨的弯曲、扭转和伸展变形，并给出了肋骨相应的动能和势能表达式，详细的计算模型推导可参考相关文献。Barrette 和 Berry 等 [64] 将加肋弹性平板分为若干子单元。每个子单元由矩形板和肋骨组成，采用三角函数作为基函数，类似文献 [58] 的推导得到每个子单元的质量和刚度矩阵，并整合得到整个结构的 Hamilton 函数及总质量矩阵和总刚度矩阵，再利用子单元之间位移及其导数的连续条件，压缩总质量矩阵和总刚度矩阵，得到压缩的 Hamilton 函数，形成的计算模型可以不局限于加肋矩形板，只要求子单元为矩形板，多个子单元整合的结构可以扩展为加肋的非矩形平板，且每个子单元的边界条件可以为简支、固支或自由边界条件，整个结构的边界条件可以多样化，具体的求解过程是将 (3.5.117) 和 (3.5.118) 式给出的加肋矩形板的质量和刚度矩阵作为子单元的质量和刚度矩阵，经整合得到整个结构质量和刚度矩阵及 Rayleigh-Ritz 系数列矩阵。

$$[M]=\begin{bmatrix} [M_1] & 0 & 0 & 0 & \cdots & 0 \\ 0 & [M_2] & 0 & 0 & \cdots & 0 \\ \vdots & \vdots & \vdots & \vdots & \cdots & 0 \\ 0 & 0 & \cdots & [M_i] & \cdots & \vdots \\ \vdots & \vdots & \vdots & \vdots & \ddots & 0 \\ 0 & 0 & 0 & 0 & \cdots & [M_{N_p}] \end{bmatrix} \tag{3.5.121}$$

$$[K]=\begin{bmatrix} [K_1] & 0 & 0 & 0 & \cdots & 0 \\ 0 & [K_2] & 0 & 0 & \cdots & 0 \\ \vdots & \vdots & \vdots & \vdots & \cdots & 0 \\ 0 & 0 & \cdots & [K_i] & \cdots & \vdots \\ \vdots & \vdots & \vdots & \vdots & \ddots & 0 \\ 0 & 0 & 0 & 0 & \cdots & [K_{N_p}] \end{bmatrix} \tag{3.5.122}$$

$$\{q\}=\left\{\{q_1\},\{q_2\},\{q_3\},\cdots,\{q_i\},\cdots,\{q_{N_p}\}\right\} \tag{3.5.123}$$

这里，$[M_i]$ 和 $[K_i]$ 为第 $i$ 个加肋矩形板子单元的质量与刚度矩阵，$N_p$ 为子单元数目，$\{q_i\}$ 为第 $i$ 个加肋矩形板子单元的 Rayleigh-Ritz 系数列矩阵，由系数 $A_{mn}$ 组成。利用变分原理，可以得到整个加肋平板结构的振动方程：

$$[H]\{q\}=\{f\} \tag{3.5.124}$$

式中，$[H]=[K]-\omega^2[M]$，$\{f\}=\left\{\{f_1\},\{f_2\},\{f_3\},\cdots,\{f_i\},\cdots,\{f_{N_p}\}\right\}^{\mathrm{T}}$ 为广义力列矩阵，$\{f_i\}$ 由第 $i$ 个加肋矩形板子单元的广义力 $f_{mn}$ 组成。

利用相邻子单元连续条件，可以对整个加肋平板结构的运动方程进行压缩，为此，参照图 3.5.13，第 $i$ 个子单元与第 $i+1$ 个子单元相邻边界的位移及其导数连续，即

$$W^i(1,\eta_i)=W^{i+1}(-1,\eta_i) \tag{3.5.125}$$

$$\frac{1}{l_x^i}\frac{\mathrm{d}W^i(1,\eta_i)}{\mathrm{d}\xi_i}=\frac{1}{l_x^{i+1}}\frac{\mathrm{d}W^{i+1}(-1,\eta_i)}{\mathrm{d}\xi_{i+1}} \tag{3.5.126}$$

将子单元振动位移的形式解 (3.5.91) 式代入 (3.5.125) 和 (3.5.126) 式，得到

$$\sum_{m=1}^{M}\sum_{n=1}^{N}A_{mn}^{i}\varphi_m(1)\varphi_n(\eta_i)=\sum_{m=1}^{M}\sum_{n=1}^{N}A_{mn}^{i+1}\varphi_m(-1)\varphi_n(\eta_i) \tag{3.5.127}$$

$$\sum_{m=1}^{M}\sum_{n=1}^{N}A_{mn}^{i}\frac{\mathrm{d}\varphi_m(1)}{\mathrm{d}\xi_i}\varphi_n(\eta_i)=\frac{l_x^i}{l_x^{i+1}}\sum_{m=1}^{M}\sum_{n=1}^{N}A_{mn}^{i+1}\frac{\mathrm{d}\varphi_m(-1)}{\mathrm{d}\xi_{i+1}}\varphi_n(\eta_i) \tag{3.5.128}$$

若子单元的基函数 $\varphi_m(\xi)$、$\varphi_n(\eta)$ 选用三角函数，则利用三角函数在 $-1$ 和 $+1$ 的取值，可以简化 (3.5.127) 和 (3.5.128) 式。对于选用的三角函数作为基函数，文献 [64] 给出了 $\varphi_m(\xi)$ 和 $\dfrac{\mathrm{d}\varphi_m}{\mathrm{d}\xi}$ 所满足的关系：

$$\varphi_m(1)=\begin{cases}1, & m=3\\ 0, & \text{其他}\end{cases},\quad \varphi_m(-1)=\begin{cases}1, & m=1\\ 0, & \text{其他}\end{cases} \tag{3.5.129}$$

$$\frac{\mathrm{d}\varphi_m(1)}{\mathrm{d}\xi}=\begin{cases}\dfrac{\pi}{2}, & m=4\\ 0, & \text{其他}\end{cases},\quad \frac{\mathrm{d}\varphi_m(-1)}{\mathrm{d}\xi}=\begin{cases}\dfrac{\pi}{2}, & m=2\\ 0, & \text{其他}\end{cases} \tag{3.5.130}$$

于是，(3.5.127) 和 (3.5.128) 式可以化简为

$$\sum_{n=1}^{N}A_{3n}^{i}\varphi_n(\eta_i)=\sum_{n=1}^{N}A_{1n}^{i+1}\varphi_n(\eta_i) \tag{3.5.131}$$

$$\frac{\pi}{2}\sum_{n=1}^{N}A_{4n}^{i}\varphi_n(\eta_i)=\frac{\pi}{2}\frac{l_x^i}{l_x^{i+1}}\sum_{n=1}^{N}A_{mn}^{i+1}\varphi_n(\eta_i) \tag{3.5.132}$$

考虑到基函数 $\varphi_n(\eta_i)$ 在 $-1\leqslant\eta_i\leqslant 1$ 范围内的完备性，(3.5.131) 和 (3.5.132) 式可进一步简化为

$$A_{3n}^{i}=A_{1n}^{i+1},\quad A_{4n}^{i}=\frac{l_x^i}{l_x^{i+1}}A_{2n}^{i+1},\quad 1\leqslant n\leqslant N \tag{3.5.133}$$

如果第 $i$ 单元与第 $i+1$ 单元的界面与 $x$ 轴平行，则有连续条件：

$$W^i(\xi_i,1)=W^{i+1}(\xi_i,-1) \tag{3.5.134}$$

$$\frac{1}{l_y^i}\frac{\mathrm{d}W^i(\xi_i,1)}{\mathrm{d}\eta_i}=\frac{1}{l_y^{i+1}}\frac{\mathrm{d}W^{i+1}(\xi_i,-1)}{\mathrm{d}\eta_{i+1}} \tag{3.5.135}$$

类似 (3.5.133) 式的推导，可得

$$A_{m3}^{i}=A_{m1}^{i+1},\quad A_{m4}^{i}=\frac{l_y^i}{l_y^{i+1}}A_{m2}^{i+1},\quad 1\leqslant m\leqslant M \tag{3.5.136}$$

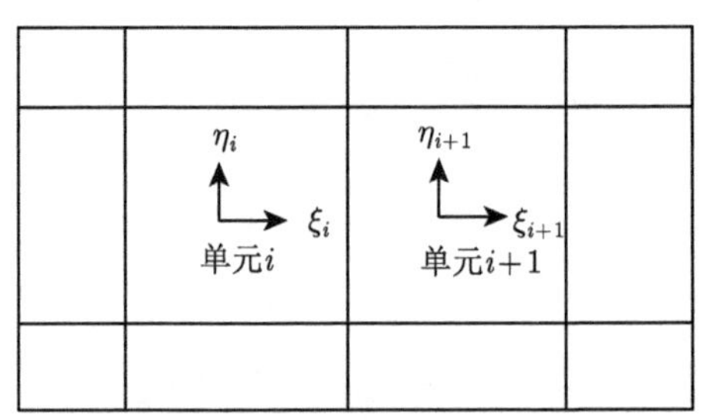


图 3.5.13　相邻单元振动位移及其导数连续

(引自文献 [64], fig6)

由于三角函数在子单元端点 −1 和 +1 的取值特征，相邻子单元在界面的位移及其导数连续条件，转化为 Rayleigh-Ritz 参数的简化条件，通过消除多余的 Rayleigh-Ritz 系数，可以压缩相应的振动方程。按照 (3.5.124) 式定义的列矩阵 $\{q\}$，将 (3.5.133) 和 (3.5.136) 式表示为通用形式

$$q_g = \alpha q_f \tag{3.5.137}$$

这个条件可以使两个自由度 $q_g$ 和 $q_f$ 简化为一个自由度 $q_f$，这样，对于 (3.5.124) 式对应的本征值问题，有

$$\begin{bmatrix} H_{11} & \cdots & H_{f1} & \cdots & H_{g1} & \cdots \\ \vdots & & \vdots & & \vdots & \\ H_{1f} & \cdots & H_{ff} & \cdots & H_{fg} & \cdots \\ \vdots & & \vdots & & \vdots & \\ H_{1g} & \cdots & H_{fg} & \cdots & H_{gg} & \cdots \\ \vdots & & \vdots & & \vdots & \end{bmatrix} \begin{Bmatrix} q_1 \\ \vdots \\ q_f \\ \vdots \\ q_g \\ \vdots \end{Bmatrix} = 0 \tag{3.5.138}$$

相应的 Hamilton 函数为

$$H = \sum_i \sum_j q_i H_{ij} q_j \tag{3.5.139}$$

在 (3.5.139) 式中，将多余的自由度 $q_g$ 单独列出，则有

$$H = \sum_{i \neq g} \sum_{j \neq g} q_i H_{ij} q_j + \sum_{i \neq g} q_i H_{ig} q_g + \sum_{j \neq g} q_g H_{gj} q_j + q_g H_{gg} q_g \tag{3.5.140}$$

将 (3.5.137) 式代入 (3.5.140) 式，得到

$$H = \sum_{i \neq g} \sum_{j \neq g} q_i H_{ij} q_j + \sum_{i \neq g} \alpha q_i H_{ig} q_f + \sum_{j \neq g} \alpha q_f H_{gj} q_j + \alpha^2 q_f H_{gg} q_f \tag{3.5.141}$$

对 (3.5.141) 式作微分运算 $\partial H/\partial q_k$, 可得消除了 $q_g$ 自由度的压缩本征方程:

$$\begin{bmatrix} H_{11} & \cdots & H_{f1}+\alpha H_{g1} & \cdots \\ \vdots & & \vdots & \\ H_{1f}+\alpha H_{1g} & & H_{ff}+\alpha H_{gf}+\alpha H_{fg}+\alpha^2 H_{gg} & \cdots \\ \vdots & & \vdots & \end{bmatrix} \begin{Bmatrix} q_1 \\ \vdots \\ q_f \\ \vdots \end{Bmatrix} = 0 \tag{3.5.142}$$

相应地，(3.5.124) 式给出的广义力列矩阵 $\{f\}$ 压缩为

$$\{f\} = \left\{\{f_1\},\{f_2\},\cdots,\{f_f+\alpha f_g\},\cdots,\{f_{N_p}\}\right\}^{\mathrm{T}} \tag{3.5.143}$$

于是，(3.5.124) 式可以表示为

$$\begin{bmatrix} H_{11} & \cdots & H_{f1}+\alpha H_{g1} & \cdots \\ \vdots & & \vdots & \\ H_{1f}+\alpha H_{1g} & & H_{ff}+\alpha H_{gf}+\alpha H_{fg}+\alpha^2 H_{gg} & \cdots \\ \vdots & & \vdots & \end{bmatrix} \begin{Bmatrix} q_1 \\ \vdots \\ q_f \\ \vdots \end{Bmatrix} = \begin{Bmatrix} f_1 \\ \vdots \\ f_f+\alpha f_g \\ \vdots \end{Bmatrix} \tag{3.5.144}$$

矩阵压缩是一个非独自由度行和列线性组合的过程，需要对所有非独立的自由度进行操作，从而求解整体加肋平板的广义位移。Barrette 和 Berry 针对 480mm×420mm、厚 3.22mm，并沿宽度方向加一根肋骨的铝板，给出了振动响应计算结果与试验结果的比较，参见图 3.5.14，由此表明该方法计算平板结构中频振动及声辐射具有较好的优势。

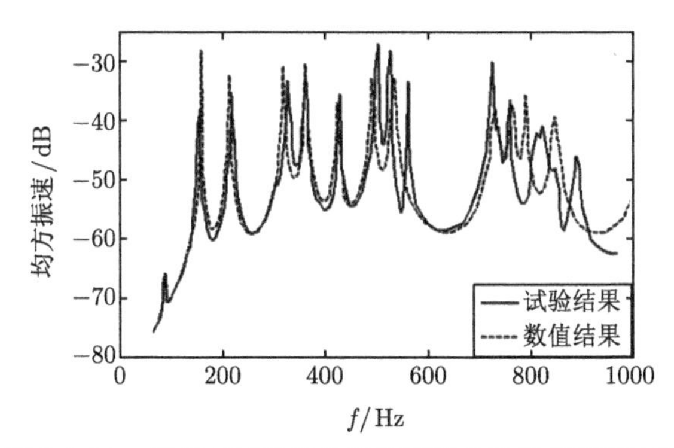


图 3.5.14 计算与试验的单肋矩形弹性板均方振速比较

(引自文献 [64], fig11)

## 3.6　敷设黏弹性层与夹心复合结构矩形板振动和声辐射

为了降低结构振动及声辐射，船舶及飞机和车辆结构常常在壳板上敷设黏弹性阻尼层，或者采用夹心复合结构，用以提高结构的阻尼，降低辐射面的振动，从而达到降低噪声的目的。2.4 节已经介绍了无限大复合弹性平板结构的振动和声辐射特性，这里进一步讨论矩形弹性复合板的振动和声辐射特性。

先考虑一种夹心结构模型，如图 3.6.1 所示。三层夹心矩形板镶嵌在无限大刚性声障板上，矩形板上方为半无限理想声介质。设三层夹心矩形板的上下层面板厚度均为 $h_s$，杨氏模量、密度、泊松比分别为 $E_s$, $\rho_s$, $\nu_s$，中间柔性层厚度为 $h_c$，剪切模量和密度分别为 $G_c$, $\rho_c$。假设面板满足经典薄板理论，其剪切刚度远大于中间柔性层，柔性层易于剪切形变，有较高的弯曲变形柔度。在这种假设下，Sandma[65] 采用横向位移挠度 $W$ 及中间层弯曲转动 $\varphi_x$ 和 $\varphi_y$ 表征夹心结构的振动：

$$\begin{aligned}&D\nabla^4 W-\frac{3}{4}\left(\frac{h_c}{h_s}\right)\nabla^2\varPhi-\frac{3\left(1-\nu_s^2\right)h_cG_c}{2E_sh_s^3}\left(\nabla^2 W+\varPhi\right)\\&+\frac{3}{h_s^2}\left[1+\frac{\mu_c}{2}\left(\frac{h_c}{h_s}\right)\right]\frac{1}{C_s^2}\frac{\partial^2 W}{\partial t^2}\\&-\frac{1}{C_s^2}\frac{\partial^2}{\partial t^2}\left(\nabla^2 W\right)+\frac{3}{4}\left(\frac{h_c}{h_s}\right)\frac{1}{C_s^2}\frac{\partial^2\varPhi}{\partial t^2}-\frac{3\left(1-\nu_s^2\right)}{2E_sh_s^3}f\left(x,y,t\right)+\frac{3\left(1-\nu_s^2\right)}{2E_sh_s^3}p\left(x,y,t\right)=0\end{aligned}\tag{3.6.1}$$

$$\begin{aligned}&\frac{\partial}{\partial x}\left(\nabla^2 W\right)-\frac{1}{2}\left(\frac{h_c}{h_s}\right)\left[\left(1-\nu_s\right)\nabla^2\varphi_x+\left(1+\nu\right)\frac{\partial\varPhi}{\partial x}\right]+\frac{2G_c\left(1-\nu_s^2\right)}{E_sh_s^2}\left(\frac{\partial W}{\partial x}+\varphi_x\right)\\&-\frac{1}{C_s^2}\frac{\partial^3 W}{\partial x\partial t^2}+\left[\frac{h_c}{h_s}+\frac{\mu_c}{6}\left(\frac{h_c}{h_s}\right)^2\right]\frac{1}{C_s^2}\frac{\partial^2\varphi_x}{\partial t^2}=0\end{aligned}\tag{3.6.2}$$

$$\begin{aligned}&\frac{\partial}{\partial y}\left(\nabla^2 W\right)-\frac{1}{2}\left(\frac{h_c}{h_s}\right)\left[\left(1-\nu_s\right)\nabla^2\varphi_y+\left(1+\nu_s\right)\frac{\partial\varPhi}{\partial y}\right]\\&+\frac{2G_c\left(1-\nu_s^2\right)}{E_sh_s^2}\left(\frac{\partial W}{\partial y}+\varphi_y\right)-\frac{1}{C_s^2}\frac{\partial^3 W}{\partial y\partial t^2}+\left[\frac{h_c}{h_s}+\frac{\mu_c}{6}\left(\frac{h_c}{h_s}\right)^2\right]\frac{1}{C_s^2}\frac{\partial^2\varphi_y}{\partial t^2}=0\end{aligned}\tag{3.6.3}$$

式中，$f\left(x,y,t\right)$ 为外激励力，$p\left(x,y,t\right)$ 为作用夹心板上的声压，且有

$$\varPhi=\frac{\partial\varphi_x}{\partial x}+\frac{\partial\varphi_y}{\partial y},\quad \mu_c=\frac{\rho_c}{\rho_s},\quad C_s=\left[\frac{E_s}{\rho_s(1-\nu^2)}\right]^{1/2}$$

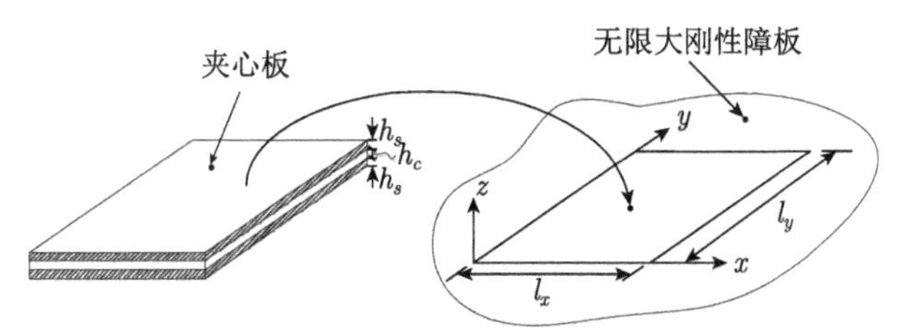


图 3.6.1 无限大刚性声障板上的夹心矩形板

(引自文献 [65], fig1)

在夹心矩形板上方半无限声介质中，速度势 $\phi(x,y,z,t)$ 满足波动方程，辐射声压可以表示为

$$p(x,y,z,t)=-\rho_0\frac{\partial\phi(x,y,z,t)}{\partial t}\tag{3.6.4}$$

在夹心板表面，速度势 $\phi(x,y,z,t)$ 满足边界条件：

$$\left.\frac{\partial\phi}{\partial z}\right|_{z=0}=\frac{\partial W}{\partial t}\tag{3.6.5}$$

设简支边界条件下，夹心板振动的形式解为

$$W=l_x\sum_{m=1}^{\infty}\sum_{n=1}^{\infty}A_{mn}\varphi_m(x)\varphi_n(y)\,\mathrm{e}^{-\mathrm{i}\omega C_s t/l_x}\tag{3.6.6}$$

$$\varphi_x=\pi l_x\sum_{m=1}^{\infty}\sum_{n=1}^{\infty}B_{mn}^x\frac{\mathrm{d}\varphi_m(x)}{\mathrm{d}x}\varphi_n(y)\,\mathrm{e}^{-\mathrm{i}\omega C_s t/l_x}\tag{3.6.7}$$

$$\varphi_y=\pi l_y\sum_{m=1}^{\infty}\sum_{n=1}^{\infty}B_{mn}^y\varphi_n(x)\frac{\mathrm{d}\varphi_m(y)}{\mathrm{d}y}\mathrm{e}^{-\mathrm{i}\omega C_s t/l_x}\tag{3.6.8}$$

同时，假设外激励力 $f(x,y,t)$ 和声压 $p(x,y,z,t)$ 也可以表示为

$$f(x,y,t)=\frac{2E_s}{3(1-\nu_s^2)}\left(\frac{h_s}{l_x}\right)^3\sum_{m=1}^{\infty}\sum_{n=1}^{\infty}f_{mn}\varphi_m(x)\varphi_n(y)\,\mathrm{e}^{-\mathrm{i}\omega C_s t/l_x}\tag{3.6.9}$$

$$p(x,y,z,t)=\frac{2E_s}{3(1-\nu_s^2)}\left(\frac{h_s}{l_x}\right)^3\bar{p}(x,y)\,\mathrm{e}^{-\mathrm{i}\omega C_s t/l_x}\tag{3.6.10}$$

将 (3.6.6)~(3.6.9) 式代入 (3.6.2) 和 (3.6.3) 式，得到

$$\left(\varGamma_{pq}-2\kappa-\omega^2\right)A_{pq}=\left\{\frac{h_c}{h_s}\varGamma_{pq}+2\kappa-\left[\frac{h_c}{h_s}+\frac{\mu_c}{6}\left(\frac{h_c}{h_s}\right)^2\right]\omega^2\right\}B_{pq}\tag{3.6.11}$$

式中，$B_{pq}=B_{pq}^{x}=B_{pq}^{y}$，$\Gamma_{rs}=(p\pi)^2+(q\pi)^2(l_x/l_y)^2$，$\kappa=\left(1-\nu_s^2\right)(l_x/h_s)^2G_c/E_s$。

再将 (3.6.6)~(3.6.10) 式代入 (3.6.1) 式，得到

$$\left\{\Gamma_{pq}^2+\frac{3}{2}\left(\frac{h_c}{h_s}\right)\kappa-\left[3\left(\frac{l_x}{h_s}\right)^2\left(1+\frac{\mu_c}{2}\frac{h_c}{h_s}\right)+\Gamma_{pq}\right]\omega^2\right\}A_{pq}$$
$$-\frac{3}{4}\left(\frac{h_c}{h_s}\right)\Gamma_{pq}\left(\Gamma_{pq}-2\kappa-\omega^2\right)B_{pq}+\frac{4l_x}{l_y}\int_0^1\int_0^1\bar{p}(\xi,\eta)\varphi_p(\xi)\varphi_q(\eta)\,\mathrm{d}\xi\mathrm{d}\eta=f_{pq} \tag{3.6.12}$$

其中 $\xi=x/l_x$，$\eta=y/l_y$。

于是，联立 (3.6.11) 式和 (3.6.12) 式，消除 $B_{mn}$，得到 $A_{pq}$ 满足的方程：

$$G_{pq}(\omega)A_{pq}+\frac{4l_x}{l_y}H_{pq}(\omega)\int_0^1\int_0^1\bar{p}(\xi,\eta)\varphi_p(\xi)\varphi_q(\eta)\,\mathrm{d}\xi\mathrm{d}\eta=H_{pq}(\omega)f_{pq} \tag{3.6.13}$$

式中，

$$H_{pq}(\omega)=\left\{\frac{h_c}{h_s}\Gamma_{pq}+2\kappa-\left[\frac{h_c}{h_s}+\frac{\mu_c}{6}\left(\frac{h_c}{h_s}\right)^2\right]\omega^2\right\} \tag{3.6.14}$$

$$G_{pq}(\omega)=\left\{\Gamma_{pq}^2+\frac{3}{2}\left(\frac{h_c}{h_s}\right)\Gamma_{pq}\kappa-\left[3\left(\frac{l_x}{h}\right)^2\left(1+\frac{\mu_c}{2}\frac{h_c}{h_s}\right)+\Gamma_{pq}\right]\omega^2\right\}\cdot H_{pq}(\omega)$$
$$-\frac{3}{4}\left(\frac{h_c}{h_s}\right)\Gamma_{pq}\left(\Gamma_{pq}-2\kappa-\omega^2\right)^2 \tag{3.6.15}$$

为了确定耦合振动方程 (3.6.13) 式中的声压项，设速度势可以表示为

$$\phi=-\mathrm{i}\omega l_xC_s\bar{\phi}(\xi,\eta,z)\,\mathrm{e}^{-\mathrm{i}\omega C_st/l_x} \tag{3.6.16}$$

由 Rayleigh 公式，辐射声场的速度势 $\bar{\phi}(\xi,\eta,z)$ 满足：

$$\bar{\phi}(\xi,\eta,z)=-\frac{1}{2\pi}\int_0^1\int_0^1 v(\xi_0,\eta_0)\frac{\mathrm{e}^{\mathrm{i}kd}}{\mathrm{d}}\mathrm{d}\xi_0\mathrm{d}\eta_0 \tag{3.6.17}$$

式中，$v(\xi_0,\eta_0)$ 为夹心板表面振动速度，$k=\omega/C$，$C=C_0/C_s$，$d=[(\xi-\xi_0)^2+(\eta-\eta_0)^2+z^2]^{1/2}$。

将 (3.6.16) 式代入 (3.6.4) 式，并与 (3.6.10) 式比较，得到

$$\bar{p}(\xi,\eta,z)=\frac{3}{2}\frac{\rho_0}{\rho_s}\left(\frac{l_x}{h_s}\right)^3\omega^2\bar{\phi}(\xi,\eta,z) \tag{3.6.18}$$

同时将 (3.6.16) 和 (3.6.6) 式代入 (3.6.5) 式，得到夹心板表面振速：

$$l_x \frac{\partial \bar{\phi}}{\partial z}|_{z=0} = v(\xi, \eta) = \sum_{m=1} \sum_{n=1} A_{mn} \varphi_m(\xi) \varphi_n(\eta) \tag{3.6.19}$$

在 (3.6.18) 式中令 $z = 0$，并将 (3.6.17) 式及 (3.6.19) 式代入，得到作用在夹心板上的声压：

$$\bar{p}(\xi, \eta, z=0) = -\frac{3}{4\pi} \frac{\rho_0}{\rho_s} \left(\frac{l_x}{h_s}\right)^3 \omega^2 \sum_{m=1}^{\infty} \sum_{n=1}^{\infty} A_{mn} \int_0^1 \int_0^1 \varphi_m(\xi_0) \varphi_n(\eta_0) \frac{\mathrm{e}^{ikr}}{r} \mathrm{d}\xi_0 \mathrm{d}\eta_0 \tag{3.6.20}$$

式中，$r = \left[(\xi - \xi_1)^2 + (\eta - \eta_1)^2\right]^{1/2}$，再将 (3.6.20) 式代入 (3.6.13) 式，得到夹心板振动与声场耦合的模态方程：

$$G_{pq}(\omega) A_{pq} + \frac{3 l_x}{l_y} \frac{\rho_0}{\rho_s} \left(\frac{l_x}{h_s}\right)^3 \mathrm{i}\omega H_{pq}(\omega) \sum_{m=1}^{\infty} \sum_{n=1}^{\infty} Z_{pqmn}^a A_{mn} = H_{pq}(\omega) f_{pq} \tag{3.6.21}$$

式中，$p, q = 1, 2, \cdots, \infty$，$Z_{pqmn}^a$ 为模态声辐射阻抗，其表达式为

$$Z_{pqmn}^a = -\mathrm{i}\omega \int_0^1 \int_0^1 \varphi_p(\xi) \varphi_q(\eta) \int_0^1 \int_0^1 \varphi_m(\xi_0) \varphi_n(\eta_0) \cdot \frac{\mathrm{e}^{ikr}}{r} \mathrm{d}\xi_0 \mathrm{d}\eta_0 \mathrm{d}\xi \mathrm{d}\eta \tag{3.6.22}$$

可以采用数值积分计算模态声辐射阻抗，然后求解耦合振动模态方程，得到模态系数 $A_{mn}$，进一步由 (3.6.19) 式、(3.6.17) 及 (3.6.16) 式计算速度势，再由 (3.6.16) 和 (3.6.4) 式计算辐射声压。实际上，夹心矩形板的辐射声压求解可以采用 3.1 节中简支矩形板声场求解的方法，只是这里夹心矩形板振动方程采用了无量纲形式，为了对应夹心板振动的求解，声场求解采用了稍有不同的形式及过程。选取表征黏弹性层与面板刚度之比的参数 $\kappa = 1$ 和 50，$\rho_0/\rho_s = 0.37, C_0/C_s = 0.3$，Sandman[65] 计算了长宽比为 1.5 的矩形板前 5 阶模态振动响应随黏弹性夹心层阻尼因子的变化。当 $\kappa = 1$，即黏弹性夹心层较软时，黏弹性夹心层阻尼因子由 0 增加到 0.2，(1,3) 模态振动响应明显降低，若取 $\kappa = 50$，即夹心结构刚度较大时，阻尼因子由 0 增加到 0.01，模态振动响应基本没有变化，即声辐射阻尼对夹心结构的影响大于黏弹性层的能量耗散。可以说，当声辐射阻尼较大时，结构阻尼的效应较低。对于 (3.3) 模态而言，不仅 $\kappa = 1$ 时，阻尼因子由 0 增加到 0.2 使模态振动响应明显降低，而且 $\kappa = 50$ 时，阻尼因子由 0 增加到 0.01 也使模态振动响应明显降低，说明了黏弹性夹心层较硬时剪切能量耗散的作用越明显，参见图 3.6.2 和图 3.6.3，图中实线考虑模态耦合，虚线未考虑模态耦合。同样，计算给出

的前 5 阶主要声辐射模态对应的远场归一化辐射声压表明，当 $\kappa=1$ 时，阻尼因子由 0 增加到 0.2，所有声辐射峰值都被抑制，说明了夹心层剪切能量耗散的作用，而 $\kappa=50$ 时，阻尼因子由 0 增加到 0.01，只有第 5 阶 (3,3) 模态的声辐射峰值得到抑制，其他模态的声压峰值基本没有变化，参见图 3.6.4。实际上，即使在没有结构阻尼的情况下，因存在声辐射阻尼，刚度较大的夹心板低阶模态声辐射峰值本来也相对比较小。

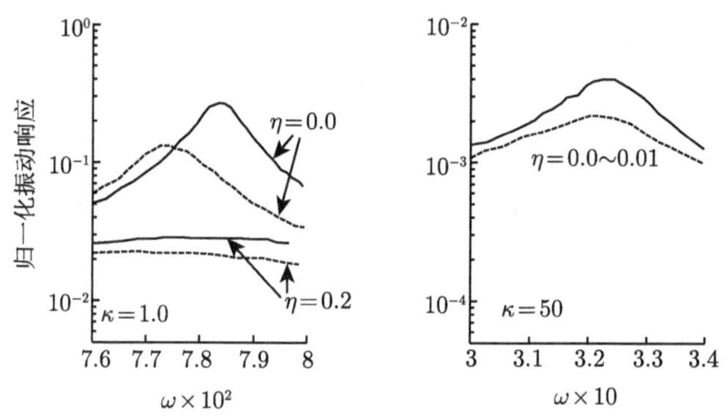


图 3.6.2　夹心层阻尼对 (1,3) 模态振动响应的影响

(引自文献 [65], fig4)

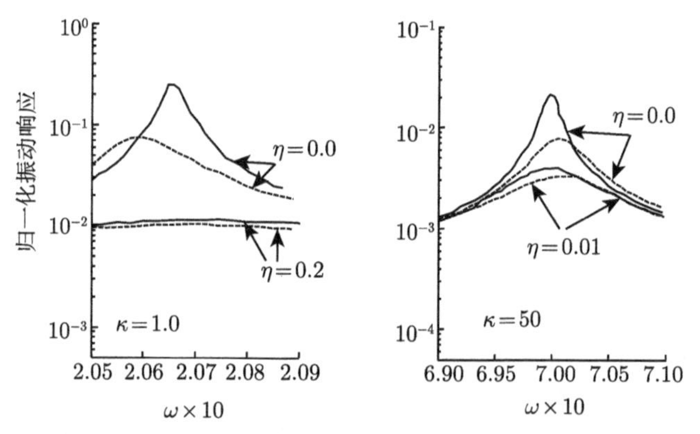


图 3.6.3　夹心层阻尼对 (3,3) 模态振动响应的影响

(引自文献 [65], fig7)

前面讨论的夹心矩形板，虽然考虑了中间黏弹性层的剪切损耗，但还是将其作为薄板结构处理，夹心矩形板厚度方向的振动是一样的，并由与声辐射相关的弯曲振动表征，夹心层对声辐射的影响主要体现在黏弹性层带来的阻尼效应。实际上，除了阻尼效应以外，黏弹性层沿厚度方向还有振动衰减效应，也就是说，在一定频率范围，基板振动经敷设在其上面的黏弹性层传递到辐射面，振动也有一

定的衰减，从而影响声辐射特性。考虑如图 3.6.5 所示的简支矩形板，上面敷设黏弹性层，常常称之为去耦层。假设基板满足经典薄板理论，镶嵌在无限大刚性声障板上，并受点激励作用。黏弹性层上方为半无限的理想声介质。黏弹性层厚度方向有形变，其声学特性采用局部阻抗表征，使得基板与黏弹性层外表面有不同的弯曲振动位移 [66]，设基板弯曲振动位移为 $W_1(x,y,t)$，黏弹性层外表面振动位移为 $W_2(x,y,t)$。

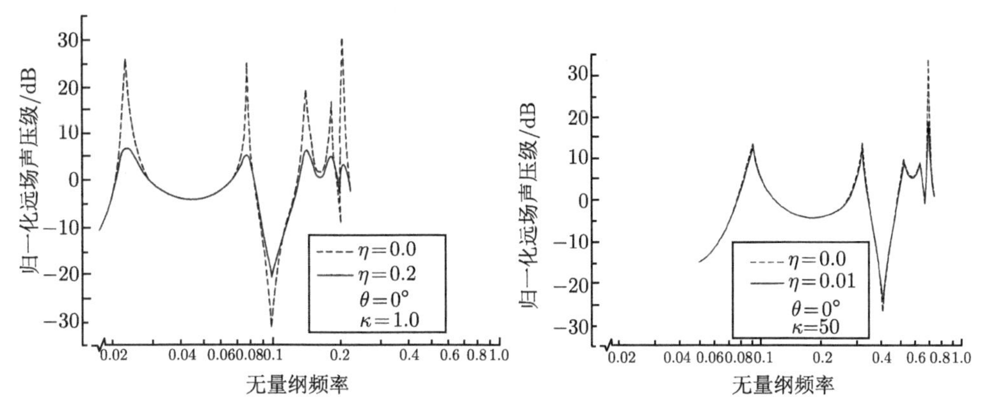


图 3.6.4 软质和硬质夹心层阻尼对远场辐射声压的影响

(引自文献 [65], fig8, fig9)

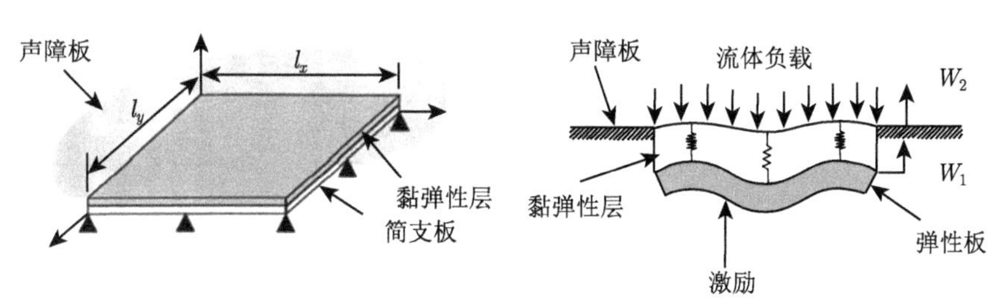


图 3.6.5 弹性矩形板敷设黏弹性层模型

(引自文献 [66], fig1, fig2)

基板弯曲振动方程为

$$D\nabla^4 W_1(x,y,\omega) - m_s\omega^2 W_1(x,y,\omega) = f(x,y,\omega) - \sigma_z(x,y,\omega) \tag{3.6.23}$$

式中，$D$ 和 $m_s$ 为矩形基板弯曲刚度和面密度，$f(x,y,\omega)$ 为激励外力，$\sigma_z(x,y,\omega)$ 为黏弹性层作用在基板上的法向应力。

为了简单起见，假设黏弹性层只有刚度没有质量，外声场作用在黏弹性层外表面的声压 $p(x,y,\omega)$ 等于黏弹性层作用在基板的法向应力 $\sigma_z(x,y,\omega)$。这样，

(3.6.23) 式中的未知量为 $W_1(x,y,\omega)$ 和 $p(x,y,\omega)$。如果黏弹性层的面密度小于基板的面密度，这种无质量假设的黏弹性层认为是合理的。在外表面声压作用下，基于局部阻抗概念下的黏弹性层运动可以表示为

$$p(x,y,\omega)=Z_c\left[W_2(x,y,\omega)-W_1(x,y,\omega)\right] \tag{3.6.24}$$

(3.6.24) 式表明，黏弹性层某点的厚度变形仅仅与作用在该点表面声压有关，而与其他点声压无关，这就是黏弹性层所谓的局部阻抗特性。(3.6.24) 式中的 $Z_c$ 为黏弹性层的阻抗，它与黏弹性层的弹性模量及厚度有关。

$$Z_c=\frac{\tilde{E}_c}{h_c} \tag{3.6.25}$$

式中，$\tilde{E}_c$ 为黏弹性层的复模量，$h_c$ 为黏弹性层的厚度。

在黏弹性层外表面，声压满足 Rayleigh 积分方程

$$p(x,y,\omega)=-\omega^2\rho_0\int_s W_2(x_0,y_0,\omega)G(x,y,x_0,y_0,\omega)\,\mathrm{d}x_0\mathrm{d}y_0 \tag{3.6.26}$$

式中，$G(x,y,x_0,y_0,\omega)$ 为 Green 函数, 其表达式为

$$G(x,y,x_1,y_1,\omega)=\mathrm{e}^{\mathrm{i}k_0 r}/2\pi r,\quad r=\left[(x-x_0)^2+(y-y_0)^2\right]^{1/2}$$

黏弹性层外表面还满足连续条件：

$$\frac{\partial p(x,y,\omega)}{\partial z}=\rho_0\omega^2 W_2(x,y,\omega) \tag{3.6.27}$$

将 (3.6.24) 式代入 (3.6.26) 式，得到

$$p(x,y,\omega)=-\omega^2\rho_0\int_s\left[W_1(x_0,y_0,\omega)+\frac{p(x_0,y_0,\omega)}{Z_c}\right]\cdot G(x,y,x_0,y_0,\omega)\,\mathrm{d}x_0\mathrm{d}y_0 \tag{3.6.28}$$

在简支边界条件下矩形基板的振动位移为

$$W_1(x,y,\omega)=\sum_{m=1}^{\infty}\sum_{n=1}^{\infty}A_{mn}\varphi_m(x)\varphi_n(y) \tag{3.6.29}$$

黏弹性层外表面声压表示为

$$p(x,y,\omega)=\sum_{p=-\infty}^{\infty}\sum_{q=-\infty}^{\infty}B_{pq}\psi_p(x)\psi_q(y) \tag{3.6.30}$$

其中，$\psi_p(x) = \mathrm{e}^{\mathrm{i}2\pi px/l_x}, \psi_q(y) = \mathrm{e}^{\mathrm{i}2\pi qy/l_y}$。

将 (3.6.29) 和 (3.6.30) 式分别代入 (3.6.23) 式和 (3.6.28) 式，并利用模态函数的正交性，可得模态耦合方程：

$$m_s \frac{l_x l_y}{4}\left[\omega_{mn}^2(1+\mathrm{i}\eta_s) - \omega^2\right] A_{mn} = f_{mn} - \sum_{k=-\infty}^{\infty}\sum_{l=-\infty}^{\infty} B_{kl} S_{mnkl} \tag{3.6.31}$$

$$l_x l_y B_{pq} = -\omega^2 \rho_0 \sum_{m=1}^{\infty}\sum_{n=1}^{\infty} A_{mn} H_{mnpq} - \omega^2 \rho_0 \sum_{k=-\infty}^{\infty}\sum_{l=-\infty}^{\infty} \frac{1}{Z_c} L_{klpq} B_{kl} \tag{3.6.32}$$

式中，

$$S_{mnkl} = \int_s \varphi_m(x)\varphi_n(y)\psi_k(x)\psi_l(y)\,\mathrm{d}x\mathrm{d}y \tag{3.6.33}$$

$$H_{mnpq} = \int_s\int_s \varphi_m(x)\varphi_n(y) G(x,y,x_0,y_0,\omega)\psi_p^*(x_0)\psi_q^*(y_0)\,\mathrm{d}x\mathrm{d}y\mathrm{d}x_0\mathrm{d}y_0 \tag{3.6.34}$$

$$L_{klpq} = \int_s\int_s \psi_k(x_0)\psi_l(y_0) G(x,y,x_0,y_0,\omega)\psi_p^*(x)\psi_q^*(y)\,\mathrm{d}x\mathrm{d}y\mathrm{d}x_0\mathrm{d}y_0 \tag{3.6.35}$$

这里的三个耦合系数，$S_{mnkl}$ 可以直接进行积分，$H_{mnpq}$ 和 $L_{klpq}$ 需要采用数值积分。为了避免奇异性，需要进行相应的变换。为此，令

$$\begin{cases} \xi = (x-x_0)/l_x, & \xi_0 = (y-y_0)/l_y \\ \eta = x_0/l_x, & \eta_0 = y_0/l_y \end{cases} \tag{3.6.36}$$

这样，(3.6.34) 和 (3.6.35) 式积分 $H_{mnpq}$ 和 $L_{klpq}$ 可以化为

$$\begin{aligned} H_{mnpq} = l_x^2 l_y^2 \int_{\xi_0}\int_{\eta_0} \Bigg[&\int_{-1}^{0}\int_{-\xi}^{1} \varphi_m(\xi,\eta)\varphi_n(\xi_0,\eta_0) G(\xi,\xi_0)\psi_p^*(\eta)\psi_q^*(\eta_0)\,\mathrm{d}\eta\mathrm{d}\xi \\ &+ \int_0^1\int_0^{1-\xi} \varphi_m(\xi,\eta)\varphi_n(\xi_0,\eta_0) G(\xi,\xi_0)\psi_p^*(\eta)\psi_q^*(\eta_0)\,d\eta d\xi\Bigg]\mathrm{d}\eta_0\mathrm{d}\xi_0 \end{aligned} \tag{3.6.37}$$

$$\begin{aligned} L_{klpq} = l_x^2 l_y^2 \int_{\xi_0}\int_{\eta_0} \Bigg[&\int_{-1}^{0}\int_{-\xi}^{1} \psi_k(\xi,\eta)\psi_l(\xi_0,\eta_0) G(\xi,\xi_0)\psi_p^*(\eta)\psi_q^*(\eta_0)\,\mathrm{d}\eta\mathrm{d}\xi \\ &+ \int_0^1\int_0^{1-\xi} \psi_k(\xi,\eta)\psi_l(\xi_0,\eta_0) G(\xi,\xi_0)\psi_p^*(\eta)\psi_q^*(\eta_0)\,d\eta d\xi\Bigg]\mathrm{d}\eta_0\mathrm{d}\xi_0 \end{aligned} \tag{3.6.38}$$

在 (3.6.37) 和 (3.6.38) 式中，$\xi_0$ 和 $\eta_0$ 积分的区间完全与 $\xi$ 和 $\eta$ 的积分区间一样。在这两个积分式的第一项积分中令 $\xi=-\xi$，使得第一项积分分别表示为

$$\int_0^1\int_{-\xi}^1 \varphi_m(-\xi,\eta)\,\varphi_n(\xi_0,\eta_0)G(\xi,\xi_0)\,\psi_p^*(\eta)\,\psi_q^*(\eta_0)\,\mathrm{d}\eta\mathrm{d}\xi$$

$$\int_0^1\int_{-\xi}^1 \psi_k(-\xi,\eta)\,\psi_l(\xi_0,\eta_0)G(\xi,\xi_0)\,\psi_p^*(\eta)\,\psi_q^*(\eta_0)\,\mathrm{d}\eta\mathrm{d}\xi$$

于是，(3.6.37) 和 (3.6.38) 式的积分可以重新组合为

$$H_{mnpq}=l_x^2l_y^2\int_0^1\int_0^1 F_{mp}^B(\xi)F_{nq}^B(\xi_0)\,G(\xi,\xi_0)\,\mathrm{d}\xi\mathrm{d}\xi_0 \tag{3.6.39}$$

$$L_{klpq}=l_x^2l_y^2\int_0^1\int_0^1 F_{kp}^C(\xi)F_{lq}^C(\xi_0)\,G(\xi,\xi_0)\,\mathrm{d}\xi\mathrm{d}\xi_0 \tag{3.6.40}$$

其中，$G(\xi,\xi_0)=\mathrm{e}^{\mathrm{i}k_0\bar{r}}/(2\pi\bar{r})$，$\bar{r}=\sqrt{(l_x\xi)^2+(l_y\xi_0)^2}$。

(3.6.39) 和 (3.6.40) 式中的被积函数 $F_{mp}^B(\xi)$ 和 $F_{kp}^C(\xi)$ 定义为

$$F_{mp}^B(\xi)=\int_{-\xi}^1 \varphi_m(-\xi,\eta)\,\psi_p^*(\eta)\,\mathrm{d}\eta+\int_0^{1-\xi}\varphi_m(\xi,\eta)\,\psi_p^*(\eta)\,\mathrm{d}\eta \tag{3.6.41}$$

$$F_{kp}^C(\xi)=\int_{-\xi}^1 \psi_k(-\xi,\eta)\,\psi_p^*(\eta)\,\mathrm{d}\eta+\int_0^{1-\xi}\psi_k(\xi,\eta)\,\psi_p^*(\eta)\,\mathrm{d}\eta \tag{3.6.42}$$

在 (3.6.41) 和 (3.6.42) 式中，将 $\varphi_m$ 和 $\psi_k$ 换为 $\varphi_n$ 和 $\psi_l$，$\psi_p$ 替换为 $\psi_q$，$\xi$ 替换为 $\xi_0$，即可得到 $F_{nq}^B(\xi_0)$ 和 $F_{lq}^C(\xi_0)$ 的积分表达式。利用 $\varphi_m(x)$ 和 $\psi_p(x)$ 及变量代替的具体表达式，(3.6.41) 和 (3.6.42) 式可积分得到

$$F_{mp}^B(\xi)=\begin{cases}\dfrac{2\mathrm{i}}{\pi(m^2-2p^2)}[2p\sin(\pi m\xi)-m\sin(2\pi p\xi)], & m\ \text{为偶数}\\ \dfrac{2m}{\pi(m^2-4p^2)}[\cos(2\pi p\xi)+\cos(\pi m\xi)], & m\ \text{为奇数}\\ \mathrm{i}(\xi-1)\cos(\pi m\xi)-\dfrac{\mathrm{i}}{\pi(m+2p)}[\sin(\pi m\xi)+\sin(2\pi p\xi)], & m=2p\\ \mathrm{i}(\xi-1)\cos(\pi m\xi)+\dfrac{\mathrm{i}}{\pi(2p-m)}[\sin(\pi p\xi)-\sin(\pi m\xi)], & m=-2p\end{cases} \tag{3.6.43}$$

$$F_{kp}^C(\xi)=\begin{cases}-\dfrac{2}{\pi(k-p)}\cos(\pi(k+p)\xi)\sin(\pi(k-p)\xi), & k\neq p\\ 2(1-\xi)\cos(2\pi k\xi), & k=p\end{cases} \tag{3.6.44}$$

注意到，$F_{kp}^{C}(\xi)=F_{pk}^{C}(\xi)$，由此对称关系，使得 $L_{klpq}=L_{plkq}=L_{kqpl}=L_{pqkl}$。将 (3.6.43) 和 (3.6.44) 式代入 (3.6.39) 和 (3.6.40) 式，可以由数值积分得到 $H_{mnpq}$ 和 $L_{rspq}$，不再存在奇异性。已知了 $H_{mnpq}$ 和 $L_{klpq}$ 等参数，可以由 (3.6.31) 和 (3.6.32) 式求解待定系数 $A_{mn}$ 和 $B_{pq}$，为此，将此两式表示为矩阵形式

$$\begin{bmatrix} [T_{11}] & [T_{12}] \\ [T_{21}] & [T_{22}] \end{bmatrix}\begin{pmatrix} \{A\} \\ \{B\} \end{pmatrix}=\begin{pmatrix} \{f\} \\ 0 \end{pmatrix} \tag{3.6.45}$$

其中，$[T_{11}]$ 为元素 $m_s(l_xl_y/4)\left[\omega_{mn}^2(1+\mathrm{i}\eta_s)-\omega^2\right]$ 组成的对角阵，$[T_{12}]$ 为元素 $S_{mnkl}$ 组成的矩阵，$[T_{21}]$ 为元素 $\omega^2H_{mnpq}$ 组成的矩阵，$[T_{22}]$ 为元素 $\omega^2(\rho_0/Z_c)L_{klpq}+l_xl_y\delta_{kp}\delta_{lq}$ 组成的矩阵，$\{A\}$ 和 $\{B\}$ 为 $A_{mn}$ 和 $B_{mn}$ 组成的列矩阵，$\{f\}$ 为 $f_{mn}$ 组成的列矩阵。求解 (3.6.45) 式，得到待定系数解：

$$\{A\}=[T_{11}]^{-1}(\{f\}-[T_{12}]\{B\}) \tag{3.6.46}$$

$$\left[[T_{22}]-[T_{21}][T_{11}]^{-1}[T_{12}]\right]\{B\}=[T_{21}][T_{11}]^{-1}\{f\} \tag{3.6.47}$$

由 (3.6.47) 式先求解得到 $B_{pq}$，再由 (3.6.46) 式得到 $A_{mn}$。依据定义及 (3.6.29) 式、(3.6.30) 和 (3.6.24) 式，可以得到基板振动速度均方值、黏弹性层外表面振动速度均方值及声辐射功率：

$$\langle v_1\rangle^2=\frac{\omega^2}{8}\sum_{m=1}^{N}\sum_{n=1}^{N}|A_{mn}|^2 \tag{3.6.48}$$

$$\begin{aligned}\langle v_2\rangle^2=&\frac{\omega^2}{8}\sum_{m=1}^{N}\sum_{n=1}^{N}|A_{mn}|^2+\frac{\omega^2}{2|Z_c|^2}\sum_{p=-N_p}^{N_p}\sum_{q=-N_p}^{N_p}|B_{pq}|^2\\&+\frac{\omega^2}{l_xl_y}\mathrm{Re}\left[\sum_{m=1}^{N}\sum_{n=1}^{N}\sum_{k=-N_p}^{N_p}\sum_{l=-N_p}^{N_p}\frac{A_{mn}^*B_{kl}S_{mnkl}}{Z_c}\right]\end{aligned} \tag{3.6.49}$$

$$P=\frac{1}{2}\mathrm{Re}(-\mathrm{i}\omega)\left[l_xl_y\sum_{p=-N_p}^{N_p}\sum_{q=-N_p}^{N_p}\frac{|B_{pq}|^2}{Z_c^*}+\sum_{m=1}^{N}\sum_{n=1}^{N}\sum_{p=-N_p}^{N_p}\sum_{q=-N_p}^{N_p}A_{mn}^*S_{mnpq}B_{pq}\right] \tag{3.6.50}$$

这里，$N$ 和 $N_p$ 为模态截断数。

为了更好地分析黏弹性层的作用，现在考虑一个特例。当黏弹性层刚度足够低，也就是 $Z_c$ 值较小，基板振动与黏弹性层分离。这种情况下，(3.6.31) 和 (3.6.32) 式可以简化。基板与黏弹性层没有耦合时，外场声压对基板的作用力可以忽略，(3.6.31) 可以简化为

$$m_s \frac{l_x l_y}{4} \left[\omega_{mn}^2 (1 + \mathrm{i}\eta_s) - \omega^2\right] A_{mn} = f_{mn} \tag{3.6.51}$$

此时，基板相当于在真空中振动，相应的模态振动位移为

$$A_{mn} = \frac{4 f_{mn}}{m_s l_x l_y \left[\omega_{mn}^2 (1 + \mathrm{i}\eta_s) - \omega^2\right]} \tag{3.6.52}$$

进一步考虑黏弹性层外表面振动位移，将其展开为

$$W_2 (x, y, \omega) = \sum_{p=-\infty}^{\infty} \sum_{q=-\infty}^{\infty} C_{pq} \psi_p (x) \psi_q (y) \tag{3.6.53}$$

式中，$\psi_p (x)$ 和 $\psi_q (y)$ 已在 (3.6.30) 式中给出，由 (3.6.24) 和 (3.6.26) 式，可得

$$W_2 (x, y) - W_1 (x, y) = -\omega^2 \frac{\rho_0}{Z_c} \int_s W_2 (x_0, y_0) G (x, y, x_0, y_0, \omega) \mathrm{d}x_0 \mathrm{d}y_0 \tag{3.6.54}$$

如果黏弹性层去耦效果显著，黏弹性层外表面振动相对于基板振动为小量，即

$$W_2 (x, y) \ll W_1 (x, y) \tag{3.6.55}$$

这样，(3.6.54) 式可以简化为

$$W_1 (x, y) = \omega^2 \frac{\rho_0}{Z_c} \int_s W_2 (x_0, y_0) G (x, y, x_0, y_0, \omega) \mathrm{d}x_0 \mathrm{d}y_0 \tag{3.6.56}$$

将 (3.6.29) 式和 (3.6.53) 式代入 (3.6.56) 式，并利用模态函数的正交性，积分可得

$$\frac{l_x l_y}{4} A_{mn} = \frac{\omega^2 \rho_0}{Z_c} \sum_{p=-\infty}^{\infty} \sum_{q=-\infty}^{\infty} C_{pq} H_{mnpq} \tag{3.6.57}$$

由 (3.6.57) 式可以求解得黏弹性层外表面模态振动位移与基板模态振动位移的关系：

$$\{C_{pq}\} = \frac{l_x l_y Z_c}{4\omega^2 \rho_0} \left[H_{mnpq}\right]^{-1} \{A_{mn}\} \tag{3.6.58}$$

在给定激励力情况下，不考虑黏弹性层与基板的耦合，基板振动由 (3.6.52) 式确定，此时，黏弹性层外表面振动正比于局部阻抗参数 $Z_c$，也就是说，黏弹性层的去耦效应取决于其刚度特性。这种简化的去耦模型类似经典隔振模型，参见图 3.6.6。当然，即使是简化的去耦模型，因为 $H_{mnpq}$ 与频率有关，其频率特性要比经典隔振模型复杂得多。为了定性分析黏弹性层的去耦效应，将图 3.6.6 中

基板作为振动为 $v_1$ 的刚性活塞，黏弹性层为无质量的弹簧，其外表面振动为 $v_2$，它与基板振动 $v_1$ 的关系为

$$v_2 = \frac{K_c}{K_c - \omega^2\left[m_a + \mathrm{i}c_a\right]} v_1 \tag{3.6.59}$$

式中，$K_c$ 为黏弹性层刚度，$m_a$ 为外声场的附加质量，$c_a$ 为辐射阻尼。对于圆形刚性活塞，流体负载为

$$m_a + \mathrm{i}c_a = \pi a^2 \rho_0 C_0 \frac{Z_a}{\mathrm{i}\omega} \tag{3.6.60}$$

其中，$a$ 为活塞半径，$Z_a$ 为活塞声辐射阻抗，其表达式可参见文献 [67]。

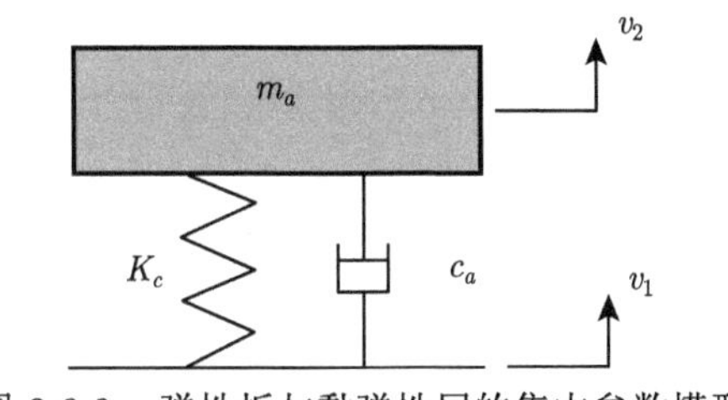


图 3.6.6 弹性板与黏弹性层的集中参数模型

(引自文献 [66]，fig3)

由 (3.6.59) 式可见，当 $\omega^2 m_a \gg K_c$ 时，$v_2$ 与 $v_1$ 之比直接正比于 $K_c$，类似 (3.6.58) 式的关系，说明在高频段去耦效应较大时，黏弹性层外表面振动与其刚度系数成正比。文献 [66] 选取长、宽均为 0.6m，厚度为 9mm 的钢板，阻尼损耗因子 $\eta_s$ 设为 0.005，计算黏弹性层的去耦效应及降噪效果。黏弹性层的厚度取为 1cm，弹性模量 $E_c$ 为 $10^5 \sim 10^8$Pa，阻尼因子为零。计算结果表明，对于给定的黏弹性层弹性模量 $E_c$，不论其大小，基板与黏弹性层外表面的振动均方值 $\langle v_1\rangle^2$ 和 $\langle v_2\rangle^2$ 都有相同的峰值，它们取决于基板、黏弹性层及外场流体负载的耦合作用。当 $E_c$ 为 $10^8$Pa 时，$\langle v_1\rangle^2$ 与 $\langle v_2\rangle^2$ 的大小也基本相同，只是在 2000Hz 以上的频段，$\langle v_2\rangle^2$ 比 $\langle v_1\rangle^2$ 小 3dB 左右；而当 $E_c$ 为 $10^6$Pa 时，除了最低频率的两个峰值外，$\langle v_2\rangle^2$ 的峰值幅度要比 $\langle v_1\rangle^2$ 的峰值幅度小 10dB 以上，频率越高，两者差距越大，参见图 3.6.7 和图 3.6.8。在 $E_c$ 为 $10^6$Pa 时，基板敷设黏弹性层后的声辐射功率也明显下降，300Hz 以上频段下降 10~20dB，300Hz 以下频段，敷设了黏弹性层，声辐射功率略有放大。黏弹性层弹性模量 $E_c = 10^5 \sim 10^9$Pa 时，基板均方振动和黏弹性层外表面均方振速之比 $10\lg\left[\langle v_1\rangle^2 / \langle v_2\rangle^2\right]$ 与声辐射功率插入损失之比 $10\lg\left[P_0/P\right]$ 的比较见图 3.6.9，$P_0$ 为矩形板没有黏弹性层时的声辐射功率，$P$ 为矩形板有黏弹性层时的声辐射功率。由图可见，两条曲线的变化趋于一致，尤

其是 $E_c = 10^9$Pa 时，两条曲线重合在 0dB 位置，且随着频率增加，振速比和声辐射功率比不随频率变化，表明黏弹性层硬度较高时，对降低振速和声辐射功率没有作用。$E_c = 10^7$Pa 和 $E_c = 10^5$Pa 时，黏弹性层模量越低，频率越高，振速比和声辐射比越大。在整个计算频率范围内振速比随频率光顺增加，但由于矩形板敷设了黏弹性层，使得声辐射功率的峰值频率发生变化，声辐射功率比在 100Hz 以下频段出现起伏，100Hz 以上频段声辐射功率比则光顺增加，幅度比振速比小 3~5dB。如果认为矩形板敷设黏弹性层后辐射效率没有变化，此 3~5dB 的差别则是由基板有无黏弹性层时的振速差别引起的。黏弹性层的弹性模量一定时，不同尺寸矩形基板与黏弹性层外表面的振速比随频率的变化曲线一致，在 100Hz 以下，振速比基本为 0dB，在 100Hz 以上，振速比随频率增加，参见图 3.6.10。可以认为，局部阻抗模型表征的黏弹性层，其振动隔离效应与矩形板尺寸无关。

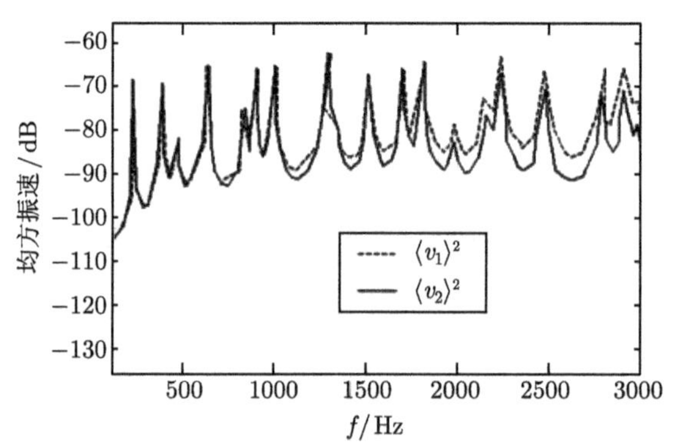


图 3.6.7 弹性板与硬黏弹性层表面均方振速比较

(引自文献 [66]，fig4)

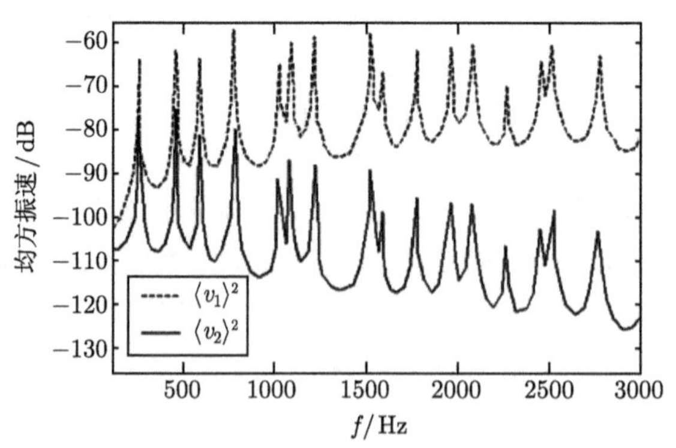


图 3.6.8 弹性板与软黏弹性层表面均方振速比较

(引自文献 [66]，fig5)

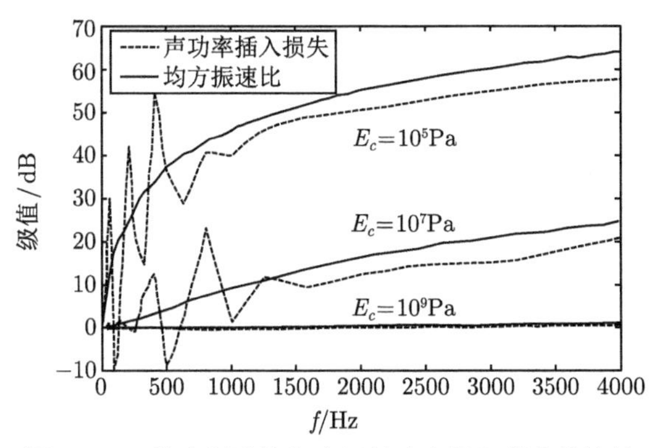


图 3.6.9 均方振速比与声辐射功率插入损失的比较

(引自文献 [66]，fig9)

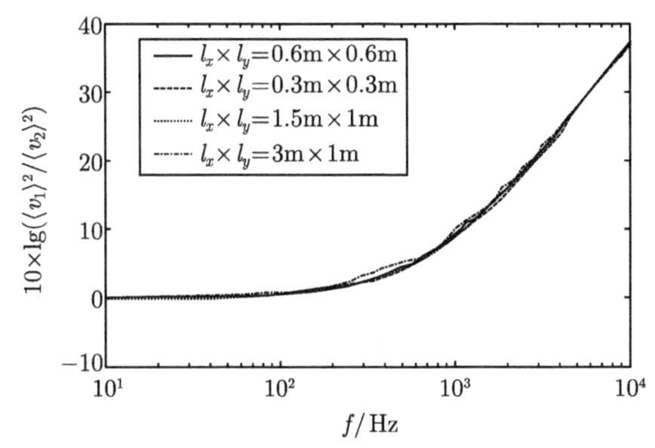


图 3.6.10 给定黏弹性层参数时的均方振速比

(引自文献 [66]，fig10)

敷设在矩形基板上的黏弹性层采用局部阻抗表征，实际上没有考虑黏弹性层厚度方向的振动分布及面内方向的振动。在第 2 章讨论无限大弹性平板敷设黏弹性层的声学特性时，黏弹性层采用了二维模型近似，这里进一步讨论敷设在矩形基板上的三维黏弹性层耦合模型 [68]。弹性矩形基板振动仍由 (3.6.23) 式表征，而黏弹性中的一个纵波和三个横波则由标量速度势 $\phi$ 和矢量速度势 $\boldsymbol{\psi}=(\psi_x,\psi_y,\psi_z)$ 表征，分别满足波动方程：

$$\nabla^2\phi-\frac{\rho_c}{\lambda_c+2\mu_c}\frac{\partial^2\phi}{\partial t^2}=0 \tag{3.6.61}$$

$$\nabla^2\boldsymbol{\psi}-\frac{\rho_c}{\mu_c}\frac{\partial^2\boldsymbol{\psi}}{\partial t^2}=0 \tag{3.6.62}$$

式中，$\lambda_c$ 和 $\mu_c$ 为黏弹性层拉密常数，相应纵波和横波声速为 $C_l=[(\lambda_c+2\mu_c)/\rho_c]^{1/2}$，$C_t=(\mu_c/\rho_c)^{1/2}$。

在矩形基板与黏弹性层界面上，黏弹性层的三向振动位移 $U_x$, $U_y$, $U_z$ 与基板弯曲振动位移 $W$ 满足：

$$W(x,y) = U_z(x,y,0) \tag{3.6.63a}$$

$$-\frac{h}{2}\frac{\partial W(x,y)}{\partial x} = U_x(x,y,0) \tag{3.6.63b}$$

$$-\frac{h}{2}\frac{\partial W(x,y)}{\partial y} = U_y(x,y,0) \tag{3.6.63c}$$

式中，$h$ 为基板厚度。

假设矩形基板四周为简支边界条件，敷设的黏弹性层四周法向和切向为固定边界，垂直于边界的方向为自由边界，相应的边界条件表示为

$$U_z = 0, \quad x = 0, l_x; \quad y = 0, l_y \tag{3.6.64a}$$

$$U_x = 0, \quad y = 0, l_y; \quad U_y = 0, \quad x = 0, l_x \tag{3.6.64b}$$

$$\sigma_x = 0, \quad x = 0, l_x; \quad y = 0, l_y \tag{3.6.64c}$$

$$\sigma_y = 0, \quad x = 0, l_x; \quad y = 0, l_y \tag{3.6.64d}$$

$$\sigma_{xz} = 0, \quad y = 0, l_y; \quad \sigma_{yz} = 0, \quad x = 0, l_x \tag{3.6.64e}$$

式中，$\sigma_x$, $\sigma_y$, $\sigma_{xz}$, $\sigma_{yz}$ 为黏弹性层面内 $x$ 和 $y$ 方向的法向和切向应力。

在黏弹性层外表面，不仅法向应力等于外场声压，而且切向应力为零，即

$$\sigma_z(x,y,h_c) = p(x,y,h_c) \tag{3.6.65a}$$

$$\sigma_{xz}(x,y,h_c) = 0 \tag{3.6.65b}$$

$$\sigma_{yz}(x,y,h_c) = 0 \tag{3.6.65c}$$

因为黏弹性层中矢量势 $\boldsymbol{\psi}$ 的三个分量为 $\psi_x$, $\psi_y$ 和 $\psi_z$ 满足：

$$\nabla \cdot \boldsymbol{\psi} = \frac{\partial \psi_x}{\partial x} + \frac{\partial \psi_y}{\partial y} + \frac{\partial \psi_z}{\partial z} = 0 \tag{3.6.66}$$

在 (3.6.23) 式、(3.6.61) 式、(3.6.62) 式及边界条件 (3.6.63)~(3.6.65) 式给定的问题中，需要求解 $W, \phi, \psi_x, \psi_y$ 等四个变量，$\psi_z$ 可以利用 (3.6.66) 式由 $\psi_x, \psi_y$ 表示，矩形基板振动位移的形式解已由 (3.6.29) 式给出，其中的 $\varphi_m(x) = \sin m\pi x/l_x$，$\varphi_n(y) = \sin n\pi y/l_y$；黏弹性层标量和矢量速度势形式解表示为

$$\phi(x,y,z) = \sum_{p=1}^{\infty}\sum_{q=1}^{\infty} \varPhi_{pq} \sin\left(\frac{p\pi x}{l_x}\right)\sin\left(\frac{q\pi y}{l_y}\right) \tag{3.6.67}$$

$$\psi_x(x,y,z)=\sum_{p=1}^{\infty}\sum_{q=0}^{\infty}\Psi_{pq}^{x}\sin\left(\frac{p\pi x}{l_x}\right)\cos\left(\frac{q\pi y}{l_y}\right) \tag{3.6.68}$$

$$\psi_y(x,y,z)=\sum_{p=0}^{\infty}\sum_{q=1}^{\infty}\Psi_{pq}^{y}\cos\left(\frac{p\pi x}{l_x}\right)\sin\left(\frac{q\pi y}{l_y}\right) \tag{3.6.69}$$

这样的形式解是为了满足边界条件 (3.6.64) 式的要求。在简谐时间条件下，将 (3.6.67)~(3.6.69) 式分别代入 (3.6.61) 和 (3.6.62) 式，得到

$$\left[\frac{\omega^2}{C_l^2}-\left(\frac{p\pi}{l_x}\right)^2-\left(\frac{q\pi}{l_y}\right)^2\right]\Phi_{pq}(z)+\frac{\partial^2\Phi_{pq}}{\partial z^2}=0 \tag{3.6.70}$$

$$\left[\frac{\omega^2}{C_t^2}-\left(\frac{p\pi}{l_x}\right)^2-\left(\frac{q\pi}{l_y}\right)^2\right]\Psi_{pq}^{x}(z)+\frac{\partial^2\Psi_{pq}^{x}}{\partial z^2}=0 \tag{3.6.71}$$

$$\left[\frac{\omega^2}{C_t^2}-\left(\frac{p\pi}{l_x}\right)^2-\left(\frac{q\pi}{l_y}\right)^2\right]\Psi_{pq}^{y}(z)+\frac{\partial^2\Psi_{pq}^{y}}{\partial z^2}=0 \tag{3.6.72}$$

(3.6.70)~(3.6.72) 式的通解为

$$\Phi_{pq}(z)=B_{pq}\cos(\alpha_{pq}z)+C_{pq}\sin(\alpha_{pq}z) \tag{3.6.73}$$

$$\Psi_{pq}^{x}(z)=D_{pq}\cos(\beta_{pq}z)+E_{pq}\sin(\beta_{pq}z) \tag{3.6.74}$$

$$\Psi_{pq}^{y}(z)=F_{pq}\cos(\beta_{pq}z)+G_{pq}\sin(\beta_{pq}z) \tag{3.6.75}$$

式中，$B_{pq}, C_{pq}, D_{pq}, E_{pq}, F_{pq}, G_{pq}$ 为待定系数，$\alpha_{pq}$ 和 $\beta_{pq}$ 则为

$$\alpha_{pq}=\left[\frac{\omega^2}{C_l^2}-\left(\frac{p\pi}{l_x}\right)^2-\left(\frac{q\pi}{l_y}\right)^2\right]^{1/2},\quad \beta_{pq}=\left[\frac{\omega^2}{C_t^2}-\left(\frac{p\pi}{l_x}\right)^2-\left(\frac{q\pi}{l_y}\right)^2\right]^{1/2}$$

黏弹性层为三维模型情况下，其振动位移与速度势函数的关系满足：

$$U_x(x,y,z)=\frac{\partial\phi}{\partial x}+\frac{\partial\psi_z}{\partial y}-\frac{\partial\psi_y}{\partial z} \tag{3.6.76a}$$

$$U_y(x,y,z)=\frac{\partial\phi}{\partial y}-\frac{\partial\psi_z}{\partial x}+\frac{\partial\psi_x}{\partial z} \tag{3.6.76b}$$

$$U_z(x,y,z)=\frac{\partial\phi}{\partial z}+\frac{\partial\psi_y}{\partial x}-\frac{\partial\psi_x}{\partial y} \tag{3.6.76c}$$

黏弹性层的 6 个应力分量采用振动位移表示为

$$\sigma_x=(\lambda_c+2\mu_c)\frac{\partial U_x}{\partial x}+\lambda_c\frac{\partial U_y}{\partial y}+\lambda_c\frac{\partial U_z}{\partial z} \tag{3.6.77a}$$

$$\sigma_y = \lambda_c \frac{\partial U_x}{\partial x} + (\lambda_c + 2\mu_c) \frac{\partial U_y}{\partial y} + \lambda_c \frac{\partial U_z}{\partial z} \tag{3.6.77b}$$

$$\sigma_z = \lambda_c \frac{\partial U_x}{\partial x} + \lambda_c \frac{\partial U_x}{\partial y} + (\lambda_c + 2\mu_c) \frac{\partial U_y}{\partial z} \tag{3.6.77c}$$

$$\sigma_{xy} = \mu_c \left( \frac{\partial U_x}{\partial y} + \frac{\partial U_y}{\partial x} \right) \tag{3.6.77d}$$

$$\sigma_{xz} = \mu_c \left( \frac{\partial U_x}{\partial z} + \frac{\partial U_z}{\partial x} \right) \tag{3.6.77e}$$

$$\sigma_{yz} = \mu_c \left( \frac{\partial U_y}{\partial z} + \frac{\partial U_z}{\partial y} \right) \tag{3.6.77f}$$

将 (3.6.67)~(3.6.69) 式代入 (3.6.76) 式，得到

$$U_x(x,y,z) = \sum_{p=0}^{\infty} \sum_{q=1}^{\infty} U_{pq}^x(z) \cos \frac{p\pi x}{l_x} \sin \frac{q\pi y}{l_y} \tag{3.6.78a}$$

$$U_y(x,y,z) = \sum_{p=1}^{\infty} \sum_{q=0}^{\infty} U_{pq}^y(z) \sin \frac{p\pi x}{l_x} \cos \frac{q\pi y}{l_y} \tag{3.6.78b}$$

$$U_z(x,y,z) = \sum_{p=1}^{\infty} \sum_{q=1}^{\infty} U_{pq}^z(z) \sin \frac{p\pi x}{l_x} \sin \frac{q\pi y}{l_y} \tag{3.6.78c}$$

式中,

$$U_{pq}^x(z) = \frac{p\pi}{l_x} \Phi_{pq}(z) - \frac{q\pi}{l_y} \Psi_{pq}^z(z) - \frac{\partial \Psi_{pq}^y(z)}{\partial z} \tag{3.6.79a}$$

$$U_{pq}^y(z) = \frac{q\pi}{l_y} \Phi_{pq}(z) + \frac{p\pi}{l_x} \Psi_{pq}^z(z) + \frac{\partial \Psi_{pq}^x(z)}{\partial z} \tag{3.6.79b}$$

$$U_{pq}^z(z) = \frac{\partial \Phi_{pq}(z)}{\partial z} - \frac{p\pi}{l_x} \Psi_{pq}^y(z) + \frac{q\pi}{l_y} \Psi_{pq}^x(z) \tag{3.6.79c}$$

再将 (3.6.67)~(3.6.69) 式代入 (3.6.77) 式，得到

$$\sigma_x(x,y,z) = \sum_{p=1}^{\infty} \sum_{q=1}^{\infty} \sin\left(\frac{p\pi x}{l_x}\right) \sin\left(\frac{q\pi y}{l_y}\right) \sigma_{pq}^x(z) \tag{3.6.80a}$$

$$\sigma_y(x,y,z) = \sum_{p=1}^{\infty} \sum_{q=1}^{\infty} \sin\left(\frac{p\pi x}{l_x}\right) \sin\left(\frac{q\pi y}{l_y}\right) \sigma_{pq}^y(z) \tag{3.6.80b}$$

$$\sigma_z(x,y,z) = \sum_{p=1}^{\infty} \sum_{q=1}^{\infty} \sin\left(\frac{p\pi x}{l_x}\right) \sin\left(\frac{q\pi y}{l_y}\right) \sigma_{pq}^z(z) \tag{3.6.80c}$$

$$\sigma_{xy}(x,y,z)=\sum_{p=0}^{\infty}\sum_{q=0}^{\infty}\cos\left(\frac{p\pi x}{l_x}\right)\cos\left(\frac{q\pi y}{l_y}\right)\sigma_{pq}^{xy}(z) \tag{3.6.80d}$$

$$\sigma_{xz}(x,y,z)=\sum_{p=0}^{\infty}\sum_{q=1}^{\infty}\cos\left(\frac{p\pi x}{l_x}\right)\sin\left(\frac{q\pi y}{l_y}\right)\sigma_{pq}^{xz}(z) \tag{3.6.80e}$$

$$\sigma_{yz}(x,y,z)=\sum_{p=1}^{\infty}\sum_{q=0}^{\infty}\sin\left(\frac{p\pi x}{l_x}\right)\cos\left(\frac{q\pi y}{l_y}\right)\sigma_{pq}^{yz}(z) \tag{3.6.80f}$$

式中，

$$\sigma_{pq}^{x}(z)=-\frac{p\pi}{l_x}(\lambda_c+2\mu_c)U_{pq}^{x}(z)-\frac{q\pi}{l_y}\lambda_c U_{pq}^{y}(z)+\lambda_c\frac{\partial U_{pq}^{z}(z)}{\partial z} \tag{3.6.81a}$$

$$\sigma_{pq}^{y}(z)=-\frac{p\pi}{l_x}\lambda_c U_{pq}^{x}(z)-\frac{q\pi}{l_y}(\lambda_c+2\mu_c)U_{pq}^{y}(z)+\lambda_c\frac{\partial U_{pq}^{z}(z)}{\partial z} \tag{3.6.81b}$$

$$\sigma_{pq}^{z}(z)=-\frac{p\pi}{l_x}\lambda_c U_{pq}^{x}(z)-\frac{q\pi}{l_y}\lambda_c U_{pq}^{y}(z)+(\lambda_c+2\mu_c)\frac{\partial U_{pq}^{z}(z)}{\partial z} \tag{3.6.81c}$$

$$\sigma_{pq}^{xy}(z)=\mu_c\frac{q\pi}{l_y}U_{pq}^{x}(z)+\mu_c\frac{p\pi}{l_x}U_{pq}^{y}(z) \tag{3.6.81d}$$

$$\sigma_{pq}^{xz}(z)=\mu_c\frac{\partial U_{pq}^{x}(z)}{\partial z}+\mu_c\frac{p\pi}{l_x}U_{pq}^{z}(z) \tag{3.6.81e}$$

$$\sigma_{pq}^{yz}(z)=\mu_c\frac{\partial U_{pq}^{y}(z)}{\partial z}+\mu_c\frac{q\pi}{l_y}U_{pq}^{z}(z) \tag{3.6.81f}$$

注意到在 (3.6.78) 式中的 $U_x, U_y, U_z$ 及 (3.6.80) 式中的 $\sigma_x, \sigma_y, \sigma_z, \sigma_{xy}, \sigma_{yz}, \sigma_{xz}$，都自动满足了边界条件 (3.6.64) 式。进一步利用矩形基板振动方程 (3.6.23) 式及边界条件 (3.6.63) 和 (3.6.65) 式，确定 (3.6.29) 式及 (3.6.73)~(3.6.75) 式中的待定系数。为此，将 (3.6.29) 式代入 (3.6.23) 式，利用模态函数的正交性，得到矩形基板模态振动方程：

$$\frac{l_x l_y}{4}m_s\left[\omega_{mn}^2(1+\mathrm{i}\eta_s)-\omega^2\right]A_{mn}=f_{mn}-\sigma_{mn}^{z}(z=0) \tag{3.6.82}$$

将 (3.6.29) 式和 (3.6.78) 式分别代入 (3.6.63) 式，得到矩形板与黏弹性层界面上的位移关系：

$$\sum_{m=1}^{\infty}\sum_{n=1}^{\infty}A_{mn}\sin\left(\frac{m\pi x}{l_x}\right)\sin\left(\frac{n\pi y}{l_y}\right)=\sum_{p=1}^{\infty}\sum_{q=1}^{\infty}U_{pq}^{z}(z=0)\sin\left(\frac{p\pi x}{l_x}\right)\sin\left(\frac{q\pi y}{l_y}\right) \tag{3.6.83}$$

$$-\frac{h}{2}\sum_{m=1}^{\infty}\sum_{n=1}^{\infty}A_{mn}\frac{m\pi}{l_x}\cos\frac{m\pi x}{l_x}\sin\frac{n\pi y}{l_y}=\sum_{p=1}^{\infty}\sum_{q=1}^{\infty}U_{pq}^{x}\left(z=0\right)\cdot\cos\frac{p\pi x}{l_x}\sin\frac{q\pi y}{l_y} \tag{3.6.84}$$

$$-\frac{h}{2}\sum_{m=1}^{\infty}\sum_{n=1}^{\infty}A_{mn}\frac{n\pi}{l_y}\sin\frac{m\pi x}{l_x}\cos\frac{n\pi y}{l_y}=\sum_{p=1}^{\infty}\sum_{q=1}^{\infty}U_{pq}^{y}\left(z=0\right)\cdot\sin\frac{p\pi x}{l_x}\cos\frac{q\pi y}{l_y} \tag{3.6.85}$$

利用模态正交性，(3.6.83)~(3.6.85) 式简化为

$$A_{mn}=U_{pq}^{z}\left(z=0\right) \tag{3.6.86}$$

$$-\frac{h}{2}\frac{m\pi}{l_x}A_{mn}=\begin{cases}U_{mn}^{x}\left(z=0\right), & m>0\\ U_{mn}^{x}\left(z=0\right)=0, & m=0\end{cases} \tag{3.6.87}$$

$$-\frac{h}{2}\frac{n\pi}{l_y}A_{mn}=\begin{cases}U_{mn}^{y}\left(z=0\right), & n>0\\ U_{mn}^{y}\left(z=0\right)=0, & n=0\end{cases} \tag{3.6.88}$$

再由 (3.6.65a) 式、(3.6.26) 和 (3.6.80c) 式，并注意到 $W_2\left(x,y\right)$ 即为 $U_z\left(x,y\right)$，可得

$$\begin{aligned}&\sum_{p=1}^{\infty}\sum_{q=1}^{\infty}\sigma_{pq}^{z}\left(z=h_c\right)\cdot\varphi_p\left(x\right)\varphi_q\left(y\right)\\ =&-\rho_0\omega^2\int_0^{l_x}\int_0^{l_y}\sum_{m=1}^{\infty}\sum_{n=1}^{\infty}U_{mn}^{z}\left(z=h_c\right)G\left(x,y,h_c;x_0,y_0,h_c\right)\mathrm{d}x_0\mathrm{d}y_0\end{aligned} \tag{3.6.89}$$

利用模态函数的正交性，(3.6.89) 式简化为

$$\frac{l_xl_y}{4}\sigma_{pq}^{z}\left(z=h_c\right)=\mathrm{i}\omega\sum_{m=1}^{\infty}\sum_{n=1}^{\infty}U_{mn}^{z}\left(z=h_c\right)\cdot Z_{mnpq}^{a} \tag{3.6.90}$$

另外，由 (3.6.65b) 和 (3.6.65c) 式，得到

$$\sigma_{pq}^{xz}\left(h_c\right)=0 \tag{3.6.91}$$

$$\sigma_{pq}^{yz}\left(h_c\right)=0 \tag{3.6.92}$$

这样，得到 (3.6.82) 式及 (3.6.86)~(3.6.88) 和 (3.6.90)~(3.6.92) 式共 7 个模态方程，利用 (3.6.81) 式、(3.6.79) 式，可以将 (3.6.73)~(3.6.75) 式代入到此 7 个模态方程中，从而求解得到 $A_{mn}\sim G_{mn}$ 等 7 个待定系数。另外考虑到 (3.6.66) 式

及 (3.6.68) 和 (3.6.69) 式，可得

$$\frac{\partial \Psi_{pq}^z}{\partial z}=\left[-\frac{p\pi}{l_x}D_{pq}-\frac{q\pi}{l_y}F_{pq}\right]\cos\left(\beta_{pq}z\right)+\left[-\frac{p\pi}{l_x}E_{pq}-\frac{q\pi}{l_y}G_{pq}\right]\sin\left(\beta_{pq}z\right) \quad (3.6.93)$$

对 (3.6.93) 式积分，并考虑到 (3.6.74) 及 (3.6.75) 式的形式，可得

$$\Psi_{pq}^z=\left[-\frac{p\pi}{l_x}D_{pq}-\frac{q\pi}{l_y}F_{pq}\right]\frac{1}{\beta_{pq}}\sin\left(\beta_{pq}z\right)+\left[\frac{p\pi}{l_x}E_{pq}+\frac{q\pi}{l_y}G_{pq}\right]\frac{1}{\beta_{pq}}\cos\left(\beta_{pq}z\right) \quad (3.6.94)$$

于是，(3.6.73)~(3.6.75) 式及 (3.6.94) 式代入 (3.6.79) 式，再代入 (3.6.81c) 式，则可由 (3.6.82) 式可得

$$a_{11}A_{mn}+a_{12}B_{mn}+a_{15}E_{mn}+a_{17}G_{mn}=f_{mn} \quad (3.6.95)$$

式中，

$$a_{11}=\frac{l_xl_y}{4}m_s\left[\omega_{mn}^2\left(1+\mathrm{i}\eta_s\right)-\omega^2\right],$$

$$a_{12}=\left(\lambda_c+2\mu_c\right)\alpha_{mn}^2-\left[\left(\frac{m\pi}{l_x}\right)^2+\left(\frac{n\pi}{l_y}\right)^2\right]\lambda_c$$

$$a_{15}=-2\frac{n\pi}{l_y}\left(\lambda_c+\mu_c\right)\beta_{mn},\quad a_{17}=2\frac{m\pi}{l_x}\left(\lambda_c+\mu_c\right)\beta_{mn}$$

同理，由 (3.6.86)~(3.6.88) 式和 (3.6.90)~(3.6.92) 式，可分别得到

$$a_{21}A_{mn}+a_{23}C_{mn}+a_{24}D_{mn}+a_{26}F_{mn}=0 \quad (3.6.96)$$

$$a_{31}A_{mn}+a_{32}B_{mn}+a_{35}E_{mn}+a_{37}G_{mn}=0 \quad (3.6.97)$$

$$a_{41}A_{mn}+a_{42}B_{mn}+a_{45}E_{mn}+a_{47}G_{mn}=0 \quad (3.6.98)$$

$$a_{52}B_{mn}+a_{53}C_{mn}+a_{54}D_{mn}+a_{55}E_{mn}+a_{56}F_{mn}+a_{57}G_{mn}=0 \quad (3.6.99)$$

$$a_{62}B_{mn}+a_{63}C_{mn}+a_{64}D_{mn}+a_{65}E_{mn}+a_{66}F_{mn}+a_{67}G_{mn}=0 \quad (3.6.100)$$

$$a_{72}B_{mn}+a_{73}C_{mn}+a_{74}D_{mn}+a_{75}E_{mn}+a_{76}F_{mn}+a_{77}G_{mn}=0 \quad (3.6.101)$$

式中，

$$a_{21}=1,\quad a_{23}=-\alpha_{mn},\quad a_{24}=-\left(\frac{n\pi}{l_y}\right),\quad a_{26}=\left(\frac{m\pi}{l_x}\right),\quad a_{31}=\frac{h}{2}\left(\frac{m\pi}{l_x}\right)$$

$$a_{32}=\left(\frac{m\pi}{l_x}\right),\quad a_{35}=-\left(\frac{m\pi}{l_x}\right)\left(\frac{n\pi}{l_y}\right)\frac{1}{\beta_{mn}},\quad a_{37}=-\left[\left(\frac{n\pi}{l_y}\right)^2\frac{1}{\beta_{mn}}+\beta_{mn}\right]$$

$$a_{41}=\frac{h}{2}\frac{n\pi}{l_y},\quad a_{42}=\frac{n\pi}{l_y},\quad a_{45}=\left(\frac{m\pi}{l_x}\right)^2\frac{1}{\beta_{mn}}+\beta_{mn},\quad a_{47}=\left(\frac{m\pi}{l_x}\right)\left(\frac{n\pi}{l_y}\right)\frac{1}{\beta_{mn}}$$

$$a_{52}=\frac{l_x l_y}{4}\left\{\left[\left(\frac{m\pi}{l_x}\right)^2+\left(\frac{n\pi}{l_y}\right)^2\right]\lambda_c+\alpha_{mn}^2(\lambda_c+2\mu_c)\right\}$$

$$+\mathrm{i}\omega\sum_p\sum_q Z_{mnpq}\alpha_{pq}\sin(\alpha_{pq}h_c)$$

$$a_{53}=\frac{l_x l_y}{4}\left\{\left[\left(\frac{m\pi}{l_x}\right)^2+\left(\frac{n\pi}{l_y}\right)^2\right]\lambda_c+\alpha_{mn}^2(\lambda_c+2\mu_c)\right\}$$

$$+\mathrm{i}\omega\sum_p\sum_q Z_{mnpq}^a\alpha_{pq}\cos(\alpha_{pq}h_c)$$

$$a_{54}=-\frac{l_x l_y}{4}\left(\frac{n\pi}{l_y}\right)2\mu_c\beta_{mn}\sin(\beta_{mn}h_c)+\mathrm{i}\omega\sum_p\sum_q Z_{mnpq}^a\left(\frac{q\pi}{l_y}\right)\cos(\beta_{pq}h_c)$$

$$a_{55}=-\frac{l_x l_y}{4}\left(\frac{n\pi}{l_y}\right)2\mu_c\beta_{mn}\cos(\beta_{mn}h_c)-\mathrm{i}\omega\sum_p\sum_q Z_{mnpq}^a\left(\frac{q\pi}{l_y}\right)\sin(\beta_{pq}h_c)$$

$$a_{56}=\frac{l_x l_y}{4}\left(\frac{m\pi}{l_x}\right)2\mu_c\beta_{mn}\sin(\beta_{mn}h_c)-\mathrm{i}\omega\sum_p\sum_q Z_{mnpq}^a\left(\frac{p\pi}{l_x}\right)\cos(\beta_{pq}h_c)$$

$$a_{57}=-\frac{l_x l_y}{4}\left(\frac{m\pi}{l_x}\right)2\mu_c\beta_{mn}\cos(\beta_{mn}h_c)+\mathrm{i}\omega\sum_p\sum_q Z_{mnpq}^a\left(\frac{p\pi}{l_x}\right)\sin(\beta_{pq}h_c)$$

$$a_{62}=-\frac{2m\pi}{l_x}\alpha_{mn}\sin(\alpha_{mn}h_c),\quad a_{63}=\frac{2m\pi}{l_x}\alpha_{mn}\cos(\alpha_{mn}h_c)$$

$$a_{64}=\frac{2m\pi}{l_x}\frac{n\pi}{l_y}\cos(\beta_{mn}h_c),\quad a_{66}=\left[\left(\frac{n\pi}{l_y}\right)^2-\left(\frac{m\pi}{l_x}\right)^2+\beta_{mn}^2\right]\cos(\beta_{mn}h_c)$$

$$a_{67}=\left[\left(\frac{n\pi}{l_y}\right)^2-\left(\frac{m\pi}{l_x}\right)^2+\beta_{mn}^2\right]\sin(\beta_{mn}h_c),\quad a_{72}=-\frac{2n\pi}{l_y}\alpha_{mn}\sin(\alpha_{mn}h_c)$$

$$a_{73}=\frac{2n\pi}{l_y}\alpha_{mn}\cos(\alpha_{mn}h_c),$$

$$a_{74}=\left[\left(\frac{n\pi}{l_y}\right)^2-\left(\frac{m\pi}{l_x}\right)^2-\beta_{mn}^2\right]\cos(\beta_{mn}h_c)$$

$$a_{75}=\left[\left(\frac{n\pi}{l_y}\right)^2-\left(\frac{m\pi}{l_x}\right)^2-\beta_{mn}^2\right]\sin(\beta_{mn}h_c),\quad a_{76}=-\frac{2m\pi}{l_x}\frac{n\pi}{l_y}\cos(\beta_{mn}h_c)$$

$$a_{77} = -\frac{2m\pi}{l_x}\frac{n\pi}{l_y}\sin\left(\beta_{mn}h_c\right)$$

联立 (3.6.95)~(3.6.101) 式，求解由 $A_{mn}$, $B_{mn} \sim G_{mn}$ 组成的状态矢量矩阵方程：

$$\begin{bmatrix} [a_{11}] & [a_{12}] & [0] & [0] & [a_{15}] & [0] & [a_{17}] \\ [a_{21}] & [0] & [a_{23}] & [a_{24}] & [0] & [a_{26}] & [0] \\ [a_{31}] & [a_{32}] & [0] & [0] & [a_{35}] & [0] & [a_{37}] \\ [a_{41}] & [a_{42}] & [0] & [0] & [a_{45}] & [0] & [a_{47}] \\ [0] & [a_{52}] & [a_{53}] & [a_{54}] & [a_{55}] & [a_{56}] & [a_{57}] \\ [0] & [a_{62}] & [a_{63}] & [a_{64}] & [0] & [a_{66}] & [a_{67}] \\ [0] & [a_{72}] & [a_{73}] & [a_{74}] & [a_{75}] & [a_{76}] & [a_{77}] \end{bmatrix} \begin{Bmatrix} A \\ B \\ C \\ D \\ E \\ F \\ G \end{Bmatrix} = \begin{Bmatrix} f \\ 0 \\ 0 \\ 0 \\ 0 \\ 0 \\ 0 \end{Bmatrix} \tag{3.6.102}$$

式中，$\{A\},\{B\},\cdots,\{G\}$ 及 $\{f\}$ 为由 $A_{mn}$, $B_{mn} \sim G_{mn}$ 及 $f_{mn}$ 组成的列向量，$[a_{ij}]\,(i=1\sim 4,6\sim 7,j=1\sim 7)$ 为 $a_{ij}$ 组成的对角矩阵，$[a_{ij}]\,(i=5,j=1\sim 7)$ 为 $a_{ij}$ 组成的非对角矩阵。由 (3.6.102) 式求解得到待定系数 $A_{mn}$, $B_{mn}$ 等参数后，可求解得到黏弹性层的速度势和振动速度，并进一步计算声辐射功率等参数。Berry 和 Foin 针对边长为 0.6m、厚度为 9mm 的钢板，以及厚度为 5cm、密度为 600kg/m$^3$、泊松比为 0.38 和阻尼因子为 0.65 的黏弹性层，计算的声辐射功率见图 3.6.11。结果表明，黏弹性层杨氏模量越小，相应的声辐射越小，尤其在 300Hz 以上的高频段。杨氏模量由 $7.2\times10^6$Pa 减小到 $7.2\times10^5$Pa，1kHz 以上频段声辐射下降十几分贝以上。黏弹性层的剪切波对声辐射的影响限于低频段，而且黏弹性层越软，剪切波的影响越小，影响的频率范围也越低越窄。取黏弹性层的厚度为 10mm、密度为 100kg/m$^3$、杨氏模量为 $10^6$Pa、泊松比为 0.45，计算比较黏弹性层局部阻抗模型与三维模型水中声辐射的差异，结果表明：在 100Hz 以上的高频段两种模型的计算结果吻合较好。在低频段三维模型计算的峰值往高频移动，其原因是三维模型横向位移约束的边界条件所引起的，参见图 3.6.12，局部阻抗模型则无此约束边界条件。若取杨氏模量为 $10^5$Pa，其他参数不变，则计算结果表明，局部阻抗模型与三维模型在低频段的声辐射功率比较接近，但在 1.5kHz 以上的高频段，两种模型的计算结果差别较大，尤其在 3kHz 附近，三维模型计算的声辐射功率明显高于局部阻抗模型的结果，其原因是在此频段黏弹性层出现厚度方向共振，而局部阻抗模型的无质量假设，使其不能反映此物理机理。因此，黏弹性层的三维模型能够计算其厚度模式对应频率范围内的声辐射增强效应，参见图 3.6.13。对应于声辐射功率，在黏弹性层较硬 ($10^6$Pa) 和较软 ($10^5$Pa) 情况下，均方振速的比值也有类似特性，黏弹性层较硬时，局部阻抗模型与三维模型计算的均方振速十分接近，而当黏弹性层较软时，在厚度模式对应的频段，三维模型计算的振动隔离效果较小，而局部阻抗模型则在相应频段高估了黏弹性层的振动隔离效果。参见图 3.6.14。

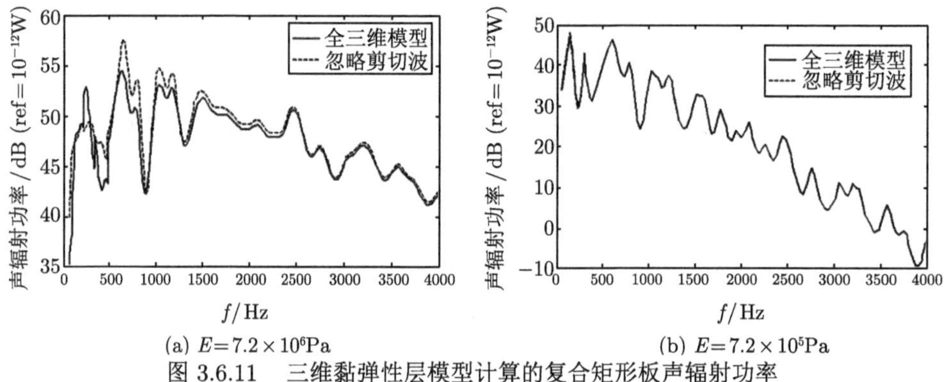


(a) $E = 7.2\times10^{6}$Pa　　(b) $E = 7.2\times10^{5}$Pa

图 3.6.11　三维黏弹性层模型计算的复合矩形板声辐射功率

(引自文献 [68]，fig4, fig5)

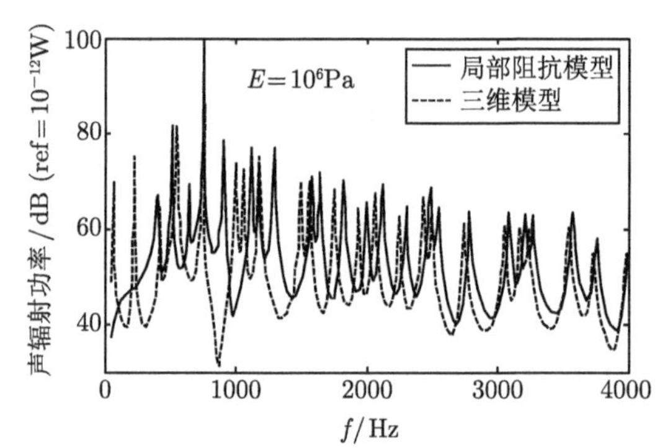


图 3.6.12　黏弹性层局部阻抗与三维模型计算的声辐射功率比较

(引自文献 [68]，fig6)

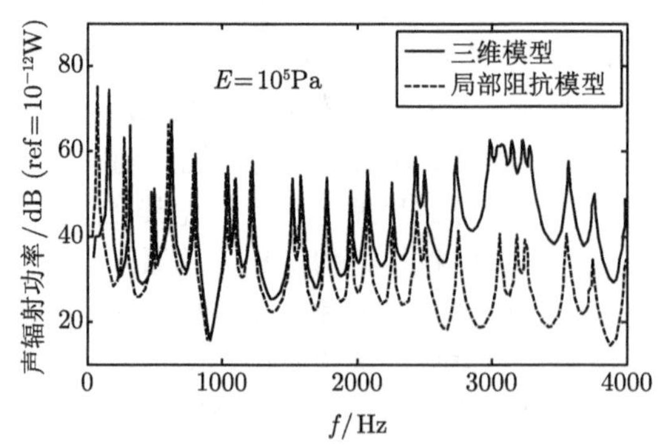


图 3.6.13　黏弹性层局部阻抗与三维模型计算的声辐射功率比较

(引自文献 [68]，fig7)

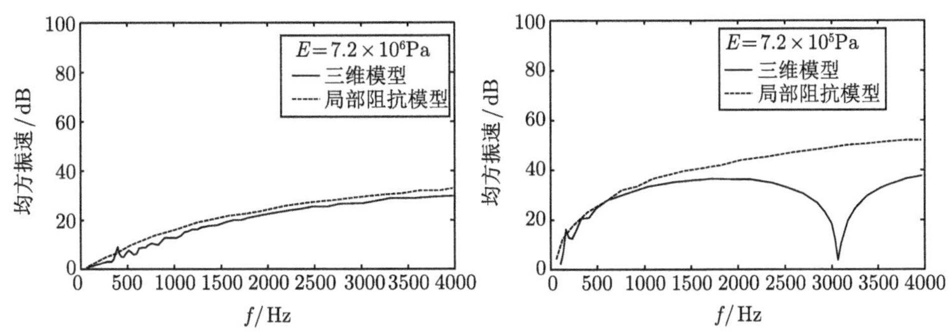


图 3.6.14 黏弹性层局部阻抗与三维模型计算的均方振速比较

(引自文献 [68], fig8, fig9)

## 3.7 有限长弹性梁振动和声辐射

当矩形板长宽比较大，且声波波长远大于其宽度时，二维矩形板可以简化为一维梁模型。作为矩形板的一个特例，有限长梁也是声弹性研究的一种典型模型。虽然仍可以采用矩形板的相应公式计算梁结构的振动和辐射声场，但将其作为一维模型处理，建模及计算上会有一些不同或简化。Wallace[69] 采用 Rayleigh 积分计算梁辐射声场，再由面积分得到声辐射功率，给出梁的模态声辐射效率。对于简支梁模态声辐射效率为

$$\sigma_n=\frac{32k_0^2bl}{n^2\pi^4}\int_0^{\pi/2}\int_0^{\pi/2}\left[\left\{\begin{array}{c}\cos\left(\dfrac{\alpha}{2}\right)\sin\left(\dfrac{\beta}{2}\right)\\ \sin\left(\dfrac{\alpha}{2}\right)\sin\left(\dfrac{\beta}{2}\right)\end{array}\right\}\Big/\left[1-\left(\frac{\alpha}{n\pi}\right)^2\right]\beta\right]^2\sin\theta\mathrm{d}\theta\mathrm{d}\varphi \tag{3.7.1}$$

式中，$l$ 为梁长，$b$ 为梁宽，$\alpha=k_0l\sin\theta\cos\varphi,\beta=k_0b\sin\theta\sin\varphi$，$n$ 为奇数时，取 $\cos(\alpha/2)$。$n$ 为偶数时，取 $\sin(\alpha/2)$。当 $k_0l/n\pi\ll1$ 时，$\sigma_n$ 可近似表示为

$$\sigma_n=\frac{4b}{\pi l}\left(\frac{k_0l}{n\pi}\right)^2\left\{1-\frac{1}{36}\left[(n\pi)^2\left(3+\frac{b^2}{l^2}\right)-24\right]\left(\frac{k_0l}{n\pi}\right)^2\right\},\quad n\text{ 为奇数} \tag{3.7.2}$$

$$\sigma_n=\frac{n^2\pi b}{3l}\left(\frac{k_0l}{n\pi}\right)^4\left\{1-\frac{1}{60}\left[(n\pi)^2\left(3+\frac{b^2}{l^2}\right)-72\right]\left(\frac{k_0l}{n\pi}\right)^2\right\},\quad n\text{ 为偶数} \tag{3.7.3}$$

对于固支梁，模态声辐射效率为

$$\sigma_n=\frac{8}{\pi^2}\left(\frac{k_0^2bl}{A_n^2}\right)\int_0^{\pi/2}\int_0^{\pi/2}\left[1-\left(\frac{\alpha}{A_n}\right)^4\right]^{-2}\left\{\left[\sin A_n+X_n\left(1-\cos A_n\right)\right]^2\right.$$

$$
\begin{aligned}
&+\left(\frac{\alpha}{A_n}\right)^2(\cos A_n+X_n\sin A_n-1)^2+2(1-\cos\alpha)\\
&\times\left[\left(\frac{\alpha}{A_n}\right)^2(\cos A_n+X_n\sin A_n)-X_n(\sin A_n-X_n\cos A_n)\right]\\
&-2\left(\frac{\alpha}{A_n}\right)\left(1+X_n^2\right)\sin\alpha\sin A_n\Bigg\}2\beta^{-2}(1-\cos\beta)\sin\theta\mathrm{d}\theta\mathrm{d}\varphi
\end{aligned}\tag{3.7.4}
$$

式中，$A_n=k_nl$，$X_n=(\cos(k_nl)-\cosh(k_nl))/(\sinh(k_nl)-\sin(k_nl))$,$k_nl$ 为方程 $\cosh(k_nl)\cos(k_nl)=1$ 的根，$A_n$ 和 $X_n$ 可以近似表示为 $A_n=(2n+1)\pi/2$，$X_n\approx-1$。

当 $k_0l/A_n\ll 1$ 时，固支梁声辐射效率可以简化为

$$
\begin{aligned}
\sigma_n=&\frac{2k_0^2bl}{\pi}\left[\frac{\sin A_n+X_n(1-\cos A_n)}{A_n}\right]^2\\
&\times\left\{1-\left[\frac{X_nA_n(\sin A_n+X_n\cos A_n)+2(1+X_n^2)A_n\sin A_n-(\cos A_n+X_n\sin A_n-1)^2}{3A_n^2[\sin A_n+X_n(1-\cos A_n)]^2}\right.\right.\\
&\left.\left.-\frac{1}{36}\left(\frac{b}{l}\right)^2\right](k_0l)^2\right\},\quad n\text{ 为奇数}
\end{aligned}\tag{3.7.5}
$$

$$
\begin{aligned}
\sigma_n=&\frac{2k_0^4bl^3}{3\pi A_n^4}\left[(\cos A_n+X_n\sin A_n-1)^2+X_n^2A_n^2-2\left(1+X_n^2\right)A_n\sin A_n\right]\\
&\times\left\{1+\frac{1}{60}\left[\frac{3b(\cos A_n+X_n\sin A_n)-3X_n^2A_n^2+12(1+X_n^2)A_n\sin A_n}{(\cos A_n+X_n\sin A_n-1)^2+X_n^2A_n^2-2(1+X_n^2)A_n\sin A_n}\right.\right.\\
&\left.\left.-\left(\frac{b}{l}\right)^2\right](k_0l)^2\right\},\quad n\text{ 为偶数}
\end{aligned}\tag{3.7.6}
$$

利用 $A_n=(2n+1)\pi/2$ 和 $X_n\approx-1$，(3.7.5) 和 (3.7.6) 式还可简化为

$$
\sigma_n=\frac{8}{\pi}\frac{b}{l}\left(\frac{k_0l}{A_n}\right)^2,\quad n\text{ 为奇数}\tag{3.7.7}
$$

$$
\sigma_n=\frac{8}{3\pi}\frac{b}{l}\left(\frac{k_0l}{A_n}\right)^4\left[\frac{1}{4}(2n+1)\pi-1\right]^2,\quad n\text{ 为奇数}\tag{3.7.8}
$$

依据上面列出的这些公式，取梁的宽度与长度之比 $b/l=1/8$，在简支和固支边界条件下，计算的梁前 10 个模态的声辐射效率可见图 3.7.1 和图 3.7.2。当 $b/l$ 由

1/64 增加到 8 时，第一阶模态的声辐射效率也逐渐增加，而当 $b/l$ 一定时，固支梁比简支梁的第一阶模态声辐射效率略大一些，参见图 3.7.3 和图 3.7.4。此外，Chung 和 Crocker[70] 分频段给出了简支梁声辐射效率的近似表达式。Seybert 和 Tsui[71] 则讨论了质量负载对细长梁声辐射效率的影响。Yousri 和 Fahy[72,73] 与 Kuhn 等 [74] 进一步给出了无声障板的梁声辐射效率，相对有障板的情况，无声障板的梁模态声辐射效率明显要小。

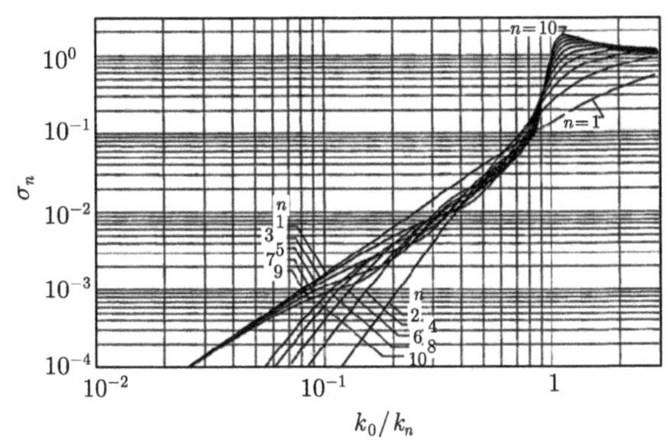


图 3.7.1 简支梁前 10 个模态声辐射效率

(引自文献 [69], fig3)

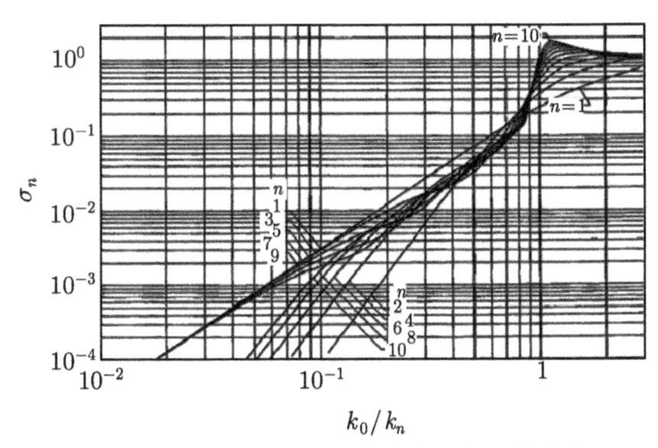


图 3.7.2 固支梁前 10 个模态声辐射效率

(引自文献 [69], fig8)

上述这些研究侧重梁的声辐射效率计算，实际上 Blake[32] 较早研究了空气和水中两端自由的均匀梁振动和声辐射。考虑梁长度为 $l$、宽为 $b$、厚度为 $h$，将梁近似为长轴为 $b/2$、短轴为 $h/2$、长度为 $l$ 的椭圆柱，建立如图 3.7.5 所示的椭圆坐标系。图中 $\xi$ 为径向坐标，$\eta$ 为角向坐标，$z$ 为轴向坐标，且有

$$
\begin{cases}
x = \dfrac{b}{2}\cosh(\xi)\cos(\eta) \\
y = \dfrac{b}{2}\sinh(\xi)\sin(\eta) \\
z = z
\end{cases}
\tag{3.7.9}
$$

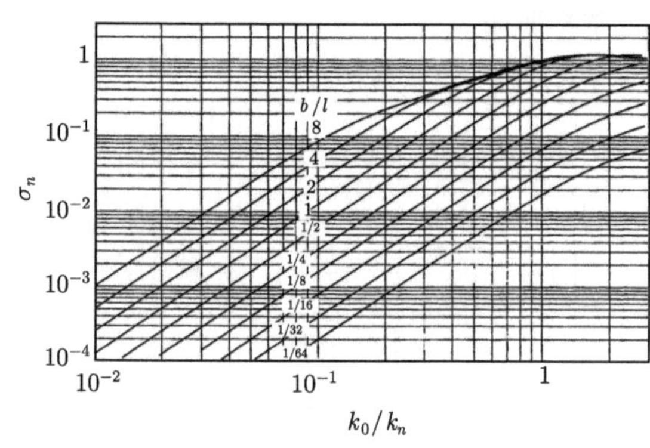


图 3.7.3　简支梁 1 阶模态声辐射效率随长宽比的变化

(引自文献 [69], fig6)

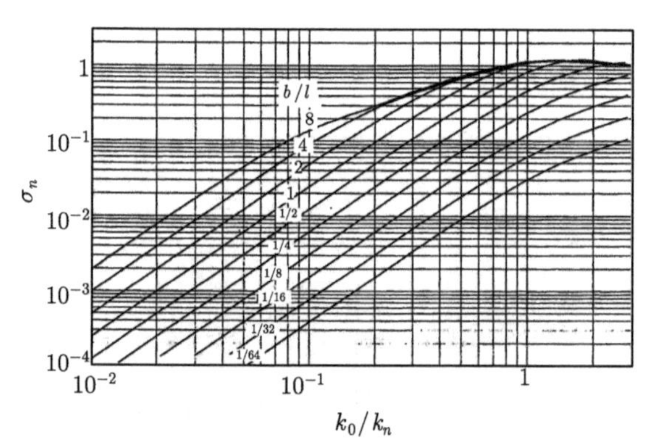


图 3.7.4　固支梁 1 阶模态声辐射效率随长宽比的变化

(引自文献 [69], fig10)

在椭圆坐标系下，波动方程为

$$
\left(\frac{\partial^2 p}{\partial \xi^2}+\frac{\partial^2 p}{\partial \eta^2}\right)\frac{1}{2\left(\dfrac{b}{2}\right)^2(\cosh(2\xi)-\cos(2\eta))}+\frac{\partial^2 p}{\partial z^2}-\frac{1}{C_0^2}\frac{\partial^2 p}{\partial t^2}=0 \tag{3.7.10}
$$

在简谐时间条件下，对声压 $p$ 作 $z$ 方向 Fourier 变换

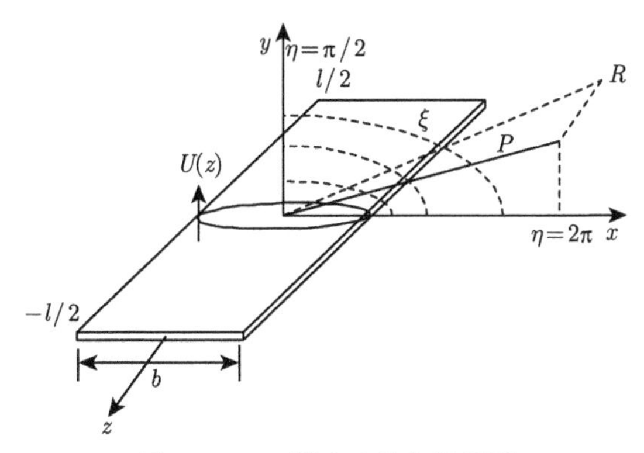


图 3.7.5 两端自由均匀梁模型

(引自文献 [32], fig1)

$$p(\xi,\eta,z)=\frac{1}{2\pi}\int_{-\infty}^{\infty}\tilde{p}(\xi,\eta,k)\,\mathrm{e}^{\mathrm{i}kz}\mathrm{d}k \tag{3.7.11}$$

则 (3.7.9) 式变为

$$\frac{\partial^2\tilde{p}}{\partial\xi^2}+\frac{\partial^2\tilde{p}}{\partial\eta^2}+\left(\frac{b}{2}\right)^2\left(k_0^2-k^2\right)\left(\cosh^2\xi-\cos^2\eta\right)\tilde{p}=0 \tag{3.7.12}$$

在梁表面 $\xi=\xi_0$ 处，满足边界条件：

$$\left.\frac{\partial\tilde{p}}{\partial\xi}\right|_{\xi_0}=-\mathrm{i}\omega\rho_0\frac{b}{2}\left|\sin\eta\right|\tilde{v}(\xi,\eta,k) \tag{3.7.13}$$

式中，$\tilde{v}$ 为梁横向振速 $v$ 的轴向 Fourier 变换：

$$\tilde{v}(\xi,\eta,k)=\int_{-l/2}^{l/2}v(\xi_0,\eta,z)\,\mathrm{e}^{-\mathrm{i}kz}\mathrm{d}z \tag{3.7.14}$$

(3.7.12) 式的一般解采用 Mathieu 函数表示 [75,76]：

$$\tilde{p}(\xi,\eta,k)=\sum_m A_m\mathrm{H}_{(m)}(\alpha,\cosh\xi)\,\mathrm{S}_{(m)}(\alpha,\cos\eta) \tag{3.7.15}$$

式中，$\mathrm{H}_{(m)}(\alpha,\cosh\xi)$，$\mathrm{S}_{(m)}(\alpha,\cos\eta)$ 分别为径向和周期 Mathieu 函数，$\alpha=(b/2)(k_0^2-k^2)^{1/2}$。

对 (3.7.15) 式关于 $\xi$ 求导，代入 (3.7.13) 式，两边同时乘以 $\mathrm{S}_{(m)}(\alpha,\cos\eta)$，并积分，得到待定常数 $A_m$ 的表达式：

$$A_m=\frac{-\mathrm{i}\omega\rho_0 b}{2}\frac{1}{M_{(m)}}\int_0^{2\pi}\tilde{v}(\xi_0,\eta,k)\left|\sin\nu\right|\mathrm{S}_{(m)}(\alpha,\cos\eta)\cdot\left[\frac{\partial\mathrm{H}_{(m)}\cosh(\xi_0)}{\partial\xi}\right]^{-1}\mathrm{d}\eta \tag{3.7.16}$$

式中，

$$M_{(m)}=\int_0^{2\pi}\mathrm{S}_{(m)}^2\left(\alpha,\cos\eta\right)\mathrm{d}\eta \tag{3.7.17}$$

考虑到无声障板梁的反对称振动，其分布为

$$v\left(\xi_0,\eta,z\right)=\begin{cases} v\left(\xi_0,z\right), & 0<\eta<\pi \\ -v\left(\xi_0,z\right), & \pi<\eta<2\pi \end{cases} \tag{3.7.18}$$

在这种情况下，Mathieu 函数采用奇数阶：

$$\mathrm{H}_{(m)}=\mathrm{H}_{2m+1}\left(\alpha,\cosh\xi\right) \tag{3.7.19}$$

$$\mathrm{S}_{(m)}=\mathrm{S}_{2m+1}\left(\alpha,\cos\eta\right)=\sum_{n=0}B_{2n+1}\left(\alpha,2m+1\right)\sin\left(2n+1\right)\eta \tag{3.7.20}$$

将 (3.7.19) 和 (3.7.20) 式代入 (3.7.16) 式，在反对称情况下，(3.7.20) 式仅取 $n=0$ 项，得到简化结果：

$$A_m=\frac{-\mathrm{i}\omega\rho_0\pi b}{2}\tilde{v}\left(\xi_0,k\right)\left[\frac{B_1\left(\alpha,2m+1\right)}{M_{2m+1}}\right]\left[\frac{\partial\mathrm{H}_{2m+1}\left(\alpha,\cosh\xi_0\right)}{\partial\xi}\right]^{-1} \tag{3.7.21}$$

式中，$M_{2m+1}$ 为奇数阶 Mathieu 函数 $\mathrm{S}_{2m+1}$ 的模。

将 (3.7.21) 式代入到 (3.7.15) 式，并作 Fourier 逆变换，得到辐射声压表达式：

$$p\left(\xi,\eta,z\right)=\frac{-\mathrm{i}\rho_0C_0k_0b}{4}\sum_m\int_{-\infty}^{\infty}\left[\frac{B_1\left(\alpha,2m+1\right)}{M_{2m+1}}\right]\left[\frac{\partial\mathrm{H}_{2m+1}\left(\alpha,\cosh\xi_0\right)}{\partial\xi}\right]^{-1}$$

$$\times\mathrm{H}_{2m+1}\left(\alpha,\cosh\xi\right)\mathrm{S}_{2m+1}\left(\alpha,\cos\eta\right)\cdot\tilde{v}\left(\xi_0,k\right)\mathrm{e}^{\mathrm{i}kz}\mathrm{d}k \tag{3.7.22}$$

当 $\xi\to\infty$ 时，利用 Mathieu 函数及其系数的渐近表达式：

$$\mathrm{S}_{2m+1}\left(\alpha,\cos\eta\right)\approx B_1\sin\eta \tag{3.7.23}$$

$$\mathrm{H}_{2m+1}\left(\alpha,\cosh\xi\right)\approx\sqrt{\frac{\pi}{2}}\tanh\xi\cdot B_1\mathrm{H}_{2m+1}^{(1)}\left(\alpha,\cosh\xi\right) \tag{3.7.24}$$

$$B_1\approx1+\frac{3\alpha^2}{32} \tag{3.7.25}$$

$$M_1\approx\pi\left(1+\frac{3\alpha^2}{16}\right) \tag{3.7.26}$$

式中，$\mathrm{H}_{2m+1}^{(1)}$ 为柱 Hankel 函数。

Blake 认为在 (3.7.22) 式中，对远场辐射声场起主要作用的是 $m=0$ 项，其他高阶项的贡献可以忽略。在低频情况下，$k_0h\to 0$，即认为梁的厚度近似为 0，相应有 $\xi_0=0$。在这种情况下，(3.7.22) 式中 $\tanh\xi\to 1$，(3.7.22) 式中的 $\partial \mathrm{H}_{2m+1}/\partial\xi$ 可以简化为

$$\left.\frac{\partial \mathrm{H}_1}{\partial \xi}\right|_{\xi_0=0}=\sqrt{\frac{\pi}{2}}\left(1+\frac{3\alpha^2}{32}\right)\mathrm{H}_1^{(1)}(\alpha) \tag{3.7.27}$$

进一步考虑到 $k_0b/2\ll 1$，且声辐射主要是 $k\leqslant k_0$ 波数分量的贡献。在 $\alpha$ 为小宗量情况下，$\mathrm{H}_1^{(1)}(\alpha)$ 的渐近表达式：

$$\lim_{\alpha\to 0}\mathrm{H}_1^{(1)}(\alpha)=-2\mathrm{i}/\pi\alpha \tag{3.7.28}$$

这样，(3.7.22) 式可以重新表示为

$$p(\xi,\eta,z)=\frac{\omega\rho_0 b}{16}\tanh\xi\int_{-\infty}^{\infty}\alpha\mathrm{H}_1(\alpha\cosh\xi)\cdot\tilde{v}(\xi_0,k)\sin\eta\mathrm{e}^{\mathrm{i}kz}\mathrm{d}k \tag{3.7.29}$$

在 $\xi\to\infty$ 的远场条件下，有

$$\alpha\cosh\xi=k_0r\left[1-\left(\frac{k}{k_0}\right)^2\right]^{1/2} \tag{3.7.30}$$

式中，$r=(x^2+y^2)^{1/2}$ 为场点的径向距离。

利用 (3.7.24) 式及 $\tanh\xi$ 和 $\mathrm{H}_1^{(1)}(\alpha)$ 的渐近式，由 (3.7.29) 式可得远场辐射声压为

$$p(\xi,\eta,z)\approx\frac{\rho_0C_0k_0b^2\sin\eta}{32\sqrt{r}}\mathrm{e}^{-\mathrm{i}3\pi/4}\sqrt{\frac{2}{\pi}}\int_{-\infty}^{\infty}\mathrm{e}^{\mathrm{i}\left(k_0^2-k^2\right)^{1/2}r+\mathrm{i}kz}\times\left(k_0^2-k^2\right)^{1/4}\tilde{v}(\xi_0,k)\,\mathrm{d}k \tag{3.7.31}$$

令 $z=R\cos\theta, r=R\sin\theta$，采用稳相法对 (3.7.31) 式进行积分，可得梁的远场辐射声压：

$$|p(\xi,\eta,z)|^2=\frac{\rho_0^2C_0^2(k_0b)^4}{256R^2}\sin^2\eta\sin^2\theta\cdot|\tilde{\nu}(k_0\cos\theta)|^2 \tag{3.7.32}$$

对于无声障板的两端自由边界条件的梁，设振动分布为

$$\nu(\xi_0,\eta,z)=\nu_0(\omega)\varphi_m(z) \tag{3.7.33}$$

式中，$\varphi_m=A_m\cos(k_mz)$，$m$ 为奇数。将 $\varphi_m(z)$ 代入 (3.7.14) 式，有

$$\tilde{\varphi}_m(k)=\frac{2A_m}{k_m^2-k^2}\left[k_m\sin\frac{k_ml}{2}\cos\frac{kl}{2}-k\cos\frac{k_ml}{2}\sin\frac{kl}{2}\right] \tag{3.7.34}$$

其中，$A_m$ 为归一化系数，$k_m$ 为梁振动波数。

$$A_m^2=2\left[1+(-1)^m\frac{\sin(k_m l)}{k_m l}\right]^{-1},\quad k_m=\frac{2m+1}{2l}\pi$$

在稳相点 $k=k_0\cos\theta$，若 $k_0<k_m$，则 (3.7.34) 式可简化为

$$\tilde{\varphi}_m(k_0 l)=\frac{2A_m k_m\sin\dfrac{k_m l}{2}\cos\dfrac{k_0 l\cos\theta}{2}}{k_m^2-k_0^2\cos^2\theta}\tag{3.7.35}$$

考虑 (3.7.33) 式，将 (3.7.34) 式代入 (3.7.32) 式，得到第 $m$ 阶梁模态振动的远场辐射声压：

$$|p(\xi,\eta,z)|^2=\frac{\rho_0^2C_0^2(k_0 b)^4}{256R^2}\nu_0^2(\omega)|\tilde{\varphi}_m(k)|^2\sin^2\eta\sin^2\theta\tag{3.7.36}$$

当频率远小于吻合频率时，$k_0/k_m\ll 1$，且梁为短梁，即 $k_0 l\ll 1$，则远场声压的主瓣位于 $\theta=\pi/2$，对于 $k_0/k_m\ll 1$ 的低频，但梁为长梁，$k_0 l>2$，则远场辐射声压不仅有 $\theta=\pi/2$ 的主瓣，还有 $\theta=\theta_m$ 的旁瓣。

$$\theta_m=\arccos\left(\frac{2m\pi}{k_0 l}\right)\tag{3.7.37}$$

实际上，大部分梁的截面都不是均匀的，而是变截面梁，常见的圆形截面梁的半径是轴向位置 $z$ 的函数。因为质量和刚度分布不均匀，在几赫兹的低频段，潜艇艇体可以看作为典型的变截面梁。这种情况下，需要将梁离散为若干个单元，每个单元弯曲振动的声辐射类似于作用力的偶极子声辐射：

$$\mathrm{d}p=\frac{\mathrm{i}k_0 F}{4\pi R}\cos\theta\mathrm{e}^{\mathrm{i}k_0(R-z\cos\varphi)}\tag{3.7.38}$$

式中，$R$ 为场点距离，$\theta$ 为激励力作用方向与观测线之间的夹角，$\varphi$ 为观测线与梁单元轴线的夹角。

考虑到梁单元的作用力可以表示为梁单元线质量密度 (包含了附加流体质量 $m_a$) 与梁单元弯曲振动加速度之积。

$$F=(m+m_a)\ddot{W}(z)=-\omega^2(m+m_a)W(z)\tag{3.7.39}$$

将 (3.7.39) 式代入 (3.7.38) 式，并沿梁轴线积分，可以得到梁弯曲振动的辐射声压：

$$p=-\frac{\mathrm{i}\omega^2 k_0}{4\pi R}\cos\theta\mathrm{e}^{\mathrm{i}k_0 R}\int_0^l[m(z)+m_a(z)]W(z)\cdot\mathrm{e}^{-\mathrm{i}k_0 z\cos\varphi}\mathrm{d}z\tag{3.7.40}$$

求解变截面梁的耦合振动方程，得到梁的弯曲振动位移分布和附加质量，则由 (3.7.44) 式可计算辐射声压。一般来说，变截面梁的振动可以采用有限元方法或传递矩阵法求解，详细方法可以参见下面章节的介绍，在低频情况下，梁振动与声场的耦合可以只考虑梁振动作用引起的附加质量，辐射阻尼可以忽略。

梁弯曲振动方向沿着梁的法线方向，产生声辐射是不言而喻的，Junger[77] 早年也针对变截面梁声辐射给出了类似 (3.7.40) 式的计算方法，而梁轴向振动 (纵振动) 方向垂直于梁的法向方向，直观上理解应该不会产生声辐射。但是，梁纵振位移一方面引起梁局部体积的变化，另一方面引起梁横向变形；考虑到梁端面的有限截面，有限长梁两端纵向振动也引起体积变化。因此，梁纵振动也会产生相应的声辐射，考虑到一般情况下潜艇及鱼雷推进系统激励艇体和雷体的低频纵向力远大于横向力，有必要计算梁纵振动产生的声辐射。这里提到的梁纵振动产生声辐射的三个原因，都涉及梁体积的变化，相应的声辐射为单极子声源，辐射声压可以表示为

$$p=-\omega^2\rho_0\frac{Q}{4\pi d}\mathrm{e}^{\mathrm{i}k_0 d} \tag{3.7.41}$$

式中，$d$ 为场点到源点的距离，$Q$ 为点体积源强度。

设圆形截面梁表面母线与其轴线的夹角为 $\alpha$，当 $z$ 处截面产生纵向位移 $\xi(z)$，则 $z$ 处截面半径的变化为

$$\Delta r=\xi(z)\cdot\tan\alpha \tag{3.7.42}$$

相应地，长度 $\mathrm{d}z$ 上产生的体积变化对应的源强度为

$$\mathrm{d}Q_1=2\pi r(z)\cdot\xi(z)\cdot\tan\alpha\cdot\mathrm{d}z \tag{3.7.43}$$

依据 (3.7.41) 式，梁纵振动引起局部体积变化的声辐射为

$$\begin{aligned}\mathrm{d}p_1&=-\omega^2\rho_0\frac{\mathrm{d}Q_1}{4\pi R}\mathrm{e}^{\mathrm{i}(k_0R-z\cos\varphi)}\\&=-\frac{\omega^2\rho_0}{4R}\mathrm{e}^{\mathrm{i}k_0R}\cdot 2r(z)\,\xi(z)\tan\alpha\cdot\mathrm{e}^{-\mathrm{i}k_0z\cos\varphi}\mathrm{d}z\end{aligned} \tag{3.7.44}$$

另外，对应梁纵向位移 $\xi(z)$，梁纵向应变为

$$\varepsilon=\frac{\mathrm{d}\xi(z)}{\mathrm{d}z} \tag{3.7.45}$$

相应的梁半径变化率为

$$\Delta r=r(z)\cdot\nu_b\cdot\frac{\mathrm{d}\xi(z)}{\mathrm{d}z} \tag{3.7.46}$$

式中，$\nu_b$ 为纵振动位移引起横振动位移的转换系数，其形式类似于材料的泊松比，但对于艇体和雷体等实际结构，它不仅与材料参数有关，还应与结构参数有关，需要针对具体的结构计算获得。

梁纵振动引起的横向变形产生的体积变化对应的源强度为

$$\mathrm{d}Q_2 = 2\pi r(z) \cdot \left[-r(z)\,\nu_b \frac{\mathrm{d}\xi(z)}{\mathrm{d}z}\right]\mathrm{d}z \tag{3.7.47}$$

同样依据 (3.7.41) 式，梁体积变化引起的声辐射为

$$\mathrm{d}p_2 = -\frac{\omega^2 \rho_0}{4R}\mathrm{e}^{\mathrm{i}k_0 R} \cdot 2r(z)\left[r(z)\,\nu_b \frac{\mathrm{d}\xi(z)}{\mathrm{d}z}\right]\mathrm{e}^{-\mathrm{i}k_0 z\cos\varphi}\mathrm{d}z \tag{3.7.48}$$

有限长梁纵振动引起的两端体积变化对应的源强度为

$$\Delta Q_1 = -\pi r^2(0)\,\xi(0) \tag{3.7.49}$$

$$\Delta Q_2 = \pi r^2(l) \cdot \xi(l) \tag{3.7.50}$$

式中，$r(0)$ 和 $r(l)$ 为梁两端面半径。

相应的声辐射为

$$p_3 = -\frac{\omega^2 \rho_0}{4R}\mathrm{e}^{\mathrm{i}k_0 R}\left[-r^2(0)\,\xi(0) + r^2(l) \cdot \xi(l)\,\mathrm{e}^{-\mathrm{i}k_0 l\cos\varphi}\right] \tag{3.7.51}$$

将 (3.7.44) 式、(3.7.48) 式及 (3.7.51) 式给出三部分辐射声压叠加，得到梁纵振动产生的辐射声压：

$$\begin{aligned} p = &-\frac{\omega^2 \rho_0}{4R}\mathrm{e}^{\mathrm{i}k_0 R}\left\{2\int_0^l r(z)\left[\xi(z)\tan\alpha - r(z)\,\nu_b \frac{\mathrm{d}\xi(z)}{\mathrm{d}z}\right]\mathrm{e}^{-\mathrm{i}k_0 z\cos\varphi}\mathrm{d}z\right. \\ &\left. -r^2(0)\,\xi(0) + r^2(l) \cdot \xi(l)\,\mathrm{e}^{-\mathrm{i}k_0 l\cos\varphi}\right\} \end{aligned} \tag{3.7.52}$$

文献 [78] 采用 (3.7.52) 式计算了潜艇纵振动产生的声辐射。当然，针对潜艇复杂结构，其低频梁模型纵振动需要采用有限元方法计算，或者利用艇体的等效梁参数模型，采用传递矩阵方法计算。这里仅仅给出梁纵振动产生声辐射的计算公式。从中可以看到等效梁纵振动产生声辐射的机理，具体的声辐射特性需要针对实际对象专门计算。

在有些情况下，梁横截面不是连续变化的，而是一段一段的台阶形变化，每一段的横截面是均匀的。设梁由 N 段均匀单元组成，每个梁单元的弯曲振动方程为

$$D_i \frac{\partial^4 W}{\partial z^4} + m_{si}\frac{\partial^2 W}{\partial t^2} = f(z,t), \quad z_i \leqslant z \leqslant z_{i+1}, \quad i = 1, 2, \cdots, N \tag{3.7.53}$$

式中，$D_i$ 和 $m_{si}$ 为第 $i$ 个梁单元的弯曲刚度和单位长度质量，$z_i$ 和 $z_{i+1}$ 为第 $i$ 个梁单元的起点和终点坐标。

$$D(z)=\begin{cases}D_1 & 0=z_1\leqslant z\leqslant z_2\\ D_2 & z_2\leqslant z\leqslant z_3\\ & \vdots\\ D_N & z_N\leqslant z\leqslant z_{N+1}=l\end{cases},\quad m_s(z)=\begin{cases}m_{s1} & 0=z_1\leqslant z\leqslant z_2\\ m_{s2} & z_2\leqslant z\leqslant z_3\\ & \vdots\\ m_{sN} & z_N\leqslant z\leqslant z_{N+1}=l\end{cases}$$

则梁弯曲振动方程 (3.7.53) 式可以表示为

$$D\left(z\right)\frac{\partial^4 W}{\partial z^4}+m_s\left(z\right)\frac{\partial^2 W}{\partial t^2}=f(z,t),\quad 0\leqslant z\leqslant l \tag{3.7.54}$$

假设激励力 $f(x,t)$ 满足简谐时间条件，第 $i$ 个梁单元的自由振动方程为

$$D_i\frac{\partial^4 Y}{\partial z^4}-m_{si}\omega^2 Y=0,\quad z_i\leqslant z\leqslant z_{i+1} \tag{3.7.55}$$

Sun [79] 给出了 (3.7.55) 式的一般解：

$$Y\left(z\right)=Y\left(z_i\right)g_1\left(\beta_i\right)+\frac{Y'\left(z_i\right)}{k_i}g_2\left(\beta_i\right)+\frac{M\left(z_i\right)}{D\left(z_i\right)k_i^2}g_3\left(\beta_i\right)+\frac{Q\left(z_i\right)}{D\left(z_i\right)k_i^3}g_4\left(\beta_i\right) \tag{3.7.56}$$

式中, $k_i^4=\omega^2 m_{si}/D_i,\beta_i=k_i\left(z-z_i\right)$，且有

$$M\left(z_i\right)=D_i\frac{\partial^2 Y}{\partial z^2} \tag{3.7.57}$$

$$Q\left(z_i\right)=D_i\frac{\partial^3 Y}{\partial z^3} \tag{3.7.58}$$

$$g_1\left(\beta_i\right)=\frac{1}{2}\left[\cosh\left(\beta_i\right)+\cos\left(\beta_i\right)\right] \tag{3.7.59a}$$

$$g_2\left(\beta_i\right)=\frac{1}{2}\left[\sinh\left(\beta_i\right)+\sin\left(\beta_i\right)\right] \tag{3.7.59b}$$

$$g_3\left(\beta_i\right)=\frac{1}{2}\left[\cosh\left(\beta_i\right)-\cos\left(\beta_i\right)\right] \tag{3.7.59c}$$

$$g_4\left(\beta_i\right)=\frac{1}{2}\left[\sinh\left(\beta_i\right)-\sin\left(\beta_i\right)\right] \tag{3.7.59d}$$

注意到函数 $g_j\left(\beta_i\right)(j=1,2,3,4)$, 满足关系：

$$\begin{aligned}\frac{\partial g_1}{\partial z}=k_i g_4,\quad \frac{\partial g_2}{\partial z}=k_i g_1\\ \frac{\partial g_3}{\partial z}=k_i g_2,\quad \frac{\partial g_4}{\partial z}=k_i g_3\end{aligned} \tag{3.7.60}$$

定义两个矢量：

$$\{U_i\} = \{Y(z_i), Y'(z_i), M(z_i), Q(z_i)\}^{\mathrm{T}} \tag{3.7.61a}$$

$$\{U_{i+1}\} = \{Y(z_{i+1}), Y'(z_{i+1}), M(z_{i+1}), Q(z_{i+1})\}^{\mathrm{T}} \tag{3.7.61b}$$

由前面给出的关系，可以得到 $\{U_i\}$ 与 $\{U_{i+1}\}$ 满足的矩阵传递关系：

$$\{U_i\} = [A_i]\{U_{i+1}\} \tag{3.7.62}$$

其中，

$$[A_i] = \begin{bmatrix} g_1 & g_2/k_i & g_3/D_ik_i^2 & g_4/D_ik_i^3 \\ k_ig_4 & g_1 & g_2/D_ik_i & g_3/D_ik_i^2 \\ D_ik_i^2g_3 & D_ik_ig_4 & g_1 & g_2/k_i \\ D_ik_i^3g_2 & D_ik_i^2g_3 & k_ig_4 & g_1 \end{bmatrix}_{z=z_{i+1}}$$

注意到,矩阵 $[A_i]$ 中第一行元素直接由 (3.7.56) 式得到,第二行元素需要对 (3.7.56) 式关于 $z$ 求导，利用 (3.7.60) 式给出的关系得到，第三、四行元素需要由 (3.7.57) 和 (3.7.58) 式及 (3.7.56) 式计算 $M(z)$ 和 $D(z)$，再利用 (3.7.60) 式得到。

利用 (3.7.62) 式给出的第 $i$ 个梁单元的矩阵传递关系，将梁 $N$ 个单元的传递关系整合，得到梁满足的矩阵方程：

$$\{U_{N+1}\} = [A_N][A_{N-1}]\cdots[A_1]\{U_1\} = [B]\{U_1\} \tag{3.7.63}$$

其中，$[B] = [A_N][A_{N-1}]\cdots[A_1]$。

在梁两端，$\{U_1\}$ 和 $\{U_{N+1}\}$ 分别为

$$\{U_1\} = \{Y(0), Y'(0), M(0), Q(0)\}^{\mathrm{T}} \tag{3.7.64}$$

$$\{U_{N+1}\} = \{Y(l), Y'(l), M(l), Q(l)\}^{\mathrm{T}} \tag{3.7.65}$$

针对不同的边界条件，由 (3.7.63) 式可以得到相应的本征方程。

两端简支梁，边界条件为

$$Y(0) = M(0) = Y(l) = M(l) = 0 \tag{3.7.66}$$

本征方程为

$$[B_{12}][B_{34}] - [B_{32}][B_{14}] = 0 \tag{3.7.67}$$

两端固支梁，边界条件为

$$Y(0) = Y'(0) = Y(l) = Y'(l) = 0 \tag{3.7.68}$$

本征方程为

$$[B_{13}]\,[B_{24}] - [B_{23}]\,[B_{14}] = 0 \tag{3.7.69}$$

悬臂梁边界条件:

$$Y\,(0) = Y'\,(0) = M\,(l) = Q\,(l) = 0 \tag{3.7.70}$$

本征方程为

$$[B_{33}]\,[B_{44}] - [B_{34}]\,[B_{43}] = 0 \tag{3.7.71}$$

在不同边界条件下，由 (3.7.67) 式、(3.7.69) 和 (3.7.71) 式，可以求解得到不同边界条件下梁的模态频率 $\omega_n$。假设梁为均匀的一段简支梁，由 (3.7.67) 式和 (3.7.62) 式中的矩阵 $[A_i]$，可得本征方程 $g_2 = g_4$，再由 (3.7.59b) 和 (3.7.59d) 式，得到 $\sin(k_i z) = 0$，此结果就是简支边界均匀梁的本征方程。对于由几个不同截面梁单元组成的梁模型，本征方程要复杂很多，但一旦求解得到了模态频率，可以计算每个梁单元的传递矩阵 $[A_i]$ 和矢量 $\{U_i\}$，再由 (3.7.56) 式计算每个梁单元的位移。于是，在每个模态频率下，梁模态函数 $\varphi_n\,(z)$ 由每个梁单元的振动位移 $Y_{ni}\,(z)$ 组成。

$$\varphi_n(z) = \begin{cases} Y_{n1}(z) & 0 = z_1 \leqslant z \leqslant z_2 \\ \quad\vdots & \\ Y_{ni}(z) & z_i \leqslant z \leqslant z_{i+1} \\ \quad\vdots & \\ Y_{nN}(z) & z_N \leqslant z \leqslant z_{N+1} = l \end{cases} \tag{3.7.72}$$

模态函数 $\varphi_n\,(z)$ 满足正交归一化条件:

$$\int_0^l m_s\,(z)\varphi_m\,(z)\,\varphi_n\,(z)\,\mathrm{d}z = \sum_{i=1}^{N} m_{si}\int_{z_i}^{z_{i+1}} Y_{mi}\,(z)Y_{mi}\,(z)\,\mathrm{d}z = \delta_{mn} \tag{3.7.73}$$

$$\int_0^l D\,(z)\varphi_m^{(4)}\,(z)\,\varphi_n\,(z)\,\mathrm{d}z = \sum_{i=1}^{N} D_i\int_{z_i}^{z_{i+1}} Y_{mi}^{(4)}\,(z)Y_{mi}\,(z)\,\mathrm{d}z = \omega_{mn}^2\delta_{mn} \tag{3.7.74}$$

在 $f(z,t) = f(z)\mathrm{e}^{-\mathrm{i}\omega t}$ 简谐激励下，梁弯曲振动方程:

$$D\,(z)\,\frac{\partial^4 W\,(z)}{\partial z^4} - m_s\,(z)\,\omega^2 W\,(z) = f\,(z) \tag{3.7.75}$$

设梁弯曲振动的模态解为

$$W\,(z) = \sum_{n=1}^{\infty} W_n\varphi_n\,(z) \tag{3.7.76}$$

激励力 $f(z)$ 可以展开为

$$f(z)=\sum_{n=1}^{\infty} f_n m_s(z)\varphi_n(z) \tag{3.7.77}$$

其中，$f_n=\int_0^l f(z)\varphi_n(z)\,\mathrm{d}z$。

将 (3.7.76) 和 (3.7.77) 式代入 (3.7.75) 式，利用正交归一化条件 (3.7.73) 和 (3.7.74) 式，可以得到模态位移 $W_n$：

$$W_n=\frac{f_n}{(\omega_n^2-\omega^2)} \tag{3.7.78}$$

再将 (3.7.78) 式代入 (3.7.76) 式，得到梁弯曲振动位移解：

$$W(z)=\sum_{n=1}^{\infty}\frac{f_n}{(\omega_n^2-\omega^2)}\varphi_n(z) \tag{3.7.79}$$

接下来进一步考虑梁弯曲振动的声辐射，为此由 (3.7.72) 式先计算梁振动模态函数的波数函数。

$$\tilde{\varphi}(k)=\int_0^l \varphi_n(z)\,\mathrm{e}^{-\mathrm{i}kz}\mathrm{d}z=\sum_{i=1}^{N}\int_{z_i}^{z_{i+1}} Y_{ni}(z)\mathrm{e}^{-\mathrm{i}kz}\mathrm{d}z \tag{3.7.80}$$

注意到 (3.7.56) 式,每个梁单元的振动位移是函数 $g_j(\beta_i)$ 的线性组合,计算 (3.7.80) 式先要考虑 $g_j(\beta_i)$ 的波数变换:

$$\tilde{g}_j(k,i)=\int_{z_i}^{z_{i+1}} g_j(\beta_i)\,\mathrm{e}^{-\mathrm{i}kz}\mathrm{d}z,\quad j=1,2,3,4 \tag{3.7.81}$$

利用 (3.7.60) 式，采用分步积分可以得到 (3.7.81) 式的积分结果：

$$\tilde{g}_1(k,i)=\frac{1}{k_i}\left[g_2(\beta_i)\,\mathrm{e}^{-\mathrm{i}kz}\Big|_{z=z_i}^{z=z_{i+1}}+\mathrm{i}k\tilde{g}_2(k,i)\right] \tag{3.7.82}$$

$$\tilde{g}_2(k,i)=\frac{1}{k_i}\left[g_3(\beta_i)\,\mathrm{e}^{-\mathrm{i}kz}\Big|_{z=z_i}^{z=z_{i+1}}+\mathrm{i}k\tilde{g}_3(k,i)\right] \tag{3.7.83}$$

$$\tilde{g}_3(k,i)=\frac{1}{k_i}\left[g_4(\beta_i)\,\mathrm{e}^{-\mathrm{i}kz}\Big|_{z=z_i}^{z=z_{i+1}}+\mathrm{i}k\tilde{g}_4(k,i)\right] \tag{3.7.84}$$

$$\tilde{g}_4(k,i)=\frac{1}{k_i}\left[g_1(\beta_i)\,\mathrm{e}^{-\mathrm{i}kz}\Big|_{z=z_i}^{z=z_{i+1}}+\mathrm{i}k\tilde{g}_1(k,i)\right] \tag{3.7.85}$$

可见，只要针对每个梁单元计算一个 $\tilde{g}_j(k,i)$，其他三个可以由 (3.7.82)~(3.7.85) 式计算得到。注意到计算 (3.7.81) 式及 (3.7.82)~(3.7.85) 式时，$k_i^4=\omega_n^2 m_{si}/D_i$。考虑到简谐激励下梁的振动速度为

$$v(z)=-\mathrm{i}\omega\sum_{n=1}^{\infty}W_n\varphi_n(z) \tag{3.7.86}$$

相应的波数谱为

$$\tilde{v}(k)=\sum_{n=1}^{\infty}-\mathrm{i}\omega W_n\tilde{\varphi}(k) \tag{3.7.87}$$

这样，可以计算梁的声辐射功率：

$$P=\frac{\omega\rho_0}{4\pi}\int_{-k_0}^{k_0}\frac{\tilde{v}(k)\tilde{v}^*(k)}{\sqrt{k_0^2-k^2}}\mathrm{d}k=\frac{\omega^3\rho_0}{4\pi}\sum_{n=1}^{\infty}\sum_{m=1}^{\infty}W_nW_m^*\int_{-k_0}^{k_0}\frac{\tilde{\varphi}_n(k)\tilde{\varphi}_m(k)}{\sqrt{k_0^2-k^2}}\mathrm{d}k \tag{3.7.88}$$

Sun[79] 采用长 1.1m、厚 1.1cm 的简支均匀铝梁，计算点力激励下均匀梁的声辐射效率及声辐射功率。进一步计算了三个梁单元和五个梁单元组成的非均匀梁的声辐射功率及效率。三个梁单元的长度分别为 0.3m, 0.4m, 0.3m，高度分别为 1cm, 4cm 和 1cm。五个梁单元的长均为 0.22m，相应的弯曲刚度分别为 39.0, 137.3, 184.1, 137.3 和 39.0Nm$^2$，面密度分别为 4.52, 1.85, 1.54, 1.85 和 4.52kg/m$^2$。计算结果可见图 3.7.6 和图 3.7.7，结果表明，非均匀梁高阶模态的波数谱出现较大的二次峰值，模态辐射效率在临界频率以上也有多个峰值，在某些频段就有可能产生较大的声辐射。实际上，从三单元梁的模态振型分布来看也与均匀梁有明显的不同，模态振型的变化势必会影响声辐射特性，参见图 3.7.8。因此，优化设

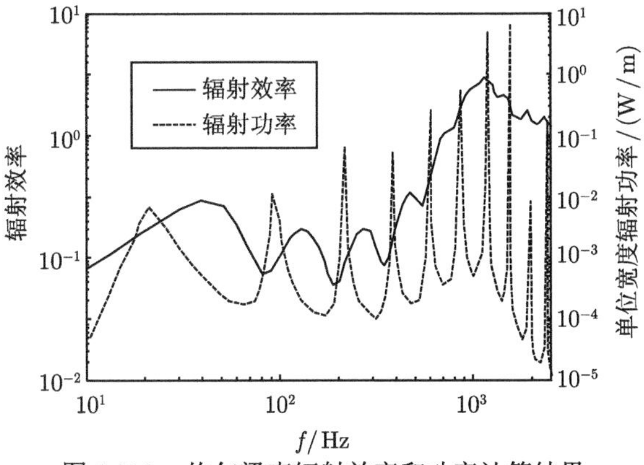


图 3.7.6 均匀梁声辐射效率和功率计算结果

(引自文献 [79], fig4)

计梁参数，可能会使非均匀梁在给定频段内的声辐射降低，一般来说，在一定约束条件下，梁较软则其声辐射较小。当细长梁上添加质量块 [71]，则有两个效应，其一共振频率下降，其二振型产生畸变，前者使辐射效率降低，后者使辐射效率增加，实际的效果取决于梁的边界条件和模态振型及质量块的位置。应该注意到，Sun 的模型及计算中没有考虑梁振动和辐射声场的耦合，在低频段在求解梁单元振动时，可仅以附加质量形式考虑声场对振动的耦合效应。

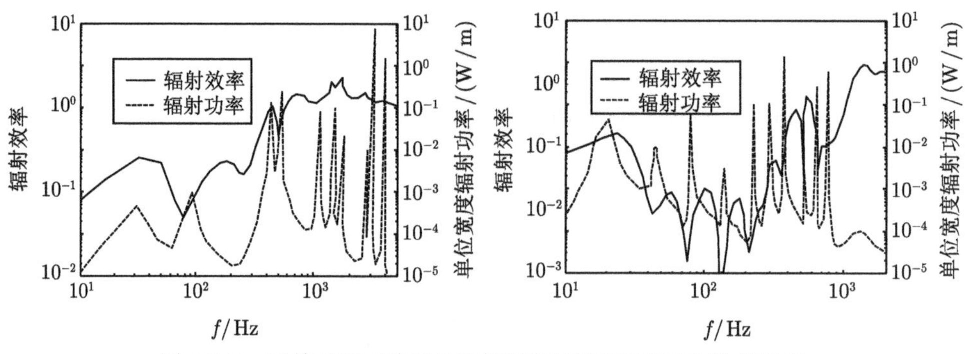


图 3.7.7　三单元和五单元非均匀梁声辐射效率和功率计算结果

(引自文献 [79], fig9, fig13)

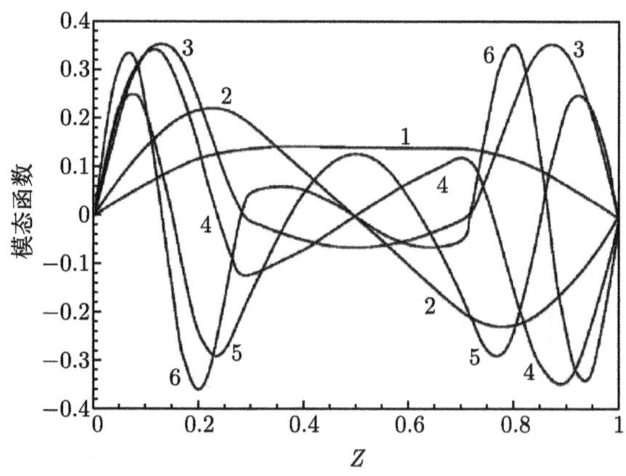


图 3.7.8　三单元非均匀梁的前 6 阶模态

(引自文献 [79], fig6)

## 参 考 文 献

[1] Graham W R. The influence of curvature on the sound radiated by vibrating panels. J. Acoust. Soc. Am., 1995, 98(3): 1581-1595.

[2] Davies H G. Low frequency random excitation of water-loaded rectangular plates. J. Sound and Vibration, 1971, 15(1): 107-126.

[3] Junger M C. Approaches to acoustic fluid-elastic structure interactions. J. Acoust. Soc. Am., 1987, 82(42): 1115-1121.

[4] Blake W K. Mechanics of flow-induced sound and vibration. Academic Press, INC, Orlando, 1986.

[5] Fahy F. Sound and structural vibration. 2 ed. London: Academic Press, 2007.

[6] 河边宽. 船体振动引起的水下声辐射问题计算 (日文)//日本造船学会论文集. 1996, 180: 479-489.

[7] Andresen K. Underwater noise from ship hull. Inter. Confer. on Noise and Vibration in the Marine Environment, 1995: 1-22.

[8] Lomas N S, Hayek S I. Vibration and acoustic radiation of elastically supported rectangular plates. J. Sound and Vibration, 1977, 52(1): 1-25.

[9] Wallace C E. Radiation resistance of a rectangular panel. J. Acoust. Soc. Am., 1972, 51(3): 946-952.

[10] Pope L D, Leibowitz R C. Intermodal coupling coefficients for a fluid-loaded rectangular plate. J. Acoust. Soc. Am., 1974, 56(2): 408-415.

[11] Maidanik G. Vibrational and radiative classifications of modes of a baffled finite panel. J. Sound and Vibration, 1974, 34(4): 447-455.

[12] Cunefare K A. On the exterior acoustic radiation modes of structures. J. Acoust. Soc. Am., 1994, 96(4): 2302-2312.

[13] Snyder S D, Tanaka N. Calculating total acoustic power output using modal radiation efficiencies. J. Acoust. Soc. Am., 1995, 97(3): 1702-1709.

[14] Currey M N, Cunefare K A. The radiation modes of baffled finite plates. J. Acoust. Soc. Am., 1995, 98(3): 1570-1580.

[15] Li W L, Gibeling H J. Determination of the mutual radiation resistances of a rectangular plate and their impact on the radiated sound power. J. Sound and Vibration, 2000, 229(5): 1213-1233.

[16] Li W L. An analytical solution for the self and mutual radiation resistances of a rectangular plate. J. Sound and Vibration, 2001, 245(1): 1-16.

[17] Li J F, He Z Y. The influence of a non-ragid baffle on intermodal radiation impedances of a fluid-loaded bilaminar plate. J. Sound and Vibration, 1996, 190(2): 221-237.

[18] Morse P M, Ingard K U. Theoretical acoustics. New York:McGraw-Hill, 1968.

[19] Li W L. Vibroacoustic analysis of rectangular plates with elastic rotational edge restraints. J. Acoust. Soc. Am., 2006, 120(2): 769-779.

[20] Li W L. Free vibration of beams with general boundary conditions. J. Sound and Vibration, 2000, 237: 709-725.

[21] Berry A. A general formulation for the sound radiation from rectangular, baffled plates with arbitrary boundary conditions. J. Acoust. Soc. Am., 1990, 88(6): 2792-2802.

[22] Berry A. A new formulation for the vibrations and sound radiation of fluid loaded plates with elastic boundary conditions. J. Acoust. Soc. Am., 1994, 96(2): 889-901.

[23] Chung J H, Chung T Y, Kim K C. Vibration analysis of orthotropic Mindlin plates with deges elastically restrained against rotation. J. Sound and Vibration, 1993, 163(1): 151-163.

[24] Park J, Mongeau L. Vibration and sound radiation of viscoelastically supported Mindlin plates. J. Sound and Vibration, 2008, 318: 1230-1249.

[25] Li W L, Zhang X F. An exact series solution for the transverse vibration of rectangular plates with general elastic boundary supports. J. Sound and Vibration, 2009, 321: 254-269.

[26] Zhang X F, Li W L. A unified approach for predicting sound radiation from baffled rectangular plates with arbitray boundary conditions. J. Sound and Vibration, 2010, 329: 5307-5320.

[27] Zhang X F, Li W L. Vibration of rectangular plates with arbitray non-uniform elastic edge restraints. J. Sound and Vibration, 2009, 326: 221-234.

[28] Gavalas G R, EI-Raheb M. Extension on Rayleigh-Ritz method for eigenvalue problem with discontinuous boundary conditions applied to vibration of rectangular plates. J. Sound and Vibration, 2014, 333: 4007-4016.

[29] Gruenhagen D A. Reduction of plate vibration and acoustic radiation using adaptively controlled boundaries. J. Acoust. Soc. Am., 1994, 96(4): 2284-2290.

[30] Park J, Mongeau L, Siegmund T. Influence of support properties on the sound radiated from the vibrations of rectangular plates. J. Sound and Vibration, 2003, 264: 775-794.

[31] Blake W K. The acoustic radiation from unbaffled strips with application to a class of radiating panels. J. Sound and Vibration, 1975, 39(1): 77-103.

[32] Blake W K. The radiation from free-free beam in air and in water. J. Sound and Vibration, 1974, 33(4): 427-450.

[33] Atalla N, Nicolas J, Gauthier C. Acoustic radiation of unbaffled vibrating plate with general elastic boundary conditions. J. Acoust. Soc. Am., 1996, 99(3): 1484-1494.

[34] Nelisse H, Beslin O, Nicolas J. Fluid-structure coupling for and unbaffled elastic panel immersed in a diffuse field. J. Sound and Vibration, 1996, 198(4): 485-506.

[35] Nelisse H, Beslin O, Nicolas J. A generalized approach for the acoustic radiation from a baffled or unbaffed plate with arbitrary boundary conditions, immersed in a light or heavy fluid. J. Sound and Vibration, 1998, 211(2): 207-225.

[36] Laulagnet B. Sound radiation by a simply supported unbaffled plate. J. Acoust. Soc. Am., 1998, 103(5): 2451-2462.

[37] Wright M C M. Mathematics of acoustics. London: Imperial College Press, 2005.

[38] Lanyley R S. Numerical evaluation of the acoustic radiation from planar structures with general baffle conditions using wavelets. J. Acoust. Soc. Am., 2007, 121(2): 766-777.

[39] Gradsheyn I S, Ryzhik I M. Tables of integrals//A. Jeffrey Series and Products. 5th ed. Boston: Academic, 1994.

[40] Wu S F, Zhu J. Sound radiation from two semi-infinite dissimilar plates subject to a harmonic line force excitation in mean flow, I. theory. J. Acoust. Soc. Am., 1995, 97(5): 2709-2723.

[41] Wu S F, Zhu J. Sound radiation from two semi-infinite dissimilar plates subject to a harmonic line force excitation in mean flow, II. Asymptotics and numerical results. J. Acoust. Soc. Am., 1995, 97(5): 2724-2732.

[42] Atalla N, Nicolas J. A formulation for mean flow effects on sound radiation from rectangular baffled plates with arbitrary boundary conditions. J. Vibration and Acoustics, 1995, 117: 22-29.

[43] Frampton K D. Radiation efficiency of convected fluid loaded plates. J. Acoust. Soc. Am., 2003, 113(5): 2663-2673.

[44] Frampton K D. The effect of flow-induced coupling on sound radiation from convected fluid loaded plates. J. Acoust. Soc. Am., 2005, 117(3): 1129-1137.

[45] 程建春. 声学原理. 北京: 科学出版社, 2012.

[46] Chang Y M, Leehey P. Acoustic impedance of rectangular panels. J. Sound and Vibration, 1979, 64(2): 243-256.

[47] Graham W R. The effect of mean flow on the radiation efficiency of rectangular plates. Proc. R. Soc. Lond. A, 1998, 454: 111-137.

[48] Dowell E D. Generalized aerodynamic forces on a flexible plate undergoing transient motion. Quarterly of Applied Mathematics, 1967, 26(3): 2267-2270.

[49] Clark R L, Frampton K D. Aeroelastic structural acoustic coupling:Implication on the control of turbulent boundary-layer noise transmission. J. Acoust. Soc. Am., 1997, 102(3): 1639-1647.

[50] Frampton K D, Clark R L, Dwell H. State-space modeling for aeroelastic panels with linearized potential flow aerodynamic loading. J. of Aircraft, 1996, 33(4): 816-822.

[51] Frampton K D, Clark R L. State-space modeling of aerodynamic forces on plate using singular value decomposition. AIAA, J, 1996, 34(12): 2627-2630.

[52] Sandman B E. Fluid-loaded vibration of an elastic plate carrying a concentrated mass. J. Acoust. Soc. Am., 1977, 61(6): 1503-1510.

[53] Keltic R F. Structural acoustic response of finite rib-reinforced plates. J. Acoust. Soc. Am., 1993, 94(2): 880-887.

[54] Li W L, Gibeling H J. Acoustic radiation from a rectangular plate reinforced by springs at arbitrary locations. J. Sound and Vibration, 1999, 220(1): 117-133.

[55] Greenspon J E. Vibration of cross-stiffened and sandwich plates with application to underwater sound radiators. J. Acoust. Soc. Am., 1961, 33(11): 1485-1497.

[56] Au F T, Wang M F. Sound radiation from forced vibration of rectangular orthotropic plates under moving loads. J. Sound and Vibration, 2005, 281: 1057-1075.

[57] Kurpa L, Rvachev V, Ventsel E. The R-function method for the free vibration analysis of thin orthotropic plates of arbitrary shape. J. Sound and Vibration, 2003, 26: 109-122.

[58] Berry A, Nicolas J. Structural acoustics and vibration behavior of complex panels. Applied Acoustics, 1994, 43: 185-215.

[59] Berry A, Locqueteau C. Vibration and sound radiation of fluid-loaded stiffened plates with consideration of in-plane deformation. J. Acoust. Soc. Am., 1996, 100(1): 312-319.

[60] Mejdi A, Atalla N. Dynamic and acoustic response of bidirectionally stiffened plates with eccentric stiffeners subject to airbone and structure-borne excitations. J. Sound and Vibration, 2010, 329: 4422-4439.

[61] Liu B L, Feng L P, Nilsson A. Sound transmission through curved aircraft panels with stringer and ring frame attachments. J. Sound and Vibration, 2007, 300: 949-973.

[62] Kopmaz O, Telli S. Free vibration of a rectangular plate carrying a distributed mass. J. Sound and Vibration, 2002, 251(1): 39-57.

[63] Wu J R, Liu W H. Vibration of rectangular plates with edge restraints and intermediate stiffeners. J. Sound and Vibration, 1988, 123(1): 103-113.

[64] Barrette M, Berry A, Beslin O. Vibration of stiffened plates using hierarchical trigonometric functions. J. Sound and Vibration, 2000, 235(5): 727-747.

[65] Sandman B E. Motion of a three-layered elastic-viscoelastic plate under fluid loading. J. Acoust. Soc. Am., 1975, 57(5): 1097-1107.

[66] Foin O, Berry A. Acoustic radiation from an elastic baffled rectangular plate covered by a decoupling coating and immersed in a heavy acoustic fluid. J. Acoust. Soc. Am., 2000, 107(5): 2501-2510.

[67] 杜功焕, 朱哲民, 龚秀芬. 声学基础. 二版. 南京: 南京大学出版社, 2001.

[68] Berry A, Foin O. Three-dimension elasticity model for a decoupling coating on a rectangular plate immersed in a heavy fluid. J. Acoust. Soc. Am., 2001, 109(6): 2704-2714.

[69] Wallace C E. Radiation resistance of a baffled beam. J. Acoust. Soc. Am., 1972, 51(3): 936-945.

[70] Chung J Y, Crocker M T. The effect of wave cancellation on the radiation resistance of a simple-supported baffled beam. J. Sound and Vibration, 1975, 40(3): 391.

[71] Seybert A F, Tsui Y K. The radiation efficiency of mass-loaded slender baffled beams. J. Sound and Vibration, 1988, 120(3): 487-498.

[72] Yousri S N, Fahy F J. Sound radiation from transversely vibrating unbaffled beams. J. Sound and Vibration, 1973, 26(4): 437-439.

[73] Yousri S N, Fahy F J. Acoustic radiation by unbaffled cylindrical beams in multi-modal transverse vibration. J. Sound and Vibration, 1975, 40(3): 299-306.

[74] Kuhn G F, Morfey C L. Radiation efficiency of simply supported slender beams below coincidence. J. Sound and Vibration, 1974, 33(2): 241-245.

[75] Abramowitz M, Stegun I A. Handbook of mathematical functions. New York: Dover Publications, INC, 1972, Chapter-10.

[76] 王竹溪, 郭敦仁. 特殊函数概论. 北京: 科学出版社, 1979, 第十二章.

[77] Junger M C. Sound radiation by resonance of free-free beam. J. Acoust. Soc. Am., 1972, 52(1): 332-334.

[78] 谢基榕, 沈顺根, 吴有生. 推进器激励船舶振动辐射声计算方法. 船舶力学, 2011, 15(4): 563-569.

[79] Sun J Q. Vibration and sound radiation of non-uniform beams. J. Sound and Vibration, 1995, 185(5): 827-843.

# 第 4 章　弹性球壳耦合振动和声辐射

圆球壳是一种几何形状最简单的弹性壳体，其表面与球坐标系的等值面共形，可以采用分离变量法解析求解其受激振动和声辐射，因而很早就作为声弹性的研究对象，且常常作为弹性结构声辐射计算方法验证的对象。大潜深潜器为了满足大静压条件下的强度要求，采用的球形耐压壳体壳壁较厚，当圆球壳的壳壁厚度不满足薄壳条件时，需要采用厚壳理论和严格的弹性理论求解圆球壳的振动及声辐射。因为潜艇、鱼雷等水下运动体的形状比较接近于椭球形状，椭球壳的振动和声辐射特征也很早就受到关注，且可以采用分离变量法求解，但由于椭球求解所用函数的复杂性，即使采用分离变量法求解，椭球壳的声辐射计算还是很复杂。注意到针对实际的工程结构，除了圆球壳或椭球壳外，相应需要考虑浅球壳、凸面壳体及细长壳体的振动和声辐射。

本章共分五部分内容，包括弹性薄圆球壳耦合振动与声辐射、弹性厚壁圆球壳耦合振动与声辐射、类球壳结构振动和声辐射、弹性薄椭球壳耦合振动与声辐射及弹性细长壳耦合振动与声辐射。

## 4.1　弹性薄圆球壳耦合振动与声辐射

在文献 [1] 和 [2] 中，已经详细给出了弹性薄圆球壳振动和声辐射的计算模型，考虑到圆球壳作为一种经典的声学模型，为了本书内容上的完整性，这里仍然单列一节介绍薄圆球壳振动和声辐射特性，并适当增加了内部弹簧振子对圆球壳声散射的影响、相关激励条件下圆球壳的声辐射特性，以及圆球壳与矩形弹性板声辐射特性的比较等内容。

假设一均匀的薄壁圆球壳，其半径为 $a$，壁厚为 $h$，球壳材料杨氏模量、泊松比和面密度分别为 $E, \nu$ 和 $m_s$。圆球壳置于无限大理想声介质中，声介质的密度和声速分别为 $\rho_0$ 和 $C_0$。选取如图 4.1.1 所示的球坐标系，图中坐标原点与球壳中心重合，$oz$ 轴为极轴，$r, \theta, \varphi$ 为球坐标系三个坐标方向。按照弹性薄壳理论，薄圆球壳的运动方程为 [3]

$$\frac{\partial}{\partial\theta}\left(N_{\theta\theta}\sin\theta\right)+\frac{\partial N_{\varphi\theta}}{\partial\varphi}-N_{\varphi\varphi}\cos\theta+Q_\theta\sin\theta+af_\theta\sin\theta=a\sin\theta m_s\frac{\partial^2 U}{\partial t^2}\quad(4.1.1)$$

$$\frac{\partial}{\partial\theta}\left(N_{\theta\varphi}\sin\theta\right)+\frac{\partial N_{\varphi\varphi}}{\partial\varphi}+N_{\varphi\theta}\cos\theta+Q_{\varphi}\sin\theta+af_{\varphi}\sin\theta=a\sin\theta m_s\frac{\partial^2 V}{\partial t^2} \quad (4.1.2)$$

$$\frac{\partial}{\partial\theta}\left(Q_{\theta}\sin\theta\right)+\frac{\partial Q_{\varphi}}{\partial\varphi}-\left(N_{\theta\theta}+N_{\varphi\varphi}\right)\sin\theta+af_r\sin\theta=a\sin\theta m_s\frac{\partial^2 W}{\partial t^2} \quad (4.1.3)$$

这里，$W, U, V$ 和 $f_r, f_\theta, f_\varphi$ 为薄球壳沿 $r, \theta, \varphi$ 方向的振动位移和激励力；$N_{\theta\theta}$, $N_{\varphi\varphi}, N_{\varphi\theta}, N_{\theta\varphi}$ 为薄壳中和面内力；$Q_\theta$ 和 $Q_\varphi$ 为中和面剪切力，且有

$$Q_{\theta}=\frac{1}{a\sin\theta}\left[\frac{\partial}{\partial\theta}\left(M_{\theta\theta}\sin\theta\right)+\frac{\partial M_{\varphi\theta}}{\partial\varphi}-M_{\varphi\varphi}\cos\theta\right] \quad (4.1.4)$$

$$Q_{\varphi}=\frac{1}{a\sin\theta}\left[\frac{\partial}{\partial\theta}\left(M_{\theta\varphi}\sin\theta\right)+\frac{\partial M_{\varphi\varphi}}{\partial\theta}+M_{\varphi\theta}\cos\theta\right] \quad (4.1.5)$$

式中，$M_{\theta\theta}, M_{\varphi\varphi}, M_{\varphi\theta}, M_{\theta\varphi}$ 为薄壳中和面内力矩。

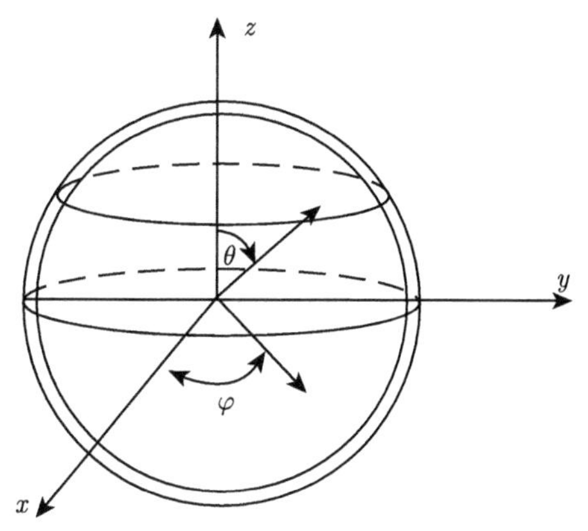


图 4.1.1 弹性薄圆球壳及坐标

(引自文献 [1], fig7, fig8)

(4.1.1)~(4.1.5) 式中，内力和内力矩与中和面应变的关系为

$$N_{\theta\theta}=K\left(\varepsilon_{\theta\theta}+\nu\varepsilon_{\varphi\varphi}\right) \quad (4.1.6)$$

$$N_{\varphi\varphi}=K\left(\varepsilon_{\varphi\varphi}+\nu\varepsilon_{\theta\theta}\right) \quad (4.1.7)$$

$$N_{\theta\varphi}=N_{\varphi\theta}=\frac{K\left(1-\nu\right)}{2}\varepsilon_{\theta\varphi} \quad (4.1.8)$$

$$M_{\theta\theta}=D\left(\kappa_{\theta\theta}+\nu\kappa_{\varphi\varphi}\right) \quad (4.1.9)$$

$$M_{\varphi\varphi}=D\left(\kappa_{\varphi\varphi}+\nu\kappa_{\theta\theta}\right) \quad (4.1.10)$$

$$M_{\theta\varphi}=M_{\varphi\theta}=\frac{D\left(1-\nu\right)}{2}\kappa_{\theta\varphi} \tag{4.1.11}$$

式中，$\varepsilon_{\theta\theta}$, $\varepsilon_{\varphi\varphi}$ 和 $\varepsilon_{\theta\varphi}$ 为薄球壳膜应变，$\kappa_{\theta\theta}$, $\kappa_{\varphi\varphi}$ 和 $\kappa_{\theta\varphi}$ 为薄球壳的弯曲应变；$K$ 和 $D$ 分别为薄壳膜刚度和弯曲刚度，表达式分别为 $K=Eh/(1-\nu^2)$，$D=Eh^3/[12\left(1-\nu^2\right)]$。

薄球壳中面应变和曲率应变与中面振动位移的关系为

$$\varepsilon_{\theta\theta}=\frac{1}{a}\left(\frac{\partial U}{\partial\theta}+W\right) \tag{4.1.12}$$

$$\varepsilon_{\varphi\varphi}=\frac{1}{a\sin\theta}\left(\frac{\partial V}{\partial\varphi}+U\cos\theta+W\sin\theta\right) \tag{4.1.13}$$

$$\varepsilon_{\theta\varphi}=\frac{1}{a}\left(\frac{\partial V}{\partial\theta}-V\cot\theta+\frac{1}{\sin\theta}\frac{\partial U}{\partial\varphi}\right) \tag{4.1.14}$$

$$\kappa_{\theta\theta}=\frac{1}{a}\frac{\partial\beta_\theta}{\partial\theta} \tag{4.1.15}$$

$$\kappa_{\varphi\varphi}=\frac{1}{a}\left(\frac{1}{\sin\theta}\frac{\partial\beta_\varphi}{\partial\theta}+\beta_\theta\cot\theta\right) \tag{4.1.16}$$

$$\kappa_{\theta\varphi}=\frac{1}{a}\left(\frac{\partial\beta_\varphi}{\partial\theta}-\beta_\theta\cot\theta+\frac{1}{\sin\theta}\frac{\partial\beta_\theta}{\partial\varphi}\right) \tag{4.1.17}$$

其中，

$$\beta_\theta=\frac{1}{a}\left(U-\frac{\partial W}{\partial\theta}\right) \tag{4.1.18}$$

$$\beta_\varphi=\frac{1}{a}\left(V-\frac{1}{\sin\theta}\frac{\partial W}{\partial\varphi}\right) \tag{4.1.19}$$

在轴对称情况下，不考虑扭转振动，薄球壳振动只有 $U$ 和 $W$ 两个分量，(4.1.12)~(4.1.17) 式可以简化为

$$\varepsilon_{\theta\theta}=\frac{1}{a}\left(\frac{\partial U}{\partial\theta}+W\right) \tag{4.1.20}$$

$$\varepsilon_{\varphi\varphi}=\frac{1}{a}\left(U\cot\theta+W\right) \tag{4.1.21}$$

$$\varepsilon_{\theta\varphi}=0 \tag{4.1.22}$$

$$\kappa_{\theta\theta}=\frac{1}{a^2}\left(-\frac{\partial^2 W}{\partial\theta^2}+\frac{\partial U}{\partial\theta}\right) \tag{4.1.23}$$

$$\kappa_{\varphi\varphi} = \frac{1}{a^2}\cot\theta\left(U - \frac{\partial W}{\partial\theta}\right) \tag{4.1.24}$$

$$\kappa_{\theta\varphi} = 0 \tag{4.1.25}$$

将 (4.1.20)~(4.1.25) 式代入 (4.1.6)~(4.1.11) 式，再代入 (4.1.1)~(4.1.3) 式，得到常见的薄圆球壳轴对称振动方程：

$$\begin{aligned}&\left(1+\beta^2\right)\left[\frac{\partial^2 U}{\partial\theta^2} + \cot\theta\frac{\partial U}{\partial\theta} - \left(\nu + \cot^2\theta\right)U\right]\\&-\left\{\beta^2\frac{\partial^3 W}{\partial\theta^3} + \beta^2\cot\theta\frac{\partial^2 W}{\partial\theta^2} - \left[(1+\nu) + \beta^2\left(\nu + \cot^2\theta\right)\right]\frac{\partial W}{\partial\theta}\right\}\\&-\frac{a^2}{C_l^2}\frac{\partial^2 U}{\partial t^2} = -\frac{a^2}{m_s C_l^2}f_\theta\end{aligned} \tag{4.1.26}$$

$$\begin{aligned}&\beta^2\frac{\partial^3 U}{\partial\theta^3} + 2\beta^2\cot\frac{\partial^2 U}{\partial\theta^2} - \left[(1+\nu)\left(1+\beta^2\right) + \beta^2\cot^2\theta\right]\frac{\partial U}{\partial\theta}\\&+\cot\theta\left[\beta^2\left(2-\nu+\cot^2\theta\right) - (1+\nu)\right]U - \beta^2\frac{\partial^4 W}{\partial\theta^4} - 2\beta^2\cot\theta\frac{\partial^3 W}{\partial\theta^3}\\&+\beta^2\left(1+\nu+\cot^2\theta\right)\frac{\partial^2 W}{\partial\theta^2} - \beta^2\cot\theta\left(2-\nu+\cot^2\theta\right)\frac{\partial W}{\partial\theta}\\&-2(1+\nu)W - \frac{a^2}{C_l^2}\frac{\partial^2 W}{\partial t^2} = \frac{a^2}{m_s C_l^2}\left(p + f_r\right)\end{aligned} \tag{4.1.27}$$

式中，$\beta$ 为球壳厚度与半径之比，$\beta^2 = h^2/12a^2$；$C_l$ 为球壳材料的声波传播速度，$C_l = \sqrt{E/[\rho_s(1-\nu^2)]}$。注意到 (4.1.27) 式中增加了外声场作用于球壳表面的声压 $p$。

薄球壳振动分析时常常不考虑弯曲刚度，即令弯曲刚度 $D = 0$，相应地，$M_{\theta\theta} = M_{\varphi\varphi} = M_{\theta\varphi} = Q_\theta = Q_\varphi = 0$，在球对称情况下，(4.1.1)~(4.1.3) 式简化为

$$\frac{\partial}{\partial\theta}\left(N_{\theta\theta}\sin\theta\right) - N_{\varphi\varphi}\cos\theta + af_\theta\sin\theta = am_s\frac{\partial^2 U}{\partial t^2}\sin\theta \tag{4.1.28}$$

$$-\left(N_{\theta\theta} + N_{\varphi\varphi}\right) + af_r = am_s\frac{\partial^2 W}{\partial t^2} \tag{4.1.29}$$

在这种情况下，薄球壳中和面应变与振动位移的关系也退化为 (4.1.20) 和 (4.1.21) 式。这样，中和面内力可以表示为

$$N_{\theta\theta} = \frac{K}{a}\left[\frac{\partial U}{\partial\theta} + \nu U\cot\theta + (1+\nu)W\right] \tag{4.1.30}$$

$$N_{\varphi\varphi}=\frac{K}{a}\left[U\cot\theta+\nu\frac{\partial U}{\partial\theta}+(1+\nu)W\right]\tag{4.1.31}$$

将 (4.1.30) 和 (4.1.31) 式代入 (4.1.28) 和 (4.1.29) 式，得到不考虑弯曲刚度的薄球壳振动方程：

$$\frac{\partial^2 U}{\partial\theta^2}+\frac{\partial}{\partial\theta}(U\cot\theta)+(1+\nu)\frac{\partial W}{\partial\theta}+\frac{a^2 f_\theta}{K}=\frac{a^2 m_s}{K}\frac{\partial^2 U}{\partial t^2}\tag{4.1.32}$$

$$-\frac{\partial U}{\partial\theta}-U\cot\theta-2W-\frac{a^2(f_r+p)}{K(1+\nu)}=\frac{a^2 m_s}{K(1+\nu)}\frac{\partial^2 W}{\partial t^2}\tag{4.1.33}$$

声学计算中，一般采用弯曲近似的薄圆球壳振动方程，由 (4.1.26) 和 (4.1.27) 式可见，圆球壳径向与切向振动位移相互耦合，为了联立求解这两个方程，先对它们作时域 Fourier 变换，并将方程表示为

$$L_{11}U+L_{12}W+\varOmega^2 U=\frac{1}{m_s}\left(\frac{a}{C_l}\right)^2 f_\theta(\omega)\tag{4.1.34}$$

$$L_{21}U+L_{22}W+\varOmega^2 W=\frac{1}{m_s}\left(\frac{a}{C_l}\right)^2[f_r(\omega)+p(\omega)]\tag{4.1.35}$$

式中，

$$L_{11}=(1+\beta^2)\left[(1-\eta^2)^{1/2}\frac{\mathrm{d}^2}{\mathrm{d}\eta^2}(1-\eta^2)^{1/2}+(1-\nu)\right]\tag{4.1.36a}$$

$$L_{12}=(1-\eta^2)^{1/2}\left\{[\beta^2(1-\nu)-(1+\nu)]\frac{\mathrm{d}}{\mathrm{d}\eta}+\beta^2\frac{\mathrm{d}}{\mathrm{d}\eta}\nabla_\eta^2\right\}\tag{4.1.36b}$$

$$L_{21}=-\left\{[\beta^2(1-\nu)-(1+\nu)]\frac{\mathrm{d}}{\mathrm{d}\eta}(1-\eta^2)^{1/2}+\beta^2\nabla_\eta^2\frac{\mathrm{d}}{\mathrm{d}\eta}(1-\eta^2)^{1/2}\right\}\tag{4.1.36c}$$

$$L_{22}=-\beta^2\nabla_\eta^4-\beta^2(1-\nu)\nabla_\eta^2-2(1+\nu)\tag{4.1.36d}$$

其中，$\eta=\cos\theta$，$\nabla_\eta^2=\dfrac{\mathrm{d}}{\mathrm{d}\eta}(1-\eta^2)\dfrac{\mathrm{d}}{\mathrm{d}\eta}$，且 $\varOmega=\omega a/C_l$ 为无量纲频率。

现在依据 (4.1.34) 和 (4.1.35) 式求解薄壁圆球壳置于真空中的自由振动解，为此令它们右边的作用力为零，得到自由振动方程：

$$\begin{bmatrix}L_{11} & L_{12}\\ L_{21} & L_{22}\end{bmatrix}\begin{Bmatrix}U\\ W\end{Bmatrix}=0\tag{4.1.37}$$

设轴对称的薄圆球壳振动模态解为

$$U(\theta,\omega)=\sum_{n=0}^{\infty}-U_n\frac{\mathrm{dP}_n(\theta)}{\mathrm{d}\theta}=\sum_{n=0}^{\infty}U_n\left(1-\eta^2\right)^{\frac{1}{2}}\frac{\mathrm{dP}_n(\eta)}{\mathrm{d}\eta} \tag{4.1.38}$$

$$W(\theta,\omega)=\sum_{n=0}^{\infty}W_n\mathrm{P}_n(\eta) \tag{4.1.39}$$

式中，$\mathrm{P}_n(\eta)$ 为 Legendre 函数，其详细特性可参阅文献 [4]。将 (4.1.38) 和 (4.1.39) 式代入 (4.1.37) 式，并利用 Legendre 函数的正交性：

$$\int_{-1}^{+1}\mathrm{P}_m(\eta)\mathrm{P}_n(\eta)\,\mathrm{d}\eta=\begin{cases}\dfrac{2}{2n+1}, & m=n\\ 0, & m\neq n\end{cases} \tag{4.1.40}$$

得到模态系数 $U_n, W_n$ 满足的方程：

$$\begin{bmatrix}a_{11} & a_{12}\\ a_{21} & a_{22}\end{bmatrix}\begin{Bmatrix}U_n\\ W_n\end{Bmatrix}=0 \tag{4.1.41}$$

式中，

$$a_{11}=\Omega^2-\left(1+\beta^2\right)(\nu+\lambda_n-1)$$

$$a_{12}=-\left[\beta^2(\nu+\lambda_n-1)+(1+\nu)\right]$$

$$a_{21}=-\lambda_n\left[\beta^2(\nu+\lambda_n-1)+(1+\nu)\right]$$

$$a_{22}=\Omega^2-2(1+\nu)-\beta^2\lambda_n(\nu+\lambda_n-1)$$

$$\lambda_n=n(n+1)$$

由 (4.1.41) 式的系数行列式为零，可以得到模态频率满足的本征方程：

$$\begin{aligned}&\Omega^4-\left[1+3\nu+\lambda_n-\beta^2\left(1-\nu-\lambda_n^2-\nu\lambda_n\right)\right]\Omega^2\\&+(\lambda_n-2)\left(1-\nu^2\right)+\beta^2\left[\lambda_n^3-4\lambda_n^2+\left(5-\nu^2\right)\lambda_n-2\left(1-\nu^2\right)\right]=0\end{aligned} \tag{4.1.42}$$

求解 (4.1.42) 式得到两组根 $\Omega_n^{(1)}$ 和 $\Omega_n^{(2)}$，从而可以得到薄圆球壳的模态频率 $\omega_n$。

$$\left.\begin{matrix}\Omega_n^{(1)}\\ \Omega_n^{(2)}\end{matrix}\right\}=\left[\alpha_n\pm\sqrt{\alpha_n^2-4\beta_n}\right]^{1/2}\Big/\sqrt{2} \tag{4.1.43}$$

其中，

$$\alpha_n = 1 + 3\nu + \lambda_n - \beta^2\left(1 - \nu - \lambda_n^2 - \nu\lambda_n\right)$$

$$\beta_n = (\lambda_n - 2)\left(1 - \nu^2\right) + \beta^2\left[\lambda_n^3 - 4\lambda_n^2 + \left(5 - \nu^2\right)\lambda_n - 2\left(1 - \nu^2\right)\right]$$

薄圆球壳的第一组根和球壳壁厚与半径之比有关，球壳壁越厚，相应的模态频率越大，第二组根和球壳壁厚与半径之比关系不大，各阶模态频率可见图 4.1.2。

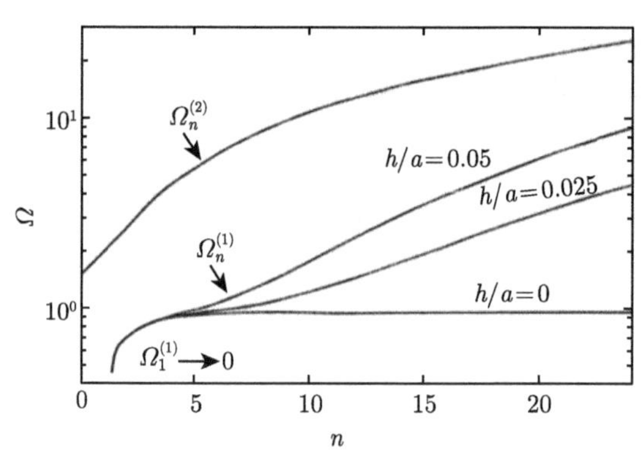


图 4.1.2　弹性薄圆球壳模态频率

(引自文献 [1], fig7. 9)

在无矩理论近似下，对应 (4.1.32) 和 (4.1.33) 式的薄圆球壳自由振动方程为

$$\frac{\mathrm{d}^2 U}{\mathrm{d}\theta^2} + \frac{\mathrm{d}}{\mathrm{d}\theta}(U\cot\theta) + (1+\nu)\frac{\mathrm{d}W}{\mathrm{d}\theta} + \left(1-\nu^2\right)\Omega^2 U = 0 \tag{4.1.44}$$

$$\frac{\mathrm{d}U}{\mathrm{d}\theta} + U\cot\theta + 2W - (1-\nu)\,\Omega^2 W = 0 \tag{4.1.45}$$

为了求解 $W$，先对 (4.1.45) 式求关于 $\theta$ 的导数，有

$$\frac{\mathrm{d}W}{\mathrm{d}\theta} = \frac{1}{(1-\nu)\,\Omega^2 - 2}\left[\frac{\mathrm{d}^2 U}{\mathrm{d}\theta^2} + \frac{\mathrm{d}}{\mathrm{d}\theta}(U\cot\theta)\right] \tag{4.1.46}$$

将 (4.1.46) 式代入 (4.1.44) 式，得到

$$\frac{\mathrm{d}^2 U}{\mathrm{d}\theta^2} + \frac{\mathrm{d}}{\mathrm{d}\theta}(U\cot\theta) + \lambda(\lambda+1)\,U = 0 \tag{4.1.47}$$

式中，

$$\lambda(\lambda+1) = 2 + \frac{(1+\nu)\,\Omega^2\left[3-(1-\nu)\,\Omega^2\right]}{1-\Omega^2} \tag{4.1.48}$$

定义函数：

$$U = \frac{\mathrm{d}F}{\mathrm{d}\theta} \tag{4.1.49}$$

将 (4.1.49) 式代入 (4.1.47)，则有

$$\frac{\mathrm{d}}{\mathrm{d}\theta}\left(\frac{\mathrm{d}^2 F}{\mathrm{d}\theta^2} + \cot\theta\frac{\mathrm{d}F}{\mathrm{d}\theta} + \lambda(\lambda+1)F\right) = 0 \tag{4.1.50}$$

积分可得

$$\frac{\mathrm{d}^2 F}{\mathrm{d}\theta^2} + \cot\theta\frac{\mathrm{d}F}{\mathrm{d}\theta} + \lambda(\lambda+1)F = C \tag{4.1.51}$$

式中，$C$ 为积分常数。(4.1.51) 式有一个特解和一个通解，特解为

$$F = \frac{C}{\lambda(\lambda+1)} \tag{4.1.52}$$

由 (4.1.49) 式可知，特解对 $U$ 没有贡献。通解满足方程：

$$\frac{\mathrm{d}^2 F}{\mathrm{d}\theta^2} + \cot\theta\frac{\mathrm{d}F}{\mathrm{d}\theta} + \lambda(\lambda+1)F = 0 \tag{4.1.53}$$

(4.1.53) 式为 Legendre 微分方程，其一般解为

$$F = A\mathrm{P}_\lambda(\cos\theta) + B\mathrm{Q}_\lambda(\cos\theta) \tag{4.1.54}$$

由 (4.1.49) 式，可得

$$U = A\frac{\mathrm{dP}_\lambda(\cos\theta)}{\mathrm{d}\theta} + B\frac{\mathrm{dQ}_\lambda(\cos\theta)}{\mathrm{d}\theta} \tag{4.1.55}$$

式中，$\mathrm{P}_\lambda(\cos\theta)$ 和 $\mathrm{Q}_\lambda(\cos\theta)$ 分别为非整数的第一类和第二类 Legendre 函数。将 (4.1.49) 式代入 (4.1.45) 式，得到

$$-W\left[2-(1-\nu)\varOmega^2\right] = \frac{\mathrm{d}^2 F}{\mathrm{d}\theta^2} + \cot\theta\frac{\mathrm{d}F}{\mathrm{d}\theta} \tag{4.1.56}$$

再将 (4.1.56) 式代入 (4.1.53) 式，并利用 (4.1.48) 式，可得 $W$ 的表达式：

$$W = \frac{1+(1+\nu)\varOmega^2}{1-\varOmega^2}F = \frac{1+(1+\nu)\varOmega^2}{1-\varOmega^2}\left[A\mathrm{P}_\lambda(\cos\theta) + B\mathrm{Q}_\lambda(\cos\theta)\right] \tag{4.1.57}$$

考虑到 Legendre 函数 $\mathrm{Q}_\lambda(\cos\theta)$ 在 $\theta=0$ 处为奇异的，当圆球壳包含 $\theta=0$ 点，则 (4.1.54) 和 (4.1.55) 式中应取 $B=0$。另外，$\mathrm{P}_\lambda(\cos\theta)$ 在 $\theta=\pi$ 处奇异，

除非 $\lambda$ 取正整数，即 $\lambda = n(n = 0, 1, 2, \cdots)$，这样，无矩薄圆球壳的自由振动模态解为

$$U = A\frac{\mathrm{dP}_n(\cos\theta)}{\mathrm{d}\theta} \tag{4.1.58}$$

$$W = A\frac{1 + (1+\nu)\varOmega^2}{1 - \varOmega^2}\mathrm{P}_n(\cos\theta) \tag{4.1.59}$$

并由 (4.1.48) 式可得无矩薄圆球壳的模态频率方程为

$$\left(1-\nu^2\right)\varOmega^4 - [n(n+1) + 1 + 3\nu]\varOmega^2 + [n(n+1) - 2] = 0 \tag{4.1.60}$$

相应的模态频率为

$$\left.\begin{array}{l}\varOmega_{n1}^2 \\ \varOmega_{n2}^2\end{array}\right\} = \frac{1}{2(1-\nu^2)}\left\{n(n+1) + 1 + 3\nu \right.$$
$$\left. \pm\sqrt{[n(n+1)+1+3\nu]^2 - 4(1-\nu^2)[n(n+1)-2]}\right\} \tag{4.1.61}$$

比较 (4.1.61) 式与 (4.1.43) 式，可知 (4.1.61) 式为无矩理论近似条件下薄球壳模态频率的近似解，当 $n = 0$ 时，薄圆球壳“呼吸”模态的无量纲频率为

$$\varOmega_{01}^2 = \frac{2}{1-\nu} \tag{4.1.62}$$

相应的模态频率为“呼吸”频率 (breathing frequency)：

$$\omega_{01}^2 = \frac{E}{a^2\rho_s}\varOmega_{01}^2 \tag{4.1.63}$$

薄圆球壳的所谓“呼吸”模态为圆球壳壁面整体膨胀或收缩，“呼吸频率”的意义类似于第 5 章将要介绍的圆柱壳“环频率”。Soedel[3] 通过计算薄圆球壳模态频率认为，当壁厚与半径之比小于 0.01 时，忽略弯曲刚度的膜近似圆球壳振动方程，可以得到较好的近似结果。

前面讨论了薄圆球壳的自由振动，接下来讨论薄圆球壳的声辐射。考虑到圆球壳表面与球坐标系正交表面重合，圆球壳的辐射声场可以采用分离变量法求解。在圆球坐标系中，波动方程的形式为

$$\frac{1}{r^2}\frac{\partial}{\partial r}\left(r^2\frac{\partial p}{\partial r}\right) + \frac{1}{r^2\sin\theta}\frac{\partial}{\partial\theta}\left(\sin\theta\frac{\partial p}{\partial\theta}\right) + \frac{1}{r^2\sin^2\theta}\frac{\partial^2 p}{\partial\varphi^2} = \frac{1}{C_0^2}\frac{\partial^2 p}{\partial t^2} \tag{4.1.64}$$

设辐射声场解为

$$p(r,\theta,\varphi,\omega) = R(r)\,\Theta(\theta)\,\Phi(\varphi)\,\mathrm{e}^{-\mathrm{i}\omega t} \tag{4.1.65}$$

采用分离变量法，由 (4.1.64) 式可以得到三个独立的方程：

$$\frac{\mathrm{d}^2\Phi}{\mathrm{d}\varphi^2} + m^2\Phi = 0 \tag{4.1.66}$$

$$\frac{1}{\sin\theta}\frac{\mathrm{d}}{\mathrm{d}\theta}\left(\sin\theta\frac{\mathrm{d}\Theta}{\mathrm{d}\theta}\right) + \left[n(n+1) - \frac{m^2}{\sin^2\theta}\right]\Theta = 0 \tag{4.1.67}$$

$$\frac{\mathrm{d}^2R}{\mathrm{d}r^2} + \frac{2}{r}\frac{\mathrm{d}R}{\mathrm{d}r} + \left[k_0^2 - \frac{n(n+1)}{r^2}\right]R = 0 \tag{4.1.68}$$

(4.1.66) 式的解为

$$\Phi(\varphi) = A_\varphi\cos m\varphi + B_\varphi\sin m\varphi, \quad m = 0,1,2,\cdots \tag{4.1.69}$$

$\Phi(\varphi)$ 反映了 $r$ 一定的球面上，声压振幅随方位角 $\varphi$ 的变化规律。在 (4.1.67) 式中，令 $\eta = \cos\theta$，可得到连带 Legendre 方程：

$$\frac{\mathrm{d}}{\mathrm{d}\eta}\left[\left(1-\eta^2\right)\frac{\mathrm{d}\Theta}{\mathrm{d}\eta}\right] + \left[l(l+1) - \frac{m^2}{1-\eta^2}\right]\Theta = 0 \tag{4.1.70}$$

在 $-1\leqslant\eta\leqslant 1$ 区域内，(4.1.70) 式的解为连带 Legendre 函数 $\mathrm{P}_n^m(\eta)\,(n=0,1,2,3,\cdots,m=0,1,2,\cdots,n)$，在轴对称情况下，$m=0$，连带 Legendre 函数简化为 Legendre 函数 $\mathrm{P}_n(\eta)$，它反映了 $r$ 一定的球面上，声压随极角 $\theta$ 变化的规律：

$$\Theta(\cos\theta) = \sum_{n=0}^{\infty} A_n\mathrm{P}_n(\eta) \tag{4.1.71}$$

针对 (4.1.68) 式，令 $k_0 r = \xi$, $R(\xi) = Y(\xi)/\sqrt{\xi}$，可得

$$\frac{\mathrm{d}^2Y}{\mathrm{d}\xi^2} + \frac{1}{\xi}\frac{\mathrm{d}Y}{\mathrm{d}\xi} + \left[1 - \frac{(n+1/2)^2}{\xi^2}\right]Y = 0 \tag{4.1.72}$$

(4.1.72) 式为 $n+1/2$ 阶柱 Bessel 方程，其解为

$$Y(\xi) = \frac{1}{\sqrt{\xi}}\left[A_n\mathrm{J}_{n+1/2}(\xi) + B_n\mathrm{N}_{n+1/2}(\xi)\right] \tag{4.1.73}$$

定义 $n$ 阶球 Bessel 函数和球 Neumann 函数：

$$\mathrm{j}_n(\xi)=\sqrt{\frac{\pi}{2\xi}}\mathrm{J}_{n+1/2}(\xi),\quad \mathrm{n}_n(\xi)=\sqrt{\frac{\pi}{2\xi}}\mathrm{N}_{n+1/2}(\xi)$$

由 (4.1.73) 式可得 (4.1.68) 式的解：

$$R(\xi)=A_n\mathrm{j}_n(\xi)+B_n\mathrm{n}_n(\xi) \tag{4.1.74}$$

函数 $\mathrm{j}_n(\xi)$ 和 $\mathrm{n}_n(\xi)$ 随宗量变化具有振荡性质，类似于正弦和余弦函数，它们描述的声场为径向驻波场。再定义第一类和第二类 Hankel 函数：

$$\mathrm{h}_n^{(1)}(\xi)=\mathrm{j}_n(\xi)+\mathrm{i}\mathrm{n}_n(\xi),\quad \mathrm{h}_n^{(2)}(\xi)=\mathrm{j}_n(\xi)-\mathrm{i}\mathrm{n}_n(\xi)$$

这样，(4.1.73) 式的解可以表示为

$$R(\xi)=A_n\mathrm{h}_n^{(1)}(\xi)+B_n\mathrm{h}_n^{(2)}(\xi) \tag{4.1.75}$$

$R(\xi)$ 反映了声场随距离 $r$ 的变化规律，因为 $\mathrm{h}_n^{(1)}$ 表示由球心向外发散的声波，$\mathrm{h}_n^{(2)}$ 表示向球心会聚的声波，当球壳在无限声介质空间中，不存在反射的声波，(4.1.75) 式中 $B_n=0$，这样有

$$R(\xi)=A_n\mathrm{h}_n^{(1)}(\xi) \tag{4.1.76}$$

合并 (4.1.69) 式、(4.1.71) 式和 (4.1.76) 式，给出轴对称情况下圆球壳辐射声压的通解：

$$p(r,\theta,\omega)=\mathrm{i}\rho_0\omega\sum_{n=0}^{\infty}A_n\mathrm{P}_n(\cos\theta)\mathrm{h}_n^{(1)}(k_0r) \tag{4.1.77}$$

利用薄圆球壳法向振动速度 $v_r$ 与表面质点速度的连续条件：

$$v_r=-\frac{\mathrm{i}}{\rho_0\omega}\frac{\partial p}{\partial r} \tag{4.1.78}$$

考虑到 $v_r=-\mathrm{i}\omega W$，将 (4.1.77) 式代入 (4.1.78) 式，并利用 Legendre 函数的正交归一条件 (4.1.40) 式，可得

$$A_n=\frac{-\mathrm{i}\omega}{k_0\left.\dfrac{\partial \mathrm{h}_n^{(1)}(\xi)}{\partial\xi}\right|_{\xi=k_0a}}\left(\frac{2n+1}{2}\right)\int_0^{\pi}W\mathrm{P}_n(\cos\theta)\sin\theta\mathrm{d}\theta \tag{4.1.79}$$

将 (4.1.39) 式代入 (4.1.79) 式，得到待定系数 $A_n$ 的表达式：

$$A_n = \frac{-\mathrm{i}\omega W_n}{k_0 \left.\dfrac{\partial \mathrm{h}_n^{(1)}(\xi)}{\partial \xi}\right|_{\xi=k_0 a}} \tag{4.1.80}$$

再将 (4.1.80) 式代入 (4.1.77) 式，得到圆球壳辐射声压与振动的关系：

$$p(r,\theta,\omega) = \sum_{n=0}^{\infty} \omega\rho_0 C_0 W_n \frac{\mathrm{h}_n^{(1)}(k_0 r)}{\left.\dfrac{\partial \mathrm{h}_n^{(1)}(\xi)}{\partial \xi}\right|_{\xi=k_0 a}} \mathrm{P}_n(\cos\theta) \tag{4.1.81}$$

将 (4.1.81) 式代入 (4.1.35) 式，联立求解 (4.1.34) 和 (4.1.35) 式，为简单起见，假设 $\theta$ 方向的作用力 $f_\theta$ 为零，并将径向作用力 $f_r$ 按 Legendre 函数展开，利用 Legendre 函数的正交归一性，可得

$$a_{11}U_n + a_{12}W_n = 0 \tag{4.1.82}$$

$$a_{21}U_n + a_{22}W_n - \omega\rho_0 C_0 \frac{1}{m_s}\left(\frac{a}{C_l}\right)^2 \frac{\mathrm{h}_n^{(1)}(k_0 r) W_n}{\left.\dfrac{\partial \mathrm{h}_n^{(1)}(\xi)}{\partial \xi}\right|_{\xi=k_0 a}} = \frac{1}{m_s}\left(\frac{a}{C_l}\right)^2 f_{rn} \tag{4.1.83}$$

式中，

$$f_{rn} = \frac{2n+1}{2}\int_{-1}^{1} f_r(\eta)\,\mathrm{P}_n(\eta)\,\mathrm{d}\eta \tag{4.1.84}$$

定义薄圆球壳机械阻抗 $Z_n^s$ 和声辐射阻抗 $Z_n^a$ 分别为

$$Z_n^s = \frac{\mathrm{i}m_s C_l}{\varOmega}\frac{1}{a}\frac{\left[\varOmega^2 - \left(\varOmega_n^{(1)}\right)^2\right]\left[\varOmega^2 - \left(\varOmega_n^{(2)}\right)^2\right]}{\left[\varOmega^2 - (1+\beta^2)(\nu+\lambda_n-1)\right]} \tag{4.1.85}$$

$$Z_n^a = -\mathrm{i}\rho_0 C_0 \frac{\mathrm{h}_n^{(1)}(k_0 a)}{\left.\dfrac{\partial \mathrm{h}_n^{(1)}(\xi)}{\partial \xi}\right|_{\xi=k_0 a}} \tag{4.1.86}$$

由 (4.1.82) 和 (4.1.83) 式可化简得薄圆球壳的耦合振动方程：

$$\mathrm{i}\varOmega[Z_n^s + Z_n^a]W_n = \frac{a}{C_l} f_{rn} \tag{4.1.87}$$

即可得薄圆球壳 $n$ 阶模态的耦合振动位移：

$$W_n = \frac{a}{C_l}\frac{f_{rn}}{\mathrm{i}\Omega\left(Z_n^s + Z_n^a\right)} \tag{4.1.88}$$

由 (4.1.88) 式可见，当薄圆球壳浸没在无限理想声介质中，球壳阻抗包含了机械阻抗和声辐射阻抗两部分。声辐射阻抗是球壳辐射声场对球壳的反作用，相当于球壳振动增加了附加质量和附加阻尼。因为球壳振动和辐射声场都是按球面正交函数 $\mathrm{P}_n(\cos\theta)$ 展开，且均定义在球面 $\theta = 0 \sim \pi$ 的正交区域内，所以不会出现结构振动与声辐射不同模态的相互耦合作用，也就是声辐射阻抗只有模态自辐射阻抗，而没有互辐射阻抗，这一点与矩形板和有限长圆柱壳声辐射不同。图 4.1.3 为圆球壳归一化模态声辐射阻和声辐射抗。Junger[1] 给出了球壳模态声阻和附加质量的近似表达式，设 $Z_n^a = R_n - \mathrm{i}\omega m_n$，则模态声阻 $R_n$ 和附加质量 $m_n$ 为

$$R_n = \begin{cases} \dfrac{\rho_0 C_0 (k_0 a)^{2n+2}}{(n+1)^2\left[1\cdot 3\cdot \cdots \cdot (2n-1)\right]^2}, & (k_0 a)^2 \ll |2(2n-1)| \\ \rho_0 C_0, & k_0 a \gg n^2+1 \end{cases} \tag{4.1.89}$$

$$m_n = \begin{cases} \rho_0 a (n+1)^{-1}, & (k_0 a)^2 \ll 2n+3 \\ \rho_0 a (k_0 a)^{-2}, & k_0 a \gg n^2+1 \end{cases} \tag{4.1.90}$$

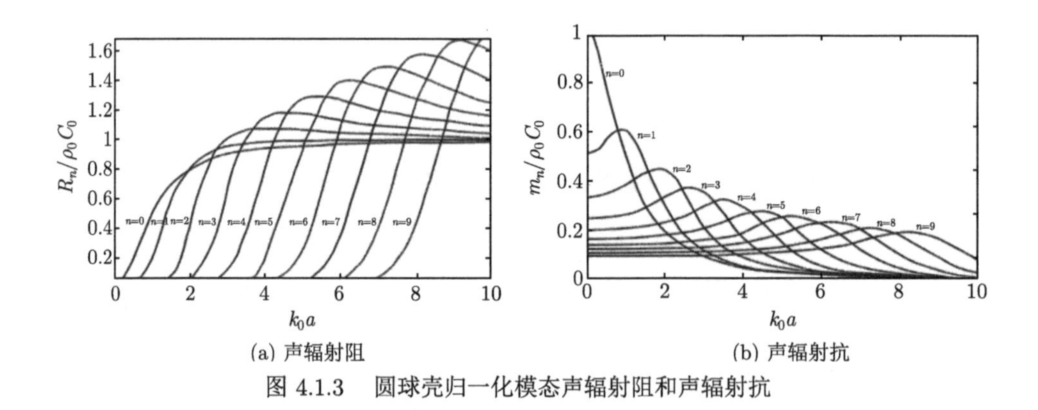


(a) 声辐射阻　　　　(b) 声辐射抗

图 4.1.3　圆球壳归一化模态声辐射阻和声辐射抗

(引自文献 [1], fig6.3, fig6.4)

将 (4.1.88) 式代入 (4.1.81) 式，只要已知模态激励力，即可计算薄圆球壳的辐射声场。假设一幅度为 $F_0(\omega)$ 的机械激励点力沿径向作用在薄圆球壳 $\theta = 0$ 位置，其表达式为

$$f_r(\omega) = F_0(\omega)\,\delta(\xi - 1) \tag{4.1.91}$$

将 (4.1.91) 式代入 (4.1.84) 式，利用 $\mathrm{P}_n(1)=1$，可得模态激励力为

$$f_{rn}=\frac{2n+1}{2}F_0(\omega) \tag{4.1.92}$$

将 (4.1.92) 式代入 (4.1.88) 式，再代入 (4.1.81) 式，得到薄圆球壳辐射声场：

$$p(r,\theta,\omega)=\sum_{n=0}^{\infty}-\mathrm{i}\rho_0 C_0\frac{2n+1}{2}\frac{F_0(\omega)}{Z_n^s+Z_n^a}\frac{\mathrm{h}_n^{(1)}(k_0 r)}{\left.\dfrac{\partial \mathrm{h}_n^{(1)}(\xi)}{\partial\xi}\right|_{\xi=k_0 a}}\mathrm{P}_n(\cos\theta) \tag{4.1.93}$$

考虑到 $\mathrm{h}_n^{(1)}(k_0 r)$ 的大宗量渐近表达式：

$$\mathrm{h}_n^{(1)}=\frac{1}{k_0 r}\mathrm{e}^{\mathrm{i}\left(k_0 r-\frac{n+1}{2}\pi\right)}$$

可得薄圆球壳的远场辐射声压：

$$p(r,\theta,\omega)=\frac{\rho_0 C_0 F_0(\omega)}{k_0 r}\mathrm{e}^{\mathrm{i}k_0 r}\sum_{n=0}^{\infty}(-\mathrm{i})^n\frac{2n+1}{2}\frac{1}{Z_n^s+Z_n^a}\frac{1}{\left.\dfrac{\partial \mathrm{h}_n^{(1)}(\xi)}{\partial\xi}\right|_{\xi=k_0 a}}\mathrm{P}_n(\cos\theta) \tag{4.1.94}$$

对于低频小宗量情况，有

$$\mathrm{h}_n^{(1)\prime}(k_0 a)\approx \mathrm{i}\frac{(n+1)(2n-1)!!}{(k_0 a)^{n+2}},\quad \mathrm{h}_0^{(1)\prime}(k_0 a)=\frac{\mathrm{i}}{(k_0 a)^2}$$

则由 (4.1.93) 式可得薄圆球壳低频远场辐射声压：

$$p(r,\theta,\omega)=\mathrm{i}\rho_0 C_0 k_0 a^2\frac{1}{2r}\frac{F_0(\omega)}{Z_0^s+Z_0^a}\mathrm{e}^{\mathrm{i}k_0 r} \tag{4.1.95}$$

按照定义，圆球壳声辐射功率可以由时均径向声强的球面积分得到

$$P(\omega)=\frac{1}{2}\int_0^{2\pi}\int_0^{\pi}\mathrm{Re}\left[p(a,\theta,\varphi)\cdot v_r^*(a,\theta,\varphi)\right]a^2\sin\theta\mathrm{d}\theta\mathrm{d}\varphi \tag{4.1.96}$$

考虑轴对称情况下圆球壳的辐射声压 (4.1.77) 式，由 (4.1.78) 式可得相应的径向振速：

$$v_r=-k_0\sum_{n=0}^{\infty}A_n\left.\frac{\partial \mathrm{h}_n^{(1)}(\xi)}{\partial\xi}\right|_{\xi=k_0 a}\mathrm{P}_n(\cos\theta) \tag{4.1.97}$$

将 (4.1.77) 和 (4.1.97) 式代入 (4.1.96) 式，并积分，可得

$$P(\omega)=\pi\rho_0\omega a^2k_0\sum_{n=0}^{\infty}|A_n|^2\frac{2}{2n+1}\mathrm{Re}\left[-\mathrm{ih}_n^{(1)}(k_0a)\left.\frac{\partial \mathrm{h}_n^{(1)^*}(\xi)}{\partial\xi}\right|_{\xi=k_0a}\right] \tag{4.1.98}$$

利用 Wronskian 关系：

$$\mathrm{j}_n(\xi)\,\mathrm{n}_n'(\xi)-\mathrm{j}_n'(\xi)\,\mathrm{n}_n(\xi)=\frac{1}{\xi^2}$$

(4.1.98) 式可简化得到薄圆球壳声辐射功率的表达式：

$$P(\omega)=\pi\rho_0C_0\sum_{n=0}^{\infty}\frac{2}{2n+1}|A_n|^2 \tag{4.1.99}$$

这样，由 (4.1.88) 式计算圆球壳径向振动位移，再由 (4.1.80) 式计算系数 $A_n$，即可由 (4.1.99) 式计算薄圆球壳受激振动的声辐射功率。Hayek[5] 针对水介质中的钢圆球壳计算了耦合振动和辐射声压，图 4.1.4 和图 4.1.5 分别为 $\Omega=0.85$，$h/a=0.03$ 时圆球壳的归一化径向位移、表面声压和远场声压分布，图 4.1.6 为归一化径向位移和表面声压随频率的变化曲线。

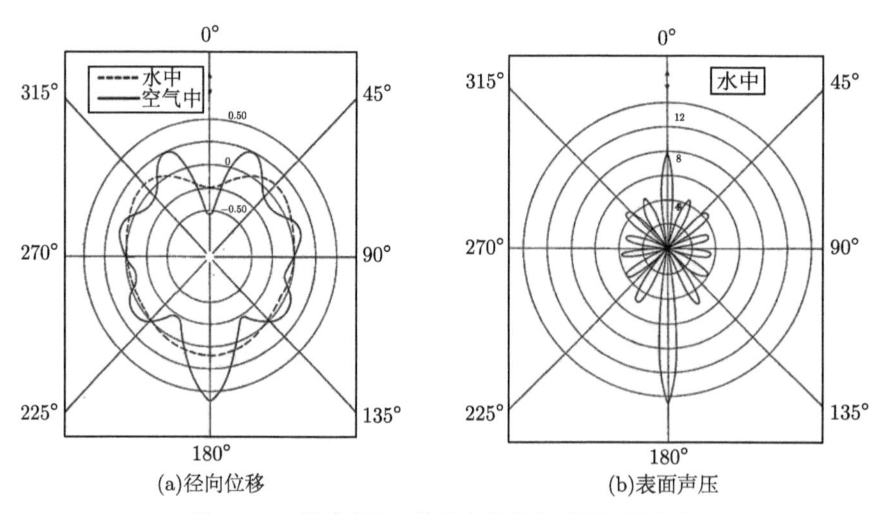


(a)径向位移 (b)表面声压

图 4.1.4 圆球壳归一化径向位移和表面声压分布

(引自文献 [5], fig2, fig3)

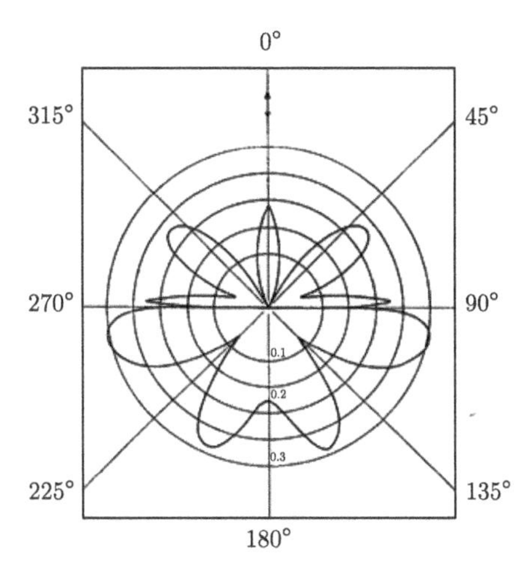


图 4.1.5 水中圆球壳归一化远场声压分布
(引自文献 [5], fig4)

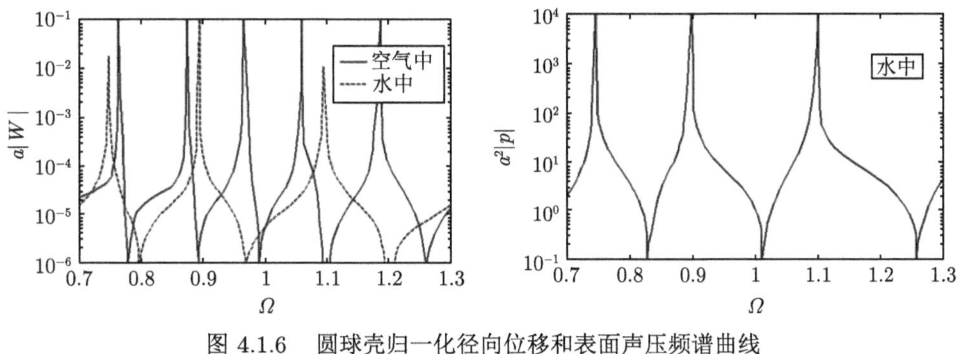


图 4.1.6 圆球壳归一化径向位移和表面声压频谱曲线
(引自文献 [5], fig5, fig6)

利用薄圆球壳振动和声辐射计算模型，可以针对壳体某些内部结构，如内部安装的双层隔振系统，进行机理性的振动和声场计算分析。Gaunaurd 等 [6] 在薄圆球壳内壁上布置两自由度的质量–弹簧振子，计算分析平面声波沿极轴入射情况下，内部质量–弹簧振子对声散射形函数的影响，研究模型如图 4.1.7 所示，针对半径为 5m，壁厚与半径之比为 0.03 的球壳，图 4.1.8 给出了表征质量–弹簧振子刚度的无量纲参数 $\alpha_1=\sqrt{K_1a^2/m_1C_0^2}$, $\alpha_2=\sqrt{K_2a^2/m_2C_0^2}$ 分别为 3 和 6 时，计算得到的声散射形函数。结果表明：在 $k_0a=3\sim9$ 的频率范围内，两自由度质量–弹簧振子的振动调制球壳振动，使得薄圆球壳的声散射形函数出现明显的共振峰值，而且平面波从 $\theta=0$ 或 $\theta=\pi$ 方向入射，形函数有所不同。这里 $K_1$, $K_2$, $m_1$, $m_2$ 分别为两自由度质量–弹簧振子的刚度和质量。另外，当薄圆球壳受多个激励力作用时其声辐射功率不仅与激励力位置、外场流体负载等因素有关，还与作用力的相关性有关。Peng 和 Banks-Lee[7] 考虑薄圆球壳受到两个轴对称的环形作用力激励，研究了激励力相关性对声辐射的影响。针对半径 $a$ 为 0.5m，壁厚与半径之比 0.02 的钢质圆球壳，计算激励力相关性对声辐射影响的结果表明：激励输入功率相同情况下，点力产生的声辐射功率总是高于分布力产生的声辐射功率，当相关系数为 1 时，两个激励力位于极点时产生的声辐射功率最大，参见图 4.1.9。当激励频率带宽较窄，只有很少球壳模态被激励时，两个激励力互谱对声辐射有明显的作用，而当激励频率带宽较宽，较多球壳模态被

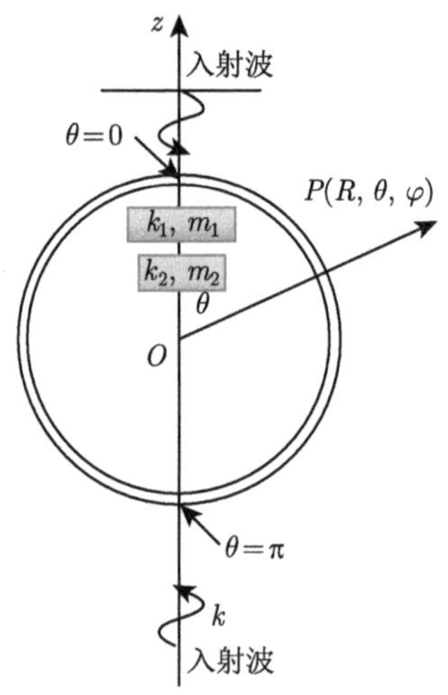


图 4.1.7 内壁布置质量–弹簧振子薄圆球壳声散射模型

(引自文献 [6], fig1)

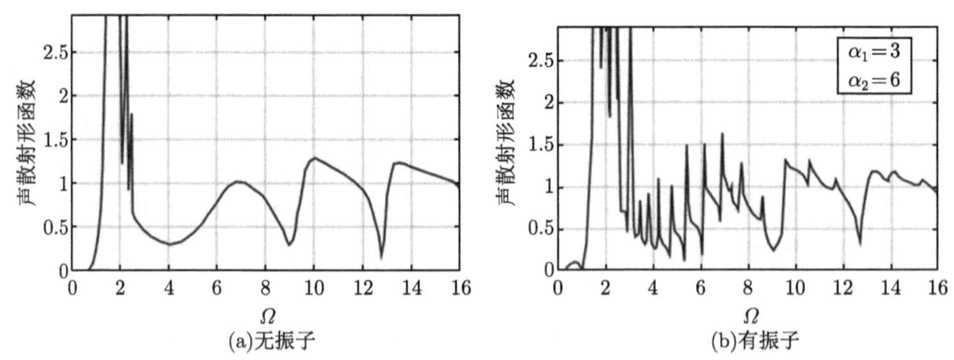


图 4.1.8 弹簧/质量振子参数对圆球壳声散射形函数的影响比较

(引自文献 [6], fig5)

激励时，只有两个激励力相距较近，它们的相关性对声辐射的影响才明显。当两个激励力的相关系数为 1 时，两个激励力存在一个优化的间距，使得产生的声辐射功率最小。图 4.1.10 中，两个激励力位置分别为 $\theta$ =81° 和 99° 时，相应的声辐射功率最小，而激励力位置分别为 $\theta$ =0° 和 180° 时，即激励力位于两个极点，声辐射功率最大。当两个激励力重合位于球壳赤道位置，即 $\theta_1=\theta_2$ =90° 时，声辐射功率也要略大一些。激励力位置的选取对降低薄圆球壳声辐射有一定的作用。

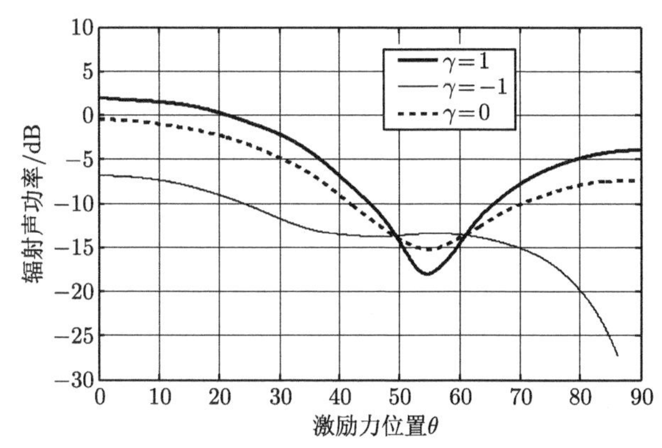


图 4.1.9 水中圆球壳激励力位置及相关性对声辐射功率的影响

(引自文献 [7]，fig9)

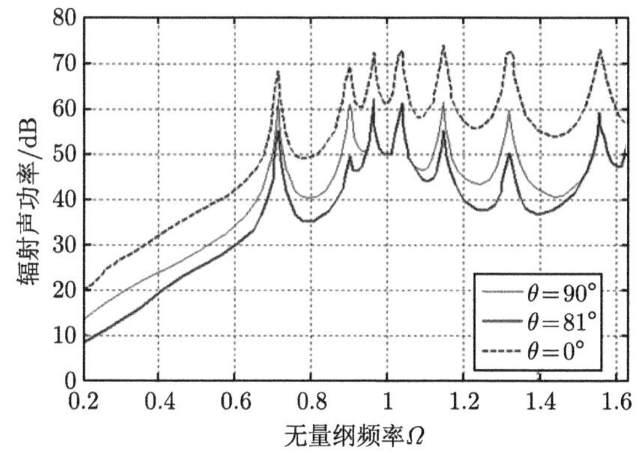


图 4.1.10 不同激励力位置时空气中圆球壳的声辐射功率

(引自文献 [7]，fig8)

第 3 章介绍的矩形弹性板与本节讨论的薄圆球壳在几何形状上有较大的差别，相应地，它们的振动和声辐射会有何不同，对此问题，Choi 等 [8] 针对一块钢质矩形板和三个不同半径的钢质球壳，比较了它们的声辐射特性，其中，矩形板长和宽分别为 1.2m 和 1.35m，三个球壳的半径分别为 0.359m(球壳 1)、0.666m(球壳 2) 和 0.987m(球壳 3)，板厚和球壁厚都为 5mm，且矩形板和最小球壳的面积相等，矩形板镶嵌在无限大刚性障板上。图 4.1.11 和图 4.1.12 分别给出了这些平板和球壳声辐射功率及辐射效率的比较，在频率较低频段，矩形弹性板与薄圆球壳的声辐射功率和效率差别较大。前面提到，对于球壳来说，结构振动模态与声辐射模态吻合，都采用球谐函数表征，每一个结构模态简单对应声辐射方向性图，而与频率无关。这一点不同于矩形板模态辐射具有复杂的频率特性，矩形板辐射声场空间分布的峰值和谷点随频率而变化，且 3.1 节提到每个振动模态有一个模态吻合角，在这个角度上声辐射最强。我们知道在 3.1 节中，将弹性平板结构弯曲波数 $k_f$ 等于声波数 $k_0$ 对应的频率定义为吻合频率 $\omega_c$，Choi 等则将此频率称为临界频率 $\omega_c$。严格地说，临界频率相当于平行于平板表面的声波与平板弯曲波空间匹配对应的频率，而在一般的 $k_f < k_0$ 情况下，当 $k_f = k_0 \sin\theta$ 时，与平板法向呈 $\theta$ 方向传播的声波和弯曲波产生空间匹配，对应的频率为吻合频率 $\omega_{co}$。吻合频率与临界频率的关系为 $\omega_{co} = \omega_c / \sin^2\theta$，当 $\theta = 90^0$ 时，吻合频率等于临界频率，临界频率是最小的吻合频率。当然，也有不少文献将这两个频率视为一个频率。针对矩形弹性板可以定义模态临界频率，即模态波数等于声波数对应的频率，记为 $\omega_c^{(mn)}$，它与临界频率的关系为 $\omega_c^{(mn)} = (\omega_{mn}\omega_c)^{1/2}$。对于球壳来说，同样定义一个模态临界频率作为低频截止频率，它取决于薄圆球壳的半径和壁厚。平板与球壳声辐射的差别，体现在它们不同的“临界频率”上。图 4.1.13 给出了平板与圆球壳波数与频率的关系，其中虚线为声波数曲线，实线为平板弯曲波数曲线，点线为圆球壳模态波数，它们的交叉点对应临界频率。平板声辐射在临界频率以下或以上有很大的不同。对于球壳来说，其曲率增加了它的刚度，半径越小，刚度增加越大，使得在低频段对于给定的频率，球壳波数小于平板波数，且波数曲线也有所不同。但随着频率增加，球壳趋于平板的波数曲线。当球壳壁厚不变，球壳半径增加，则球壳的波数曲线靠近平板的波数曲线，并出现

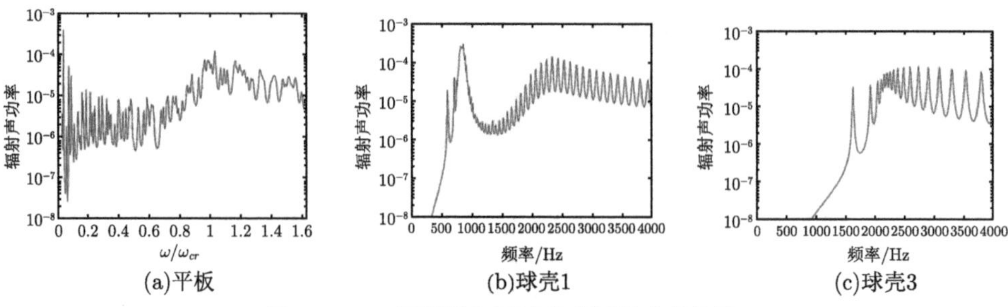

(a)平板 (b)球壳1 (c)球壳3

图 4.1.11 矩形板与圆球壳声辐射功率比较

(引自文献 [8], fig10)

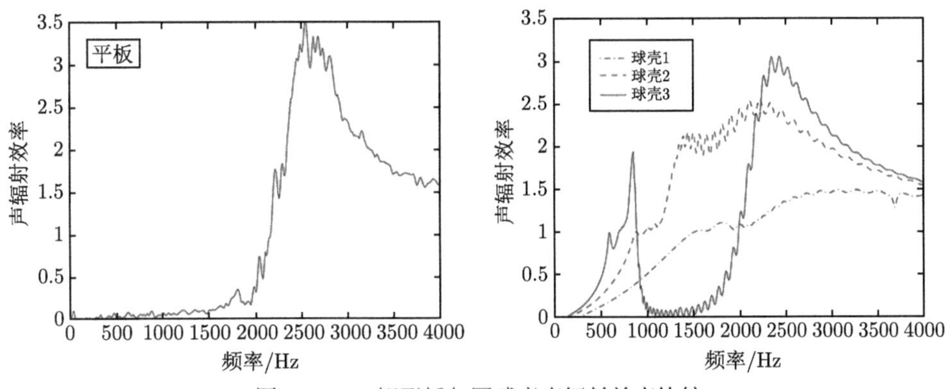

图 4.1.12 矩形板与圆球壳声辐射效率比较

(引自文献 [8], fig11)

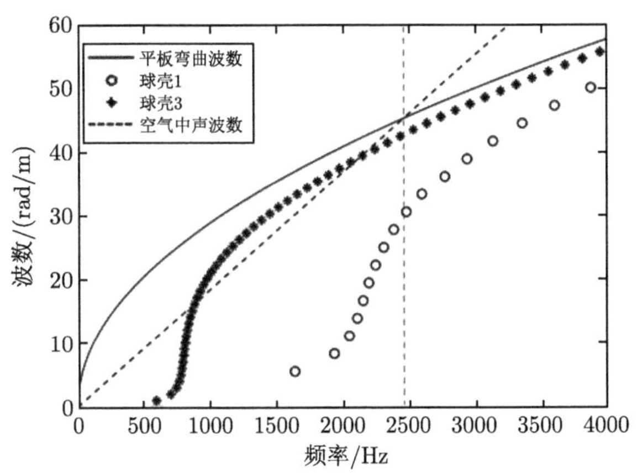

图 4.1.13 平板和圆球壳波数与频率的关系

(引自文献 [9], fig1)

两种情况：或者球壳波数曲线与声波数曲线没有交叉，或者有两个交点。相应地，球壳或者没有临界频率，或者有两个临界频率。没有临界频率时，球壳在所有频率都能有效辐射，如果有两个临界频率时，在这两个频率中间，球壳声辐射有一个低谷。圆球壳波数高于声波数曲线对应的频段声辐射较小，低于声波数曲线对应的频段声辐射较强。虽然带声障板平板和球壳的声辐射明显不同，但在表征实际结构声辐射特征上，有限尺寸球壳比无限大障板上的矩形板似乎更切实一点。

## 4.2 弹性厚壁圆球壳耦合振动与声辐射

随着潜艇潜深的不断增加以及水下深潜器的发展，传统单一的圆柱壳耐压结构可能难以满足结构强度和排水量的兼容要求，圆球壳已成为大潜深耐压壳体的一种合理选择。为了保证大潜深潜艇和深潜器耐压结构的强度，圆球壳的壁厚也会比潜艇传统耐压壳的厚度大，建立声学模型时，尤其研究圆球壳的共振散射特性，计算的频率比较高，需要考虑厚壳模型；另外，为了保证良好的透声性，声呐导流罩常常采用玻璃钢等复合材料，同时为了满足导流罩的强度要求，其壁厚达到厘米量级，当声呐工作频率高于几十千赫的情况下，声呐导流罩也有可能不再满足薄壳条件，而圆球壳作为研究声呐导流罩的一种基本模型，在计算声呐导流罩透声性或声呐自噪声时，也需要建立厚壳模型。

考虑如图 4.2.1 所示的厚壁圆球壳 [10]，其内壁和外壁半径分别为 $a_1$ 和 $a_2$。球壳内外充满理想声介质，声速和密度分别为 $C_0$ 和 $\rho_0$。球壳中心为球形换能器，半径为 $a_0$。设球壳内部为区域 (1)，球壳为区域 (2)，球壳外为区域 (3)。为简单起见，这里先考虑球对称情况，即圆球壳振动及内外声压仅仅是时间 $t$ 和径向坐标 $r$ 的函数，而与方位角 $\varphi$ 和极角 $\theta$ 无关，且球壳振动为小变形，满足线性黏弹性理论。

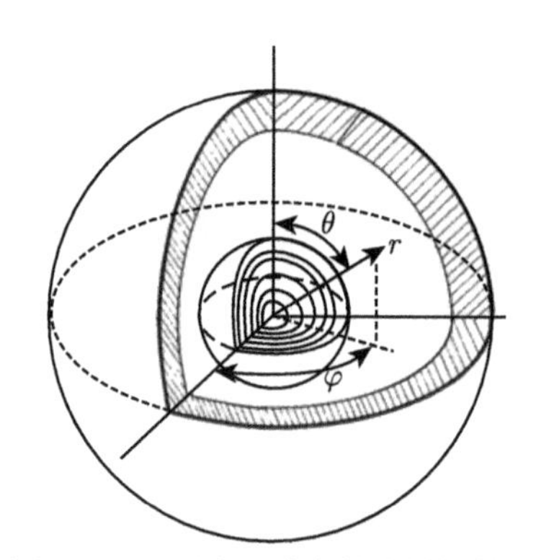


图 4.2.1　厚壁圆球壳的声传输模型

(引自文献 [10]，fig1)

设圆球壳振速及球壳内外声压随时间简谐变化，区域 (1) 和区域 (3) 的球对称波动方程为

$$\frac{\mathrm{d}^2p(r)}{\mathrm{d}r^2}+\frac{2}{r}\frac{\mathrm{d}p(r)}{\mathrm{d}r}+k_0^2p(r)=0 \tag{4.2.1}$$

相应的质点速度为

$$v(r)=-\frac{\mathrm{i}}{k_0\rho_0C_0}\frac{\mathrm{d}p(r)}{\mathrm{d}r} \tag{4.2.2}$$

(4.2.1) 式为一维波动方程，令 $p(r)=\Psi(r)/r$，可得

$$\frac{\mathrm{d}^2\Psi(r)}{\mathrm{d}r^2}+k_0^2\Psi(r)=0 \tag{4.2.3}$$

求解 (4.2.3) 式，得到圆球壳内部声压：

$$p_1(r)=Ag_5(r)+Bg_6(r),\quad a_0<r<a_1 \tag{4.2.4}$$

相应的质点振速为

$$v_1\ (r)=\mathrm{i}Ag_1(r)+\mathrm{i}Bg_2(r),\quad a_0<r<a_1 \tag{4.2.5}$$

其中，

$$g_5(r)=\frac{1}{r}\sin k_0r,\qquad g_6(r)=\frac{1}{r}\cos k_0r$$

$$g_1(r)=\frac{1}{k_0\rho_0C_0}\left(\frac{\sin k_0r}{r^2}-\frac{k_0\cos k_0r}{r}\right)$$

$$g_2(r)=\frac{1}{k_0\rho_0C_0}\left(\frac{\cos k_0r}{r^2}+\frac{k_0\sin k_0r}{r}\right)$$

在圆球壳外辐射声压为

$$p_2(r)=C\frac{\mathrm{e}^{\mathrm{i}k_0r}}{r}=C\left[g_6(r)+\mathrm{i}g_5(r)\right],\quad r>a_2 \tag{4.2.6}$$

相应的质点振速为

$$v_2(r)=-C\left[g_1(r)-\mathrm{i}g_2(r)\right],\quad r>a_2 \tag{4.2.7}$$

按照弹性理论，均匀各向同性的弹性壳振动方程为

$$(\lambda+2\mu)\boldsymbol{\nabla}\cdot(\boldsymbol{\nabla}\cdot\boldsymbol{U})-\mu\boldsymbol{\nabla}\times\boldsymbol{\nabla}\times\boldsymbol{U}=\rho_s\frac{\partial^2\boldsymbol{U}}{\partial t^2} \tag{4.2.8}$$

式中，$\lambda$, $\mu$ 为弹性介质的拉密常数，黏弹性材料时为复数，$\boldsymbol{U}$ 为弹性壳位移矢量，在球对称情况且随时间简谐变化时，有

$$U(r,t)=W(r)\,\mathrm{e}^{-\mathrm{i}\omega t} \tag{4.2.9}$$

弹性球壳振动位移 $W(r)$ 满足：

$$\frac{\mathrm{d}^2W(r)}{\mathrm{d}r^2}+\frac{2}{r}\frac{\mathrm{d}W(r)}{\mathrm{d}r}+\left(k_l^2-\frac{2}{r^2}\right)W(r)=0 \tag{4.2.10}$$

式中，$k_l = \omega \left[\rho_s/(\lambda+2\mu)\right]^{1/2}$。

(4.2.10) 式为非整数阶 Bessel 方程，其解为

$$W(r) = Dg_3(r)/\omega + Eg_4(r)/\omega \tag{4.2.11}$$

其中，

$$g_3(r) = \omega\left(\frac{\sin k_l r}{r^2} - \frac{k_l \cos k_l r}{r}\right), \quad g_4(r) = \omega\left(\frac{\cos k_l r}{r^2} + \frac{k_l \sin k_l r}{r}\right)$$

在球对称情况下，球壳振动速度及法向应力分别为

$$v_s(r) = -\mathrm{i}\omega W(r) \tag{4.2.12}$$

$$\sigma_{rr}(r) = (\lambda+2\mu)\frac{\mathrm{d}W(r)}{\mathrm{d}r} + 2\lambda\frac{W(r)}{r} \tag{4.2.13}$$

将 (4.2.11) 式分别代入 (4.2.12) 和 (4.2.13) 式，则有

$$v_s(r) = -\mathrm{i}Dg_3(r) - \mathrm{i}Eg_4(r), \quad a_1 < r < a_2 \tag{4.2.14}$$

$$\sigma_{rr}(r) = -Dg_7(r) - Eg_8(r), \quad a_1 < r < a_2 \tag{4.2.15}$$

式中，

$$g_7(r) = \frac{4\mu - (\lambda+2\mu)(k_l r)^2}{r^3}\sin k_l r - \frac{4\mu k_l}{r^2}\cos k_l r$$

$$g_8(r) = \frac{4\mu - (\lambda+2\mu)(k_l r)^2}{r^3}\cos k_l r + \frac{4\mu k_l}{r^2}\sin k_l r$$

在 (4.2.4)~(4.2.7) 式及 (4.2.14) 和 (4.2.15) 式中，有五个待定系数 $A \sim E$ 需要确定，为此考虑边界条件，球形换能器表面径向速度 $v_0$ 等于表面质点速度：

$$v_0 = v_1(a_0) \tag{4.2.16}$$

球壳内、外表面径向速度等于表面质点速度：

$$v_s(a_1) = v_1(a_1) \tag{4.2.17}$$

$$v_s(a_2) = v_2(a_2) \tag{4.2.18}$$

球壳内、外表面径向应力与表面声压连续，前面的负号表示径向应力与声压方向相反：

$$\sigma_{rr}(a_1) = -p_1(a_1) \tag{4.2.19}$$

$$\sigma_{rr}\left(a_2\right) = -p_2\left(a_2\right) \tag{4.2.20}$$

将 (4.2.4)~(4.2.7) 式及 (4.2.14) 和 (4.2.15) 式代入 (4.2.16)~(4.2.20) 式，求解代数方程组，即可得到待定系数 $A \sim E$ 与球形换能器已知振速 $v_0$ 的关系，进一步得到圆球壳内部和外场辐射声压。为了求解更具有普适性，可以将求解方法推广到多层球壳情况，这里采用“四端网络”概念求解。为此先建立圆球壳不同层面间声压和体积速度的传递关系，由 (4.2.4) 和 (4.2.5) 式，可得球形声源表面和圆球壳内表面的声压及体积速度：

$$\left\{\begin{array}{c} p_1\left(a_0\right) \\ 4\pi a_0^2 v_1\left(a_0\right) \end{array}\right\} = \left[\begin{array}{cc} g_5\left(a_0\right) & g_6\left(a_0\right) \\ \mathrm{i}4\pi a_0^2 g_1\left(a_0\right) & \mathrm{i}4\pi a_0^2 g_2\left(a_0\right) \end{array}\right]\left\{\begin{array}{c} A \\ B \end{array}\right\} \tag{4.2.21}$$

$$\left\{\begin{array}{c} p_1\left(a_1\right) \\ 4\pi a_1^2 v_1\left(a_1\right) \end{array}\right\} = \left[\begin{array}{cc} g_5\left(a_1\right) & g_6\left(a_1\right) \\ \mathrm{i}4\pi a_1^2 g_1\left(a_1\right) & \mathrm{i}4\pi a_1^2 g_2\left(a_1\right) \end{array}\right]\left\{\begin{array}{c} A \\ B \end{array}\right\} \tag{4.2.22}$$

联立求解 (4.4.21) 和 (4.2.22) 式，得到球形声源表面与圆球壳内表面声压及体积速度的传递关系：

$$\left\{\begin{array}{c} p_1\left(a_0\right) \\ 4\pi a_0^2 v_1\left(a_0\right) \end{array}\right\} = \left[\begin{array}{cc} a_{11}^i & a_{12}^i \\ a_{21}^i & a_{22}^i \end{array}\right]\left\{\begin{array}{c} p_1\left(a_1\right) \\ 4\pi a_1^2 v_1\left(a_1\right) \end{array}\right\} \tag{4.2.23}$$

其中，传递矩阵元素为

$$a_{11}^i = \frac{1}{\Delta_1}\left[g_5\left(a_0\right) g_2\left(a_1\right) - g_6\left(a_0\right) g_1\left(a_1\right)\right]$$

$$a_{12}^i = -\frac{\mathrm{i}}{4\pi a_1^2 \Delta_1}\left[-g_5\left(a_0\right) g_6\left(a_1\right) + g_6\left(a_0\right) g_5\left(a_1\right)\right]$$

$$a_{21}^i = -\frac{\mathrm{i}4\pi a_0^2}{\Delta_1}\left[-g_1\left(a_0\right) g_2\left(a_1\right) + g_2\left(a_0\right) g_1\left(a_1\right)\right]$$

$$a_{22}^i = \frac{a_0^2}{a_1^2 \Delta_1}\left[-g_1\left(a_0\right) g_6\left(a_1\right) + g_2\left(a_0\right) g_5\left(a_1\right)\right]$$

$$\Delta_1 = g_5\left(a_1\right) g_2\left(a_1\right) - g_6\left(a_1\right) g_1\left(a_1\right)$$

同理，由 (4.2.14) 和 (4.2.15) 式，圆球壳内、外表面的径向应力和体积速度可以表示为

$$\left\{\begin{array}{c} -\sigma_{rr}\left(a_1\right) \\ 4\pi a_1^2 v_s\left(a_1\right) \end{array}\right\} = \left[\begin{array}{cc} g_7\left(a_1\right) & g_8\left(a_1\right) \\ -\mathrm{i}4\pi a_1^2 g_3\left(a_1\right) & -\mathrm{i}4\pi a_1^2 g_4\left(a_1\right) \end{array}\right]\left\{\begin{array}{c} D \\ E \end{array}\right\} \tag{4.2.24}$$

$$\left\{\begin{array}{c}-\sigma_{rr}\left(a_2\right)\\4\pi a_2^2 v_s\left(a_2\right)\end{array}\right\}=\left[\begin{array}{cc}g_7\left(a_2\right) & g_8\left(a_2\right)\\-\mathrm{i}4\pi a_2^2 g_3\left(a_2\right) & -\mathrm{i}4\pi a_2^2 g_4\left(a_2\right)\end{array}\right]\left\{\begin{array}{c}D\\E\end{array}\right\} \tag{4.2.25}$$

联立求解 (4.2.24) 和 (4.2.25) 式，得到球壳内外表面径向应力和体积速度的传递关系：

$$\left\{\begin{array}{c}-\sigma_{rr}\left(a_1\right)\\4\pi a_1^2 v_s\left(a_1\right)\end{array}\right\}=\left[\begin{array}{cc}a_{11}^s & a_{12}^s\\a_{21}^s & a_{22}^s\end{array}\right]\left\{\begin{array}{c}-\sigma_{rr}\left(a_2\right)\\4\pi a_2^2 v_s\left(a_2\right)\end{array}\right\} \tag{4.2.26}$$

式中，

$$a_{11}^s=\frac{1}{\Delta_2}\left[-g_7\left(a_1\right)g_4\left(a_2\right)+g_8\left(a_1\right)g_3\left(a_2\right)\right]$$

$$a_{12}^s=\frac{\mathrm{i}}{4\pi a_2^2\Delta_2}\left[g_7\left(a_1\right)g_8\left(a_2\right)-g_8\left(a_1\right)g_7\left(a_2\right)\right]$$

$$a_{21}^s=\frac{\mathrm{i}4\pi a_1^2}{\Delta_2}\left[g_3\left(a_1\right)g_4\left(a_2\right)-g_4\left(a_1\right)g_3\left(a_2\right)\right]$$

$$a_{22}^s=\frac{a_1^2}{a_2^2\Delta_2}\left[g_3\left(a_1\right)g_8\left(a_2\right)-g_4\left(a_1\right)g_7\left(a_2\right)\right]$$

$$\Delta_2=-g_7\left(a_2\right)g_4\left(a_2\right)+g_8\left(a_1\right)g_3\left(a_1\right)$$

利用边界条件 (4.2.16)~(4.2.20) 式，将 (4.2.23) 和 (4.2.26) 式合并，得到内部球声源表面声压和体积速度与圆球壳外表面声压和体积速度的传递关系：

$$\left\{\begin{array}{c}p_1\left(a_0\right)\\4\pi a_0^2 v_1(a_0)\end{array}\right\}=\left[\begin{array}{cc}b_{11} & b_{12}\\b_{21} & b_{22}\end{array}\right]\left\{\begin{array}{c}p_2\left(a_2\right)\\4\pi a_2^2 v_2\left(a_2\right)\end{array}\right\} \tag{4.2.27}$$

式中，

$$\left[\begin{array}{cc}b_{11} & b_{12}\\b_{21} & b_{22}\end{array}\right]=\left[\begin{array}{cc}a_{11}^i & a_{12}^i\\a_{21}^i & a_{22}^i\end{array}\right]\left[\begin{array}{cc}a_{11}^s & a_{12}^s\\a_{21}^s & a_{22}^s\end{array}\right]$$

按照声学理论基础，球壳声辐射阻抗为 [11]

$$Z_a=\frac{p_2\left(a_2\right)}{4\pi a_2^2 v_2\left(a_2\right)}=\frac{\rho_0 C_0}{4\pi a_2^2}\left[\frac{\left(k_0 a_2\right)^2-\mathrm{i}\left(k_0 a_2\right)}{1+\left(k_0 a_2\right)^2}\right] \tag{4.2.28}$$

由 (4.2.27) 式可得圆球壳外表面的声压和质点振速：

$$p_2\left(a_2\right)=4\pi a_0^2 v_0\frac{Z_a}{b_{21}Z_a+b_{22}} \tag{4.2.29}$$

$$v_2(a_2) = \frac{a_0^2}{a_2^2}\frac{v_0}{b_{21}Z_a + b_{22}} \tag{4.2.30}$$

再由 (4.2.6) 和 (4.2.7) 式，可给出球壳外任一点的声压和质点振速：

$$p_2(r) = \frac{f_1(r)}{f_1(a_2)}p_2(a_2) \tag{4.2.31}$$

$$v_2(r) = \frac{f_2(r)}{f_2(a_2)}v_2(a_2) \tag{4.2.32}$$

式中，

$$f_1(r) = g_6(r) + \mathrm{i}g_5(r)$$
$$f_2(r) = g_1(r) - \mathrm{i}g_2(r)$$

定义球壳的插入损失：

$$IL = 20\lg\left|\frac{p_0(r)}{p_2(r)}\right| \tag{4.2.33}$$

式中，$p_0(r)$ 为无球壳情况下球声源在 $r$ 处产生的声压，$p_2(r)$ 为有球壳情况球声源在 $r$ 处产生的声压。为了求解得到插入损失的计算表达式，由 (4.2.28) 式的定义及 (4.2.6) 和 (4.2.7) 式，可得球壳声辐射阻抗的另一个表达式：

$$Z_a = \frac{g_6(a_2) + \mathrm{i}g_5(a_2)}{4\pi a_2^2[g_1(a_2) - \mathrm{i}g_2(a_2)]} \tag{4.2.34}$$

将 (4.2.34) 式代入 (4.2.29) 式，再代入 (4.2.31) 式，则有球壳外任一点的声压表达式：

$$p_2(r) = \frac{4\pi a_0^2 v_0[g_6(r) + \mathrm{i}g_5(r)]}{b_{21}[g_6(a_2) + \mathrm{i}g_5(a_2)] - 4\pi a_2^2[g_2(a_2) - \mathrm{i}g_1(a_2)]} \tag{4.2.35}$$

圆球形声源没有外面圆球壳罩时，则可以依据 (4.2.28) 式给出的球形声源声辐射阻抗，由已知的圆球形声源振速给出其远场辐射声压。但 Molloy[12] 将圆球壳材料参数令为

$$\mu = 0, \quad \lambda = \rho_0 C_0^2, \quad \rho_s = \rho_0 \tag{4.2.36}$$

则球壳完全等同于液体介质，可以由 (4.2.35) 式得到没有球壳外罩时球形声源的辐射声压：

$$p_0(r) = \frac{4\pi a_0^2 v_0[g_6(r) + \mathrm{i}g_5(r)]}{b_{21}^{(0)}[g_6(a_2) + \mathrm{i}g_5(a_2)] - 4\pi a_2^2 b_{22}^{(0)}[g_1(a_2) - \mathrm{i}g_2(a_2)]} \tag{4.2.37}$$

式中，$b_{21}^{(0)}, b_{22}^{(0)}$ 为 $b_{21}, b_{22}$ 表达式中的 $\mu, \lambda$ 和 $\rho_s$ 取 (4.2.36) 式规定的数值。这种方法方便验证计算结果，在其他类似情况也可以采用。将 (4.2.35) 和 (4.2.37) 式代入 (4.2.33) 式，则有球壳的插入损失表达式：

$$IL = 20\lg\left|\frac{b_{21}\left[g_6(a_2)+\mathrm{i}g_5(a_2)\right]-4\pi a_2^2 b_{22}\left[g_1(a_2)-\mathrm{i}g_2(a_2)\right]}{b_{21}^{(0)}\left[g_6(a_2)+\mathrm{i}g_5(a_2)\right]-4\pi a_2^2 b_{22}^{(0)}\left[g_1(a_2)-\mathrm{i}g_2(a_2)\right]}\right| \tag{4.2.38}$$

考虑到 (4.2.34) 式，插入损失也可以表示为

$$IL = 10\lg\left[\frac{b_{21}Z_a+b_{22}}{b_{21}^{(0)}Z_a+b_{22}^{(0)}}\right]^2 \tag{4.2.39}$$

针对多层圆球壳和水层情况，这里假设圆球壳由 $N$ 层各向同性的均匀黏弹性层组成，第 $i$ 层的内半径为 $a_i$、外半径为 $a_{i+1}$。类似于 (4.2.14) 和 (4.2.15) 式，第 $i$ 层的径向质点振速和径向应力为

$$v_s^{(i)}(r) = -\mathrm{i}\left[D_i g_{3i}(r)+E_i g_{4i}(r)\right],\quad a_i<r<a_{i+1} \tag{4.2.40}$$

$$\sigma_{rr}^{(i)}(r) = -D_i g_{7i}(r)-E_i g_{8i}(r),\quad a_i<r<a_{i+1} \tag{4.2.41}$$

式中，$g_{3i}, g_{4i}, g_{7i}$ 和 $g_{8i}$ 为 $g_3, g_4, g_7$ 和 $g_8$ 表达式中的参数 $\mu, \lambda$ 和 $\rho_s$ 分别取球壳第 $i$ 层材料的值。$D_i$ 和 $E_i$ 为待定常数，可以由球壳第 $i$ 层的边界条件确定，第 $i$ 层与第 $i+1$ 层界面上，径向速度和应力分别相等：

$$v_s^{(i)}(a_{i+1}) = v_s^{(i+1)}(a_{i+1}) \tag{4.2.42}$$

$$\sigma_{rr}^{(i)}(a_{i+1}) = \sigma_{rr}^{(i+1)}(a_{i+1}) \tag{4.2.43}$$

类似 (4.2.26) 式的推导，球壳第 $i$ 层的传递关系为

$$\left\{\begin{array}{c}-\sigma_{rr}^{(i)}(a_i)\\ 4\pi a_i^2 v_s^{(i)}(a_i)\end{array}\right\} = \left[\begin{array}{cc}a_{11}^{(i)} & a_{12}^{(i)}\\ a_{21}^{(i)} & a_{22}^{(i)}\end{array}\right]\left\{\begin{array}{c}-\sigma_{rr}^{(i)}(a_{i+1})\\ 4\pi a_{i+1}^2 v_s^{(i)}(a_{i+1})\end{array}\right\} \tag{4.2.44}$$

式中，$a_{pq}^{(i)}\,(p,q=1,2)$ 为 (4.2.26) 式给出的矩阵元素 $a_{pq}^s$ 取第 $i$ 层的材料参数。由 (4.2.44) 式并利用圆球壳不同层面的界面连续条件 (4.2.42) 和 (4.2.43) 式，可以得到 $N$ 层材料组成的球壳传递关系：

$$\left[\begin{array}{cc}a_{11}^s & a_{12}^s\\ a_{21}^s & a_{22}^s\end{array}\right] = \left[\begin{array}{cc}a_{11}^{(1)} & a_{12}^{(1)}\\ a_{21}^{(1)} & a_{22}^{(1)}\end{array}\right]\left[\begin{array}{cc}a_{11}^{(2)} & a_{12}^{(2)}\\ a_{21}^{(2)} & a_{22}^{(2)}\end{array}\right]\cdots\left[\begin{array}{cc}a_{11}^{(N)} & a_{12}^{(N)}\\ a_{21}^{(N)} & a_{22}^{(N)}\end{array}\right] \tag{4.2.45}$$

由 (4.2.45) 式可以计算 (4.2.27) 式中的 $b_{ij}\,(i,j=1,2)$，从而得到内部球声源表面声压和体积速度与 $N$ 层球壳外表面声压和体积速度的传递关系：

$$\left\{\begin{array}{c} p_1\,(a_0) \\ 4\pi a_0^2 v_0 \end{array}\right\} = \left[\begin{array}{cc} b_{11} & b_{12} \\ b_{21} & b_{22} \end{array}\right] \left\{\begin{array}{c} p_2\,(a_{N+1}) \\ 4\pi a_{N+1}^2 v_2\,(a_{N+1}) \end{array}\right\} \tag{4.2.46}$$

再考虑到将 (4.2.28) 式中 $a_2$ 替换为 $a_{N+1}$，得到 $N$ 层球壳的声辐射阻抗，进一步可由 (4.2.29) 和 (4.2.31) 式计算 $N$ 层球壳辐射声压，再计算插入损失。

Molloy[12] 针对直径为 4m 和 5m、壁厚为 3.56cm 的钢质球壳，内部球声源直径为 3m，计算得到的插入损失见图 4.2.2，在 1kHz 以下的低频段，插入损失为正值，小于 1dB，且随频率变化较小；在 1kHz 以上的频段，插入损失随频率增加出现正负交替变化，且频率越高正负起伏越大。插入损失为正，表示有圆球壳存在时远场辐射声压小于没有球壳时的远场辐射声压，反之，则插入损失为负。注意到，插入损失为负，意味着有球壳外罩时，声源的声辐射阻较大，在声源振速为常数的情况下，能够辐射更多的声能，而辐射的声能量则由激励系统提供。高频段插入损失或正或负的情况，取决于球形声源与球壳内表面之间的距离，在其他参数不变，圆球壳内径由 4m 增加到 5m，比较图 4.2.2 中的左右图可见，随着球形声源与球壳间距的增加，插入损失随频率变化的起伏峰值变密集，但其幅度基本不变。Molloy 的计算表明：插入损失的最大值和最小值主要取决于球壳的面密度 $m_s$。只要面密度 $m_s$ 相同，不同的材料和厚度的球壳，插入损失的变化较小。面密度增加，插入损失增加。在面密度一定时，采用质量定律计算的插入损失要低于球壳模型的计算结果，且其随频率单调变化，不会出现负插入损失。改变球壳的杨氏模量，插入损失变化不明显，尤其是 1kHz 以上的频段，参见图 4.2.3。当球壳拉密常数 $\lambda$ 和 $\mu$ 由 $11.9\times10^{10}\mathrm{N/m^2}$、$7.96\times10^{10}\mathrm{N/m^2}$ 减小为 $12.2\times10^{9}\mathrm{N/m^2}$、$8.11\times10^{9}\mathrm{N/m^2}$，除了在 1kHz 以下的低频段插入损失减小 0.5dB 左右外，其余基本没有改变。这一结果对于选择声呐罩材料来说有一定的价值，因为增加面密度有利于降低湍流脉动激励声呐罩产生的噪声，但不利于保证透声性。而选择刚度较小的材料，虽然对透声性影响不大，但对降低噪声有利。Molloy 进一步计算了三层材料组成的圆球壳插入损失，外层和内层为厚度相等的钢材，中间层为橡胶层，内外钢层厚 0.64cm、橡胶层厚 1.27cm，与其比较的单层钢壳厚 1.27cm，计算结果由图 4.2.4 给出。由图可见，在低频段，三层结构圆球壳的插入损失与单层钢球壳插入损失都比较小，且内外层钢质的三层球壳插入损失较小的频率范围由单层壳的 1kHz 左右扩展到了 3kHz 和 4kHz 左右，但在 5kHz 以上的高频段，三层球壳的插入损失大于单层球壳的插入损失。Molloy 定义一个截止频率：

$$\omega_c = \rho_0 C_0 / \rho_{s1} h_1 \tag{4.2.47}$$

式中，$\rho_{s1}$ 和 $h_1$ 分别为三层球壳内外层材料的密度和厚度。若中间层的厚度满足：

$$h_2 = 2E_2 \gamma / \rho_0 C_0 \omega_c \tag{4.2.48}$$

则在 $\omega_c$ 以下频段，三层球壳具有较小且随频率变化平坦的插入损失。这里，$\gamma = (1-\nu_2)/(1+\nu_2)(1-2\nu_2)$，$E_2$ 和 $\nu_2$ 为中间层材料的杨氏模量和泊松比。

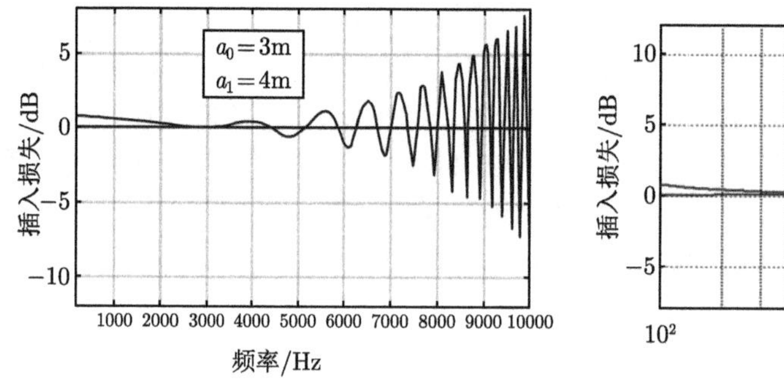


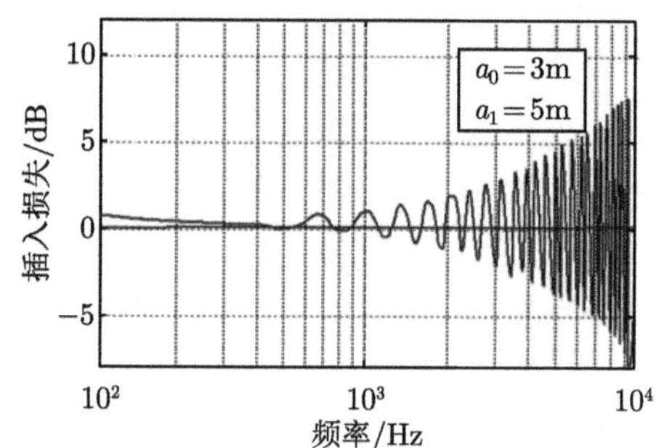


图 4.2.2　钢质球壳的插入损失

(引自文献 [12], fig4)

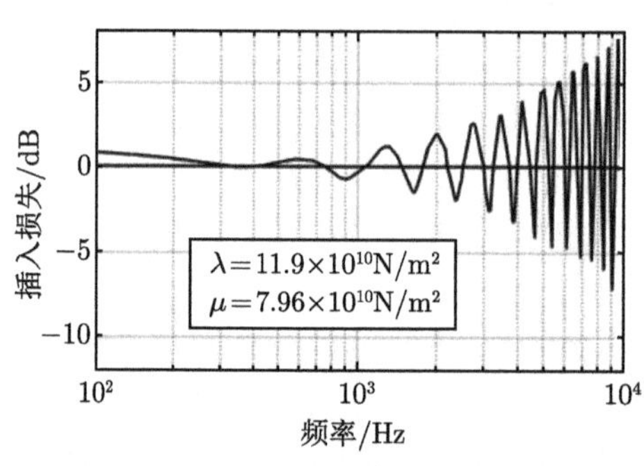


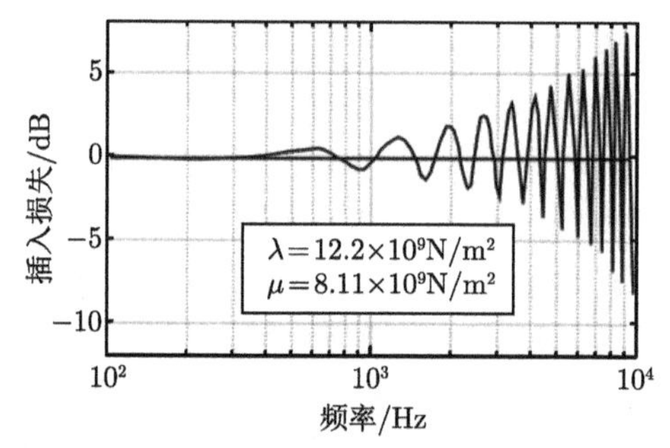


图 4.2.3　圆球壳材料参数对插入损失的影响

(引自文献 [12], fig7)

如果圆球壳内部球形声源表面振速分布不是球对称的，而是轴对称的，即

$$v(\theta, t) = v_0 f(\theta) \mathrm{e}^{-\mathrm{i}\omega t} \tag{4.2.49}$$

则球壳振动方程及其内外声介质中的波动方程，都需要考虑轴对称情况。球壳内外声介质中位移势 $\phi$ 满足 Helmholtz 方程：

$$\frac{\partial}{\partial r}\left(r^2 \frac{\partial \phi}{\partial r}\right) + \frac{1}{\sin\theta}\frac{\partial}{\partial \theta}\left(\sin\theta \frac{\partial \phi}{\partial \theta}\right) + k_0^2 r^2 \phi = 0 \tag{4.2.50}$$

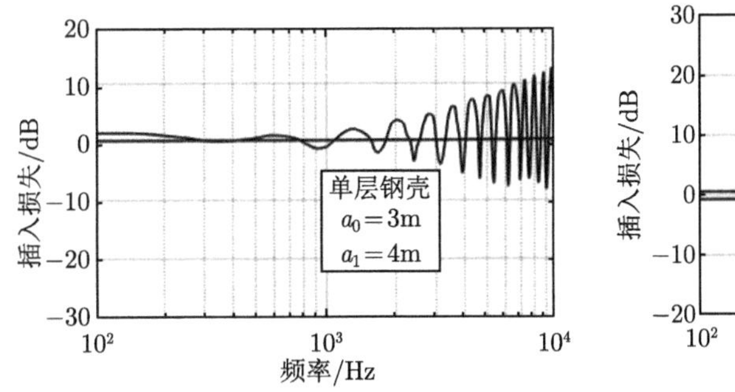


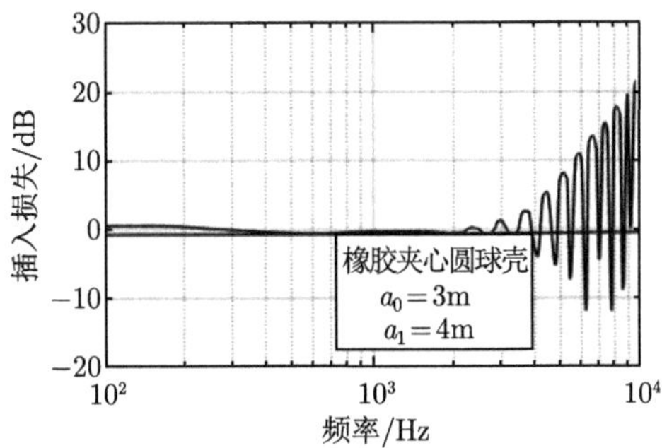


图 4.2.4 钢/橡胶夹心圆球壳的插入损失

(引自文献 [12], fig15)

圆球壳纵波和横波速度势 $\varPhi$ 和 $\varPsi$ 分别满足 Helmholtz 方程：

$$\frac{\partial}{\partial r}\left(r^2\frac{\partial \varPhi}{\partial r}\right)+\frac{1}{\sin\theta}\frac{\partial}{\partial\theta}\left(\sin\theta\frac{\partial\varPhi}{\partial\theta}\right)+k_l^2r^2\varPhi=0 \tag{4.2.51}$$

$$\frac{\partial}{\partial r}\left(r^2\frac{\partial \varPsi}{\partial r}\right)+\frac{1}{\sin\theta}\frac{\partial}{\partial\theta}\left(\sin\theta\frac{\partial\varPsi}{\partial\theta}\right)+k_t^2r^2\varPsi=0 \tag{4.2.52}$$

其中，$k_l$ 和 $k_t$ 分别为球壳纵波和横波波数。

在球壳内外声介质区域，(4.2.50) 式的解为

$$\phi_1=\sum_{n=0}^{\infty}\left[A_n\mathrm{j}_n\left(k_0r\right)+B_n\mathrm{n}_n\left(k_0r\right)\right]\mathrm{P}_n\left(\cos\theta\right) \tag{4.2.53}$$

$$\phi_2=\sum_{n=0}^{\infty}G_n\mathrm{h}_n^{(1)}\left(k_0r\right)\mathrm{P}_n\left(\cos\theta\right) \tag{4.2.54}$$

圆球壳纵波和横波速度势方程 (4.2.52) 和 (4.2.53) 式的解分别为

$$\varPhi=\sum_{n=0}^{\infty}\left[C_n\mathrm{j}_n\left(k_lr\right)+D_n\mathrm{n}_n\left(k_lr\right)\right]\mathrm{P}_n\left(\cos\theta\right) \tag{4.2.55}$$

$$\varPsi=\sum_{n=0}^{\infty}\left[E_n\mathrm{j}_n\left(k_tr\right)+F_n\mathrm{n}_n\left(k_tr\right)\right]\mathrm{P}_n\left(\cos\theta\right) \tag{4.2.56}$$

这里，$\mathrm{j}_n,\mathrm{n}_n$ 为球 Bessel 函数，$\mathrm{h}_n^{(1)}$ 为第一类球 Hankel 函数，$\mathrm{P}_n\left(\cos\theta\right)$ 为 Legendre 函数。考虑到球壳内外表面及球声源表面振速与质点振动连续，球壳径向应力与声压连续，切向应力为零等边界条件，可以表示为

$$\left.\frac{\partial\varphi_1}{\partial r}\right|_{r=a_0}=\frac{v_0}{\mathrm{i}\omega}f\left(\theta\right) \tag{4.2.57}$$

$$\left.\frac{\partial \phi_2}{\partial r}\right|_{r=a_1} = -W|_{r=a_1} \tag{4.2.58}$$

$$\left.\frac{\partial \phi_2}{\partial r}\right|_{r=a_2} = -W|_{r=a_2} \tag{4.2.59}$$

$$\sigma_{rr}|_{r=a_1} = \omega^2 \rho_0\ \phi_1|_{r=a_1} \tag{4.2.60}$$

$$\sigma_{rr}|_{r=a_2} = \omega^2 \rho_0\ \phi_2|_{r=a_2} \tag{4.2.61}$$

$$\sigma_{r\theta}|_{r=a_1} = 0 \tag{4.2.62}$$

$$\sigma_{r\theta}|_{r=a_2} = 0 \tag{4.2.63}$$

由文献 [13] 和 [14]，$\sigma_{rr}$, $\sigma_{r\theta}$ 及 $W$ 与纵波和横波速度势的关系为

$$\sigma_{rr} = 2\mu\left[-\frac{k_t^2}{2}\varPhi - \frac{2}{r}\frac{\partial\varPhi}{\partial r} - \frac{1}{r^2}D_\theta\varPhi + \frac{D_\theta}{r}\left(\frac{\partial\varPsi}{\partial r} - \frac{\varPsi}{r}\right)\right] \tag{4.2.64a}$$

$$\sigma_{r\theta} = \mu\frac{\partial}{\partial\theta}\left(\frac{2}{r}\frac{\partial\varPhi}{\partial r} - \frac{2}{r^2}\varPhi + k_t^2\varPsi + \frac{2}{r}\frac{\partial\varPsi}{\partial r} + \frac{2}{r^2}\varPsi + \frac{2}{r^2}D_\theta\varPsi\right) \tag{4.2.64b}$$

$$W = \frac{\partial\varPhi}{\partial r} + \frac{1}{r\sin\theta}\frac{\partial}{\partial\theta}[\sin\theta\varPsi] \tag{4.2.65}$$

其中，

$$D_\theta = \frac{1}{\sin\theta}\frac{\partial}{\partial\theta}\left(\sin\theta\frac{\partial}{\partial\theta}\right)$$

将 (4.2.55) 和 (4.2.56) 式代入 (4.2.64) 和 (4.2.65) 式，再连同 (4.2.53) 和 (4.2.54) 式分别代入 (4.2.57)~(4.2.63) 式，并利用 Legendre 函数的正交性及递推关系，可得模态矩阵方程：

$$\begin{vmatrix} a_{11} & a_{12} & a_{13} & a_{14} & a_{15} & a_{16} & a_{17} \\ a_{21} & a_{22} & a_{23} & a_{24} & a_{25} & a_{26} & a_{27} \\ a_{31} & a_{32} & a_{33} & a_{34} & a_{35} & a_{36} & a_{37} \\ a_{41} & a_{42} & a_{43} & a_{44} & a_{45} & a_{46} & a_{47} \\ a_{51} & a_{52} & a_{53} & a_{54} & a_{55} & a_{56} & a_{57} \\ a_{61} & a_{62} & a_{63} & a_{64} & a_{65} & a_{66} & a_{67} \\ a_{71} & a_{72} & a_{73} & a_{74} & a_{75} & a_{76} & a_{77} \end{vmatrix} \begin{Bmatrix} A_n \\ B_n \\ C_n \\ D_n \\ E_n \\ F_n \\ G_n \end{Bmatrix} = \begin{Bmatrix} \dfrac{v_0 a_0}{\mathrm{i}\omega} f_n \\ 0 \\ 0 \\ 0 \\ 0 \\ 0 \\ 0 \end{Bmatrix} \tag{4.2.66}$$

式中，

$$f_n = \frac{2n+1}{2}\int_0^\pi f(\theta)\,\mathrm{P}_n(\cos\theta)\sin\theta\mathrm{d}\theta \tag{4.2.67}$$

矩阵元素 $a_{ij}\,(i,j=1,2,\cdots,7)$ 则分别为

$$a_{11}=n\mathrm{j}_n(k_0a_0)-k_0a_0\mathrm{j}_{n+1}(k_0a_0),\quad a_{12}=n\mathrm{n}_n(k_0a_0)+k_0a_0\mathrm{n}_{n+1}(k_0a_0)$$

$$a_{13}=a_{14}=a_{15}=a_{16}=a_{17}=0,\quad a_{21}=-n\mathrm{j}_n(k_0a_1)+k_0a_1\mathrm{j}_{n+1}(k_0a_1)$$

$$a_{22}=-n\mathrm{n}_n(k_0a_1)+k_0a_1\mathrm{n}_{n+1}(k_0a_1),\quad a_{23}=-n\mathrm{j}_n(k_la_1)+k_la_1\mathrm{j}_{n+1}(k_la_1)$$

$$a_{24}=-n\mathrm{n}_n(k_la_1)-k_la_1\mathrm{n}_{n+1}(k_la_1),\quad a_{25}=-n(n+1)\mathrm{j}_n(k_ta_1)$$

$$a_{26}=-n(n+1)\mathrm{n}_n(k_ta_1),\quad a_{27}=0,\quad a_{31}=a_{32}=0$$

$$a_{33}=-n\mathrm{j}_n(k_la_2)+k_la_2\mathrm{j}_{n+1}(k_la_2),\quad a_{34}=-n\mathrm{n}_n(k_la_2)-k_la_2\mathrm{n}_{n+1}(k_la_2)$$

$$a_{35}=-n(n+1)\mathrm{j}_n(k_ta_2),\quad a_{36}=-n(n+1)\mathrm{n}_n(k_ta_2)$$

$$a_{37}=-n\mathrm{h}_n^{(1)}(k_0a_2)+k_0a_2\mathrm{h}_{n+1}^{(1)}(k_0a_2),\quad a_{41}=-(k_ta_1)^2\frac{\rho_0}{\rho_s}\mathrm{j}_n(k_0a_1)$$

$$a_{42}=-(k_ta_1)^2\frac{\rho_0}{\rho_s}\mathrm{n}_n(k_0a_1)$$

$$a_{43}=\left[2n(n-1)-(k_ta_1)^2\right]\mathrm{j}_n(k_la_1)+4k_la_1\mathrm{j}_{n+1}(k_la_1)$$

$$a_{44}=\left[2n(n-1)-(k_ta_1)^2\right]\mathrm{n}_n(k_la_1)-4k_la_1\mathrm{n}_{n+1}(k_la_1)$$

$$a_{45}=2(n-1)n(n+1)\mathrm{j}_n(k_ta_1)-2n(n+1)k_ta_1\mathrm{j}_{n+1}(k_ta_1)$$

$$a_{46}=2(n-1)n(n+1)\mathrm{n}_n(k_ta_1)+2n(n+1)k_ta_1\mathrm{n}_{n+1}(k_ta_1)$$

$$a_{47}=0,\quad a_{51}=a_{52}=0$$

$$a_{53}=\left[2n(n-1)-(k_ta_2)^2\right]\mathrm{j}_n(k_la_2)+4k_la_2\mathrm{j}_{n+1}(k_la_2)$$

$$a_{54}=\left[2n(n-1)-(k_ta_2)^2\right]\mathrm{n}_n(k_la_2)-4k_la_2\mathrm{n}_{n+1}(k_la_2)$$

$$a_{55}=2(n-1)n(n+1)\mathrm{j}_n(k_ta_2)-2n(n+1)k_ta_2\mathrm{j}_{n+1}(k_ta_2)$$

$$a_{56}=2(n-1)n(n+1)\mathrm{n}_n(k_ta_2)+2n(n+1)k_ta_2\mathrm{n}_{n+1}(k_ta_2)$$

$$a_{57}=-(k_ta_2)^2\frac{\rho_0}{\rho_s}\mathrm{h}_n^{(2)}(k_0a_2),\quad a_{61}=a_{62}=0$$

$$a_{63}=-2(n-1)\mathrm{j}_n(k_la_1)+2k_la_1\mathrm{j}_{n+1}(k_la_1)$$

$$a_{64}=-2(n-1)\mathrm{n}_n(k_la_1)-2k_la_1\mathrm{n}_{n+1}(k_la_1)$$

$$a_{65}=\left[-2(n^2-1)+(k_ta_1)^2\right]\mathrm{j}_n(k_ta_1)-2k_ta_1\mathrm{j}_{n+1}(k_ta_1)$$

$$a_{66}=\left[-2\left(n^2-1\right)+\left(k_t a_1\right)^2\right]\mathrm{n}_n\left(k_t a_1\right)+2k_t a_1\mathrm{n}_{n+1}\left(k_t a_1\right),\quad a_{67}=0$$

$$a_{71}=a_{72}=0,a_{73}=-2\left(n-1\right)\mathrm{j}_n\left(k_l a_2\right)+2k_l a_2\mathrm{j}_{n+1}\left(k_l a_2\right)$$

$$a_{74}=-2\left(n-1\right)\mathrm{n}_n\left(k_l a_2\right)-2k_l a_2\mathrm{n}_{n+1}\left(k_l a_2\right)$$

$$a_{75}=\left[-2\left(n^2-1\right)+\left(k_t a_2\right)^2\right]\mathrm{j}_n\left(k_t a_2\right)-2k_t a_2\mathrm{j}_{n+1}\left(k_t a_2\right)$$

$$a_{76}=\left[-2\left(n^2-1\right)+\left(k_t a_2\right)^2\right]\mathrm{n}_n\left(k_t a_2\right)+2k_t a_2\mathrm{n}_{n+1}\left(k_t a_2\right),a_{77}=0$$

由 (4.2.66) 式可求解得到待定系数 $G_n$，再利用 $\mathrm{h}_n^{(1)}$ 函数的大宗量渐近表达式，可以由 (4.2.54) 式得到远场辐射声压：

$$p_2=\omega^2\rho_0\sum_{n=0}^{\infty}G_n\left[\frac{\mathrm{e}^{\mathrm{i}\left(k_0 r-\frac{\pi}{2}-\frac{n\pi}{2}\right)}}{k_0 r}\right] \tag{4.2.68}$$

假设球壳内部球声源的振速分布为

$$f\left(\theta\right)=v_0\cos^2\theta \tag{4.2.69}$$

将 (4.2.68) 式代入 (4.2.65) 式，得到 $f_0=v_0/3,f_2=2v_0/3$，相应的远场声压为

$$p_2=\omega^2\rho_0\frac{\mathrm{e}^{\mathrm{i}\left(k_0 r-\frac{\pi}{2}\right)}}{k_0 r}\left(G_0-G_2\right) \tag{4.2.70}$$

Workman[10] 取圆球壳的内半径和外半径分别为 220cm 和 230cm，球声源半径为 100cm。球壳材料为铝和天然橡胶，它们的参数分别取 $\rho_s=2.7\mathrm{kg/m^3}$，$E_s=7.3\times10^{10}\mathrm{N/m^2}$ 和 $\rho_s=0.94\mathrm{kg/m^3}$，$E_s=1.0\times10^{9}\mathrm{N/m^2}$。计算得到的归一化远场声压参见图 4.2.5。铝球壳远场辐射声压共振峰的 $Q$ 值小于天然橡胶 (假设没有阻尼) 球壳相应的 $Q$ 值，铝球壳辐射声压峰值幅度比橡胶球壳大 60%。但从远场声压频响曲线来看，橡胶材料球壳明显好于铝球壳。

前面建立了球对称和轴对称情况下厚壁球壳的声传输模型，在 4.1 节中建立了薄壁圆球壳声辐射计算模型，实际上，薄壁圆球壳模型也可以用于声传输特性计算。Naghieh 和 Hayek[15] 针对玻璃钢材料的各向异性薄壁圆球壳，建立了内部有球形声源的轴对称薄比圆球壳声传输模型，圆球壳振动方程：

$$L_{uu}U+L_{uw}W=0 \tag{4.2.71}$$

$$L_{wu}U+L_{ww}W+f=0 \tag{4.2.72}$$

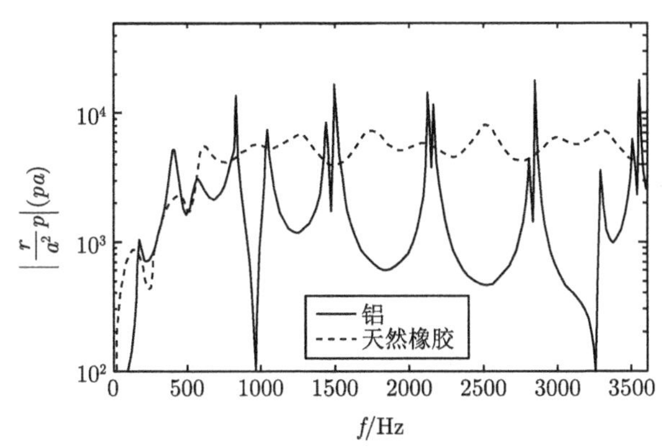


图 4.2.5 厚壁圆球壳声传输产生的归一化远场声压

(引自文献 [10]，fig2)

式中的微分算子为

$$L_{uu}=-C_{11}\left(1-\eta^2\right)\frac{\mathrm{d}^2}{\mathrm{d}\eta^2}+2C_{11}\eta\frac{\mathrm{d}}{\mathrm{d}\eta}+C_{22}\left(1-\eta^2\right)^{-1}+\left(C_{12}-C_{22}-\rho_s a^2\omega^2\right)$$

$$L_{uw}=-\left(C_{11}+C_{12}\right)\left(1-\eta^2\right)^{1/2}\frac{\mathrm{d}}{\mathrm{d}\eta}+\left(C_{11}-C_{22}\right)\eta\left(1-\eta^2\right)^{-1/2}$$

$$L_{wu}=\left(C_{11}+C_{12}\right)\left(1-\eta^2\right)^{1/2}\frac{\mathrm{d}}{\mathrm{d}\eta}-\left(C_{11}-C_{22}\right)\eta\left(1-\eta^2\right)^{-1/2}$$

$$L_{ww}=\left(C_{11}+2C_{12}+C_{22}-\rho_s a^2\omega^2\right)$$

这里，$f=(a^2/h)\left(p_2|_{r=a}-p_1|_{r=a}\right)$，$C_{11}$，$C_{12}$，$C_{22}$ 为各向异性的柔性常数，它们与弹性模量 $E_1$，$E_2$ 及泊松比 $\nu_1$，$\nu_2$ 的关系为 $C_{11}=E_1/(1-\nu_1\nu_2)$,$C_{22}=E_2/(1-\nu_1\nu_2)$,$C_{12}=\nu_2E_1/(1-\nu_1\nu_2)=\nu_1E_2/(1-\nu_1\nu_2)$,$a$ 和 $h$ 分别为各向异性球壳的半径和壁厚。

采用 (4.2.53) 和 (4.2.54) 式给出的球壳内外声场解及 4.1 节中薄壳振动的求解方法，可以求解 (4.2.71) 和 (4.2.72) 式给出的各向异性薄球壳的声传输计算模型，详细过程这里从略。Naghieh 和 Hayek 针对半径为 30.5cm、壁厚为 2mm 的各向异性玻璃纤维环氧材料球壳，计算了远场辐射声压，球壳参数为 $E_1$, $E_2$, $\nu_1$ 和 $\nu_2$ 及 $\rho_s$ 分别取 $4\times10^{10}\mathrm{N/m^2}$, $2.86\times10^{10}\mathrm{N/m^2}$, 0.168, 0.119 及 $1870\mathrm{kg/m^3}$，球壳内部球声源半径为 15.2cm。另外，均匀铝球壳壁厚取 1.17cm，$E$, $\nu$ 及 $\rho_s$ 分别取 $6.84\times10^{10}\mathrm{N/m^2}$, 0.33, $2736\mathrm{kg/m^3}$。计算结果表明，各向异性的玻璃钢球壳的辐射声压峰值明显高于铝球壳，其原因是玻璃钢球壳面密度比铝球壳小 8.5 倍，声阻抗接近于水介质特征声阻抗，相应的声传输特性比较好，参见图 4.2.6。因为各向异性球壳沿子午线方向的刚度大于沿纬度方向的刚度，相应地，子午线方向的振速大于纬线方向的振速，使得各向异性球壳远场声压的空间方向性分布沿极点方向增强，而各向同性的铝球壳远场声压则沿赤道方向增强，参见图 4.2.7。这种特性对于声呐罩的透声及降噪设计都有一定的参考作用。

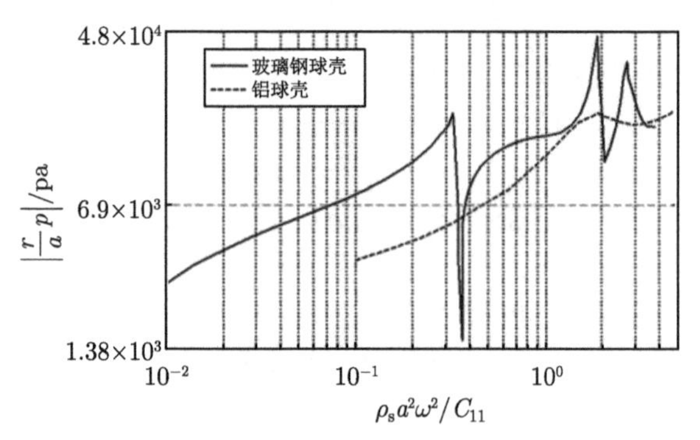


图 4.2.6　玻璃钢与铝质圆球壳远场声压比较

(引自文献 [15], fig2)

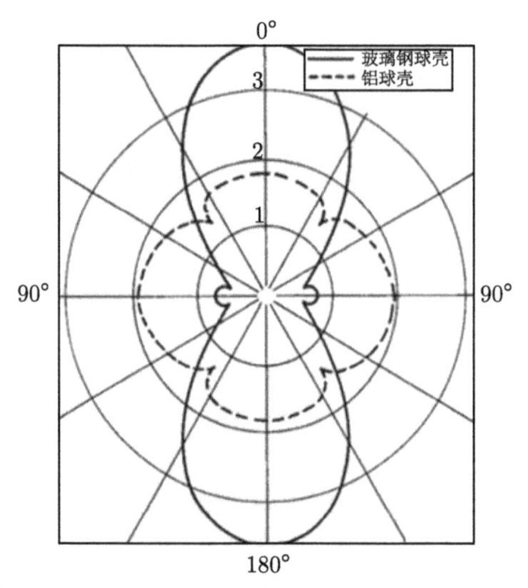


图 4.2.7　玻璃钢与铝质圆球壳远场声压分布比较

(引自文献 [15], fig12)

如果不考虑球壳内部的球声源及声介质，而将球壳内部视为真空，利用 (4.2.54)~(4.2.56) 式，可以进一步讨论厚壁轴对称球壳在外力激励下的声辐射特性 [16]。为此，假设单位面积的分布力 $f_1(r,\theta,\varphi)$ 和 $f_2(r,\theta,\varphi)$ 分别垂直作用在圆球壳内外表面。(4.2.54)~(4.2.56) 式中的待定系数 $C_n$, $D_n$, $E_n$, $F_n$ 和 $G_n$ 同样由球壳内外边界条件确定。

圆球壳内表面法向应力连续：

$$\begin{aligned} f_1(r,\theta)\big|_{r=a_1} &= \sigma_{rr} \\ &= \left\{-\lambda k_l^2 \varPhi + 2\mu\left[\frac{\partial^2}{\partial r^2}\left(\varPhi + \frac{\partial}{\partial r}(r\varPsi)\right) + k_t^2\frac{\partial}{\partial r}(r\varPsi)\right]\right\}_{r=a_1} \end{aligned} \tag{4.2.73}$$

球面外表面法向应力连续：

$$\begin{aligned} \left[f_2(r,\theta) - \rho_0\omega^2\phi_2\right]\big|_{r=a_2} &= \sigma_{rr} \\ &= \left\{-\lambda k_l^2 \varPhi + 2\mu\left[\frac{\partial^2}{\partial r^2}\left(\varPhi + \frac{\partial}{\partial r}(r\varPsi)\right) + k_t^2\frac{\partial}{\partial r}(r\varPsi)\right]\right\}\bigg|_{r=a_2} \end{aligned} \tag{4.2.74}$$

球壳内外表面切向应力为零：

$$\sigma_{r\theta} = \mu\left\{2\frac{\partial}{\partial r}\left[\frac{1}{r}\frac{\partial}{\partial\theta}\left(\varPhi + \frac{\partial}{\partial r}(r\varPsi)\right)\right] + k_t^2\frac{\partial\varPsi}{\partial\theta}\right\}\bigg|_{r=a_1,a_2} = 0 \tag{4.2.75}$$

球壳外表面质点振动位移连续：

$$\frac{\partial\phi_2}{\partial r}\bigg|_{r=a_2} = \left\{\frac{\partial}{\partial r}\left(\varPhi + \frac{\partial}{\partial r}(r\varPsi)\right) + rk_t^2\varPsi\right\}\bigg|_{r=a_2} \tag{4.2.76}$$

注意到，(4.2.73)~(4.2.75) 式给出的圆球壳应力和速度势的关系与 (4.2.64) 式完全等价。将 (4.2.55) 式、(4.2.56) 式及 (4.2.54) 式分别代入 (4.2.73)~(4.2.75) 式，得到关于待定系数 $C_n$，$D_n$，$E_n$，$F_n$ 和 $G_n$ 的四个方程，再将它们代入 (4.2.76) 式，得到系数 $G_n$ 与 $C_n$，$D_n$，$E_n$ 和 $F_n$ 的关系式，代入前面的四个方程，并利用 Legendre 函数的正交归一性，可得关于系数 $C_n$，$D_n$，$E_n$ 和 $F_n$ 的矩阵方程：

$$[T_n]\begin{Bmatrix} C_n \\ D_n \\ E_n \\ F_n \end{Bmatrix} = \begin{Bmatrix} f_{1n}(a_1) \\ f_{2n}(a_2) \\ 0 \\ 0 \end{Bmatrix} \tag{4.2.77}$$

式中，$f_{1n}$, $f_{2n}$ 为 $f_1(r,\theta)$, $f_2(r,\theta)$ 的 Legendre 变换系数，参见 (4.2.66) 式。矩阵 $[T_n]$ 的元素为

$$T_{11} = -\lambda k_l^2 \mathrm{j}_n(k_l a_1) + 2\mu k_l^2 \mathrm{j}_n''(k_l a_1)$$

$$T_{12} = -\lambda k_l^2 \mathrm{n}_n(k_l a_1) + 2\mu k_l^2 \mathrm{n}_n''(k_l a_1)$$

$$T_{13} = 6\mu k_t^2 \mathrm{j}_n''(k_t a_1) + 2\mu a_1 k_t^3 \mathrm{j}_n'''(k_t a_1) + 2\mu k_t^2 \mathrm{j}_n(k_t a_1) + 2\mu k_t^3 a_1 \mathrm{j}_n'(k_t a_1)$$

$$T_{14} = 6\mu k_t^2 \mathrm{n}_n''(k_t a_1) + 2\mu a_1 k_t^3 \mathrm{n}_n'''(k_t a_1) + 2\mu k_t^2 \mathrm{n}_n(k_t a_1) + 2\mu k_t^3 a_1 \mathrm{n}_n'(k_t a_1)$$

$$T_{21} = -\lambda k_l^2 \mathrm{j}_n(k_l a_2) + 2\mu k_l^2 \mathrm{j}_n''(k_l a_2) + \rho_0 C_0^2 k_0 k_l \mathrm{j}_n'(k_l a_2)\left[\mathrm{h}_n^{(1)}(k_0 a_2)/\mathrm{h}_n^{(1)\prime}(k_0 a_2)\right]$$

$$T_{22} = -\lambda k_l^2 \mathrm{n}_n(k_l a_2) + 2\mu k_l^2 \mathrm{n}_n''(k_l a_2) + \rho_0 C_0^2 k_0 k_l \mathrm{n}_n'(k_l a_2)\left[\mathrm{h}_n^{(1)}(k_0 a_2)/\mathrm{h}_n^{(1)\prime}(k_0 a_2)\right]$$

$$T_{23} = 6\mu k_t^2 \mathrm{j}_n''(k_t a_2) + 2\mu a_2 k_t^3 \mathrm{j}_n'''(k_t a_2) + 2\mu k_t^2 \mathrm{j}_n(k_t a_2) + 2\mu k_t^3 a_2 \mathrm{j}_n'(k_t a_2)$$
$$+ \rho_0 C_0^2 k_0\left[2k_t \mathrm{j}_n'(k_t a_2) + a_2 k_t^2 \mathrm{j}_n''(k_t a_2) + a_2 k_t^2 \mathrm{j}_n(k_t a_2)\right]\left[\mathrm{h}_n^{(1)}(k_0 a_2)/\mathrm{h}_n^{(1)\prime}(k_0 a_2)\right]$$

$$T_{24} = 6\mu k_t^2 \mathrm{n}_n''(k_t a_2) + 2\mu a_2 k_t^3 \mathrm{n}_n'''(k_t a_2) + 2\mu k_t^2 \mathrm{n}_n(k_t a_2) + 2\mu k_t^3 a_2 \mathrm{n}_n'(k_t a_2)$$
$$+ \rho_0 C_0^2 k_0\left[2k_t \mathrm{n}_n'(k_t a_2) + a_2 k_t^2 \mathrm{n}_n''(k_t a_2) + a_2 k_t^2 \mathrm{n}_n(k_t a_2)\right]\left[\mathrm{h}_n^{(1)}(k_0 a_2)/\mathrm{h}_n^{(1)\prime}(k_0 a_2)\right]$$

$$T_{31} = -\mu[(2 - k_l a_1 \mathrm{j}_n'(k_l a_1) - 2\mathrm{j}_n(k_l a_1)]/a_1^2$$

$$T_{32} = -\mu[(2 - k_l a_1 \mathrm{n}_n'(k_l a_1) - 2\mathrm{n}_n(k_l a_1)]/a_1^2$$

$$T_{33} = -\mu\left[2k_t^2 a_1^2 \mathrm{j}_n''(k_t a_1) + 2k_t a_1 \mathrm{j}_n'(k_t a_1) + \left(k_t^2 a_1^2 - 2\right)\mathrm{j}_n(k_t a_1)\right]/a_1^2$$

$$T_{34} = -\mu\left[2k_t^2 a_1^2 \mathrm{n}_n''(k_t a_1) + 2k_t a_1 \mathrm{n}_n'(k_t a_1) + \left(k_t^2 a_1^2 - 2\right)\mathrm{n}_n(k_t a_1)\right]/a_1^2$$

另外，$T_{41} \sim T_{44}$ 由 $T_{31} \sim T_{34}$ 中的 $a_1$ 替换为 $a_2$ 得到。在 Legendre 函数变换空间中，球壳外表面法向速度与势速度的关系为

$$v_n(r = a_2) = -\mathrm{i}\omega\left[\frac{\partial}{\partial r}\left(\varPhi_n + \frac{\partial}{\partial}(r\varPsi_n) + k_t^2\varPsi_n\right)\right]\bigg|_{r=a_2} \tag{4.2.78}$$

将 (4.2.55) 和 (4.2.56) 式的 Legendre 函数的展开式代入 (4.2.78) 式，得到

$$v_n(r = a_2) = \left[S_n^{(2)}\right]\{C_n,\ D_n, E_n, F_n\}^{\mathrm{T}} \tag{4.2.79}$$

其中，$\left[S_n^{(2)}\right]$ 为 1×4 矩阵，其元素为

$$S_{11} = -\mathrm{i}\omega \mathrm{j}_n'(k_l a_2),\quad S_{12} = -\mathrm{i}\omega \mathrm{n}_n'(k_l a_2)$$
$$S_{13} = -\mathrm{i}\omega\left[2k_t \mathrm{j}_n'(k_t a_2) + a_2 k_t^2 \mathrm{j}_n''(k_t a_2)\right]$$
$$S_{14} = -\mathrm{i}\omega\left[2k_t \mathrm{n}_n'(k_t a_2) + a_2 k_t^2 \mathrm{n}_n''(k_t a_2)\right]$$

将 (4.2.77) 式代入 (4.2.79) 式，得到球壳外表面法向振速：

$$v_n\left(r=a_2\right)=\left[S_n^{(2)}\right]\left[T_n\right]^{-1}\left\{\begin{array}{c}f_{1n}\left(a_1\right)\\ f_{2n}\left(a_2\right)\\ 0\\ 0\end{array}\right\} \tag{4.2.80}$$

(4.2.80) 式也可以表示为

$$v_n\left(r=a_2\right)=\beta_{11}f_{1n}\left(a_1\right)+\beta_{12}f_{2n}\left(a_2\right) \tag{4.2.81}$$

式中，$\beta_{11},\beta_{12}$ 为矩阵 $[\beta]=\left[S_n\right]\left[T_n\right]^{-1}$ 的第一和第二个元素。$\beta_{11}$ 和 $\beta_{12}$ 分别表示 Legendre 函数变换空间中，作用在球壳内、外表面的作用力与外表面振动速度之间的传递函数。类似地，可以推导得到球壳内表面振速：

$$v_n\left(r=a_1\right)=\alpha_{11}f_{1n}\left(a_1\right)+\alpha_{12}f_{2n}\left(a_2\right) \tag{4.2.82}$$

式中，$\alpha_{11},\alpha_{12}$ 为矩阵 $[\alpha]=\left[S_n^{(1)}\right]\left[T_n\right]^{-1}$ 的第一和第二个元素。$\left[S_n^{(1)}\right]$ 的元素可以将 (4.2.79) 式中 $\left[S_n^{(2)}\right]$ 的 $a_2$ 替换为 $a_1$ 得到。类似于 $\beta_{11},\beta_{12},\alpha_{11}$ 和 $\alpha_{12}$ 表示 Legendre 函数变换空间中，作用在球壳内、外表面的作用力与内表面振动速度之间的传递函数。

这样，由 (4.2.81) 式和 (4.2.82) 式，球壳内外表面振速可表示为

$$v\left(r=a_2,\theta\right)=\sum_{n=0}^{\infty}\frac{2n+1}{2}v_n\left(r=a_2\right)\mathrm{P}_n\left(\cos\theta\right) \tag{4.2.83}$$

$$v\left(r=a_1,\theta\right)=\sum_{n=0}^{\infty}\frac{2n+1}{2}v_n\left(r=a_1\right)\mathrm{P}_n\left(\cos\theta\right) \tag{4.2.84}$$

利用球声辐射的声辐射阻抗 (4.1.86) 式，则有球壳外表面声压：

$$p\left(a_2,\theta\right)=\sum_{n=0}^{\infty}\frac{2n+1}{2}v_n\left(r=a_2\right)\mathrm{P}_n\left(\cos\theta\right)\left[-\mathrm{i}\rho_0C_0\frac{\mathrm{h}_n^{(1)}\left(k_0a_2\right)}{\mathrm{h}_n^{(1)\prime}\left(k_0a_2\right)}\right] \tag{4.2.85}$$

由球 Hankel 函数的大宗量近似表达式，可得球壳远场辐射声压：

$$p\left(r,\theta\right)=\frac{\rho_0C_0}{k_0r}\sum_{n=0}^{\infty}\frac{2n+1}{2}v_n\left(r=a_2\right)\mathrm{P}_n\left(\cos\theta\right)\frac{\mathrm{e}^{\mathrm{i}(kr-n\pi/2)}}{\mathrm{h}_n^{(1)\prime}\left(k_0a_2\right)} \tag{4.2.86}$$

若已知激励力，由 (4.2.80) 式求得 $v_n\left(r=a_2\right)$，则可由 (4.2.86) 式计算远场辐射声压。Pathak 和 Stepanishen[16] 针对浸没在水中的厚壁球壳，假设轴对称激

励力作用球壳内表面 $\theta=\theta_0$ 位置上，可表示为

$$f_1(a_1,\theta)=\frac{F_0\delta(\theta-\theta_0)}{2\pi a_1^2\sin\theta},\quad f_2(a_2,\theta)=0 \tag{4.2.87}$$

相应的 Legendre 函数变换为

$$f_{1n}(a_1)=\frac{F_0P_n(\cos\theta_0)}{2\pi a_1^2},\quad f_{2n}(a_2)=0 \tag{4.2.88}$$

Pathak 和 Stepanishen 计算的圆球壳外表面归一化声压和振速参见图 4.2.8，同时给出了薄壳理论计算的球壳表面归一化声压和振速 (参见图 4.2.9)。采用薄壳和厚壳模型计算的归一化远场辐射声压比较则由图 4.2.10 给出。这些结果表明，在 $k_0a=10$，球壳壁厚与平均半径之比为 0.01 情况下，虽然两种模型计算的表面声压和振速略有差异，但远场辐射声压基本一致。对于计算所取的频率和壁厚，可以采用薄壳模型计算球壳声辐射。

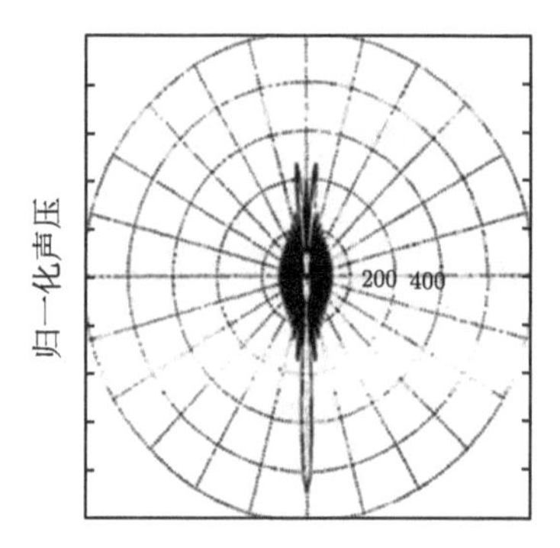


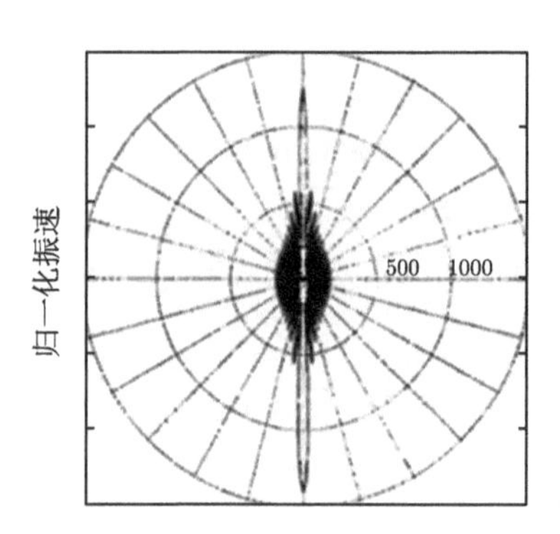


图 4.2.8　厚壳模型计算的圆球壳外表面声压和振速

(引自文献 [16], fig7)

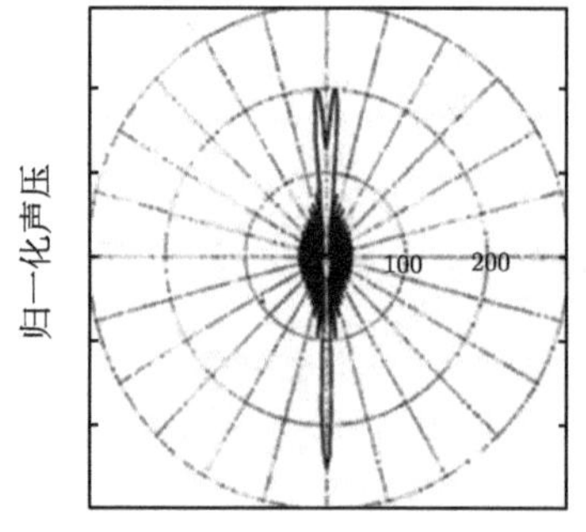


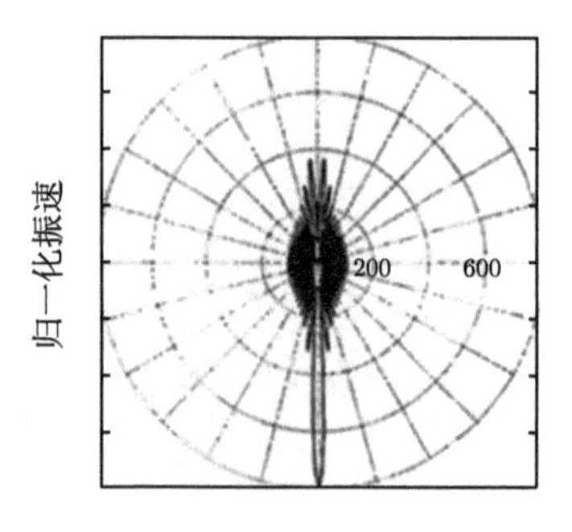


图 4.2.9　薄壳模型计算的圆球壳表面声压和振速

(引自文献 [16], fig8)

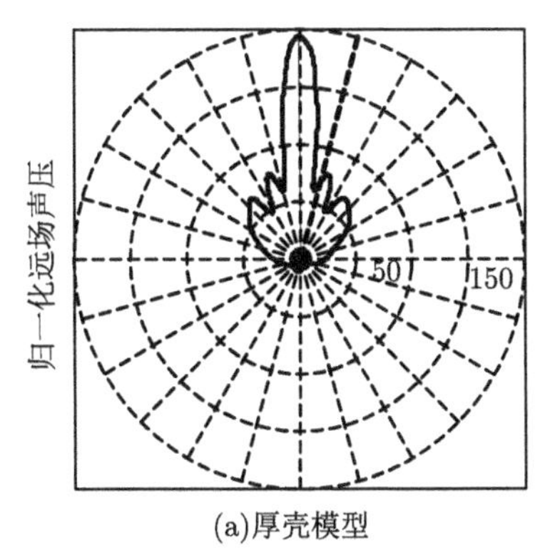


(a)厚壳模型

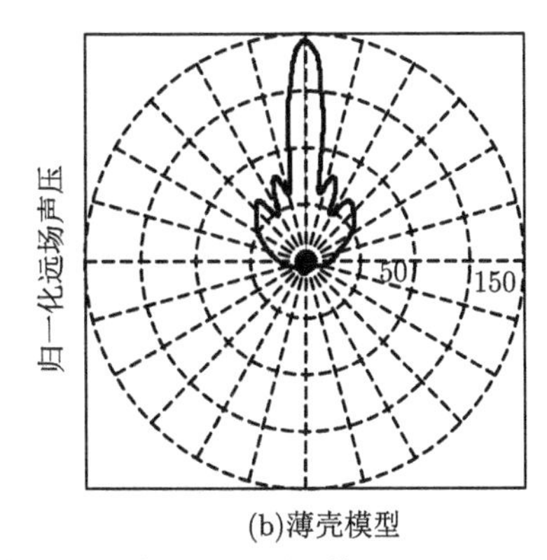


(b)薄壳模型

图 4.2.10 厚壳与薄壳模型计算的圆球壳远场声压比较

(引自文献 [16], fig13)

# 4.3 弹性类球壳耦合振动和声辐射

前两节分别讨论了薄壁和厚壁圆球壳的声传输与声辐射模型及特性，实际上，即使声呐导流罩，也极少有圆球壳形状。水面舰和潜艇声呐导流罩，还有鱼雷首部声呐罩，形状上更接近于浅球壳或凸面壳体，随着舰艇共形声呐的发展，各种浅球壳或凸面壳体的声呐导流罩结构会随之增加。因为这类声呐罩外形的复杂性，一般不能采用基于分离变量法的解析方法计算分析声传输和声辐射特性，需要发展类球壳结构振动和声辐射的计算模型。应该说，对于类球壳结构振动和声辐射计算问题以往鲜有关注，早年 Jones 和 Mazumdar[17] 研究了浅椭球壳的振动特性，但没有涉及声辐射。注意到电声学中建立扬声器的声辐射计算模型，从无限障板上的活塞模型 [18-21] 发展为浅球壳及凸面和凹面壳体模型，可以借鉴用于建立声呐导流罩的声学模型。Suzuki 和 Tichy[22] 考虑如图 4.3.1 所示的局部球面壳体模型，其底部开口半径为 $b$，高度为 $H$，镶嵌在无限大刚性平面障板上，假设局部球面的对称轴为 $z$ 轴，表面振动分布为 $v_0\mathrm{e}^{-\mathrm{i}\omega t}$。这种振动分布假设对于具有高阶模态的实际扬声器高频振动是不合适的，当然，对于声呐罩的高频振动同样不合适，但作为以低频为主的声辐射特性的研究仍不失其合理性。为了满足刚性平面声障板法向速度为零的边界条件，基于虚源原理，将刚性声障板的反射作用模拟为一个虚拟的对称局部球面辐射壳体，这样研究局部球面壳体声辐射时，只需考虑虚拟的局部球面壳体，而不必再考虑刚性平面声障板的作用。

局部球面壳体的振速分布可以表示为

$$v\left(\theta\right)=v_0\cos\theta \tag{4.3.1}$$

在以图 4.3.1 中 $O$ 点为原点的坐标系下，相应的声场速度势为

$$\phi(r',\theta')=\sum_{n=0}^{\infty}A_{2n}\mathrm{h}_{2n}^{(1)}(k_0r')\mathrm{P}_{2n}(\cos\theta') \tag{4.3.2}$$

式中，$\mathrm{h}_{2n}^{(1)}$ 和 $\mathrm{P}_{2n}$ 分别为 Hankel 和 Legendre 函数。由于虚实辐射面的对称性，(4.3.2) 式中求和只取偶数项。

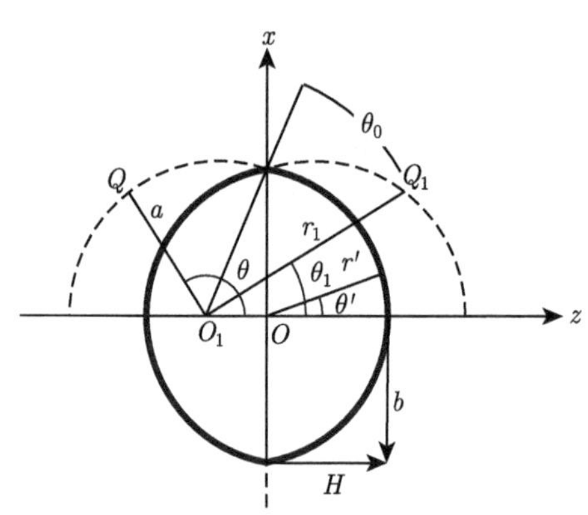


图 4.3.1 局部球面壳体模型

(引自文献 [22], fig1)

注意到图 4.3.1 中，$O$ 点不是球函数的坐标原点，$O_1$ 点才是原点，(4.3.2) 式求和计算速度势时，即使求和项数足够多，也较难以得到足够的精度；而且，如果局部球面壳体高度较小时，参数 $kr'$ 也比较小，相应地，球 Hankel 函数的实部 $\mathrm{j}_n(k_0r')$ 会取很小的值，而其虚部 $\mathrm{n}_n(k_0r')$ 会取很大的值，从而对数值计算带来麻烦。为了避免这些问题，需要在以 $O_1$ 为原点的坐标系下给出速度势表达式：

$$\phi(r,\theta)=\sum_{n=0}^{\infty}A_n\mathrm{h}_n^{(1)}(k_0r)\mathrm{P}_n(\cos\theta),\quad r\gg a \tag{4.3.3}$$

由 (4.3.3) 式可求得质点振速，并在局部球面等于已知振速：

$$-\left.\frac{\partial\phi}{\partial r}\right|_{r=a}=\sum_{n=0}^{\infty}A_n\left[-k_0\mathrm{h}_n^{(1)\prime}(k_0a)\mathrm{P}_n(\cos\theta)\right]=v_0\cos\theta,\quad 0\leqslant\theta\leqslant\theta_0 \tag{4.3.4}$$

注意到，图 4.3.1 中 $Q(a,\theta)$ 点与 $Q_1(r_1,\theta_1)$ 点的速度势应该相等：

$$\sum_{n=0}^{\infty}A_n\mathrm{h}_n^{(1)}(k_0a)\mathrm{P}_n(\cos\theta)=\sum_{n=0}^{\infty}A_n\mathrm{h}_n^{(1)}(k_0r_1)\mathrm{P}_n(\cos\theta_1) \tag{4.3.5}$$

式中，$a, \theta, r_1$ 和 $\theta_1$ 具有以下关系：

$$r_1 \cos\theta_1 = a\left(2\cos\theta_0 - \cos\theta\right)$$

$$r_1 \sin\theta_1 = a\sin\theta$$

$$a = \left(H^2 + b^2\right)/2H$$

这里，$a$ 为局部球面壳体对应的球半径。

(4.3.5) 式可以表示为

$$\sum_{n=0}^{\infty} A_n \left[\mathrm{h}_n^{(1)}\left(k_0 a\right) \mathrm{P}_n\left(\cos\theta\right) - \mathrm{h}_n^{(1)}\left(k_0 r_1\right) \mathrm{P}_n\left(\cos\theta_1\right)\right] = 0 \tag{4.3.6}$$

若 (4.3.4) 和 (4.3.6) 式的求和截断取前 $N$ 项，则此两式不能精确满足，定义误差函数：

$$e = \int_{S_1} \left|\sum_{n=0}^{N} A_n f_n^{(1)}\left(\theta\right) - v_0 \cos\theta\right|^2 \mathrm{d}S + \int_{S_2} \left|\sum_{n=0}^{N} A_n f_n^{(2)}\left(\theta\right)\right|^2 \mathrm{d}S \tag{4.3.7}$$

式中，积分面 $S_1$ 和 $S_2$ 分别为 $O_1$ 为原点的辐射表面和虚拟表面，且

$$f_n^{(1)}\left(\theta\right) = -k_0 \mathrm{h}_n^{(1)\prime}\left(k_0 a\right) \mathrm{P}_n\left(\cos\theta\right)$$

$$f_n^{(2)}\left(\theta\right) = \mathrm{h}_n^{(1)}\left(k_0 a\right) \mathrm{P}_n\left(\cos\theta\right) - \mathrm{h}_n^{(1)}\left(k_0 r_1\right) \mathrm{P}_n\left(\cos\theta_1\right)$$

采用最小二乘法可以确定 (4.3.7) 式中的待定系数 $A_n$，使得误差函数 $e$ 取最小值，为此对 $A_n\,(n = 0, 1, 2, \cdots, N)$ 求导，得到 $N+1$ 线性方程：

$$\begin{aligned}&\sum_{n=0}^{N} A_n \left[\iint_{S_1} f_m^{(1)*}\left(\theta\right) f_n^{(1)}\left(\theta\right) \mathrm{d}S + \int_{S_2} f_m^{(2)*}\left(\theta\right) f_n^{(2)}\left(\theta\right) \mathrm{d}S\right] \\ &= \int_{S_1} f_m^{(1)*}\left(\theta\right) v_0 \cos\theta \mathrm{d}S, \quad m = 0, 1, 2, \cdots, N\end{aligned} \tag{4.3.8}$$

由 (4.3.8) 式可以求解得到待定系数 $A_n$，进一步可以计算速度和声压。在轴对称情况下，(4.3.8) 式的面积分可以简化为线积分。Suzuki 和 Tichy[22] 针对 $H/b$ =0.5, 0.75 和 1.0 的三种局部球面壳体，计算了轴线上的远场声压，并采用位于 $O$ 点的点声源辐射声压作归一化处理，由图 4.3.2 可见，在 $k_0 a = 2$ 附近，$H/b$ 为 0.5 的局部球面壳体辐射声压比点源声压低 3dB 左右，说明随着频率增加局部球面壳体的声辐射要小一些。当 $H/b$ 增加时，局部球面壳体在 $k_0 a = 1.5$

附近会出现谷点。不同 $H/b$ 值的局部球面壳体的声辐射阻小于相同半径平面活塞的声辐射阻，参见图 4.3.3，$H/b$ 值增加，声辐射阻减小，且在 $k_0a > 2$ 的频段，平面活塞的声辐射阻出现起伏，但局部球面壳体的声辐射阻趋于常数。局部球面壳体的声辐射抗随 $H/b$ 值增加而减小，但总是正值，说明声抗为质量抗。虽然 Suzuki 和 Tichy 计算的对象式扬声器，但他们提出的方法及基本计算结果对于声呐罩声学特性仍有一定的参考价值，只是所建立的计算模型较简单，没有考虑结果振动与声场的耦合，给定的振动分布也过于简单，需要发展建立更加适用的计算方法和模型。

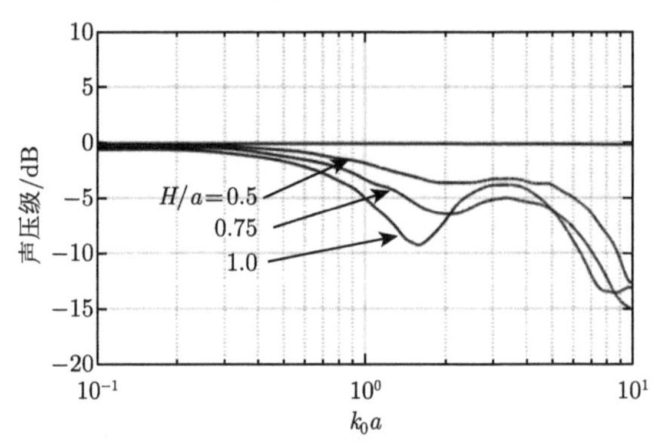


图 4.3.2　局部球面壳体轴线上归一化远场声压

(引自文献 [22], fig3)

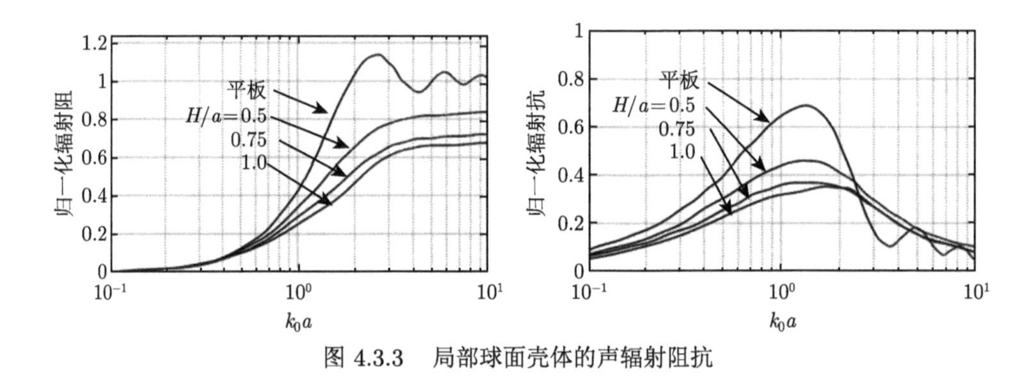


图 4.3.3　局部球面壳体的声辐射阻抗

(引自文献 [22], fig6)

Mellow 和 Kärkkäinen[23] 考虑了与 Suzuki 和 Tichy 类似的局部球壳结构，建立了详细的局部球壳振动与声辐射计算模型，参见图 4.3.4。设局部球壳的振动位移为 $W(x)$，满足 Reissner 壳体波动方程 [24]：

$$D\nabla^4 W(x) - \frac{1}{a}\nabla^2 F(x) - \omega^2 \rho_s h W(x) = f(x) \tag{4.3.9}$$

$$\nabla^4 F(x) + \frac{Eh}{a} \nabla^2 W(x) = 0 \tag{4.3.10}$$

式中，$D, E, \rho_s$ 分别为局部球壳动刚度、杨氏模量和密度，$a$ 和 $h$ 分别为曲率半径和壁厚。$F(x)$ 为 Airy 应力函数，$f(x)$ 为外作用力。$\nabla^2 = \partial^2/\partial x^2 + \partial/x\partial x$ 为极坐标下轴对称情况的 Laplace 算子。由图 4.3.4 中的几何关系可得局部球壳曲率半径 $a$ 与其开口半径 $b$ 和高度 $H$ 的关系：

$$a = \frac{b^2}{2H} \tag{4.3.11}$$

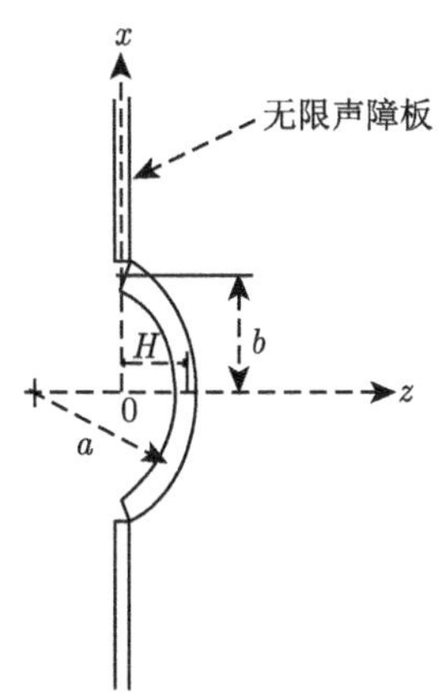


图 4.3.4 局部球壳振动与声辐射计算模型

(引自文献 [23], fig1)

为了求解 (4.3.9) 和 (4.3.10) 式，定义函数 $g$ 满足：

$$\nabla^2 g = 0 \tag{4.3.12}$$

这样，(4.3.10) 式可以变为

$$\nabla^2 F(x) = -\frac{Eh}{a}\left[W(x) - g\right] \tag{4.3.13}$$

将 (4.3.13) 式代入 (4.3.9) 式，并考虑到 (4.3.10) 式，局部球壳振动位移可表示为

$$\left(D\nabla^4 + \frac{Eh}{a^2} - \omega^2 \rho_s h\right) W(x) = \frac{Eh}{a} g + f(x) \tag{4.3.14}$$

在 (4.3.14) 式中令外作用力 $f(x)$ 为零，则有

$$\left(\nabla^4 - k_s^4\right) W(x) = \frac{Eh}{aD} g \tag{4.3.15}$$

式中，

$$k_s = \left(\frac{\rho_s h}{D}\omega^2 - \frac{Eh}{a^2 D}\right)^{1/4} \tag{4.3.16}$$

考虑到 (4.3.11) 式，$k_s$ 可以表示为

$$k_s^4 = \frac{\rho_s h}{D}\omega^2 - \frac{\alpha^4}{b^4} \tag{4.3.17}$$

其中，$\alpha^4 = 48\left(1-\nu^2\right)H^2/h^2$。

于是局部球壳中的波速为

$$C_s = \frac{\omega}{k_s} \tag{4.3.18}$$

可见，类似弹性平板，局部球壳的波速也具有频散特性，高频波速大于低频波速。在已知波速的基础上，Mellow 和 Kärkkäinen 利用轴对称浅球壳的振动理论 [24]，给出局部球壳振动方程 (4.3.9) 和 (4.2.10) 式的本征解为

$$\psi_n(x) = C_{1n}\mathrm{J}_0(k_s x) + C_{2n}\mathrm{N}_0(k_s x) + C_{3n}\mathrm{I}_0(k_s x) + C_{4n}\mathrm{K}_0(k_s x) + C_{5n} \tag{4.3.19}$$

$$\begin{aligned} F_n(x) =& \frac{2HhE}{k_s^2 b^2}\left[C_{1n}\mathrm{J}_0(k_s x) + C_{2n}\mathrm{N}_0(k_s x) - C_{3n}\mathrm{I}_0(k_s x) - C_{4n}\mathrm{K}_0(k_s x)\right] \\ &+ \frac{\rho_s h b^2 \omega^2}{8H} C_{5n} x^2 + C_{6n}\lg x + C_{7n} \end{aligned} \tag{4.3.20}$$

式中，$\mathrm{J}_0$, $\mathrm{N}_0$ 为第一类和第二类实宗量 Bessel 函数，$\mathrm{I}_0$, $\mathrm{K}_0$ 为第一类和第二类虚宗量 Bessel 函数。利用局部球壳的边界条件，可以确定 (4.3.19) 和 (4.3.20) 式的本征值，并简化归并待定系数 $C_{1n} \sim C_{7n}$。在 $x=0$ 处，$\psi_n(x)$ 和 $F_n(x)$ 应该连续，为此，要求

$$C_{2n} = C_{4n} = C_{6n} = 0 \tag{4.3.21}$$

假设局部球壳周边零弯曲，即

$$\left.\frac{\partial \psi_n(x)}{\partial x}\right|_{x=b} = -\frac{\beta_n}{b}C_{1n}\mathrm{J}_1(\beta_n) + \frac{\beta_n}{b}C_{3n}\mathrm{I}_1(\beta_n) = 0 \tag{4.3.22}$$

可得

$$C_{3n} = \frac{\mathrm{J}_1(\beta_n)}{\mathrm{I}_1(\beta_n)}C_{1n} \tag{4.3.23}$$

其中，$\beta_n$ 为本征值，$\beta_n = k_s b$。

再设局部球壳周边径向应变为零，有

$$\left(\frac{\partial^2}{\partial x^2}-\frac{\nu}{x}\frac{\partial}{\partial x}\right)F_n(x)\bigg|_{x=b}$$
$$=\frac{2hHE}{b^2}\left[C_{1n}\left(\mathrm{J}_0(\beta_n)-\frac{1+\nu}{\beta_n}\mathrm{J}_1(\beta_n)\right)+C_{3n}\left(\mathrm{I}_0(\beta_n)-\frac{1+\nu}{\beta_n}\mathrm{I}_1(\beta_n)\right)\right]$$
$$+(1-\nu)\,\omega_n^2\frac{b^2\rho_s h}{4H}C_{5n}=0 \tag{4.3.24}$$

其中，$\omega_n^2=\dfrac{D\left(\beta_n^4+\alpha^4\right)}{b^4\rho_s h}$。

由 (4.2.24) 式可得

$$C_{5n}=-\frac{2\alpha^4}{(1-\nu)\left(\beta_n^4+\alpha^4\right)}\left[C_{1n}\left(\mathrm{J}_0(\beta_n)-\frac{1+\nu}{\beta_n}\mathrm{J}_1(\beta_n)\right)\right.$$
$$\left.+C_{3n}\left(\mathrm{I}_0(\beta_n)-\frac{1+\nu}{\beta_n}\mathrm{I}_1(\beta_n)\right)\right] \tag{4.3.25}$$

将 (4.3.21) 式、(4.3.23) 式和 (4.3.25) 式代入 (4.3.19) 式，得到局部球壳振动位移的本征函数：

$$\psi_n(x)=\mathrm{J}_0(\beta_n x/b)-B_n\mathrm{I}_0(\beta_n x/b)+C_n \tag{4.3.26}$$

式中，

$$B_n=-\frac{C_{3n}}{C_{1n}}=-\frac{\mathrm{J}_1(\beta_n)}{\mathrm{I}_1(\beta_n)}$$
$$C_n=\frac{C_{5n}}{C_{1n}}=-\frac{2\alpha^4\left[\mathrm{J}(\beta_n)-2(1+\nu)\,\mathrm{J}_1(\beta_n)\,\mathrm{I}_1(\beta_n)/\beta_n\right]}{(1-\nu)\,\mathrm{I}_1(\beta_n)\left(\beta_n^4+\alpha^4\right)}$$
$$\mathrm{J}(\beta_n)=\mathrm{J}_0(\beta_n)\,\mathrm{I}_1(\beta_n)+\mathrm{J}_1(\beta_n)\,\mathrm{I}_0(\beta_n)$$

已知了本征函数，进一步可以由此本征函数求解局部球壳振动响应的 Green 函数 $G_s(x,x_0)$。参照 (4.3.15) 式，在 $(x_0,\varphi_0)$ 位置受点力激励的 Green 函数满足：

$$\left(\nabla^4-k_s^4\right)G_s(x,x_0)=\frac{Eh}{aD}g+\frac{1}{x}\delta(x-x_0)\,\delta(\varphi-\varphi_0) \tag{4.3.27}$$

在轴对称情况下，设

$$G_s(x,x_0)=\sum_{n=1}^{\infty}A_n\psi_n(x) \tag{4.3.28}$$

$$g = \sum_{n=1}^{\infty} A_n g_n \tag{4.3.29}$$

将 $k_s = \beta_n / b$ 代入 (4.3.15) 式，针对本征函数 $\psi_n$，有

$$\nabla^4 \psi_n (x) = \frac{\beta_n^4}{b^4} \psi_n + \frac{Eh}{aD} g_n \tag{4.3.30}$$

(4.3.28) 式两边作 $\nabla^4$ 运算，代入 (4.3.30) 式，可得

$$\nabla^4 G_s (x, x_0) = \sum_{n=1}^{\infty} A_n \left[ \frac{\beta_n^4}{b^4} \psi_n (x) + \frac{Eh}{aD} g_n \right] \tag{4.3.31}$$

将 (4.3.28)、(4.3.29) 及 (4.3.31) 式代入 (4.3.27) 式，有

$$\sum_{n=1}^{\infty} A_n \left[ \frac{\beta_n^4}{b^4} - k_s^4 \right] \psi_n (x) = \frac{1}{x} \delta (x - x_0) \delta (\varphi - \varphi_0) \tag{4.3.32}$$

(4.3.32) 式两边同乘本征函数 $\psi_n$ 的共轭函数 $\psi_m^*$，

$$\psi_m^* (x) = \mathrm{J}_0 (\beta_m^* x / b) - B_m^* \mathrm{I}_0 (\beta_m^* x / b) + C_m^* \tag{4.3.33}$$

利用本征函数 $\psi_n$ 的正交归一性，可得

$$\frac{b^2}{2} A_n \left( \frac{\beta_n^4}{b^4} - k_s^4 \right) \int_0^{2\pi} \varDelta_n \mathrm{d}\varphi = \int_0^{2\pi} \delta (\varphi - \varphi_0) \mathrm{d}\varphi \cdot \int_0^a \delta (x - x_0) \psi_n^* (x) \mathrm{d}x \tag{4.3.34}$$

式中，

$$\varDelta_n = \frac{2}{b^2} \int_0^a \psi_n^* (x) \psi_n (x) x \mathrm{d}x \tag{4.3.35}$$

由 (4.3.34) 式，得到待定系数 $A_n$ 的表达式：

$$A_n = \frac{b^2}{\pi} \frac{\psi_n^* (x_0)}{\varDelta_n (\beta_n^4 - k_s^4 b^4)} \tag{4.3.36}$$

将 (4.3.36) 式代入 (4.3.28) 式，得到局部球壳振动位移相应的 Green 函数表达式：

$$G_s (x, x_0) = \frac{b^2}{\pi} \sum_{n=1}^{\infty} \frac{\psi_n (x) \psi_n^* (x_0)}{\varDelta_n (\beta_n^4 - k_s^4 b^4)} \tag{4.3.37}$$

再将 (4.3.26) 和 (4.3.33) 式代入 (4.3.35) 式，利用 Hankel 函数的特性，可积分得到 $\varDelta_n$ 的表达式：

$$\begin{aligned}\varDelta_n = & C_n C_n^* + 2\frac{\beta_n \mathrm{J}_0(\beta_n^*)\mathrm{J}_1(\beta_n) - \beta_n^* \mathrm{J}_0(\beta_n)\mathrm{J}_1(\beta_n^*)}{\beta_n^2 - \beta_n^{*2}} \\ & - 2B_n \frac{\beta_n \mathrm{J}_0(\beta_n^*)\mathrm{I}_1(\beta_n) + \beta_n^* \mathrm{I}_0(\beta_n)\mathrm{J}_1(\beta_n^*)}{\beta_n^2 + \beta_n^{*2}} \\ & - 2B_n^* \frac{\beta_n \mathrm{I}_0(\beta_n^*)\mathrm{J}_1(\beta_n) + \beta_n^* \mathrm{J}_0(\beta_n)\mathrm{I}_1(\beta_n^*)}{\beta_n^2 + \beta_n^{*2}} \\ & + 2B_n B_n^* \frac{\beta_n \mathrm{I}_0(\beta_n^*)\mathrm{I}_1(\beta_n) - \beta_n^* \mathrm{I}_0(\beta_n)\mathrm{I}_1(\beta_n^*)}{\beta_n^2 - \beta_n^{*2}} \\ & + 2C_n \frac{\mathrm{J}_1(\beta_n^*) - B_n^* \mathrm{I}_1(\beta_n^*)}{\beta_n^*} + 2C_n^* \frac{\mathrm{J}_1(\beta_n) - B_n \mathrm{I}_1(\beta_n)}{\beta_n}\end{aligned} \tag{4.3.38}$$

若考虑局部球壳的流体负载，则 (4.3.37) 式给出的 Green 函数需要对波数 $k_s$ 作修正：

$$k_s'^4 = k_s^4 - \mathrm{i}\omega \frac{Z_a}{D} \tag{4.3.39}$$

式中，$Z_a$ 为局部球壳的辐射声阻抗，尚无简便的计算方法，或者可以用圆形板的辐射声阻抗代替。考虑流体负载修正后的 Green 函数为

$$G_s(x/x_0) = \frac{b^2}{\pi} \sum_{n=1}^{\infty} \frac{\psi_n(x)\psi_n^*(x_0)}{\varDelta_n(\beta_n^4 - k_s'^4 b^4)} \tag{4.3.40}$$

已知了局部球壳受点力激励的振动响应 Green 函数，可以进一步求解任意激励力作用下局部球壳的振动响应，Mellow 和 Kärkkäinen 针对局部圆球壳底部周边受激励力的情况，给出了局部球壳的受激振动方程：

$$\left(\nabla^4 - k_s'^4\right) W(x) = \frac{Eh}{aD} g + \frac{1}{D}\left[\frac{\delta(x-b)}{2\pi b} F_0 - p_+(x) + p_-(x)\right] \tag{4.3.41}$$

式中，$F_0$ 为激励力幅值，$p_+$ 和 $p_-$ 分别为局部球壳前后的声压，且有 $p_-(x) = -p_+(x)$。

应该说明，(4.3.41) 式及其以下的求解过程，虽然针对扬声器受激励力的情况，但也可扩展到其他激励情况，只需改变激励力的具体形式。利用 (4.3.40) 式给出的 Green 函数，求解 (4.3.41) 式给出局部球壳受激振动位移响应为

$$W(x) = \frac{1}{D}\int_0^{2\pi}\int_0^b \left[\frac{\delta(x_0-b)}{2\pi b} F_0 - 2p_+(x_0)\right] G_s(x, x_0)\, x_0 \mathrm{d}x_0 \mathrm{d}\varphi_0, \quad 0 \leqslant x \leqslant b \tag{4.3.42}$$

虽然前面详细推导了局部球壳的振动位移响应，进一步计算其辐射声场时，则需要将它近似为平面声源，当声波波长远大于局部球壳高度的情况下，这种近似应该是合理的。由于声障板前后声场的对称性，在无限声障板表面满足 Neumann 边界条件：

$$\left.\frac{\partial p(x,z)}{\partial z}\right|_{z=\pm 0}=\mathrm{i}k_0\rho_0C_0v(x)=0,\quad b\leqslant x\leqslant\infty \tag{4.3.43}$$

在局部球壳表面满足边界条件：

$$\left.\frac{\partial p(x,z)}{\partial z}\right|_{z=\pm 0}=\mathrm{i}k_0\rho_0C_0v(x)=k_0^2\rho_0C_0^2W(x),\quad 0\leqslant x\leqslant b \tag{4.3.44}$$

式中，$v(x)$ 为振动速度。假设局部球壳表面振速为

$$\begin{aligned}v(x)&=\frac{F_0}{2\rho_0C_0S}\sum_{m=1}^{\infty}v_m\psi_m(x_0)\\&=\frac{F_0}{2\rho_0C_0S}\sum_{m=1}^{\infty}v_m\left[\mathrm{J}_0(\beta_mx_0/b)-B_m\mathrm{I}_0(\beta_mx_0/b)+C_m\right],0\leqslant x_0\leqslant b\end{aligned} \tag{4.3.45}$$

式中，$S=\pi b^2$，$v_m$ 为待定展开系数。

在 Neumann 边界条件的无限大声障板情况下，局部球壳的辐射声压可以表示为 [25]

$$p(x,z)=2\int_0^{2\pi}\int_0^b G_a(x,z;x_0,z_0)\cdot\left.\frac{\partial p(x_0,z_0)}{\partial z_0}\right|_{z_0=+0}\cdot x_0\mathrm{d}x_0\mathrm{d}\varphi_0 \tag{4.3.46}$$

其中，$G_a(x,z;x_0,z_0)$ 为局部球壳声辐射 Green 函数。

$$G_a(x,z;x_0,z_0)=\frac{\mathrm{i}}{4\pi}\int_0^{\infty}\mathrm{J}_0(kx)\mathrm{J}_0(kx_0)\frac{k}{\sqrt{k_0^2-k^2}}\cdot\mathrm{e}^{\mathrm{i}\sqrt{k_0^2-k^2}|z-z_0|}\mathrm{d}k \tag{4.3.47}$$

将 (4.3.47) 式代入 (4.3.46) 式，考虑到 (4.3.44) 式，再代入 (4.3.45) 式，经积分可得

$$p(x,z)=k_0b\frac{F_0}{2S}\int_0^{\infty}\mathrm{J}_0(kx)\frac{kb}{\sqrt{k_0^2-k^2}}\mathrm{e}^{\mathrm{i}\sqrt{k_0^2-k^2}z}\cdot\sum_{m=1}^{\infty}v_mH_m(kb)\mathrm{d}k \tag{4.3.48}$$

式中，

$$H_m(kb)=\frac{1}{b^2}\int_0^b\mathrm{J}_0(kx_0)\psi_m(x_0)x_0\mathrm{d}x_0 \tag{4.3.49}$$

将 (4.3.26) 式代入 (4.3.49) 式，积分得

$$H_m(kb)=\frac{\beta_m \mathrm{J}_0(kb)\,\mathrm{J}_1(\beta_m)-kb\mathrm{J}_0(\beta_m)\,J_1(kb)}{\beta_m^2-k^2b^2}$$
$$-B_m\frac{\beta_m \mathrm{J}_0(kb)\,\mathrm{I}_1(\beta_m)+kb\mathrm{I}_0(\beta_m)\,\mathrm{J}_1(kb)}{\beta_m^2+k^2b^2}+C_m\frac{\mathrm{J}_1(kb)}{kb} \tag{4.3.50}$$

令 $z=0$，由 (4.3.48) 式得到局部球壳表面声压

$$p_+(x_0)=k_0b\frac{F_0}{2S}\sum_{m=1}^{\infty}v_m\int_0^{\infty}H_m(kb)\,\mathrm{J}_0(kx_0)\,\frac{kb}{\sqrt{k_0^2-k^2}}\mathrm{d}k \tag{4.3.51}$$

进一步将 (4.3.40) 和 (4.3.51) 式代入 (4.3.42) 式右边，再将 (4.3.45) 式的第一个等式代入 (4.3.42) 式左边，并考虑到 $W(x)=\mathrm{i}v(x)/k_0C_0$，可得局部球壳振动位移与辐射声场的耦合方程：

$$\psi_n^*(b)=-\mathrm{i}v_n\frac{\varDelta_n(\beta_n^4-k_s'^4b^4)\,D}{2k_0b^4\rho_0C_0^2}$$
$$+2k_0b\sum_{m=0}^{\infty}v_m\int_0^{\infty}H_m(kb)\,H_n^*(kb)\,\frac{kb}{\sqrt{k_0^2-k^2}}\mathrm{d}k,\quad n=1,2,\cdots \tag{4.3.52}$$

(4.3.52) 式可以表示为 $v_m$ 的线性方程组：

$$\sum_{m=1}^{M}G_{mn}(k_s'b,k_0b)\,v_m=\bar{\psi}_n,\quad n=1,2,\cdots,M \tag{4.3.53}$$

其中，

$$G_{mn}(k_s'b,k_0b)=-\mathrm{i}k_0b\frac{\varDelta_n(\beta_n^4-k_s'^4b^4)}{\mu^2}\delta_{mn}+I(k_0,m,n) \tag{4.3.54}$$

$$\bar{\psi}_n=\mathrm{J}_0(\beta_n^*)-B_n^*\mathrm{I}_0(\beta_n^*)-C_n^* \tag{4.3.55}$$

$$\mu=b^2\omega\sqrt{\frac{2b\rho_0}{D}}$$

$$I(k_0,m,n)=I_F(k_0,m,n)+\mathrm{i}I_I(k_0,m,n) \tag{4.3.56}$$

且有

$$I_F(k_0,m,n)=2k_0b\int_0^{k_0}H_m(kb)\,H_n^*(kb)\,\frac{kb}{\sqrt{k_0^2-k^2}}\mathrm{d}k \tag{4.3.57}$$

$$I_I\left(k_0,m,n\right)=-2k_0b\int_{k_0}^{\infty}H_m\left(kb\right)H_n^*\left(kb\right)\frac{kb}{\sqrt{k^2-k_0^2}}\mathrm{d}k \tag{4.3.58}$$

注意到，(4.3.57) 和 (4.3.58) 式中，被积函数共有 25 项，但只有 6 项独立的积分项，且 $k=k_0$ 为可去奇点，令 $k=k_0\sqrt{1-\tau^2}$，(4.3.57) 式可化为

$$I_F\left(k_0,m,n\right)=2k_0^2b^2\int_0^1 H_m\left(k_0b\sqrt{1-\tau^2}\right)H_n^*\left(k_0b\sqrt{1-\tau^2}\right)\mathrm{d}\tau \tag{4.3.59}$$

利用 Bessel 函数的关系式：

$$\mathrm{J}_0\left(k_0b\sqrt{1-\tau^2}\right)=\sum_{p=0}^{\infty}\frac{\mathrm{J}_p\left(k_0b\right)}{p!}\left(\frac{k_0b}{2}\right)^p\tau^{2p} \tag{4.3.60}$$

$$\mathrm{J}_1\left(k_0b\sqrt{1-\tau^2}\right)=\sqrt{1-\tau^2}\sum_{p=0}^{\infty}\frac{\mathrm{J}_{p+1}\left(k_0b\right)}{p!}\left(\frac{k_0b}{2}\right)^p\tau^{2p} \tag{4.3.61}$$

(4.3.59) 式积分可得

$$\begin{aligned}
&I_F\left(k_0,m,n\right)=S_{1a}\left(m,n\right)I_{F1}\left(k_0,\beta_m,\beta_n^*\right)\\
&+B_mS_{1b}\left(m,n\right)I_{F1}\left(k_0,\mathrm{i}\beta_m,\beta_n^*\right)\\
&+B_n^*S_{1c}\left(m,n\right)I_{F1}\left(k_0,\beta_m,\mathrm{i}\beta_n^*\right)\\
&+B_mB_n^*S_{1d}\left(m,n\right)I_{F1}\left(k_0,\mathrm{i}\beta_m,\mathrm{i}\beta_n^*\right)\\
&+S_{2a}\left(m,n\right)I_{F2}\left(k_0,\beta_m\right)+S_{2a}\left(n,m\right)I_{F2}\left(k_0,\beta_n^*\right)\\
&+B_mS_{2b}\left(m,n\right)I_{F2}\left(k_0,\mathrm{i}\beta_m\right)+B_n^*S_{2b}\left(n,m\right)I_{F2}\left(k_0,\mathrm{i}\beta_n^*\right)\\
&+S_{3a}\left(m,n\right)I_{F3}\left(k_0,\beta_m,\beta_n^*\right)+S_{3a}\left(n,m\right)I_{F3}\left(k_0,\beta_n^*,\beta_m\right)\\
&+B_mS_{3b}\left(m,n\right)I_{F3}\left(k_0,\mathrm{i}\beta_m,\beta_n^*\right)+B_n^*S_{3b}\left(n,m\right)I_{F3}\left(k_0,\mathrm{i}\beta_n^*,\beta_m\right)\\
&+B_mB_n^*\left[S_{3c}\left(m,n\right)I_{F3}\left(k_0,\mathrm{i}\beta_m,\mathrm{i}\beta_n^*\right)+S_{3c}\left(n,m\right)I_{F3}\left(k_0,\mathrm{i}\beta_n^*,\mathrm{i}\beta_m\right)\right]\\
&+S_{4a}\left(m,n\right)I_{F4}\left(k_0,\beta_m\right)+S_{4a}\left(n,m\right)I_{F4}\left(k_0,\beta_n^*\right)\\
&-B_mS_{4b}\left(m,n\right)I_{F4}\left(k_0,\mathrm{i}\beta_m\right)-B_n^*S_{4b}\left(n,m\right)I_{F4}\left(k_0,\mathrm{i}\beta_n^*\right)\\
&+S_{5a}\left(m,n\right)I_{F5}\left(k_0,\beta_m,\beta_n^*\right)+B_mS_{5b}\left(m,n\right)I_{F5}\left(k_0,\mathrm{i}\beta_m,\beta_n^*\right)\\
&+B_n^*S_{5c}\left(m,n\right)I_{F5}\left(k_0,\beta_m,\mathrm{i}\beta_n^*\right)+B_mB_n^*S_{5b}\left(m,n\right)I_{F5}\left(k_0,\mathrm{i}\beta_m,\mathrm{i}\beta_n^*\right)
\end{aligned}$$

$$+C_m C_n^* I_{F6}(k_0) \tag{4.3.62}$$

式中，

$$\begin{aligned} I_{F1}(k_0,\beta_m,\beta_n^*) &= \int_0^1 \frac{2k_0^2 a^2 \mathrm{J}_0^2\left(k_0 b\sqrt{1-\tau^2}\right)}{\left[k_0^2 b^2(1-\tau^2)-\beta_m^2\right]\left[k_0^2 b^2(1-\tau^2)-\beta_n^{*2}\right]}\mathrm{d}\tau \\ &= 2k_0^2 b^2 \sum_{p=0}^{P}\sum_{q=0}^{Q} \frac{(k_0 b/2)^{p+q}\mathrm{J}_p(k_0 b)\mathrm{J}_q(k_0 b)}{p!q!(2p+2q+1)(\beta_m^2-\beta_n^{*2})} \\ &\quad \times \left[\mathrm{F}_{F1}(k_0,\beta_m,p,q)-\mathrm{F}_{F1}(k_0,\beta_n^*,p,q)\right] \end{aligned} \tag{4.3.63}$$

$$\begin{aligned} I_{F2}(k_0,\beta_m) &= \int_0^1 \frac{2k_0 b \mathrm{J}_0\left(k_0 b\sqrt{1-\tau^2}\right)\mathrm{J}_1\left(k_0 b\sqrt{1-\tau^2}\right)}{\sqrt{1-\tau^2}\left[k_0^2 b^2(1-\tau^2)-\beta_m^2\right]}\mathrm{d}\tau \\ &= 2k_0 b \sum_{p=0}^{P}\sum_{q=0}^{Q} \frac{(k_0 b/2)^{p+q}\mathrm{J}_p(k_0 b)\mathrm{J}_{q+1}(k_0 b)}{p!q!(2p+2q+1)}\mathrm{F}_{F1}(k_0,\beta_m,p,q) \end{aligned} \tag{4.3.64}$$

$$\begin{aligned} I_{F3}(k_0,\beta_m,\beta_n^*) &= \int_0^1 \frac{2k_0^3 b^3\sqrt{1-\tau^2}\mathrm{J}_0\left(k_0 b\sqrt{1-\tau^2}\right)\mathrm{J}_1\left(k_0 b\sqrt{1-\tau^2}\right)}{\left[k_0^2 b^2(1-\tau^2)-\beta_m^2\right]\left[k_0^2 b^2(1-\tau^2)-\beta_n^{*2}\right]}\mathrm{d}\tau \\ &= 2k_0 b \sum_{p=0}^{P}\sum_{q=0}^{Q} \frac{(k_0 b/2)^{p+q}\mathrm{J}_p(k_0 b)\mathrm{J}_{q+1}(k_0 b)}{p!q!(2p+2q+1)(\beta_m^2-\beta_n^{*2})} \\ &\quad \times \left[\beta_m^2\mathrm{F}_{F1}(k_0,\beta_m,p,q)-\beta_n^{*2}\mathrm{F}_{F1}(k_0,\beta_n^*,p,q)\right] \end{aligned} \tag{4.3.65}$$

$$\begin{aligned} I_{F4}(k_0,\beta_m) &= \int_0^1 \frac{2k_0^2 b^2 \mathrm{J}_1^2\left(k_0 b\sqrt{1-\tau^2}\right)}{k_0^2 b^2(1-\tau^2)-\beta_m^2}\mathrm{d}\tau \\ &= 2k_0^2 b^2 \sum_{p=0}^{P}\sum_{q=0}^{Q} \frac{(k_0 b/2)^{p+q}\mathrm{J}_{p+1}(k_0 b)\mathrm{J}_{q+1}(k_0 b)}{p!q!} \\ &\quad \times \left[\frac{\mathrm{F}_{F1}(k_0,\beta_m,p,q)}{2p+2q+1}-\frac{\mathrm{F}_{F4}(k_0,\beta_m,p,q)}{2p+2q+3}\right] \end{aligned} \tag{4.3.66}$$

$$I_{F5}(k_0,\beta_m,\beta_n^*) = \int_0^1 \frac{2k_0^4 b^4(1-\tau^2)\mathrm{J}_1^2\left(k_0 b\sqrt{1-\tau^2}\right)}{\left[k_0^2 b^2(1-\tau^2)-\beta_m^2\right]\left[k_0^2 b^2(1-\tau^2)-\beta_n^{*2}\right]}\mathrm{d}\tau$$

$$
\begin{aligned}
&= 2\sum_{p=0}^{P}\sum_{q=0}^{Q}\frac{(k_0 b/2)^{p+q}\,\mathrm{J}_{p+1}(k_0 b)\,\mathrm{J}_{q+1}(k_0 b)}{p!q!\,(2p+2q+1)}\\
&\quad\times\left[1-\beta_m^4\frac{\mathrm{F}_{F1}(k_0,\beta_m,p,q)}{\beta_n^{*2}-\beta_m^2}+\beta_n^{*4}\frac{\mathrm{F}_{F1}(k_0,\beta_n^*,p,q)}{\beta_n^{*2}-\beta_m^2}\right]
\end{aligned}
\tag{4.3.67}
$$

$$
I_{F6}(k_0)=\int_0^1\frac{2\mathrm{J}_1^2\left(k_0 b\sqrt{1-\tau^2}\right)}{1-\tau^2}\mathrm{d}\tau=1-\frac{\mathrm{J}_1(2k_0 b)}{k_0 b}
\tag{4.3.68}
$$

这里的 $\mathrm{F}_{F1}(k_0,\beta_m,p,q)$ 和 $\mathrm{F}_{F4}(k_0,\beta_m,p,q)$ 为超几何函数：

$$
\mathrm{F}_{F1}(k_0,\beta_m,p,q)=\frac{{}_2F_1\left(1,p+q+\dfrac{1}{2};p+q+\dfrac{3}{2};\dfrac{k_0^2a^2}{k_0^2a^2-\beta_m^2}\right)}{k_0^2a^2-\beta_m^2}
$$

$$
\mathrm{F}_{F4}(k_0,\beta_m,p,q)=\frac{{}_2F_1\left(1,p+q+\dfrac{3}{2};p+q+\dfrac{5}{2};\dfrac{k_0^2a^2}{k_0^2a^2-\beta_m^2}\right)}{k_0^2a^2-\beta_m^2}
$$

且有

$$
S_{1a}(m,n)=\beta_m\beta_n^*\mathrm{J}_1(\beta_m)\,\mathrm{J}_1(\beta_n^*),\quad S_{1b}(m,n)=\beta_m\beta_n^*\mathrm{I}_1(\beta_m)\,\mathrm{J}_1(\beta_n^*)
$$

$$
S_{1c}(m,n)=\beta_m\beta_n^*\mathrm{J}_1(\beta_m)\,\mathrm{I}_1(\beta_n^*),\quad S_{1d}(m,n)=\beta_m\beta_n^*\mathrm{I}_1(\beta_m)\,\mathrm{I}_1(\beta_n^*)
$$

$$
S_{2a}(m,n)=-C_n^*\beta_m\mathrm{J}_1(\beta_m),\quad S_{2b}(m,n)=-C_n^*\beta_m\mathrm{I}_1(\beta_m)
$$

$$
S_{2a}(n,m)=-C_m\beta_n^*\mathrm{J}_1(\beta_n^*),\quad S_{2b}(n,m)=-C_m\beta_n^*\mathrm{I}_1(\beta_n^*)
$$

$$
S_{3a}(m,n)=-\beta_m\mathrm{J}_0(\beta_n^*)\,\mathrm{J}_1(\beta_m),\quad S_{3a}(n,m)=-\beta_n^*\mathrm{J}_0(\beta_m)\,\mathrm{J}_1(\beta_n^*)
$$

$$
S_{3b}(m,n)=\beta_n^*\mathrm{I}_0(\beta_m)\,\mathrm{J}_1(\beta_n^*)-\beta_m\mathrm{J}_0(\beta_n^*)\,\mathrm{I}_1(\beta_m)
$$

$$
S_{3b}(n,m)=\beta_m\mathrm{I}_0(\beta_n^*)\,\mathrm{J}_1(\beta_m)-\beta_n^*\mathrm{J}_0(\beta_m)\,\mathrm{I}_1(\beta_n^*)
$$

$$
S_{3c}(m,n)=\beta_n^*\mathrm{I}_0(\beta_m)\,\mathrm{J}_1(\beta_n^*),\quad S_{3c}(n,m)=\beta_m\mathrm{I}_0(\beta_n^*)\,\mathrm{I}_1(\beta_m)
$$

$$
S_{4a}(m,n)=C_n^*\mathrm{J}_0(\beta_m),\quad S_{4b}(m,n)=C_n^*\mathrm{I}_0(\beta_m)
$$

$$
S_{4a}(n,m)=C_m\mathrm{J}_0(\beta_n^*),\quad S_{4b}(n,m)=C_m\mathrm{I}_0(\beta_n^*)
$$

$$
S_{5a}(m,n)=\mathrm{J}_0(\beta_m)\,\mathrm{J}_0(\beta_n^*),\quad S_{5b}(m,n)=-\mathrm{I}_0(\beta_m)\,\mathrm{J}_0(\beta_n^*)
$$

$$
S_{5c}(m,n)=-\mathrm{J}_0(\beta_m)\,\mathrm{I}_0(\beta_n^*),\quad S_{5d}(m,n)=\mathrm{I}_0(\beta_m)\,\mathrm{I}_0(\beta_n^*)
$$

再令 $k = k_0\sqrt{\tau^2+1}$，(4.3.58) 式可化为

$$I_I(k_0,m,n) = 2k_0^2b^2\int_0^\infty H_m\left(k_0b\sqrt{\tau^2+1}\right)H_n^*\left(k_0b\sqrt{\tau^2+1}\right)\mathrm{d}\tau \tag{4.3.69}$$

利用关系式:

$$\mathrm{J}_0\left(k_0b\sqrt{\tau^2+1}\right) = 2\sum_{p=0}^{\infty}\frac{(-1)^p}{1+\delta_{p0}}\mathrm{J}_{2p}(k_0b)\,\mathrm{J}_{2p}(k_0b\tau) \tag{4.3.70}$$

$$\mathrm{J}_1\left(k_0b\sqrt{\tau^2+1}\right) = \frac{2\sqrt{\tau^2+1}}{k_0b\tau}\sum_{p=0}^{\infty}(-1)^p(2p+1)\,\mathrm{J}_{2p}(k_0b)\,\mathrm{J}_{2p+1}(k_0b\tau) \tag{4.3.71}$$

(4.3.69) 式积分可得

$$\begin{aligned}
&I_I(k_0,m,n) = S_{1a}(m,n)\,I_{I1}(k_0,\beta_m,\beta_n^*)\\
&+B_mS_{1b}(m,n)\,I_{I1}(k_0,\mathrm{i}\beta_m,\beta_n^*)+B_n^*S_{1c}(m,n)\,I_{I1}(k_0,\beta_m,\mathrm{i}\beta_n^*)\\
&+B_mB_n^*S_{1d}(m,n)\,I_{I1}(k_0,\mathrm{i}\beta_m,\mathrm{i}\beta_n^*)\\
&+S_{2a}(m,n)\,I_{I2}(k_0,\beta_m)+S_{2a}(n,m)\,I_{I2}(k_0,\beta_n^*)\\
&+B_mS_{2b}(m,n)\,I_{I2}(k_0,\mathrm{i}\beta_m)+B_n^*S_{2b}(n,m)\,I_{I2}(k_0,\mathrm{i}\beta_n^*)\\
&+S_{3a}(m,n)\,I_{I3}(k_0,\beta_m,\beta_n^*)+S_{3a}(n,m)\,I_{I3}(k_0,\beta_n^*,\beta_m)\\
&+B_mS_{3b}(m,n)\,I_{I3}(k_0,\mathrm{i}\beta_m,\beta_n^*)+B_n^*S_{3b}(n,m)\,I_{I3}(k_0,\mathrm{i}\beta_n^*,\beta_m)\\
&+B_mB_n^*\left[S_{3c}(m,n)\,I_{I3}(k_0,\mathrm{i}\beta_m,\mathrm{i}\beta_n^*)+S_{3c}(n,m)\,I_{I3}(k_0,\mathrm{i}\beta_n^*,\mathrm{i}\beta_m)\right]\\
&+S_{4a}(m,n)\,I_{I4}(k_0,\beta_m)+S_{4a}(n,m)\,I_{I4}(k_0,\beta_n^*)\\
&-B_mS_{4b}(m,n)\,I_{I4}(k_0,\mathrm{i}\beta_m)-B_n^*S_{4b}(n,m)\,I_{I4}(k_0,\mathrm{i}\beta_n^*)\\
&+S_{5a}(m,n)\,I_{I5}(k_0,\beta_m,\mathrm{i}\beta_n^*)\\
&+B_mS_{5b}(m,n)\,I_{I5}(k_0,\mathrm{i}\beta_m,\beta_n^*)+B_n^*S_{5c}(m,n)\,I_{I5}(k_0,\beta_m,\mathrm{i}\beta_n^*)\\
&+B_mB_n^*S_{5d}(m,n)\,I_{I5}(k_0,\mathrm{i}\beta_m,\mathrm{i}\beta_n^*)+C_mC_n^*I_{I6}(k_0)
\end{aligned} \tag{4.3.72}$$

其中，

$$I_{I1}(k_0,\beta_m,\beta_n^*) = \int_0^\infty\frac{2k_0^2b^2\mathrm{J}_0^2\left(k_0b\sqrt{\tau^2+1}\right)}{\left[k_0^2b^2(\tau^2+1)-\beta_m^2\right]\left[k_0^2b^2(\tau^2+1)-\beta_n^{*2}\right]}\mathrm{d}\tau$$

$$
\begin{aligned}
&= 2k_0 b \sum_{p=0}^{P} \sum_{q=0}^{Q} \frac{\mathrm{J}_{2p}(k_0 b)\,\mathrm{J}_{2q}(k_0 b)}{(1+\delta_{p0})(1+\delta_{q0})(\beta_n^{*2}-\beta_m^2)} \\
&\quad \times [F_{I1}(k_0,\beta_m,p,q) - F_{I1}(k_0,\beta_n^*,p,q) \\
&\quad - F_{I2}(k_0,\beta_m,p,q) + F_{I2}(k_0,\beta_n^*,p,q)]
\end{aligned} \tag{4.3.73}
$$

$$
\begin{aligned}
I_{I2}(k_0,\beta_m) &= \int_0^{\infty} \frac{2k_0 b \mathrm{J}_0\left(k_0 b\sqrt{\tau^2+1}\right)\mathrm{J}_1\left(k_0 b\sqrt{\tau^2+1}\right)}{\sqrt{\tau^2+1}\,[k_0^2 b^2(\tau^2+1)-\beta_m^2]}\mathrm{d}\tau \\
&= 2\sum_{p=0}^{P}\sum_{q=0}^{Q} \frac{(2q+1)\,\mathrm{J}_{2p}(k_0 b)\,\mathrm{J}_{2q+1}(k_0 b)}{1+\delta_{p0}} \\
&\quad \times [F_{I3}(k_0,\beta_m,p,q) + F_{I4}(k_0,\beta_m,p,q)]
\end{aligned} \tag{4.3.74}
$$

$$
\begin{aligned}
I_{I3}(k_0,\beta_m,\beta_n^*) &= \int_0^{\infty} \frac{2k_0^3 b^3\sqrt{\tau^2+1}\mathrm{J}_0\left(k_0 b\sqrt{\tau^2+1}\right)\mathrm{J}_1\left(k_0 b\sqrt{\tau^2+1}\right)}{[k_0^2 b^2(\tau^2+1)-\beta_m^2]\,[k_0^2 b^2(\tau^2+1)-\beta_n^{*2}]}\mathrm{d}\tau \\
&= 2\sum_{p=0}^{P}\sum_{q=0}^{Q} \frac{(2q+1)\,\mathrm{J}_{2p}(k_0 b)\,\mathrm{J}_{2q+1}(k_0 b)}{(1+\delta_{p0})(\beta_m^2-\beta_n^{*2})} \\
&\quad \times \{F_{I5}(k_0,\beta_n^*,p,q) - F_{I5}(k_0,\beta_m,p,q) \\
&\quad + k_0^2 b^2 [F_{I3}(k_0,\beta_m,p,q) - F_{I3}(k_0,\beta_n^*,p,q)] \\
&\quad + \beta_m^2 F_{I4}(k_0,\beta_m,p,q) - \beta_n^{*2} F_{I4}(k_0,\beta_n^*,p,q)\}
\end{aligned} \tag{4.3.75}
$$

$$
\begin{aligned}
I_{I4}(k_0,\beta_m) &= \int_0^{\infty} \frac{2k_0^2 b^2 \mathrm{J}_1^2\left(k_0 b\sqrt{\tau^2+1}\right)}{k_0^2 b^2(\tau^2+1)-\beta_m^2}\mathrm{d}\tau \\
&= 2\sum_{p=0}^{P}\sum_{q=0}^{Q} \frac{(2p+1)(2q+1)\,\mathrm{J}_{2p+1}(k_0 b)\,\mathrm{J}_{2q+1}(k_0 b)}{k_0 b} \\
&\quad \times \left[k_0^2 b^2 F_{I6}(k_0,\beta_m,p,q) - F_{I7}(k_0,\beta_m,p,q) + \beta_m^2 F_{I8}(k_0,\beta_m,p,q)\right]
\end{aligned} \tag{4.3.76}
$$

$$
\begin{aligned}
I_{I5}(k_0,\beta_m,\beta_n^*) &= \int_0^{\infty} \frac{2k_0^4 b^4(\tau^2+1)\,\mathrm{J}_1^2\left(k_0 b\sqrt{\tau^2+1}\right)}{[k_0^2 b^2(\tau^2+1)-\beta_m^2]\,[k_0^2 b^2(\tau^2+1)-\beta_n^{*2}]}\mathrm{d}\tau \\
&= 2\sum_{p=0}^{P}\sum_{q=0}^{Q} \frac{(2p+1)(2q+1)\,\mathrm{J}_{2p+1}(k_0 b)\,\mathrm{J}_{2q+1}(k_0 b)}{k_0 b(\beta_m^2-\beta_n^{*2})}
\end{aligned}
$$

$$
\begin{aligned}
&\times\left\{k_0^4b^4\left[F_{I6}\left(k_0,\beta_m,p,q\right)-F_{I6}\left(k_0,\beta_n,p,q\right)\right]\right.\\
&-\left(k_0^2b^2+\beta_m^2\right)F_{I7}\left(k_0,\beta_m,p,q\right)+\left(k_0^2b^2+\beta_n^{*2}\right)F_{I7}\left(k_0,\beta_n^*,p,q\right)\\
&\left.+\beta_m^4F_{I8}\left(k_0,\beta_m,p,q\right)-\beta_n^{*4}F_{I8}\left(k_0,\beta_n^*,p,q\right)\right\}
\end{aligned}
\tag{4.3.77}
$$

$$
I_{I6}\left(k_0\right)=\int_0^\infty\frac{2\mathrm{J}_1^2\left(k_0b\sqrt{\tau^2+1}\right)}{\tau^2+1}\mathrm{d}\tau=\frac{\mathrm{H}_1\left(2k_0b\right)}{k_0b}
\tag{4.3.78}
$$

这里，$\mathrm{H}_1$ 是 Struve 函数，$F_{I1}\sim F_{I8}$ 由超几何函数和双曲 Bessel 函数组成。

$$
\begin{aligned}
&F_{I1}\left(k_0,\beta_m,p,q\right)\\
=&\frac{{}_3F_4\left(1,1,\frac{3}{2};\frac{3}{2}-p-q,\frac{3}{2}+p-q,\frac{3}{2}-p+q,\frac{3}{2}+p+q;k_0^2b^2-\beta_m^2\right)}{\pi\left(p-q-1/2\right)_2\left(p+q-1/2\right)_2}
\end{aligned}
\tag{4.3.79}
$$

$$
F_{I2}\left(k_0,\beta_m,p,q\right)=\frac{2\pi\mathrm{I}_{2p}\left(\sqrt{k_0^2b^2-\beta_m^2}\right)\mathrm{I}_{2q}\left(\sqrt{k_0^2b^2-\beta_m^2}\right)}{\sqrt{k_0^2b^2-\beta_m^2}}
\tag{4.3.80}
$$

$$
\begin{aligned}
&F_{I3}\left(k_0,\beta_m,p,q\right)\\
=&\frac{{}_3F_4\left(1,\frac{3}{2},2;\frac{3}{2}-p-q,\frac{3}{2}+p-q,\frac{5}{2}-p+q,\frac{5}{2}+p+q;k_0^2b^2-\beta_m^2\right)}{\pi\left(p-q-3/2\right)_3\left(p+q-1/2\right)_3}
\end{aligned}
\tag{4.3.81}
$$

$$
F_{I4}\left(k_0,\beta_m,p,q\right)=\frac{2\pi\mathrm{I}_{2p}\left(\sqrt{k_0^2b^2-\beta_m^2}\right)\mathrm{I}_{2q+1}\left(\sqrt{k_0^2b^2-\beta_m^2}\right)}{k_0^2b^2-\beta_m^2}
\tag{4.3.82}
$$

$$
\begin{aligned}
&F_{I5}\left(k_0,\beta_m,p,q\right)\\
=&2\frac{{}_3F_4\left(\frac{1}{2},1,1;\frac{1}{2}-p-q,\frac{1}{2}+p-q,\frac{3}{2}-p+q,\frac{3}{2}+p+q;k_0^2b^2-\beta_m^2\right)}{\pi\left(p-q-1/2\right)\left(p+q+1/2\right)}
\end{aligned}
\tag{4.3.83}
$$

$$
\begin{aligned}
&F_{I6}\left(k_0,\beta_m,p,q\right)\\
=&3\frac{{}_3F_4\left(1,2,\frac{5}{2};\frac{3}{2}-p-q,\frac{5}{2}+p-q,\frac{5}{2}-p+q,\frac{7}{2}+p+q;k_0^2b^2-\beta_m^2\right)}{2\pi\left(p-q-3/2\right)_4\left(p+q-1/2\right)_4}
\end{aligned}
\tag{4.3.84}
$$

$$\begin{aligned}&F_{I7}\left(k_0,\beta_m,p,q\right)\\=&\frac{{}_3F_4\left(1,1,\dfrac{3}{2};\dfrac{1}{2}-p-q,\dfrac{3}{2}+p-q,\dfrac{3}{2}-p+q,\dfrac{5}{2}+p+q;k_0^2b^2-\beta_m^2\right)}{\pi\left(p-q-1/2\right)_2\left(p+q+1/2\right)_2}\end{aligned}\tag{4.3.85}$$

$$F_{I8}\left(k_0,\beta_m,p,q\right)=\frac{2\pi \mathrm{I}_{2p+1}\left(\sqrt{k_0^2b^2-\beta_m^2}\right)I_{2q+1}\left(\sqrt{k_0^2b^2-\beta_m^2}\right)}{\left(k_0^2b^2-\beta_m^2\right)^{3/2}}\tag{4.3.86}$$

注意到 (4.3.79) 式、(4.3.81) 式、(4.3.84) 及 (4.3.85) 式分母中的下标含义可参见文献 [26], 且有

$$\begin{aligned}&\left(p\right)_0=1\\&\left(p\right)_n=p\left(p+1\right)\cdots\left(p+n-1\right)=\frac{\Gamma\left(p+n\right)}{\Gamma\left(p\right)}\left(p\geqslant 1\right)\end{aligned}\tag{4.3.87}$$

通过 (4.3.55) 式计算 $\bar{\psi}_n$，再由 (4.3.38) 式计算 $\Delta_n$，(4.3.62) 和 (4.3.72) 式分别计算 $I_F$ 和 $I_I$，并由 (4.3.56) 式得到 $I$，进一步由 (4.3.54) 式计算 $G_{mn}$，则由 (4.3.53) 式可以求解得到 $v_m$，在此基础上，利用文献 [21] 给出的球坐标下远场 Green 函数：

$$G_a\left(r,\theta,\varphi|x_0,\varphi_0,z_0\right)=\frac{1}{4\pi r}\mathrm{e}^{\mathrm{i}k_0\left[r-x_0\sin\theta\cos\left(\varphi-\varphi_0\right)-z_0\cos\theta\right]}\tag{4.3.88}$$

在 (4.3.88) 式中，设 $\varphi=\pi/2$，$\cos\left(\varphi-\varphi_0\right)=\sin\varphi_0$，并利用等式：

$$\frac{1}{2\pi}\int_0^{2\pi}\mathrm{e}^{-\mathrm{i}k_0x_0\sin\theta\sin\varphi_0}\mathrm{d}\varphi_0=\mathrm{J}_0\left(k_0x_0\sin\theta\right)\tag{4.3.89}$$

由 (4.3.46) 式及 (4.3.44) 和 (4.3.45) 式，可得局部球壳的远场辐射声压：

$$p\left(r,\theta\right)=-\mathrm{i}\frac{bF_0}{4rS}\mathrm{e}^{\mathrm{i}k_0r}D\left(\theta\right)\tag{4.3.90}$$

式中，$D\left(\theta\right)$ 为方向性函数，其表达式为

$$\begin{aligned}D\left(\theta\right)=&2k_0b\sum_{m=1}^{\infty}v_m\left[C_m\frac{\mathrm{J}_1\left(k_0b\sin\theta\right)}{k_0b\sin\theta}\right.\\&\left.-B_m\frac{\beta_m\mathrm{J}_0\left(k_0b\sin\theta\right)\mathrm{I}_1\left(\beta_m\right)+\left(k_0b\sin\theta\right)\mathrm{I}_0\left(\beta_m\right)\mathrm{J}_1\left(k_0b\sin\theta\right)}{\beta_m^2+\left(k_0b\sin\theta\right)^2}\right.\end{aligned}$$

$$+\frac{\beta_m \mathrm{J}_0\left(k_0 b \sin\theta\right) \mathrm{J}_1\left(\beta_m\right)-\left(k_0 b \sin\theta\right) \mathrm{J}_0\left(\beta_m\right) \mathrm{J}_1\left(k_0 b \sin\theta\right)}{\beta_m^2-\left(k_0 b \sin\theta\right)^2}\Bigg] \tag{4.3.91}$$

在对称轴上，$D(\theta)$ 简化为

$$D(\theta)=k_0 b \sum_{m=1}^{\infty} v_m\left[2 \frac{\mathrm{J}_1\left(\beta_m\right)}{\beta_m}-2 B_m \frac{\mathrm{I}_1\left(\beta_m\right)}{\beta_m}+C_m\right] \tag{4.3.92}$$

采用前面建立的计算模型，Mellow 和 Kärkkäinen[23] 针对扬声器计算获得了辐射声压谱级，考虑到其结果不在本书关注的范围，这里不作引用。Mellow 和 Kärkkäinen 所建立的局部圆球壳振动和声辐射模型已相当复杂，虽然在处理局部球壳振动与其辐射声场耦合时，模型尚不完善，若将其扩展到水下局部球壳振动及声辐射计算，则会更加复杂，可以说采用解析解计算局部圆球壳振动和声辐射是一件相当困难的工作。

## 4.4 弹性薄椭球壳耦合振动和声辐射

相对于圆球壳而言，潜艇、鱼雷等水下运动体的形状更接近于椭球，所以，椭球壳也是典型的结构耦合振动和声辐射研究对象。Chertock[30] 采用椭球函数研究了已知模态振动的椭球壳声辐射，得到的声阻抗关系可用于已知振动速度的细长体声辐射的近似计算。理论上讲，圆球壳是力学性能最佳的壳体结构形式，但实际工程中难以实现理想的圆球壳，使其力学性能明显下降。近年来，有学者 [27,28] 注意到禽类蛋壳的力学性能具有较好的容差性，水下大潜深航行器有可能采用蛋壳耐压结构形式 [29]，而蛋壳几何形状十分接近椭球壳，这也为研究椭球壳结构振动及声辐射提供了新的背景。

常见的椭球分为长椭球 (prolate spheroids) 和扁椭球 (oblate spheroids), 参见图 4.4.1 和图 4.4.2。长椭球为椭圆绕其长轴旋转一周得到。若椭圆的焦点位置为 $(x, y, z)=(0,0, \pm d / 2)$，且焦点到椭球上任一点的距离为 $r_1$ 和 $r_2$，则定义长椭球坐标为

$$\xi=\left(r_1+r_2\right) / d, \quad 1 \leqslant \xi \leqslant \infty \tag{4.4.1a}$$

$$\eta=\left(r_1-r_2\right) / d, \quad -1 \leqslant \eta \leqslant 1 \tag{4.4.1b}$$

$$\varphi=\tan^{-1}(y / x), \quad 0 \leqslant \varphi \leqslant 2\pi \tag{4.4.1c}$$

长椭球坐标 $(\xi, \eta, \varphi)$ 与直角坐标 $(x, y, z)$ 的关系为

$$x=\frac{d}{2}\left(1-\eta^2\right)^{1/2}\left(\xi^2-1\right)^{1/2} \cos\varphi \tag{4.4.2a}$$

$$y=\frac{d}{2}\left(1-\eta^{2}\right)^{1/2}\left(\xi^{2}-1\right)^{1/2}\sin\varphi \tag{4.4.2b}$$

$$z=\frac{d}{2}\xi\eta \tag{4.4.2c}$$

式中，$d$ 为两焦点之间的距离。

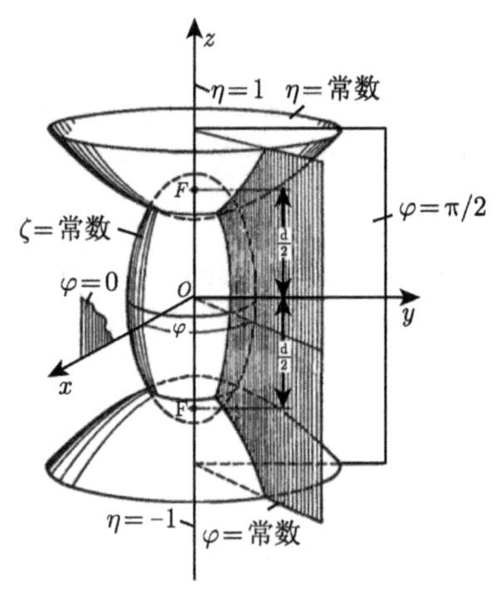


图 4.4.1　长椭球模型

(引自文献 [31], fig.1)

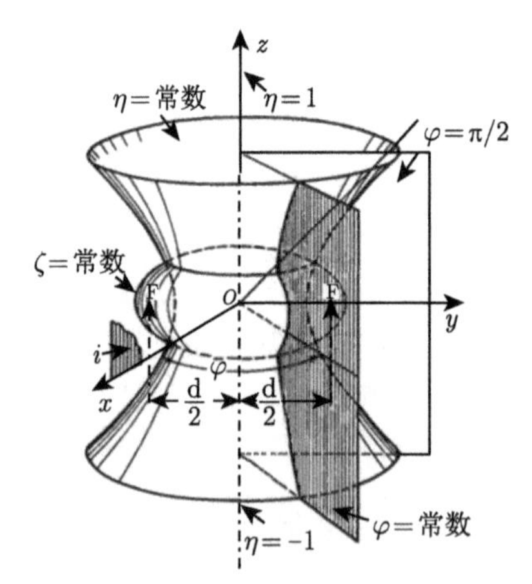


图 4.4.2　扁椭球模型

(引自文献 [31], fig2)

在椭球坐标中，表面 $\xi=\xi_0$($\xi_0$ 为常数) 为共焦点的椭圆，且偏心率为 $1/\xi_0$，相应地，长椭球长轴长为 $\xi_0 d$，短轴长为 $\left(\xi_0^2-1\right)^{1/2}d$；表面 $\eta=\eta_0$($\eta_0$ 为常数) 为共焦点双曲线的一叶，且与椭球正交，参见图 4.4.1。当 $\xi_0\to 1$，则长椭球退化为棒形体，而当 $\xi_0 \gg 1$，长椭球越来越接近球体，椭球坐标趋于球坐标，$\xi \to 2r/d$，$\eta \to \cos\theta$。

当椭圆绕其短轴旋转一周，则得到扁椭球。扁椭球坐标 $(\xi,\eta,\varphi)$ 与直角坐标的关系为

$$x = \frac{d}{2}\left(1-\eta^2\right)^{1/2}\left(\xi^2+1\right)^{1/2}\cos\varphi \tag{4.4.3a}$$

$$y = \frac{d}{2}\left(1-\eta^2\right)^{1/2}\left(\xi^2+1\right)^{1/2}\sin\varphi \tag{4.4.3b}$$

$$z = \frac{d}{2}\xi\eta \tag{4.4.3c}$$

在椭球坐标系中，表面 $\xi = \xi_0$($\xi_0$ 为常数) 为共焦点椭圆，且扁椭球的长轴长为 $\left(\xi^2+1\right)^{1/2} d$，短轴长为 $\xi_0 d$；表面 $\eta = \eta_0$($\eta_0$ 为常数) 也为共焦点双曲面的一叶，参见图 4.4.2。若令 $\xi \to \mathrm{i}\xi$，$a \to -\mathrm{i}d$，则可以将长椭球变换为扁椭球，下面的内容仅仅针对长椭球展开，且不再注明长椭球和扁椭球。

类似球坐标，椭球坐标也是少数几个可以采用分离变量求解波动方程的坐标系之一。在椭球坐标系中，Laplacian 算子的表达式为

$$\nabla^2 = \frac{4}{d^2\left(\xi^2-\eta^2\right)}\left[\frac{\partial}{\partial\eta}\left(1-\eta^2\right)\frac{\partial}{\partial\eta} + \frac{\partial}{\partial\xi}\left(\xi^2-1\right)\frac{\partial}{\partial\xi} + \frac{\xi^2-\eta^2}{\left(\xi^2-1\right)\left(1-\eta^2\right)}\frac{\partial^2}{\partial\varphi^2}\right] \tag{4.4.4}$$

相应的 Helmholtz 方程为

$$\left[\frac{\partial}{\partial\eta}\left(1-\eta^2\right)\frac{\partial}{\partial\eta} + \frac{\partial}{\partial\xi}\left(\xi^2-1\right)\frac{\partial}{\partial\xi} + \frac{\xi^2-\eta^2}{\left(\xi^2-1\right)\left(1-\eta^2\right)}\frac{\partial^2}{\partial\varphi^2} + \alpha^2\left(\xi^2-\eta^2\right)\right]p = 0 \tag{4.4.5}$$

式中，$\alpha$ 为无量纲频率。

$$\alpha = \frac{\omega d}{2C_0} = k_0\frac{d}{2}$$

采用分离变量法求解 (4.4.5) 式，设辐射声压的形式解为

$$p_{mn} = S_{mn}(\alpha,\eta)\,R_{mn}(\alpha,\xi)\cos m\varphi \tag{4.4.6}$$

由 (4.4.5) 式分离变量可得到两个微分方程：

$$\frac{\partial}{\partial\eta}\left[\left(1-\eta^2\right)\frac{\partial}{\partial\eta}S_{mn}(\alpha,\eta)\right] + \left[\lambda_{mn} - \alpha^2\eta^2 - \frac{m^2}{1-\eta^2}\right]S_{mn}(\alpha,\eta) = 0 \tag{4.4.7}$$

$$\frac{\partial}{\partial\xi}\left[\left(\xi^2-1\right)\frac{\partial}{\partial\xi}R_{mn}(\alpha,\xi)\right] - \left[\lambda_{mn} - \alpha^2\xi^2 + \frac{m^2}{\xi^2-1}\right]R_{mn}(\alpha,\xi) = 0 \tag{4.4.8}$$

式中，$\lambda_{mn}$ 为分离变量常数。

先考虑椭球角向函数 $S_{mn}(\alpha,\eta)$，为了 (4.4.7) 式的解单值且有限，要求 $\lambda_{mn}$ 为离散值，使 $\eta=\pm1$ 时解有限。在球坐标系中，$\lambda$ 的取值与频率和本征值 $m$ 无关，而在椭球坐标系中，$\lambda$ 与 $\alpha$ 和 $m$ 都有关，从而增加了求解的复杂程度。文献 [30] 和 [32] 给出了由缔合 Legendre 函数组成的椭球角向函数表达式：

$$S_{mn}(\alpha,\eta)=\sum_{r=0,1}^{\infty}{}' d_r^{mn}(\alpha)\,\mathrm{P}_{m+r}^m(\eta) \tag{4.4.9}$$

式中，求和号 $\Sigma'$ 表示 $n-m$ 为偶数时，仅对偶数 $r$ 求和，$n-m$ 为奇数时，仅对奇数 $r$ 求和，且求和从 $r=0$ 或 $r=1$ 开始。注意到，当 $\alpha\to0$ 时，$S_{mn}(\alpha,\eta)$ 退化为缔合 Legendre 函数 $\mathrm{P}_n^m(\eta)$。

将 (4.4.9) 式代入 (4.4.7) 式，利用缔合 Legendre 方程及缔合 Legendre 函数的递推关系，可以得到系数 $d_r^{mn}$ 的递推关系：

$$\begin{aligned}&\frac{(2m+r+2)(2m+r+1)}{(2m+2r+3)(2m+2r+5)}\alpha^2 d_{r+2}^{mn}(\alpha)\\&+\left[(m+r)(m+r+1)-\lambda_{mn}(\alpha)+\frac{2(m+r)(m+r-1)-2m^2-1}{(2m+2r-1)(2m+2r+3)}\alpha^2\right]d_r^{mn}(\alpha)\\&+\frac{r(r-1)\alpha^2}{(2m+2r-3)(2m+2r-1)}d_{r-2}^{mn}(\alpha)=0\end{aligned} \tag{4.4.10}$$

对于 $\alpha^2$ 值较小的情况，本征值 $\lambda_{mn}$ 可以由幂级数形式计算：

$$\lambda_{mn}(\alpha)=\sum_k l_{2k}^{mn}\alpha^{2k} \tag{4.4.11}$$

式中，系数 $l_{2k}^{mn}$ 的计算可查阅文献 [33]。

考虑椭球角向函数的归一化因素，可以给出计算系数 $d_r^{mn}$ 的公式：

$$\sum_{r=0}^{\infty}{}'\frac{(-1)^{r/2}(r+2m)!d_r^{mn}}{2^r\left(\dfrac{r}{2}\right)!\left(\dfrac{r+2m}{2}\right)!}=\frac{(-1)^{(n-m)/2}(n+m)!}{2^{n-m}\left(\dfrac{n-m}{2}\right)!\left(\dfrac{n+m}{2}\right)!}\quad (n-m)\text{为偶数} \tag{4.4.12}$$

$$\sum_{r=0}^{\infty}{}'\frac{(-1)^{(r-1)/2}(r+2m+1)!d_r^{mn}}{2^r\left(\dfrac{r-1}{2}\right)!\left(\dfrac{r+2m+1}{2}\right)!}=\frac{(-1)^{(n-m-1)/2}(n+m+1)!}{2^{n-m}\left(\dfrac{n-m-1}{2}\right)!\left(\dfrac{n+m+1}{2}\right)!}\quad (n-m)\text{为奇数} \tag{4.4.13}$$

已知了 $d_r^{mn}$，即可由 (4.4.9) 式计算椭球角向函数 $S_{mn}(\alpha,\eta)$。椭球角向函数还具有以下特性：

$$S_{-mn}(\alpha,\eta)=(-1)^m\frac{(n-m)!}{(n+m)!}S_{mn}(\alpha,\eta) \tag{4.4.14}$$

$$S_{-mn}(0,\eta)=\mathrm{P}_n^{-m}(\eta) \tag{4.4.15}$$

且有

$$\lambda_{-mn}=\lambda_{mn} \tag{4.4.16}$$

$$d_r^{-mn}=\frac{(n-m)!\,(2m+r)!}{(n+m)!r!}d_r^{mn} \tag{4.4.17}$$

椭球角向函数的归一化常数为

$$N_{mn}(\alpha)=\int_{-1}^{1}[S_{mn}(\alpha,\eta)]^2\,\mathrm{d}\eta=\sum_{r=0,1}^{\infty}{}'\frac{2\,(r+2m)!\,(d_r^{mn})^2}{(2r+2m+1)\,r!} \tag{4.4.18}$$

满足 (4.4.8) 式的椭球径向函数 $R_{mn}(g,\xi)$ 有驻波解和行波解两种形式，Skudrzyk[32] 详细给出四种表达式：

$$R_{mn}^{(1)}(\alpha,\xi)=\frac{\rho_{mn}\left(\xi^2-1\right)^{m/2}}{(\alpha\xi)^m}\sum_{r=0,1}^{\infty}{}'d_r^{mn}\mathrm{i}^r\frac{(2m+r)!}{r!}\mathrm{j}_{m+r}(\alpha\xi) \tag{4.4.19}$$

利用 $R_{mn}^{(1)}(\alpha,\xi)$ 和 $\mathrm{j}_{m+r}(\alpha\xi)$ 的大宗量渐近表达式，可以确定 (4.4.19) 式中的归一化因子 $\rho_{mn}$，从而给出：

$$R_{mn}^{(1)}(\alpha,\xi)=\frac{\left(\dfrac{\xi^2-1}{\xi^2}\right)^{m/2}}{\displaystyle\sum_{r=0,1}^{\infty}{}'d_r^{mn}\frac{(2m+r)!}{r!}}\sum_{r=0,1}^{\infty}{}'i^{r+m-n}d_r^{mn}\frac{(2m+r)!}{r!}\mathrm{j}_{m+r}(\alpha\xi) \tag{4.4.20}$$

这里 $R_{mn}^{(1)}(\alpha,\xi)$ 为椭球径向第一类驻波解，第二类驻波解则为

$$R_{mn}^{(2)}(\alpha,\xi)=\frac{\left(\dfrac{\xi^2-1}{\xi^2}\right)^{m/2}}{\displaystyle\sum_{r=0,1}^{\infty}{}'d_r^{mn}\frac{(2m+r)!}{r!}}\sum_{r=0,1}^{\infty}{}'\mathrm{i}^{r+m-n}d_r^{mn}\frac{(2m+r)!}{r!}\mathrm{n}_{m+r}(\alpha\xi) \tag{4.4.21}$$

式中，$\mathrm{j}_{m+r}$ 和 $\mathrm{n}_{m+r}$ 为球 Bessel 函数和球 Neumann 函数。

椭球径向的行波解为

$$R_{mn}^{(3)}(\alpha,\xi)=\frac{\left(\dfrac{\xi^2-1}{\xi^2}\right)^{m/2}}{\displaystyle\sum_{r=0,1}^{\infty}{}'d_r^{mn}\frac{(2m+r)!}{r!}}\sum_{r=0,1}^{\infty}{}'\mathrm{i}^{r+m-n}d_r^{mn}\frac{(2m+r)!}{r!}\mathrm{h}_{m+r}^{(1)}(\alpha\xi) \quad (4.4.22)$$

$$R_{mn}^{(4)}(\alpha,\xi)=\frac{\left(\dfrac{\xi^2-1}{\xi^2}\right)^{m/2}}{\displaystyle\sum_{r=0,1}^{\infty}{}'d_r^{mn}\frac{(2m+r)!}{r!}}\sum_{r=0,1}^{\infty}{}'\mathrm{i}^{r+m-n}d_r^{mn}\frac{(2m+r)!}{r!}\mathrm{h}_{m+r}^{(2)}(\alpha\xi) \quad (4.4.23)$$

式中，$\mathrm{h}_{m+r}^{(1)}$ 和 $\mathrm{h}_{m+r}^{(2)}$ 分别为第一类和第二类球 Hankel 函数，当 $\alpha\xi\to\infty$ 时，则有类似圆球壳的结果：

$$R_{mn}^{(1)}(\alpha,\xi)=\frac{1}{\alpha\xi}\cos\left[\alpha\xi-\frac{1}{2}(n+1)\pi\right] \quad (4.4.24)$$

$$R_{mn}^{(2)}(\alpha,\xi)=\frac{1}{\alpha\xi}\sin\left[\alpha\xi-\frac{1}{2}(n+1)\pi\right] \quad (4.4.25)$$

$$R_{mn}^{(3),(4)}(\alpha,\xi)=\frac{1}{\alpha\xi}\mathrm{e}^{\pm\mathrm{i}\left[\alpha\xi-\frac{1}{2}(n+1)\pi\right]} \quad (4.4.26)$$

在圆球壳表面球函数是正交的，而在椭球表面椭球角向函数不正交，微面元 $\mathrm{d}\eta\mathrm{d}\varphi$ 不表示单元的面积。为了得到单元面积，$\mathrm{d}\eta$ 和 $\mathrm{d}\varphi$ 应考虑椭球坐标系下的尺度因子：

$$\lambda_\eta=\frac{d}{2}\left[\frac{\xi^2-\eta^2}{1-\eta^2}\right]^{1/2} \quad (4.4.27)$$

$$\lambda_\xi=\frac{d}{2}\left[\frac{\xi^2-\eta^2}{\xi^2-1}\right]^{1/2} \quad (4.4.28)$$

$$\lambda_\varphi=\frac{d}{2}\left[(1-\eta^2)(\xi^2-1)\right]^{1/2} \quad (4.4.29)$$

于是单元面积为

$$\mathrm{d}S=\lambda_\eta\mathrm{d}\eta\lambda_\varphi\mathrm{d}\varphi=\frac{d^2}{4}\left[(\xi^2-1)(\xi^2-\eta^2)\right]^{1/2}\mathrm{d}\eta\mathrm{d}\varphi \quad (4.4.30)$$

在椭球表面，振动速度可以采用加权椭球模态函数表示：

$$v(\eta,\varphi)=\frac{1}{\sqrt{\lambda_\eta\lambda_\varphi}}\sum_m\sum_n v_{mn}S_{mn}(\alpha,\eta)\cos m\varphi \tag{4.4.31}$$

式中，展开系数 $v_{mn}$ 则为

$$v_{mn}=\frac{2\pi\varepsilon_m}{N_{mn}}\int_{-1}^{+1}\int_0^{2\pi}v(\eta,\varphi)\sqrt{\lambda_\eta\lambda_\varphi}S_{mn}(\alpha,\eta)\cos m\varphi\mathrm{d}\eta\mathrm{d}\varphi \tag{4.4.32}$$

已知了椭球壳的振面振速，可以计算相应的辐射声压。声压和质点振速表示为椭球函数之和：

$$p=\sum_m\sum_n p_{mn}R_{mn}^{(3)}(\alpha,\xi)S_{mn}(\alpha,\eta)\cos m\varphi \tag{4.4.33}$$

$$v=\sum_p\sum_q v_{pq}R_{pq}^{(3)}(\alpha,\xi)S_{pq}(\alpha,\eta)\cos p\varphi \tag{4.4.34}$$

在 $\xi=$ 常数的椭球面上，考虑法向振速 $v_n$：

$$v_n=\frac{-\mathrm{i}}{k_0\rho_0C_0}\frac{\partial p}{\partial n}=\frac{-\mathrm{i}}{k_0\rho_0C_0}\frac{1}{\lambda_\xi}\frac{\partial p}{\partial\xi} \tag{4.4.35}$$

将 (4.4.33) 式代入 (4.4.35) 式，并由 (4.4.34) 式可得

$$\begin{aligned}&\sum_p\sum_q v_{pq}R_{pq}^{(3)}(\alpha,\xi)S_{pq}(\alpha,\eta)\cos p\varphi\\=&\frac{-\mathrm{i}}{k_0\rho_0C_0}\frac{1}{\lambda_\xi}\sum_m\sum_n p_{mn}R_{mn}^{(3)\prime}(\alpha,\xi)S_{mn}(\alpha,\eta)\cos m\varphi\end{aligned} \tag{4.4.36}$$

(4.4.36) 式仅当 $m=p$ 时满足所有 $\varphi$ 值，因而简化为

$$\sum_q v_{mq}R_{mq}^{(3)}(\alpha,\xi)S_{mq}(\alpha,\eta)=\frac{-\mathrm{i}}{k_0\rho_0C_0}\frac{1}{\lambda_\xi}\sum_n p_{mn}R_{mn}^{(3)\prime}(\alpha,\xi)S_{mn}(\alpha,\eta) \tag{4.4.37}$$

由 (4.4.37) 式可见，椭球壳表面模态声压与模态质点振速相互耦合，不同于圆球壳表面某阶模态声压只与该阶模态振速有关，而与其他模态振速无关。为了进一步讨论，假设声压只有一个模态，即

$$p=p_{mn}R_{mn}^{(3)}(\alpha,\xi)S_{mn}(\alpha,\eta)\cos m\varphi \tag{4.4.38}$$

这样，(4.4.37) 式简化为

$$\sum_q v_{mq} R_{mq}^{(3)}(\alpha,\xi) S_{mq}(\alpha,\eta) = \frac{-\mathrm{i}}{k_0\rho_0 C_0}\frac{1}{\lambda_\xi} p_{mn} R_{mn}^{(3)\prime}(\alpha,\xi) S_{mn}(\alpha,\eta) \tag{4.4.39}$$

(4.4.39) 式两边同乘以 $S_{mq}(\alpha,\eta)$，并对 $\eta$ 积分，利用椭球角向函数的正交性可得

$$v_{mq} = \frac{-\mathrm{i} p_{mn} R_{mn}^{(3)\prime}(\alpha,\xi)}{k_0\rho_0 C_0 R_{mq}^{(3)}(\alpha,\xi)} I_{mnq}(\xi) \tag{4.4.40}$$

式中，

$$I_{mnq}(\xi) = \frac{1}{N_{mq}}\int_{-1}^{+1}\frac{1}{\lambda_\xi} S_{mn}(\alpha,\eta) S_{mq}(\alpha,\eta)\,\mathrm{d}\eta \tag{4.4.41}$$

由此可见，对应一个椭球声压模态，存在一组法向振速模态，它们的相对幅值正比于 $I_{mnq}$。同理，假设一个椭球振动模态：

$$v = v_{mq} R_{mq}^{(3)}(\alpha,\xi) S_{mq}(\alpha,\eta)\cos m\varphi \tag{4.4.42}$$

(4.4.37) 式可简化为

$$v_{mq} R_{mq}^{(3)}(\alpha,\xi) S_{mq}(\alpha,\eta) = \frac{-\mathrm{i}}{k_0\rho_0 C_0}\frac{1}{\lambda_\xi}\sum_n p_{mn} R_{mn}^{(3)\prime}(\alpha,\xi) S_{mn}(\alpha,\eta) \tag{4.4.43}$$

类似 (4.4.40) 式推导，可得

$$p_{mn} = \frac{\mathrm{i} k_0\rho_0 C_0 v_{mq} R_{mq}^{(3)}(\alpha,\xi)}{R_{mn}^{(3)\prime}(\alpha,\xi)} J_{mnq} \tag{4.4.44}$$

式中，

$$J_{mnq}(\xi) = \frac{1}{N_{mq}}\int_{-1}^{+1}\lambda_\xi S_{mn}(\alpha,\eta) S_{mq}(\alpha,\eta)\,\mathrm{d}\eta \tag{4.4.45}$$

可见，一个单独的振动模态也耦合一组声压模态。注意：在较大的 $\eta$ 范围内，可以近似认为 $\lambda_\xi = \left[\left(\xi_0^2-\eta^2\right)/\left(\xi_0^2-1\right)\right]$ 和 $1/\lambda_\xi$ 是常数，这样，只有在 $n=q$ 时，函数 $I_{mnq}$ 和 $J_{mnq}$ 分别近似为 $1/\lambda_\xi$ 和 $\lambda_\xi$，其他情况都等于零。因此，可以说，椭球的 $(m,n)$ 阶振动模态主要激励 $(m,n)$ 阶声模态，其他声辐射可忽略。于是声辐射阻抗为

$$Z_{mn} = \mathrm{i} k_0\rho_0 C_0 \frac{\lambda_\xi R_{mn}^{(3)}(\alpha,\xi_0)}{R_{mn}^{(3)\prime}(\alpha,\xi_0)} \tag{4.4.46}$$

为了简化下面的椭球壳声辐射功率的计算,Chertock[30] 定义了一个加权因子：

$$\frac{1}{\lambda_\xi}=\sqrt{\frac{\xi_0^2-1}{\xi_0^2-\eta^2}} \tag{4.4.47}$$

此因子与 (4.4.28) 式相比，少了 $d/2$，使得 $v_{mn}$ 仍有速度的量纲。在 $\xi=\xi_0$ 的椭球面上，振速可以表示为

$$v(\eta,\varphi)=\left(\frac{\xi_0^2-1}{\xi_0^2-\eta^2}\right)^{1/2}\sum_m\sum_n v_{mn}S_{mn}(\alpha,\eta)\cos m\varphi \tag{4.4.48}$$

考虑到 (4.4.46) 式、(4.4.47) 式及 (4.4.31) 式，椭球壳辐射声压由模态辐射声压叠加而成：

$$p=\mathrm{i}\alpha\rho_0C_0\sum_m\sum_n v_{mn}S_{mn}(\alpha,\eta)\cos m\varphi\sqrt{\frac{\xi_0^2-\eta^2}{\xi_0^2-1}}\frac{R_{mn}^{(3)}(\alpha,\xi)}{\partial R_{mn}^{(3)}(\alpha,\xi_0)/\partial\xi_0} \tag{4.4.49}$$

再在 (4.4.48) 式两边同乘以 $S_{pq}(p,q)\cos p\varphi$，积分可得模态振速：

$$v_{mn}=\frac{\varepsilon_m}{2\pi N_{mn}(\alpha)}\int_{-1}^{+1}\int_0^{2\pi}\left(\frac{\xi_0^2-\eta^2}{\xi_0^2-1}\right)^{1/2}v(\eta,\varphi)S_{mn}(\alpha,\eta)\cos m\varphi\mathrm{d}\eta\mathrm{d}\varphi \tag{4.4.50}$$

注意到，采用了 Chertock 加权模态振速概念，(4.4.48) 式与 (4.4.31) 式、(4.4.50) 式与 (4.4.32) 式有所不同。若采用缔合 Legendre 函数，(4.4.50) 式可以表示为

$$v_{mn}=\frac{\varepsilon_m}{2\pi N_{mn}(\alpha)}\sum_{r=0,1}^{\infty}{}'d_r^{mn}\int_{-1}^{+1}\int_0^{2\pi}\left(\frac{\xi_0^2-\eta^2}{\xi_0^2-1}\right)^{\frac{1}{2}}v(\eta,\varphi)\mathrm{P}_{m+r}^m(\eta)\cos m\varphi\mathrm{d}\eta\mathrm{d}\varphi \tag{4.4.51}$$

考虑到 (4.4.47) 式和 (4.4.46) 式，在 Chertock 加权模式下给出的模态辐射阻抗为

$$Z_{mn}=\mathrm{i}\alpha\rho_0C_0\sqrt{\frac{\xi_0^2-\eta^2}{\xi_0^2-1}}\frac{R_{mn}^{(3)}(\alpha,\xi_0)}{\partial R_{mn}^{(3)}(\alpha,\xi_0)/\partial\xi_0} \tag{4.4.52}$$

因为模态辐射阻抗 $Z_{mn}$ 定义为 $\xi=\xi_0$ 椭球面上模态声压与模态振速之比，它与椭球面位置有关，可以认为是一个局部阻抗。由 (4.4.52) 式可见，椭球壳模态阻抗一方面与因子 $\left[(\xi_0^2-\eta^2)/(\xi_0^2-1)\right]^{1/2}$ 有关，在椭球两极，此因子为 1，而在椭球赤道附近此因子增加，使得椭球单个模态受激励时，对于相同的法向振速，赤道附近单位面积产生的声辐射功率大于极点附近产生的声辐射功率。另一方面，

椭球壳模态阻抗又与 $R_{mn}^{(3)}(\alpha,\xi)$ 及其关于 $\xi$ 的导数有关，而参数 $\alpha$ 与频率有关，因此椭球壳模态阻抗也与频率相关。在频率很高或远场情况下，$R_{mn}^{(3)}(\alpha,\xi)$ 可以由渐近式表示，相应的模态阻抗与球壳或柱壳的模态阻抗一样趋于 $\rho_0C_0$，但在椭球壳赤道附近，局部辐射阻抗远大于 $\rho_0C_0$，这是由于近场的局部变化和振动曲面的衍射所带来的结果。

由 (4.4.33) 式和 (4.4.48) 式给出的模态声压和模态振速，可以计算椭球壳声辐射功率：

$$
\begin{aligned}
P=&\iint\frac{1}{2}\mathrm{Re}\left[pv^*\right]\mathrm{d}S\\
=&\frac{1}{2}\mathrm{Re}\int_0^{2\pi}\int_{-1}^{+1}\sum_m\sum_n p_{mn}S_{mn}(\alpha,\eta)\cos m\varphi\\
&\sqrt{\frac{\xi_0^2-\eta^2}{\xi_0^2-1}}\sum_p\sum_q\lambda_\varphi\lambda_\eta v_{pq}^*S_{pq}(\alpha,\eta)\cos p\varphi\mathrm{d}\varphi\mathrm{d}\eta
\end{aligned}
\tag{4.4.53}
$$

其中，在 Chevtock 加权模式下，模态声压表达式为

$$
p_{mn}=\frac{\mathrm{i}\alpha\rho_0C_0v_{mn}R_{mn}^{(3)}(\alpha,\xi_0)}{R_{mn}^{(3)\prime}(\alpha,\xi_0)}
\tag{4.4.54}
$$

将 (4.4.27) 式、(4.4.29) 式代入 (4.4.53) 式，利用 $S_{mn}(\alpha,\eta)$ 的正交性，积分可得椭球壳模态声辐射功率：

$$
P_{mn}=\frac{1}{2}\frac{d^2 2\pi\left(\xi_0^2-1\right)}{4\varepsilon_m}N_{mn}\mathrm{Re}\left[p_{mn}v_{mn}^*\right]
\tag{4.4.55}
$$

将 (4.4.54) 式代入 (4.4.55) 式，得到

$$
P_{mn}=\mathrm{Re}\left[\bar{Z}_{mn}\right]\frac{v_{mn}^2}{2}
\tag{4.4.56}
$$

式中，

$$
\bar{Z}_{mn}=\frac{\mathrm{i}\pi d^2\left(\xi_0^2-1\right)\rho_0C_0\alpha R_{mn}^{(3)}(\alpha,\xi_0)N_{mn}}{2\varepsilon_m R_{mn}^{(3)\prime}(\alpha,\xi_0)}
$$

相应于 (4.4.46) 式和 (4.4.52) 式给出的模态辐射阻抗为局部模态辐射阻抗或单位面积模态辐射阻抗，(4.4.56) 式中 $\bar{Z}_{mn}$ 为椭球壳的总模态辐射阻抗 (total radiation impedance)。Chertock[30] 针对半长轴和半短轴分别为 $a$ 和 $b$ 的细长椭

球壳计算给出了刚体轴向振动和正弦分布振动的辐射阻抗。已知刚体轴向振速为 $v_0$，相应的细长椭球表面法向振速为

$$v(\eta) = v_0 \eta \sqrt{\frac{\xi_0^2 - 1}{\xi_0^2 - \eta}} \tag{4.4.57}$$

在轴对称情况下，前三阶模态辐射阻参见图 4.4.3，所考虑的频率范围内 ($\alpha \leqslant 5$)，刚体轴向振动的声辐射主要为 (0，1) 模态。正弦分布振动不仅轴对称，而且关于中剖面对称，相应的 (0,0) 和 (0,2) 等模态的辐射阻参见图 4.4.4。低频段椭球壳正弦分布模态的声辐射在赤道面最大，这是因为 (0,0) 模态该处的振动最大，而在高频段对应 (0,2) 模态，极点位置的声辐射最大。已知振动分布的

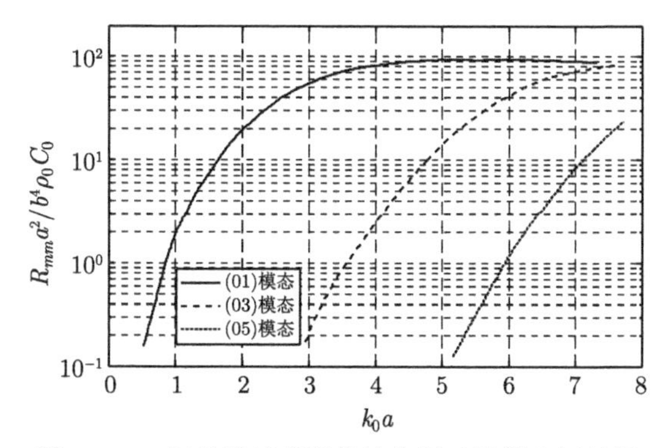


图 4.4.3 细长椭球壳刚体轴向振动的模态辐射阻

(引自文献 [30], fig2)

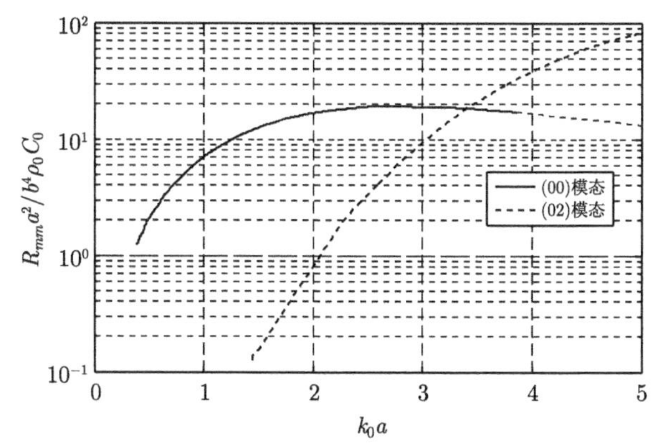


图 4.4.4 细长椭球壳正弦分布模态的辐射阻

(引自文献 [30], fig6)

椭球壳声辐射特性的详细分布，可进一步参阅文献 [30] 和 [32]。文献 [31] 利用椭球函数的加法公式，建立了给定振动分布的两个椭球壳声辐射计算模型，并计算分析了两个椭球壳不同间距的互辐射阻抗。

前面重点介绍了椭球壳的声辐射计算方法，尚未涉及椭球壳的振动。现在考虑一个最小壁厚为 $h$、中和面径向坐标为 $b$ 的椭球壳，由 $\xi = b \pm h/d$ 的共形椭球面围成，参见图 4.4.5。设椭球壳中和面法向和切向振动位移为 $W(\eta,t)$ 和 $U(\eta,t)$，在薄壳理论假设下，椭球壳振动方程为 [34]

$$L_{uu}U + L_{uw}W + \left(\frac{l}{2C_t}\right)^2 \sigma \frac{\partial^2 U}{\partial t^2} = 0 \tag{4.4.58}$$

$$L_{wu}U + L_{ww}W + \left(\frac{l}{2C_t}\right)^2 \sigma \frac{\partial^2 W}{\partial t^2} = \sigma \frac{l^2}{4Gh}\left(\frac{b^2-1}{b^2-\eta^2}\right)^{1/2}(f-p) \tag{4.4.59}$$

$$U(\pm 1, t) = 0 \tag{4.4.60}$$

式中，$L_{uu} \sim L_{ww}$ 为微分算子：

$$L_{uu} = -\left(1-\eta^2\right)^{1/2}\frac{\mathrm{d}^2}{\mathrm{d}\eta^2}\left(1-\eta^2\right)^{1/2} - (1-\nu) \tag{4.4.61}$$

$$L_{uw} = -\left(\frac{1-\eta^2}{b^2-1}\right)^{1/2}\frac{\mathrm{d}}{\mathrm{d}\eta}\left[b\nu + \frac{b\left(b^2-1\right)}{b^2-\eta^2}\right] - \left(\frac{1-\eta^2}{b^2-1}\right)^{1/2}\frac{(1-\nu)\,b\eta}{b^2-\eta^2} \tag{4.4.62}$$

$$L_{wu} = \left[b\nu + \frac{b\left(b^2-1\right)}{b^2-\eta^2}\right]\frac{\mathrm{d}}{\mathrm{d}\eta}\left(\frac{1-\eta^2}{b^2-1}\right)^{1/2} - \left(\frac{1-\eta^2}{b^2-1}\right)^{1/2}\frac{(1-\nu)\,b\eta}{b^2-\eta^2} \tag{4.4.63}$$

$$L_{ww} = \frac{b^2}{b^2-1} + \frac{2\nu b^2}{b^2-\eta^2} + \frac{b^2\left(b^2-1\right)}{\left(b^2-\eta^2\right)^2} \tag{4.4.64}$$

且有

$$\sigma = \frac{1}{2}(1-\nu)\left(\frac{b^2-\eta^2}{b^2}\right)$$

$$C_t = \left(G/\rho_s\right)^{1/2} \tag{4.4.65}$$

这里，$l$ 为椭球壳中和面之间的主轴长度，$f$ 为激励外力，$p$ 为外场声压；$G$ 为椭球壳剪切模量、$\rho_s$ 为密度。

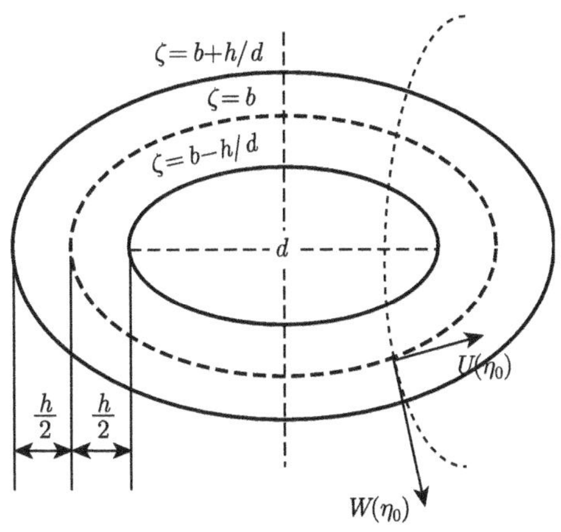


图 4.4.5　弹性薄壁椭球壳模型

(引自文献 [34], fig2)

针对椭球壳振动方程，Shiraishi 和 Dimaggio[35] 采用微扰法求解椭球壳的轴对称振动，得到了模态振型及频率。Hayek 和 Boisvert[36] 考虑剪切变形和转动惯量，给出了椭球壳的振动方程，并采用缔合 Legendre 函数作为基函数求解振动位移方程，得到五个耦合模态方程，并计算了椭球壳的模态频率曲线及壳体的输入和传递机械导纳。椭球壳振动方程的详细推导过程可参考文献 [37]。虽然 Hayek 和 Boisvert 求解的椭球振动方程已经很完整了，但也应注意到一个问题，就是未见采用分离变量的解析方法求解椭球壳耦合振动及声辐射的相关文献。这可能是因为椭球壳不同于球壳，后者在轴对称情况下振动和声辐射可以采用同样的球谐函数求解，而椭球壳的振动和声辐射则分别采用缔合 Legendre 函数和椭球角向函数求解，在椭球表面上它们两者没有简单的正交关系，难以方便地利用解析方法求解耦合振动及声辐射。所以，早年 Yen, Dimaggio, Rand[34,38] 和 Berger[39] 等采用有限差分法求解椭球壳振动和声辐射；Rand 和 Dimaggio[40] 计算内部充注液体介质的球壳和椭球壳振动，也采用了有限差分法，文献 [41] 将其推广到非轴对称激励情况。Prikhod'ko[42] 虽然采用单层和双层势积分方法，提出了椭球壳的振动和声辐射计算方法，但并没有给出一个完整的计算模型，而且只适用于细长椭球壳可以忽略两端声辐射的情况。为此，下面讨论轴对称情况下有限差分法求解椭球壳耦合振动和声辐射。轴对称波动方程可以由 (4.4.5) 式简化得到

$$\frac{4}{d^2\left(\xi^2-\eta^2\right)}\left[\frac{\partial}{\partial \eta}\left(1-\eta^2\right)\frac{\partial}{\partial \eta}+\left(\xi^2-1\right)\frac{\partial}{\partial \xi}\right]p+k_0^2 p=0 \tag{4.4.66}$$

在椭球壳表面，径向振动位移与声压满足边界条件：

$$\omega^2\rho_0 W = \left.\frac{\partial p}{\partial n}\right|_{\xi=b} \tag{4.4.67}$$

考虑到 (4.4.28) 式，有 $\mathrm{d}n = \lambda_\xi \mathrm{d}\xi$，这样有

$$\omega^2\rho_0 W = \frac{1}{\lambda_\xi}\left.\frac{\partial p}{\partial \xi}\right|_{\xi=b} \tag{4.4.68}$$

假设作用在椭球壳上的简谐激励力为

$$f(\eta,t) = \rho_s C_t^2 F(\eta)\,\mathrm{e}^{-\mathrm{i}\omega t} \tag{4.4.69}$$

设椭球壳振动位移及声压表示为

$$U(\eta,t) = \frac{1}{2}l\bar{U}(\eta)\,\mathrm{e}^{-\mathrm{i}\omega t} \tag{4.4.70}$$

$$W(\eta,t) = \frac{1}{2}l\bar{W}(\eta)\,\mathrm{e}^{-\mathrm{i}\omega t} \tag{4.4.71}$$

$$p(\xi,\eta,t) = \rho_s C_t^2 \bar{p}(\xi,\eta)\,\mathrm{e}^{-\mathrm{i}\omega t} \tag{4.4.72}$$

将 (4.4.69)~(4.4.72) 式代入 (4.4.58)~(4.4.60) 式及 (4.4.66) 式和 (4.4.68) 式，得到

$$L_{uu}\bar{U} + L_{uw}\bar{W} - \beta^2\sigma\bar{U} = 0 \tag{4.4.73}$$

$$L_{wu}\bar{U} + L_{ww}\bar{W} - \beta^2\sigma\bar{W} = \sigma\frac{1}{2h}\left(\frac{b^2-1}{b^2-\eta^2}\right)(F-\bar{p}) \tag{4.4.74}$$

$$\bar{U}(\pm 1) = 0 \tag{4.4.75}$$

$$\frac{4}{d^2(\xi^2-\eta^2)}\left[(1-\eta^2)\frac{\partial}{\partial\eta} + \frac{\partial}{\partial\xi}(\xi^2-1)\frac{\partial}{\partial\xi}\right]\bar{p} + \left(\frac{C_t}{C_0}\frac{\beta}{b}\frac{2}{d}\right)^2\bar{p} = 0 \tag{4.4.76}$$

$$\frac{\rho_0}{\rho_s}\beta^2\bar{W} = \frac{l}{2\lambda_\xi}\left.\frac{\partial\bar{p}}{\partial\xi}\right|_{\xi=b} \tag{4.4.77}$$

式中，

$$\beta = \frac{1}{2}l\left(\frac{\omega}{C_t}\right) \tag{4.4.78}$$

远场辐射声压可以表示为

$$\lim_{r\to\infty}\bar{p}(r,\eta) = \frac{C(\eta)}{r}\mathrm{e}^{\mathrm{i}\frac{C_t}{C_0}\frac{\beta}{b}\frac{2}{d}r} \tag{4.4.79}$$

考虑径向距离 $r$ 与椭球径向坐标 $\xi$ 的关系：

$$\lim_{r\to\infty} r = \lim_{\xi\to\infty} \frac{1}{2}d\xi \tag{4.4.80}$$

(4.4.79) 式可以改写为

$$\lim_{\xi\to\infty} \bar{p}(\xi,\eta) = \frac{2}{d}\frac{C(\eta)}{\xi}e^{i\frac{C_t}{C_0}\frac{\beta}{b}\xi} \tag{4.4.81}$$

这样，可以假设满足 (4.4.76) 式的声压形式解：

$$\bar{p}(\xi,\eta) = D(\xi,\eta)\frac{1}{\xi}e^{i\frac{C_t}{C_0}\frac{\beta}{b}\xi} \tag{4.4.82}$$

式中，$D(\xi,\eta)$ 在 $\xi > b \sim \infty$，$-1 \leqslant \eta \leqslant 1$ 范围内解析。将 (4.4.82) 式表示为

$$\bar{p}(\xi,\eta) = \frac{Q(\xi,\eta)}{1-\eta^2}e^{i\frac{C_t}{C_0}\frac{\beta}{b}\xi} \tag{4.4.83}$$

其中，

$$Q(\xi,\eta) = \left(1-\eta^2\right)D(\xi,\eta)/\xi \tag{4.4.84}$$

函数 $Q(\xi,\eta)$ 同样在 $\xi > b \sim \infty$，$-1 \leqslant \eta \leqslant 1$ 范围内解析。为了将椭球壳外的无限区域 $\xi \geqslant b$，$-1 \leqslant \eta \leqslant 1$ 映射为有限区域 $0 \leqslant y \leqslant 1$，$-1 \leqslant \eta \leqslant +1$，作变量代换：

$$y = \frac{1}{e\xi} \tag{4.4.85}$$

式中，$e = 1/b$，为椭球壳中性面的偏心率。

于是，(4.4.83) 式变为

$$\bar{p}(y,\eta) = \frac{Q(y,\eta)}{1-\eta^2}e^{i\frac{C_t}{C_0}\frac{\beta}{y}} \tag{4.4.86}$$

注意到 (4.4.84) 式，应有

$$Q(0,\eta) = 0 \tag{4.4.87}$$

$$Q(y,\pm 1) = 0 \tag{4.4.88}$$

因为 (4.4.74) 式中的算子 $L_{ww}$ 不含导数运算，可以由 (4.4.74) 式求解得到 $W$ 的表达式，将其连同 (4.4.85) 和 (4.4.86) 式一并代入 (4.4.73) 和 (4.4.77) 式，并令

$$\bar{U}(\eta) = \left(1-\eta^2\right)^{-\frac{1}{2}}S(\eta) \tag{4.4.89}$$

式中，$S(\eta)$ 为解析函数，且有

$$S(\pm 1) = 0 \tag{4.4.90}$$

于是，由 (4.4.73) 式、(4.4.76) 和 (4.4.77) 式，可以得到关于 $S(\eta)$ 和 $Q(y,\eta)$ 的微分方程：

$$\begin{aligned}&\left(1-\eta^2\right)a_1\frac{\mathrm{d}^2S}{\mathrm{d}\eta^2}+\left(1-\eta^2\right)^2a_2\frac{\mathrm{d}S}{\mathrm{d}\eta}+\left(1-\eta^2\right)a_3S\\&+\mathrm{e}^{\mathrm{i}\frac{C_t}{C_0}\beta}\left\{\left(1-\eta^2\right)a_4\frac{\partial Q}{\partial\eta}+\left[2\eta a_4+\left(1-\eta^2\right)a_5\right]Q\right\}_{y=1}\\=&\left(1-\eta^2\right)^2\left[a_4\frac{\mathrm{d}F}{\mathrm{d}\eta}+a_5F\right]\end{aligned} \tag{4.4.91}$$

$$c_1\frac{\partial^2Q}{\partial\eta^2}+c_2\frac{\partial Q}{\partial\eta}+c_3\frac{\partial^2Q}{\partial y^2}+c_4\frac{\partial Q}{\partial y}+c_5Q=0 \tag{4.4.92}$$

$$\begin{aligned}&\left(1-\eta^2\right)b_1\frac{\mathrm{d}S}{\mathrm{d}\eta}-\left(1-\eta^2\right)b_2S-\mathrm{e}^{\mathrm{i}\frac{C_t}{C_0}\beta}\frac{b_3}{b_6}\left[\frac{\partial Q}{\partial y}-\left(\mathrm{i}\frac{C_t}{C_0}\beta+\frac{b_6b_4}{b_3}\right)Q\right]_{y=1}\\=&\left(1-\eta^2\right)b_4F\end{aligned} \tag{4.4.93}$$

式中系数 $a_1\sim a_5$，$b_1\sim b_6$，$c_1\sim c_5$，$d_1\sim d_4$ 分别罗列如下：

$$a_1=\left(1-e^2\right)^{1/2}b_3^2-b_1^2b_3,\ a_2=b_1\left(b_2b_3-d_1b_3+b_1d_3-b_3b_5\right)$$

$$a_3=\left(1-e^2\right)^{1/2}(1-\nu)\left[1+\frac{\beta}{2}\left(1-e^2\eta^2\right)\right]b_3^2+\left(1-\eta^2\right)\left(b_1b_3d_2-b_1b_2d_3+b_2b_3b_5\right)$$

$$a_4=-b_1b_3b_4,\quad a_5=-b_1b_3d_4+b_1b_4d_3-b_3b_4b_5$$

$$b_1=\frac{1-e^2}{1-e^2\eta^2}+\nu,\quad b_2=\frac{(1-\nu)e^2\eta}{1-e^2\eta^2}$$

$$b_3=\left(1-e^2\right)^{1/2}\left[\frac{1}{1-e^2}+\frac{2\nu}{1-e^2\eta^2}+\frac{1-e^2}{\left(1-e^2\eta^2\right)^2}-\frac{(1-\nu)\beta^2}{2}\left(1-e^2\eta^2\right)\right]$$

$$b_4=\frac{1-\nu}{2}\frac{l}{2h}\left(1-e^2\right)\left(1-e^2\eta^2\right)^{1/2},\quad b_5=\left[\frac{2\left(1-e^2\right)}{1-e^2\eta^2}+(1-\nu)\right]\frac{e^2\eta}{1-e^2\eta^2}$$

$$b_6=\beta^2\frac{\rho_0}{\rho_s}\left[\frac{1-e^2\eta^2}{1-e^2}\right]^{1/2},\quad c_1=1-\eta^2,\quad c_2=2\eta$$

$$c_3=y^2\left(1-e^2y^2\right),\quad c_4=-2e^2y^3-2\mathrm{i}\frac{C_t}{C_0}\beta\left(1-e^2y^2\right)$$

$$c_5=\frac{2\left(1+\eta^2\right)}{1-\eta^2}+\left(\frac{C_t}{C_0}\right)^2\beta^2e^2\left(1-\eta^2\right)+2\mathrm{i}\frac{C_t}{C_0}\frac{\beta}{y}$$

$$d_1=\frac{2e^2\left(1-e^2\right)\eta}{\left(1-e^2\eta^2\right)^2},\quad d_2=\left(1-\nu\right)\frac{e^2\left(1+e^2\eta^2\right)}{\left(1-e^2\eta^2\right)^2},$$

$$d_3=\left(1-e^2\right)^{1/2}e^2\eta\left[\frac{4\nu}{\left(1-e^2\eta^2\right)^2}+\frac{4\left(1-e^2\right)}{\left(1-e^2\eta^2\right)^3}+\left(1-\nu\right)\beta^2\right]$$

$$d_4=\frac{1-\nu}{2}\frac{l}{2h}\left(1-e^2\right)\frac{e^2\eta}{\left(1-e^2\eta^2\right)^{1/2}}$$

(4.4.91)~(4.4.93) 式及 (4.4.87)~(4.4.90) 式，已将无限区域求解 $\bar{U}(\eta)$, $\bar{W}(\eta)$ 和 $\bar{p}(\xi,\eta)$ 的问题转化为有限区域求解 $S(\eta)$ 和 $Q(y,\eta)$ 的问题。而且，因为激励 $F(\eta)$ 是轴对称的，相应的 $\bar{p}(\xi,\eta)$ 和 $\bar{U}(\eta)$ 分别是轴对称和反轴对称的，即

$$\bar{p}(\xi,\eta)=\bar{p}(\xi,-\eta) \tag{4.4.94}$$

$$\bar{U}(\eta)=-\bar{U}(-\eta) \tag{4.4.95}$$

相应的

$$\mathrm{S}(\eta)=-S(-\eta) \tag{4.4.96}$$

$$Q(y,\eta)=Q(y,-\eta) \tag{4.4.97}$$

于是求解方程 (4.4.91)~(4.4.93) 式时，只需要考虑半个区域，即 $0\leqslant\eta\leqslant+1$。采用有限差分法求解时，具体的差分格式可参阅文献 [39] 和 [41]。Yen 和 Dimaggio 针对长轴与短轴之比为 6 的铝质椭球壳，激励力为 Legendre 函数 $P_0(\eta)$ 和 $P_2(\eta)$，幅值为 10N，其他计算参数为 $C_t/C_0=2.205$，$\rho_s/\rho_0=2.699$，$2h/l=0.02105$。图 4.4.6 给出了不同频率和不同激励力情况下，椭球壳表面径向位移和声压分布，图 4.4.7 则为相应的远场辐射声压分布，它们不仅取决于频率，也取决于激励力。

求解椭球壳的耦合振动和声辐射，类似于矩形平板和有限长圆柱壳，也可以采用变分原理。Jones-Oliveira[43] 给出的椭球壳应变能和动能的表达式为

$$U_s=\int_{-1}^{+1}\int_0^{2\pi}\frac{1}{2}\left[N_{ij}\varepsilon_{ij}+M_{ij}\kappa_{ij}\right]\mathrm{d}S,\quad i,j=1,2 \tag{4.4.98}$$

$$T_s=\int_{-1}^{+1}\int_0^{2\pi}\frac{1}{2}\rho_s h\xi^3\left(\frac{d}{2}\right)^3\left[\dot{U}^2+\dot{W}^2\right]\mathrm{d}S \tag{4.4.99}$$

式中，$\mathrm{d}S=\left(\dfrac{d}{2}\right)^2\sqrt{(\xi^2-1)(\xi^2-\eta^2)}\mathrm{d}\varphi\mathrm{d}\eta$，$N_{ij}$ 和 $M_{ij}$ 分别为椭球壳内力和内力矩，$\varepsilon_{ij}$ 和 $\kappa_{ij}$ 分别为中面和曲率应变。

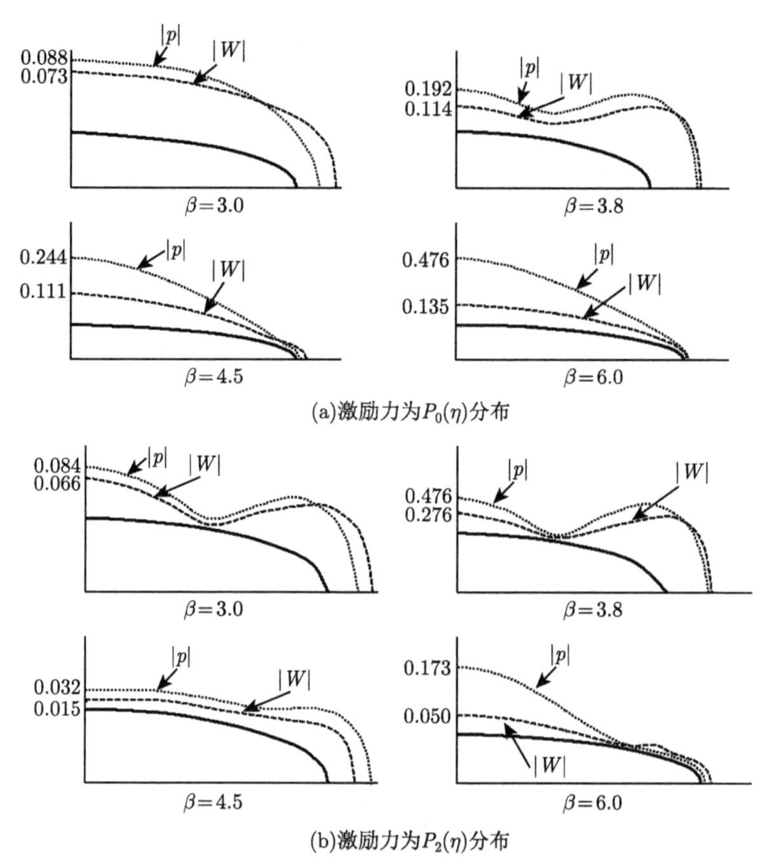


图 4.4.6　椭球壳表面径向位移和声压分布

(引自文献 [34], fig7)

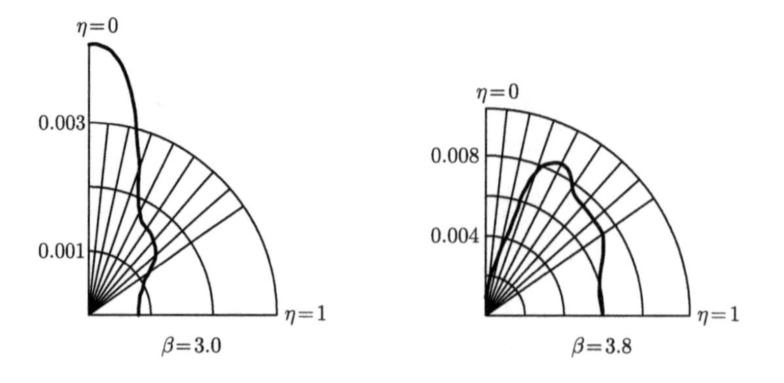

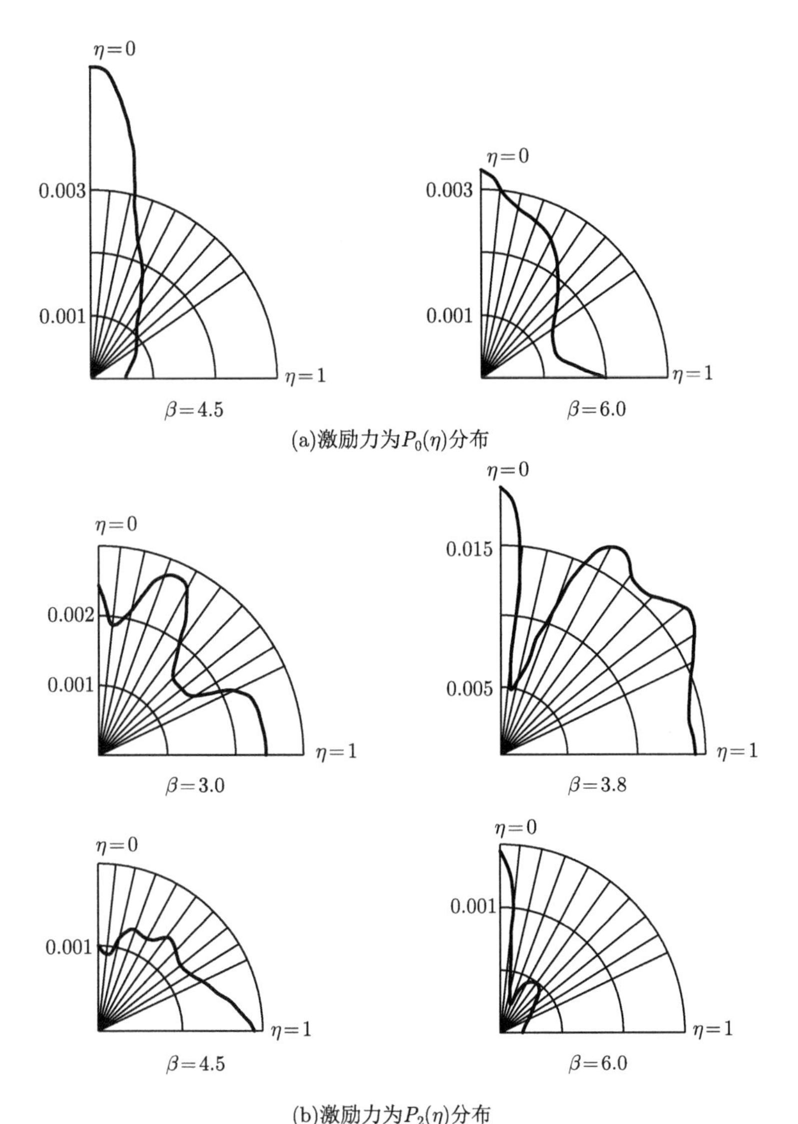


图 4.4.7 椭球壳远场辐射声压分布

(引自文献 [34], fig8)

采用 Koiter-Sanders 线性薄壳理论，在结构几何及流体负载轴对称情况下，有 $N_{12}=N_{21}=0$, $M_{12}=M_{21}=0$，相应地有 $\varepsilon_{12}=\varepsilon_{21}=\kappa_{12}=\kappa_{21}=0$，在这种情况下，椭球壳应变与振动位移的关系为

$$\varepsilon_{11}=\frac{\bar{U}\xi\eta}{\sqrt{(1-\eta^2)(\xi^2-\eta^2)}}+\frac{\bar{W}\xi^2}{\sqrt{(\xi^2-1)(\xi^2-\eta^2)}} \tag{4.4.100}$$

$$\varepsilon_{22}=\xi\sqrt{\frac{1-\eta^2}{\xi^2-\eta^2}}\frac{\partial\bar{U}}{\partial\eta}+\frac{\xi^2\sqrt{\xi^2-1}}{\sqrt{(\xi^2-\eta^2)^3}}\bar{W} \tag{4.4.101}$$

$$\kappa_{11}=\frac{\xi}{(d/2)}\left[\frac{\eta}{\xi^2-\eta^2}\frac{\partial\bar{W}}{\partial\eta}-\sqrt{\frac{\xi^2-1}{1-\eta^2}}\frac{\xi\eta}{(\xi^2-\eta^2)^2}\bar{U}\right] \tag{4.4.102}$$

$$\kappa_{22}=\frac{\xi}{(d/2)}\left[-\frac{1-\eta^2}{\xi^2-\eta^2}\frac{\partial^2\bar{W}}{\partial\eta^2}+\eta\frac{\xi^2-1}{(\xi^2-\eta^2)^2}\frac{\partial\bar{W}}{\partial\eta}+\frac{\xi\sqrt{(\xi^2-1)(1-\eta^2)}}{(\xi^2-\eta^2)^2}\frac{\partial\bar{U}}{\partial\eta}\right] \tag{4.4.103}$$

式中，$\bar{U}=U/(\xi_0 d/2)$，$\bar{W}=W/(\xi_0 d/2)$，$\xi_0$ 为 $\xi$ 在椭球壳中面上的取值。

在轴对称情况下，设椭球壳振动位移的模态解为

$$\bar{U}=\sum_{n=0}^{\infty}\bar{U}_n(\tau)\sqrt{1-\eta^2}\varphi_n'(\eta) \tag{4.4.104}$$

$$\bar{W}=\sum_{n=0}^{\infty}\bar{W}_n(\tau)\varphi_n(\eta) \tag{4.4.105}$$

式中, $\tau=C_0 t/(\xi_0 d/2)$，且有

$$\varphi_n=\sum_{r=0,1}^{\infty}d_r^n \mathrm{P}_r(\eta) \tag{4.4.106}$$

$$\varphi_n'=\sum_{r=0,1}^{\infty}d_r^n\frac{\mathrm{d}}{\mathrm{d}\eta}\mathrm{P}_r(\eta) \tag{4.4.107}$$

这里，$d_r^n$ 为 $m=0$ 时 (4.4.9) 式给出的 $d_r^{mn}$ 的简化式。将 (4.4.106) 式、(4.4.107) 式代入 (4.4.104) 和 (4.4.105) 式，再代入 (4.4.100)~(4.4.103) 式，利用内力和内力矩与应变的关系，可以推导得到椭球壳应变能的复杂表达式，详细形式可参见文献 [43]。Jones-Oliveira 虽然考虑流体负载，建立了椭球壳的耦合振动方程，但也没有给出完整的声辐射模型。Chen 和 Ginsberg[44-46] 采用简化的轴对称薄椭球壳模型和表面变分原理，建立了完整的任意长径比的椭球壳耦合振动和声辐射模型。他们考虑如图 4.4.8 所示的椭球壳，采用无量纲圆柱坐标表达椭球母线：

$$R=ar(\eta),0\leqslant\eta\leqslant 1 \tag{4.4.108}$$

$$Z=az(\eta),0\leqslant\eta\leqslant 1 \tag{4.4.109}$$

式中，$a$ 为椭球半长轴长，$\eta=0,1$ 对应椭球长轴端点 $R(0)=R(1)=0$。$r(\eta)$ 和 $z(\eta)$ 取以下形式：

$$r(\eta)=\sin\pi\eta \tag{4.4.110}$$

$$z(\eta)=\mu\cos\pi\eta \tag{4.4.111}$$

式中，$\mu=b/a$，$b$ 为椭球半短轴长。

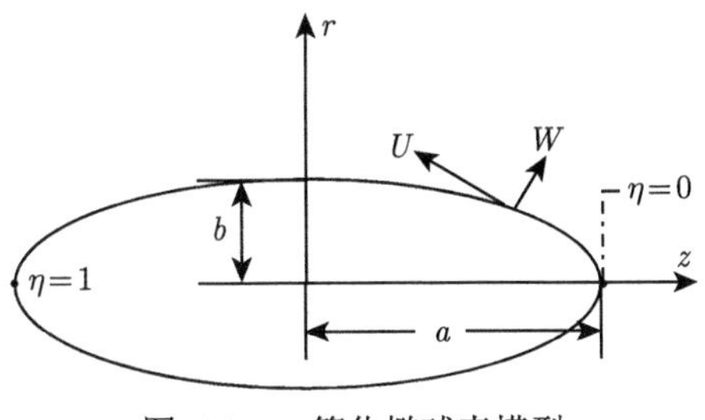


图 4.4.8 简化椭球壳模型

(引自文献 [44], fig1)

在轴对称情况下，椭球壳中面法向和切向的振动位移分别为 $aW$ 和 $aU$，相应椭球壳膜应变和弯曲应变与振动位移的关系为

$$\varepsilon_{11}=\frac{1}{A_1}\frac{\mathrm{d}U}{\mathrm{d}\eta}+\frac{W}{R_1} \tag{4.4.112}$$

$$\varepsilon_{22}=\frac{U}{A_1A_2}\frac{\mathrm{d}A_2}{\mathrm{d}\eta}+\frac{W}{R_2} \tag{4.4.113}$$

$$\kappa_{11}=\frac{1}{A_1}\frac{\mathrm{d}}{\mathrm{d}\eta}\left(\frac{U}{R_1}-\frac{1}{A_1}\frac{\mathrm{d}W}{\mathrm{d}\eta}\right) \tag{4.4.114}$$

$$\kappa_{22}=\frac{1}{A_1A_2}\left(\frac{U}{R_1}-\frac{1}{A_1}\frac{\mathrm{d}W}{\mathrm{d}\eta}\right)\frac{\mathrm{d}A_2}{\mathrm{d}\eta} \tag{4.4.115}$$

式中，相应的 $aA_1, aA_2$ 和 $aR_1, aR_2$ 分别为椭球壳 $\eta$ 和 $\theta$ 方向的尺度因子和主曲率半径。且有

$$A_1=\left[(r')^2+(z')^2\right]^{1/2},\quad A_2=r$$

$$R_1=\left[(r')^2+(z')^2\right]^{3/2}/(r''z'-z''r'),\quad R_2=-\left[(r')^2+(z')^2\right]^{1/2}r/z'$$

其中，$(\ )'$ 表示对参数 $\eta$ 求微分。

这样，椭球壳的应变能为

$$U_s = \frac{1}{2}\frac{Eh_0a^2}{1-\nu^2}\int_0^1 2\pi[\bar{h}\left(\varepsilon_{11}^2+\varepsilon_{22}^2+2\nu\varepsilon_{11}\varepsilon_{22}\right) + \beta^2\bar{h}^3\left(\kappa_{11}^2+\kappa_{22}^2+2\nu\kappa_{11}\kappa_{22}\right)]A_1A_2\mathrm{d}\eta \tag{4.4.116}$$

式中，$\beta^2 = h_0^2/12a^2$，$h_0\bar{h}$ 为垂直于中面母线的椭球壳厚度，$h_0$ 为参考点壳壁厚度。

忽略转动效应时，椭球壳动能为

$$T_s = \frac{1}{2}a^4h_0\rho_s\int_0^1 2\pi\bar{h}\left(\dot{U}^2+\dot{W}^2\right)A_1A_2\mathrm{d}\eta \tag{4.4.117}$$

将椭球壳振动位移 $U$ 和 $W$ 用基函数 $\varphi_i^u$ 和 $\varphi_i^w$ 展开：

$$U = \sum_{i=1}^{N_u}\varphi_i^uU_i \tag{4.4.118}$$

$$W = \sum_{i=1}^{N_w}\varphi_i^wW_i \tag{4.4.119}$$

考虑椭球壳的边界条件：

$$U_i = 0 \text{ 和 } \frac{\partial W_i}{\partial\eta} = 0,\quad \eta = 0,1 \tag{4.4.120}$$

再将 (4.4.118) 和 (4.4.119) 式分别代入 (4.4.116) 和 (4.117) 式，得到 $U_i, W_i, \dot{U}_i, \dot{W}_i$ 表示的椭球壳应变能和动能的二次项，利用 Hamilton 原理，可以得到椭球壳的自由振动方程：

$$\begin{bmatrix} K_{uu} & K_{uw} \\ K_{wu} & K_{ww} \end{bmatrix}\begin{Bmatrix} \{U\} \\ \{W\} \end{Bmatrix} = \lambda\begin{bmatrix} M_{uu} & 0 \\ 0 & M_{ww} \end{bmatrix}\begin{Bmatrix} \{U\} \\ \{W\} \end{Bmatrix} \tag{4.4.121}$$

式中，$\{U\}$ 和 $\{W\}$ 为 $U_i$ 和 $W_i$ 组成的列矢量，$\lambda = \rho_s\omega^2a^2\left(1-\nu^2\right)/E$，$K_{ww}$, $K_{wu}$, $K_{uw}$, $K_{uu}$ 和 $M_{ww}$, $M_{uu}$ 的具体表达式为

$$K_{uu,ij} = \int_0^1 \{\bar{h}\left[\left(\varepsilon_{u1}^i\varepsilon_{u1}^j+\varepsilon_{u2}^i\varepsilon_{u2}^j\right)+\nu\left(\varepsilon_{u1}^i\varepsilon_{u2}^j+\varepsilon_{u1}^j\varepsilon_{u2}^i\right)\right] + \beta^2\bar{h}^3\left[\left(\kappa_{u1}^i\kappa_{u1}^j+\kappa_{u2}^i\kappa_{u2}^j\right)+\nu\left(\kappa_{u1}^i\kappa_{u2}^j+\kappa_{u1}^j\kappa_{u2}^i\right)\right]\}A_1A_2\mathrm{d}\eta \tag{4.4.122}$$

$$K_{uw,ij} = \int_0^1 \{\bar{h}\left[\left(\varepsilon_{u1}^i\varepsilon_{w1}^j+\varepsilon_{u2}^i\varepsilon_{w2}^j\right)+\nu\left(\varepsilon_{u1}^i\varepsilon_{w2}^j+\varepsilon_{u1}^j\varepsilon_{w2}^i\right)\right]$$

$$+\beta^2\bar{h}^3\left[\left(\kappa_{u1}^i\kappa_{w1}^j+\kappa_{u2}^i\kappa_{w2}^j\right)+\nu\left(\kappa_{u1}^i\kappa_{w2}^j+\kappa_{u2}^i\kappa_{w1}^j\right)\right]\Big\}A_1A_2\mathrm{d}\eta \tag{4.4.123}$$

$$\begin{aligned}K_{ww,ij}=&\int_0^1\Big\{\bar{h}\left[\left(\varepsilon_{w1}^i\varepsilon_{w1}^j+\varepsilon_{w2}^i\varepsilon_{w2}^j\right)+\nu\left(\varepsilon_{w1}^i\varepsilon_{w2}^j+\varepsilon_{w1}^j\varepsilon_{w2}^i\right)\right]\\&+\beta^2\bar{h}^3\left[\left(\kappa_{w1}^i\kappa_{w1}^j+\kappa_{w2}^i\kappa_{w2}^j\right)+\nu\left(\kappa_{w1}^i\kappa_{w2}^j+\kappa_{w2}^i\kappa_{w1}^j\right)\right]\Big\}A_1A_2\mathrm{d}\eta\end{aligned} \tag{4.4.124}$$

$$M_{uu,ij}=\int_0^1\bar{h}\varphi_i^u\varphi_j^uA_1A_2\mathrm{d}\eta \tag{4.4.125}$$

$$M_{ww,ij}=\int_0^1\bar{h}\varphi_i^w\varphi_j^wA_1A_2\mathrm{d}\eta \tag{4.4.126}$$

式中，

$$\varepsilon_{u1}^i=\frac{1}{A_1}(\phi_i^u)',\quad \varepsilon_{w1}^i=\frac{1}{R_1}\varphi_i^w,\quad \varepsilon_{u2}^i=\frac{\varphi_i^u}{A_1A_2}A_2',\quad \varepsilon_{w2}^i=\frac{\varphi_i^w}{R_2}$$

$$\kappa_{u1}^i=\left(\frac{1}{A_1R_1}(\varphi_i^u)'-\frac{1}{A_1R_1^2}R_1'\varphi_i^u\right),\quad \kappa_{w1}^i=\left(\frac{1}{A_1^3}A_1'(\varphi_i^w)'-\frac{1}{A_1^2}(\varphi_i^w)''\right)$$

$$\kappa_{u2}^i=\frac{A_2'}{A_1A_2R_1}\varphi_i^u,\quad \kappa_{w2}^i=-\frac{A_2'}{A_1^2A_2}(\varphi_i^w)'$$

且有 $K_{wu,ij}=K_{wu,ji}$。

建立了椭球壳的振动方程，下面需要进一步考虑外声场的耦合作用，为此，Chen 和 Ginsberg[45] 采用表面变分原理求解外声场的耦合作用力。表面变分原理 (Surface variational principle) 的内涵为法向速度为 $\mathrm{Re}\left[\rho_0v_n(\xi)\mathrm{e}^{-\mathrm{i}\omega t}\right]$ 的湿表面 $S$ 产生的声压分布 $\mathrm{Re}\left[\rho_0C_0^2p(\xi)\mathrm{e}^{-\mathrm{i}\omega t}\right]$ 对应的函数 $J[p]$ 具有稳态值。在无限空间，曲面表面的函数 $J[p]$ 定义为

$$\begin{aligned}\frac{J[p]}{\rho_0^2C_0^4a}=&\frac{1}{2}\iint_S\iint_S\Big\{(k_0a)^2\boldsymbol{n}(\xi)\cdot\boldsymbol{n}(\zeta)p(\xi)p(\zeta)\\&-[\boldsymbol{n}(\xi)\times\boldsymbol{\nabla}_\xi p(\xi)][\boldsymbol{n}(\zeta)\times\boldsymbol{\nabla}_\zeta p(\zeta)]G(\xi,\zeta)\Big\}\mathrm{d}A_\zeta\mathrm{d}A_\xi\\&-4\pi\mathrm{i}k_0a\iint_S v_{ns}(\xi)p(\xi)\mathrm{d}A_\xi\end{aligned} \tag{4.4.127}$$

式中，$\xi,\zeta$ 为表面 $S$ 上的两点，$v_{ns}$ 为表面法向速度分量的函数，其表达式为

$$v_{ns}(\xi)=\frac{1}{2}v_n(\xi)+\frac{1}{4\pi}\iint_S v_n(\zeta)\left[\boldsymbol{n}(\xi)\cdot\boldsymbol{\nabla}_\xi G(\xi,\zeta)\right]\mathrm{d}A_\zeta \tag{4.4.128}$$

$G(\xi,\zeta)$ 为无限空间无量纲 Green 函数，

$$G = \mathrm{e}^{\mathrm{i}k_0ad}/d, \quad d = |\xi - \zeta| \tag{4.4.129}$$

在轴对称情况下，表面声压和振速仅仅与母线上的位置有关，设 $\xi$ 点的坐标为 $(\eta_1,\theta)$，$\zeta$ 点的坐标为 $(\eta_2,\theta+\Theta)$，两点间的距离为

$$d = \left[R^2(\eta_1) + R^2(\eta_2) - 2R(\eta_1)R(\eta_2)\cos\Theta + (z(\eta_1) - z(\eta_2))\right]^{1/2} \tag{4.4.130}$$

式中，$R$ 和 $z$ 分别为椭球壳无量纲横向和轴向坐标，相应的物理坐标为 $aR(\eta)$ 和 $az(\eta)$。

(4.4.127) 式可以简化为

$$\begin{aligned}\frac{J[p]}{\rho_0^2C_0^4a} =& \frac{1}{2}\int_0^1\int_0^1\int_0^{2\pi}\int_0^{2\pi}\Big\{(k_0a)^2p(\eta_1)p(\eta_2)\left[R'(\eta_1)R'(\eta_2)+z'(\eta_1)z'(\eta_2)\cos\Theta\right]\\&-p'(\eta_1)p'(\eta_2)\cos\Theta - \mathrm{i}k_0ap(\eta_1)v_n(\eta_2)S'(\eta_2)\\&\times\left[z'(\eta_1)(R(\eta_1)-R(\eta_2)\cos\Theta)\right.\\&\left.-R'(\eta_1)(z(\eta_1)-z(\eta_2))\right]\frac{1-\mathrm{i}k_0ad}{d^2}\Big\}\frac{\mathrm{i}k_0ad}{d}R(\eta_1)R(\eta_2)\mathrm{d}\Theta\mathrm{d}\theta\mathrm{d}\eta_2\mathrm{d}\eta_1\\&-2\pi\mathrm{i}k_0a\int_0^1\int_0^{2\pi}p(\eta_1)v_n(\eta_1)S'(\eta_1)R(\eta_1)\mathrm{d}\theta\mathrm{d}\eta_1\end{aligned} \tag{4.4.131}$$

(4.4.131) 式被积函数与 $\theta$ 角无关，只与 $\Theta$ 角有关，积分可得

$$\begin{aligned}\frac{J[p]}{2\pi\rho_0^2C_0^4a} =& \frac{1}{2}\int_0^1\int_0^1\Big\{(k_0a)^2R'(\eta_1)R'(\eta_2)E_0(\eta_1,\eta_2)p(\eta_1)p(\eta_2)\\&-F_0(\eta_1,\eta_2)\left[p'(\eta_1)p'(\eta_2)-(k_0a)^2z'(\eta_1)z'(\eta_2)p(\eta_1)p(\eta_2)\right]\Big\}\mathrm{d}\eta_2\mathrm{d}\eta_1\\&-\mathrm{i}k_0a\int_0^1\int_0^1H_0(\eta_1,\eta_2)p(\eta_1)v_n(\eta_2)\mathrm{d}\eta_2\mathrm{d}\eta_1\\&-2\pi\mathrm{i}k_0a\int_0^1v_n(\eta_1)p(\eta_1)S'(\eta_1)R(\eta_1)\mathrm{d}\eta_1\end{aligned} \tag{4.4.132}$$

式中，

$$E_0(\eta_1,\eta_2) = R(\eta_1)R(\eta_2)\int_0^{2\pi}\frac{\mathrm{e}^{\mathrm{i}k_0ad}}{d}\mathrm{d}\Theta \tag{4.4.133}$$

$$F_0(\eta_1,\eta_2) = R(\eta_1)R(\eta_2)\int_0^{2\pi}\frac{\mathrm{e}^{\mathrm{i}k_0ad}}{d}\cos\Theta\mathrm{d}\Theta \tag{4.4.134}$$

$$H_0(\eta_1,\eta_2) = R(\eta_1) R(\eta_2) S'(\eta_2) \int_0^{2\pi} \{z'(\eta_1)[R(\eta_1) - R(\eta_2)\cos\Theta]$$
$$-R'(\eta_1)[z(\eta_1) - z(\eta_2)]\}(1 - \mathrm{i}k_0 ad)\frac{\mathrm{e}^{\mathrm{i}k_0 ad}}{d^3}\mathrm{d}\Theta \tag{4.4.135}$$

$$S' = \left[(R')^2 + (z')^2\right]^{1/2}$$

这里，(4.4.133)~(4.4.135) 式需要采用数值方法积分。积分时需要考虑 $\eta_2 \to \eta_1$，$\Theta \to 0$ 时，相应 $r \to 0$ 的奇点。在椭球壳母线上，声压和振速可以表示为级数形式：

$$p = \sum_{j=1}^{N} p_j \psi_j(\eta_1) \tag{4.4.136}$$

$$v_n = \sum_{j=1}^{N} v_j \varphi_j(\eta_1) \tag{4.4.137}$$

式中，$p_j$ 和 $v_j$ 为复系数。对于轴对称情况，基函数 $\psi_j(\eta_1)$ 可以任选，只要它在 $0 < \eta < 1$ 范围连续，但是要求声压在椭球壳两端点最大或最小，于是有

$$\psi_j'(\eta_1) = 0, \quad \eta_2 = 0, 1 \tag{4.4.138}$$

并要求基函数 $\varphi_j$ 与椭球壳振动方程所采用的函数一样。将 (4.4.136) 和 (4.4.137) 式代入 (4.4.132) 式，再对 $\eta_1$ 和 $\eta_2$ 积分，得到

$$\frac{J}{2\pi\rho_0^2 C_0^4 a} = \frac{1}{2}\sum_{j=1}^{N}\sum_{k=1}^{N} A_{jk} p_j p_k - \mathrm{i}k_0 a \sum_{j=1}^{M}\sum_{k=1}^{M} B_{jk} p_j v_k \tag{4.4.139}$$

式中，系数 $A_{jk}$, $B_{jk}$ 为区域 $0 < \eta_1 < 1, 0 < \eta_2 < 1$ 的积分，将积分区域简化为 $0 < \eta_2 < \eta_1 < 1$，则可避免 $\eta_2 = \eta_1$ 的奇点。考虑函数 $E_0$ 和 $F_0$ 关于 $\eta_1, \eta_2$ 的对称性，可得

$$A_{ik} = \int_0^1 \int_0^{\eta_1} \Big\{(k_0 a)^2 [R'(\eta_1) R'(\eta_2) E_0(\eta_1,\eta_2)$$
$$-z'(\eta_1) z'(\eta_2) F_0(\eta_1,\eta_2)] \cdot [\psi_i(\eta_1)\psi_j(\eta_2) + \psi_i(\eta_2)\psi_j(\eta_1)]$$
$$-F_0(\eta_1,\eta_2)\left[\psi_i'(\eta_1)\psi_j'(\eta_2) + \psi_i'(\eta_2)\psi_j'(\eta_1)\right]\Big\}\mathrm{d}\eta_2\mathrm{d}\eta_1 \tag{4.4.140}$$

$$B_{ij} = \int_0^1 \int_0^{\eta} [H_0(\eta_1,\eta_2)\psi_i(\eta_1)\varphi_j(\eta_2) + H_0(\eta_2,\eta_1)\psi_i(\eta_2)\varphi_j(\eta_1)]\mathrm{d}\eta_2\mathrm{d}\eta_1$$

$$+2\pi\int_0^1\psi_i(\eta_1)\varphi_j(\eta_1)R(\eta_1)S'(\eta_1)\mathrm{d}\eta_1 \tag{4.4.141}$$

在 (4.4.139) 式中，$J$ 为系数 $p_i$ 和 $v_i$ 的函数，对应已知的振速分布，$\delta J=0$ 取决于表面声压，有

$$\delta J=\sum_{j=1}^N\frac{\partial J}{\partial p_j}\delta p_j=0 \tag{4.4.142}$$

这样，(4.4.139) 式微分可得

$$[A]\{p\}-\mathrm{i}k_0a[B]\{v\}=0 \tag{4.4.143}$$

回到椭球壳振动方程 (4.4.121) 式，若考虑椭球壳受到的激励力和外场声场，则振动方程：

$$\left\{\begin{bmatrix}K_{uu} & K_{uw}\\ K_{wu} & K_{ww}\end{bmatrix}-\lambda\begin{bmatrix}M_{uu} & 0\\ 0 & M_{ww}\end{bmatrix}\right\}\left\{\begin{array}{c}\{U\}\\ \{W\}\end{array}\right\}=\left\{\begin{array}{c}F_u\\ F_w+F_p\end{array}\right\} \tag{4.4.144}$$

式中，$F_u$, $F_w$ 和 $F_p$ 分别为对应椭球壳切向、法向激励力和外场声压的广义力。

$$\{F_u\}_i=\frac{1}{\rho_0C_0^2}\int_0^1 f_u(\eta_1)\varphi_i^u(\eta_1)R(\eta_1)S'(\eta_1)\mathrm{d}\eta_1 \tag{4.4.145}$$

$$\{F_w\}_i=\frac{1}{\rho_0C_0^2}\int_0^1 f_w(\eta_1)\varphi_i^w(\eta_1)R(\eta_1)S'(\eta_1)\mathrm{d}\eta_1 \tag{4.4.146}$$

这里，$f_u(\eta_1)$ 和 $f_w(\eta_1)$ 分别为作用在椭球壳上的切向和法向激励力。类似于法向激励力，对应外场声压的广义力可由 (4.4.146) 式中将 $f_w(\eta_1)$ 替换为 $-p$，并考虑 (4.4.136) 式，得到

$$\{F_p\}_i=-\sum_{j=1}^N L_{ij}p_j \tag{4.4.147}$$

式中，

$$L_{ij}=\int_0^l\varphi_i^w\psi_j(\eta_1)R(\eta_1)S'(\eta_1)\mathrm{d}\eta_1 \tag{4.4.148}$$

考虑到椭球壳表面法向振速连续 $v_n=-\mathrm{i}k_0aW$，且有

$$v_j=-\mathrm{i}k_0aW_j,\quad \varphi_j=\varphi_j^w \tag{4.4.149}$$

这样，将 (4.4.147) 式代入 (4.4.144) 式，并考虑 (4.4.143) 和 (4.4.149) 式，可得到椭球壳耦合振动方程：

$$\left\{\begin{array}{ccc}[K_{uu}]-\lambda[M_{uu}] & [K_{uw}] & [0] \\ [K_{uw}]^T & [K_{ww}]-\lambda[M_{ww}] & [L] \\ [0] & -k_0^2a^2[B] & [A]\end{array}\right\}\left\{\begin{array}{c}\{U\} \\ \{W\} \\ \{p\}\end{array}\right\}=\left\{\begin{array}{c}F_u \\ F_w \\ 0\end{array}\right\} \tag{4.4.150}$$

一旦由 (4.4.150) 式求解得到椭球壳表面耦合振动速度和声压，可以对 $pv_n^*$ 作面积分计算，得到椭球壳的声辐射功率。图 4.4.9 和图 4.4.10 分别为半长轴与半短轴长度之比为 2、壁厚与半短轴之比为 0.03 的钢质椭球壳在水中的表面声压和法向振速及声辐射功率。表面声压和法向振速曲线呈现出若干峰值，而声辐射功率曲线则随频率增加而单调增加，此现象与球壳情况有所不同，球壳表面声压和

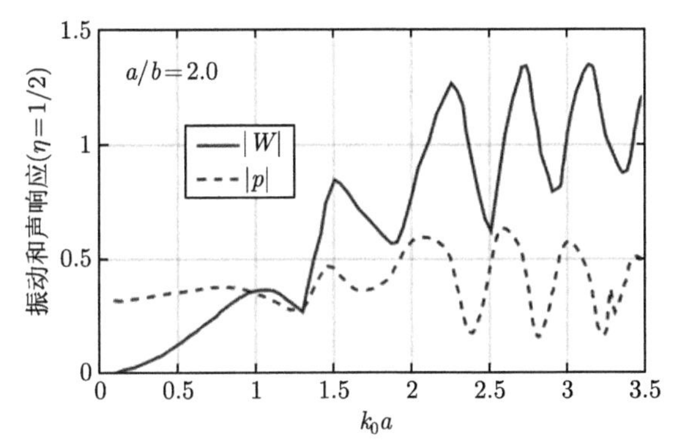


图 4.4.9 水中钢质椭球壳表面声压和法向振速

(引自文献 [45], fig12)

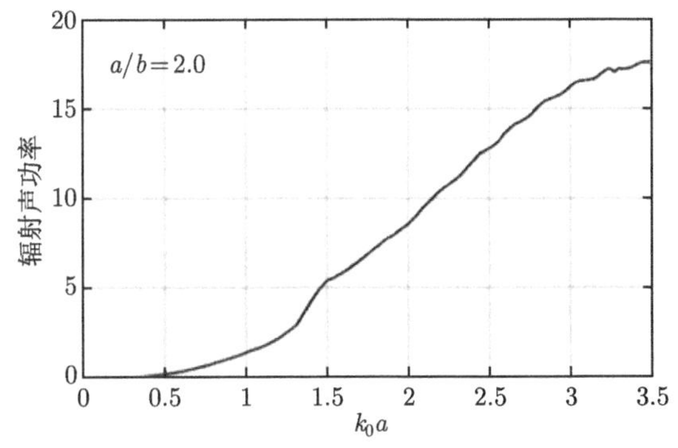


图 4.4.10 水中钢质椭球壳声辐射功率

(引自文献 [45], fig13)

法向振速及声辐射功率曲线都有峰值。椭球壳声辐射功率曲线没有明显峰值的原因是其振动模态的强耦合，导致随频率增加几个模态的相位变化迅速，不同模态峰值相互叠加而产生的结果。

为了进一步了解椭球壳的声辐射特性，Lynch, Woodhouse 和 Langley[9] 采用数值方法计算了带无限大声障板的矩形板及球壳、椭球壳和圆柱壳在点力激励下的声辐射。他们计算的三个椭球壳长短半轴 $a$ 和 $b$ 分别为椭球 1：$a = 484.5\text{mm}$，$b = 100\text{mm}$；椭球 2：$a = 450\text{mm}$，$b = 180\text{mm}$，椭球 3：$a = 405\text{mm}$，$b = 269.3\text{mm}$，三个圆柱壳的尺寸为圆柱壳 1：$r = 390\text{mm}$，$l = 271.1\text{mm}$，圆柱壳 2：$r = 300\text{mm}$，$l = 559.4\text{mm}$，圆柱壳 3：$r = 250\text{mm}$，$l = 781.3\text{mm}$，同时，矩形板尺寸为 $1.35 \times 1.2\text{m}^2$，球壳半径为 0.359m。这些板壳的材料和表面积相同，板壳厚度均为 5mm。计算结果表明：它们的声辐射功率有明显的差别，在某些频率范围，椭球壳和圆柱壳会比矩形平板和球壳的声辐射功率大一个量级。图 4.4.11 为椭球壳、圆柱壳及球壳和矩形板在给定频率下的模态数量，相应曲线上某点的斜率即为给定频率范围的模态密度。矩形板的模态数曲线为一条起始于原点的直线，球壳和椭球壳的模态数曲线则起始于起始频率 (即第一阶模态频率)，球壳的起始频率最高，因为模态简单，球壳模态数曲线出现“台阶”现象。椭球壳的起始频率随着其扁平度增加而降低，这是因为壳体曲率越大，刚度越大，扁平椭球虽然在赤道位置的曲率较大，但在极点位置的曲率较小，使得其起始频率低于球壳。圆柱壳模态数曲线起始点很接近于原点，但在低频的曲线斜率低于矩形板，这是因为低频段圆柱壳的模态主要是其两个端板的模态，模态密度取决于端板的面积。圆柱壳侧面的曲率使其与椭球壳一样具有曲面的刚度效应。圆柱壳 3 端板面积最小，侧面曲率最大，相应地，它的低频模态数曲线斜率最小，较高频率时模态数曲线才接近直线。图 4.4.12 给出了椭球壳、圆柱壳及球壳和矩形板的均方振速比较。椭球壳的均方振速在起始频率以上迅速增大而大于矩形板均方振速，并出现一个较宽的峰值，然后在高频段趋于矩形板均方振速。圆柱壳均方振速除了在很低频段明显偏离矩形板均方振速外，在很宽的频率范围内，它们都比较接近，偏离在 2 倍范围以内。

有可能会认为，椭球壳和圆柱壳的声辐射应该处于平板和球壳之间，但声辐射功率计算结果却并非如此。椭球壳的声辐射功率曲线与其均方振速曲线有些相似，从起始频率开始声辐射功率随频率增加而迅速增加，峰值频率后又逐渐下降。椭球壳比平板和圆球壳的声辐射峰值频率低很多，所以在低频段椭球壳的声辐射功率明显高于平板和球壳。圆柱壳在低频段的声辐射功率也高于平板和球壳，但在高频段则略低于平板和球壳，圆柱壳 3 的半径最小，长度最大，在 2kHz 以下频段的声辐射功率最大，2kHz 以上频段的声辐射功率最小，参见图 4.4.13。图 4.4.14 给出了不同壳体声辐射效率的比较，在低频段，矩形板声辐射效率最小，球壳和椭球壳声辐射效率曲线形状较接近，但椭球壳 2 和 3 的声辐射效率要高于球壳，偏心率最大的椭球壳 1，其声辐射效率处于平板和球壳之间，圆柱壳的声辐射效率在低频段也处于平板和球壳之间。在高频段，平板的声辐射效率最大，椭球壳的声辐射效率略高于球壳，圆柱壳的声辐射效率处于平板和球壳之间，随着频率的增加，无论平板、圆柱壳还是球壳和椭球壳，声辐射效率都趋于一致。一般来说，壳体曲率对振动和声辐射的影响主要是曲率刚度效应对壳体法向振动的影响，这种影响包括两个方面，一是增加模态频率，尤其是低阶模态频率，二是在平板临界频率以下，曲面壳体弯曲波长更加接近或大于声波波长，使壳体的声辐射增强。不同偏心率的椭球壳，在低频段的刚度增强效应有所不同，起始频率与椭球壳几何形状有关，当椭球壳的扁平度增大，起始频率下降，在椭球壳扁平区域的刚度效应减小，相应的振动增大。椭球壳形状的变化，引起明显的声辐射改变，对于前面给定的椭球壳来说，低阶模态的声辐射在相应频率范围内要比平板和球壳大很多。因此，从降低噪声的工程设计角度，不宜选用椭球壳。这里提到的圆柱壳声辐射将在第 5 章和第 6 章详细介绍。

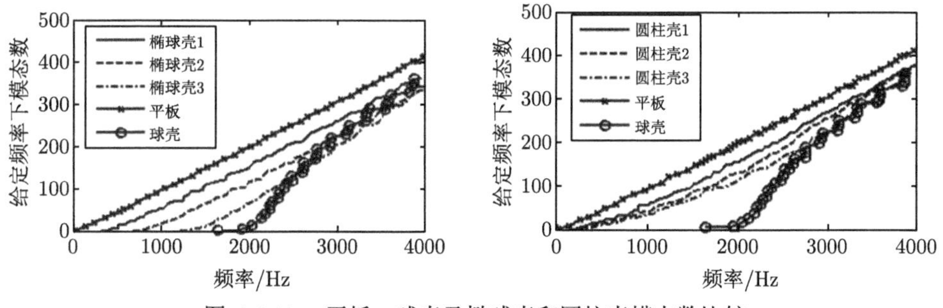


图 4.4.11 平板、球壳及椭球壳和圆柱壳模态数比较

(引自文献 [9], fig4)

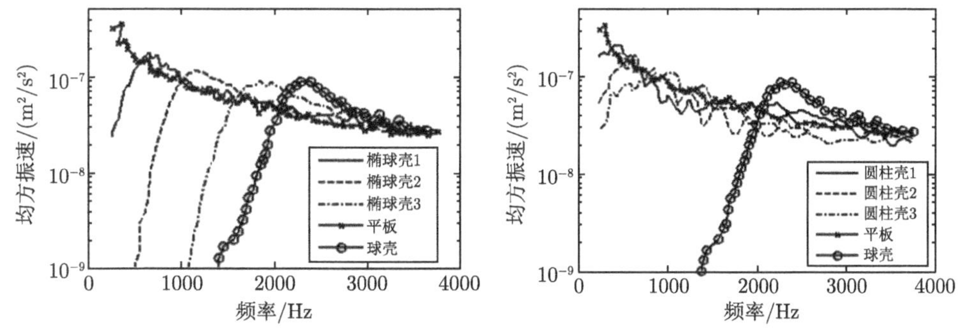


图 4.4.12 平板、球壳及椭球壳和圆柱壳均方振速比较

(引自文献 [9], fig5)

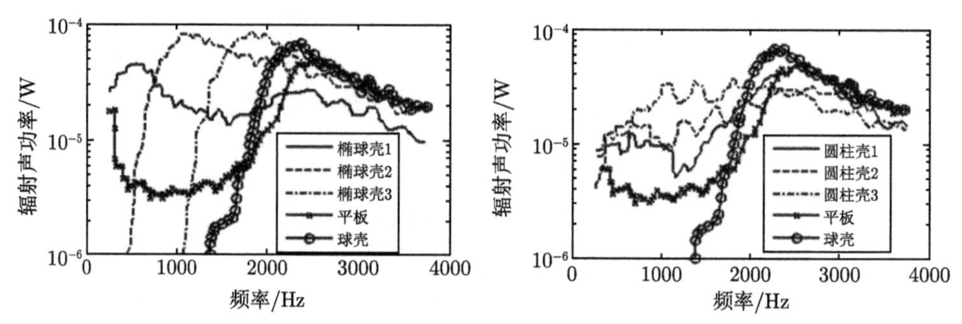


图 4.4.13 平板、球壳及椭球壳和圆柱壳声辐射功率比较

(引自文献 [9], fig6)

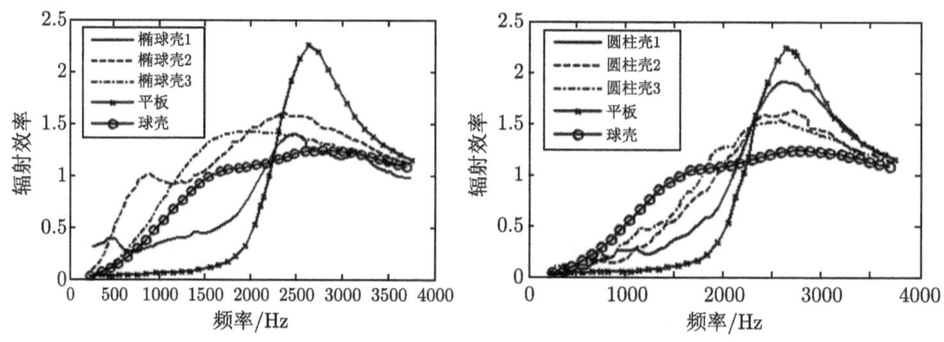


图 4.4.14 平板、球壳及椭球壳和圆柱壳声辐射效率比较

(引自文献 [9], fig7)

## 4.5 弹性细长回转壳振动和声辐射

严格地说，潜艇及鱼雷的流线型回转体外形与椭球并不相符，椭球壳关于中剖面对称，而流线型回转体则无此特性。采用椭球壳模型计算流线型回转体的振动和声辐射，作为一种近似，并无不当，但到底存在多大差异，还需要进一步研究分析。一般来说，潜艇及鱼雷的长度和低频声波长远大于它们的最大直径，因此，流线型回转体作为细长回转体处理，相应的振动和声辐射模型也有所不同。

Pond[47] 最早研究流线型回转壳体结构的声辐射，研究对象如图 4.5.1 所示，周围为无限可压缩流体，沿 $x$ 方向有均匀来流 $-U_0$，相应的速度势为

$$\varPhi = -U_0 x + \phi \tag{4.5.1}$$

式中，$U_0x$ 为均匀流的速度势，$\phi$ 为声速度势。考虑均匀来流的情况下，声速度势满足方程：

$$\left(1-\frac{U_0^2}{C_0^2}\right)\frac{\partial^2\phi}{\partial x^2}+\frac{\partial^2\phi}{\partial y^2}+\frac{\partial^2\phi}{\partial z^2}+2\frac{U_0}{C_0^2}\frac{\partial^2\phi}{\partial x\partial t}=\frac{1}{C_0^2}\frac{\partial^2\phi}{\partial t^2} \tag{4.5.2}$$

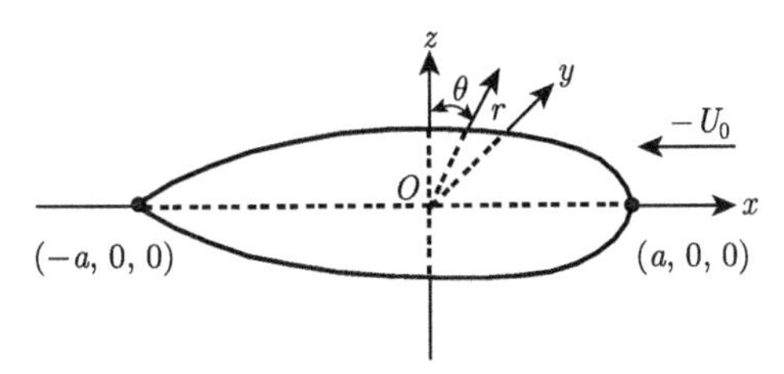


图 4.5.1 流线型回转壳体模型

(引自文献 [47], fig1)

在简谐时间变化情况下，设

$$\phi(x,y,z,t)=\phi(x,y,z)\,\mathrm{e}^{-\mathrm{i}\omega t}=\phi(x,y,z)\,\mathrm{e}^{-\mathrm{i}k_0C_0t} \tag{4.5.3}$$

则 (4.5.2) 式的解为 Helmholtz 积分方程

$$\phi(x,y,z)=\iint\left[\left(-\frac{\partial\phi}{\partial n}\right)\frac{\mathrm{e}^{\mathrm{i}k_0d}}{4\pi R}+\phi\frac{\partial}{\partial n}\left(\frac{\mathrm{e}^{\mathrm{i}k_0d}}{4\pi R}\right)\right]\mathrm{d}S \tag{4.5.4}$$

式中，$\partial/\partial n$ 为积分表面外法线方向的导数，且有

$$R=\left[(x-x_1)^2+\sigma^2(y-y_2)^2+(z-z_3)^2\right]^{\frac{1}{2}} \tag{4.5.5}$$

$$d=[Ma(x-x_1)+R]/\sigma^2 \tag{4.5.6}$$

其中，$Ma$ 为马赫数，$Ma=U_0/C_0$，$\sigma^2=1-Ma^2$。

考虑到作用在回转细长体表面单元 $\mathrm{d}S$ 上的法向力为

$$F_n\mathrm{e}^{-\mathrm{i}k_0C_0t}\mathrm{d}S=p\mathrm{d}S \tag{4.5.7}$$

其中辐射声压为

$$p=\mathrm{i}\rho_0C_0k_0\phi+\rho_0U_0\frac{\partial\phi}{\partial x} \tag{4.5.8}$$

将 (4.5.7) 式代入 (4.5.8) 式，并考虑到 (4.5.3) 式，有

$$\phi=-\frac{\mathrm{i}}{\rho_0k_0C_0}F_n+\mathrm{i}\frac{Ma}{k_0}\frac{\partial\phi}{\partial x} \tag{4.5.9}$$

再将 (4.5.9) 式代入 (4.5.4) 式，得到

$$\phi = \frac{1}{4\pi}\iint\left[\left(-\frac{\partial\phi}{\partial n}\right)\frac{\mathrm{e}^{\mathrm{i}k_0 d}}{R} + \frac{\mathrm{i}}{k_0}Ma\frac{\partial\phi}{\partial x_1}\frac{\partial}{\partial n}\left(\frac{\mathrm{e}^{\mathrm{i}k_0 d}}{R}\right)\right.$$
$$\left. - \frac{\mathrm{i}}{\rho_0 k_0 C_0}F_n\frac{\partial}{\partial n}\left(\frac{\mathrm{e}^{\mathrm{i}k_0 d}}{R}\right)\right]\mathrm{d}S \tag{4.5.10}$$

在 $Ma$ 数较低的情况及远场条件下，(4.5.10) 式中被积函数第二项为小量，可以忽略，得到简化表达式：

$$\phi = -\frac{1}{4\pi}\iint\left[v_n\frac{\mathrm{e}^{\mathrm{i}k_0 d}}{R} + \frac{\mathrm{i}}{\rho_0 k_0 C_0}F_n\frac{\partial}{\partial n}\left(\frac{\mathrm{e}^{\mathrm{i}k_0 d}}{R}\right)\right]\mathrm{d}S \tag{4.5.11}$$

式中，$v_n = \partial\phi/\partial n$。在轴对称情况下，(4.5.11) 式中的面积分可以近似为沿 $x$ 方向的线积分。细长回转体表面环单元的体积速率为

$$Q(x_1)\,\mathrm{e}^{-\mathrm{i}k_0 C_0 t}\mathrm{d}x_1 \tag{4.5.12}$$

同样，沿 $x$ 方向分布的表面环单元法向脉动力源为

$$F(x_1)\,\mathrm{e}^{-\mathrm{i}k_0 C_0 t}\mathrm{d}x_1 \tag{4.5.13}$$

另外，在远场条件下，(4.5.11) 式中 Green 函数及其法向导数项可以简化处理：

$$\frac{\mathrm{e}^{\mathrm{i}k_0 d}}{R} = \frac{\mathrm{e}^{\mathrm{i}k_0\sigma^{-2}[Ma(x-x_1)+R_0-x_1\cos\theta_0]}}{R_0} \tag{4.5.14}$$

$$\frac{\partial}{\partial x_1}\left(\frac{\mathrm{e}^{\mathrm{i}k_0 d}}{R}\right) = -\mathrm{i}\frac{k_0}{\sigma^2}\left[\cos\theta_0 + Ma\right]\frac{\mathrm{e}^{\mathrm{i}\beta_0\sigma^{-2}[Ma(x-x_1)+R_0-x_1\cos\theta_0]}}{R_0} \tag{4.5.15}$$

其中，

$$R_0 = \left(x^2+\sigma^2 r^2\right)^{1/2} \approx \left(x^2+r^2\right)^{1/2} \tag{4.5.16}$$
$$r^2 = y^2+z^2,\quad \cos\theta_0 = x/R_0$$

若 $Ma \ll 1, k_0 aMa \ll 1$, (4.5.11) 式的第一、二项分别由 (4.5.12) 和 (4.5.13) 式代替，再利用 (4.5.14) 和 (4.5.15) 式，则远场速度势 $\phi$ 可以近似为

$$\phi = -\frac{1}{4\pi}\frac{\mathrm{e}^{-\mathrm{i}k_0 C_0(t-d_0/C_0)}}{R_0}\int_{-a}^{a}\left[Q(x_1) + \frac{1}{\rho_0 C_0}\cos\theta_0 F(x_1)\right]\mathrm{e}^{-\mathrm{i}k_0\cos\theta_0 x_1}\mathrm{d}x_1 \tag{4.5.17}$$

式中，$a$ 为细长体的半长，$d_0 = (Max_1 + R_0)/\sigma^2$，相应的声压也近似为

$$p = \mathrm{i}\rho_0 C_0 k_0 \phi \tag{4.5.18}$$

Pond[47] 分析认为，对于细长回转壳体轴向振动产生的声场，(4.5.17) 式中的第二项可以忽略，这样轴向振动产生的远场声压为

$$p = -\frac{\mathrm{i}}{4\pi}\rho_0 C_0 k_0 \frac{\mathrm{e}^{-\mathrm{i}k_0 C_0(t-d_0/C_0)}}{R_0}\int_{-a}^{a} Q(x_1)\,\mathrm{e}^{-\mathrm{i}k_0\cos\theta_0 x_1}\mathrm{d}x_1 \tag{4.5.19}$$

设细长回转壳体母线半径为 $r(x)$，相应的横截面积为

$$S(x) = \pi r^2(x) \tag{4.5.20}$$

如果细长回转壳体表面轴向振动位移为 $W(x,t)$，Pond 通过求解表面速度势导数，得到的声源强度为

$$Q(x) = Q_1(x) + \mathrm{i}Q_2(x) \tag{4.5.21}$$

其中，

$$Q_1(x) = -k_0 C_0 W(x) S'(x) \tag{4.5.22}$$

$$Q_2(x) = U_0 W'(x) S'(x) \tag{4.5.23}$$

以下考虑两种典型的情况。

其一，细长回转壳体作轴向刚体振动的位移：

$$W(x) = -W_0, \quad W_0 \ll r \tag{4.5.24}$$

相应的声源强度为

$$Q_1(x) = k_0 C_0 W_0 S'(x) \tag{4.5.25a}$$

$$Q_2(x) = 0 \tag{4.5.25b}$$

其二，细长回转壳体作轴向正弦振动的位移：

$$W(x) = W_0 \sin\frac{m\pi x}{2a} \tag{4.5.26}$$

相应的声源强度则为

$$Q_1(x) = -k_0 C_0 W_0 \sin\left(\frac{m\pi x}{2a}\right) S'(x) \tag{4.5.27a}$$

$$Q_2(x_1) = -\frac{m\pi}{2}U_0\frac{W_0}{a}\cos\left(\frac{m\pi x}{2a}\right)S'(x) \tag{4.5.27b}$$

对于椭球壳或流线型壳体，横截面积的导数可以表示为 Legendre 多项式 [47]：

$$S'(x) = \sum_{n=0}^{N} A_n \mathrm{P}_n\left(\frac{x}{a}\right) \tag{4.5.28}$$

将 (4.4.25) 式、(4.5.27) 式及 (4.5.28) 式分别代入 (4.5.19) 式，并考虑到积分关系：

$$\begin{aligned} I_1 &= \int_{-a}^{a}\sin\left(\frac{m\pi x_1}{2a}\right)\mathrm{P}_n\left(\frac{x_1}{a}\right)\mathrm{e}^{-\mathrm{i}k_0\cos\theta_0 x_1}\mathrm{d}x_1 \\ &= \mathrm{i}(-\mathrm{i})^n a\left[\mathrm{j}_n(\alpha+\beta)-\mathrm{j}_n(\alpha-\beta)\right] \end{aligned} \tag{4.5.29}$$

$$\begin{aligned} I_2 &= \int_{-a}^{a}\cos\left(\frac{m\pi x_1}{2a}\right)\mathrm{P}_n\left(\frac{x_1}{a}\right)\mathrm{e}^{-\mathrm{i}k_0\cos\theta_0 x_1}\mathrm{d}x_1 \\ &= (-\mathrm{i})^n a\left[\mathrm{j}_n(\alpha+\beta)+\mathrm{j}_n(\alpha-\beta)\right] \end{aligned} \tag{4.5.30}$$

式中，$\mathrm{j}_n$ 为球 Bessel 函数，$\alpha = k_0 a\cos\theta_0$，$\beta = m\pi/2$。

这样可以分别得到轴向刚体振动与轴向正弦振动的细长回转壳体远场辐射声压：

$$p = -\frac{\mathrm{i}}{2\pi}\rho_0 C_0^2 k_0^2 a W_0 \frac{\mathrm{e}^{-\mathrm{i}k_0 C_0(t-d_0/C_0)}}{R_0}\sum_{n=0}^{N}(-\mathrm{i})^n A_n \mathrm{j}_n(\alpha) \tag{4.5.31}$$

$$\begin{aligned} p = &-\frac{1}{4\pi}\rho_0 k_0^2 C_0^2 a W_0 \frac{\mathrm{e}^{-\mathrm{i}k_0 C_0(t-d_0/C_0)}}{R_0}\sum_{n=0}^{N}(-\mathrm{i})^n A_n \\ &\times\left\{\left[\mathrm{j}_n(\alpha+\beta)-\mathrm{j}_n(\alpha-\beta)\right]+\frac{1}{4}mMa\frac{\lambda}{a}\left[\mathrm{j}_n(\alpha+\beta)+\mathrm{j}_n(\alpha-\beta)\right]\right\} \end{aligned} \tag{4.5.32}$$

在低 $Ma$ 数和低频情况下，(4.5.32) 式第二项的 $\dfrac{1}{4}mMa\dfrac{\lambda}{a} \ll 1$ 可以忽略，其中 $\lambda$ 为声波长。作为例子，下面比较椭球壳与细长流线体的远场声辐射，设椭球的母线半径为

$$r(x) = b\left[1-\left(\frac{x}{a}\right)^2\right]^{1/2} \tag{4.5.33}$$

式中，$a$ 和 $b$ 分别为椭球半长轴和半短轴的长度。

细长流线体母线半径为

$$r(x)=2b\mu\left(\frac{x}{a}\right)\left[1-\left(\frac{x}{a}\right)^2\right]^{1/2} \tag{4.5.34}$$

式中，$\mu=b_1/b$，$b_1$ 为确定流线体与椭球外形偏差的一个常数。图 4.5.2 给出了 $b/a=0.1$ 的椭球外形与 $b/a=0.1$, $\mu=0.3$ 和 0.5 的流线体外形的比较。相应地，椭球和流线体横截面积的导数分别为

椭球：

$$S'(x)=-2\pi\frac{b^2}{a}\mathrm{P}_1\left(\frac{x}{a}\right) \tag{4.5.35}$$

流线体：

$$S'(x)=-\pi\frac{b^2}{a}\left[\left(2+\frac{8}{5}\mu^2\right)\mathrm{P}_1\left(\frac{x}{a}\right)+8\mu\mathrm{P}_2\left(\frac{x}{a}\right)+\frac{32}{5}\mu^2\mathrm{P}_3\left(\frac{x}{a}\right)\right] \tag{4.5.36}$$

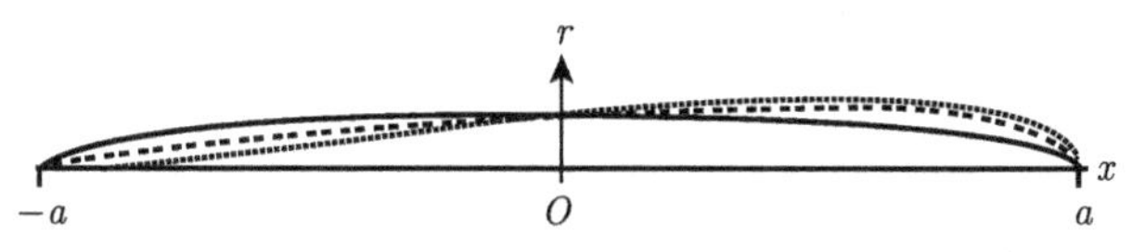


图 4.5.2　椭球与流线体外形

(引自文献 [47], fig2)

将 (4.3.35) 和 (4.3.36) 式分别代入 (4.5.31) 和 (3.5.32) 式，得到椭球壳和流线体远场辐射声压实部的统一表达式

$$p=\rho_0C_0^2k_0^2b^2W_0\left\{C_A\frac{\sin\left[k_0C_0\left(t-d_0/C_0\right)\right]}{R_0}+C_B\frac{\cos\left[k_0C_0\left(t-d_0/C_0\right)\right]}{R_0}\right\} \tag{4.5.37}$$

式中，$C_A$ 和 $C_B$ 为无量纲函数，对于椭球壳和流线体的轴向刚体振动与正弦分布振动，它们有不同的表达式。椭球壳轴向刚体振动情况：

$$C_A=0 \tag{4.5.38a}$$

$$C_B=\mathrm{j}_1(\alpha) \tag{4.5.38b}$$

椭球壳轴向正弦分布振动情况：

$$C_A=-\frac{1}{2}\left[\mathrm{j}_1(\alpha+\beta)-\mathrm{j}_1(\alpha-\beta)\right] \tag{4.5.39a}$$

$$C_B = 0 \tag{4.5.39b}$$

同样，流线体轴向刚体振动情况：

$$C_A = -4\mu \mathrm{j}_2(\alpha) \tag{4.5.40a}$$

$$C_B = \mathrm{j}_1(\alpha) + \frac{4}{5}\sigma^2\left[\mathrm{j}_1(\alpha) - 4\mathrm{j}_3(\alpha)\right] \tag{4.5.40b}$$

流线体轴向正弦分布振动情况：

$$C_A = -\frac{1}{2}\left[1 + \frac{4}{5}\mu^2\right]\left[\mathrm{j}_1(\alpha+\beta) - \mathrm{j}_1(\alpha-\beta)\right] + \frac{8}{5}\mu^2\left[\mathrm{j}_3(\alpha+\beta) - \mathrm{j}_3(\alpha-\beta)\right] \tag{4.5.41a}$$

$$C_B = -2\mu\left[\mathrm{j}_2(\alpha+\beta) - \mathrm{j}_2(\alpha-\beta)\right] \tag{4.5.41b}$$

将 (4.5.38)~(4.5.41) 式分别代入 (4.5.37) 式，即可计算细长体轴向振动的声辐射。下面进一步考虑横向振动的声辐射计算，假设细长回转体横截面形状不变，垂直轴线方向的振动速度为 $v(x)\mathrm{e}^{-\mathrm{i}k_0C_0t}$，相应的偶极子源强度为

$$Q(x,t) = 2S(x)v(x)\mathrm{e}^{-\mathrm{i}k_0C_0t} \tag{4.5.42}$$

对应 (4.5.13) 式，表面环单元沿 $x$ 方向的脉动力源为

$$F(x) = -\rho_0\frac{\partial Q}{\partial t}\mathrm{d}x = 2\mathrm{i}\rho_0C_0k_0S(x)v(x)\mathrm{e}^{-\mathrm{i}k_0C_0t}\mathrm{d}x \tag{4.5.43}$$

将 (4.5.43) 式代入 (4.5.17) 式的第二项中，得到细长回转体脉动力源产生的远场速度势：

$$\phi(x,y,z,t) = -\frac{\mathrm{e}^{-\mathrm{i}k_0C_0(t-d_0/C_0)}}{4\pi R_0}\cos\theta_3\left[2\mathrm{i}k_0\int_{-a}^{a}S(x_1)v(x_1)\mathrm{e}^{-\mathrm{i}k_0\cos\theta_0x_1}\mathrm{d}x_1\right] \tag{4.5.44}$$

式中，$\cos\theta_3 = z/R_0$。相应的远场辐射声压为

$$p = \frac{1}{2\pi}\rho_0C_0k_0^2\cos\theta_3\frac{\mathrm{e}^{-\mathrm{i}k_0C_0(t-d_0/C_0)}}{R_0}\int_{-a}^{a}S(x_1)v(x_1)\mathrm{e}^{-\mathrm{i}k_0\cos\theta_0x_1}\mathrm{d}x_1 \tag{4.5.45}$$

如果已知细长回转体的横向振动速度分布为

$$v(x,t) = \left[A_1\cos\left(\frac{\pi\Omega_1x}{2a}\right) + A_2\sin\left(\frac{\pi\Omega_2x}{2a}\right)\right]\mathrm{e}^{-\mathrm{i}k_0C_0t} \tag{4.5.46}$$

式中，$A_1$ 和 $A_2$ 为振动速度幅值，$\Omega_1$ 和 $\Omega_2$ 为确定振动分布的常数。

对于椭球和流线型回转体，横截面积分别为

椭球：

$$S(x) = \pi b^2 \left[1 - \left(\frac{x}{a}\right)^2\right] = \frac{2}{3}\pi b^2 \left[\mathrm{P}_0\left(\frac{x}{a}\right) - \mathrm{P}_2\left(\frac{x}{a}\right)\right] \tag{4.5.47}$$

流线体：

$$\begin{aligned} S(x) =& \pi b^2 \left\{\left[1 - \left(\frac{x}{a}\right)^2\right] + 4\mu\left[\left(\frac{x}{a}\right) - \left(\frac{x}{a}\right)^3\right] + 4\mu^2\left[\left(\frac{x}{a}\right)^2 - \left(\frac{x}{a}\right)^4\right]\right\} \\ =& \pi b^2 \left\{\frac{2}{3}\left[\mathrm{P}_0\left(\frac{x}{a}\right) - \mathrm{P}_2\left(\frac{x}{a}\right)\right] - 4\mu\frac{2}{5}\left[\mathrm{P}_1\left(\frac{x}{a}\right) - \mathrm{P}_3\left(\frac{x}{a}\right)\right]\right. \\ & \left. + 4\mu^2\frac{24}{105}\left[\mathrm{P}_2\left(\frac{x}{a}\right) - \mathrm{P}_4\left(\frac{x}{a}\right)\right] + 4\mu^2\frac{14}{105}\left[\mathrm{P}_0\left(\frac{x}{a}\right) - \mathrm{P}_2\left(\frac{x}{a}\right)\right]\right\} \end{aligned} \tag{4.5.48}$$

将 (4.5.46) 式及 (4.5.47) 和 (4.5.48) 式代入 (4.5.45) 式，并利用积分 (4.5.29) 式、(4.5.30) 式及 Bessel 函数递推关系，可得椭球和流线体横向振动产生的远场辐射声压。

椭球：

$$\begin{aligned} p =& \rho_0 C_0^2 k_0^2 b^2 \cos\theta_3 \frac{\mathrm{e}^{-\mathrm{i}k_0 C_0 (t - d_0/C_0)}}{R_0} \\ & \times \left[\left(a\frac{A_1}{C_0}\right) J_1^A(\alpha, \Omega_1) + \mathrm{i}\left(a\frac{A_2}{C_0}\right) J_1^B(\alpha, \Omega_2)\right] \end{aligned} \tag{4.5.49}$$

流线体：

$$\begin{aligned} p =& \rho_0 C_0^2 k_0^2 b^2 \cos\theta_3 \frac{\mathrm{e}^{-\mathrm{i}k_0 C_0 (t - d_0/C_0)}}{R_0} \\ & \times \left\{\left(1 + \mu^2\right)\left(a\frac{A_1}{C_0}\right) J_1^A(\alpha, \Omega_1) - \frac{16}{5}\mu^2\left(a\frac{A_1}{C_0}\right) J_2^A(\alpha, \Omega_1)\right. \\ & + 4\mu\left(a\frac{A_2}{C_0}\right) J_2^B(\alpha, \Omega_2) + \mathrm{i}\left[\left(1 + \frac{4}{5}\mu^2\right)\left(a\frac{A_2}{C_0}\right) J_1^B(\alpha, \Omega_2)\right. \\ & \left.\left. - \frac{16}{5}\mu^2\left(a\frac{A_2}{C_0}\right) J_2^B(\alpha, \Omega_2) - 4\mu\left(a\frac{A_2}{C_0}\right) J_2^A(\alpha, \Omega_1)\right]\right\} \end{aligned} \tag{4.5.50}$$

式中，

$$J_n^A(\alpha, \Omega_i) = \frac{\mathrm{j}_n\left[\alpha + (\pi\Omega_i/2)\right]}{\alpha + (\pi\Omega_i/2)} + \frac{\mathrm{j}_n\left[\alpha - (\pi\Omega_i/2)\right]}{\alpha - (\pi\Omega_i/2)}, \quad i = 1, 2$$

$$J_n^B(\alpha, \Omega_i) = \frac{\mathrm{j}_n[\alpha + (\pi\Omega_i/2)]}{\alpha + (\pi\Omega_i/2)} - \frac{\mathrm{j}_n[\alpha - (\pi\Omega_i/2)]}{\alpha - (\pi\Omega_i/2)}, \quad i = 1, 2$$

椭球和流线体横向振动的辐射声压 (4.5.49) 和 (4.5.50) 式也可以统一表示为 (4.5.37) 式的形式，其中的无量纲函数 $C_A$ 和 $C_B$ 可参见文献 [47]。Pond[47] 针对椭球和流线体两种细长回转体，计算了已知轴向和横向振动分布情况下的远场辐射声压，给出了表征不同外形参数对远场声压幅值影响的特征因子 $C_A^2 + C_B^2$，参见图 4.5.3~ 图 4.5.5。结果表明，在同样长径比情况下，椭球与流线体远场辐射声压存在一定差别，已知轴向刚体振动情况下，比较椭球与 $\mu = 0.3$ 和 0.5 流线型的特征因子 $C_A^2 + C_B^2$ 值，前者小于后者，在 $\alpha < 1.5$ 的低频情况差别较小，而在 $\alpha > 1.5$ 的高频段则差别明显；对于轴向正弦分布振动情况，椭球与流线体的特征因子 $C_A^2 + C_B^2$ 值，也是前者小于后者，在 $\alpha < 1.5$ 的低频段差别小于高频

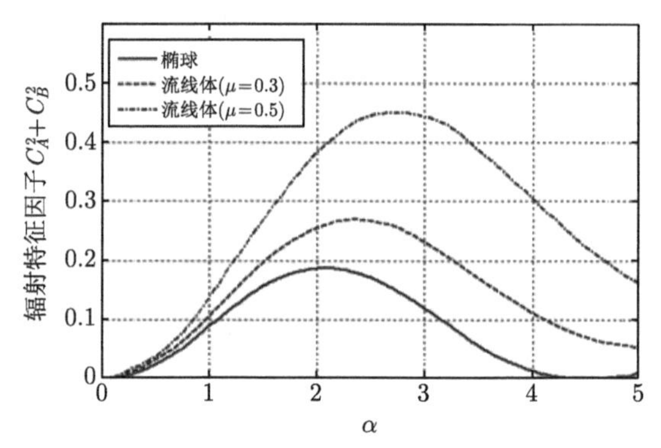


图 4.5.3　椭球和流线体轴向刚体运动声辐射特性比较

(引自文献 [47], fig5)

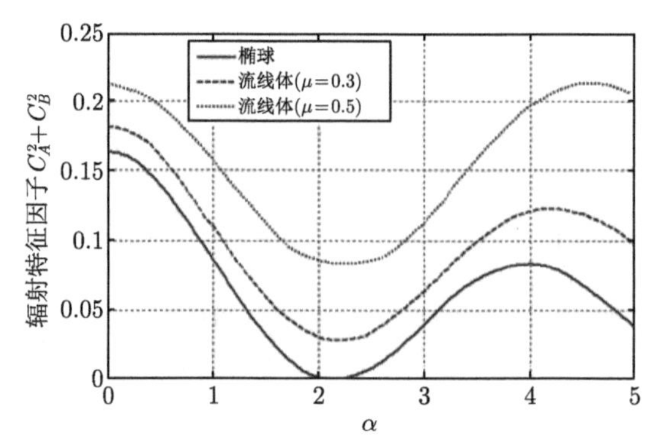


图 4.5.4　椭球和流线体轴向正弦振动声辐射特性比较

(引自文献 [47], fig6)

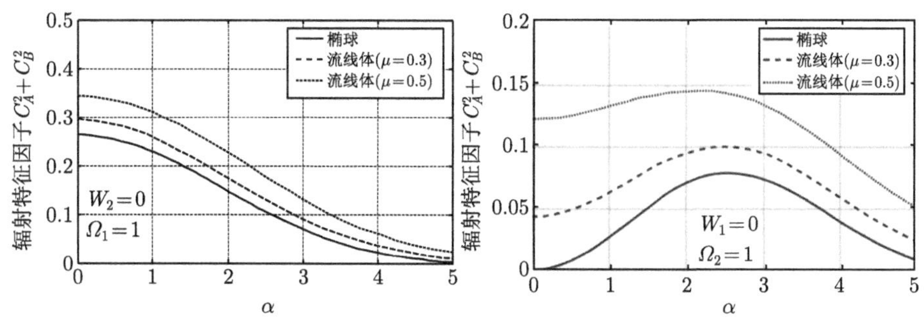


图 4.5.5 椭球和流线体横向振动声辐射特性比较

(引自文献 [47], fig9, fig10)

段，但比刚性运动的低频差别要大一些。在已知横向振动的情况下，当 $\cos\theta_3=1$ 时椭球的特征因子 $C_A^2+C_B^2$ 值小于流线体的 $C_A^2+C_B^2$ 值，且在 $\alpha\sim5$ 的高频段，两者的差别相对较小，$W_2\neq0$ 情况下椭球与流线体的特征因子 $C_A^2+C_B^2$ 差别明显大于 $W_1\neq0$ 的情况，尤其在低频。Pond 认为，选择不同的细长椭球来近似计算细长流线体的远场声辐射，改进的意义不明显。关于半剖面不对称的流线体声辐射计算并不能由关于中剖面对称的椭球声辐射替代。

在 Pond 研究细长回转体轴向或横向振动的远场辐射声压基础上，为了扩展计算模型对振动分布的适用性及计算频率范围，Nhieu[48,49] 采用扇面球谐函数 (sectorial spherical harmonics)，由近场和远场匹配获得已知振速分布的声源强度，提出了回转细长体中低频远场声辐射计算方法。考虑如图 4.5.6 所示的细长回转体，浸没在无限均匀声介质中，在圆柱坐标 $(z,r,\varphi)$ 中，细长回转体表面的母线方程为

$$r=r_{\max}F(z/a),\quad F(\pm1)=0 \tag{4.5.51}$$

式中，$r_{\max}$ 为最大半径，$a$ 为回转细长体半长，坐标原点位于回转细长体中心位置。

假设回转细长体法向振动速度为 $v=v_0\bar{v}(z,\varphi)\mathrm{e}^{-\mathrm{i}\omega t}$，产生的辐射声压为 $p(r,z,\varphi)$。为了方便建立不同细长比 $\varepsilon=r_{\max}/a$ 回转体的声辐射计算模型，这里定义无量纲变量：

$$\begin{aligned}&\bar{r}=r/a,\quad \bar{z}=z/a,\quad \bar{k}=k_0a\\&\bar{v}=v/v_0,\quad \bar{p}=p/\rho_0r_{\max}v_0\omega\end{aligned} \tag{4.5.52}$$

无量纲声压 $\bar{p}$ 满足 Helmholtz 方程及表面边界条件：

$$\frac{\partial^2\bar{p}}{\partial\bar{r}^2}+\frac{1}{\bar{r}}\frac{\partial\bar{p}}{\partial\bar{r}}+\frac{1}{\bar{r}^2}\frac{\partial^2\bar{p}}{\partial\varphi^2}+\frac{\partial^2\bar{p}}{\partial\bar{z}^2}+\bar{k}^2\bar{p}=0 \tag{4.5.53}$$

$$\frac{\partial\bar{p}}{\partial\bar{r}}-\varepsilon F'(\bar{z})\frac{\partial\bar{p}}{\partial\bar{z}}=\frac{\mathrm{i}}{\varepsilon}\bar{v}(\bar{z},\varphi),\quad \bar{r}=\varepsilon F(\bar{z}),\quad |\bar{z}|<1 \tag{4.5.54}$$

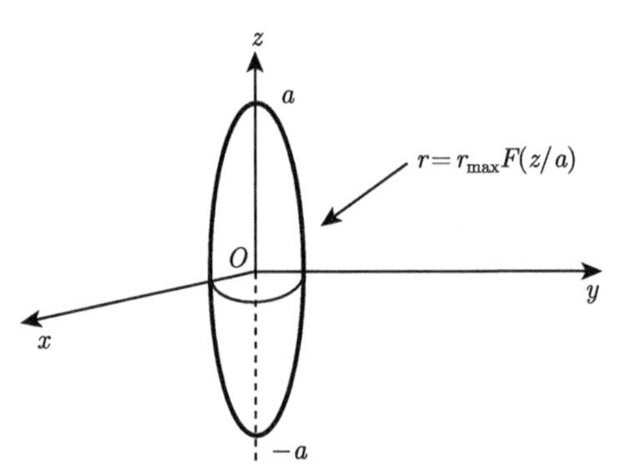


图 4.5.6　细长回转体模型

(引自文献 [49], fig1)

为了进一步求解，这里假设细长比 $\varepsilon \ll 1$，$F$ 及其导数为 $\bar{z}$ 的规则函数，且量级为 1；无量纲声波数 $\bar{k}$ 为 $\varepsilon^{-1}$ 的量级，并设回转细长体表面单个模态的振速分布为

$$\bar{v}\left(\bar{z},\varphi\right)=\tilde{v}_n\left(k_z\right)f_n\left(\varphi\right)\mathrm{e}^{\mathrm{i}k_z\bar{z}} \tag{4.5.55}$$

式中，$\tilde{v}_n\left(k_z\right)$ 为复系数，$n$ 为正整数，$f_n\left(\varphi\right)$ 为 $\cos n\varphi$ 或 $\sin n\varphi$，$k_z$ 为实波数，小于或等于 $\varepsilon^{-1}$ 的量级。

在声波波长大于或等于细长体截面特征尺度的低频和中频段，选用扇面球谐函数替代单极子或偶极子表征辐射声场 [50,51]，Nhieu 给出的回转细长体辐射声压表达式：

$$\bar{p}\left(\bar{r},\bar{z},\varphi\right)=\frac{\bar{k}}{\pi}\tilde{v}_n\left(k_z\right)f_n\left(\varphi\right)\int_{-1}^{1}\left(\frac{\bar{r}}{\eta}\right)^n\mathrm{h}_n^{(1)}\left(\bar{k}\eta\right)B_n\left(\xi,k_z\right)\mathrm{e}^{\mathrm{i}k_z\xi}\mathrm{d}\xi \tag{4.5.56}$$

式中，$\mathrm{h}_n^{(1)}$ 为球 Hankel 函数，$B_n$ 为待定的声源强度分布函数。$f_n\left(\varphi\right)\left(\bar{r}/\eta\right)^n\mathrm{h}_n^{(1)}\left(\bar{k}\eta\right)$ 为 $n$ 阶扇面球谐函数，其原点位于 $z$ 轴，并离细长体中心距离为 $\xi$。且有

$$\eta=\left[\bar{r}^2+\left(\xi-\bar{z}\right)^2\right]^{\frac{1}{2}} \tag{4.5.57}$$

为了利用边界条件 (4.5.54) 式确定 (4.5.56) 式中声源强度 $B_n$，设积分表达式：

$$I_n\left(B_n\right)=\frac{\bar{k}}{\pi}\int_{-1}^{1}\left(\frac{\bar{r}}{\eta}\right)^n\mathrm{h}_n^{(1)}\left(\bar{k}\eta\right)B_n\left(\xi,k_z\right)\mathrm{e}^{\mathrm{i}k_z\xi}\mathrm{d}\xi \tag{4.5.58}$$

将 (4.5.56) 和 (4.5.58) 式代入 (4.5.54) 式，并考虑到 (4.5.55) 式，可得 $I_n$ 满足的方程：

$$\frac{\partial I_n}{\partial\bar{r}}-\varepsilon F'\left(\bar{z}\right)\frac{\partial I_n}{\partial\bar{z}}=\frac{\mathrm{i}}{\varepsilon}\mathrm{e}^{\mathrm{i}k_z\xi},\quad \bar{r}=\varepsilon F\left(\bar{z}\right),\quad \left|\bar{z}\right|<1 \tag{4.5.59}$$

为了得到 (4.5.59) 式中 $I_n$ 关于 $\bar{r}$ 的导数 $\partial I_n/\partial\bar{r}$，注意到 Hankel 函数的递推关系：

$$\mathrm{h}_n^{(1)}(x)=\frac{n-1}{x}\mathrm{h}_{n-1}^{(1)}(x)-\frac{\mathrm{dh}_{n-1}^{(1)}}{\mathrm{d}x} \tag{4.5.60}$$

以及，

$$\frac{\partial\eta}{\partial r}=\frac{\bar{r}}{\eta}$$

可以推导得到

$$\frac{\partial}{\partial\bar{r}}\left[\left(\frac{\bar{r}}{\eta}\right)^n\mathrm{h}_n^{(1)}\left(\bar{k}\eta\right)\right]=\frac{n}{\bar{r}}\left(\frac{\bar{r}}{\eta}\right)^n\mathrm{h}_n^{(1)}\left(\bar{k}\eta\right)-\bar{k}\left(\frac{\bar{r}}{\eta}\right)^{n+1}\mathrm{h}_{n+1}^{(1)}\left(\bar{k}\eta\right) \tag{4.5.61}$$

(4.5.58) 式两边对 $\bar{r}$ 求偏导数，并利用 (4.5.61) 式，可得

$$\frac{\partial I_n}{\partial\bar{r}}=\frac{n}{\bar{r}}I_n-\bar{k}I_{n+1} \tag{4.5.62}$$

为了计算 $I_n$ 对 $\bar{z}$ 的导数，考虑到等式

$$\frac{\partial}{\partial\bar{z}}\left[\frac{\mathrm{h}_n^{(1)}\left(\bar{k}\eta\right)}{\eta^n}\right]=-\frac{\partial}{\partial\xi}\left[\frac{\mathrm{h}_n^{(1)}\left(\bar{k}\eta\right)}{\eta^n}\right] \tag{4.5.63}$$

(4.5.58) 式两边分别作 $\partial/\partial\bar{z}$ 和 $-\partial/\partial\xi$ 运算，并进一步分部积分，可以得到

$$\frac{\partial I_n}{\partial\bar{z}}=\left[-\frac{\bar{k}}{\pi}B_n\left(\xi,k_z\right)\mathrm{h}_n^{(1)}\left(\bar{k}\eta\right)\left(\frac{\bar{r}}{\eta}\right)^n\mathrm{e}^{\mathrm{i}k_z\xi}\right]_{\xi=-1}^{\xi=1}+I_n\left[\frac{\partial B_n}{\partial\xi}+\mathrm{i}k_zB_n\right] \tag{4.5.64}$$

将 (4.5.62) 和 (4.5.64) 式代入 (4.5.59) 式，得到

$$\begin{aligned}&\frac{n}{\bar{r}}I_n-\bar{k}I_{n+1}-\varepsilon F'\left(\bar{z}\right)I_n\left[\frac{\partial B_n}{\partial\xi}+\mathrm{i}k_zB_n\right]\\&+\varepsilon F'\left(\bar{z}\right)\left[\frac{\bar{k}}{\pi}B_n\left(\xi,k_z\right)\mathrm{h}_n^{(1)}\left(\bar{k}\eta\right)\left(\frac{\bar{r}}{\eta}\right)^n\mathrm{e}^{\mathrm{i}k_z\xi}\right]_{\xi=-1}^{\xi=1}=\mathrm{i}\varepsilon^{-1}\mathrm{e}^{\mathrm{i}k_z\bar{z}}\\&\bar{r}=\varepsilon F\left(\bar{z}\right),\quad\left|\bar{z}\right|<1\end{aligned} \tag{4.5.65}$$

在 (4.5.58) 式被积函数中，同时加减 $B_n\left(\bar{z},k_z\right)$ 项，则有

$$\begin{aligned}I_n=&\frac{\bar{k}}{\pi}\int_{-1}^1\left(\frac{\bar{r}}{\eta}\right)^n\mathrm{h}_n^{(1)}\left(\bar{k}\eta\right)B_n\left(\bar{z},k_z\right)\mathrm{e}^{\mathrm{i}k_z\xi}\mathrm{d}\xi\\&+\frac{\bar{k}}{\pi}\int_{-1}^1\left(\frac{\bar{r}}{\eta}\right)^n\mathrm{h}_n^{(1)}\left(\bar{k}\eta\right)\left[B_n\left(\xi,k_z\right)-B_n\left(\bar{z},k_z\right)\right]\mathrm{e}^{\mathrm{i}k_z\xi}\mathrm{d}\xi\end{aligned} \tag{4.5.66}$$

考虑到递推关系 (4.5.60) 式，有

$$\bar{k}\frac{\mathrm{h}_n^{(1)}\left(\bar{k}\eta\right)}{\eta^n}=-\frac{1}{\eta}\frac{\mathrm{d}}{\mathrm{d}\eta}\left[\frac{\mathrm{h}_n^{(1)}\left(\bar{k}\eta\right)}{\eta^{n-1}}\right] \tag{4.5.67}$$

再由 (4.5.57) 式可得

$$\frac{\partial}{\partial\xi}=\frac{\xi-\bar{z}}{\eta}\frac{\partial}{\partial\eta} \tag{4.5.68}$$

这样，(4.5.66) 式第一项的 $B_n\left(\bar{z},k_z\right)$ 可以提到积分外面，第二项利用 (4.5.67) 和 (4.5.68) 式重新组织，得到

$$I_n=B_n\left(\bar{z},k_z\right)I_n\left(1\right)-\frac{\bar{r}^n}{\pi}\int_{-1}^{1}\frac{B_n\left(\xi,k_z\right)-B_n\left(\bar{z},k_z\right)}{\xi-\bar{z}}\mathrm{e}^{\mathrm{i}k_z\xi}\frac{\partial}{\partial\xi}\left[\frac{\mathrm{h}_{n-1}^{(1)}\left(\bar{k}\eta\right)}{\eta^{n-1}}\right]\mathrm{d}\xi \quad n\geqslant 1 \tag{4.5.69}$$

式中，

$$I_n\left(1\right)=\frac{\bar{k}}{\pi}\int_{-1}^{1}\left(\frac{\bar{r}}{\eta}\right)^n\mathrm{h}_n^{(1)}\left(\bar{k}\eta\right)\mathrm{e}^{\mathrm{i}k_z\xi}\mathrm{d}\xi \tag{4.5.70}$$

(4.5.69) 式的积分项采用分部积分，从而得到 $I_n$ 的表达式：

$$\begin{aligned}I_n=&B_n\left(\bar{z},k_z\right)I_n\left(1\right)-\frac{\bar{r}}{\bar{k}}I_{n-1}\left[L_z\left(B_n\right)\right]\\&-\frac{\bar{r}}{\pi}\left[\frac{B_n\left(\xi,k_z\right)-B_n\left(\bar{z},k_z\right)}{\xi-\bar{z}}\mathrm{h}_{n-1}^{(1)}\left(\bar{k}\eta\right)\left(\frac{\bar{r}}{\eta}\right)^{n-1}\mathrm{e}^{\mathrm{i}k_z\xi}\right]_{\xi=-1}^{\xi=1}\end{aligned} \tag{4.5.71}$$

式中，

$$L_z\left(B_n\right)=\frac{\partial}{\partial\xi}\left[\frac{B_n\left(\xi\right)-B_n\left(\bar{z}\right)}{\xi-\bar{z}}\right]+\mathrm{i}k_z\frac{B_n\left(\xi\right)-B_n\left(\bar{z}\right)}{\xi-\bar{z}} \tag{4.5.72}$$

当 $n=0$ 时，考虑到

$$\mathrm{h}_0^{(1)}\left(x\right)=-\mathrm{i}\frac{\mathrm{e}^{\mathrm{i}x}}{x}$$

类似于 (4.5.69) 式，则有

$$I_0=B_0\left(\bar{z},k_z\right)I_0\left(1\right)-\frac{\mathrm{i}}{\pi}\int_{-1}^{1}\left[B_0\left(\xi,k_z\right)-B_0\left(\bar{z},k_z\right)\right]\frac{\mathrm{e}^{\mathrm{i}\left(\bar{k}\eta+k_z\xi\right)}}{\eta}\mathrm{d}\xi \tag{4.5.73}$$

从 (4.5.51) 式到 (4.5.73) 式的推导过程中没有引入任何近似处理。接下来需要在 (4.5.65) 和 (4.5.71) 式中考虑各项的量级。首先假设 $B_n$ 是 $\xi$ 的慢变函数，且在回转细长体两端满足：

$$B_n\left(\pm 1,k_z\right)=0 \tag{4.5.74}$$

注意到 (4.5.65) 式左边第四项为零，且左边第三项为小量可以忽略，于是 (4.5.65) 式可简化为

$$\frac{n}{\bar{r}}I_n-\bar{k}I_{n+1}=\mathrm{i}\varepsilon^{-1}\mathrm{e}^{\mathrm{i}k_z\bar{z}},\quad \bar{r}=\varepsilon F\left(\bar{z}\right),\quad \left|\bar{z}\right|<1 \tag{4.5.75}$$

同样，(4.5.71) 式右边第二项为小量可忽略，第三项中 $\left.B_n\left(\xi,k_z\right)\right|_{\xi=-1}=\left.B_n\left(\xi,k_z\right)\right|_{\xi=1}=0$，此式也可简化为

$$I_n=B_n\left(\bar{z},k_z\right)\left\{I_n\left(1\right)+\frac{\bar{r}}{\pi}\left[\frac{1}{\xi-\bar{z}}\mathrm{h}_{n-1}^{(1)}\left(\bar{k}\eta\right)\left(\frac{\bar{r}}{\eta}\right)^{n-1}\mathrm{e}^{\mathrm{i}k_z\xi}\right]_{\xi=-1}^{\xi=1}\right\} \tag{4.5.76}$$

这里近似处理的核心是声源强度取决于当地的振动，忽略远处声源的影响，称为“细长体近似”。为了进一步求解 (4.5.76) 式，先考虑 (4.5.70) 式的计算，为此，令

$$\varsigma=\left(\xi-\bar{z}\right)/\bar{r} \tag{4.5.77}$$

将 (4.5.77) 式代入 (4.5.70) 式，得到

$$I_n\left(1\right)=\frac{\bar{k}\bar{r}}{\pi}\mathrm{e}^{\mathrm{i}k_z\bar{z}}\int_{-(1+\bar{z})/\bar{r}}^{(1-\bar{z})/\bar{r}}\left[\left(1+\varsigma^2\right)^{-n/2}\mathrm{h}_n^{(1)}\left(\bar{k}\bar{r}\sqrt{1-\varsigma^2}\right)\right]\mathrm{e}^{\mathrm{i}k_z\bar{r}\varsigma}\mathrm{d}\varsigma \tag{4.5.78}$$

考虑到在 $z$ 轴附近位置上，有

$$\bar{r}=O\left(\varepsilon\right),\quad \left|1\pm\bar{z}\right|/\bar{r}\gg 1 \tag{4.5.79}$$

这样，(4.5.78) 式的积分区间可以扩展到 $\pm\infty$，并利用等式

$$\mathrm{h}_n^{(1)}\left(x\right)=\sqrt{\frac{\pi}{2x}}\mathrm{H}_{n+1/2}^{(1)}\left(x\right) \tag{4.5.80}$$

(4.5.78) 式可以变为

$$I_n\left(1\right)=\sqrt{\frac{2\bar{k}\bar{r}}{\pi}}\mathrm{e}^{\mathrm{i}k_z\bar{z}}\int_0^{\infty}\left[\left(1+\varsigma^2\right)^{-(n+1/2)/2}\mathrm{H}_{n+1/2}^{(1)}\left(\bar{k}\bar{r}\sqrt{1+\varsigma^2}\right)\right]\cos\left(k_z\bar{r}\varsigma\right)\mathrm{d}\varsigma \tag{4.5.81}$$

积分可得

$$I_n(1)=\begin{cases}\mathrm{e}^{\mathrm{i}k_z\bar{z}}\mathrm{H}_n^{(1)}(|\gamma|\bar{r})\left(|\gamma|/\bar{k}\right)^n, & \bar{k}>|k_z|\\ \\ \dfrac{2}{\pi\mathrm{i}}\mathrm{e}^{\mathrm{i}k_z\bar{z}}\mathrm{K}_n^{(1)}(|\gamma|\bar{r})\left(|\gamma|/\bar{k}\right)^n, & \bar{k}<|k_z|\end{cases}\tag{4.5.82}$$

其中，$|\gamma|=\left(\left|\bar{k}^2-k_z^2\right|\right)^{1/2}$。

考虑到 $\mathrm{K}_n(x)=\dfrac{\pi}{2}\mathrm{i}^{n+1}\mathrm{H}_n^{(1)}(\mathrm{i}x)$，(4.5.82) 式可以表示为

$$I_n(1)=\mathrm{e}^{\mathrm{i}k_z\bar{z}}\mathrm{H}_n^{(1)}(\gamma\bar{r})\left(\gamma/\bar{k}\right)^n\tag{4.5.83}$$

式中，

$$\gamma=\begin{cases}\left(\left|\bar{k}^2-k_z^2\right|\right)^{1/2}, & \bar{k}>|k_z|\\ \mathrm{i}\left(\left|k_z^2-\bar{k}^2\right|\right)^{1/2}, & \bar{k}<|k_z|\end{cases}$$

将 (4.5.83) 式代入 (4.5.76) 式，并考虑到无量纲声波数 $\bar{k}$ 为 $\varepsilon^{-1}$ 的量级和 $|1\pm\bar{z}|/\bar{r}\gg 1$，使得 $\bar{k}\eta_{\pm1}>\bar{k}\,|1\pm\bar{z}|\gg\bar{k}\bar{r}$，(4.5.76) 式中的球函数可以用大宗量渐近表达式，这样，(4.5.76) 式可以表示为

$$\begin{aligned}I_n=&B_n(\bar{z},k_z)\left\{\mathrm{e}^{\mathrm{i}k_z\bar{z}}\mathrm{H}_n^{(1)}(\gamma\bar{r})\left(\frac{\gamma}{\bar{k}}\right)^n\right.\\&\left.+\frac{(-\mathrm{i})^n}{\pi}\left[\frac{1}{\bar{k}(1-\bar{z})}\left(\frac{\bar{r}}{\eta_{+1}}\right)^n\mathrm{e}^{\mathrm{i}k_z}\mathrm{e}^{\mathrm{i}\bar{k}\eta_{+1}}-\frac{1}{\bar{k}(1+\bar{z})}\left(\frac{\bar{r}}{\eta_{-1}}\right)^n\mathrm{e}^{-\mathrm{i}k_z}\mathrm{e}^{\mathrm{i}\bar{k}\eta_{-1}}\right]\right\}\end{aligned}\tag{4.5.84}$$

式中，$\eta_{\pm1}=\left[(1\pm\bar{z})^2+\bar{r}^2\right]^{1/2}$。

在 (4.5.84) 式方括号中的小量可以忽略，于是简化为

$$I_n=B_n(\bar{z},k_z)\,\mathrm{e}^{\mathrm{i}k_z\bar{z}}\mathrm{H}_n^{(1)}(\gamma\bar{r})\left(\frac{\gamma}{\bar{k}}\right)^n\tag{4.5.85}$$

注意到，(4.5.76) 式适用于 $n\geqslant 1$ 的情况，对于 $n=0$ 情况，考虑到 (4.5.79) 式，在 (4.5.57) 式中令 $\bar{r}=0$，(4.5.73) 式可以简化为

$$I_0=B_0(\bar{z},k_z)\,I_0(1)-\frac{\mathrm{i}}{\pi}\int_{-1}^{1}\frac{B_0(\xi,k_z)-B_0(\bar{z},k_z)}{|\xi-\bar{z}|}\mathrm{e}^{\mathrm{i}\left(k_z\xi+\bar{k}|\xi-\bar{z}|\right)}\mathrm{d}\xi\tag{4.5.86}$$

推导至此，针对回转细长体表面亚声速 ($|k_z|<\bar{k}$) 和超声速 ($|k_z|>\bar{k}$) 模态振速分布，得到 (4.5.58) 式定义的积分函数 $I_n$ 的近似表达式 (4.5.84) 和 (4.5.86) 式，

接下来可以进一步计算声源强度 $B_n$。为此，由 (4.5.75) 式和 (4.5.62) 式可得

$$\frac{\partial I_n}{\partial \bar{r}} = \mathrm{i}\varepsilon^{-1}\mathrm{e}^{\mathrm{i}k_z\bar{z}} \tag{4.5.87}$$

在 (4.5.85) 式两边对 $\bar{r}$ 求导并与 (4.5.87) 联立，再考虑到 (4.5.59) 和 (4.5.75) 式中的界面方程 $\bar{r} = \varepsilon F(\bar{z})$，可以得到声源强度 $B_n$ 的表达式：

$$B_n(\bar{z}, k_z) = \frac{\mathrm{i}\varepsilon^{-1}}{\bar{k}}\left(\frac{\bar{k}}{\gamma}\right)^{n+1}\frac{1}{\mathrm{H}_n^{(1)\prime}[\gamma\varepsilon F(\bar{z})]}, \quad |\bar{z}| < 1 \tag{4.5.88}$$

将 (4.5.88) 式代入 (4.5.56) 式，则有回转细长体的辐射声压：

$$\begin{aligned}\bar{p}(\bar{r}, \bar{z}, \varphi) =& \frac{\mathrm{i}\varepsilon^{-1}}{\pi}\tilde{v}_n(k_z) f_n(\varphi)\left(\frac{\bar{k}}{\gamma}\right)^{n+1}\int_{-1}^{1}\left(\frac{\bar{r}}{\eta}\right)^n \\ &\times \mathrm{h}_n^{(1)}(\bar{k}\eta)\frac{1}{\mathrm{H}_n^{(1)\prime}[\gamma\varepsilon F(\xi)]}\mathrm{e}^{\mathrm{i}k_z\xi}\mathrm{d}\xi, \quad n \geqslant 0\end{aligned} \tag{4.5.89}$$

参见 (4.5.55) 式，如果表面振速分布取螺旋波的形式：

$$\bar{v}(\bar{z}, \varphi) = \tilde{v}_n(k_z)\mathrm{e}^{\mathrm{i}n\varphi}\mathrm{e}^{\mathrm{i}k_z\bar{z}} \tag{4.5.90}$$

式中，$n$ 为整数，且有 $-\infty < n < \infty$。于是，相应的辐射声压为

$$\begin{aligned}\bar{p}(\bar{r}, \bar{z}, \varphi) =& \frac{\mathrm{i}\varepsilon^{-1}}{\pi}\tilde{v}_n(k_z)\mathrm{e}^{\mathrm{i}n\varphi}\left(\frac{\bar{k}}{\gamma}\right)^{|n|+1}\int_{-1}^{1}\left(\frac{\bar{r}}{\eta}\right)^{|n|} \\ &\times \mathrm{h}_n^{(1)}(\bar{k}\eta)\frac{1}{\mathrm{H}_n^{(1)\prime}[\gamma\varepsilon F(\xi)]}\mathrm{e}^{\mathrm{i}k_z\xi}\mathrm{d}\xi\end{aligned} \tag{4.5.91}$$

注意到 (4.5.91) 式中，亚声速分量也能够辐射远场声压，这一点体现了有限结构的声辐射特性，而与无限大平板和无限长圆柱壳声辐射有所不同。对于任意给定的回转细长体表面振速分布 $v(z, \varphi)$，可以在一定带宽波数域 $[-k^*, k^*]$ 范围内展开为 Fourier 级数。

$$\bar{v}(\bar{z}, \varphi) = \frac{1}{2\pi}\int_{-k^*}^{k^*}\tilde{v}(k_z, \varphi)\mathrm{e}^{\mathrm{i}k_z\bar{z}}\mathrm{d}k_z \tag{4.5.92}$$

$$\tilde{v}(k_z, \varphi) = \sum_{n=-\infty}^{\infty}\mathrm{e}^{\mathrm{i}n\varphi}\tilde{v}_n(k_z) \tag{4.5.93}$$

式中，$k^*$ 为波数域半宽，其大小与 $\varepsilon^{-1}$ 一个量级。

由 (4.5.92) 式、(4.5.93) 式，任意振速分布的回转细长体，远场辐射声压为

$$\bar{p}(\bar{r},\bar{z},\varphi)=\frac{\mathrm{i}\varepsilon^{-1}}{2\pi^2}\sum_{n=-\infty}^{\infty}\mathrm{e}^{\mathrm{i}n\varphi}\int_{-k^*}^{k^*}\int_{-1}^{1}\left(\frac{\bar{r}}{\eta}\right)^{|n|}$$

$$\times\,\mathrm{h}_n^{(1)}\left(\bar{k}\eta\right)\frac{\tilde{v}_n(k_z)}{\mathrm{H}_n^{(1)\prime}\left[\gamma\varepsilon F(\xi)\right]}\left(\frac{\bar{k}}{\gamma}\right)^{|n|+1}\mathrm{e}^{\mathrm{i}k_z\xi}\mathrm{d}\xi\mathrm{d}k_z \tag{4.5.94}$$

(4.5.94) 式虽然形式上给出了已知表面振速分布的回转细长体远场辐射声压计算模型，但一方面这是一个近似的结果，它基于回转细长体两端声辐射要小于其他部位声辐射的假设，在实际情况下，这种假设有其合理性。另外，在外力激励下的回转细长体结构振动还需要另外求解。在低频条件下，流体负载可以近似处理为与频率无关的附加质量，采用有限元方法可以比较容易计算外力激励下回转细长体结构的流固耦合振动，然后再利用 (4.5.94) 式、(4.5.92) 和 (4.5.93) 式计算辐射声压。为了考核前面推导的回转细长体远场辐射声压的计算模型，针对 1:10 的椭球壳，在表面内部放置一个或若干个已知强度的点源，先计算已知点源产生的回转细长体表面法向振速及远场辐射声压，再利用计算得到的表面法向振速，由 (4.5.94) 式计算远场辐射声压，并与点源直接计算结果比较，参见图 4.5.7。图中 $k_0r_{\max}=1$，两个强度相等的点源放置在 $z$ 轴上，位置为 $z=\pm\lambda/4$。计算结果表明，两个点源远场辐射声场方向性的直接计算结果与回转细长体远场声辐射计算模型的结果基本一致，只是后者在 $z$ 轴附近出现了由高亚声速模态引起的小峰值。图 4.5.8 给出了单个点力位于细长回转体中心情况下，前三个亚声速模态与超声速模态产生的远场方向性比较，其中左侧对应亚声速模态，右侧对应超

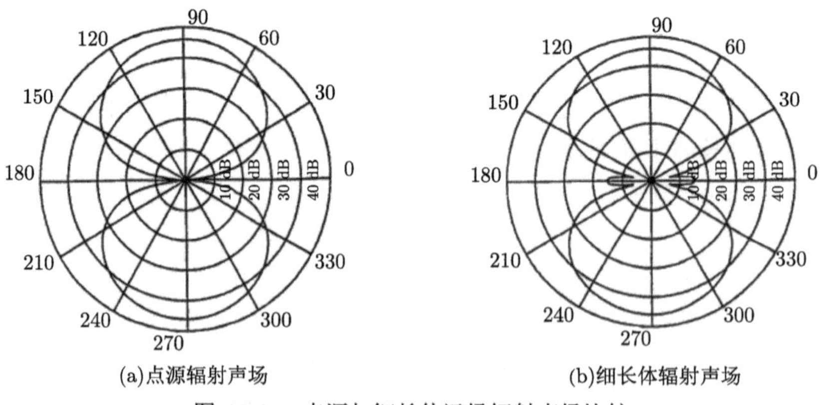

(a)点源辐射声场　　(b)细长体辐射声场

图 4.5.7　点源与细长体远场辐射声场比较

(引自文献 [49], fig7)

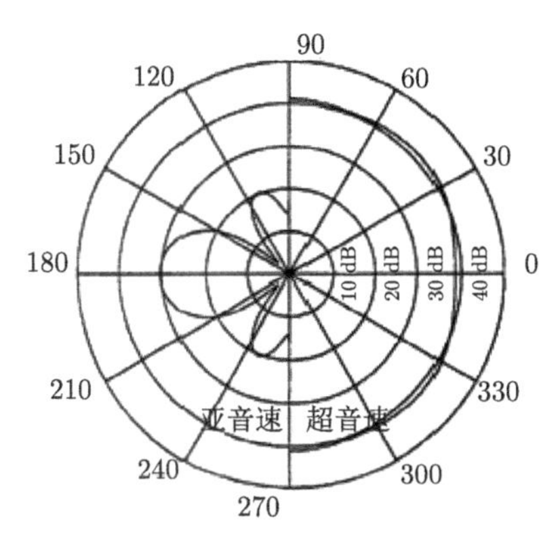


图 4.5.8 细长回转体亚声速与超声速模态的远场声场比较

(引自文献 [49], fig4)

声速模态。前三个亚声速模态沿 $z$ 轴方向产生主瓣峰值声压，而超声速模态则在较宽角度范围内产生较强的声辐射。虽然在建立回转细长体远场声辐射计算模型的过程中，推导已知表面振速的声源强度比较复杂，而且作了近似处理，但得到的远场辐射声压计算公式 (4.5.94) 式并不算复杂，只要已知表面振速分布，就可以进行积分计算，而且算例已验证表明了其适用性。

## 参 考 文 献

[1] Junger M C. Vibration sound and their interaction. Cambridge: The MIT Press, 1972.
[2] 何祚镛. 结构振动与声辐射. 哈尔滨: 哈尔滨工程大学出版社, 2001.
[3] Soedel W. Vibrations of shells and plates. New York: Marcel Dekker INC, 1981.
[4] 郭敦仁. 数学物理方法. 北京: 人民教育出版社, 1965.
[5] Hayek S. Vibration of a spherical shell in an acoustic medium. J. Acoust. Soc. Am., 1966, 40(2): 342-348.
[6] Gaunaurd G C. Acoustic scattering by elastic spherical shells that have multiple massive internal components attached by compliant mounts. J. Acoust. Soc. Am., 1993, 94(5): 2924-2935.
[7] Peng H, Banks-Lee P. Source correlation effects on the sound power radiation from spherical shells. J. Acoust. Soc. Am., 1989, 86(4): 1586-1594.
[8] Choi W, Woodhouse J, Langley R S. Sound radiation from point-excited structures: Comparison of plate and sphere. J. Sound and Vibration, 2012, 331: 2156-2172.
[9] Lynch C M, Woodhouse J, Langley R S. Sound radiation from point-driven shell structures. J. Sound and Vibration, 2013, 332: 7089-7098,
[10] Workman G. Transmission of acoustic waves through submerged viscoelastic spherical shells. J. Acoust. Soc. Am., 1969, 46(5): 1340-1349.

[11] 何祚镛, 赵玉芳. 声学理论基础. 北京: 国防工业出版社, 1981.
[12] Molloy C T, Yeh G C K. Uniform spherical radiation through thick shells. J. Acoust. Soc. Am., 1967, 44(1): 125-140.
[13] Graff K F. Wave motion in elastic solids. Oxford: ClarendoN Press, 1975.
[14] Skelton E A, James J H. Theoretical acoustics of underwater structures. London: Imperial College, 1997.
[15] Naghieh M, Hayek S I. Transmission of acoustic waves through submerged orthotropic spherical shells. J. Acoust. Soc. Am., 1971, 50(5): 1334-1342.
[16] Pathak A G, Stepanishen P R. Acoustic harmonic radiation from fluid-loaded spherical shells using elasticity theory. J. Acoust. Soc. Am., 1994, 96(4): 2564-2575.
[17] Jones R, Mazumdar J. Transverse vibrations of shallow shells by the method of constant-deflection contours. J. Acoust. Soc. Am., 1974, 56(5): 1487-1492.
[18] Greenspan M. Piston radiator: Some extensions of the theory. J. Acoust. Soc. Am., 1979, 65(2): 608-621.
[19] Harris G R. Review of transient field theory for a baffled planar piston. J. Acoust. Soc. Am., 1981, 70(1): 10-20.
[20] Mast D. Simplified series expansions for radiation from a baffled circular piston. J. Acoust. Soc. Am., 2005, 118(6): 3457-3464.
[21] Mellow T. On the sound field of a resilient disk in an infinite baffle. J. Acoust. Soc. Am., 2006, 120(1): 90-101.
[22] Suzuki H, Tichy J. Sound radiation from convex and concave domes in an infinite baffle. J. Acoust. Soc. Am., 1981, 69(1): 41-49.
[23] Mellow T, Kärkkäinen L. On the sound field of a shallow spherical shell in an infinite baffle. J. Acoust. Soc. Am., 2007, 121(6): 3527-3541.
[24] Reissner E. On axi-symmetrical vibration of shallow spherical shell. Q. Appl. Math, 1955, 13: 279-290.
[25] Morse P M, Ingard K U. Theoretical acoustics. New York: McGraw-Hill, 1968: 365.
[26] 王竹溪, 郭敦仁. 特殊函数概论. 北京: 科学出版社, 1979.
[27] 任奕林. 基于外形特征的鸡蛋生物力学特性研究. 武汉: 华中农业大学博士论文, 2007.
[28] 张凯. 鸭蛋壳的力学特性及多孔超微结构的渗透特性研究. 武汉: 华中农业大学硕士论文, 2012.
[29] 张建, 唐文献, 王纬波. 深海蛋形耐压壳仿生技术. 北京: 科学出版社, 2017.
[30] Chertock G. Sound radiation from prolate spheroids. J. Acoust. Soc. Am., 1961, 33(7): 871-876.
[31] Van Buren A L, King B J. Acoustic radiation from two spheroids. J. Acoust. Soc. Am., 1972, 52(1): 364-372.
[32] Skudrzyk E. The foundations of acoustics, basic mathematics and basic acoustics. Berlin: Springer-Verlag, 1971.
[33] Abramowitz M, Stegun I A. Handbook of mathematical functions with formulas, graphs, and mathematical tables. New York: Dover Publications INC., 1964.

[34] Yen T, Dimaggio F. Forced vibrations of submerged spheroidal shells. J. Acoust. Soc. Am., 1967, 41(3): 618-626.

[35] Shiraishi N, Dimaggio F L. Perturbation solution for the axisymmetric vibrations of prolate spheroidal shells. J. Acoust. Soc. Am., 1962, 34(11): 1725-1731.

[36] Hayek S I, Boisvert J E. Vibration of prolate spheroidal shells with shear deformation and rotatory inertia: axisymmetric case. J. Acoust. Soc. Am., 2003, 114(5): 2799-2811.

[37] Hayek S I, Boisvert J E. Equations of motion for nonaxisymmetric vibrations of prolate spheroidal shells. Naval Undersea Warfare Center Division, 2000.

[38] Dimaggio F, Rand R. Axisymmetric vibrations of prolate spheroidal shells. J. Acoust. Soc. Am., 1966, 40(1): 179-186.

[39] Berger B S. The dynamic response of a prolate spheroidal shell submerged in an acoustical medium. J. of Applied Mech. 1974, 41: 925-929.

[40] Rand R, Dimaggio F. Vibrations of fluid-filled spherical and spheroidal shells. J. Acoust. Soc. Am., 1967, 42(6): 1278-1286.

[41] 何元安, 何祚镛. 水介质中弹性椭球壳体受激振动及声辐射场的数值分析. 哈尔滨船舶工程学院学报, 1990, 11(2): 164-172.

[42] Prikhod'ko V Y. Forced vibration and sound radiation from prolate elastic shells of revolution. Sov. Phys. Acoust., 1988, 34: 80-83.

[43] Jones-Oliveira J B. Transient analytic and numerical results for the fluid–solid interaction of prolate spheroidal shells. J. Acoust. Soc. Am., 1996, 99(1): 392-407.

[44] Chen P T, Ginsberg J H. Modal properties and eigenvalue veering phenomena in the axisymmetric vibration of spheroidal shells. J. Acoust. Soc. Am., 1992, 91(3): 1499-1508.

[45] Chen P T, Ginsberg J H. Variational formulation of acoustic radiation from submerged spheroidal shells. J. Acoust. Soc. Am., 1993, 94(1): 221-233.

[46] Chen P T. Axisymmetric vibration, acoustic radiation, and the influence of eigenvalue veering phenomena in prolate spheroidal shells using variational principles. Doctor of Philosophy Dissertation in Mechanical Engineering, Georgia Institute of Technology, Atlanta, GA, 1992.

[47] Pond H L. Low-frequency sound radiation from slender bodies of revolution. J. Acoust. Soc. Am., 1966, 40(3): 711-720.

[48] Tran Van Nhieu M. Acoustic radiation from slender bodies. Wave Motion, 1993, 18: 371-381.

[49] Tran Van Nhieu M. An approximate solution to sound radiation from slender bodies. J. Acoust. Soc. Am., 1994, 96(2): 1070-1079.

[50] Tran Van Nhieu M. A singular perturbation problem: Scattering by a slender body. J. Acoust. Soc. Am., 1988, 83(1): 68-73.

[51] Tran Van Nhieu M. A slender body approximation in scattering theory. J. Acoust. Soc. Am., 1989, 85(5): 1834-1840.

# 第 5 章　无限长弹性圆柱壳耦合振动与声辐射

在实际工程中，潜艇、鱼雷等水下航行体及飞机的外形，最接近于圆柱壳。采用圆柱壳模型研究它们的耦合振动和声辐射特性，不仅形状上模拟程度高，而且数学模型也不过于复杂，便于比较深入研究它们的声辐射特征及规律。定义圆柱壳的环频为

$$f_r = \frac{C_l}{2\pi a} \tag{5.1.1}$$

此频率为圆柱壳纵波波长等于圆柱壳周长对应的频率。当频率低于环频时，圆柱壳曲率对声辐射的影响不可忽略，需要采用圆柱壳模型分析潜艇等结构的声辐射。

为了保证圆柱壳体的强度，潜艇、鱼雷及飞机一般采用加肋圆柱壳结构，相应的声辐射研究，不仅与加肋平板一样，也是声弹性研究的一个主要方面，而且比加肋平板更能反映潜艇等结构的特征。除了肋骨外，潜艇机械设备一般安装在内部甲板上，设备振动通过甲板传递到圆柱壳体并引起水下的辐射噪声，需要考虑内部有轴向弹性平板的圆柱壳声辐射模型，飞机机舱也有类似的内部轴向铺板。双层壳结构是潜艇基本结构形式之一，内壳为耐压壳，外壳为非耐压轻壳体，两层壳体之间为水介质。机械设备的振动通过支撑结构和非支撑结构传递到耐压壳体上，振动能量再通过舷间结构和水介质两种途径在外场水介质中产生噪声，因此双层圆柱壳的振动和声辐射也是值得关注的典型声弹性问题。随着潜艇上声学覆盖层及飞机机舱阻尼材料的普遍使用以及复合材料壳体的发展，还需要考虑敷设黏弹性层的圆柱壳和复合材料圆柱壳的振动和声辐射特性。

从声学模型角度上讲，圆柱壳声弹性模型分为无限长和有限长圆柱壳两种模型。无限长圆柱壳模型虽然是实际圆柱形结构声辐射计算的一种近似模型，但因其数学建模简单，且能够清晰表征圆柱壳振动和声辐射的基本物理概念，一直作为结构声弹性研究的一种主要模型。本章重点介绍无限长弹性圆柱壳声弹性模型，包括无限长薄壁和厚壁圆柱壳、无限长加肋圆柱壳、无限长双层圆柱壳、无限长敷设黏弹性层圆柱壳及无限长复合材料圆柱壳的振动和声辐射。下一章再介绍有限长弹性圆柱壳声弹性模型。

## 5.1　无限长薄壁和厚壁弹性圆柱壳耦合振动与声辐射

无限长弹性圆柱壳作为最简单的结构振动和声辐射经典模型之一，早在 20 世

纪 50 年代，Junger 就进行了开创性的研究 [1,2]。Junger 和 Skelton 的专著 [3,4] 系统归纳了无限长弹性圆柱壳耦合振动和声辐射的计算方法，他们采用周向 Fourier 级数展开和轴向 Fourier 积分变换方法，联合求解圆柱壳振动方程及外场波动方程，通过反演得到耦合振动和声压，在远场条件下，采用稳相法反演计算远场辐射声压。

考虑如图 5.1.1 所示的无限长薄壁圆柱壳。设圆柱壳轴向、径向和周向坐标分别为 $z, r, \varphi$，在 Donnell 简化下，圆柱壳的运动方程为

$$\frac{\partial N_z}{\partial z}+\frac{1}{a}\frac{\partial N_{z\varphi}}{\partial \varphi}-\rho_s h\omega^2 U=f_z \tag{5.1.2}$$

$$\frac{\partial N_{z\varphi}}{\partial z}+\frac{1}{a}\frac{\partial N_{\varphi}}{\partial \varphi}+\frac{Q_\varphi}{a}-\rho_s h\omega^2 V=f_\varphi \tag{5.1.3}$$

$$\frac{\partial Q_z}{\partial z}+\frac{1}{a}\frac{\partial Q_{\varphi}}{\partial \varphi}-\frac{N_\varphi}{a}-\rho_s h\omega^2 W=f_r \tag{5.1.4}$$

其中，

$$Q_z=\frac{\partial M_z}{\partial z}+\frac{1}{a}\frac{\partial M_{z\varphi}}{\partial \varphi} \tag{5.1.5}$$

$$Q_\varphi=\frac{\partial M_{z\varphi}}{\partial z}+\frac{1}{a}\frac{\partial M_{\varphi}}{\partial \varphi} \tag{5.1.6}$$

式中，$U, V, W$ 分别为圆柱壳沿轴向、周向和径向的振动位移，$f_z$, $f_\varphi$, $f_r$ 为沿轴向、周向和径向作用在圆柱壳的激励力；$N_z$, $N_{z\varphi}$, $N_\varphi$, $M_z$, $M_\varphi$, $M_{z\varphi}$ 为应力和力矩，$Q_z, Q_\varphi$ 为剪切力。它们与应变的关系为

$$N_z=K\left(\varepsilon_z+\nu\varepsilon_\varphi\right) \tag{5.1.7}$$

$$N_\varphi=K\left(\varepsilon_\varphi+\nu\varepsilon_z\right) \tag{5.1.8}$$

$$N_{z\varphi}=\frac{K\left(1-\nu\right)}{2}\varepsilon_{z\varphi} \tag{5.1.9}$$

$$M_z=D\left(\kappa_z+\nu\kappa_\varphi\right) \tag{5.1.10}$$

$$M_\varphi=D\left(\kappa_\varphi+\nu\kappa_z\right) \tag{5.1.11}$$

$$M_{z\varphi}=\frac{D\left(1-\nu\right)}{2}\kappa_{z\varphi} \tag{5.1.12}$$

式中，$\varepsilon_z$, $\varepsilon_\varphi$, $\varepsilon_{z\varphi}$ 为应变，$\kappa_z$, $\kappa_\varphi$, $\kappa_{z\varphi}$ 为剪切应变，$K$ 和 $D$ 分别为膜刚度和弯曲刚度。

应变和振动位移的关系：

$$\varepsilon_z = \frac{\partial U}{\partial z} \tag{5.1.13}$$

$$\varepsilon_\varphi = \frac{1}{a}\frac{\partial V}{\partial \varphi} + \frac{W}{a} \tag{5.1.14}$$

$$\varepsilon_{z\varphi} = \frac{\partial V}{\partial z} + \frac{1}{a}\frac{\partial U}{\partial \varphi} \tag{5.1.15}$$

$$\kappa_z = \frac{\partial \beta_z}{\partial z} \tag{5.1.16}$$

$$\kappa_\varphi = \frac{1}{a}\frac{\partial \beta_\varphi}{\partial \varphi} \tag{5.1.17}$$

$$\kappa_{z\varphi} = \frac{\partial \beta_\varphi}{\partial z} + \frac{1}{a}\frac{\partial \beta_z}{\partial \varphi} \tag{5.1.18}$$

式中，

$$\beta_z = -\frac{\partial W}{\partial z},\quad \beta_\varphi = \frac{V}{a} - \frac{1}{a}\frac{\partial W}{\partial \varphi}$$

将 (5.1.13)~(5.1.18) 式代入 (5.1.7)~(5.1.12) 式，再代入 (5.1.2)~(5.1.4) 式，并适当忽略小量，可得到 Donnell 近似条件下圆柱壳小振幅振动方程：

$$\frac{\partial^2 U}{\partial z^2} + \frac{1-\nu}{2a^2}\frac{\partial^2 U}{\partial^2 \varphi} + \frac{1+\nu}{2a}\frac{\partial^2 V}{\partial z \partial \varphi} + \frac{\nu}{a}\frac{\partial W}{\partial z} + k_l^2 U = -\frac{1-\nu^2}{Eh} f_z \delta(z)\delta(\varphi) \tag{5.1.19}$$

$$\frac{1+\nu}{2a}\frac{\partial^2 U}{\partial z \partial \varphi} + \frac{1-\nu}{2}\frac{\partial^2 V}{\partial z^2} + \frac{1}{a^2}\frac{\partial^2 V}{\partial \varphi^2} + \frac{1}{a^2}\frac{\partial W}{\partial \varphi} + k_l^2 V = -\frac{1-\nu^2}{Eh} f_\varphi \delta(z)\delta(\varphi) \tag{5.1.20}$$

$$\begin{aligned} &\frac{\nu}{a}\frac{\partial U}{\partial z} + \frac{1}{a^2}\frac{\partial V}{\partial \varphi} + \frac{W}{a^2} + \beta^2\left[a^2\frac{\partial^4 W}{\partial z^4} + 2\frac{\partial^4 W}{\partial z^2 \partial \varphi^2} + \frac{1}{a^2}\frac{\partial^4 W}{\partial \varphi^4}\right] - k_l^2 W \\ =& \frac{1-\nu^2}{Eh}\left[f_r \delta(z)\delta(\varphi) - p\right] \end{aligned} \tag{5.1.21}$$

这里，$p$ 为作用在圆柱壳上的声压，$\delta$ 为 Dirac 函数，且有 $k_l = \omega/C_l$，$C_l$ 为材料纵波声速，$C_l = \sqrt{E/\rho_s(1-\nu^2)}$，$\beta^2 = h^2/12a^2$；$\rho_s$, $E$, $\nu$, $h$, $a$ 分别为圆柱壳材料的密度、杨氏模量、泊松比及圆柱壳壁厚和半径。

将圆柱壳振动位移 $U$, $V$, $W$ 作周向 Fourier 级数展开和轴向 Fourier 积分变换：

$$U(z,\varphi) = \sum_{n=-\infty}^{\infty}\int_{-\infty}^{\infty} \tilde{U}_n(k_z)\mathrm{e}^{\mathrm{i}(n\varphi + k_z z)}\mathrm{d}k_z \tag{5.1.22a}$$

$$V(z,\varphi)=\sum_{n=-\infty}^{\infty}\int_{-\infty}^{\infty}\tilde{V}_n(k_z)\mathrm{e}^{\mathrm{i}(n\varphi+k_zz)}\mathrm{d}k_z \tag{5.1.22b}$$

$$W(z,\varphi)=\sum_{n=-\infty}^{\infty}\int_{-\infty}^{\infty}\tilde{W}_n(k_z)\mathrm{e}^{\mathrm{i}(n\varphi+k_zz)}\mathrm{d}k_z \tag{5.1.22c}$$

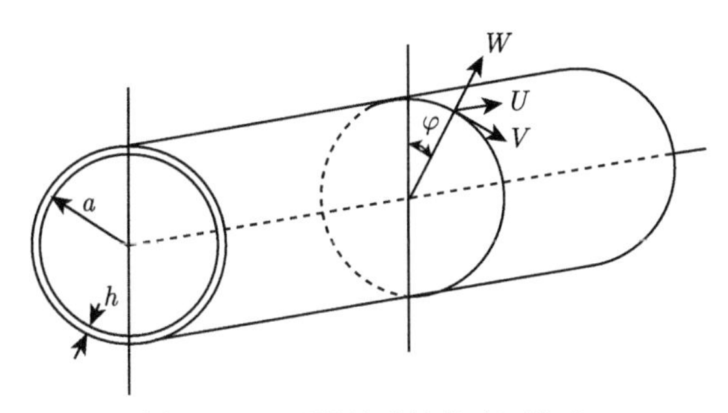


图 5.1.1　无限长弹性薄壁圆柱壳

(引自文献 [3], fig7.4)

为了求解圆柱壳振动方程 (5.1.19)~(5.1.21) 式，将 (5.1.22) 式代入其中，并将 (5.1.19) 式 ~(5.1.21) 式右边的作用力和声压也按 (5.1.22) 式的形式展开，可得圆柱壳波数域振动方程。

$$\begin{bmatrix} a_{11} & a_{12} & a_{13} \\ a_{21} & a_{22} & a_{23} \\ a_{31} & a_{32} & a_{33} \end{bmatrix}\begin{Bmatrix} \tilde{U}_n \\ \tilde{V}_n \\ \tilde{W}_n \end{Bmatrix}=\frac{1-\nu^2}{Eh}\begin{Bmatrix} -\tilde{f}_{zn} \\ -\tilde{f}_{\varphi n} \\ \tilde{f}_{rn}-\tilde{p}_n \end{Bmatrix} \tag{5.1.23}$$

式中,

$$\tilde{f}_{in}=\frac{1}{4\pi^2}\int_0^{2\pi}\int_{-\infty}^{\infty}f_i\delta(z)\delta(\varphi)\,\mathrm{e}^{-\mathrm{i}(n\varphi+k_zz)}\mathrm{d}\varphi\mathrm{d}z=\frac{1}{4\pi^2}f_i,\quad i=z,\varphi,r \tag{5.1.24}$$

$$\tilde{p}_n=\frac{1}{4\pi^2}\int_0^{2\pi}\int_{-\infty}^{\infty}p(z,\varphi)\mathrm{e}^{-\mathrm{i}(n\varphi+k_zz)}\mathrm{d}\varphi\mathrm{d}z \tag{5.1.25}$$

矩阵元素 $a_{ij}\,(i,j=1,2,3)$ 分别为

$$a_{11}=k_l^2-k_z^2-\frac{1-\nu}{2a^2}n^2,\quad a_{12}=-\frac{1+\nu}{2a}nk_z,\quad a_{13}=\mathrm{i}\frac{\nu}{a}k_z$$

$$a_{21}=-\frac{1+\nu}{2a}nk_z,\quad a_{22}=k_l^2-\frac{1-\nu}{2}k_z^2-\frac{n^2}{a^2},\quad a_{23}=\mathrm{i}\frac{n}{a^2},$$

$$a_{31}=a_{13},\quad a_{32}=a_{23},\quad a_{33}=\frac{1}{a^2}-k_l^2+\beta^2\left(a^2k_z^4+2k_z^2n^2+\frac{n^4}{a^2}\right)$$

在无限长薄圆柱壳外部理想声介质中，声压满足柱坐标下波动方程：

$$\frac{\partial^2 p}{\partial r^2}+\frac{1}{r}\frac{\partial p}{\partial r}+\frac{1}{r^2}\frac{\partial^2 p}{\partial \varphi^2}+\frac{\partial^2 p}{\partial z^2}+k_0^2 p=0 \tag{5.1.26}$$

圆柱壳表面满足边界条件：

$$\left.\frac{\partial p}{\partial r}\right|_{r=a}=\rho_0\omega^2 W\left(z,\varphi\right) \tag{5.1.27}$$

对 (5.1.26) 式也作周向 Fourier 级数展开和轴向 Fourier 积分变换：

$$p\left(r,z,\varphi\right)=\sum_{n=-\infty}^{\infty}\int_{-\infty}^{\infty}\tilde{p}_n \mathrm{e}^{\mathrm{i}(n\varphi+k_z z)}\mathrm{d}k_z \tag{5.1.28}$$

得到波数域声压 $\tilde{p}_n$ 满足的波动方程：

$$\frac{\partial^2 \tilde{p}_n}{\partial r^2}+\frac{1}{r}\frac{\partial \tilde{p}_n}{\partial r}-\frac{n^2}{r^2}\tilde{p}_n+\left(k_0^2-k_z^2\right)\tilde{p}_n=0 \tag{5.1.29}$$

微分方程 (5.1.29) 式为柱 Bessel 方程，在无限空间中其解为

$$\tilde{p}_n\left(r\right)=A_n \mathrm{H}_n^{(1)}\left[\left(k_0^2-k_z^2\right)^{1/2} r\right] \tag{5.1.30}$$

按 (5.1.22c) 式和 (5.1.28) 式对 (5.1.27) 式作变换，并代入 (5.1.30) 式，可得到待定系数 $A_n$：

$$A_n=\frac{\rho_0\omega^2\tilde{W}_n}{\left(k_0^2-k_z^2\right)^{1/2}\mathrm{H}_n^{(1)\prime}\left[\left(k_0^2-k_z^2\right)^{1/2} a\right]} \tag{5.1.31}$$

这里，$\mathrm{H}_n^{(1)}$ 为第一类 Hankel 函数，$\mathrm{H}_n^{(1)\prime}$ 为 Hankel 函数导数。将 (5.1.31) 式代入 (5.1.30) 式，得到波数空间声压与圆柱壳法向振速的关系：

$$\tilde{p}_n\left(r\right)=\frac{\rho_0\omega^2\mathrm{H}_n^{(1)}\left[\left(k_0^2-k_z^2\right)^{1/2} r\right]\tilde{W}_n}{\left(k_0^2-k_z^2\right)^{1/2}\mathrm{H}_n^{(1)\prime}\left[\left(k_0^2-k_z^2\right)^{1/2} a\right]} \tag{5.1.32}$$

在圆柱壳表面，令

$$Z_n^a=\frac{\tilde{p}_n\left(a\right)}{-\mathrm{i}\omega\tilde{W}_n} \tag{5.1.33}$$

式中，$Z_n^a$ 为无限长圆柱壳模态声阻抗，其表达式为

$$Z_n^a = \frac{\mathrm{i}\rho_0\omega \mathrm{H}_n^{(1)}\left[\left(k_0^2-k_z^2\right)^{1/2}a\right]}{\left(k_0^2-k_z^2\right)^{1/2}\mathrm{H}_n^{(1)\prime}\left[\left(k_0^2-k_z^2\right)^{1/2}a\right]} \tag{5.1.34}$$

在 (5.1.34) 式中，当 $k_0 < k_z$ 时，$\left(k_0^2-k_z^2\right)^{1/2}$ 为虚数，在此波数范围内，虚宗量 Hankel 函数转化为实宗量的修正 Hankel 函数

$$\mathrm{K}_n\left[\left(k_z^2-k_0^2\right)^{1/2}a\right] = \frac{\pi}{2}\mathrm{i}^{n+1}\mathrm{H}_n^{(1)}\left[\left(k_0^2-k_z^2\right)^{1/2}a\right], \quad k_z > k_0 \tag{5.1.35}$$

设

$$Z_n^a = -\mathrm{i}\omega m_n \tag{5.1.36}$$

式中，$m_n$ 为无限长圆柱壳模态质量

$$m_n = -\frac{\rho_0\mathrm{K}_n\left[\left(k_z^2-k_0^2\right)^{1/2}a\right]}{\left(k_z^2-k_0^2\right)^{1/2}\mathrm{K}_n'\left[\left(k_z^2-k_0^2\right)^{1/2}a\right]}, \quad k_z > k_0 \tag{5.1.37}$$

类似于无限大平板情况，当 $k_z > k_0$ 的情况下，无限长圆柱壳模态声阻抗表现为质量负载，模态声辐射阻为零，表明模态没有辐射声能量。在小宗量情况下，$\left(k_z^2-k_0^2\right)a^2 \ll n+1$，模态附加质量 $m_n$ 近似为

$$m_n \approx \begin{cases} -\rho_0 a\ln\left(\left|k_z^2-k_0^2\right|^{1/2}a\right), & n=0 \\ \dfrac{\rho_0 a}{n}, & n \geqslant 1 \end{cases} \tag{5.1.38}$$

在 $\left(k_z^2-k_0^2\right)^{1/2}a \gg n^2+1$ 的大宗量情况下，模态附加质量 $m_n$ 近似为

$$m_n \approx \frac{\rho_0}{\left(k_z^2-k_0^2\right)^{1/2}} \tag{5.1.39}$$

当 $k_z < k_0$ 时，(5.1.34) 式给出的无限长圆柱壳模态声阻抗同时存在模态质量和模态辐射阻。考虑到 Hankel 函数的定义式，由 (5.1.34) 式可得它们的表达式分别为

$$m_n = \frac{-\rho_0\left[\mathrm{J}_n\mathrm{J}_n' - \mathrm{N}_n\mathrm{N}_n'\right]}{\left(k_0^2-k_z^2\right)^{1/2}\left|\mathrm{H}_n^{(1)\prime}\right|^2}, \quad k_z < k_0 \tag{5.1.40}$$

$$r_n = \frac{\rho_0 C_0 k_0\left[\mathrm{J}_n\mathrm{N}_n' - \mathrm{N}_n\mathrm{J}_n'\right]}{\left(k_0^2-k_z^2\right)^{1/2}\left|\mathrm{H}_n^{(1)\prime}\right|^2}, \quad k_z < k_0 \tag{5.1.41}$$

式中，$\mathrm{J}_n$ 和 $\mathrm{N}_n$ 为第一、第二类 Bessel 函数，$\mathrm{J}_n'$ 和 $\mathrm{N}_n'$ 则为它们的导数, 这些函数及 $H_n^{(1)}$ 的变量为 $\left(k_0^2-k_z^2\right)^{1/2}a$。利用 Wronskian 关系：

$$\mathrm{J}_n(x)\,\mathrm{N}_n'(x)-\mathrm{N}_n(x)\,\mathrm{J}_n'(x)=\frac{2}{\pi x}$$

无限长圆柱壳模态辐射阻 $r_n$ 表示为

$$r_n=\frac{2\rho_0C_0k_0}{\pi\left(k_0^2-k_z^2\right)a\left|\mathrm{H}_n^{(1)\prime}\left[\left(k_0^2-k_z^2\right)^{1/2}a\right]\right|^2},k_z<k_0 \tag{5.1.42}$$

在小宗量 $0<\left(k_0^2-k_z^2\right)a^2\ll 2n+1$ 情况下，模态辐射阻近似为

$$r_n\approx\frac{\rho_0C_0k_0a}{(n!)^2}\frac{\left(k_0^2-k_z^2\right)^na^{2n}}{2^{(2n-1)}} \tag{5.1.43}$$

而在大宗量情况下，则有

$$r_n\approx\begin{cases}\rho_0C_0, & \left(k_0^2-k_z^2\right)^{1/2}a\gg n^2+1\\ \\ 0, & k_z>k_0\end{cases} \tag{5.1.44}$$

$$m_n\approx\frac{\rho_0a}{2\left(k_0^2-k_z^2\right)a^2},\quad \left(k_0^2-k_z^2\right)^{1/2}a\gg n^2+1 \tag{5.1.45}$$

图 5.1.2 和图 5.1.3 给出了 $k_z=3\pi/2a$ 时无限长圆柱壳的归一化模态声辐射阻和模态附加质量。在 $k_0<k_z$ 的范围，$r_n$ 为零，$k_0>k_z$ 的范围，$r_n$ 有一个峰值，然后随 $k_0$ 增加而下降；在整个波数范围内，$m_n$ 随 $k_0$ 增加而达到一个峰值，然后随 $k_0$ 增加而下降。注意到无限长圆柱壳与球壳的模态声辐射阻抗特征有所不同，球壳的模态声辐射阻没有“断崖”式截断的特征，而且无限长圆柱壳的模态声辐射阻抗与无限大平板也有所不同，后者没有模态特征。在平板弯曲波数小于声波数的范围，无限大平板声辐射阻抗为质量负载，没有辐射阻，在弯曲波数大于声波数的范围，无限大平板声辐射阻抗为阻性负载，没有质量负载。对无限长圆柱壳来说，无论 $k_z<k_0$ 还是 $k_z>k_0$ 情况，模态附加质量都不为零。

求解得到了无限长圆柱壳模态声辐射阻抗，将 (5.1.33) 式代入 (5.1.23) 式，可得无限长圆柱壳的耦合振动方程：

$$\begin{bmatrix}a_{11} & a_{12} & a_{13}\\ a_{21} & a_{22} & a_{23}\\ a_{31} & a_{32} & \bar{a}_{33}\end{bmatrix}\begin{Bmatrix}\tilde{U}_n(k_z)\\ \tilde{V}_n(k_z)\\ \tilde{W}_n(k_z)\end{Bmatrix}=\frac{1-\nu^2}{Eh}\begin{Bmatrix}-\tilde{f}_{zn}\\ -\tilde{f}_{\varphi n}\\ \tilde{f}_{rn}\end{Bmatrix} \tag{5.1.46}$$

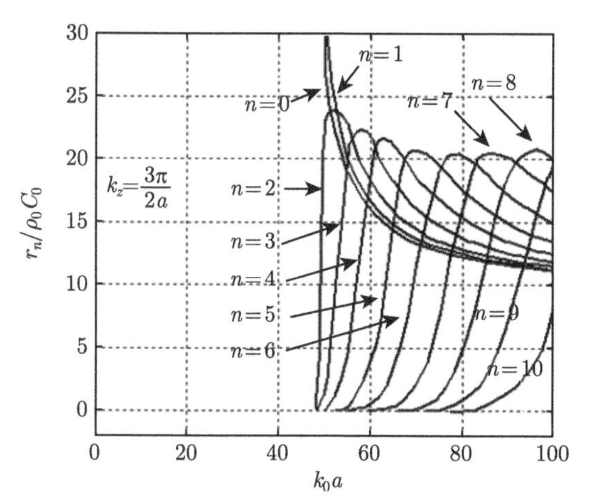


图 5.1.2 无限弹性长圆柱壳模态辐射阻

(引自文献 [3], fig6.5)

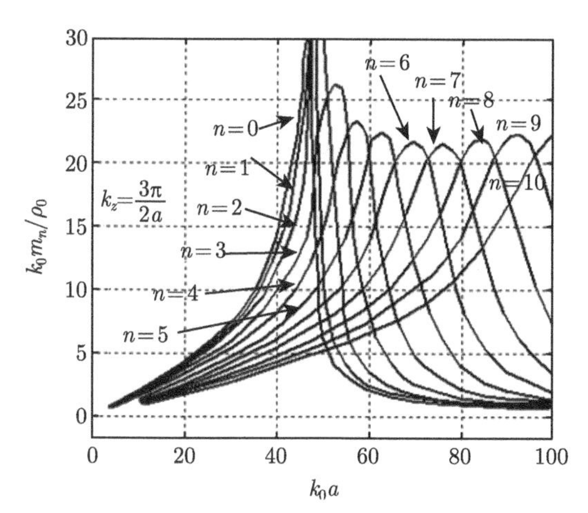


图 5.1.3 无限弹性长圆柱壳模态附加质量

(引自文献 [3], fig6.6)

式中，$a_{ij}\,(i,j=1,2,3)$ 与 (5.1.23) 式所列一样，只有 $\bar{a}_{33}$ 元素加上了模态声辐射阻抗项。

$$\bar{a}_{33}=a_{33}-\mathrm{i}\omega\frac{1-\nu^2}{Eh}Z_n^a \tag{5.1.47}$$

求解矩阵方程 (5.1.46) 式，可以得到无限长圆柱壳耦合振动的径向模态位移：

$$\tilde{W}_n\,(k_z)=\frac{\varDelta_1}{\varDelta} \tag{5.1.48}$$

式中，

$$\Delta_1=\frac{1-\nu^2}{Eh}\left[\left(a_{32}a_{11}-a_{12}a_{31}\right)\tilde{f}_{\varphi n}+\left(a_{22}a_{31}-a_{32}a_{21}\right)\tilde{f}_{zn}+\left(a_{11}a_{22}-a_{21}a_{12}\right)\tilde{f}_{rn}\right] \tag{5.1.49a}$$

$$\Delta=\left(a_{12}a_{23}-a_{13}a_{22}\right)a_{31}+\left(a_{13}a_{21}-a_{11}a_{23}\right)a_{32}+\left(a_{11}a_{22}-a_{21}a_{12}\right)\bar{a}_{33} \tag{5.1.49b}$$

当作用在无限长圆柱壳周向和轴向的激励力为零时，(5.1.48) 式简化为

$$\tilde{W}_n\left(k_z\right)=\frac{1-\nu^2}{Eh}\frac{a_{11}a_{22}-a_{21}a_{12}}{\Delta}\tilde{f}_{rn} \tag{5.1.50}$$

已知了无限长圆柱壳耦合振动的法向模态位移 $\tilde{W}_n\left(k_z\right)$，可由 (5.1.32) 式计算外场模态声压 $\tilde{p}_n$，将 (5.1.32) 式代入 (5.1.28) 式，可反演计算辐射声压。

$$p\left(r,z,\varphi\right)=\sum_{n=-\infty}^{\infty}\int_{-\infty}^{\infty}\frac{\rho_0\omega^2\mathrm{H}_n^{(1)}\left[\left(k_0^2-k_z^2\right)^{1/2}r\right]\tilde{W}_n\left(k_z\right)}{\left(k_0^2-k_z^2\right)^{1/2}\mathrm{H}_n^{(1)\prime}\left[\left(k_0^2-k_z^2\right)^{1/2}a\right]}\mathrm{e}^{\mathrm{i}(n\varphi+k_z z)}\mathrm{d}k_z \tag{5.1.51}$$

在远场条件下，(5.1.51) 式中的 Hankel 函数可以采用渐近表达式

$$\mathrm{H}_n^{(1)}\left[\left(k_0^2-k_z^2\right)^{1/2}r\right]=\left[\frac{2}{\pi\left(k_0^2-k_z^2\right)^{1/2}r}\right]^{1/2}\mathrm{e}^{\mathrm{i}\left[\left(k_0^2-k_z^2\right)^{1/2}r-n\pi/2-\pi/4\right]} \tag{5.1.52}$$

将 (5.1.52) 式代入 (5.1.51) 式，有

$$\begin{aligned}p\left(r,z,\varphi\right)=&\sum_{n=-\infty}^{\infty}\left(-\mathrm{i}\right)^n\mathrm{e}^{\mathrm{i}n\varphi}\int_{-\infty}^{\infty}\rho_0\omega^2\left[\frac{2}{\pi\left(k_0^2-k_z^2\right)^{3/2}r}\right]^{1/2}\\&\times\frac{\tilde{W}_n\left(k_z\right)}{\mathrm{H}_n^{(1)\prime}\left[\left(k_0^2-k_z^2\right)^{1/2}a\right]}\mathrm{e}^{\mathrm{i}\left[\left(k_0^2-k_z^2\right)^{1/2}r-\pi/4\right]}\mathrm{d}k_z\end{aligned} \tag{5.1.53}$$

采用稳相法对 (5.1.53) 式积分，得到无限长圆柱壳的远场辐射声压：

$$p=\frac{-2\rho_0C_0\omega}{R\sin\theta}\mathrm{e}^{\mathrm{i}k_0R}\sum_{n=-\infty}^{\infty}\left(-\mathrm{i}\right)^{n+1}\mathrm{e}^{\mathrm{i}n\varphi}\frac{\tilde{W}_n\left(k_0\cos\theta\right)}{\mathrm{H}'^{(1)}_n\left(k_0a\sin\theta\right)} \tag{5.1.54}$$

式中，$R=r^2+z^2$，且有 $r=R\sin\theta$。

将 (5.1.48) 和 (5.1.50) 式代入 (5.1.54) 式，即可计算无限长圆柱壳在轴向、周向和径向或只有径向的点激励力作用下的远场辐射声压。实际上，无限长圆柱壳

沿轴向传播的径向模态振动位移可以表示为

$$W(z,\varphi,t)=\tilde{W}_n\cos n\varphi \mathrm{e}^{-\mathrm{i}(\omega t-k_z z)},\quad n=0,1,2\cdots \tag{5.1.55}$$

由 (5.1.55) 式可见，无限长圆柱壳沿轴向传播的模态波动为两个轴向波数和周向波数相同但反相的螺旋波的叠加，参见图 5.1.4。类似声障板上宽度为 $2\pi a$ 的无限长平板上正弦驻波振动的情况，只是圆柱壳周向连续没有两侧的边界，相当于周向波数为 $k_n=\dfrac{n}{a}$。且有 $k_z^2+k_n^2=k_{cs}^2$，$k_{cs}$ 为螺旋波波数。圆柱壳周向模态的相邻正向和反向振动相应的声辐射，虽然不会完全相互抵消，但降低声辐射效率。图 5.1.5 中，$n=0$ 为“呼吸”模态，相当于单极子声辐射，$n=1$ 为“摆动”模态，相当于偶极子声辐射，$n=2$ 为“椭圆”模态，相当于四极子声辐射，依次还有六极子和八极子等。

在二维情况下，无限长弹性圆柱壳的模态辐射声压由 (5.1.32) 式简化为

$$p_n=\rho_0 C_0\omega\tilde{W}_n\frac{\mathrm{H}_n^{(1)}(k_0 r)}{\mathrm{H}_n^{(1)\prime}(k_0 a)}\cos n\varphi \tag{5.1.56}$$

相应地，单位轴向长度的模态声辐射功率为

$$\begin{aligned}P_n&=\frac{1}{2\rho_0 C_0}\int_0^{2\pi}|p_n(r,\varphi)|^2 r\mathrm{d}\varphi\\&=\left|\tilde{W}_n\right|^2\frac{\rho_0^2 C_0^2\omega^2}{\left|\mathrm{H}_n^{(1)\prime}(k_0 a)\right|^2}\end{aligned} \tag{5.1.57}$$

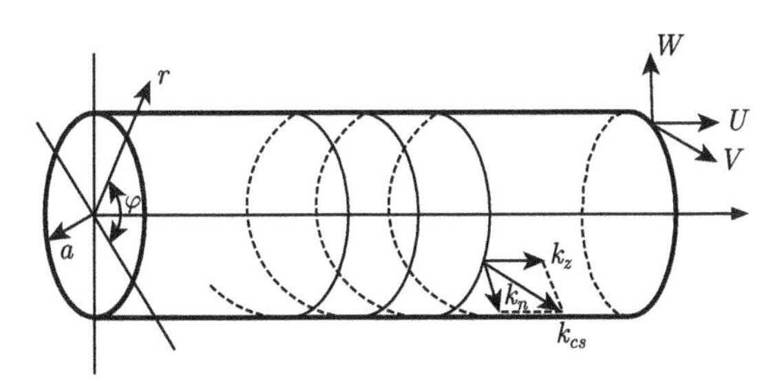


图 5.1.4 无限长圆柱壳传播的螺旋波

(引自文献 [5], fig3.42)

注意到 (5.1.51) 式反演积分中，如果考虑近场情况，则需要计算被积函数复波数平面上极点的贡献。对于远场辐射声压来说，所有实数轴 $k$ 上极点的贡献都可忽略，这是因为这些极点对应亚声速弯曲波，它们没有远场声辐射。不仅如此，

Guo[6] 还认为，(5.1.54) 式给出的无限长圆柱壳远场辐射声压是激励力作用的直接声辐射，还应考虑圆柱壳结构螺旋波产生的远场辐射声压，它对应于 (5.1.48) 式中 $\Delta=0$ 所确定的极点对 (5.1.51) 式积分的贡献，在文献 [7] 中详细给出了无限长圆柱壳结构压缩波和剪切波对应奇点的计算方法，并计算了浸没在水介质中的无限长圆柱壳受点力激励的远场声辐射特性，圆柱壳壁厚与半径之比为 0.01。图 5.1.6 和图 5.1.7 分别给出了径向、周向和轴向点激励力作用下无限长圆柱壳远场声辐射计算结果，图中声压取点位置为 $\theta=78°,\varphi=0$，总声压为所有机理产生的远场辐射声压之和。由图可见，结构波动对远场辐射声压有明显的作用，对应结构波动共振产生相应的声压峰值和谷点。结构波动与壳体性质密切相关，而激励力的直接声辐射很大程度上与壳体性质无关。无论是激励力直接声辐射还是壳体结构螺旋波动的声辐射，都与观察点位置及激励力的方向有关。在图 5.1.6 中径向激励力作用时，无限长圆柱壳远场辐射声压的直接辐射分量较大，而在切向激励情况下，直接辐射声压与结构波动的辐射声压相比可以忽略，在观察点角度大于某个角度 (称为截止角) 的情况下，这一结果都是成立的，对剪切波动来说，截止角为 $\theta=62°$。当观察角度小于截止角时，螺旋波的声辐射没有远场分量，激励力直接声辐射是唯一的远场分量。在观察角度小于截止角的范围内，远场辐射声压要小于截止角以上的辐射声压。还有一个值得注意的现象，作用在无限长圆柱壳上的切向激励力，产生的远场辐射声压大于径向力产生的远场辐射声压峰值，可比较图 5.1.6 与图 5.1.7 中声压幅值的大小。在某些空间范围内，三个方向激励力产生的远场声压为同一量级，而在其他空间观察位置上，径向激励力比切向激励力产生的远场辐射声压要小一个量级。这些结果与直观概念有所不符，其原因是在吻合频率以下，径向力虽然产生较强的振动，但弯曲波速度小于声速，相应的声辐射没有切向力产生的声辐射大。通过泊松效应和圆柱曲面效应，轴向力和周向力产生的振动与声介质耦合，虽然它们的振动较小，但它们的相速大于声速，相应的声辐射效率较大。除了三个不同方向的激励以外，Fuller[8] 利用无限长圆柱壳模型，考虑内部点声源激励的情况，计算了远场声辐射及圆柱壳传输损失，可以作为一个简单模型，推广用于计算舱室空气噪声产生的水下辐射噪声。

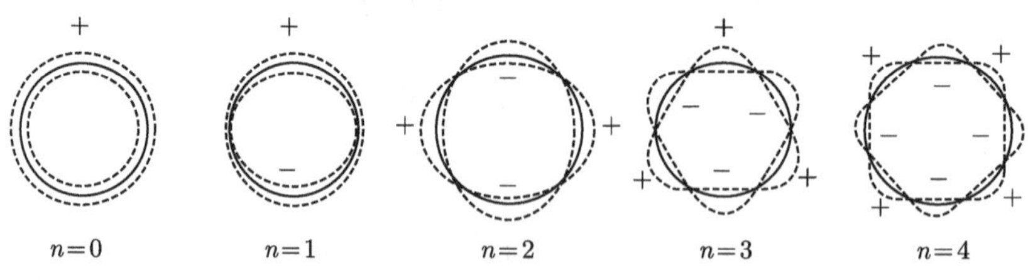


图 5.1.5　无限长圆柱壳周向振动模态

(引自文献 [5], fig3.43)

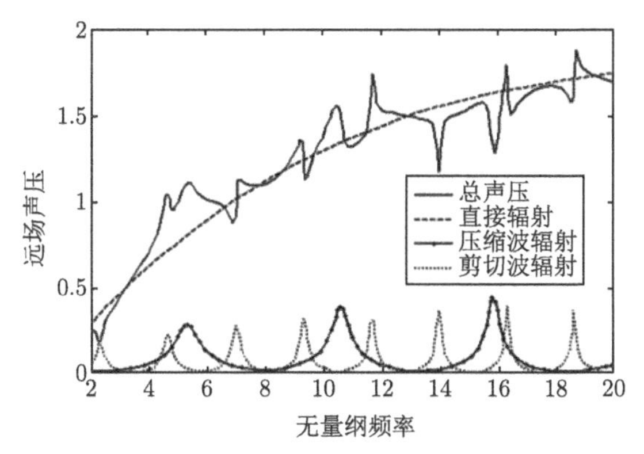


图 5.1.6 径向力激励的无限长圆柱壳远场声压

(引自文献 [6], fig1)

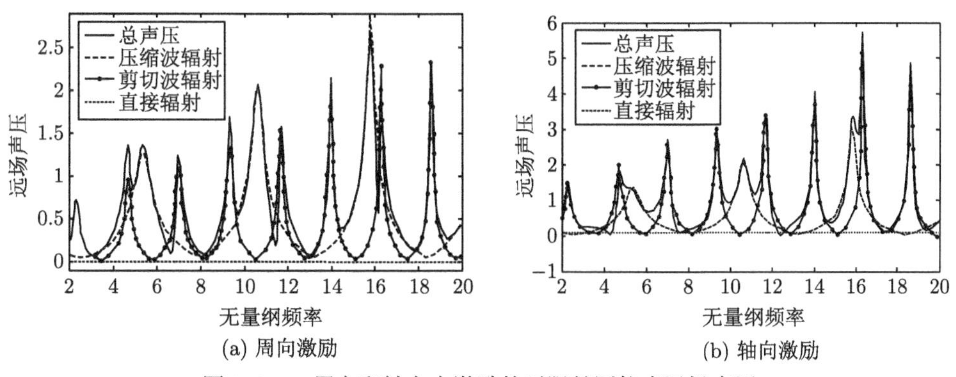


图 5.1.7 周向和轴向力激励的无限长圆柱壳远场声压

(引自文献 [6], fig2, fig6)

前面讨论无限长薄圆柱壳浸没在无限理想声介质中的振动和声辐射特性。在有些情况下，如潜艇水面航行或近水面航行，不仅有界面的影响，而且圆柱壳只有部分与声介质接触，相应的耦合振动及声辐射会发生变化。Salaun[9] 针对一半沉没在水中的开口和封闭圆柱壳结构，建立了高频点激励下的声辐射计算模型。Li 和 Miao[10] 则研究了完全浸没在半无限水介质中的无限长圆柱壳的声辐射。他们采用虚源概念，考虑了如图 5.1.8 所示的近水面无限长圆柱壳声辐射模型，将水面的声反射效应等效为一个无限长圆柱壳虚源的声辐射，将两个圆柱壳的辐射声压叠加，则得到近水面圆柱壳的辐射声压。设实源和虚源的辐射声压分别为 $p_r(r,\varphi,z)$ 和 $p_i(r,\varphi,z)$，考虑水面反射效应的无限长圆柱壳在场内任一点的声压为

$$p(r,\varphi,z)=p_r(r,\varphi,z)+p_i(r',\varphi',z) \tag{5.1.58}$$

求解波动方程 (5.1.26) 式，可以给出 $p_r$ 和 $p_i$ 的表达式：

$$p_r(r,\varphi,z)=\sum_{n=-\infty}^{\infty}p_n(z)\mathrm{H}_n^{(1)}\left[\left(k_0^2-k_z^2\right)^{1/2}r\right]\mathrm{e}^{\mathrm{i}n\varphi}\tag{5.1.59}$$

$$p_i(r',\varphi',z)=\sum_{n=-\infty}^{\infty}p_{in}(z)\mathrm{H}_n^{(1)}\left[\left(k_0^2-k_z^2\right)^{1/2}r'\right]\mathrm{e}^{\mathrm{i}n\varphi'}\tag{5.1.60}$$

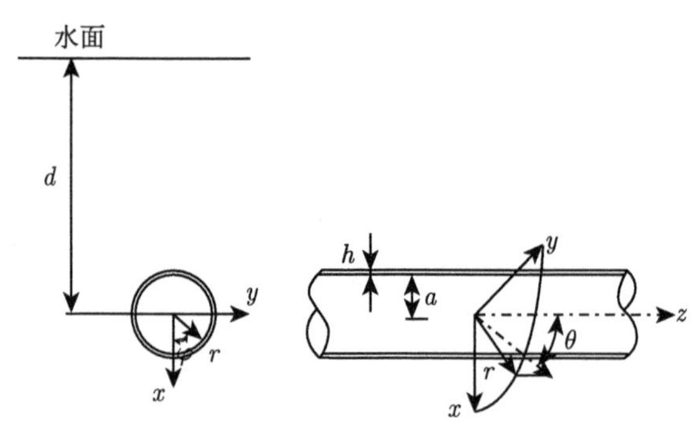


图 5.1.8 近水面无限长圆柱壳声辐射模型

(引自文献 [10], fig2)

利用水面声压反相释放边界条件及实源和虚源的几何关系，并考虑等式：

$$\mathrm{H}_n^{(1)}(x)=\mathrm{e}^{-\mathrm{i}n\pi}\mathrm{H}_{-n}^{(1)}(x)$$

可以得到 (5.1.59) 和 (5.1.60) 式中 $p_n(z)$ 与 $p_{in}(z)$ 的关系

$$p_n(z)=-p_{-in}(z)\tag{5.1.61}$$

将 (5.1.59) 式、(5.1.60) 式及 (5.1.61) 式代入 (5.1.58) 式，得到近水面无限长圆柱壳的辐射声压：

$$p(r,\varphi,z)=\sum_{n=-\infty}^{\infty}p_n(z)\left\{\mathrm{H}_n^{(1)}\left[\left(k_0^2-k_z^2\right)^{1/2}r\right]\mathrm{e}^{\mathrm{i}n\varphi}-\mathrm{H}_{-n}^{(1)}\left[\left(k_0^2-k_z^2\right)^{1/2}r'\right]\mathrm{e}^{-\mathrm{i}n\varphi'}\right\}\tag{5.1.62}$$

由 Hankel 函数的加法定理，(5.1.62) 式中的第二项可以表示为

$$\begin{aligned}&\mathrm{H}_{-n}^{(1)}\left[\left(k_0^2-k_z^2\right)^{\frac{1}{2}}r'\right]\mathrm{e}^{-\mathrm{i}n\varphi'}\\&=\begin{cases}\displaystyle\sum_{m=-\infty}^{\infty}(-1)^{m+n}\mathrm{H}_{m+n}^{(1)}\left[2\left(k_0^2-k_z^2\right)^{1/2}d\right]\mathrm{J}_m\left[\left(k_0^2-k_z^2\right)^{1/2}r\right]\mathrm{e}^{\mathrm{i}m\varphi}, & r<2d\\\displaystyle\sum_{m=-\infty}^{\infty}(-1)^{m+n}\mathrm{J}_{m+n}\left[2\left(k_0^2-k_z^2\right)^{1/2}d\right]\mathrm{H}_m^{(1)}\left[\left(k_0^2-k_z^2\right)^{1/2}r\right]\mathrm{e}^{\mathrm{i}m\varphi}, & r>2d\end{cases}\end{aligned}\tag{5.1.63}$$

式中，$d$ 为圆柱壳中心到水面的垂直距离。

将 (5.1.63) 式的第一式代入 (5.1.62) 式，得到无限长圆柱壳附近的声压

$$\begin{aligned}p(r,\varphi,z)=&\sum_{n=-\infty}^{n=\infty}p_n(z)\,\mathrm{H}_n^{(1)}\left[\left(k_0^2-k_z^2\right)^{1/2}r\right]\mathrm{e}^{\mathrm{i}n\varphi}\\&-\sum_{n=-\infty}^{\infty}\sum_{m=-\infty}^{\infty}p_m(z)\,(-1)^{m+n}\,\mathrm{H}_{m+n}^{(1)}\left[2\left(k_0^2-k_z^2\right)^{1/2}d\right]\\&\times\mathrm{J}_n\left[\left(k_0^2-k_z^2\right)^{1/2}r\right]\mathrm{e}^{\mathrm{i}n\varphi},\quad r<2d\end{aligned}\tag{5.1.64}$$

将 (5.1.64) 式按 (5.1.28) 式对声压进行展开，可以得到辐射声场作用在无限长圆柱壳表面的模态力，如 (5.1.23) 式右边的 $\tilde{p}_n$，但此时由于虚源的存在，表面的模态作用力不再是简单的 $\tilde{p}_n$，而是由 $\tilde{p}_n$ 组成的表面作用力：

$$\begin{aligned}\tilde{f}_n(k_z)=&\tilde{p}_n(k_z)\,\mathrm{H}_n^{(1)}\left[\left(k_0^2-k_z^2\right)^{1/2}a\right]\\&-\sum_{m=-\infty}^{\infty}(-1)^{m+n}\,\mathrm{H}_{m+n}^{(1)}\left[2\left(k_0^2-k_z^2\right)^{1/2}d\right]\mathrm{J}_n\left[\left(k_0^2-k_z^2\right)^{1/2}a\right]\tilde{p}_m(k_z)\end{aligned}\tag{5.1.65}$$

考虑边界条件 (5.1.27) 式及 (5.1.22c) 式和 (5.1.28) 式，将 (5.1.64) 式代入，得到模态径向位移与模态声压的关系

$$\begin{aligned}\tilde{W}_n(k_z)=&\frac{\left(k_0^2-k_z^2\right)^{1/2}}{\rho_0\omega^2}\left\{\tilde{p}_n(k_z)\left[\mathrm{H}_n^{(1)\prime}\left(k_0^2-k_z^2\right)^{1/2}a\right]\right.\\&\left.-\mathrm{J}_n'\left[\left(k_0^2-k_z^2\right)^{1/2}a\right]\sum_{m=-\infty}^{\infty}(-1)^{m+n}\,\mathrm{H}_{m+n}^{(1)}\left[2\left(k_0^2-k_z^2\right)^{1/2}d\right]\tilde{p}_m(k_z)\right\}\end{aligned}\tag{5.1.66}$$

这样，求解 (5.1.23) 式得到无限长圆柱壳模态位移与模态作用力的关系：

$$\tilde{W}_n(k_z)=A\cdot\left(\tilde{f}_{rn}-\tilde{f}_n\right)\tag{5.1.67}$$

式中，

$$A=\frac{1-\nu^2}{Eh}\frac{1}{\Delta}\left(a_{11}a_{22}-a_{21}a_{12}\right)\tag{5.1.68}$$

这里，需要说明两点：其一，(5.1.67) 式中，对应外场声压的模态力不是 (5.1.23) 式给出的 $\tilde{p}_n$，而是 (5.1.65) 式给出的 $\tilde{f}_n$，$\tilde{f}_n$ 包含了水面反射声压的贡献，它由 $\tilde{p}_n$ 组成。其二，(5.1.68) 式的 $\Delta$ 不包含外声场的流体负载，也就是 (5.1.49b) 式中的 $a_{33}$

元素不含模态声阻抗项，与 (5.1.47) 式给出的 $\bar{a}_{33}$ 不同。联立 (5.1.65)~(5.1.67) 式，可以得到近水面条件下无限长圆柱壳模态声压满足的方程：

$$R_n^a \tilde{p}_n(k_z) - \sum_{m=-\infty}^{\infty} R_{mn}^b \tilde{p}_m(k_z) = \tilde{f}_{rn} \tag{5.1.69}$$

式中，

$$R_n^a = \mathrm{H}_n^{(1)}\left[\left(k_0^2-k_z^2\right)^{1/2}a\right] + \frac{\left(k_0^2-k_z^2\right)^{1/2}}{\rho_0\omega^2 A}\mathrm{H}_n^{(1)\prime}\left[\left(k_0^2-k_z^2\right)^{1/2}a\right] \tag{5.1.70}$$

$$\begin{aligned} R_{mn}^b = &\sum_{m=-\infty}^{\infty}(-1)^{m+n}\mathrm{H}_{m+n}^{(1)}\left[2\left(k_0^2-k_z^2\right)^{1/2}d\right] \\ &\times\left\{\mathrm{J}_n\left[\left(k_0^2-k_z^2\right)^{1/2}a\right] + \frac{\left(\left(k_0^2-k_z^2\right)^{1/2}\right)}{\rho_0\omega^2 A}\mathrm{J}_n'\left[\left(k_0^2-k_z^2\right)^{1/2}a\right]\right\} \end{aligned} \tag{5.1.71}$$

由 (5.1.69) 式可求得径向点激励下无限长圆柱壳的模态声压 $\tilde{p}_n(k_z)$，为了进一步求解远场辐射声压，将 (5.1.63) 式第二式代入 (5.1.62) 式，并考虑 $z$ 方向的 Fourier 变换，得到

$$\begin{aligned} p(r,k_z,\varphi) = &\sum_{n=-\infty}^{\infty}\tilde{p}_n(k_z)\mathrm{H}_n^{(1)}\left[\left(k_0^2-k_z^2\right)^{1/2}r\right]\mathrm{e}^{\mathrm{i}n\varphi} \\ &-\sum_{m=-\infty}^{\infty}\tilde{p}_m(k_z)(-1)^{m+n}\mathrm{J}_{m+n}\left[2\left(k_0^2-k_z^2\right)^{1/2}d\right]\cdot\mathrm{H}_n^{(1)}\left[\left(k_0^2-k_z^2\right)^{1/2}r\right]\mathrm{e}^{\mathrm{i}n\varphi} \end{aligned} \tag{5.1.72}$$

对 (5.1.72) 式作 Fourier 反演变换，并采用稳相法积分，得到近水面无限长圆柱壳的远场辐射声压：

$$p(r,\varphi,\theta) = -\frac{2\mathrm{i}}{R}\mathrm{e}^{\mathrm{i}k_0 R}\sum_{n=-\infty}^{\infty}\mathrm{e}^{\mathrm{i}(n\varphi-n\pi/2)}I_n \tag{5.1.73}$$

式中，

$$I_n = \tilde{p}_n(k_0\cos\theta) - \sum_{m=-\infty}^{\infty}(-1)^{m+n}p_m(k_0\cos\theta)\mathrm{J}_{m+n}(2k_0 d\sin\theta) \tag{5.1.74}$$

针对半径为 1m、壁厚为 0.05m 的钢质无限长圆柱壳，计算分析径向点激励下的远场声压及其与水深的关系。图 5.1.9 给出了无量纲频率 $\Omega=1.2$ 时，圆柱壳

中心在水面以下 2m 和 4m 情况下，远场辐射声压分布的比较，这里，$\Omega = a\omega/C_l$。随着深度的增加，远场声压分布的旁瓣数增加。图 5.1.10 给出了 2m 和 4m 三个不同深度时，无限长圆柱壳远场辐射声压随频率的变化及其与无限水域情况的比较。因为水面反射效应，远场辐射声压随频率增加出现起伏，水深越大，出现起伏的间隔越小，这种起伏对应 Bessel 函数的波动。在无限水域中，无限长圆柱壳远场辐射声压随频率变化较平缓。由此可以推想，有些辐射声压峰值并不是振动峰值引起，而是有限深度水域声反射引起的。

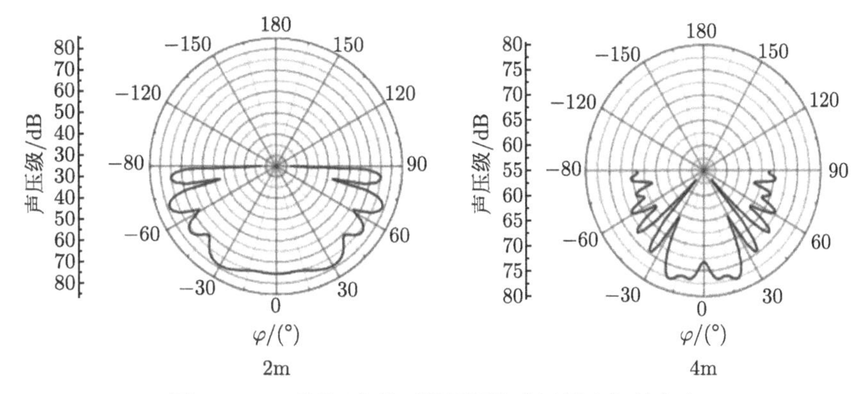


图 5.1.9 不同深度的无限长圆柱壳远场声辐射分布

(引自文献 [10], fig7)

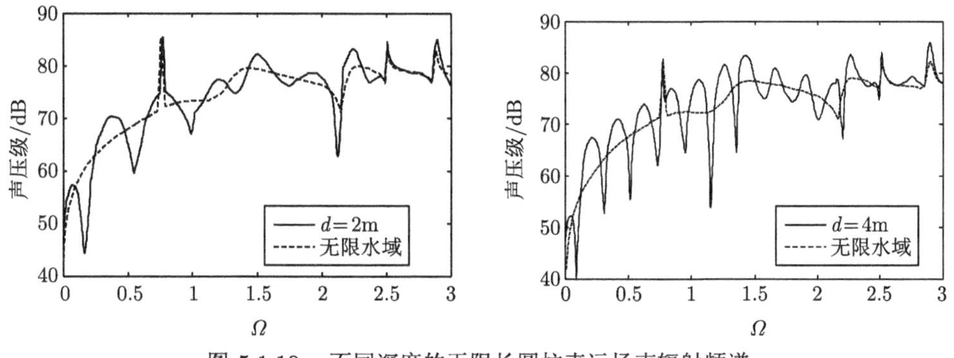


图 5.1.10 不同深度的无限长圆柱壳远场声辐射频谱

(引自文献 [10], fig9)

类似于球壳振动和声辐射的计算，当圆柱壳壳壁较厚时，也不宜采用薄壳振动方程，而应该采用严格的弹性理论求解圆柱壳的振动及声辐射 [11]。下面考虑无限长的厚壁圆柱壳，其内、外半径分别为 $a_1$ 和 $a_2$，浸没在理想的无限声介质中，参见图 5.1.11。设圆柱壳振动位移采用标量势 $\Phi(r,\varphi,z)$ 和矢量势 $\boldsymbol{\Psi}(r,\varphi,z)$ 表征，外部声场则采用质点位移的标量势 $\phi(r,\varphi,z)$ 表征，单位面积的分布激励力 $f_1(r,\varphi,z)\,\mathrm{e}^{-\mathrm{i}\omega t}$ 和 $f_2(r,\varphi,z)\,\mathrm{e}^{-\mathrm{i}\omega t}$ 沿径向分别作用在圆柱壳内外表面。在圆柱坐标系下，圆柱壳振动位移势和声场位移势分别满足波动方程：

$$\nabla^2\Phi(r,\varphi,z)+k_l^2\Phi(r,\varphi,z)=0 \tag{5.1.75}$$

$$\nabla^2\Psi(r,\varphi,z)+k_t^2\Psi(r,\varphi,z)=0 \tag{5.1.76}$$

$$\nabla^2\phi(r,\varphi,z)+k_0^2\phi(r,\varphi,z)=0 \tag{5.1.77}$$

其中，

$$\nabla^2=\frac{1}{r}\frac{\partial}{\partial r}\left(r\frac{\partial}{\partial r}\right)+\frac{1}{r^2}\frac{\partial^2}{\partial^2\varphi}+\frac{\partial}{\partial z^2} \tag{5.1.78}$$

$$\boldsymbol{\nabla}^2\boldsymbol{\Psi}=\boldsymbol{\nabla}(\boldsymbol{\nabla}\cdot\boldsymbol{\Psi})-\boldsymbol{\nabla}\times(\boldsymbol{\nabla}\times\boldsymbol{\Psi}) \tag{5.1.79}$$

且 $k_l=\omega/C_l, k_t=\omega/C_t$。$C_l$, $C_t$ 为圆柱壳材料的纵波和横波速度。

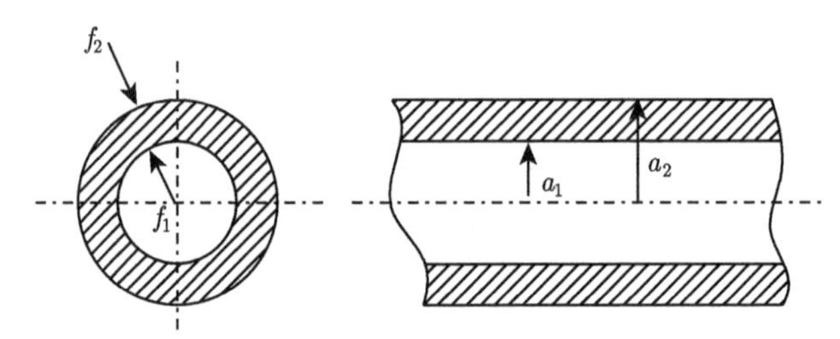


图 5.1.11 无限长厚壁圆柱壳模型

(引自文献 [11], fig1)

按照固体弹性理论，左柱坐标下，(5.1.76) 式中的矢量势 $\boldsymbol{\Psi}(r,\varphi,z)$ 可以由两个标量势 $\Psi_1(r,\varphi,z)$ 和 $\Psi_2(r,\varphi,z)$ 表示，满足：

$$\nabla^2\Psi_i+k_t^2\Psi_i(r,\varphi,z)=0 \quad i=1,2 \tag{5.1.80}$$

对 (5.1.75) 式、(5.1.77) 及 (5.1.80) 式作 $z$ 方向的 Fourier 积分变换，分别得到

$$\left[\frac{1}{r}\frac{\partial}{\partial r}\left(r\frac{\partial}{\partial r}\right)+\frac{1}{r^2}\frac{\partial^2}{\partial^2\varphi}+\left(k_l^2-k_z^2\right)\right]\tilde{\Phi}(r,\varphi,k_z)=0 \tag{5.1.81}$$

$$\left[\frac{1}{r}\frac{\partial}{\partial r}\left(r\frac{\partial}{\partial r}\right)+\frac{1}{r^2}\frac{\partial^2}{\partial^2\varphi}+\left(k_0^2-k_z^2\right)\right]\tilde{\phi}(r,\varphi,k_z)=0 \tag{5.1.82}$$

$$\left[\frac{1}{r}\frac{\partial}{\partial r}\left(r\frac{\partial}{\partial r}\right)+\frac{1}{r^2}\frac{\partial^2}{\partial^2\phi}+\left(k_t^2-k_0^2\right)\right]\tilde{\Psi}_i(r,\varphi,k_z)=0 \quad i=1,2 \tag{5.1.83}$$

采用分离变量法求解 (5.1.81)~(5.1.83) 式，得到

$$\tilde{\Phi}(r,\varphi,k_z)=\left\{A_n\mathrm{J}_n\left[\left(k_l^2-k_z^2\right)^{1/2}r\right]+B_n\mathrm{N}_n\left[\left(k_l^2-k_z^2\right)^{1/2}r\right]\right\}\cos n\varphi \quad (5.1.84)$$

$$\tilde{\Psi}_1(r,\varphi,k_z)=\left\{C_n\mathrm{J}_n\left[\left(k_t^2-k_z^2\right)^{1/2}r\right]+D_n\mathrm{N}_n\left[\left(k_t^2-k_z^2\right)^{1/2}r\right]\right\}\sin n\varphi \quad (5.1.85)$$

$$\tilde{\Psi}_2(r,\varphi,k_z)=\left\{E_n\mathrm{J}_n\left[\left(k_t^2-k_z^2\right)^{1/2}r\right]+F_n\mathrm{N}_n\left[\left(k_t^2-k_z^2\right)^{1/2}r\right]\right\}\cos n\varphi \quad (5.1.86)$$

$$\tilde{\phi}(r,\phi,k_z)=G_n\mathrm{H}_n^{(1)}\left[\left(k_0^2-k_z^2\right)^{1/2}r\right]\cos n\varphi \quad (5.1.87)$$

这里，$A_n$~$G_n$ 为待定常数，需要由无限长厚壁圆柱壳内外表面的边界条件确定。

圆柱壳外表面 $r=a_2$ 处法向应力连续

$$\begin{aligned}\sigma_{rr}&=f_2(r,\varphi,z)+\lambda_0\nabla^2\phi(r,\varphi,z)\\&=\lambda\nabla^2\Phi(r,\varphi,z)+2\mu\left[\frac{\partial^2\Phi(r,\varphi,z)}{\partial r^2}+\frac{\partial}{\partial r}\left(\frac{1}{r}\frac{\partial\Psi_1}{\partial\varphi}\right)+\frac{\partial^3\Psi_2}{\partial z\partial r^2}\right]\end{aligned} \quad (5.1.88)$$

圆柱壳内表面 $r=a_1$ 处法向应力连续

$$\begin{aligned}\sigma_{rr}&=f_1(r,\varphi,z)\\&=\lambda\nabla^2\Phi(r,\varphi,z)+2\mu\left[\frac{\partial^2\Phi(r,\varphi,z)}{\partial r^2}+\frac{\partial}{\partial r}\left(\frac{1}{r}\frac{\partial\Psi_1}{\partial\varphi}\right)+\frac{\partial^3\Psi_2(r,\varphi,z)}{\partial z\partial r^2}\right]\end{aligned} \quad (5.1.89)$$

在圆柱壳内外表面 $r=a_1$ 和 $r=a_2$ 处轴向剪切应力为零

$$\begin{aligned}\sigma_{rz}=\mu&\left\{\frac{\partial^2\Phi(r,\varphi,z)}{\partial r\partial z}+\frac{1}{r}\frac{\partial^2\Psi_1(r,\varphi,z)}{\partial\varphi\partial z}+\frac{\partial^3\Psi_2(r,\varphi,z)}{\partial^2 z\partial r}\right.\\&+\frac{\partial^2\Phi(r,\varphi,z)}{\partial z\partial r}-\frac{\partial}{\partial r}\left[\frac{1}{r}\frac{\partial}{\partial r}\left(r\frac{\partial\Psi_2(r,\varphi,z)}{\partial r}\right)\right]\\&\left.-\frac{\partial}{\partial r}\left(\frac{1}{r^2}\frac{\partial^2\Psi_2(r,\varphi,z)}{\partial\varphi^2}\right)\right\}\\&=0\end{aligned} \quad (5.1.90)$$

在圆柱壳内外表面 $r=a_1$ 和 $r=a_2$ 处周向剪切应力为零

$$\sigma_{r\varphi}=\mu\left[r\frac{\partial}{\partial r}\left(\frac{\partial\Phi(r,\varphi,z)}{r^2\partial\varphi}-\frac{1}{r}\frac{\partial\Psi_1(r,\varphi,z)}{\partial r}+\frac{1}{r^2}\frac{\partial^2\Psi_2(r,\varphi,z)}{\partial z\partial\varphi}\right)\right.$$

$$+\frac{1}{r}\frac{\partial}{\partial\varphi}\left(\frac{\partial\Phi(r,\varphi,z)}{\partial z}+\frac{1}{r}\frac{\partial\Psi_1(r,\varphi,z)}{\partial\varphi}+\frac{\partial^2\Psi_2(r,\varphi,z)}{\partial z\partial r}\right) \tag{5.1.91}$$

$$=0$$

圆柱壳外表面 $r=a_2$ 处位移连续

$$\frac{\partial\phi(r,\varphi,z)}{\partial r}=\left[\frac{\partial\Phi(r,\varphi,z)}{\partial r}+\frac{1}{r}\frac{\partial\Psi_1(r,\varphi,z)}{\partial\varphi}+\frac{\partial^2\Psi_2(r,\varphi,z)}{\partial z\partial r}\right] \tag{5.1.92}$$

这里,$\lambda_0$ 为水介质的拉密常数,$\lambda$、$\mu$ 为圆柱壳材料的拉密常数。对 (5.1.88)~(5.1.92) 式作关于 $z$ 的 Fourier 变换,然后将 (5.1.84)~(5.1.87) 式代入,并利用 (5.1.92) 式的 Fourier 变换式消去待定系数 $G_n$,于是得到 6 个代数方程,组成矩阵方程:

$$[T_n]\cdot\begin{Bmatrix}A_n\\B_n\\C_n\\D_n\\E_n\\F_n\end{Bmatrix}=\begin{Bmatrix}\tilde{f}_{2n}(a_2,k_z)\\\tilde{f}_{1n}(a_1,k_z)\\0\\0\\0\\0\end{Bmatrix} \tag{5.1.93}$$

式中,$\tilde{f}_{1n}$, $\tilde{f}_{2n}$ 分别为 $f_1(r,\varphi,z)$ 和 $f_2(r,\varphi,z)$ 的 Fourier 变换与周向展开系数。矩阵 $[T_n]$ 的元素罗列如下:

$$T_n(1,1)=-\lambda k_l^2\mathrm{J}_n\left[\left(k_l^2-k_z^2\right)^{1/2}a_2\right]+\frac{\lambda_0k_0^2\left(k_l^2-k_z^2\right)\mathrm{J}_n'\left[\left(k_l^2-k_z^2\right)^{1/2}a_2\right]}{\left(k_0^2-k_z^2\right)^{1/2}}$$
$$\times\frac{\mathrm{H}_n^{(1)}\left[\left(k_0^2-k_z^2\right)^{1/2}a_2\right]}{\mathrm{H}_n^{(1)\prime}\left[\left(k_0^2-k_z^2\right)^{1/2}a_2\right]}+2\mu\left(k_l^2-k_z^2\right)\mathrm{J}_n''\left[\left(k_l^2-k_z^2\right)^{1/2}a_2\right]$$

$$T_n(1,2)=-\lambda\left(k_l^2-k_z^2\right)\mathrm{N}_n\left[\left(k_l^2-k_z^2\right)^{1/2}a_2\right]+\frac{\lambda_0k_0^2\left(k_l^2-k_z^2\right)\mathrm{N}_n'\left[\left(k_l^2-k_z^2\right)^{1/2}a_2\right]}{\left(k_0^2-k_z^2\right)^{1/2}}$$
$$\times\frac{\mathrm{H}_n\left[\left(k_0^2-k_z^2\right)^{1/2}a_2\right]}{\mathrm{H}_n^{(1)\prime}\left[\left(k_0^2-k_z^2\right)^{1/2}a_2\right]}+2\mu\left(k_l^2-k_z^2\right)\mathrm{N}_n''\left[\left(k_l^2-k_z^2\right)^{1/2}a_2\right]$$

$$T_n(1,3)=\frac{2\mu n\left(k_l^2-k_z^2\right)^{1/2}\mathrm{J}_n'\left[\left(k_l^2-k_z^2\right)^{1/2}a_2\right]}{a_2}$$

$$+\frac{n\lambda_0 k_0^2 \mathrm{J}_n\left[\left(k_l^2-k_z^2\right)^{1/2}a_2\right]\mathrm{H}_n^{(1)}\left[\left(k_0^2-k_z^2\right)^{1/2}a_2\right]}{a_2\cdot\left(k_0^2-k_z^2\right)^{1/2}\cdot\mathrm{H}_n^{(1)\prime}\left[\left(k_0^2-k_z^2\right)^{1/2}a_2\right]}$$

$$-\frac{2\mu n\mathrm{J}_n\left[\left(k_l^2-k_z^2\right)^{1/2}a_2\right]}{a_2^2}$$

$$T_n(1,4)=\frac{2\mu n\left(k_l^2-k_z^2\right)^{1/2}\mathrm{N}_n'\left[\left(k_l^2-k_z^2\right)^{1/2}a_2\right]}{a_2}$$

$$+\frac{n\lambda_0 k_0^2 \mathrm{N}_n\left[\left(k_l^2-k_z^2\right)^{1/2}a_2\right]\mathrm{H}_n^{(1)}\left[\left(k_0^2-k_z^2\right)^{1/2}a_2\right]}{a_2\cdot\left(k_0^2-k_z^2\right)^{1/2}\cdot\mathrm{H}_n^{(1)\prime}\left[\left(k_0^2-k_z^2\right)^{1/2}a_2\right]}$$

$$-\frac{2\mu n\mathrm{N}_n\left[\left(k_l^2-k_z^2\right)^{1/2}a_2\right]}{a_2^2}$$

$$T_n(1,5)=-\mathrm{i}2\mu k_z\left(k_t^2-k_z^2\right)\mathrm{J}_n''\left[\left(k_t^2-k_z^2\right)^{1/2}a_2\right]$$

$$-\frac{\mathrm{i}\lambda_0 k_0^2 k_z\left(k_l^2-k_z^2\right)^{1/2}\mathrm{J}_n'\left[\left(k_l^2-k_z^2\right)^{1/2}a_2\right]\mathrm{H}_n^{(1)}\left[\left(k_0^2-k_z^2\right)^{1/2}a_2\right]}{\left(k_0^2-k_z^2\right)^{1/2}\cdot\mathrm{H}_n^{(1)\prime}\left[\left(k_0^2-k_z^2\right)^{1/2}a_2\right]}$$

$$T_n(1,6)=-\mathrm{i}2\mu k_z\left(k_t^2-k_z^2\right)\mathrm{N}_n''\left[\left(k_t^2-k_z^2\right)^{1/2}a_2\right]$$

$$-\frac{\mathrm{i}\lambda_0 k_0^2 k_z\left(k_l^2-k_z^2\right)^{1/2}\mathrm{N}_n'\left[\left(k_l^2-k_z^2\right)^{1/2}a_2\right]\mathrm{H}_n^{(1)}\left[\left(k_0^2-k_z^2\right)^{1/2}a_2\right]}{\left(k_0^2-k_z^2\right)^{1/2}\cdot\mathrm{H}_n^{(1)\prime}\left[\left(k_0^2-k_z^2\right)^{1/2}a_2\right]}$$

$$T_n(2,1)=-\lambda\left(k_l^2-k_z^2\right)\mathrm{J}_n\left[\left(k_l^2-k_z^2\right)^{1/2}a_1\right]+2\mu\left(k_l^2-k_z^2\right)\mathrm{J}_n''\left[\left(k_l^2-k_z^2\right)^{1/2}a_1\right]$$

$$T_n(2,2)=-\lambda\left(k_l^2-k_z^2\right)\mathrm{N}_n\left[\left(k_l^2-k_z^2\right)^{1/2}a_1\right]+2\mu\left(k_l^2-k_z^2\right)\mathrm{N}_n''\left[\left(k_l^2-k_z^2\right)^{1/2}a_1\right]$$

$$T_n(2,3)=\frac{2\mu n\left(k_l^2-k_z^2\right)^{1/2}\mathrm{J}_n'\left[\left(k_l^2-k_z^2\right)^{1/2}a_1\right]}{a_1}-\frac{2\mu n\mathrm{J}_n\left[\left(k_l^2-k_z^2\right)^{1/2}a_1\right]}{a_1^2}$$

$$T_n(2,4)=\frac{2\mu n\left(k_l^2-k_z^2\right)^{1/2}\mathrm{N}_n'\left[\left(k_l^2-k_z^2\right)^{1/2}a_2\right]}{a_1}-\frac{2\mu n\mathrm{N}_n\left[\left(k_l^2-k_z^2\right)^{1/2}a_2\right]}{a_1^2}$$

$$T_n(2,5)=-\mathrm{i}2\mu k_z\left(k_t^2-k_z^2\right)\mathrm{J}_n''\left[\left(k_t^2-k_z^2\right)^{1/2}a_2\right]$$

$$T_n(2,6) = -\mathrm{i}2\mu k_z\left(k_t^2-k_z^2\right)\mathrm{N}_n''\left[\left(k_t^2-k_z^2\right)^{1/2}a_2\right]$$

$$T_n(3,1) = \frac{2\mu n\mathrm{J}_n\left[\left(k_l^2-k_z^2\right)^{1/2}a_2\right]}{a_2^2} - \frac{2\mu n\left(k_l^2-k_z^2\right)^{1/2}\mathrm{J}_n'\left[\left(k_l^2-k_z^2\right)^{1/2}a_2\right]}{a_2}$$

$$T_n(3,2) = \frac{2\mu n\mathrm{N}_n\left[\left(k_l^2-k_z^2\right)^{1/2}a_2\right]}{a_2^2} - \frac{2\mu n\left(k_l^2-k_z^2\right)^{1/2}\mathrm{N}_n'\left[\left(k_l^2-k_z^2\right)^{1/2}a_2\right]}{a_2}$$

$$T_n(3,3) = \frac{\mu\left(k_t^2-k_z^2\right)^{1/2}\mathrm{J}_n'\left[\left(k_t^2-k_z^2\right)^{1/2}a_2\right]}{a_2} - \frac{\mu n^2\mathrm{J}_n\left[\left(k_t^2-k_z^2\right)^{1/2}a_2\right]}{a_2^2}$$
$$-\mu(k_t^2-k_z^2)\cdot\mathrm{J}_n''[(k_t^2-k_z^2)^{1/2}\cdot a_2]$$

$$T_n(3,4) = \frac{\mu\left(k_t^2-k_z^2\right)^{1/2}\mathrm{N}_n'\left[\left(k_t^2-k_z^2\right)^{1/2}a_2\right]}{a_2} - \frac{\mu n^2\mathrm{N}_n\left[\left(k_t^2-k_z^2\right)^{1/2}a_2\right]}{a_2^2}$$
$$-\mu\left(k_t^2-k_z^2\right)\mathrm{N}_n''\left[\left(k_t^2-k_z^2\right)^{1/2}a_2\right]$$

$$T_n(3,5) = \frac{-2\mathrm{i}k_z\mu n\mathrm{J}_n\left[\left(k_t^2-k_z^2\right)^{1/2}a_2\right]}{a_2^2} + \frac{2\mathrm{i}k_z\mu n\left(k_t^2-k_z^2\right)^{1/2}\mathrm{J}_n'\left[\left(k_t^2-k_z^2\right)^{1/2}a_2\right]}{a_2}$$

$$T_n(3,6) = \frac{-2\mathrm{i}k_z\mu n\mathrm{N}_n\left[\left(k_t^2-k_z^2\right)^{1/2}a_2\right]}{a_2^2} + \frac{2\mathrm{i}k_z\mu n\left(k_t^2-k_z^2\right)^{1/2}\mathrm{N}_n'\left[\left(k_t^2-k_z^2\right)^{1/2}a_2\right]}{a_2}$$

$$T_n(5,1) = -\mathrm{i}2k_z\left(k_l^2-k_z^2\right)^{1/2}\mu\mathrm{J}_n'\left[\left(k_l^2-k_z^2\right)^{1/2}a_2\right]$$

$$T_n(5,2) = -\mathrm{i}2k_z\left(k_l^2-k_z^2\right)^{1/2}\mu\mathrm{N}_n'\left[\left(k_l^2-k_z^2\right)^{1/2}a_2\right]$$

$$T_n(5,3) = \frac{-\mathrm{i}k_z n\mu\mathrm{J}_n\left[\left(k_t^2-k_z^2\right)^{1/2}a_2\right]}{a_2}$$

$$T_n(5,4) = \frac{-\mathrm{i}k_z n\mu\mathrm{N}_n\left[\left(k_t^2-k_z^2\right)^{1/2}a_2\right]}{a_2}$$

$$T_n(5,5) = -\mu k_z^2\left(k_t^2-k_z^2\right)^{1/2}\mathrm{J}_n'\left[\left(k_t^2-k_z^2\right)^{1/2}a_2\right] - \left(k_t^2-k_z^2\right)^{3/2}\mathrm{J}_n'''\left[\left(k_t^2-k_z^2\right)^{1/2}a_2\right]$$
$$-\frac{\mu\left(k_t^2-k_z^2\right)\mathrm{J}_n''\left[\left(k_t^2-k_z^2\right)^{1/2}a_2\right]}{a_2} + \frac{\mu\left(k_t^2-k_z^2\right)\mathrm{J}_n'\left[\left(k_t^2-k_z^2\right)^{1/2}a_2\right]}{a_2^2}$$
$$+\frac{n^2\mu\left(k_t^2-k_z^2\right)^{1/2}\mathrm{J}_n'\left[\left(k_t^2-k_z^2\right)^{1/2}a_2\right]}{a_2^2} - \frac{2n^2\mu\mathrm{J}_n\left[\left(k_t^2-k_z^2\right)^{1/2}a_2\right]}{a_2^3}$$

$$T_n(5,6) = -\mu k_z^2 \left(k_t^2-k_z^2\right)^{1/2}\mathrm{N}_n'\left[\left(k_t^2-k_z^2\right)^{1/2}a_2\right]-\left(k_t^2-k_z^2\right)^{3/2}\mathrm{N}_n'''\left[\left(k_t^2-k_z^2\right)^{1/2}a_2\right]$$
$$-\frac{\mu\left(k_t^2-k_z^2\right)\mathrm{N}_n''\left[\left(k_t^2-k_z^2\right)^{1/2}a_2\right]}{a_2}+\frac{\mu\left(k_t^2-k_z^2\right)\mathrm{N}_n'\left[\left(k_t^2-k_z^2\right)^{1/2}a_2\right]}{a_2^2}$$
$$+\frac{n^2\mu\left(k_t^2-k_z^2\right)^{1/2}\mathrm{N}_n'\left[\left(k_t^2-k_z^2\right)^{1/2}a_2\right]}{a_2^2}-\frac{2n^2\mu\mathrm{N}_n\left[\left(k_t^2-k_z^2\right)^{1/2}a_2\right]}{a_2^3}$$

将第一和第五行元素中的 $a_2$ 替换为 $a_1$，可得到第四和第六行的元素。

在无限长厚壁圆柱壳外表面，波数空间的法向位移可以由势函数求得

$$\tilde{W}(a_2,\varphi,k_z) = \left[\frac{\partial\tilde{\Phi}(r,\varphi,z)}{\partial r}+\frac{1}{r}\frac{\partial\tilde{\Psi}_1(r,\varphi,z)}{\partial\varphi}+\mathrm{i}k_z\frac{\partial\tilde{\Psi}_2(r,\varphi,z)}{\partial r}\right]_{r=a_2} \tag{5.1.94}$$

将 (5.1.84)~(5.1.86) 式代入 (5.1.94) 式，得到周向展开和轴向 Fourier 变换的圆柱壳外表面法向位移与待定系数 $A_n \sim F_n$ 的关系：

$$\tilde{W}_n(a_2,k_z) = \left[S_n^{(2)}\right]\{A_n\ B_n\ C_n\ D_n\ E_n\ F_n\}^{\mathrm{T}} \tag{5.1.95}$$

其中，$\left[S_n^{(2)}\right]$ 为 $1\times 6$ 的矩阵，其元素为

$$S_n^{(2)}(1) = \left(k_l^2-k_z^2\right)^{1/2}\mathrm{J}_n'\left[\left(k_l^2-k_z^2\right)^{1/2}a_2\right]$$
$$S_n^{(2)}(2) = \left(k_l^2-k_z^2\right)^{1/2}\mathrm{N}_n'\left[\left(k_l^2-k_z^2\right)^{1/2}a_2\right]$$
$$S_n^{(2)}(3) = \frac{n}{a_2}\mathrm{J}_n\left[\left(k_t^2-k_z^2\right)^{1/2}a_2\right]$$
$$S_n^{(2)}(4) = \frac{n}{a_2}\mathrm{N}_n\left[\left(k_t^2-k_z^2\right)^{1/2}a_2\right]$$
$$S_n^{(2)}(5) = \mathrm{i}k_z\left(k_t^2-k_z^2\right)^{1/2}\mathrm{J}_n'\left[\left(k_t^2-k_z^2\right)^{1/2}a_2\right]$$
$$S_n^{(2)}(6) = \mathrm{i}k_z\left(k_t^2-k_z^2\right)^{1/2}\mathrm{N}_n'\left[\left(k_t^2-k_z^2\right)^{1/2}a_2\right]$$

将 (5.1.93) 式代入 (5.1.95) 式，有

$$\tilde{W}_n(a_2,k_z) = \left[S_n^{(2)}\right][T_n]^{-1}\left\{\tilde{f}_{2n}(a_2,k_z),\ \tilde{f}_{1n}(a_1,k_z),0,0,0,0\right\}^{\mathrm{T}} \tag{5.1.96}$$

由 (5.1.96) 式可得

$$\tilde{W}_n(a_2,k_z) = \beta_{n11}(k_z)\tilde{f}_{2n}(a_2,k_z)+\beta_{n12}(k_z)\tilde{f}_{1n}(a_1,k_z) \tag{5.1.97}$$

式中，$\beta_{n11}$ 和 $\beta_{n12}$ 分别为 $\left[S_n^{(2)}\right]\left[T_n\right]^{-1}$ 的第一和第二个元素，表示圆柱壳内外表面的波数空间周向模态激励力与外表面法向振动模态位移的传递关系。同样可以得到无限长厚壁圆柱壳内表面波数空间法向振动模态位移：

$$\tilde{W}_n\left(a_1,k_z\right)=\alpha_{n11}\left(k_z\right)\tilde{f}_{2n}\left(a_2,k_z\right)+\alpha_{n12}\left(k_z\right)\tilde{f}_{1n}\left(a_1,k_z\right) \tag{5.1.98}$$

式中，$\alpha_{n11}$ 和 $\alpha_{n12}$ 为 $\left[S_n^{(1)}\right]\left[T_n\right]^{-1}$ 的第一和第二个元素，其中 $\left[S_n^{(1)}\right]$ 的元素由 $\left[S_n^{(2)}\right]$ 的元素将 $a_2$ 替换为 $a_1$ 得到。$\alpha_{n11}$ 和 $\alpha_{n12}$ 分别表示圆柱壳内外表面的波数空间周向模态激励力与内表面法向振动模态位移的传递关系。

已知了 (5.1.97) 式给出的无限长厚壁圆柱壳外表面的法向振动模态位移，可以由法向振动位移与外声场位移势函数的关系，确定 (5.1.87) 式中的待定系数 $G_n$：

$$G_n=\frac{\tilde{W}_n\left(a_2,k_z\right)}{\left(k_0^2-k_z^2\right)^{1/2}\mathrm{H}_n^{(1)\prime}\left[\left(k_0^2-k_z^2\right)^{1/2}a_2\right]} \tag{5.1.99}$$

将 (5.1.99) 式代入 (5.1.87) 式，并考虑到辐射声压与位移势的关系

$$p\left(r,\varphi,z\right)=\rho_0\omega^2\phi\left(r,\varphi,z\right) \tag{5.1.100}$$

从而得到类似 (5.1.51) 式的无限长圆柱壳远场辐射声压

$$p\left(r,\varphi,z\right)=\frac{\rho_0\omega^2}{2\pi}\int_{-\infty}^{\infty}\frac{\tilde{W}_n\left(a_2,k_z\right)}{\left(k_0^2-k_z^2\right)^{1/2}}\frac{\mathrm{H}_n^{(1)}\left[\left(k_0^2-k_z^2\right)^{1/2}r\right]}{\mathrm{H}_n^{(1)\prime}\left[\left(k_0^2-k_z^2\right)^{1/2}a_2\right]}\cos n\varphi\mathrm{e}^{\mathrm{i}k_zz}\mathrm{d}k_z \tag{5.1.101}$$

Pathak 和 Stepanishen[11] 计算了外表面环力激励下水中厚壁圆柱壳的远场辐射声压，内表面激励力假设为零。针对不同周向波数 $n$、壁厚与半径之比 $\sigma$ 及声波数与壁厚之积 $k_0h$，且 $\sigma$ 从 0.01 增加到 0.2，覆盖了从薄壳到厚壳的壁厚范围，给出了归一化远场辐射声压 $pr/R$ 随空间角的变化，参见图 5.1.12 和图 5.1.13。计算表明，圆柱壳相对壁厚 $\sigma$ 增加，远场辐射噪声峰值下降。不同壁厚时，在偏离正向 17° 附近存在一个峰值，对应的模态相速接近于壳体材料的纵波声速，在图 5.1.13 中出现的附加旁瓣则对应相速超过水中声速的其他模态。Leeable[12] 等同样研究了点力激励下厚壁无限长圆柱壳的远场声辐射特性，比较了稳相法与快速 Fourier 变换法反演计算 (5.1.73) 式的结果，认为稳相法近似计算远场辐射声压，忽略了圆柱壳中螺旋波的贡献，快速 Fourier 变换能得到更复杂的远场声压分布。

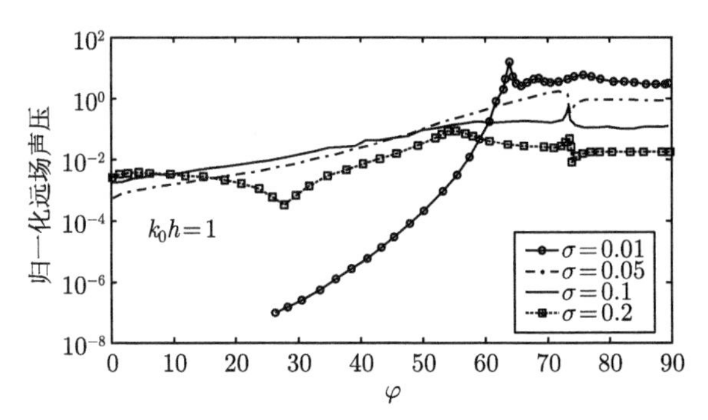


图 5.1.12 不同壁厚的厚壁圆柱壳归一化远场声压比较

(引自文献 [11], fig9)

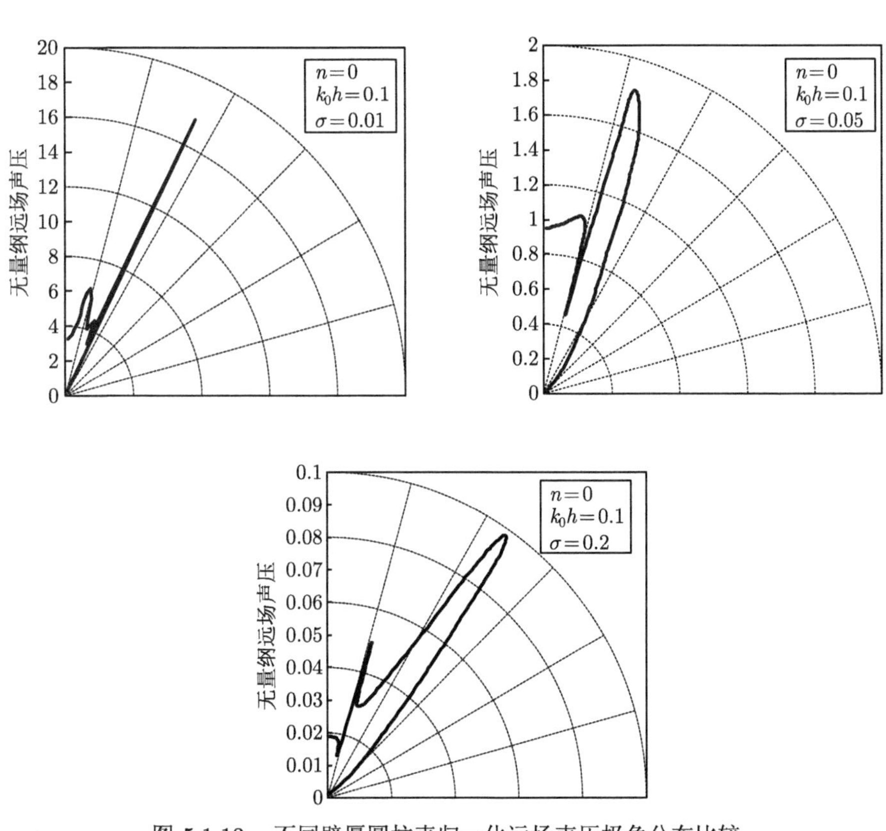


图 5.1.13 不同壁厚圆柱壳归一化远场声压极角分布比较

(引自文献 [11], fig10, fig11)

潜艇下潜时，水介质产生的静压引起潜艇壳体中的预应力。这种预应力可能改变壳体的动力特性，Keltie[13] 采用 Flügge 薄壳运动方程，方程中包含了水压引起的轴向和周向预应力项，研究了静压对无限长圆柱壳辐射声场的影响。考虑一无限长圆柱壳模型，浸没在无限的理想声介质中，并受到均匀的静压作用。圆柱壳的运动方程为

$$\begin{aligned}&\left[(1+T_1)\frac{\partial^2}{\partial z^2}+(1+a_{11})\frac{\partial^2}{\partial\varphi^2}+\Omega^2\right]U+a_{12}\frac{\partial^2 V}{\partial z\partial\varphi}\\&+\left(a_{14}\frac{\partial}{\partial z}-\beta^2\frac{\partial^3}{\partial z^3}+a_{13}\frac{\partial^3}{\partial z\partial\varphi^2}\right)W=0\end{aligned}\tag{5.1.102}$$

$$\begin{aligned}&a_{12}\frac{\partial^2 U}{\partial z\partial\varphi}+\left[(1+a_{22})\frac{\partial}{\partial z^2}+(1+T_2)\frac{\partial}{\partial\varphi^2}+\Omega^2\right]V\\&+\left[a_{24}\frac{\partial}{\partial\varphi}-a_{23}\frac{\partial^3}{\partial z^2\partial\varphi}\right]W=0\end{aligned}\tag{5.1.103}$$

$$\begin{aligned}&\left[a_{14}\frac{\partial}{\partial z}-\beta^2\frac{\partial^3}{\partial z^3}+a_{13}\frac{\partial^3}{\partial z\partial\varphi^2}\right]U+\left[a_{24}\frac{\partial}{\partial\varphi}-a_{23}\frac{\partial^3}{\partial z^2\partial\varphi}\right]V\\&+\left[1+\beta^2+\nabla^4+a_{33}\frac{\partial}{\partial\varphi^2}-T_1\frac{\partial}{\partial z^2}-\Omega^2\right]W\\&=\frac{a^2(1-\nu^2)}{Eh}[f-p]\end{aligned}\tag{5.1.104}$$

式中，$U, V, W$ 分别为圆柱壳轴向、周向和径向振动位移; $\Omega=a\omega/C_l$, 为无量纲频率，$a, h$ 为圆柱壳半径和壁厚，$\nu$ 为泊松比，$\beta^2=h^2/12a^2$；$f$ 为作用在圆柱壳上的作用力，$p$ 为作用在圆柱壳上的声压，$T_1, T_2$ 为与静压 $p_e$ 相关的参数，它们的表达式为

$$T_1=\frac{a}{2Eh}\left(1-\nu^2\right)p_e\tag{5.1.105}$$

$$T_2=\frac{a}{Eh}\left(1-\nu^2\right)p_e\tag{5.1.106}$$

圆柱壳参数 $a_{ij}\,(i,j=1,2,3)$ 分别为

$$a_{11}=T_2+\beta^2[(1-\nu)/2]-(1+\nu)/2,\quad a_{12}=(1+\nu)/2,\quad a_{13}=\beta^2[(1-\nu)/2]$$

$$a_{14}=\nu-T_2,\quad a_{22}=T_1+\frac{3\beta^2}{2}(1-\nu)-(1+\nu)/2,\quad a_{23}=\beta^2[(3-\nu)/2]$$

$$a_{24}=1+T_2,\quad a_{33}=2\beta^2-T_2$$

周向采用 Fourier 级数展开，轴向采用 Fourier 空间变换方法求解 (5.1.102)～(5.1.104) 及波动方程 (5.1.26) 式，容易得到大静压条件下无限长圆柱壳受作用力

激励的耦合振动模态位移

$$\tilde{W}_n(k_z) = \frac{\tilde{f}_n(k_z)}{-\mathrm{i}\omega\left[Z_n^a + Z_n^s\right]} \tag{5.1.107}$$

式中，$Z_n^a$ 为无限长圆柱壳的模态辐射声阻抗，见 (5.1.34) 式，$Z_n^s$ 为静压条件下无限长圆柱壳的模态阻抗，其表达式为

$$\begin{aligned} Z_n^s = \frac{\mathrm{i}m_s C_l}{\Omega a}\Big[&1+\beta^2+\beta^2 n^4 - n^2 a_{33} + \beta^2 k_z^4 + k_z^2\left(2n^2\beta^2+T_1\right) - \Omega^2 \\ &+\left(c_{11}c_{23}^2 - 2c_{12}c_{13}c_{23} - c_{13}^2 c_{22}\right)\left(c_{11}c_{22}+c_{12}^2\right)^{-1}\Big] \end{aligned} \tag{5.1.108}$$

且有

$$\tilde{f}_n(k_z) = \frac{a^2\left(1-\nu^2\right)}{Eh}\int_{-\infty}^{\infty} Q_n \mathrm{e}^{-\mathrm{i}k_z z}\mathrm{d}z \tag{5.1.109}$$

其中，

$$Q_n = \frac{\varepsilon_n}{(2\pi)^{3/2}}\int_0^{2\pi} f(z,\varphi)\cos n\varphi \mathrm{d}\varphi \tag{5.1.110}$$

(5.1.108) 式中的参数 $c_{ij}\,(i=1,2,3, j=i)$ 分别为

$$c_{11} = \Omega^2 - k_z^2(1+T_1) - n^2(1+a_{11}), \quad c_{12} = \mathrm{i}nk_z a_{12}$$

$$c_{13} = \mathrm{i}k\left(a_{14} - n^2 a_{13}\right) + \mathrm{i}k_z^3\beta^2$$

$$c_{22} = \Omega^2 - k_z^2(1+a_{22}) - n^2(1+T_2), \quad c_{23} = na_{24} + nk_z^2 a_{23}$$

$$c_{33} = 1+\beta^2+\beta^2 n^4 - n^2 a_{33} + \beta^2 k_z^4 + k_z^2\left(2n^2\beta^2+T_1\right) - \Omega^2 - \mathrm{i}\omega a^2\left(1-\nu^2\right)Z_n^a/Eh$$

对 (5.1.107) 式进行反演，可以得到静压条件无限长圆柱壳的耦合振动位移

$$W(z,\varphi) = \mathrm{i}\omega\sum_{n=0}^{\infty}\cos n\varphi\frac{1}{(2\pi)^{1/2}}\int_{-\infty}^{\infty}\frac{\tilde{f}_n(k_z)\mathrm{e}^{\mathrm{i}k_z z}\mathrm{d}k_z}{Z_n^a + Z_n^s} \tag{5.1.111}$$

进一步可得静压条件无限长圆柱壳的辐射声场

$$p(r,\varphi,z) = \frac{1}{(2\pi)^{1/2}}\sum_{n=0}^{\infty}\cos n\varphi\int_{-\infty}^{\infty}\frac{Z_n^a\tilde{f}_n(k_z)\mathrm{e}^{\mathrm{i}k_z z}\mathrm{d}k_z}{Z_n^a + Z_n^s} \tag{5.1.112}$$

Keltie[13] 针对半径 $a = 305\text{mm}$、壁厚 $h = 6.35\text{mm}$、损耗因子为 0.01 的钢质圆柱壳，计算了 345kPa 静压条件下的圆柱壳输入导纳和声辐射功率。结果表

明，无论在空气还是在水中，静压对声辐射功率影响不大，但对模态频率略有影响，参见图 5.1.14～ 图 5.1.16。如果在更大的静压条件下，静压还是可能会对声辐射产生较明显的影响。

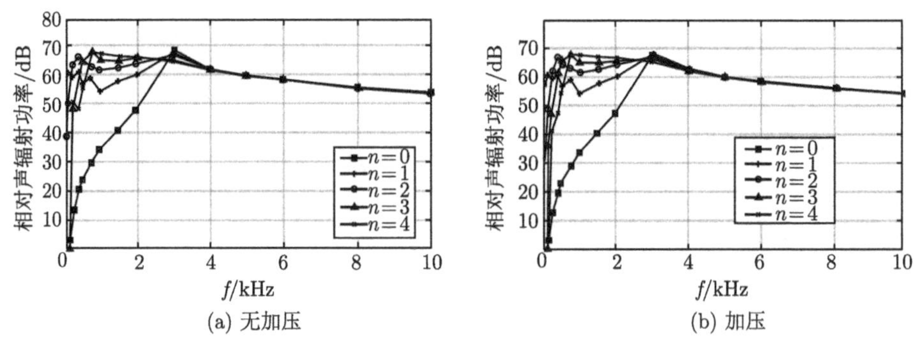


图 5.1.14　空气中无限长圆柱壳模态声压受静压影响比较

(引自文献 [13], fig10, fig12)

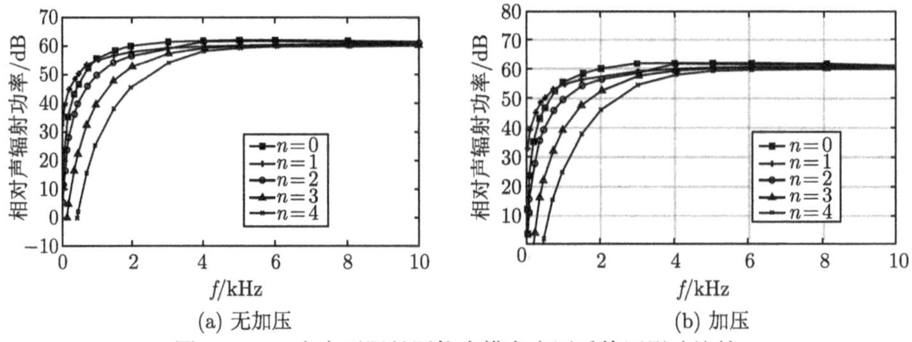


图 5.1.15　水中无限长圆柱壳模态声压受静压影响比较

(引自文献 [13], fig11, fig13)

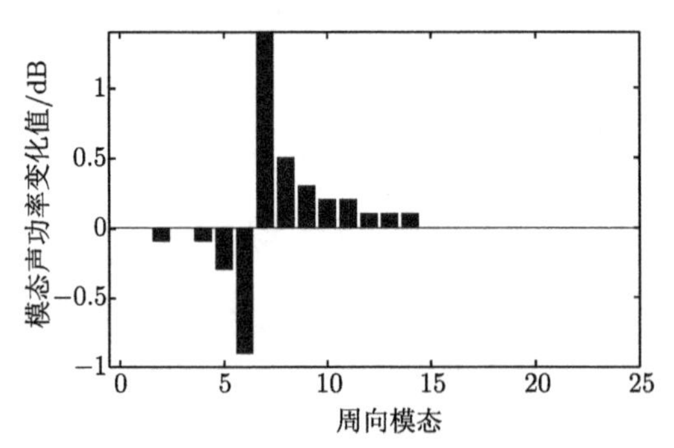


图 5.1.16　静压对水中无限长圆柱壳声辐射功率的影响

(引自文献 [13], fig20)

## 5.2 无限长加肋弹性圆柱壳耦合振动与声辐射

加肋圆柱壳作为常见的潜艇、鱼雷及飞机机舱的基本结构形式，其声辐射的研究，不仅与加肋平板一样，也是声弹性研究的一个主要方面，而且比加肋平板更能反映壳体结构特征。Bernblit[14] 较早建立了无限长加肋圆柱壳声辐射模型，讨论了肋骨作用引起的非辐射波数分量向辐射波数分量的转换。针对无限长圆柱壳，Burroughs[15] 采用 Fourier 变换方法，并利用环形肋骨的空间周期性，建立了双周期环形加肋的无限长圆柱壳声辐射模型，在此基础上，进一步研究了双周期环向加肋的无限长圆柱壳受多种激励力作用的声辐射 [16]。

下面基于 Burroughs 的研究，考虑一无限长圆柱壳薄壳，半径为 $a$、壁厚为 $h$，双周期的环形肋骨布置在圆柱壳内表面，两组肋骨的间距分别为 $d$ 和 $D$，且有 $D = Nd$，圆柱壳浸没在理想的无限声介质中，其内部为真空，参见图 5.2.1。假设激励外力作用在圆柱壳内表面，肋骨与圆柱壳的相互作用等效的径向线力作用在圆柱壳上，不考虑力矩或剪切力。

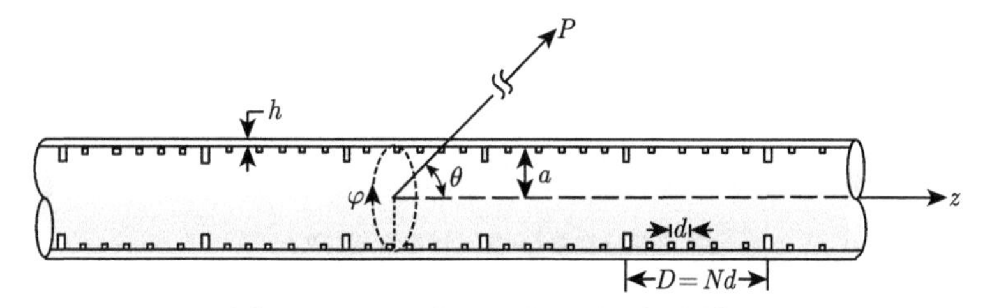


图 5.2.1 无限长双周期环肋圆柱壳模型

(引自文献 [15], fig1)

加肋圆柱薄壳的振动方程为

$$\frac{\partial^2 U}{\partial z^2}+\frac{1-\nu}{2a^2}\frac{\partial^2 U}{\partial \varphi^2}+\frac{1+\nu}{2a}\frac{\partial^2 V}{\partial z\partial \varphi}+\frac{\nu}{a}\frac{\partial W}{\partial z}+k_l^2 U=0 \tag{5.2.1}$$

$$\frac{1+\nu}{2a}\frac{\partial^2 U}{\partial z\partial \varphi}+\frac{1}{a^2}\frac{\partial^2 V}{\partial \varphi^2}+\frac{1-\nu}{2}\frac{\partial^2 V}{\partial z^2}+\frac{1}{a^2}\frac{\partial W}{\partial \varphi}+\frac{h^2\nu}{8(1-\nu)a^4}\left(\frac{\partial W}{\partial \varphi}+\frac{\partial^3 W}{\partial \varphi^3}\right)+k_l^2 V=0 \tag{5.2.2}$$

$$\begin{aligned}&\frac{\nu}{a}\frac{\partial U}{\partial z}+\frac{1}{a^2}\frac{\partial V}{\partial \varphi}+\frac{W}{a^2}+\frac{h^2}{24(1-\nu)}\left[2(1-\nu)\left(\frac{\partial}{\partial z^2}+\frac{1}{a^2}\frac{\partial}{\partial \varphi^2}\right)^2 W\right.\\&\left.+\frac{4-\nu}{a^4}\frac{\partial^2 W}{\partial \varphi^2}+\frac{2+\nu}{a^4}W\right]-k_l^2 W\\&=\frac{1}{\rho_s C_l^2}\left(\frac{1}{h}+\frac{1-2\nu}{2a(1-\nu)}\right)\left[f(z,\varphi)-p(z,\varphi)-p_r(z,\varphi)-p_b(z,\varphi)\right]\end{aligned} \tag{5.2.3}$$

式中，$U,V,W$ 分别为圆柱壳轴向、周向和径向振动位移，$\rho_s,\nu$ 和 $C_l$ 分别为圆柱壳材料密度、泊松比和纵波声速，且 $k_l=\omega/C_l$，$f$ 为激励外力，$p$ 为作用在圆柱壳外表面的辐射声压，$p_r$ 和 $p_b$ 分别两组环肋的作用力。

注意到 (5.2.1)~(5.2.3) 式与 (5.1.19)~(5.1.21) 式都是薄壳近似的圆柱壳振动方程，因保留的小量不一样，不同文献给出的具体形式稍有不同，并无本质差别。对 (5.2.1)~(5.2.3) 式作轴向 Fourier 变换及周向展开，得到圆柱壳振动位移模态方程：

$$\left(\Omega^2-k_z^2a^2-\frac{1-\nu}{2}n^2\right)\tilde{U}_n-k_za\frac{1+\nu}{2}n\tilde{V}_n+\mathrm{i}k_za\nu\tilde{W}_n=0 \tag{5.2.4}$$

$$\begin{aligned}&-k_za\left(\frac{1+\nu}{2}\right)n\tilde{U}_n+\left(\Omega^2-k_z^2a^2\frac{1-\nu}{2}-n^2\right)\tilde{V}_n\\&+\mathrm{i}n\left(1+\frac{h^2\nu}{8a^2(1-\nu)}\left(1-n^2\right)\right)\tilde{W}_n=0\end{aligned} \tag{5.2.5}$$

$$\begin{aligned}&\mathrm{i}k_za\nu\tilde{U}_n+\mathrm{i}n\tilde{V}_n+\left[1-\Omega^2+\frac{h^2}{24a^2(1-\nu)}\left(2(1-\nu)\left(n^2+k_z^2a^2\right)^2\right.\right.\\&\left.\left.-(4-\nu)n^2+2+\nu\right)\right]\tilde{W}_n=\frac{a^2}{\rho_sC_l^2}\left(\frac{1}{h}+\frac{1-2\nu}{2a(1-\nu)}\right)\left(\tilde{f}_n-\tilde{p}_n-\tilde{p}_n^r-\tilde{p}_n^b\right)\end{aligned} \tag{5.2.6}$$

求解 (5.2.4)~(5.2.6) 式，得到圆柱壳的径向模态位移：

$$Z_n^s(k_z)\tilde{W}_n(k_z)=\tilde{f}_n-\tilde{p}_n-\tilde{p}_n^r-\tilde{p}_n^b \tag{5.2.7}$$

这里，无量纲频率 $\Omega=\omega a/C_l$，$Z_n^s$ 为圆柱壳第 $n$ 阶模态阻抗，其表达式为

$$\begin{aligned}Z_n^s=&\frac{\rho_sC_l^2}{a^2\left[1/h+(1-2\nu)/2a(1-\nu)\right]}\\&\times\left\{-\Omega^2+\frac{h^2}{24a^2(1-\nu)}\cdot\left[2(1-\nu)\left(n^2+k_z^2a^2\right)^2-(4-\nu)+2+\nu\right]\right.\\&+\frac{k_z^2a^2\left(1-\nu^2\right)\left[\frac{1}{2}(1-\nu)k_z^2a^2-\Omega^2\right]-\Omega^2\left[\frac{1}{2}(1-\nu)\left(k_z^2a^2+n^2\right)-\Omega^2\right]}{\left[\frac{1}{2}(1-\nu)\left(k_z^2a^2+n^2\right)-\Omega^2\right]\left[k_z^2a^2+n^2-\Omega^2\right]}\\&\left.+\frac{h^2}{8a^2(1-\nu)}\cdot\frac{n^2\left(1-n^2\right)\left(k_z^2a^2\nu\frac{1+\nu}{2}+\Omega^2-k_z^2a^2-\frac{1-\nu}{2}n^2\right)}{\left[\frac{1}{2}(1-\nu)\left(k_z^2a^2+n^2\right)-\Omega^2\right]\left[k_z^2a^2+n^2-\Omega^2\right]}\right\}\end{aligned} \tag{5.2.8}$$

类似 5.1 节，在外场求解波动方程，得到模态辐射声压与圆柱壳模态振动位移的关系：

$$\tilde{p}_n = -\mathrm{i}\omega Z_n^a \tilde{W}_n \tag{5.2.9}$$

接下来考虑环肋与圆柱壳的相互作用力，肋骨简化为具有周向和径向位移的环形梁，它与圆柱壳的作用等效为径向线作用力。第一组肋骨作用于圆柱壳的作用力表示为轴向 $\delta$ 函数：

$$p_r(z,\varphi) = \tilde{p}_r(\varphi)\sum_{m=-\infty}^{\infty}\delta(z-md) \tag{5.2.10}$$

式中，$\tilde{p}_r$ 为环肋作用于圆柱壳单位长度的力，它可以由求解环肋运动方程得到。在 (5.2.1)~(5.2.3) 式中，令 $U=0, V=V_r, W=W_r$，且 $\nu=0$，可得到环肋振动方程：

$$\frac{\partial V_r}{\partial \varphi^2} + \frac{\partial W_r}{\partial \varphi} + \varOmega^2 V_r = 0 \tag{5.2.11}$$

$$\frac{\partial V_r}{\partial \varphi} + W_r + \frac{h^2}{12a^2}\left(\frac{\partial^4 W_r}{\partial \varphi^4} + 2\frac{\partial^2 W_r}{\partial \varphi^2} + W_r\right) - \varOmega^2 W_r = \frac{a^2}{\rho_r C_r^2}\left(\frac{2a+h_r}{2ah_r}\right)\tilde{p}_r(\varphi) \tag{5.2.12}$$

其中，$V_r$ 和 $W_r$ 分别为环肋周向和径向振动位移，$h_r, C_r, \rho_r$ 分别为肋骨厚度及肋骨材料的纵波声速和密度。

将环肋振动位移和作用力沿周向展开：

$$V_r = \sum_{n=-\infty}^{\infty}\tilde{V}_n^r \mathrm{e}^{\mathrm{i}n\varphi} \tag{5.2.13}$$

$$W_r = \sum_{n=-\infty}^{\infty}\tilde{W}_n^r \mathrm{e}^{\mathrm{i}n\varphi} \tag{5.2.14}$$

$$\tilde{p}_r = \sum_{n=-\infty}^{\infty}\tilde{p}_n^r \mathrm{e}^{\mathrm{i}n\varphi} \tag{5.2.15}$$

再将 (5.2.13)~(5.2.15) 式代入 (5.2.11) 和 (5.2.12) 式，求解可得环肋的模态振动方程：

$$Z_n^r \tilde{W}_n^r = \tilde{p}_n^r \tag{5.2.16}$$

式中，$Z_n^r$ 为环肋的模态阻抗，其表达式为

$$Z_n^r = \frac{2\rho_r C_r^2 A_r}{a(2a+h_r)}\left[\frac{h^2}{12a^2}\left(n^2-1\right)^2 - \varOmega^2 + \frac{\varOmega^2}{\varOmega^2-n^2}\right] \tag{5.2.17}$$

式中，$A_r$ 为肋骨横截面积，$A_r = d_r h_r$，$d_r$ 为肋骨宽度。这样，将 (5.2.16) 式代入 (5.2.15) 式，再代入 (5.2.10) 式，两边作 Fourier 变换得到

$$\tilde{p}_n^r = \frac{1}{2\pi} \sum_{m=-\infty}^{\infty} Z_n^r \tilde{W}_n^r \mathrm{e}^{\mathrm{i}k_z md} \tag{5.2.18}$$

考虑到环肋与圆柱壳的振动位移连续，即

$$\tilde{W}_n^r = \tilde{W}_n(md) \tag{5.2.19}$$

式中，$\tilde{W}_n(md)$ 可以表示为

$$\tilde{W}_n(md) = \int_{-\infty}^{\infty} \tilde{W}_n(k_z') \mathrm{e}^{\mathrm{i}k_z' md} \mathrm{d}k_z' \tag{5.2.20}$$

在 (5.2.20) 式两边同乘以 $\mathrm{e}^{\mathrm{i}k_z md}$，并作求和运算，考虑到 (5.2.19) 式，有

$$\sum_{m=-\infty}^{\infty} \tilde{W}_n^r \mathrm{e}^{\mathrm{i}k_z md} = \sum_{m=-\infty}^{\infty} \int_{-\infty}^{\infty} \tilde{W}_n(k_z') \mathrm{e}^{\mathrm{i}\left(k_z - k_z'\right) md} \mathrm{d}k_z' \tag{5.2.21}$$

利用 Possion 求和公式：

$$\sum_{m=-\infty}^{\infty} \mathrm{e}^{\mathrm{i}k_z md} = 2\pi \sum_{m=-\infty}^{\infty} \delta(k_z d - 2m\pi)$$

(5.2.21) 式简化为

$$\sum_{m=-\infty}^{\infty} \tilde{W}_n^r \mathrm{e}^{\mathrm{i}k_z md} = K_d \sum_{m=-\infty}^{\infty} \tilde{W}_n(k_z - mK_d) \tag{5.2.22}$$

其中，$K_d = 2\pi/d$。

将 (5.2.22) 式代入 (5.2.18) 式，得到第一组环肋和圆柱壳相互作用的模态力与圆柱壳振动模态位移的关系：

$$\tilde{p}_n^r = \frac{K_d}{2\pi} \sum_{m=-\infty}^{\infty} Z_n^r \tilde{W}_n(k_z - mK_d) \tag{5.2.23}$$

同理，可得第二组环肋和圆柱壳相互作用的模态力与圆柱壳振动模态位移的关系：

$$\tilde{p}_n^b = \frac{K_D}{2\pi} \left(Z_n^b - Z_n^r\right) \sum_{p=-\infty}^{\infty} \tilde{W}_n(k_z - pK_D) \tag{5.2.24}$$

式中，第二组环肋的模态阻抗 $Z_n^b$ 的表达式与 (5.2.17) 式形式一样。$D = Nd$，$K_D = 2\pi/D$。

为了比较加肋圆柱壳受不同激励力作用的声辐射特性，考虑几种典型的激励力，分别为径向单点力、径向反相或同相双点力、周向力矩、轴向力矩，参见图 5.2.2。

径向点激励力：作用点为 $(x_0, \varphi_0)$，

$$f(z,\varphi) = F_0\delta(z - z_0)\sum_{n=-\infty}^{\infty}\delta[a(\varphi - \varphi_0 - 2\pi n)] \tag{5.2.25}$$

式中，$F_0$ 为激励力幅值。

对 (5.2.25) 式作 Fourier 变换，有

$$\tilde{f}(k_z,\varphi) = \frac{F_0 e^{-ik_z z_0}}{2\pi}\sum_{n=-\infty}^{\infty}\delta[a(\varphi - \varphi_0 - 2\pi n)] \tag{5.2.26}$$

利用 Possion 求和公式，(5.2.26) 式可以表示为

$$\tilde{f}(k_z,\varphi) = \frac{F_0 e^{-ik_z z_0}}{(2\pi)^2 a}\sum_{n=-\infty}^{\infty} e^{in(\varphi-\varphi_0)} \tag{5.2.27}$$

于是，相应的模态作用力为

$$\tilde{f}_n = \frac{F_0}{(2\pi)^2 a} e^{-i(k_z z_0 - n\varphi_0)} \tag{5.2.28}$$

径向双点激励力：一个点力作用在 $(z_0, \varphi_0)$，另一个点力作用在 $(z_0, \varphi_0 + \pi)$，两个点力可以同相，也可以反相。

$$\begin{aligned} f(z,\varphi) &= F_0\delta(z - z_0) \\ &\times\left\{\sum_{n=-\infty}^{\infty}\delta[a(\varphi - \varphi_0 - 2\pi n)] \pm \sum_{m=-\infty}^{\infty}\delta[a(\varphi - \varphi_0 - \pi - 2\pi m)]\right\} \end{aligned} \tag{5.2.29}$$

类似于 (5.2.28) 式的推导，可得径向双点激励力对应的模态力：

$$\tilde{f}_n = \frac{F_0}{(2\pi)^2 a}[1 \pm (-1)^n] e^{-i(k_z z_0 - n\varphi_0)} \tag{5.2.30}$$

周向激励力矩：在 $(z_0,\varphi_0)$ 附近的反相作用两个径向力，其中一个点力位置在 $(x_0,\varphi_0)$ 处，另一个点力位置在 $(x_0,\varphi_0-\mathrm{d}\varphi)$ 处。

$$\begin{aligned}f(z,\varphi)=&F_0\delta(z-z_0)\\&\times\left\{\sum_{n=-\infty}^{\infty}\delta\left[a(\varphi-\varphi_0-2\pi n)\right]-\sum_{n=-\infty}^{\infty}\delta\left[a(\varphi-\varphi_0+\mathrm{d}\varphi+2\pi n)\right]\right\}\end{aligned}\tag{5.2.31}$$

同样采用 (5.2.27) 式的推导过程，可得

$$\tilde{f}(k_z,\varphi)=\frac{-F_0\mathrm{e}^{-\mathrm{i}k_zz_0}}{(2\pi)^2a}\sum_{n=-\infty}^{\infty}\left[\mathrm{e}^{\mathrm{i}n(\varphi+\mathrm{d}\varphi-\varphi_0)}-\mathrm{e}^{\mathrm{i}n(\varphi-\varphi_0)}\right]\tag{5.2.32}$$

在 (5.2.32) 式分子与分母上同乘以 $a\mathrm{d}\varphi$，并令 $M=F_0a\mathrm{d}\varphi$ 为作用力矩幅值，当 $\mathrm{d}\varphi\to 0$ 时，(5.2.32) 式表示为

$$\tilde{f}(k_z,\varphi)=\frac{-M\mathrm{e}^{-\mathrm{i}k_zz_0}}{(2\pi a)^2}\frac{\mathrm{d}}{\mathrm{d}\varphi}\sum_{n=-\infty}^{\infty}\mathrm{e}^{\mathrm{i}n(\varphi-\varphi_0)}\tag{5.2.33}$$

可以得到周向激励力矩对应的模态力：

$$\tilde{f}_n=\frac{-\mathrm{i}nM}{(2\pi a)^2}\mathrm{e}^{-\mathrm{i}(k_zz_0+n\varphi_0)}\tag{5.2.34}$$

轴向激励力矩：在 $(z_0,\varphi_0)$ 处作用力一个点力，$(z_0-\mathrm{d}z,\varphi_0)$ 处作用一个反相的力点。

$$f(z,\varphi)=F_0\left\{\delta(z-z_0)-\delta(z-z_0+\mathrm{d}z)\right\}\cdot\sum_{n=-\infty}^{\infty}\delta\left[a(\varphi-\varphi_0-2\pi n)\right]\tag{5.2.35}$$

在 (5.2.35) 式右边乘以 $\mathrm{d}z/\mathrm{d}z$，并令 $M=F_0\mathrm{d}z$，当 $\mathrm{d}z\to 0$ 时，有

$$f(z,\varphi)=-M\frac{\mathrm{d}}{\mathrm{d}z}\delta(z-z_0)\sum_{n=-\infty}^{\infty}\delta\left[a((\varphi-\varphi_0)+2\pi n)\right]\tag{5.2.36}$$

对 (5.2.36) 式作 Fourier 变换，利用 $\delta$ 函数导数的积分公式

$$\int_{-\infty}^{\infty}\delta^{(n)}(z)f(z)\,\mathrm{d}z=(-1)^nf^{(n)}(0)\tag{5.2.37}$$

及 Possion 求和公式，可得

$$\tilde{f}(k_z,\varphi)=\frac{\mathrm{i}k_z M\mathrm{e}^{-\mathrm{i}k_z z_0}}{(2\pi)^2 a}\sum_{n=-\infty}^{\infty}\mathrm{e}^{\mathrm{i}n(\varphi-\varphi_0)} \tag{5.2.38}$$

相应的模态力为

$$\tilde{f}_n=\frac{\mathrm{i}k_z M}{(2\pi)^2 a}\mathrm{e}^{-\mathrm{i}(k_z z_0+n\varphi_0)} \tag{5.2.39}$$

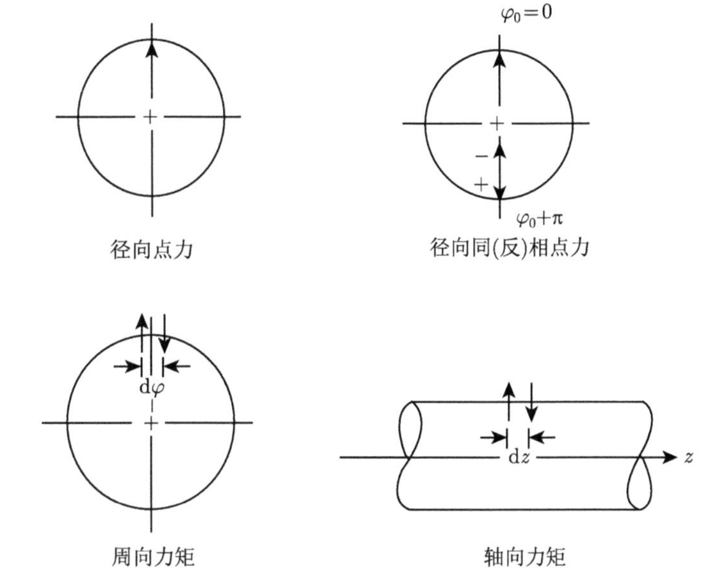


图 5.2.2 典型激励力示意图

(引自文献 [16], fig2)

为了进一步求解无限长加肋圆柱壳振动，将 (5.2.28) 式、(5.2.9) 式、(5.2.23) 式和 (5.2.24) 式代入 (5.2.7) 式，得到其耦合振动模态方程：

$$Z_n^s(k)\tilde{W}_n(k)=F_e-\mathrm{i}\omega Z_n^a(k)\tilde{W}_n-Z_n^r S_d\left\{\tilde{W}_n\right\}-\left(Z_n^b-Z_n^r\right)S_D\left\{\tilde{W}_n\right\} \tag{5.2.40}$$

式中，

$$F_e=\frac{F_0}{(2\pi)^2}\mathrm{e}^{-\mathrm{i}(k_z z_0+n\varphi_0)} \tag{5.2.41}$$

$$S_d\{A(k_z)\}=\frac{K_d}{2\pi}\sum_{m=-\infty}^{\infty}A(k_z-mK_d) \tag{5.2.42}$$

$$S_D\{A(k_z)\}=\frac{K_D}{2\pi}\sum_{q=-\infty}^{\infty}A(k_z-qK_D) \tag{5.2.43}$$

由 (5.2.40) 式，可得

$$\tilde{W}_n = YF_e - YZ_n^r S_d\left\{\tilde{W}_n\right\} - Y\left(Z_n^b - Z_n^r\right) S_D\left\{\tilde{W}_n\right\} \tag{5.2.44}$$

其中，$Y = (Z_n^s + \mathrm{i}\omega Z_n^a)^{-1}$。

对 (5.2.44) 式两边同时进行 $S_d\{\ \}$ 运算，得到

$$S_d\left\{\tilde{W}_n\right\} = S_d\{YF_e\} - S_d\left\{YZ_n^r S_d\left\{\tilde{W}_n\right\}\right\} - S_d\left\{Y\left(Z_n^b - Z_n^r\right) S_D\left\{\tilde{W}_n\right\}\right\} \tag{5.4.45}$$

可以证明下列两个等式成立:

$$S_d\{A(k_z) S_D\{B(k_z)\}\} = S_d\{A(k_z)\} S_D\{B(k_z)\} \tag{5.2.46}$$

$$S_d\{A(k_z) S_d\{B(k_z)\}\} = S_d\{A(k_z)\} S_d\{B(k_z)\} \tag{5.2.47}$$

因为 $Z_n^b$, $Z_n^r$ 与 $k_z$ 无关，考虑 (5.2.46) 和 (5.2.47) 式，由 (5.2.45) 式可以得到

$$S_d\left\{\tilde{W}_n\right\} = \frac{S_d\{YF_e\} - \left(Z_n^b - Z_n^r\right) S_d\{Y\} S_D\left\{\tilde{W}_n\right\}}{1 + Z_n^r S_d\{Y\}} \tag{5.2.48}$$

将 (5.2.48) 式代入 (5.2.44 式)，则有

$$\tilde{W}_n = Y_1 - Y\left[\left(Z_n^b - Z_n^r\right) S_D\left\{\tilde{W}_n\right\}/(1 + Z_n^r S_d\{Y\})\right] \tag{5.2.49}$$

式中，

$$Y_1 = Y\{F_e - Z_n^r[S_d\{YF_e\}/(1 + Z_n^r S_d\{Y\})]\} \tag{5.2.50}$$

为了进一步得到 $S_D\left\{\tilde{W}_n\right\}$ 的表达式，对 (5.2.49) 式两边作 $S_D\{\}$ 运算，得到

$$S_D\left\{\tilde{W}_n\right\} = S_D\{Y_1\} - \left(Z_n^b - Z_n^r\right) S_D\left\{\frac{YS_D\left\{\tilde{W}_n\right\}}{1 + Z_n^r S_d\{Y\}}\right\} \tag{5.2.51}$$

利用等式

$$S_D\{A(k_z) S_D\{B(k_z)\}\} = S_D\{A(k_z)\} S_D\{B(k_z)\} \tag{5.2.52}$$

(5.2.51) 式可以化为

$$S_D\left\{\tilde{W}_n\right\} = \frac{S_D\{Y_1\}}{1 + \left(Z_n^b - Z_n^r\right) S_D\{Y/[1 + Z_n^r S_d\{Y\}]\}} \tag{5.2.53}$$

将 (5.2.53) 式代入 (5.2.49) 式，得到加肋圆柱壳的耦合振动模态位移响应：

$$\tilde{W}_n = Y_1 - Y\frac{Z_n^b - Z_n^r}{1 + Z_n^r S_d\{Y\}} \cdot \frac{S_D\{Y_1\}}{1 + (Z_n^b - Z_n^r) S_D\{Y/[1 + Z_n^r S_d\{Y\}]\}} \tag{5.2.54}$$

再考虑到等式：

$$S_D\{A(k_z)\} = \frac{K_D}{K_d}\sum_{p=0}^{N-1} S_d\{A(k_z - pK_D)\}$$

于是，(5.2.54) 式可表示为

$$\begin{aligned}\tilde{W}_n = Y\Bigg[&F_e - Z_n^r\frac{S_d\{YF_e\}}{1 + Z_n^r S_d\{Y\}} - \frac{Z_n^b - Z_n^r}{1 + Z_n^r S_d\{Y\}}\cdot\\ &\times\frac{1}{N}\sum_{p=0}^{N-1}\frac{S_d\{F_e(k_z - pK_D)Y(k_z - pK_D)\}}{1 + Z_n^r S_d\{Y(k_z - pk_D)\}}\\ &\Bigg/\left(1 + \frac{Z_n^b - Z_n^r}{N}\sum_{p=0}^{N-1}\frac{S_d\{Y(k_z - pK_D)\}}{1 + Z_n^r S_d\{Y(k_z - pK_D)\}}\right)\Bigg]\end{aligned} \tag{5.2.55}$$

这样，将 (5.2.55) 式代入 (5.2.9) 式，利用 5.1 节给出的稳相法进行反演积分计算，即可获得双周期加肋的无限长圆柱壳远场辐射声压。Burroughs 针对水中无限长铝质薄圆柱壳，选取的壁厚与半径之比为 0.03，两组周期性环肋的间距满足 $D/d = 6$，肋骨横截面积 $A_r$ 满足 $\rho_r A_r/\rho_0 a^2 = 9.56\times10^{-3}$ 和 $6.4\times10^{-2}$，计算单点激励力作用下无限长加肋圆柱壳远场辐射声压，并归算到 1N 激励力和 1m 处声压，相应的声压谱级参考值为 1μPa。计算结果与有限长圆柱壳试验结果的比较参见图 5.2.3。由于测量圆柱壳为有限长，在 $\omega/\omega_c$ 小于 $2.5\times10^{-2}$ 的频率范围，测量的有限长圆柱壳辐射声压有多个峰值，这些试验获得的峰值与计算的声压谱级相差有 10dB 以上。周期性肋骨对无限长圆柱壳远场辐射声压的影响由图 5.2.4 给出。由图可见，仅有一组密肋情况时，无限长圆柱壳远场辐射声压的第一个峰值出现在 $\omega/\omega_c = 6\times10^{-2}$ 处，当圆柱壳有两组周期性环肋时，在 $\omega/\omega_c$ 为 $(2.5\sim5)\times10^{-2}$ 的中频段会出现声压峰值。壳体与肋骨连接处的能量散射，使高于声波数的非辐射分量产生低于声波数的声辐射，而声辐射的峰值位置又取决于因子 $\pm2\pi n/d$，因为第二组环肋间距大于第一组环肋间距，相应地，出现更低频率的声压峰值叠加在无限长圆柱壳的辐射声压上。加肋圆柱壳声辐射可以理解为位于肋骨位置的环形辐射器阵的声辐射，但壳体的阻尼只对高频声辐射影响较明显，参见图 5.2.5。

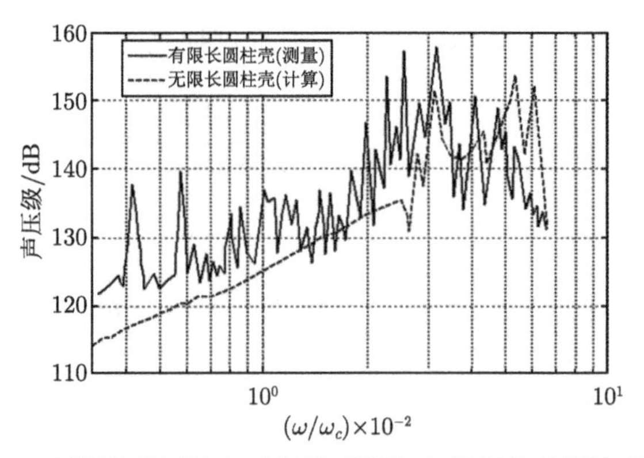


图 5.2.3　无限长 (计算) 与有限长 (测量) 加肋圆柱壳辐射声压比较

(引自文献 [15], fig2)

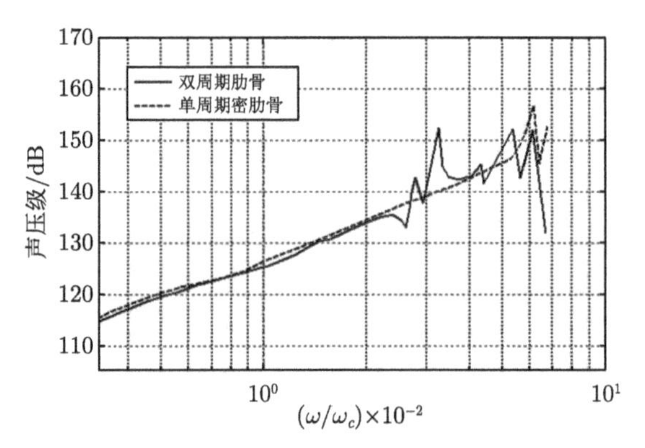


图 5.2.4　无限长双周期与单周期加肋圆柱壳辐射声压比较

(引自文献 [15], fig3)

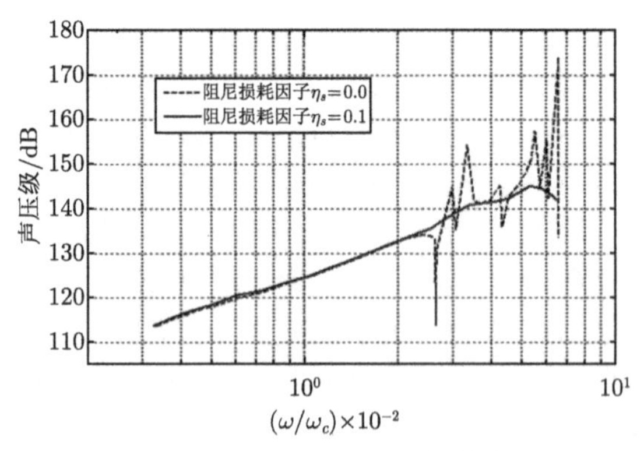


图 5.2.5　阻尼对周期加肋圆柱壳辐射声压的影响

(引自文献 [15], fig5)

Burroughs 进一步在文献 [16] 中采用 6.1m 长的铝质圆柱壳验证无限长加肋圆柱壳远场声辐射计算结果。试验圆柱壳模型外径为 53.3cm，壁厚 7.9mm，由 5 段圆柱壳连接而成，连接件相当于第二组环肋，其高为 2.69cm、宽 0.95cm，肋骨间距 17.8~20.3cm。模型两端为 3.8cm 厚的密封钢板。针对前面给出的几种激励情况，采用不同激振安装模拟不同的激励方式。对于单点和双点径向力激励，激振机作用在 $3.8\times3.8$cm 的铝块上，铝块焊接在壳体上，并高出壳体 6cm；对于周向力矩激励，激振机安装在一根梁上，安装梁再固定于激励块上，参见图 5.2.6(a)，对于轴向激励，激振机安装在横跨壳体直径的梁上，梁两端固定在焊接于壳体上的激励块上，参见图 5.2.6(b)。有关激励力的调节及测量和修正，可详细阅读文献 [16]。在单点径向力激励下，计算与试验的噪声谱级比较由图 5.2.7 给出，图中试验测量与计算结果的吻合程度要好于前面给出的图 5.2.3。在低频段测量得到的壳体共振辐射声压峰值明显高于无限长加肋圆柱的辐射声压计算结果。一般认为，波数满足 $k=2\pi n/d$，周期加肋的无限长圆柱壳产生声辐射峰值，当试验模型第二组肋距为 116.8cm 时，对应 $n=1,2,3,4$ 的声压峰值频率为 56Hz, 225Hz, 507Hz 和 901Hz，考虑流体负载作用时，这些频率要小一半左右。可以认为，700Hz 以下频率预报得到的声压峰值是由于第二组环肋散射引起的，最大的峰值频率为 600Hz，接近试验测量得到的 560Hz，应该是环肋散射的结果。在轴向力矩激励下，无限长加肋圆柱壳远场辐射声压与试验模型测量结果的比较由图 5.2.8 给出，相对于径向单点激励的情况，轴向力矩激励时，计算与试验结果的吻合程度要差，尤其在 600Hz 以下的低频段，高频段要稍好一些。在单位力矩激励时，解析模型计算的声辐射要低于测量结果。应该说，不同激励情况下无限长圆柱壳声辐射计算结果难以采用有限长圆柱壳模型试验验证。同时也说明无限长圆柱壳声辐射模型的局限性。

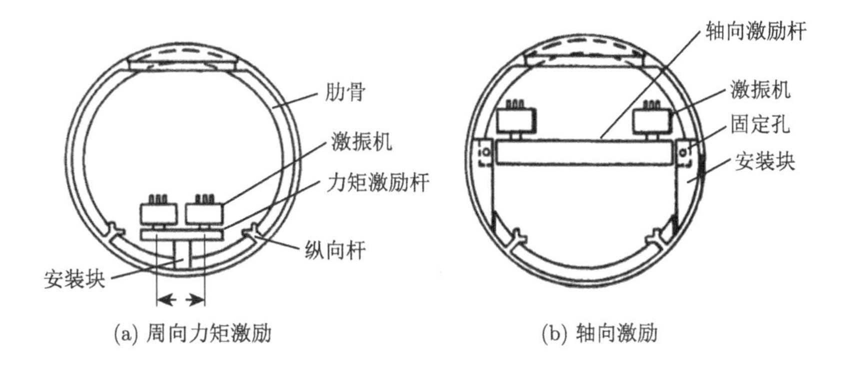

(a) 周向力矩激励　　(b) 轴向激励

图 5.2.6　典型的激励布置

(引自文献 [16], fig5, fig6)

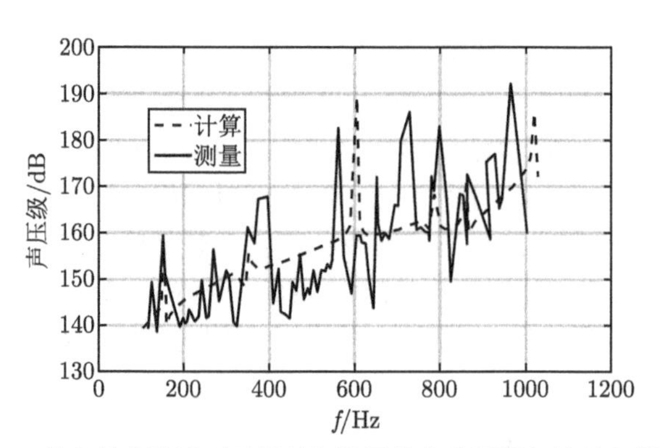


图 5.2.7　径向单点激励下无限长加肋圆柱壳声压谱级计算与测量比较

(引自文献 [16], fig7)

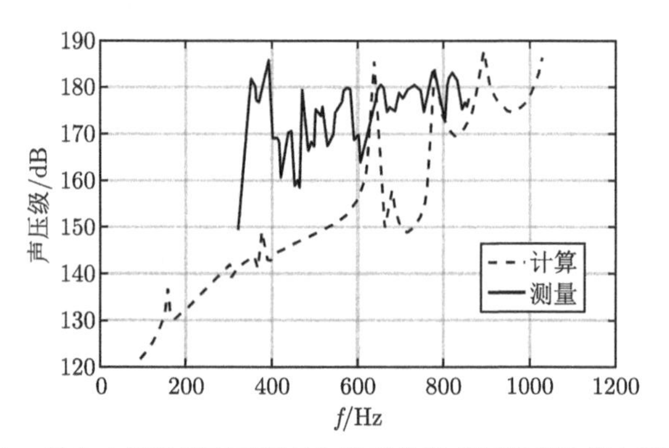


图 5.2.8　轴向力矩激励下无限长加肋圆柱壳声压谱级计算与测量比较

(引自文献 [16], fig10)

一般来说，单点径向力激励无限长圆柱壳产生的声辐射大于两点激励情况，在第一阶周向模态频率以下频段，同平面的周向力产生的声辐射小于径向力激励情况，而在一阶周向模态频率以上，结果则相反，即同平面周向力激励大于径向力激励产生的声辐射。对加肋圆柱壳来说，轴向力矩比周向力矩激励更有效地产生声辐射。图 5.2.9 为单点径向力激励时，无环肋、单周期环肋和双周期环肋的无限长圆柱壳辐射声压级比较。图 5.2.10 为双周期环肋的无限长圆柱壳受单点径向力、同相和反相两点径向力激励的声辐射比较，两点同相激励产生较小的声辐射，单点力激励时产生的声压峰值较多，两个点力激励时抑制了半数的周向模态，可以说不同的激励产生声辐射峰值有所不同。

实际潜艇和飞机机舱结构，除了采用周期性环肋提高结构强度外，还可能采用纵向肋骨，它对于改变圆柱壳结构周向模态及声辐射特性会有不同的影响。为了考虑纵肋圆柱壳振动及声辐射的影响，谢官模 [17] 在无限长圆柱壳振动方程 (5.2.3)

式右边增加了纵肋作用力 $p_l$。将纵肋作为等截面梁处理，纵肋与圆柱壳的相互作用力可以表示为

$$p_l(z,\varphi)=\sum_{i=1}^{N_l}\left[EI\frac{\partial^4 W_l(z,\varphi_j)}{\partial z^4}-m_l\omega^2 W_l(z,\varphi_j)\right]\cdot\sum_{n=-\infty}^{\infty}\delta\left[a\left(\varphi-(\varphi_j+2n\pi)\right)\right] \tag{5.2.56}$$

利用 Possion 求和公式，有

$$p_l(z,\varphi)=-\frac{1}{2\pi a}\sum_{n=-\infty}^{\infty}\left[\sum_{j=1}^{N_l}\left(EI\frac{\partial^4 W_l(z,\varphi_j)}{\partial z^4}-m_l\omega^2 W_l(z,\varphi_j)\,\mathrm{e}^{-\mathrm{i}n\varphi_j}\right)\right]\mathrm{e}^{\mathrm{i}n\varphi} \tag{5.2.57}$$

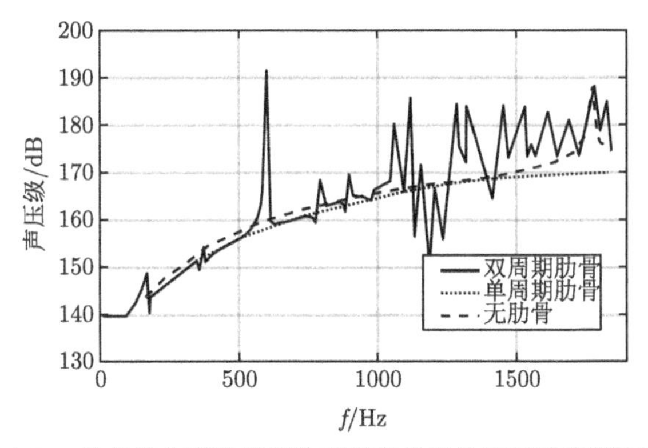


图 5.2.9 单点径向激励时环肋对无限长圆柱壳辐射声压的影响

(引自文献 [16], fig18)

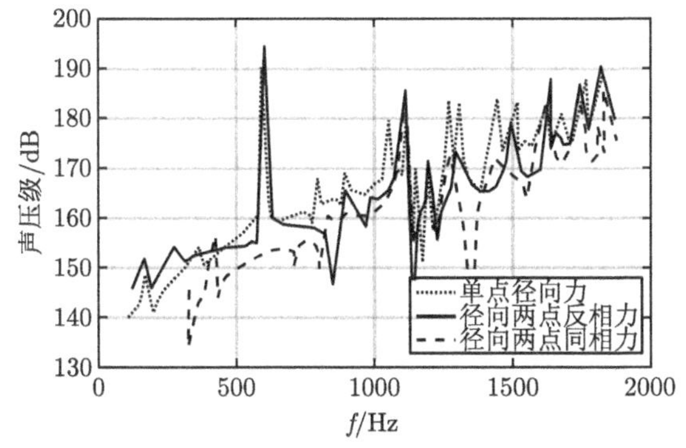


图 5.2.10 不同径向力激励的双周期环肋无限长圆柱壳辐射声压比较

(引自文献 [16], fig30)

这里，$W_l$ 为纵肋振动位移，$EI$ 为纵肋抗弯刚度，$m_l$ 为纵肋单位长度质量，$N_l$ 为纵肋数量。(5.2.57) 式两边对 $z$ 作 Fourier 变换，得到

$$\tilde{p}_l(k_z,\varphi)=-\frac{1}{2\pi a}\sum_{n=-\infty}^{\infty}\left[\sum_{j=1}^{N_l}\left(EIk_z^4-m_l\omega^2\right)\tilde{W}_l(k_z,\varphi_j)\cdot \mathrm{e}^{-\mathrm{i}n\varphi_j}\right]\mathrm{e}^{\mathrm{i}n\varphi} \tag{5.2.58}$$

相应地，纵肋与圆柱壳相互作用力周向展开的分量为

$$\begin{aligned}\tilde{p}_n^l(k_z)&=-\frac{EIk_z^4-m_l\omega^2}{2\pi a}\sum_{j=1}^{N_l}\tilde{W}_l(k_z,\varphi_j)\mathrm{e}^{-\mathrm{i}n\varphi_j}\\&=-\frac{EIk_z^4-m_l\omega^2}{2\pi a}\sum_{j=1}^{N_l}\left[\sum_{m=-\infty}^{\infty}\tilde{W}_m^l(k_z)\,\mathrm{e}^{\mathrm{i}m\varphi_j}\right]\mathrm{e}^{-\mathrm{i}n\varphi_j}\\&=Z_l(k_z)\,S_l\left[W_{mn}(k_z)\right]\end{aligned} \tag{5.2.59}$$

式中，$Z_l$ 为纵肋模态机械阻抗。

$$Z_l=\frac{EIk_z^4-m_l\omega^2}{2\pi a} \tag{5.2.60}$$

$$\begin{aligned}S_l\left[W_{mn}(k_z)\right]&=\sum_{j=1}^{N_l}\left[\sum_{m=-\infty}^{\infty}\tilde{W}_m^l(k_z)\,\mathrm{e}^{\mathrm{i}m\varphi_j}\right]\mathrm{e}^{-\mathrm{i}n\varphi_j}\\&=\sum_{m=-\infty}^{\infty}A_{mn}\tilde{W}_m^l(k_z)\end{aligned} \tag{5.2.61}$$

其中，

$$A_{mn}=\sum_{j=1}^{N_l}\mathrm{e}^{\mathrm{i}(m-n)\varphi_j} \tag{5.2.62}$$

(5.2.59)~(5.2.62) 式表明，纵肋对无限长圆柱壳的 $n$ 阶模态作用力，不仅与 $n$ 阶模态径向振动位移有关，而且与其他各阶模态径向位移相关。纵肋增加了无限长圆柱壳的周向模态耦合。将 (5.2.59) 代入 (5.2.40) 式求解无限长圆柱壳的振动位移，涉及到处理无限长圆柱壳不同方向及不同波数分量的求解，类似于正交双向加肋的无限大平板振动的求解，比较复杂。但计算表明，矩阵元素 $A_{mn}$ 的对角元素大于非对角元素，则纵肋阻抗的非对角分量可以忽略，这样，将 (5.2.59) 式代入 (5.2.40) 式，相当于增加了一个等同于外声场负载的纵肋载荷，求解可以与仅仅考虑了周期性环肋情况一样，从而得到同时有环肋和纵肋的无限长圆柱壳

耦合振动，进一步由 5.1 节的结果计算远场辐射声压。如果没有环肋存在，则求解可以考虑模态耦合对纵肋与壳体相互作用力的影响。

文献 [17] 计算了半径为 3.1m、壁厚为 27mm 的无限长钢质加肋圆柱壳的远场声辐射，纵肋的数量为 40，且 $I=1.16\times10^{-6}$，$m_l=3.038$，计算结果表明，在 200Hz 以下的低频段，纵肋增加了无限长圆柱壳的不均匀性，使辐射声压略有增加，在 200~500Hz 的中频段，不同的肋骨数量对辐射声压大小有影响，峰值频率往高频移动，部分频率范围纵肋使声辐射降低，在 500Hz 以上的高频段，纵肋对声辐射基本没有影响，参见图 5.2.11。

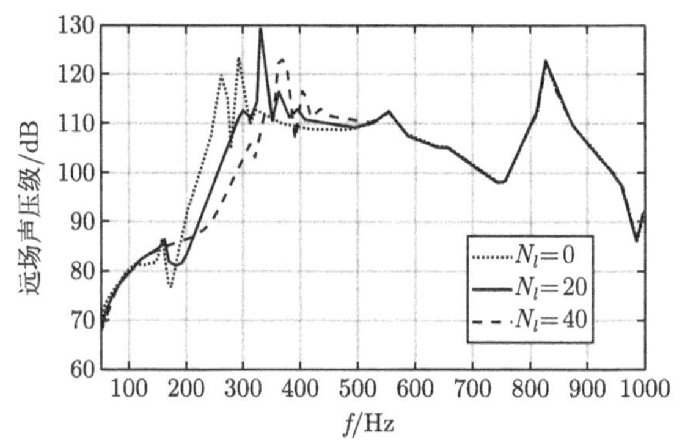


图 5.2.11 纵肋间距 (数量) 对无限长圆柱壳辐射声压的影响

(引自文献 [17], fig2)

潜艇和飞机壳体除了环肋和纵肋等加强结构外，还有用于设备布置和安装的内部甲板。甲板与圆柱壳的相互作用表现在甲板给圆柱壳施加激励力和激励力矩，如果已知了相关的激励力和力矩，则可以利用 5.1 节建立的无限长圆柱壳受三个方向激励的远场声辐射模型，计算甲板与圆柱壳相互作用引起的远场声辐射。

考虑如图 5.2.12 所示的内部有甲板的无限长圆柱壳 [18,19]，甲板与圆柱壳线连接的位置为

$$\varphi=\begin{cases}\varphi_a\\ \pi-\varphi_a\end{cases}\tag{5.2.63}$$

式中，$\varphi_a$ 为甲板与圆柱壳接触的角度。

当甲板受机械点力激励时，甲板振动传递给圆柱壳，它们的相互作用可以表示为甲板对圆柱壳的作用力和力矩：

$$f_z=\sum_{j=1}^{2}\delta\left(\varphi-\varphi_j\right)F_z^{(j)}\left(z\right)\tag{5.2.64}$$

$$f_{\varphi}=\sum_{j=1}^{2}\delta\left(\varphi-\varphi_{j}\right)\left[F_{\varphi}^{(j)}\left(z\right)+M^{(j)}\left(z\right)\right] \tag{5.2.65}$$

$$f_{r}=\sum_{j=1}^{2}\left[\delta\left(\varphi-\varphi_{j}\right)F_{r}^{(j)}\left(z\right)+\delta'\left(\varphi-\varphi_{j}\right)M^{(j)}\left(z\right)\right] \tag{5.2.66}$$

式中，$F_z^{(j)}$, $F_{\varphi}^{(j)}$, $F_r^{(j)}$ 为 $z,\varphi$ 和 $r$ 方向的作用力，$M^{(j)}$ 为作用弯矩；$j=1,2$ 对应 $\varphi=\varphi_1=\varphi_a$ 和 $\varphi=\varphi_2=\pi-\varphi_a$。

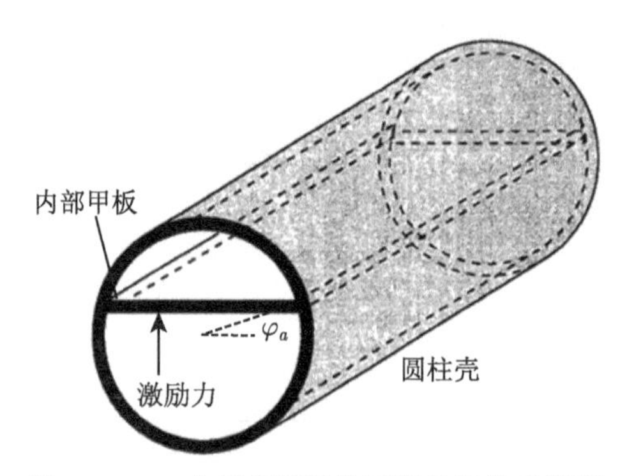


图 5.2.12　内部有甲板的无限长圆柱壳模型

(引自文献 [18], fig1)

为了方便求解甲板与圆柱壳相互作用产生的圆柱壳振动响应，定义圆柱壳振动位移矢量

$$X\left(\varphi\right)=\left\{U,V,W,\beta\right\}^{\mathrm{T}} \tag{5.2.67}$$

式中，$\beta$ 为圆柱壳转动位移。

$$\beta=V-\frac{\partial W}{\partial\varphi} \tag{5.2.68}$$

同时定义甲板对圆柱壳的作用力矢量：

$$F^{(j)}=\left\{F_x^{(j)},F_{\varphi}^{(j)},F_r^{(j)},M^{(j)}\right\}^{\mathrm{T}},\quad j=1,2 \tag{5.2.69}$$

采用 5.1 节给出的求解无限长圆柱壳振动响应的方法，将 (5.1.19)~(5.1.21) 式右边的激励力替换为 (5.2.64)~(5.2.66) 式给出的甲板与圆柱壳的作用力，并作周向展开和 $z$ 方向空间 Fourier 变换，再考虑 (5.2.67) 和 (5.2.69) 式定义的模态位移、模态力矢量存在的关系，有

$$\begin{Bmatrix} \tilde{U}_n \\ \tilde{V}_n \\ \tilde{W}_n \\ \tilde{\beta}_n \end{Bmatrix} = \begin{bmatrix} 1 & 0 & 0 \\ 0 & 1 & 0 \\ 0 & 0 & 1 \\ 0 & 1 & -n \end{bmatrix} \begin{Bmatrix} \tilde{U}_n \\ \tilde{V}_n \\ \tilde{W}_n \end{Bmatrix} \tag{5.2.70}$$

$$\begin{Bmatrix} \tilde{f}_{zn} \\ \tilde{f}_{\varphi n} \\ \tilde{f}_{rn} \end{Bmatrix} = \begin{bmatrix} 1 & 0 & 0 & 0 \\ 0 & 1 & 0 & 1 \\ 0 & 0 & 1 & 1 \end{bmatrix} \begin{Bmatrix} F_{zn}^{(j)} \\ F_{\varphi n}^{(j)} \\ F_{rn}^{(j)} \\ M_n^{(j)} \end{Bmatrix}, \quad j=1,2 \tag{5.2.71}$$

这样，在甲板的耦合相互作用下，求解类似 (5.1.46) 式的无限长圆柱壳耦合振动，可以得到

$$X(\varphi) = [G(\varphi-\varphi_1)]\left\{F_n^{(1)}(k)\right\} + [G(\varphi-\varphi_2)]\left\{F_n^{(2)}(k)\right\} \tag{5.2.72}$$

式中，$[G(\varphi-\varphi_j)]$ 为无限长圆柱壳耦合振动的导纳矩阵，其元素表达式为

$$G_{ij}(\varphi-\varphi_0) = \frac{1}{2\pi}\frac{1-\nu^2}{Eh}\sum_n \frac{c_{ij}}{\varDelta_1}\mathrm{e}^{-\mathrm{i}n(\varphi-\varphi_0)} \tag{5.2.73}$$

这里，$i,j=1,2,3,4, \varphi_0=\varphi_a$ 或 $\pi-\varphi_a$。

$$c_{11}=a_{22}a_{33}-a_{23}a_{32},\quad c_{12}=c_{21}=a_{13}a_{32}-a_{12}a_{33}$$

$$c_{13}=-c_{31}=a_{12}a_{23}-a_{13}a_{22},\quad c_{14}=c_{21}+c_{13}$$

$$c_{22}=a_{11}a_{33}-a_{13}a_{31},\quad c_{23}=-c_{32}=a_{13}a_{21}-a_{11}a_{23}$$

$$c_{24}=c_{22}-c_{32},\quad c_{33}=a_{11}a_{22}-a_{12}a_{21},\quad c_{34}=c_{32}+c_{33}$$

$$c_{41}=c_{21}+\mathrm{i}nc_{13},\quad c_{42}=c_{22}-\mathrm{i}nc_{32}$$

$$c_{43}=-c_{32}-\mathrm{i}nc_{33},\quad c_{44}=c_{24}-\mathrm{i}nc_{34}$$

$$\varDelta_1=\mathrm{i}k_z\nu c_{13}-\mathrm{i}nc_{23}+\bar{a}_{33}c_{33}$$

这里，$a_{ij}(i,j=1,2,3)$ 及 $\bar{a}_{33}$ 已由 5.1 节给出。由 (5.2.72) 和 (5.2.73) 式，可以得到无限长圆柱壳在甲板耦合作用下的径向模态位移

$$\tilde{W}_n = \frac{1-\nu^2}{Eh}\frac{1}{\varDelta_1}\sum_{j=1}^{2}\left[c_{31}F_{zn}^{(j)}+c_{32}F_{\varphi n}^{(j)}+c_{33}F_{rn}^{(j)}+c_{34}M_n^{(j)}\right]\mathrm{e}^{\mathrm{i}n\varphi_j},\quad j=1,2 \tag{5.2.74}$$

接下来需要确定 (5.2.74) 式中甲板与圆柱壳的相互作用力，文献 [18] 和 [19] 考虑甲板的弯曲和面内振动，求解得到甲板对无限长圆柱壳的作用力和力矩，并通过坐标变换，将作用力和力矩变换为无限长圆柱壳的径向激励力，从而由 (5.2.74) 式计算得到无限长圆柱壳的径向振动位移 $\tilde{W}_n$，进一步即可计算远场辐射声压。Guo 针对钢质圆柱壳，壁厚与半径之比取 0.01，内部甲板受机械点力激励，计算浸没在水介质中的带内部甲板的无限长圆柱壳声辐射，结果参见图 5.2.13。无限长圆柱壳与内部甲板连接耦合产生的弯曲波，在 $k_0a$ 为 0~10 的范围内，$\theta = 50°$ 和 90° 的观察角都有明显的远场声辐射。由于内部甲板与圆柱壳连接的不均匀性，使圆柱壳中的非辐射波数分量散射为宽波数的辐射分量，且由于弯曲波围绕圆柱壳多重散射，相互作用的增强效应引起共振，使得无限长圆柱壳远场声辐射频谱变化加强。另外，散射引起的波数转换不存在截止角，即使在小观察角 ($\theta = 50°$) 情况仍然有远场声辐射。图 5.2.14 和图 5.2.15 分别给出了无限长圆柱壳和内部

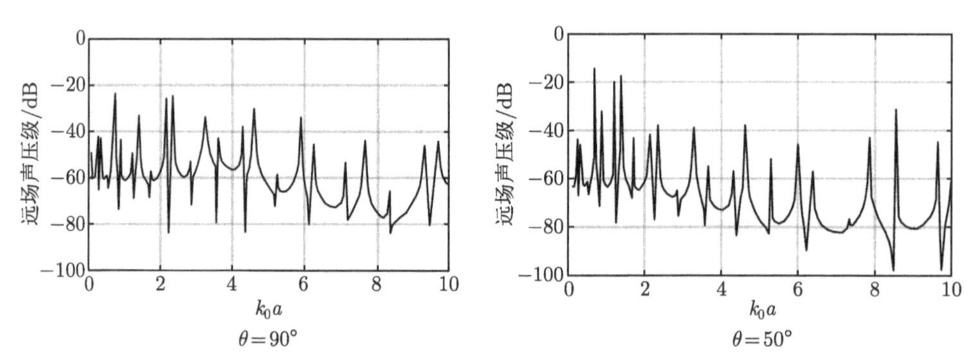


图 5.2.13　带内部甲板的无限长圆柱壳远场声辐射

(引自文献 [18], fig2, fig3)

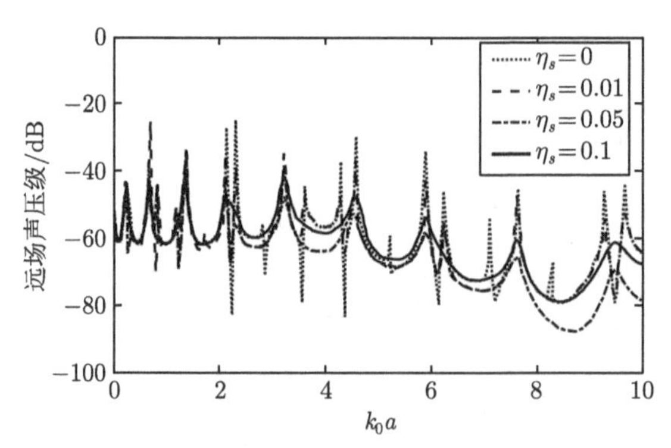


图 5.2.14　圆柱壳阻尼对声辐射的影响

(引自文献 [18], fig4)

甲板的阻尼因子增加对远场辐射声压的影响。由图可见，增加甲板阻尼对降低无限长圆柱壳远场声辐射的效果要好于增加圆柱壳的阻尼，这是因为水中圆柱壳的声辐射取决于结构阻尼和辐射阻尼两方面因素，只有在结构阻尼大于辐射阻尼的情况下，增加结构阻尼才能取得明显的降低声辐射的效果，而增加内部甲板的阻尼，直接减小传递给圆柱壳的振动能量，可降低其声辐射，而与圆柱壳的辐射阻尼没有直接关系。

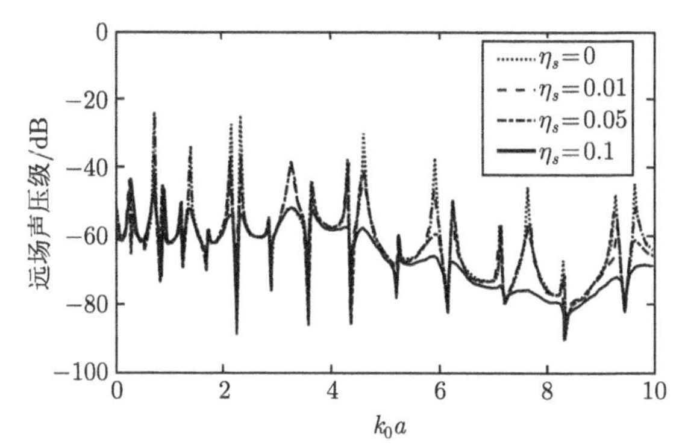


图 5.2.15 内部用甲板阻尼对圆柱壳声辐射的影响

(引自文献 [18], fig5)

## 5.3 无限长双层弹性圆柱壳耦合振动与声辐射

由于西方国家的潜艇大部分是单壳艇体结构，针对双层圆柱壳振动和声辐射的研究文献较少。我国潜艇一般采用双层壳结构形式，机械设备振动通过支撑结构和非支撑结构传递到耐压壳体上，振动能量再通过两种途径在外场水介质中产生噪声，其一，振动通过耐压壳和轻外壳之间的实肋板、支撑杆等连接件传递到轻外壳，引起轻外壳振动并向外场辐射噪声；其二，耐压壳振动产生的噪声通过舷间水介质和轻外壳的耦合作用辐射到外场。21 世纪初国内曾作为一个热点开展了双层圆柱壳振动和声辐射研究 [20-22]。在较低的频率范围，潜艇等结构的声辐射主要由主体结构的振动产生，作为最简单的主体结构模型，双壳体潜艇可以简化为无限长双层同心圆柱壳，如图 5.3.1 所示。图中无限长同心圆柱壳的内壳内部为真空或空气介质，外壳外部和内外壳之间为水介质，幅值为 $F_1$ 的机械点力沿径向作用在内壳内壁，作用点位置为 $r=a_1, \varphi=0$ 和 $z=z_0$，设内外圆柱壳材料相同，半径分别为 $a_1$ 和 $a_2$，壁厚分别为 $h_1$ 和 $h_2$。利用 5.1 节给出的无限长圆柱薄壳的振动方程，经轴向空间 Fourier 变换和周向展开，可得内外圆柱壳的模态振动方程：

$$\begin{bmatrix} a_{11}^{(i)} & a_{12}^{(i)} & a_{13}^{(i)} \\ a_{21}^{(i)} & a_{22}^{(i)} & a_{23}^{(i)} \\ a_{31}^{(i)} & a_{32}^{(i)} & a_{33}^{(i)} \end{bmatrix} \begin{Bmatrix} \tilde{U}_n^{(i)} \\ \tilde{V}_n^{(i)} \\ \tilde{W}_n^{(i)} \end{Bmatrix} = \frac{a_i^2 \left(1-\nu^2\right)}{Eh_i} \cdot \begin{pmatrix} 0 \\ 0 \\ -Q_n^{(i)} + \dfrac{F_i \mathrm{e}^{-\mathrm{i}k_z z_0}}{2\pi a_i} \end{pmatrix} \tag{5.3.1}$$

式中，$a_{pq}^{(i)}, i=1,2; p,q=1,2,3$ 为圆柱壳振动方程微分算子的轴向 Fourier 变换和周向展系数，详细表达式可见 5.1 节。$\tilde{U}_n^{(i)}, \tilde{V}_n^{(i)}, \tilde{W}_n^{(i)}$ 为内外圆柱壳轴向、周向和径向振动位移的轴向 Fourier 变换和周向展开量，$Q_n^{(i)}$ 为作用在内、外圆柱壳上的模态声载荷，$F_i(i=1,2)$ 为作用在内外圆柱壳的激励力幅值，这里给出内圆柱壳上的激励力幅值为 $F_1$。

在内外圆柱壳之间和外圆柱壳外面的水介质中，采用轴向 Fourier 变换和周向模态展开求解声压满足的波动方程，在波数空间，可得内外圆柱壳之间和外圆柱壳外面的声压解分别为 [23]

$$p_n^{(1)} = A_n G_{1n}(\xi) + B_n G_{2n}(\xi) \tag{5.3.2}$$

$$p_n^{(2)} = C_n H_n(\xi) \tag{5.3.3}$$

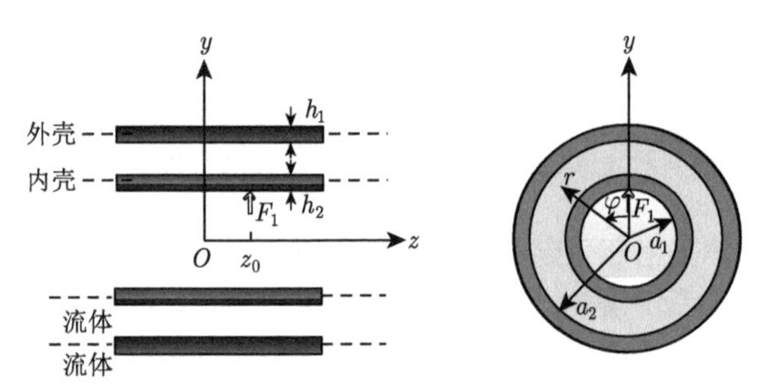


图 5.3.1　双层无限长圆柱壳模型

(引自文献 [23], fig1)

式中，$A_n$, $B_n$ 和 $C_n$ 为待定常数，$G_{1n}(\xi)$, $G_{2n}(\xi)$ 和 $H_n(\xi)$ 的表达式为

$$G_{1n}(\xi) = \begin{cases} \mathrm{J}_n(k_r r) & C > C_0 \\ \mathrm{I}_n(\bar{k}_r r) & C \leqslant C_0 \end{cases} \tag{5.3.4}$$

$$G_{1n}(\xi) = \begin{cases} \mathrm{N}_n(k_r r) & C > C_0 \\ \mathrm{K}_n(\bar{k}_r r) & C \leqslant C_0 \end{cases} \tag{5.3.5}$$

$$H_n(\xi) = \begin{cases} \mathrm{H}_n^{(1)}(k_r r) & C > C_0 \\ \mathrm{K}_n(\bar{k}_r r) & C \leqslant C_0 \end{cases} \tag{5.3.6}$$

其中，

$$k_r = \sqrt{k_0^2 - k_z^2} = k_z\sqrt{(C/C_0)^2 - 1} \tag{5.3.7}$$

$$\bar{k}_r = \sqrt{k_z^2 - k_0^2} = k_z\sqrt{1 - (C/C_0)^2} \tag{5.3.8}$$

这里，$C_0$ 为水介质中声速，$C$ 为圆柱壳中轴向传播的螺旋波相速。$\mathrm{J}_n$, $\mathrm{N}_n$ 为超音速 ($C > C_0$) 情况的第一类和第二类 Bessel 函数，$\mathrm{I}_n$, $\mathrm{K}_n$ 为亚音速情况的修正 Bessel 函数，$\mathrm{H}_n^{(1)}$ 为超音速情况的第一类 Hankel 函数。

利用内圆柱壳外表面、外圆柱壳内外表面振动位移与水介质质点振动位移连续的边界条件，可以确定 (5.3.2) 和 (5.3.3) 式中的待定系数，从而给出内外圆柱壳之间和外圆柱壳外面的模态声压与内外圆柱壳径向模态振动位移 $\tilde{W}_n^{(1)}$, $\tilde{W}_n^{(2)}$ 的关系。

$$\begin{aligned} p_n^{(1)} = &\frac{\omega^2\rho_0/k_r}{\mathrm{J}_n'(k_r a_1)\mathrm{N}_n'(k_r a_2) - \mathrm{J}_n'(k_r a_2)\mathrm{N}_n'(k_r a_1)} \\ &\times\left\{[\mathrm{N}_n'(k_r a_2)\mathrm{J}_n(k_r r) - \mathrm{J}_n'(k_r a_2)\mathrm{N}_n(k_r r)]\tilde{W}_n^{(1)}\right. \\ &\left.+[-\mathrm{N}_n'(k_r a_1)\mathrm{J}_n(k_r r) + \mathrm{J}_n'(k_r a_1)\mathrm{N}_n(k_r r)]\tilde{W}_n^{(2)}\right\},\quad C > C_0 \end{aligned} \tag{5.3.9a}$$

$$\begin{aligned} p_n^{(1)} = &\frac{\omega^2\rho_0/\bar{k}_r}{\mathrm{I}_n'(\bar{k}_r a_1)\mathrm{K}_n'(\bar{k}_r a_2) - \mathrm{I}_n'(\bar{k}_r a_2)\mathrm{K}_n'(\bar{k}_r a_1)} \\ &\times\left\{\left[\mathrm{K}_n'(\bar{k}_r a_2)\mathrm{I}_n(\bar{k}_r r) - \mathrm{I}_n'(\bar{k}_r a_2)\mathrm{K}_n(\bar{k}_r r)\right]\tilde{W}_n^{(1)}\right. \\ &\left.+\left[-\mathrm{K}_n'(\bar{k}_r a_1)\mathrm{I}_n(\bar{k}_r r) + \mathrm{I}_n'(\bar{k}_r a_1)\mathrm{K}_n(\bar{k}_r r)\right]\tilde{W}_n^{(2)}\right\},\quad C \leqslant C_0 \end{aligned} \tag{5.3.9b}$$

$$p_n^{(2)} = \begin{cases} \dfrac{\omega^2\rho_0}{k_r}\cdot\dfrac{\mathrm{H}_n^{(1)}(k_r r)}{\mathrm{H}_n^{(1)\prime}(k_r a_2)}\tilde{W}_n^{(2)}, & C > C_0 \\ \dfrac{\omega^2\rho_0}{\bar{k}_r}\cdot\dfrac{\mathrm{K}_n(\bar{k}_r r)}{\mathrm{K}_n^{(1)\prime}(\bar{k}_r a_2)}\tilde{W}_n^{(2)}, & C \leqslant C_0 \end{cases} \tag{5.3.10}$$

这样，可以得到作用在内、外圆柱壳上的模态声载荷：

$$Q_n^{(1)} = p_n^{(1)}(a_1) \tag{5.3.11}$$

$$Q_n^{(2)} = p_n^{(2)}(a_2) - p_n^{(1)}(a_2) \tag{5.3.12}$$

将 (5.3.9) 和 (5.3.10) 式代入 (5.3.11) 和 (5.3.12) 式，有

$$Q_n^{(1)} = G_{12}(a_1)\tilde{W}_n^{(1)}(k_z,\omega) + G_{21}(a_1)\tilde{W}_n^{(2)}(k_z,\omega) \tag{5.3.13}$$

$$Q_n^{(2)}=-\left[G_{12}(a_2)\tilde{W}_n^{(1)}(k_z,\omega)+G_{21}(a_2)\tilde{W}_n^{(2)}(k_z,\omega)\right]$$
$$+G_{22}(a_2)\tilde{W}_n^{(2)}(k_z,\omega) \tag{5.3.14}$$

式中，

$$G_{12}(r)=\begin{cases}\dfrac{\omega^2\rho_0}{k_r}\dfrac{\mathrm{J}_n(k_r r)\mathrm{N}_n'(k_r a_2)-\mathrm{N}_n(k_r r)\mathrm{J}_n'(k_r a_2)}{\mathrm{J}_n'(k_r a_1)\mathrm{N}_n'(k_r a_2)-\mathrm{N}_n'(k_r a_1)\mathrm{J}_n'(k_r a_2)}, & C>C_0\\[2ex] \dfrac{\omega^2\rho_0}{\bar{k}_r}\dfrac{\mathrm{I}_n(\bar{k}_r r)\mathrm{K}_n'(\bar{k}_r a_2)-\mathrm{K}_n(\bar{k}_r r)\mathrm{I}_n'(\bar{k}_r a_2)}{\mathrm{I}_n'(\bar{k}_r a_1)\mathrm{K}_n'(\bar{k}_r a_2)-\mathrm{K}_n'(\bar{k}_r a_1)\mathrm{I}_n'(\bar{k}_r a_2)}, & C\leqslant C_0\end{cases} \tag{5.3.15}$$

$$G_{21}(r)=\begin{cases}\dfrac{\omega^2\rho_0}{k_r}\dfrac{\mathrm{J}_n'(k_r a_1)\mathrm{N}_n(k_r r)-\mathrm{N}_n'(k_r a_1)\mathrm{J}_n(k_r r)}{\mathrm{J}_n'(k_r a_1)\mathrm{N}_n'(k_r a_2)-\mathrm{N}_n'(k_r a_1)\mathrm{J}_n'(k_r a_2)}, & C>C_0\\[2ex] \dfrac{\omega^2\rho_0}{\bar{k}_r}\dfrac{\mathrm{I}_n'(\bar{k}_r a_1)\mathrm{K}_n(\bar{k}_r r)-\mathrm{K}_n'(\bar{k}_r a_1)\mathrm{I}_n(\bar{k}_r r)}{\mathrm{I}_n'(\bar{k}_r a_1)\mathrm{K}_n'(\bar{k}_r a_2)-\mathrm{K}_n'(\bar{k}_r a_1)\mathrm{I}_n'(\bar{k}_r a_2)}, & C\leqslant C_0\end{cases} \tag{5.3.16}$$

$$G_{22}(r)=\begin{cases}\dfrac{\omega^2\rho_0}{k_r}\dfrac{\mathrm{H}_n^{(1)}(k_r r)}{\mathrm{H}_n^{(1)\prime}(k_r a_2)}, & C>C_0\\[2ex] \dfrac{\omega^2\rho_0}{\bar{k}_r}\dfrac{\mathrm{K}_n(\bar{k}_r r)}{\mathrm{K}_n'(\bar{k}a_2)}, & C\leqslant C_0\end{cases} \tag{5.3.17}$$

在同心的内外圆柱壳之间，声场与内外圆柱壳振动的相互作用如图 5.3.2 所示，内壳受激振动 $\tilde{W}_n^{(1)}$ 产生声压，以传播因子 $G_{12}(r)$ 的形式作用于外壳，使外壳产生振动 $\tilde{W}_n^{(2)}$，外壳振动又产生声压，并以传播因子 $G_{21}(r)$ 的形式作用于内壳，于是，(5.3.13) 和 (5.3.14) 式中，$G_{12}(a_1)$ 和 $G_{12}(a_2)$ 表示内圆柱壳产生的声压对内、外圆柱壳的作用，$G_{21}(a_1)$ 和 $G_{21}(a_2)$ 则表示外圆柱壳产生的声压对内、外圆柱壳的作用，在外场，外圆柱壳产生的声压对它的作用则由 $G_{22}(a_2)$ 表示。

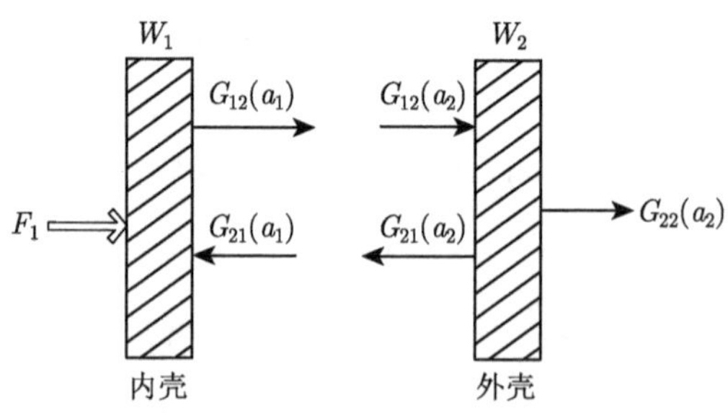


图 5.3.2 声场与内外圆柱壳振动的相互作用关系

(引自文献 [23], fig2)

将 (5.3.13) 和 (5.3.14) 式代入 (5.3.1) 式，得到无限长圆心圆柱壳的声振耦合模态方程：

$$\begin{bmatrix} a_{11}^{(1)} & a_{12}^{(1)} & a_{13}^{(1)} & 0 & 0 & 0 \\ a_{21}^{(1)} & a_{22}^{(1)} & a_{23}^{(1)} & 0 & 0 & 0 \\ a_{31}^{(1)} & a_{32}^{(1)} & a_{33}^{(1)}+R_{11} & 0 & 0 & R_{12} \\ 0 & 0 & 0 & a_{11}^{(2)} & a_{12}^{(2)} & a_{13}^{(2)} \\ 0 & 0 & 0 & a_{21}^{(2)} & a_{22}^{(2)} & a_{23}^{(2)} \\ 0 & 0 & R_{21} & a_{31}^{(2)} & a_{32}^{(2)} & a_{33}^{(2)}+R_{22} \end{bmatrix} \begin{Bmatrix} \tilde{U}_n^{(1)} \\ \tilde{V}_n^{(1)} \\ \tilde{W}_n^{(1)} \\ \tilde{U}_n^{(2)} \\ \tilde{V}_n^{(2)} \\ \tilde{W}_n^{(2)} \end{Bmatrix} = \begin{Bmatrix} 0 \\ 0 \\ \bar{F}_1 \\ 0 \\ 0 \\ 0 \end{Bmatrix} \tag{5.3.18}$$

式中，

$$R_{11}=\alpha_1 G_{12}(a_1),\quad R_{12}=\alpha_1 G_{21}(a_1),\quad R_{21}=\alpha_2 G_{12}(a_2)$$

$$R_{22}=-\alpha_2[G_{22}(a_2)-G_{21}(a_2)],\quad \bar{F}_1=\beta_1 F_1 \mathrm{e}^{-\mathrm{i}k_z z_0}/2\pi a_1,$$

$$\alpha_i=\left(1-\nu^2\right)a_i^2/Eh_i\,(i=1,2)$$

求解 (5.3.18) 式，得到内外圆柱壳的径向模态位移

$$\tilde{W}_n^{(1)}(k_z,\omega)=|B_1|/|A| \tag{5.3.19}$$

$$\tilde{W}_n^{(2)}(k_z,\omega)=|B_2|/|A| \tag{5.3.20}$$

式中，

$$|A|=|A_1|\cdot|A_2|-R_{21}R_{12}\begin{vmatrix} a_{11}^{(1)} & a_{12}^{(1)} \\ a_{21}^{(1)} & a_{22}^{(1)} \end{vmatrix}\begin{vmatrix} a_{11}^{(2)} & a_{12}^{(2)} \\ a_{21}^{(2)} & a_{22}^{(2)} \end{vmatrix} \tag{5.3.21}$$

$$|B_1|=\bar{F}_1\cdot|A_2|\begin{vmatrix} a_{11}^{(1)} & a_{12}^{(1)} \\ a_{21}^{(1)} & a_{22}^{(1)} \end{vmatrix} \tag{5.3.22}$$

$$|B_2|=-\bar{F}_1 R_{12}\begin{vmatrix} a_{11}^{(1)} & a_{12}^{(1)} \\ a_{21}^{(1)} & a_{22}^{(1)} \end{vmatrix}\begin{vmatrix} a_{11}^{(2)} & a_{12}^{(2)} \\ a_{21}^{(2)} & a_{22}^{(2)} \end{vmatrix} \tag{5.3.23}$$

这里，$|A_1|$ 和 $|A_2|$ 分别为 (5.3.18) 式中前三行前三列矩阵元素和后三行后三列矩阵元素组成的行列式。当外圆柱壳不存在时，即单个无限长圆柱壳情况，考虑 $a_2\to a_1$，则有 $|A_2|\to|A_1|$, $\beta_2\to\beta_1$，相应地有 $G_{12}(r)\to 0$，对应 $R_{11}\to 0$, $R_{21}\to 0$; $G_{21}(r)\to 0$, 对应 $R_{12}\to 0$, 且有 $G_{22}(a_2)\to G_{11}(a_1)$, 对应 $R_{22}\to R_{11}$。这样 (5.2.21) 和 (5.3.22) 式简化为

$$|A|\to|A_1|^2 \tag{5.3.24}$$

$$|B_1| = \bar{F}_1 |A_1| \begin{vmatrix} a_{11}^{(1)} & a_{12}^{(1)} \\ a_{21}^{(1)} & a_{22}^{(1)} \end{vmatrix} \tag{5.3.25}$$

于是，(5.3.19) 式简化为点力激励下单个无限长圆柱壳的径向模态位移解：

$$\tilde{W}_n^{(1)}(k_z,\omega) = \bar{F}_1 \begin{vmatrix} a_{11}^{(1)} & a_{12}^{(1)} \\ a_{21}^{(1)} & a_{22}^{(1)} \end{vmatrix} \Big/ |A_1| \tag{5.3.26}$$

另外，由 (5.3.19) 式和 (5.3.20) 式，可以得到无限长同心圆柱壳内外壳体径向模态位移的关系：

$$\tilde{W}_n^{(2)}(k_z,\omega) = -R_{12}\tilde{W}_n^{(1)}(k_z,\omega) \begin{vmatrix} a_{11}^{(2)} & a_{12}^{(2)} \\ a_{21}^{(2)} & a_{22}^{(2)} \end{vmatrix} \Big/ |A_2| \tag{5.3.27}$$

比较 (5.3.26) 与 (5.3.27) 式，可见无限长同心圆柱壳的外壳相当于受到等效力 $\bar{F}_A$ 的作用：

$$\bar{F}_A = -R_{12}\tilde{W}_n^{(1)}(k_z,\omega) \tag{5.3.28}$$

由于双层壳之间的驻波场，外壳的振动特性不仅取于其自身的动态特性，还取决于内壳振动及内外壳之间水介质的耦合特性。(5.3.27) 式中，$a_{11}^{(2)}a_{22}^{(2)} - a_{12}^{(2)}a_{21}^{(2)}$ 为实数，可正可负；当 $C \leqslant C_0$ 时，$|A_2|$ 为复数；可以证明，当 $C \leqslant C_0$ 时，$R_{12}$ 为正实数。令

$$\alpha = \left(a_{11}^{(2)}a_{22}^{(2)} - a_{12}^{(2)}a_{21}^{(2)}\right)/|A_2|$$

在 $C < C_0$ 的亚音速情况下，若 $\alpha$ 为负数，则无限长同心圆柱壳的内外壳同相振动，若 $\alpha$ 为正数，则内外壳反相振动；在 $C > C_0$ 的超音速情况下，内外壳既不是同相振动也不是反相振动。Yoshikawa[23] 针对无限长钢质同心圆柱壳，选取内外壳半径为 $a_1 = 8.1\text{cm}$，$a_2 = 10.7\text{cm}$，壁厚为 $h_1 = h_2 = 3\text{mm}$，计算分析了内外壳的径向模态导纳 $Y_n^{(i)}(i = 1,2)$：

$$Y_n^{(1)}(k_z,\omega) = \frac{-\mathrm{i}\omega\tilde{W}_n^{(1)}(k_z,\omega)}{(F_1/2\pi a_1)\,\mathrm{e}^{-\mathrm{i}k_z z_0}} \tag{5.3.29}$$

$$Y_n^{(2)}(k_z,\omega) = \frac{-\mathrm{i}\omega\tilde{W}_n^{(2)}(k_z,\omega)}{(F_1/2\pi a_1)\,\mathrm{e}^{-\mathrm{i}k_z z_0}} \tag{5.3.30}$$

计算结果参见图 5.3.3，对应给定的模态，图中内外壳体有两组频率的振动，较高的一组频率对应内壳振动，较低的一组频率对应外壳振动，这是因为在较高一组频率上，内壳振动大于外壳振动，且内外壳体同相振动，而在较低一组频率

上，外壳振动大于内壳振动，内外壳体则反相振动。一般来说，双层壳体的外壳振动要小于单壳体振动，但由于内外壳体之间的声场耦合反馈机理，使得某些模态的双层圆柱壳外壳振动会大于单层圆柱壳振动，参见图 5.3.4。另外，除非传播因子 $G_{21}$ 接近于零，否则因为外壳不是“声透明”的，内外壳体之间水介质中形成驻波场，声场与结构振动耦合，使同心双层圆柱壳在低频范围容易产生声辐射。相对单层壳体来说，双层壳体的振动能量分为内壳体振动和外壳体振动两部分，从某种意义上说，这种振动能量“分流”可以起到一定的声辐射屏蔽作用，但其作用并不很有效，取决于具体的结构参数。

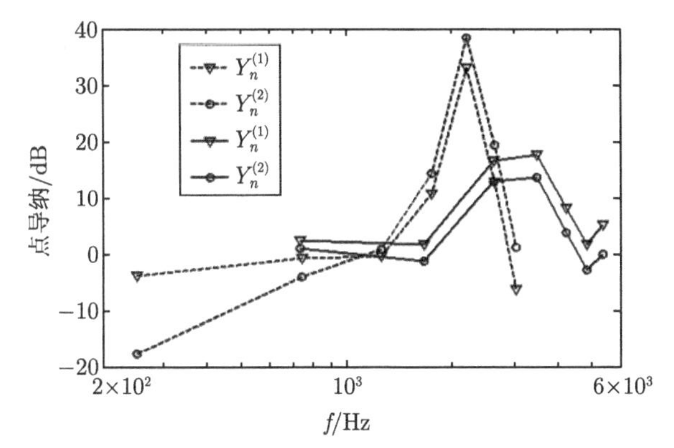


图 5.3.3 无限长内外圆柱壳周向模态点导纳比较

(引自文献 [23], tab2)

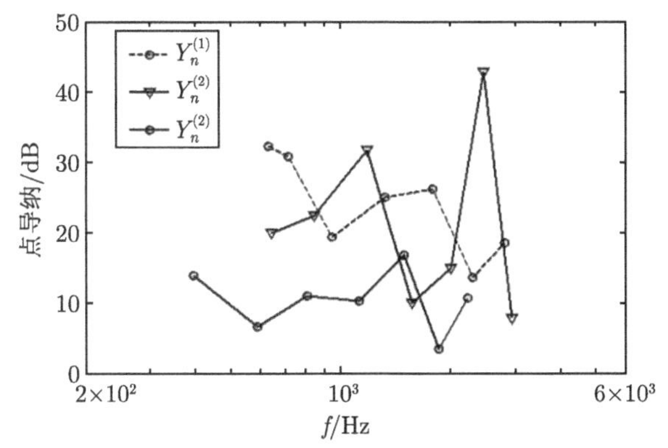


图 5.3.4 单层与双层无限长圆柱壳周向模态点导纳比较

(引自文献 [23], tab4)

在噪声控制工程中，往往采用无限长同心圆柱壳模型研究隔声结构的声传递损失特性 [24]，这种模型也可以用于研究双层圆柱壳的声散射特性。早些时候，

Akay[25] 则研究了三层无限长同心圆柱壳的声散射特性，每一层圆柱壳由弹性壳体和内、外柔性层组成，此模型可用于分析敷设阻尼层的多层艇体结构的声目标强度。Zhou 和 Bhaskar[26] 等针对双层圆柱壳之间填充有多孔弹性材料的情况，进一步研究了外表面流动对无限长同心圆柱壳声传递特性的影响。在环频以下频率，外部流动降低传输损失，而在环频以上频率，由于流动产生的负刚度和阻尼效应，使传输损失增加。设如图 5.3.5 所示的无限长同心圆柱壳，内外圆柱壳的材料密度、杨氏模量和泊松比分别为 $\rho_{s1}, E_1, \nu_1$ 和 $\rho_{s2}, E_2, \nu_2$，内圆柱壳内、内外圆柱壳之间和外圆柱外的声介质密度与声速分别为 $\rho_1, C_1$，$\rho_2, C_2$ 和 $\rho_3, C_3$。简谐平面波由外场入射到无限长同心圆柱壳上，其表达式为

$$p^i(r,z,\varphi,t)=P_0\sum_{n=0}^{\infty}\varepsilon_n(-\mathrm{i})^n\mathrm{J}_n(k_{3r}r)\cos n\varphi\mathrm{e}^{\mathrm{i}(k_{1z}z-\omega t)} \tag{5.3.31}$$

式中，$P_0$ 为入射声波幅度，$\varepsilon_n=1(n=0)$ 或 $2(n=1,2\cdots)$。

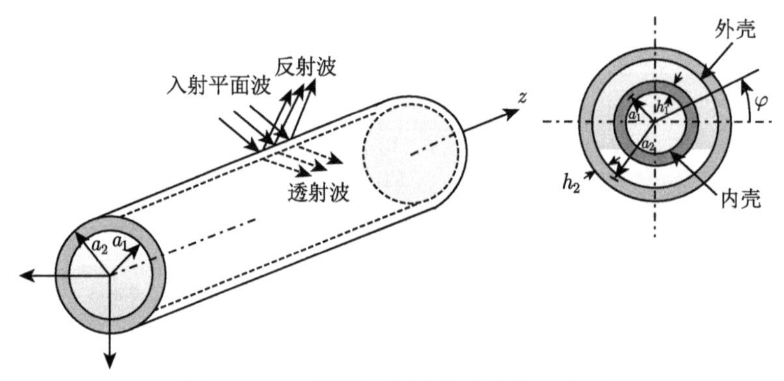


图 5.3.5 无限长双层圆柱壳声传输模型

(引自文献 [24], fig1)

采用轴向 Fourier 变换和周向展开求解内外圆柱壳振动，考虑沿 $z$ 方向声传播满足波数滑移条件 $k_{1z}=k_{2z}=k_{3z}$，得到无限长内外圆柱壳模态振动方程：

$$a_{11}^{(1)}\tilde{U}_n^{(1)}+a_{12}^{(1)}\tilde{V}_n^{(1)}+a_{13}^{(1)}\tilde{W}_n^{(1)}=0 \tag{5.3.32}$$

$$a_{21}^{(1)}\tilde{U}_n^{(1)}+a_{22}^{(1)}\tilde{V}_n^{(1)}+a_{23}^{(1)}\tilde{W}_n^{(1)}=0 \tag{5.3.33}$$

$$\begin{aligned}&a_{31}^{(1)}\tilde{U}_n^{(1)}+a_{32}^{(1)}\tilde{V}_n^{(1)}+a_{33}^{(1)}\tilde{W}_n^{(1)}+\alpha_1\mathrm{H}_n^{(2)}(k_{2r}a_1)p_{2n}^t\\&+\alpha_1\mathrm{H}_n^{(1)}(k_{2r}a_1)p_{2n}^r-\alpha_1\mathrm{H}_n^{(2)}(k_{1r}a_1)p_{1n}=0\end{aligned} \tag{5.3.34}$$

$$a_{11}^{(2)}\tilde{U}_n^{(2)}+a_{12}^{(2)}\tilde{V}_n^{(2)}+a_{13}^{(2)}\tilde{W}_n^{(2)}=0 \tag{5.3.35}$$

$$a_{21}^{(2)}\tilde{U}_n^{(2)}+a_{22}^{(2)}\tilde{V}_n^{(2)}+a_{23}^{(2)}\tilde{W}_n^{(2)}=0 \tag{5.3.36}$$

$$\begin{aligned}&a_{31}^{(2)}\tilde{U}_n^{(2)}+a_{32}^{(2)}\tilde{V}_n^{(2)}+a_{33}^{(2)}\tilde{W}_n^{(2)}+\alpha_2\mathrm{H}_n^{(1)}\left(k_{3r}a_2\right)p_{3n}\\&\quad-\alpha_2\mathrm{H}_n^{(2)}\left(k_{2r}a_2\right)p_{2n}^t-\alpha_2\mathrm{H}_n^{(1)}\left(k_{2r}a_2\right)p_{2n}^r=-P_0\varepsilon_n\left(-\mathrm{i}\right)^n\mathrm{J}_n\left(k_{3r}a_2\right)\end{aligned} \tag{5.3.37}$$

式中，$p_{1n}$ 和 $p_{3n}$ 分别为同心圆柱壳内部和外部模态声压，$p_{2n}^t$ 和 $p_{2n}^r$ 为同心圆柱壳中间向内和向外传播的模态声压，$\mathrm{H}_n^{(1)}$ 和 $\mathrm{H}_n^{(2)}$ 为第一类和第二类 Hankel 函数，且有 $k_{r1}=\sqrt{k_1^2-k_{1z}^2}$, $k_{r2}=\sqrt{k_2^2-k_{2z}^2}$, $k_{r3}=\sqrt{k_3^2-k_{3z}^2}$，这里，$k_1=\omega/C_1$, $k_2=\omega/C_2$, $k_3=\omega/C_3$, $\alpha_1=\left(1-\nu_1^2\right)a_1^2/E_1h_1^2, \alpha_2=\left(1-\nu_2^2\right)a_2^2/E_2h_2^2$。

再考虑同心圆柱壳内外的四个边界条件，可以得到模态声压与圆柱壳模态位移的关系：

$$p_{3n}\mathrm{H}_n^{(1)'}\left(k_{3r}a_2\right)k_{3r}-\rho_3\omega^2\tilde{W}_n^{(2)}=-P_0\varepsilon_n\left(-\mathrm{i}\right)^n\mathrm{J}_n'\left(k_{3r}a_2\right)k_{3r} \tag{5.3.38}$$

$$p_{2n}^t\mathrm{H}_n^{(2)'}\left(k_{2r}a_2\right)k_{2r}+p_{2n}^r\mathrm{H}_n^{(1)'}\left(k_{2r}a_2\right)k_{2r}-\rho_2\omega^2\tilde{W}_n^{(2)}=0 \tag{5.3.39}$$

$$p_{2n}^t\mathrm{H}_n^{(1)'}\left(k_{2r}a_1\right)k_{2r}+p_{2n}^r\mathrm{H}_n^{(2)'}\left(k_{2r}a_1\right)k_{2r}-\rho_2\omega^2\tilde{W}_n^{(1)}=0 \tag{5.3.40}$$

$$p_{1n}\mathrm{H}_n^{(2)'}\left(k_{1r}a_1\right)k_{1r}-\rho_1\omega^2\tilde{W}_n^{(1)}=0 \tag{5.3.41}$$

联立 (5.3.32)~(5.3.37) 式及 (5.3.38)~(5.3.41) 式，可以求解得到无限长同心圆柱壳的模态位移和圆柱壳内外的模态声压。定义透射到内圆柱壳内部单位长度的声功率为

$$P=\frac{1}{2}\mathrm{Re}\left\{p_1\left(a_1,z,\varphi,\omega\right)\left[-\mathrm{i}\omega W_1\left(z,\varphi,\omega\right)\right]^*\right\} \tag{5.3.42}$$

考虑内壳振动位移及内部声压的模态展开式，并对周向积分，可得

$$P=\frac{\pi a_1}{2\varepsilon_n}\mathrm{Re}\left\{\sum_{n=0}^{\infty}p_{1n}\mathrm{H}_n^{(2)}\left(k_{r1}a_1\right)\left(-\mathrm{i}\omega\tilde{W}_n^{(1)}\right)^*\right\} \tag{5.3.43}$$

由求解得到的模态声压 $p_{1n}$ 和模态位移 $\tilde{W}_n^{(1)}$，即可由 (5.3.43) 式计算透射到圆心圆柱壳内部单位长度的声功率。考虑到单位轴向长度入射平面的声功率为

$$\bar{P}=2a_2\frac{P_0^2}{\rho_3C_3}\cos\gamma_3 \tag{5.3.44}$$

式中，$\cos\gamma_3=k_{3r}/k_3$。

这样，无限长同心圆柱壳的传输损失为

$$TL=-10\lg\frac{P}{\bar{P}}$$

$$= -10\lg\left[\sum_{n=0}^{\infty}\frac{\rho_3 C_3 \pi a_1 \mathrm{Re}\left\{p_{1n}\mathrm{H}_n^{(2)}\left(k_{r1}a_1\right)\left(-\mathrm{i}\omega\tilde{W}_n^{(1)}\right)^*\right\}}{4\varepsilon_n a_2\cos\left(\gamma_3\right)p_0^2}\right] \tag{5.3.45}$$

Lee 和 Kim 针对钢质的无限长同心圆柱壳，取 $a_1 = 9.95\mathrm{cm}$, $a_2 = 10\mathrm{cm}$，且 $h_1 = h_2 = 1\mathrm{mm}$，同心圆柱壳内外声介质均为空气，计算得到的传输损失明显高于半径为 10cm、壁厚为 1mm 的单层圆柱壳的传输损失。若双层圆柱壳的半径不变，而壁厚分别减小到 $h_1 = 0.6\mathrm{mm}$, $h_2 = 0.4\mathrm{mm}$，则同心圆柱壳的传输损失也减小，参见图 5.3.6。当然，由 (5.3.32)~(5.3.37) 式及 (5.3.38)~(5.3.41) 式求解得到的模态声压 $p_{3n}$，可进一步计算无限长圆心圆柱壳的散射声场特性。

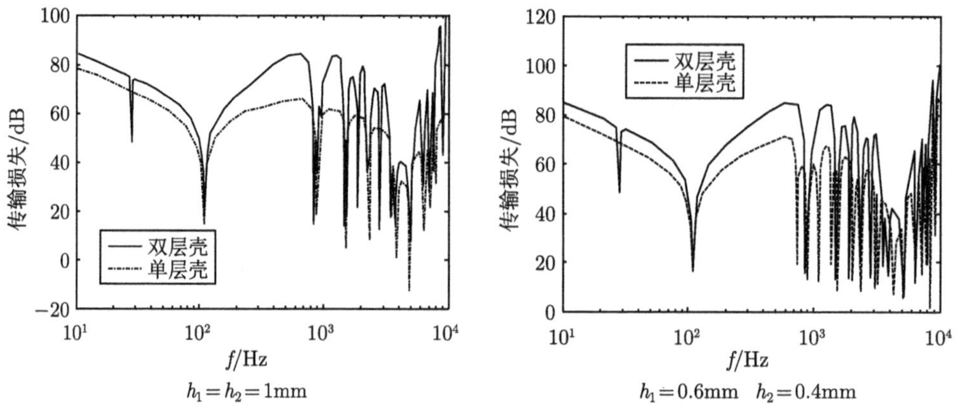


图 5.3.6　单层与双层无限长圆柱壳传输损失比较

(引自文献 [23], fig10, fig11)

若再考虑三层无限长同心圆柱壳的声散射问题，研究对象如图 5.3.7 所示，为叙述方便起见，从内到外三层圆柱壳分别记为圆柱壳 1~ 圆柱壳 3，每个圆柱壳内外侧表面都敷设有粘性弹性层。圆柱壳 1~ 圆柱壳 3 的内外表面半径则分别为 $a_1, b_1, a_2, b_2$ 和 $a_3, b_3$，壁厚分别为 $h_1$, $h_2$ 和 $h_3$。圆柱壳 3 外面为特征声阻抗为 $\rho_0 C_0$ 的无限声介质，圆柱壳 1 内部及圆柱壳 1 和圆柱壳 2、圆柱壳 2 和圆柱壳 3 之间分别为特征阻抗为 $\rho_1 C_1$, $\rho_2 C_2$ 和 $\rho_3 C_3$ 的声介质。为简单起见，这里仅研究二维问题，不考虑 $z$ 方向的 Fourier 变换。圆柱壳 3 外面声介质中的入射声波和散射声波为

$$p_i\left(r,\varphi\right) = P_0\sum_{n=0}^{\infty}\varepsilon_n\left(-\mathrm{i}\right)^n \mathrm{J}_n\left(k_0 r\right)\cos n\varphi \tag{5.3.46}$$

$$p_s\left(r,\varphi\right) = \sum_{n=0}^{\infty}p_n^s\left(r,\varphi\right) = \sum_{n=0}^{\infty}F_n \mathrm{H}_n^{(1)}\left(k_0 r\right)\cos n\varphi \tag{5.3.47}$$

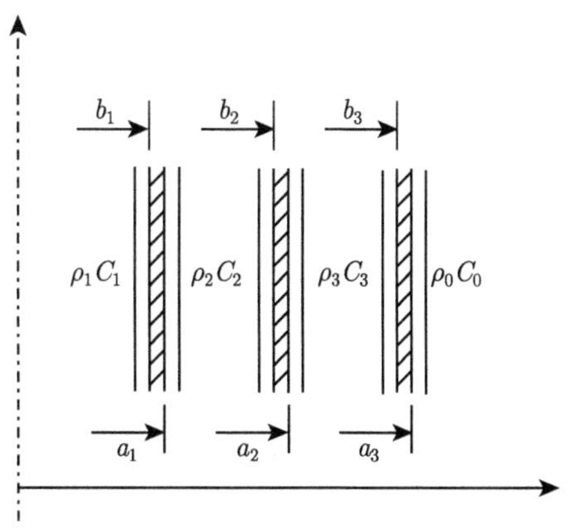


图 5.3.7 三层无限长同心圆柱壳模型

(引自文献 [25], fig1)

在圆柱壳 1 内部、圆柱壳 1 和圆柱壳 2 之间、圆柱壳 2 和圆柱壳 3 之间的声压为

$$p_1(r,\varphi)=\sum_{n=0}^{\infty}p_{1n}(r,\varphi)=\sum_{n=0}^{\infty}A_n\mathrm{J}_n(k_1r)\cos n\varphi \tag{5.3.48}$$

$$p_2(r,\varphi)=\sum_{n=0}^{\infty}p_{2n}(r,\varphi)=\sum_{n=0}^{\infty}\left[B_n\mathrm{H}_n^{(1)}(k_2r)+C_n\mathrm{H}_n^{(2)}(k_2r)\right]\cos n\varphi \tag{5.3.49}$$

$$p_3(r,\varphi)=\sum_{n=0}^{\infty}p_{3n}(r,\varphi)=\sum_{n=0}^{\infty}\left[D_n\mathrm{H}_n^{(1)}(k_3r)+E_n\mathrm{H}_n^{(2)}(k_3r)\right]\cos n\varphi \tag{5.3.50}$$

这里，$k_1=\omega/C_1$, $k_2=\omega/C_2$, $k_3=\omega/C_3$。注意到，前面给出的 Bessel 函数和 Hankel 函数变量为 $k_{ri}r(i=1\sim3)$，其中 $k_{ri}$ 为径向波数，而 (5.3.46)~(5.3.50) 式中，Bessel 函数和 Hankel 函数的变量为 $k_ir(i=1\sim3)$，这是二维情况下的一种简化。

无限长三层同心圆柱壳的外层圆柱壳 3 振动模态方程可以表示为

$$Z_{3n}^s\dot{W}_n^{(3)}=-p_{in}(a_3)-p_{sn}(a_3)+p_{3n}(b_3) \tag{5.3.51}$$

外层圆柱壳 3 内外表面黏弹性层的模态振动方程为

$$R_{3n}^o\left[\dot{W}_n^{(3)}-\dot{\eta}_{on}^{(3)}\right]=p_{in}(a_3)+p_{sn}(a_3) \tag{5.3.52}$$

$$R_{3n}^i\left[\dot{W}_n^{(3)}-\dot{\eta}_{in}^{(3)}\right]=-p_{3n}(b_3) \tag{5.3.53}$$

在黏弹性表面，振速满足边界条件

$$v_{in} + v_{sn} = \dot{\eta}_{on}^{(3)}, \quad r = a_3 \tag{5.3.54}$$

$$v_{3n} = \dot{\eta}_{in}^{(3)}, \quad r = b_3 \tag{5.3.55}$$

这里，$Z_{3n}^s$ 为无限长圆柱壳 3 的模态阻抗，$R_{3n}^i, R_{3n}^o$ 为圆柱壳 3 内外黏弹性层的模态阻抗，$\dot{\eta}_{in}^{(3)}, \dot{\eta}_{on}^{(3)}$ 为圆柱壳 3 内外黏弹性层的模态振速，$p_{in}, p_{sn}$ 和 $p_{3n}$ 分别为对应 $p_i, p_s$ 和 $p_3$ 的模态声压，$v_{in}, v_{sn}$ 和 $v_{3n}$ 分别为对应模态声压的质点模态振速。

同理，对于无限长圆柱壳 2，模态振动方程及边界条件为

$$Z_{2n}^s \dot{W}_n^{(2)} = -p_{3n}(a_2) + p_{2n}(b_2) \tag{5.3.56}$$

$$R_{2n}^o \left[\dot{W}_n^{(2)} - \dot{\eta}_{on}^{(2)}\right] = p_{3n}(a_2) \tag{5.3.57}$$

$$R_{2n}^i \left[\dot{W}_n^{(2)} - \dot{\eta}_{in}^{(2)}\right] = -p_{2n}(b_2) \tag{5.3.58}$$

$$v_{3n} = \dot{\eta}_{on}^{(2)}, \quad r = a_2 \tag{5.3.59}$$

$$v_{2n} = \dot{\eta}_{in}^{(2)}, \quad r = b_2 \tag{5.3.60}$$

式中，$Z_{2n}^s$ 为无限长圆柱壳 2 的模态阻抗，$R_{2n}^i, R_{2n}^o$ 为圆柱壳 2 内外黏弹性层的模态阻抗，$\dot{\eta}_{in}^{(2)}, \dot{\eta}_{on}^{(2)}$ 为圆柱壳 2 内外黏弹性层的模态振速，$p_{2n}, v_{2n}$ 为对应声压 $p_2$ 和质点振速 $v_2$ 的模态声压和模态质点振速。

对于无限长圆柱壳 1，模态振动方程及边界条件为

$$Z_{1n}^s \dot{W}_n^{(1)} = -p_{2n}(a_1) + p_{1n}(b_1) \tag{5.3.61}$$

$$R_{1n}^o \left[\dot{W}_n^{(1)} - \dot{\eta}_{on}^{(1)}\right] = p_{2n}(a_1) \tag{5.3.62}$$

$$R_{1n}^i \left[\dot{W}_n^{(1)} - \dot{\eta}_{in}^{(1)}\right] = -p_{1n}(b_1) \tag{5.3.63}$$

$$v_{2n} = \dot{\eta}_{on}^{(1)}, \quad r = a_1 \tag{5.3.64}$$

$$v_{1n} = \dot{\eta}_{in}^{(1)}, \quad r = b_1 \tag{5.3.65}$$

式中，$Z_{1n}^s$ 为无限长圆柱壳 1 的模态阻抗，$R_{1n}^o, R_{1n}^i$ 为圆柱壳 1 内外黏弹性层的模态阻抗，$\dot{\eta}_{in}^{(1)}, \dot{\eta}_{on}^{(1)}$ 为圆柱壳 1 内外黏弹性层的模态振速，$p_{1n}, v_{1n}$ 为对应 $p_1, v_1$ 的模态声压和模态质点振速。

一般来讲，联立 (5.3.46)~(5.3.65) 式，可以建立内外敷设黏弹性层的无限长三层同心圆柱壳振动和声场耦合的模态状态矢量方程，从而求解得到三层圆柱壳

及内外黏弹性层模态振动、圆柱壳内外和中间声介质区域的模态声压，但相应的状态矢量数较多，求解不够简约，这里分步求解这些方程。

由 (5.3.53) 和 (5.3.55) 式，可得

$$p_{3n}(b_3) = \Delta_o \dot{W}_n^{(3)} \tag{5.3.66}$$

式中，

$$\frac{1}{\Delta_o} = \frac{1}{Z_{3n}(b_3)} - \frac{1}{R_{3n}^i} \tag{5.3.67}$$

将 (5.3.66) 式代入 (5.3.51) 式，并考虑 (5.3.52) 和 (5.3.54) 式，消除 $\dot{W}_n^{(3)}$，可得

$$\alpha_o = \frac{p_n^s(a_3)}{p_n^i(a_3)} = -\frac{1/R_{3n}^o + 1/Z_{in}(a_3) + 1/[Z_{3n}^s + \Delta_o]}{1/R_{3n}^o + 1/Z_{sn}(a_3) + 1/[Z_{3n}^s + \Delta_o]} \tag{5.3.68}$$

式中，$Z_{in}$ 和 $Z_{sn}$ 为入射声波和散射声波的模态波阻抗，$Z_{3n}$ 为圆柱壳 3 内表面模态声阻抗。由 (5.3.46) 式、(5.3.47) 式和 (5.3.50) 式，可得

$$Z_{in} = \frac{p_n^i}{v_{in}} = \mathrm{i}\rho_0 C_0 \mathrm{J}_n(k_0 a_3)/\mathrm{J}_n'(k_0 a_3) \tag{5.3.69}$$

$$Z_{sn} = \frac{p_n^s}{v_{sn}} = \mathrm{i}\rho_0 C_0 \mathrm{H}_n^{(1)}(k_0 a_3)/\mathrm{H}_n^{(1)'}(k_0 a_3) \tag{5.3.70}$$

$$Z_{3n}(b_3) = \frac{p_{3n}(b_3)}{v_{3n}(b_3)} = Z_{3n}^+(b_3)\frac{1 + \dfrac{E_n}{D_n}\cdot \mathrm{H}_n^{(2)}(k_3 b_3)/\mathrm{H}_n^{(1)}(k_3 b_3)}{1 + \dfrac{E_n}{D_n}\cdot \mathrm{H}_n^{(2)'}(k_3 b_3)/\mathrm{H}_n^{(1)'}(k_3 b_3)} \tag{5.3.71}$$

其中，

$$Z_{3n}^+(b_3) = \mathrm{i}\rho_3 C_3 \frac{\mathrm{H}_n^{(1)}(k_3 b_3)}{\mathrm{H}_n^{(1)'}(k_3 b_3)} \tag{5.3.72}$$

于是，由 (5.3.68) 式、(5.3.46) 和 (5.3.47) 式，可得散射声压的模态系数：

$$F_n = P_0 \varepsilon_n (-\mathrm{i})^n \left[\mathrm{J}_n(k_0 a_3)/\mathrm{H}_n^{(1)}(k_0 a_3)\right] \alpha_0 \tag{5.3.73}$$

计算 $F_n$，需要计算 $\alpha_0$，而计算 $\alpha_0$，则要计算 $Z_{3n}^s$，$R_{3n}^i$，$R_{3n}^o$，$Z_{in}$，$Z_{sn}$，$Z_{3n}$ 等参数，除了 $Z_{3n}$ 中 $E_n/D_n$ 尚未确定外，其他参数的计算表达式都已给定，为此，需要进一步确定 (5.3.71) 式中的 $E_n/D_n$。由 (5.3.58) 和 (5.3.60) 式，可得

$$p_{2n}(b_2) = \Delta_1 \dot{W}_n^{(2)} \tag{5.3.74}$$

将 (5.3.74) 式代入 (5.3.56) 式，并考虑 (5.3.57) 和 (5.3.59) 式，消除 $\dot{W}_n^{(2)}$，可得

$$\frac{-1}{Z_{3n}(a_2)} = \frac{1}{Z_{2n}^s + \Delta_1} + \frac{1}{R_{2n}^o} \tag{5.3.75}$$

其中，

$$\frac{1}{\Delta_1} = \frac{1}{Z_{2n}(b_2)} - \frac{1}{R_{2n}^i} \tag{5.3.76}$$

利用 (5.3.50) 式，可以推导得到圆柱壳 2 外表面 $r = a_2$ 处的模态声阻抗

$$Z_{3n}(a_2) = Z_{3n}^+(a_2)\frac{1 + \dfrac{E_n}{D_n}\cdot \mathrm{H}_n^{(2)}(k_3a_2)/\mathrm{H}_n^{(1)}(k_3a_2)}{1 + \dfrac{E_n}{D_n}\cdot \mathrm{H}_n^{(2)'}(k_3a_2)/\mathrm{H}_n^{(1)'}(k_3a_2)} \tag{5.3.77}$$

式中，

$$Z_{3n}^+(a_2) = \mathrm{i}\rho_3C_3\frac{\mathrm{H}_n^{(1)}(k_3a_2)}{\mathrm{H}_n^{(1)'}(k_3a_2)} \tag{5.3.78}$$

联立 (5.3.75) 和 (5.3.77) 式，求解得到 $E_n/D_n$，再代入 (5.3.71) 式，则有圆柱壳 1 内表面声阻抗

$$Z_{3n}(b_3) = Z_{3n}^+(b_3)\frac{1+\alpha_1 I_1(k_3a_2, k_3b_3)}{1+\alpha_1 I_2(k_3a_2, k_3b_3)} \tag{5.3.79}$$

式中，

$$I_1(k_3a_2, k_3b_3) = \left[\mathrm{H}_n^{(1)}(k_3a_2)/\mathrm{H}_n^{(2)}(k_3a_2)\right]\left[\mathrm{H}_n^{(2)}(k_3b_3)/\mathrm{H}_n^{(1)}(k_3b_3)\right] \tag{5.3.80}$$

$$I_2(k_3a_2, k_3b_3) = \left[\mathrm{H}_n^{(1)}(k_3a_2)/\mathrm{H}_n^{(2)}(k_3a_2)\right]\left[\mathrm{H}_n^{(2)'}(k_3b_3)/\mathrm{H}_n^{(1)'}(k_3b_3)\right] \tag{5.3.81}$$

$$\alpha_1 = -\frac{1/R_{2n}^o + 1/Z_{3n}^+(a_2) + 1/\left[Z_{2n}^s + \Delta_1\right]}{1/R_{2n}^o + 1/Z_{3n}^-(a_2) + 1/\left[Z_{2n}^s + \Delta_1\right]} \tag{5.3.82}$$

$$Z_{3n}^-(a_2) = \mathrm{i}\rho_3C_3\frac{\mathrm{H}_n^{(2)}(k_3a_2)}{\mathrm{H}_n^{(2)'}(k_3a_2)} \tag{5.3.83}$$

注意到，(5.3.78) 式给出的 $Z_{3n}^+(a_2)$ 表示圆柱壳 2 和圆柱壳 3 之间向外传播声波的表面声阻抗，(5.3.83) 式给出的 $Z_{3n}^-(a_2)$ 表示圆柱壳 2 和圆柱壳 3 之间向

内传播声波的表面声阻抗。在 (5.3.82) 及 (5.3.76) 式中，$Z_{2n}(b_2)$ 还需要确定，类似前面的推导，由 (5.3.63) 和 (5.3.65) 式，可以推导得到

$$\frac{1}{\Delta_2}=\frac{1}{Z_{1n}(b_1)}-\frac{1}{R_{1n}^{i}} \tag{5.3.84}$$

其中，$Z_{1n}(b_1)$ 可利用 (5.3.48) 式得到

$$Z_{1n}(b_1)=\mathrm{i}\rho_1 C_1 \mathrm{J}_n(k_1 b_1)/\mathrm{J}_n'(k_1 b_1) \tag{5.3.85}$$

进一步类似 (5.3.79) 式的推导，可以得到圆柱壳 2 内表面声阻抗。

$$Z_{2n}(b_2)=Z_{2n}^{+}(b_2)\frac{1+\alpha_2 J_1(k_2 a_1,k_2 b_2)}{1+\alpha_2 J_2(k_2 a_1,k_2 b_2)} \tag{5.3.86}$$

其中，

$$J_1(k_2 a_1,k_2 b_2)=\left[\mathrm{H}_n^{(1)}(k_2 a_1)/\mathrm{H}_n^{(2)}(k_2 a_1)\right]\left[\mathrm{H}_n^{(2)}(k_2 b_2)/\mathrm{H}_n^{(1)}(k_2 b_2)\right] \tag{5.3.87}$$

$$J_2(k_2 a_1,k_2 b_2)=\left[\mathrm{H}_n^{(1)}(k_2 a_1)/\mathrm{H}_n^{(2)}(k_2 a_1)\right]\left[\mathrm{H}_n^{(2)'}(k_2 b_2)/\mathrm{H}_n^{(1)'}(k_2 b_2)\right] \tag{5.3.88}$$

$$\alpha_2=-\frac{1/R_{1n}^{o}+1/Z_{2n}^{+}(a_1)+1/\left[Z_{sn}^{(1)}+\Delta_2\right]}{1/R_{1n}^{o}+1/Z_{2n}^{-}(a_1)+1/\left[Z_{sn}^{(1)}+\Delta_2\right]} \tag{5.3.89}$$

这里 $Z_{2n}^{+}(a_1)$ 和 $Z_{2n}^{-}(a_1)$ 的含义类似于 $Z_{3n}^{+}(a_2)$ 和 $Z_{3n}^{-}(a_2)$，只不过表示圆柱壳 1 和圆柱壳 2 之间声波传播的表面阻抗，且有

$$Z_{2n}^{+}(b_2)=\mathrm{i}\rho_2 C_2 \mathrm{H}_n^{(1)}(k_2 b_2)/\mathrm{H}_n^{(1)'}(k_2 b_2) \tag{5.3.90}$$

$$Z_{2n}^{-}(a_3)=\mathrm{i}\rho_2 C_2 \mathrm{H}_n^{(2)}(k_2 a_3)/\mathrm{H}_n^{(2)'}(k_2 a_3) \tag{5.3.91}$$

注意到 (5.3.67) 式、(5.3.76) 式和 (5.3.84) 式给出的 $\Delta_0$, $\Delta_1$ 和 $\Delta_2$ 表示三层无限长圆柱壳不同表面内部声阻抗分量的和，$\Delta_0$ 表示圆柱壳 3 外表面以内三层圆柱及黏弹性层和声介质的声阻抗，$\Delta_1$ 和 $\Delta_2$ 则表示圆柱壳 2 和圆柱壳 1 外表面以内的声阻抗。通过计算 $\Delta_0$, $\Delta_1$ 和 $\Delta_2$ 以及 $Z_{3n}(b_3)$, $Z_{2n}(b_2)$ 和 $Z_{1n}(b_1)$，可以得到模态散射声压：

$$p_n^{s}(r,\varphi)=P_0\varepsilon_n(-\mathrm{i})^n\alpha_0\mathrm{H}_n^{(1)}(k_0 r)\frac{\mathrm{J}_n(k_0 a_3)}{\mathrm{H}_n^{(1)}(k_0 a_3)}\cos n\varphi \tag{5.3.92}$$

在远场情况下，三层无限长同心圆柱壳的散射声场为

$$p_s(r,\varphi)=P_0\sqrt{\frac{2}{\mathrm{i}\pi k_0 r}}\sum_{n=0}^{\infty}\varepsilon_n(-\mathrm{i})^n\frac{\mathrm{J}_n(k_0a_3)}{\mathrm{H}_n^{(1)}(k_0a_3)}\alpha_0\mathrm{e}^{\mathrm{i}k_0r}\cos n\varphi \tag{5.3.93}$$

三层无限长同心圆柱壳的散射声场取决于每层壳体及其内外敷设的黏弹性层、壳体间声介质的几何和弹性参数。针对铝质材料壳体的计算结果表明，三层同心圆柱壳声散射的基本特性与单层圆柱壳类似，主要差别表现为圆柱壳之间声介质层的作用，声介质层的密度和声速决定了圆柱壳之间的耦合强弱及散射声场的频谱特性。当外壳比较厚时，散射声场主要取决于外壳，但如果外壳较薄，则散射声场取决于内部壳体及声介质层，作为一个极端例子，若某层壳体或声介质趋于刚性或真空，也就是非常硬或非常软，则此层壳体或声介质内部的壳体和声介质层对外部散射声场没有影响。若三层圆柱壳都是薄壳，且圆柱壳之间为水介质，圆柱壳 1 内部为空气或真空，取 $a_1/a_2=1.1$ 和 $a_1/a_3=1.2$，且 $h_1/a_1=h_2/a_2=h_3/a_3=0.005$，同样的情况下，只是圆柱壳 1 内部为水介质，则两种情况的散射函数如图 5.3.8 所示。散射声场特性更多地体现了薄壳的共振散射效应。若三层圆柱壳中，圆柱壳 2 为“厚壳”，圆柱壳 1 和圆柱壳 3 为“薄壳”，取 $h_1/a_1=h_3/a_3=0.005$, $h_2/a_2=0.1$，且 $a_1/a_2=1.1$, $a_1/a_3=1.3$，相应的散射声场主要由圆柱壳 2 决定，参见图 5.3.9。声阻抗很小的黏弹性层敷设在三层同心圆柱壳的外表面，则其声散射函数类似“压力释放”边界的声散射情况。小阻抗黏弹性层像一个外罩，隔离了其内部结构对声散射场的影响，参见图 5.3.10。

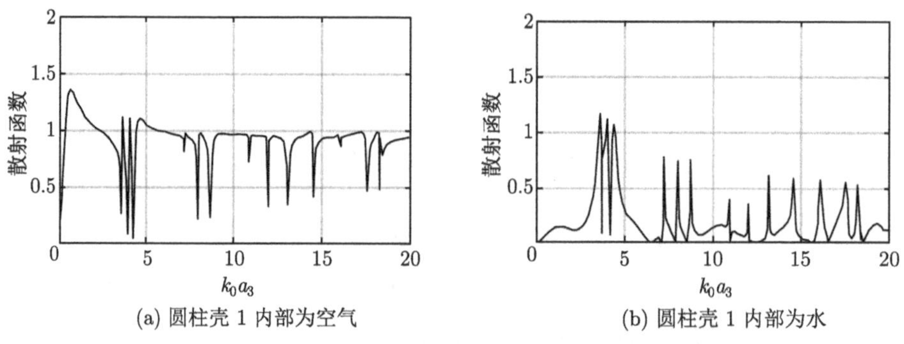


(a) 圆柱壳 1 内部为空气　　(b) 圆柱壳 1 内部为水

图 5.3.8　层间为水介质的三层薄壁无限长圆柱壳散射函数

(引自文献 [25], fig5, fig6)

应该明确，这里介绍三层同心圆柱壳的声散射计算模型，其目的是可以将此模型扩展到多层圆柱壳声辐射计算。

周期加肋的无限长双层圆柱壳振动和声辐射求解类似于周期加肋的无限大平

板和周期加肋的无限长圆柱壳振动及声辐射问题，这里不作介绍。有限长加肋的双层圆柱壳振动和声辐射求解将在下一章详细讨论。

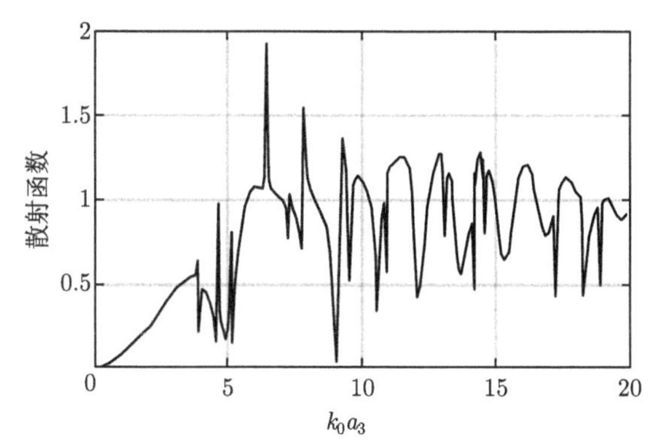


图 5.3.9 层间为水介质和圆柱壳 2 为厚壁的三层无限长圆柱壳散射函数

(引自文献 [25], fig7)

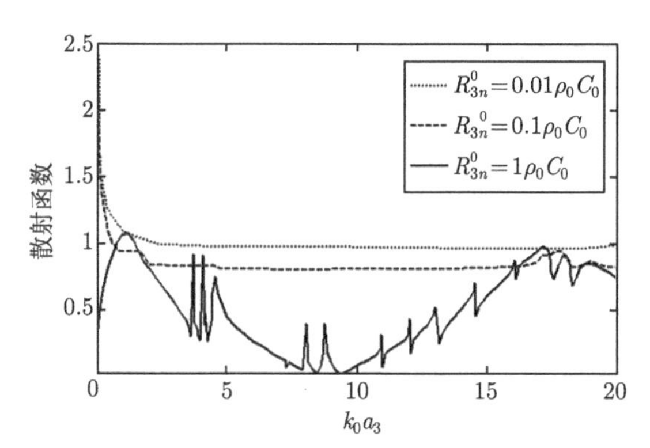


图 5.3.10 外表面敷设黏弹性层的三层无限长圆柱壳散射函数

(引自文献 [25], fig9)

## 5.4 无限长敷设黏弹性层圆柱壳耦合振动及声辐射

5.3 节建立无限长三层圆柱壳声散射模型时，考虑了每层圆柱壳内外表面敷设黏弹性层的情况，并计算分析了黏弹性层对声散射的影响，但黏弹性层模型简单。实际上，弹性圆柱壳敷设黏弹性层，有几方面的作用：从降低声辐射角度来看，黏弹性层增加弹性圆柱壳的结构阻尼及面密度，可以控制其振动响应，同时降低辐射面振动，减小声辐射；从降低声散射角度来看，黏弹性层可以调节表面声阻抗，从而降低声反射，也可以屏蔽内部结构对声散射的影响。本节进一步讨论无限长圆柱壳敷设黏弹性层对声辐射和声散射的作用及特性。

无限长圆柱壳外表面敷设黏弹性层，相当于在壳体和声介质之间串联或并联接入了一个阻抗，可以起到隔离壳体与声介质耦合的作用。假设壳体、黏弹性层和外场声辐射的阻抗分别为 $Z_s$, $Z_c$ 和 $Z_a$，在壳体受内部机械激励力作用或受外部入射声波作用下，声辐射模型和声散射模型的等效电路如图 5.4.1 所示 [27]，图中给出了三个阻抗的相互关系。

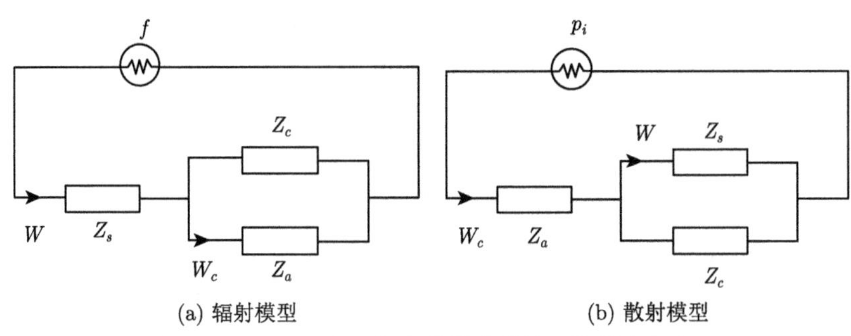


图 5.4.1　无限长圆柱壳敷设黏弹性层的等效电路

(引自文献 [27], fig1)

由等效电路，对于辐射模型可得圆柱壳振动速度 $\dot{W}$ 及黏弹性层振动速度 $W_c$ 与激励力和阻抗的关系为

$$\dot{W} = \frac{f}{\left|Z_s + \dfrac{Z_c Z_a}{Z_c + Z_a}\right|} \tag{5.4.1}$$

$$\dot{W}_c = \frac{f}{\left|Z_a + Z_s + \dfrac{Z_s Z_a}{Z_c}\right|} \tag{5.4.2}$$

对于散射模型，圆柱壳及黏弹性层振动速度与入射声压和阻抗的关系为

$$\dot{W} = \frac{p_i}{\left|Z_s + Z_a + \dfrac{Z_a Z_s}{Z_c}\right|} \tag{5.4.3}$$

$$\dot{W}_c = \frac{p_i}{\left|Z_a + \dfrac{Z_s Z_c}{Z_c + Z_s}\right|} \tag{5.4.4}$$

为了研究黏弹性层对无限长圆柱壳声辐射和声散射的作用，考虑无限长圆柱壳外表面敷设黏弹性层，鉴于实际工程情况下，往往难以在整个圆柱表面敷设黏弹性层，不失一般性，这里考虑圆柱壳表面局部敷设黏弹性层，参见图 5.4.2。图

中 $|\varphi_0|$ 取 $\pi$ 时，则黏弹性层覆盖整个圆柱壳表面。假设机械外力沿 $\varphi_0=0^\circ$ 方向、入射平面声波沿 $\varphi_0=180^\circ$ 方向作用在无限长圆柱壳上，机械外力位于黏弹性层中间位置，入射平面波入射方向关于黏弹性层对称。同时为了简单起见，仅仅考虑二维情况，无限长圆柱壳振动与轴向坐标无关，其振动方程简化为

$$\left(1+\beta^2\right)\frac{\partial^2 V(\varphi)}{\partial\varphi^2}+\left[\frac{\partial}{\partial\varphi}-\beta^2\frac{\partial^3}{\partial\varphi^3}\right]W(\varphi)+\Omega^2 V(\varphi)=0 \tag{5.4.5}$$

$$\begin{aligned}&-\left(\frac{\partial V(\varphi)}{\partial\varphi}-\beta^2\frac{\partial^3 V(\varphi)}{\partial\varphi^3}\right)-\left[W(\varphi)+\beta^2\frac{\partial^4 W(\varphi)}{\partial\varphi^4}\right]\\&+\Omega^2 W(\varphi)=\alpha\left[f\delta(\varphi)-p_s(\varphi)-p_i(\varphi)\right]\end{aligned} \tag{5.4.6}$$

式中，$V(\varphi)$ 和 $W(\varphi)$ 为无限长圆柱壳周向和径向振动位移，$f, p_s, p_i$ 分别为作用在无限长圆柱壳上的机械外力及散射和入射声压。且 $\beta^2=h^2/12a^2$, $\Omega=\omega/\omega_r$, $\omega_r=C_l/a$, $\alpha=a^2\left(1-\nu^2\right)/Eh$，$E, \rho_s$ 和 $\nu$ 为圆柱壳材料的杨氏模量、密度和泊松比。

求解 (5.4.5) 和 (5.4.6) 式，对 $V(\varphi)$ 和 $W(\varphi)$ 作周向展开：

$$V(\varphi)=\sum_{n=0}^{\infty}V_n\sin n\varphi \tag{5.4.7}$$

$$W(\varphi)=\sum_{n=0}^{\infty}W_n\cos n\varphi \tag{5.4.8}$$

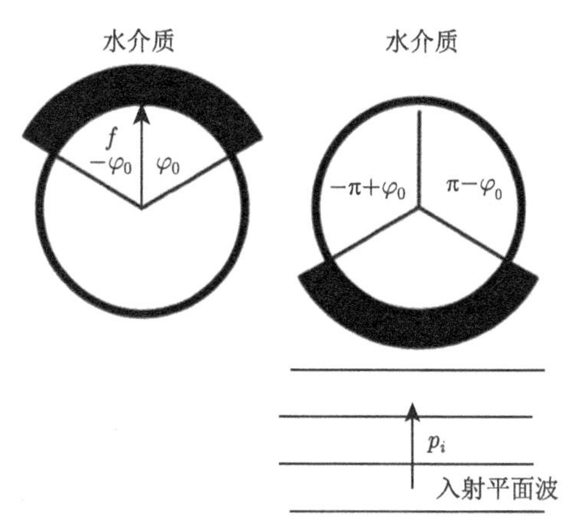


图 5.4.2 局部敷设黏弹性层的无限长圆柱壳模型

(引自文献 [27], fig3)

为简便起见，在圆柱壳及黏弹性层表面，假设入射声压 $p_i$ 和散射声压 $p_s$ 为

$$\alpha p_i(\varphi) = 4\alpha P_0 \sum_{n=0}^{\infty} \frac{\varepsilon_n}{2\pi} \frac{\mathrm{i}^{n+1}\cos n\varphi}{k_0 a \mathrm{H}_n^{(1)'}(k_0 a)} \tag{5.4.9}$$

$$\alpha p_s = \Omega^2\left(\frac{a}{h}\right)\left(\frac{\rho_0}{\rho_s}\right) \sum_{n=0}^{\infty} \frac{\mathrm{H}_n^{(1)}(k_0 a)}{k_0 a \mathrm{H}_n^{(1)'}(k_0 a)} W_{cn}\cos n\varphi \tag{5.4.10}$$

式中，$a$ 和 $h$ 为无限长圆柱壳半径和壁厚，$\rho_0$ 为外场声介质密度。$W_{cn}$ 为黏弹性层外表面振动位移 $W_c(\varphi)$ 的模态展开系数。

将 (5.4.7)~(5.4.10) 式代入 (5.4.5) 和 (5.4.6) 式，可得振动与声场耦合的模态方程：

$$\left[\left(1+\beta^2\right)n^2 - \Omega^2\right]V_n + n\left(1+n^2\beta^2\right)W_n = 0 \tag{5.4.11}$$

$$\begin{aligned} & n\left(1+n\beta^2\right)V_n + \left[1+\beta^2 n^4 - \Omega^2\right]W_n \\ & = \frac{\varepsilon_n}{2\pi}\alpha f_n - 4\alpha P_0 \frac{\varepsilon_n}{2\pi}\frac{\mathrm{i}^{n+1}}{k_0 a \mathrm{H}_n^{(1)'}(k_0 a)} \\ & \quad - \Omega^2\left(\frac{a}{h}\right)\left(\frac{\rho_0}{\rho_s}\right)\frac{\mathrm{H}_n^{(1)}(k_0 a)}{k_0 a \mathrm{H}_n^{(1)'}(k_0 a)} W_{cn} \end{aligned} \tag{5.4.12}$$

合并 (5.4.11) 和 (5.4.12) 式，得到径向振动位移满足的模态方程

$$\begin{aligned} & \left[\left(1+\beta^2 n^4 - \Omega^2\right) - \frac{n^2\left(1+n^2\beta^2\right)^2}{\left(1+\beta^2\right)n^2 - \Omega^2}\right]W_n + Z_n^a W_{cn} \\ & = \frac{\varepsilon_n}{2\pi}\alpha f_n - 4\alpha P_0 \frac{\varepsilon_n}{2\pi}\frac{\mathrm{i}^{n+1}}{k_0 a \mathrm{H}_n^{(1)'}(k_0 a)} \end{aligned} \tag{5.4.13}$$

其中，

$$Z_n^a = \Omega^2\left(\frac{a}{h}\right)\left(\frac{\rho_0}{\rho_s}\right)\frac{\mathrm{H}_n^{(1)}(k_0 a)}{k_0 a \mathrm{H}_n^{(1)'}(k_0 a)} \tag{5.4.14}$$

在圆柱壳受点力激励产生声辐射的情况，圆柱壳表面和黏弹性层表面振动与黏弹性层阻尼满足关系:

$$\mathrm{i}\omega\left[W_c(\varphi) - W(\varphi)\right] = \begin{cases} -\dfrac{p_s(\varphi)}{Z_c}, & |\varphi| < \varphi_0 \\ 0, & \varphi_0 < |\varphi| < \pi \end{cases} \tag{5.4.15}$$

式中，$Z_c$ 为黏弹性层阻抗，按照 Maidanik[28] 的做法，可以表示为

$$Z_c = -\mathrm{i}\rho_0 C_0 \sigma\left(1+\mathrm{i}\eta_c\right) \tag{5.4.16}$$

这里 $\sigma$ 为比例系数，$\eta_c$ 为黏弹性层阻尼损耗因子，$C_0$ 为外场水介质声速。

考虑到模态展开：

$$W_{cn}=\frac{\varepsilon_n}{2\pi}\int_{-\pi}^{\pi}W_c(\varphi)\cos n\varphi\mathrm{d}\varphi \tag{5.4.17}$$

将 (5.4.17) 式用于 (5.4.15) 式，有

$$\begin{aligned}&\int_{-\varphi_0}^{\varphi_0}W_c(\varphi)\cos n\varphi\mathrm{d}\varphi-\int_{-\varphi_0}^{\varphi_0}W(\varphi)\cos n\varphi\mathrm{d}\varphi\\&=\frac{1}{\mathrm{i}\omega Z_c}\int_{-\varphi_0}^{\varphi_0}\left[\sum_{m=0}^{\infty}p_{sm}\cos m\varphi\right]\cos n\varphi\mathrm{d}\varphi\end{aligned} \tag{5.4.18}$$

$$\begin{aligned}&\int_{-\pi}^{\varphi_0}W_c(\varphi)\cos n\varphi\mathrm{d}\varphi+\int_{\varphi_0}^{\pi}W_c(\varphi)\cos n\varphi\mathrm{d}\varphi\\&-\int_{-\pi}^{-\varphi_0}W(\varphi)\cos n\varphi\mathrm{d}\varphi-\int_{\varphi_0}^{\pi}W(\varphi)\cos n\varphi\mathrm{d}\varphi=0\end{aligned} \tag{5.4.19}$$

(5.4.18) 式和 (5.4.19) 式相加，可得圆柱壳和黏弹性层耦合的模态方程

$$\frac{2\pi}{\varepsilon_n}(W_{cn}-W_n)=-\frac{1}{\mathrm{i}\omega Z_c}\sum_m p_{sm}A_{mn} \tag{5.4.20}$$

式中，

$$\begin{aligned}A_{mn}&=\int_{-\varphi_0}^{\varphi_0}\cos m\varphi\cos n\varphi\mathrm{d}\varphi\\&=\begin{cases}\dfrac{\sin(n+m)\varphi_0}{n+m}+\dfrac{\sin(n-m)\varphi_0}{n-m}, & n\neq m\\ \varphi_0+\dfrac{\sin 2n\varphi_0}{2n}, & n=m\\ 2\varphi_0, & n=m=0\end{cases}\end{aligned} \tag{5.4.21}$$

由 (5.4.10) 式，并考虑 (5.4.14) 式，有

$$p_{sm}=\frac{1}{\alpha}Z_m^aW_{cm} \tag{5.4.22}$$

将 (5.4.22) 式代入 (5.4.20) 式，可得

$$W_{cn}-W_n=-\frac{\varepsilon_n}{2\pi}\frac{1}{\mathrm{i}\omega\alpha Z_c}\sum_m Z_m^aW_{cm}A_{mn} \tag{5.4.23}$$

在 (5.4.13) 式中可先去掉入射声压项，仅仅考虑机械激励的作用，即

$$Z_n^s W_n + Z_n^a W_{cn} = \frac{\varepsilon_n}{2\pi} \alpha f_n \tag{5.4.24}$$

式中，$Z_n^s = \left(1+\beta^2 n^4 - \Omega^2\right) - \dfrac{n^2\left(1+n^2\beta^2\right)^2}{\left(1+\beta^2\right)n^2 - \Omega^2}$。

由 (5.4.24) 式可求得圆柱壳与黏弹性层模态位移的关系：

$$Z_n^a W_{cn} = \frac{\varepsilon_n}{2\pi} \alpha f_n - Z_n^s W_n \tag{5.4.25}$$

同时，在 (5.4.24) 式中加一项和减一项 $Z_n^a W_n$，有

$$Z_n^s W_n + Z_n^a W_n + Z_n^a \left(W_{cn} - W_n\right) = \frac{\varepsilon_n}{2\pi} \alpha f_n \tag{5.4.26}$$

将 (5.4.23) 式代入 (5.4.26) 式，得到

$$Z_n^s W_n + Z_n^a W_n - \frac{Z_n^a}{\bar{Z}_c} \frac{\varepsilon_n}{2\pi} \sum_{m=0}^{\infty} Z_m^a W_{cn} A_{mn} = \frac{\varepsilon_n}{2\pi} \alpha f_n \tag{5.4.27}$$

式中，$\bar{Z}_c$ 为黏弹性层的归一化阻抗，考虑到 (5.4.16) 式，其表达式为

$$\bar{Z}_c = \mathrm{i}\omega\alpha Z_c = \left(\frac{a}{h}\right)\left(\frac{\rho_0}{\rho_s}\right) \frac{\Omega\sigma\left(1+\mathrm{i}\eta_c\right)}{C_l/C_0} \tag{5.4.28}$$

再将 (5.4.25) 式代入 (5.4.27) 式，得到外力激励下局部敷黏弹性层的无限长圆柱壳振动与声场耦合的模态方程：

$$\begin{aligned} &\left(Z_n^s + Z_n^a\right) W_n + \frac{Z_n^a}{\bar{Z}_c} \frac{\varepsilon_n}{2\pi} \sum_{m=0}^{\infty} A_{mn} Z_m^s W_m \\ &= \frac{\varepsilon_n}{2\pi} \alpha f_n + \frac{Z_n^a}{\bar{Z}_c} \frac{\varepsilon_n}{2\pi} \sum_{m=0}^{\infty} A_{mn} \frac{\varepsilon_m}{2\pi} \alpha f_m \end{aligned} \tag{5.4.29}$$

若黏弹性层覆盖整个无限长圆柱壳，则 (5.4.29) 式简化为

$$\left(Z_n^s + \frac{\bar{Z}_c Z_n^a}{\bar{Z}_c + Z_n^a}\right) W_n = \frac{\varepsilon_n}{2\pi} \alpha f_n \tag{5.4.30}$$

注意到 (5.4.30) 式形式上与 (5.4.1) 式一致。

在圆柱壳受入射平面波作用情况，圆柱壳表面和黏弹性层表面振动与黏弹性层阻抗满足关系

$$\mathrm{i}\omega\left[W_c(\omega)-W(\varphi)\right]=\begin{cases}0, & |\varphi|<\varphi_0\\ -\dfrac{p_s(\varphi)}{Z_c}-\dfrac{p_i(\varphi)}{Z_c}, & \varphi_0<|\varphi|<\pi\end{cases}\tag{5.4.31}$$

对 (5.4.31) 式作模态展开，得到

$$\frac{2\pi}{\varepsilon_n}\left(W_{cn}-W_n\right)=-\sum_{m=0}^{\infty}\frac{Z_m^a}{\mathrm{i}\omega\alpha Z_c}B_{mn}W_{cn}-4\alpha P_0\sum_{m=0}^{\infty}\frac{1}{\mathrm{i}\omega\alpha Z_c}B_{mn}\frac{\varepsilon_m}{2\pi}\frac{\mathrm{i}^{m+1}}{k_0a\mathrm{H}_m^{(1)'}(k_0a)}\tag{5.4.32}$$

式中，

$$B_{mn}=2\int_{\varphi_0}^{\pi}\cos m\varphi\cos n\varphi\mathrm{d}\varphi=\begin{cases}-\dfrac{\sin(n+m)\varphi_0}{n+m}-\dfrac{\sin(n-m)\varphi_0}{n-m}, & n\neq m\\ (\pi-\varphi_0)-\dfrac{\sin m\varphi_0}{2n}, & n=m\\ 2(\pi-\varphi_0), & n=m=0\end{cases}\tag{5.4.33}$$

在 (5.4.13) 式中去掉机械激励项，仅仅考虑平面波入射的作用，即

$$Z_n^sW_n+Z_n^aW_{cn}=-4\alpha P_0\frac{\varepsilon_n}{2\pi}\frac{\mathrm{i}^{n+1}}{k_0a\mathrm{H}_n^{(1)'}(k_0a)}\tag{5.4.34}$$

由 (5.4.34) 式可求得圆柱壳与黏弹性层模态位移的关系

$$Z_n^aW_{cm}=-4\alpha P_0\frac{\varepsilon_n}{2\pi}\frac{\mathrm{i}^{n+1}}{k_0a\mathrm{H}_n^{(1)'}(k_0a)}-Z_n^sW_n\tag{5.4.35}$$

将 (5.4.35) 式代入 (5.4.32) 式，得到在入射平面波作用下，局部敷设黏弹性层的无限长圆柱壳振动与声场耦合的模态方程：

$$Z_n^sW_n+Z_n^aW_n+\frac{Z_n^a}{\bar{Z}_c}\frac{\varepsilon_n}{2\pi}\sum_{m=0}^{\infty}B_{mn}Z_m^sW_m=-4\alpha P_0\frac{\varepsilon_n}{2\pi}\frac{\mathrm{i}^{n+1}}{k_0a\mathrm{H}_n^{(1)'}(k_0a)}\tag{5.4.36}$$

当黏弹性层覆盖整个无限长圆柱壳时，(5.4.36) 式简化为

$$\left[Z_n^s+Z_n^a+\frac{Z_n^sZ_n^a}{\bar{Z}_c}\right]W_n=-\alpha P_0\frac{\varepsilon_n}{2\pi}\frac{\mathrm{i}^{n+1}}{k_0a\mathrm{H}_n^{(1)'}(k_0a)}\tag{5.4.37}$$

(5.4.37) 式形式上与 (5.4.3) 式一致。

由 (5.4.29) 和 (5.4.36) 式可见，无限长圆柱壳周向部分敷设黏弹性层时，周向振动模态产生耦合，当黏弹性层覆盖整个圆柱壳时，周向振动模态耦合消失。由 (5.4.30) 式可知，黏弹性层阻抗修正了外场流体负载，当 $\bar{Z}_c \ll Z_n^a$ 时，$\bar{Z}_c$ 的作用明显，而当 $\bar{Z}_c \gg Z_n^a$ 时，$\bar{Z}_c$ 对壳体振动响应的影响较小。类似地，由 (5.4.37) 式可知，当 $\bar{Z}_c \ll Z_n^a$ 时，壳体响应取决于黏弹性层阻抗 $\bar{Z}_c$，当 $\bar{Z}_c \gg Z_n^a$ 时，$\bar{Z}_c$ 的作用也较小。针对局部敷设黏弹性层，(5.4.15) 和 (5.4.31) 式中取 $\varphi_0 = 0.4\pi$，(5.4.16) 式中取 $\sigma = 0.01, \eta_c = 0$ 或 $\eta_c = 0.1$，在机械点力作用下，无限长圆柱壳振动速度响应计算结果表明，由于局部黏弹性层的边界反射及其敷设部位圆柱壳出现“慢速波”现象，在圆柱壳振动响应中出现附加的共振峰，不同黏弹性层敷设情况下，圆柱壳振动峰值位置有明显差别。在单位力激励情况下，输入到无限长圆柱壳的声功率正比于圆柱壳激励点振速实部。无限长圆柱壳没有敷设黏弹性层时，壳体与圆周声介质耦合较强，并接收较多的输入声功率，再通过声辐射耗散。无限长圆柱壳全部敷设比较软但没有阻尼的粘弹性层，则圆柱壳与声介质的耦合很弱，若壳体及黏弹性层都没有阻尼的话，输入到壳体的声功率也很小。理论上讲，黏弹性层完全隔离了壳体与声介质，且其本身没有阻尼，因为不存在能量耗散的机制，壳体输入声功率应该为零，相应地，壳体激励点振速实部不能反映出壳体的共振峰。当黏弹性层有一定的阻尼时，虽然壳体与声介质仍然隔离，但圆柱壳共振模态耗散输入功率，相应地，壳体激励点振速实部存在共振峰。在无限长圆柱壳局部敷设有一定阻尼的黏弹性层时，由于存在黏弹性层阻尼耗散和声辐射能量损耗，壳体的周向模态和黏弹性层“慢速波”都接收声功率，无限长圆柱壳激励点振速实部存在更多的共振峰。图 5.4.3 给出了无限长圆柱壳与黏弹性层表面振动响应的比较，无论是全敷设还是局部敷设情况，除了上面已提到的现象外，在高频段黏弹性层表面振速要小于圆柱壳体表面振速。局部敷设时，黏弹性层表面出现附加的低频峰值。因为只有“超音速”模态才能有远场声辐射，“亚音速”模态只有近场声，所以无论是全敷设还是局部敷设情况，无限长圆柱壳敷设黏弹性层时，其远场声压的共振峰数量减小，全敷设的远场声压明显小于局部敷设的远场声压，参见图 5.4.4。无黏弹性层与有黏弹性层的无限长圆柱壳远场散射声场，差别主要在低频段，这是由于黏弹性层柔性较大，相应的低频响应也比较大，且由于激励的壳体和黏弹性层模态多为“亚音速”模态，远场散射声压中没有明显的共振峰。

实际上，早年 Gaunaurd 和 Flax 等 [29,30] 分别采用内部有声介质和中空的双层弹性圆柱体模型，研究平面波入射的散射声场特性。基于这种模型，Ko[31] 等进一步研究了无限长圆柱壳敷设涂覆层以降低结构噪声对安装在壳体附近的声呐基阵自噪声的影响。考虑如图 5.4.5 所示的敷设涂覆层的无限长圆柱壳模型。无限长圆柱壳外表面敷设的涂覆层为软性声学层，如微孔弹性层 (microvoided elastomer)。涂覆层外面为无限水介质，圆柱壳内部为空气介质，轴对称激励力作用在圆柱壳内表面。设弹性壳内外半径为 $a_1$ 和 $a_2$，涂覆层的内外半径为 $a_2$ 和 $a_3$，弹性壳和涂覆层的厚度分别为 $h_1$ 和 $h_2$，它们的密度、纵波和横波声速分别为 $\rho_{s1}, C_{l1}, C_{t1}$ 和 $\rho_{s2}, C_{l2}, C_{t2}$，弹性壳内部声介质的密度和声速为 $\rho_0, C_0$，外场水介质密度和声速为 $\rho_3$ 和 $C_3$。

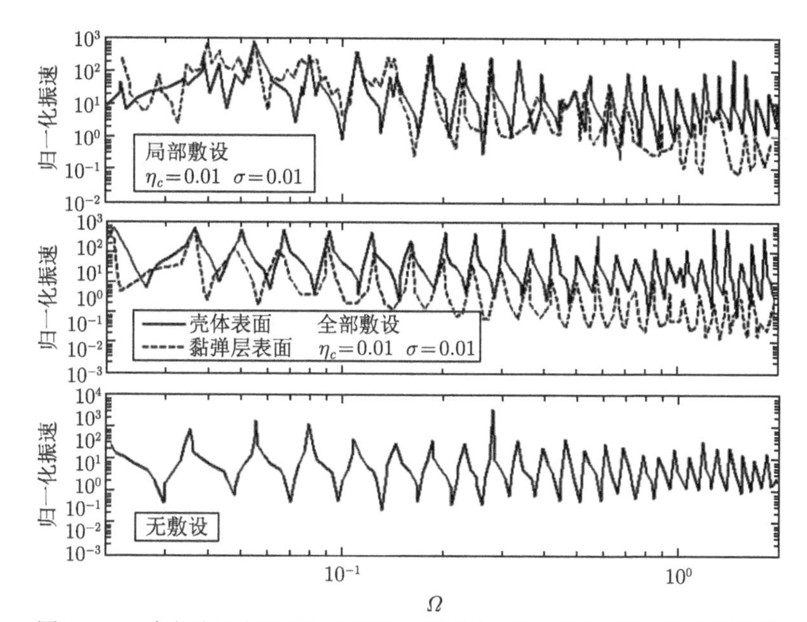


图 5.4.3 全部和局部敷设时无限长圆柱壳与黏弹性层表面振动响应比较

(引自文献 [27], fig6)

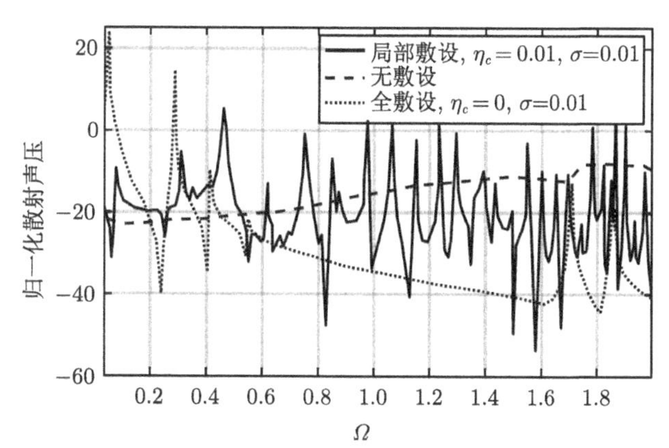


图 5.4.4 敷设黏弹性层时无限长圆柱壳归一化远场辐射声压比较

(引自文献 [27], fig7)

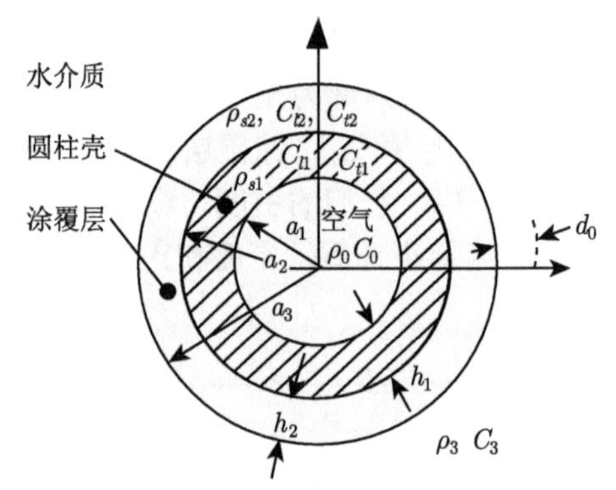


图 5.4.5　外表面敷设涂覆层的无限长圆柱壳模型

(引自文献 [31], fig2)

上述无限长弹性壳和涂覆层组成的双层复合结构，其外场声压满足波动方程：

$$\frac{\partial^2 p_3}{\partial r^2}+\frac{1}{r}\frac{\partial p_3}{\partial r}+\frac{1}{r^2}\frac{\partial^2 p_3}{\partial \varphi^2}+\frac{\partial^2 p_3}{\partial z^2}+k_3^2 p_3=0 \tag{5.4.38}$$

式中，$k_3=\omega/C_3$。

采用轴向空间 Fourier 变换及周向级数展开求解 (5.4.38) 式，有

$$p_3(r,\varphi,z)=\frac{1}{2\pi}\sum_{n=0}^{\infty}\varepsilon_n\int_{-\infty}^{\infty}p_{3n}(r,k_z,\omega)\cos n\varphi \mathrm{e}^{\mathrm{i}k_z z}\mathrm{d}k_z \tag{5.4.39}$$

将 (5.4.39) 式代入 (5.4.38) 式，可求解得到外场声场模态解：

$$p_{3n}(r)=A_{3n}\mathrm{H}_n^{(1)}(k_{3r}r) \tag{5.4.40}$$

式中，

$$k_{3r}=\begin{cases}\left(k_3^2-k_z^2\right)^{1/2}, & k_3>k_z\\ \mathrm{i}\left(k_z^2-k_3^2\right)^{1/2}, & k_3<k_z\end{cases} \tag{5.4.41}$$

在弹性壳体层和涂覆层中，纵波和横波势函数分别满足波动方程：

$$\frac{\partial^2 \Phi^{(i)}}{\partial r^2}+\frac{1}{r}\frac{\partial \Phi^{(i)}}{\partial r}+\frac{1}{r^2}\frac{\partial^2 \Phi^{(i)}}{\partial \varphi^2}+\frac{\partial^2 \Phi^{(i)}}{\partial z^2}+k_{li}^2\Phi^{(i)}=0 \tag{5.4.42}$$

$$\frac{\partial^2 \Psi_r^{(i)}}{\partial r^2}+\frac{1}{r}\frac{\partial \Psi_r^{(i)}}{\partial r}+\frac{1}{r^2}\frac{\partial^2 \Psi_r^{(i)}}{\partial \varphi^2}+\frac{r^2\partial \Psi_r^{(i)}}{\partial z^2}-\frac{\Psi_r^{(i)}}{r^2}-\frac{2}{r^2}\frac{\partial \Psi_\varphi^{(i)}}{\partial \varphi}+k_{ti}^2\psi_r^{(i)}=0 \tag{5.4.43}$$

$$\frac{\partial^2 \Psi_\varphi^{(i)}}{\partial r^2}+\frac{1}{r}\frac{\partial \Psi_\varphi^{(i)}}{\partial r}+\frac{1}{r^2}\frac{\partial^2 \Psi_\varphi^{(i)}}{\partial \varphi^2}+\frac{r^2\partial \Psi_\varphi^{(i)}}{\partial z^2}-\frac{\Psi_\varphi^{i}}{r^2}+\frac{2}{r^2}\frac{\partial \Psi_r^{(i)}}{\partial \varphi}+k_{ti}^2\psi_\varphi^{(i)}=0 \tag{5.4.44}$$

$$\frac{\partial^2 \Psi_z^{(i)}}{\partial r^2}+\frac{1}{r}\frac{\partial \Psi_z^{(i)}}{\partial r}+\frac{1}{r^2}\frac{\partial^2 \Psi_z^{(i)}}{\partial \varphi^2}+\frac{\partial^2 \Psi_z^{(i)}}{\partial z^2}+k_{ti}^2\Psi_z^{(i)}=0 \tag{5.4.45}$$

式中，$i=1,2$，分别对应弹性壳体层和涂覆层，且 $k_{li}=\omega/C_{li}$，$k_{ti}=\omega/C_{ti}$。注意到，这里采用 $\Phi, \Psi_r, \Psi_\varphi$ 和 $\Psi_z$ 等四个势函数表征圆柱壳体振动，等同于 5.1 节中的三个势函数 $\Phi, \Psi_1$ 和 $\Psi_2$。

同样对 (5.4.42)~(5.4.45) 式进行轴向空间 Fourier 变换及周向级数展开，有

$$\Phi^{(i)}(r,\varphi,z)=\frac{1}{2\pi}\sum_{n=0}^{\infty}\varepsilon_n\int_{-\infty}^{\infty}\left[A_{in}\mathrm{J}_n(\gamma_{li}r)+B_{in}\mathrm{N}_n(\gamma_{li}r)\right]\cos n\varphi \mathrm{e}^{\mathrm{i}k_z z}dk_z \tag{5.4.46}$$

$$\Psi_r^{(i)}(r,\varphi,z)=\frac{1}{2\pi}\sum_{n=0}^{\infty}\varepsilon_n\int_{-\infty}^{\infty}\left[C_{in}\mathrm{J}_{n+1}(\gamma_{ti}r)+D_{in}\mathrm{N}_{n+1}(\gamma_{ti}r)\right]\sin n\varphi \mathrm{e}^{\mathrm{i}k_z z}dk_z \tag{5.4.47}$$

$$\Psi_\varphi^{(i)}(r,\varphi,z)=\frac{1}{2\pi}\sum_{n=0}^{\infty}\varepsilon_n\int_{-\infty}^{\infty}\left[-C_{in}\mathrm{J}_{n+1}(\gamma_{ti}r)-D_{in}\mathrm{N}_{n+1}(\gamma_{ti}r)\right]\cos n\varphi \mathrm{e}^{\mathrm{i}k_z z}dk_z \tag{5.4.48}$$

$$\Psi_z^{(i)}(r,\varphi,z)=\frac{1}{2\pi}\sum_{n=0}^{\infty}\varepsilon_n\int_{-\infty}^{\infty}\left[E_{in}\mathrm{J}_n(\beta_i r)+F_{in}\mathrm{N}_n(\beta_i r)\right]\sin n\varphi \mathrm{e}^{\mathrm{i}k_z z}dk_z \tag{5.4.49}$$

式中，$\gamma_{li}=\left(k_{li}^2-k_z^2\right)^{1/2}$，$\gamma_{ti}=\left(k_{ti}^2-k_z^2\right)^{1/2}$，$A_{in}$ 和 $B_{in}\sim F_{in}$ 为待定系数，需要由边界条件确定。

另外，在弹性壳体层和涂覆层中，径向、周向和轴向振动位移与势函数的关系为

$$W^{(i)}=\frac{\partial \Phi^{(i)}}{\partial r}+\frac{1}{r}\frac{\partial \Psi_z^{(i)}}{\partial \varphi}-\frac{\partial \Psi_\varphi^{(i)}}{\partial z} \tag{5.4.50}$$

$$V^{(i)}=\frac{1}{r}\frac{\partial \Phi^{(i)}}{\partial \varphi}+\frac{\partial \Psi_r^{(i)}}{\partial z}-\frac{\partial \Psi_z^{(i)}}{\partial r} \tag{5.4.51}$$

$$U^{(i)}=\frac{\partial \Phi^{(i)}}{\partial z}+\frac{\Psi_\varphi^{(i)}}{r}+\frac{\partial \Psi_\varphi^{(i)}}{\partial r}-\frac{1}{r}\frac{\partial \Psi_r^{(i)}}{\partial \varphi} \tag{5.4.52}$$

同时，径向、周向和轴向应力与振动位移的关系为

$$\sigma_{rr}^{(i)}=\lambda_i\left[\frac{\partial W^{(i)}}{\partial r}+\frac{1}{r}\frac{\partial V^{(i)}}{\partial \varphi}+\frac{W^{(i)}}{r}+\frac{\partial U^{(i)}}{\partial z}\right]+2\mu_i\frac{\partial W^{(i)}}{\partial r} \tag{5.4.53}$$

$$\sigma_{r\varphi}^{(i)}=\mu_i\left[\frac{1}{r}\frac{\partial W^{(i)}}{\partial \varphi}+\frac{\partial V^{(i)}}{\partial r}-\frac{V^{(i)}}{r}\right] \tag{5.4.54}$$

$$\sigma_{rz}^{(i)}=\mu_i\left[+\frac{\partial U^{(i)}}{\partial r}+\frac{\partial W^{(i)}}{\partial z}\right] \tag{5.4.55}$$

式中，$\lambda_i$ 和 $\mu_i(i=1,2)$ 分别为弹性壳体层和涂覆层拉密常数。

在弹性壳内部，声压可以表示为

$$p_0(r,\varphi,z)=\frac{1}{2\pi}\sum_{n=0}^{\infty}\varepsilon_n\int_{-\infty}^{\infty}B_{0n}\mathrm{J}_n(k_{0r}r)\cos n\varphi\mathrm{e}^{\mathrm{i}k_zz}\mathrm{d}k_z \tag{5.4.56}$$

式中，$k_{0r}=\left(k_0^2-k_z^2\right)^{1/2}$, $k_0=\omega/C_0$。

作用在无限长双层复合圆柱壳内表面 $(r=a_2)$ 的轴对称简谐激励力，也采用轴向空间 Fourier 变换：

$$f(z,\omega)=\frac{1}{2\pi}\int_{-\infty}^{\infty}F(k_z,\omega)\mathrm{e}^{\mathrm{i}k_zz}\mathrm{d}k_z \tag{5.4.57}$$

假设激励力为

$$f(z,\omega)=F_0(\omega)\delta(z-z_0) \tag{5.4.58}$$

则有

$$F(k_z,\omega)=F_0\mathrm{e}^{\mathrm{i}k_zz_0} \tag{5.4.59}$$

为了确定待定系数 $A_{3n}$, $B_{0n}$, $A_{in}$, $B_{in}\sim F_{in}$，接下来需要考虑涂覆层外表面、弹性壳体层与涂覆层界面及弹性壳体层内表面的边界条件。

在涂覆层外表面：

$$\left.\sigma_{rr,n}^{(2)}\right|_{r=a_3}=-\left.p_{3n}\right|_{r=a_3} \tag{5.4.60}$$

$$\left.\omega^2\rho_3W_n^{(2)}\right|_{r=a_3}=\left.\frac{\partial p_{3n}}{\partial r}\right|_{r=a_3} \tag{5.4.61}$$

$$\left.\sigma_{r\varphi,n}^{(2)}\right|_{r=a_3}=0 \tag{5.4.62}$$

$$\left.\sigma_{rz,n}^{(2)}\right|_{r=a_3}=0 \tag{5.4.63}$$

在弹性壳体层和涂覆层界面

$$\left.\sigma_{rr,n}^{(1)}\right|_{r=a_2}=\left.\sigma_{rr,n}^{(2)}\right|_{r=a_2} \tag{5.4.64}$$

$$\left.\sigma_{r\varphi,n}^{(1)}\right|_{r=a_2}=\left.\sigma_{r\varphi,n}^{(2)}\right|_{r=a_2} \tag{5.4.65}$$

$$\left.\sigma_{rz,n}^{(1)}\right|_{r=a_2}=\left.\sigma_{rz,n}^{(2)}\right|_{r=a_2} \tag{5.4.66}$$

$$\left.W_n^{(1)}\right|_{r=a_2}=\left.W_n^{(2)}\right|_{r=a_2} \tag{5.4.67}$$

$$\left.V_n^{(1)}\right|_{r=a_2}=\left.V_n^{(2)}\right|_{r=a_2} \tag{5.4.68}$$

$$U_n^{(1)}\big|_{r=a_2} = U_n^{(2)}\big|_{r=a_2} \tag{5.4.69}$$

在弹性壳体层内表面

$$\sigma_{rr,n}^{(1)}\big|_{r=a_1} = -p_{0n}\big|_{r=a_1} - f\big|_{r=a_1} \tag{5.4.70}$$

$$\sigma_{r\varphi,n}^{(1)}\big|_{r=a_1} = 0 \tag{5.4.71}$$

$$\sigma_{rz,n}^{(1)}\big|_{r=a_1} = 0 \tag{5.4.72}$$

$$\omega^2\rho_0 W_n^{(1)}\big|_{r=a_1} = \left.\frac{\partial p_{0n}}{\partial r}\right|_{r=a_1} \tag{5.4.73}$$

注意到边界条件 (5.4.60)~(5.4.73) 式，对应有振动位移 $W^{(i)}, V^{(i)}, U^{(i)}$ 和应力 $\sigma_{rr}^{(i)}, \sigma_{r\varphi}^{(i)}, \sigma_{rz}^{(i)}$ 的轴向 Fourier 变换和周向级数展开量满足的关系。将 (5.4.50)~(5.4.52) 式代入 (5.4.53)~(5.4.55) 式，并作轴向 Fourier 变换和周向级数展开，再考虑到 (5.4.46)~(5.4.49) 式，由 (5.4.60)~(5.4.73) 式，可以得到 $A_{3n}$, $B_{0n}$, $A_{in}$, $B_{in}$~$F_{in}$ 所满足的线性方程组，因为作用在弹性壳体层内表面的作用力为轴向对称激励力，求解的待定系数及线性方程组元素只需考虑 $n=0$ 情况，且设激励力作用于坐标原点，相应的矩阵方程

$$\begin{bmatrix}
a_{11} & a_{12} & a_{13} & a_{14} & a_{15} & 0 & 0 & 0 & 0 & 0 & 0 & 0 & 0 & 0\\
a_{21} & a_{22} & a_{23} & a_{24} & a_{25} & 0 & 0 & 0 & 0 & 0 & 0 & 0 & 0 & 0\\
0 & 0 & 0 & a_{34} & a_{35} & a_{36} & a_{37} & 0 & 0 & 0 & 0 & 0 & 0 & 0\\
0 & a_{42} & a_{43} & a_{44} & a_{45} & 0 & 0 & 0 & 0 & 0 & 0 & 0 & 0 & 0\\
0 & a_{52} & a_{53} & a_{54} & a_{55} & 0 & 0 & a_{58} & a_{59} & a_{5,10} & a_{5,11} & 0 & 0 & 0\\
0 & 0 & 0 & a_{64} & a_{65} & a_{66} & a_{67} & 0 & 0 & a_{6,10} & a_{6,11} & a_{6,12} & a_{6,13} & 0\\
0 & a_{72} & a_{73} & a_{74} & a_{75} & 0 & 0 & a_{78} & a_{79} & a_{7,10} & a_{7,11} & 0 & 0 & 0\\
0 & a_{82} & a_{83} & a_{84} & a_{85} & 0 & 0 & a_{88} & a_{89} & a_{8,10} & a_{8,11} & 0 & 0 & 0\\
0 & 0 & 0 & a_{94} & a_{95} & a_{96} & a_{97} & 0 & 0 & a_{9,10} & a_{9,11} & a_{9,12} & a_{9,13} & 0\\
0 & a_{10,2} & a_{10,3} & a_{10,4} & a_{10,5} & 0 & 0 & a_{10,8} & a_{10,9} & a_{10,10} & a_{10,11} & 0 & 0 & 0\\
0 & 0 & 0 & 0 & 0 & 0 & 0 & 0 & 0 & a_{11,10} & a_{11,11} & a_{11,12} & a_{11,13} & 0\\
0 & 0 & 0 & 0 & 0 & 0 & 0 & a_{12,8} & a_{12,9} & a_{12,10} & a_{12,11} & 0 & 0 & 0\\
0 & 0 & 0 & 0 & 0 & 0 & 0 & a_{13,8} & a_{13,9} & a_{13,10} & a_{13,11} & 0 & 0 & a_{13,14}\\
0 & 0 & 0 & 0 & 0 & 0 & 0 & a_{14,8} & a_{14,9} & a_{14,10} & a_{14,11} & 0 & 0 & a_{14,14}
\end{bmatrix}
\begin{bmatrix} A_{30}\\ A_{20}\\ B_{20}\\ C_{20}\\ D_{20}\\ E_{20}\\ F_{20}\\ A_{10}\\ B_{10}\\ C_{10}\\ D_{10}\\ E_{10}\\ F_{10}\\ B_{00} \end{bmatrix}$$

$$= \begin{bmatrix} 0 & 0 & 0 & 0 & 0 & 0 & 0 & 0 & 0 & 0 & 0 & 0 & 0 & b_{14} \end{bmatrix}^{\mathrm{T}} \tag{5.4.74}$$

式中，矩阵元素 $a_{ij}\,(i,j=1\sim 14)$ 的表达式罗列如下：

$$a_{11} = \begin{cases} \mathrm{H}_0^{(1)}\left(\sqrt{k_3^2-k_z^2}a_3\right), & k_3 > k_z \\ \mathrm{H}_0^{(1)}\left(\mathrm{i}\sqrt{k_z^2-k_3^2}a_3\right), & k_3 > k_z \end{cases}$$

$$a_{12} = \rho_{s2} C_{l2}^2 \gamma_{l2}^2 \mathrm{J}_0'' (\gamma_{l2} a_3) + \rho_{s2} \left(C_{l2}^2 - 2C_{t2}^2\right) \left[-k_z^2 \mathrm{J}_0 (\gamma_{l2} a_3) + \frac{\gamma_{l2}}{a_1} \mathrm{J}_0' (\gamma_{l2} a_3)\right]$$

$$a_{13} = \rho_{s2} C_{l2}^2 \gamma_{l2}^2 \mathrm{N}_0'' (\gamma_{l2} a_3) + \rho_{s1} \left(C_{l2}^2 - 2C_{t2}^2\right) \left[-k_z^2 \mathrm{N}_0 (\gamma_{l2} a_3) + \frac{\gamma_{l2}}{a_3} \mathrm{N}_0' (\gamma_{l2} a_3)\right]$$

$$a_{14} = \rho_{s2} C_{l2}^2 \left[\mathrm{i} k_z \gamma_{t2} \mathrm{J}_1' (\gamma_{t2} a_3)\right] + \rho_{s2} \left(C_{l2}^2 - 2C_{t2}^2\right) \left[-\mathrm{i} k_z \gamma_{t2} \mathrm{J}_1' (\gamma_{t2} a_3)\right]$$

$$a_{15} = \rho_{s2} C_{l2}^2 \left[\mathrm{i} k_z \gamma_{t2} \mathrm{N}_1' (\gamma_{t2} a_3)\right] + \rho_{s2} \left(C_{l2}^2 - 2C_{t2}^2\right) \left[-\mathrm{i} k_z \gamma_{t2} \mathrm{N}_1' (\gamma_{t2} a_3)\right]$$

$$a_{21} = \begin{cases} -\sqrt{k_3^2 - k_z^2} \mathrm{H}_0^{(1)\prime} \left(\sqrt{k_3^2 - k_z^2} a_3\right), & k_3 > k_z \\ -\mathrm{i}\sqrt{k_z^2 - k_3^2} \mathrm{H}_0^{(1)\prime} \left(\mathrm{i}\sqrt{k_z^2 - k_3^2} a_3\right), & k_3 < k_z \end{cases}$$

$$a_{22} = \rho_3 \omega^2 \gamma_{l2} \mathrm{J}_0' (\gamma_{l2} a_3); \quad a_{23} = \rho_3 \omega^2 \gamma_{l2} \mathrm{N}_0' (\gamma_{l2} a_3)$$

$$a_{24} = \mathrm{i} \rho_3 \omega^2 k_z \mathrm{J}_1 (\gamma_{t2} a_3); \quad a_{25} = \mathrm{i} \rho_3 \omega^2 k_z \mathrm{N}_1 (\gamma_{t2} a_3)$$

$$a_{34} = \rho_{s2} C_{t2}^2 \left[\frac{-i}{a_3} k_z \mathrm{J}_1 (\gamma_{t2} a_3) + \mathrm{i} k_z \gamma_{t2} \mathrm{J}_1' (\gamma_{t2} a_3)\right]$$

$$a_{35} = \rho_{s2} C_{t2}^2 \left[\frac{-i}{a_3} k_z \mathrm{N}_1 (\gamma_{t2} a_3) + \mathrm{i} k_z \gamma_{t2} \mathrm{N}_1' (\gamma_{t2} a_3)\right]$$

$$a_{36} = \rho_{s2} C_{t2}^2 \left[\frac{\gamma_{t2}}{a_3} \mathrm{J}_0' (\gamma_{t2} a_3) - \gamma_{t2}^2 \mathrm{J}_0'' (\gamma_{t2} a_3)\right]$$

$$a_{37} = \rho_{s2} C_{t2}^2 \left[\frac{\gamma_{t2}}{a_3} \mathrm{N}_0' (\gamma_{t2} a_3) - \gamma_{t2}^2 \mathrm{N}_0'' (\gamma_{t2} a_3)\right]$$

$$a_{42} = \rho_{s2} C_{t2}^2 \left[2\mathrm{i} k_z \gamma_{l2} \mathrm{J}_0' (\gamma_{l2} a_3)\right]$$

$$a_{43} = \rho_{s2} C_{t2}^2 \left[2\mathrm{i} k_z \gamma_{l2} \mathrm{N}_0' (\gamma_{l2} a_3)\right]$$

$$a_{44} = \rho_{s2} C_{t2}^2 \left[\left(\frac{1}{a_3^2} - k_z^2\right) \mathrm{J}_1 (\gamma_{t2} a_3) - \frac{1}{a_3} \gamma_{t2} \mathrm{J}_1' (\gamma_{t2} a_3) - \gamma_{t2}^2 \mathrm{J}_1'' (\gamma_{t2} a_3)\right]$$

$$a_{45} = \rho_{s2} C_{t2}^2 \left[\left(\frac{1}{a_3^2} - k_z^2\right) \mathrm{N}_1 (\gamma_{t2} a_3) - \frac{1}{a_3} \gamma_{t2} \mathrm{N}_1' (\gamma_{t2} a_3) - \gamma_{t2}^2 \mathrm{N}_1'' (\gamma_{t2} a_3)\right]$$

$$a_{52} = \rho_{s2} C_{l2}^2 \gamma_{l2}^2 \mathrm{J}_0'' (\gamma_{l2} a_2) + \rho_{s2} \left(C_{l2}^2 - 2C_{t2}^2\right) \left[-k_z^2 \mathrm{J}_0 (\gamma_{l2} a_2) + \frac{\gamma_{l2}}{a_2} \mathrm{J}_0' (\gamma_{l2} a_2)\right]$$

$$a_{53} = \rho_{s2} C_{l2}^2 \gamma_{l2}^2 \mathrm{N}_0'' (\gamma_{l2} a_2) + \rho_{s2} \left(C_{l2}^2 - 2C_{t2}^2\right) \left[-k_z^2 \mathrm{N}_0 (\gamma_{l2} a_2) + \frac{\gamma_{l2}}{a_2} \mathrm{N}_0' (\gamma_{l2} a_2)\right]$$

$$a_{54} = \rho_{s2} C_{l2}^2 \left[\mathrm{i} k_z \gamma_{t2} \mathrm{J}_1' (\gamma_{t2} a_1 a_2)\right] + \rho_{s2} \left(C_{l2}^2 - C_{t2}^2\right) \left[-\mathrm{i} k_z \gamma_{t2} \mathrm{J}_0' (\gamma_{t2} a_2)\right]$$

$$a_{55}=\rho_{s2}C_{l2}^2\left[\mathrm{i}k_z\gamma_{t2}\mathrm{N}_1'\left(\gamma_{t21}a_2\right)\right]+\rho_{s2}\left(C_{l2}^2-C_{t2}^2\right)\left[-\mathrm{i}k_z\gamma_{t2}\mathrm{N}_0'\left(\gamma_{t2}a_2\right)\right]$$

$$a_{58}=-\rho_{s1}C_{l1}^2\gamma_{l1}^2\mathrm{J}_0''\left(\gamma_{l1}^2a_2\right)-\rho_{s1}\left(C_{l1}^2-2C_{t1}^2\right)\left[-k_z^2\mathrm{J}_0\left(\gamma_{l1}^2a_2\right)+\frac{\gamma_{l1}^2}{a_2}\mathrm{J}_0'\left(\gamma_{l1}^2a_2\right)\right]$$

$$a_{59}=-\rho_{s1}C_{l1}^2\gamma_{l1}^2\mathrm{N}_0''\left(\gamma_{l1}^2a_2\right)-\rho_{s1}\left(C_{l1}^2-2C_{t1}^2\right)\left[-k_z^2\mathrm{N}_0\left(\gamma_{l1}^2a_2\right)+\frac{\gamma_{l1}^2}{a_2}\mathrm{N}_0'\left(\gamma_{l1}^2a_2\right)\right]$$

$$a_{5,10}=-\rho_{s1}C_{l1}^2\left[\mathrm{i}k_z\gamma_{t1}^2\mathrm{J}_1'\left(\gamma_{t1}a_2\right)\right]+\rho_{s1}\left(C_{l1}^2-2C_{t1}^2\right)\left[\mathrm{i}k_z\gamma_{t1}\mathrm{J}_1'\left(\gamma_{t1}a_2\right)\right]$$

$$a_{5,11}=-\rho_{s1}C_{l1}^2\left[\mathrm{i}k_z\gamma_{t1}^2\mathrm{N}_1'\left(\gamma_{t1}a_2\right)\right]+\rho_{s1}\left(C_{l1}^2-2C_{t1}^2\right)\left[\mathrm{i}k_z\gamma_{t1}\mathrm{N}_1'\left(\gamma_{t1}a_2\right)\right]$$

$$a_{64}=\rho_{s2}C_{t1}^2\left[\frac{-\mathrm{i}k_z}{a_2}\mathrm{J}_1\left(\gamma_{t2}a_2\right)+\mathrm{i}k_z\gamma_{t2}\mathrm{J}_1'\left(\gamma_{t2}a_2\right)\right]$$

$$a_{65}=\rho_{s2}C_{t1}^2\left[\frac{-\mathrm{i}k_z}{a_2}\mathrm{N}_1\left(\gamma_{t2}a_2\right)+\mathrm{i}k_z\gamma_{t2}\mathrm{N}_1'\left(\gamma_{t2}a_2\right)\right]$$

$$a_{66}=\rho_{s2}C_{t2}^2\left[\frac{\gamma_{t2}}{a_2}\mathrm{J}_0'\left(\gamma_{t2}a_2\right)-\gamma_{t2}^2\mathrm{J}_0''\left(\gamma_{t2}a_2\right)\right]$$

$$a_{67}=\rho_{s2}C_{t2}^2\left[\frac{\gamma_{t2}}{a_2}\mathrm{N}_0'\left(\gamma_{t2}a_2\right)-\gamma_{t2}^2\mathrm{N}_0''\left(\gamma_{t2}a_2\right)\right]$$

$$a_{6,10}=\rho_{s1}C_{t1}^2\left[\frac{\mathrm{i}k_z}{a_2}\mathrm{J}_1\left(\gamma_{t1}a_2\right)-\mathrm{i}k_z\gamma_{t1}\mathrm{J}_1'\left(\gamma_{t1}a_2\right)\right]$$

$$a_{6,11}=\rho_{s1}C_{t1}^2\left[\frac{\mathrm{i}k_z}{a_2}\mathrm{N}_1\left(\gamma_{t1}a_2\right)-\mathrm{i}k_z\gamma_{t1}\mathrm{N}_1'\left(\gamma_{t1}a_2\right)\right]$$

$$a_{6,12}=-\rho_{s1}C_{t1}^2\left[\frac{\gamma_{t1}}{a_2}\mathrm{J}_0'\left(\gamma_{t1}a_2\right)-\gamma_{t1}^2\mathrm{J}_0''\left(\gamma_{t1}a_2\right)\right]$$

$$a_{6,13}=-\rho_{s1}C_{t1}^2\left[\frac{\gamma_{t1}}{a_2}\mathrm{N}_0'\left(\gamma_{t1}a_2\right)-\gamma_{t1}^2\mathrm{N}_0''\left(\gamma_{t1}a_2\right)\right]$$

$$a_{72}=\rho_{s2}C_{t2}^2\left[2\mathrm{i}k_z\gamma_{l2}\mathrm{J}_0'\left(\gamma_{l2}a_2\right)\right]$$

$$a_{73}=\rho_{s2}C_{t2}^2\left[2\mathrm{i}k_z\gamma_{l2}\mathrm{N}_0'\left(\gamma_{l2}a_2\right)\right]$$

$$a_{74}=\rho_{s2}C_{t2}^2\left[\left(\frac{1}{a_2^2}-k_z^2\right)\mathrm{J}_1\left(\gamma_{t2}a_2\right)-\frac{1}{a_2}\gamma_{t2}\mathrm{J}_1'\left(\gamma_{t2}a_2\right)-\gamma_{t2}^2\mathrm{J}_1''\left(\gamma_{t2}a_2\right)\right]$$

$$a_{75}=\rho_{s2}C_{t2}^2\left[\left(\frac{1}{a_2^2}-k_z^2\right)\mathrm{N}_1\left(\gamma_{t2}a_2\right)-\frac{1}{a_2}\gamma_{t2}\mathrm{N}_1'\left(\gamma_{t2}a_2\right)-\gamma_{t2}^2\mathrm{N}_1''\left(\gamma_{t2}a_2\right)\right]$$

$$a_{78}=-\rho_{s1}C_{t1}^2\left[2\mathrm{i}k_z\gamma_{l1}\mathrm{J}_0'\left(\gamma_{l1}a_2\right)\right]$$

$$a_{79}=-\rho_{s1}C_{t1}^2\left[2\mathrm{i}k_z\gamma_{l1}\mathrm{N}_0'\left(\gamma_{l1}a_2\right)\right]$$

$$a_{7,10}=-\rho_{s1}C_{t1}^2\left[\left(\frac{1}{a_2^2}-k_z^2\right)\mathrm{J}_1(\gamma_{t1}a_2)-\frac{1}{a_2}\gamma_{t1}\mathrm{J}_1'(\gamma_{t1}a_2)-\gamma_{t1}^2\mathrm{J}_1''(\gamma_{t1}a_2)\right]$$

$$a_{7,11}=-\rho_{s1}C_{t1}^2\left[\left(\frac{1}{a_2^2}-k_z^2\right)\mathrm{N}_1(\gamma_{t1}a_2)-\frac{1}{a_2}\gamma_{t1}\mathrm{N}_1'(\gamma_{t1}a_2)-\gamma_{t1}^2\mathrm{N}_1''(\gamma_{t1}a_2)\right]$$

$$a_{82}=\gamma_{l2}\mathrm{J}_0'(\gamma_{l2}a_2),\quad a_{83}=\gamma_{l2}\mathrm{N}_0'(\gamma_{l2}a_2)$$

$$a_{84}=\mathrm{i}k_z\mathrm{J}_1(\gamma_{t2}a_2),\quad a_{85}=\mathrm{i}k_z\mathrm{N}_1(\gamma_{t2}a_2)$$

$$a_{88}=-\gamma_{l1}\mathrm{J}_0'(\gamma_{l1}a_2),\quad a_{89}=-\gamma_{l1}\mathrm{N}_0'(\gamma_{l1}a_2)$$

$$a_{8,10}=-\mathrm{i}k_z\mathrm{J}_1(\gamma_{t1}a_2),\quad a_{8,11}=-\mathrm{i}k_z\mathrm{N}_1(\gamma_{t1}a_2)$$

$$a_{94}=\mathrm{i}k_z\mathrm{J}_1(\gamma_{t2}a_2),\quad a_{95}=\mathrm{i}k_z\mathrm{N}_1(\gamma_{t2}a_2)$$

$$a_{96}=-\gamma_{t2}\mathrm{J}_0'(\gamma_{t2}a_2),\quad a_{97}=-\gamma_{t2}\mathrm{N}_0'(\gamma_{t2}a_2)$$

$$a_{9,10}=-\mathrm{i}k_z\mathrm{J}_1(\gamma_{t1}a_2),\quad a_{9,11}=-\mathrm{i}k_z\mathrm{N}_1(\gamma_{t1}a_2)$$

$$a_{9,12}=\gamma_{t1}\mathrm{J}_0'(\gamma_{t1}a_2),\quad a_{9,13}=\gamma_{t1}\mathrm{N}_0'(\gamma_{t1}a_2)$$

$$a_{10,2}=\mathrm{i}k_z\mathrm{J}_0(\gamma_{l2}a_2),\quad a_{10,3}=\mathrm{i}k_z\mathrm{N}_0(\gamma_{l2}a_2)$$

$$a_{10,4}=-\frac{1}{a_2}\mathrm{J}_1(\gamma_{t2}a_2)-\gamma_{t2}\mathrm{J}_1'(\gamma_{t2}a_2)$$

$$a_{10,5}=-\frac{1}{a_2}\mathrm{N}_1(\gamma_{t2}a_2)-\gamma_{t2}\mathrm{N}_1'(\gamma_{t2}a_2)$$

$$a_{10,8}=-\mathrm{i}k_z\mathrm{J}_0(\gamma_{t1}a_2),\quad a_{10,9}=-\mathrm{i}k_z\mathrm{N}_0(\gamma_{t1}a_2)$$

$$a_{10,10}=\frac{1}{a_2}\mathrm{J}_1(\gamma_{t1}a_2)+\gamma_{t1}\mathrm{J}_1'(\gamma_{t1}a_2)$$

$$a_{10,11}=\frac{1}{a_2}\mathrm{N}_1(\gamma_{t1}a_2)+\gamma_{t1}\mathrm{N}_1'(\gamma_{t1}a_2)$$

$$a_{11,10}=\rho_{s1}C_{t1}^2\left[\frac{-\mathrm{i}}{a_1}k_z\mathrm{J}_1(\gamma_{t1}a_1)+\mathrm{i}k_z\gamma_{t1}\mathrm{J}_1'(\gamma_{t1}a_1)\right]$$

$$a_{11,11}=\rho_{s1}C_{t1}^2\left[\frac{-\mathrm{i}}{a_1}k_z\mathrm{N}_1(\gamma_{t1}a_1)+\mathrm{i}k_z\gamma_{t1}\mathrm{N}_1'(\gamma_{t1}a_1)\right]$$

$$a_{11,12}=\rho_{s1}C_{t1}^2\left[\frac{\gamma_{t1}}{a_1}\mathrm{J}_0(\gamma_{t1}a_1)-\gamma_{t1}^2\mathrm{J}_0''(\gamma_{t1}a_1)\right]$$

$$a_{11,13}=\rho_{s1}C_{t1}^2\left[\frac{\gamma_{t1}}{a_1}\mathrm{N}_0(\gamma_{t1}a_1)-\gamma_{t1}^2\mathrm{N}_0''(\gamma_{t1}a_1)\right]$$

$$a_{12,8}=\rho_{s1}C_{t1}^2\left[2\mathrm{i}k_z\gamma_{l1}\mathrm{J}_0'\left(\gamma_{l1}a_1\right)\right]$$

$$a_{12,9}=\rho_{s1}C_{t1}^2\left[2\mathrm{i}k_z\gamma_{l1}\mathrm{N}_0'\left(\gamma_{l1}a_1\right)\right]$$

$$a_{12,10}=\rho_{s1}C_{t1}^2\left[\left(\frac{1}{a_1^2}-k_z^2\right)\mathrm{J}_1\left(\gamma_{t1}a_1\right)-\frac{1}{a_1}\gamma_{t1}\mathrm{J}_1'\left(\gamma_{t1}a_1\right)-\gamma_{t1}^2\mathrm{J}_1''\left(\gamma_{t1}a_1\right)\right]$$

$$a_{12,11}=\rho_{s1}C_{t1}^2\left[\left(\frac{1}{a_1^2}-k_z^2\right)\mathrm{N}_1\left(\gamma_{t1}a_1\right)-\frac{1}{a_1}\gamma_{t1}\mathrm{N}_1'\left(\gamma_{t1}a_1\right)-\gamma_{t1}^2\mathrm{N}_1''\left(\gamma_{t1}a_1\right)\right]$$

$$a_{13,8}=\rho_0\omega^2\gamma_{l1}\mathrm{J}_0'\left(\gamma_{l1}a_1\right),\quad a_{13,9}=\rho_0\omega^2\gamma_{l1}\mathrm{N}_0'\left(\gamma_{l1}a_1\right)$$

$$a_{13,10}=\mathrm{i}\rho_0\omega^2k_z\mathrm{J}_1\left(\gamma_{t1}a_1\right),\quad a_{13,11}=\mathrm{i}\rho_0\omega^2k_z\mathrm{N}_1\left(\gamma_{t1}a_1\right)$$

$$a_{13,14}=\begin{cases}-\sqrt{k_0^2-k_z^2}\mathrm{J}_0'\left(\sqrt{k_0^2-k_z^2}a_2\right), & k_0>k_z\\ -\sqrt{k_z^2-k_0^2}\mathrm{I}_0^{(1)\prime}\left(\sqrt{k_z^2-k_0^2}a_2\right), & k_0<k_z\end{cases}$$

$$a_{14,8}=\rho_{s1}C_{l1}^2\gamma_{l1}^2\mathrm{J}_0''\left(\gamma_{l1}a_1\right)+\rho_{s2}\left(C_{l1}^2-2C_{t1}^2\right)\left[-k_z^2\mathrm{J}_0\left(\gamma_{l1}a_1\right)+\frac{\gamma_{l1}}{a_1}\mathrm{J}_0'\left(\gamma_{l1}a_1\right)\right]$$

$$a_{14,9}=\rho_{s1}C_{l1}^2\gamma_{l1}^2\mathrm{N}_0''\left(\gamma_{l1}a_1\right)+\rho_{s2}\left(C_{l1}^2-2C_{t1}^2\right)\left[-k_z^2\mathrm{N}_0\left(\gamma_{l1}a_1\right)+\frac{\gamma_{l1}}{a_1}\mathrm{N}_0'\left(\gamma_{l1}a_1\right)\right]$$

$$a_{14,10}=\rho_{s1}C_{l1}^2\left[\mathrm{i}k_z\gamma_{t1}^2\mathrm{J}_1'\left(\gamma_{t1}a_1\right)\right]+\rho_{s1}\left(C_{l1}^2-2C_{t1}^2\right)\left[-\mathrm{i}k_z\gamma_{t1}\mathrm{J}_1'\left(\gamma_{t1}a_1\right)\right]$$

$$a_{14,11}=\rho_{s1}C_{l1}^2\left[\mathrm{i}k_z\gamma_{t1}^2\mathrm{N}_1'\left(\gamma_{t1}a_1\right)\right]+\rho_{s1}\left(C_{l1}^2-2C_{t1}^2\right)\left[-\mathrm{i}k_z\gamma_{t1}\mathrm{N}_1'\left(\gamma_{t1}a_1\right)\right]$$

$$a_{14,14}=\begin{cases}\mathrm{J}_0\left(\sqrt{k_0^2-k_z^2}a_2\right), & k_0>k_z\\ \mathrm{I}_0\left(\mathrm{i}\sqrt{k_z^2-k_0^2}a_2\right), & k_0<k_z\end{cases}$$

$$b_{14}=-F_0$$

这样，由 (5.4.74) 式可以求解得到各个待定系数，其中求得待定系数 $A_{30}$ 为

$$A_{30}=F_0H_1\left(k_z,\omega\right)\tag{5.4.75}$$

式中，$H_1\left(k_z,\omega\right)$ 为复合无限长圆柱壳外场声压的传递函数。将 (5.4.75) 式代入 (5.4.40) 式，并对波数 $k_z$ 积分，可得无限长复合圆柱壳径向位置 $r=a_3+d$、轴向位置 $z=z_0$ 处的声压

$$p_{30}^{(1)}=\frac{F_0}{2\pi}\int_{-\infty}^{\infty}H_1\left(k_z,\omega\right)\mathrm{H}_0^{(1)}\left[\sqrt{k_3^2-k_z^2}\left(a_3+d\right)\right]\mathrm{d}k_z\tag{5.4.76}$$

式中，$d$ 为无限长复合圆柱壳涂覆层外面一点的距离。为了简单起见，(5.4.76) 式中计算时取 $z_0=0$。

一般采用插入损失评价无限长弹性圆柱壳敷设涂覆层的降噪效果，为此需要计算无涂覆层的无限长弹性圆柱壳外 $d$ 点的声压。5.1 节已经详细推导了无限长厚圆柱壳辐射声压的计算模型，相应地，在圆柱壳径向位置 $r=a_3+d$、轴向位置 $z=z_0$ 处的声压为

$$p_{30}^{(2)}=\frac{F_0}{2\pi}\int_{-\infty}^{\infty}H_2\left(k_z,\omega\right)\mathrm{H}_0^{(1)}\left[\sqrt{k_0^2-k_z^2}\left(a_2+d\right)\right]\mathrm{d}k_z \tag{5.4.77}$$

式中，$H_2\left(k_z,\omega\right)$ 为单层无限长圆柱壳外场声压的传递函数，详细过程可见参考文献 [31]，这里不详细叙述。

于是，无限长圆柱壳涂覆层的降噪效果为

$$NR=20\lg\left|\frac{p_{30}^{(1)}}{p_{30}^{(2)}}\right|\quad\mathrm{dB} \tag{5.4.78}$$

Ko[31] 等取弹性圆柱壳半径 $a_1=2.54\mathrm{m}$、壳壁厚 5.08cm，涂覆层厚度为 2.54cm，取涂覆层密度、纵波和横波声速分别为 $\rho_{s2}=600\mathrm{kg/m^3}$, $C_{l2}=200\mathrm{m/s}$, $C_{t2}=50\mathrm{m/s}$, 并设弹性壳体层和涂覆层纵波和横波声速为复数，弹性壳体层损耗因子为 $\eta_{l1}=0.001$ 和 $\eta_{t1}=0.01$，涂覆层损耗因子为 $\eta_{l2}=0.03$、$\eta_{t2}=0.3$。数值计算结果表明：无限长复合圆柱壳外径向距离 $d=0\mathrm{cm}$, 5.08cm 和 10.16cm 处，涂覆层的降噪效果基本一样，而取 $a_1=1.27$ 和 2.54m 及 $a_1=\infty$，在 1kHz 以上频率，涂覆层的降噪效果也基本一样，这是因为频率足够高时，圆柱壳近似为平板。在 1kHz 以下的低频段，涂覆层使声压出现放大现象，弹性圆柱壳不同半径时，放大的频率及幅度差别较大，半径越小，放大的峰值频率越高。改变涂覆层的厚度和密度，放大现象仍然存在，但放大的峰值基本不变化，参见图 5.4.6~图 5.4.8。在较高频率，涂覆层降噪效果随着其密度和纵波声速的减小及纵波损耗因子的增加而增加；当涂覆层厚度增加，降噪效果也增加。一般来说，当涂覆层厚度为 1/4 波长时，降噪效果为最大值，厚度为 1/2 波长时，降噪效果为最小值。涂覆层横波声速及其损耗因子对降噪效果的作用不明显，参见图 5.4.8。采用轻质材料作为涂覆层有利于降低无限长圆柱壳振动对声呐自噪声的影响。

Cuschieri[32] 还采用无限长弹性圆柱壳和涂覆层模型，研究了涂覆层对降低远场声辐射作用及机理。Munjal[33] 则采用简化模型研究了三层夹心无限长圆柱壳的声传输特性，Sastry 和 Munjal[34] 进一步采用传递矩阵法，研究无限长多层复合圆柱壳的声散射特性。多层无限长圆柱壳浸没在无限水介质中，受入射平面波作用，参见图 5.4.9。考虑图 5.4.10 中所示的第 $i$ 层声介质，其中有纵波和横

波传播，内、外界面由法向应力 $\sigma_{rr}$、切向应力 $\sigma_{r\varphi}$、径向质点速度 $v_r$ 和周向质点速度 $v_\varphi$ 表征。由第 $i$ 层圆柱壳中纵波和横波速度势的形式解及速度势与质点速度和应力的关系，可以推导得到第 $i$ 层圆柱壳内外界面应力和质点速度的传递关系。

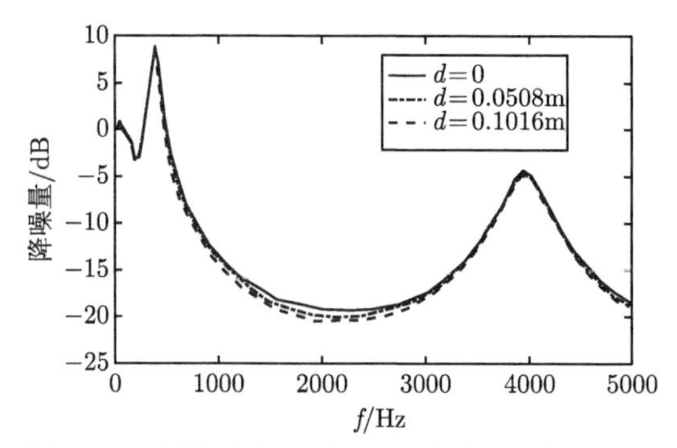


图 5.4.6 圆柱壳表面不同距离上涂覆层的降噪量

(引自文献 [31], fig9)

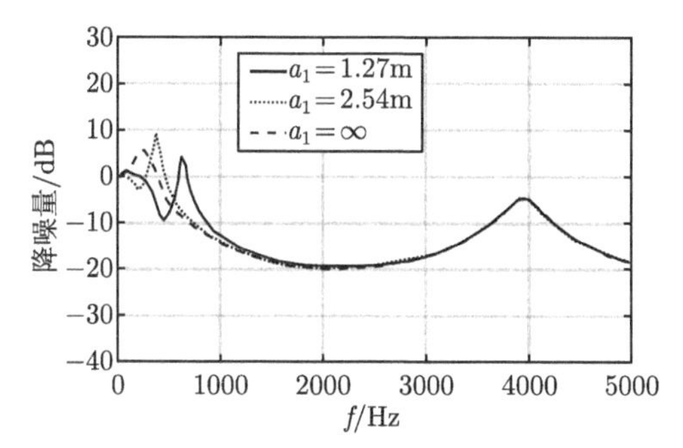


图 5.4.7 不同圆柱壳半径时涂覆层的降噪量

(引自文献 [31], fig10)

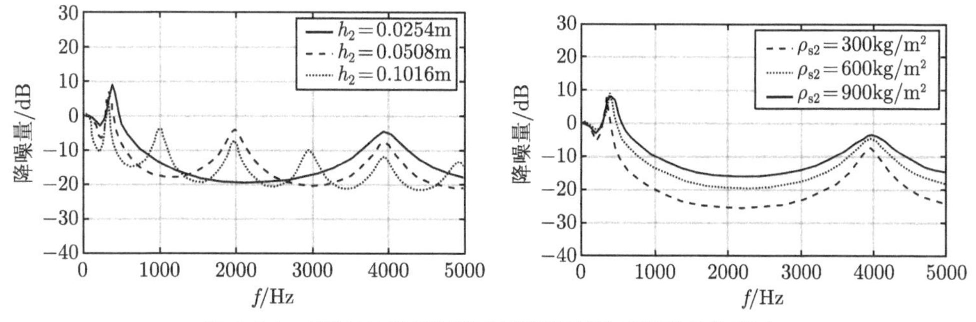


图 5.4.8 圆柱壳表面涂覆层厚度和密度对降噪量的影响

(引自文献 [31], fig11, fig12)

$$\begin{Bmatrix} \sigma_{rr,n}(a_{i+1}) \\ \sigma_{r\varphi,n}(a_{i+1}) \\ v_{\varphi n}(a_{i+1}) \\ v_{rn}(a_{i+1}) \end{Bmatrix} = \begin{bmatrix} a_{11} & a_{12} & a_{13} & a_{14} \\ a_{21} & a_{22} & a_{23} & a_{24} \\ a_{31} & a_{32} & a_{33} & a_{34} \\ a_{41} & a_{42} & a_{43} & a_{44} \end{bmatrix} \begin{Bmatrix} \sigma_{rr,n}(a_i) \\ \sigma_{r\varphi,n}(a_i) \\ v_{\varphi n}(a_i) \\ v_{rn}(a_i) \end{Bmatrix} \tag{5.4.79}$$

(5.4.79) 式的详细推导过程及 $a_{ij}(i,j=1,2,3,4)$ 的具体表达式可见文献 [34]。

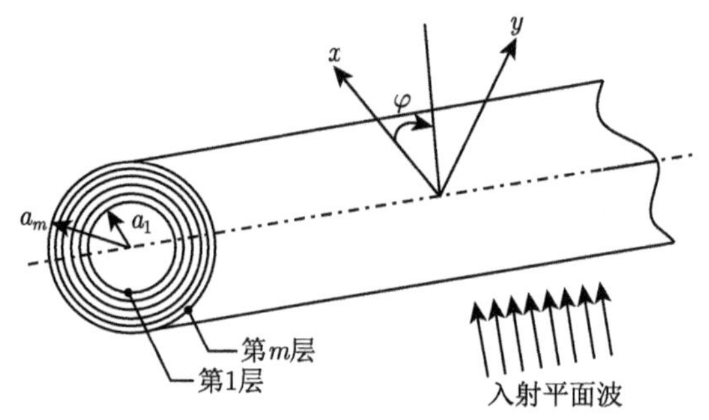


图 5.4.9　无限长多层复合圆柱壳声散射模型

(引自文献 [34], fig1)

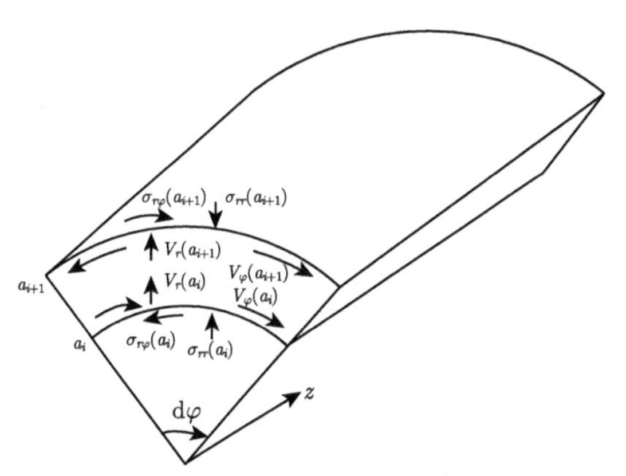


图 5.4.10　第 $i$ 层圆柱壳振动与应力分量

(引自文献 [34], fig2)

利用传递关系 (5.4.79) 式，进一步可推导得到多层无限长圆柱壳最外层的应力和质点速度与最内层的应力和质点速度的关系：

$$\begin{Bmatrix} \sigma_{rr,n}(a_{m+1}) \\ \sigma_{r\varphi,n}(a_{m+1}) \\ v_{\varphi n}(a_{m+1}) \\ v_{rn}(a_{m+1}) \end{Bmatrix} = \begin{bmatrix} A_{11} & A_{12} & A_{13} & A_{14} \\ A_{21} & A_{22} & A_{23} & A_{24} \\ A_{31} & A_{32} & A_{33} & A_{34} \\ A_{41} & A_{42} & A_{43} & A_{44} \end{bmatrix} \begin{Bmatrix} \sigma_{rr,n}(a_1) \\ \sigma_{r\varphi,n}(a_1) \\ v_{\varphi n}(a_1) \\ v_{rn}(a_1) \end{Bmatrix} \tag{5.4.80}$$

式中，矩阵 $[A]$ 为每层圆柱壳传递矩阵的乘积

$$[A]=[A_1]\cdot[A_2]\cdots[A_m] \tag{5.4.81}$$

其中，$[A_i]$ 即为 (5.4.79) 式给出的矩阵。

我们知道，考虑到入射声波和散射声波，参见 (5.3.46)~(5.3.47) 式，在多层无限长圆柱壳外表面，模态声压和模态质点速度为

$$p_{m+1,n}=\mathrm{J}_n\left(k_{m+1}a_{m+1}\right)+b_n\mathrm{H}_n^{(1)}\left(k_{m+1}a_{m+1}\right) \tag{5.4.82}$$

$$v_{rn}\left(a_{m+1}\right)=-\frac{\mathrm{i}}{\rho_{m+1}C_{m+1}}\left[\mathrm{J}_n'\left(k_{m+1}a_{m+1}\right)+b_n\mathrm{H}_n^{(1)\prime}\left(k_{m+1}a_{m+1}\right)\right] \tag{5.4.83}$$

且在外表面 $r=a_{m+1}$ 处，入射声波和散射声波的模态阻抗为

$$Z_{m+1,n}^{(i)}=\mathrm{i}\rho_{m+}C_{m+1}\mathrm{J}_n\left(k_{m+1}a_{m+1}\right)/\mathrm{J}_n'\left(k_{m+1}a_{m+1}\right) \tag{5.4.84}$$

$$Z_{m+1,n}^{(s)}=\mathrm{i}\rho_{m+}C_{m+1}\mathrm{H}_n^{(1)}\left(k_{m+1}a_{m+1}\right)/\mathrm{H}_n^{(1)\prime}\left(k_{m+1}a_{m+1}\right) \tag{5.4.85}$$

在多层无限长圆柱壳内表面，模态声压和模态质点速度为

$$p_{1n}\left(a_1\right)=F_n\mathrm{J}_n\left(k_0a_1\right) \tag{5.4.86}$$

$$v_{rn}\left(a_1\right)=-\frac{\mathrm{i}F_n}{\rho_0C_0}\mathrm{J}_n'\left(k_0a_1\right) \tag{5.4.87}$$

式中，$F_n$ 为待定系数。相应地，在内表面 $r=a_1$ 处的模态阻抗为

$$Z_{1n}\left(a_1\right)=\mathrm{i}\rho_0C_0\mathrm{J}_n\left(k_0a_1\right)/\mathrm{J}_n'\left(k_0a_1\right) \tag{5.4.88}$$

其中，$\rho_0$ 和 $C_0$ 为多层无限长圆柱壳内部声介质的密度和声速。

另外，在多层无限长圆柱壳的内外表面切向应力为零：

$$\sigma_{r\varphi,n}\left(a_1\right)=\sigma_{r\varphi,n}\left(a_{m+1}\right)=0 \tag{5.4.89}$$

在内外表面，法向应力等于内外场声压

$$\sigma_{rr,n}\left(a_{m+1}\right)=p_{m+1,n} \tag{5.4.90}$$

$$\sigma_{rr,n}\left(a_1\right)=p_{1n}=Z_{1n}v_{rn}\left(a_1\right) \tag{5.4.91}$$

将 (5.4.89) 式、(5.4.90) 式和 (5.4.91) 式分别代入 (5.4.80) 式的第一式和第二式，可得

$$\left(A_{11}Z_{1n}+A_{14}\right)v_{rn}\left(a_1\right)+A_{13}v_{\varphi n}\left(a_1\right)=p_{m+1,n} \tag{5.4.92}$$

$$\left(A_{21}Z_{1n}+A_{24}\right)v_{rn}\left(a_1\right)+A_{23}v_{\varphi n}\left(a_1\right)=0 \tag{5.4.93}$$

联立求解 (5.4.92) 和 (5.4.93) 式，得到多层无限长圆柱壳内表面模态振速与外场模态声压的关系

$$v_{rn}\left(a_1\right)=\frac{A_{23}}{\Delta}p_{m+1,n} \tag{5.4.94}$$

$$v_{\varphi n}\left(a_1\right)=-\frac{A_{21}Z_{1n}+A_{24}}{\Delta}p_{m+1,n} \tag{5.4.95}$$

式中，

$$\Delta=A_{23}\left(A_{11}Z_{1n}+A_{14}\right)-A_{13}\left(A_{21}Z_{1n}+A_{24}\right) \tag{5.4.96}$$

再将 (5.4.94) 和 (5.4.95) 式代入 (5.4.80) 式的第四式，可得多层无限长圆柱壳外表面模态振速与模态声压的关系

$$v_{rn}\left(a_{m+1}\right)Z_n=p_{m+1,n} \tag{5.4.97}$$

式中，$Z_n$ 为多层无限长圆柱壳的模态声阻抗，其表达式为

$$Z_n=\frac{M_1+M_2/Z_{1n}}{M_3+M_4/Z_{1n}} \tag{5.4.98}$$

其中，

$$M_1=A_{11}-A_{13}A_{21}/A_{23},\quad M_2=A_{14}-A_{13}A_{24}/A_{23}$$

$$M_3=A_{11}-A_{43}A_{21}/A_{23},\quad M_4=A_{44}-A_{43}A_{24}/A_{23}$$

利用 (5.4.82) 和 (5.4.83) 式，由 (5.4.97) 式可求解得到散射声压的模态展开系数

$$\begin{aligned}b_n=&-\left[\rho_{m+1}C_{m+1}\mathrm{J}_n\left(k_{m+1}a_{m+1}\right)+\mathrm{i}Z_n\mathrm{J}_n'\left(k_{m+1}a_{m+1}\right)\right]\\&\times\left[\mathrm{i}Z_n\mathrm{H}_n^{(1)\prime}\left(k_{m+1}a_{m+1}\right)-\rho_{m+1}C_{m+1}\mathrm{H}_n^{(1)}\left(k_{m+1}a_{m+1}\right)\right]^{-1}\end{aligned} \tag{5.4.99}$$

再由 (5.4.84) 和 (5.4.85) 式，(5.4.99) 式可简化为

$$b_n=A\frac{\mathrm{J}_n'\left(k_{m+1}a_{m+1}\right)}{\mathrm{H}_n^{(1)\prime}\left(k_{m+1}a_{m+1}\right)} \tag{5.4.100}$$

式中，

$$A=\frac{Z_n-Z_{m+1,n}^{(i)}}{Z_n-Z_{m+1,n}^{(s)}} \tag{5.4.101}$$

这样，可以得到多层无限长圆柱壳的散射声压

$$p_s = \sum_{n=0}^{\infty} \varepsilon_n (-1)^n A\mathrm{J}_n' (k_{m+1}a_{m+1}) \frac{\mathrm{H}_n^{(1)}(k_{m+1}r)}{\mathrm{H}_n^{(1)'}(k_{m+1}a_{m+1})} \cos n\varphi \tag{5.4.102}$$

再由 (5.4.86) 式、(5.4.94) 式、(5.4.91) 式及 (5.4.82) 式，可以得到 (5.4.86) 式的待定系数 $F_n$：

$$F_n = \left[\mathrm{J}_n (k_{m+1}a_{m+1}) + b_n \mathrm{H}_n^{(1)} (k_{m+1}a_{m+1})\right] \frac{A_{23}Z_{1n}}{\Delta \cdot \mathrm{J}_n (k_0 a_1)} \tag{5.4.103}$$

于是，多层无限长圆柱壳内部的声压为

$$p_0 (a_1) = \sum_{n=0}^{\infty} \varepsilon_n (-1)^n \left[\mathrm{J}_n (k_{m+1}a_{m+1}) + b_n \mathrm{H}_n^{(1)} (k_{m+1}a_{m+1})\right] \frac{A_{23}Z_{1n}}{\Delta} \cos n\varphi \tag{5.4.104}$$

相应地，多层无限长圆柱壳的声传输损失为

$$\begin{aligned} TL &= 20\lg\left|\frac{p_i + p_s}{p_0}\right| \\ &= 20\lg\left|\frac{\sum\limits_{n=0}^{\infty} \varepsilon_n (-\mathrm{i})^n \left[\mathrm{J}_n (k_{m+1}a_{m+1}) + b_n \mathrm{H}_n^{(1)} (k_{m+1}a_{m+1})\right] \cos n\varphi}{\sum\limits_{n=0}^{\infty} \varepsilon_n (-\mathrm{i})^n F_n \mathrm{J}_n (k_0 a_1) \cos n\varphi}\right| \end{aligned} \tag{5.4.105}$$

Sastry 和 Munjal 选取外径为 100mm、内径为 95mm 的圆柱弹性体，外径为 95mm、内径为 90mm 的钢质圆柱壳，作为多层无限长圆柱壳的计算对象，弹性体的密度为 $1200\mathrm{kg/m^3}$、杨氏模量为 $3.3\times10^8(1+\mathrm{i}0.8)$、泊松比为 0.49。计算分析了复合圆柱壳浸没在水介质中的散射形函数和声传输损失，结果参见图 5.4.11。单个圆柱弹性体的散射形函数会出现明显的峰值，另外低频声传输损失主要取决于钢质圆柱壳。增加外层弹性体厚度，会使散射形函数和声传输损失峰值往高频移动，且幅度略有增加，参见图 5.4.12。另外，多层无限长圆柱壳内部为水介质还是空气介质，对散射形函数和声传输损失有明显影响，圆柱壳内外都是水介质的情况下，低频段散射形函数会比外面为水介质、内部为空气介质情况增加 3~4 倍，声传输损失也在整个计算频段由 60~80dB 下降到 10~20dB，详见文献 [34]。

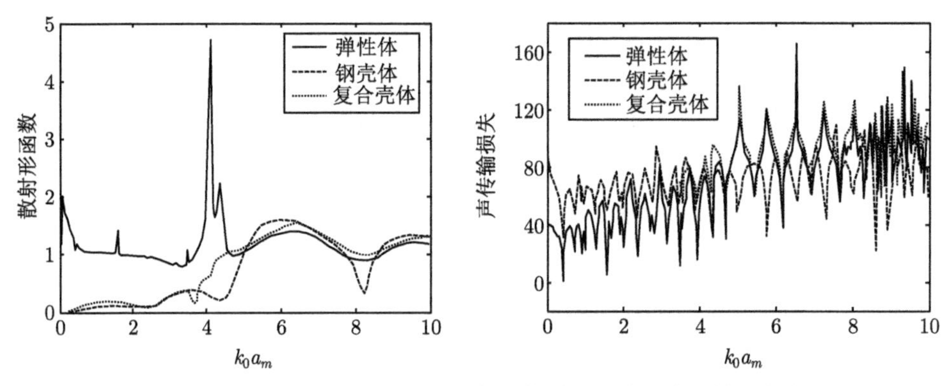


图 5.4.11　水介质中几种无限长圆柱壳散射形函数和声传输损失比较

(引自文献 [34], fig3, fig4)

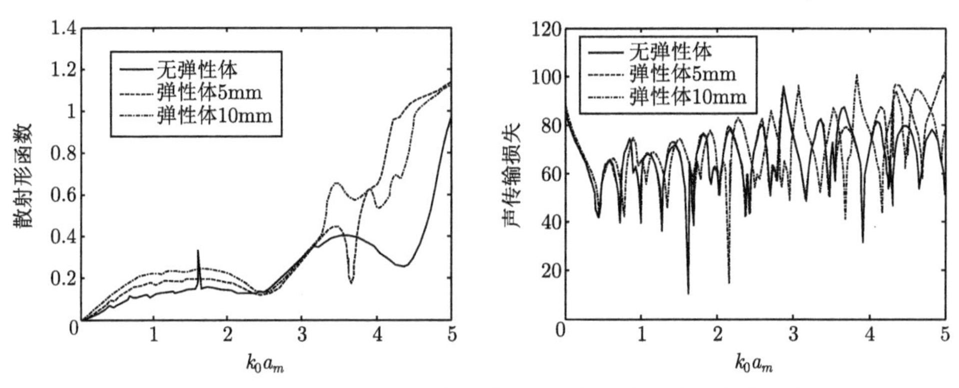


图 5.4.12　圆柱壳弹性体厚度对散射形函数和声传输损失的影响

(引自文献 [34], fig5, fig6)

## 5.5　无限长复合材料圆柱壳振动和声辐射

复合材料结构以其重量轻、强度高及阻尼大等优势，将越来越多地用于舰艇及车辆结构，随着高强度复合材料的发展，未来潜艇甚至有可能采用复合材料耐压艇体结构。国内外对复合材料结构的动力学性能开展了广泛的研究 [35-39]。Zhao[40] 等还采用各向异性等效动刚度并考虑内力影响，已经研究了潮湿环境下复合材料平板的振动和声响应。文献 [41] 和 [42] 基于复合材料结构动力模型，建了无限大加肋复合材料平板和无限长加肋复合材料圆柱壳的振动和声辐射模型，在此基础上，Cao 等 [43,44] 进一步研究了考虑剪切变形的无限大加肋复合材料平板和无限长加肋复合材料圆柱壳振动和声辐射特性，Lee[45] 等基于复合材料动力学，采用周期结构单元，研究了加环肋和纵肋的薄壁复合材料圆柱壳的波传播特性，Mejdi

等 [46] 考虑剪切变形和面内相互作用，推导了复合材料平板的振动方程，并建立了周期加肋的复合材料平板声传输损失计算方法。Lee[47] 等则研究了复合材料圆柱壳及内部矩形铺板的自由振动。

我们知道，复合材料平板和壳体结构由均匀厚度的 $N$ 层各向异性材料层组成，参见图 5.5.1。对于每一层材料而言，其应力和应变关系满足广义胡克定律：

$$\sigma_{ij} = C_{ijkl}\varepsilon_{kl} \tag{5.5.1}$$

式中，$\sigma_{ij}$ 为应力张力，$\varepsilon_{kl}$ 为应变张量，$C_{ijkl}$ 为材料刚度系数张量。

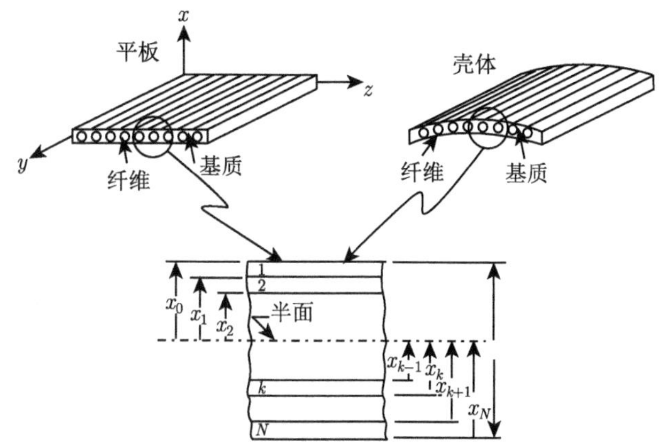


图 5.5.1 复合材料平板和壳体模型

(引自文献 [47]，fig2)

若记

$$\begin{aligned} &\sigma_1 = \sigma_{11}, \quad \sigma_2 = \sigma_{22}, \quad \sigma_3 = \sigma_{33}, \\ &\sigma_4 = \sigma_{23}, \quad \sigma_5 = \sigma_{13}, \quad \sigma_6 = \sigma_{12} \end{aligned} \tag{5.5.2}$$

$$\begin{aligned} &\varepsilon_1 = \varepsilon_{11}, \quad \varepsilon_2 = \varepsilon_{22}, \quad \varepsilon_3 = \varepsilon_{33}, \\ &\varepsilon_4 = 2\varepsilon_{23}, \quad \varepsilon_5 = 2\varepsilon_{13}, \quad \varepsilon_6 = 2\varepsilon_{12} \end{aligned} \tag{5.5.3}$$

则 (5.5.1) 式可以表示为矩阵形式：

$$\begin{Bmatrix} \sigma_1 \\ \sigma_2 \\ \sigma_3 \\ \sigma_4 \\ \sigma_5 \\ \sigma_6 \end{Bmatrix} = \begin{bmatrix} C_{11} & C_{12} & C_{13} & C_{14} & C_{15} & C_{16} \\ C_{21} & C_{22} & C_{23} & C_{24} & C_{25} & C_{26} \\ C_{31} & C_{32} & C_{33} & C_{34} & C_{35} & C_{36} \\ C_{41} & C_{42} & C_{43} & C_{44} & C_{45} & C_{46} \\ C_{51} & C_{52} & C_{53} & C_{54} & C_{55} & C_{56} \\ C_{61} & C_{62} & C_{63} & C_{64} & C_{65} & C_{66} \end{bmatrix} \begin{Bmatrix} \varepsilon_1 \\ \varepsilon_2 \\ \varepsilon_3 \\ \varepsilon_4 \\ \varepsilon_5 \\ \varepsilon_6 \end{Bmatrix} \tag{5.5.4}$$

注意到，刚度系数 $C_{ij}$ 是对称的，即 $C_{ij}=C_{ji}$，一般情况下，材料有 21 个独立的刚度系数。(5.5.4) 式中刚度系数矩阵 $[C]$ 是可逆的，相应地，应变与应力的关系为

$$\begin{Bmatrix} \varepsilon_1 \\ \varepsilon_2 \\ \varepsilon_3 \\ \varepsilon_4 \\ \varepsilon_5 \\ \varepsilon_6 \end{Bmatrix} = \begin{bmatrix} S_{11} & S_{12} & S_{13} & S_{14} & S_{15} & S_{16} \\ S_{21} & S_{22} & S_{23} & S_{24} & S_{25} & S_{26} \\ S_{31} & S_{32} & S_{33} & S_{34} & S_{35} & S_{36} \\ S_{41} & S_{42} & S_{43} & S_{44} & S_{45} & S_{46} \\ S_{51} & S_{52} & S_{53} & S_{54} & S_{55} & S_{56} \\ S_{61} & S_{62} & S_{63} & S_{64} & S_{65} & S_{66} \end{bmatrix} \begin{Bmatrix} \sigma_1 \\ \sigma_2 \\ \sigma_3 \\ \sigma_4 \\ \sigma_5 \\ \sigma_6 \end{Bmatrix} \tag{5.5.5}$$

式中，$S_{ij}$ 为材料的柔性系数，且柔性系数矩阵 $[S]$ 与刚度系数矩阵 $[C]$ 满足：

$$[S]=[C]^{-1} \tag{5.5.6}$$

在弹性力学中，应力和应变满足镜像关系的单晶材料，刚度系数矩阵为

$$[C]=\begin{bmatrix} C_{11} & C_{12} & C_{13} & 0 & 0 & C_{16} \\ C_{21} & C_{22} & C_{23} & 0 & 0 & C_{26} \\ C_{31} & C_{32} & C_{33} & 0 & 0 & C_{36} \\ 0 & 0 & 0 & C_{44} & C_{45} & 0 \\ 0 & 0 & 0 & C_{54} & C_{55} & 0 \\ C_{61} & C_{62} & C_{63} & 0 & 0 & C_{66} \end{bmatrix} \tag{5.5.7}$$

单晶材料的独立刚度系数为 13 个。对于存在三个相互正交面的各向异性材料，应力与应变的关系为

$$\begin{Bmatrix} \sigma_1 \\ \sigma_2 \\ \sigma_3 \\ \sigma_4 \\ \sigma_5 \\ \sigma_6 \end{Bmatrix} = \begin{bmatrix} C_{11} & C_{12} & C_{13} & 0 & 0 & 0 \\ C_{21} & C_{22} & C_{23} & 0 & 0 & 0 \\ C_{31} & C_{32} & C_{33} & 0 & 0 & 0 \\ 0 & 0 & 0 & C_{44} & 0 & 0 \\ 0 & 0 & 0 & 0 & C_{55} & 0 \\ 0 & 0 & 0 & 0 & 0 & C_{66} \end{bmatrix} \begin{Bmatrix} \varepsilon_1 \\ \varepsilon_2 \\ \varepsilon_3 \\ \varepsilon_4 \\ \varepsilon_5 \\ \varepsilon_6 \end{Bmatrix} \tag{5.5.8}$$

式中独立的刚度系数为 9 个，相应的应变与应力关系为

$$\begin{Bmatrix} \varepsilon_1 \\ \varepsilon_2 \\ \varepsilon_3 \\ \varepsilon_4 \\ \varepsilon_5 \\ \varepsilon_6 \end{Bmatrix} = \begin{bmatrix} S_{11} & S_{12} & S_{13} & 0 & 0 & 0 \\ S_{21} & S_{22} & S_{23} & 0 & 0 & 0 \\ S_{31} & S_{32} & S_{33} & 0 & 0 & 0 \\ 0 & 0 & 0 & S_{44} & 0 & 0 \\ 0 & 0 & 0 & 0 & S_{55} & 0 \\ 0 & 0 & 0 & 0 & 0 & S_{66} \end{bmatrix} \begin{Bmatrix} \sigma_1 \\ \sigma_2 \\ \sigma_3 \\ \sigma_4 \\ \sigma_5 \\ \sigma_6 \end{Bmatrix} \tag{5.5.9}$$

这里，各向异性材料刚度系数与柔性系数的关系为

$$C_{11} = \frac{S_{22}S_{33} - S_{23}^2}{S}, \quad C_{12} = \frac{S_{13}S_{23} - S_{12}S_{33}}{S}$$

$$C_{22} = \frac{S_{33}S_{11} - S_{13}^2}{S}, \quad C_{13} = \frac{S_{12}S_{23} - S_{13}S_{22}}{S}$$

$$C_{33} = \frac{S_{11}S_{22} - S_{12}^2}{S}, \quad C_{23} = \frac{S_{12}S_{13} - S_{23}S_{11}}{S}$$

$$C_{44} = \frac{1}{S_{44}}, \quad C_{55} = \frac{1}{S_{55}}, \quad C_{66} = \frac{1}{S_{66}}$$

$$S = S_{11}S_{22}S_{33} - S_{11}S_{33}^2 - S_{22}S_{13}^2 - S_{33}S_{12}^2 + 2S_{12}S_{23}S_{13}$$

实际上，$x_1$ 方向的应变是由 $x_1$ 方向的应力 $\sigma_{11}$ 产生的应变 $\varepsilon_{11}^{(1)}$，以及 $x_2$ 和 $x_3$ 方向的应力 $\sigma_{22}$ 和 $\sigma_{33}$ 产生的应变 $\varepsilon_{11}^{(2)}$ 和 $\varepsilon_{11}^{(3)}$ 组成，即

$$\varepsilon_{11} = \varepsilon_{11}^{(1)} + \varepsilon_{11}^{(2)} + \varepsilon_{11}^{(3)} = \frac{\sigma_{11}}{E_1} - \frac{\sigma_{22}\nu_{21}}{E_2} - \frac{\sigma_{33}\nu_{31}}{E_3} \tag{5.5.10}$$

同理，可以得到各向异性材料柔性系数的具体表达式及应变与应力的关系：

$$\begin{Bmatrix} \varepsilon_1 \\ \varepsilon_2 \\ \varepsilon_3 \\ \varepsilon_4 \\ \varepsilon_5 \\ \varepsilon_6 \end{Bmatrix} = \begin{bmatrix} 1/E_1 & -\nu_{21}/E_2 & -\nu_{31}/E_3 & 0 & 0 & 0 \\ -\nu_{12}/E_1 & 1/E_2 & -\nu_{32}/E_3 & 0 & 0 & 0 \\ -\nu_{13}/E_1 & -\nu_{23}/E_2 & 1/E_3 & 0 & 0 & 0 \\ 0 & 0 & 0 & 1/G_{23} & 0 & 0 \\ 0 & 0 & 0 & 0 & 1/G_{13} & 0 \\ 0 & 0 & 0 & 0 & 0 & 1/G_{12} \end{bmatrix} \begin{Bmatrix} \sigma_1 \\ \sigma_2 \\ \sigma_3 \\ \sigma_4 \\ \sigma_5 \\ \sigma_6 \end{Bmatrix} \tag{5.5.11}$$

式中，$E_1, E_2$ 和 $E_3$ 分别为 $x_1, x_2$ 和 $x_3$ 方向的杨氏模量，$\nu_{12}, \nu_{21}, \nu_{13}, \nu_{31}, \nu_{23}, \nu_{32}$ 为泊松比，表示 $i$ 方向的应力在 $j$ 方向产生的应变，$G_{23}, G_{13}, G_{12}$ 为 $x_2-x_3$, $x_1-x_3$, $x_1-x_2$ 平面的剪切模量。考虑到 $\nu_{ij}/E_i = \nu_{ji}/E_j$，各向异性材料的独立弹性常数也是 9 个，分别为 $E_1, E_2, E_3, G_{23}, G_{13}, G_{12}, \nu_{12}, \nu_{13}$ 和 $\nu_{23}$。

比较 (5.5.9) 式和 (5.5.11) 式，各向异性材料的柔性系数与弹性常数的关系为

$$\begin{aligned}
&S_{11}=\frac{1}{E_1},\quad S_{12}=-\frac{\nu_{12}}{E_1},\quad S_{13}=-\frac{\nu_{13}}{E_1}\\
&S_{22}=\frac{1}{E_2},\quad S_{23}=-\frac{\nu_{23}}{E_2},\quad S_{33}=\frac{1}{E_3}\\
&S_{44}=\frac{1}{G_{23}},\quad S_{55}=\frac{1}{G_{13}},\quad S_{66}=\frac{1}{G_{12}}
\end{aligned}\tag{5.5.12}$$

相应地，各向异性材料的刚度系数与弹性常数的关系为

$$\begin{aligned}
&C_{11}=\frac{1-\nu_{23}\nu_{32}}{E_1E_3\varDelta},C_{12}=\frac{\nu_{21}+\nu_{31}\nu_{23}}{E_2E_3\varDelta}=\frac{\nu_{12}+\nu_{32}\nu_{13}}{E_1E_3\varDelta}\\
&C_{13}=\frac{\nu_{31}+\nu_{21}\nu_{32}}{E_2E_3\varDelta}=\frac{\nu_{13}+\nu_{12}\nu_{23}}{E_1E_2\varDelta},\quad C_{22}=\frac{1-\nu_{13}\nu_{31}}{E_1E_3\varDelta}\\
&C_{23}=\frac{\nu_{32}+\nu_{12}\nu_{31}}{E_1E_3\varDelta}=\frac{\nu_{23}+\nu_{21}\nu_{13}}{E_1E_3\varDelta},\quad C_{33}=\frac{1-\nu_{12}\nu_{21}}{E_1E_2\varDelta}\\
&C_{44}=G_{23},\quad C_{55}=G_{21},\quad C_{66}=G_{12}\\
&\varDelta=\frac{1-\nu_{12}\nu_{21}-\nu_{23}\nu_{32}-\nu_{31}\nu_{13}-2\nu_{21}\nu_{32}\nu_{13}}{E_1E_2E_3}
\end{aligned}$$

当材料为各向同性材料时，有

$$E_1=E_2=E_3=E,\quad G_{12}=G_{13}=G_{23}=G,\quad \nu_{12}=\nu_{13}=\nu_{23}=\nu$$

则应力和应变的关系简化为熟知的形式：

$$\begin{Bmatrix}\sigma_1\\\sigma_2\\\sigma_3\\\sigma_4\\\sigma_5\\\sigma_6\end{Bmatrix}=\varLambda\begin{bmatrix}1-\nu&\nu&\nu&0&0&0\\\nu&\nu&\nu&0&0&0\\\nu&\nu&1-\nu&0&0&0\\0&0&0&\dfrac{1}{2}(1-2\nu)&0&0\\0&0&0&0&\dfrac{1}{2}(1-2\nu)&0\\0&0&0&0&0&\dfrac{1}{2}(1-2\nu)\end{bmatrix}\begin{Bmatrix}\varepsilon_1\\\varepsilon_2\\\varepsilon_3\\\varepsilon_4\\\varepsilon_5\\\varepsilon_6\end{Bmatrix}\tag{5.5.13}$$

$$\begin{Bmatrix} \varepsilon_1 \\ \varepsilon_2 \\ \varepsilon_3 \\ \varepsilon_4 \\ \varepsilon_5 \\ \varepsilon_6 \end{Bmatrix} = \frac{1}{E} \begin{bmatrix} 1 & -\nu & -\nu & 0 & 0 & 0 \\ -\nu & 1 & -\nu & 0 & 0 & 0 \\ -\nu & -\nu & 1 & 0 & 0 & 0 \\ 0 & 0 & 0 & 1+\nu & 0 & 0 \\ 0 & 0 & 0 & 0 & 1+\nu & 0 \\ 0 & 0 & 0 & 0 & 0 & 1+\nu \end{bmatrix} \begin{Bmatrix} \sigma_1 \\ \sigma_2 \\ \sigma_3 \\ \sigma_4 \\ \sigma_5 \\ \sigma_6 \end{Bmatrix} \tag{5.5.14}$$

其中，$\Lambda = E/(1+\nu)(1-2\nu)$，杨氏模量 $E$、泊松比 $\nu$ 和剪切模量 $G$ 可以采用拉密常数 $\lambda$ 和 $\mu$ 表示：

$$E = \frac{\mu(3\lambda + 2\mu)}{\lambda + \mu}, \quad \nu = \frac{\lambda}{2(\mu + \lambda)}, \quad G = \mu \tag{5.5.15}$$

且有

$$\lambda = \frac{E}{(1+\nu)(1-2\nu)}, \quad \mu = \frac{E}{2(1+\nu)} \tag{5.5.16}$$

在平面应力情况下，各向异性材料的应力与应变的关系可以简化，有

$$\sigma_{ij} = \sigma_{ij}(x_1, x_2), \quad \sigma_{i3} = \sigma_{i3}(x_1, x_2), \quad \sigma_{33} = 0 \tag{5.5.17}$$

相应地，(5.5.11) 式简化为

$$\begin{Bmatrix} \varepsilon_1 \\ \varepsilon_2 \\ \varepsilon_6 \end{Bmatrix} = \begin{bmatrix} 1/E_1 & -\nu_{21}/E_2 & 0 \\ -\nu_{21}/E_1 & 1/E_2 & 0 \\ 0 & 0 & G_{12} \end{bmatrix} \begin{Bmatrix} \sigma_1 \\ \sigma_2 \\ \sigma_6 \end{Bmatrix} \tag{5.5.18}$$

可以表示为

$$\begin{Bmatrix} \varepsilon_1 \\ \varepsilon_2 \\ \varepsilon_6 \end{Bmatrix} = \begin{bmatrix} S_{11} & S_{12} & 0 \\ S_{12} & S_{22} & 0 \\ 0 & 0 & S_{66} \end{bmatrix} \begin{Bmatrix} \sigma_1 \\ \sigma_2 \\ \sigma_6 \end{Bmatrix} \tag{5.5.19}$$

由 (5.5.19) 式求逆得到应力与应变的关系

$$\begin{Bmatrix} \sigma_1 \\ \sigma_2 \\ \sigma_6 \end{Bmatrix} = \begin{bmatrix} Q_{11} & Q_{12} & 0 \\ Q_{12} & Q_{22} & 0 \\ 0 & 0 & Q_{66} \end{bmatrix} \begin{Bmatrix} \varepsilon_1 \\ \varepsilon_2 \\ \varepsilon_6 \end{Bmatrix} \tag{5.5.20}$$

式中，$Q_{ij}$ 为平面应力缩减刚度 (plane stress reduced stiffnesses)，其具体形式为

$$Q_{11} = \frac{S_{22}}{S_{11}S_{22} - S_{12}^2} = \frac{E_1}{1 - \nu_{12}\nu_{21}} \tag{5.5.21}$$

$$Q_{12}=\frac{S_{12}}{S_{11}S_{22}-S_{12}^2}=\frac{\nu_{12}E_2}{1-\nu_{12}\nu_{21}} \tag{5.5.22}$$

$$Q_{22}=\frac{S_{11}}{S_{11}S_{22}-S_{12}^2}=\frac{E_2}{1-\nu_{12}\nu_{21}} \tag{5.5.23}$$

$$Q_{66}=\frac{1}{S_{66}}=G_{12} \tag{5.5.24}$$

同时，各向异性材料中，横向剪切应力与横向剪切应变的关系为

$$\left\{\begin{array}{c}\sigma_4\\ \sigma_5\end{array}\right\}=\left[\begin{array}{cc}Q_{44} & 0\\ 0 & Q_{55}\end{array}\right]\left\{\begin{array}{c}\varepsilon_4\\ \varepsilon_5\end{array}\right\} \tag{5.5.25}$$

式中，$Q_{44}=G_{23}, Q_{55}=G_{13}$。

注意到，在平面应力问题中，共有 $E_1, E_2, \nu_{12}, \nu_{21}, G_{23}$ 和 $G_{13}$ 等 6 个弹性常数。前面给出的各向异性材料的力学关系，都是对应该材料所在的坐标系。对于复合材料来说，它由 $N$ 层材料组成，每一层的取向不同，需要给出作为整体的复合材料力学关系。为此应将每层的力学关系变换为整体力学关系。假设整体复合材料的坐标系为 $x, y, z$，每层各向异性材料的坐标系为 $(x_1, x_2, x_3)$，且坐标 $x_3$ 与坐标 $x$ 平行，$zy$ 平面与 $x_1x_2$ 平面平行，在 $zy$ 平面 $x_1$ 方向的逆时针夹角为 $\theta$，参见图 5.5.2。这两个坐标系具有以下变换关系：

$$\left\{\begin{array}{c}x_1\\ x_2\\ x_3\end{array}\right\}=\left[\begin{array}{ccc}\cos\theta & \sin\theta & 0\\ -\sin\theta & \cos\theta & 0\\ 0 & 0 & 1\end{array}\right]\left\{\begin{array}{c}z\\ y\\ x\end{array}\right\}=[L]\left\{\begin{array}{c}z\\ y\\ x\end{array}\right\} \tag{5.5.26}$$

(5.5.26) 式的逆关系为

$$\left\{\begin{array}{c}z\\ y\\ x\end{array}\right\}=\left[\begin{array}{ccc}\cos\theta & -\sin\theta & 0\\ \sin\theta & \cos\theta & 0\\ 0 & 0 & 1\end{array}\right]\left\{\begin{array}{c}x_1\\ x_2\\ x_3\end{array}\right\}=[L]^{\mathrm{T}}\left\{\begin{array}{c}x_1\\ x_2\\ x_3\end{array}\right\} \tag{5.5.27}$$

将 $(x, y, z)$ 和 $(x_1, x_2, x_3)$ 坐标系分别记为 $p$ 和 $m$ 坐标系，则两个坐标系下的应力满足以下变换关系：

$$\{\sigma\}_m=[L]\{\sigma\}_p[L]^{\mathrm{T}} \tag{5.5.28}$$

$$\{\sigma\}_p=[L]^T\{\sigma\}_m[L] \tag{5.5.29}$$

式中，

$$\{\sigma\}_p = \begin{bmatrix} \sigma_{zz} & \sigma_{zy} & \sigma_{zx} \\ \sigma_{zy} & \sigma_{yy} & \sigma_{yx} \\ \sigma_{zx} & \sigma_{yx} & \sigma_{xx} \end{bmatrix} \tag{5.5.30}$$

$$\{\sigma\}_m = \begin{bmatrix} \sigma_{11} & \sigma_{12} & \sigma_{12} \\ \sigma_{12} & \sigma_{22} & \sigma_{23} \\ \sigma_{31} & \sigma_{23} & \sigma_{33} \end{bmatrix} \tag{5.5.31}$$

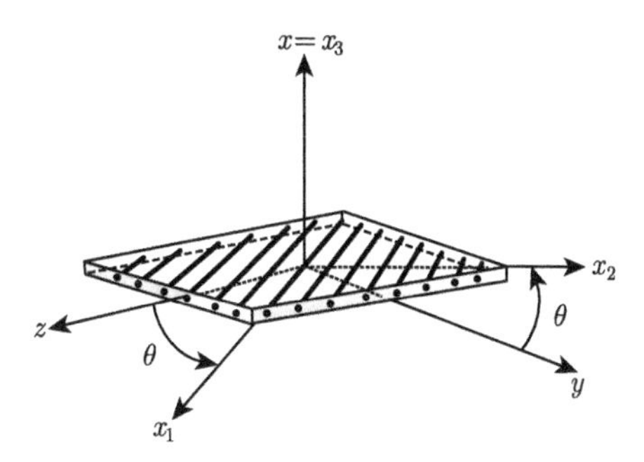


图 5.5.2 复合材料板壳整体坐标系与各层坐标系的关系

(引自文献 [37], fig2.3.1)

将 (5.5.26) 和 (5.5.27) 式中的 $[L]$ 和 $[L]^{\mathrm{T}}$ 及 (5.5.30) 和 (5.5.31) 式分别代入 (5.5.28) 和 (5.5.29) 式，则可得两个坐标系下应力的变换关系：

$$\begin{Bmatrix} \sigma_{zz} \\ \sigma_{yy} \\ \sigma_{xx} \\ \sigma_{yx} \\ \sigma_{zx} \\ \sigma_{zy} \end{Bmatrix} = \begin{bmatrix} \cos^2\theta & \sin^2\theta & 0 & 0 & 0 & -\sin 2\theta \\ \sin^2\theta & \cos^2\theta & 0 & 0 & 0 & \sin 2\theta \\ 0 & 0 & 1 & 0 & 0 & 0 \\ 0 & 0 & 0 & \cos\theta & \sin\theta & 0 \\ 0 & 0 & 0 & -\sin\theta & \cos\theta & 0 \\ \sin\theta\cos\theta & -\sin\theta\cos\theta & 0 & 0 & 0 & \cos^2\theta-\sin^2\theta \end{bmatrix} \begin{Bmatrix} \sigma_1 \\ \sigma_2 \\ \sigma_3 \\ \sigma_4 \\ \sigma_5 \\ \sigma_6 \end{Bmatrix} \tag{5.5.32}$$

$$\begin{Bmatrix} \sigma_1 \\ \sigma_2 \\ \sigma_3 \\ \sigma_4 \\ \sigma_5 \\ \sigma_6 \end{Bmatrix} = \begin{bmatrix} \cos^2\theta & \sin^2\theta & 0 & 0 & 0 & \sin 2\theta \\ \sin^2\theta & \cos^2\theta & 0 & 0 & 0 & -\sin 2\theta \\ 0 & 0 & 1 & 0 & 0 & 0 \\ 0 & 0 & 0 & \cos\theta & -\sin\theta & 0 \\ 0 & 0 & 0 & \sin\theta & \cos\theta & 0 \\ -\sin\theta\cos\theta & \sin\theta\cos\theta & 0 & 0 & 0 & \cos^2\theta-\sin^2\theta \end{bmatrix} \begin{Bmatrix} \sigma_{zz} \\ \sigma_{yy} \\ \sigma_{xx} \\ \sigma_{yx} \\ \sigma_{zx} \\ \sigma_{zy} \end{Bmatrix} \tag{5.5.33}$$

类似地，在两个坐标系下，应变的变换关系为

$$\{\varepsilon\}_m = [L]\{\varepsilon\}_p [L]^{\mathrm{T}} \tag{5.5.34}$$

$$\{\varepsilon\}_p = [L]^{\mathrm{T}}\{\varepsilon\}_m [L] \tag{5.5.35}$$

具体的变换表达式则为

$$\begin{Bmatrix} \varepsilon_{zz} \\ \varepsilon_{yy} \\ \varepsilon_{xx} \\ 2\varepsilon_{yx} \\ 2\varepsilon_{zx} \\ 2\varepsilon_{zy} \end{Bmatrix} = \begin{bmatrix} \cos^2\theta & \sin^2\theta & 0 & 0 & 0 & -\sin\theta\cos\theta \\ \sin^2\theta & \cos^2\theta & 0 & 0 & 0 & \sin\theta\cos\theta \\ 0 & 0 & 1 & 0 & 0 & 0 \\ 0 & 0 & 0 & \cos\theta & \sin\theta & 0 \\ 0 & 0 & 0 & -\sin\theta & \cos\theta & 0 \\ \sin 2\theta & -\sin 2\theta & 0 & 0 & 0 & \cos^2\theta-\sin^2\theta \end{bmatrix} \begin{Bmatrix} \varepsilon_1 \\ \varepsilon_2 \\ \varepsilon_3 \\ \varepsilon_4 \\ \varepsilon_5 \\ \varepsilon_6 \end{Bmatrix} \tag{5.5.36}$$

$$\begin{Bmatrix} \varepsilon_1 \\ \varepsilon_2 \\ \varepsilon_3 \\ \varepsilon_4 \\ \varepsilon_5 \\ \varepsilon_6 \end{Bmatrix} = \begin{bmatrix} \cos^2\theta & \sin^2\theta & 0 & 0 & 0 & \sin\theta\cos\theta \\ \sin^2\theta & \cos^2\theta & 0 & 0 & 0 & -\sin\theta\cos\theta \\ 0 & 0 & 1 & 0 & 0 & 0 \\ 0 & 0 & 0 & \cos\theta & -\sin\theta & 0 \\ 0 & 0 & 0 & \sin\theta & \cos\theta & 0 \\ -\sin 2\theta & \sin 2\theta & 0 & 0 & 0 & \cos^2\theta-\sin^2\theta \end{bmatrix} \begin{Bmatrix} \varepsilon_{zz} \\ \varepsilon_{yy} \\ \varepsilon_{xx} \\ 2\varepsilon_{yx} \\ 2\varepsilon_{zx} \\ 2\varepsilon_{zy} \end{Bmatrix} \tag{5.5.37}$$

在两个坐标下，应力和应变的变换关系 (5.5.32) 式、(5.5.33) 式和 (5.5.36) 式、(5.5.37) 式简化为

$$\{\sigma\}_p = [T]\{\sigma\}_m \tag{5.5.38}$$

$$\{\sigma\}_m = [R]\{\sigma\}_p \tag{5.5.39}$$

$$\{\varepsilon\}_p = [R]^{\mathrm{T}}\{\varepsilon\}_m \tag{5.5.40}$$

$$\{\varepsilon\}_m = [T]^{\mathrm{T}}\{\varepsilon\}_p \tag{5.5.41}$$

对于各向异性材料，考虑 (5.5.8) 式、(5.5.38) 式及 (5.5.41) 式，可以得到

$$\{\sigma\}_p = [T][C]_m\{\varepsilon_m\} = [T][C]_m[T]^{\mathrm{T}}\{\varepsilon\}_p \tag{5.5.42}$$

即

$$\{\sigma\}_p = \left[\overline{C}\right]_m\{\varepsilon\}_p \tag{5.5.43}$$

其中，

$$\left[\overline{C}\right]=[T]\,[C]_m\,[T]^{\mathrm{T}} \tag{5.5.44}$$

可见，由 $(x_1,x_2,x_3)$ 坐标系中的广义胡克定律，可以得到 $(x,y,z)$ 坐标系中的广义胡克定律，利用 (5.5.8) 式中的刚度系数矩阵 $[C]$ 及 (5.5.32) 和 (5.5.37) 式给出的矩阵 $[T]$ 和 $[T]^{\mathrm{T}}$，即有各向异性材料在 $(x,y,z)$ 坐标系中刚度系数 $\overline{C}_{ij}$ 与 $(x_1,x_2,x_3)$ 坐标系中刚度系数 $C_{ij}$ 的关系：

$$\overline{C}_{11}=C_{11}\cos^4\theta+2\left(C_{12}+2C_{66}\right)\cos^2\theta\sin^2\theta+C_{22}\sin^4\theta$$

$$\overline{C}_{12}=C_{12}\cos^4\theta+\left(C_{11}+C_{22}-4C_{66}\right)\cos^2\theta\sin^2\theta+C_{12}\sin^4\theta$$

$$\overline{C}_{13}=C_{13}\cos^2\theta+C_{23}\sin^2\theta$$

$$\overline{C}_{16}=\left(C_{11}-C_{12}-2C_{66}\right)\cos^3\theta\sin\theta+\left(2C_{66}+C_{12}-C_{22}\right)\cos\theta\sin^3\theta$$

$$\overline{C}_{22}=C_{22}\cos^4\theta+2\left(C_{12}+2C_{66}\right)\cos^2\theta\sin^2\theta+C_{11}\sin^4\theta$$

$$\overline{C}_{23}=C_{23}\cos^2\theta+C_{13}\sin^2\theta$$

$$\overline{C}_{26}=\left(C_{12}-C_{22}+2C_{66}\right)\cos^3\theta\sin\theta+\left(C_{11}-C_{12}-2C_{66}\right)\cos\theta\sin^3\theta$$

$$\overline{C}_{33}=C_{33}$$

$$\overline{C}_{36}=\left(C_{13}-C_{23}\right)\cos\theta\sin\theta$$

$$\overline{C}_{66}=\left(C_{11}+C_{22}-2C_{12}-2C_{66}\right)\cos^2\theta\sin^2\theta+C_{66}\left(\cos^4\theta+\sin^4\theta\right)$$

$$\overline{C}_{44}=C_{44}\cos^2\theta$$

$$\overline{C}_{45}=\left(C_{55}-C_{44}\right)\cos\theta\sin\theta$$

$$\overline{C}_{55}=C_{55}\cos^2\theta+C_{44}\sin^2\theta$$

这样，在 $(x,y,z)$ 坐标系中，各向异性材料的广义胡克定律为

$$\begin{Bmatrix}\sigma_{zz}\\ \sigma_{yy}\\ \sigma_{xx}\\ \sigma_{yx}\\ \sigma_{zx}\\ \sigma_{zy}\end{Bmatrix}=\begin{bmatrix}\bar{C}_{11} & \bar{C}_{12} & \bar{C}_{13} & 0 & 0 & \bar{C}_{16}\\ \bar{C}_{21} & \bar{C}_{22} & \bar{C}_{23} & 0 & 0 & \bar{C}_{26}\\ \bar{C}_{31} & \bar{C}_{32} & \bar{C}_{33} & 0 & 0 & \bar{C}_{36}\\ 0 & 0 & 0 & \bar{C}_{44} & \bar{C}_{45} & 0\\ 0 & 0 & 0 & \bar{C}_{54} & \bar{C}_{55} & 0\\ \bar{C}_{61} & \bar{C}_{62} & \bar{C}_{63} & 0 & 0 & \bar{C}_{66}\end{bmatrix}\begin{Bmatrix}\varepsilon_{zz}\\ \varepsilon_{yy}\\ \varepsilon_{xx}\\ 2\varepsilon_{yx}\\ 2\varepsilon_{zx}\\ 2\varepsilon_{zy}\end{Bmatrix} \tag{5.5.45}$$

(5.5.45) 式中给出的刚度系数矩阵形式上与 (5.5.7) 式给出的单晶材料刚度系数矩阵完全一致。再考虑到 (5.5.9) 式及 (5.5.39) 和 (5.5.40) 式，可以得到 $(x,y,z)$

坐标系中应变与应力的关系：

$$\{\varepsilon\}_p = \left[\bar{S}\right]\{\sigma\}_p \tag{5.5.46}$$

式中，

$$\left[\bar{S}\right] = [R]^{\mathrm{T}}[S][R] \tag{5.5.47}$$

利用矩形 $[R]$, $[R]^{\mathrm{T}}$ 和 $[S]$ 的具体表达式，则有

$$\left\{\begin{array}{c} \varepsilon_{zz} \\ \varepsilon_{yy} \\ \varepsilon_{xx} \\ 2\varepsilon_{yx} \\ 2\varepsilon_{zx} \\ 2\varepsilon_{zy} \end{array}\right\} = \left[\begin{array}{cccccc} \overline{S}_{11} & \overline{S}_{12} & \overline{S}_{13} & 0 & 0 & \overline{S}_{16} \\ \overline{S}_{21} & \overline{S}_{22} & \overline{S}_{23} & 0 & 0 & \overline{S}_{26} \\ \overline{S}_{31} & \overline{S}_{32} & \overline{S}_{33} & 0 & 0 & \overline{S}_{36} \\ 0 & 0 & 0 & \overline{S}_{44} & \overline{S}_{45} & 0 \\ 0 & 0 & 0 & \overline{S}_{54} & \overline{S}_{55} & 0 \\ \overline{S}_{16} & \overline{S}_{26} & \overline{S}_{36} & 0 & 0 & \overline{S}_{66} \end{array}\right] \left\{\begin{array}{c} \sigma_{zz} \\ \sigma_{yy} \\ \sigma_{xx} \\ \sigma_{yx} \\ \sigma_{zx} \\ \sigma_{zy} \end{array}\right\} \tag{5.5.48}$$

式中，

$$\overline{S}_{11} = S_{11}\cos^4\theta + (2S_{12} + S_{66})\cos^2\theta\sin^2\theta + S_{22}\sin^4\theta$$

$$\overline{S}_{12} = S_{12}\cos^4\theta + (S_{11} + S_{22} - S_{66})\cos^2\theta\sin^2\theta + S_{12}\sin^4\theta$$

$$\overline{S}_{13} = S_{13}\cos^2\theta + S_{23}\sin^2\theta$$

$$\overline{S}_{16} = (2S_{11} - 2S_{12} - S_{66})\cos^3\theta\sin\theta + (S_{66} + 2S_{12} - 2S_{22})\cos\theta\sin^3\theta$$

$$\overline{S}_{22} = S_{22}\cos^4\theta + (2S_{12} + S_{66})\cos^2\theta\sin^2\theta + S_{11}\sin^4\theta$$

$$\overline{S}_{23} = S_{23}\cos^2\theta + S_{13}\sin^2\theta$$

$$\overline{S}_{26} = (2S_{12} - 2S_{11} + S_{66})\cos^3\theta\sin\theta + (2S_{11} - 2S_{12} - S_{66})\cos\theta\sin^3\theta$$

$$\overline{S}_{33} = S_{33}$$

$$\overline{S}_{36} = 2(S_{13} - S_{23})\cos\theta\sin\theta$$

$$\overline{S}_{66} = S_{66}\left(\cos^2\theta - \sin^2\theta\right)^2 + 4(S_{11} + S_{22} - 2S_{12})\cos^2\theta\sin^2\theta$$

$$\overline{S}_{44} = S_{44}\cos^2\theta + S_{55}\sin^2\theta$$

$$\overline{S}_{45} = (S_{55} - S_{44})\cos\theta\sin\theta$$

$$\overline{S}_{55} = S_{55}\cos^2\theta + S_{44}\sin^2\theta$$

在平面问题情况下，考虑到应力与应变关系 (5.5.20) 和 (5.5.25) 式，在 $(x, y, z)$ 坐标中，类似 (5.5.45) 式有应力与应变的关系为

$$\left\{\begin{array}{c}\sigma_{zz}\\ \sigma_{yy}\\ \sigma_{yx}\\ \sigma_{zx}\\ \sigma_{zy}\end{array}\right\}^{(k)}=\left[\begin{array}{ccccc}\overline{Q}_{11} & \overline{Q}_{12} & 0 & 0 & \overline{Q}_{16}\\ \overline{Q}_{12} & \overline{Q}_{22} & 0 & 0 & \overline{Q}_{26}\\ 0 & 0 & \overline{Q}_{44} & \overline{Q}_{45} & 0\\ 0 & 0 & \overline{Q}_{54} & \overline{Q}_{55} & 0\\ \overline{Q}_{16} & \overline{Q}_{26} & 0 & 0 & \overline{Q}_{66}\end{array}\right]^{(k)}\left\{\begin{array}{c}\varepsilon_{zz}\\ \varepsilon_{yy}\\ \varepsilon_{yx}\\ \varepsilon_{zx}\\ \varepsilon_{zy}\end{array}\right\}^{(k)} \tag{5.5.49}$$

式中，

$$\overline{Q}_{11}=Q_{11}\cos^4\theta+2\left(Q_{12}+2Q_{66}\right)\sin^2\theta\cos^2\theta+Q_{22}\sin^4\theta$$

$$\overline{Q}_{12}=\left(Q_{11}+Q_{22}-4Q_{66}\right)\sin^2\theta\cos^2\theta+Q_{12}\left(\sin^4\theta+\cos^4\theta\right)$$

$$\overline{Q}_{22}=Q_{11}\sin^4\theta+2\left(Q_{12}+2Q_{66}\right)\sin^2\theta\cos^2\theta+Q_{22}\cos^4\theta$$

$$\overline{Q}_{16}=\left(Q_{11}-Q_{12}-2Q_{66}\right)\sin\theta\cos^3\theta+\left(Q_{12}-Q_{22}+2Q_{66}\right)\sin^3\theta\cos\theta$$

$$\overline{Q}_{26}=\left(Q_{11}-Q_{12}-2Q_{66}\right)\sin^3\theta\cos\theta+\left(Q_{12}-Q_{22}+Q_{66}\right)\sin\theta\cos^3\theta$$

$$\overline{Q}_{66}=\left(Q_{11}+Q_{22}-2Q_{12}-2Q_{66}\right)\sin^2\theta\cos^2\theta+Q_{66}\left(\sin^4\theta+\cos^4\theta\right)$$

$$\overline{Q}_{44}=Q_{44}\cos^2\theta+Q_{55}\sin^2\theta$$

$$\overline{Q}_{45}=\left(Q_{55}-Q_{44}\right)\cos\theta\sin\theta$$

$$\overline{Q}_{55}=Q_{55}\cos^2\theta+Q_{44}\sin^2\theta$$

若忽略剪切形变，则 (5.5.49) 式简化为

$$\left\{\begin{array}{c}\sigma_{zz}\\ \sigma_{yy}\\ \sigma_{zy}\end{array}\right\}^{(k)}=\left[\begin{array}{ccc}\overline{Q}_{11} & \overline{Q}_{22} & \overline{Q}_{16}\\ \overline{Q}_{12} & \overline{Q}_{22} & \overline{Q}_{26}\\ \overline{Q}_{16} & \overline{Q}_{26} & \overline{Q}_{66}\end{array}\right]^{(k)}\left(\begin{array}{c}\varepsilon_{zz}\\ \varepsilon_{yy}\\ \varepsilon_{zy}\end{array}\right) \tag{5.5.50}$$

因为复合材料板壳由 $N$ 层各向异性材料层组成，为了进一步计算复合材料板壳的内力和内力矩，(5.5.49) 和 (5.5.50) 式中应力、应变矢量及刚度系数矩阵都标注了上标 $k$，表示第 $k$ 层的应力和应变关系。复合材料的内力和内力矩由内力分布沿厚度方向积分得到，相应的表达式为

$$\left\{\begin{array}{c}N_{zz}\\ N_{yy}\\ N_{zy}\end{array}\right\}=\int_{-h/2}^{h/2}\left\{\begin{array}{c}\sigma_{zz}\\ \sigma_{yy}\\ \sigma_{zy}\end{array}\right\}\mathrm{d}x \tag{5.5.51}$$

$$\begin{Bmatrix} M_{zz} \\ M_{yy} \\ M_{zy} \end{Bmatrix} = \int_{-h/2}^{h/2} \begin{Bmatrix} \sigma_{zz} \\ \sigma_{yy} \\ \sigma_{zy} \end{Bmatrix} x \mathrm{d}x \tag{5.5.52}$$

考虑到复合材料厚度方向任一点的应变与中面应变成线性关系：

$$\varepsilon_{zz} = \varepsilon_{zz}^0 + x\kappa_{zz} \tag{5.5.53}$$

$$\varepsilon_{yy} = \varepsilon_{yy}^0 + x\kappa_{yy} \tag{5.5.54}$$

$$\varepsilon_{zy} = \varepsilon_{zy}^0 + x\kappa_{zy} \tag{5.5.55}$$

式中，$\varepsilon_{zz}^0$, $\varepsilon_{yy}^0$, $\varepsilon_{zy}^0$ 和 $\kappa_{zz}$, $\kappa_{yy}$, $\kappa_{zy}$ 为复合材料中和面应变，其中

$$\kappa_{zz} = \frac{\partial \beta_z}{\partial z} \tag{5.5.56}$$

$$\kappa_{yy} = \frac{\partial \beta_y}{\partial y} \tag{5.5.57}$$

$$\kappa_{zy} = \frac{\partial \beta_z}{\partial y} + \frac{\partial \beta_y}{\partial z} \tag{5.5.58}$$

其中，$\beta_z$, $\beta_y$ 为中和面变形时法线与 $z$ 轴和 $y$ 轴的角度。

将 (5.5.53)~(5.5.55) 式代入 (5.5.50) 式，再代入 (5.5.51) 和 (5.5.52) 式，积分可得

$$\begin{Bmatrix} N_{zz} \\ N_{yy} \\ N_{zy} \\ M_{zz} \\ M_{yy} \\ M_{zy} \end{Bmatrix} = \begin{bmatrix} A_{11} & A_{12} & A_{16} & B_{11} & B_{12} & B_{16} \\ A_{12} & A_{22} & A_{26} & B_{12} & B_{22} & B_{26} \\ A_{16} & A_{26} & A_{66} & B_{16} & B_{26} & B_{66} \\ B_{11} & B_{12} & B_{16} & D_{11} & D_{12} & D_{16} \\ B_{12} & B_{22} & B_{26} & D_{12} & D_{22} & D_{26} \\ B_{16} & B_{26} & B_{66} & D_{16} & D_{26} & D_{66} \end{bmatrix} \begin{Bmatrix} \varepsilon_{zz}^0 \\ \varepsilon_{yy}^0 \\ \varepsilon_{zy}^0 \\ \kappa_{zz} \\ \kappa_{yy} \\ \kappa_{zy} \end{Bmatrix} \tag{5.5.59}$$

式中，

$$A_{ij} = \sum_{k=1}^{N} \overline{Q}_{ij}^{(k)} \left(x_k - x_{k-1}\right) \tag{5.5.60}$$

$$B_{ij} = \frac{1}{2}\sum_{k=1}^{N} \overline{Q}_{ij}^{(k)} \left(x_k^2 - x_{k-1}^2\right) \tag{5.5.61}$$

$$D_{ij} = \frac{1}{3}\sum_{k=1}^{N} \overline{Q}_{ij}^{(k)} \left(x_k^3 - x_{k-1}^3\right) \tag{5.5.62}$$

其中，$x_k$ 和 $x_{k-1}$ 为第 $i$ 层上下表面到中面的距离。

再考虑到复合材料的剪切力

$$\left\{\begin{array}{c} Q_y \\ Q_z \end{array}\right\}=\int_{-\frac{h}{2}}^{\frac{h}{2}}\left\{\begin{array}{c} \sigma_{yx} \\ \sigma_{zx} \end{array}\right\}\mathrm{d}x \tag{5.5.63}$$

并设剪切应变 $\varepsilon_{zy}$ 和 $\varepsilon_{zx}$ 满足

$$\varepsilon_{zx}=\frac{\partial W}{\partial z}+\beta_z \tag{5.5.64}$$

$$\varepsilon_{yx}=\frac{\partial W}{\partial y}+\beta_y \tag{5.5.65}$$

将 (5.5.49) 式中的第三、四式代入 (5.5.63) 式，并考虑到 (5.5.64) 式、(5.5.65) 式，有

$$\left\{\begin{array}{c} Q_y \\ Q_z \end{array}\right\}=\left[\begin{array}{cc} A_{44} & A_{45} \\ A_{45} & A_{55} \end{array}\right]\left\{\begin{array}{c} \dfrac{\partial W}{\partial y}+\beta_y \\ \dfrac{\partial W}{\partial z}+\beta_z \end{array}\right\} \tag{5.5.66}$$

式中，

$$A_{ij}=\sum_{k=1}^{N}\overline{Q}_{ij}^{(k)}\left(x_k-x_{k-1}\right),\quad i,j=4,5 \tag{5.5.67}$$

利用圆柱壳的力平衡方程：

$$\frac{\partial N_{zz}}{\partial z}+\frac{\partial N_{zy}}{\partial y}-m_s\frac{\partial^2 U}{\partial t^2}-I_1\frac{\partial^2\beta_z}{\partial t^2}=f_u \tag{5.5.68}$$

$$\frac{\partial N_{zy}}{\partial z}+\frac{\partial N_{yy}}{\partial y}+\frac{Q_y}{a}-m_s\frac{\partial^2 V}{\partial t^2}-I_1\frac{\partial^2\beta_y}{\partial t^2}=f_v \tag{5.5.69}$$

$$\frac{\partial M_{zz}}{\partial z}+\frac{\partial M_{zy}}{\partial y}-Q_z-I_1\frac{\partial^2 U}{\partial t^2}-I_2\frac{\partial^2\beta_z}{\partial t^2}=m_z \tag{5.5.70}$$

$$\frac{\partial M_{zy}}{\partial z}+\frac{\partial M_{yy}}{\partial y}-Q_y-I_1\frac{\partial^2 V}{\partial t^2}-I_2\frac{\partial^2\beta_y}{\partial t^2}=m_y \tag{5.5.71}$$

$$\frac{\partial Q_z}{\partial z}+\frac{\partial Q_y}{\partial y}-\frac{N_{yy}}{a}-m_s\frac{\partial^2 W}{\partial t^2}=f_w \tag{5.5.72}$$

式中，$m_s$ 为圆柱壳密度，$I_1$ 和 $I_2$ 为质量矩：

$$I_i = \int_{-\frac{h}{2}}^{\frac{h}{2}} \rho^{(k)} x^i \mathrm{d}x, \quad i = 1, 2 \tag{5.5.73}$$

其中，$\rho^{(k)}$ 为第 $k$ 层的密度，$f_u$, $f_v$, $f_w$ 为作用在圆柱壳轴向、周向和径向的激励力，$m_z$ 和 $m_y$ 为作用力矩。

应该说明，相比于 (5.1.2)~(5.1.4) 式，圆柱壳力平衡方程不仅增加了两个力矩平衡方程 (5.5.70) 和 (5.5.71) 式，而且在 (5.5.68) 和 (5.5.69) 式中增加了质量矩项。注意到在圆柱坐标系中，$y = a\theta$，$\mathrm{d}y = a\mathrm{d}\theta$，再考虑圆柱坐标系中应变与位移的关系:

$$\varepsilon_{zz} = \frac{\partial U}{\partial z} \tag{5.5.74}$$

$$\varepsilon_{yy} = \frac{\partial V}{\partial y} + \frac{W}{a} \tag{5.5.75}$$

$$\varepsilon_{zy} = \frac{\partial V}{\partial z} + \frac{\partial U}{\partial y} \tag{5.5.76}$$

$$\varepsilon_{yx} = \frac{\partial W}{\partial y} + \beta_y \tag{5.5.77}$$

$$\varepsilon_{zx} = \frac{\partial W}{\partial z} + \beta_z \tag{5.5.78}$$

将 (5.5.59) 及 (5.5.66) 式代入 (5.5.68)~(5.5.72) 式，再代入 (5.5.74)~(5.5.78) 式和 (5.5.56)~(5.5.58) 式，得到复合材料圆柱壳的振动方程:

$$\begin{bmatrix} L_{11} & L_{12} & L_{13} & L_{14} & L_{15} \\ L_{21} & L_{22} & L_{23} & L_{24} & L_{25} \\ L_{31} & L_{32} & L_{33} & L_{34} & L_{35} \\ L_{41} & L_{42} & L_{43} & L_{44} & L_{45} \\ L_{51} & L_{52} & L_{53} & L_{54} & L_{55} \end{bmatrix} \begin{Bmatrix} U \\ V \\ W \\ \beta_z \\ \beta_y \end{Bmatrix} = \begin{Bmatrix} f_u \\ f_v \\ f_w \\ m_z \\ m_y \end{Bmatrix} \tag{5.5.79}$$

式中，

$$L_{11} = A_{11}\frac{\partial^2}{\partial z^2} + A_{66}\frac{1}{a^2}\frac{\partial}{\partial \varphi^2} + 2A_{16}\frac{1}{a}\frac{\partial}{\partial z \partial \varphi} - m_s\frac{\partial^2}{\partial t^2}$$

$$L_{12} = L_{21} = \frac{A_{12} + A_{66}}{a}\frac{\partial^2}{\partial z \partial \varphi} + \frac{A_{26}}{a^2}\frac{\partial}{\partial \varphi^2} + A_{16}\frac{\partial^2}{\partial z^2}$$

$$L_{13} = L_{31} = \frac{A_{12}}{a}\frac{\partial}{\partial z} + \frac{A_{26}}{a^2}\frac{\partial}{\partial \varphi}$$

$$L_{14} = L_{41} = B_{11}\frac{\partial}{\partial z^2} + \frac{B_{66}}{a^2}\frac{\partial^2}{\partial \varphi^2} + \frac{2B_{16}}{a}\frac{\partial^2}{\partial z \partial \varphi} - I_1\frac{\partial^2}{\partial t^2}$$

$$L_{15}=L_{51}=\frac{B_{12}+B_{66}}{a}\frac{\partial^2}{\partial z\partial\varphi}+\frac{B_{26}}{a^2}\frac{\partial^2}{\partial\varphi^2}+B_{16}\frac{\partial}{\partial z^2}$$

$$L_{22}=A_{66}\frac{\partial^2}{\partial z^2}+\frac{A_{22}}{a^2}\frac{\partial^2}{\partial\varphi^2}+\frac{A_{44}}{a^2}+\frac{2A_{26}}{a}\frac{\partial^2}{\partial z\partial\varphi}-m_s\frac{\partial^2}{\partial t^2}$$

$$L_{23}=L_{32}=\frac{A_{22}+A_{44}}{a^2}\frac{\partial}{\partial\varphi}+\frac{A_{45}+A_{26}}{a}\frac{\partial}{\partial z}$$

$$L_{24}=L_{42}=\frac{B_{66}+B_{12}}{a}\frac{\partial^2}{\partial z\partial\varphi}-\frac{A_{45}}{a}\frac{B_{26}}{a^2}\frac{\partial^2}{\partial\varphi^2}-B_{16}\frac{\partial^2}{\partial z^2}$$

$$L_{25}=L_{52}=B_{66}\frac{\partial^2}{\partial z^2}+\frac{B_{22}}{a^2}\frac{\partial^2}{\partial\varphi^2}-\frac{A_{44}}{a}-\frac{2B_{26}}{a}\frac{\partial^2}{\partial z\partial\varphi}-I_1\frac{\partial^2}{\partial t^2}$$

$$L_{33}=A_{55}\frac{\partial^2}{\partial z^2}+\frac{A_{44}}{a^2}\frac{\partial^2}{\partial\varphi^2}+\frac{2A_{45}}{a}\frac{\partial^2}{\partial z\partial\varphi}-\frac{A_{22}}{a^2}-m_s\frac{\partial^2}{\partial t^2}$$

$$L_{34}=L_{43}=\left(\frac{B_{12}}{a}-A_{55}\right)\frac{\partial}{\partial z}+\left(\frac{B_{26}}{a^2}-\frac{A_{45}}{a}\right)\frac{\partial}{\partial\varphi}$$

$$L_{35}=L_{53}=\left(\frac{B_{22}}{a^2}-\frac{A_{44}}{a}\right)\frac{\partial}{\partial\varphi}+\left(\frac{B_{26}}{a}-A_{45}\right)\frac{\partial}{\partial z}$$

$$L_{44}=D_{11}\frac{\partial^2}{\partial z^2}+\frac{D_{66}}{a^2}\frac{\partial^2}{\partial\varphi^2}+\frac{2D_{16}}{a}\frac{\partial^2}{\partial z\partial\varphi}+A_{55}-I_2\frac{\partial^2}{\partial t^2}$$

$$L_{45}=L_{54}=\frac{D_{12}+D_{66}}{a}\frac{\partial^2}{\partial z\partial\varphi}+A_{45}+\frac{D_{26}}{a^2}\frac{\partial^2}{\partial\varphi^2}+D_{16}\frac{\partial^2}{\partial z^2}$$

$$L_{55}=\frac{D_{22}}{a^2}\frac{\partial^2}{\partial\varphi^2}+D_{66}\frac{\partial^2}{\partial z^2}+\frac{2D_{26}}{a}\frac{\partial^2}{\partial z\partial\varphi}+A_{44}-I_2\frac{\partial^2}{\partial t^2}$$

对于考虑剪切变形的矩形板，也有类似 (5.5.79) 式的振动方程，$L_{ij}(i,j=1\sim5)$ 的表达式可参见文献 [43]。如果不考虑剪切变形，复合材料圆柱壳的振动方程简化为 [42]

$$\begin{bmatrix} L_{11} & L_{12} & L_{13} \\ L_{21} & L_{22} & L_{23} \\ L_{31} & L_{32} & L_{33} \end{bmatrix}\begin{Bmatrix} U \\ V \\ W \end{Bmatrix}=\begin{Bmatrix} f_u \\ f_v \\ f_w \end{Bmatrix} \tag{5.5.80}$$

式中，

$$L_{11}=A_{11}\frac{\partial^2}{\partial z^2}+\frac{A_{66}}{a^2}\frac{\partial}{\partial\varphi^2}+\frac{2A_{16}}{a}\frac{\partial^2}{\partial z\partial\varphi}-m_s\frac{\partial^2}{\partial t^2}$$

$$L_{12}=A_{16}\frac{\partial^2}{\partial z^2}+\frac{A_{12}+A_{66}}{a}\frac{\partial^2}{\partial z\partial\varphi}+\frac{A_{26}}{a^2}\frac{\partial}{\partial\varphi^2}$$

$$L_{22}=A_{66}\frac{\partial^2}{\partial z^2}+\frac{2A_{26}}{a}\frac{\partial^2}{\partial z\partial\varphi}+\frac{A_{22}}{a^2}\frac{\partial^2}{\partial\varphi^2}-m_s\frac{\partial^2}{\partial t^2}$$

$$L_{33}=-\frac{2}{a}\left(B_{12}\frac{\partial^2}{\partial z^2}+\frac{2B_{26}}{a}\frac{\partial^2}{\partial z\partial\varphi}+\frac{B_{22}}{a^2}\frac{\partial^2}{\partial\varphi^2}\right)+\frac{A_{22}}{a}+D_{11}\frac{\partial^4}{\partial z^4}+\frac{4D_{16}}{a}\frac{\partial^4}{\partial z^3\partial\varphi}$$
$$+\frac{2\left(D_{12}+2D_{66}\right)}{a^2}\frac{\partial^4}{\partial z^2\partial\varphi^2}+\frac{4D_{26}}{a^3}\frac{\partial^4}{\partial z\partial\varphi^3}+\frac{D_{22}}{a^4}\frac{\partial^4}{\partial\varphi^4}-m_s\frac{\partial^2}{\partial t^2}$$

$$L_{13}=\frac{1}{a}\left(A_{12}\frac{\partial}{\partial z}+\frac{A_{26}}{a}\frac{\partial}{\partial\varphi}\right)-B_{11}\frac{\partial^3}{\partial z^3}-\frac{3B_{16}}{a}\frac{\partial^3}{\partial z^2\partial\varphi}$$
$$-\frac{B_{12}+2B_{66}}{a^2}\frac{\partial^3}{\partial z\partial\varphi^2}-\frac{B_{26}}{a^3}\frac{\partial^3}{\partial\varphi^3}$$

$$L_{23}=-B_{16}\frac{\partial^3}{\partial z^3}-\frac{B_{12}+2B_{66}}{a}\frac{\partial^3}{\partial z^2\partial\varphi}-\frac{3B_{26}}{a^2}\frac{\partial^3}{\partial z\partial\varphi^2}-\frac{B_{22}}{a^3}\frac{\partial^3}{\partial\varphi^3}$$

采用轴向 Fourier 变换和周向级数展开求解 (5.5.80) 式，并考虑到复合材料圆柱壳只有径向有激励力，包括外声场的耦合作用，则可以得到模态振动方程：

$$\begin{bmatrix}\tilde{L}_{11} & \tilde{L}_{12} & \tilde{L}_{13}\\ \tilde{L}_{21} & \tilde{L}_{22} & \tilde{L}_{23}\\ \tilde{L}_{31} & \tilde{L}_{32} & \tilde{L}_{33}\end{bmatrix}\left\{\begin{array}{c}\tilde{U}_n\\ \tilde{V}_n\\ \tilde{W}_n\end{array}\right\}=\left\{\begin{array}{c}0\\ 0\\ \tilde{f}_{wn}-\tilde{p}_n\end{array}\right\} \tag{5.5.81}$$

式中，$\tilde{f}_{wn}$ 和 $\tilde{p}_n$ 为径向作用力和外场声压对应的模态力，$\tilde{L}_{ij}\,(i,j=1\sim3)$ 的表达式为

$$\tilde{L}_{11}=-A_{11}k^2-\frac{2}{a}A_{16}kn-\frac{n^2}{a^2}A_{66}+m_s\omega^2$$

$$\tilde{L}_{12}=-A_{16}k^2-\frac{kn}{a}\left(A_{12}+A_{66}\right)-\frac{n^2}{a^2}A_{26}$$

$$\tilde{L}_{22}=-A_{66}k^2-\frac{2kn}{a}A_{26}-\frac{n^2}{a^2}A_{22}+m_s\omega^2$$

$$\tilde{L}_{33}=\frac{2}{a}\left(B_{12}k^2+\frac{2B_{26}}{a}kn+\frac{n^2}{a^2}B_{22}\right)+D_{11}k^4+\frac{4k^3n}{a}D_{16}+\frac{2k^2n^2}{a^2}\left(D_{12}+2D_{66}\right)$$
$$\frac{A_{22}}{a}+\frac{4kn^3}{a^3}D_{26}+\frac{n^4}{a^4}D_{22}+m_s\omega^2$$

$$\tilde{L}_{13}=-\mathrm{i}B_{11}k^3-\frac{3ik^2n}{a}B_{16}-\frac{\mathrm{i}kn^2}{a^2}\left(B_{12}+2B_{66}\right)-\frac{\mathrm{i}n^3}{a^3}B_{26}$$

$$\tilde{L}_{23}=-\mathrm{i}B_{16}k^3-\frac{k^2n^2}{a^2}\left(B_{12}+2B_{66}\right)-\frac{3\mathrm{i}kn^2}{a^2}B_{26}-\frac{\mathrm{i}n^3}{a^3}B_{22}$$

Yin[48] 针对半径为 5m,由 6 层材料铺设而成的复合材料,每层厚度为 0.15mm,铺设角分别为 15/30/45/45/30/15 和 $-15/-30/-45/45/30/15$ 两组。每层的杨氏模量取为 $E_z = 2\times10^{11}\mathrm{N/m^2}$，$E_y = 2\times10^9\mathrm{N/m^2}$，泊松比取为 $\nu_{zy} = 0.3, \nu_{yz} = 0.003$，阻尼损耗因子和密度分别 $\eta_s = 0.02, \rho_s = 7700\mathrm{kg/m^3}$。计算同时考虑了周期性肋骨的影响，计算结果表明，加肋复合材料圆柱壳辐射声压级峰值主要由肋骨确定，但复合材料铺设角变化改变了圆柱壳的刚度，使圆柱壳声辐射峰值频率发生偏移，参见图 5.5.3。因为缺少足够的算例，复合材料圆柱壳的声辐射特性及规律尚不很清晰 [49]。文献 [50] 进一步针对复合材料圆柱壳、圆锥壳、球壳及回转壳，计算了不同敷设方式及不同杨氏模量和密度对声辐射的影响。结果表明，敷设层数及敷设角对复合材料层合结构声辐射功率峰值及其频率有一定影响，参见图 5.5.4。但应注意到，在复合材料板壳结构面密度、动刚度及阻尼一定的情况下，改变复合材料的敷设层数及敷设角，不会明显改变结构振动和声辐射特性。采用复合材料降低噪声，需要复合材料与其他材料组合才有可能取得明显的效果。

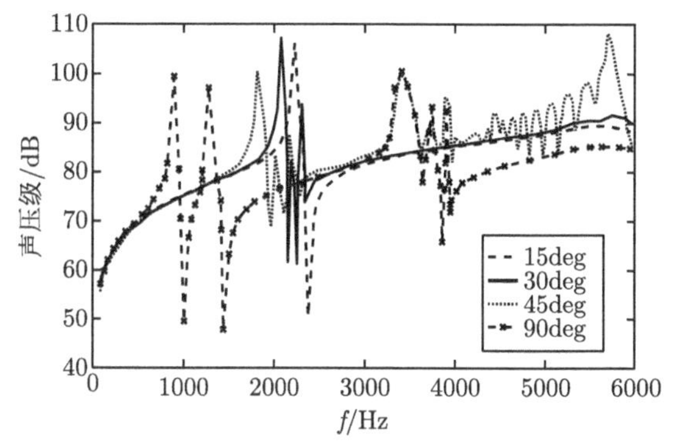


图 5.5.3 铺设角对单周期复合材料无限长圆柱壳声辐射的影响

(引自文献 [48], fig4.7)

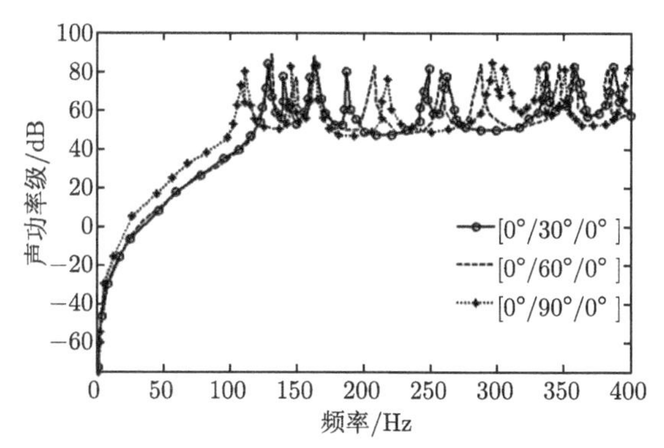


图 5.5.4 固支边界复合材料圆柱壳声辐射功率比较

(引自文献 [50], fig6.8a)

## 参 考 文 献

[1] Junger M C. Vibration of elastic shells in a fluid medium and the associated radiation of sound. J. Appl. Mech., 1952, 74: 439-445.

[2] Junger M C. Dynamic behavior of reinforced cylindrical shells in a vacuum and in a fluid. J. Appl. Mech., 1954, 35.

[3] Junger M C, Feit D. Sound, structures and their interaction. Cambridge: The MIT Press, 1972.

[4] Skelton E A, James J H. Theoretical acoustics of underwater structures. London: Imperial College Press. 1997.

[5] Fahy F, Gardonio P. Sound and structural vibration. 2nd ed. New York: Academic Press, 2007.

[6] Guo Y P. Radiation from cylindrical shells driven by on-surface forces. J. Acoust. Soc. Am., 1994, 95(4): 2014-2021.

[7] Guo Y P. Approximate solutions of the dispersion equation for fluid loaded cylindrical shells. J. Acoust. Soc. Am., 1994, 95: 1435-1440.

[8] Fuller C R. Radiation of sound from an infinite cylindrical elastic shell excited by an internal monopole source. J. Sound and Vibration, 1986, 109(2): 259-275.

[9] Salaun P. Effect of a free surface on the far-field pressure radiated by a point excited cylindrical shell. J. Acoust. Soc. Am., 1991, 90(4): 2173-2181.

[10] Li T Y, Miao Y Y. Far field sound radiation of a submerged cylindrical shell at finite depth from the free surface. J. Acoust. Soc. Am., 2014, 136(3): 1054-1064.

[11] Pathak A G, Stepanishen P R. Acoustic harmonic radiation from fluid-loaded infinite cylindrical elastic shells using elasticity theory. J. Acoust. Soc. Am., 1994, 96(1): 573-582.

[12] Leeable C, Jean-Marc Conoir, U Lenoir. Acoustic radiation of cylindrical elastic shells subjected to a point source:Investigation in terms of helical acoustic rays. J. Acoust. Soc. Am., 2001, 110(4): 1783-1791.

[13] Keltie K F. The effect of hydrostatic pressure fields on the structural and acoustic response of cylindrical shells. J. Acoust. Soc. Am., 1986, 79(3): 595-603.

[14] Bernblit M V. Sound radiation by a elastic cylindrical shell with reinforced ribs. Sov. Phys. Acoust., 1975, 20(5): 414-418.

[15] Burroughs C B. Acoustics radiation from fluid loaded infinite circular cylinders with doubly periodic ring supports. J. Acoust. Soc. Am., 1984, 75(3): 715-722.

[16] Burroughs C B, HallanderJ C. Acoustic radiation from fluid-loaded, ribbed cylindrical shells excited by different types of concentrated mechanical drives. J. Acoust. Soc. Am., 1992, 91(5): 2721-2739.

[17] 谢官模, 等. 环肋、舱壁和纵肋加强的无限长圆柱壳在水下的声辐射特性. 船舶力学，2004, 8(2)：101-108.

[18] Guo Y P. Acoustic radiation from cylindrical shells due to internal forcing. J. Acoust. Soc. Am., 1996, 99(3): 1495-1505.

[19] Guo Y P. Sound scattering from cylindrical shells with internal elastic plates. J. Acoust. Soc. Am., 1993, 93(4): 1936-1946.

[20] 吴文伟, 等. 双层加肋圆柱壳振动和声辐射. 船舶力学，2000，6(1)：44-51.

[21] 刘涛. 水中复杂壳体的声-振特性研究. 上海: 上海交通大学博士论文，2002.

[22] 陈美霞, 等. 有限长双层壳体声辐射理论及数值分析. 中国造船，2003，44(4)：59-67.

[23] Yoshikawa S. Vibration of two concentric submerged cylindrical shells coupled by the entrained fluid. J. Acoust. Soc. Am., 1994, 95(6): 3273-3286.

[24] Lee J H, Kim J. Analysis and measurement of sound transmission through a double-walled cylindrical shell. J. Sound and Vibration, 2002, 25(4): 631-649.

[25] Akay A. Scattering of sound from concentric cylindrical shells. J. Acoust. Soc. Am., 1991, 89(4): 1572-1578.

[26] Zhou J, Bhaskar A, Zhang X. The effect of external mean flow on sound transmission through double-walled cylindrical shells lined with proelastic material. J. Sound and Vibration, 2014, 333: 1972-1990.

[27] Cuschieri J M. Influence of circumferential partical coating on the acoustic radiation from a fluid-loaded shell. J. Acoust. Soc. Am., 2000, 107(6): 3196-3207.

[28] Maidanik G, Biancardi R, Eisler T. Use of decoupling to reduce the radiated noise generated by panels. J. Sound and Vibration, 1982, 81：165-185.

[29] Gaunaurd G C. Sonar cross section of coated hollow cylinder in water. J. Acoust. Soc. Am., 1977, 61(2): 360-368.

[30] Flax L, Neubaurer W G. Acoustic reflection from layered elastic absorptive cylinders. J. Acoust. Soc. Am., 1977, 61(2): 307-312.

[31] Ko S H. Seong W, Pyo S. Structure-borne noise reduction for an infinite, elastic cylindrical shell. J. Acoust. Soc. Am., 2001, 109(4): 1483-1495.

[32] Cuschieri J M. The modeling of the radiation and response Green's function of a fluid-loaded cylindrical shell with an external compliant layer. J. Acoust. Soc. Am., 2006, 119(4): 2150-2168.

[33] Munjal M L. Prediction of the break-out noise of the cylindrical sandwich plate muffler shells. Applied Acoustics, 1998, 53(1-3): 153-161.

[34] Sastry J S, Munjal M L. Response of a multi-layered infinite cylinder to a plane wave excitation by means of transfer matrices. J. Sound and Vibration, 1998, 209(1): 99-121.

[35] 张志民. 复合材料结构力学. 北京: 北京航空航天大学出版社, 1993.

[36] 蔡四维. 复合材料结构力学. 北京: 人民交通出版社，1987.

[37] Reddy J N. Mechanics of laminated composite plates and shells. Theory and Analysis, CRC Press LLC, 2004.

[38] Qatu M S. Recent research advance in the dynamic behavior of shells,1989-2000, Part1: Laminated composite shells. App. Mech. Rev., 2002, 55(4): 325-349.

[39] Hwang Y F, Kim M, Zoccola P J. Acoustic radiation by point or line excited laminated plates. J. of Vibration and Acoustics, 2000, 122: 189-195.

[40] Xin Zhao, Qian Geng, Yueming Li. Vibration and acoustic response of an orthotropic

composite laminated plate in a hygroscopic enviroment. J. Acoust. Soc. Am., 2013, 133(3): 1433-1442.

[41] Yin X W. Acoustic radiation from a laminated composite plate reinforced by doubly periodic parallel stiffeners. J. Sound and Vibration, 2007, 306: 877-889.

[42] Yin X W. Acoustic radiation from an infinite laminated composite cylindrical shell with doubly periodic rings. J. of. Vib. and Acoust, 2009, 131: 1-8.

[43] Cao X T, Hua H X. Sound radiation from shear deformable stiffened laminated plates. J. Sound and Vibration, 2011, 320: 4047-4063.

[44] Cao X T, Hua H X. Acoustic radiation from shear deformable stiffened laminated cylindrical shells. J. Sound and Vibration, 2012, 331: 651-670.

[45] Lee S, Vlahopoulos N, Waas A M. Analysis of wave propagation in a thin composite cylinder with periodic axial and ring stiffeners using periodic structure theory. J. Sound and Vibration, 2010, 329: 3304-3318.

[46] Mejdi A, Legault J, Atalla N. Transmission loss of periodically stiffened laminate composite panels, shear deformation and in-plane interaction effects. J. Acoust. Soc. Am., 2012, 131(1): 174-185.

[47] Lee Y S, Choi M H, Kim J H. Free vibration of laminated composite cylindrical shells with an interior rectangular plate. J. Sound and Vibration, 2003, 265(4): 795-817.

[48] 殷学文. 多层复合圆柱壳振动和声辐射研究. 上海: 上海交通大学博士论文，2008.

[49] 孟光, 瞿叶高. 复合材料结构振动与声学. 北京: 国防工业出版社，2017.

[50] 李海超. 复合材料回转结构振动声辐射雅可克比–里兹方法及应用研究. 哈尔滨: 哈尔滨工程大学博士论文，2020.

# 第 6 章　有限长弹性圆柱壳耦合振动与声辐射

上一章介绍的无限长弹性圆柱壳声辐射模型，只能作为实际圆柱壳结构声辐射计算的一种近似模型，它适用于声波波长远小于圆柱壳长度的频段。实际的潜艇和飞机长 50~100m，在十几赫兹左右的频率范围内，产生声辐射的振动以舱段局部振动为主，因此有限长圆柱壳振动和声辐射模型更具实际价值。虽然从工程背景上讲，有限长圆柱壳模型也同样有加肋圆柱壳、敷设黏弹性阻尼层圆柱壳和双层圆柱壳等几种情况，但针对有限长圆柱壳的声学建模，沿轴向采用模态级数展开求解，而不是像无限长圆柱壳情况下轴向采用 Fourier 空间积分变换方法求解，在考虑肋骨与圆柱壳相互作用时，不能利用肋骨的空间周期性而简化计算模型。另外，类似于镶嵌在无限大声障板上的有限大弹性矩形板，有限长圆柱壳也需要考虑其镶嵌在无限长圆柱声障板上，在没有声障板的情况下，还需要另外建立相应的声辐射模型。在第 5 章建立双层圆柱壳振动和声辐射模型时，重点考虑了中间水层的耦合作用，没有考虑实肋板等结构与圆柱壳的相互作用，为了更接近实际艇体结构，应该建立考虑舷间水介质及实肋板、肋骨和声学覆盖层等诸多要素的双层艇体振动与声辐射模型。我们知道，潜艇、鱼雷及飞机尾部一般不是圆柱壳而是圆锥壳体结构，相应的振动和声辐射模型不仅不同于圆柱壳，而且相关研究较少，也将其纳入到有限长圆柱壳范畴内。

针对上述情况，本章将分为有限长薄壁弹性圆柱壳、有限长加肋弹性圆柱壳、有限长敷设黏弹性层圆柱壳、有限长多层复合加肋弹性圆柱壳及弹性圆锥壳等五部分，分别介绍他们的耦合振动与声辐射模型及特性。

## 6.1　有限长薄壁弹性圆柱壳耦合振动和声辐射

有限长薄壁弹性圆柱壳是最经典的一种振动和声辐射模型，Stepanishen[1,2] 采用模态叠加法，详细建立了无限长圆柱形障板上有限长圆柱壳的声辐射模型，着重计算分析了两端简支边界条件的圆柱壳模态辐射自阻抗和互阻抗，为研究有限长圆柱壳的声弹性问题提供了完整的声负载模型。Laulagnet[3] 和 Guyader[4] 在 Stepanshen 的基础上，采用模态叠加法进一步研究了无限长圆柱形障板上有限长圆柱壳的声辐射功率和辐射效率，数值分析比较了模态声辐射互阻抗对声辐射功率的影响。Cheng 等 [5] 采用变分原理和 Rayleigh-Ritz 法，研究了两端为弹性圆板的有限长圆柱壳的自由振动，考虑了圆板和圆柱壳之间的弹性耦合，Yuan

等 [6] 采用同样的方法研究了两端为弹性圆板的双层有限长圆柱壳的自由振动，这些研究为建立圆柱壳声辐射计算模型提供了不同的壳体振动求解方法。

虽然 Wang 和 Lai[7] 曾经研究了边界条件对无限长圆柱形刚性声障板上有限长圆柱壳辐射效率的影响，并认为在亚音速区边界条件对辐射效率的影响较大，但是，若圆柱壳长度满足 $ln/ma \geqslant 10$($l$, $a$ 为圆柱壳长度和半径，$m$, $n$ 分别为轴向和周向模态数)，则边界效应可以忽略，有限长圆柱壳可以用无限长圆柱壳代替计算辐射效率。实际上，这个条件难以适用于典型潜艇舱段情况，因此有限长圆柱壳振动与声辐射模型不可忽略。现考虑一有限长弹性薄壁圆柱壳，镶嵌在无限长刚性柱形声障板中，其外部为特征声阻抗为 $\rho_0 C_0$ 的理想声介质，内部为真空，机械激励点力沿径向作用在圆柱壳上，参见图 6.1.1。

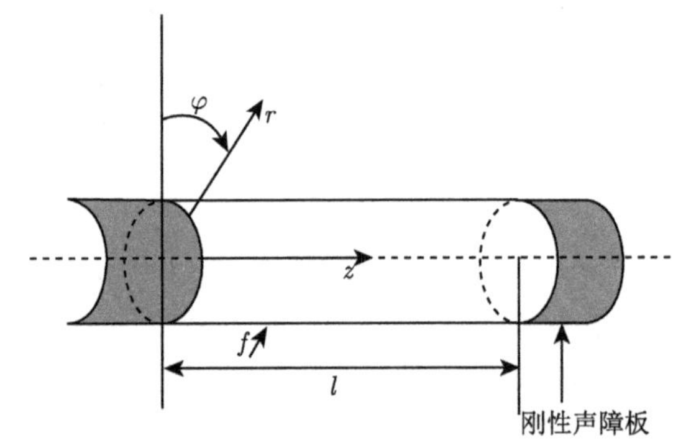


图 6.1.1　无限长刚性柱形声障板上的有限长弹性薄壁圆柱壳

(引自文献 [3]，fig1)

弹性薄壁圆柱壳振动方程为

$$K\left(\frac{\partial^2 U}{\partial z^2}+\frac{1-\nu}{2a^2}\frac{\partial^2 U}{\partial \varphi^2}\right)+K\left(\frac{1+\nu}{2a}\frac{\partial^2 V}{\partial z\partial \varphi}\right)+K\frac{\nu}{a}\frac{\partial}{\partial z}W-m_s\omega^2 U=0 \quad (6.1.1)$$

$$\begin{aligned}&K\frac{1+\nu}{2a}\frac{\partial^2 U}{\partial z\partial \varphi}+K\left[\frac{1-\nu}{2}\frac{\partial^2 V}{\partial z^2}+\frac{1-\nu}{12}\frac{h^2}{a^2}\frac{\partial V}{\partial z^2}+\frac{1}{a^2}\left(1+\frac{h^2}{12a^2}\right)\frac{\partial^2 V}{\partial \varphi^2}\right]\\&+K\left[\frac{1}{a^2}\frac{\partial W}{\partial \varphi}-\frac{h^2}{12a^2}\left(\frac{\partial^3 W}{\partial z^2\partial \varphi}+\frac{1}{a^2}\frac{\partial^3 W}{\partial \varphi^3}\right)\right]-m_s\omega^2 V=0\end{aligned} \quad (6.1.2)$$

$$\begin{aligned}&K\frac{\nu}{a}\frac{\partial U}{\partial z}+K\left[\frac{1}{a^2}\frac{\partial V}{\partial \varphi}-\frac{h^2}{12a^2}\frac{\partial^3 V}{\partial z^2\partial \varphi}+\frac{1}{a^2}\frac{\partial^3 V}{\partial \varphi^3}\right]\\&+K\left(\frac{h^2}{12}\nabla^4 W+\frac{1}{a^2}W\right)-m_s\omega^2 W=f-p\end{aligned} \quad (6.1.3)$$

这里，$K = Eh/(1-\nu^2)$，$m_s, E, \nu, h, a$ 分别为圆柱壳材料的面密度、杨氏模量、泊松比及圆柱壳壁厚和半径。

设圆柱壳在三个方向上振动位移的模态解为

$$U = \sum_{nm} U_{nm} C_m(z) \cos n\varphi \tag{6.1.4}$$

$$V = \sum_{nm} V_{nm} S_m(z) \sin n\varphi \tag{6.1.5}$$

$$W = \sum_{nm} W_{nm} S_m(z) \cos n\varphi \tag{6.1.6}$$

式中，$U_{nm}, V_{nm}, W_{nm}$ 为模态展开基数，$C_m(z), S_m(z)$ 为圆柱壳轴向模态函数。如果圆柱壳两端为简支边界条件，则有

$$C_m(z) = \cos\frac{m\pi z}{l} \tag{6.1.7}$$

$$S_m(z) = \sin\frac{m\pi z}{l} \tag{6.1.8}$$

将圆柱壳振动位移的形式解 (6.1.4)~(6.1.6) 式代入振动方程 (6.1.1)~(6.1.3) 式，得到模态振动方程：

$$\begin{pmatrix} m_s\omega^2 - a_{11} & a_{12} & a_{13} \\ a_{21} & m_s\omega^2 - a_{22} & a_{23} \\ a_{31} & a_{32} & m_s\omega^2 - a_{33} \end{pmatrix} \begin{Bmatrix} U_{nm} \\ V_{nm} \\ W_{nm} \end{Bmatrix} = \begin{Bmatrix} 0 \\ 0 \\ f_{nm} - p_{nm} \end{Bmatrix} \tag{6.1.9}$$

式中，矩阵元素为

$$a_{11} = K\left[\left(\frac{m\pi}{l}\right)^2 + \frac{1-\nu}{2}\left(\frac{n}{a}\right)^2\right], \quad a_{12} = a_{21} = K\frac{1+\nu}{2}\frac{m\pi}{l}\frac{n}{a}$$

$$a_{13} = a_{31} = \frac{\nu K}{a}\frac{m\pi}{l}, \quad a_{22} = \left(K + \frac{D}{a^2}\right)\left[\frac{1-\nu}{2}\left(\frac{m\pi}{l}\right)^2 + \left(\frac{n}{a}\right)^2\right]$$

$$a_{23} = a_{32} = -\frac{K}{a}\frac{n}{a} - \frac{D}{a}\frac{n}{a}\left[\left(\frac{m\pi}{l}\right)^2 + \left(\frac{n}{a}\right)^2\right], \quad a_{33} = D\left[\left(\frac{m\pi}{l}\right)^2 + \left(\frac{n}{a}\right)^2\right]^2 + \frac{K}{a^2}$$

其中，$D = Eh^3/12(1-\nu^2)$。

广义模态作用力为

$$f_{nm} = \frac{2}{\pi a l}\int_0^l \int_0^{2\pi} f S_m(z) \cos n\varphi a \mathrm{d}\varphi \mathrm{d}z \tag{6.1.10}$$

$$p_{nm} = \frac{2}{\pi al}\int_0^l \int_0^{2\pi} pS_m(z)\cos n\varphi a \mathrm{d}\varphi \mathrm{d}z \tag{6.1.11}$$

若 (6.1.9) 式中 $f_{mn} = p_{mn} = 0$，即为有限长圆柱壳自由振动方程，展开系数行列式可得本征方程：

$$\omega^6 + b_1\omega^4 + b_2\omega^2 + b_3 = 0 \tag{6.1.12}$$

其中，

$$b_1 = -\frac{1}{m_s}(a_{11} + a_{22} + a_{33})$$

$$b_2 = \frac{1}{m_s^2}\left(a_{11}a_{33} + a_{22}a_{33} + a_{11}a_{22} - a_{23}^2 - a_{12}^2 - a_{13}^2\right)$$

$$b_3 = \frac{1}{m_s^3}\left(a_{11}a_{23}^2 + a_{22}a_{13}^2 + a_{33}a_{12}^2 + 2a_{12}a_{23}a_{13} - a_{11}a_{22}a_{33}\right)$$

求解 (3.1.12) 式，得到三组模态频率：

$$\omega_{1nm}^2 = -\frac{2}{3}\sqrt{b_1^2 - 3b_2}\cos\frac{\alpha}{2} - \frac{b_1}{3} \tag{6.1.13}$$

$$\omega_{2nm}^2 = -\frac{2}{3}\sqrt{b_1^2 - 3b_2}\cos\frac{\alpha + 2\pi}{3} - \frac{b_1}{3} \tag{6.1.14}$$

$$\omega_{3nm}^2 = -\frac{2}{3}\sqrt{b_1^2 - 3b_2}\cos\frac{\alpha + 4\pi}{3} - \frac{b_1}{3} \tag{6.1.15}$$

其中，$\alpha = \arccos\dfrac{27b_3 + 2b_1^3 - 9b_1b_2}{2\sqrt{\left(b_1^2 - 3a_2\right)^3}}$。

对于每一组模态数 $n$ 和 $m$，存在三个频率，最低的频率为径向模态频率，其他两个频率要大一个数量级，为轴向和周向模态频率，参见图 6.1.2。

为了求解有限长圆柱壳的耦合振动和声辐射，需要在声介质区域求解波动方程。在柱坐标下，Helmohltz 方程为

$$\frac{1}{r}\frac{\partial}{\partial r}\left(\frac{1}{r}\frac{\partial p}{\partial r}\right) + \frac{1}{r^2}\frac{\partial^2 p}{\partial \varphi^2} + \frac{\partial^2 p}{\partial z^2} + k_0^2 p = 0 \tag{6.1.16}$$

在圆柱壳表面，声压满足边界条件：

$$\left.\frac{\partial p(r,\varphi,z)}{\partial r}\right|_{r=a} = \begin{cases} \rho_0\omega^2 W(\varphi,z), & 0 \leqslant z \leqslant l \\ 0, & \text{其他} \end{cases} \tag{6.1.17}$$

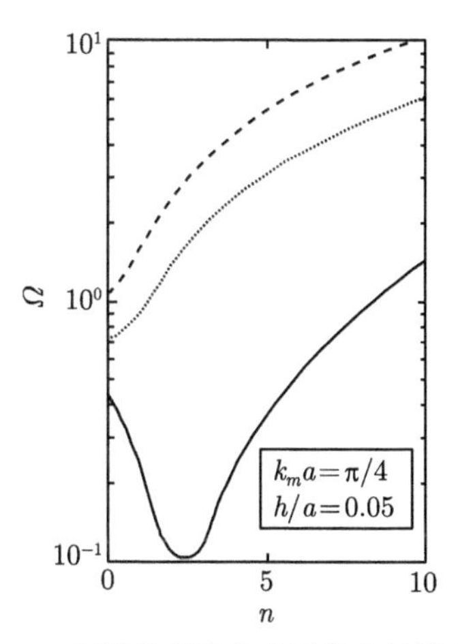


图 6.1.2 有限长弹性薄壁圆柱壳的模态频率

(引自文献 [8], fig7.6)

针对 (6.1.16) 式中声压 $p$ 作关于 $z$ 的 Fourier 变换：

$$p(r,\varphi,z)=\int_{-\infty}^{\infty}\tilde{p}(r,\varphi,k_z)\mathrm{e}^{\mathrm{i}k_z z}\mathrm{d}k_z \tag{6.1.18}$$

$$\tilde{p}(r,\varphi,k_z)=\frac{1}{2\pi}\int_{0}^{l}p(r,\varphi,z)\mathrm{e}^{-\mathrm{i}k_z z}\mathrm{d}z \tag{6.1.19}$$

得到，

$$\left[\frac{1}{r}\frac{\partial}{\partial r}\left(\frac{1}{r}\frac{\partial\tilde{p}^2}{\partial r}\right)+\frac{1}{r^2}\frac{\partial^2\tilde{p}}{\partial\varphi^2}+\left(k_0^2-k_z^2\right)\tilde{p}\right]=0 \tag{6.1.20}$$

采用分离变量法求解 (6.1.20) 式，得到圆柱壳辐射声压的形式解：

$$\tilde{p}(r,\varphi,k_z)=\sum_n A_n\mathrm{H}_n^{(1)}\left(\sqrt{k_0^2-k_z^2}r\right)\cos n\varphi \tag{6.1.21}$$

为了确定 6.1.21 式中的待定常数 $A_n$，也对 (6.1.17) 式作关于 $z$ 的 Fourier 变换，有

$$\frac{\partial\tilde{p}}{\partial r}=\rho_0\omega^2\tilde{W}(\varphi,k_z) \tag{6.1.22}$$

再将 $\tilde{W}(\varphi,k)$ 展开为

$$\tilde{W}(\varphi,k_z)=\sum_n\tilde{W}_n\cos n\varphi \tag{6.1.23}$$

(6.1.21) 式和 (6.1.23) 式代入 (6.1.22) 式，得到

$$A_n = \frac{\rho_0\omega^2\tilde{W}}{\sqrt{k_0^2-k_z^2}\mathrm{H}_n^{(1)'}\left(\sqrt{k_0^2-k_z^2}a\right)} \tag{6.1.24}$$

将 (6.1.24) 式代入 (6.1.21) 式，则有

$$\tilde{p}\left(r,\varphi,k_z\right) = \rho_0\omega^2\sum\tilde{W}_n\frac{\mathrm{H}_n^{(1)}\left(\sqrt{k_0^2-k_z^2}r\right)\cos n\varphi}{\sqrt{k_0^2-k_z^2}\mathrm{H}_n^{(1)'}\left(\sqrt{k_0^2-k_z^2}a\right)} \tag{6.1.25}$$

在圆柱壳表面，令无限长圆柱壳的周向模态辐射阻抗 $Z_n^a$ 为

$$Z_n^a = \mathrm{i}\rho_0\omega\frac{\mathrm{H}_n^{(1)}\left(\sqrt{k_0^2-k_z^2}a\right)}{\sqrt{k_0^2-k_z^2}\mathrm{H}_n^{(1)'}\left(\sqrt{k_0^2-k_z^2}a\right)} \tag{6.1.26}$$

对 (6.1.25) 式作 Fourier 逆变换，得到圆柱壳的辐射声场：

$$p\left(r,\varphi,z\right) = \rho_0\omega^2\int_{-\infty}^{\infty}\sum_n\tilde{W}_n\frac{\mathrm{H}_n^{(1)}\left(\sqrt{k_0^2-k_z^2}r\right)\cos n\varphi}{\sqrt{k_0^2-k_z^2}\mathrm{H}_n^{(1)'}\left(\sqrt{k_0^2-k_z^2}a\right)}\mathrm{e}^{\mathrm{i}k_z z}\mathrm{d}k_z \tag{6.1.27}$$

实际上，从 (6.1.16) 式到 (6.1.27) 式的推导与 5.1 节中无限长圆柱壳辐射声压的推导一致，接下来考虑到

$$\tilde{W}_n\left(k_z\right) = \frac{1}{2\pi}\int_0^l W_n\left(z\right)\mathrm{e}^{-\mathrm{i}k_z z}\mathrm{d}z \tag{6.1.28}$$

以及

$$W_n\left(z\right) = \sum_m W_{nm}S_m\left(z\right) \tag{6.1.29}$$

令 (6.1.27) 式中 $r=a$，并将其代入 (6.1.11) 式，再考虑到 (6.1.28) 和 (6.1.29) 式，得到有限长圆柱壳的模态声压为

$$p_{nm} = -\frac{2\mathrm{i}\omega}{\pi al}\int_0^l\int_0^{2\pi}\int_{-\infty}^{\infty}\sum_n\frac{1}{2\pi}\int_0^l\sum_p W_{np}S_p\left(z'\right)\mathrm{e}^{-\mathrm{i}k_z z'}\mathrm{d}z' Z_n^a\cos n\varphi S_m\left(z\right)$$
$$\times\,\mathrm{e}^{\mathrm{i}k_z z}\cos n'\varphi a\mathrm{d}\varphi\mathrm{d}z\mathrm{d}k_z$$

$$= -\frac{\mathrm{i}\omega}{\pi l\varepsilon_n}\sum_p\int_{-\infty}^{\infty}W_{np}Z_n^a\tilde{\varphi}_m(k_z)\,\tilde{\varphi}_p^*(k_z)\,\mathrm{d}k_z \tag{6.1.30}$$

(6.1.30) 式可以表示为

$$p_{nm} = -\sum_p \mathrm{i}\omega Z_{nmp}W_{np} \tag{6.1.31}$$

其中，$Z_{nmp}^a$ 为圆柱壳模态声辐射阻抗，$\tilde{\varphi}_m$ 为圆柱壳轴向模态波函数，它们的表达式分别为

$$Z_{nmp}^a = \frac{1}{\pi l\varepsilon_n}\int_{-\infty}^{\infty}Z_n^a\tilde{\varphi}_m(k_z)\,\tilde{\varphi}_p^*(k_z)\,\mathrm{d}k_z \tag{6.1.32}$$

$$\tilde{\varphi}_m(k_z) = \int_0^l S_m(z)\mathrm{e}^{-\mathrm{i}k_z z}\mathrm{d}z \tag{6.1.33}$$

两端简支边界条件下圆柱壳的模态函数由 (6.1.8) 式给出，相应有

$$\tilde{\varphi}_m(k_z) = \frac{2m\pi}{l}\mathrm{e}^{-\mathrm{i}k_z l/2}\left\{\begin{array}{c}\cos(k_z l/2)\\ \mathrm{i}\sin(k_z l/2)\end{array}\right\}\Big/\left[k_z^2-\left(\frac{m\pi}{l}\right)^2\right] \tag{6.1.34}$$

将 (6.1.34) 式代入 (6.1.32) 式，可得有限长圆柱壳的模态声阻抗

$$\begin{aligned}Z_{nmp}^a = {} & \frac{\rho_0 C_0}{\varepsilon_n}\frac{4\pi mp}{(k_0 l)^3}\int_{-\infty}^{\infty}\frac{\mathrm{i}\mathrm{H}_n^{(1)}\left[k_0 a\left(1-\eta^2\right)^{1/2}\right]}{\left(1-\eta^2\right)^{1/2}\mathrm{H}_n^{(1)\prime}\left[k_0 a\left(1-\eta^2\right)^{1/2}\right]}\\ & \times\frac{N_{mp}}{\left[\eta^2-\left(\dfrac{m\pi}{k_0 l}\right)^2\right]\left[\eta^2-\left(\dfrac{p\pi}{k_0 l}\right)^2\right]}\mathrm{d}\eta\end{aligned} \tag{6.1.35}$$

式中，

$$N_{mp}(\eta) = \begin{cases}\sin^2 k_0 l\eta/2, & m,p\ \text{为偶数}\\ \sin k_0 l\eta/2\cos k_0 l\eta/2, & m(p)\ \text{为偶数或}\ p(m)\ \text{为奇数}\\ \cos^2 k_0 l\eta/2, & m,p\ \text{为奇数}\end{cases} \tag{6.1.36}$$

定义

$$\theta_n(\alpha) - \mathrm{i}\chi_n(\alpha) = \frac{\mathrm{i}\mathrm{H}_n^{(1)}(\alpha)}{\mathrm{H}_n^{(1)\prime}(\alpha)} \tag{6.1.37}$$

式中，

$$\alpha = k_0 a\left(1-\eta^2\right)^{1/2} \tag{6.1.38}$$

(6.1.37) 式中 $\theta_n(\alpha)$ 和 $\chi_n(\alpha)$ 可以表示为

$$\theta_n(\alpha)=\frac{4/\pi\alpha}{\left[\mathrm{J}_{n-1}(\alpha)-\mathrm{J}_{n+1}(\alpha)\right]^2+\left[\mathrm{N}_{n-1}(\alpha)-\mathrm{N}_{n+1}(\alpha)\right]^2},\quad n>0 \tag{6.1.39}$$

$$\chi_n(\alpha)=\frac{\mathrm{J}_n(\alpha)\left[\mathrm{J}_{n-1}(\alpha)-\mathrm{J}_{n+1}(\alpha)\right]-\mathrm{N}_n(\alpha)\left[\mathrm{N}_{n-1}(\alpha)-\mathrm{N}_{n+1}(\alpha)\right]}{\left[\mathrm{J}_{n-1}(\alpha)+\mathrm{J}_{n+1}(\alpha)\right]^2+\left[\mathrm{N}_{n-1}(\alpha)+\mathrm{N}_{n+1}(\alpha)\right]^2},\quad n>0 \tag{6.1.40}$$

当 $n=0$ 时，$\theta_n(\alpha)$ 和 $\chi_n(\alpha)$ 可简化为

$$\theta_0(\alpha)=\frac{2/\pi\alpha}{\mathrm{J}_1^2(\alpha)+\mathrm{N}_1^2(\alpha)} \tag{6.1.41}$$

$$\chi_0(\alpha)=\frac{\mathrm{N}_1(\alpha)\mathrm{N}_0(\alpha)-\mathrm{J}_0(\alpha)\mathrm{J}_1(\alpha)}{\mathrm{J}_1^2(\alpha)+\mathrm{N}_1^2(\alpha)} \tag{6.1.42}$$

若 $\alpha$ 为虚数，即 $\alpha=\mathrm{i}\delta$ 时，$\theta_n(\alpha)$ 为零，$\chi_n(\alpha)$ 则为

$$\chi_0(\mathrm{i}\delta)=\frac{\mathrm{K}_0(\delta)}{\mathrm{K}_1(\delta)},\quad n=0 \tag{6.1.43}$$

$$\chi_n(\mathrm{i}\delta)=\frac{2K_n(\delta)}{\mathrm{K}_{n-1}(\delta)+\mathrm{K}_{n+1}(\delta)},\quad n>0 \tag{6.1.44}$$

将有限长圆柱壳的模态声阻抗表示为实部和虚部两部分：

$$Z_{nmp}^a=R_{nmp}-\mathrm{i}X_{nmp} \tag{6.1.45}$$

利用 (6.1.37)~(6.1.44) 式，并考虑到 (6.1.35) 式中的被积函数为偶函数，经变量代换，当 $m$ 和 $p$ 同为偶数或奇数时，由 (6.1.35) 式可得模态辐射阻抗的实部和虚部分别为

$$R_{nmp}=\rho_0C_0\frac{8\pi mp}{\varepsilon_n(k_0l)^3}\int_0^1\frac{\theta_n(k_0a\xi)}{2(1-\xi^2)^{1/2}}\left\{\begin{matrix}\cos^2\\ \sin^2\end{matrix}\left(\frac{1}{2}k_0l(1-\xi^2)^{1/2}\right)\right\}$$
$$\times\left\{\left[\xi^2-1+\left(\frac{m\pi}{k_0l}\right)^2\right]\left[\xi^2-1+\left(\frac{p\pi}{k_0l}\right)^2\right]\right\}^{-1}\mathrm{d}\xi \tag{6.1.46}$$

$$X_{nmp}=\rho_0C_0\frac{8\pi mp}{\varepsilon_n(k_0l)^3}\int_0^1\frac{\chi_n(k_0a\xi)}{2(1-\xi^2)^{1/2}}\left\{\begin{matrix}\cos^2\\ \sin^2\end{matrix}\left(\frac{1}{2}k_0l(1-\xi^2)^{1/2}\right)\right\}$$
$$\times\left\{\left[\xi^2-1+\left(\frac{m\pi}{k_0l}\right)^2\right]\left[\xi^2-1+\left(\frac{p\pi}{k_0l}\right)^2\right]\right\}^{-1}\mathrm{d}\xi$$

$$- \rho_0 C_0 \frac{8\pi mp}{\varepsilon_n (k_0 l)^3} \int_0^{\infty} \left\{ \mathrm{K}_n(k_0 a\xi) \left[ \begin{matrix} \cos^2 \\ \sin^2 \end{matrix} \left( \frac{1}{2} k_0 l (1-\xi^2)^{1/2} \right) \right] \right\}$$
$$\times \left\{ (1+\xi^2)^{1/2} \mathrm{K}_n'(k_0 a\xi) \left[ \xi^2 + 1 - \left( \frac{m\pi}{k_0 l} \right)^2 \right] \left[ \xi^2 + 1 - \left( \frac{p\pi}{k_0 l} \right)^2 \right] \right\}^{-1} \mathrm{d}\xi \tag{6.1.47}$$

针对 $a/l = 0.333$ 的圆柱壳，取 $m = p = 1$ 和 2 时，计算不同模态数 $n$ 的模态自辐射阻和自辐射抗，结果参见图 6.1.3 和图 6.1.4。由图可见，模态自辐射阻

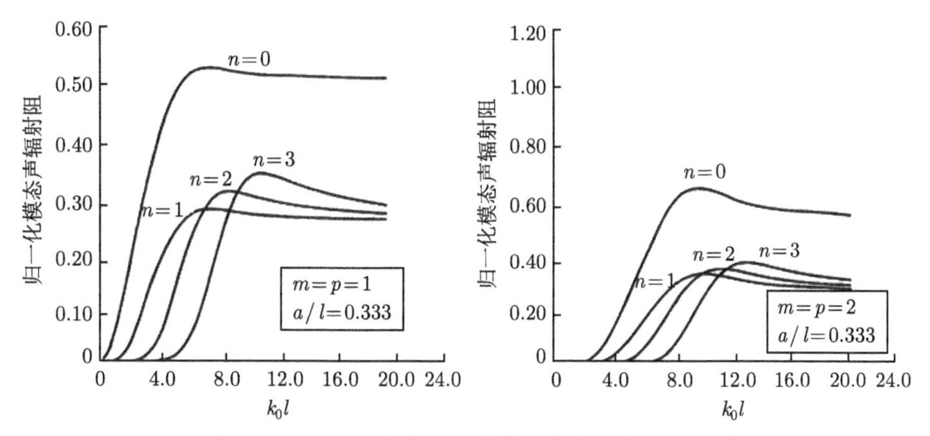


图 6.1.3 有限长圆柱壳不同模态的归一化自声辐射阻

(引自文献 [2], fig3)

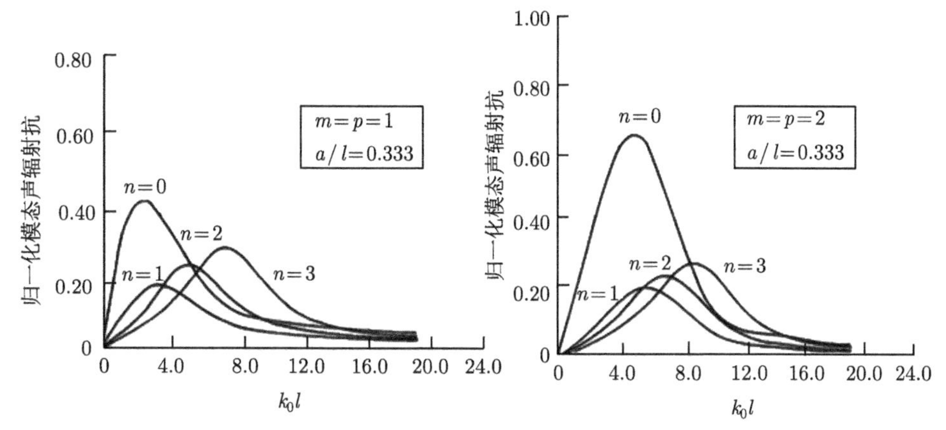


图 6.1.4 有限长圆柱壳不同模态的归一化自声辐射抗

(引自文献 [2], fig 4)

和自辐射抗随频率变化的规律与矩形板类似，且当 $m$ 给定时，在 $k_0l \ll 1$ 的低频段，随着 $n$ 的增加模态自辐射阻明显减小，模态自辐射抗斜率也逐渐减小，对应模态附加质量减小。选取 $n=0, m=1$ 和 $n=1, m=1$，计算 $p=1, 3, 5, 7$ 时的模态互辐射阻和互辐射抗，由图 6.1.5 和图 6.1.6 给出。由图可见，模态互辐射阻和互辐射抗不仅明显小于模态自辐射阻和自辐射抗，而且 $k_0l$ 较小时有起伏变化，随着 $k_0l$ 增加而趋于零，表明在频率较高时，模态互辐射阻和互辐射抗可以忽略不计。

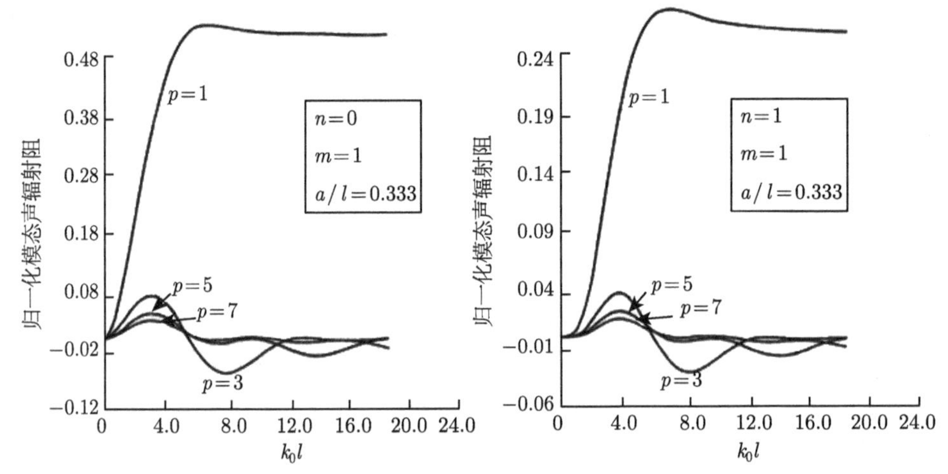


图 6.1.5　有限长圆柱壳不同模态的归一化互声辐射阻

(引自文献 [2], fig5, fig6)

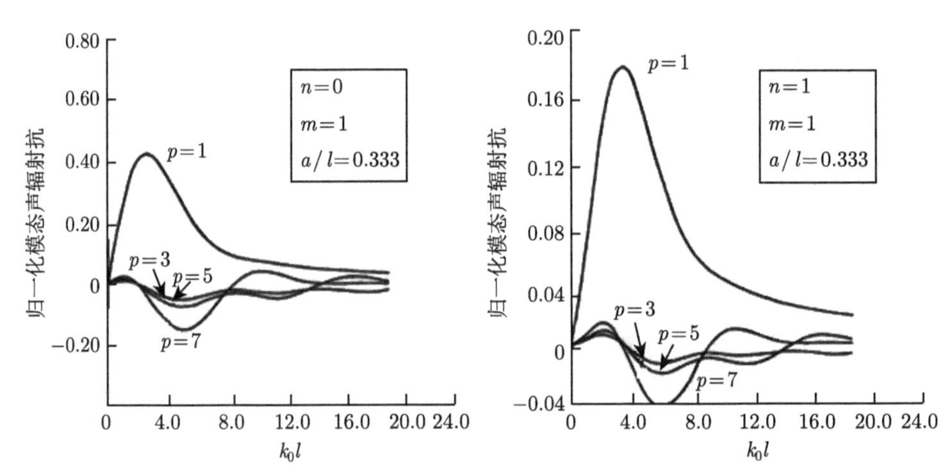


图 6.1.6　有限长圆柱壳不同模态的归一化互声辐射抗

(引自文献 [2], fig9, fig10)

将 (6.1.31) 式代入 (6.1.9) 式，得到有限长圆柱壳耦合振动模态方程：

$$\begin{pmatrix} m_s\omega^2 - a_{11} & a_{12} & a_{13} \\ a_{21} & m_s\omega^2 - a_{22} & a_{23} \\ a_{31} & a_{32} & m_s\omega^2 - a_{33} - \mathrm{i}\omega\sum\limits_p Z^a_{nmp} \end{pmatrix} \begin{Bmatrix} U_{nm} \\ V_{nm} \\ W_{nm} \end{Bmatrix} = \begin{Bmatrix} 0 \\ 0 \\ f_{nm} \end{Bmatrix} \tag{6.1.48}$$

若忽略模态互辐射阻抗，(6.1.48) 式简化为

$$\begin{pmatrix} m_s\omega^2 - a_{11} & a_{12} & a_{13} \\ a_{21} & m_s\omega^2 - a_{22} & a_{23} \\ a_{31} & a_{32} & m_s\omega^2 - a_{33} - \mathrm{i}\omega Z^a_{nmm} \end{pmatrix} \begin{Bmatrix} U_{nm} \\ V_{nm} \\ W_{nm} \end{Bmatrix} = \begin{Bmatrix} 0 \\ 0 \\ f_{nm} \end{Bmatrix} \tag{6.1.49}$$

由 (6.1.48) 式可以求解得到圆柱壳耦合振动的模态径向位移 $W_{mn}$，这样，考虑到 (6.1.28) 和 (6.1.29) 式，由 (6.1.27) 式即可计算有限长圆柱壳的辐射声场：

$$p(r,\varphi,z) = \rho_0\omega^2 \int_{-\infty}^{\infty} \sum_n \frac{1}{2\pi} \int_0^l \sum_m W_{nm} S_m(z') \mathrm{e}^{-\mathrm{i}k_z z'} \mathrm{d}z' \cdot \frac{\mathrm{H}_n^{(1)}\left(\sqrt{k_0^2 - k_z^2}\, r\right) \cos n\varphi}{\sqrt{k_0^2 - k_z^2}\, \mathrm{H}_n^{(1)'}\left(\sqrt{k_0^2 - k_z^2}\, a\right)} \mathrm{e}^{\mathrm{i}k_z z} \mathrm{d}k_z \tag{6.1.50}$$

简化得到，

$$p(r,\varphi,z) = \frac{\rho_0\omega^2}{2\pi} \sum_{nm} \int_{-\infty}^{\infty} W_{nm} \tilde{\varphi}_m(k_z) \frac{\mathrm{H}_n^{(1)}\left(\sqrt{k_0^2 - k_z^2}\, r\right) \cos n\varphi}{\sqrt{k_0^2 - k_z^2}\, \mathrm{H}_n^{(1)'}\left(\sqrt{k_0^2 - k_z^2}\, a\right)} \mathrm{e}^{\mathrm{i}k_z z} \mathrm{d}k_z \tag{6.1.51}$$

在 (6.1.51) 式中，令 $r = R\sin\theta$，$z = R\cos\theta$，将柱坐标变为球坐标，再利用 Hankel 函数的远场表达式，可以由稳相法积分得到有限长圆柱壳的远场辐射声场：

$$\begin{aligned} p(R,\theta,\varphi) &= \sum_{nm} p_{nm}(R,\theta,\varphi) \\ &= \sum_{nm} \frac{\rho_0 C_0 \omega W_{nm}}{\pi R \sin\theta} \mathrm{e}^{\mathrm{i}k_0 R} \frac{(-1)^n \tilde{\varphi}_m(k_0\cos\theta) \cos n\varphi}{\mathrm{H}_n^{(1)'}(k_0 a \sin\theta)} \end{aligned} \tag{6.1.52}$$

相应地可进一步计算有限长圆柱壳的声辐射功率和径向均方振速：

$$P = \frac{1}{2}\omega^2 \mathrm{Re}\left\{ \sum_{n=0}^{\infty} \sum_{m=1}^{\infty} \sum_{p=1}^{\infty} Z^a_{nmp} W_{nm} W^*_{np} \right\} \tag{6.1.53}$$

$$\langle v_r^2\rangle = \frac{\omega^2}{4\varepsilon_n}\mathrm{Re}\left\{\sum_{n=0}^{\infty}\sum_{m=1}^{\infty}W_{nm}W_{nm}^*\right\} \tag{6.1.54}$$

Laulagnet 和 Guyader 在文献 [3] 中，选取长 1.2m、半径 0.4m、壁厚 3mm 的圆柱壳，计算分析圆柱壳在空气和水介质中的振动与声辐射特性。图 6.1.7 给出了考虑与忽略模态互辐射阻抗时，计算得到的声辐射功率和径向均方振速的比较。由图可见，模态互辐射阻抗对声辐射功率有一定影响，尤其在较高频段，但对径向均方振速基本没有影响。忽略模态互辐射阻抗，可使声辐射功率计算结果略为偏大，其基本特征变化不大，近似计算时可以忽略模态互辐射阻抗。当圆柱壳在空气介质情况下，模态互辐射阻抗对声辐射功率的影响完全可以忽略不计。图 6.1.8 给出空气介质中有限长圆柱壳的声辐射功率和径向均方振速计算结果。在 200Hz 以下频段，声功率较小，在 200~1700Hz 频段声功率呈现明显的峰值，而在 2000Hz 附近声功率随频率变化较平缓。我们知道，结构耦合振动和声辐射特性很大程度上取决于结构阻尼与辐射阻尼，200Hz 以下频段圆柱壳主要受结构阻尼的影响，虽然产生明显的振动峰值，但相应的声辐射较小。200~1700Hz 频段圆柱壳有些模态的结构阻尼和辐射阻尼大小比较接近，相应产生明显的耦合振动和声辐射峰值，也有一部分模态辐射阻尼小一些，振动峰值没有产生对应的声辐射峰值。在接近圆柱壳环频的 2000Hz 频率附近，大部分模态的结构阻尼和辐射阻尼大小接近，且不同模态振动和声响应重叠，使得声辐射功率曲线趋于平坦。当圆柱壳在水介质中时，其声辐射功率与在空气介质情况下的特征和最大值量级相差不大，但峰值位置及大小不一样，参见图 6.1.9。实际上，声辐射功率的大小取决于结构阻尼和辐射阻尼大小比较接近的模态。无论水介质还是空气介质，如果存在结构阻尼和辐射阻尼大小比较接近的模态，它们的声辐射是相同的，但在水介质和空气介质中结构阻尼和辐射阻尼大小比较接近的模态有所不同，因此声辐射功率的大小及分布也就不一样，而且水介质大于空气介质中的辐射阻尼，相应地，水介质中结构声辐射峰值没有空气介质中尖锐。

在大部分情况下，研究壳体结构振动和声辐射都是假设激励为点力。实际工程如汽轮机、发动机等旋转机械工作时，圆柱壳结构受到沿周向连续移动的激励，Pannetou 和 Berry[9] 等将以 $\Omega$ 角速度沿周向旋转的点激励表示为

$$f(z,\varphi,t) = \frac{F_0}{a}\delta(z-z_0)\sum_N\delta(\varphi-\Omega t+2N\pi) \tag{6.1.55}$$

式中，$F_0$ 为激励力幅值，$z_0$ 为激励力轴向位置。

利用 Poisson 求和公式：

$$\sum_N\delta(\varphi-\Omega t+2N\pi) = \frac{1}{2\pi}\sum_N \mathrm{e}^{\mathrm{i}N\varphi}\cdot\mathrm{e}^{-\mathrm{i}N\Omega t} \tag{6.1.56}$$

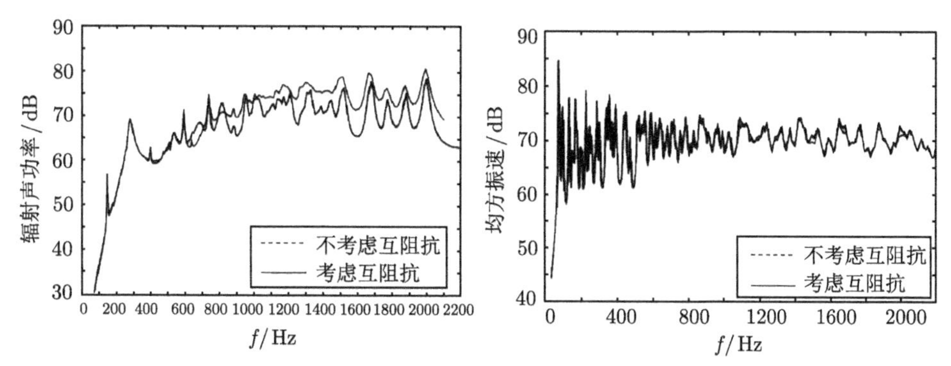


图 6.1.7 圆柱壳模态互阻抗对声辐射功率和均方振速的影响

(引自文献 [3], fig2, fig3)

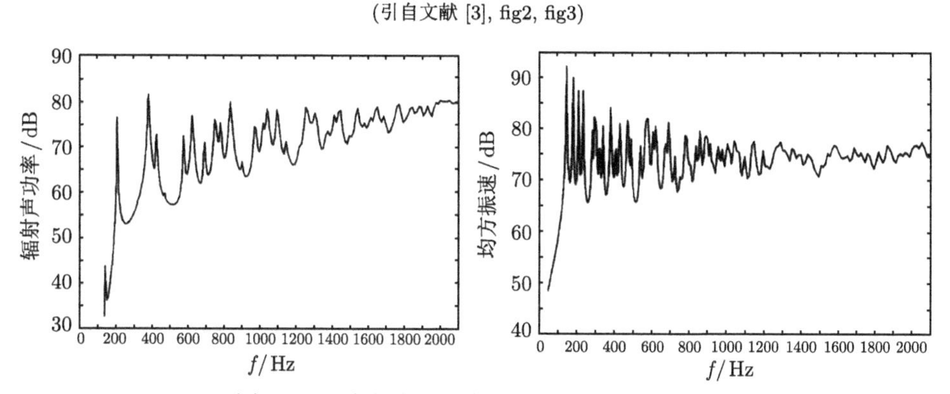


图 6.1.8 空气中圆柱壳声辐射功率和均方振速

(引自文献 [3], fig5, fig7)

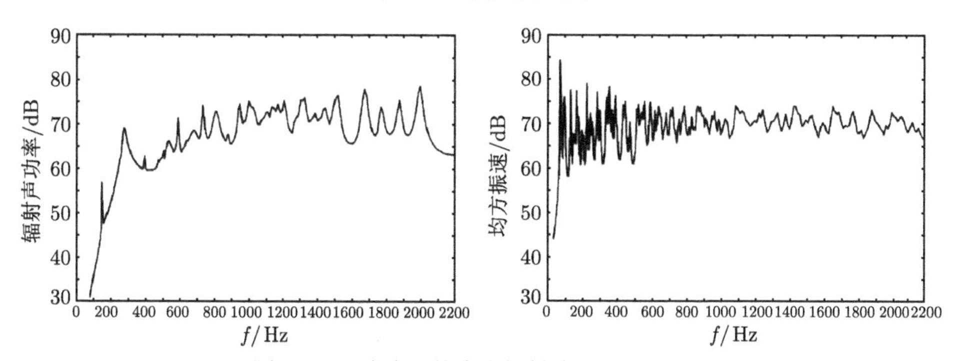


图 6.1.9 水中圆柱壳声辐射功率和均方振速

(引自文献 [3], fig9, fig10)

激励力可表示为

$$f(z,\varphi,t)=\frac{F_0}{a}\delta(z-z_0)\frac{1}{2\pi}\sum_N \mathrm{e}^{\mathrm{i}N\varphi}\cdot\mathrm{e}^{-\mathrm{i}N\Omega t} \tag{6.1.57}$$

相应的模态激励力为

$$f_{nm} = \frac{F_0}{2} \sin \frac{m\pi z_0}{l} \delta_{Nn} \tag{6.1.58}$$

式中，

$$\delta_{Nn} = \begin{cases} 0 & N \neq n \\ 0 & N = n = 0, \text{ 对称模态} \\ 2 & N = n = 0, \text{ 反对称模态} \\ i & N = n \neq 0, \text{ 对称模态} \\ 1 & N = n \neq 0, \text{ 反对称模态} \end{cases}$$

由此可见，以角速度 $\Omega$ 旋转的激励力，其分量为一组简谐频率为 $N\Omega$ 的等幅激励，只有周向模态数 $n = N$ 时，才有间歇频率为 $N\Omega$ 的激励分量。相应地，圆柱壳在这些简谐频率上激发振动响应和声辐射。文献 [9] 和 [10] 分别计算了轻质和重质流体中圆柱壳受周向旋转点激励的声辐射。此外，Mattei[11] 采用近似解计算了有限长圆柱壳的振动和远场声辐射。我们知道，当圆柱壳壁厚与半径之比 $h/a \ll 1$ 时，认为圆柱壳为薄壁圆柱壳。但这只是几何意义上的薄壁圆柱壳，声学意义上的薄壁圆柱壳定义为环频与吻合频率之比 $f_r/f_c < 1$，而当 $f_r/f_c > 1$ 时，则为声学厚壁圆柱壳。Wang 和 Lai[12] 研究认为，在吻合频率以下，厚壁圆柱壳同时存在超音速和亚音速模态，声辐射效率虽然取决于圆柱壳的几何特性及边界条件，但在远低于吻合频率的频段就趋近于 1，此特性不同于矩形板。

前面讨论的有限长圆柱壳镶嵌在无限长圆柱形刚性声障板上。实际上，计算有限长圆柱壳的流体负载和辐射声场，带圆柱形声障板的圆柱壳是一种近似模型。Sandman[13] 研究了两端为刚性端板而没有圆柱形声障板的有限长圆柱壳的声辐射阻抗。他提出的有限长圆柱壳为 $l$，半径为 $a$，两端为没有振动的刚性平板，圆柱壳表面振动速度为 $v_r$，其周围为理想的无限声介质，特征声阻抗为 $\rho_0 C_0$ (图 6.1.10)。

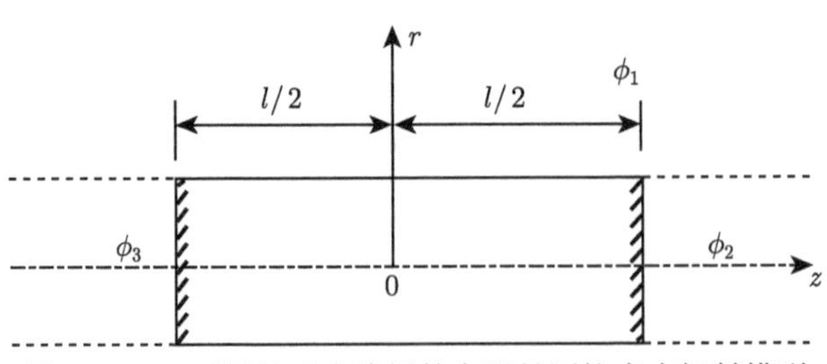

图 6.1.10　无圆柱形声障板的有限长圆柱壳声辐射模型

(引自文献 [13], fig1)

在理想的无限声介质中，有限长圆柱壳辐射声场满足波动方程

$$\nabla^2\phi - \frac{1}{C_0^2}\frac{\partial^2\phi}{\partial t^2} = 0 \tag{6.1.59}$$

式中，$\phi$ 为速度势，它与声压的关系为

$$p = -\rho_0\frac{\partial\phi}{\partial t} \tag{6.1.60}$$

在圆柱壳表面，速度势与圆柱壳振动速度满足边界条件：

$$\left.\frac{\partial\phi}{\partial n}\right|_{r=a} = v_r \tag{6.1.61}$$

为了求解有限长圆柱壳的辐射声场，将外场声介质划分为三个区域，第一个区域为圆柱壳外侧的无限区域，其范围为 $r > a$；第二个区域为圆柱壳右侧的无限区域，其范围为 $r < a$，$z \geqslant +l/2$；第三个区域为圆柱壳左侧的无限区域，其范围为 $r < a$，$z \leqslant -l/2$。假设圆柱壳侧表面的径向振动速度可以表示为

$$v_r = \sum_{n=0}^{\infty} v_{rn}(z)\cos n\varphi \tag{6.1.62}$$

在区域 (1)，考虑到 (6.1.61) 式和 (6.1.62) 式，(6.1.59) 式的解表示为

$$\phi = \phi_1 = \sum_{n=0}^{\infty} \varphi_n^{(1)}(r,z)\cos n\varphi, \quad r \geqslant a \tag{6.1.63}$$

因为外场声介质包围整个圆柱壳，在区域 (2) 和区域 (3)，可认为速度势的解为

$$\phi = \phi_2 = \sum_{n=0}^{\infty} \phi_n^{(2)}(r,z)\cos n\varphi, \quad r \leqslant a, \quad z \geqslant l/2 \tag{6.1.64}$$

$$\phi = \phi_3 = \sum_{n=0}^{\infty} \phi_n^{(3)}(r,z)\cos n\varphi, \quad r \leqslant a, \quad z \geqslant -l/2 \tag{6.1.65}$$

将 (6.1.63) 式 ~(6.1.65) 式分别代入 (6.1.59) 式，得到三个区域速度势的周向 Fourier 级数展开分量满足的波动方程：

$$\frac{\partial^2\phi_n^{(i)}}{\partial r^2} + \frac{1}{r^2}\frac{\partial\phi_n^{(i)}}{\partial r} + \frac{\partial^2\phi_n^{(i)}}{\partial z^2} + \left(k_0^2 - \frac{n^2}{r^2}\right)\phi_n^{(i)} = 0, \quad i = 1,2,3 \tag{6.1.66}$$

对应边界条件 (6.1.61) 式，在圆柱壳侧表面的边界条件为

$$\left.\frac{\partial \phi_n^{(1)}}{\partial r}\right|_{r=a} = v_{rn}, \quad |z| < l/2 \tag{6.1.67}$$

在圆柱壳端面则有

$$\left.\frac{\partial \phi_n^{(2)}}{\partial z}\right|_{z=l/2} = \left.\frac{\partial \phi_n^{(3)}}{\partial z}\right|_{z=-l/2} = 0, \quad r < a \tag{6.1.68}$$

另外，在区域 (1) 与区域 (2) 和区域 (3) 的界面上，速度势和质点速度连续，即

$$\phi_n^{(1)} = \phi_n^{(2)}, \quad z \geqslant l/2 \tag{6.1.69}$$

$$\left.\frac{\partial \phi_n^{(1)}}{\partial r}\right|_{r=a} = \left.\frac{\partial \phi_n^{(2)}}{\partial r}\right|_{r=a}, \quad z \geqslant l/2 \tag{6.1.70}$$

$$\phi_n^{(1)} = \phi_n^{(3)}, \quad z \leqslant -l/2 \tag{6.1.71}$$

$$\left.\frac{\partial \phi_n^{(1)}}{\partial r}\right|_{r=a} = \left.\frac{\partial \phi_n^{(3)}}{\partial r}\right|_{r=a}, \quad z \leqslant -l/2 \tag{6.1.72}$$

为了简便起见，并不失一般性，假设圆柱壳侧表面的振动速度及辐射声场关于 $z=0$ 对称，相应有对称关系：

$$\phi_n^{(1)}(r,z) = \phi_n^{(1)}(r,-z) \tag{6.1.73}$$

$$\phi_n^{(2)} = \phi_n^{(3)} \tag{6.1.74}$$

在区域 (1)，采用 Fourier 积分变换方法，求解 (6.1.66) 式，得到速度势分量：

$$\phi_n^{(1)} = \frac{2}{\pi}\int_0^{\infty} \tilde{u}_{rn}(k_z)\frac{\mathrm{H}_n^{(1)}\left(\sqrt{k_0^2-k_z^2}r\right)}{\sqrt{k_0^2-k_z^2}\mathrm{H}_n^{(1)\prime}\left(\sqrt{k_0^2-k_z^2}a\right)}\cos k_z z \mathrm{d}k_z, \quad x \geqslant a \tag{6.1.75}$$

式中，

$$\tilde{u}_{rn}(k_z) = \int_0^{l/2} v_{rn}(x)\cos k_z z \mathrm{d}z + \int_{l/2}^{\infty} u_{rn}^{(1)}(z)\cos k_z z \mathrm{d}z \tag{6.1.76}$$

其中，$v_{rn}$ 为圆柱壳表面 $(0 \leqslant z \leqslant l/2)$ 给定的对称振动速度分布，$u_{rn}^{(1)}$ 为 $r=a$，$z \geqslant l/2$ 区域待定的振动速度。

在区域 (2)，满足边界条件 (6.1.68) 式，(6.1.66) 式的解为

$$\phi_n^{(2)} = \frac{2}{\pi}\int_0^\infty \tilde{C}_n(\lambda)\,\mathrm{J}_n\left(\sqrt{k_0^2-\lambda^2}r\right)\cos\lambda(z-l/2)\,\mathrm{d}\lambda \tag{6.1.77}$$

式中，$\tilde{C}_n(\lambda)$ 为给定的 Fourier 积分变换参数。

考虑到边界条件 (6.1.69) 和 (6.1.70) 式，由 (6.1.75) 和 (6.1.77) 式，可得区域 (1) 和区域 (2) 速度势的关系：

$$\begin{aligned}&\frac{2}{\pi}\int_0^\infty \tilde{C}_n(\lambda)\,\mathrm{J}_n\left(\sqrt{k_0^2-\lambda^2}a\right)\cos\lambda(z-l/2)\,\mathrm{d}\lambda\\ =&\frac{2}{\pi}\int_0^\infty \tilde{u}_{rn}(k_z)\frac{\mathrm{H}_n^{(1)}\left(\sqrt{k_0^2-k_z^2}a\right)}{\sqrt{k_0^2-k_z^2}\mathrm{H}_n^{(1)'}\left(\sqrt{k_0^2-k_z^2}a\right)}\cos k_z z\mathrm{d}k_z,\quad z\geqslant l/2\end{aligned} \tag{6.1.78}$$

在 (6.1.78) 式两边同乘 $\cos\beta(z-l/2)$，并从 $z=l/2$ 到 $z=\infty$ 积分，有

$$\begin{aligned}&\frac{2}{\pi}\int_0^\infty \tilde{C}_n(\lambda)\,\mathrm{J}_n\left(\sqrt{k_0^2-\lambda^2}a\right)\int_{l/2}^\infty\cos\lambda(z-l/2)\cos\beta(z-l/2)\,\mathrm{d}\lambda\mathrm{d}z\\ =&\frac{2}{\pi}\int_0^\infty \tilde{u}_{rn}(k_z)\frac{\mathrm{H}_n^{(1)}\left(\sqrt{k_0^2-k_z^2}a\right)}{\sqrt{k_0^2-k_z^2}\mathrm{H}_n^{(1)'}\left(\sqrt{k_0^2-k_z^2}a\right)}\\ &\times\int_{l/2}^\infty\cos k_z z\cos\beta(z-l/2)\,\mathrm{d}k_z\mathrm{d}z\end{aligned} \tag{6.1.79}$$

令 $\xi=z-l/2$，并利用 $\cos k_z(\xi+l/2)=\cos k_z\xi\cos k_z l/2-\sin k_z\xi\sin k_z l/2$，以及

$$f(\beta)=\frac{2}{\pi}\int_0^\infty\cos\beta\xi\mathrm{d}\xi\int_0^\infty f(k_z)\cos k_z\xi\mathrm{d}k_z \tag{6.1.80}$$

(6.1.79) 式可以简化为

$$\begin{aligned}\tilde{C}_n(\beta)\,\mathrm{J}_n\left(\sqrt{k_0^2-\beta^2}a\right)=&\tilde{u}_{rn}(k_z)\frac{\mathrm{H}_n^{(1)}\left(\sqrt{k_0^2-\beta^2}a\right)}{\sqrt{k_0^2-\beta^2}\mathrm{H}_n^{(1)'}\left(\sqrt{k_0^2-\beta^2}a\right)}\cos\beta l/2\\ &-\frac{2}{\pi}\int_0^\infty g_n(k_z)\int_0^\infty\sin k_z\xi\cos\beta\xi\mathrm{d}k_z\mathrm{d}\xi\end{aligned} \tag{6.1.81}$$

式中，

$$g_n(k_z)=\tilde{u}_{rn}\frac{\mathrm{H}_n^{(1)}\left(\sqrt{k_0^2-k_z^2}a\right)}{\sqrt{k_0^2-k_z^2}\mathrm{H}_n^{(1)'}\left(\sqrt{k_0^2-k_z^2}a\right)}\sin k_z l/2 \tag{6.1.82}$$

为了进一步简化 (6.1.81) 式，考虑该式右边第二项积分表达式：

$$\begin{aligned}&\int_0^{\infty} g_n(k_z)\int_0^{\infty}\sin k_z\xi\cos\beta\xi\mathrm{d}k_z\mathrm{d}\xi\\&=\lim_{\alpha\to\infty}\frac{1}{2}\int_0^{\infty} g_n(k_z)\frac{1-\cos(k_z+\beta)\alpha}{k_z+\beta}\mathrm{d}k_z\\&\quad+\lim_{\alpha\to\infty}\frac{1}{2}\int_0^{\infty} g_n(k_z)\frac{1-\cos(k_z-\beta)\alpha}{k_z-\beta}\mathrm{d}k_z\end{aligned}\tag{6.1.83}$$

在 (6.1.83) 式右边两项中分别作变量代换 $\eta=-(k_z+\beta)$ 和 $\eta=k_z-\beta$，该式可以变为

$$\begin{aligned}&\int_0^{\infty} g_n(\alpha)\int_0^{\infty}\sin k_z\xi\cos\beta\xi\mathrm{d}k_z\mathrm{d}\xi\\&=\frac{1}{2}\lim_{\alpha\to\infty}\int_{-\infty}^{\infty} g_n(\beta+\eta)\frac{1-\cos\eta\alpha}{\eta}\mathrm{d}\eta\\&=\frac{1}{2}\int_0^{\infty}\frac{g_n(\beta+\eta)-g_n(\beta-\eta)}{\eta}\mathrm{d}\eta\\&\quad-\frac{1}{2}\lim_{\alpha\to\infty}\int_0^{\infty}\frac{g_n(\beta+\eta)-g_n(\beta-\eta)}{\eta}\cos\eta\alpha\mathrm{d}\eta\end{aligned}\tag{6.1.84}$$

依据 Riemann-Lebesque 定理，(6.1.84) 式右边第二项为零，这样，将其代入 (6.1.81) 式，则有

$$\begin{aligned}\tilde{C}_n(\beta)J_n\left(\sqrt{k_0^2-\beta^2}a\right)=&\tilde{u}_{rn}(\beta)\frac{\mathrm{H}_n^{(1)}\left(\sqrt{k_0^2-\beta^2}a\right)}{\sqrt{k_0^2-\beta^2}\mathrm{H}_n^{(1)'}\left(\sqrt{k_0^2-\beta^2}a\right)}\cos\beta l/2\\&-\frac{1}{\pi}\int_0^{\infty}\frac{g_n(\beta+\eta)-g_n(\beta-\eta)}{\eta}\mathrm{d}\eta\end{aligned}\tag{6.1.85}$$

另外，在界面 $r=a$，$z\geqslant l/2$ 上，考虑区域 I 和区域 II 的速度连续，为此，将 (6.1.76) 式重新表示为

$$\tilde{u}_{rn}(k_z)=\tilde{v}_{rn}(k_z)+\int_0^{\infty}u_{rn}^{(1)}(\xi+l/2)\cos k_z(\xi+l/2)\mathrm{d}\xi\tag{6.1.86}$$

式中，$\tilde{v}_{rn}(k_z)=\int_0^{l/2}v_{rn}(z)\cos k_z z\mathrm{d}z$。

由边界条件 (6.1.70) 式及 (6.1.77) 式，可以得到 (6.1.76) 式中待定振动速度 $u_{rn}^{(1)}$ 与区域 (2) 中速度势的关系：

$$u_{rn}^{(1)}(\xi+l/2)=\left.\frac{\partial\phi_n^{(2)}}{\partial r}\right|_{r=a}=\frac{2}{\pi}\int_0^{\infty}\sqrt{k_0^2-\lambda^2}\tilde{C}_n(\lambda)\,\mathrm{J}_n'\left(\sqrt{k_0^2-\lambda^2}a\right)\cos\lambda\xi\mathrm{d}\lambda \tag{6.1.87}$$

将 (6.1.87) 式代入 (6.1.86) 式右边，并参考 (6.1.79)~(6.1.81) 式的推导，则有

$$\begin{aligned}\tilde{u}_{rn}(k_z)=&\tilde{v}_{rn}(k_z)+\sqrt{k_0^2-k_z^2}\tilde{C}_n(k_z)\,\mathrm{J}_n'\left(\sqrt{k_0^2-k_z^2}a\right)\cos k_z\frac{l}{2}\\&-\frac{2}{\pi}\int_0^{\infty}h_n(\lambda)\int_0^{\infty}\cos\lambda\xi\sin k_z\xi\sin k_z\frac{l}{2}\mathrm{d}\lambda\mathrm{d}\xi\end{aligned} \tag{6.1.88}$$

式中，$h_n(\lambda)=\sqrt{k_0^2-\lambda^2}\tilde{C}_n(\lambda)\,\mathrm{J}_n'\left(\sqrt{k_0^2-\lambda^2}a\right)$。

进一步采用类似 (6.1.85) 式的推导过程，可将 (6.1.88) 式简化为

$$\begin{aligned}\tilde{u}_{rn}(k_z)=&\tilde{v}_{rn}(k_z)+\sqrt{k_0^2-k_z^2}\tilde{C}_n(k_z)\,\mathrm{J}_n'\left(\sqrt{k_0^2-k_z^2}a\right)\cos k_z\frac{l}{2}\\&+\frac{1}{\pi}\int_0^{\infty}\frac{h_n(k_z+\tau)-h_n(k_z-\tau)}{\tau}\mathrm{d}\tau\end{aligned} \tag{6.1.89}$$

联立 (6.1.85) 式和 (6.1.89) 式，求解 $\tilde{u}_{rn}(k_z)$ 和 $\tilde{C}_n(k_z)$，为此令

$$x_n(\beta)=\tilde{u}_{rn}\frac{\mathrm{H}_n^{(1)}\left(\sqrt{k_0^2-\beta^2}a\right)}{\sqrt{k_0^2-\beta^2}\mathrm{H}_n^{(1)\prime}\left(\sqrt{k_0^2-\beta^2}a\right)} \tag{6.1.90}$$

并考虑到 (6.1.82) 式中 $g_n(k_z)$ 的定义式，由 (6.1.85) 式可得

$$\begin{aligned}&\tilde{C}_n(\beta)\,\mathrm{J}_n\left(\sqrt{k_0^2-\beta^2}a\right)=x_n(\beta)\cos\frac{\beta l}{2}\\&-\frac{1}{\pi}\int_0^{\infty}\frac{x_n(\beta+\eta)\sin\frac{l}{2}(\beta+\eta)-x_n(\beta-\eta)\sin\frac{l}{2}(\beta-\eta)}{\eta}\mathrm{d}\eta\end{aligned} \tag{6.1.91}$$

在 (6.1.91) 式两边同乘以 $\sqrt{k_0^2-\beta^2}\mathrm{J}_n'\left(\sqrt{k_0^2-\beta^2}a\right)$，考虑到 (6.1.88) 式中

$h_n(\lambda)$ 的定义式，并令

$$\Gamma_n = \tilde{C}_n(\beta)\sqrt{k_0^2-\beta^2}\mathrm{J}_n'\left(\sqrt{k_0^2-\beta^2}a\right) \tag{6.1.92}$$

(6.1.91) 式进一步表示为

$$\begin{aligned}\Gamma_n(\beta)\mathrm{J}_n\left(\sqrt{k_0^2-\beta^2}a\right) &= \sqrt{k_0^2-\beta^2}x_n(\beta) \\ &\times \mathrm{J}_n'\left(\sqrt{k_0^2-\beta^2}a\right)\cos\frac{\beta l}{2} - \sqrt{k_0^2-\beta^2}\mathrm{J}_n'\left(\sqrt{k_0^2-\beta^2}a\right) \\ &\times \frac{1}{\pi}\int_0^\infty \frac{x_n(\beta+\eta)\sin\dfrac{l}{2}(\beta+\eta) - x_n(\beta-\eta)\sin\dfrac{l}{2}(\beta-\eta)}{\eta}\mathrm{d}\eta\end{aligned} \tag{6.1.93}$$

同理，在 (6.1.89) 式两边同乘以 $\dfrac{\mathrm{H}_n^{(1)}\left(\sqrt{k_0^2-k_z^2}a\right)}{\sqrt{k_0^2-k_z^2}\mathrm{H}_n^{(1)\prime}\left(\sqrt{k_0^2-k_z^2}a\right)}$，并考虑到 (6.1.90) 式和 (6.1.92) 式，(6.1.89) 式可表示为

$$x_n(k_z) = E_n(k_z)\left\{\tilde{v}_{rn} + \Gamma_n\cos\frac{k_z l}{2} + \frac{1}{\pi}\int_0^\infty \frac{\Gamma_n(k_z+\tau) - \Gamma_n(k_z-\tau)}{\tau}\mathrm{d}\tau\right\} \tag{6.1.94}$$

其中，$E(k_z) = \dfrac{\mathrm{H}_n^{(1)}\left(\sqrt{k_0^2-k_z^2}a\right)}{\sqrt{k_0^2-k_z^2}\mathrm{H}_n^{(1)\prime}\left(\sqrt{k_0^2-k_z^2}a\right)}$。

在 (6.1.94) 式中，若令 $\Gamma_n = 0$，则其退化为无限长圆柱形障板上有限长圆柱壳的辐射声场解。为了求解 (6.1.93) 和 (6.1.94) 式，需要采用数值计算方法，为此将此两个方程离散，第一个方程离散为

$$\begin{aligned}&\Gamma_n(\beta_i)A_n(\beta_i) = B_n(\beta_i)\cos\frac{\beta_i l}{2}x_n(\beta_i) - B_n(\beta_i) \\ &\frac{1}{\pi}\sum_{j=1}^{\infty}\frac{x_n(\beta_i+\eta_j)\sin\dfrac{l}{2}(\beta_i+\eta_j) - x_n(\beta_i-\eta_j)\sin\dfrac{l}{2}(\beta_i-\eta_j)}{\beta_i}\delta\eta_j\end{aligned} \tag{6.1.95}$$

其中，

$$A_n(\beta) = \mathrm{J}_n\left(\sqrt{k_0^2-\beta^2}a\right)$$

$$B_n(\beta)=\sqrt{k_0^2-\beta^2}\mathrm{J}_n'\left(\sqrt{k_0^2-\beta^2}a\right)$$

这里 $\delta\eta_j$ 为有限差分步长，取 $\beta_i=(2i-1)\dfrac{\Delta}{2}$，$i=1,2,3,\cdots,\eta_j=j\Delta$，于是 $\delta\eta_j=\Delta$，由 (6.1.95) 式得到矩阵方程：

$$[D]\{\Gamma_n\}=[K]\{x_n\} \tag{6.1.96}$$

其中，

$$D_{ii}=A_n(\beta_i)$$

$$K_{ij}=\frac{1}{\pi}B_n(\beta_i)\left[\frac{1}{i-j}-\frac{1}{j+i-1}\right]\sin\frac{\beta_i l}{2},\quad i\neq j$$

$$K_{ii}=B_n(\beta_i)\left[\cos\frac{\beta_i l}{2}-\frac{1}{\pi}\frac{\sin\dfrac{\beta_i l}{2}}{2i-1}\right]$$

同理由 (6.1.94) 式可得

$$[x_n]=[E]\{v_{rn}\}+[M]\{\Gamma_n\} \tag{6.1.97}$$

其中，

$$M_{ij}=E_n(\beta_i)\left[\frac{1}{i-j}-\frac{1}{j+i-1}\right],\quad i\neq j$$

$$M_{ii}=E_n(\beta_i)\left[\cos\frac{\beta_i}{2}-\frac{1}{\pi}\frac{1}{2i-1}\right]$$

$$E_{ii}=E_n(\beta_i)$$

从而由 (6.1.96) 和 (6.1.97) 式得到，

$$\{\Gamma_n\}=([D]-[K][M])^{-1}[K][E]\{v_{rn}\} \tag{6.1.98}$$

$$\{x_n\}=\left\{[E]+[M]([D]-[K][M])^{-1}[K][E]\right\}\{v_{rn}\} \tag{6.1.99}$$

由 (6.1.99) 式求解得到 $\{x_n\}$ 以后，考虑到 (6.1.90) 式，可以进一步由 (6.1.75) 式得到区域 (1) 辐射声场速度势：

$$\phi_n^{(1)}=\frac{2}{\pi}\int_0^{\infty}\frac{x_n(k_z)\mathrm{H}_n^{(1)}\left(\sqrt{k_0^2-k_z^2}r\right)}{\mathrm{H}_n^{(1)}\left(\sqrt{k_0^2-k_z^2}a\right)}\cos k_z z\mathrm{d}k_z \tag{6.1.100}$$

相应地，在区域 (1) 中辐射声压为

$$p_n = -\mathrm{i}\omega\rho_0 \frac{2}{\pi}\int_0^\infty \frac{x_n(k_z)\mathrm{H}_n^{(1)}\left(\sqrt{k_0^2-k_z^2}r\right)}{\mathrm{H}_n^{(1)}\left(\sqrt{k_0^2-k_z^2}a\right)}\cos k_z z \mathrm{d}k_z \tag{6.1.101}$$

离散 (6.1.101) 式，并将 (6.1.99) 代入，利用 (6.1.99) 式计算得到的 $\{x_n\}$，可以得到圆柱壳在区域 (1) 辐射声场的计算表达式：

$$p_n(z,r) = -\mathrm{i}\omega\rho_0 \frac{2\Delta}{\pi}\sum_{j=1}^{\infty} x_n(k_{zi})F_n(k_{zi})\cos k_{zi}z \tag{6.1.102}$$

其中，$F_n(k_z) = \dfrac{\mathrm{H}_n^{(1)}\left(\sqrt{k_0^2-k_z^2}r\right)}{\mathrm{H}_n^{(1)}\left(\sqrt{k_0^2-k_z^2}a\right)}$。

考虑一个最简单的情况，假设有限长圆柱壳作呼吸模态振动 ($n=0$)，且 $v_{rn}=v_0$，于是辐射声压简化为

$$p_0(z,r) = -\mathrm{i}\omega\rho_0 \frac{2\Delta}{\pi}\sum_{j=1}^{N} x_0(k_{zi})F_0(k_{zi})\cos k_{zi}z \tag{6.1.103}$$

相应的声辐射阻抗为

$$Z_0 = R_0 + \mathrm{i}k_0 M_0 = \frac{1}{\rho_0 C_0 v_0}\frac{2}{l}\int_0^{l/2} p_0(a,z)\mathrm{d}z \tag{6.1.104}$$

将 (6.1.103) 式代入 (6.1.104) 式，积分可得辐射阻和附加质量为

$$R_0 = -\frac{\mathrm{i}k_0}{l}\frac{4\Delta}{\pi}\sum_{i=1}^{N}\frac{\sin\dfrac{k_{zi}l}{2}}{k_{zi}}\mathrm{Im}\left[x_0(k_{zi})\right] \tag{6.1.105}$$

$$M_0 = -\frac{4\Delta}{\pi l}\sum_{i=1}^{N}\frac{\sin\dfrac{k_{zi}l}{2}}{k_{zi}}\mathrm{Re}\left[x_0(k_{zi})\right] \tag{6.1.106}$$

文献 [13] 计算了两端为刚性板的有限长脉动圆柱体的声辐射阻抗，参数为 $a/l=0.5$，并与无限长刚性声障板上的有限长圆柱壳声辐射阻抗比较。结果表明，在低频前者要比后者的声辐射阻稍小一些，但两者的附加质量基本没有差别，参见图 6.1.11。可以说，刚性声障板对圆柱壳表面轴向声压分布的影响稍明显一点，

参见图 6.1.12。进一步的计算表明，对于相对短的圆柱壳，声障板的作用略大，而对于 $n > 0$ 的高阶模态，声障板的作用还要小一点。一般来说，采用两端有无限长刚性声障板条件的有限长圆柱壳，计算流体负载是一种合理的近似。

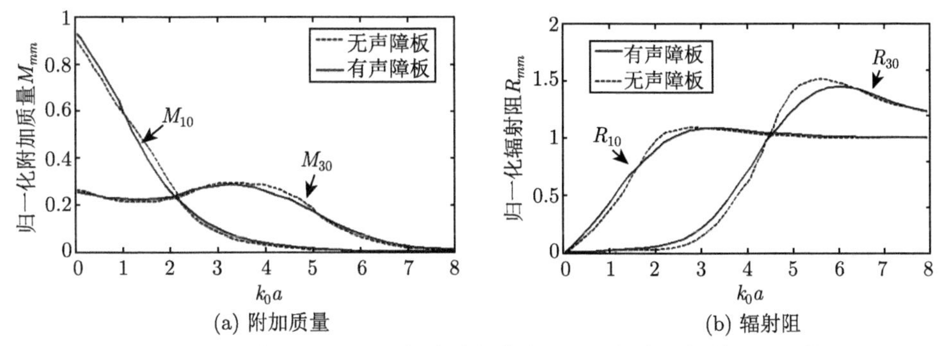

(a) 附加质量　　(b) 辐射阻

图 6.1.11　有/无无限长刚性声障板的有限长圆柱壳声辐射阻抗比较

(引自文献 [13], fig3)

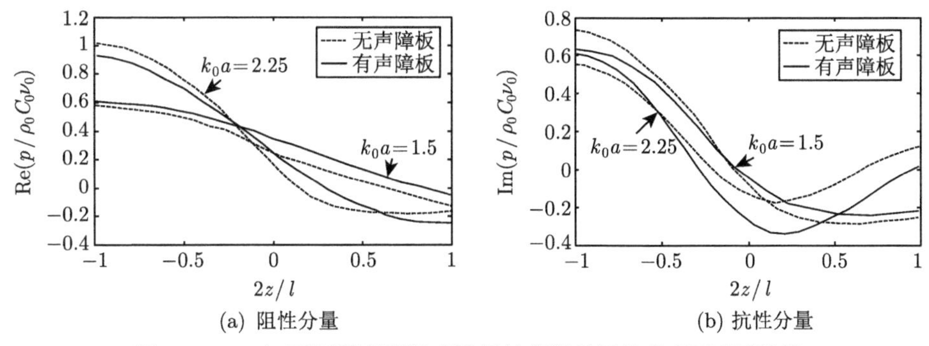

(a) 阻性分量　　(b) 抗性分量

图 6.1.12　有/无无限长刚性声障板的有限长圆柱壳表面声压比较

(引自文献 [13], fig5)

## 6.2 有限长加肋弹性圆柱壳耦合振动与声辐射

应该说，有限长加肋圆柱壳声辐射计算模型，是最接近于实际结构的模拟潜艇及飞机舱段声辐射的模型。5.2 节求解无限长加肋圆柱壳振动和声辐射时，利用了环肋的空间周期性简化计算模型，而有限长加肋圆柱壳模型没有空间周期性，其振动和声辐射求解需要采用与无限长加肋圆柱壳不同的方法。Laulagnet[14] 采用变分原理，研究了加 N 根环肋的有限长圆柱壳的声辐射，圆柱壳两端简支，并镶嵌在无限长的圆柱形刚性声障板上，模型考虑了肋骨的三个平动分量和二转动分量。文献 [15] 同样采用变分原理，研究了不同环肋尺寸和间距的加肋圆柱壳在环频以下的声辐射特性；汤渭霖和何兵蓉 [16] 基于 Burroughs 的肋骨模型 [17]，只考虑肋骨对圆柱壳的法线作用力，计算了水中有限长加肋圆柱壳的振动和声辐射。

现在先考虑一个简单的有限长加肋圆柱壳振动和声辐射模型。设有限长环肋薄壁圆柱壳镶嵌在无限长圆柱声障板上，并浸没在无限声介质中，如图 6.2.1 所示，类似 6.1 节采用模态法求解可以给出的有限长环肋薄壁圆柱壳模态振动方程

$$\begin{pmatrix} m_s\omega^2 - a_{11} & a_{12} & a_{13} \\ a_{21} & m_s\omega^2 - a_{22} & a_{23} \\ a_{31} & a_{32} & m_s\omega^2 - a_{33} \end{pmatrix} \begin{Bmatrix} U_{nm} \\ V_{nm} \\ W_{nm} \end{Bmatrix} = \begin{Bmatrix} 0 \\ 0 \\ f_{nm} - p_{nm} - f_{nm}^r \end{Bmatrix} \tag{6.2.1}$$

式中，$f_{nm}$ 和 $p_{nm}$ 为对应外激励力和辐射声压的模态力，$f_{nm}^r$ 环肋作用圆柱壳的模态力，$m_s$ 为圆柱壳面密度，矩阵元素 $a_{ij}(i,j=1,2,3)$ 可参见 6.1 节。

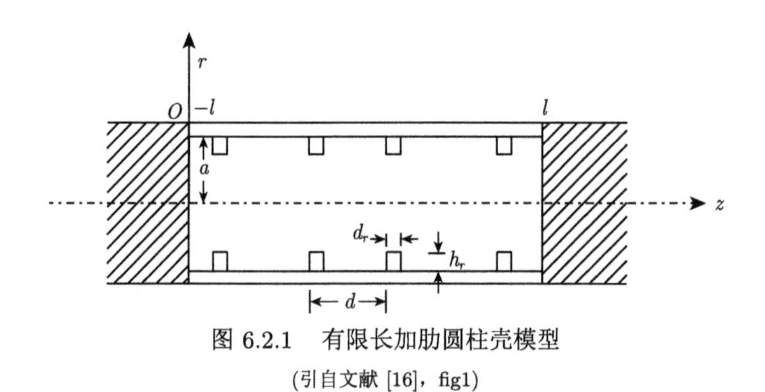


图 6.2.1　有限长加肋圆柱壳模型

(引自文献 [16]，fig1)

由 (6.2.1) 式可以求解得到有限长圆柱壳的径向振动模态位移

$$Z_{nm}^s W_{nm} = f_{nm} - p_{nm} - f_{nm}^r \tag{6.2.2}$$

式中，$Z_{nm}^s$ 为有限长圆柱壳的模态阻抗，其表达式为

$$Z_{nm}^s = \frac{|\Delta|}{[(m_s\omega^2 - a_{11})(m_s\omega^2 - a_{22}) - a_{12}a_{21}]} \tag{6.2.3}$$

式中，$|\Delta|$ 为 (6.2.1) 式左边矩阵对应的行列式值。

为了求解 (6.2.2) 式，需要确定环肋作用于圆柱壳的模态作用力，为此设肋骨的作用力为

$$f^r(z,\varphi)=\sum_{i=1}^{N}f_i^r(\varphi)\delta(z-z_i) \tag{6.2.4}$$

式中，$f_i(\varphi)$ 为第 $i$ 号肋骨作用于圆柱壳的径向力，$z_i$ 为第 $i$ 号肋骨的轴向坐标，$N$ 为环肋的数量。

将 $f_i^r(\varphi)$ 按周向模态展开：

$$f_i^r(\varphi)=\sum_{n=0}^{\infty}\tilde{f}_n^{ri}\cos n\varphi \tag{6.2.5}$$

文献 [17] 将环肋看作一段很短的薄圆柱壳，其径向位移为 $W_r$，利用简化的薄圆柱壳振动方程，求解可得环肋 $i$ 的 $n$ 阶模态力与其径向模态位移的关系：

$$\tilde{f}_n^{ri}=Z_n^r\tilde{W}_n^{ri} \tag{6.2.6}$$

式中，$\tilde{W}_n^{ri}$ 为环肋 $i$ 的径向振动模态位移，$Z_n^r$ 为环肋的模态机械阻抗，其表达式为

$$Z_n^r=\frac{2\rho_r C_r^2 A_r}{a\left(2a+h_r\right)}\left[\frac{h_r^2}{12a^2}\left(n^2-1\right)^2-\Omega^2+\frac{\Omega^2}{\Omega^2-n^2}\right] \tag{6.2.7}$$

式中参数含义见 (5.2.17) 式。

考虑到环肋径向振动模态位移与其所在位置的圆柱壳振动径向模态位移连续，而且圆柱壳振动径向模态位移可以表示为

$$W(\varphi,z)=\sum_{n}W_n(z)\cos n\varphi \tag{6.2.8}$$

$$W_n(z)=\sum_{m}W_{nm}\cos k_m z \tag{6.2.9}$$

则有

$$W_n^{ri}=W_n(z_i)=\sum_{m}W_{nm}\cos k_m z_i,\quad i=1,2,\cdots,N \tag{6.2.10}$$

将 (6.2.5) 式、(6.2.6) 式及 (6.2.10) 式代入 (6.2.4) 式，得到

$$f^r(z,\varphi)=\sum_{n=0}^{\infty}\sum_{m=0}^{\infty}\sum_{i=1}^{N}Z_n^r\delta(z-z_i)\cos n\varphi\cos k_m z_i \tag{6.2.11}$$

(6.2.11) 式模态展开可得环肋作用于圆柱壳的模态力

$$f_{nm}^r = \sum_{p=1}^{\infty} W_{np} Z_{nmp}^r \tag{6.2.12}$$

式中，$Z_{nmp}^r$ 为环肋作用圆柱壳的阻抗，其表达式为

$$Z_{nmp}^r = \frac{Z_n^r}{l} \sum_{i=1}^{N} \cos k_m z_i \cos k_p z_i \tag{6.2.13}$$

将 (6.2.13) 式代入 (6.2.2) 式，并考虑到有限长圆柱壳的模态声压的表达式 (6.1.31) 式，可得无限长刚性声障板上有限长圆柱壳的耦合振动模态方程：

$$Z_{nm}^s W_{nm} + \sum_{p=1}^{\infty} (Z_{nmp}^r - \mathrm{i}\omega Z_{nmp}^a) W_{np} = f_{nm} \tag{6.2.14}$$

由 (6.2.14) 式求解得到圆柱壳振动模态位移，进一步可计算辐射声压、声辐射功率等参数。文献 [16] 选取长为 0.165m、半径为 0.11m、壁厚为 2mm 的水下钢质圆柱壳，肋骨间距取为 $l/5$，肋骨宽度和高度分别取为 $0.02l$ 和 $0.2a$，单位点激励力作用在 $z = 0.5l$ 和 $\varphi = 0$ 位置。计算得到的平均振速、辐射声压及声辐射效率由图 6.2.2 给出。由图可见，肋骨增加了圆柱壳的机械阻抗，使圆柱壳平均振速有明显的降低，但加肋对圆柱壳低频声辐射功率影响较小，这是因为低频声辐射主要取决于低阶模态，而肋骨的低阶模态阻抗小于壳体的模态阻抗，使得肋骨对圆柱壳声辐射功率的峰值幅度影响不大，只是对峰值位置改变有所影响。由于加肋导致圆柱壳平均振速的降低，相应地，声辐射效率明显增加，实际上，肋骨改变了圆柱壳结构的均匀性，必然引起声辐射效率的增加。文献 [18] 求解环肋的弯曲振动和面内振动方程，得到肋骨对有限长圆柱壳的模态作用力，详细的建模过程可参见 6.4 节介绍的双层加肋圆柱壳振动和声辐射模型。选取长为 1.2m、半径为 0.4m、壁厚为 3mm 的钢质圆柱壳，肋骨高度和宽度分别取为 40mm 和 2mm。当有限长圆柱壳均匀布置三根环肋，点激励力位于 $z = 0.48\text{m}$ 时，计算得到的圆柱壳在空气中和水中的均方振速及水中的声辐射功率分别由图 6.2.3 和图 6.2.4 给出。由图可见，除了在 600~900Hz 频率范围内及少量孤立共振峰外，真空中圆柱壳加环肋后的均方振速小于无肋圆柱壳，而且壳体共振峰值减少，但在 600~900Hz 频率范围共振峰值增多，可以认为环肋在此频段起到了“模态集聚”的作用。在水介质中，加肋使圆柱壳的均方振速明显降低，但声辐射功率基本不受肋骨的影响。当有限长圆柱壳只布置一根环肋时，点激励力位于 $z = 0.48\text{m}$ 和 $z = 0.6\text{m}$ 情况下，计算得到的水中圆柱壳均方振速和声辐射功率可见图 6.2.5，激励力作用在肋骨位置 ($z = 0.6\text{m}$)，圆柱壳均方振速要比激励力作用在壳体上 ($z = 0.48\text{m}$) 明显减小，相应的声辐射功率也有所降低。

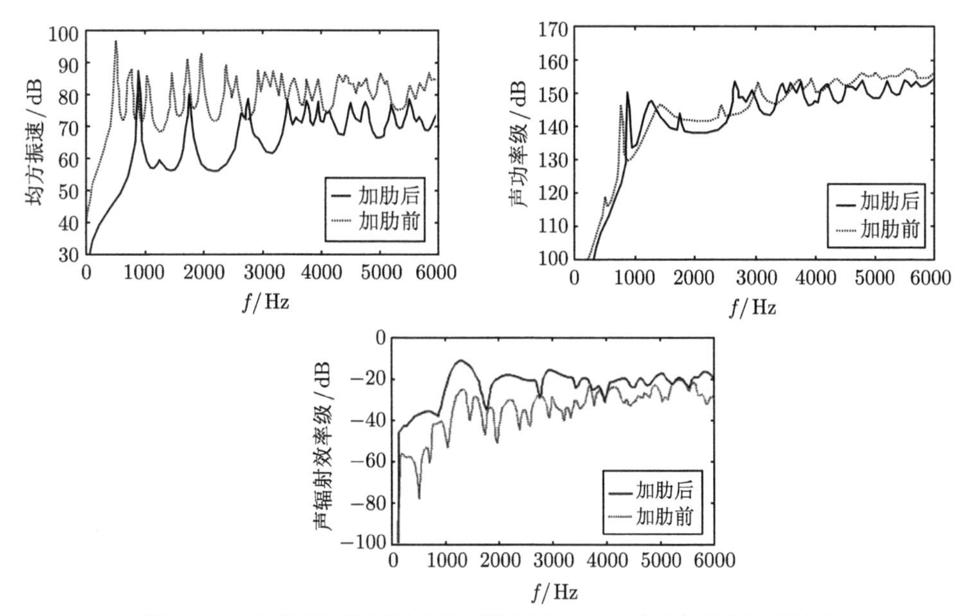


图 6.2.2 有限长加肋圆柱壳的平均振速、声辐射功率及声辐射效率

(引自文献 [16]，fig2)

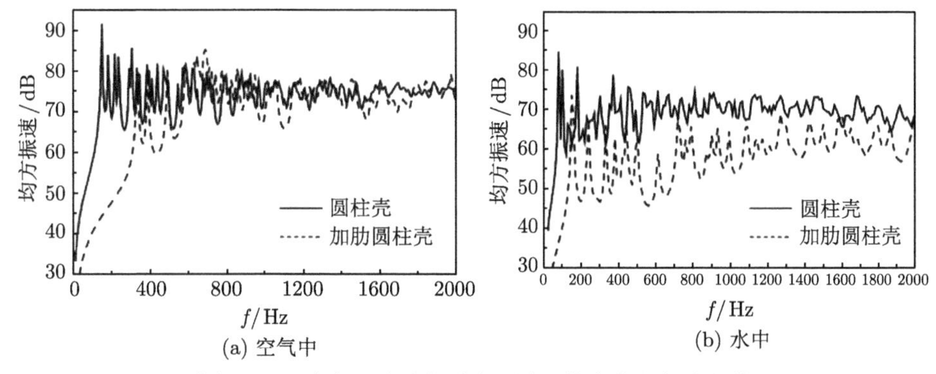


图 6.2.3 空气和水中加肋与无肋圆柱壳均方振速比较

(引自文献 [18]，fig4.3a, fig4.3b)

前面建立的有限长加肋圆柱壳振动和声辐射模型，一方面肋骨形状为比较简单的矩形截面，而且只考虑了肋骨对圆柱壳的法向作用力，另一方面假设了肋骨没有改变圆柱壳振动模态形状，实际上是一种近似处理。现在进一步介绍文献 [14] 采用变分原理建立的加肋圆柱壳振动和声辐射模型。考虑一个有限长加肋弹性圆柱壳，浸没在无限理想声介质中，两端为无限长圆柱形刚性声障板，肋骨为环肋，不失一般性，设肋骨横截面为“工”字形，参见图 6.2.6。

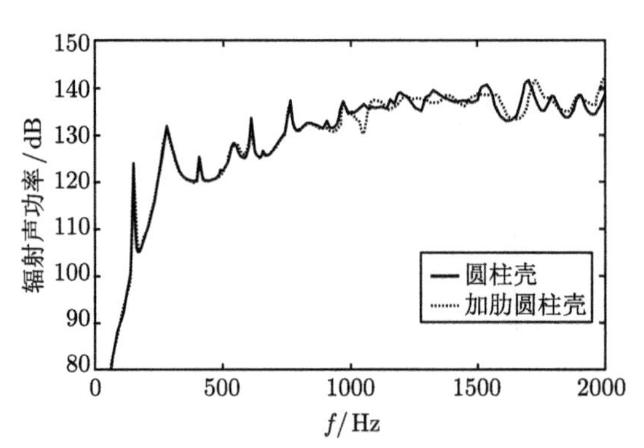


图 6.2.4　水中加肋与无肋圆柱壳声辐射功率比较

(引自文献 [18]，fig4.3c)

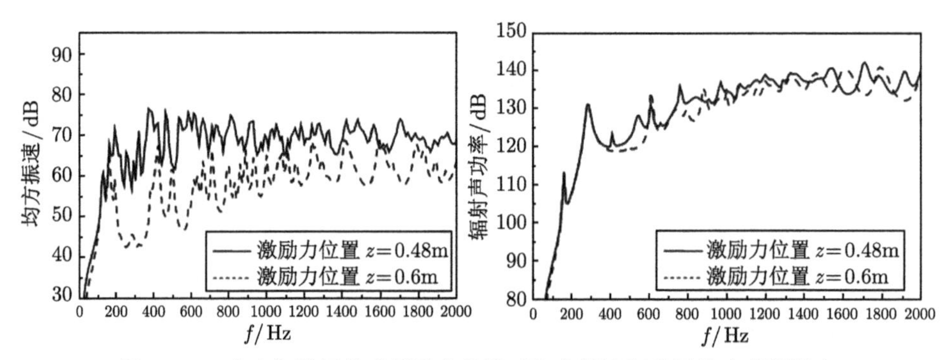


图 6.2.5　水中加肋圆柱壳激励力位置对均方振速和声辐射功率的影响

(引自文献 [18]，fig4.4b, fig4.4c)

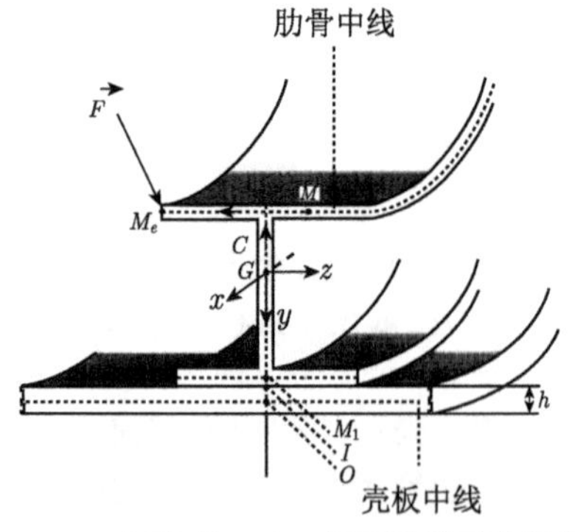


图 6.2.6　圆柱壳“工”字形横截面肋骨模型

(引自文献 [14]，fig3)

定义 Hamilton 函数为

$$H = \int_{t_0}^{t_1} \left\{ T_s - E_s + \sum_{i=1}^{N} (T_i - E_i) - \int_s \{\boldsymbol{p}(Q)\} \{\boldsymbol{U}(Q)\} \, \mathrm{d}S \right. \\ \left. + \int_V \sum_{i=1}^{N_F} \{\boldsymbol{F}_i(M)\} \{\boldsymbol{U}(M)\} \, \mathrm{d}V \right\} \mathrm{d}t \tag{6.2.15}$$

式中，$T_s$ 为圆柱壳动能，$E_s$ 为圆柱壳应变能，$T_i$ 为第 $i$ 号环肋的动能，$E_i$ 为第 $i$ 号环肋的应变能，$\{\boldsymbol{F}_i(M)\}$ 为作用在圆柱壳或环肋 $M$ 点上的激励力矢量；$\{\boldsymbol{p}(Q)\}$ 为作用在圆柱壳上任一点 $Q$ 点声压对应的矢量；$\{\boldsymbol{U}(Q)\}$ 为圆柱壳 $Q$ 点的位移矢量，$\{\boldsymbol{U}(M)\}$ 为圆柱壳 $M$ 点的位移矢量；$N_F$ 为作用在圆柱壳上的激励力数量，$N$ 为圆柱壳上的环肋数量，$S$ 为圆柱壳表面积，$V$ 为包含圆柱壳和肋骨的积分区域，$t_0, t_1$ 为任意时间。

在 Donnell 假设前提下，忽略转动惯量项，圆柱壳动能为

$$T_s = \frac{1}{2} m_s \int_S \left[ \left( \frac{\partial U}{\partial t} \right)^2 + \left( \frac{\partial V}{\partial t} \right)^2 + \left( \frac{\partial W}{\partial t} \right)^2 \right] \cdot a \mathrm{d}\varphi \mathrm{d}z \tag{6.2.16}$$

式中，$m_s, a$ 分别为圆柱壳的面密度和半径，$U, V, W$ 为圆柱壳 Q 点中面的轴向、周向和径向位移。

圆柱壳应变能为

$$E_s = \frac{Eh}{2(1-\nu^2)} \iint \left[ \left( \frac{\partial U}{\partial z} + \frac{1}{a} \frac{\partial V}{\partial \varphi} + \frac{W}{a} \right)^2 + \frac{1-\nu}{2} \left( \frac{1}{a} \frac{\partial U}{\partial \varphi} + \frac{\partial V}{\partial z} \right)^2 \right. \\ \left. - 2(1-\nu) \frac{\partial U}{\partial z} \left( \frac{1}{a} \frac{\partial V}{\partial \varphi} + \frac{W}{a} \right) \right] a \mathrm{d}\varphi \mathrm{d}z + \frac{Eh^3}{24(1-\nu^2)} \\ \times \iint \left[ \left( \frac{\partial^2 W}{\partial z^2} + \frac{1}{a^2} \frac{\partial^2 W}{\partial \varphi^2} \right)^2 + \frac{2(1-\nu)}{a^2} \left( \left( \frac{\partial^2 W}{\partial \varphi \partial z} \right)^2 - \frac{\partial^2 W}{\partial z^2} \frac{\partial^2 W}{\partial \varphi^2} \right) \right] a \mathrm{d}\varphi \mathrm{d}z \tag{6.2.17}$$

式中，$E, \nu$ 分别为圆柱壳材料杨氏模量和泊松比。

假设肋骨变形前后的横截面形状保持不变，肋骨周向截面内剪切应变可以忽略，考虑环肋和圆柱壳在接触点位移和转角的连续性，参见图 6.2.6，文献 [14] 给出了肋骨振动位移与圆柱壳振动位移的关系：

$$U_r(M) = U(z_i, \varphi) + [x(O) - x(M)] \frac{\partial W(z_i, \varphi)}{\partial z} \tag{6.2.18}$$

$$
\begin{aligned}
V_r(M) = & V(z_i,\varphi) + [z(I) - z(M)]\frac{\partial U(z_i,\varphi)}{a\partial\varphi} + [x(O) - x(M)]\frac{\partial W(z_i,\varphi)}{a\partial\varphi} \\
& + \frac{\partial^2 W(z_i,\varphi)}{a\partial z\partial\varphi}\left[\varsigma_c(M,M_1) + (x(I) - x(M))(z(C) - z(I))\right. \\
& \left. - (z(I) - z(M))(x(C) - x(I))\right]
\end{aligned} \tag{6.2.19}
$$

$$
W_r(M) = W(z_i,\varphi) + [z(M) - z(O)]\frac{\partial W(z_i,\varphi)}{\partial z} \tag{6.2.20}
$$

式中,$M$ 为肋骨中线上的点,$C$ 为剪切中心点,$G$ 为横截面质心;$I$ 和 $O$ 分别为环肋与圆柱壳内表面接触点、圆柱壳中和面位置。$z(M), x(M), z(C), x(C), z(I), x(I), z(O), x(O)$ 分别为以 $G$ 为原点的 $xyz$ 坐标系中 $M, C, I, O$ 点的坐标,$\varsigma_c(M,M_1)$ 为 $C$ 点和 $M_1$ 点的翘曲函数项,表示肋骨横截面翘曲产生的附加位移,对于 I 型或 T 型肋骨,此项可以忽略。

利用 (6.2.18)~(6.2.20) 式,可以得到位于 $z_i$ 处环肋的动能和应变能:

$$
\begin{aligned}
T_i(z_i) = & \frac{\rho_r}{2}\int_0^{2\pi}\left\{S_r\left[\left(\frac{\partial V}{\partial t} + (x(O) - x(I))\frac{\partial^2 W}{a\partial t\partial\varphi}\right)^2 + \left(\frac{\partial U}{\partial t}\right)^2 + \left(\frac{\partial W}{\partial t}\right)^2\right.\right. \\
& + \left(x(O)\frac{\partial^2 W}{\partial z\partial t}\right)^2 + 2x(O)\frac{\partial U}{\partial t}\frac{\partial^2 W}{\partial z\partial t} + x^2(I)\left(\frac{\partial^2 W}{a\partial t\partial\varphi} + z(C)\frac{\partial^3 W}{a\partial t\partial z\partial\varphi}\right)^2 \\
& \left. + 2x(I)\left(\frac{\partial V}{\partial t} + (x(O) - x(I))\frac{\partial^2 W}{a\partial t\partial\varphi}\right)\left(\frac{\partial^2 W}{\partial t\partial y} + z(C)\frac{\partial^3 W}{a\partial t\partial z\partial\varphi}\right)\right] \\
& + I_{xx}\left[\left(\frac{\partial^2 W}{\partial t\partial z}\right)^2 + \left(\frac{\partial^2 U}{a\partial t\partial\varphi x} - (x(C) - x(O))\frac{\partial^3 W}{a\partial t\partial z\partial\varphi}\right)^2\right] \\
& + I_{zz}\left[\left(\frac{\partial^2 W}{\partial t\partial z}\right)^2 + \left(\frac{\partial^2 W}{a\partial t\partial\varphi} + z(C)\frac{\partial^3 W}{a\partial t\partial z\partial\varphi}\right)^2\right] \\
& + 2I_{xz}\left(\frac{\partial^2 U}{a\partial t\partial\varphi} - (x(C) - x(O))\frac{\partial^3 W}{a\partial t\partial z\partial\varphi}\right)\left(\frac{\partial^2 W}{a\partial t\partial\varphi} + z(C)\frac{\partial^3 W}{a\partial t\partial z\partial\varphi}\right) \\
& + J_\omega(C,M_1)\left(\frac{\partial^3 W}{a\partial t\partial z\partial\varphi}\right)^2 - 2Q_\omega(C,M_1)\frac{\partial^3 W}{a\partial t\partial z\partial\varphi} \\
& \left.\times\left[\frac{\partial V}{\partial t} + (x(0) - x(I))\frac{\partial^2 W}{a\partial t\partial\varphi} + x(I)\left(\frac{\partial^2 W}{a\partial t\partial\varphi} + z(C)\frac{\partial^2 W}{a\partial t\partial\varphi}\right)\right]\right\}a\mathrm{d}\varphi
\end{aligned} \tag{6.2.21}
$$

$$
\begin{aligned}
&E_i(z_i)\\
&=\frac{E_r}{2}\int_0^{2\pi}\left\{S_r\left[\left(\frac{\partial V}{a\partial\varphi}+\frac{W}{a}+(x(O)-x(I))\frac{\partial^2 W}{a^2\partial\varphi^2}\right)^2\right.\right.\\
&\quad+x^2(I)\left(\frac{\partial^2 W}{a^2\partial\varphi^2}+z(C)\frac{\partial^3 W}{a^2\partial z\partial\varphi^2}\right)^2+2\left(\frac{\partial V}{a\partial\varphi}+\frac{W}{a}+(x(O)-x(I))\frac{\partial^2 W}{a^2\partial\varphi^2}\right)\\
&\quad\times\left.\left(\frac{\partial^2 W}{a^2\partial\varphi^2}+z(C)\frac{\partial^3 W}{a^2\partial z\partial\varphi^2}\right)x(I)\right]+I_{xx}\left(\frac{\partial^2 U}{a^2\partial\varphi^2}-(x(C)-x(O))\frac{\partial^3 W}{a^2\partial z\partial\varphi^2}\right)^2\\
&\quad+I_{zz}\left(\frac{\partial^2 W}{a^2\partial\varphi^2}+z(C)\frac{\partial^3 W}{a^2\partial z\partial\varphi^2}\right)^2+2I_{xz}\left(\frac{\partial^2 U}{a^2\partial\varphi^2}-(x(C)-x(O))\frac{\partial^3 W}{a^2\partial z\partial\varphi^2}\right)\\
&\quad\times\left(\frac{\partial^2 W}{a^2\partial\varphi^2}+z(C)\frac{\partial^3 W}{a^2\partial z\partial\varphi^2}\right)+J_\omega(C,M_1)\left(\frac{\partial^3 W}{a^2\partial z\partial\varphi^2}\right)^2-2Q_\omega(C,M_1)\frac{\partial^3 W}{a^2\partial z\partial\varphi^2}\\
&\quad\times\left.\left[\frac{\partial V}{a\partial\varphi}+\frac{W}{a}+(x(O)-x(I))\frac{\partial^2 W}{a^2\partial\varphi^2}+x(I)\left(\frac{\partial^2 W}{a^2\partial\varphi^2}+z(C)\frac{\partial^3 W}{a^2\partial z\partial\varphi^2}\right)\right]\right\}a\mathrm{d}\varphi
\end{aligned}
\tag{6.2.22}
$$

这里，$I_{xx}, I_{zz}$ 分别为相对于 $G$ 点绕 $z$ 轴和 $x$ 轴的惯性矩，$I_{xz}$ 为相对于 $G$ 点的绕 $z$ 轴和 $x$ 轴的惯性矩积；$\rho_r, E_r, S_r$ 分别为肋骨的材料密度、杨氏模量及肋骨横截面积，且有

$$
J_\omega(C,M_1)=\int_{S_r}\varsigma_c^2(M,M_1)\mathrm{d}S_r \tag{6.2.23}
$$

$$
Q_\omega(C,M_1)=\int_{S_r}\varsigma_c(M,M_1)\mathrm{d}S_r \tag{6.2.24}
$$

假设圆柱壳两端为简支边界条件，采用真空中圆柱壳振动模态形式解求解加肋圆柱壳振动：

$$
\left\{\begin{array}{c}U\\V\\W\end{array}\right\}=\sum_{\alpha=0}^{1}\sum_{n=0}^{\infty}\sum_{m=1}^{\infty}\sum_{j=1}^{3}A_{nmj}^{\alpha}(t)\left\{\begin{array}{c}D_{nmj}\sin\left(n\varphi+\dfrac{\alpha\pi}{2}\right)\cos\dfrac{m\pi z}{l}\\E_{nmj}\cos\left(n\varphi+\dfrac{\alpha\pi}{2}\right)\sin\dfrac{m\pi z}{l}\\\sin\left(n\varphi+\dfrac{\alpha\pi}{2}\right)\sin\dfrac{m\pi z}{l}\end{array}\right\}
\tag{6.2.25}
$$

式中，$l$ 为圆柱壳长度，$\alpha=0,1$，分别表示对称和反对称模式，$n,m$ 分别为周向和轴向模态数，$j$ 表示弯曲、扭转、扩展–压缩等三种不同模态，$D_{nmj}, E_{nmj}$ 为模态矢量分量。

将 (6.2.25) 式代入 (6.2.16) 式、(6.2.17) 式及 (6.2.21) 式、(6.2.22) 式，由 Hamilton 函数取最小值，得到加肋圆柱壳模态位移满足的振动方程：

$$M_{qpl}\left(\omega_{qpl}^2(1-\mathrm{i}\eta_s)-\omega^2\right)A_{qpl}^{\alpha}$$
$$+\sum_{m=1}^{\infty}\sum_{j=1}^{3}\sum_{i=1}^{N_R}\left(-\omega^2 M_{qpmjl}^i+K_{qpmjl}^i(1-\mathrm{i}\eta_r)\right)A_{qmj}^{\alpha}=f_{qpl}^{\alpha}-p_{qpl}^{\alpha} \tag{6.2.26}$$

式中，下标 $q$ 为周向模态数，下标 $p,m$ 为轴向模态数，下标 $j,l$ 表示模态类型；$M_{qpl},K_{qpl}$ 和 $\omega_{qpl}$ 分别为圆柱壳广义模态质量、模态刚度和模态频率；$\eta_s,\eta_r$ 分别为圆柱壳和肋骨的阻尼损耗系数；$M_{qpmjl}^i,K_{qpmjl}^i$ 分别为第 $i$ 号肋骨的广义模态质量和模态刚度，它们的表达式为

$$M_{qpl}=\frac{m_s l\pi a}{\varepsilon_q}\left(1+D_{qpl}^2+E_{qpl}^2\right) \tag{6.2.27}$$

$$K_{qpl}=\frac{Eh\pi al}{4(1-\nu^2)}\left\{\left(-\frac{p\pi}{l}D_{qpl}-\frac{q}{a}E_{qpl}+\frac{1}{a}\right)^2+\frac{1-\nu}{2}\left(\frac{q}{a}D_{qpl}+\frac{p\pi}{l}E_{qpl}\right)^2\right.$$
$$\left.+2(1-\nu)\frac{p\pi}{l}D_{qpl}\left(\frac{1}{a}-\frac{q}{a}E_{qpl}\right)\right\}+\frac{Eh^3\pi al}{48(1-\nu^2)}\left[\left(\frac{p\pi}{l}\right)^2+\left(\frac{q}{a}\right)^2\right]^2 \tag{6.2.28}$$

$$\omega_{qpl}^2=\frac{K_{qpl}}{M_{qpl}} \tag{6.2.29}$$

$$M_{qpmjl}^i=\rho_r aS_r\pi\varepsilon_q\left\{S_mS_p\left[\left(E_{qmj}-\frac{qd}{a}\right)\left(E_{qpl}-\frac{qd}{a}\right)+1\right.\right.$$
$$+\left.\left(x(I)\frac{q}{a}\right)^2+\frac{I_{zz}}{S_r}\left(\frac{q}{a}\right)^2\right]-S_mS_p\frac{x(I)q}{a}\left(E_{qmj}+E_{qpl}-\frac{2qd}{a}\right)$$
$$+C_mC_p\left[D_{qmj}D_{qpl}+x^2(G)\frac{m\pi}{l}\frac{p\pi}{l}-x(G)\left(D_{qmj}\frac{m\pi}{l}+D_{qpl}\frac{p\pi}{l}\right)\right.$$
$$+\frac{I_{xx}}{S_r}\left(\frac{q}{a}\right)^2\left(x(C)\frac{m\pi}{l}-D_{qmj}\right)\left(x(C)\frac{p\pi}{l}-D_{qpl}\right)$$
$$\left.\left.+\frac{m\pi}{l}\frac{p\pi}{l}\left(I_{zz}+I_{xx}+\left(\frac{q}{a}\right)^2\frac{J_\omega(C,M_1)}{S_r}\right)\right]\right\} \tag{6.2.30}$$

$$K_{qpmjl}^i=E_raS_r\pi\varepsilon_q\left\{C_mC_p\left[\frac{I_{xx}}{S_r}\left(\frac{q}{a}\right)^4\left(x(C)\frac{m\pi}{l}-D_{qmj}\right)\left(x(C)\frac{p\pi}{l}-D_{qpl}\right)\right.\right.$$
$$\left.+\frac{J_\omega(C,M_1)}{S_r}\frac{p\pi}{l}\frac{m\pi}{l}\left(\frac{q}{a}\right)^4\right]+S_mS_p\left[\left(\frac{q}{a}E_{qmj}+\frac{1}{a}-d\left(\frac{q}{a}\right)^2\right)\right.$$

$$\times\left(\frac{q}{a}E_{qpl}+\frac{1}{a}-d\left(\frac{q}{a}\right)^2\right)+x^2(I)\left(\frac{q}{a}\right)^4$$

$$+x(I)\left(\frac{q}{a}\right)^2\left(2d\left(\frac{q}{a}\right)^2-\frac{q}{a}\left(E_{qpl}+E_{qmj}\right)-\frac{2}{a}\right)+\frac{I_{zz}}{S_r}\left(\frac{q}{a}\right)^4\Bigg\} \tag{6.2.31}$$

其中，$S_m=\sin m\pi z_i/l, S_p=\sin p\pi z_i/l, C_m=\cos m\pi z_i/l, C_p=\cos p\pi z_i/l$。

(6.2.26) 式中，$f_{qpl}^{\alpha}$ 为作用在圆柱壳或环肋上激励力对应的广义模态力；$p_{qpl}^{\alpha}$ 为反作用在圆柱壳上辐射声压对应的模态声压，类似于 (6.1.31) 式，文献 [5] 给出了其表达式：

$$p_{qpl}^{\alpha}=-\mathrm{i}\omega\sum_{m=1}^{\infty}\sum_{j=1}^{3}Z_{qpm}^{a}A_{qmj}^{\alpha} \tag{6.2.32}$$

将 (6.2.32) 式代入 (6.2.26) 式，可得加肋圆柱壳受外力激励的模态耦合振动方程：

$$M_{qpl}\left[\omega_{qpl}^2(1-\mathrm{i}\eta_s)-\omega^2\right]A_{qpl}^{\alpha}-\mathrm{i}\omega\sum_{m=1}^{\infty}\sum_{j=1}^{3}Z_{qpm}^{a}A_{qmj}^{\alpha}$$

$$+\sum_{m=1}^{\infty}\sum_{j=1}^{3}\sum_{i=1}^{N_R}\left(K_{qpmjl}^{i}(1-\mathrm{i}\eta_r)-\omega^2M_{qpmjl}^{i}\right)A_{qmj}^{\alpha}=f_{qpl}^{\alpha} \tag{6.2.33}$$

在给定激励外力的情况下，由 (6.2.33) 式可以求解得到加肋圆柱壳模态耦合振动位移，进一步计算加肋圆柱壳耦合振动响应及辐射声压和声功率。(6.2.33) 式适用于环肋布置在圆柱壳任意位置的情况，不同于以前建立无限大加肋平板和无限长加肋圆柱壳耦合振动和声辐射模型时，要求肋骨周期性分布。应该说明，(6.2.33) 式中，由辐射声场和环肋引起的模态耦合具有相同的特性，即轴向模态产生耦合，不同的周向模态及对称和反对称模式间没有耦合，而且由环肋引起的模态耦合较强，相应的非对角元素与对角元素为同一个量级，这与声辐射模态耦合不一样，模态辐射互阻抗一般总是小于模态声辐射自阻抗。因此，肋骨引起的耦合机械阻抗比声场引起的耦合声阻抗难以处理。另外，由 (6.2.31) 式可见，肋骨模态刚度与周向模态的四次方成正比，这表明周向模态阶数越高，环肋的影响越大。因此，高阶周向模态起主要作用时，环肋的影响大，反之，低阶周向模态起主要作用时，环肋的影响小。实际上，在环频以下频段，圆柱壳声辐射主要由低阶周向模态起作用，相应地，环肋改变圆柱壳声辐射的作用较弱。

设作用在肋骨 $M_e$ 点上的激励点力为

$$F_z\delta(M-M_e), F_y\delta(M-M_e), F_x\delta(M-M_e)$$

这里 $M_e$ 为肋骨上的点，参见图 6.2.1，广义模态作用力为激励力与作用点位移的标量积，考虑肋骨振动位移与圆柱壳振动位移的关系式 (6.2.18)~(6.2.20)，由 Hamilton 函数中相应项取最小值，可得广义模态作用力的表达式：

$$
\begin{aligned}
f_{qpl}^{\alpha} =& F_z \cos\frac{p\pi z_i}{l}\sin\left(q\varphi_e+\frac{\alpha\pi}{2}\right)\left[D_{qpl}+\left(x(O)-x(M_e)\right)\frac{p\pi}{l}\right] \\
&+F_x\sin\left(q\varphi_e+\frac{\alpha\pi}{2}\right)\left[\sin\frac{p\pi z_i}{l}+\left(z(M_e)-z(O)\right)\frac{p\pi}{l}\cos\frac{p\pi z_i}{l}\right] \\
&+F_y\cos\left(q\varphi_e+\frac{\alpha\pi}{2}\right)\left\{E_{pqk}\sin\frac{p\pi z_i}{l}+\left(z(O)-z(M_e)\right)D_{pqk}\frac{q}{a}\cos\frac{p\pi z_i}{l}\right. \\
&+\left(x(0)-x(M)\right)\frac{q}{a}\sin\frac{p\pi z_i}{l}+\left[\varsigma_c(M_e,M_1)+\left(x(O)-x(M_e)\right)\right. \\
&\left.\left(z(C)-z(O)\right)-\left(z(O)-z(M_e)\right)\left(x(C)-x(O)\right)\right]\frac{q}{a}\frac{p\pi}{l}\cos\frac{p\pi z_i}{l}\Big\}
\end{aligned}
\tag{6.2.34}
$$

式中，$\varphi_e$ 为 $M_e$ 点的方位角。

当激励力直接作用在圆柱壳上，则广义模态作用力为

$$
\begin{aligned}
f_{qpl}^{\alpha} =& F_z D_{qpl}\cos\frac{p\pi z_e}{l}\sin\left(q\varphi_e+\frac{\alpha\pi}{2}\right) \\
&+F_y E_{qpl}\sin\frac{p\pi z_e}{l}\cos\left(q\varphi_e+\frac{\alpha\pi}{2}\right)+F_x\sin\frac{p\pi z_e}{l}\sin\left(q\varphi_e+\frac{\alpha\pi}{2}\right)
\end{aligned}
\tag{6.2.35}
$$

式中，$z_e,\varphi_e$ 为圆柱壳上 $M_e$ 点坐标。

文献 [14] 取圆柱壳长 1.2m、半径 0.4m、壁厚 3mm，三根环肋分别位于 $l/4, l/2, 3l/4$ 处，环肋上面板宽 34mm，下面板宽 7mm，肋骨拱高 7mm，横截面积 $80\text{mm}^2$，圆柱壳和肋骨同为钢质。数值计算表明，在空气中，加肋圆柱壳除了 650Hz~880Hz 频带及 980Hz、1080Hz 等个别峰值频率外，径向振动均方值明显降低，参见图 6.2.7 左图。作为一个基本趋势，加肋圆柱壳的模态密度降低，但在有些频带也不尽然。周期加肋的无限长圆柱壳存在通带和阻带现象，而对于有限长圆柱壳来说，通带对应高模态密度的频带 (如 650Hz-880Hz)，阻带对应低模态密度的频带。加肋圆柱壳声辐射功率受肋骨的影响没有径向均方振速明显，在接近圆柱壳环频的频段 (2000Hz)，环肋对声辐射功率基本没有影响，参见图 6.2.7 右图，这是因为环肋仅对高阶周向振动模态影响较大，而对于改变零阶周向模态的振动特性基本无效，而正是零阶周向模态控制了环频附近的声辐射。当加肋圆柱壳浸没在无限水介质中时，如同它在空气介质中一样，肋骨也明显降低壳体的径向振速，但在环频以下并没有明显改变声辐射功率，参见图 6.2.8。因为控制圆柱壳声辐射功率的低阶周向模态 (0 阶 ~2 阶) 并不受环肋的影响。因此可以说，环肋对于改变水中圆柱壳整个频段的声辐射是基本无效的，增加环肋不是降低圆柱壳声辐射的有效办法。另外，除了个别频率，肋骨上加阻尼对声辐射也基本无

效，参见图 6.2.9。当然，将激励力作用在肋骨上，并调整激励力的方向，可能在某些频率范围内减小声辐射，而且对于有限长加肋圆柱壳来说，径向作用力与轴向和切向作用力产生的声辐射相比，在低频和高频段分别高 10dB 以上，改变激励力的作用方向对控制圆柱壳声辐射相对更有效一些。

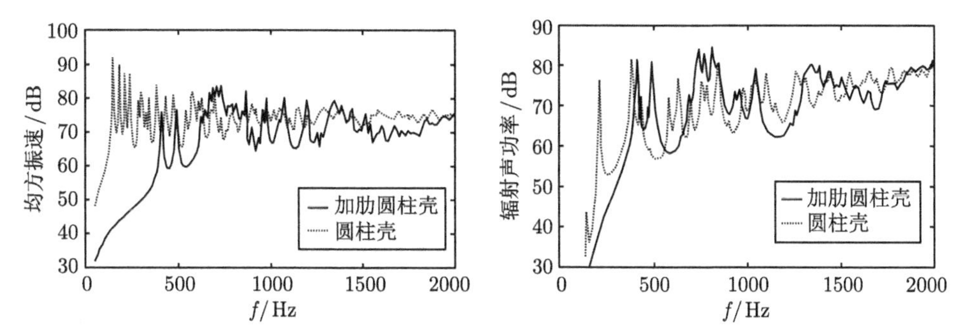


图 6.2.7 肋骨对空气中有限长圆柱壳径向均方振速和声辐射功率的影响

(引自文献 [14]，fig5, fig4)

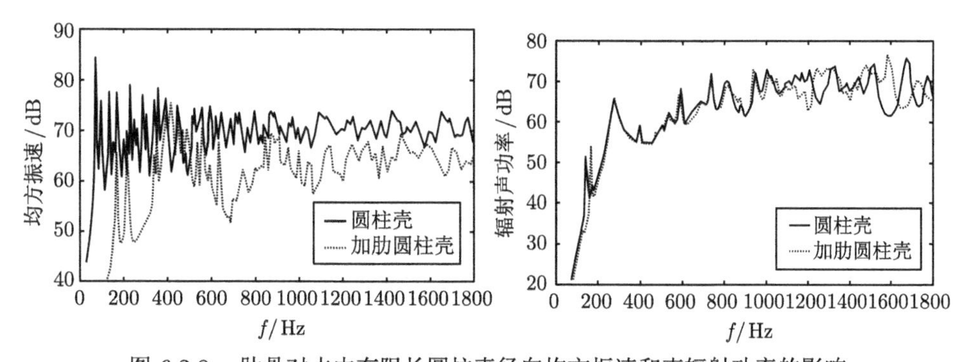


图 6.2.8 肋骨对水中有限长圆柱壳径向均方振速和声辐射功率的影响

(引自文献 [14]，fig17, fig16)

大部分情况下，潜艇和鱼雷壳体为提高强度都采用环向加肋结构，相应的振动和声辐射特性研究也大多数针对环肋圆柱壳结构。环肋结构虽然加强了圆柱壳的周向刚度，但由于轴对称性，环肋主要改变轴向模态振型，对于低频段声辐射起主要作用的呼吸模态基本没有影响。如果采用轴向纵肋加强方式，不仅可以提高轴向刚度，而且可以改变周向模态振型，从而影响圆柱壳的振动和声辐射特性。但是，针对纵向加肋圆柱壳耦合振动和声辐射的研究较少，可以说，尚没有完整的研究模型。Rinehart 和 Wang[19] 采用能量法建立了离散纵向加肋圆柱壳自由振动模型，分析了模态振型及频率特性，纵肋改变了圆柱壳周向模态振型，出现高波数的调制分量。Mead 和 Bardell[20] 研究了离散纵肋圆柱壳的波传播特性，给出了两种不同纵肋参数圆柱壳的传播常数。Ranachandran 和 Narayanan[21] 建立了离散纵肋圆柱壳的振动模型，并进一步计算了模态密度和声辐射效率。这些研究实际上都没有严格建立纵向加肋圆柱壳的耦合振动和声辐射模型。

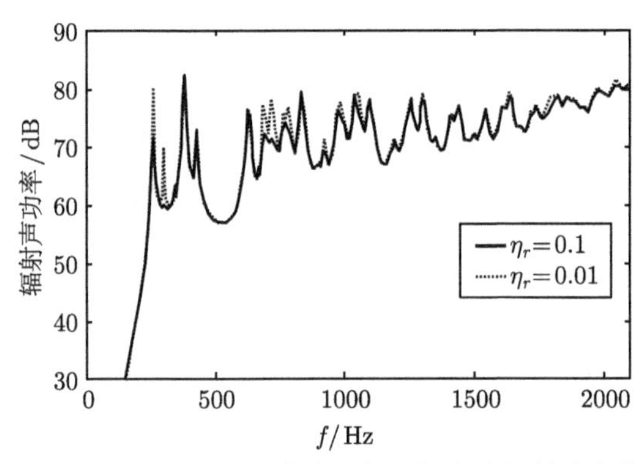


图 6.2.9　肋骨阻尼对空气中有限长圆柱壳声辐射功率的影响

(引自文献 [14]，fig7)

现在基于文献 [20] 的研究，考虑如图 6.2.10 所示的纵向加肋圆柱壳，假设纵肋为离散单元，并与圆柱壳内表面完全结合，Mead 和 Bardell 给出的纵肋动能和势能分别为

$$\begin{aligned}T_i(\varphi_i)=&\frac{1}{2}\int_0^l \rho_l\left\{S_l\left[\left(\frac{\partial U}{\partial t}\right)^2+\left(\frac{\partial V}{\partial t}\right)^2+\left(\frac{\partial W}{\partial t}\right)^2\right]\right.\\&+I_{yy}\left[\left(\frac{\partial^2 W}{\partial z\partial t}\right)^2+\frac{1}{a^2}\left(\frac{\partial^2 W}{\partial t\partial\varphi}\right)^2\right]+I_{xx}\left[\left(\frac{\partial^2 V}{\partial z\partial t}\right)^2+\frac{1}{a^2}\left(\frac{\partial^2 W}{\partial t\partial\varphi}\right)^2\right]\\&-2I_{yx}\frac{\partial^2 W}{\partial z\partial t}\frac{\partial^2 V}{\partial z\partial t}-2S_l\chi_l\left(\frac{\partial^2 W}{\partial z\partial t}\frac{\partial U}{\partial t}+\frac{1}{a}\frac{\partial^2 W}{\partial t\partial\varphi}\frac{\partial V}{\partial t}\right)\\&\left.+2S_l d_l\left(\frac{\partial^2 V}{\partial z\partial t}\frac{\partial U}{\partial t}+\frac{1}{a}\frac{\partial^2 W}{\partial t\partial\varphi}\frac{\partial W}{\partial t}\right)\right\}\mathrm{d}z\end{aligned}\tag{6.2.36}$$

$$\begin{aligned}E_i(\varphi_i)=&\frac{1}{2}\int_0^l\left\{E_l\left[S_l\left(\frac{\partial U}{\partial z}\right)^2+I_{yy}\left(\frac{\partial^2 W}{\partial^2 z}\right)^2-2I_{yx}\frac{\partial^2 W}{\partial z^2}\frac{\partial^2 V}{\partial z^2}\right.\right.\\&\left.+I_{xx}\frac{\partial^2 V}{\partial z^2}-2S_l\chi_l\frac{\partial U}{\partial z}\frac{\partial^2 W}{\partial z^2}+2S_l d_l\frac{\partial U}{\partial z}\frac{\partial^2 V}{\partial z^2}\right]\\&\left.+\frac{G_l J_l}{a^2}\left(\frac{\partial^2 W}{\partial z\partial\varphi}\right)^2+\frac{E_l\Gamma_l}{a^2}\left(\frac{\partial^3 W}{\partial z^2\partial\varphi}\right)^2\right\}\mathrm{d}z\end{aligned}\tag{6.2.37}$$

式中，$S_l$ 为纵肋横截面积，$\rho_l, E_l, G_l$ 分别为纵肋材料密度、杨氏模量和剪切模量；$I_{yy}, I_{yx}, I_{xx}$ 为纵肋关于其后接触点的转动惯量；$\Gamma_l$ 为纵肋的翘曲常数，$J_l$ 为纵肋的扭转常数；$d_l, \chi_l$ 分别为纵肋中心到其后接触点的水平和垂直距离，参见图 6.2.10。

将 (6.2.25) 式分别代入 (6.2.36) 和 (6.2.37) 式，可以得到纵肋模态刚度和模态质量：

$$
\begin{aligned}
K_{nqmjl}^{i} = \sum_{q=0}^{\infty}\sum_{l=1}^{3}\Bigg\{ & \frac{l}{4}E_l S_l\left(\frac{m\pi}{l}\right)^2 S_n(\varphi_i) S_q(\varphi_i) D_{nmj} D_{qml} \\
& + \frac{l}{4}E_l I_{yy}\left(\frac{m\pi}{l}\right)^4 S_n(\varphi_i) S_q(\varphi_i) - \frac{l}{2}E_l I_{yx}\left(\frac{m\pi}{l}\right)^4 S_n(\varphi_i) C_q(\varphi_i) \\
& + \frac{l}{4}E_l I_{xx}\left(\frac{m\pi}{l}\right)^4 E_{nmj} E_{qml} C_n(\varphi_i) C_q(\varphi_i) \\
& + \frac{l}{2}E_l S_l \chi_l\left(\frac{m\pi}{l}\right)^3 D_{nmj} S_n(\varphi_i) S_q(\varphi_i) \\
& + \frac{l}{2}E_l S_l d_l\left(\frac{m\pi}{l}\right)^3 D_{nmj} E_{qml} S_n(\varphi_i) C_q(\varphi_i) \\
& + \frac{l}{4}\frac{G_l}{a^2} J_l nq\left(\frac{m\pi}{l}\right)^2 C_n(\varphi_i) C_q(\varphi_i) \\
& + \frac{l}{4}\frac{E_l}{a^2}\Gamma_l nq\left(\frac{m\pi}{l}\right)^4 C_n(\varphi_i) C_q(\varphi_i)
\end{aligned} \tag{6.2.38}
$$

$$
\begin{aligned}
M_{nqmjl}^{i} = & \frac{l}{4}\rho_l S_l\left[D_{nmj} D_{qml} S_n(\varphi_i) S_q(\varphi_i)\right. \\
& \left. + E_{nmj} E_{qml} C_n(\varphi_i) C_q(\varphi_i) + S_n(\varphi_i) S_q(\varphi_i)\right] \\
& + \frac{l}{4}\rho_l I_{yy}\left[\left(\frac{m\pi}{l}\right)^2 S_n(\varphi_i) S_q(\varphi_i) + \frac{1}{a^2} nq C_n(\varphi_i) C_q(\varphi_i)\right] \\
& + \frac{l}{4}\rho_l I_{xx}\left[\left(\frac{m\pi}{l}\right)^2 E_{nmj} E_{qml} C_n(\varphi_i) C_q(\varphi_i) + \frac{1}{a^2} nq C_n(\varphi_i) C_q(\varphi_i)\right] \\
& - \frac{l}{2}\rho_l I_{yx}\left(\frac{m\pi}{l}\right)^2 E_{qml} S_n(\varphi_i) C_q(\varphi_i) \\
& - \frac{l}{2} S_l \chi_l\left[\frac{m\pi}{l} D_{qml} S_n(\varphi_i) S_q(\varphi_i) + \frac{n}{a} E_{qml} C_n(\varphi_i) C_q(\varphi_i)\right] \\
& + \frac{l}{2}\rho_l S_l d_l\left[\frac{m\pi}{l} E_{nmj} D_{qml} C_n(\varphi_i) S_q(\varphi_i) + \frac{n}{a} C_n(\varphi_i) S_q(\varphi_i)\right]
\end{aligned} \tag{6.2.39}
$$

式中，下标 $n, p$ 为周向模态数，下标 $m$ 为轴向模态数，下标 $j, l$ 表示模态类型，

下标 $i$ 表示第 $i$ 根纵肋。且有

$$S_n(\varphi_i)=\sin\left(n\varphi_i+\frac{\alpha\pi}{2}\right),\quad S_q(\varphi_i)=\sin\left(q\varphi_i+\frac{\alpha\pi}{2}\right)$$

$$C_n(\varphi_i)=\cos\left(n\varphi_i+\frac{\alpha\pi}{2}\right),\quad C_q(\varphi_i)=\cos\left(q\varphi_i+\frac{\alpha\pi}{2}\right)$$

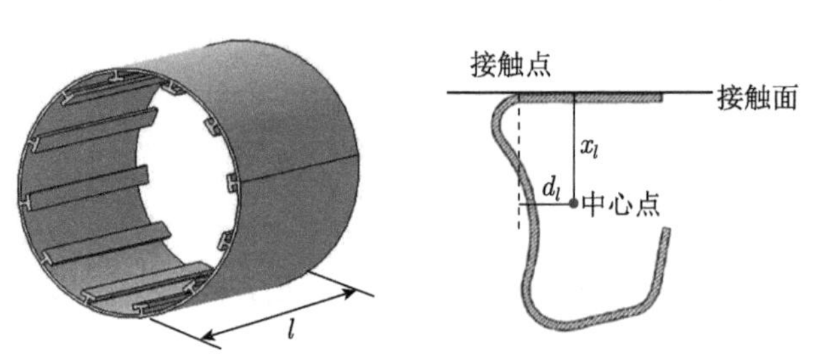


图 6.2.10　纵向加肋圆柱壳及肋骨模型

(引自文献 [20]，fig1, fig7)

于是，针对纵向加肋的有限长圆柱壳，也可以得到类似 (6.2.33) 式的声振耦合方程，进一步计算纵向加肋圆柱壳的耦合振动和声辐射，但 Mead 和 Bardell 在文献 [20] 中只计算了有限长纵向加肋圆柱壳的自由振动，没有计算声辐射。文献 [22] 采用 Timoshenenko 梁，考虑了纵肋径向弯曲、周向弯曲、轴向纵振和扭转振动的作用，建立了有限长纵向加肋圆柱壳的耦合振动和声辐射模型，针对长 1.2m、半径 0.4m、壁厚 3mm 的钢质圆柱壳，纵向钢质肋骨高 3cm、宽 1cm，计算了纵向加肋圆柱壳的振动模态、振动响应、声辐射功率及效率。计算结果表明，采用 Euler 梁模型并仅仅考虑纵肋径向弯曲，能够基本上反应纵肋对圆柱壳的作用，忽略纵肋轴向振动会产生圆柱壳振动频率偏移。当纵肋在周向波腹位置时，其作用以质量负载为主，而纵肋在周向波节位置时，其作用较小，纵肋对高阶周向模态形状的影响较大。图 6.2.11 和图 6.2.12 分别给出了不同纵肋情况下有限长圆柱壳的声辐射功率及效率的计算结果，在 100Hz 以下的低频段，纵向加肋使圆柱壳声辐射功率出现了新的峰值，其原因是纵肋的周向不均匀性使得周向模态产生耦合，随着纵肋数量的增加，圆柱壳周向不均匀性减弱，声辐射功率的峰值也相应减少。总的来说，纵向加肋使圆柱壳声辐射效率增加。

除了环向和纵向加肋外，圆柱壳内部有时会弹性吊挂质量块，或者布置质量块和弹性支撑 [23]，参见图 6.2.13，它们会对圆柱壳振动和声辐射产生影响。假设质量块由不同轴向和周向位置的径向弹簧吊挂在圆柱壳内壁，激励外力作用在圆柱壳上或弹性吊挂在质量块上。弹性吊挂的质量块动能为

$$T_m=\frac{M}{2}\left[\left(\frac{\mathrm{d}U_G}{\mathrm{d}t}\right)^2+\left(\frac{\mathrm{d}V_G}{\mathrm{d}t}\right)^2+\left(\frac{\mathrm{d}W_G}{\mathrm{d}t}\right)^2\right]$$

$$+\frac{I_z}{2}\left(\frac{\mathrm{d}\phi_G}{\mathrm{d}t}\right)^2+\frac{I_y}{2}\left(\frac{\mathrm{d}\theta_G}{\mathrm{d}t}\right)^2+\frac{I_z}{2}\left(\frac{\mathrm{d}\gamma_G}{\mathrm{d}t}\right)^2 \tag{6.2.40}$$

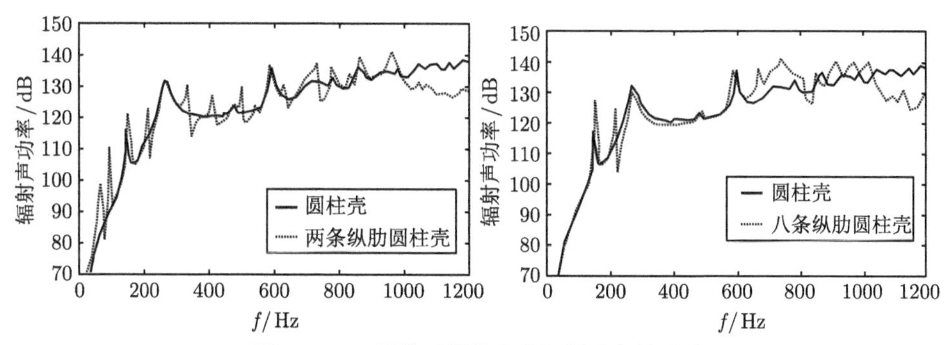


图 6.2.11 纵肋对圆柱壳声辐射功率的影响

(引自文献 [22], fig11 a, c)

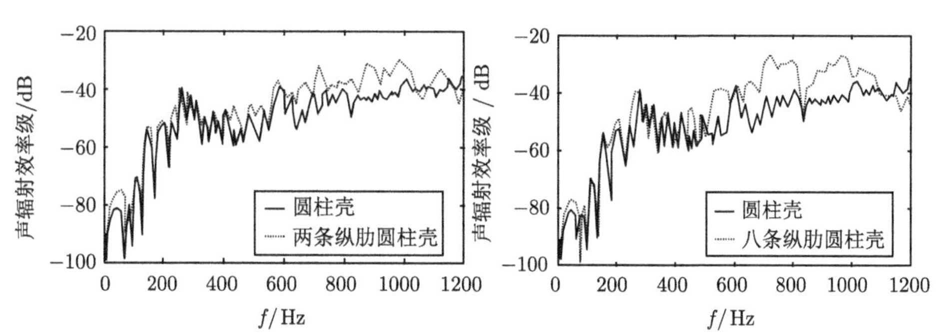


图 6.2.12 纵肋对圆柱壳声辐射效率的影响

(引自文献 [22], fig10 a, c)

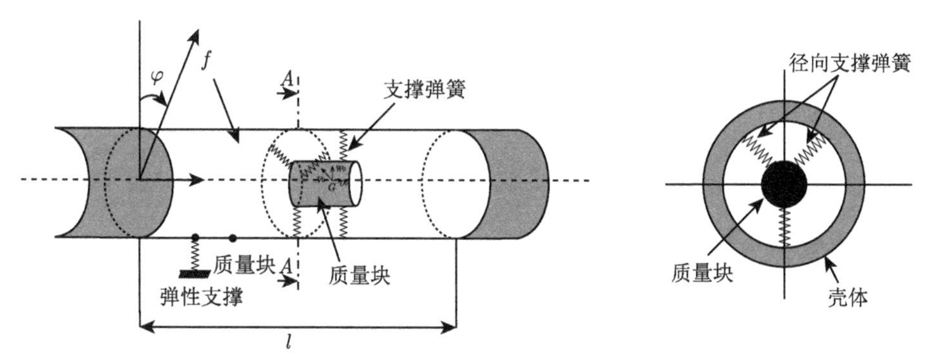


图 6.2.13 吊挂质量块或弹性支撑的圆柱壳模型

(引自文献 [23], fig1)

式中，$U_G, V_G, W_G$ 为质量块质心的三个平动振动位移；$I_x, I_y, I_z$ 为质量块的惯性矩；$\phi_G, \theta_G, \gamma_G$ 为质量块的三个转动振动位移，$M$ 为质量块的质量。

弹性吊挂质量块的第 $i$ 根弹簧的势能为

$$E_{ri} = \frac{1}{2}\left(K_x \Delta x^2 + K_y \Delta y^2 + K_z \Delta z^2\right)_i \tag{6.2.41}$$

式中，$K_x, K_y, K_z$ 为吊挂弹簧沿径向、周向和轴向的三个正交刚度系数；$\Delta x$, $\Delta y$, $\Delta z$ 为相应的弹簧形变。

布置在圆柱壳上的质量块可看作点质量块，第 $i$ 个点质量的动能为

$$T_{di} = \frac{1}{2} m_i \left[\left(\frac{\partial U}{\partial t}\right)^2 + \left(\frac{\partial V}{\partial t}\right)^2 + \left(\frac{\partial W}{\partial t}\right)^2\right]_i \tag{6.2.42}$$

式中，$m_i$ 为第 $i$ 个点质量块的质量。

同样支撑在圆柱壳上第 $i$ 个弹簧的势能为

$$E_{di} = \frac{1}{2}\left[K_x' \Delta x^2 + K_y' \Delta y^2 + K_z' \Delta z^2\right]_i \tag{6.2.43}$$

式中，$K_x', K_y', K_z'$ 为沿径向、周向和轴向三个正交的支撑弹簧刚度系数，$\Delta x$, $\Delta y, \Delta z$ 为相应的弹簧形变。

利用 (6.2.25) 式及 (6.2.40)~(6.2.43) 式，再考虑圆柱壳的动能和势能及激励力和外场声压做功，由 Hamilton 原理，Rebillard 等推导得到了圆柱壳及弹性吊挂质量块的耦合模态方程：

$$\begin{aligned} & M_{qpl}\left[\omega_{qpl}^2(1-\mathrm{i}\eta_s) - \omega^2\right] A_{qpl}^\alpha - \mathrm{i}\omega \sum_{m=1}^{\infty}\sum_{g=1}^{3} Z_{qpm}^a A_{qmg}^\alpha \\ & + \sum_{e=0}^{\infty}\sum_{f=1}^{\infty}\sum_{g=1}^{3}\left[\sum_{i=1}^{I}\sum_{j=1}^{J}(R^\alpha)_{efgqpl}^{ij} + \sum_{i=1}^{N_m}(M^\alpha)_{efgqpl}^{i} + \sum_{i=1}^{N_s}(K^\alpha)_{efgqpl}^{i}\right] A_{qpl}^\alpha \\ & + \sum_{h=1}^{3}\left(\sum_{i=1}^{I}\sum_{j=1}^{J}(G^\alpha)_{hqpl}^{ij}\right) d_h^\alpha = F_{qpl}^\alpha \end{aligned} \tag{6.2.44}$$

$$\sum_{l=1}^{3} C_{lh}^\alpha d_l^\alpha + \sum_{q=0}^{\infty}\sum_{p=1}^{\infty}\sum_{l=1}^{3}\left[\sum_{i=1}^{I}\sum_{j=1}^{J}(G^\alpha)_{hqpl}^{ij}\right] A_{qpl}^\alpha - I_h\omega^2 d_h^\alpha = F_h^\alpha \tag{6.2.45}$$

式中，下标 $e, q$ 为圆柱壳周向模态数，下标 $f, p, m$ 为圆柱壳轴向模态数，下标 $g, l$ 表示圆柱壳模态类型；$I$ 为弹性吊挂质量块的截面数，$J$ 为每个截面吊挂质量块的

弹簧数。$(R^{\alpha})_{efgqpl}^{ij}$ 为吊挂弹簧耦合 $efg$ 模态与 $qpl$ 模态的广义刚度，$(M^{\alpha})_{efgqpl}^{i}$ 为附加点质量的广义质量，$(K^{\alpha})_{efgqpl}^{i}$ 为支撑弹簧的广义刚度，$N_m$ 和 $N_s$ 分别为点质量和支撑弹簧的数量，$(G^{\alpha})_{hqpl}^{ij}$ 为弹性吊挂质量块运动与圆柱壳模态的耦合系数；$C_{lh}^{\alpha}$ 为吊挂质量块的广义质量，$I_h$ 表示吊挂质量块的质量或转动惯量，$F_h^{\alpha}$ 为作用在弹性吊挂质量块上的作用力，具体为 $F_1^0=F_u$, $F_2^0=F_w$, $F_3^0=F_{\theta}$, $F_1^1=F_v$, $F_2^1=F_{\gamma}$, $F_3^1=F_{\phi}$，$d_h^{\alpha}$ 为吊挂质量块质心振动位移, $h$ 为质量块振动自由度数，且有 $d_1^0=U_G, d_2^0=W_G, d_3^0=\theta_G$，$d_1^1=V_G, d_2^1=\gamma_G, d_3^1=\phi_G$。

求解 (6.2.44) 和 (6.2.45) 式，可以得到圆柱壳的模态位移，进一步可以计算其他参量，为此，需要由 (6.2.40)~(6.2.43) 式分别给出 $(R_k^{\alpha})_{efgqpl}^{ij}$，$(G^{\alpha})_{hqpl}^{ij}$，$(M^{\alpha})_{efgqpl}^{i}$，$(K^{\alpha})_{efgqpl}^{i}$ 及 $C_{kh}^{\alpha}$ 的具体形式。Rebillard 等针对空气中的圆柱壳，计算分析了弹性吊挂质量块及附加质量和弹性支撑对圆柱壳振动和声辐射的影响。圆柱壳长 1.2m，半径 0.4m，壁厚 3mm，重 70kg，弹性吊挂质量块重 25kg，附加质量为 2kg。图 6.2.14 给出了内部弹性吊挂质量块的圆柱壳与光圆柱壳声辐射和声辐射效率的比较，结果表明：无论激励外力是直接作用在圆柱壳上还是作用在弹性吊挂质量块上，有弹性吊挂质量块的圆柱壳声辐射功率比光圆柱壳声辐射功率具有更多的峰值，而且激励力作用在弹性吊挂质量块上，弹簧-质量系统相当于一个机械滤波器，减小了作用到圆柱壳的作用力，使圆柱壳声辐射功率减小。同时应注意到，圆柱壳内部弹性吊挂质量块后，激励力作用在圆柱壳上时，其声辐射功率有所增加，其原因在于，在较宽的频率范围内，圆柱壳的声辐射效率增加了，且声辐射效率很低的峰谷消失。结构的不均匀性将增加结构的声辐射效率，肋骨虽然增加了壳体结构的不均匀性，但它同时也增加了壳体的刚度，使得一方面有可能增加辐射效率，另一方面也有可能降低壳体的振动。弹性吊挂质量块的作用点，一定程度上影响了圆柱壳的均匀性，但并没有增加圆柱壳的刚度，其影响是单方面的，从而导致声辐射功率增加。当然，能否将弹性吊挂质量块作为动力吸振器，通过合理选择质量块和弹簧参数，吸收强辐射模态的振动能量，从而降低声辐射，还需要专门的研究。

将 2kg 中的质量块布置在圆柱壳内，不仅部分声辐射功率峰值有所增加或减小，而且出现了新的峰值，这些峰值频率对应声辐射效率谷点消失的频率位置，参见图 6.2.15。光圆柱壳在 300Hz 附近有一个声辐射效率谷点，当附加质量块由 0.1kg，0.5kg 增加到 2kg，此谷点逐渐减小。将 2kg 质量块分为 10 等份，分别沿轴向和周向布置，相应的声辐射效率谷点改变的情况没有 2kg 质量块集中布置的效果明显，尤其 10 等份的质量块沿周向布置，声辐射效率谷点与光圆柱壳相比基本没有变化。同样，圆柱壳的弹性支撑也会使声辐射效率谷点消失。附加质量块和弹性支撑都改变了圆柱壳的均匀性，使局部频段声辐射效率增加，导致新的声辐射功率峰值，如何从降低圆柱壳声辐射的角度合理布置附加质量，也需要结合激励力、圆柱壳振动模态等因素深入研究。

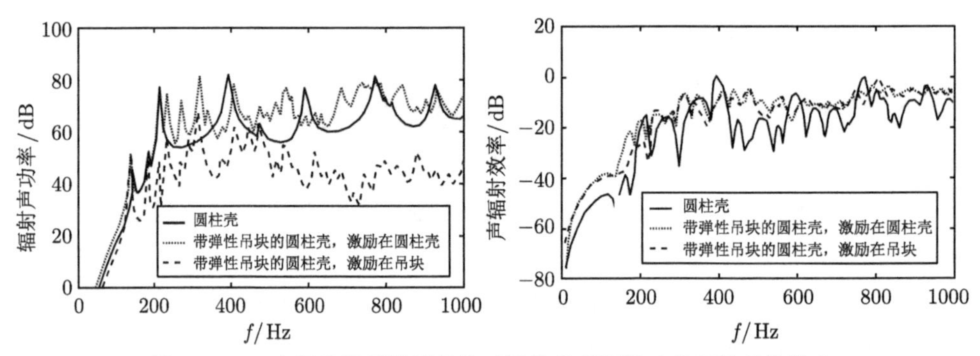


图 6.2.14　内部弹性吊挂质量块对圆柱壳声辐射功率和效率的影响

(引自文献 [23]，fig3, fig4)

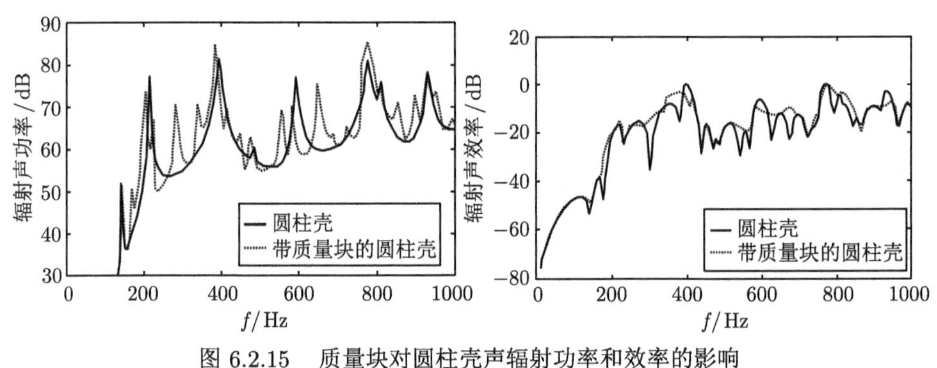


图 6.2.15　质量块对圆柱壳声辐射功率和效率的影响

(引自文献 [23]，fig6, fig7)

## 6.3　有限长敷设黏弹性层圆柱壳耦合振动和声辐射

弹性壳体结构敷设黏弹性阻尼材料，从降低振动和声辐射的角度来说，有三方面的作用，一是增加壳体结构的面密度，二是增加壳体结构的阻尼，三是降低辐射表面振速。前两种作用实际上也降低辐射表面振速，但不是直接降低，而是通过降低基板的振速，减小辐射表面振速。考虑黏弹性层的质量效应，只需将其质量折算到壳体面密度中即可，而考虑阻尼效应，需要考虑壳体结构和黏弹性层的动刚度和阻尼，具体计算方法与壳体形式有关，计算敷设阻尼材料的壳体结构等效阻尼因子，最常见的模型为梁和平板结构，相关的计算方法可参见文献 [24] 和 [25]。Markus[26] 针对有限长薄壁圆柱壳结构，考虑黏弹性阻尼层敷设在圆柱壳外表面、内表面和内外表面三种情况，建立了复合圆柱壳振动方程及阻尼因子计算方法，计算模型参见图 6.3.1。

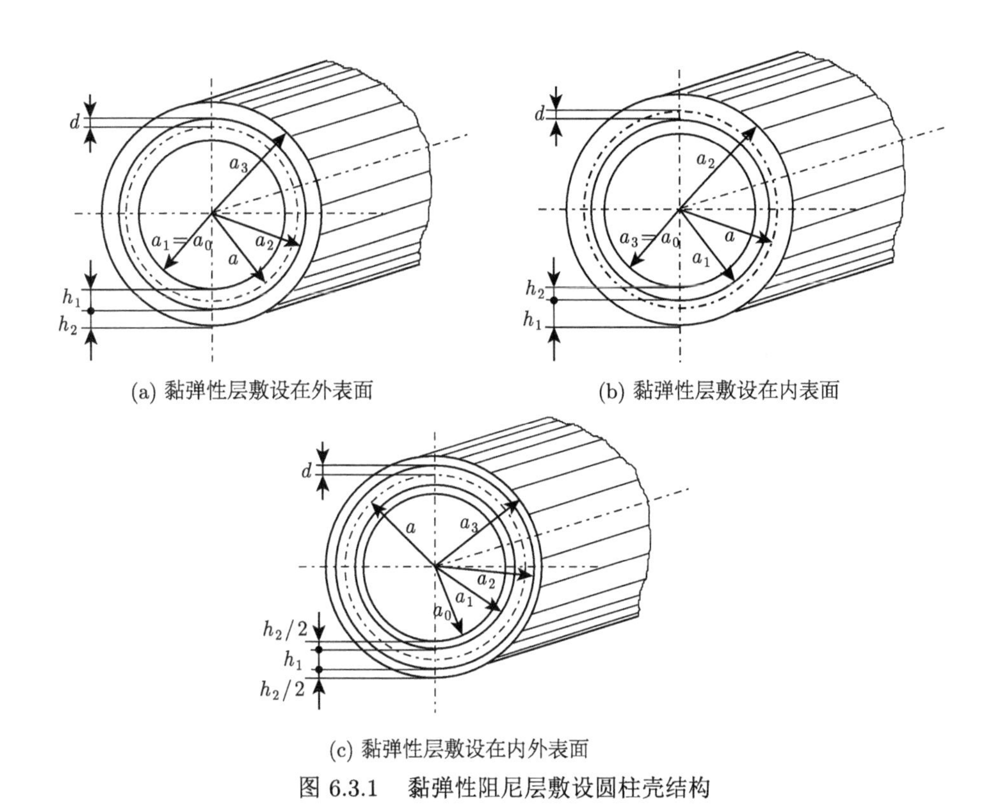


(a) 黏弹性层敷设在外表面

(b) 黏弹性层敷设在内表面

(c) 黏弹性层敷设在内外表面

图 6.3.1 黏弹性阻尼层敷设圆柱壳结构

(引自文献 [26]，fig1)

假设弹性圆柱壳内外半径分别为 $a_1 = a_0$ 和 $a_2$，中和面半径为 $a$。当黏弹性层在弹性圆柱壳外表面时，其内外半径分别为 $a_2$ 和 $a_3$；当黏弹性层在弹性圆柱壳内表面时，其内外半径分别为 $a_3 = a_0$ 和 $a_1$，而当黏弹性层在弹性圆柱壳内外表面时，弹性圆柱壳半径为 $a_1$ 和 $a_2$，外黏弹性层半径分别为 $a_2$ 和 $a_3$，内黏弹性层半径分别为 $a_0$ 和 $a_1$，且弹性圆柱壳壁厚 $h_1$ 远小于其中和面半径 $a$，即 $(h_1/a)^2 \ll 1$。受轴对称简谐分布载荷作用，相应的圆柱壳振动响应也为轴对称模式。忽略圆柱壳的纵向惯性，并认为弹性圆柱壳的阻尼为零，黏弹性阻尼层的复杨氏模量为 $E_2 = E_2^*(1 + \mathrm{i}\eta_c)$。按照复合壳体理论，当黏弹性阻尼层 $\eta_c = 0$，则复合圆柱壳存在一个应变为零的中面，而当 $\eta_c \neq 0$，这样的中面严格来说并不存在，但仍可以将此中面作为参考面，弹性圆柱壳与黏弹性阻尼层的界面与中面的距离记为 $d$。设弹性圆柱壳与黏弹性层的复合圆柱壳中面轴向和径向振动位移为

$U_0$ 和 $W$，参见图 6.3.2，轴向振动位移 $U_0$ 可以表示为

$$U_0 = U - x\frac{\partial W}{\partial z} \tag{6.3.1}$$

式中，$x$ 为以中面为参考面的径向距离，向内为正。

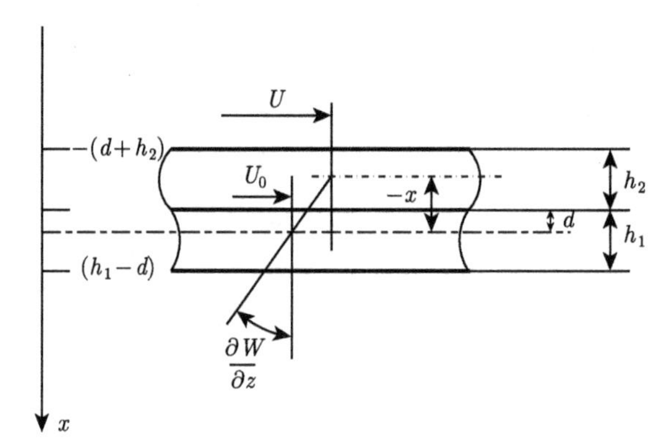


图 6.3.2　复合圆柱壳振动位移关系

(引自文献 [26], fig2)

轴向和周向应变分别为

$$\varepsilon_z^{(i)} = \frac{\partial U}{\partial z} - x\frac{\partial^2 W}{\partial z^2} \tag{6.3.2}$$

$$\varepsilon_\varphi^{(i)} = -\frac{W}{a} \tag{6.3.3}$$

其中，$i = 1, 2$ 分别表示弹性圆柱壳和黏弹性阻尼层，相应的应力为

$$\sigma_z^{(i)} = \frac{E_i}{1-\nu_i}\left(\frac{\partial U_0}{\partial z} - \nu_i\frac{W}{a}\right) \tag{6.3.4}$$

$$\sigma_\varphi^{(i)} = \frac{E_i}{1-\nu_i^2}\left(-\frac{W}{a} + \nu_i\frac{\partial U_0}{\partial z}\right) \tag{6.3.5}$$

式中，$E_i, \nu_i$ 分别为弹性圆柱壳和黏弹性阻尼层材料的杨氏模量和泊松比。

考虑黏弹性阻尼层敷设在圆柱壳外表面的情况，由 (6.3.4) 式和 (6.3.5) 式给出的应力，参见图 (6.3.2) 给出的振动位移与坐标关系，可以计算内力：

$$N_z^{(i)} = \int_{x_1}^{x_2} \sigma_z^{(i)}\left(1 - \frac{x}{a}\right)\mathrm{d}x, \quad i = 1, 2 \tag{6.3.6}$$

式中，$x_1, x_2$ 为 $i$ 层材料的径向位置。

在 $(h_1/a)^2 \ll 1$ 假设下，(6.3.6) 式可以近似为

$$N_z^{(1)} = \int_{-d}^{h_1-d} \sigma_z^{(1)} \mathrm{d}x \tag{6.3.7}$$

$$N_z^{(2)} = \int_{-d-h_2}^{-d} \sigma_z^{(2)} \mathrm{d}x \tag{6.3.8}$$

将 (6.3.4) 式代入 (6.3.7) 式和 (6.3.8) 式，并考虑到 (6.3.1) 式，积分可得轴向内力：

$$\begin{aligned} N_z &= N_z^{(1)} + N_z^{(2)} \\ &= (K_1 + K_2)\frac{\partial U}{\partial z} - (K_1\nu_1 + K_2\nu_2)\frac{W}{a} \\ &\quad - \left[\left(\frac{h_1}{2} - d\right)K_1 - \left(\frac{h_2}{2} + d\right)K_2\right]\frac{\partial^2 W}{\partial z^2} \end{aligned} \tag{6.3.9}$$

式中，$K_i = \dfrac{E_i h_i}{1-\nu_i^2}$，$h_1, h_2$ 分别为圆柱壳壁厚和黏弹性层厚度。

同理，可得周向内力为

$$\begin{aligned} N_\varphi &= N_\varphi^{(1)} + N_\varphi^{(2)} \\ &= -(K_1 + K_2)\frac{W}{a} + (K_1\nu_1 + K_2\nu_2)\frac{\partial U}{\partial z} \\ &\quad - \left[\left(\frac{h_1}{2} - d\right)K_1\nu_1 - \left(\frac{h_2}{2} + d\right)K_2\nu_2\right]\frac{\partial^2 W}{\partial z^2} \end{aligned} \tag{6.3.10}$$

弹性圆柱壳和黏弹性阻尼层横截面上力矩为

$$M_z = \int_{-d}^{h_1-d} \sigma_z^{(1)} x \mathrm{d}x + \int_{-(d+h_2)}^{-d} \sigma_z^{(1)} x \mathrm{d}x \tag{6.3.11}$$

将 (6.3.4) 式代入 (6.3.11) 式，并考虑到 (6.3.1) 式，可得轴向力矩为

$$\begin{aligned} M_z = -\Bigg\{ & K_1\left[\left(\frac{h_1^3}{3} + d^2 - h_1 d\right)\frac{\partial^2 W}{\partial z^2} - \left(\frac{h_1}{2} - d\right)\left(\frac{\partial U}{\partial z} - \nu_1\frac{W}{a}\right)\right] \\ & + K_2\left[\left(\frac{h_2^3}{3} + d^2 + h_2 d\right)\frac{\partial^2 W}{\partial z^2} + \left(\frac{h_2}{2} + d\right)\left(\frac{\partial U}{\partial z} - \nu_2\frac{W}{a}\right)\right]\Bigg\} \end{aligned} \tag{6.3.12}$$

因为壳体振动为轴对称，没有轴向力存在，相应地 (6.3.9) 式给出的轴向应力应为零，即

$$(K_1 + K_2^*)\frac{\partial U}{\partial z} - (K_1\nu_1 + K_2^*\nu_2)\frac{W}{a} - \left[\left(\frac{h_1}{2} - d\right)K_1 - \left(d - \frac{h_2}{2}\right)K_2^*\right]\frac{\partial^2 W}{\partial z^2} = 0 \tag{6.3.13}$$

式中，$K_2^* = \dfrac{E_2^* h_2^*}{1-\nu_2^2}$。

(6.3.13) 式给出了敷设黏弹性阻尼层圆柱壳扩张和弯曲振动的耦合关系，若取

$$d = \frac{1}{2}\frac{(K_1 h_1 - K_2^* h_2)}{K_1 + K_2^*} \tag{6.3.14}$$

则轴向位移 $U$ 与径向位移 $W$ 的关系为

$$\frac{\partial U}{\partial z} = \frac{K_1\nu_1 + K_2^*\nu_2}{K_1 + K_2^*}\frac{W}{a} \tag{6.3.15}$$

考虑到敷设黏弹性阻尼层的圆柱壳为轴对称振动，其动平衡方程为

$$\frac{\partial^2 M_z}{\partial z^2} + \frac{1}{a}N_\varphi = m\frac{\partial^2 W}{\partial t^2} - f(z,t) \tag{6.3.16}$$

式中，$m$ 为敷设黏弹性阻尼层的圆柱壳面密度，$f(z,t)$ 为外作用力。将 (6.3.10) 和 (6.3.12) 式代入 (6.3.16) 式，并考虑到 (6.3.15) 式，可得黏弹性阻尼层敷设在弹性圆柱壳外表面情况的轴对称弯曲振动方程：

$$A\frac{\partial^4 W}{\partial z^4} - \frac{B}{a}\frac{\partial^2 W}{\partial z^2} + \frac{C}{a^2}W + m\frac{\partial^2 W}{\partial t^2} = f(z,t) \tag{6.3.17}$$

式中，

$$\begin{aligned}
A &= \frac{1}{3}K_1 h_1^2 + \frac{1}{3}K_2 h_2^2 + d^2(K_1+K_2) - d(K_1 h_1 - K_2 h_2)\\
B &= \frac{K_1(\nu_2-\nu_1)}{2(K_1+K_2^*)}(K_2^* h_1 + K_2 h_2) + \frac{1}{2}(K_2 h_2 \nu_2 - K_1 h_1 \nu_1)\\
&\quad + d(K_1\nu_2 + K_2\nu_1) + \frac{dK_1}{K_1+K_2^*}(\nu_2-\nu_1)(K_2-K_2^*)\\
C &= K_1 + K_2 - \frac{(K_1\nu_1 + K_2\nu_2)(K_1\nu_1 + K_2^*\nu_2)}{K_1+K_2^*}
\end{aligned}$$

假设黏弹性层阻尼为迟滞阻尼，$K_2 = K_2^*(1+\mathrm{i}\eta_c)$ 为复数，且令 $A = A^R + \mathrm{i}A^I$，$B = B^R + \mathrm{i}B^I$，$C = C^R + \mathrm{i}C^I$，于是有

$$\begin{aligned}
A^R &= \frac{1}{12}\left[K_1 h_1^2 + K_2^* h_2^2 + \frac{3K_1K_2^*}{K_1+K_2^*}(h_1+h_2)^2\right]\\
A^I &= \frac{\eta_c K_2^*}{12}\left[h_2^2 + \frac{3K_1^2}{(K_1+K_2^*)^2}(h_1+h_2)^2\right]
\end{aligned}$$

$$B^R = \frac{K_1 K_2^*}{K_1 + K_2^*}(h_1 + h_2)(\nu_2 - \nu_1)$$

$$B^I = \frac{\eta_c}{2}\frac{K_1 K_2^*}{K_1 + K_2^*}(h_1 + h_2)(\nu_2 - \nu_1)\left(\frac{K_1}{K_1 + K_2^*} + \frac{\nu_2}{\nu_2 - \nu_1}\right)$$

$$C^R = \frac{K_1^2(1-\nu_1^2) + (K_2^*)^2(1-\nu_2^2) + 2K_1 K_2^*(1-\nu_1\nu_2)}{K_1 + K_2^*}$$

$$C^I = \frac{\eta_c K_2^*}{K_1 + K_2^*}\left[K_1(1-\nu_1\nu_2) + K_2^*(1-\nu_2^2)\right]$$

当黏弹性阻尼层敷设在圆柱壳内表面和内外表面时，相应的轴对称弯曲振动方程分别为

$$A\frac{\partial^4 W}{\partial z^4} + \frac{B}{a}\frac{\partial^2 W}{\partial z^2} + \frac{C}{a^2}W + m\frac{\partial^2 W}{\partial t^2} = f(z,t) \tag{6.3.18}$$

$$D\frac{\partial^4 W}{\partial z^4} + C\frac{W}{a^2} + m\frac{\partial^2 W}{\partial t^2} = f(z,t) \tag{6.3.19}$$

式中，$D = \frac{1}{12}\left[K_1 h_1^2 + K_2 h_2^2 + 3K_2 h_1(h_1 + h_2)\right]$，且有

$$D^R = \frac{1}{12}\left[K_1 h_1^2 + K_2^* h_2^2 + 3K_2^* h_1(h_1 + h_2)\right]$$

$$D^I = \frac{1}{12}\eta_c K_2^*\left[h_2^2 + 3h_1(h_1 + h_2)\right]$$

为了得到敷设黏弹性阻尼层的圆柱壳模态损耗因子，假设圆柱壳结构所有点上的简谐激励力正比于局部惯性力：

$$f(z,t) = \mathrm{i}\eta m\frac{\partial^2 W}{\partial t^2} \tag{6.3.20}$$

式中，$\eta$ 为敷设黏弹性阻尼层的圆柱壳损耗因子。

在圆柱壳弯曲振动随时间简谐变化时，(6.3.17)~(6.3.19) 式可分别重新表示为

黏弹性阻尼层敷设在外表面

$$A\frac{\partial^4 W}{\partial z^4} - \frac{B}{a}\frac{\partial^2 W}{\partial z^2} + \frac{C}{a^2}W - m\omega^2(1+\mathrm{i}\eta)W = 0 \tag{6.3.21}$$

黏弹性阻尼层敷设在内表面

$$A\frac{\partial^4 W}{\partial z^4} + \frac{B}{a}\frac{\partial^2 W}{\partial z^2} + \frac{C}{a^2}W - m\omega^2(1+\mathrm{i}\eta)W = 0 \tag{6.3.22}$$

黏弹性层敷设在内外表面

$$D\frac{\partial^4 W}{\partial z^4}+\frac{C}{a^2}W-m\omega^2(1+\mathrm{i}\eta)W=0 \tag{6.3.23}$$

在圆柱壳两端简支边界条件情况下，由 (6.2.21) 式可得

$$\left(A^R+\mathrm{i}A^I\right)k_m^4+\frac{1}{a}\left(B^R+\mathrm{i}B^I\right)k_m^2+\frac{1}{a^2}\left(C^R+\mathrm{i}C^I\right)-m\omega^2(1+\mathrm{i}\eta)=0 \tag{6.3.24}$$

其中，$k_m=m\pi/l$。

将实部和虚部分开，则有

$$k_m^4A^R+\frac{k_m^2}{a}B^R+\frac{1}{a^2}C^R-m\omega^2=0 \tag{6.3.25}$$

$$k_m^4A^I+\frac{k_m^2}{a}B^I+\frac{1}{a^2}C^I-\eta m\omega^2=0 \tag{6.3.26}$$

由 (6.3.25) 和 (6.3.26) 式可得敷设黏弹性阻尼层的圆柱壳模态损耗因子为

$$\eta=\frac{k_m^4A^I+\dfrac{k_m^2}{a}B^I+\dfrac{1}{a^2}C^I}{k_m^4A^R+\dfrac{k_m^2}{a}B^R+\dfrac{1}{a^2}C^R} \tag{6.3.27}$$

若定义

$$E=\frac{E_2^*/(1-\nu_2^2)}{E_1^*/(1-\nu_1^2)} \tag{6.3.28}$$

$$H=h_2/h_1 \tag{6.3.29}$$

$$\nu=\nu_2/\nu_1 \tag{6.3.30}$$

则前面定义的 $A^R,A^I\sim D^I$ 可重新表示为

$$A^R=\frac{1}{12}K_1h_1^2\left\{1+EH^3+\frac{3EH(1+H)^2}{1+EH}\right\}$$

$$A^I=\frac{\eta_cK_1h_1^2EH}{12}\left[H^2+\frac{3(1+H)^2}{(1+EH)^2}\right]$$

$$B^R=K_1h_1\nu_2\frac{EH}{1+EH}(1+H)(1-\nu)$$

$$B^I = \frac{1}{2}\eta_c K_1 h_1 \nu_2 \frac{EH(1+H)}{1+EH}\left(\frac{1}{1+EH}+\frac{1}{1-\nu}\right)$$

$$C^R = K_1\left[1+EH-\nu_2^2\frac{(\nu+EH)^2}{1+EH}\right]$$

$$C^I = \eta_c K_1 EH\left(1-\nu_2^2\frac{\nu+EH}{1+EH}\right)$$

$$D^R = \frac{1}{12}K_1 h_1^2\left[1+EH^3+3EH(1+H)\right]$$

$$D^I = \frac{1}{12}\eta_c K_1 h_1^2 EH\left[H^2+3(1+H)\right]$$

于是，黏弹性阻尼层敷设在圆柱壳外表面、内表面和内外表面三种情况下，损耗因子 $\eta_i(i=1,2,3)$ 的计算表达式为

$$\eta_i = \eta_c\frac{EH}{1+EH}\frac{E^2H^4+2EH^3+4H^2+6H+3\pm 3\alpha\nu_2(1+EH)(2-\nu+H)+3\alpha^2(1+EH)\left[1+EH-\nu_2^2(\nu+EH)\right]}{E^2H^4+6EH^2+4EH^3+4EH+1\pm 6\alpha\nu_2 EH(1+H)(1-\nu)+3\alpha^2\left[(1+EH)^2-\nu_2^2(\nu+EH)^2\right]},\quad i=1,2 \tag{6.3.31}$$

$$\eta_i = \eta_c EH\frac{\left[H^2+3(1+H)\right](1+EH)+3\alpha^2\left[1+EH-\nu_2^2(\nu+EH)\right]}{\left[1+EH^3+3EH(1+H)\right](1+EH)+3\alpha^2\left[(1+EH)^2-\nu_2^2(\nu+EH)^2\right]},\quad i=3 \tag{6.3.32}$$

注意到 (6.3.31) 式中，$i=1,2$ 和 $\pm$ 分别应对黏弹性阻尼层敷设外表面和内表面，(6.3.32) 式对应黏弹性阻尼层敷设在内外表面，且有

$$\alpha = \frac{2}{ah_1k_m^2} \tag{6.3.33}$$

由 (6.3.31) 和 (6.3.32) 式可见，敷设黏弹性阻尼层的有限长圆柱壳损耗因子 $\eta$ 与模态有关，也就是与频率有关，这一点与文献 [25] 中的 Oberst 梁模型损耗因子不同。(6.3.33) 式给出的参数 $\alpha$ 与敷设黏弹性阻尼层的圆柱壳损耗因子密切相关，而参数 $\alpha$ 又与圆柱壳模态参数 $k_m$ 有关。若圆柱壳长度一定，则模态数增加时参数 $\alpha$ 减小，相应的振动模态阻尼增加。若模态参数不变，参数 $\alpha$ 正比于 $l^2$，即圆柱壳长度 $l$ 增加，则损耗因子减小。参数 $\alpha, E$ 不同取值情况下，损耗因子随参数 $H$ 的变化曲线参见图 6.3.3，当 $\alpha=0$ 时，损耗因子的计算退化为平板情况。图 6.3.4 和图 6.3.5 给出了黏弹性阻尼层敷设在圆柱壳外表面、内表面和内外表面情况下，损耗因子 $\eta_1,\eta_2,\eta_3$ 的比值，对于长圆柱壳，即参数 $\alpha$ 很

大，三个损耗因子的比值 $\eta_1/\eta_2, \eta_1/\eta_3$ 趋于 1，而在某个 $H$ 值时，损耗因子有最大值，且不同圆柱壳最大值差别很大，$\alpha$ 值越小，损耗因子的最大值越大。因为圆柱壳横截面是封闭的，且轴向伸缩和弯曲振动耦合，使得敷设黏弹性阻尼的圆柱壳损耗因子总是小于相应 Oberst 梁模型的损耗因子。计算还表明，在考虑的 $\nu_1 = \nu_2 = 0.2 \sim 0.4$ 范围内，圆柱壳材料泊松比 $\nu_1$ 与黏弹性阻尼层材料泊松比 $\nu_2$ 的比值 $\nu = \nu_2/\nu_1$ 对损耗因子没有明显影响。参数 $E$ 在较大变化范围内，只要 $E < 0.1$，黏弹性阻尼层敷设在圆柱壳外表面情况的损耗因子大于黏弹性阻尼层敷设在圆柱壳内表面和内外表面情况，且与参数 $\alpha$ 有关，当 $\alpha$ 很大时，$\eta_1, \eta_2, \eta_3$ 趋于相同值，$\alpha > 100$ 时，三种情况的损耗因子没有差别。同时，损耗因子曲线存在一个"转折点" $\alpha_T$，当 $\alpha < \alpha_T$ 时，$\eta_3 > \eta_2$，而当 $\alpha > \alpha_T$ 时，$\eta_3$ 略大于 $\eta_2$。"转折点"$\alpha_T$ 基本不受参数 $E$ 的影响，但与参数 $H$ 相关，$H$ 越大，$\alpha_T$ 越大，参见图 6.3.6。

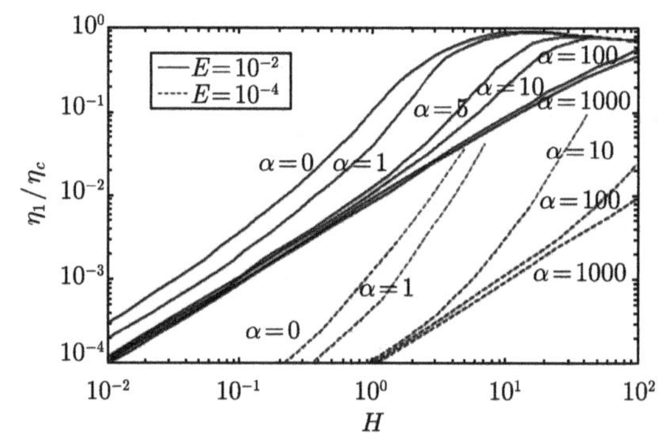


图 6.3.3　外表面敷设阻尼层的圆柱壳损耗因子与厚度比的关系

(引自文献 [26]，fig4)

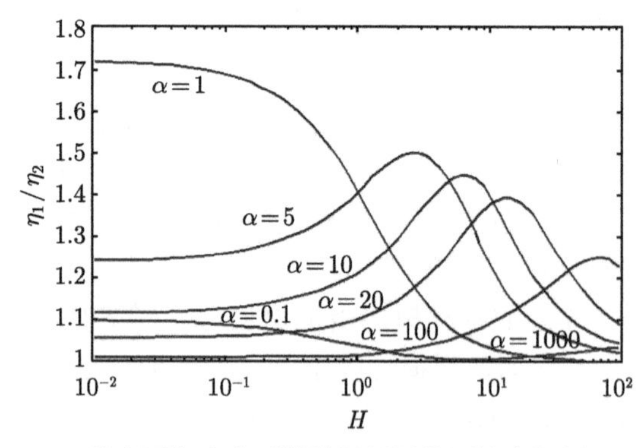


图 6.3.4　外表面与内表面敷设阻尼层的圆柱壳损耗因子比值

(引自文献 [26]，fig6)

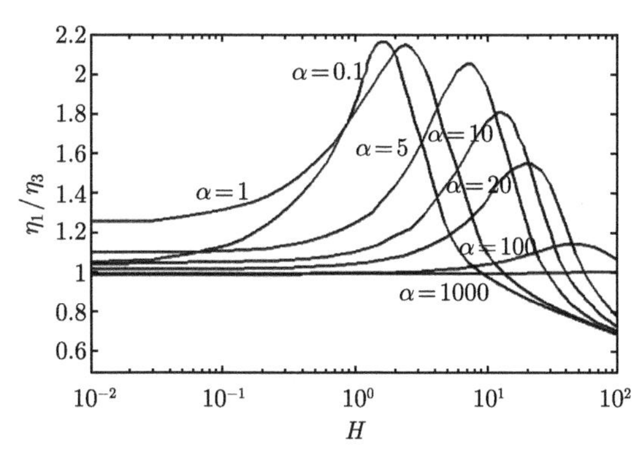


图 6.3.5 外表面与内表面敷设阻尼层的圆柱壳损耗因子比值

(引自文献 [26]，fig7)

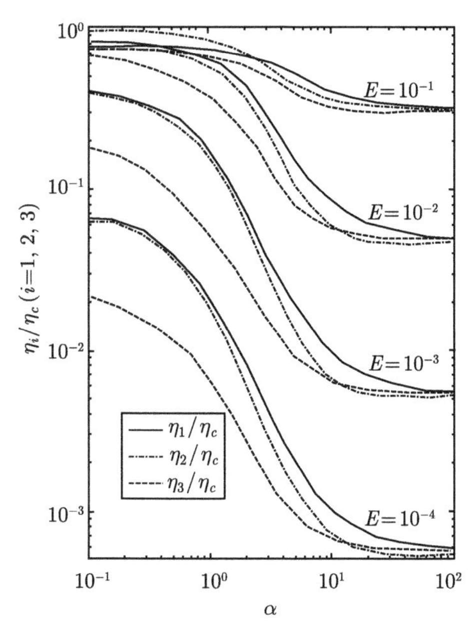


图 6.3.6 阻尼层不同敷设方式的复合圆柱壳损耗因子比较

(引自文献 [26]，fig5)

敷设黏弹性阻尼层不仅增加圆柱壳的结构阻尼，减小圆柱壳的振动响应，而且降低圆柱壳的声辐射，Harari 和 Sandman[27] 推导了三层复合圆柱壳的振动方程，并利用模态法求解了有限长圆柱壳受激振动和声辐射，比较了声辐射阻尼和结构阻尼的效果，同样大小的结构阻尼对于水中圆柱壳来说，其减振作用远小于对空气中圆柱壳结构的作用。黏弹性阻尼层除了增加圆柱壳结构阻尼，降低其振动响应及声辐射外，还降低敷设在圆柱壳外表面的黏弹性阻尼层辐射面的振速，也起到降低声辐射的作用。Laulagnet 和 Guyader[28] 针对外表面敷设柔性层的有限长圆柱壳，将柔性层等效为一个复刚度参数，假设柔性层对声压传输没有影响，其质量效应可以忽略。柔性层复刚度定义为声压与柔性层内外振动位移的比值，采用模态法，建立声辐射功率的计算方法，并进一步研究有限长圆柱壳沿周向部分敷设柔性层的降噪效果 [29]。

不失一般性，考虑如图 6.3.7 所示的有限长圆柱壳，沿周向部分表面敷设柔性层。圆柱壳两端为无限长柱形刚性声障板，周围为无限大理想声介质。设圆柱壳轴向、周向和径向振动位移分别为 $U, V, W$，柔性层外表面的轴向、周向和径向振动位移分别为 $U_c, V_c, W_c$，且作用在柔性层上的声压为 $p(\boldsymbol{r})$，则柔性层和圆柱壳径向振动位移与声压满足以下关系：

$$W_c - W = \begin{cases} -p(\boldsymbol{r})/Z_c, & \boldsymbol{r} \in S_M \\ 0, & \boldsymbol{r} \in S_L \end{cases} \tag{6.3.34}$$

式中，$Z_c$ 为忽略质量效应的柔性层单位面积复刚度，$S_M, S_L$ 为圆柱壳敷设和未敷设柔性层的表面积。

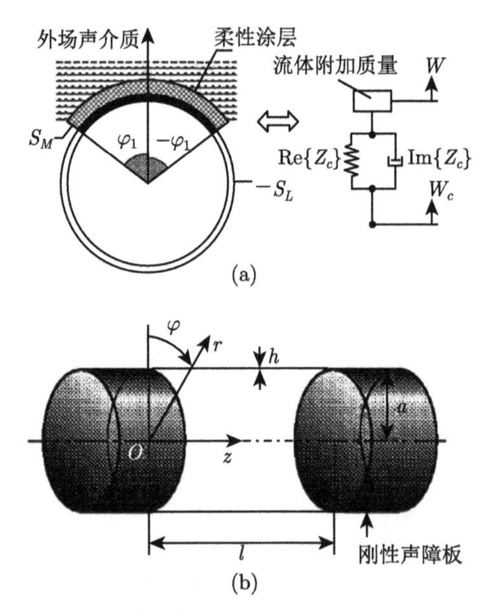


图 6.3.7 周向部分表面敷设柔性层的圆柱壳模型

(引自文献 [29]，fig1)

(6.3.34) 式表明，圆柱壳外表面敷设的柔性层，其作用像一个弹簧，一端连接柔性层的外表面，另一端连接圆柱壳。在圆柱壳表面没有敷设柔性层的部位，径

向振动位移连续。文献 [3] 给出圆柱壳表面声压为

$$p(\boldsymbol{r}) = -\rho_0\omega^2 \int_S G(\boldsymbol{r}, \boldsymbol{r}_0) W_c(\boldsymbol{r}_0) \mathrm{d}S, \quad \boldsymbol{r}, \boldsymbol{r}_0 \in S \tag{6.3.35}$$

式中，$\rho_0$ 为声介质密度，$S$ 为圆柱壳表面积，$S = S_M + S_L$，$G(\boldsymbol{r}, \boldsymbol{r}_0)$ 为格林函数，在圆柱坐标系下其具体形式为

$$G(\boldsymbol{r}, \boldsymbol{r}_0) = -\frac{1}{4\pi^2} \sum_{n=0}^{\infty} \varepsilon_n \cos n(\varphi - \varphi_0) \int_{-\infty}^{\infty} \frac{\mathrm{H}_n^{(1)}(k_r a)}{k_r a \mathrm{H}_n^{(1)\prime}(k_r a)} \mathrm{e}^{\mathrm{i}k_z(z-z_0)} \mathrm{d}k_z \tag{6.3.36}$$

其中，$k_z^2 + k_r^2 = k_0^2$，$\mathrm{H}_n^{(1)}(k_r a)$ 为第一类 Hankel 函数。

敷设柔性层的圆柱壳振动方程为

$$[L]\left\{\begin{array}{c} U \\ V \\ W \end{array}\right\} - m_s\omega^2 \left\{\begin{array}{c} U \\ V \\ W \end{array}\right\} = -\left\{\begin{array}{c} F_u \\ F_v \\ F_w \end{array}\right\} \delta(\boldsymbol{r}, \boldsymbol{r}_e) + \left\{\begin{array}{c} 0 \\ 0 \\ p(\boldsymbol{r}) \end{array}\right\} \tag{6.3.37}$$

式中，$[L]$ 为圆柱壳振动方程的微分算子矩阵，$m_s$ 为圆柱壳面密度，$F_u, F_v, F_w$ 为轴向、周向和径向激励力分量，$\boldsymbol{r}_e$ 为激励点位置。

注意到柔性层无质量效应，使得作用在圆柱壳上的声压与表面位置无关，即在敷设柔性层的 $S_M$ 上和在无柔性层的 $S_L$ 上作用的声压一样。采用模态法求解圆柱壳振动和表面声压，假设圆柱壳为简支边界条件，圆柱壳振动和表面声压的模态解为

$$\left\{\begin{array}{c} U \\ V \\ W \end{array}\right\} = \sum_{\alpha=0}^{1} \sum_{n=0}^{\infty} \sum_{m=1}^{\infty} \sum_{j=1}^{3} A_{nmj}^{\alpha} \varPhi_{nmj}^{\alpha} \tag{6.3.38}$$

$$\left\{\begin{array}{c} 0 \\ 0 \\ p(\boldsymbol{r}) \end{array}\right\} = \sum_{\alpha=0}^{1} \sum_{n=0}^{\infty} \sum_{m=1}^{\infty} \sum_{j=1}^{3} B_{nmj}^{\alpha} \varPhi_{nmj}^{\alpha} \tag{6.3.39}$$

式中，$\varPhi_{nmj}^{\alpha}$ 为真空中无敷设柔性层的圆柱壳的模态本征矢量，其表达式为

$$\varPhi_{nmj}^{\alpha} = \left\{\begin{array}{c} D_{nmj} \sin(n\varphi + \alpha\varphi/2) \cos(m\pi z/l) \\ E_{nmj} \cos(n\varphi + \alpha\varphi/2) \sin(m\pi z/l) \\ \sin(n\varphi + \alpha\varphi/2) \sin(m\pi z/l) \end{array}\right. \tag{6.3.40}$$

其中，$n$ 和 $m$ 等参数含义同 (6.2.25) 式。

柔性层径向质点位移为

$$W_c = \sum_{\alpha=0}^{1}\sum_{n=0}^{\infty}\sum_{m=1}^{\infty}\sum_{j=1}^{3} C_{nmj}^{\alpha}\phi_{nm}^{\alpha} \tag{6.3.41}$$

式中，$\phi_{nm}^{\alpha}$ 为 $\Phi_{nmj}^{\alpha}$ 的第三个模态函数。

将 (6.3.38) 和 (6.3.39) 式代入 (6.3.37) 式，并利用模态的正交归一性，有

$$\int_S \Phi_{nmj}^{\alpha\mathrm{T}}[L]\Phi_{qpl}^{\beta}\mathrm{d}S = K_{qpl}\delta_{\alpha\beta}\delta_{mp}\delta_{nq}\delta_{jl} \tag{6.3.42}$$

$$m_s\int_S \Phi_{nmj}^{\alpha\mathrm{T}}\Phi_{qpl}^{\beta}\mathrm{d}S = M_{qpl}\delta_{\alpha\beta}\delta_{mp}\delta_{nq}\delta_{jl} \tag{6.3.43}$$

式中，$K_{qpl}$ 为圆柱壳振动的模态刚度，$M_{qpl}$ 为模态质量，它们与 $\alpha,\beta$ 无关，$\delta$ 为 Kronecker 函数，T 表示矢量转置。

从而可以得到圆柱壳振动模态方程：

$$\left(K_{qpl}-\omega^2M_{qpl}\right)A_{qpl}^{\alpha} = f_{qpl}^{\alpha} - N_{qpl}B_{qpl}^{\alpha} \tag{6.3.44}$$

利用关系 $K_{qpl}=\omega_{qpl}^2 m_{qpl}$，并考虑圆柱壳结构的损耗，(6.3.44) 式可以改写为

$$M_{qpl}\left[\omega_{qpl}^2(1-\mathrm{i}\eta_s)-\omega^2\right]A_{qpl}^{\alpha} = f_{qpl}^{\alpha} - N_{qpl}B_{qpl}^{\alpha} \tag{6.3.45}$$

式中，$\omega_{qpl}^2$ 为模态频率，$f_{qpl}^{\alpha}$ 为模态激励力，$N_{qpl}$ 为模态的模，$\eta_s$ 为壳体阻尼因子。且有

$$\int_S \Phi_{nmj}^{\alpha\mathrm{T}}\Phi_{qpl}^{\beta}\mathrm{d}S = N_{qpl}\delta_{\alpha\beta}\delta_{mp}\delta_{nq}\delta_{jl} \tag{6.3.46}$$

$$\begin{aligned} f_{qpl}^{\alpha} = {}& D_{qpl}\cos\frac{p\pi z_e}{l}\sin\left(q\varphi_e+\frac{\alpha\pi}{2}\right) + E_{qpl}\sin\frac{p\pi z_e}{l}\cos\left(q\varphi_e+\frac{\alpha\pi}{2}\right) \\ & + \sin\frac{p\pi z_e}{l}\sin\left(q\varphi_e+\frac{\alpha\pi}{2}\right) \end{aligned} \tag{6.3.47}$$

其中，$z_e$ 和 $\varphi_e$ 为激励力位置。

将 (6.3.40) 式代入 (6.3.46) 式，则有

$$N_{qpl} = \frac{a\pi l}{\varepsilon_q}\left(D_{qpl}^2+E_{qpl}^2+1\right) \tag{6.3.48}$$

这里，$(D_{nmj},E_{nmj},1)$ 表示圆柱壳模态的本征矢量，第三个分量归一化为 1。$\varepsilon_q = 1(q=0)$ 或 $\varepsilon_q=2(q\neq 0)$)。

考虑 (6.3.35) 式和 (6.3.39) 式，有

$$\sum_{\alpha=0}^{1}\sum_{n=0}^{\infty}\sum_{m=1}^{\infty}\sum_{j=1}^{3}B_{nmj}^{\alpha}\varPhi_{nmj}^{\alpha}=\left\{\begin{array}{c}0\\0\\-\rho_0\omega^2\displaystyle\int_S G(\boldsymbol{r},\boldsymbol{r}_0)W_c(\boldsymbol{r}_0)\mathrm{d}S\end{array}\right\}\tag{6.3.49}$$

利用模态矢量 $\varPhi_{nmj}^{\alpha}$ 的正交归一性，由 (6.3.49) 式，可得

$$B_{qpl}^{\beta}N_{qpl}=-\rho_0\omega^2\int_S\phi_{qp}^{\beta}\left[\int_S G(\boldsymbol{r},\boldsymbol{r}_0)\sum_{\alpha=0}^{1}\sum_{n=0}^{\infty}\sum_{m=1}^{\infty}\sum_{j=1}^{3}C_{nmj}^{\alpha}\phi_{nm}^{\alpha}\mathrm{d}S\right]\mathrm{d}S\tag{6.3.50}$$

将 (6.3.36) 式代入 (6.3.50) 式，得到

$$B_{qpl}^{\beta}N_{qpl}=\frac{\rho_0\omega^2}{4\pi^2}\int_{-\infty}^{\infty}\int_S\int_S\sum_{\alpha=0}^{1}\sum_{s=0}^{\infty}\sum_{n=0}^{\infty}\sum_{m=1}^{\infty}\sum_{j=1}^{3}\varepsilon_s\cos s(\varphi-\varphi_0)\frac{\mathrm{H}_s^{(1)}(k_ra)}{k_ra\mathrm{H}_s^{(1)\prime}(k_ra)}$$
$$\phi_{qp}^{\beta}\mathrm{e}^{\mathrm{i}k_z(z-z_0)}\phi_{nm}^{\alpha}C_{nmj}^{\alpha}\mathrm{d}S\mathrm{d}S\mathrm{d}k_z\tag{6.3.51}$$

将 (6.3.40) 式中第三个模态函数 $\phi_{nm}^{\alpha}$ 的表达式代入 (6.3.51) 式，对 $\varphi$ 和 $\varphi_0$ 积分，并考虑到圆柱壳的模态声阻抗定义式 (6.1.32) 式，(6.3.51) 式可简化为

$$B_{qpl}^{\beta}N_{qpl}=-\mathrm{i}\omega\sum_{m=1}^{\infty}Z_{qpm}^{a}\sum_{j=1}^{3}C_{nmj}^{\beta}\tag{6.3.52}$$

再利用 (6.3.38) 式中第三式及 (6.3.39) 和 (6.3.41) 式，模态展开 (6.3.34) 式，得到

$$\sum_{\alpha=0}^{1}\sum_{n=0}^{\infty}\sum_{m=1}^{\infty}\sum_{j=1}^{3}\left(C_{nmj}^{\alpha}-A_{nmj}^{\alpha}+B_{nmj}^{\alpha}/Z_c\right)\phi_{nm}^{\alpha}=0,\quad \boldsymbol{r}\in S_M\tag{6.3.53}$$

$$\sum_{\alpha=0}^{1}\sum_{n=0}^{\infty}\sum_{m=1}^{\infty}\sum_{j=1}^{3}\left(C_{nmj}^{\alpha}-A_{nmj}^{\alpha}\right)\phi_{nm}^{\alpha}=0,\quad \boldsymbol{r}\in S_L\tag{6.3.54}$$

(6.3.53) 式和 (6.3.54) 式两边乘上 $\phi_{qp}^{\beta}$，分别在 $S_M$ 和 $S_L$ 上积分，并相加，则有

$$\sum_{\alpha=0}^{1}\sum_{n=0}^{\infty}\sum_{m=1}^{\infty}\sum_{j=1}^{3}\left\{\left(C_{nmj}^{\alpha}-A_{nmj}^{\alpha}+B_{nmj}^{\alpha}/Z_c\right)\int_{S_M}\phi_{pq}^{\beta}\phi_{nm}^{\alpha}\mathrm{d}S\right.$$

$$+\left(C_{nmj}^{\alpha}-A_{nmj}^{\alpha}\right)\int_{S_L}\phi_{pq}^{\beta}\phi_{nm}^{\alpha}\mathrm{d}S\bigg\}=0 \tag{6.3.55}$$

将 (6.3.55) 式重组，并利用正交归一条件，得到

$$\sum_{j=1}^{3}\left(C_{nmj}^{\beta}-A_{nmj}^{\beta}\right)=-\frac{\varepsilon_n}{2\pi Z_c}\sum_{q=0}^{\infty}\sum_{j=1}^{3}G_{nq}^{\beta}B_{qmj}^{\beta} \tag{6.3.56}$$

式中，$G_{nq}^{\beta}$ 为不同周向模态的耦合系数：

$$G_{nq}^{\beta}=\int_{-\varphi_1}^{\varphi_1}\sin(q\varphi+\beta\pi/2)\sin(n\varphi+\beta\pi/2)\mathrm{d}\varphi \tag{6.3.57}$$

求解 (6.3.45) 式、(6.3.52) 式和 (6.3.56) 式，可以得到圆柱壳模态位移满足的耦合方程：

$$Z_{qpl}^{s}A_{qpl}^{\beta}-\mathrm{i}\omega\sum_{m=1}^{\infty}\sum_{j=1}^{3}Z_{qpm}^{a}A_{qmj}^{\beta}-\frac{\mathrm{i}\omega\varepsilon_q}{2\pi Z_c}\sum_{n=0}^{\infty}\sum_{m=1}^{\infty}\sum_{j=1}^{3}\frac{Z_{qpm}^{a}G_{nq}^{\beta}Z_{nmj}^{s}}{N_{nmj}}A_{qmj}^{\beta}$$

$$=f_{qpl}^{\beta}-\frac{\mathrm{i}\omega\varepsilon_q}{2\pi Z_c}\sum_{n=0}^{\infty}\sum_{m=1}^{\infty}\sum_{j=1}^{3}\frac{Z_{qpm}^{a}G_{nq}^{\beta}}{N_{nmj}}f_{qmj}^{\beta} \tag{6.3.58}$$

式中，

$$Z_{qpl}^{s}=M_{qpl}\left[\omega_{qpl}^{2}(1-\mathrm{i}\eta_s)-\omega^2\right] \tag{6.3.59}$$

当柔性层覆盖全部圆柱壳表面时，由 (6.3.57) 式可得

$$\begin{cases}G_{nq}^{\beta}=1, & q=n\\ G_{nq}^{\beta}=0, & q\neq n\end{cases} \tag{6.3.60}$$

那么周向模态不存在相互耦合，这样 (6.3.58) 式简化为

$$Z_{qpl}^{s}A_{qpl}^{\beta}-\mathrm{i}\omega\sum_{m=1}^{\infty}\sum_{j=1}^{3}Z_{qpm}^{a}A_{qmj}^{\beta}-\frac{\mathrm{i}\omega\varepsilon_q}{2\pi}\sum_{c}^{\infty}\sum_{m=1}^{\infty}\sum_{j=1}^{3}\frac{Z_{qmj}^{s}}{N_{qmj}}A_{qmj}^{\beta}$$

$$=f_{qpl}^{\beta}-\frac{\mathrm{i}\omega\varepsilon_q}{2\pi Z_c}\sum_{m=1}^{\infty}\sum_{j=1}^{3}\frac{Z_{qmj}^{s}}{N_{qmj}}f_{qmj}^{\beta} \tag{6.3.61}$$

由 (6.3.58) 式及 (6.3.61) 式可见，在 $\beta=1$ 对称模式和 $\beta=0$ 反对称模式两种情况下，存在三种耦合：其一为声辐射阻抗引起的轴向模态 ($p$ 阶和 $m$ 阶) 耦

合；其二为柔性层引起的周向模态 ($q$ 阶和 $n$ 阶) 耦合，当柔性层覆盖整个圆柱壳，此耦合消失；其三，圆柱壳不同振动模态 ($j$ 阶和 $l$ 阶) 的耦合。求解 (6.3.58) 式及 (6.3.61) 式，可以得到部分和全部敷设柔性层的有限长圆柱壳的耦合模态振动位移。文献 [28] 认为敷设柔性层的圆柱壳声辐射功率应等于圆柱壳的输入功率与圆柱壳和柔性层消耗的功率之差。

$$P=\frac{1}{2}\sum_{\alpha=0}^{1}\sum_{n=0}^{\infty}\sum_{m=1}^{\infty}\sum_{j=1}^{3}\left\{\left[\omega\,\mathrm{Re}\left\{f_{nmj}^{\alpha}\right\}\mathrm{Im}\left\{A_{nmj}^{\alpha}\right\}-\omega\,\mathrm{Im}\left\{f_{nmj}^{\alpha}\right\}\mathrm{Re}\left\{A_{nmj}^{\alpha}\right\}\right]\right.$$
$$\left.-\omega M_{nmj}\eta_s\omega_{nmj}^2\left|A_{nmj}^{\alpha}\right|^2-\eta_c\omega\left|A_{nmj}^{\alpha}\right|^2N_{nmj}/\left[1+\eta_c^2Z_0\right]\right\} \tag{6.3.62}$$

式中，第一项为圆柱壳的输入功率，第二项为圆柱壳体消耗的功率，第三项为柔性层消耗的功率。Re 和 Im 分别表示实部和虚部，$\eta_c$ 为柔性层的损耗因子, 且有

$$Z_c=Z_0(1-\mathrm{i}\eta_c) \tag{6.3.63}$$

文献 [28] 和 [29] 选取长为 1.2m，半径为 0.4m，壁厚为 3mm 的钢质圆柱壳，结构损耗因子为 0.01。柔性层的复刚度为 $5\times10^8(1-0.01\mathrm{i})\mathrm{N/m^3}$、厚度为 1cm，1N 的径向激励力作用在圆柱壳上。图 6.3.8 给出了全部敷设柔性层的圆柱壳均方振速和声辐射功率。由图可见，在频率低于 500Hz 的低频段，柔性层对圆柱壳均方振速没有影响，在 500~750Hz 的中频段，柔性层使圆柱壳均方振速明显减小，在 750Hz 以上的高频段，柔性层起到了隔离圆柱壳和声介质的作用，使得均方振速增加，大于没有柔性层的情况。总的来说，柔性层有效降低了圆柱壳的声辐射功率，只在 200Hz 和 850Hz 附近因共振出现例外。

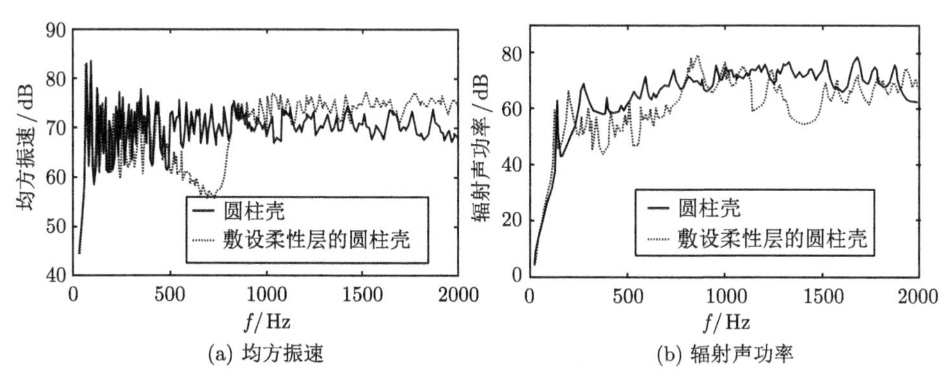


图 6.3.8 全敷设柔性层的圆柱壳均方振速和声辐射功率

(引自文献 [28]，fig4, fig5)

我们知道，在柔性层外表面的振动位移等于该界面上的质点径向位移：

$$\left\{\begin{array}{c}0\\0\\\dfrac{\partial p(\boldsymbol{r})}{\partial r}\end{array}\right\}=\rho_0\omega^2\sum_{\alpha=0}^{1}\sum_{n=0}^{\infty}\sum_{m=1}^{\infty}\sum_{j=1}^{3}C_{nmj}^{\alpha}\left\{\begin{array}{c}D_{nmj}\sin(n\varphi+\alpha\varphi/2)\cos(m\pi z/l)\\E_{nmj}\cos(n\varphi+\alpha\varphi/2)\sin(m\pi z/l)\\\sin(n\varphi+\alpha\varphi/2)\sin(m\pi z/l)\end{array}\right.\tag{6.3.64}$$

注意到，圆柱壳表面全部敷设柔性层的情况下，将 (6.3.34) 式第一式代入 (6.3.35) 式，有

$$p(\boldsymbol{r}_0)=-\rho_0\omega^2\int_S[W-p(\boldsymbol{r})/Z_c]G(\boldsymbol{r},\boldsymbol{r}_0)\mathrm{d}S\tag{6.3.65}$$

再将 (6.3.38) 式第三式和 (6.3.39) 式代入 (6.3.65) 式，可得

$$B_{qpl}^{\beta}N_{qpl}=-\mathrm{i}\omega\sum_{m=1}^{\infty}\sum_{j=1}^{3}Z_{qpm}^{a}\left(A_{qmj}^{\beta}-B_{qmj}^{\beta}/Z_c\right)\tag{6.3.66}$$

这样，由 (6.3.64) 式及 (6.3.44) 式和 (6.3.66) 式，并忽略声辐射阻抗的耦合项，得到

$$\left(Z_{qpl}^{s}+N_{qpl}Z_c\right)A_{qpl}^{\alpha}-N_{qpl}Z_cC_{qpl}^{\alpha}=f_{qpl}^{\alpha}\tag{6.3.67}$$

$$-Z_cN_{qpl}A_{qpl}^{\beta}+\left(Z_cN_{qpl}-\mathrm{i}\omega Z_{qpp}^{a}\right)C_{pqk}^{\alpha}=0\tag{6.3.68}$$

(6.3.67) 式和 (6.3.68) 式可以等效为图 6.3.9 所示的二自由度振动系统。此振动系统存在一个反共振频率:

$$\omega_{qpl}^{A}=\sqrt{\frac{Z_cN_{qpl}}{\mathrm{Im}(Z_{qpl})/\omega}}\tag{6.3.69}$$

式中，$\mathrm{Im}(Z_{qpl})/\omega$ 为模态附加质量，若采用无限大平板的附加质量近似，则有

$$\mathrm{Im}(Z_{qpl})/\omega=N_{qpl}\rho_0/k_p\tag{6.3.70}$$

其中，$k_p$ 为弯曲波数，在有些情况下流体负载变化不是很大，$k_p$ 可以近似取平板在真空中的值，这样 (6.3.69) 式可以表示为

$$\omega_{qpl}^{A}=\sqrt{\frac{Z_c}{\rho_0}}\sqrt[4]{\frac{\omega_{qpl}}{h}}\sqrt[8]{\frac{12\rho_s(1-\nu^2)}{E}}\tag{6.3.71}$$

式中，$E,\rho_s,\nu,h$ 分别为平板的杨氏模量、密度、泊松比和厚度，$\omega_{qpl}$ 为真空中的模态频率。对于壳体模态来说，当模态频率等于反共振频率时，反共振效应特别显著。在 (6.3.71) 式中，令 $\omega_{pqk}=\omega_{pqk}^A$，可以得到发生反共振的频率：

$$\omega_{qpl}^A=\omega^A=\sqrt[3]{\frac{Z_c^2}{\rho_0^2 h}}\sqrt[6]{\frac{12\rho_s(1-\nu^2)}{E}} \tag{6.3.72}$$

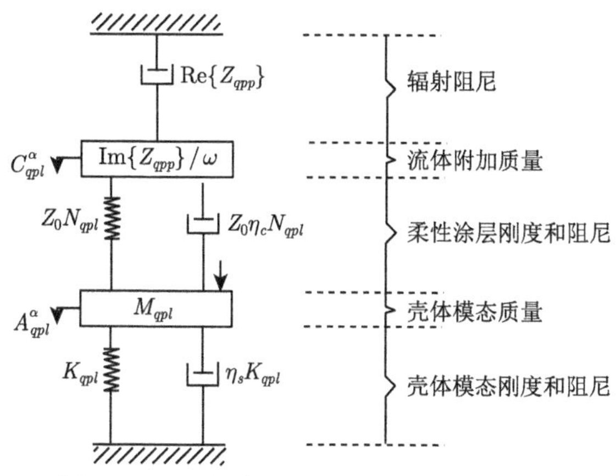


图 6.3.9 圆柱壳表面敷设柔性层的等效模型

(引自文献 [28]，fig6)

由 (6.3.72) 式计算得到的反共振频率为 603Hz，此结果与图 6.3.8 给出的圆柱壳均方振速较小的频段 650Hz 比较接近。而且，敷设柔性层的圆柱壳有 200Hz 和 850Hz 的两个共振声辐射峰值，处于反共振频率的两侧。在大于第二个共振声辐射峰值频率的频段，因为柔性层的去耦效应，使得圆柱壳振动增加，而声辐射降低。另外，增加柔性层阻尼，可有效降低声辐射峰值，而减小柔性层的动刚度，则可以更有效地隔离圆柱壳与声介质，使声辐射功率明显减小，柔性层动刚度从 $5\times10^8\mathrm{N/m^3}$ 减小到 $1\times10^7\mathrm{N/m^3}$，声辐射功率下降十几分贝，但声辐射峰值仍然存在。

Laulagnet 和 Guyader 进一步针对柔性层覆盖圆柱壳 10%, 50%和 90%表面的情况，计算圆柱壳振动和声辐射特性，图 6.3.10 和图 6.3.11 给出了柔性层敷设 10%, 50%和 90%时圆柱壳的声辐射功率。由图可见，当圆柱壳表面部分敷设柔性层时，声辐射增加。敷设 10%情况下声辐射增加尤为明显，即使在敷设 90%情况，声辐射也同样增加。而在圆柱壳表面无柔性层或表面全部敷设柔性层，声辐射比部分敷设柔性层时要小，部分敷设柔性层的圆柱壳平均声辐射功率高于无柔性层的圆柱壳，此结果有些出乎意料，由计算结果可知，圆柱壳表面部分敷设柔性层增加了声辐射功率，因而不是一种合适的降低噪声的方法。由图还可见，圆柱壳表面敷设 50%和 90%柔性层，声辐射增加情况较接近，尤其在 50Hz~300Hz 频段，可以说，部分敷设柔性层使噪声增加，增加量并不与敷设面积成比例，圆柱壳表面只要 10%的面积不敷设柔性层，也足以破坏柔性层的降噪效果，此现象可以称为“泄漏效应”。柔性层动刚度越小，全部敷设柔性层的降噪效果越好，相应地，未敷设柔性层的部分区域的“泄漏效应”也越大。

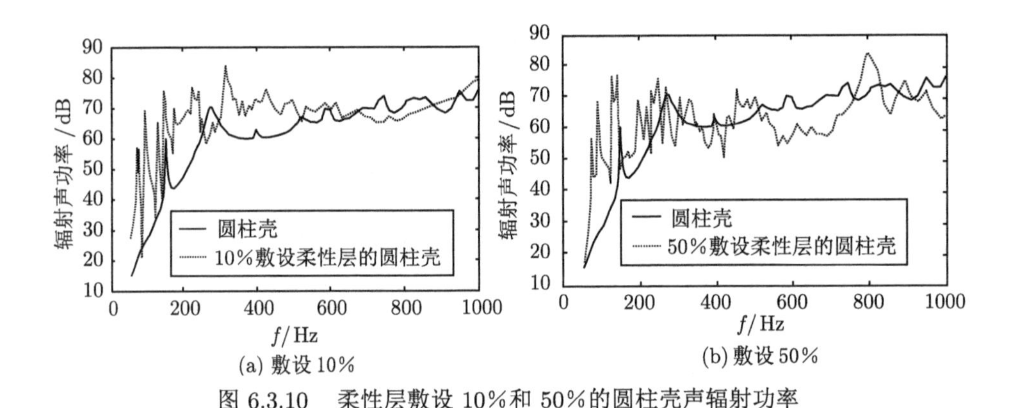


图 6.3.10　柔性层敷设 10%和 50%的圆柱壳声辐射功率

(引自文献 [29]，fig3, fig4)

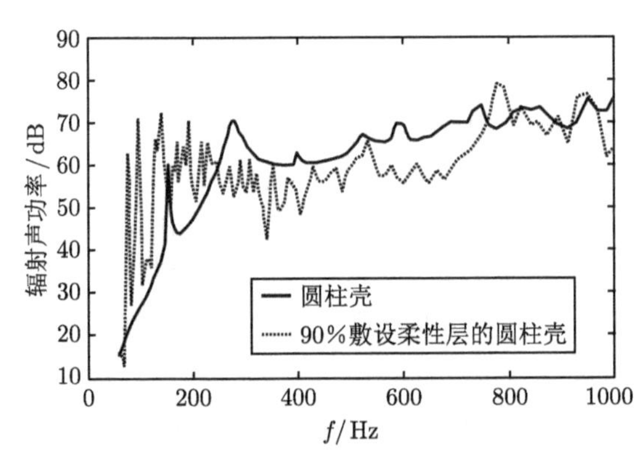


图 6.3.11　柔性层敷设 90%的圆柱壳声辐射功率

(引自文献 [29]，fig5)

类似圆柱壳表面全部敷设柔性层的情况，部分敷设柔性层时，圆柱壳振动也存在反共振现象。在反共振频率 (700Hz) 以下，未敷设、全敷设和部分敷设柔性层的三种情况，圆柱壳均方振速很相近。在反共振频率以上，因为柔性层的隔离效应，全部敷设和部分敷设的圆柱壳振速大于未敷设的圆柱壳振动，参见图 6.3.12。到底是什么原因导致部分敷设柔性层的圆柱壳声辐射增加，图 6.3.13 给出了未敷设柔性层的圆柱壳表面振速与全部敷设柔性层的外表面振速的比较，由图可见，在反共振频率以上，柔性层压缩性的效应降低了其外表面振速，使柔性层表面振速小于未敷设柔性层的圆柱壳表面振速，而在 500Hz 以下频段，柔性层压缩性的效应较低，柔性层表面振速与未敷设柔性层的圆柱壳表面均方振速接近。当圆柱壳表面 10%, 50%和 90%敷设柔性层时，在 300Hz 以下频段，柔性层表面均方振速与未敷设柔性层的圆柱壳表面均方振速也大致相等，在 600Hz~1000Hz 频段，部分敷设的柔性层也降低了其表面均方振速，但是应该注意到，声辐射功率不仅与表面均方振速有关，还与声辐射效率有关，部分敷设柔性层的圆柱壳，在较宽的频率范围内声辐射效率明显增加，参见图 6.3.14 和图 6.3.15，从而使声辐射功率增加。

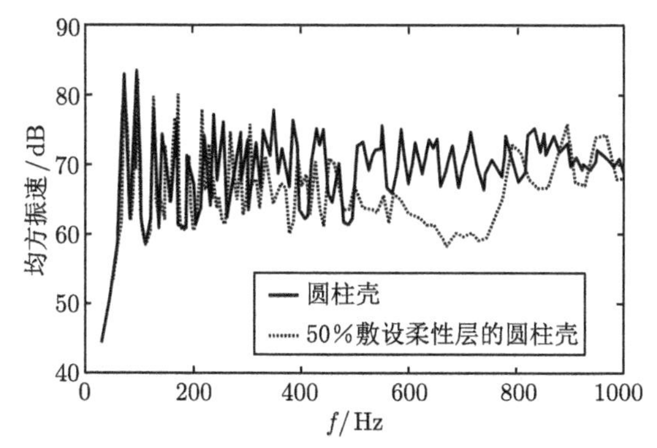


图 6.3.12 柔性层敷设 50%与未敷设圆柱壳均方振速比较

(引自文献 [29]，fig7)

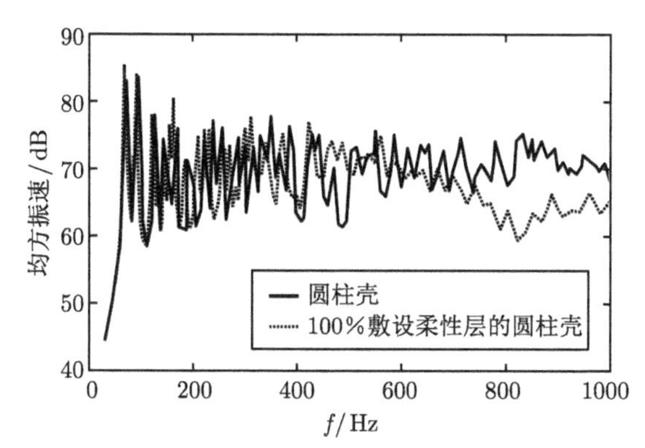


图 6.3.13 全敷设与未敷设柔性层的圆柱壳外表面振速比较

(引自文献 [29]，fig9)

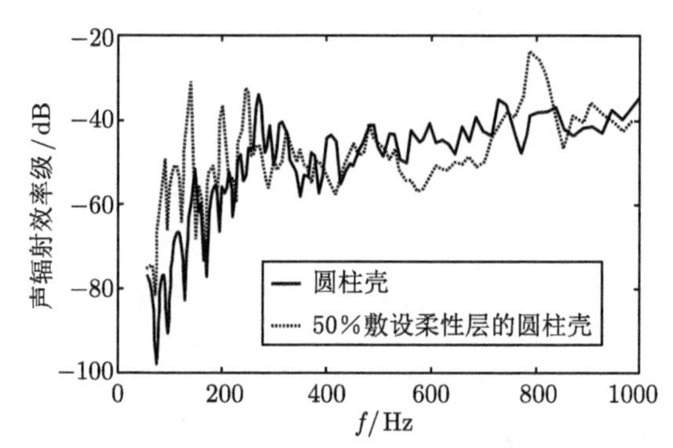


图 6.3.14　敷设 50%与全敷设柔性层的圆柱壳声辐射效率比较

(引自文献 [29]，fig14)

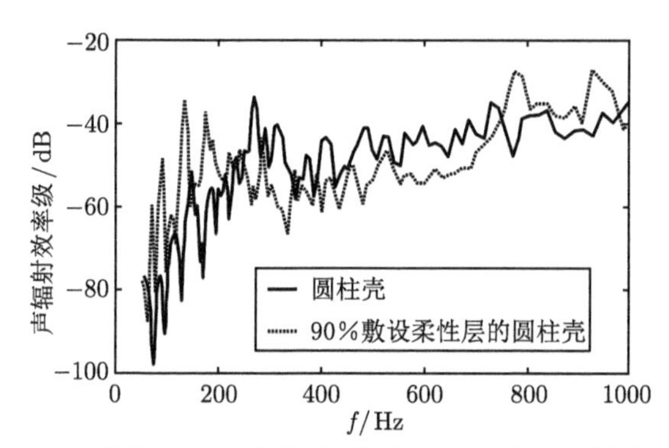


图 6.3.15　敷设 90%与未敷设柔性层的圆柱壳声辐射效率比较

(引自文献 [29]，fig15)

前面采用声阻抗表征柔性层，讨论敷设柔性层的有限长圆柱壳振动和声辐射特性，这是一种近似的局部阻抗模型，只考虑了径向刚度，不能全面模拟柔性层压缩性的作用，需要采用严格的弹性理论求解柔性层振动。为此，Laulagnet 和 Guyader[30] 提出了渐近展开法求解柔性层振动，建立完善的敷设柔性层的有限长圆柱壳声辐射模型。敷设柔性层的有限长圆柱壳，在激励力和柔性层与圆柱壳界面应力作用下，振动方程可以表示为

$$[L]\left\{\begin{array}{c}U\\V\\W\end{array}\right\}-m_s\omega^2\left\{\begin{array}{c}U\\V\\W\end{array}\right\}=\left\{\begin{array}{c}0\\0\\F_0\end{array}\right\}\delta(z-z_0)\delta(\varphi-\varphi_0)+\left\{\begin{array}{c}\sigma_{rz}\\\sigma_{r\varphi}\\\sigma_{rr}\end{array}\right\}\tag{6.3.73}$$

式中，$\sigma_{rz},\sigma_{r\varphi},\sigma_{rr}$ 为圆柱壳与柔性层界面的应力矢量，表示柔性层对圆柱壳的作用。

为了获得柔性层与圆柱壳相互作用的界面应力，需要求解柔性层振动位移满足的振动方程：

$$(\lambda+\mu)\frac{\partial \Phi}{\partial z}+\mu\nabla^2 U_c=\rho_c\frac{\partial^2 U_c}{\partial t^2} \tag{6.3.74}$$

$$(\lambda+\mu)\frac{1}{r}\frac{\partial \Phi}{\partial \varphi}+\mu\nabla^2 V_c=\rho_c\frac{\partial^2 V_c}{\partial t^2} \tag{6.3.75}$$

$$(\lambda+\mu)\frac{\partial \Phi}{\partial r}+\mu\nabla^2 W_c=\rho_c\frac{\partial^2 W_c}{\partial t^2} \tag{6.3.76}$$

式中，$U_c, V_c, W_c$ 为柔性层振动位移，$\rho_c$ 为柔性层密度，$\lambda, \mu$ 为柔性层 Lame 常数，且：

$$\nabla^2=\frac{\partial^2}{\partial r^2}+\frac{1}{r}\frac{\partial}{\partial r}+\frac{1}{r^2}\frac{\partial^2}{\partial \varphi^2}+\frac{\partial^2}{\partial z^2} \tag{6.3.77}$$

$$\Phi=\frac{1}{r}\frac{\partial}{\partial r}(rW_c)+\frac{1}{r}\frac{\partial V_c}{\partial \varphi}+\frac{\partial U_c}{\partial z} \tag{6.3.78}$$

类似于 (6.3.44) 式的推导，采用模态法求解 (6.3.73) 式，可得模态振动方程：

$$M_{qpl}\left[\omega_{qpl}^2(1-i\eta_s)-\omega^2\right]A_{qpl}=f_{qpl}+G_{qpl} \tag{6.3.79}$$

式中，

$$f_{qpl}=\int_S \Phi_{qpl}^{\alpha T}\left\{\begin{array}{c}0\\0\\F_0\end{array}\right\}\delta(z-z_0)\delta(\varphi)\mathrm{d}S \tag{6.3.80}$$

$$G_{qpl}=\int_S \Phi_{qpl}^{\alpha T}\left\{\begin{array}{c}\sigma_{rz}\\\sigma_{r\varphi}\\\sigma_{rr}\end{array}\right\}\mathrm{d}S \tag{6.3.81}$$

当激励力为沿径向的点作用力时，对应的模态激励力为

$$f_{qpl}=F_0\sin\frac{p\pi z_0}{l} \tag{6.3.82}$$

为了得到柔性层界面应力对应的模态力 $G_{qpl}$，采用渐近展开法近似求解 (6.3.74)~(6.3.76) 式，为此设

$$U_c=\sum_{n=0}^{\infty}\sum_{m=1}^{\infty}\sum_{s=0}^{S}\frac{\varepsilon^s}{s!}U_{cnm}^{(s)}\cos\frac{m\pi z}{l}\cos n\varphi \tag{6.3.83}$$

$$V_c = \sum_{n=0}^{\infty}\sum_{m=1}^{\infty}\sum_{s=0}^{S}\frac{\varepsilon^s}{s!}V_{cnm}^{(s)}\sin\frac{m\pi z}{l}\sin n\varphi \tag{6.3.84}$$

$$W_c = \sum_{n=0}^{\infty}\sum_{m=1}^{\infty}\sum_{s=0}^{S}\frac{\varepsilon^s}{s!}W_{cnm}^{(s)}\sin\frac{m\pi z}{l}\cos n\varphi \tag{6.3.85}$$

式中，$\varepsilon = (r - r_0)/\lambda_c$ 为一个小于 1 的参量，$r_0$ 为柔性层的内半径，$\lambda_c$ 为柔性层中扩张–压缩波的波长：

$$\lambda_c = \sqrt{\frac{\lambda + 2\mu}{\rho_c}}\frac{2\pi}{\omega} \tag{6.3.86}$$

由 (6.3.83)~(6.3.85) 式可知，柔性层的振动位移展开为柔性层厚度参数的 Taylor 级数，截断阶数为 $S$。$U_{cnm}^{(s)}, V_{cnm}^{(s)}, W_{cnm}^{(s)}$ 表示模态位移，其中上标 $s$ 为 $r$ 方向关于 $\varepsilon$ 的导数阶数。将 (6.3.83)~(6.3.85) 式代入 (6.3.74)~(6.3.76) 式，并在壳体表面积分，考虑模态函数的正交归一性及 $1/r$ 和 $1/r^2$ 的级数展开：

$$\frac{1}{r} = \sum_{t=0}^{T}\frac{(-\lambda_c\varepsilon)^t}{r_0^{t+1}} \tag{6.3.87}$$

$$\frac{1}{r^2} = \sum_{t=0}^{T}\frac{(t+1)(-\lambda_c\varepsilon)^t}{r_0^{t+2}} \tag{6.3.88}$$

可以得到每个模态所满足的级数方程，其中轴向满足：

$$\begin{aligned}
&\sum_{s=0}^{S-2}\varepsilon^s\left[-\frac{(\lambda+2\mu)k_m^2U_{cnm}^{(s)}}{s!} + (\lambda+\mu)k_m\left(\frac{W_{nm}^{(s+1)}}{\lambda_c s!}\right.\right.\\
&\left.\left.+\sum_{t=0}^{s}\frac{(-\lambda_c)^t(W_{cnm}^{(s-1)} + nV_{cnm}^{(s-1)})}{(s-t)!r_0^{t+1}}\right)\right]\\
&+\varepsilon^s\left[\mu\frac{U_{cnm}^{(s+2)}}{\lambda_c^2 s!} + \mu\sum_{t=0}^{s}\frac{(-\lambda_c)^tU_{cnm}^{(s-t+1)}}{\lambda_c(s-t)!r_0^{t+1}}\right.\\
&\left.-n^2\mu\sum_{t=0}^{s}\frac{(t+1)(-\lambda_c)^tU_{cnm}^{(s-t)}}{(s-t)!r_0^{t+2}} + \frac{\rho_c\omega^2U_{cnm}^{(s)}}{s!}\right] = 0
\end{aligned} \tag{6.3.89}$$

周向满足：

$$\sum_{s=0}^{S-2}\varepsilon^s\left\{-(\lambda+2\mu)n^2\sum_{t=0}^{s}\frac{(t+1)(-\lambda_c)^tV_{cnm}^{(s-t)}}{r_0^{t+2}(s-t)!}\right.$$

$$-n(\lambda+\mu)\sum_{t=0}^{s}\left[\frac{(t+1)(-\lambda_c)^t W_{cnm}^{(s-t)}}{r_0^{t+2}(s-t)!}+\frac{(-\lambda_c)^t W_{cnm}^{(s-t+1)}}{r_0^{t+1}\lambda_c(s-t)!}\right]\Bigg\}$$

$$+\sum_{s=0}^{S-2}\varepsilon^s\Bigg\{(\lambda+\mu)nk_m\sum_{t=0}^{s}\frac{(-\lambda_c)^t U_{cnm}^{(s-t)}}{r_0^{t+1}(s-t)!}+\mu\frac{V_{cnm}^{(s+2)}}{\lambda_c^2 s!}-\mu\frac{k_m^2 V_{cnm}^{(s)}}{s!}$$

$$+\mu\sum_{t=0}^{s}\frac{(-\lambda_c)^t V_{cnm}^{(s-t+1)}}{r_0^{t+1}\lambda_c(s-t)!}+\frac{\rho_c\omega^2 V_{nm}^{(s)}}{s!}\Bigg\}=0 \tag{6.3.90}$$

径向满足：

$$\sum_{s=0}^{S-2}\varepsilon^s(\lambda+2\mu)\left[\sum_{t=0}^{s}\frac{(-\lambda_c)^t W_{cnm}^{(s-t+1)}}{\lambda_c r_0^{t+1}(s-t)!}+\frac{W_{cnm}^{(s+2)}}{\lambda_c^2 s!}\right]$$

$$-\sum_{s=0}^{S-2}\varepsilon^s(\lambda+\mu)\left[\sum_{t=0}^{s}\frac{(t+1)(-\lambda_0)^t W_{cnm}^{(s-t)}}{r_0^{t+2}(s-t)!}-\frac{k_m U_{cnm}^{(s+1)}}{\lambda_c s!}\right]$$

$$+\sum_{s=0}^{S-2}\varepsilon^s(\lambda+\mu)n\left[-\sum_{t=0}^{s}\frac{(t+1)(-\lambda_c)^t V_{cnm}^{(s-t)}}{r_0^{t+2}(s-t)!}+\sum_{t=0}^{s}\frac{(-\lambda_0)^t V_{cnm}^{(s-t+1)}}{\lambda_c r_0^{t+1}(s-t)!}\right]$$

$$+\sum_{s=0}^{S-2}\varepsilon^s\left[-n^2\mu\sum_{t=0}^{s}\frac{(t+1)(-\lambda_c)^t W_{cnm}^{(s-t)}}{r_0^{t+2}(s-t)!}-\mu\frac{k_m^2 W_{cnm}^{(s)}}{s!}\right]+\sum_{s=0}^{S-2}\varepsilon^s\frac{\rho_c\omega^2 W_{cnm}^{(s)}}{s!}=0 \tag{6.3.91}$$

其中，$k_m=m\pi/l$ 表示轴向模态波数。

在柔性层中，应力与振动位移的关系为

$$\sigma_{rr}=(\lambda+2\mu)\frac{\partial W_c}{\partial r}+\lambda\left(\frac{1}{r}\frac{\partial V_c}{\partial\varphi}+\frac{W_c}{r}+\frac{\partial U_c}{\partial z}\right) \tag{6.3.92}$$

$$\sigma_{rz}=\mu\left(\frac{\partial W_c}{\partial z}+\frac{\partial U_c}{\partial r}\right) \tag{6.3.93}$$

$$\sigma_{r\varphi}=\mu\left(\frac{\partial V_c}{\partial r}-\frac{V_c}{r}+\frac{1}{r}\frac{\partial W_c}{\partial\varphi}\right) \tag{6.3.94}$$

将 (6.3.83)~(6.3.85) 式及 (6.3.87) 式代入 (6.3.92)~(6.3.94) 式，得到

$$\sigma_{rr}(\varepsilon)=\sum_{n=0}^{\infty}\sum_{m=1}^{\infty}\sum_{s=0}^{S-1}\varepsilon^s\left[\frac{(\lambda+2\mu)W_{cnm}^{(s+1)}}{\lambda_c s!}\right.$$

$$+\lambda\left(\sum_{t=0}^{s}\frac{(-\lambda_c)^t(nV_{cnm}^{(s-t)}+W_{cnm}^{(s-t)})}{r_0^{t+1}(s-t)!}-\frac{k_mU_{cnm}^{(s)}}{s!}\right)\Bigg]\sin k_mz\cos n\varphi \tag{6.3.95}$$

$$\sigma_{rz}(\varepsilon)=\mu\sum_{n=0}^{\infty}\sum_{m=1}^{\infty}\sum_{s=0}^{S-1}\varepsilon^s\left(\frac{k_mW_{cnm}^{(s)}}{s!}+\frac{U_{cnm}^{(s+1)}}{\lambda_cs!}\right)\cos k_mz\cos n\varphi \tag{6.3.96}$$

$$\sigma_{r\varphi}(\varepsilon)=\mu\sum_{n=0}^{\infty}\sum_{m=1}^{\infty}\sum_{s=0}^{S-1}\varepsilon^s\left[\frac{V_{cnm}^{(s+1)}}{\lambda_cs!}-\sum_{t=0}^{s}\frac{(-\lambda_0)^t\left(nW_{cnm}^{(s-t)}+V_{cnm}^{(s-t)}\right)}{r_0^{t+1}(s-t)!}\right]\times\sin k_mz\sin n\varphi \tag{6.3.97}$$

因为柔性层振动位移展开为参数 $\varepsilon$ 的 $S$ 阶级数，(6.3.95)~(6.3.97) 式中应力的级数展开阶数截止到 $S-1$ 阶，无需更高阶数。考虑柔性层外表面的连续条件：

$$\sigma_{rr}\left(\frac{h_c}{\lambda_c}\right)=-p(\boldsymbol{r}) \tag{6.3.98}$$

$$\sigma_{r\varphi}\left(\frac{h_c}{\lambda_c}\right)=0 \tag{6.3.99}$$

$$\sigma_{rz}\left(\frac{h_c}{\lambda_c}\right)=0 \tag{6.3.100}$$

式中，$h_c$ 为柔性层厚度，$p(\boldsymbol{r})$ 由 (6.3.35) 式给出。

考虑到柔性层外表面的径向振动位移为 (6.3.85) 式中 $\varepsilon$ 取 $h_c/\lambda_c$。这样，将 (6.3.85) 式代入 (6.3.35) 式，得到敷设柔性层的有限长圆柱壳表面辐射声压：

$$p(\boldsymbol{r})=-\rho_0\omega^2\sum_{n=0}^{\infty}\sum_{m=1}^{\infty}\sum_{s=0}^{S-1}(h_c/\lambda_c)^s\frac{W_{cnm}^{(s)}}{s!}\int_s G(\boldsymbol{r},\boldsymbol{r}_0)\sin k_mz_0\cos n\varphi_0\mathrm{d}S \tag{6.3.101}$$

将 (6.3.101) 式代入 (6.4.98) 式，并考虑到 Green 函数表达式 (6.3.36) 式及模态函数的正交归一性，可得

$$\sum_{s=0}^{S-1}(h_c/\lambda_c)^s\left[\frac{(\lambda+2\mu)W_{cqp}^{(s+1)}}{\lambda_cs!}+\lambda\left(\sum_{t=0}^{s}\frac{(-\lambda_c)^t\left(qV_{cqp}^{(s-t)}+W_{cqp}^{(s-t)}\right)}{r_0^{t+1}(s-t)!}-\frac{k_pU_{cqp}^{(s)}}{s!}\right)\right]=\frac{\mathrm{i}\omega\varepsilon_q}{(r_0+h_c)\pi l}\sum_{m=1}^{\infty}\sum_{t=0}^{s}\frac{Z_{qpm}^a(h_c/\lambda_c)^sW_{cqm}^{(s)}}{s!} \tag{6.3.102}$$

另外，由 (6.3.99) 和 (6.3.100) 式及 (6.3.96) 和 (6.3.97) 式，可得

$$\mu\sum_{s=0}^{S-1}(h_c/\lambda_c)^s\left[\frac{k_pW_{cqp}^{(s)}}{s!}+\frac{U_{cqp}^{(s+1)}}{\lambda_cs!}\right]=0 \tag{6.3.103}$$

$$\mu\sum_{s=0}^{S-1}(h_c/\lambda_c)^s\left[\frac{V_{cqp}^{(s+1)}}{\lambda_cs!}-\sum_{t=0}^{s}\frac{(-\lambda_c)^t\left(qW_{cqp}^{(s-t)}+V_{cqp}^{(s-t)}\right)}{r_0^{t+1}(s-t)!}\right]=0 \tag{6.3.104}$$

在圆柱壳与柔性层界面上，振动位移相等，且有 $\varepsilon=0$，利用 (6.3.38) 式和 (6.3.83)~(6.3.85) 式，可得柔性层与圆柱壳中面模态位移的关系：

$$U_{cqp}^{(0)}=\sum_{l=1}^{3}A_{qpl}\left(D_{qpl}-\frac{k_ph}{2}\right) \tag{6.3.105}$$

$$V_{cqp}^{(0)}=\sum_{l=1}^{3}A_{qpl}\left(E_{qpl}+\frac{qh}{2a}\right) \tag{6.3.106}$$

$$W_{cqp}^{(0)}=\sum_{l=1}^{3}A_{qpl} \tag{6.3.107}$$

注意到 (6.3.105) 和 (6.3.106) 式中 $h/2$ 为圆柱壳壁面半厚。(6.3.95)~(6.3.97) 式中令 $\varepsilon=0$，还可以得到柔性层与圆柱壳界面上的应力表达式：

$$\sigma_{rr}=\sum_{n=0}^{\infty}\sum_{m=1}^{\infty}\left[\frac{(\lambda+2\mu)W_{cnm}^{(1)}}{\lambda_c}+\lambda\left(\frac{nV_{cnm}^{(0)}+W_{cnm}^{(0)}}{r_0}-k_mU_{cnm}^{(0)}\right)\right]\sin k_mz\cos n\varphi \tag{6.3.108}$$

$$\sigma_{rz}=\mu\sum_{n=0}^{\infty}\sum_{m=1}^{\infty}\left[k_mW_{cnm}^{(0)}+\frac{U_{cnm}^{(1)}}{\lambda_c}\right]\cos k_mz\cos n\varphi \tag{6.3.109}$$

$$\sigma_{r\varphi}=\mu\sum_{n=0}^{\infty}\sum_{m=1}^{\infty}\left[V_{cnm}^{(0)}-\left(\frac{nW_{cnm}^{(0)}+V_{cnm}^{(0)}}{r_0}\right)\right]\sin k_mz\sin n\varphi \tag{6.3.110}$$

再将 (6.3.108)~(6.3.110) 式代入 (6.3.81) 式，并取 $\alpha=1$，得到柔性层应力对圆柱壳作用的模态力：

$$G_{qpl}=\frac{a\pi l}{\varepsilon_q}\left\{\frac{\lambda+2\mu}{\lambda_c}W_{cqp}^{(1)}+\lambda\left[\frac{qV_{cqp}^{(0)}+W_{cqp}^{(0)}}{r_0}-k_pU_{cqp}^{(0)}\right]+\mu D_{qpl}\left[k_pW_{cqp}^{(0)}+\frac{U_{cqp}^{(1)}}{\lambda_c}\right]\right.$$

$$+\mu E_{qpl}\left[\frac{V_{cqp}^{(1)}}{\lambda_c}-(qW_{cqp}^{(0)}-V_{cqp}^{(0)})/r_0\right]\Bigg\}\tag{6.3.111}$$

由前面的推导结果可知，对于每组模态 $(m,n)$，柔性层位移有 $3(S+1)$ 个未知系数 $U_{cnm}^{(s)},V_{cnm}^{(s)},W_{cnm}^{(s)}$，另外，圆柱壳有三个未知系数 $A_{nmj}(j=1,2,3)$，共有 $3S+6$ 个未知系数。同时，也有 $3S+6$ 个线性方程，包括 (6.3.79) 式给出了三个方程，(6.3.89)~(6.3.91) 式对应 $\varepsilon^0,\varepsilon^1,\varepsilon^2,\cdots,\varepsilon^{S-2}$ 等不同幂次，共有 $3(S-1)$ 个方程，另外，(6.3.102)~(6.3.104) 式和 (6.3.105)~(6.3.107) 式又给出 6 个方程，这样共有 $3S+6$ 个方程。当 $S=2$ 时，则有 12 个方程，(6.3.83)~(6.3.85) 式给出的柔性层振动位移为

$$U_c=\sum_{n=0}^{\infty}\sum_{m=0}^{\infty}\left(U_{cnm}^{(0)}+\varepsilon U_{cnm}^{(1)}+\frac{\varepsilon^2U_{cnm}^{(2)}}{2}\right)\cos k_mz\cos n\varphi\tag{6.3.112}$$

$$V_c=\sum_{n=0}^{\infty}\sum_{m=0}^{\infty}\left(V_{cnm}^{(0)}+\varepsilon V_{cnm}^{(1)}+\frac{\varepsilon^2V_{cnm}^{(2)}}{2}\right)\sin k_mz\sin n\varphi\tag{6.3.113}$$

$$W_c=\sum_{n=0}^{\infty}\sum_{m=0}^{\infty}\left(W_{cnm}^{(0)}+\varepsilon W_{cnm}^{(1)}+\frac{\varepsilon^2W_{cnm}^{(2)}}{2}\right)\sin k_mz\cos n\varphi\tag{6.3.114}$$

这样，(6.3.89)~(6.3.91) 式简化为

$$-(\lambda+2\mu)k_m^2U_{cnm}^{(0)}+(\lambda+\mu)k_m\left[\frac{W_{cnm}^{(1)}}{\lambda_c}+\frac{W_{cnm}^{(0)}+nV_{cnm}^{(0)}}{r_0}\right]$$
$$+\mu\left[\frac{U_{cnm}^{(2)}}{\lambda_c^2}+\frac{U_{cnm}^{(1)}}{\lambda_cr_0}-n^2\frac{U_{cnm}^{(0)}}{r_0^2}\right]+\rho_c\omega^2U_{cnm}^{(0)}=0\tag{6.3.115}$$

$$-(\lambda+2\mu)n^2\frac{V_{cnm}^{(0)}}{r_0^2}+(\lambda+\mu)\left[-n\frac{W_{cnm}^{(0)}}{r_0^2}-n\frac{W_{cnm}^{(1)}}{\lambda_cr_0}+n\frac{k_mU_{cnm}^{(0)}}{r_0}\right]$$
$$+\mu\left[\frac{V_{cnm}^{(2)}}{\lambda_c^2}+\frac{V_{cnm}^{(1)}}{\lambda_cr_0}-k_m^2V_{cnm}^{(0)}\right]+\rho_c\omega^2V_{cnm}^{(0)}=0\tag{6.3.116}$$

$$(\lambda+2\mu)\left[\frac{W_{cnm}^{(1)}}{\lambda_cr_0}+\frac{W_{cnm}^{(2)}}{\lambda_c^2}\right]+(\lambda+\mu)\left[-n\frac{V_{cnm}^{(0)}+W_{cnm}^{(0)}}{r_0^2}-k_m\frac{U_{cnm}^{(1)}}{\lambda_c}+n\frac{V_{cnm}^{(1)}}{\lambda_cr_0}\right]$$
$$+\mu\left[-n^2\frac{W_{cnm}^{(0)}}{r_0^2}-k_m^2W_{cnm}^{(0)}\right]+\rho_c\omega^2W_{cnm}^{(0)}=0\tag{6.3.117}$$

同样，柔性层外表面边界条件 (6.3.102)~(6.3.104) 式简化为

$$(\lambda+2\mu)\left(\frac{W_{cqp}^{(1)}}{\lambda_c}+\frac{h_c}{\lambda_c^2}W_{cqp}^{(2)}\right)+\lambda\left\{\frac{qV_{cqp}^{(0)}+W_{cqp}^{(0)}}{\lambda_c}-k_pU_{cqp}^{(0)}\right.$$
$$\left.+\frac{h_c}{\lambda_c}\left[\frac{\lambda\left(qV_{cqp}^{(1)}+W_{cqp}^{(1)}\right)}{r_0}-\frac{\lambda\lambda_c\left(qV_{cqp}^{(0)}+W_{cqp}^{(0)}\right)}{r_0^2}-k_p\lambda U_{cqp}^{(1)}\right]\right\}$$
$$=\frac{\mathrm{i}\omega\varepsilon_q}{(r_0+h_c)\pi l}\sum_{m=1}^{\infty}Z_{qpm}^a\left[W_{cqm}^{(0)}+\frac{h_c}{\lambda_c}W_{cqm}^{(1)}+\frac{1}{2}\left(\frac{h_c}{\lambda_c}\right)^2W_{cqm}^{(2)}\right] \tag{6.3.118}$$

$$k_pW_{cqp}^{(0)}+\frac{U_{cqp}^{(1)}}{\lambda_c}+\frac{h_c}{\lambda_c}\left(k_pW_{cqp}^{(1)}+\frac{U_{cqp}^{(2)}}{\lambda_c}\right)=0 \tag{6.3.119}$$

$$\frac{V_{cqp}^{(1)}}{\lambda_c}+\frac{h_c}{\lambda_c^2}V_{cqp}^{(2)}+\frac{qW_{cqp}^{(0)}+V_{cqp}^{(0)}}{r_0}+\frac{h_c}{\lambda_c}\left[\frac{qW_{cqp}^{(1)}+V_{cqp}^{(1)}}{r_0}-\lambda_c\frac{qW_{cqp}^{(0)}+V_{cqp}^{(0)}}{r_0^2}\right]=0 \tag{6.3.120}$$

于是，由 (6.3.115)~(6.3.117) 式和 (6.3.118)~(6.3.120) 式，以及 (6.3.79) 和 (6.3.105)~(6.3.107) 式组成的线性代数方程组，共有 12 个方程，可以求解得到圆柱壳和柔性层振动位移共 12 个未知量，进一步可由柔性层外表面径向振速计算声辐射功率等参数。Laulagnet 和 Guyader 在文献 [30] 中针对文献 [29] 给定的圆柱壳，并设柔性层无质量，选取柔性层杨氏模量为 $2.5\times10^6\mathrm{N/m^2}$、泊松比为 0.48、损耗因子为 0.01、厚度为 4cm，计算敷设柔性层的圆柱壳声辐射和振动特性，图 6.3.16 给出了相应的结果。由图可见，与未敷设柔性层的圆柱壳相比，柔性层降低了 200Hz 以上频段圆柱壳的声辐射功率，在 220Hz 频率附近，对应于反共振现象，敷设柔性层的圆柱壳均方振速很小，在 400Hz 以上频段，敷设柔性层的圆柱壳均方振速大于未敷设柔性层的圆柱壳，这些现象与前面采用声阻抗参数建立的敷设柔性层的圆柱壳计算模型一致。实际上，在 400Hz 以上频段，柔性层外表面的振速小于其内表面振速，也就是说，柔性层的压缩性降低了其外表面振速，这也是柔性层的降噪机理，参见图 6.3.17。当然，在 400Hz 以上频段，柔性层也隔离了壳体与声介质，使敷设柔性层的圆柱壳振动大于未敷设柔性层的圆柱壳，此结果也与前面的模型结果一致。计算还表明：在 0~150Hz 的低频范围内，敷设柔性层的圆柱壳声辐射功率与柔性层的杨氏模量基本无关，而在 150Hz 以上的频段，杨氏模量由 $1\times10^7\mathrm{N/m^2}$ 降低到 $1\times10^6\mathrm{N/m^2}$，声辐射功率明显降低，且柔性层杨氏模量小，其外表面均方振速也小，在 600~1500Hz 频率范围内，杨氏模量由 $1\times10^7\mathrm{N/m^2}$ 降低到 $1\times10^6\mathrm{N/m^2}$，柔性层外表面振速下降 15dB，参见图 6.3.18。

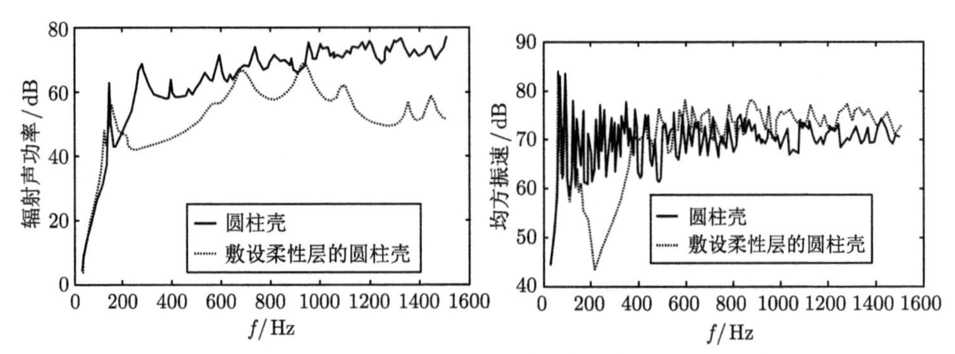


图 6.3.16　柔性层对圆柱壳声辐射功率及均方振速的影响

(引自文献 [30]，fig2, fig3)

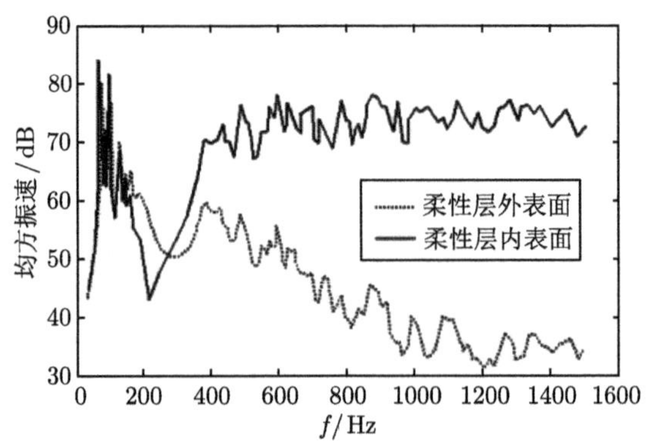


图 6.3.17　圆柱壳上柔性层内外均方振速比较

(引自文献 [30]，fig4)

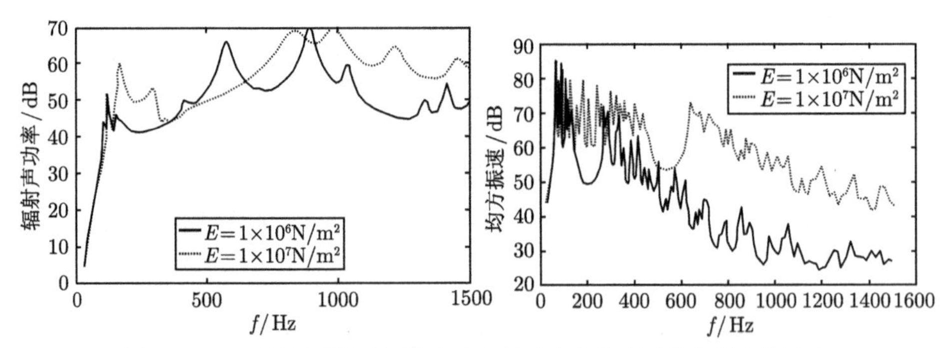


图 6.3.18　柔性层弹性对圆柱壳声辐射功率和外表面均方振速的影响

(引自文献 [30]，fig5, fig6)

一般来说，软性材料切向变形大，波型变化明显，柔性层的降噪效果好。如果进一步考虑柔性层质量对声辐射的影响，取柔性层密度为 400kg/m$^3$，其他参数不变，则计算结果表明，柔性层质量效应使高频声辐射增加，800～1500Hz 范围内增加 20dB 左右，在低频段，质量对声辐射基本没有影响。质量效应取决于壳体与柔性层面密度之比，减小柔性层质量，有利于降低噪声，参见图 6.3.19。

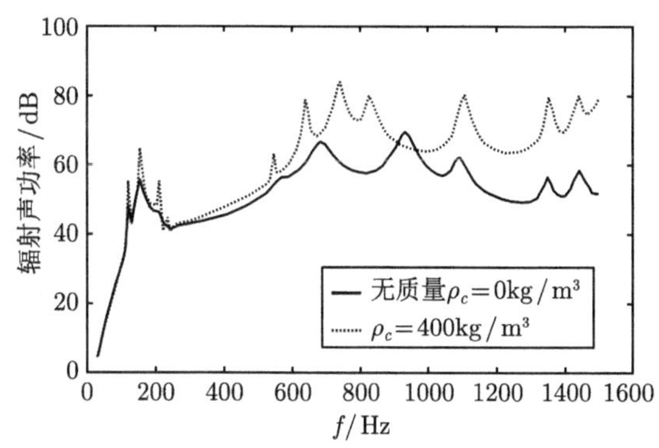


图 6.3.19 柔性层质量对圆柱壳声辐射功率的影响

(引自文献 [30]，fig9)

## 6.4 有限长加肋双层弹性圆柱壳耦合振动和声辐射

上一节研究了有限长圆柱壳外表面敷设柔性层降低声辐射的特性，除此以外，Wu 等 [30] 还采用传递矩阵法，建立双壳圆柱壳内部为多孔材料的夹心壳体结构声振耦合模型，并计算分析远场声辐射特性。我们知道，双层加肋圆柱壳是潜艇艇体的主要结构形式之一，由内壳 (耐压壳) 和外壳 (轻外壳) 构成。内外壳体由实肋板及龙骨连接，舷间充满水介质，为了降低壳体辐射噪声，一般还在内壳外表面和外壳内外表面敷设声学覆盖层。耐压壳的振动和辐射声场通过实肋板、水介质和声学覆盖层的多重声振耦合作用引起轻外壳振动，轻外壳和外场水介质耦合产生辐射噪声；同时外场和舷间水介质中的声场又分别作用到内外壳体结构上，形成复杂的耦合声振系统。文献 [31] 和 [18] 研究了有限长双层圆柱壳受径向点激励的振动和声辐射特性，分析了单、双层圆柱壳声辐射的差别及实肋板对声辐射的影响。文献 [32] 在有限长双层圆柱壳模型的基础上，考虑了内外壳体敷设的声学覆盖层，采用模态法及模态空间状态矢量概念，建立以壳体振动模态位移矢量为未知量的有限长双层加肋圆柱壳振动和声辐射模型，将舷间水层、声学覆盖层、实肋板、肋骨、龙骨及外场声介质等子系统的作用都表示为声阻抗矩阵的形式，并与内外圆柱壳模态振动矩阵方程整合，得到表征加肋双层圆柱壳声振耦合系统的状态矢量矩阵方程，通过求解壳体振动模态位移，进而计算双层壳体的振动和声辐射特性。

建立如图 6.4.1 所示的有限长加肋双层圆柱壳体振动和声辐射模型，内壳表面环向分布一系列等间距加强环肋，内外壳由环形实肋板等结构连接，且中间充满水介质，实肋板沿壳体轴向等间距分布，沿周向分为连续和离散结构两种形式，外壳内外表面和内壳外表面敷设声学覆盖层，外壳外部为无限大理想水介质。

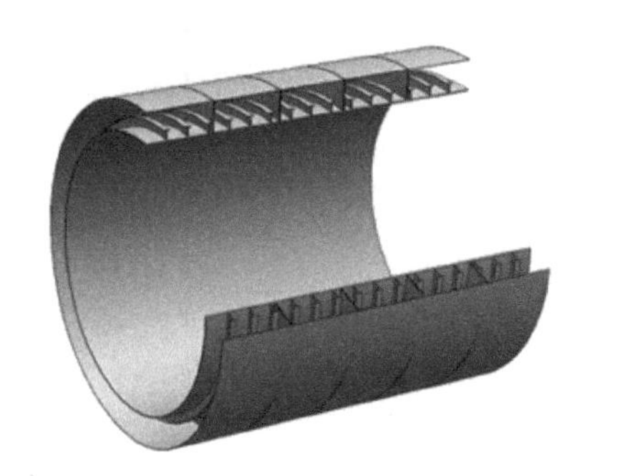
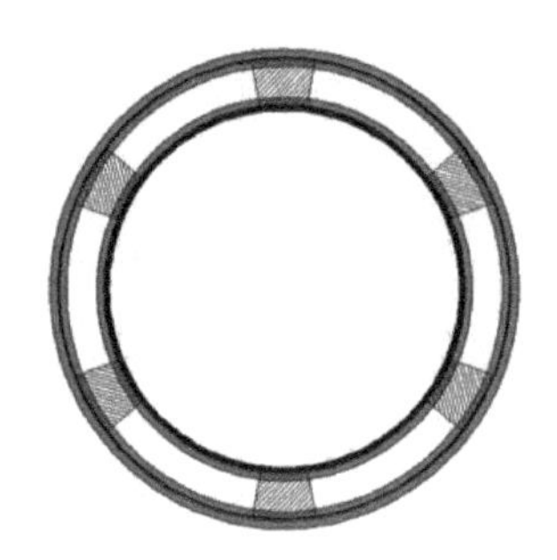

图 6.4.1　有限长双层圆柱壳模型

(引自文献 [32]，fig2.1)

为简单起见，假设双层圆柱壳两端为简支边界条件，只考虑径向对称激励，内外圆柱壳振动位移的模态解为

$$U_1 = \sum_n \sum_m U_{nm}^{(1)} \cos n\varphi \cos k_m z \tag{6.4.1a}$$

$$V_1 = \sum_n \sum_m V_{nm}^{(1)} \sin n\varphi \sin k_m z \tag{6.4.1b}$$

$$W_1 = \sum_n \sum_m W_{nm}^{(1)} \cos n\varphi \sin k_m z \tag{6.4.1c}$$

$$U_2 = \sum_n \sum_m U_{nm}^{(2)} \cos n\varphi \cos k_m z \tag{6.4.1d}$$

$$V_2 = \sum_n \sum_m V_{nm}^{(2)} \sin n\varphi \sin k_m z \tag{6.4.1e}$$

$$W_2 = \sum_n \sum_m W_{nm}^{(2)} \cos n\varphi \sin k_m z \tag{6.4.1f}$$

其中，$U_{nm}^{(1)}, V_{nm}^{(1)}, W_{nm}^{(1)}, U_{nm}^{(2)}, V_{nm}^{(2)}, W_{nm}^{(2)}$ 分别为内外圆柱壳轴向、周向和径向振动的模态位移，$k_m = m\pi/l$ 为壳体振动模态的轴向波数，$n$ 周向波数。

双层圆柱壳振动采用 Donnel 薄壳近似方程，由模态法可以得到振动方程：

$$\begin{bmatrix} a_{nm}^{11} & a_{nm}^{12} & a_{nm}^{13} & & & \\ a_{nm}^{21} & a_{nm}^{22} & a_{nm}^{23} & & & \\ a_{nm}^{31} & a_{nm}^{32} & a_{nm}^{33} & & & \\ & & & a_{nm}^{44} & a_{nm}^{45} & a_{nm}^{46} \\ & & & a_{nm}^{54} & a_{nm}^{55} & a_{nm}^{56} \\ & & & a_{nm}^{64} & a_{nm}^{65} & a_{nm}^{66} \end{bmatrix} \begin{Bmatrix} U_{nm}^{(1)} \\ V_{nm}^{(1)} \\ W_{nm}^{(1)} \\ U_{nm}^{(2)} \\ V_{nm}^{(2)} \\ W_{nm}^{(2)} \end{Bmatrix}$$

$$= \begin{Bmatrix} f_{unm}^{r1} + f_{unm}^{b1} \\ f_{vnm}^{r1} + f_{vnm}^{b1} \\ f_{nm}^{0} + f_{wnm}^{r1} + f_{wnm}^{b1} + p_{cnm}^{1} \\ f_{unm}^{b2} \\ f_{vnm}^{b2} \\ f_{wnm}^{b2} + p_{cnm}^{2} + p_{nm} \end{Bmatrix} \tag{6.4.2}$$

式中，矩阵元素 $a_{nm}^{ij}(i,j=1,2,3)$ 分别为内外圆柱壳模态振动方程的系数，详细表达式参见 6.1 节。$f_{unm}^{r1}, f_{vnm}^{r1}, f_{wnm}^{r1}$ 为内壳环肋对内壳作用的轴向、周向和径向模态力；$f_{unm}^{b1}, f_{vnm}^{b1}, f_{wnm}^{b1}$ 为舷间实肋板对内壳作用的轴向、周向和径向模态力；$f_{unm}^{b2}, f_{vnm}^{b2}, f_{wnm}^{b2}$ 为舷间实肋板对外壳作用的轴向、周向和径向模态力；$p_{cnm}^{1}, p_{cnm}^{2}$ 分别为舷间水介质和声学覆盖层作用在内壳和外壳的模态声压；$p_{nm}$ 为外壳外表面声学覆盖层及外场声介质作用在外壳上的模态声压；$f_{nm}^{0}$ 为外激励力对应的模态力。

考虑到实肋板、肋骨等结构在轴向和周向分布不均匀，肋骨、实肋板等子结构与壳体的轴向或周向振动模态相互耦合，即模态作用力不仅与其本阶振动模态位移有关，而且与其他不同阶次振动模态位移有关。为此，将矩阵方程 (6.4.2) 式扩展到轴向模态空间的所有模态上，并表示为矩阵形式，得到双层壳体声振耦合模型：

$$\begin{bmatrix} [K_{11}] & [K_{12}] & [K_{13}] & & & \\ [K_{21}] & [K_{22}] & [K_{23}] & & & \\ [K_{31}] & [K_{32}] & [K_{33}] & & & \\ & & & [K_{44}] & [K_{45}] & [K_{46}] \\ & & & [K_{54}] & [K_{55}] & [K_{56}] \\ & & & [K_{64}] & [K_{65}] & [K_{66}] \end{bmatrix} \begin{Bmatrix} \{U^{(1)}\} \\ \{V^{(1)}\} \\ \{W^{(1)}\} \\ \{U^{(2)}\} \\ \{V^{(2)}\} \\ \{W^{(2)}\} \end{Bmatrix}$$

$$
= \begin{Bmatrix} \{F_u^{r1}\} + \{F_u^{b1}\} \\ \{F_v^{r1}\} + \{F_v^{b1}\} \\ \{F^0\} + \{F_w^{r1}\} + \{F_w^{b1}\} + \{p_c^1\} \\ \{F_u^{b2}\} \\ \{F_v^{b2}\} \\ \{F_w^{b2}\} + \{p_c^2\} + \{p\} \end{Bmatrix} \tag{6.4.3}
$$

式中，$\{U^{(1)}\}$，$\{F_u^{r1}\}$ 等符号为轴向模态分量组成的列向量，如

$$
\{U^{(i)}\} = \begin{Bmatrix} U_{n1}^{(i)} \\ \vdots \\ U_{nm}^{(i)} \\ \vdots \\ U_{nM}^{(i)} \end{Bmatrix}, \{V^{(i)}\} = \begin{Bmatrix} V_{n1}^{(i)} \\ \vdots \\ V_{nm}^{(i)} \\ \vdots \\ V_{nM}^{(i)} \end{Bmatrix}, \{W^{(i)}\} = \begin{Bmatrix} W_{n1}^{(i)} \\ \vdots \\ W_{nm}^{(i)} \\ \vdots \\ W_{nM}^{(i)} \end{Bmatrix} \quad i = 1, 2
$$

$$
\{F_u^{ri}\} = \begin{Bmatrix} f_{un1}^{ri} \\ \vdots \\ f_{nm}^{ri} \\ \vdots \\ f_{nM}^{ri} \end{Bmatrix}, \{F_v^{ri}\} = \begin{Bmatrix} f_{vn1}^{ri} \\ \vdots \\ f_{vnm}^{ri} \\ \vdots \\ f_{vnM}^{ri} \end{Bmatrix}, \{p_c^i\} = \begin{Bmatrix} p_{cn1}^i \\ \vdots \\ p_{cnm}^i \\ \vdots \\ p_{cnM}^i \end{Bmatrix} \quad i = 1, 2
$$

其中，$[K_{11}] \sim [K_{66}]$ 为模态振动方程系数组成的对角阵：

$$
[K_{ij}] = \begin{bmatrix} a_{n1}^{ij} & & & & \\ & \ddots & & & \\ & & a_{nm}^{ij} & & \\ & & & \ddots & \\ & & & & a_{nM}^{ij} \end{bmatrix}, \quad i, j = 1, 2 \sim 6
$$

下面针对 (6.4.3) 式给出的双层壳体声振耦合模型，分别考虑环肋、实肋板对圆柱壳的作用力，先确定内壳加强环肋对内壳的作用力。考虑到潜艇环肋尺寸不一定满足薄壳要求的径厚比及长度要求，不宜采用 Burroughs[17] 给出的短圆柱薄壳环肋模型。针对环肋结构的径厚比等特征参数，需要采用周向、轴向和面外运动耦合的环肋振动方程 [33]：

$$
\frac{E_r I_2}{a_r^4}\left(\frac{\partial^4 U_r}{\partial \varphi^4} - a_r \frac{\partial^2 \beta}{\partial \varphi^2}\right) - \frac{G_r J}{a_r^4}\left(\frac{\partial^2 U_r}{\partial \varphi^2} + a_r \frac{\partial^2 \beta}{\partial \varphi^2}\right) - \omega^2 \rho_r A_r U_r = f_u \tag{6.4.4}
$$

$$\frac{E_r I_1}{a_r^4}\left(\frac{\partial^3 W_r}{\partial\varphi^3}-\frac{\partial^2 V_r}{\partial\varphi^2}\right)-\frac{E_r A_r}{a_r^2}\left(\frac{\partial W_r}{\partial\varphi}+\frac{\partial^2 V_r}{\partial\varphi^2}\right)-\omega^2\rho_r A_r V_r=f_v \tag{6.4.5}$$

$$\frac{E_r I_1}{a_r^4}\left(\frac{\partial^4 W_r}{\partial\varphi^4}-\frac{\partial^3 V_r}{\partial\varphi^3}\right)+\frac{E_r A_r}{a_r^2}\left(W_r+\frac{\partial V_r}{\partial\varphi}\right)-\omega^2\rho_r A_r W_r=f_w \tag{6.4.6}$$

$$\frac{E_r I_2}{a_r^3}\left(a_r\beta-\frac{\partial^2 U_r}{\partial\varphi^2}\right)-\frac{G_r J}{a_r^3}\left(\frac{\partial^2 U_r}{\partial\varphi^2}+a_r\frac{\partial^2\beta}{\partial\varphi^2}\right)-\omega^2\rho_r I_p\beta=M \tag{6.4.7}$$

式中，$a_r$ 为环肋中性面半径，$I_1, I_2, I_p$ 分别为肋骨轴向、径向截面惯性矩与极惯性矩；$J$ 为肋骨截面抗扭转常数；$A_r$ 为肋骨截面积；$\rho_r, E_r, G_r$ 分别为肋骨材料密度、杨氏模量和剪切模量；$U_r, V_r, W_r$ 分别为环肋中性面轴向、周向和径向位移；$\beta$ 为环肋中性面绕周向转角；$f_u, f_v, f_w$ 为环肋受壳体轴向、周向和径向作用力；$M$ 为环肋绕周向扭矩。

为了得到环肋作用力与壳体振动位移之间的关系，还应给出环肋中性面与壳体中性面运动位移之间的关系：

$$\beta=\left.\frac{\partial W_1}{\partial z}\right|_{z=z_r} \tag{6.4.8}$$

$$U_r=\left.(U_1-e_r\beta)\right|_{z=z_r} \tag{6.4.9}$$

$$V_r=\left.V_1\right|_{z=z_r} \tag{6.4.10}$$

$$W_r=\left.W_1\right|_{z=z_r} \tag{6.4.11}$$

其中，$e_r$ 为环肋中性面与圆柱壳中性面的间距，$z_r$ 为环肋的轴向坐标位置。

将圆柱壳振动位移的形式解 (6.4.1) 式代入 (6.4.8)~(6.4.11) 式，再代入环肋振动方程 (6.4.4)~(6.4.7) 式，得到以圆柱壳振动位移表示的环肋周向模态作用力：

$$\begin{aligned}f_n^u=&\left(\frac{n^4 E_r I_2}{a_r^4}+\frac{n^2 G_r J}{a_r^4}-\omega^2\rho_r A_r\right)\sum_m U_{nm}^{(1)}\cos k_m z_r+\left[\left(\frac{E_r I_2+G_r J}{a_r^4}\right)n^2 a_r k_m\right.\\&\left.-\left(\frac{n^4 E_r I_2}{a_r^4}+\frac{n^2 G_r J}{a_r^4}-\omega^2\rho_r A_r\right)e_r k_m\right]\sum_m W_{nm}^{(1)}\cos k_m z_r\end{aligned} \tag{6.4.12}$$

$$\begin{aligned}f_n^v=&\left(\frac{n^3 E_r I_1}{a_r^4}+\frac{n E_r A_r}{a_r^2}\right)\sum_m W_{nm}^{(1)}\sin k_m z_r\\&+\left(\frac{n^2 E_r I_1}{a_r^4}+\frac{n^2 E_r A_r}{a_r^2}-\omega^2\rho_r A_r\right)\sum_m V_{nm}^{(1)}\sin k_m z_r\end{aligned} \tag{6.4.13}$$

$$f_n^w=\left(\frac{n^4 E_r I_1}{a_r^4}+\frac{E_r A_r}{a_r^2}-\omega^2\rho_r A_r\right)\sum_m W_{nm}^{(1)}\sin k_m z_r$$

$$+\left(\frac{n^3E_rI_1}{a_r^4}+\frac{nE_rA_r}{a_r^2}\right)\sum_m V_{nm}^{(1)}\sin k_mz_r \tag{6.4.14}$$

$$M_n=\left(\frac{E_rI_2}{a_r^2}+\frac{n^2G_rJ}{a_r^2}-\frac{e_rn^2E_rI_2}{a_r^3}-\frac{e_rn^2G_rJ}{a_r^3}-\omega^2\rho_rI_p\right)$$
$$\times\sum_m k_mW_{nm}^{(1)}\cos k_mz_r+\left(\frac{E_rI_2}{a_r^3}+\frac{G_rJ}{a_r^3}\right)n^2\sum_m U_{nm}^{(1)}\cos k_mz_r \tag{6.4.15}$$

(6.4.12)~(6.4.15) 式分别给出了圆柱壳作用于环肋轴向、周向和径向作用力的周向模态分量及绕环肋周向中性轴弯矩的周向模态分量，它们与环肋对壳体的作用是作用力与反作用力的关系，考虑到两者中性面的偏心，可将肋骨对壳体的周向模态作用力表示为肋骨周向模态作用力

$$f_{un}^{r1}=-f_n^u \tag{6.4.16}$$

$$f_{vn}^{r1}=-f_n^v \tag{6.4.17}$$

$$f_{wn}^{r1}=-f_n^w \tag{6.4.18}$$

$$M_n^{r1}=M_n-e_rf_n^u \tag{6.4.19}$$

注意到肋骨对壳体的弯矩作用不能直接应用于壳体振动方程，须将弯矩等效为径向作用力。力矩作用在壳体结构上，可以将其视为两个大小相等方向相反的作用力。为此，将力矩的等效作用力表示为两个相距无限近的力：

$$f_n^M\big|_{z=z_i}=\lim_{\Delta z\to 0}\left[\frac{M_n}{\Delta z}\cdot\delta(z-z_r-\Delta z)-\frac{M_n}{\Delta z}\cdot\delta(z-z_r)\right] \tag{6.4.20}$$

式中，$M_n, f_n^M$ 分别表示力矩和等效力的周向模态分量。

将 (6.4.20) 式作轴向模态展开，得到

$$f_{nm}^M=\lim_{\Delta z\to 0}\frac{2}{l}\int\left[\frac{M_n}{\Delta z}\cdot\delta(z-z_r-\Delta z)-\frac{M_n}{\Delta z}\cdot\delta(z-z_r)\right]\sin k_mz\mathrm{d}z$$
$$=\lim_{\Delta z\to 0}\frac{2}{l}\frac{M_n}{\Delta z}\left[\sin k_m(z_r-\Delta z)-\sin k_mz_r\right] \tag{6.4.21}$$

利用 Taylor 展开，有

$$f_{nm}^M=\frac{2M_n}{l}k_m\cos k_mz_r \tag{6.4.22}$$

从而由 (6.4.15) 式得到肋骨对壳体作用弯矩的等效模态力分量：

$$f_{nm}^M=\frac{2}{l}\left(a\sum_p k_pW_{np}^{(1)}\cos k_pz_r+b\sum_p U_{np}^{(1)}\cos k_pz_r\right)k_m\cos k_mz_r \tag{6.4.23}$$

其中，

$$a=\frac{E_rI_2+n^2G_rJ}{a_r^2}-\omega^2\rho I_p-e_rn^2\frac{E_rI_2+G_rJ}{a_r^3}$$

$$b=n^2\left(\frac{E_rI_2+G_rJ}{a_r^3}\right)$$

这样，将 (6.4.12)~(6.4.15) 式代入到 (6.4.16)~(6.4.19) 式中，可得环肋对圆柱壳作用的模态力：

$$f_{unm}^{r1}=\sum_p\left(Z_{nmp}^{r11}U_{np}^{(1)}+Z_{nmp}^{r13}W_{np}^{(1)}\right) \tag{6.4.24}$$

$$f_{vnm}^{r1}=\sum_p\left(Z_{nmp}^{r22}V_{np}^{(1)}+Z_{nmp}^{r23}W_{np}^{(1)}\right) \tag{6.4.25}$$

$$f_{wnm}^{r1}=\sum_p\left(Z_{nmp}^{r32}V_{nm}^{(1)}+Z_{nmp}^{r33}W_{nm}^{(1)}\right) \tag{6.4.26}$$

$$f_{Mnm}^{r1}=\sum_p\left(Z_{nmp}^{r41}U_{nm}^{(1)}+Z_{nmp}^{r43}W_{nm}^{(1)}\right) \tag{6.4.27}$$

其中 $Z_{nmp}^{r11}\sim Z_{nmp}^{r43}$ 为环肋对圆柱壳不同方向作用的模态阻抗，它们的具体表达式为

$$Z_{nmp}^{r11}=-\frac{2}{l}\left(\frac{n^4E_rI_2}{a_r^4}+\frac{n^2G_rJ}{a_r^4}-\omega^2\rho_rA_r\right)\cos k_pz_r\cos k_mz_r$$

$$Z_{nmp}^{r13}=-\frac{2}{l}\left[\left(\frac{E_rI_2+G_rJ}{a_r^4}\right)n^2a_rk_p-\left(\frac{n^4E_rI_2}{a_r^4}+\frac{n^2G_rJ}{a_r^4}-\omega^2\rho_rA_r\right)e_rk_p\right]$$
$$\times\cos k_pz_r\cos k_mz_r$$

$$Z_{nmp}^{r22}=-\frac{2}{l}\left(\frac{n^2E_rI_1}{a_r^4}+\frac{n^2E_rA_r}{a_r^2}-\omega^2\rho_rA_r\right)\sin k_pz_r\sin k_mz_r$$

$$Z_{nmp}^{r23}=-\frac{2}{l}\left(\frac{n^3E_rI_1}{a_r^4}+\frac{nE_rA_r}{a_r^2}\right)\sin k_pz_r\sin k_mz_r$$

$$Z_{nmp}^{r32}=-\frac{2}{l}\left(\frac{n^3E_rI_1}{a_r^4}+\frac{nE_rA_r}{a_r^2}\right)\sin k_pz_r\sin k_mz_r$$

$$Z_{nmp}^{r33}=-\frac{2}{L}\left(\frac{n^4E_rI_1}{a_r^4}+\frac{E_rA_r}{a_r^2}-\omega^2\rho_rA_r\right)\sin k_pz_r\sin k_mz_r$$

$$Z_{nmp}^{r41}=\frac{2}{l}k_m\left(\frac{n^2E_rI_2}{a_r^4}\left(a_r-e_rn^2\right)+\frac{n^2G_rJ}{a_r^4}(a_r-e_r)+e_r\omega^2\rho_rA_r\right)$$

$$\times \cos k_p z_r \cos k_m z_r$$

$$Z_{nmp}^{r43} = \frac{2}{l} k_p k_m \left( \frac{E_r I_2}{a_r^2} \left(1 - \frac{e_r n^2}{a_r}\right)^2 + \frac{n^2 G_r J}{a_r^2} \left(1 - \frac{e_r}{a_r}\right)^2 - \omega^2 \rho_r I_p - e_r^2 \omega^2 \rho_r A_r \right)$$

$$\times \cos k_p z_r \cos k_m z_r$$

环肋对圆柱壳作用的模态阻抗表明：由于肋骨沿轴向离散分布，导致轴向模态之间出现了交叉耦合。模态叠加求解时应在整个轴向模态空间中进行统一求解，需将肋骨对壳体作用的阻抗表示为模态空间的阻抗矩阵，(6.4.24)~(6.4.27) 式扩展为统一模态空间下的矩阵方程：

$$\left\{f_u^{r1}\right\} = \left[Z_{rn}^{11}\right] \cdot \left\{U_n^{(1)}\right\} + \left[Z_{rn}^{13}\right] \cdot \left\{W_n^{(1)}\right\} \tag{6.4.28}$$

$$\left\{f_v^{r1}\right\} = \left[Z_{rn}^{22}\right] \cdot \left\{V_n^{(1)}\right\} + \left[Z_{rn}^{23}\right] \cdot \left\{W_n^{(1)}\right\} \tag{6.4.29}$$

$$\left\{f_w^{r1}\right\} = \left[Z_{rn}^{32}\right] \cdot \left\{V_n^{(1)}\right\} + \left[Z_{rn}^{33}\right] \cdot \left\{W_n^{(1)}\right\} \tag{6.4.30}$$

$$\left\{f_M^{r1}\right\} = \left[Z_{rn}^{41}\right] \cdot \left\{U_n^{(1)}\right\} + \left[Z_{rn}^{43}\right] \cdot \left\{W_n^{(1)}\right\} \tag{6.4.31}$$

其中，

$$\left\{f_j^{r1}\right\} = \left\{f_{jn1}^{r1}, f_{jn2}^{r1}, \cdots, f_{jnM}^{r1}\right\}^{\mathrm{T}}, \quad j = u, v, w, M$$

$$\left\{U_n^{(1)}\right\} = \left\{U_{n1}^{(1)}, U_{n2}^{(1)}, \cdots, U_{nM}^{(1)}\right\}^{\mathrm{T}}, \quad \left\{V_n^{(1)}\right\} = \left\{V_{n1}^{(1)}, V_{n2}^{(1)}, \cdots, V_{nM}^{(1)}\right\}^{\mathrm{T}}$$

$$\left\{W_n^{(1)}\right\} = \left\{W_{n1}^{(1)}, W_{n2}^{(1)}, \cdots, W_{nM}^{(1)}\right\}^{\mathrm{T}}$$

$\left[Z_{rn}^{ij}\right]$ 为元素 $Z_{nmp}^{rij}$ 组成的矩阵，且$ij = 11, 13, 22, 23, 32, 33, 41$ 和 43。

前面只考虑了环肋对内壳的作用，环肋对外壳的作用可以采用同样的方法建模，除此以外，双层圆柱壳之间的环形实肋板连接内外壳体，引起内外壳的振动耦合，即一方面将内壳振动传递到外壳，同时也将外壳对内壳的作用通过力耦合和位移耦合反馈到内壳。一般认为，实肋板有面内振动和面外振动两种形式使内外壳体的振动产生耦合。

实肋板的面内作用表现为二维面上的纵振动，可由两个方向的振动位移 $W_b$ 和 $V_b$ 表征，按照弹性力学理论，振动位移一般采用两个位移势函数来表示 [34]：

$$W_b = \frac{\partial \Phi}{\partial r} + \frac{\partial \Psi}{r \partial \varphi} \tag{6.4.32}$$

$$V_b = \frac{\partial \Phi}{r \partial \varphi} - \frac{\partial \Psi}{\partial r} \tag{6.4.33}$$

我们知道，位移势函数满足 Helmholtz 方程：

$$\nabla^2\Phi + k_l^2\Phi = 0 \tag{6.4.34}$$

$$\nabla^2\Psi + k_t^2\Psi = 0 \tag{6.4.35}$$

其中，$k_l = \omega/\sqrt{E_b/\rho_b(1-\nu_b^2)}, k_t = \omega/\sqrt{E_b/2\rho_b(1+\nu_b)}$ 分别表示实肋板材料的纵波和横波波数。

在极坐标系下，环形实肋板位移势函数的形式解为

$$\Phi = \sum_n \left[A_n \mathrm{J}_n(k_l r) + B_n \mathrm{N}_n(k_l r)\right]\cos n\varphi \tag{6.4.36}$$

$$\Psi = \sum_n \left[C_n \mathrm{J}_n(k_t r) + D_n \mathrm{N}_n(k_t r)\right]\sin n\varphi \tag{6.4.37}$$

其中，$\mathrm{J}_n, \mathrm{N}_n$ 分别为第 $n$ 阶 Bessel 函数和 Neumann 函数，$A_n, B_n, C_n, D_n$ 为待定系数。

考虑到实肋板应力与位移的关系：

$$\sigma_{rr} = \frac{E_b h_b}{1-\nu_b^2}\left(\frac{\partial W_b}{\partial r} + \frac{\nu_b}{r}W_b + \frac{\nu_b}{r}\frac{\partial V_b}{\partial \varphi}\right) \tag{6.4.38}$$

$$\sigma_{r\phi} = \frac{E_b h_h}{2(1+\nu_b)}\left(\frac{\partial V_b}{\partial r} - \frac{V_b}{r} + \frac{1}{r}\frac{\partial W_b}{\partial \varphi}\right) \tag{6.4.39}$$

这里，$E_b, \nu_b, \rho_b, h_b$ 分别为实肋板材料的杨氏模量、泊松比、密度及板厚。

将 (6.4.36) 式和 (6.4.37) 式代入 (6.4.32) 式、(6.4.33) 式，再代入 (6.4.38) 式和 (6.4.39) 式，并沿壳体周向进行 Fourier 级数展开，得到实肋板径向和周向作用力的周向模态分量：

$$f_n^{rr} = G_{11}A_n + G_{12}B_n + G_{13}C_n + G_{14}D_n \tag{6.4.40}$$

$$f_n^{r\phi} = G_{21}A_n + G_{22}B_n + G_{23}C_n + G_{24}D_n \tag{6.4.41}$$

其中，

$$G_{11} = \frac{E_b h_b}{1-v_b^2}\left(k_l^2 \mathrm{J}_n''(k_l r) + \frac{v_b}{r}k_l \mathrm{J}_n'(k_l r) - \frac{v_b n^2}{r^2}\mathrm{J}_n(k_l r)\right)$$

$$G_{12} = \frac{E_b h_b}{1-v_b^2}\left(k_l^2 \mathrm{N}_n''(k_l r) + \frac{v_b}{r}k_l \mathrm{N}_n'(k_l r) - \frac{v_b n^2}{r^2}\mathrm{N}_n(k_l r)\right)$$

$$G_{13} = \frac{E_b h_b}{1-v_b^2}\left(\frac{n k_t}{r}(1-v_b)\mathrm{J}_n'(k_t r) + \frac{n v_b}{r^2}\mathrm{J}_n(k_t r)\right)$$

$$G_{14}=\frac{E_bh_b}{1-v_b^2}\left(\frac{nk_t}{r}\left(1-v_b\right)\mathrm{N}_n'\left(k_tr\right)+\frac{nv_b}{r^2}\mathrm{N}_n\left(k_tr\right)\right)$$

$$G_{21}=\frac{E_bh_b}{2\left(1+v_b\right)}\left(-\frac{2nk_l}{r}\mathrm{J}_n'\left(k_lr\right)+\frac{n}{r^2}\mathrm{J}_n\left(k_lr\right)\right)$$

$$G_{22}=\frac{E_bh_b}{2\left(1+v_b\right)}\left(-\frac{2nk_l}{r}\mathrm{N}_n'\left(k_lr\right)+\frac{n}{r^2}\mathrm{N}_n\left(k_lr\right)\right)$$

$$G_{23}=\frac{E_bh_b}{2\left(1+v_b\right)}\left(-k_t^2\mathrm{J}_n''\left(k_tr\right)+\frac{k_t}{r}\mathrm{J}_n'\left(k_tr\right)-\frac{n^2}{r^2}\mathrm{J}_n\left(k_tr\right)\right)$$

$$G_{24}=\frac{E_bh_b}{2\left(1+v_b\right)}\left(-k_t^2\mathrm{N}_n''\left(k_tr\right)+\frac{k_t}{r}\mathrm{N}_n'\left(k_tr\right)-\frac{n^2}{r^2}\mathrm{N}_n\left(k_tr\right)\right)$$

(6.4.40) 和 (6.4.41) 式中，待定系数可通过实肋板与内外壳的位移协调条件表示为内外壳振动位移的函数。实肋板与内外壳体衔接部位满足径向位移与切向位移连续条件：

$$W_b|_{r=a_1}=W_1|_{z=z_b},\quad W_b|_{r=a_2}=W_2|_{z=z_b}\tag{6.4.42a}$$

$$V_b|_{r=a_1}=V_1|_{z=z_b},\quad V_b|_{r=a_2}=V_2|_{z=z_b}\tag{6.4.42b}$$

式中，$z_b$ 为实肋板的轴向位置。

利用 (6.4.32) 式、(6.4.33) 式和 (6.4.36) 式、(6.4.37) 式及 (6.4.1) 式，由 (6.4.42) 式的周向 Fourier 展开可得

$$k_l\left[A_n\mathrm{J}_n'(k_la_1)+B_n\mathrm{N}_n'(k_la_1)\right]+\frac{n}{a_1}\left[C_n\mathrm{J}_n(k_ta_1)+D_n\mathrm{N}_n(k_ta_1)\right]$$
$$=\sum_m W_{nm}^{(1)}\sin\frac{m\pi z_b}{l}\tag{6.4.43}$$

$$k_l\left[A_n\mathrm{J}_n'(k_la_2)+B_n\mathrm{N}_n'(k_la_2)\right]+\frac{n}{a_2}\left[C_n\mathrm{J}_n(k_ta_2)+D_n\mathrm{N}_n(k_ta_2)\right]$$
$$=\sum_m W_{nm}^{(2)}\sin\frac{m\pi z_b}{l}\tag{6.4.44}$$

$$-\frac{n}{a_1}\left[A_n\mathrm{J}_n(k_la_1)+B_n\mathrm{N}_n(k_la_1)\right]-k_t\left[C_n\mathrm{J}_n'(k_ta_1)+D_n\mathrm{N}_n'(k_ta_1)\right]$$
$$=\sum_m V_{nm}^{(1)}\sin\frac{m\pi z_b}{l}\tag{6.4.45}$$

$$-\frac{n}{a_2}\left[A_n\mathrm{J}_n(k_la_2)+B_n\mathrm{N}_n(k_la_2)\right]-k_t\left[C_n\mathrm{J}_n'(k_ta_2)+D_n\mathrm{N}_n'(k_ta_2)\right]$$
$$=\sum_m V_{nm}^{(2)}\sin\frac{m\pi z_b}{l}\tag{6.4.46}$$

求解 (6.4.43)~(6.4.46) 式，得到待定系数：

$$
\begin{Bmatrix} A_n \\ B_n \\ C_n \\ D_n \end{Bmatrix} = [H_1] \begin{Bmatrix} \sum_m W_{nm}^{(1)} \sin \dfrac{m\pi z_b}{l} \\ \sum_m W_{nm}^{(2)} \sin \dfrac{m\pi z_b}{l} \\ \sum_m V_{nm}^{(1)} \sin \dfrac{m\pi z_b}{l} \\ \sum_m V_{nm}^{(2)} \sin \dfrac{m\pi z_b}{l} \end{Bmatrix} \tag{6.4.47}
$$

其中，

$$
[H_1] = \begin{bmatrix} k_l \mathrm{J}_n'(k_l a_1) & k_l \mathrm{N}_n'(k_l a_1) & \dfrac{n}{a_1}\mathrm{J}_n(k_t a_1) & \dfrac{n}{a_1}\mathrm{N}_n(k_t a_1) \\ k_l \mathrm{J}_n'(k_l a_2) & k_l \mathrm{N}_n'(k_l a_2) & \dfrac{n}{a_2}\mathrm{J}_n(k_t a_2) & \dfrac{n}{a_2}\mathrm{N}_n(k_t a_2) \\ -\dfrac{n}{a_1}\mathrm{J}_n(k_l a_1) & -\dfrac{n}{a_1}\mathrm{N}_n(k_l a_1) & -k_t \mathrm{J}_n'(k_t a_1) & -k_t \mathrm{N}_n'(k_t a_1) \\ -\dfrac{n}{a_2}\mathrm{J}_n(k_l a_2) & -\dfrac{n}{a_2}\mathrm{N}_n(k_l a_2) & -k_t \mathrm{J}_n'(k_t a_2) & -k_t \mathrm{N}_n'(k_t a_2) \end{bmatrix}^{-1}
$$

将 (6.4.47) 式代入 (6.4.40) 和 (6.4.41) 式，并令 $r = a_1, a_2$，可得到实肋板对内外壳体径向和周向作用的周向模态力与内外壳体振动模态位移的关系：

$$
f_{vn}^{b1} = \sum_m \left[ Z_n^{b23} W_{mm}^{(1)} + Z_n^{b26} W_{mn}^{(2)} + Z_n^{b22} V_{mm}^{(1)} + Z_n^{b25} V_{nm}^{(2)} \right] \sin \frac{m\pi z_b}{l} \tag{6.4.48}
$$

$$
f_{wn}^{b1} = \sum_m \left[ Z_n^{b33} W_{nm}^{(1)} + Z_n^{b36} W_{nm}^{(2)} + Z_n^{b32} V_{nm}^{(1)} + Z_n^{b35} V_{nm}^{(2)} \right] \sin \frac{m\pi z_b}{l} \tag{6.4.49}
$$

$$
f_{vn}^{b2} = \sum_m \left[ Z_n^{b53} W_{nm}^{(1)} + Z_n^{b56} W_{nm}^{(2)} + Z_n^{b52} V_{nm}^{(1)} + Z_n^{b55} V_{nm}^{(2)} \right] \sin \frac{m\pi z_b}{l} \tag{6.4.50}
$$

$$
f_{wn}^{b2} = \sum_m \left[ Z_n^{b63} W_{nm}^{(1)} + Z_n^{b66} W_{mn}^{(2)} + Z_n^{b62} V_{nm}^{(1)} + Z_n^{b65} V_{nm}^{(2)} \right] \sin \frac{m\pi z_b}{l} \tag{6.4.51}
$$

式中，

$$
\begin{bmatrix} Z_n^{b23} & Z_n^{b26} & Z_n^{b22} & Z_n^{b25} \end{bmatrix} = \begin{bmatrix} G_{21}^{(1)} & G_{22}^{(1)} & G_{23}^{(1)} & G_{24}^{(1)} \end{bmatrix} \cdot [H_1]
$$

$$
\begin{bmatrix} Z_n^{b33} & Z_n^{b36} & Z_n^{b32} & Z_n^{b35} \end{bmatrix} = \begin{bmatrix} G_{11}^{(1)} & G_{12}^{(1)} & G_{13}^{(1)} & G_{14}^{(1)} \end{bmatrix} \cdot [H_1]
$$

$$
\begin{bmatrix} Z_n^{b53} & Z_n^{b56} & Z_n^{b52} & Z_n^{b55} \end{bmatrix} = \begin{bmatrix} G_{21}^{(2)} & G_{22}^{(2)} & G_{23}^{(2)} & G_{24}^{(2)} \end{bmatrix} \cdot [H_1]
$$

$$\begin{bmatrix} Z_n^{b63} & Z_n^{b66} & Z_n^{b62} & Z_n^{b65} \end{bmatrix} = \begin{bmatrix} G_{11}^{(2)} & G_{12}^{(2)} & G_{13}^{(2)} & G_{14}^{(2)} \end{bmatrix} \cdot [H_1]$$

这里，$G_{ij}^{(1)}, G_{ij}^{(2)} (i = 1, 2; j = 1 \sim 4)$ 等参数分别为 (6.4.40) 和 (6.4.41) 式中参数 $G_{ij}$ 在 $r = a_1$ 和 $r = a_2$ 的取值。注意到 (6.4.48)~(6.4.51) 式给出了实肋板对内外壳体作用的周向模态力，需要进一步沿轴向进行 Fourier 展开，得到实肋板与内外壳体相互作用的模态力：

$$f_{vnm}^{b1} = \sum_p \left[ Z_{nmp}^{b23} W_{np}^{(1)} + Z_{nmp}^{b26} W_{np}^{(2)} + Z_{nmp}^{b22} V_{np}^{(1)} + Z_{nmp}^{b25} V_{np}^{(2)} \right] \tag{6.4.52}$$

$$f_{wnm}^{b1} = \sum_p \left[ Z_{nmp}^{b33} W_{np}^{(1)} + Z_{nmp}^{b36} W_{np}^{(2)} + Z_{nmp}^{b32} V_{np}^{(1)} + Z_{nmp}^{b35} V_{np}^{(2)} \right] \tag{6.4.53}$$

$$f_{vnm}^{b2} = \sum_p \left[ Z_{nmp}^{b53} W_{np}^{(1)} + Z_{nmp}^{b56} W_{np}^{(2)} + Z_{nmp}^{b52} V_{np}^{(1)} + Z_{nmp}^{b55} V_{np}^{(2)} \right] \tag{6.4.54}$$

$$f_{wnm}^{b2} = \sum_p \left[ Z_{nmp}^{b63} W_{np}^{(1)} + Z_{nmp}^{b66} W_{np}^{(2)} + Z_{nmp}^{b62} V_{np}^{(1)} + Z_{nmp}^{b65} V_{np}^{(2)} \right] \tag{6.4.55}$$

式中，模态阻抗共有 16 项，可以表示为

$$Z_{nmp}^{bij} = \frac{2}{l} \cdot Z_n^{bij} \cdot \sin \frac{p\pi z_b}{l} \sin \frac{m\pi z_b}{l} \tag{6.4.56}$$

其中，$i, j = 3, 6, 2, 5$。

由 (6.4.52)~(6.4.55) 式可见，由于轴向分布的实肋板引起圆柱壳轴向各阶模态的相互耦合，使得原本相互解耦的轴向模态不再独立，即所有轴向模态位移都对其他阶轴向模态力有影响。

下面进一步考虑实肋板的面外弯曲振动，其方程为

$$D_b \nabla^4 U_b + \rho_b h_b \omega^2 U_b = 0 \tag{6.4.57}$$

其中，$D_b$ 为实肋板的弯曲刚度，$U_b$ 为实肋板的弯曲振动位移。

(6.4.57) 式的通解为

$$U_b = \sum_n \left[ C_{1n} \mathrm{J}_n(k_f r) + C_{2n} \mathrm{I}_n(k_f r) + C_{3n} \mathrm{N}_n(k_f r) + C_{4n} \mathrm{K}_n(k_f r) \right] \cos n\varphi \tag{6.4.58}$$

其中，$\mathrm{I}_n, \mathrm{K}_n$ 为 $n$ 阶虚宗量 Bessel 函数和 Neumann 函数；$k_f$ 为实肋板弯曲波数。

实肋板弯曲振动与内外壳体振动分别满足位移连续和转角连续的边界协调条件：

$$U_b|_{r=a_1} = U_1|_{z=z_b} \tag{6.4.59}$$

$$U_b|_{r=a_2} = U_2|_{z=z_b} \tag{6.4.60}$$

$$\left.\frac{\partial U_b}{\partial r}\right|_{r=a_1} = \left.\frac{\partial W_1}{\partial z}\right|_{z=z_b} \tag{6.4.61}$$

$$\left.\frac{\partial U_b}{\partial r}\right|_{r=a_2} = \left.\frac{\partial W_2}{\partial z}\right|_{z=z_b} \tag{6.4.62}$$

将 (6.4.58) 式代入边界协调条件 (6.4.59)~(6.4.62) 式，并考虑周向 Fourier 展开，得到

$$\begin{aligned}&C_{1n}\mathrm{J}_n(k_f a_1) + C_{2n}\mathrm{I}_n(k_f a_1) + C_{3n}\mathrm{N}_n(k_f a_1) + C_{4n}\mathrm{K}_n(k_f a_1)\\&= \sum_m U_{nm}^{(1)} \cos\frac{m\pi z_b}{l}\end{aligned} \tag{6.4.63}$$

$$\begin{aligned}&C_{1n}\mathrm{J}_n(k_f a_2) + C_{2n}\mathrm{I}_n(k_f a_2) + C_{3n}\mathrm{N}_n(k_f a_2) + C_{4n}\mathrm{K}_n(k_f a_2)\\&= \sum_m U_{nm}^{(2)} \cos\frac{m\pi z_b}{l}\end{aligned} \tag{6.4.64}$$

$$\begin{aligned}&C_{1n}\mathrm{J}_n'(k_f a_1) + C_{2n}\mathrm{I}_n'(k_f a_1) + C_{3n}\mathrm{N}_n'(k_f a_1) + C_{4n}\mathrm{K}_n'(k_f a_1)\\&= \sum_m \frac{k_m}{k_f} W_{nm}^{(1)} \cos\frac{m\pi z_b}{l}\end{aligned} \tag{6.4.65}$$

$$\begin{aligned}&C_{1n}\mathrm{J}_n'(k_f a_2) + C_{2n}\mathrm{I}_n'(k_f a_2) + C_{3n}\mathrm{N}_n'(k_f a_2) + C_{4n}\mathrm{K}_n'(k_f a_2)\\&= \sum_m \frac{k_m}{k_f} W_{nm}^{(2)} \cos\frac{m\pi z_b}{l}\end{aligned} \tag{6.4.66}$$

由弹性力学知道，实肋板弯曲振动产生的弯矩和横向剪切力与振动位移的关系可表示为

$$M_b = -D_b\left[\frac{\partial^2 U_b}{\partial r^2} + \nu_b\left(\frac{1}{r}\frac{\partial U_b}{\partial r} + \frac{1}{r^2}\frac{\partial^2 U_b}{\partial \varphi^2}\right)\right] \tag{6.4.67}$$

$$f_{bu} = -D_b\left[\frac{\partial}{\partial r}\nabla^2 U_b + \frac{1-\nu_b}{r^2}\left(\frac{\partial^3 U_b}{\partial r \partial \varphi^2} - \frac{1}{r}\frac{\partial^2 U_b}{\partial \varphi^2}\right)\right] \tag{6.4.68}$$

将 (6.4.58) 式代入 (6.4.67) 和 (6.4.68) 式，并考虑周向 Fourier 展开，可得到用待定系数 $C_{1n} \sim C_{4n}$ 表示的弯矩和剪切力的周向模态分量表达式：

$$M_n^b = [M_1 \quad M_2 \quad M_3 \quad M_4]\cdot[C_{1n} \quad C_{2n} \quad C_{3n} \quad C_{4n}]^{\mathrm{T}} \tag{6.4.69}$$

$$f_n^{bu} = [F_1 \quad F_2 \quad F_3 \quad F_4]\cdot[C_{1n} \quad C_{2n} \quad C_{3n} \quad C_{4n}]^{\mathrm{T}} \tag{6.4.70}$$

其中，

$$M_1 = -D_b k_f^2 \mathrm{J}_n''(k_f r) - D_b k_f \frac{\nu_b}{r} \mathrm{J}_n'(k_f r) + D_b \frac{n^2 \nu_b}{r^2} \mathrm{J}_n(k_f r)$$

$$M_2 = -D_b k_f^2 \mathrm{I}_n''(k_f r) - D_b k_f \frac{\nu_b}{r} \mathrm{I}_n'(k_f r) + D_b \frac{n^2 \nu_b}{r^2} \mathrm{I}_n(k_f r)$$

$$M_3 = -D_b k_f^2 \mathrm{N}_n''(k_f r) - D_b k_f \frac{\nu_b}{r} \mathrm{N}_n'(k_f r) + D_b \frac{n^2 \nu_b}{r^2} \mathrm{N}_n(k_f r)$$

$$M_4 = -D_b k_f^2 \mathrm{K}_n''(k_f r) - D_b k_f \frac{\nu_b}{r} \mathrm{K}_n'(k_f r) + D_b \frac{n^2 \nu_b}{r^2} \mathrm{K}_n(k_f r)$$

$$F_1 = -D_b k_f^3 \mathrm{J}_n'''(k_f r) - \frac{D_b k_f^2}{r} \mathrm{J}_n''(k_f r) + \frac{D_b k_f (2n^2 - \nu_b n^2 + 1)}{r^2} \mathrm{J}_n'(k_f r) - \frac{D_b (3-\nu_b) n^2}{r^3} \mathrm{J}_n(k_f r)$$

$$F_2 = -D_b k_f^3 \mathrm{I}_n'''(k_f r) - \frac{D_b k_f^2}{r} \mathrm{I}_n''(k_f r) + \frac{D_b k_f (2n^2 - \nu_b n^2 + 1)}{r^2} \mathrm{I}_n'(k_f r) - \frac{D_b (3-\nu_b) n^2}{r^3} \mathrm{I}_n(k_f r)$$

$$F_3 = -D_b k_f^3 \mathrm{N}_n'''(k_f r) - \frac{D_b k_f^2}{r} \mathrm{N}_n''(k_f r) + \frac{D_b k_f (2n^2 - \nu_b n^2 + 1)}{r^2} \mathrm{N}_n'(k_f r) - \frac{D_b (3-\nu_b) n^2}{r^3} \mathrm{N}_n(k_f r)$$

$$F_4 = -D_b k_f^3 \mathrm{K}_n'''(k_f r) - \frac{D_b k_f^2}{r} \mathrm{K}_n''(k_f r) + \frac{D_b k_f (2n^2 - \nu_b n^2 + 1)}{r^2} \mathrm{K}_n'(k_f r) - \frac{D_b (3-\nu_b) n^2}{r^3} \mathrm{K}_n(k_f r)$$

由 (6.4.63)~(6.4.66) 式可以求解得到待定系数 $C_{1n} \sim C_{4n}$，再代入 (6.4.69) 和 (6.4.70) 式，并进一步采用类似 (6.4.52)~(6.4.55) 式的推导，同时考虑 (6.4.23) 式给出的弯矩与模态作用力的关系，得到以内外壳模态位移表示的实肋板弯曲振动产生的轴向剪切力和弯矩等效径向作用力的模态分量：

$$f_{wnm}^{b1} = \sum_p \left[ Z_{nmp}^{b11} U_{np}^{(1)} + Z_{nmp}^{b13} W_{np}^{(1)} + Z_{nmp}^{b14} U_{np}^{(2)} + Z_{nmp}^{b16} W_{np}^{(2)} \right] \tag{6.4.71}$$

$$f_{wnm}^{b2} = \sum_p \left[ Z_{nmp}^{b41} U_{np}^{(1)} + Z_{nmp}^{b43} W_{np}^{(1)} + Z_{nmp}^{b44} U_{np}^{(2)} + Z_{nmp}^{b46} W_{np}^{(2)} \right] \tag{6.4.72}$$

$$f_{Mnm}^{b1} = \sum_p \left[ Z_{nmp}^{bM31} U_{np}^{(1)} + Z_{nmp}^{bM33} W_{np}^{(1)} + Z_{nmp}^{bM34} U_{np}^{(2)} + Z_{nmp}^{bM36} W_{np}^{(2)} \right] \tag{6.4.73}$$

$$f_{Mnm}^{b2}=\sum_{p}\left[Z_{nmp}^{bM61}U_{np}^{(1)}+Z_{nmp}^{bM63}W_{np}^{(1)}+Z_{nmp}^{bM64}U_{np}^{(2)}+Z_{nmp}^{bM66}W_{np}^{(2)}\right] \tag{6.4.74}$$

式中，模态阻抗共有 16 项，也可以表示为

$$Z_{nmp}^{bij}=\frac{2}{l}Z_{n}^{bij}\cos\frac{m\pi z_b}{l}\cos\frac{p\pi z_b}{l},\quad i=1,4;j=1,3,4,6 \tag{6.4.75a}$$

$$Z_{nmp}^{bMij}=\frac{2}{l}Z_{n}^{bMij}\cos\frac{m\pi z_b}{l}\cos\frac{p\pi z_b}{l},\quad i=3,6;j=1,3,4,6 \tag{6.4.75b}$$

其中，$Z_n^{bij}$ 和 $Z_n^{bMij}$ 的表达式为

$$\left[Z_n^{b11}\quad Z_n^{b13}\quad Z_n^{b14}\quad Z_n^{b16}\right]=\left[F_1^{(1)}\quad F_2^{(1)}\quad F_3^{(1)}\quad F_4^{(1)}\right]\cdot[H_2]$$

$$\left[Z_n^{b41}\quad Z_n^{b43}\quad Z_n^{b44}\quad Z_n^{b46}\right]=\left[F_1^{(2)}\quad F_2^{(2)}\quad F_3^{(2)}\quad F_4^{(2)}\right]\cdot[H_2]$$

$$\left[Z_n^{bM31}\quad Z_n^{bM33}\quad Z_n^{bM34}\quad Z_n^{bM36}\right]=\left[M_1^{(1)}\quad M_2^{(1)}\quad M_3^{(1)}\quad M_4^{(1)}\right]\cdot[H_2]$$

$$\left[Z_n^{bM61}\quad Z_n^{bM63}\quad Z_n^{bM64}\quad Z_n^{bM66}\right]=\left[M_1^{(2)}\quad M_2^{(2)}\quad M_3^{(2)}\quad M_4^{(2)}\right]\cdot[H_2]$$

这里，$F_j^{(i)},M_j^{(i)}(i=1,2;j=1\sim 4)$ 分别为 $F_j,M_j(j=1\sim 4)$ 在 $r=a_1$ 和 $a_2$ 处的取值，矩阵 $[H_2]$ 的表达式为

$$[H_2]=\begin{bmatrix}\mathrm{J}_n(k_pa_1) & \mathrm{I}_n(k_pa_1) & \mathrm{N}_n(k_pa_1) & \mathrm{K}_n(k_pa_1)\\ \mathrm{J}_n(k_pa_2) & \mathrm{I}_n(k_pa_2) & \mathrm{N}_n(k_pa_2) & \mathrm{K}_n(k_pa_2)\\ \mathrm{J}'_n(k_pa_1) & \mathrm{I}'_n(k_pa_1) & \mathrm{N}'_n(k_pa_1) & \mathrm{K}'_n(k_pa_1)\\ \mathrm{J}'_n(k_pa_2) & \mathrm{I}'_n(k_pa_2) & \mathrm{N}'_n(k_pa_2) & \mathrm{K}'_n(k_pa_2)\end{bmatrix}^{-1}$$

考虑到实际双壳体潜艇艇体结构的实肋板结构一般不是周向 360° 连续分布的环状实肋板，而是周向离散分布的扇形实肋板，如图 6.4.2 所示，这样可以在满足强度要求的前提下减轻整艇结构重量。为此，需要进一步考虑离散扇形实肋板与内外壳体的相互作用力。

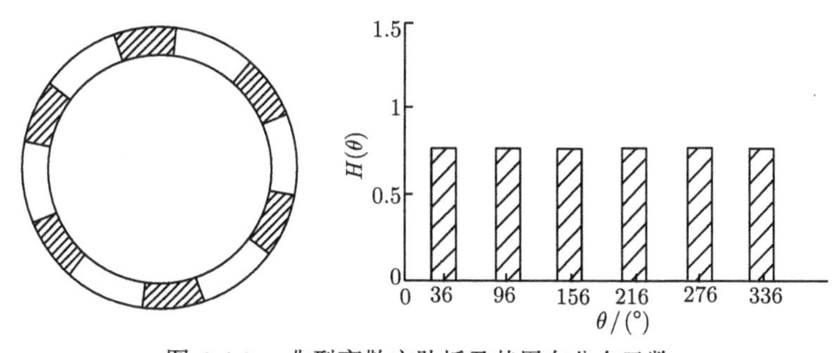


图 6.4.2 典型离散实肋板及其周向分布函数

为简单起见，假定离散实肋板与连续实肋板对壳体的作用力存在如下关系：

$$f_{bd}(z,\varphi)=f_b(x,\varphi)H(\varphi) \tag{6.4.76}$$

式中：$f_{bd}$ 为周向离散实肋板的作用力，$f_b$ 为周向连续实肋板的作用力。$H(\varphi)$ 为离散实肋板的周向分布函数，数学上表示为若干个方波函数的代数和：

$$H(\varphi)=\sum_{i=1}^{I}h(\varphi,\varphi_{i1},\varphi_{i2}) \tag{6.4.77}$$

其中，方波函数的定义为

$$h(\varphi,\varphi_{i1},\varphi_{i2})=\begin{cases}1, & \varphi_{i1}\leqslant\varphi\leqslant\varphi_{i2}\\ 0, & \text{其他}\end{cases} \tag{6.4.78}$$

方波函数 $h(\varphi,\varphi_{i1},\varphi_{i2})$ 表示在区域 $[\varphi_{i1},\varphi_{i2}],(i=1,2,\cdots,I)$ 的角度范围内其值为 1，其他角度区域其值为 0，若干个方波叠加则表征了离散实肋板与内外圆柱壳的空间相互作用，$\varphi_{i1}$ 和 $\varphi_{i2}$ 为第 $i$ 个实肋板的周向起点和终点角度，$I$ 为周向离散实肋板的数量。

当实肋板沿周向离散分布时,假设其振动位移的周向模态函数仍可用 $\{\cos n\phi\}$ 和 $\{\sin n\phi\}$ 等正交三角函数组表示，只是展开系数会有所改变。为了能够利用前面得到的周向连续实肋板的阻抗表达式，需建立离散实肋板与连续实肋板模态作用力之间的关系。不失一般性，将周向连续实肋板作用力表示为

$$f_b(x,\varphi)=\sum_{nm}f_{jnm}^{bi}\cos n\varphi\sin k_m z \tag{6.4.79}$$

式中，$i=1,2$; $j=v,\ u,\ w,\ m$。

将 (6.4.79) 式代入 (6.4.76) 式得到周向离散实肋板对壳体的作用力表达式：

$$f_{bd}(z,\varphi)=\sum_{qm}f_{jqm}^{bi}H(\varphi)\cos q\varphi\sin k_m z \tag{6.4.80}$$

对 (6.4.80) 式作周向 Fourier 级数展开，得到离散实肋板模态作用力：

$$f_{nm}^{bd}=\sum_{q}T_{nq}f_{jqm}^{bi} \tag{6.4.81}$$

其中，$T_{nq}$ 为周向模态耦合系数，表示周向离散实肋板分布引起的壳体周向模态之间的耦合关系，其表达式为

$$T_{nq}=\frac{\varepsilon_n}{2\pi}\int_0^{2\pi}H(\varphi)\cos q\varphi\cos n\varphi\mathrm{d}\varphi$$

$$=\begin{cases}\dfrac{\varepsilon_n}{4\pi(n+q)}\displaystyle\sum_{i=1}^{I}[\sin(n+q)\varphi_{i2}-\sin(n+q)\varphi_{i1}] \\ \qquad +\dfrac{\varepsilon_n}{4\pi(n-q)}\displaystyle\sum_{i=1}^{I}[\sin(n-q)\varphi_{i2}-\sin(n-q)\varphi_{i1}], & n\neq q \\ \dfrac{\varepsilon_n}{4\pi(n+q)}\displaystyle\sum_{i=1}^{I}[\sin(n+q)\varphi_{i2}-\sin(n+q)\varphi_{i1}] \\ \qquad +\dfrac{\varepsilon_n}{4\pi}\displaystyle\sum_{i=1}^{n}(\varphi_{i2}-\varphi_{i1}), & n=q\neq 0 \\ \dfrac{\varepsilon_n}{2\pi}\displaystyle\sum_{i=1}^{I}(\varphi_{i2}-\varphi_{i1}), & n=q=0\end{cases}\tag{6.4.82}$$

同理，若连续实肋板的作用力为

$$f_b=\sum_{nm}f_{jnm}^{bi}\sin n\varphi\sin k_m z\tag{6.4.83}$$

则离散实肋板的模态作用力为

$$f_{nm}^{bd}=\sum_{q}S_{nq}f_{jqm}^{bi}\tag{6.4.84}$$

式中，$S_{nq}$ 同样为周向模态耦合系数，也表示周向离散实肋板分布引起的壳体周向模态之间的耦合关系，其表达式为

$$\begin{aligned}S_{nq}&=\frac{1}{2\pi}\int_0^{2\pi}H(\phi)\sin q\varphi\sin n\varphi\mathrm{d}\varphi\\&=\begin{cases}\dfrac{1}{4\pi(n-q)}\displaystyle\sum_{i=1}^{I}[\cos(n-q)\varphi_{i2}-\cos(n-q)\varphi_{i1}] \\ \qquad -\dfrac{1}{4\pi(n+q)}\displaystyle\sum_{i=1}^{I}[\cos(n+q)\varphi_{i2}-\cos(n+q)\varphi_{i1}], & n\neq q \\ 0, & n=q=0 \\ \dfrac{1}{4\pi}\displaystyle\sum_{i=1}^{I}(\varphi_{i2}-\varphi_{i1})-\dfrac{1}{4\pi(n+q)}\displaystyle\sum_{i=1}^{I}[\cos(n+q)\varphi_{i2} \\ \qquad -\cos(n+q)\varphi_{i1}], & n=q\neq 0\end{cases}\end{aligned}\tag{6.4.85}$$

将连续实肋板作用力的阻抗表达式 (6.4.52) 式 ~(6.4.55) 式和 (6.4.71) 式 ~(6.4.74) 式代入 (6.4.81) 和 (6.4.84) 式中，可得离散实肋板各个方向上的模态作用力与内外壳模态位移的关系：

$$f_{vnm}^{bd1} = \sum_q \sum_p S_{nq} \left[ Z_{qmp}^{b23} W_{qp}^{(1)} + Z_{qmp}^{b26} W_{qp}^{(2)} + Z_{qmp}^{b22} V_{qp}^{(1)} + Z_{qmp}^{b25} V_{qp}^{(2)} \right] \quad (6.4.86)$$

$$f_{vnm}^{bd2} = \sum_q \sum_p S_{nq} \left[ Z_{qmp}^{b53} W_{qp}^{(1)} + Z_{qmp}^{b56} W_{qp}^{(2)} + Z_{qmp}^{b52} V_{qp}^{(1)} + Z_{qmp}^{b55} V_{qp}^{(2)} \right] \quad (6.4.87)$$

$$f_{wnm}^{bd1} = \sum_q \sum_p T_{nq} \left[ Z_{qmp}^{b33} W_{qp}^{(1)} + Z_{qmp}^{b36} W_{qp}^{(2)} + Z_{qmp}^{b32} V_{qp}^{(1)} + Z_{qmp}^{b35} V_{qp}^{(2)} \right] \quad (6.4.88)$$

$$f_{wnm}^{bd2} = \sum_q \sum_p T_{nq} \left[ Z_{qmp}^{b63} W_{qp}^{(1)} + Z_{qmp}^{b66} W_{qp}^{(2)} + Z_{qmp}^{b62} V_{qp}^{(1)} + Z_{qmp}^{b65} V_{qp}^{(2)} \right] \quad (6.4.89)$$

$$f_{unm}^{bd1} = \sum_q \sum_p T_{nq} \left[ Z_{qmp}^{b11} U_{qp}^{(1)} + Z_{qmp}^{b13} W_{qp}^{(1)} + Z_{qmp}^{b14} U_{qp}^{(2)} + Z_{qmp}^{b16} W_{qp}^{(2)} \right] \quad (6.4.90)$$

$$f_{unm}^{bd2} = \sum_q \sum_p T_{nq} \left[ Z_{qmp}^{b41} U_{qp}^{(1)} + Z_{qmp}^{b43} W_{qp}^{(1)} + Z_{qmp}^{b44} U_{qp}^{(2)} + Z_{qmp}^{b46} W_{qp}^{(2)} \right] \quad (6.4.91)$$

$$f_{Mnm}^{bd1} = \sum_q \sum_p T_{nq} \left[ Z_{qmp}^{b31} U_{qp}^{(1)} + Z_{qnp}^{b33} W_{qp}^{(1)} + Z_{qmp}^{b34} U_{qp}^{(2)} + Z_{qmp}^{b36} W_{qp}^{(2)} \right] \quad (6.4.92)$$

$$f_{Mnm}^{bd2} = \sum_q \sum_p T_{nq} \left[ Z_{qmp}^{b61} U_{qp}^{(1)} + Z_{qmp}^{b63} W_{qp}^{(1)} + Z_{qmp}^{b64} U_{qp}^{(2)} + Z_{qmp}^{b66} W_{qp}^{(2)} \right] \quad (6.4.93)$$

舷间除了有实肋板结构连接内外壳以为，还有舷间水层与内外壳体的声振耦合作用。当内壳外表面和外壳内外表面敷设声学覆盖层后，则舷间声学覆盖层和水介质与内外壳相互耦合。舷间水层和声学覆盖层可采用多层声介质层模型求解声振耦合问题，参见图 6.4.3。设第 $i$ 层声学介质内外表面的声压和振动位移 $p^i$, $W^i$, $p^{i+1}$, $W^{i+1}$ 满足关系：

$$\begin{Bmatrix} p^i \\ p^{i+1} \end{Bmatrix} = \begin{bmatrix} Z_{11}^i & Z_{12}^i \\ Z_{21}^i & Z_{22}^i \end{bmatrix} \cdot \begin{Bmatrix} W^i \\ W^{i+1} \end{Bmatrix} \quad (6.4.94)$$

式中，$Z_{kl}^i(k,l=1,2)$ 为第 $i$ 层声学介质的输入阻抗和传递阻抗。

由 (6.4.94) 式容易推导得到第 $i$ 层声学介质的声压和振动位移间的传递关系为

$$\begin{Bmatrix} p^{i+1} \\ W^{i+1} \end{Bmatrix} = [T_i] \begin{Bmatrix} p^i \\ W^i \end{Bmatrix} = \begin{bmatrix} T_{11}^i & T_{12}^i \\ T_{21}^i & T_{22}^i \end{bmatrix} \begin{Bmatrix} p^i \\ W^i \end{Bmatrix} \quad (6.4.95)$$

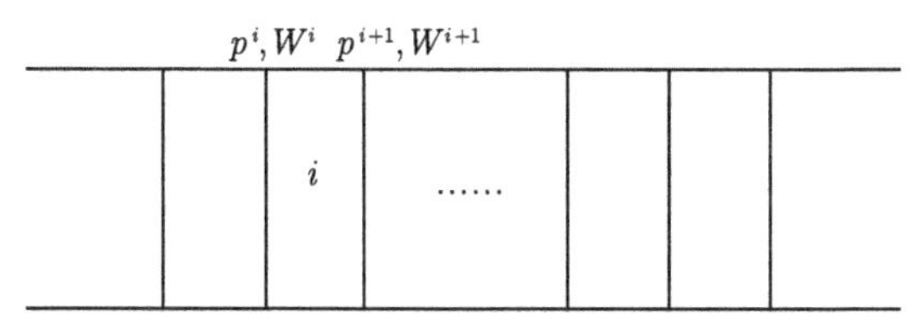


图 6.4.3 多层介质声阻抗传递模型

其中，$[T_i]$ 第 $i$ 层声学介质声压和振动位移的传递矩阵，其元素表达式为

$$T_{11}^i = Z_{11}^i / Z_{21}^i, T_{12}^i = Z_{12}^i - Z_{11}^i Z_{22}^i / Z_{21}^i, T_{21}^i = 1/Z_{21}^i, T_{22}^i = -Z_{22}^i / Z_{21}^i$$

基于 (6.4.95) 式，舷间水层和声学覆盖层的传递矩阵则为

$$[T] = \begin{bmatrix} T_{11} & T_{12} \\ T_{21} & T_{22} \end{bmatrix} = \prod_i [T_i] \tag{6.4.96}$$

这样，舷间水层和声学覆盖层的内外表面声压和振动位移的关系为

$$\begin{Bmatrix} p^{\text{ex}} \\ W^{\text{ex}} \end{Bmatrix} = \begin{bmatrix} T_{11} & T_{12} \\ T_{21} & T_{22} \end{bmatrix} \begin{Bmatrix} p^{\text{in}} \\ W^{\text{in}} \end{Bmatrix} \tag{6.4.97}$$

其中，$p^{\text{ex}}, W^{\text{ex}}, p^{\text{in}}, W^{\text{in}}$ 分别表示外壳内表面和内壳外表面的声压和振动位移。相应的内外壳体的传递阻抗矩阵为

$$\begin{Bmatrix} p^{\text{in}} \\ p^{\text{ex}} \end{Bmatrix} = \begin{bmatrix} Z_{11} & Z_{12} \\ Z_{21} & Z_{22} \end{bmatrix} \begin{Bmatrix} W^{\text{in}} \\ W^{\text{ex}} \end{Bmatrix} \tag{6.4.98}$$

式中，

$$Z_{11} = T_{11}/T_{21}, \quad Z_{12} = T_{12} - T_{11}T_{22}/T_{21}, \quad Z_{21} = 1/T_{21}, \quad Z_{22} = -T_{22}/T_{21}$$

进一步求解舷间水层和声学覆盖中的声阻抗，设第 $i$ 层声介质密度为 $\rho_i$、声速为 $C_i$，内表面半径为 $a_i$，外表面半径为 $a_{i+1}$，则此层中模态声压为

$$p_{nm}^{(i)} = A_{nm}\text{J}_n(k_{ir}^r) + B_{nm}\text{N}_n(k_{ir}^r) \tag{6.4.99}$$

其中，$k_{ir} = \sqrt{k_i^2 - k_m^2}$，$k_i = \omega/C_i$，$k_m = m\pi/l$。

第 $i$ 层声介质中的声压 $p^{(i)}$ 与其内外表面振动位移满足边界条件：

$$\left.\frac{\partial p^{(i)}}{\partial r}\right|_{r=a_i} = \rho_i \omega^2 W^i \tag{6.4.100}$$

$$\left.\frac{\partial p^{(i)}}{\partial r}\right|_{r=a_{i+1}}=\rho_i\omega^2 W^{i+1} \tag{6.4.101}$$

对 (6.4.100) 和 (6.4.101) 式两边作周向和轴向展开，再将第 $i$ 层声介质中声压形式解 (6.4.99) 代入，得到

$$[A_{nm}\mathrm{J}_n'(k_{ir}a_i)+B_{nm}\mathrm{N}_n'(k_{ir}a_i)]k_{ir}=\rho_i\omega^2 W_{nm}^i \tag{6.4.102}$$

$$[A_{nm}\mathrm{J}_n'(k_{ir}a_{i+1})+B_{nm}\mathrm{N}_n'(k_{ir}a_{i+1})]k_{ir}=\rho_i\omega^2 W_{nm}^{i+1} \tag{6.4.103}$$

求解 (6.4.102) 和 (6.4.103) 式可得待定系数 $A_{nm},B_{nm}$，再代入 (6.4.99) 式，得到舷间第 $i$ 层声介质模态声压与模态位移之间的关系：

$$P_{nm}^i=Z_{nm}^{i11}W_{nm}^i+Z_{nm}^{i12}W_{nm}^{i+1} \tag{6.4.104}$$

$$P_{nm}^{i+1}=Z_{nm}^{i21}W_{nm}^i+Z_{nm}^{i22}W_{nm}^{i+1} \tag{6.4.105}$$

其中，$Z_{nm}^{i11},Z_{nm}^{i12},Z_{nm}^{i21},Z_{nm}^{i22}$ 为第 $i$ 层声介质的输入阻抗和传递阻抗，它们的表达式为

$$Z_{nm}^{i11}=\frac{\rho_i\omega^2}{k_{ir}}\frac{[\mathrm{J}_n(k_{ir}a_i)\mathrm{N}_n'(k_{ir}a_{i+1})-\mathrm{N}_n(k_{ir}a_i)\mathrm{J}_n'(k_{ir}a_{i+1})]}{\mathrm{J}_n'(k_{ir}a_i)\mathrm{N}_n'(k_{ir}a_{i+1})-\mathrm{N}_n'(k_{ir}a_i)\mathrm{J}_n'(k_{ir}a_{i+1})} \tag{6.4.106}$$

$$Z_{nm}^{i12}=\frac{\rho_i\omega^2}{k_{ir}}\frac{[\mathrm{N}_n(k_{ir}a_i)\mathrm{J}_n'(k_{ir}a_i)-\mathrm{J}_n(k_{ir}a_i)\mathrm{N}_n'(k_{ir}a_i)]}{\mathrm{J}_n'(k_{ir}a_i)\mathrm{N}_n'(k_{ir}a_{i+1})-\mathrm{N}_n'(k_{ir}a_i)\mathrm{J}_n'(k_{ir}a_{i+1})} \tag{6.4.107}$$

$$Z_{nm}^{i21}=\frac{\rho_i\omega^2}{k_{ir}}\frac{[\mathrm{J}_n(k_{ir}a_{i+1})\mathrm{N}_n'(k_{ir}a_{i+1})-\mathrm{N}_n(k_{ir}a_{i+1})\mathrm{J}_n'(k_{ir}a_{i+1})]}{\mathrm{J}_n'(k_{ir}a_i)\mathrm{N}_n'(k_{ir}a_{i+1})-\mathrm{N}_n'(k_{ir}a_i)\mathrm{J}_n'(k_{ir}a_{i+1})} \tag{6.4.108}$$

$$Z_{nm}^{i22}=\frac{\rho_i\omega^2}{k_{ir}}\frac{[\mathrm{N}_n(k_{ir}a_{i+1})\mathrm{J}_n'(k_{ir}a_i)-\mathrm{J}_n(k_{ir}a_{i+1})\mathrm{N}_n'(k_{ir}a_i)]}{\mathrm{J}_n'(k_{ir}a_i)\mathrm{N}_n'(k_{ir}a_{i+1})-\mathrm{N}_n'(k_{ir}a_i)\mathrm{J}_n'(k_{ir}a_{\cdot i+1})} \tag{6.4.109}$$

推导得到了第 $i$ 层声介质的模态输入阻抗和模态传递阻抗，可利用 (6.4.96)~(6.4.98) 式计算双层壳体之间水介质和声学覆盖层的模态输入阻抗和传递阻抗，这样同时考虑肋骨和实肋板模态阻抗及外场声辐射模态阻抗，得到肋骨、实肋板、舷间水层和声学覆盖层及外声场对内外圆柱壳的模态作用力，将它们一并代入双层圆柱壳的振动矩阵方程 (6.4.3) 式中，得到有限长双层圆柱壳声振耦合的矩阵方程：

$$[Z]\times\begin{Bmatrix}\{U_n^{(1)}\}\\\{V_n^{(1)}\}\\\{W_n^{(1)}\}\\\{U_n^{(2)}\}\\\{V_n^{(2)}\}\\\{W_n^{(2)}\}\end{Bmatrix}=\begin{Bmatrix}\{0\}\\\{0\}\\\{f_n^0\}\\\{0\}\\\{0\}\\\{0\}\end{Bmatrix} \tag{6.4.110}$$

其中，

$$
[Z]=\begin{bmatrix}
[K_{11}]+\left[Z_n^{r11}\right]+\left[Z_n^{b11}\right] & [K_{12}] & [K_{13}]+\left[Z_n^{r13}\right]+\left[Z_n^{b13}\right] & \left[Z_n^{b14}\right] & 0 & \left[Z_n^{b16}\right] \\
[K_{21}] & [K_{22}]+\left[Z_n^{r22}\right]+\left[Z_n^{b22}\right] & [K_{23}]+\left[Z_n^{r23}\right]+\left[Z_n^{b23}\right] & 0 & \left[Z_n^{b25}\right] & \left[Z_n^{b26}\right] \\
[K_{31}]+\left[Z_n^{bM31}\right] & [K_{32}]+\left[Z_n^{r32}\right]+\left[Z_n^{b32}\right] & [K_{33}]+\left[Z_n^{r33}\right]+\left[Z_n^{b33}\right]+\left[Z_n^{bM33}\right]+\left[Z_n^{c33}\right] & \left[Z_n^{bM34}\right] & \left[Z_n^{b35}\right] & \left[Z_n^{b36}\right]+\left[Z_n^{bM36}\right]+\left[Z_n^{c36}\right] \\
\left[Z_n^{r41}\right]+\left[Z_n^{b41}\right] & 0 & \left[Z_n^{r43}\right]+\left[Z_n^{b43}\right] & [K_4]+\left[Z_n^{44}\right] & [K_{45}] & [K_{46}]+\left[Z_n^{b46}\right] \\
0 & \left[Z_n^{b52}\right] & \left[Z_n^{b53}\right] & [K_{54}] & [K_{55}]+\left[Z_n^{b55}\right] & [K_{56}]+\left[Z_n^{b56}\right] \\
\left[Z_n^{bM61}\right] & \left[Z_n^{b62}\right] & \left[Z_n^{b63}\right]+\left[Z_n^{bM63}\right]+\left[Z_n^{c63}\right] & [K_{64}]+\left[Z_n^{bM64}\right] & [K_{65}]+\left[Z_n^{b65}\right] & [K_{66}]+\left[Z_n^{b66}\right]+\left[Z_n^{bM66}\right]+\left[Z_n^{c66}\right]+[Z_n^a]
\end{bmatrix}
$$

其中，$\left[Z_n^{c33}\right]$, $\left[Z_n^{c36}\right]$, $\left[Z_n^{c63}\right]$, $\left[Z_n^{c66}\right]$ 对应舷间水介质和声学覆盖层的模态输入阻抗和传递阻抗，$[Z_n^a]$ 为外场模态声阻抗。

求解矩阵方程 (6.4.110) 式可得内外壳体的振动模态位移，进一步由模态振动位移可计算内外壳体的振动响应、辐射声场及声功率，并分析振动传递和声辐射的规律。我们知道，有限长双层圆柱壳舷间声振耦合主要通道为舷间水介质和实肋板等连接结构，两者同时存在，不能只考虑舷间水介质或实肋板单个通道存在，而假设另一个通道不存在，否则难以真实给出双层圆柱壳之间的声振耦合特性。文献 [32] 引入舷间声振传递功率概念分析舷间水介质和实肋板的声振耦合特性，有关水介质和实肋板的传递声功率定义及计算表达式的详细内容可参见该文献。针对钢质双层圆柱壳，选取壳体长度 9.6m、内外壳半径为 3.5m 和 4.3m，内外壳壁厚为 28mm 和 10mm，环肋间距为 0.6m，肋骨横截面参数为 250mm×12mm、80mm×16mm，实肋板厚度为 20mm。图 6.4.4 给出了内外壳体通过舷间水介质耦合的振动频响特性。由图可见，由于舷间水介质的耦合作用，内外壳体振动的峰值位置比较一致，相当于内壳共振时同时引起了外壳的“共振”，而外壳并没有产生结构共振，而是内壳共振较大的振动响应，产生了舷间水介质中较强的声压，从而激励外壳的“被激”振动峰值响应。实际上，由于双层圆柱壳舷间水层径向形成的不同阶次的谐波分量，出现了周期性的传递导纳峰值，内外壳间距离 0.8m，对应半波长频率为 940Hz，正是第一阶导纳峰值频率，高阶分量分别为 940Hz 的整数倍，这意味着舷间水层的确存在所谓“共振”。水层共振时，提供给内外壳体的附加阻抗接近于 0，壳体出现振动的共振峰。由于水层共振带来的周期性导纳起伏，使得内外壳振动响应也出现周期性峰值，参见图 6.4.5。

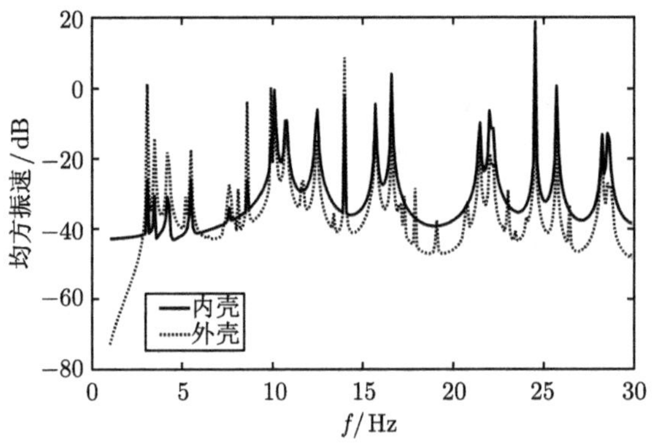


图 6.4.4 舷间水层耦合的内外壳振动响应

(引自文献 [32]，fig3.2)

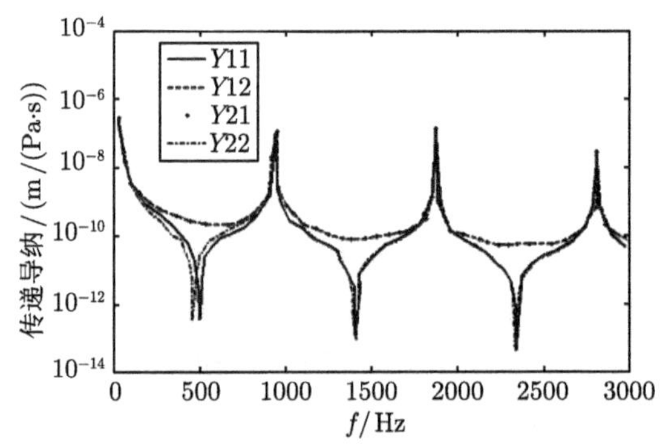


图 6.4.5 舷间水层模态传递导纳

(引自文献 [32]，fig3.3)

除了舷间水层中声场的耦合作用外，前面推导的实肋板与内外壳体相互作用有周向、轴向、径向作用力及弯矩等四种类型，将内壳的振动能量传递到外壳引起外壳的振动和声辐射。在舷间水介质中声场的作用下，内外壳体耦合增强，且水介质声场在低频起主要作用，使得内外壳的振动及声辐射以周向 0 阶模态为主，周向 1 阶只是对某些辐射峰值起主要作用，如 75Hz 左右的峰值，参见图 6.4.6，其原因是舷间水层的传递作用对壳体的振动模式不敏感，可以认为周向 0 阶与 1 阶振动响应量级相当，而在环频以下圆柱壳周向 0 阶声辐射效率却远高于周向 1 阶的声辐射效率。这样的情况也改变了实肋板中四个分量的功率传递特性，周向 1 阶梁式振动时，内外壳存在明显的剪切和压缩变形，使周向力传递功率较大，而周向 0 阶为呼吸模态，这种模式振动时内外壳之间不存在周向的相对位移，使实肋板对内外壳周向剪切力为 0，周向力的传递功率也为 0，因此，径向力完全主导了实肋板的功率传递，在环频以上弯矩的作用才大致与径向力作用相当，参见图 6.4.7。舷间水层与实肋板的传递功率对比由图 6.4.8 给出，由图可见，150Hz 以下，舷间水层传递功率较实肋板传递功率大 10dB 以上，也就是说，在较低频段时 (0.5 倍环频以下)，舷间水层对声辐射具有主导地位，在 0.5 倍环频以上，舷间水层传递功率与实肋板传递功率量值相当，但声辐射功率的共振峰处主要以实肋板传递的声功率为主。

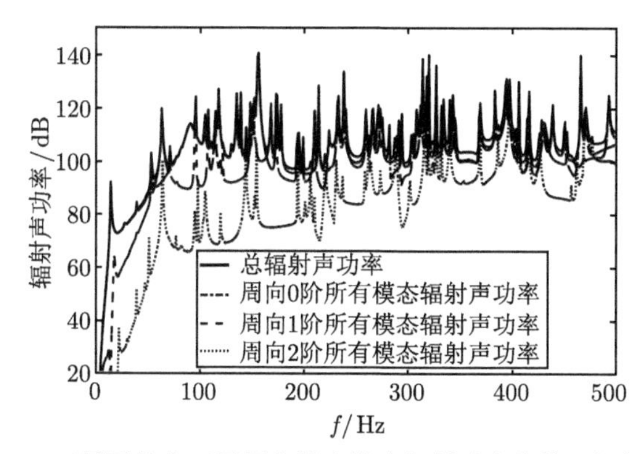


图 6.4.6 双层圆柱壳不同周向模态的声辐射功率比较 (考虑舷间水)

(引自文献 [32]，fig3.15)

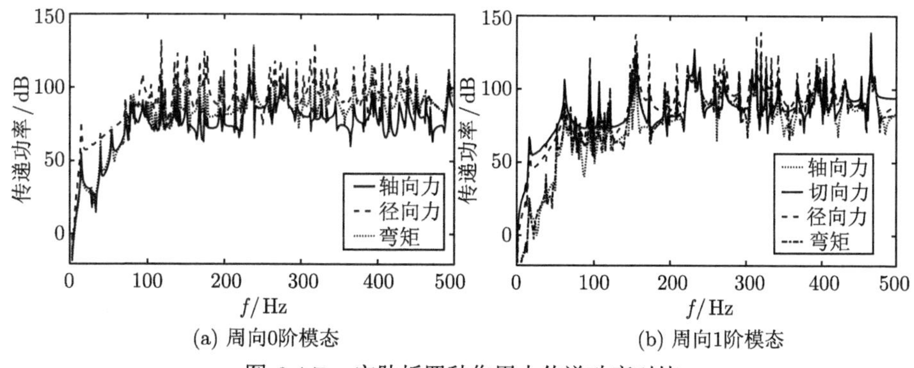


图 6.4.7 实肋板四种作用力传递功率对比

(引自文献 [32]，fig3.17, fig3.18)

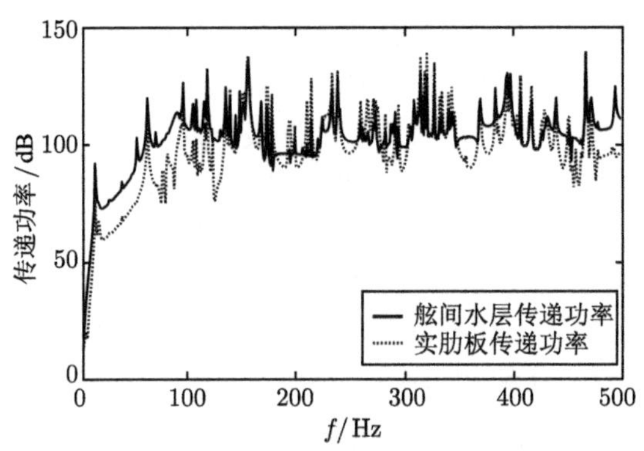


图 6.4.8　舷间实肋板与水层传递功率比较

(引自文献 [32]，fig3.20)

离散实肋板与连续实肋板情况下，有限长双层圆柱壳的声辐射功率比较由图 6.4.9 给出，可见在整个频率范围内，采用连续实肋板和离散实肋板对双层壳体声辐射功率的影响比较小。计算表明：在 150Hz 以下频段，无论是离散实肋板还是连续实肋板，主要的声功率传递通道还是舷间水层，离散实肋板结构并没有改变舷间声功率传递的主要特征，即低频以舷间水层传递为主，中高频水层和实肋板的声功率传递作用相当，参见图 6.4.10。因此，在外壳周向 0 阶和 1 阶模态振动没有较大的改变时，低频声辐射功率也不会有明显的改变。

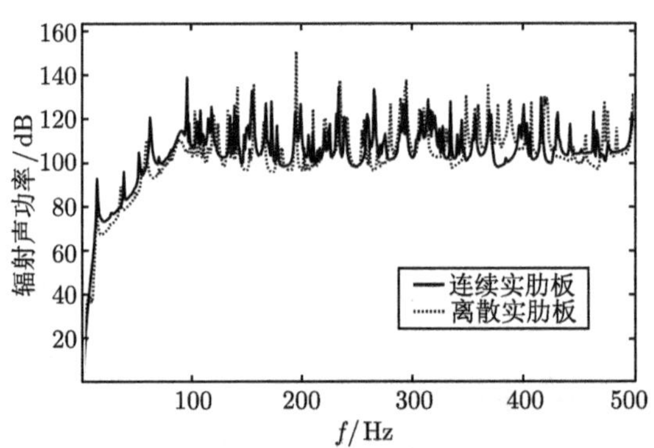


图 6.4.9　离散与连续实肋板对声辐射功率的影响

(引自文献 [32]，fig3.24)

声学覆盖层敷设在圆柱壳上，不仅要考虑圆柱壳曲率的影响，还需要考虑圆柱壳轴向振动模态的影响。声学覆盖层可以采用最简单的等效参数表征，即假设声学覆盖层的等效密度和声速已知，由 (6.4.106)~(6.4.109) 式计算其输入和传递声阻抗，进一步可分析它对圆柱壳振动和声辐射的影响。选取声学覆盖层的密度和声速为 1000kg/m$^3$ 和 500m/s，厚度为 10cm，其阻尼选取为 0.005 和 0.1。不同阻尼参数声学覆盖层对壳体表面均方振速响应的影响如图 6.4.11 所示，阻尼从 0.005 增大到 0.1，在 300Hz 以上的高频段壳体振动响应明显降低。图 6.4.12 给出了声学覆盖层内外表面振速和声压的对比，由于声学覆盖层的滤波和阻尼耗散作用，使声学覆盖层外表面振动位移和声压都低于内表面振动位移和声压。因此，声学覆盖层使圆柱壳 200Hz 以上的外场表面声压明显降低，在 2kHz 以上频率，声辐射功率降低 10dB 左右，参见图 6.4.13。

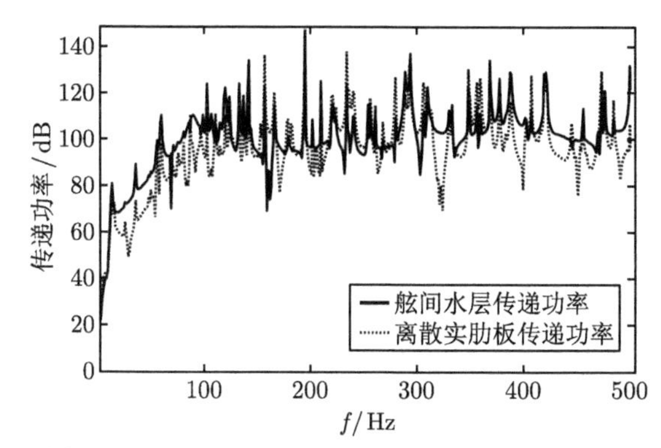


图 6.4.10 舷间离散实肋板与水层传递功率比较

(引自文献 [32]，fig3.25)

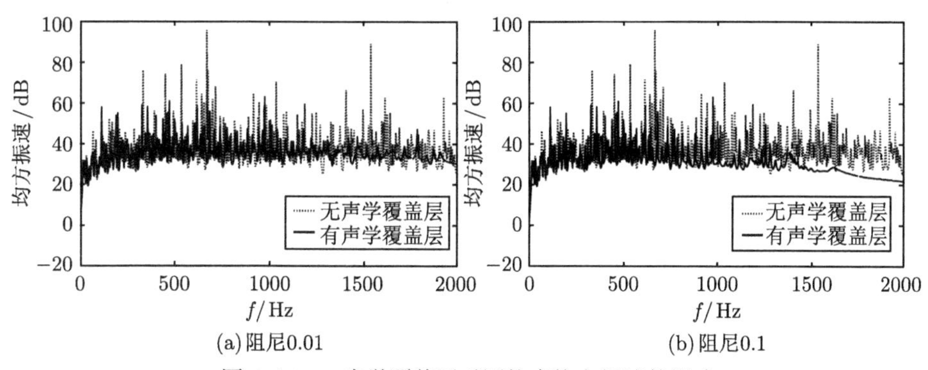


图 6.4.11 声学覆盖层对圆柱壳均方振速的影响

(引自文献 [32]，fig4.24)

由于实际声学覆盖层结构的复杂性以及静压状态下覆盖层材料动态参数获取的困难，工程中常常采用水声管测量方法获取声学覆盖层的声阻抗或声导纳 [35,36]。但是，水声管测量声学覆盖层声阻抗是基于平面波入射的前提条件，测量的声阻抗参数只能表征覆盖层厚度方向声压和质点振速的关系，不能表征覆盖层随圆柱壳弯曲振动的声学特征，而且目前情况下还没有针对弯曲波数的声学覆盖层声阻抗测量的方法。参照 Ko[37] 研究柔性层声学模型中将法向波数扩展为横向波数的方法，可将声学覆盖层法向波数扩展到横向波数，但测量的覆盖层声阻抗以数据形式给出，难以实施波数扩展操作。因此，为了得到基于测量声阻抗的覆盖层声振耦合计算模型，分两步建模，第一步采用多层等效参数模型模拟声学覆盖层，使其声阻抗能够拟合测量的声阻抗数据，第二步对每一层等效参数模型进行波数扩展。一般来说，声学覆盖层含有一系列内部空腔结构，其阻抗特性具有不对称性，或者说两个面的输入和传递阻抗不一致，而单层等效声学覆盖层是典型的对称模型，其两个面输入阻抗和传递阻抗理论上是完全一致的。因此采用单层等效声介质不能模拟声学覆盖层的不对称阻抗特性，而应采用具有不同声学参数的多层等效声介质模型定量表征声学覆盖层声阻抗特性。利用前面给出的多层声学介质声阻抗叠加方法，可以由不同参数的单层等效声介质的声阻抗，建立声学覆盖层的声阻抗，经计算分析，采用 4 层等效声介质层，并选择适当的参数，即可获得声学覆盖层声阻抗，其结果与水声管测量结果吻合较好，其中四层声介质的密度均为 $1000\mathrm{kg/m^3}$，声速分别为 500m/s，833m/s，1166m/s 和 1500m/s。由基于水声管测量获取的声阻抗数据拟合可得到多层声介质表征的声学覆盖层，因为每一层等效声介质的声阻抗已给出解析表达式，对解析表达式中的波数进行扩展，便得到声学覆盖层的声阻抗计算模型。

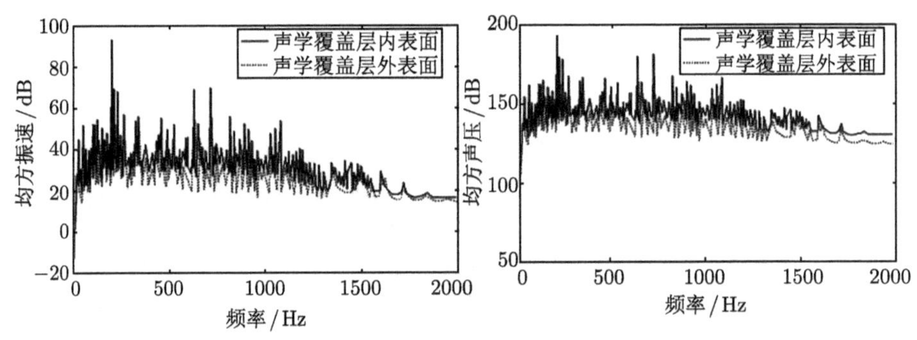


图 6.4.12　声学覆盖层内外表面振速和声压比较

(引自文献 [32]，fig4.25, fig4.26)

水下壳体敷设声学覆盖层的振动响应计算结果由图 6.4.14 给出，此时由于壳体负载不仅由声学覆盖层有关，也受外场水介质的影响，声学覆盖层的阻尼效果不如在空气介质中明显，在 300Hz 左右才能表现出较为明显的抑振效果，但高频减振特性则比空气中更为明显，这是因为中低频段声学覆盖层和外场水介质声阻抗主要体现抗的特征，高频段则表现为声学覆盖层阻尼和外场水介质辐射阻共同作用的特征，使得有较好的高频抑振效果。声学覆盖层对壳体声辐射功率的影响由图 6.4.15 给出，可见声学覆盖层对壳体声辐射功率影响在 300Hz 左右有 2~3dB

的降噪效果，在 700Hz 以上则有 7dB 以上的降噪效果。

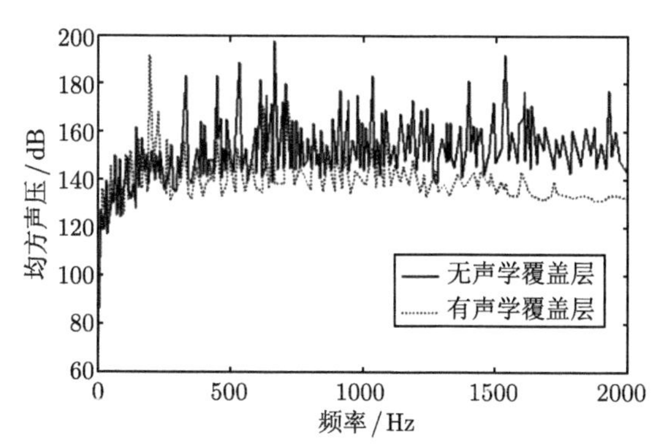


图 6.4.13 声学覆盖层对外场声压的影响

(引自文献 [32]，fig4.27)

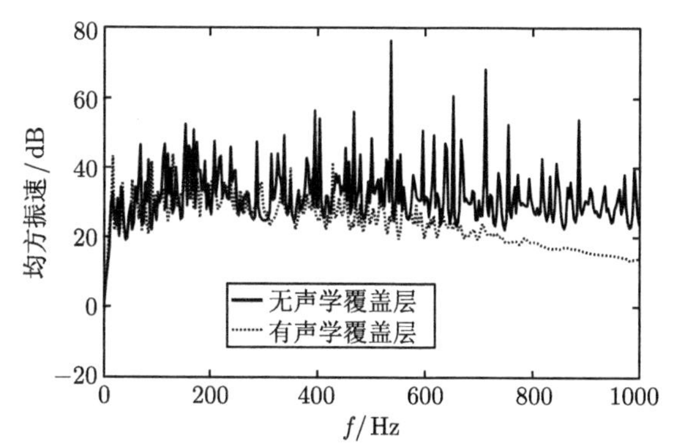


图 6.4.14 敷设声学覆盖层对水下壳体振动响应的影响

(引自文献 [32]，fig4.38)

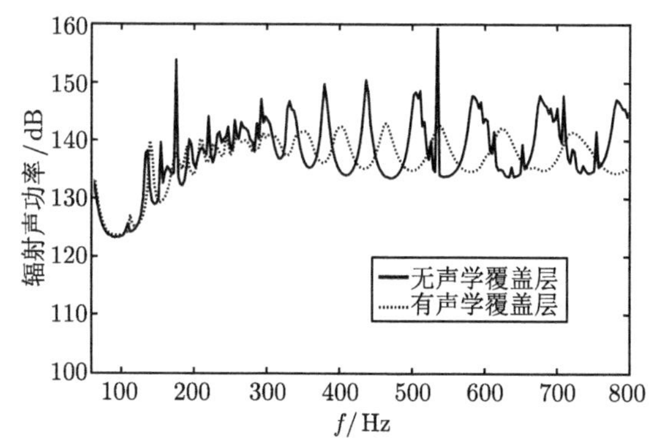


图 6.4.15 敷设声学覆盖层对壳体声辐射功率的影响

(引自文献 [32]，fig4.39)

进一步将声学覆盖层计算模型用于双层圆柱壳振动和声辐射计算，计算在外壳内表面敷贴声学覆盖层对双层壳体振动和声辐射的影响。图 6.4.16 给出了考虑实肋板情况下，舷间敷设声学覆盖层对内外壳体振动和声辐射功率的影响。由图可见，由于声学覆盖层敷贴在外壳内表面，所以声学覆盖层对内壳的振动响应的影响较小，800Hz 以下频段基本没有太大的影响，800Hz 以上的频段有一定的抑制作用；而对外壳而言，700Hz 以下频段声学覆盖层削弱了共振峰，而 700Hz 以上则明显降低了外壳振动响应幅值。声学覆盖层在这里体现了隔声和阻尼两个作用，隔声作用能降低舷间水层的功率传递，主要体现在环频以下低频段；附加阻尼在高频段上降低了外壳的振动响应从而改变了耦合特性，有可能降低实肋板的声功率传递特性，从而使得高频声辐射功率出现较大的减小。图 6.4.17 给出了舷间敷设声学覆盖层对壳体声辐射功率的影响，300Hz～500Hz 频率范围有一定的降噪效果，500Hz 以上频段外壳敷设声学覆盖层能降低声辐射功率 10dB 以上。

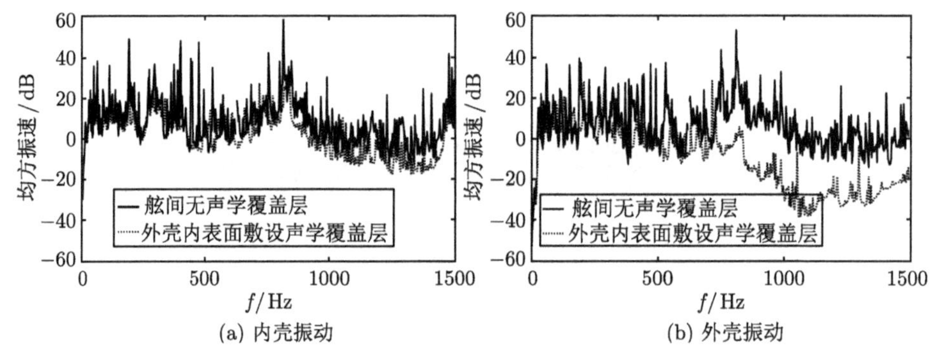


图 6.4.16 舷间声学覆盖层对内外壳均方振速的影响

(引自文献 [32]，fig4.40)

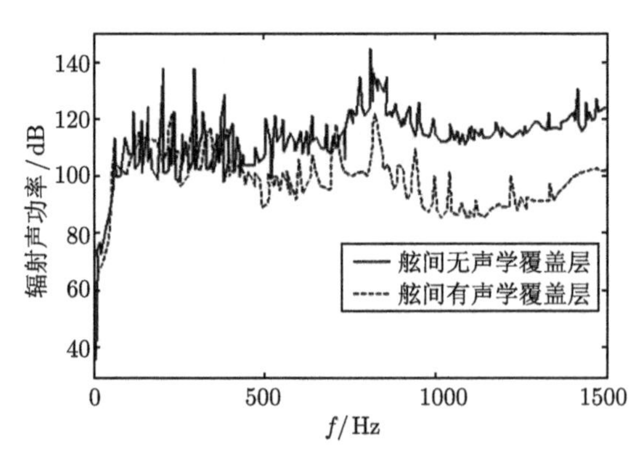


图 6.4.17 舷间声学覆盖层对声辐射功率的影响

(引自文献 [32]，fig4.41)

## 6.5 有限长弹性圆锥壳耦合振动和声辐射

潜艇、飞机和鱼雷尾部去流段绝大多数采用圆锥壳结构。在推进器系统等产生的轴系力和表面力激励下，圆锥壳振动产生的声辐射，也是航行体的一个主要噪声源，尤其像潜艇尾尖舱，一般都是轻壳体结构，容易产生振动和噪声。圆锥壳振动和声辐射研究与圆柱壳相比，存在两方面的困难，一是圆锥壳振动方程中出现拉伸与弯曲耦合项，增加了求解难度，二是圆锥壳声辐射计算没有相应的解析方法，即使是求解外场流体负载，也没有很有效的解析方法。所以，针对圆锥壳的声弹性研究，大都限于振动问题，早期的研究主要针对圆锥壳的自由振动 [38-40]。Tang[41] 还提出了幂级数法用于求各向同性和各向异性圆锥壳自由振动，Caresta 和 Kessissoglou[42] 基于 Tang 的方法，进一步研究了考虑流体负载的圆锥壳振动响应。陈美霞等 [43] 将幂级数法推广到水下加肋圆锥壳和任意边界圆锥壳的振动特性分析，研究流体负载、环肋、半锥角及边界条件等因素对圆锥壳振动的影响。Guo[44,45] 则研究了流体负载对圆锥壳振动的影响，讨论了中频段圆锥壳剪切波、压缩波和弯曲波与声波的相互作用。考虑到潜艇和飞机的圆锥壳一般都是与圆柱壳连在一起，Caresta 和 Kessissoglou[46] 研究了圆柱壳与圆锥壳组合结构的自由振动，计算分析了不同边界条件下的振动频率特性。文献 [47] 和 [48] 还研究了圆锥壳–圆柱壳–球壳组合壳体的自由振动。无论是圆锥壳还是圆锥壳–圆柱壳组合结构，振动与声场相互耦合及声辐射的研究还是相当薄弱，张聪 [49] 在文献中采用等效源方法研究了圆锥壳和圆锥壳–圆柱壳组合结构的辐射声场，应该是一种可行的技术途径。

现在考虑一截顶圆锥壳，如图 6.5.1 所示，其小端直径为 $a_1$，大端直径为 $a_2$，母线长为 $l$，半锥角为 $\alpha$，$U,V,W$ 分别为圆柱壳沿母线、周向和法线方向的振动位移。采用 $(s,\varphi)$ 坐标系，$s$ 为圆锥壳母线坐标，$\varphi$ 为周向坐标，任一点位置上有 $s=a/\sin\alpha$，其中 $a=a_0+s\sin\alpha$。

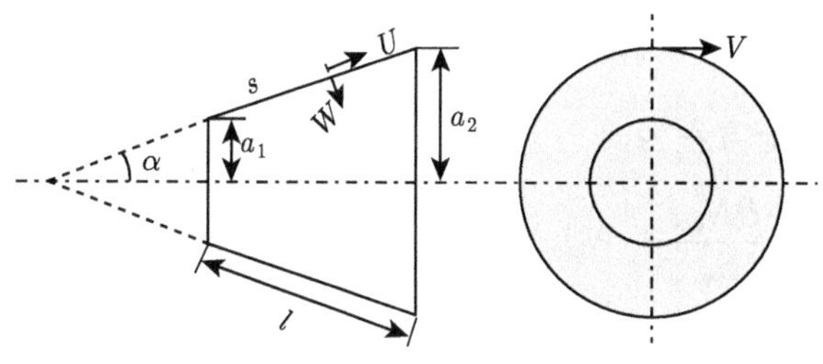


图 6.5.1　截顶圆锥壳模型

(引自文献 [42]，fig1)

按照 Donnell 壳体理论，圆锥壳的几何方程为

$$\varepsilon_s = \frac{\partial U}{\partial s} \tag{6.5.1}$$

$$\varepsilon_\varphi = \frac{1}{a}\left(\frac{\partial V}{\partial \varphi} + U\sin\alpha + W\cos\alpha\right) \tag{6.5.2}$$

$$\varepsilon_{s\varphi} = \frac{1}{a}\frac{\partial U}{\partial \varphi} - \frac{V}{s} + \frac{\partial V}{\partial s} \tag{6.5.3}$$

$$\kappa_s = -\frac{\partial^2 W}{\partial s^2} \tag{6.5.4}$$

$$\kappa_\varphi = -\frac{1}{a^2}\frac{\partial^2 W}{\partial \varphi^2} - \frac{1}{s}\frac{\partial W}{\partial s} \tag{6.5.5}$$

$$\kappa_{s\varphi} = -a\frac{\partial}{\partial s}\left(\frac{1}{a^2}\frac{\partial W}{\partial \varphi}\right) - \frac{1}{a}\frac{\partial}{\partial \varphi}\left(\frac{\partial W}{\partial s}\right) \tag{6.5.6}$$

式中，$\varepsilon_s, \varepsilon_\varphi$ 为应变，$\varepsilon_{s\varphi}$ 为剪应变，$\kappa_s, \kappa_\varphi, \kappa_{s\varphi}$ 为拉伸和扭转引起的曲率变化。

圆锥壳的物理方程为

$$N_s = \frac{Eh}{1-\nu^2}(\varepsilon_s + \nu\varepsilon_\varphi) \tag{6.5.7}$$

$$N_\varphi = \frac{Eh}{1-\nu^2}(\varepsilon_\varphi + \nu\varepsilon_s) \tag{6.5.8}$$

$$N_{s\varphi} = N_{\varphi s} = \frac{Eh}{2(1+\nu)}\varepsilon_{s\varphi} \tag{6.5.9}$$

$$M_s = \frac{Eh^3}{12(1-\nu)}(\kappa_s + \nu\kappa_\varphi) \tag{6.5.10}$$

$$M_\varphi = \frac{Eh^3}{12(1-\nu)}(\kappa_\varphi + \nu\kappa_s) \tag{6.5.11}$$

$$M_{\varphi s} = M_{s\varphi} = \frac{Eh^3}{24(1+\nu)}\kappa_{s\varphi} \tag{6.5.12}$$

圆锥壳的力平衡方程为

$$\frac{\partial}{\partial s}(aN_s) + \frac{\partial N_{\varphi s}}{\partial \varphi} - N_\varphi \sin\alpha - am_s\frac{\partial^2 U}{\partial t^2} = 0 \tag{6.5.13}$$

$$\frac{\partial N_\varphi}{\partial \varphi} + \frac{\partial}{\partial s}(aN_{s\varphi}) + N_{\varphi s}\sin\alpha + Q_\varphi\cos\alpha - am_s\frac{\partial^2 V}{\partial t^2} = 0 \tag{6.5.14}$$

$$-N_\varphi\cos\alpha + \frac{\partial(aQ_s)}{\partial s} + \frac{\partial Q_\varphi}{\partial \varphi} - am_s\frac{\partial^2 W}{\partial t^2} = 0 \tag{6.5.15}$$

$$V_s = Q_s + \frac{1}{a}\frac{\partial M_{s\varphi}}{\partial \varphi} \tag{6.5.16}$$

其中，

$$Q_s = \frac{1}{a}\frac{\partial (aM_s)}{\partial s} + \frac{1}{a}\frac{\partial M_{\varphi s}}{\partial \varphi} - \frac{\sin\alpha}{a}M_\varphi \tag{6.5.17a}$$

$$Q_\varphi = \frac{1}{a}\frac{\partial M_\varphi}{\partial \varphi} + \frac{1}{a}\frac{\partial (aM_{s\varphi})}{\partial s} + \frac{\sin\alpha}{a}M_{\varphi s} \tag{6.5.17b}$$

这里，$N_s, N_\varphi, N_{s\varphi}, N_{\varphi s}$ 为圆锥壳体单元内力，$M_s, M_\varphi, M_{s\varphi}, M_{\varphi s}$ 为圆锥壳体单元内弯矩，$V_s$ 为合成剪力，$Q_s, Q_\varphi$ 为横向剪力；$E, \nu, h, m_s$ 为壳体杨氏模量、泊松比、壁厚及面密度。

将 (6.5.1)~(6.5.6) 式分别代入 (6.5.7)~(6.5.12) 式，再分别代入 (6.5.13)~(6.5.15) 式，可以得到圆锥壳振动方程：

$$L_{11}U + L_{12}V + L_{13}W - m_s\frac{\partial^2 U}{\partial t^2} = 0 \tag{6.5.18}$$

$$L_{21}U + L_{22}V + L_{23}W - m_s\frac{\partial^2 V}{\partial t^2} = 0 \tag{6.5.19}$$

$$L_{31}U + L_{32}V + L_{33}W - m_s\frac{\partial^2 W}{\partial t^2} = -\frac{1-\nu^2}{Eh}p \tag{6.5.20}$$

式中，$p$ 为作用在圆锥壳上的外场声压，$L_{ij}(i,j=1,2,3)$ 为微分算子，它们的表达式为

$$L_{11} = -\frac{\sin^2\alpha}{a^2} + \frac{\sin\alpha}{a}\frac{\partial}{\partial s} + \frac{\partial^2}{\partial s^2} + \frac{1-\nu}{2a^2}\frac{\partial^2}{\partial \varphi^2}$$

$$L_{12} = \frac{1+\nu}{2a}\frac{\partial^2}{\partial s\partial \varphi} - \frac{3-\nu}{2}\frac{\sin\alpha}{a^2}\frac{\partial}{\partial \varphi}$$

$$L_{13} = \frac{\nu\cos\alpha}{a}\frac{\partial}{\partial s} - \frac{\sin\alpha\cos\alpha}{a^2}$$

$$L_{21} = \frac{3-\nu}{2}\frac{\sin\alpha}{a^2}\frac{\partial}{\partial \varphi} + \frac{1+\nu}{2a}\frac{\partial^2}{\partial \varphi\partial s}$$

$$L_{22} = \frac{1}{a^2}\frac{\partial}{\partial \varphi^2} - \frac{(1-\nu)\sin^2\alpha}{2a^2} + \frac{(1-\nu)\sin\alpha}{2a}\frac{\partial}{\partial s} + \frac{1-\nu}{2}\frac{\partial^2}{\partial s^2}$$

$$L_{23} = \frac{\cos\alpha}{a^2}\frac{\partial}{\partial \varphi}$$

$$L_{31} = -\frac{\sin\alpha\cos\alpha}{a^2} - \frac{\nu\cos\alpha}{a}\frac{\partial}{\partial s}$$

$$L_{32} = -\frac{\cos\alpha}{a^2}\frac{\partial}{\partial\varphi}$$

$$\begin{aligned}L_{33} &= -\frac{\cos\alpha}{a^2} - \frac{h^2}{12}\nabla^4 \\ &= -\frac{\cos\alpha}{a^2} - \frac{h^2}{12}\left\{\frac{\partial^4}{\partial s^4} - \frac{\sin^2\alpha}{a^2}\frac{\partial^2}{\partial s^2} + \frac{2\sin\alpha}{a}\frac{\partial^3}{\partial s^3}\right. \\ &\quad \left. + \frac{\sin^3\alpha}{a^3}\frac{\partial}{\partial s} + \frac{2}{a^2}\frac{\partial^4}{\partial s^2\partial\varphi^2} - \frac{2\sin\alpha}{a^3}\frac{\partial^3}{\partial s\partial\varphi^2} + \frac{4\sin^2\alpha}{a^4}\frac{\partial^2}{\partial\varphi^2} + \frac{1}{a^4}\frac{\partial^4}{\partial\varphi^4}\right\}\end{aligned}$$

其中，$\nabla^4 = \nabla^2\cdot\nabla^2$，$\nabla^2 = \dfrac{\partial^2}{\partial s^2} + \dfrac{\sin\alpha}{a}\dfrac{\partial}{\partial s} + \dfrac{1}{a^2}\dfrac{\partial^2}{\partial\varphi^2}$。

设圆锥壳振动位移解为

$$U(s,\varphi) = U_n(s)\cos n\varphi \tag{6.5.21}$$

$$V(s,\varphi) = V_n(s)\sin n\varphi \tag{6.5.22}$$

$$W(s,\varphi) = W_n(s)\cos n\varphi \tag{6.5.23}$$

其中，$U_n(s), V_n(s), W_n(s)$ 取幂级数形式解：

$$U_n(s) = \sum_{m=0}^{\infty} A_m s^m \tag{6.5.24}$$

$$V_n(s) = \sum_{m=0}^{\infty} B_m s^m \tag{6.5.25}$$

$$W_n(s) = \sum_{m=0}^{\infty} C_m s^m \tag{6.5.26}$$

将 (6.5.24)~(6.5.26) 式分别代入 (6.5.21)~(6.5.23) 式，再代入 (6.5.18)~(6.5.20) 式，且 (6.5.18) 和 (6.5.19) 式两边同乘 $a^2$，(6.5.20) 式两边同乘 $a^4$，考虑到 $a$ 与 s 的关系，由相同幂次的系数得到待定系数 $A_m, B_m, C_m$ 满足的递推关系：

$$\begin{aligned}A_{m+2} = {} & G_{1,1}A_{m+1} + G_{1,2}A_m + G_{1,3}A_{m-1} + G_{1,4}A_{m-2} + G_{1,5}B_{m+1} \\ & + G_{1,6}B_m + G_{1,7}C_{m+1} + G_{1,8}C_m\end{aligned} \tag{6.5.27}$$

$$\begin{aligned}B_{m+2} = {} & G_{2,1}A_{m+1} + G_{2,2}A_m + G_{2,3}B_{m+1} + G_{2,4}B_m + G_{2,5}B_{m-1} \\ & + G_{2,6}B_{m-2} + G_{2,7}C_m\end{aligned} \tag{6.5.28}$$

$$C_{m+4} = G_{3,1}A_{m+1} + G_{3,2}A_m + G_{3,3}A_{m-1} + G_{3,4}A_{m-2} + G_{3,5}B_m + G_{3,6}B_{m-1}$$

$$+G_{3,7}B_{m-2}+G_{3,8}C_{m+3}+G_{3,9}C_{m+2}+G_{3,10}C_{m+1}+G_{3,11}C_{m}$$
$$+G_{3,12}C_{m-1}+G_{3,13}C_{m-2}+G_{3,14}C_{m-3}+G_{3,15}C_{m-4} \tag{6.5.29}$$

式中系数 $G_{i,j}(i=1,j=1\sim 8;i=2,j=1\sim 7,i=3,j=1\sim 15)$ 的表达式罗列如下：

$$G_{11}=-\frac{(m+1)\sin\alpha}{(m+2)a_0}$$

$$G_{12}=-\frac{m^2\sin^2\alpha}{m_{21}a_0^2}+\frac{I_{11}\sin^2\alpha+I_{66}n^2}{I_{11}m_{21}a_0^2}-\frac{m_s\omega^2}{I_{11}m_{21}}$$

$$G_{13}=-\frac{2m_s\omega^2\sin\alpha}{I_{11}m_{21}a_0},\quad G_{14}=-\frac{m_s\omega^2\sin^2\alpha}{I_{11}m_{21}a_0^2}$$

$$G_{15}=-\frac{n(I_{12}+I_{66})}{(m+2)a_0I_{11}}$$

$$G_{16}=-\frac{n\sin\alpha\left[m(I_{12}+I_{66})-(I_{11}+I_{66})\right]}{I_{11}m_{21}a_0^2}$$

$$G_{17}=\frac{I_{12}\cos\alpha}{a_0(m+2)I_{11}},\quad G_{18}=\frac{\sin\alpha\cos\alpha(mI_{12}-I_{11})}{m_{21}a_0^2I_{11}}$$

$$G_{21}=\frac{n(I_{12}+I_{66})}{a_0(m+2)I_{66}}$$

$$G_{22}=\frac{n\sin\alpha\left[m(I_{12}+I_{66})+I_{11}+I_{66}\right]}{a_0^2m_{21}I_{66}}$$

$$G_{23}=G_{11}$$

$$G_{24}=-\frac{m^2\sin^2\alpha}{m_{21}a_0^2}+\frac{I_{66}\sin^2\alpha+n^2I_{11}}{m_{21}I_{66}a_0^2}-\frac{m_s\omega^2}{m_{21}I_{66}}$$

$$G_{25}=-\frac{2m_s\omega^2\sin\alpha}{a_0m_{21}I_{66}}$$

$$G_{26}=-\frac{m_s\omega^2\sin^2\alpha}{m_{21}I_{66}a_0^2}$$

$$G_{27}=-\frac{nI_{11}\cos\alpha}{m_{21}I_{66}a_0^2}$$

$$G_{31}=\frac{I_{12}\cos\alpha}{J_{11}(m+4)(m+3)(m+2)a_0}$$

$$G_{32} = \frac{(3I_{12}m + I_{11})\sin\alpha\cos\alpha}{J_{11}m_{41}a_0^2}$$

$$G_{33} = \frac{[3I_{12}(m-1) + 2I_{11}]\sin^2\alpha\cos\alpha}{J_{11}m_{41}a_0^3}$$

$$G_{34} = \frac{[I_{12}(m-2) + I_{11}]\sin^3\alpha\cos\alpha}{J_{11}m_{41}a_0^4}$$

$$G_{35} = \frac{I_{11}n\cos\alpha}{J_{11}m_{41}a_0^2}$$

$$G_{36} = \frac{I_{11}n\sin 2\alpha}{J_{11}m_{41}a_0^3}$$

$$G_{37} = \frac{I_{11}n\sin^2\alpha\cos\alpha}{J_{11}m_{41}a_0^4}$$

$$G_{38} = \frac{-2(2m+1)\sin\alpha}{(m+4)a_0}$$

$$G_{39} = \left\{\frac{2(J_{12}+2J_{66})n^2 + J_{11}\sin^2\alpha}{J_{11}a_0^2} - \frac{6m^2\sin^2\alpha}{a_0^2}\right\}\Big/[(m+3)(m+4)]$$

$$G_{3,10} = \left\{\frac{\left[2(J_{12}+2J_{66})n^2 + J_{11}\sin^2\alpha\right](2m-1)\sin\alpha}{J_{11}a_0^3} - \frac{2m(m-1)(2m-1)\sin^3\alpha}{a_0^3}\right\}\Big/[(m+4)(m+3)(m+2)]$$

$$G_{3,11} = \frac{(2J_{11}n^2 + J_{11}\sin^2\alpha)\cdot m(m-2)\sin^2\alpha - J_{11}n^4 + 4J_{11}n^2\sin^2\alpha + m_s\omega^2a_0^4}{J_{11}a_0^4m_{41}} - \frac{I_{11}a_0^2\cos^2\alpha - J_{11}m(m-1)^2(m-2)\sin^4\alpha}{J_{11}a_0^4m_{41}}$$

$$G_{3,12} = \frac{4m_s\omega^2a_0^3\sin\alpha - 2I_{11}a_0\sin\alpha\cos^2\alpha}{J_{11}a_0^4m_{41}}$$

$$G_{3,13} = \frac{6m_s\omega^2a_0^2\sin^2\alpha - I_{11}a_0\sin^2\alpha\cos^2\alpha}{J_{11}a_0^4m_{41}}$$

$$G_{3,14} = \frac{4m_s\omega^2\sin^3\alpha}{J_{11}a_0^3m_{41}}$$

$$G_{3,15} = \frac{m_s\omega^2\sin^4\alpha}{J_{11}a_0^4m_{41}}$$

其中,$a_0$ 为圆锥壳的平均半径,$J_{11}=Eh^3/12(1-\nu^2)$,$J_{12}=\nu J_{11}$,$J_{66}=Eh^3/24(1+\nu)$,$I_{11}=Eh/1-\nu^2$,$I_{12}=\nu A_{11}I_{66}=Eh/2(1+\nu)$,且有 $m_{21}=(m+2)(m+1)$,$m_{41}=(m+4)(m+3)(m+2)(m+1)$。

在递推关系 (6.5.27)~(6.5.29) 式中,$m=0,1,2,3,\cdots$,可以利用这三个方程,由 $A_0,A_1,B_0,B_1,C_0,C_1,C_2,C_3$ 等八个待定系数,推算其他的 $A_m,B_m(m\geqslant 2)$ 及 $C_m(m\geqslant 4)$。这样,可以将 (6.5.24)~(6.5.26) 式给出的圆锥壳振动位移幂级数解表示为

$$U_n(s)=\{U_n(s)\}\{x\} \tag{6.5.30}$$

$$V_n(s)=\{V_n(s)\}\{x\} \tag{6.5.31}$$

$$W_n(s)=\{W_n(s)\}\{x\} \tag{6.5.32}$$

式中,$\{x\}$ 为 8 个待定系数组成的列矢量,$\{U_n(s)\},\{V_n(s)\},\{W_n(s)\}$ 分别为基函数 $U_{ni}(s),V_{ni}(s),W_{ni}(s)(i=1,2,\cdots,8)$ 组成的列矩阵。可以先由递推关系 (6.5.27~6.5.29) 式计算得到 $A_m(m\geqslant 2),B_m(m\geqslant 2),C_m(m\geqslant 4)$,再由 (6.5.24)~(6.5.26) 式组建得到基函数 $U_{ni}(s),V_{ni}(s),W_{ni}(s)(i=1,2,\cdots,8)$。

$$\{x\}=\{A_0,A_1,B_0,B_1,C_0,C_1,C_2,C_3\}^{\mathrm{T}} \tag{6.5.33}$$

$$\{U_n(s)\}=\{U_{n1}(s),U_{n2}(s),U_{n3}(s)\cdots U_{n8}(s)\} \tag{6.5.34}$$

$$\{V_n(s)\}=\{V_{n1}(s),V_{n2}(s),V_{n3}(s)\cdots V_{n8}(s)\} \tag{6.5.35}$$

$$\{W_n(s)\}=\{W_{n1}(s),W_{n2}(s),W_{n3}(s)\cdots W_{n8}(s)\} \tag{6.5.36}$$

如果已知圆锥壳两端边界条件,则由 (6.5.30)~(6.5.32) 式可以求解圆锥壳的振动。为了考虑外场声压对圆锥壳振动的耦合作用,Caresta 和 Kessissoglou[42] 提出了一种近似处理方法,他们将圆锥壳分为 $N$ 个单元,每一个单元可以近似为圆柱壳,参见图 6.5.2。$N$ 个圆柱壳单元在交界面上满足连续条件,其中振动位移及径向位移导数连续条件为

$$U_i=U_{i+1},\quad i=1,2,3,\cdots,N-1 \tag{6.5.37}$$

$$V_i=V_{i+1},\quad i=1,2,3,\cdots,N-1 \tag{6.5.38}$$

$$W_i=W_{i+1},\quad i=1,2,3,\cdots,N-1 \tag{6.5.39}$$

$$\frac{\partial W_i}{\partial s}=\frac{\partial W_{i+1}}{\partial s},\quad i=1,2,3,\cdots,N-1 \tag{6.5.40}$$

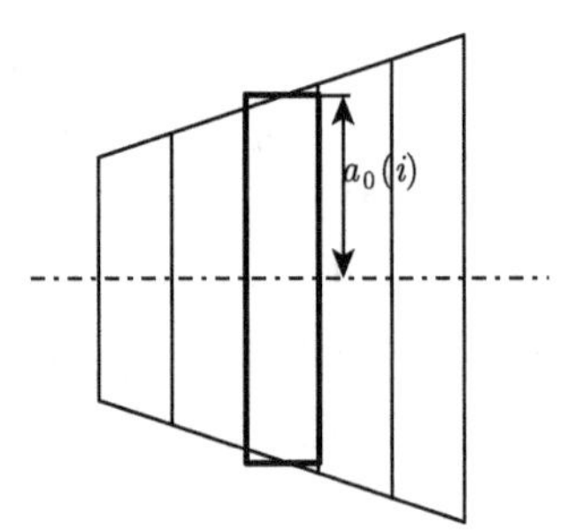


图 6.5.2　近似为圆柱壳的圆锥壳单元

(引自文献 [42]，fig2)

另外，单元交界面上内力和内力矩平衡条件为

$$N_{s,i} = N_{s,i+1}, \qquad i = 1, 2, 3, \cdots, N-1 \tag{6.5.41}$$

$$N_{s\varphi,i} = N_{s\varphi,i+1}, \qquad i = 1, 2, 3, \cdots, N-1 \tag{6.5.42}$$

$$M_{s,i} = M_{s,i+1}, \qquad i = 1, 2, 3, \cdots, N-1 \tag{6.5.43}$$

$$V_{s,i} = V_{s,i+1}, \qquad i = 1, 2, 3, \cdots, N-1 \tag{6.5.44}$$

为了计算每个圆锥壳单元的内力和内力矩，将 (6.5.1)~(6.5.6) 式分别代入 (6.5.7) 式、(6.5.9) 式、(6.5.10) 式、(6.5.16) 式，则有

$$N_s = \frac{Eh}{1-\nu^2}\left[\frac{\partial U}{\partial s} + \nu\left(\frac{\sin\alpha}{a}U + \frac{1}{a}\frac{\partial V}{\partial \varphi} - \frac{\cos\alpha}{a}W\right)\right] \tag{6.5.45}$$

$$N_{s\varphi} = \frac{Eh}{2(1+\nu)}\left[\frac{1}{a}\frac{\partial U}{\partial \varphi} + \frac{\partial V}{\partial s} - \frac{\sin\alpha}{a}V\right] \tag{6.5.46}$$

$$M_s = -\frac{Eh^3}{12(1-\nu^2)}\left[\frac{\partial^2 W}{\partial s^2} + \nu\left(\frac{\sin\alpha}{a}\frac{\partial W}{\partial s} + \frac{1}{a^2}\frac{\partial^2 W}{\partial \varphi^2}\right)\right] \tag{6.5.47}$$

$$V_s = Q_s + \frac{Eh^3}{24(1+\nu)}\frac{1}{a}\left[\frac{2\sin\alpha}{a^2}\frac{\partial W}{\partial \varphi} - \frac{2}{a}\frac{\partial^2 W}{\partial s\partial \varphi}\right] \tag{6.5.48}$$

且有

$$Q_s = \frac{Eh^3}{12(1-\nu)}\left[-\frac{\partial^3 W}{\partial s^3} - \frac{1}{a^2}\frac{\partial^3 W}{\partial s\partial \varphi^2} + \frac{2\sin\alpha}{a^3}\frac{\partial^2 W}{\partial \varphi^2} - \frac{\sin\alpha}{a}\frac{\partial^2 W}{\partial s^2} + \frac{\sin^2\alpha}{a^2}\frac{\partial W}{\partial s}\right]$$

将每个圆锥壳单元等效为相同宽度及其平均半径的圆柱壳。对于等效的圆柱壳单元，外声场负载可采用 Fuller[50] 给出的负载参数 $F_L$ 表征。

$$p = \frac{m_s C_l^2}{a_0^2} F_L W \tag{6.5.49}$$

$$F_L = -\Omega^2 \frac{a_0 \rho_0}{m_s} \frac{\mathrm{H}_n^{(1)}(k_r a_0)}{k_r a_0 \mathrm{H}_n^{(1)\prime}(k_r a_0)} \tag{6.5.50}$$

式中，$\Omega = \omega a_0 / C_l$ 为无量纲环频，$\rho_0$ 为外场声介质密度，

$$k_r a_0 = \sqrt{\Omega^2 C_l^2 / C_0^2 - (k_m a_0)^2},$$

$k_m$ 为圆柱壳轴向波数，可由求解圆柱壳自由振动方程得到，$\mathrm{H}_n^{(1)}, \mathrm{H}_n^{(1)\prime}$ 为 Hankel 函数及其一阶导数。

作为近似，将 (6.5.23) 式及 (6.5.26) 式代入 (6.5.49) 式，得到外场声压表达式：

$$p = \frac{m_s C_l^2}{a_0^2} \bar{F}_L \sum_{m=0}^{\infty} C_m s^m \cos n\varphi \tag{6.5.51}$$

式中，$\bar{F}_L = F_L / \cos\alpha$，表示对作用在等效圆柱壳上的声压进行修正，才能得到作用在圆锥壳的外场声压。实际上，同样的声压作用在圆锥壳上的面积要大于作用在圆柱壳上的面积。

在 (6.5.20) 式中，考虑外场声压作用项 $p$，并将 (6.5.51) 式代入，则递推关系 (6.5.29) 式中的 $G_{3,11}, G_{3,12}, G_{3,13}, G_{3,14}, G_{3,15}$ 项需要修正为

$$\bar{G}_{3,11} = G_{3,11} + a_0^4 \frac{\mathrm{i}\omega Z_a}{J_{11} a_0^4 m_{41}} \tag{6.5.52}$$

$$\bar{G}_{3,12} = G_{3,12} + 4a_0^3 \frac{\mathrm{i}\omega Z_a \sin\alpha}{J_{11} a_0^4 m_{41}} \tag{6.5.53}$$

$$\bar{G}_{3,13} = G_{3,13} + 6a_0^2 \frac{\mathrm{i}\omega Z_a \sin^2\alpha}{J_{11} a_0^4 m_{41}} \tag{6.5.54}$$

$$\bar{G}_{3,14} = G_{3,14} + 4a_0 \frac{\mathrm{i}\omega Z_a \sin^3\alpha}{J_{11} a_0^3 m_{41}} \tag{6.5.55}$$

$$\bar{G}_{3,15} = G_{3,15} + \frac{\mathrm{i}\omega Z_a \sin^4\alpha}{J_{11} a_0^4 m_{41}} \tag{6.5.56}$$

式中，$Z_a$ 为声阻抗，其表达式为

$$Z_a = \frac{-\mathrm{i} m_s C_l^2}{\omega a_0^2} \bar{F}_L$$

针对圆锥壳的每个单元，利用 (6.5.30)~(6.5.32) 式，并由 (6.5.45)~(6.5.48) 式，将内力和内力矩表示为待定系数 $\{X\}$ 的表达式，再考虑到单元连续条件

(6.5.37)~(6.5.44) 式及圆锥壳两端的边界条件，可以给出圆锥壳每个单元待定系数满足的矩阵方程：

$$[A]\{X\}=\{F\} \tag{6.5.57}$$

式中，

$$[A]=\begin{bmatrix} [B_1] & 0 & 0 & \cdots & 0 & 0 \\ [F_1(l_1/2)] & [F_2(-l_2/2)] & 0 & \cdots & 0 & 0 \\ [D_1(l_1/2)] & [D_2(-l_2/2] & 0 & \cdots & 0 & 0 \\ 0 & [F_2(l_2/2)] & [F_3(-l_3/2)] & \cdots & 0 & 0 \\ 0 & [D_2(l_2/2] & [D_3(-l_3/2] & \cdots & 0 & 0 \\ \vdots & \vdots & \vdots & \ddots & \vdots & \vdots \\ 0 & 0 & 0 & \cdots & [F_{N-1}(l_{N-1}/2)] & [F_N(-l_N/2)] \\ 0 & 0 & 0 & \cdots & [D_{N-1}(l_{N-1}/2] & [D_N(-l_N/2] \\ 0 & 0 & 0 & \cdots & & [B_N] \end{bmatrix} \tag{6.5.58}$$

$$\{X\}=\left\{\{x_1\}^{\mathrm{T}},\{x_2\}^{\mathrm{T}},\{x_3\}^{\mathrm{T}},\cdots,\{x_N\}^{\mathrm{T}}\right\}^{\mathrm{T}} \tag{6.5.59}$$

这里，$[D_i(s)]$ 为圆锥壳单元位移 $U_n,V_n,W_n,\dfrac{\partial W_n}{\partial s}$ 表示为 8 个待定系数函数的系数矩阵，$[D_i(l_i/2)],[D_i(-l_i/2)]$ 为系数矩阵 $[D_i(s)]$ 在第 $i$ 个单元两端的取值，$l_i$ 为第 $i$ 个单元的长度。$[F_i(s)]$ 则为圆锥壳单元的内力表示为 8 个待定系数函数的系数矩阵，$[F_i(l_i/2)],[F_i(-l_i/2)]$ 为系数矩阵 $[F_i(s)]$ 在第 $i$ 个单元两端的取值；$\{X\}$ 为每个圆锥壳单元的 8 个待定系数列向量 $\{x_i\},(i=1,2,\cdots,N)$ 组成的列向量。

$$[D_i(s)]=\begin{bmatrix} U_{n1}^i & U_{n2}^i & \cdots & U_{n8}^i \\ V_{n1}^i & V_{n2}^i & \cdots & V_{n8}^i \\ W_{n1}^i & W_{n2}^i & \cdots & W_{n8}^i \\ \dfrac{\partial W_{n1}^i}{\partial s} & \dfrac{\partial W_{n2}^i}{\partial s} & \cdots & \dfrac{\partial W_{n8}^i}{\partial s} \end{bmatrix},\quad i=1,2,3,\cdots,N \tag{6.5.60}$$

$$[F_i(s)]=\begin{bmatrix} N_{sn1}^i & N_{sn2}^i & \cdots & N_{sn8}^i \\ N_{s\varphi n1}^i & N_{s\varphi n2}^i & \cdots & N_{s\varphi n8}^i \\ V_{sn1}^i & V_{sn2}^i & \cdots & V_{sn8}^i \\ M_{sn1}^i & M_{sn2}^i & \cdots & M_{sn8}^i \end{bmatrix},\quad i=1,2,3,\cdots,N \tag{6.5.61}$$

其中，$U_{nj}^i, V_{nj}^i, W_{nj}^i$ 及 $\dfrac{\partial W_{nj}^i}{\partial s}(j=1,2,\cdots,8)$ 为第 $i$ 个圆锥壳单元上，(6.5.30)~(6.5.32) 式给出的基函数及径向基函数导数。$N_{snj}^i, N_{s\varphi nj}^i, V_{snj}^i, M_{snj}^i(j=1,2,\cdots,8)$ 为第 $i$ 个圆锥壳单元上，(6.5.45)~(6.5.48) 式给出的内力和内力矩周向展开后，再表示为 8 个待定系数函数的系数。

(6.5.58) 式中，$[B_i]$ 为圆锥壳两端振动位移和内力确定的矩阵，取决于两端边界条件。

自由边界为

$$[B_i]=\begin{bmatrix} N_{sn1}^i & N_{sn2}^i & \cdots & N_{sn8}^i \\ N_{s\varphi n1}^i & N_{s\varphi n2}^i & \cdots & N_{s\varphi n8}^i \\ V_{sn1}^i & V_{sn2}^i & \cdots & V_{sn8}^i \\ M_{sn1}^i & M_{sn2}^i & \cdots & M_{sn8}^i \end{bmatrix},\quad i=1,N \tag{6.5.62}$$

固支边界：

$$[B_i]=\begin{bmatrix} U_{n1}^i & U_{n2}^i & \cdots & U_{n8}^i \\ V_{n1}^i & V_{n2}^i & \cdots & V_{n8}^i \\ W_{n1}^i & W_{n2}^i & \cdots & W_{n8}^i \\ \dfrac{\partial W_{n1}^i}{\partial s} & \dfrac{\partial W_{n2}^i}{\partial s} & \cdots & \dfrac{\partial W_{n8}^i}{\partial s} \end{bmatrix},\quad i=1,N \tag{6.5.63}$$

简支边界：

$$[B_i]=\begin{bmatrix} N_{sn1}^i & N_{sn2}^i & \cdots & N_{sn8}^i \\ V_{n1}^i & V_{n2}^i & \cdots & V_{n8}^i \\ W_{n1}^i & W_{n2}^i & \cdots & W_{n2}^i \\ M_{sn1}^i & M_{sn2}^i & \cdots & M_{sn8}^i \end{bmatrix},\quad i=1,N \tag{6.5.64}$$

另外，在 (6.5.57) 式中，还需要考虑激励力 $\{F\}$。假设在圆锥壳自由端沿母线方向施加一个简谐点激励力，作用点位置为 $(s_0,\varphi_0)$，激励力幅度为 $F_0$。将激励力考虑为边界条件的一部分，由 (6.5.45) 式可得激励点的力平衡方程为

$$\frac{Eh}{1-\nu^2}\left[\frac{\partial U}{\partial s}+\nu\left(\frac{\sin\alpha}{a}U+\frac{1}{a}\frac{\partial V}{\partial\varphi}-\frac{\cos\alpha}{a}W\right)\right]=\frac{F_0}{a}\delta(s-s_0)\delta(\varphi-\varphi_0) \tag{6.5.65}$$

考虑 (6.5.21)~(6.5.23) 式，在 (6.5.63) 式两边同乘 $\cos n\varphi$，并在 $-\pi \sim \pi$ 范围内对 $\varphi$ 积分，得到

$$\frac{Eh}{1-\nu^2}\left[\left.\frac{\partial U_n}{\partial s}\right|_{s_0}+\nu\left(\frac{\sin\alpha}{a}\,U_n|_{s_0}+\frac{n}{a}\,V_n|_{s_0}-\frac{\cos\alpha}{a}\,W_n|_{s_0}\right)\right]=\varepsilon_n F_0\cos n\varphi_0 \tag{6.5.66}$$

式中，$\varepsilon_n = 1/2\pi a_1(n=0)$；或者 $1/\pi a_1(n\neq 0)$。这样，激励力矢量 $\{F\}$ 中对应内力 $N_s$ 项的激励力为 $\varepsilon_n F_0\cos n\varphi_0$，其余激励力矢量元素均为零。于是，针对每个周向模态，可以由 (6.5.57) 式求解得到每个圆锥壳单元的振动位移待定系数，进一步由 (6.5.30)~(6.5.32) 式和 (6.5.21)~(6.5.23) 式，计算得到圆锥壳的耦合振动位移，将圆锥壳振动位移 $U, W$ 投影到圆柱坐标，则有

$$U_z = U\cos\alpha + W\sin\alpha \tag{6.5.67}$$

$$U_r = U\sin\alpha - W\cos\alpha \tag{6.5.68}$$

式中，$U_z, U_r$ 为沿 $z$ 轴和 $r$ 轴的振动位移。

Caresta 和 Kessissoglou[42] 针对母线长为 8.9m、两端半径为 0.5m 和 3.25m、壁厚为 14mm 的圆锥壳，取 $E = 2.1\times10^{11}\mathrm{N/m^2}$, $\nu = 0.3$, $\rho_s = 7800\mathrm{kg/m^3}$，模拟螺旋桨叶频激励力，计算一端固支、一端自由的圆锥壳与外声场耦合的振动位移，图 6.5.3 和图 6.5.4 分别给出了 $s = 0, \varphi = 0$ 和 $s = 7.33\mathrm{m}, \varphi = 0$ 两个位置上的耦合振动位移，计算结果与数值解结果很一致。这里提出的圆锥壳模型，可用于计算潜艇螺旋桨叶频激励力通过轴承和外场流体激励尾部结构的耦合振动，但相应的声辐射还缺少合适的解析方法，在圆锥壳的半锥角较小时，低频声辐射计算或许可以用圆柱壳声辐射近似，但尚无比较深入的完整研究。文献 [49] 采用等效源方法计算圆锥壳的声辐射，相关的等效源方法归入到数值方法中，这里不作讨论。

前面提到 Caresta 和 Kessissoglou[46] 研究了圆柱壳与圆锥壳组合结构的自由振动，他们在文献 [51] 中，进一步采用圆柱壳两端带圆锥壳的组合结构模拟潜艇结构，研究圆锥壳结构的声辐射特性，其中圆柱壳振动采用波动法求解，圆锥壳振动采用前面介绍的级数法求解，得到了圆柱壳与圆锥壳组合结构在模拟螺旋桨简谐力激励下的耦合振动后，采用 Helmholtz 积分方程求解辐射声场，有关 Helmholtz 积分方程将在第 7 章详细介绍，这里仅给出模拟潜艇结构辐射声压的计算结果。计算的模拟潜艇如图 6.5.5 所示，其中圆柱壳半径为 3.25m，壳壁厚 40mm，长 45m，内部肋骨尺寸为 8cm × 15cm，间距 0.5m，两端圆锥壳小端半径 0.5m，半锥角为 18°，壁厚为 14mm，均为钢质材料。计算得到的圆柱

壳与圆锥壳组合的潜艇模拟结构前三阶轴向振动模态由图 6.5.6 给出，图中第一和第三阶模态振动为反相振动，频率分别为 22.5Hz 和 68.5Hz，第二阶模态振动为同相振动，频率为 44.5Hz。第一阶模态振动时圆锥壳部分基本没有变形，而第二和第三阶模态则有较大的变形，而且大变形发生在圆柱壳与圆锥壳的连接部位，内部横舱壁也有相应的径向变形。图 6.5.7 给出了 $n=1$ 时模拟潜艇的弯曲振动振型，两端圆锥壳部位有明显的反相和同相振动，频率分别为 19.5Hz, 26.5Hz 和 33.0Hz，另外，在 61Hz 频率，模拟潜艇的两端圆锥角也有较大的变形，而且，相应的波数为超音速波数，应有较强的声辐射，参见图 6.5.8。图 6.5.9 为模拟潜艇圆锥壳不同半锥角时的远场最大辐射声压比较，随着半锥角从 18° 增加到 33°，因结构刚度的增加，远场辐射声压的共振峰值频率稍有增加。当圆锥壳厚度从 14mm 增加到 40mm，或者杨氏模量增加一倍，则模拟潜艇的远场辐射声压在 12Hz 以上频段有明显降低。圆锥壳刚度是降低声辐射的关键参数，还有两端为圆

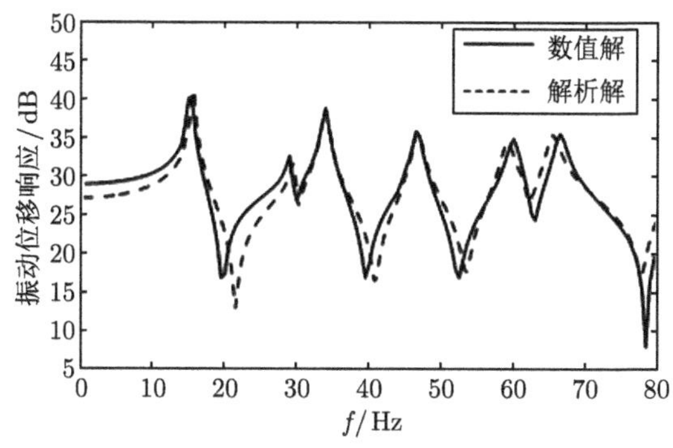


图 6.5.3 圆锥壳激励点耦合振动响应

(引自文献 [42]，fig9)

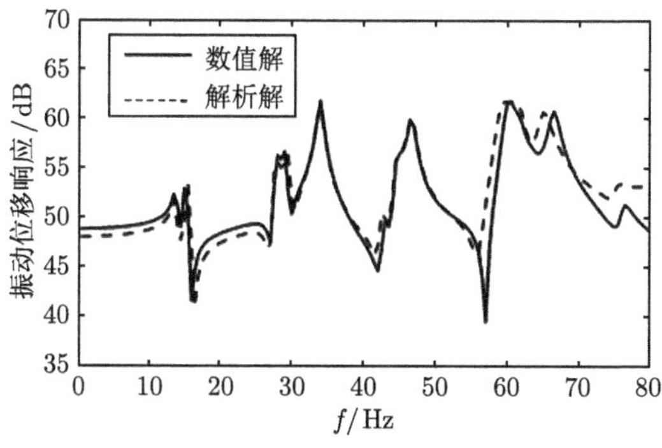


图 6.5.4 圆锥壳典型位置耦合振动响应

(引自文献 [42]，fig10)

锥壳结构的模拟潜艇与圆柱壳结构相比，在 40Hz 以下频段后者的声辐射大于前者，在 40Hz 以上频段，后者的声辐射小于前者，参见图 6.5.10。

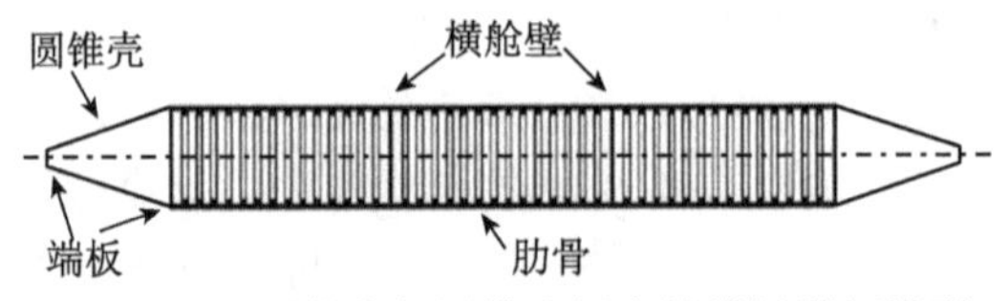


图 6.5.5　圆柱壳与圆锥壳组合的模拟潜艇模型

(引自文献 [51]，fig1)

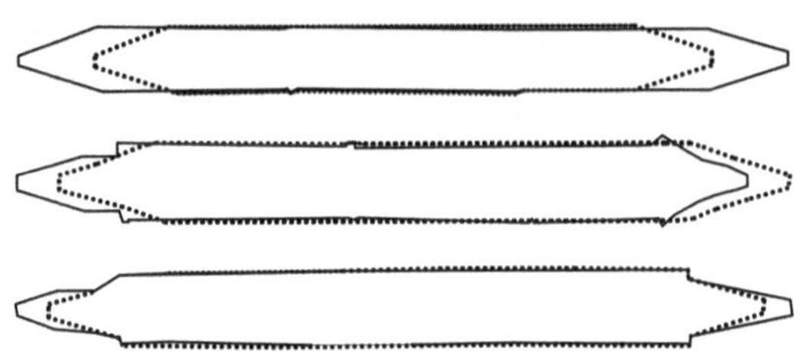

图 6.5.6　模拟潜艇结构的前三阶轴向振动模态

(引自文献 [51]，fig9)

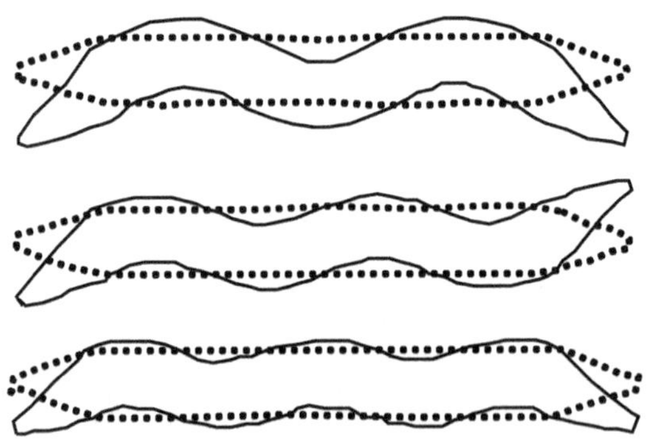

图 6.5.7　模拟潜艇结构的典型弯曲振动振型

(引自文献 [51], fig10, fig11, fig12)

图 6.5.8　模拟潜艇强辐射对应的圆锥角大变形振型

(引自文献 [51]，fig13)

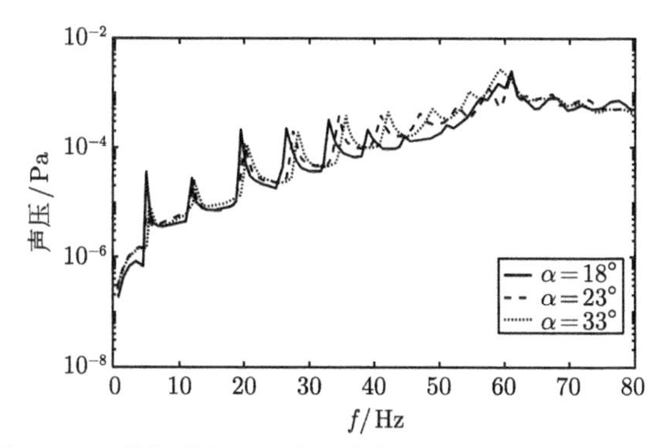


图 6.5.9 模拟潜艇不同半锥角的远场最大辐射声压比较

(引自文献 [51]，fig28)

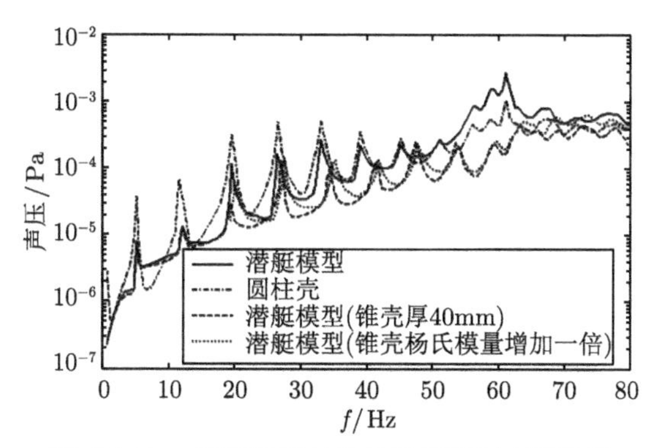


图 6.5.10 模拟潜艇结构的远场辐射声压比较

(引自文献 [51]，fig29)

## 参考文献


[1] Stepanishen P R. Radiated power and radiation loading of cylindrical surfaces with nonuniform velocity distributions. J. Acoust. Soc. Am., 1978, 63(2): 328-338.

[2] Stepanishen P R. Modal coupling in the vibration of fluid-loaded cylindrical shells. J. Acoust. Soc. Am., 1982, 71(4): 813-823.

[3] Laulagnet B, Guyader J L. Modal analysis of a shell's acoustic radiation in light and heavy fluids. J. Sound and Vibration, 1989, 131(3): 397-415.

[4] Guyader J L, Laulagnet B. Structural acoustic radiation prediction: Expanding the vibratory response on a functional basis. Applied Acoustics. 1994, 43, 247-269.

[5] Cheng L, Nicolas J. Free vibration analysis of a cylindrical shell-circular plate system with general coupling and various boundary conditions. J. Sound and Vibration, 1992, 155(2): 231-247.

[6] Yuan J, Dickinson S M. The free vibration of circularly cylindrical shell and plate system. J. Sound and Vibration, 1994, 175(2): 241-263.

[7] Wang C, Lai J C S. The sound radiation efficiency of finite length circular cylindrical shells under mechanical excitation, II: Limitations of the infinite length model. J. Sound and Vibration, 2001, 241(5): 825-838.

[8] Junger M C. Vibration sound and their interaction. Cambridge: The MIT Press, 1972.

[9] Panneton R, Berry A, Laville F. Vibration and sound radiation of a cylindrical shell under a circumferentially moving load. J. Acoust. Soc. Am., 1995, 98(4): 2165-2173.

[10] Wu C J, Chen H L, Huang X Q. Vibroacoustic analysis of a fluid-loaded cylindrical shell excited by a rotating load. J. Sound and Vibration, 1999, 225(1): 79-94.

[11] Mattei P O. Sound radiation by a baffled shell: comparison of the exact and an approximate solution. J. Sound and Vibration, 1995, 188(1): 111-130.

[12] Wang C, Lai J C S. The sound radiation efficiency of finite length circular cylindrical shells under mechanical excitation, I: Theoretical analysis. J. Sound and Vibration, 2000, 232(2): 431-447.

[13] Sandman B E. Fluid-loading influence coefficients for a finite cylindrical shell. J. Acoust. Soc. Am., 1976, 60(6): 1256-1264.

[14] Laulagnet B, Guyader J L. Sound radiation by finite cylindrical ring stiffened shells. J. Sound and Vibration, 1990, 138(2): 173-191.

[15] 谢官模, 骆东平. 环肋柱壳在流场中声辐射性能分析. 中国造船, 1995, 131(4): 37-45.

[16] 汤渭霖, 何兵蓉. 水中有限长加肋圆柱壳体振动和声辐射近似解析解. 声学学报, 2001, 26(1): 1-5.

[17] Burroughs C B. Acoustics radiation from fluid loaded infinite circular cylinders with doubly periodic ring supports. J. Acoust. Soc. Am., 1984, 75(3): 715-722.

[18] 刘涛. 水中圆柱壳的声振特性研究. 上海: 上海交通大学博士论文, 2002.

[19] Rinehart S A, Wang J T S. Vibration of simply supported cylindrical shells with longitudinal stiffeners. J. Sound and Vibration, 1972, 24(2): 151-163.

[20] Mead D J, Bardell N S. Free vibration of a thin cylindrical shell with discrete axial stiffeners. J. Sound and Vibration, 1986, 111(2): 229-250.

[21] Ranachandran P, Narayanan S. Evaluation of modal density radiation efficiency and acoustic response of longitudinally stiffened cylindrical shell. J. Sound and Vibration, 2007, 304: 154-174.

[22] 张超, 商德江. 水下纵肋加强圆柱壳低频振动与声辐射. 船舶力学, 2018, 22(1): 97-107.

[23] Rebillard E, Laulagnet B, Guyader J L. Influence of an embarked sprin-mass system and defects on the acoustical radiation of a cylindrical shell. Applied Acoustics, 1992, 36, 87-106.

[24] Cremer L, Heckl M. Structure borne sound. 2nd ed. Berlin Heideberg: Springer-Verlag, 1988.

[25] 戴德沛. 阻尼减振降噪技术. 西安: 西安交通大学出版社, 1986.

[26] Markus S. Damping properties of layered cylindrical shells vibrating in axially symmetric modes. J. Sound and Vibration, 1976, 48(4): 511-524.

[27] Harari A, Sandman B E. Vibration response of laminated cylindrical shells embedded in an acoustic fluid. J. Acoust. Soc. Am., 1976, 60(1): 117-128.

[28] Laulagnet B, Guyader J L. Sound radiation from a finite cylindrical shell covered with a compliant layer. J. of Vib. and Acoust., 1991, 113, 267-272.

[29] Laulagnet B, Guyader J L. Sound radiation from finite cylindrical shells, partially covered with longitudinal strips of compliant layer. J. Sound and Vibration, 1995, 186(5): 723-742.

[30] Laulagnet B, Guyader J L. Sound radiation from finite cylindrical shells, by means of asymptotic expansion of three-dimensional equations for coating. J. Acoust. Soc. Am., 1994, 96(1): 277-286.

[31] 陈美霞, 等. 有限长双层圆柱壳声辐射理论及数值分析. 中国造船, 2003, 44(4): 59-67.

[32] 白振国. 双层圆柱壳舷间声振耦合特性及控制技术. 无锡: 中国船舶科学研究中心博士论文, 2014.

[33] 骆东平, 张玉红. 环肋增强柱壳振动特性分析. 中国造船, 1989, 1: 64-75.

[34] 徐芝纶. 弹性力学. 高等教育出版社, 1988.

[35] Pang Y Z, Yu X L. Measuring the acoustic properties of underwater coating material under pressure-Acoustic impedance method. Ship Mechanics, 2017, 21(3): 372-381.

[36] 庞业珍. 空间声场相关特性测量方法及应用研究. 无锡: 中国船舶科学研究中心博士论文, 2018.

[37] Ko S H. Flexural wave baffling by use of a viscoelastic material. J. Sound and Vibration. 1981, 75(3): 347-357.

[38] Saunders H, Wisniewski E J, Paslay P R. Vibration of conical shells. J. Acoust. Soc. Am., 1960, 32: 765-772.

[39] Siu C C, Bert C W. Free vibration analysis of sandwich conical shells with free edges. J. Acoust. Soc. Am., 1970, 47: 943-945.

[40] Irie T, Yamada G, Kaneko Y. Free vibration of a conical shell with variable thickness. J. Sound and Vibration, 1982, 82: 83-94.

[41] Tang L. Free vibration of orthotropic conical shells. Int. J. Engng Sci, 1993, 31(5): 719-733.

[42] Caresta M, Kessissoglou N J. Vibration of fluid loaded conical shells. J. Acoust. Soc. Am., 2008, 124(4): 2068-2077.

[43] 陈美霞, 邓乃旗. 水中环肋圆锥壳振动特性分析. 振动与冲击, 2014, 33(4): 25-32.

[44] Guo Y P. Normal mode propagation on conical shells. J. Acoust. Soc. Am., 1994, 96: 256-264.

[45] Guo Y P. Fluid loading effects on waves on conical shells. J. Acoust. Soc. Am., 1995, 97(2): 1061-1066.

[46] Caresta M, Kessissoglou J J. Free vibration characteristics of isotropic coupled cylindrical-conical shells. J. Sound and Vibration, 2010, 329: 733-751.

[47] 吴仁昊, 瞿叶高, 华宏星. 圆锥壳–圆柱壳–球壳组合结构自由振动分析. 振动与冲击, 2013, 32(6): 109-114.

[48] 瞿叶高, 华宏星, 等. 基于区域分解的圆锥壳–圆柱壳–组合结构自由振动. 振动与冲击, 2012, 31(22): 1-7.

[49] 张聪. 锥–柱组合壳振动与声辐射特性的半解析法分析. 武汉: 华中科技大学博士论文, 2013.

[50] Fuller C R. Radiation of sound from an infinite cylindrical elastic shell excited by an internal monopole source. J. Sound and Vibration, 1986, 109: 259-275.

[51] Caresta M, Kessissoglou N J. Acoustic signature of a submarine hull under harmonic excitation. Applied Acoustics, 2010, 71: 17-31.

# “现代声学科学与技术丛书”已出版书目

(按出版时间排序)

| | | |
|---|---|---|
| 1. 创新与和谐——中国声学进展 | 程建春、田静 等编 | 2008.08 |
| 2. 通信声学 | J.布劳尔特 等编 李昌立 等译 | 2009.04 |
| 3. 非线性声学（第二版） | 钱祖文 著 | 2009.08 |
| 4. 生物医学超声学 | 万明习 等编 | 2010.05 |
| 5. 城市声环境论 | 康健 著 戴根华 译 | 2011.01 |
| 6. 汉语语音合成——原理和技术 | 吕士楠、初敏、许洁萍、贺琳 著 | 2012.01 |
| 7. 声表面波材料与器件 | 潘峰 等编著 | 2012.05 |
| 8. 声学原理 | 程建春 著 | 2012.05 |
| 9. 声呐信号处理引论 | 李启虎 著 | 2012.06 |
| 10. 颗粒介质中的声传播及其应用 | 钱祖文 著 | 2012.06 |
| 11. 水声学（第二版） | 汪德昭、尚尔昌 著 | 2013.06 |
| 12. 空间听觉 | J.布劳尔特 著 | |
| ——人类声定位的心理物理学 | 戴根华、项宁 译 李晓东 校 | 2013.06 |
| 13. 工程噪声控制 | D. A. 比斯、C. H. 汉森 著 | |
| ——理论和实践（第4版） | 邱小军、于淼、刘嘉俊 译校 | 2013.10 |
| 14. 水下矢量声场理论与应用 | 杨德森 等著 | 2013.10 |
| 15. 声学测量与方法 | 吴胜举、张明铎 编著 | 2014.01 |
| 16. 医学超声基础 | 章东、郭霞生、马青玉、屠娟 编著 | 2014.03 |
| 17. 铁路噪声与振动 | David Thompson 著 | |
| ——机理、模型和控制方法 | 中国铁道科学研究院节能 | |
| | 环保劳卫研究所 译 | 2014.05 |
| 18. 环境声的听觉感知与自动识别 | 陈克安 著 | 2014.06 |
| 19. 磁声成像技术 | | |
| 上册：超声检测式磁声成像 | 刘国强 著 | 2014.06 |
| 20. 声空化物理 | 陈伟中 著 | 2014.08 |
| 21. 主动声呐检测信息原理 | 朱埜 著 | |
| ——上册：主动声呐信号和系统分析基础 | | 2014.12 |
| 22. 主动声呐检测信息原理 | 朱埜 著 | |
| ——下册：主动声呐信道特性和系统优化原理 | | 2014.12 |
| 23. 人工听觉 | 曾凡钢 等编 平利川 等译 | |
| ——新视野 | 冯海泓 等校 | 2015.05 |

| | | | |
|---|---|---|---|
| 24. | 磁声成像技术 | | |
| | 下册：电磁检测式磁声成像 | 刘国强 著 | 2016.03 |
| 25. | 传感器阵列超指向性原理及应用 | 杨益新、汪勇、何正耀、马远良 著 | 2018.01 |
| 26. | 水中目标声散射 | 汤渭霖、范军、马忠成 著 | 2018.01 |
| 27. | 声学超构材料 | | |
| | ——负折射、成像、透镜和隐身 | 阚威威、吴宗森、黄柏霖 译 | 2019.05 |
| 28. | 声学原理(第二版・上卷) | 程建春 著 | 2019.05 |
| 29. | 声学原理(第二版・下卷) | 程建春 著 | 2019.05 |
| 30. | 空间声原理 | 谢菠荪 著 | 2019.06 |
| 31. | 水动力噪声理论 | 汤渭霖、俞孟萨、王斌 著 | 2019.09 |
| 32. | 固体中非线性声波 | 刘晓宙 著 | 2021.01 |
| 33. | 声学计量与测量 | 许龙、李凤鸣、许昊、张明铎、吴胜举 编著 | 2021.03 |
| 34. | 声学学科现状以及未来发展趋势 | 程建春 李晓东 杨军 主编 | 2021.06 |
| 35. | 水中结构振动与声辐射 | 汤渭霖、范军、赵开琦、周富霖 著 | 2022.01 |
| 36. | 参量阵扬声器——从理论到应用 | 杨军、姬培锋 著 | 2022.03 |
| **37.** | **声弹性理论与方法(上卷)** | **俞孟萨 著** | **2022.08** |
| 38. | 声弹性理论与方法(下卷) | 俞孟萨 著 | 2022.08 |